全国中医药行业高等教育“十三五”规划教材

全国高等中医药院校规划教材（第十版）

分子生物学

（供中医学、中药学、针灸推拿学、中西医临床医学等专业研究生用）

主　编

唐炳华（北京中医药大学）

副 主 编（以姓氏笔画为序）

于英君（黑龙江中医药大学）　郑晓珂（河南中医药大学）

董　燕（广州中医药大学）

编　委（以姓氏笔画为序）

王　威（天津中医药大学）　冯雪梅（成都中医药大学）

朱　洁（安徽中医药大学）　朱庆均（山东中医药大学）

米丽华（山西中医药大学）　孙　聪（长春中医药大学）

杨　云（云南中医学院）　杨长福（贵阳中医学院）

李爱英（河北中医学院）　宋　岚（湖南中医药大学）

宋高臣（牡丹江医学院）　郑里翔（江西中医药大学）

柳　春（辽宁中医药大学）　郭淑贞（北京中医药大学）

詹秀琴（南京中医药大学）　魏敏惠（陕西中医药大学）

学术秘书

王　勇（北京中医药大学）

马利刚（河南中医药大学）

中国中医药出版社

·北　京·

图书在版编目（CIP）数据

分子生物学 / 唐炳华主编 .—北京：中国中医药出版社，2017.7

全国中医药行业高等教育“十三五”规划教材

ISBN 978-7-5132-4136-6

Ⅰ.①分… Ⅱ.①唐… Ⅲ.①分子生物学 – 中医药学院 – 教材 Ⅳ.① Q7

中国版本图书馆 CIP 数据核字 (2017) 第 070087 号

中国中医药出版社出版

北京市朝阳区北三环东路 28 号易亨大厦 16 层

邮政编码　100013

传真　010 64405750

保定市西城胶印有限公司印刷

各地新华书店经销

开本 850 × 1168　1/16　印张 37.5　字数 935 千字

2017 年 7 月第 1 版　2017 年 7 月第 1 次印刷

书号　ISBN 978 – 7 – 5132 – 4136–6

定价　98.00 元

网址　www.cptcm.com

社长热线　010–64405720

购书热线　010–89535836

侵权打假　010–64405753

微信服务号　zgzyycbs

微商城网址　https://kdt.im/LIdUGr

官方微博　http://e.weibo.com/cptcm

天猫旗舰店网址　https://zgzyycbs.tmall.com

如有印装质量问题请与本社出版部联系（010 64405510）

编写说明

分子生物学在分子水平和整体水平上研究生命现象、生命本质、生命活动及其规律，其研究对象是核酸和蛋白质等生物大分子，研究内容包括生物大分子的结构、功能及其在遗传信息和代谢信息传递中的作用和作用规律。分子生物学理论和技术的不断发展将为认识生命、造福人类带来新的机遇、开拓广阔前景。分子生物学是为高等中医药院校研究生和八年制、九年制学生开设的一门重要专业课。它以生物化学、细胞生物学、遗传学、生理学、病理学、药理学及生物信息技术为基础，同时又为它们提供理论和技术支持，共同发展，服务于人类。

《分子生物学》是根据国务院《中医药健康服务发展规划（2015—2020年）》《教育部等六部门关于医教协同深化临床医学人才培养改革的意见》（教研〔2014〕2号）的精神，在国家中医药管理局教材建设工作委员会宏观指导下，以全面提高中医药人才的培养质量、积极与医疗卫生实践接轨、为临床服务为目标，依据中医药行业人才培养规律和实际需求，由国家中医药管理局教材建设工作委员会办公室组织建设的。

《分子生物学》是全国中医药行业高等教育“十三五”规划教材之一，可供全国高等院校中医学、中药学、针灸推拿学、中西医临床医学等专业研究生和八年制、九年制学生使用，更可作为生命科学工作者的参考用书。

本教材共分20章，涉及分子生物学理论、技术和应用等诸方面，在编写过程中通过以下几方面贯彻内容前沿、组织科学、体系完整、特色突出、图表直观、叙述简洁、精益求精、方便读者的宗旨：①直接结合原始文献，确保内容的准确性；②融汇国内外各种优秀教材、专著，在确保体系完整的基础上突出核心内容；③从海量的数据库中归纳出科学性强、使用率高的专业术语和语言特征，确保读者阅读流畅、专业易懂，更便于指导阅读其他专业文献著作；④编辑了大量图表，充分发挥其信息量大、直观了然的特点，有助于读者理解；⑤图表套色，充分利用套色、灰度、翻转色、渐变色，线条的粗细、虚实，字号、字体的不同，箭头的大小、形状，展示更多的信息，可极大提高学习效率。

本教材编写得到北京中医药大学及全国兄弟院校同道们的支持。长春中医药大学、甘肃中医药大学先后承办《分子生物学》的编写会议和定稿会议。在此一并致以衷心感谢。

教材建设是一项长期工作。由于分子生物学内容丰富、编者学识有限，加之分子生物学发展迅速，本教材难免存在遗漏或错讹。谨请读者提出宝贵意见和建议，随时通过tangbinghua@bucm.edu.cn与编委会联系。编委会将及时回复并深表感谢，更将在修订时充分考虑您的意见和建议。

《分子生物学》编委会

2017年4月

目 录

第四章 蛋白质的生物合成 102

第五章 原核基因表达调控 134

第六章 真核基因表达调控 153

第七章 信号转导 185

第八章 细胞周期和细胞凋亡 230

第九章 癌基因、抑癌基因和生长因子 279

第十章 疾病的分子生物学 316

第十一章 核酸提取与鉴定 351

第十二章 印迹杂交技术 367

第十六章 转基因技术和基因靶向技术 442

第十七章 基因诊断和基因治疗 458

第十八章 基因研究 478

第十九章 蛋白质研究 512

第二十章 人类基因组计划与组学 527

绪 论

分子生物学（molecular biology）是在分子水平和整体水平上研究生命现象、生命本质、生命活动及其规律的一门学科，其研究对象是核酸和蛋白质等生物大分子，研究内容包括生物大分子的结构、功能及其在遗传信息和代谢信息传递中的作用和作用规律。分子生物学是生物化学与其他学科相互交叉和相互渗透而形成的一门新兴学科。分子生物学理论和技术的不断发展将为认识生命、造福人类带来新的机遇、开拓广阔前景。

一、分子生物学发展简史

分子生物学的诞生和发展大致分为三个阶段。

（一）准备和酝酿阶段

19 世纪后期到 20 世纪 50 年代初是分子生物学诞生前的酝酿阶段。这一阶段在认识生命本质方面有两个重大突破。

1. 确定了蛋白质是生命现象的物质基础　1897 年，Büchner（1907 年诺贝尔化学奖获得者）与其兄发现酵母无细胞提取液能使蔗糖发酵生成乙醇，并提出酶是生物催化剂的论断，开启了现代生物化学之门。1926 年，Sumner 提取并结晶了尿素酶，提出酶的化学本质是蛋白质。到 20 世纪 40 年代，Northrop 等科学家陆续提取并结晶了胰蛋白酶、胃蛋白酶等，证明酶的化学本质的确是蛋白质（Sumner、Northrop、Stanley 因此获得 1946 年诺贝尔化学奖），酶蛋白和其他蛋白质都与物质代谢、能量代谢联系密切，与消化、呼吸、运动等生命现象密不可分。在此期间，科学家对蛋白质一级结构的研究也有突破：1945 年，Sanger（1958 年、1980 年诺贝尔化学奖获得者）建立了用于分析肽链 N 端氨基酸残基的二硝基氟苯法；1950 年，Edman 建立了应用异硫氰酸苯酯分析蛋白质一级结构的 Edman 降解法；1953 年，Sanger 完成了第一种蛋白质——胰岛素的序列分析。此外，X 射线衍射技术的发展促进了对蛋白质构象的研究，Pauling 和 Corey 于 1950 年提出了 α 角蛋白构象的 α 螺旋模型，Perutz 和 Kendrew（1962 年诺贝尔化学奖获得者）于 1959 年阐明了血红蛋白的四级结构。

2. 确定了 DNA 是生命遗传的物质基础　1869 年，Miescher 最早分离到核素，但当时并未引起重视。20 世纪 30 年代，核酸的结构开始得到研究，但当时认为核酸的一级结构只是核苷酸单位的重复连接，不可能携带遗传信息，蛋白质可能是遗传信息的携带者。1944 年，Avery 等通过肺炎链球菌转化实验证明 DNA 是细菌的遗传物质；1952 年，Hershey（1969 年诺贝尔生理学或医学奖获得者）和 Chase 通过大肠杆菌（又称大肠埃希菌）T2 噬菌体感染实验进一步证明 DNA 也是 DNA 病毒的遗传物质。1953 年，Chargaff 提出了关于 DNA 组成的 Chargaff 规则，为研究 DNA 结构奠定了基础。

（二）诞生和发展阶段

1953年，Watson和Crick（1962年诺贝尔生理学或医学奖获得者）提出了DNA的双螺旋结构模型，成为分子生物学诞生的里程碑，使分子生物学基本理论的发展进入了黄金时代。他们进一步提出的碱基配对原则、DNA半保留复制特征和中心法则为研究核酸与蛋白质的关系及其意义奠定了基础。在此期间的主要发展包括：

1. 中心法则的建立 在提出DNA双螺旋结构模型的同时，Watson和Crick提出了DNA复制的可能机制；1955年，Kornberg（1959年诺贝尔生理学或医学奖获得者）发现了大肠杆菌DNA聚合酶；1956年，Crick提出了分子生物学的中心法则；1958年，Meselson和Stahl用同位素标记技术和密度梯度离心技术证明DNA是半保留复制的；1968年，Okazaki提出DNA是不连续复制的；1971~1976年，Wang先后发现了大肠杆菌Ⅰ型DNA拓扑异构酶和Ⅱ型DNA拓扑异构酶。这些都丰富了对DNA复制机制的认识。

在阐明DNA通过复制传递遗传信息的同时，对遗传信息表达机制的研究也取得了进展，mRNA介导遗传信息表达的假说被Jacob和Brenner等提出并于1961年提取到mRNA。1958年，Weiss和Hurwitz等发现了RNA聚合酶；1961年，Hall和Spiegelman通过RNA-DNA杂交分析证明了mRNA与DNA序列的互补性，RNA的合成机制得以阐明。

20世纪50年代，蛋白质合成机制的研究取得突破性进展，Zamecnik等通过实验证明核糖体是蛋白质的合成机器；1957年，Hoagland、Stephenson和Zamecnik等分离出tRNA，并对它们在蛋白质合成过程中转运氨基酸的作用提出了假设；1961年，Brenner和Gross等观察到在蛋白质合成过程中mRNA与核糖体结合；尤其令人鼓舞的是Holley、Khorana和Nirenberg（1968年诺贝尔生理学或医学奖获得者）等几组科学家于1966年破译了遗传密码，从而阐明了蛋白质合成的基本机制。

上述重大发现形成了以中心法则为基础的分子生物学理论体系。1970年，Baltimore和Temin（1975年诺贝尔生理学或医学奖获得者）分别发现了逆转录酶，进一步补充和完善了中心法则。

2. 对蛋白质结构和功能的进一步认识 1956~1958年，Anfinsen（1972年诺贝尔化学奖获得者）和White根据对酶蛋白变性和复性的实验研究，提出蛋白质的空间结构是由其氨基酸序列决定的；1956年，Ingram证明一种镰状血红蛋白（HbS）和正常血红蛋白（HbA）只是β亚基的一个氨基酸不同，使人们对蛋白质一级结构决定其功能的意义有了更深刻的认识；20世纪60年代，血红蛋白、RNase A（核糖核酸酶A）等蛋白质的一级结构相继被阐明；1965年，中国科学家合成牛胰岛素，并于1973年完成对其空间结构的分析，为阐明蛋白质的结构规律做出了重要贡献。

（三）深入发展阶段

20世纪70年代，基因工程技术（重组DNA技术）的建立成为新的里程碑，标志着新阶段的开始。

1. 基因工程技术的建立 分子生物学理论和分子生物学技术的发展使基因工程技术的建立成为必然。1968年，Meselson和Yuan在大肠杆菌中发现了限制性内切酶；1972年，Berg（1980年诺贝尔化学奖获得者）等将大肠杆菌、噬菌体、病毒的DNA进行重组，成功构建了打破种属界限的重组DNA分子；1977年，Boyer等在大肠杆菌中表达生长抑素；1978年，重

组人胰岛素在大肠杆菌中被成功表达。研发基因工程产品成为医药业和农业的一个发展方向。

转基因技术和基因靶向技术的建立是基因工程技术发展的结果。Capecchi、Evans 和 Smithies（2007 年诺贝尔生理学或医学奖获得者）在小鼠胚胎干细胞基因靶向技术方面做出了卓越贡献。1982 年，Palmiter 等用大鼠生长激素基因转化小鼠受精卵，培育得到超级小鼠，激发了人们对培育优良品系家畜的热情。自 1996 年以来，转基因植物的培育突飞猛进：转基因玉米和转基因大豆作为农作物已经规模种植；我国科学家也成功培育出抗棉铃虫的转基因棉花和抗除草剂的转基因水稻。

基因诊断和基因治疗是基因工程技术应用于医药领域的一个重要方面。血红蛋白病等部分遗传病已经实现产前基因诊断。腺苷脱氨酶缺乏症等部分单基因隐性遗传病的基因治疗已经获得成功。

2. 基因组研究的开展　随着分子生物学的发展，生命科学已经从研究单个基因发展到研究基因组。分析一种生物基因组核酸的全序列对揭示该生物的遗传信息及其功能具有重要意义。1977 年，Sanger 分析了 ΦX174 噬菌体的基因组序列；1990 年，人类基因组计划开始实施，并于 2003 年基本完成测序工作。截至 2014 年 2 月 14 日，已经有 12889 种生物的基因组完成测序。目前，基因组研究已经进入后基因组时代。

3. 基因表达调控机制的揭示　在 20 世纪 60 年代之前，人们主要认识了原核基因表达调控的一些基本规律。1977 年，猿猴空泡病毒 40（SV40）和腺病毒基因编码序列不连续性的发现拉开了认识真核生物基因组结构和基因表达调控机制的序幕。20 世纪 80~90 年代，真核基因的调控元件和转录因子开始得到研究，人们认识到核酸与蛋白质的相互识别与相互作用是基因表达调控的根本所在。

4. 信号转导机制研究的深入　对信号转导机制的研究可以追溯到 20 世纪 50 年代。Sutherland（1971 年诺贝尔生理学或医学奖获得者）于 1957 年发现 cAMP 和 1965 年提出第二信使学说是人们认识信号转导的一个里程碑。1977 年，Gilman（1994 年诺贝尔生理学或医学奖获得者）等发现了 G 蛋白，深化了对 G 蛋白介导信号转导的认识。之后，癌基因和抑癌基因的发现、酪氨酸激酶的发现及对其结构和功能的深入研究、各种受体蛋白基因的克隆及对受体蛋白结构和功能的揭示等，使信号转导机制的研究得到进一步发展。

综上所述，分子生物学是过去半个多世纪中生命科学领域发展最快的一个前沿学科，推动着整个生命科学的发展。

二、分子生物学的主要研究内容

化学家和物理学家对生物大分子组成和结构、特别是对核酸构象和蛋白质构象的研究，奠定了分子生物学的物质基础；而遗传学家和生物化学家对生物大分子功能和作用机制的研究，确立了以中心法则为核心的遗传信息传递理论。分子生物学的诞生是多学科研究相互融合的结果。

（一）核酸的分子生物学

核酸的分子生物学研究核酸的结构和功能，其研究内容包括核酸和基因组的结构，基因的鉴定，遗传信息的复制、转录和翻译，基因表达的调控，基因改造及基因工程相关技术的发展和应用等。中心法则是核酸分子生物学理论体系的核心。基因组学的建立和发展使核酸的分子

生物学成为生命科学的领头学科。

（二）蛋白质的分子生物学

蛋白质的分子生物学研究执行各种生命活动的主要大分子——蛋白质的结构和功能。核酸的功能往往要通过蛋白质的作用来实现。因此，两类大分子的代谢与生命活动密切相关。人类研究蛋白质的历史比研究核酸的历史长，但是与核酸分子生物学相比，蛋白质分子生物学的发展较慢，因为蛋白质的研究难度更大。蛋白质组学的建立将从根本上推动蛋白质分子生物学的发展。

（三）信号转导的分子生物学

信号转导的分子生物学研究细胞之间信号传递、细胞内部信号转导的分子基础。细胞的增殖、分化及其他活动均依赖各种环境信号。这些信号直接或间接刺激细胞，使其作出反应，表现为一系列生物化学变化，例如蛋白质构象的改变、蛋白质相互作用的改变等，以适应环境。信号转导研究的目标是阐明这些变化的分子机制，阐明各种信号转导分子及信号通路的效应和调节方式，认识由众多信号通路形成的信号网络。信号转导的研究在理论和技术方面与核酸的分子生物学、蛋白质的分子生物学联系密切，是分子生物学目前发展最快的领域之一。

三、分子生物学与其他学科及医学的关系

分子生物学是由生物化学、生物物理学、遗传学、微生物学、细胞生物学和信息科学等学科相互渗透、综合融汇而建立和发展起来的，已经形成独特的理论体系和研究手段。

（一）分子生物学与其他学科及医学相辅相成

分子生物学与生物化学的关系最为密切，在教育部公布的二级学科目录中属于同一个二级学科，称为“生物化学与分子生物学”（代码 071010），但研究侧重点不同。生物化学通过研究生物体的化学组成、代谢、营养、酶功能、遗传信息传递、生物膜、细胞结构及分子病等阐明生命现象；分子生物学则着重阐明生命的本质，主要研究核酸和蛋白质等生物大分子的结构和功能、生命信息的传递和调控。

分子生物学与细胞生物学的关系也十分密切。传统的细胞生物学主要研究细胞及细胞器的形态、结构和功能。细胞作为生命的基本单位是由众多分子组成的复杂体系，在光学显微镜和电子显微镜下见到的结构是各种分子的有序集合体。阐明细胞成分的分子结构可以让我们更深入地认识细胞的结构和功能，因而现代细胞生物学的发展越来越多地应用分子生物学的理论和技术。分子生物学则从生物大分子的结构入手，研究生物分子之间的高层次联系和作用，特别是细胞整体代谢的分子机制。

分子生物学研究生命的本质，因而广泛地融合到医学领域中，成为重要的医学基础。分子生物学与微生物学、免疫学、病理学、药理学以及临床学科广泛交叉和渗透，形成了一些交叉学科，如分子病毒学、分子免疫学、分子病理学和分子药理学等，极大地推动着医学的发展。

（二）分子生物学促进中医药研究

近年来，中医药研究在继承的基础上借鉴现代科学特别是分子生物学技术，拓宽研究思路，为中医药现代化开辟了一个新的研究领域。

1. 分子生物学在中医基础理论研究中的应用　中医基础理论研究是中医药现代化研究的基石。一个时期以来，虽然在某些方面取得了一些进展，但就本质而言，依旧没有重大突破。

在新的形势下，研究人员将分子生物学技术与中医基础理论相结合，探索从微观角度阐明中医基础理论如藏象和证候的实质，为进一步研究提供理论基础。在证候的理论研究方面，研究人员还提出通过对足够数量的同一疾病证候患者的基因表达进行分析，建立辨证要素的基因表达谱数据库，再相互组合，建立证型的基因表达谱数据库，作为客观且规范的辨证标准，开展证候与易感基因相关性的研究，探索证候相关的易感基因型及其表达，寻找证候易感性差异的遗传学基础，从遗传多态性方面为证候学研究提供基因组依据。

2. 分子生物学在中药研究中的应用　中药是中医学的组成部分，其保健作用和治疗作用已经为几千年的生活实践所证实。不过，中药至今仍未在国际上得到广泛认知，大多数中药还不能作为药品进入国际市场。影响中药产业现代化和国际化的重要原因是大多数中药的有效成分还不明确。此外，还有药品质量控制不够标准、疗效评价不够规范、药理和毒理作用不够明确等问题有待解决。分子生物学技术应用于中药研究领域，不仅可以深化中药理论、提高中药疗效、减少中药副作用，而且有利于中药与现代医药接轨。运用分子生物学研究中药主要有以下几方面。

（1）中药材的鉴定　为了保证中药的疗效，首先要控制中药材的质量。目前应用于中药材鉴定的分子生物学技术有电泳技术、免疫技术和 DNA 多态性分析等。

（2）药用植物资源的研究和优质药材的培育　运用分子生物学技术进行分子亲缘研究，广泛收集并保护药用植物种质资源，可以筛选优质药用植物，防止现有品种退化；可以改良传统药用植物的遗传性状，提高其有效成分含量；还可以保护和繁殖濒危动植物药材，大量生产高品质道地药材，在传统药材的生产和加工过程中发挥作用。

（3）中药有效成分的转化增量　中药有效成分（如生物碱、皂苷、糖苷、黄酮、挥发油等）大部分为次生代谢产物。应用基因工程、细胞工程、发酵工程、酶工程等技术可以大量获取这些原本含量很低的次生代谢产物。

（4）中药分子药理学的研究　近年来，随着分子生物学和现代药理学研究方法的结合，中药分子药理学已现雏形。在分子水平和基因水平上研究中药有效成分的作用机制，阐明中药药性理论，建立中药活性检测系统，或以受体和基因为靶点开发新药甚至开展基因治疗，将成为分子药理学的重要内容。中药作用的受体机制和受体的药理学特性、中药对基因表达的调控、基因水平的药物筛选、药物代谢酶及其基因的鉴定、中药诱发基因突变的分析等，将成为中药分子药理学研究中既有挑战性又有前景的新领域。

目前，中医药尚处于传统医学和现代医学的交会点。在传统医学这一层次上，中医药已经进入了后科学时期。中医药走向世界，一方面要通过更广泛的医疗实践来丰富中医药，另一方面要汇集全人类的智慧，结合现代医学成果来发展中医药，而分子生物学技术等现代科学技术将是完成这一使命的重要工具。

NOTE

第一章 基因和基因组

自然界中从简单的病毒到复杂的高等生物，都有决定其基本特征和控制其生命活动的遗传信息，这些遗传信息的载体就是核酸。核酸包括脱氧核糖核酸（DNA）和核糖核酸（RNA）。DNA 包括染色体 DNA、线粒体 DNA、叶绿体 DNA 及质粒等，统称常居 DNA（resident DNA），是遗传物质。RNA 存在于细胞质、细胞核和其他细胞器中，参与遗传信息的复制和表达。此外，RNA 还是 RNA 病毒的遗传物质。

1869 年，瑞士科学家 Miescher 从脓细胞中分离到含 DNA 的核蛋白（nucleoprotein），并命名为"nuclein（核素）"。1909 年，丹麦植物学家 Johannsen 创造了"gene（基因）"一词（源于希腊语 *genos*，意为"出生"），用以命名 Mendel 遗传单位。对基因化学本质和功能的阐明是在 20 世纪 40 年代之后，基因（gene）是 DNA 表达遗传信息的功能单位，以一段或一组特定的核苷酸序列为载体，通过表达功能产物 RNA 和蛋白质控制着各种生命活动，从而控制生物个体的性状。

1920 年，德国植物学家 Winkler 创造了"genome（基因组）"一词（是由基因 gene 与染色体 chromosome 构成的混成词）。遗传学上把一个配子的全套染色体称为一个染色体组，一个染色体组所含的全部 DNA 称为一个基因组。现代分子生物学把一种生物所含的一套遗传物质称为基因组（genome）。基因组以染色体组 DNA（核基因组）为主体，真核生物的基因组还包括线粒体 DNA（线粒体基因组）、叶绿体 DNA（叶绿体基因组）。RNA 病毒的基因组则为一套 RNA。总之，从简单的病毒到复杂的高等生物，都有决定其基本特征的基因组。

当代生物学及医药领域的许多新发现、新技术都以基因、基因组为核心。

第一节 DNA 的结构和功能

DNA 的结构单位是脱氧核苷一磷酸（dNMP），包括一磷酸脱氧腺苷（dAMP）、一磷酸脱氧鸟苷（dGMP）、一磷酸脱氧胞苷（dCMP）和一磷酸胸苷（TMP），分别由腺嘌呤（A）、鸟嘌呤（G）、胞嘧啶（C）和胸腺嘧啶（T）等碱基与磷酸、脱氧核糖构成。脱氧核苷一磷酸通过 3′,5′-磷酸二酯键连接构成线性 DNA 单链，这是 DNA 的一级结构。两股 DNA 链反向互补结合并形成右手双螺旋结构，这是 DNA 的二级结构。原核生物及病毒的共价闭合环状 DNA 进一步盘曲形成超螺旋结构；真核生物线性 DNA 与蛋白质及少量 RNA 结合，经过层层压缩，最终形成染色体结构，这些是 DNA 的三级结构。

NOTE

一、DNA 的一级结构

四种脱氧核苷一磷酸通过 3′,5′-磷酸二酯键连接，构成 DNA 单链。

在 DNA 单链中，每个核苷酸的 3′-羟基与相邻核苷酸的 5′-磷酸基缩合，形成 3′,5′-磷酸二酯键（受 2′-羟基影响，RNA 的 3′,5′-磷酸二酯键不如 DNA 的稳定）。核酸主链又称骨架，由磷酸基与戊糖交替连接构成，碱基相当于侧链。

核酸链有方向性，即有两个不同的末端，分别称为 5′端和 3′端，5′端有游离磷酸基，是头；3′端有游离羟基，是尾。DNA 链有几种书写方式，都是从头到尾，即 5′→3′端书写，与核酸的合成方向一致。

不同 DNA 分子的长度及脱氧核苷一磷酸的排列顺序不同。核苷酸广义上包括脱氧核苷一磷酸，所以 DNA 的一级结构通常被定义为 DNA 的核苷酸序列（图 1-1）。不同核苷酸只是碱基不同，所以核苷酸序列也称为碱基序列。

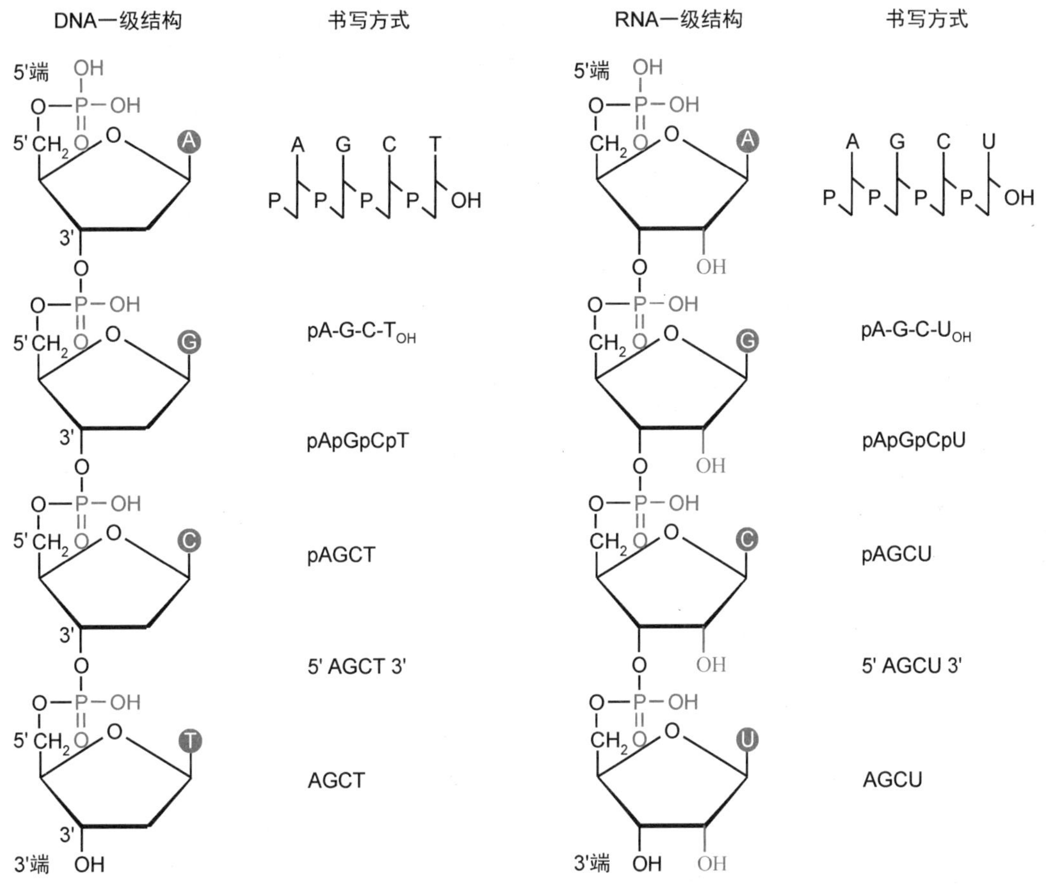

图 1-1　核酸一级结构及其书写方式

二、DNA 的二级结构

DNA 典型的二级结构为右手双螺旋结构。此外，DNA 分子还存在局部左手双螺旋结构、十字形结构和三股螺旋结构等。

（一）右手双螺旋结构

1953年，Watson和Crick结合Chargaff规则及Franklin和Wilkins对DNA纤维X射线衍射图的研究，提出了经典的DNA二级结构模型——双螺旋结构模型（double helix model，图1-2）。

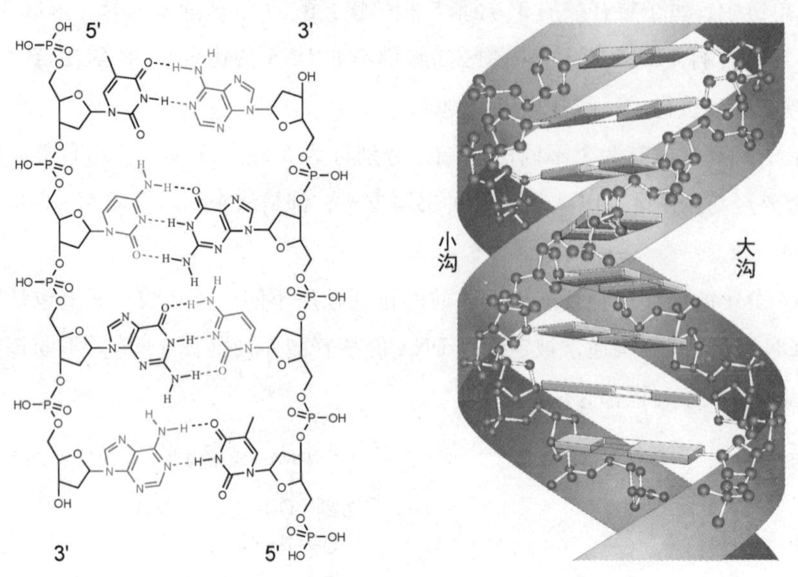

图1-2 B-DNA双螺旋结构模型

1. 两股DNA链反向互补形成双链结构 在该结构中，DNA主链位于外面，碱基侧链位于内部（但是暴露于大沟和小沟内）。双链碱基形成Watson-Crick碱基配对（图1-3），即腺嘌呤（A）以两个氢键与胸腺嘧啶（T）结合，鸟嘌呤（G）以三个氢键与胞嘧啶（C）结合，这种配对称为碱基配对原则。由此，一股DNA链的核苷酸序列决定着另一股DNA链的核苷酸序列，两股DNA链称为互补链。

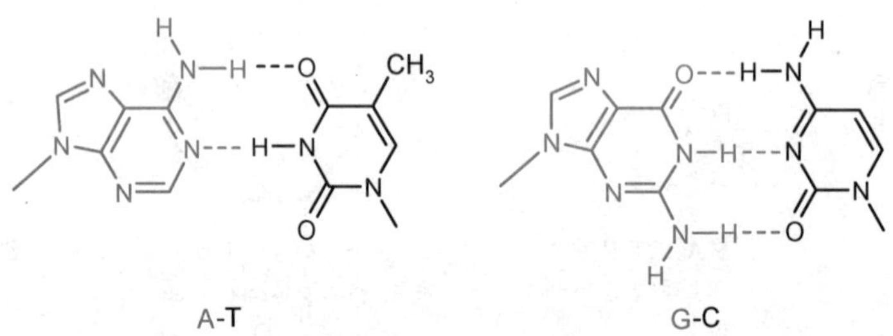

图1-3 Watson-Crick碱基配对

2. DNA双链进一步形成右手双螺旋结构 在双螺旋结构中，碱基平面与螺旋轴垂直，糖基平面与碱基平面接近垂直，与螺旋轴平行；双螺旋直径为2nm，每一螺旋含10bp（bp为双链核酸长度单位，1bp为1个碱基对），螺距为3.4nm，相邻碱基对之间的轴向距离为0.34nm；双螺旋表面有两道沟槽，相对较深、较宽的为大沟（轴向沟宽2.2nm），相对较浅、较窄的为小沟（轴向沟宽1.2nm）。

3. 氢键和碱基堆积力维持DNA双螺旋结构的稳定性 碱基对氢键维持双链结构的横向稳定性，即双链结构。碱基对平面之间的碱基堆积力（base-stacking force，包括范德华力和疏水作用）维持双螺旋结构的纵向稳定性，即螺旋结构。

NOTE

上述右手双螺旋结构模型是92%相对湿度下制备的DNA钠盐纤维的二级结构，称为B-

DNA。在溶液状态下，B-DNA 每一螺旋含 10.4~10.5bp，螺距为 3.6nm，且形成碱基对的两个碱基并非共面，而是形成螺旋桨结构。细胞内 DNA 几乎都以 B-DNA 结构存在。

（二）其他二级结构

DNA 局部存在其他二级结构，例如 A-DNA、Z-DNA（图 1-4）、十字形结构、三股螺旋结构。

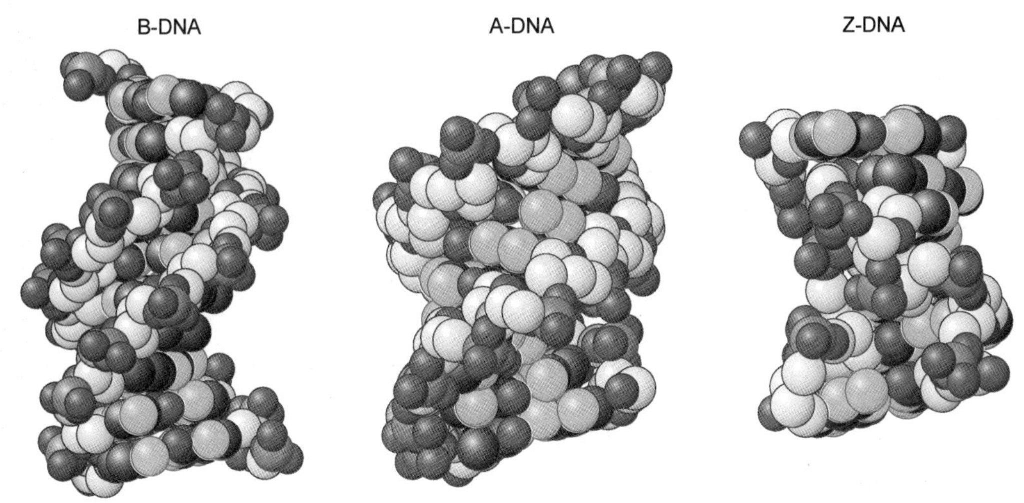

图 1－4　几种 DNA 双螺旋结构

1. A-DNA　也是右手螺旋 DNA，但与 B-DNA 相比大沟变窄变深，小沟变宽变浅。A-DNA 双螺旋直径为 2.6nm，每一螺旋含 11bp，螺距为 2.9nm。A-DNA 是 75%相对湿度下制备的 DNA 钠盐纤维的二级结构。在细胞内，某些 DNA-蛋白质复合物中含 A-DNA，RNA 双链区及某些 DNA-RNA 杂交双链的二级结构与 A-DNA 一致。

2. Z-DNA　是左手螺旋 DNA，是 1979 年 Rich 等用 X 射线衍射技术分析人工合成的 DNA 片段 CGCGCG 晶体时发现的。Z-DNA 双螺旋主链呈锯齿状，其表面只有一道沟槽，相当于 B-DNA 的小沟，窄而深。Z-DNA 双螺旋直径为 1.8nm，每一螺旋含 12bp，螺距为 4.5nm。研究表明，生物体内 DNA 中富含 CpG 的序列容易形成 Z-DNA 结构，其功能可能是参与基因表达调控或 DNA 重组。

3. 十字形结构　双链 DNA 中存在许多反向重复序列（IR），这种序列可以形成十字形结构。这种结构可能有助于 DNA 与 DNA 结合蛋白（DBP）结合，影响基因表达。此外，大肠杆菌 DNA 复制起点也存在十字形结构（图 1-5）。人类基因组约含 5%的反向重复序列。

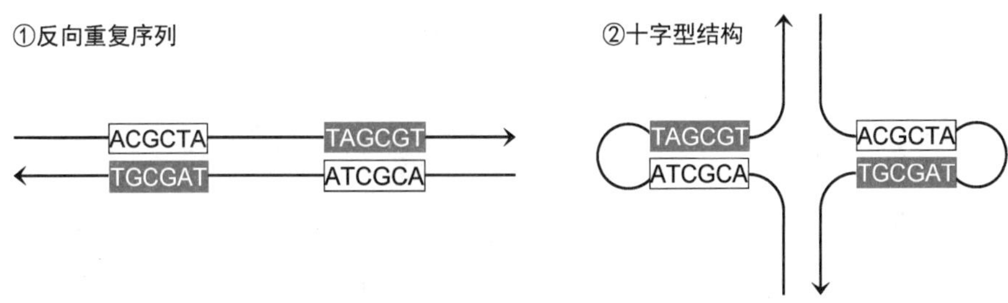

图 1－5　DNA 反向重复序列与十字形结构

4. 三股螺旋结构　双链 DNA 中存在一种镜像重复序列（mirror repeat），即其两股链的碱基排布都是对称的（图 1-6）。

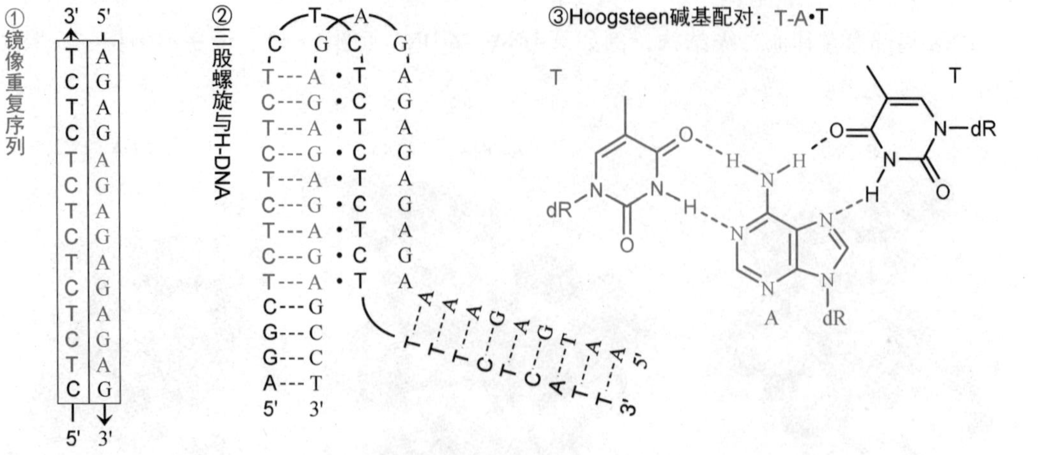

①镜像重复序列

②三股螺旋与H-DNA

③Hoogsteen碱基配对：T-A•T

图 1－6　DNA 镜像重复序列、H-DNA 和三股螺旋结构

当镜像重复序列的一股都是嘌呤碱基，另一股都是嘧啶碱基时，可以形成一种特殊的 H-DNA 结构，该结构中存在三股螺旋，三股 DNA 通过 Hoogsteen 碱基配对相结合（图 1-6）。

真核生物基因组中存在大量可以形成三股螺旋的序列。这些序列多位于 DNA 的复制起点、复制终止区、基因表达调控区或 DNA 重组位点，提示它们可能与 DNA 复制、转录、重组的起始或调控有关。第三股链可能抑制 RNA 聚合酶或转录因子与 DNA 结合，从而抑制转录。

三、DNA 的超螺旋结构

细菌、线粒体及某些病毒等的 DNA 具有闭环结构，即其两股链均呈环状，这种 DNA 称为共价闭合环状 DNA（cccDNA，简称闭环 DNA）。共价闭合环状 DNA 的三级结构是在双螺旋结构（松弛结构，relaxed molecule）基础上进一步盘绕形成的超螺旋（superhelix）结构。超螺旋有正超螺旋和负超螺旋两种，DNA 依双螺旋方向进一步缠绕形成正超螺旋（positive supercoil）；DNA 依双螺旋相反方向旋转形成负超螺旋（negative supercoil）。两股 DNA 形成的正超螺旋为右手超螺旋、负超螺旋为左手超螺旋。四股 DNA 形成的正超螺旋为左手超螺旋、负超螺旋为右手超螺旋（图 1-7）。DNA 在细胞内通常处于负超螺旋状态，这有利于其复制和转录。

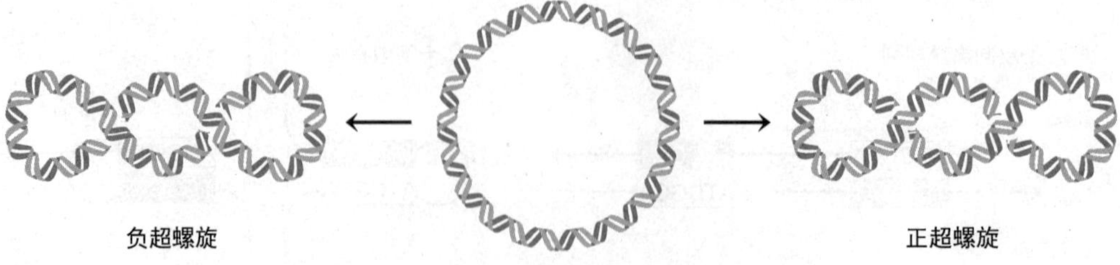

图 1－7　DNA 形成四股超螺旋

NOTE

四、染色体结构

真核生物染色体 DNA 与组蛋白、非组蛋白及少量 RNA 在细胞分裂间期形成染色质结构，在细胞分裂期形成染色体结构，两者的主要区别是压缩程度（称为压缩比、包装比）不同。

作为遗传物质，染色体有以下特征：①分子结构相对稳定；②能够自主复制；③能够指导 RNA 和蛋白质合成，从而控制生命过程；④会发生可遗传的变异。

（一）染色体的组成

染色体的主要成分是 DNA、RNA、组蛋白和非组蛋白，其中 DNA 和组蛋白含量稳定，含量比接近 1∶1；RNA 和非组蛋白含量则随着生理状态的变化而变化。

1. 组蛋白（histone）　是真核生物染色体的基本结构蛋白。C 端 2/3 序列富含疏水性氨基酸，N 端 1/3 序列富含碱性氨基酸精氨酸（Arg）和赖氨酸（Lys）（表 1-1）。组蛋白属于碱性蛋白质，等电点在 10 以上。

表 1－1　人组蛋白种类与性质

组蛋白	氨基酸数目	Lys 数目（%）	Arg 数目（%）	保守性	染色体定位
H1.0	194	56（29.2）	6（3.1）	不保守	连接 DNA
H2A.1	130	14（10.8）	12（9.3）	较保守	组蛋白八聚体
H2B.1A	126	20（16.0）	8（6.4）	较保守	组蛋白八聚体
H3.1	136	13（9.6）	18（13.3）	最保守	组蛋白八聚体
H4	103	11（10.8）	14（13.7）	最保守	组蛋白八聚体

组蛋白有 H1、H2A、H2B、H3 和 H4 共五类，其中 H2A、H2B、H3 和 H4 称为核心组蛋白（core histone），H1 称为连接 DNA 组蛋白（linker histone）。从一级结构上看，核心组蛋白高度保守，特别是 H3 和 H4，没有明显的种属特异性和组织特异性，含量也很稳定，例如豆类（Ile60、Arg77）与牛（Val60、Lys77）的 H4 仅有两个氨基酸残基不同，人与酵母的组蛋白 H4 仅有 9 个氨基酸残基不同。连接 DNA 组蛋白 H1 在不同生物体、不同组织细胞中的差异较大，在个体发育过程中也有变化。组蛋白在维持染色体的结构和功能方面起关键作用。

2. 非组蛋白（nonhistone）　大多数非组蛋白比组蛋白大，且富含酸性氨基酸，属于酸性蛋白质。非组蛋白种类繁多，具有种属特异性和组织特异性，并且在整个细胞周期中都有合成，而不像组蛋白仅在 S 期与 DNA 同步合成。非组蛋白既有支架蛋白（scaffold protein），又有酶和转录因子等，其主要功能是参与 DNA 折叠、复制、修复、重组，RNA 合成与加工，调控基因表达。非组蛋白特性：

（1）种类多样性　有 20～100 种，占染色质蛋白的 60%～70%，各组织差异极大，更新快，包括 DNA 聚合酶、RNA 聚合酶、高速泳动族蛋白（HMG 蛋白）、染色体支架蛋白、肌动蛋白、转录因子等。

（2）结合特异性　以离子键、氢键结合于特定 DNA 序列的大沟。这些序列进化上具有保守性。相应的非组蛋白多可二聚化。

非组蛋白的结合特异性源于其含各种 DNA 结合域，如螺旋-转角-螺旋、锌指、亮氨酸拉链、螺旋-环-螺旋（第六章，168 页）。

（3）功能多样性 虽然一个真核细胞中 DNA 结合蛋白只有 10000 个分子，仅占细胞总蛋白的 1/50000，但有多方面的功能，包括染色质组装、基因表达调控。

3. RNA 占染色体质量的 1%~3%，含量最低，变化较大，可能通过与组蛋白、非组蛋白相互作用而调控基因表达。

（二）染色体的结构

真核生物 DNA 在双螺旋的基础上经过多级压缩形成染色体结构（图 1-8）。

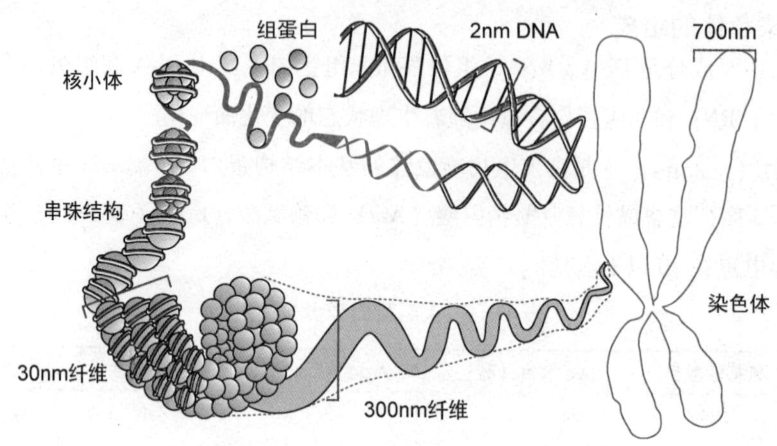

图 1-8 染色体形成模式

1. 核小体 是染色体的基本结构单位，由组蛋白八聚体和 180~200bp 核小体 DNA 构成（表 1-2）。

表 1-2 不同生物核小体 DNA 长度

物种	核小体 DNA 长度（bp）	连接 DNA 长度（bp）
酿酒酵母	160~165	13~18
海胆精子	~260	~110
果蝇	~180	~33
人	185~200	38~53

（1）两个 H2A-H2B 二聚体与一个 $(H3\text{-}H4)_2$ 四聚体构成组蛋白八聚体（histone octamer），又称核小体核心（nucleosome core）。

（2）组蛋白八聚体被核心 DNA（core DNA，145~147bp）以左手螺线管（solenoid）方式缠绕不到两圈，形成核小体核心颗粒（nucleosome core particle），直径约为 10nm。

（3）核小体核心颗粒与连接 DNA（15~60bp）构成核小体（nucleosome，人单倍体 DNA 与核心组蛋白形成 1.7×10^7 个核小体）。

（4）若干核小体形成直径约为 10nm 的串珠结构（又称 10nm 纤维，图 1-9）。从 DNA 双螺旋到串珠结构，压缩比（packing ratio）是 7。

2. 30nm 纤维 串珠结构经过螺旋化形成直径约为 30nm、螺距约为 12nm 的螺线管，称为 30nm 纤维，其每一螺旋含 6 个核小体，且每个核小体需结合一分子 H1（覆盖约 20bp DNA。结合较弱，可在盐溶液中分离）构成染色质小体（chromatosome）。核心组蛋白 N 端、H1、高离子强度对螺线管的形成和稳定起重要作用。从串珠纤维到 30nm 纤维，压缩比是 6。

NOTE

30nm 纤维进一步结合非组蛋白、少量 RNA 及与复制转录有关的酶类，形成染色质纤维（chromatin fiber）。

3. 300nm 纤维　在细胞分裂前期，染色质纤维进一步螺旋化形成直径约为 300nm 的超螺线管（supersolenoid）结构，称为 300nm 纤维、染色线（chromonema）。从 30nm 纤维到 300nm 纤维，压缩比是 40。

4. 染色单体　300nm 纤维凝缩成直径约为 700nm 的染色单体，压缩比是 5。因此，细胞分裂中期染色单体的压缩比高达 8000～10000；相比之下，在细胞分裂间期，染色质结构的压缩比仅为 100～1000。

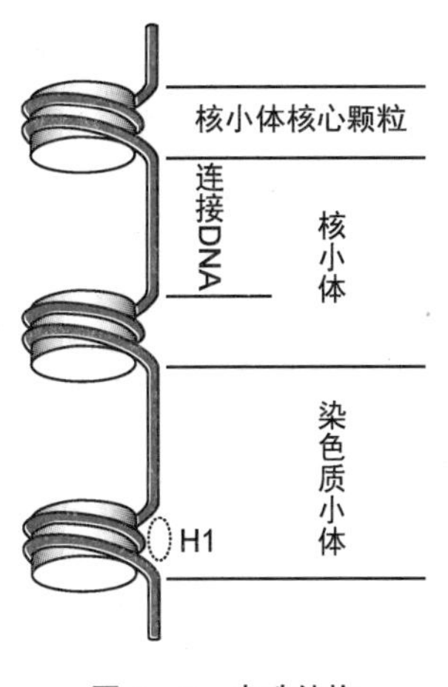

图 1-9　串珠结构

需要说明的是，①真核生物染色体结构尚未完全阐明，有多种模型，这里介绍的只是其中一种模型。②由于细胞内不断进行代谢，特别是基因表达及 DNA 复制，DNA 的扭曲盘绕是一个动态过程，所以在不同时期及 DNA 的不同区段，其盘绕方式和盘绕程度都不相同。

（三）DNA 三级结构的生理意义

DNA 形成染色体结构有着重要的生理意义。

1. 染色体是 DNA 适应细胞空间的压缩状态　DNA 分子在长度上高度压缩，有利于组装。例如人体细胞核内有 46 条染色体，其 DNA 总长度 1.7～2m，被压缩到约 200μm（细胞核直径 10～15μm），压缩了 8000～10000 倍。

成年人体约有 10^{14} 个细胞，所含 DNA 总长度为 2×10^{11} km。对比一下地球和太阳之间的距离（1.5×10^{8} km）或可理解其压缩的意义。

2. DNA 包装成染色体后不易受到损伤　相比之下裸 DNA（naked DNA）容易受到损伤。

3. 细胞分裂时染色体可有效地分配到子细胞中　避免形成非整倍体、异倍体。

4. 染色体赋予 DNA 特定的空间结构　从而使其功能表达受到调控。

5. 超螺旋结构影响 DNA 复制和转录　细胞核内 DNA 结构处于动态变化之中。超螺旋的改变可以协调 DNA 局部解链，影响复制和转录等的启动及进程。

五、染色体外 DNA

真核细胞核之外还存在线粒体 DNA、叶绿体 DNA（植物），许多原核细胞及个别真核细胞还存在质粒，它们统称染色体外 DNA。染色体外 DNA 与原核生物染色体 DNA 均为裸露结构，故统称基因带（genonema）。

（一）线粒体 DNA

1894 年，Altmann 发现线粒体。1963 年，Nass & Nass 在鸡胚肝细胞中发现线粒体内含线粒体 DNA（mtDNA），它所携带的遗传信息可以指导合成部分线粒体蛋白，因而属于细胞核外遗传系统（表 1-3）。

一个细胞可以含成百上千个线粒体，一个线粒体含多个 mtDNA 拷贝，因此一个细胞含许多 mtDNA 拷贝，可达细胞总 DNA 的 1%。mtDNA 属于重复序列（29 页）。

NOTE

表 1-3　不同来源线粒体 DNA 长度及其表达产物

	动物	酵母	植物
线粒体 DNA 长度/kb	14~18	78	200~2500
表达产物			
复合物Ⅰ亚基数	7	0	6
复合物Ⅲ细胞色素 *b*	+	+	+
复合物Ⅳ亚基 1、2、3	+	+	+
ATP 合成酶 F_0			
亚基 6	+	+	+
亚基 8	+	+	+
亚基 9	-	+	+
ATP 合成酶 F_1			
亚基 α	-	-	+
rRNA			
大亚基	16S	21S	26S
小亚基	12S	15S	18S
5SRNA	-	-	+
tRNA	22	23~25	~30

绝大多数 mtDNA 为闭环结构，一股链含较多的嘌呤碱基，浮力密度较高，称为 H 链（heavy chain，重链）；另一股链含较多的嘧啶碱基，浮力密度较低，称为 L 链（light chain，轻链）。草履虫 mtDNA 虽为线性结构，但末端是发夹结构，因此没有游离单链末端。

人线粒体多数含 2~10 个 mtDNA 拷贝，位于线粒体基质的不同区域。每个拷贝含 16569bp，几乎均为编码序列（基因间区累计仅 87bp），编码 2 种 rRNA（12S rRNA 和 16S rRNA）、22 种 tRNA（转运 20 种氨基酸，其中转运 Leu 和 Ser 的 tRNA 各有 2 种）和 13 种蛋白质（约占心肌 615 种线粒体蛋白的 2%，分别是呼吸链复合物Ⅰ、Ⅲ、Ⅳ和 ATP 合成酶的 7、1、3 和 2 种肽链，每种约 50AA）。人 mtDNA 于 1981 年完成序列分析。

（二）叶绿体 DNA

1962 年，Ris 和 Plant 在衣藻叶绿体中发现 DNA（292kb，是已知最大的叶绿体 DNA。已知最小的是刺松藻叶绿体 DNA，85kb）。叶绿体 DNA（cpDNA）为共价闭合环状 DNA，每个叶绿体约含 12 个 cpDNA。1986 年，Ohyama 及 Shinozaki 领导的研究小组分别完成了地钱（*Marchantia polymorpha*）cpDNA（121024bp）和烟草（*Nicotiana tabacum*）cpDNA（155844bp）的序列分析。虽然两种 cpDNA 的长度不同，但其所含基因的种类甚至在 cpDNA 中的排列几乎一致，提示它们有共同的起源。地钱 cpDNA 含 128 个基因，编码 4 种 rRNA（23S、16S、4.5S、5S）、31 种 tRNA 及 100 多种叶绿体蛋白质（主要是光合系统成分）。叶绿体 DNA 在 G_1 期复制，所需 DNA 聚合酶由染色体 DNA 编码，游离核糖体合成。

（三）附加体

附加体（episome）又称额外染色体（accessory chromosomes）、游离基因，是存在于细菌和某些真核细胞中的一类染色体外遗传物质，既能独立存在并自主复制，又能整合到染色体中，随染色体复制而复制，例如质粒和噬菌体。

质粒（plasmid）是游离于细菌（及个别低等真核细胞）染色体 DNA 之外、能自主复制的遗传物质，大多数是一种共价闭合环状 DNA，大小为 2~400kb。质粒含复制起点，能够转化细菌，利用其 DNA 复制系统，随着染色体 DNA 的复制而复制，或自主复制，并在细胞分裂时分配给子细胞。质粒在两方面不同于染色体 DNA：①它们不是细菌生长所必需的，很多细菌没有质粒。②一个细胞通常含多个质粒拷贝。

一个细胞内所含某种质粒的数目，称为质粒拷贝数。质粒拷贝数由其复制类型决定，并据此分为两类：①严紧型质粒（stringent plasmid）：其复制与宿主染色体同步，拷贝数较低，一个细胞内仅有 1~3 个，例如 pSC101。②松弛型质粒（relaxed plasmid）：其复制与宿主染色体不同步，可以自主复制，拷贝数较高，一个细胞内可有 10~500 个，例如 ColE1。一种质粒是属于严紧型还是松弛型，常和宿主细胞（host cell，是指病毒、质粒或其他外源 DNA 转化并赖以复制或扩增的细胞）的代谢状况有关。例如，R 质粒在大肠杆菌中属于严紧型，而在奇异变形杆菌（*P. mirabilis*）中属于松弛型。因此，质粒复制不仅由自身控制，还受宿主制约。

根据所携带基因功能的不同可将质粒分为 R 质粒（又称抗性质粒）、F 质粒（又称性因子、F 因子、致育因子）、Col 质粒（又称 Col 因子、大肠杆菌素生成因子）等。

质粒在重组 DNA 技术中用于构建载体。

第二节　RNA 的结构和功能

DNA 是遗传物质，绝大多数基因通过其表达产物蛋白质起作用，但直接指导蛋白质合成的并不是 DNA，而是 RNA。

一、RNA 组成

RNA 和 DNA 都由四种核苷酸通过 3′,5′-磷酸二酯键连接形成，但有以下不同。

1. 构成 RNA 的核苷酸含核糖而不含脱氧核糖，含尿嘧啶（U）而几乎不含胸腺嘧啶（T）。因此，构成 RNA 的四种常规核苷酸是一磷酸腺苷（AMP）、一磷酸鸟苷（GMP）、一磷酸胞苷（CMP）和一磷酸尿苷（UMP）。

2. RNA 含较多的稀有碱基（minor base），它们有各种特殊的生理功能。

稀有碱基形成机制：①甲基化：如胞嘧啶（C）→5-甲基胞嘧啶（5mC、m^5C、^mC）。②脱氨基：如腺苷（A）→肌苷（I）。③硫代：如尿嘧啶（U）→4-硫尿嘧啶（s^4U）。④异构：如尿苷（U）→假尿苷（Ψ）。⑤还原：如尿苷（U）→二氢尿苷（D）。

3. RNA 有较多 2′-*O*-甲基核糖。

二、RNA 结构

绝大多数 RNA 为线性单链结构，其构象少有 DNA 那样典型的双螺旋结构，但有以下特征。

1. 线性单链 RNA 也形成右手螺旋结构。

2. RNA 分子中某些片段具有序列互补性，因而可通过自身回折形成茎环结构或发夹结构，其中茎环结构由一段短的互补双链区（茎）和一个有特定构象和功能的单链环（>10nt。nt 为

NOTE

单链核酸长度单位。有些文献中并不区分茎环结构和发夹结构）构成（图 1-10），互补双链区碱基配对原则是 A 对 U、G 对 C，但可含非 Watson-Crick 碱基配对，特别是 G-U 碱基对，例如 rRNA 富含 G-U、G-A 碱基对。互补双链区可形成右手双螺旋结构。

图 1-10 RNA 的茎环结构和发夹结构

3. 各种 RNA 有复杂的三级结构。

4. 许多 RNA 以核蛋白（nucleoprotein，蛋白质与 DNA 或 RNA 形成的复合物）形式存在，称为核糖核蛋白（RNP）。

三、RNA 分类

人体一个细胞含 RNA 约 10pg（含 DNA 约 7pg）。与 DNA 相比，RNA 种类繁多，分子量较小，含量变化大。RNA 可根据结构和功能的不同分为信使 RNA 和非编码 RNA。非编码 RNA 分为非编码大 RNA 和非编码小 RNA。非编码大 RNA 包括核糖体 RNA、长链非编码 RNA（long noncoding RNA，lncRNA，300～1000nt）。非编码小 RNA 包括转移 RNA、核酶、小分子 RNA 等。小分子 RNA（20～300nt）包括 miRNA、siRNA、piRNA、scRNA、snRNA、snoRNA 等，细菌也有小分子 RNA（50～500nt）（表 1-4）。

表 1-4 人类基因组编码 RNA 种类

分类		名称（缩写）	功能	基因数
信使 RNA		细胞核信使 RNA（mRNA）	蛋白质合成模板	～25000
		线粒体信使 RNA（mt mRNA）	蛋白质合成模板	13
非编码 RNA	非编码大 RNA	细胞核核糖体 RNA（28S、18S rRNA）	蛋白质合成	～300
		端粒酶 RNA	端粒合成模板	1
		长链非编码 RNA（lncRNA）	基因表达调控	?
		线粒体核糖体 RNA（mt rRNA）	核糖体成分	2
	非编码小 RNA	①胞核小 RNA		
		核内小 RNA（snRNA）	mRNA 转录后加工	～80
		核仁小 RNA（snoRNA）	rRNA 转录后加工	～85
		Xist	X 染色体失活	1
		7SK RNA	转录调控	1
		RNase P RNA	tRNA 5′加工	1
		RNase MRP RNA	rRNA 加工	1
		hY1、3、4、5	核糖核蛋白成分	～30
		②胞质小 RNA（scRNA）		
		miRNA，siRNA，piRNA	基因表达调控	～1000
		7SL RNA	信号识别颗粒成分	3
		Vault RNA	Vault 核糖核蛋白成分	3
		③线粒体 RNA		
		mt tRNA	氨基酸转运	22

NOTE

（一）信使 RNA

信使 RNA（mRNA）最早发现于 1960 年，在蛋白质合成过程中负责传递遗传信息、直接指导蛋白质合成，具有以下特点（结构特点见第四章，103 页）。

1. 含量低　占细胞总 RNA 的 1%～5%。

2. 种类多　可达 10^5 种。不同基因表达不同的 mRNA。

3. 寿命短　不同 mRNA 指导合成不同的蛋白质，完成使命后即被降解。细菌 mRNA 的平均半衰期（又称半寿期，是指体内指定代谢物或药物、毒物等的总量减半所需的时间）约为 1.5 分钟。脊椎动物 mRNA 的半衰期差异极大，平均约为 3 小时。

4. 长度差异大　哺乳动物 mRNA 长度 5×10^2～1×10^5nt。

原核生物与真核生物的 mRNA 虽然在结构上有差异，但功能一样，都是指导蛋白质合成的模板（第四章，102 页）。

（二）转移 RNA

转移 RNA（tRNA）在蛋白质合成过程中负责转运氨基酸、解读 mRNA 遗传密码。tRNA 占细胞总 RNA 的 10%～15%，绝大多数位于细胞质中。tRNA 由 Crick 于 1955 年提出其存在，Zamecnik 和 Hoagland 于 1957 年鉴定。

1. tRNA 一级结构　具有以下特点：①是一类单链小分子 RNA，长 73～95nt（共有序列 76nt），沉降系数 4S。②是含稀有碱基最多的 RNA，含 7～15 个稀有碱基（占全部碱基的15%～20%），位于非配对区。③5′末端碱基往往是鸟嘌呤。④3′端是 CCA 序列，其中的腺苷酸常称为 A76，其 3′-羟基是氨基酸结合位点。

2. tRNA 二级结构　约 50%碱基配对，形成四段双螺旋，与五段非配对序列形成三叶草形结构（图 1-11①）。该结构中存在四臂四环：①氨基酸臂。②二氢尿嘧啶臂（DHU 臂、D 臂）和二氢尿嘧啶环（DHU 环、D 环），特征是含二氢尿嘧啶（DHU、D）。③反密码子臂和反密码子环，特征是反密码子环含反密码子（第四章，105 页）。反密码子 5′端与尿苷酸连接，3′端与嘌呤核苷酸连接。④TΨC 臂（T 臂）和 TΨC 环（Ψ 环），特征是 TΨC 环含胸腺嘧啶核糖核苷酸 T54-假尿苷酸 Ψ55-胞苷酸 C56。④额外环 3～21nt。

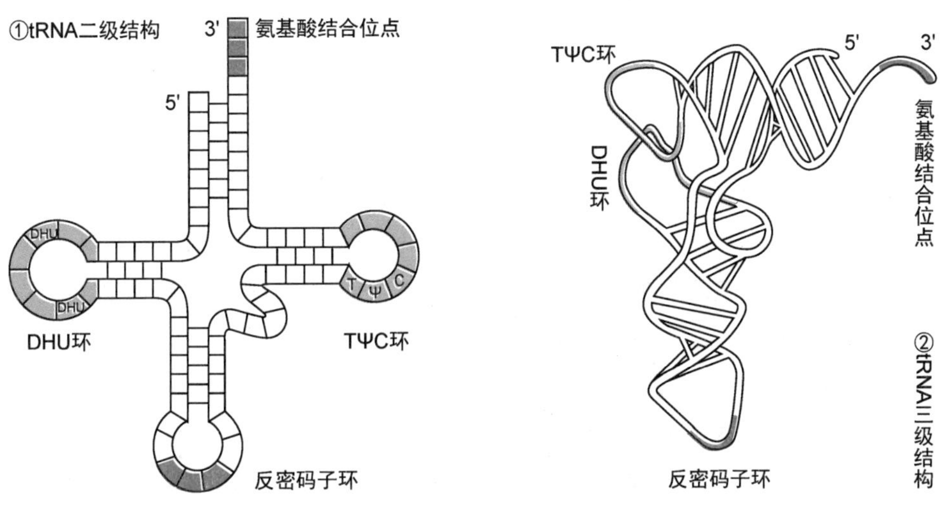

图 1－11　tRNA 结构

3. tRNA 三级结构　呈 L 形，氨基酸结合位点位于其一端，反密码子环位于其另一端，DHU 环和 TΨC 环虽然在二级结构中位于两侧，但在三级结构中却相邻（图 1-11②）

尽管各种 tRNA 的长度和序列不尽相同，但其三级结构相似，提示三级结构与其功能密切相关。

（三）核糖体 RNA

核糖体 RNA（rRNA）与核糖体蛋白构成一种称为核糖体（ribosome）的核蛋白颗粒，一个大肠杆菌中约有 15000 个核糖体。

1. 核糖体组成和结构　原核生物和真核生物的核糖体都由一个大亚基和一个小亚基构成，两个亚基都由 rRNA 和核糖体蛋白构成。核糖体、核糖体亚基及 rRNA 的大小一般用沉降系数表示（表 1-5）。

表 1-5　核糖体组成

生物	核糖体沉降系数	rRNA 含量	亚基沉降系数	所含 rRNA	核糖体蛋白种类
大肠杆菌	70S	66%	50S	23S = 2904nt	33（L1 ~ L36）
				5S = 120nt	
			30S	16S = 1542nt	21（S1 ~ S21）
哺乳动物	80S	60%	60S	28S = 4718nt	49
				5. 8S = 160nt	
				5S = 120nt	
			40S	18S = 1874nt	33

（1）初期研究认为大肠杆菌核糖体大亚基（又称 50S 亚基）有 36 条肽链，编号 L1 ~ L36。进一步研究表明，①L7 是 L12 的 Ser2 乙酰化产物。②L26 是小亚基（又称 30S 亚基）蛋白质 S20，并不是大亚基蛋白质。③L8 是两个 L7/L12 二聚体与 L10 形成的五聚体。因此，目前认为大肠杆菌核糖体大亚基有 33 种基因编码的 36 条肽链。

（2）真核生物 18S、28S、5S rRNA 分别与原核生物 16S、23S、5S rRNA 同源，5. 8S rRNA 则与 23S rRNA 5′端同源。

（3）游离核糖体亚基与完整的核糖体形成解离平衡，该平衡受离子强度影响。研究表明，核糖体的形成依赖 Mg^{2+}，去除 Mg^{2+} 则解离成游离亚基。

2. 核糖体 RNA 特点　rRNA 有以下特点。

（1）含量高　rRNA 是细胞内含量最高的 RNA，占细胞总 RNA 的 80% ~ 85%。

（2）寿命长　rRNA 更新慢，寿命长。

（3）种类少　原核生物有 5S、16S、23S 三种 rRNA，约占核糖体质量的 66%（其中 5S、23S rRNA 占核糖体大亚基的 70%，16S rRNA 占核糖体小亚基的 60%）；真核生物主要有 5S、5. 8S、18S、28S 四种 rRNA，另有少量线粒体 rRNA、叶绿体 rRNA。

大肠杆菌 16S rRNA 的 3′端有一段保守序列 ACCUCCU，可与 mRNA 中的 SD 序列互补结合（第四章，110 页）。5S rRNA 有两段保守序列也已被鉴定：①CGAAC，可以与 tRNA 的 TΨC 环的 GTΨCG 互补结合。②GCGCCGAAUGGUAGU，可以与 23S rRNA 中的一段序列互补结合。

3. 核糖体种类　原核生物只有一类核糖体，真核生物则有位于细胞不同部位的以下几类核糖体：游离核糖体、内质网核糖体（又称附着核糖体）、线粒体核糖体和叶绿体核糖体（植物）。游离核糖体和内质网核糖体实际上是同一类核糖体，它们比原核生物核糖体大，所含的rRNA和蛋白质也多。线粒体核糖体和叶绿体核糖体比原核生物核糖体小。不过，这些核糖体的基本结构和功能一致。

（四）核酶

科学家在研究RNA的转录后加工时发现某些RNA有催化活性，可以催化RNA的剪接，这些由活细胞合成、起催化作用的RNA称为核酶（ribozyme）。许多核酶的底物也是RNA，甚至就是其自身，其催化反应也具有专一性。

已经阐明的天然核酶有锤头状核酶（hammerhead ribozyme）、发夹状核酶（hairpin ribozyme）、Ⅰ型内含子（group Ⅰ intron）、Ⅱ型内含子（group Ⅱ intron）、丁型肝炎病毒核酶（HDV ribozyme）、核糖核酸酶P（RNase P）、肽基转移酶（peptidyl transferase，即23S rRNA）等。

如何评价核酶的理论意义与实际意义，如何看待核酶与传统意义上的酶在代谢中的地位，都有待进一步研究。

1. 核酶发现　核酶最早由Cech和Altman（1989年诺贝尔化学奖获得者）发现。1967年，Woese、Crick与Orgel等基于RNA二级结构的复杂程度提出其可能有催化活性；1982年，Cech在研究四膜虫（*T. thermophila*）rRNA前体剪接时发现其内含子有自我剪接活性；1983年，Altman在研究细菌tRNA前体时发现核糖核酸酶P中的M1 RNA参与tRNA前体转录后加工；1982年，Kruger等建议将有催化活性的RNA命名为“ribozyme（核酶）”。

2. 核酶特点　到目前为止发现的各种核酶有以下特点。

（1）核酶的化学本质为RNA或RNA片段。有些核糖核蛋白也有催化作用，但活性中心位于其蛋白质成分上，并不属于核酶，例如端粒酶。然而，如果核糖核蛋白的RNA含活性中心，则该RNA组分就是核酶，例如核糖核酸酶P分子中的M_1 RNA（第三章，85页）。

（2）核酶的底物种类比较少，大多数是自身RNA或其他RNA分子，并因此分为自体催化、异体催化两种类型。此外还有其他底物，例如肽基转移酶的底物是氨酰tRNA和肽酰tRNA（第四章，112页）。

（3）核酶的催化效率比酶低得多。

（4）核酶也具有专一性。例如，M_1 RNA只剪切tRNA前体5′端的额外核苷酸（extranucleotides，第三章，85页），不剪切其3′端的额外核苷酸及其他序列。

（5）核酶所催化的反应都是不可逆的。

（6）核酶催化反应时需要Mg^{2+}，Mg^{2+}既维持核酶的活性构象，又参与催化反应。

（7）多数核酶在细胞内含量极低。

3. 核酶意义　①核酶的发现和研究使我们对RNA的生理功能有了进一步的认识，即它既是遗传信息的载体，又是生物催化剂，兼有DNA和蛋白质两类生物大分子的功能。②核酶的发现动摇了所有生物催化剂都是蛋白质的传统观念。③核酶的发现对于了解生命进化过程具有重要意义，RNA或许是最早出现的生物大分子。

4. 核酶应用　①基因治疗（第十七章，471页）；②特定RNA降解；③生物传感器；④功能基因组学；⑤基因发现（第十八章，499页）。

进入21世纪以来，RNA组学成为分子生物学研究热点之一，其研究对象是非编码RNA（ncRNA）。它们广泛存在于原核细胞和真核细胞中。我们将在相关章节中介绍各种ncRNA，并在第二十章汇总。

第三节　基　因

基因（gene）是DNA表达遗传信息的功能单位，以一段或一组特定的核苷酸序列为载体，通过表达功能产物RNA和蛋白质，控制着各种生命活动，从而控制着生物的遗传性状。一个基因除了含有决定功能产物一级结构的编码序列外，还含有表达该编码序列所需的调控元件等非编码序列。

一、基因的基本概念

人类对基因的认识经历了一个漫长过程，在20世纪50年代之前，基本局限在逻辑概念阶段，对其化学本质一无所知。

1944年，Avery等通过肺炎链球菌转化实验证明DNA是细菌的遗传物质；1952年，Hershey和Chase通过大肠杆菌T2噬菌体感染实验进一步证明DNA也是DNA病毒的遗传物质。遗传物质有两个特点：一是能自我复制，从而维持生物体的基本性状；二是会发生突变，从而赋予生物体新的性状，使生命得以进化。

1. 结构基因和调控基因　这两类基因的产物都可以是RNA和蛋白质，但有不同的功能：结构基因（structural gene）产物的功能是参与代谢活动或维持组织结构。调控基因（regulatory gene）产物的功能是调控其他基因的表达。

2. 断裂基因　在20世纪70年代之前，人们一直以为基因的编码序列是连续的。1977年，Roberts和Sharp（1993年诺贝尔生理学或医学奖获得者）发现真核生物有些基因（如胰岛素基因，第十章，332页）的编码序列是不连续的，被一些称为内含子的非编码序列分割成称为外显子的片段，因此这些基因称为断裂基因（split gene）。断裂基因在分子生物学的基础研究和肿瘤等疾病的医学研究中具有重要意义。

不同真核生物基因组中断裂基因所占的比例不同：酿酒酵母的基因仅有3.5%~4%是断裂基因；果蝇的基因有83%是断裂基因；哺乳动物的基因有94%是断裂基因（组蛋白、α干扰素、β干扰素基因不是断裂基因）。叶绿体、植物和其他低等真核生物线粒体基因组存在断裂基因。原核生物和噬菌体基因组中也存在个别断裂基因。

3. 重叠基因　如果两个或两个以上基因的DNA序列存在重叠，它们就是重叠基因（overlapping gene）。重叠基因之间有多种重叠方式，以ΦX174噬菌体为例（图1-12）：

（1）大基因序列完全包含小基因，例如*A*基因内包含*B*基因，*D*基因内包含*E*基因，被包含的基因称为基因内基因、嵌套基因、套叠基因（nested gene）。

（2）两个基因序列首尾重叠，有的甚至只重叠一个碱基，例如*D*基因终止密码子的第三碱基是*J*基因起始密码子的第一碱基，这一现象称为读框重叠（reading-frame overlapping）。

（3）多个基因存在重叠序列，例如*A*基因、A^*基因、*B*基因、*K*基因。

NOTE

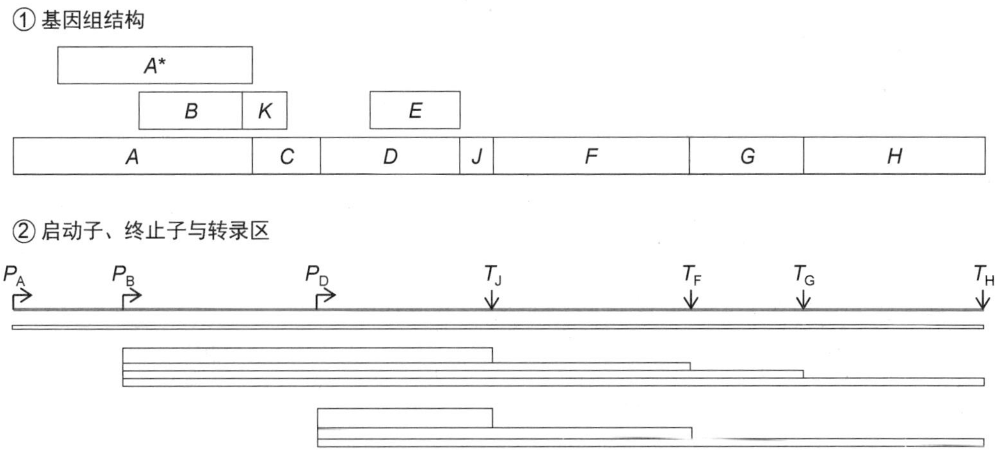

① 基因组结构

A*
B K　E
A C D J F G H

② 启动子、终止子与转录区

P_A P_B P_D T_J T_F T_G T_H

图 1－12　ΦX174 噬菌体基因组

（4）反向重叠。

此外，重叠序列中不仅有编码序列也有调控元件，说明基因重叠不只是为了利用有限的核苷酸序列携带更多的编码信息，还可能涉及基因表达调控。

重叠基因的 DNA 序列虽然存在重叠，但是其转录产物 mRNA 的阅读框（第四章，105 页）不同，因而翻译合成的蛋白质并无同源序列。

重叠基因存在于病毒（图 10-5，345 页）、原核生物、真核生物（包括人类）及线粒体 DNA 中。

4. 转座子　1944 年，McClintock（1902—1992，1983 年诺贝尔生理学或医学奖获得者）在研究玉米基因时发现，有些 DNA 片段可以自主复制和在染色体 DNA 中移动位置。现已阐明：基因组 DNA 中存在一些非游离的、能自主复制或自我剪切并以相同或不同拷贝在基因组中或基因组间移动位置的功能性片段，称为转座子（transposon）、转座元件（transposable element）、转座因子。

转座子可分为Ⅰ类转座子和Ⅱ类转座子。

（1）Ⅰ类转座子　又称逆转录元件（retroelement），其转座过程包括转录、逆转录、整合等步骤。Ⅰ类转座子主要存在于真核生物基因组中。它们进一步分为：①逆转录转座子（retrotransposon）：又称病毒类逆转录转座子、LTR 逆转录转座子，含长末端重复序列（LTR，第二章，75 页）和反向重复序列（位于 LTR 内）。②逆转座子（retroposon）：又称非病毒类逆转录转座子、poly(A)逆转录转座子，含 5′ UTR、3′ UTR 和 poly(A)序列，不含 LTR 和反向重复序列。人类基因组逆转座子主要是长散在元件（LINEs，属于自主性逆转录元件）和短散在元件（SINEs，属于非自主性逆转录元件）。

（2）Ⅱ类转座子　又称 DNA 型转座子（DNA transposon）、跳跃基因（jumping gene），它们都携带转座酶基因，转座过程是简单转座或复制转座。Ⅱ类转座子广泛存在于原核生物和真核生物基因组中，可进一步分为简单转座子和复合型转座子（第二章，72 页）。

真核生物基因组中转座子的种类和数量极其丰富。例如果蝇基因组中已鉴定出属于 92 个家族的 1572 个转座子。转座子占酵母、玉米基因组序列的 4%、85%。人类基因组序列有 45% 都是转座子，不过大多数已丧失转座功能（表 1-6）。

表 1-6 人类基因组主要转座子

分类	长度（kb）	数目	基因组丰度（%）	转座活性
DNA 转座子	2~3	4.0×10^5	3	-
逆转录转座子	1~11	4.5×10^5	8	+（个别）
LINEs（如 L1）	6~10（个别完整）	8.5×10^5	13.1~20	+（80~100 个）
SINEs（如 *Alu* 序列）	0.07~0.4（个别完整）	1.5×10^6	15~20.4	+

5. 顺反子 1955 年，Benzer 从遗传学角度提出了基因的顺反子概念：顺反子（cistron）是基因的基本功能单位，基因组序列中不同突变之间没有互补关系的功能区，也是基因表达的最小单位。一个顺反子编码一条肽链。真核生物的基因都是单顺反子，其转录产物称为单顺反子 mRNA；原核生物的基因大多数是多顺反子，其转录产物称为多顺反子 mRNA（第四章，103 页）（表 1-7）。国际纯粹与应用化学联合会（IUPAC）推荐基因与顺反子两个术语通用。

表 1-7 原核生物和真核生物顺反子对比

生物	顺反子	连续性	调控元件
原核生物	多顺反子和单顺反子	连续	少
真核生物	单顺反子	断裂基因	多

6. 基因家族 同一物种中，结构与功能相似、进化起源上密切相关的一组基因，被定义为一个基因家族（gene family），又称多基因家族（multigene family）。同一个基因家族的基因具有同源性，即它们来自同一个祖先基因，有相似的结构和功能。人类基因组中有 1.5 万个基因家族，例如 rRNA 基因及以下蛋白基因组成各自的基因家族：组蛋白、珠蛋白（分为 α 珠蛋白、β 珠蛋白亚家族）、生长激素、肌动蛋白、丝氨酸蛋白酶、主要组织相容性抗原。基因家族中完全相同的基因成员称为重复基因、多拷贝基因。重复基因主要存在于真核生物基因组中，如人类 rRNA 基因有数百个拷贝。原核生物除了 rRNA 基因有 1~7 个拷贝（大肠杆菌有 7 个）之外，蛋白基因大多数只有一个拷贝。

（1）超基因家族（supergene family） 又称基因超家族（gene superfamily），是 DNA 序列相似、但功能不一定相关的若干个单拷贝基因或若干个基因家族的总称。例如以下蛋白基因组成各自的超基因家族：免疫球蛋白、细胞因子、细胞因子受体、G 蛋白、G 蛋白偶联受体。珠蛋白、肌红蛋白、豆血红蛋白组成珠蛋白超家族。

（2）假基因（ψ） 基因组中存在的一种 DNA 序列，与正常基因非常相似，但不表达有功能产物。假基因的祖先基因是有功能的，但由于发生突变导致序列异常，不能转录，或者转录产物不能翻译，所以假基因功能缺失。假基因在哺乳动物基因组中普遍存在，可以视为进化的遗迹。例如，小鼠有 400 多个 3-磷酸甘油醛脱氢酶基因拷贝，但其中只有一个功能基因，其余都是假基因。

假基因分为加工假基因（processed pseudogene，内含子缺失，例如一些逆转录元件，又称加工基因，processed gene）和未加工假基因（nonprocessed pseudogene，内含子保留）。人类基因组中约有 20000 种假基因，其中包括 3000 种加工假基因（核糖体蛋白假基因有 2000 个拷贝，而其功能基因只有 80 个拷贝），约占基因组全序列的 0.1%。

NOTE

（3）基因簇（gene cluster） 多数基因家族成员分布在染色体的不同部位，甚至分布在不同染色体上。有些基因家族的成员在染色体上紧密连锁甚至串联排列，它们称为基因簇，例如人6号染色体上的主要组织相容性复合体（MHC）、16号染色体上的α珠蛋白基因簇（约30kb）、11号染色体上的β珠蛋白基因簇（约60kb，图1-13）。基因簇可用于研究物种的进化关系，甚至鉴定人类血统。

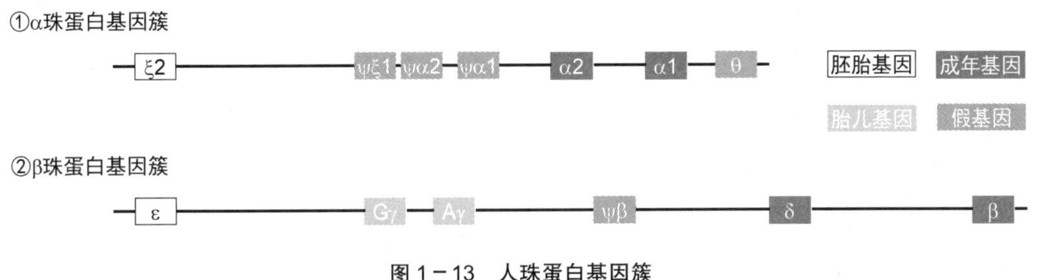

图1-13　人珠蛋白基因簇

二、基因的基本结构

前面提到基因序列中存在内含子、外显子等序列。为了方便学习，这里先介绍基因序列中的各种功能序列，包括它们的相互位置关系（图1-14）。

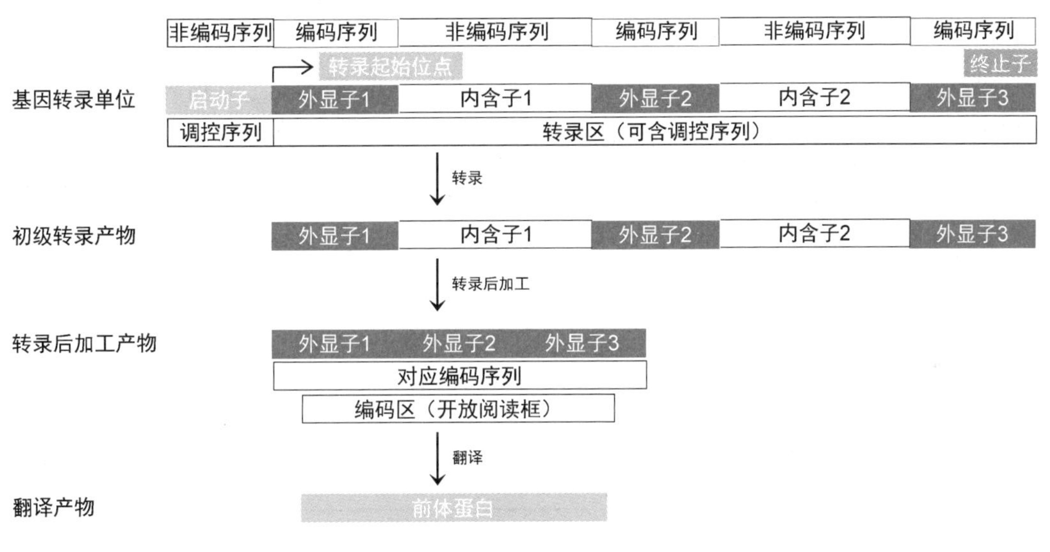

图1-14　真核蛋白基因结构

1. 转录区（transcribed region）　是编码初级转录产物核苷酸序列的DNA序列，即RNA聚合酶转录的全部DNA序列，始于转录起始位点，终于终止子，占人类基因组序列的90%以上，其中mRNA前体（pre-mRNA）转录区占人类基因组序列的30%。转录区与含调控元件的其他序列组成转录单位（transcription unit）。

2. 编码序列（coding sequence）　是基因组中编码成熟mRNA、tRNA、rRNA序列的DNA序列（请注意区别于mRNA编码区，第四章，103页），例如外显子。其中，成熟mRNA的编码序列称为编码DNA，占人类基因组的1.5%（其余98.5%称为非编码DNA）。人类基因组序列中只有不到2%是mRNA、tRNA、rRNA编码序列。

3. 非编码序列（noncoding sequence）　①基因序列中除编码序列之外的所有序列，例如内含子、增强子。②基因组序列中除基因序列之外的所有序列。人类基因组序列中98%以上

NOTE

都是非编码序列（ENCODE 计划研究表明人类基因组序列约 80%都是有功能的，且大部分序列是被转录的，虽然转录效率很低）。

4. 外显子（exon）　是构成断裂基因的两种序列之一，是指在 RNA 前体剪接时被保留的序列，因而是转录区、RNA 前体、成熟 RNA 中都存在的序列，属于编码序列，在转录区及 RNA 前体中与内含子交替连接。

哺乳动物 50%基因所含的外显子数超过 10 个（人类基因所含的外显子数为 1~179 个，平均为 7~9 个）。外显子长度较短，平均长度为 145~150nt（50~10000nt），仅够编码一个结构域（约 50AA。AA 为氨基酸，肽链长度单位）（表 1-8）。人类基因外显子序列的长度占转录区的 5%~10%，占基因组序列的 1%~1.5%。

表 1-8　不同真核生物核基因序列长度及外显子数

物种	核基因外显子平均数	核基因转录区平均长度（bp）	mRNA 平均长度（nt）
酵母	1	1400	1400
线虫	6	4000	3000
果蝇	4	11300	2700
鸡	9	13900	2400
哺乳动物	7	16000	2200
人	7~9	27000	2100

5. 内含子（intron）　又称间插序列（intervening sequence，IVS），是构成断裂基因的两种序列之一，是指在 RNA 前体剪接时被切除的序列及其对应的 DNA 序列，因而只存在于转录区和 RNA 前体中，属于非编码序列。研究发现假基因往往缺少正常的内含子，提示内含子可能参与基因表达调控。

外显子序列相对保守，而内含子序列变化较大，且其长度与生物进化程度呈正相关，是决定基因长度的主要因素。人类基因组中内含子序列的长度占转录区的 90%~95%（表 1-9），占基因组序列的 24%~25.9%，每个内含子平均长度约 3365nt（50~10000nt，有的可达 800000nt）。

表 1-9　人类部分基因所含内含子分析

基因	长度（kb）	内含子数	长度比（%）	基因	长度（kb）	内含子数	长度比（%）
胰岛素	1.4	2	67	白蛋白	18	13	89
β 珠蛋白	1.4	2	69	因子Ⅷ	187	25	95
Ⅶ型胶原	31	117	71	抗肌萎缩蛋白	2242	78	>99

6. 启动子（promoter）　是指基因序列中能被 RNA 聚合酶识别、结合，从而形成转录起始复合物并启动转录的 DNA 序列，大多数位于基因（或操纵子）转录区的上游，具有方向性，属于调控元件（第五章，138 页）。

7. 转录起始位点（transcription start site，TSS）　是转录区的第一个核苷酸，在指导 RNA 合成时最先被转录（第三章，82、86 页）。Suzuki 等分析了人类基因组 276 种基因转录的 5880 种 mRNA 的转录起始位点：A（47%）、G（28%）、C（14%）、T（12%）。

8. 终止子（terminator）　全称转录终止子，是位于转录区下游的一段 DNA 序列，是转录的终止信号，其转录产物可通过形成发夹结构或其他二级结构使转录终止（第三章，84 页）。

第四节　基因组

每一种生物都有自己的基因组。不同生物的基因组从结构、大小到所携带的遗传信息量都有很大区别。基因组决定着一种生物个体的全部遗传性状。

一、C 值矛盾

一种生物基因组的 DNA 含量是恒定的，该含量值称为 C 值（C-value，constant）。C 值既可用质量（单位 pg）表示，也可用长度（单位 bp）表示。C 值大小反映基因组的大小。不同物种的 C 值差异极大，随着生物的进化，生物体的结构和功能越来越复杂，所需基因产物的种类越来越多，因而所需的基因越来越多，其 C 值也越来越大；生物界每个门的最小 C 值与其个体形态复杂程度大致呈正相关。例如，在病毒和植物界的各类种群中，C 值的变化与进化程度一致，其由低到高的顺序为：病毒→细菌→真菌→绿藻→苔藓→蕨类→种子植物。

然而，物种的 C 值与其遗传和形态复杂程度之间并无严格的对应关系，这种现象称为 C 值矛盾（C-value enigma）、C 值悖理（C-value paradox）。C 值矛盾体现在以下几方面。

1. 真核生物基因组 C 值远超过其编码蛋白质所需的 DNA 量。例如，人类基因组 C 值为 3.5pg，据推算，其基因组可容纳 40 万～60 万个基因，但目前认为人类基因组只有不到 2.5 万个基因。

2. 结构、功能相似的同类生物，甚至亲缘关系很近的生物，它们的 C 值可能相差数十倍甚至上百倍。例如，同是两栖动物，C 值可以小到 1pg 以下，也可以大到 100pg。

3. 进化程度高的生物 C 值未必大。例如，C 值最大的动物是一种埃塞俄比亚肺鱼（*P. aethiopicus*）（132.8pg），远大于人类的 C 值（3.5pg），但并不能说明肺鱼的结构、功能比人类更复杂，进化程度更高。

4. C 值大的生物基因未必多。

对于真核生物基因组 C 值矛盾现象，目前的解释是真核生物的 DNA 序列大部分为非编码序列，特别是重复序列。例如，人类基因组 DNA 中只有不到 2%为编码序列，其余都是非编码序列，其中很多序列的功能尚未阐明。此外，转录产物的选择性剪接也是哺乳动物复杂性的遗传基础。

二、病毒基因组

病毒（virus）是一类简单而特别的生命形式。完整的病毒颗粒由核酸和蛋白质构成。核酸包裹于病毒颗粒内部，蛋白质则形成病毒的衣壳和包膜，以保护核酸并协助其感染宿主细胞。噬菌体（phage）也是病毒，它以细菌为宿主。

病毒没有独立的代谢系统，其唯一的生命活动是在感染宿主细胞之后，可以利用宿主细胞的代谢系统进行复制，形成新的病毒颗粒。与原核生物、真核生物相比，病毒基因组最小，并有以下基本特征。

1. 所含核酸的种类与结构不同　可能是 DNA 或 RNA，可能是单链分子或双链分子，可能

是闭环结构或线性结构（表 1-10）。

表 1-10 病毒基因组种类与大小

基因组种类	举例	基因组大小（bp/nt）	含基因数
线性双链 DNA	痘病毒	130000~230000	~250
	腺病毒	26000~45000	20~40
	疱疹病毒	140000	100~200
	T7 噬菌体	39936	56
环状双链 DNA	T4 噬菌体	168889	~200
	猿猴空泡病毒 40	5226	~6
线性单链 DNA（-）	细小病毒	5000	5
环状单链 DNA（+）	M13 噬菌体	6407	11
线性双链 RNA	呼肠孤病毒	23000	22
	ΦX174 噬菌体	5386	11
线性单链 RNA（+）	冠状病毒	20000	7
	烟草花叶病毒	6400	4
	逆转录病毒	6000~9000	3
线性单链 RNA（-）	流感病毒	13500	12
环状单链 RNA	马铃薯纺锤块茎类病毒	359	0

2. 所含核酸的分子数不同 DNA 病毒基因组均为单一 DNA 分子。RNA 病毒基因组多数为单一 RNA 分子，部分有多个不同的 RNA 分子。例如，流感病毒有 8 个单链 RNA 分子，呼肠孤病毒有 10 个双链 RNA 分子。

3. 基因组小 仅含 3~250 个基因。RNA 病毒的基因组都特别小，而 DNA 病毒的基因组大小差异较大。例如，乙型肝炎病毒基因组 DNA 只有 3182~3248bp，含 4 个基因（C、X、P、S）；痘病毒（poxvirus）基因组 DNA 长达 130~230kb，约含 250 个基因。病毒遗传信息量比其宿主细胞少得多，依靠宿主细胞的代谢系统才能完成复制。

4. 基因组为单倍体并且所含基因为单拷贝 仅逆转录病毒基因组有两个 RNA 拷贝。

5. 基因组序列基本上都是编码序列 编码序列长度占病毒基因组的 95%，且编码产物都是蛋白质。

6. 基因的连续性不同 病毒基因的连续性与其宿主细胞基因相似：原核病毒（噬菌体）基因与原核基因相似，是连续的；真核病毒基因与真核基因相似，有些是断裂基因。

7. 相关基因串联成一个转录单位 例如，①ΦX174 噬菌体的 11 个基因只有 3 个启动子（P_A、P_B、P_D）和 4 个终止子（T_J、T_F、T_G、T_H）（图 1-12）。②腺病毒的 5 个晚期基因（late gene，*L1*~*L5*）由同一个启动子启动转录，指导合成 1 种 RNA 前体，再通过选择性剪接（第三章，91 页）加工成 5 种成熟 mRNA，指导合成 5 种蛋白质（图 3-1，78 页）。

三、原核生物基因组

原核生物（如细菌、支原体、衣原体、立克次体、螺旋体、放线菌）有完整的代谢系统，并且可调节代谢以适应营养状况和环境因素的变化。因此，原核生物基因组中基因的数目多于病毒，但少于真核生物（表 1-11），并有以下基本特征。

NOTE

表 1-11　部分原核生物基因组大小

原核生物	染色体数目	基因组大小（Mb）	含基因数
生殖支原体（*Mycoplasma genitalium*）	1	0.58	~500
普氏立克次体（*Rickettsia prowazekii*）	1	1.11	834
梅毒螺旋体（*Treponema pallidum*）	1	1.14	1041
幽门螺杆菌（*Helicobacter pylori*）	1	1.67	1590
流感嗜血杆菌（*Haemophilus influenza*）	1	1.83	1737
肺炎链球菌（*Streptococcus pneumoniae*）	1	2.2	2300
枯草杆菌（*Bacillus subtilis*）	1	4.22	4245
结核分枝杆菌（*Mycobacterium tuberculosis*）	1	4.45	4402
大肠杆菌（*Escherichia coli*）	1	4.63~5.53	4249~5361
农杆菌（*Agrobacterium tumefaciens*）	4	5.7	5400
苜蓿中华根瘤菌（*Sinorhizobium meliloti*）	3	6.7	6200

1. 基因组 DNA 大多数为单一闭环双链分子　原核生物的 DNA 虽然结合有少量蛋白质，但并未形成典型的染色体结构，只是习惯上也称为染色体。染色体在细胞内形成一个致密区域，称为原核（prokaryon）、类核（nucleoid）。原核无核膜，其核心部分（20%）由 RNA 和支架蛋白构成，外周（80%）是基因组 DNA。

2. 基因组 DNA 只有一个复制起点　真核生物基因组 DNA 有多个复制起点。

3. 基因组序列以编码序列为主　占 85%~90%，非编码序列主要是一些调控元件。

4. 基因组所含基因的数目比病毒多　细菌有 1700~7500 个，较小的支原体也有近 500 个基因。许多基因形成操纵子结构（第五章，135 页）。

四、真核生物基因组

真核生物基因组比原核生物基因组还要大（表 1-12），结构更复杂（表 1-13），并有以下基本特征。

表 1-12　部分真核生物基因组大小

真核生物	基因组大小（bp）	含基因数
酿酒酵母（*Saccharomyces cerevisiae*）	1.35×10^{7}	6034
裂殖酵母（*Saccharomyces pombe*）	1.25×10^{7}	4929
果蝇（*Drosophila melanogaster*）	1.65×10^{8}	13601
线虫（*Caenorhabditis elegans*）	9.7×10^{7}	20000
鸡（*Gallus gallus*）	1.2×10^{9}	20000~23000
斑马鱼（*Danio rerio*）	1.505×10^{9}	19929
爪蟾	3.0×10^{9}	>20000
小鼠（*Mus musculus*）	2.6×10^{9}	>22000
狗	2.4×10^{9}	19300
牛	3.0×10^{9}	22000
人（*Homo sapiens*）	3.30×10^{9}	~25000
水稻（*Oryza sativa*）	4.66×10^{8}	32000~38000
拟南芥（*Arabidopsis thaliana*）	1.19×10^{8}	25498

NOTE

表 1－13 原核生物基因组与真核生物基因组对比

特征	原核生物	真核生物	特征	原核生物	真核生物
染色体 DNA 结构	闭环	线性	基因密度	高	低
复制起点	一个	多个	重复序列	少	多
染色体外 DNA	可有质粒	线粒体 DNA，叶绿体 DNA，个别有质粒	转座子	有	有
基因组大小	小	大			

1. 染色体 DNA 是线性分子　含三种功能元件。

（1）复制起点（origin of replication，ori）　功能是启动 DNA 复制。每个染色体 DNA 分子都有多个复制起点，例如酵母每个染色体 DNA 分子平均有 25 个复制起点。

（2）着丝粒 DNA（centromere，CEN）　为真核生物所特有，功能是将染色体均分给子细胞。酿酒酵母着丝粒 DNA 是约 125bp 的单一序列，而大多数真核生物着丝粒 DNA 是>40kb 的高度重复序列，富含 A-T。人着丝粒 DNA 又称 α 卫星 DNA。着丝粒 DNA 几乎不含蛋白基因。

（3）端粒（telomere，TEL）　为真核生物所特有，功能是维持染色体结构的独立性和稳定性，参与 DNA 复制完成。端粒位于染色体 DNA 末端，是一种富含 T/G 的短串联重复序列（表 1-14），不含蛋白基因。例如，哺乳动物和其他脊椎动物端粒以 TTAGGG 为重复单位，串联重复 500～5000 次，长度为 3～30kb（人的 3～20kb），末端有 10～10^2nt 的黏性末端，形成 5～10kb 的 t 环（第二章，52 页）。

表 1－14 部分生物端粒序列

物种	举例	端粒重复序列
酵母	酿酒酵母（*Saccharomyces cerevisiae*）	$G_{1\sim3}T$
	裂殖酵母（*Schizosaccharomyces prombe*）	$G_{2\sim5}TTAC$
原生动物	四膜虫（*Tetrahymena thermophila*）	TTGGGG
	盘基网柄菌（*Dictyostelium discoideum*）	$AG_{1\sim8}$
植物	拟南芥（*Arabidopsis thaliana*）	TTTAGGG
哺乳动物	人（*Homo sapiens*）	TTAGGG

2. 染色体 DNA 形成染色体结构　染色体数目一定，除了配子是单倍体外，体细胞一般是二倍体。

3. 基因组序列中仅有不到 10% 是蛋白质编码序列　人类基因组甚至不到 2%（图 1-15）。编码序列在基因组序列中的比例是真核生物、原核生物和病毒基因组的重要区别，并且在一定程度上是衡量生物进化程度的标尺。

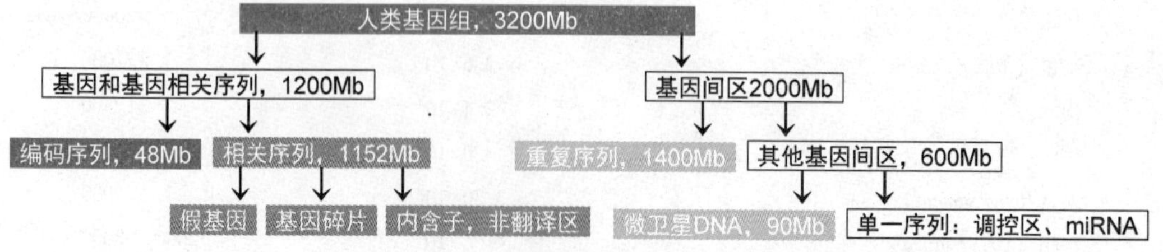

图 1－15 人类基因组序列分析

4. 基因在基因组中散在分布 相邻基因被称为基因间区（intergenic region，又称基因间序列，intergenic sequence，占人类基因组的2/3。不过，目前看来，这部分可能不到10%）的非编码序列隔开。很多基因间区的功能尚未阐明。

5. 基因组序列中包含大量重复序列 重复序列（repetitive sequence）又称重复DNA（repetitive DNA）。每一种重复序列都是一定拷贝数（copy number，一个细胞内所含某种基因或DNA分子、序列的数目）的某种核苷酸序列（称为重复单位）的集合。重复序列可根据重复单位的连续性分为串联重复序列（tandem repeat）和散在重复序列（interspersed repeat sequence），也可根据重复程度分为高度重复序列、中度重复序列和单一序列（表1-15）。

表1-15 基因组重复DNA分布

生物	单一序列	中度重复序列	高度重复序列
大肠杆菌	100	0	0
线虫	83	14	3
果蝇	70	12	17
小鼠	68	22	10
非洲爪蟾	54	41	5
烟草	30	63	7
人	<50	30~50	~3

（1）高度重复序列（highly repetitive sequence） 又称高度重复DNA（highly repetitive DNA），在基因组中呈串联重复或反向重复排列，且大部分位于异染色质区，特别是除酵母外的端粒和着丝粒区，重复单位长度不到100bp（通常不到10bp），拷贝数可达10^6个，占哺乳动物基因组序列的不到10%（人类3%）。高度重复序列不编码蛋白质或RNA，其已阐明的功能是参与DNA复制、DNA转座、基因表达调控和细胞分裂时的染色体配对，例如着丝粒DNA是富含A-T的高度重复序列。

（2）中度重复序列（moderately repetitive sequence） 又称中度重复DNA（moderately repetitive DNA），多数散在分布于基因组中，重复单位长度可达10^2~10^3bp，拷贝数可达10^3个，占哺乳动物基因组序列的25%~50%（人类50%），包括一些基因间区、转座子、串联重复序列（如*Alu*序列和*Kpn* I序列）、蛋白基因内含子，也包括rRNA基因（100~5000个拷贝，例如人类基因组约有200个，分布在5条染色体上；爪蟾基因组约有600个，集中在1条染色体上）、tRNA基因（如人类基因组有497个）、5S rRNA基因（如人类基因组约有2000个）和某些蛋白基因（如组蛋白、肌动蛋白、角蛋白等）。

中度重复序列可分为长散在元件（LINEs）和短散在元件（SINEs）。

*Alu*序列（*Alu* sequence）又称*Alu*家族（*Alu* family），属于短散在元件，是哺乳动物基因组中的一类散在分布的中度重复序列，因序列中有限制性内切酶*Alu*I识别的限制性酶切位点（AG·CT，“·”表示酶切位点）而得名。人类基因组中*Alu*序列重复单位长度280~300bp，有0.5×10^6~1.3×10^6个拷贝，占人类基因组序列的6%~13%。每个*Alu*序列重复单位与共有序列的平均同源性为87%。*Alu*序列可能源自7SL RNA。7SL RNA的5′端90nt序列与*Alu*序列5′端同源，中间160nt缺失，3′端序列与*Alu*序列3′端同源。两者均含Ⅲ类启动子元件（第三章，86页）。

（3）单一序列（unique sequence） 又称单拷贝序列（single-copy sequence）、单一DNA (unique DNA)、非重复 DNA (nonrepetitive DNA),在整个基因组中只有一个或几个拷贝。哺乳动物基因组序列的 50%~60%是单一序列。蛋白基因大部分属于单一序列,但只占其一小部分。

不同生物基因组中所含重复序列比例差异极大。原核生物基因组几乎不含重复序列,大多数单细胞真核生物基因组含中度重复序列不到 20%,动物基因组所含中度和高度重复序列可达 50%,植物和两栖动物基因组所含中度和高度重复序列可达 80%。

一个细胞含许多 mtDNA 拷贝,因此 mtDNA 属于重复序列。

6. 基因组中存在各种基因家族 基因家族成员或形成基因簇,或散在分布。

7. 基因组中含大量转座子 如人类基因组序列中 45%为转座子序列,不过其中绝大多数因存在缺陷而不能转座。

第五节 DNA 多态性和遗传标记

同一物种不同个体的基因产物虽然绝大多数一致,但还是存在遗传差异。这种遗传差异的物质基础是 DNA 多态性。DNA 多态性 (DNA polymorphism) 是 DNA 分子的一种序列特征,是指染色体 DNA 的某个基因座(称为多态性位点)存在两个或多个等位基因(源于插入缺失、重排、置换),且其中至少有两个等位基因的存在频率>1%(<1%称为罕见变异),造成同种 DNA 分子在同一群体的个体间或同一物种的群体间的多样性,表现为核苷酸序列的差异或重复单位拷贝数的差异,且该差异在种群中稳定存在,遗传方式符合孟德尔遗传规律。

遗传标记 (genetic marker) 又称遗传标志,是染色体上的一个位点,有可鉴定的表型,可作为鉴定该染色体上其他位点、连锁群或重组事件的标记。

一、DNA 多态性种类

DNA 多态性主要表现为反映限制性酶切位点变化的限制性片段长度多态性、反映重复单位拷贝数差异的串联重复序列多态性、反映点突变的单核苷酸多态性。此外还有一些衍生的多态性和多态性分析,例如单链构象多态性 (SSCP,第十四章,403 页)、扩增片段长度多态性 (AFLP,第十四章,405 页)、随机扩增多态性 DNA (RAPD,第十四章,404 页) 等。

(一) 限制性片段长度多态性

1970 年,Smith、Wilcox 和 Kelley 从流感嗜血杆菌 (*H. influenzae*) 中分离到一种核酸内切酶 *Hind* Ⅱ,它识别并切割 GTY·RAC 序列 (Y 表示嘧啶,R 表示嘌呤)。这类能通过识别特定 DNA 序列切割 DNA 的酶统称限制性内切酶,限制性内切酶识别的序列称为限制性酶切位点(第十五章,409 页)。

不难理解,DNA 序列中存在一些限制性酶切位点,用识别这些位点的限制性内切酶消化 DNA 可以得到一组 DNA 片段,称为限制性片段 (restriction fragment)。对于一个个体而言,其 DNA 序列中限制性酶切位点的数目和分布是确定的,因而其限制性片段的种类和长度是确定的,可以反映 DNA 分子的序列特征。另一方面,同一物种不同个体基因组存在 DNA 多态性,且约 10%多态性位点导致限制性酶切位点的形成或消失,因而所含限制性酶切位点的数目和分

NOTE

布不同，其限制性片段的种类和长度也就不同。因此，限制性片段具有多态性，这种多态性称为限制性片段长度多态性（RFLP）。RFLP 存在广泛，是一种典型的遗传标记。

（二）串联重复序列多态性

串联重复序列多态性（tandem repeat polymorphism）是指不同个体同一多态性位点所含某种重复单位的拷贝数具有多态性。

1. 串联重复序列与卫星 DNA　人类基因组序列中有 10%～15%是串联重复序列，重复单位长 2～171bp。这些串联重复序列可根据密度梯度离心特点分为两类。

（1）卫星 DNA（satellite DNA）　组成不同于主体 DNA，因而浮力密度也不同于主体 DNA，进行密度梯度离心时会形成与主体 DNA（主带，main band）分离的“卫星”带（图 1－16）。

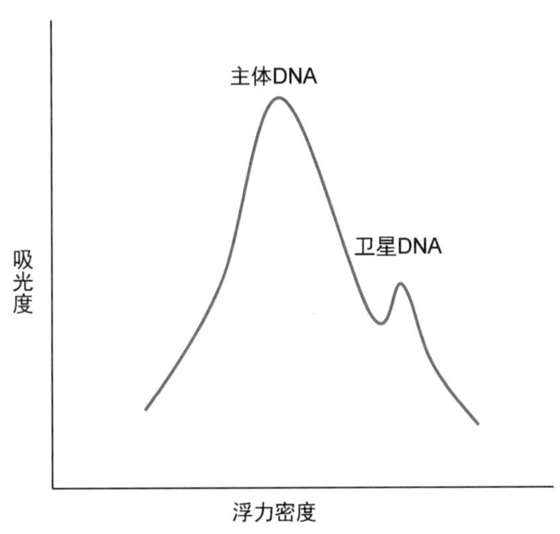

图 1－16　卫星 DNA

（2）隐蔽卫星 DNA（cryptic satellite DNA）　组成及浮力密度与主体 DNA 没有明显差别，进行密度梯度离心时不会形成“卫星”带。

不过，通常所说的卫星 DNA 包括隐蔽卫星 DNA，因而串联重复序列即指卫星 DNA。

α 卫星 DNA 是存在于灵长类染色体 DNA 着丝粒区的一种串联重复序列，重复单位长 171bp，具有特异性、同源性、多态性，可能参与染色体配对。

2. 可变数目串联重复序列与小卫星 DNA、微卫星 DNA　可变数目串联重复序列（variable number of tandem repeat，VNTR）包括小卫星 DNA 和微卫星 DNA，属于卫星 DNA。

（1）小卫星 DNA（minisatellite DNA）　重复单位长 10～100bp，串联重复 20～50 次，是一种信息量很大的遗传标记，可用印迹杂交（第十二章，367 页）或聚合酶链反应（PCR，第十四章，393 页）检测。目前在人类基因组中已经鉴定了 1000 多种小卫星 DNA。

（2）微卫星 DNA（microsatellite DNA）　又称短串联重复序列（short tandem repeat，STR）、简单重复序列（simple sequence repeat，SSR），重复单位长度小于 10bp（多数 2～6bp），串联重复 4～50 次。微卫星 DNA 在染色体 DNA 中分布广（一般位于结构基因侧翼序列或非编码序列中）、密度高（占人类基因组序列的 3%）、功能未知，被选为人类基因组计划的第二代遗传标记，可用 PCR 检测。目前在人类基因组中已经鉴定了 10000 多种微卫星 DNA，以 CA 重

复序列最多（分布在人类基因组 $0.5\times10^5\sim1.0\times10^5$ 个位点），此外还有 CG、AT、CT、CAG、TCC、GACA、GATA 等。

源于微卫星 DNA 的多态性称为微卫星多态性（microsatellite polymorphism）、短串联重复序列多态性（short tandem repeat polymorphism，STRP）、简单序列长度多态性（simple sequence length polymorphism，SSLP）、简单重复序列多态性（simple sequence repeat polymorphism，SSRP）。

动态突变（dynamic mutation） 是指基因组中一些微卫星 DNA 的拷贝数在体细胞和生殖细胞的每次分裂过程中发生的改变（第二章，56 页）。动态突变产生以下效应：①各种细胞中的同一微卫星 DNA 的拷贝数不均一。②拷贝数与健康相关，拷贝数过高导致某种疾病，且与疾病严重程度呈正相关。③发病年龄逐代提前，临床表现逐代加重。以亨廷顿病微卫星 DNA 重复单位 CAG 为例，正常人拷贝数 6~31，拷贝数 28~35 时风险增加，亨廷顿病患者拷贝数 36~82 甚至更多，且后代拷贝数增加，发病年龄提前。动态突变导致的部分遗传病见表 1-16。

表 1－16 动态突变导致的遗传病

遗传病	微卫星 DNA	微卫星 DNA 定位
脆性 X 综合征	CGG	5′ UTR
亨廷顿病	CAG（Gln）	编码区
强直性肌营养不良	CTG	3′ UTR
脊髓小脑共济失调	CAG（Gln）	编码区
脊髓延髓肌肉萎缩症（肯尼迪病）	CAG（Gln）	编码区

小卫星 DNA 和微卫星 DNA 统称可变数目串联重复序列（VNTR），是串联重复序列多态性的基础。VNTR 的重复单位种类繁多，在基因组中分布广泛，大多数位于非编码序列中，其多态性信息量也极为理想，并且可用 PCR 进行检测。VNTR 的主要缺点是需通过凝胶电泳才能对位点进行分型，这使其检测较难达到完全自动化。

（三） 单核苷酸多态性

单核苷酸多态性（SNP）是指在基因组水平上由单核苷酸置换及缺失、插入产生的 DNA 多态性，因有以下特点而成为新的遗传标记，成为研究复杂疾病、药物敏感性及人类进化、人类家系、动植物品系遗传变异的重要标记。

1. 数目巨大 是人类基因组中最基本、最常见、最广泛的多态性，已经鉴定的有 1.5×10^7 个，平均每 200bp 就有一个，占全部 DNA 多态性的 90%以上。

2. 具有二等位基因性 因而在任何人群中都可以估计其等位基因频率。

3. 大多数是非编码序列 SNP 编码序列 SNP 虽然较少，但在疾病的发生发展上起重要作用，因而更受关注。

4. 部分可指导靶点确证 位于基因序列内的 SNP 直接影响产物结构或水平，因而可指导靶点确证。

5. 检测方便 二等位基因性使 SNP 分析易于自动化、规模化。用基因芯片直接分析序列变异，可同时对上千个 SNP 位点进行分型。

（四） 单倍型

单倍型（haplotype）又称单体型，是指同一染色体上一组特定的 SNP、等位基因、限制位

点等遗传标记的组合，它们紧密连锁（相邻标记间隔 $10^1 \sim 10^3$bp），常整体遗传给子代，极少因发生重组而分离。

例如 4 个人类个体同一染色体的一段 6kb DNA 中的一种单倍型（图 1-17）：①示意 3 个 SNP 位点。②示意这段 DNA 中由 20 个 SNP 位点组成的一种单倍型，包括①示意的 3 个 SNP 位点（折线箭头所指）。③示意该单倍型的 3 个标签 SNP（tag SNP，可以作为单倍型标记的一组 SNP，人类基因组有 20 万～100 万个），只要鉴定这 3 个标签 SNP，就可以确定该单倍型。例如，如果鉴定某个个体的 3 个标签 SNP 是 A…T…C，就可以确定其该单倍型与个体 1 相同。

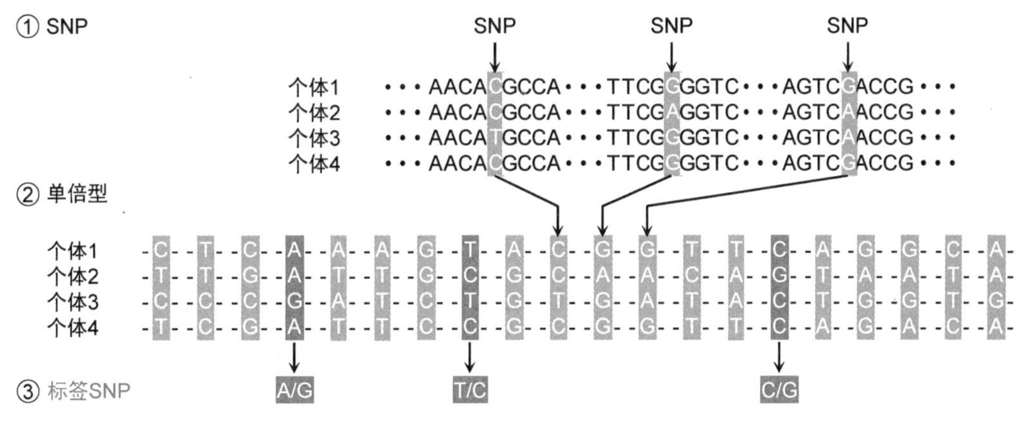

图 1-17　单倍型示意图

单倍型可作为人类族群或族群内某个个体的遗传标记、致病基因的定位标记。对于某种单倍型而言，只需几个位点作为其标签，便可鉴定该单倍型。因此，人类基因组单体型图的绘制可以有效地简化多态性研究（第二十章，531 页）。

二、DNA 多态性意义

通过 DNA 多态性分析可以揭示人类个体的表型差异，例如环境反应性、疾病易感性和药物耐受性的差异，从而从根本上推动疾病预防、诊断、治疗的发展，包括：①研究物种进化。②用作基因图谱的位标（第二十章，529 页）。③用于家系分析、亲权鉴定、间接诊断、刑事鉴定等。④揭示常见多基因遗传病（如糖尿病、心脏病）的病因。⑤疾病的连锁分析及关联分析，用于疾病相关基因定位。⑥通过 SNP 检测揭示产生药物敏感性个体差异的根本原因，指导药物设计及个体化治疗（药物基因组学，第二十章，534 页）。⑦指导和评价器官移植。

三、DNA 多态性分析

限制性片段长度多态性和串联重复序列多态性常用 DNA 印迹分析，单核苷酸多态性常用 PCR-RFLP、PCR-SSCP、毛细管电泳、DNA 测序、基因芯片、Taqman 技术分析。

1. 限制性片段长度多态性分析　1980 年，Bostein 建立了 RFLP 分析技术，即通过限制性内切酶消化联合 DNA 印迹法（第十二章，377 页）进行分析。该技术操作简单、成本低廉，从而使 RFLP 被选为人类基因组计划的第一代遗传标记，用于基因图谱绘制、DNA 指纹分析、疾病易感性分析、基因诊断、亲权鉴定等。

2. 串联重复序列多态性分析　串联重复序列两侧的序列高度保守，因而就同一物种不同个体而言，同一串联重复序列多态性位点两侧的序列相同且为单一序列，据此可以设计相应的引物，通过PCR扩增，然后通过平板电泳、毛细管电泳（第十一章，358页）或基质辅助激光解吸电离飞行时间质谱（第二十章，547页）分析扩增产物的长度，鉴定其多态性。

3. 单核苷酸多态性分析 ①SNP的传统分析技术有RFLP（第十四章，403页）、SSCP（第十四章，403页）、毛细管电泳（第十一章，358页）、变性高效液相色谱（第十七章，461页）等，但这些技术只能判断是否存在SNP，不能鉴定SNP类型，且通量受限。②5′-核酸酶等位基因鉴别法、DNA测序（第十一章，359页）、等位基因特异性寡核苷酸探针杂交法（第十二章，380页）、基因芯片（第十三章，385页）可以鉴定SNP类型，其中基因芯片可以在基因组范围内高通量分析SNP。

四、DNA指纹

DNA多态性是具有高度个体特异性的遗传标记，应用限制性内切酶消化联合凝胶电泳分析DNA多态性，得到的电泳图谱也具有绝对的个体特异性，恰似人类指纹的个体特异性，因而称为DNA指纹（DNA fingerprint），又称DNA分型。

DNA多态性是DNA指纹的内在基础，DNA指纹是DNA多态性的外在表现。地球上没有DNA序列完全相同的两个人，也就没有DNA指纹完全相同的两个人。因此，DNA指纹具有绝对的个体特异性，有着广泛的应用意义。

NOTE

第二章　DNA 的生物合成

DNA 是遗传物质，其携带的遗传信息既可以通过基因组 DNA 的复制从亲代细胞传递给子细胞，又可以通过转录（transcription）传递给 RNA，然后通过翻译（translation）指导蛋白质合成，从而赋予细胞特定功能，赋予生物特定表型。1956 年，Crick 把遗传信息的上述传递规律归纳为中心法则（central dogma）。1970 年，Baltimore 和 Temin 发现了逆转录现象，对中心法则进行了补充（图 2-1）。

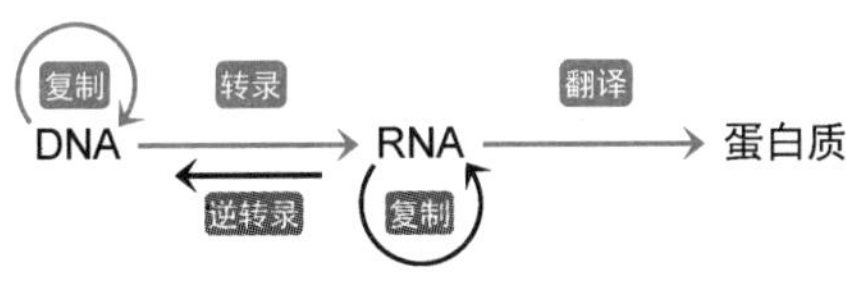

图 2-1　中心法则

第一节　DNA 复制的基本特征

DNA 复制（DNA replication）是指亲代 DNA 双链解链，两股单链分别作为模板按照碱基配对原则指导合成新的互补链，从而形成两个子代 DNA 的过程，是细胞增殖和多数 DNA 病毒复制时发生的核心事件。因此，DNA 的复制实际上是基因组的复制。

无论是原核生物还是真核生物，DNA 的复制合成都需要 DNA 模板、DNA 聚合酶、dNTP 原料、引物和 Mg^{2+}。DNA 聚合酶催化脱氧核苷酸以 3′,5′-磷酸二酯键连接合成 DNA，合成方向为 5′→3′，合成反应可表示如下：

$$5'\ (\mathrm{dNMP})_n\text{-OH}\ 3' + \mathrm{dNTP} \xrightarrow[\text{DNA聚合酶}]{\text{DNA模板，}Mg^{2+}} 5'\ (\mathrm{dNMP})_n\text{-dNMP-OH}\ 3' + \mathrm{PP_i}$$

Watson 和 Crick 于 1953 年提出 DNA 的双螺旋结构模型时就推测了其复制的基本特征，并认为碱基配对原则使 DNA 复制和修复成为可能。现已阐明：在绝大多数生物体内，DNA 复制的基本特征是相同的。

一、半保留复制

半保留复制（semiconservative replication）是指 DNA 复制时，亲代 DNA 双链解成两股单链，分别作为模板，按照碱基配对原则指导合成新的互补链，最后形成与亲代 DNA 相同

的两个子代 DNA 分子，每个子代 DNA 分子都含有一股亲代 DNA 链和一股新生 DNA 链（图 2-2）。

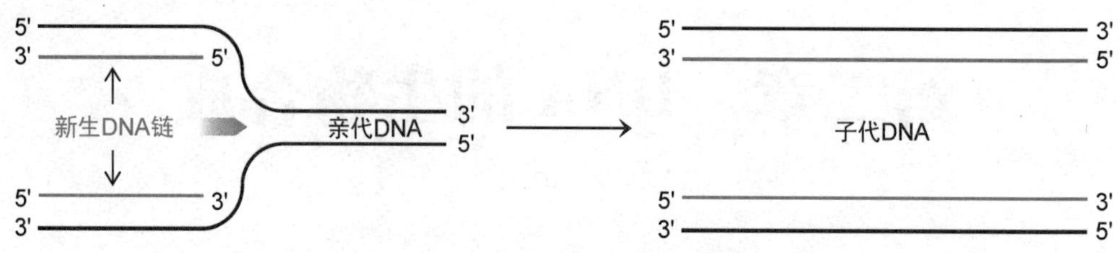

图 2-2 半保留复制

1958 年，Meselson 和 Stahl 通过实验研究证明：DNA 的复制方式是半保留复制。他们先用以 $^{15}NH_4Cl$ 作为唯一氮源的培养基（称为重培养基）培养大肠杆菌，繁殖约 15 代（每代 20~30 分钟），使其 DNA 全部标记为 ^{15}N-DNA，再改用含 $^{14}NH_4Cl$ 的普通培养基（称为轻培养基）继续培养，在不同时刻收集大肠杆菌，提取 DNA。用氯化铯密度梯度离心法分析 DNA（140000×g，约 48 小时），^{15}N-DNA 的浮力密度最高（ρ=1.80），离心形成的条带称为高密度带，靠近离心管低端；^{14}N-DNA 的浮力密度最低（ρ=1.65），离心形成的条带称为低密度带，离离心管顶端更近；$^{14}N/^{15}N$-DNA 离心形成的条带称为中密度带，位于两者之间。结果表明，细菌在重培养基中增殖时合成的 DNA 显示为一条高密度带，转入轻培养基中繁殖的子一代 DNA 显示为一条中密度带，子二代 DNA 显示为一条中密度带和一条低密度带（图 2-3）。因此，DNA 的复制方式是半保留复制。

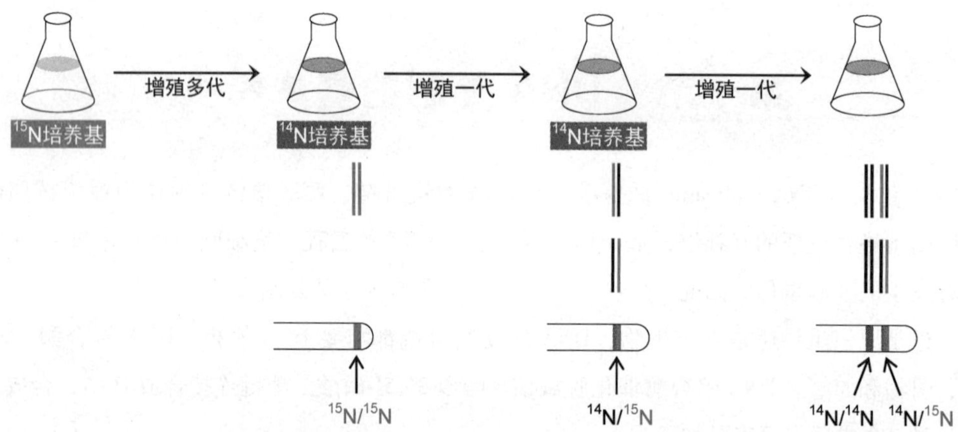

图 2-3 Meselson-Stahl 实验

半保留复制是 DNA 复制最重要的特征。DNA 分子独特的双螺旋结构，为复制提供了精确的模板，碱基配对原则保证了亲代和子代遗传信息的高度保真。通过半保留复制，新形成的两个子代 DNA 分子的核苷酸序列均与亲代 DNA 完全一致，保留了亲代全部的遗传信息，保证了遗传信息传递的保守性与延续性。

二、从复制起点双向复制

DNA 的解链和复制是从有特定序列的位点开始的，该位点称为复制起点（ori）。从一个复制起点引发复制的全部 DNA 序列是一个复制单位，称为复制子（replicon）。原核生物的染色体、质粒、噬菌体 DNA 通常只有一个复制起点，因而构成一个复制子；真核生物的染色体

NOTE

DNA 有多个复制起点，因而构成多复制子，这些复制起点分别控制一段 DNA 的复制，并共同完成整个 DNA 分子的复制（图 2-4①）。

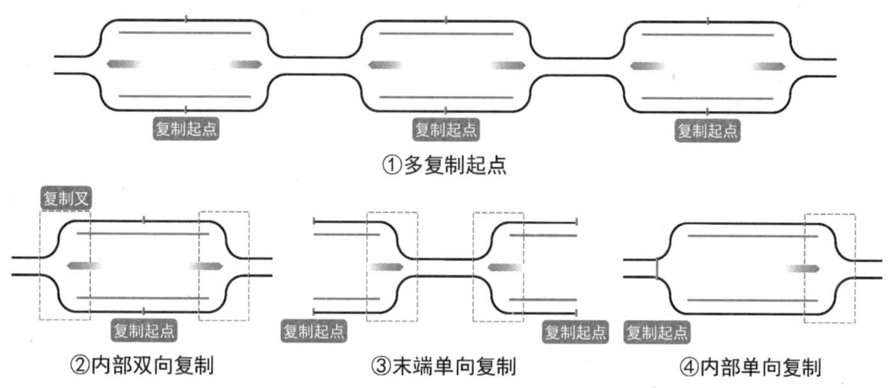

图 2－4　复制起点与复制方向

Cairns 等用放射自显影技术（autoradiography）研究大肠杆菌 DNA 的复制过程，证明其先从复制起点解开双链，然后边解链边复制，所以在解链点形成分叉结构，这种结构称为复制叉（replication fork，图 2-4②）。

复制叉有几种形成方式。

1. 从一个复制起点启动双向解链，形成两个复制叉（图 2-4②），这种方式称为双向复制（bidirectional replication）。绝大多数生物都采用这种双向复制。真核生物 DNA 从多个复制起点启动双向解链（图 2-4①）。

2. 从线性 DNA 两端启动相向解链，形成两个复制叉（图 2-4③），例如腺病毒 DNA 的复制。

3. 从一个复制起点启动单向解链，形成一个复制叉（图 2-4④），例如质粒 ColE 1 的复制。

三、半不连续复制

DNA 的两股链是反向互补的，但 DNA 新生链的合成是单向的，只能以 5′→3′方向合成。因此，在一个复制叉上，一股新生链的合成方向与其模板的解链方向相同，合成与解链可以同步进行，合成是连续的，这股新生链称为前导链（leading strand）；另一股新生链的合成方向与其模板的解链方向相反，只能先解开一段模板，再合成一段新生链，合成是不连续的，这股新生链称为后随链（lagging strand）。分段合成的后随链片段称为冈崎片段（Okazaki fragment，图 2-5）。在一个复制叉上进行的这种 DNA 复制称为半不连续复制（semidiscontinuous replication）。

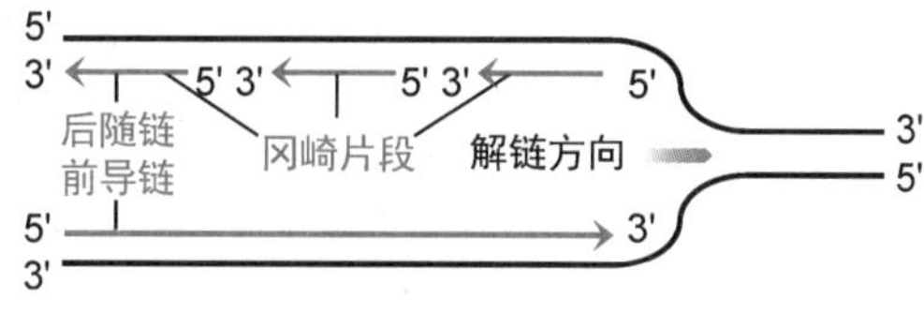

图 2－5　半不连续复制

第二节　大肠杆菌 DNA 的复制合成

原核生物基因组 DNA 呈共价闭合环状，复制过程比真核生物简单。我们以大肠杆菌 K-12 株为例介绍原核生物 DNA 的复制。

一、参与 DNA 复制的酶和其他蛋白质

大肠杆菌 DNA 的复制是由 30 多种酶和其他蛋白质共同完成的，主要有 DNA 聚合酶、DNA 解旋酶、DNA 拓扑异构酶、引物酶和 DNA 连接酶等。

（一）DNA 聚合酶

DNA 聚合酶（DNA polymerase，POL）全称 DNA 依赖的 DNA 聚合酶（DNA-dependent DNA polymerase，DDDP），又称 DNA 复制酶，作用是催化以 dNTP 为原料合成 DNA。

1. DNA 聚合酶催化特点　DNA 聚合酶催化的合成反应有以下特点。

（1）需要模板　DNA 聚合酶催化的反应是 DNA 复制，即合成单链 DNA 的互补链，该单链 DNA 称为模板。

在中心法则中，模板（template）是指可以指导合成互补链的单链核酸。模板可以是 DNA 或 RNA，其指导合成的单链核酸可以是 DNA 或 RNA。DNA 模板指导 DNA 合成称为 DNA 复制，DNA 模板指导 RNA 合成称为转录，RNA 模板指导 RNA 合成称为 RNA 复制，RNA 模板指导 DNA 合成称为逆转录。

（2）需要引物　DNA 聚合酶不能催化两个 dNTP 形成 3′,5′-磷酸二酯键，只能催化一个 dNTP 的 5′-α-磷酸基与一段（或一股）核酸的 3′-羟基形成 3′,5′-磷酸二酯键，并且这段核酸必须与模板 DNA 互补结合。这段核酸称为引物（primer）。引物可以是 DNA，也可以是 RNA。引导大肠杆菌 DNA 复制的引物都是 RNA。

（3）以 5′→3′方向催化合成 DNA　这是由 DNA 聚合酶的催化机制决定的。DNA 合成的基本反应是由引物或新生链的 3′-羟基对 dNTP 的 α-磷酸基发动亲核攻击，形成 3′,5′-磷酸二酯键，并释放出焦磷酸（图 2-6）。

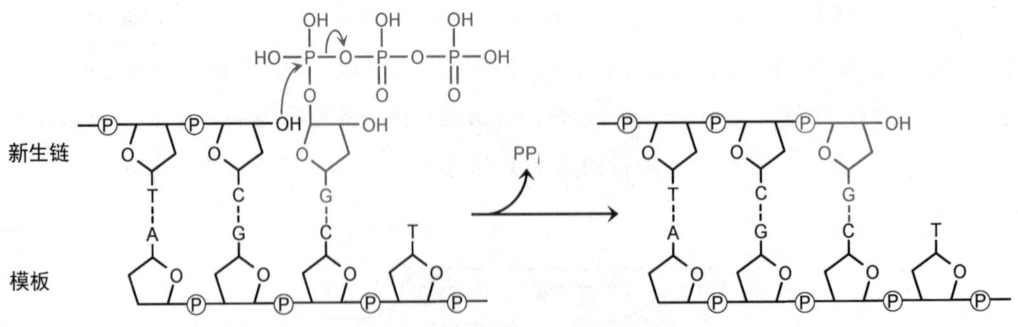

图 2-6　3′,5′-磷酸二酯键形成机制

2. 大肠杆菌 DNA 聚合酶种类　大肠杆菌 DNA 聚合酶有五种，分别用罗马数字编号，其中 DNA 聚合酶Ⅰ、Ⅱ、Ⅲ的结构和功能研究得比较明确（表 2-1）。

表 2-1　大肠杆菌 K-12 株 DNA 聚合酶

DNA 聚合酶	POL Ⅰ	Pol Ⅱ	Pol Ⅲ
结构基因*	*polA*	*polB*	*polC*（*dnaE*）
催化亚基大小（AA）	928	783	1160
亚基种类	1	7	≥10
分子量（kDa）	103	88‡	791.5
3′→5′外切酶活性	+	+	+
5′→3′外切酶活性	+	-	-
5′→3′聚合酶活性	+	+	+
5′→3′聚合速度（nt/s）	10~20	40	200~1000
延伸能力（nt）	3~200	1500	>500000
功能	引物切除，缺口填补；DNA 修复	DNA 修复	DNA 复制合成

注：* 对于多酶复合体，这里仅列出聚合酶活性亚基的结构基因；‡ 仅指聚合酶活性亚基，DNA 聚合酶Ⅱ与 DNA 聚合酶Ⅲ有共同亚基。

（1）DNA 聚合酶Ⅰ（POLⅠ）　由 Kornberg（1959 年诺贝尔生理学或医学奖获得者）于 1956 年发现，由一条 928AA 的肽链构成，是一种多功能酶，有三个不同的活性中心：5′→3′外切酶活性中心（Met1~Thr323）、3′→5′外切酶活性中心（Val324~Gln517）和 5′→3′聚合酶活性中心（Gly521~His928）。Klenow 用枯草杆菌蛋白酶（subtilisin）水解 DNA 聚合酶Ⅰ Thr323 和 Val324 之间的肽键，得到两个片段。其中大片段（Val324~His928）称为 Klenow 片段、克列诺片段、克列诺酶，含 3′→5′外切酶活性中心和 5′→3′聚合酶活性中心；小片段（Met1~Thr323）含 5′→3′外切酶活性中心（图 2-7）。DNA 聚合酶Ⅰ活性低，延伸能力弱，主要功能不是催化 DNA 复制合成，而是在复制过程中切除 RNA 引物，合成 DNA 填补缺口（gap）。此外，DNA 聚合酶Ⅰ还参与 DNA 修复。

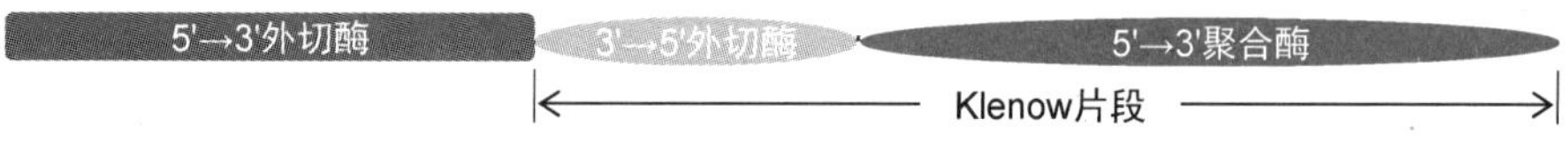

图 2-7　大肠杆菌 DNA 聚合酶Ⅰ

（2）DNA 聚合酶Ⅱ（Pol Ⅱ）　有 5′→3′聚合酶活性中心和 3′→5′外切酶活性中心，但没有 5′→3′外切酶活性中心。DNA 聚合酶Ⅱ的功能可能是参与 DNA 修复。

（3）DNA 聚合酶Ⅲ（Pol Ⅲ）　是一种多酶复合体，全酶由两个核心酶（$\alpha\varepsilon\theta\beta_2$）和一个 γ 复合物（$\gamma\tau_2\delta\delta'\chi\psi$）构成（图 2-8）。①在核心酶中，α 亚基含 5′→3′聚合酶活性中心；ε 亚基含 3′→5′外切酶活性中心；β_2 称为 β 夹子（clamp），赋予 DNA 聚合酶Ⅲ最强的延伸能力；θ 亚基可能起组装作用。②在 γ 复合物中，$\gamma\tau_2\delta\delta'$复合物称为 β 夹子装置器（clamp loader），可以控制 β 夹子开合以夹住或释放 DNA。χψ 作用于单链 DNA 结合蛋白（42 页）。DNA 聚合酶Ⅲ活性最高，是催化 DNA 复制合成的主要酶。

（4）DNA 聚合酶Ⅳ和Ⅴ（Pol Ⅳ、Ⅴ）　发现于 1999 年，主要参与 DNA 修复（跨损伤合成）。

3. 大肠杆菌 DNA 聚合酶功能　大肠杆菌 DNA 聚合酶各个活性中心有不同的功能。

（1）5′→3′聚合酶活性中心与延伸能力　评价一种 DNA 聚合酶的活性通常要看它每秒

NOTE

钟催化连接的核苷酸数和它的延伸能力。DNA 聚合酶在催化连接核苷酸时一直结合在新生链的 3′端，一旦有 dNTP 进入活性中心并与模板碱基配对，便催化连接，这一特点称为 DNA 聚合酶的延伸能力（processivity），它通常定义为 DNA 聚合酶结合在新生链 3′端可以连续催化连接的核苷酸数。不同 DNA 聚合酶的延伸能力有很大差别，有的结合一次只能连接几个核苷酸，而有的结合一次可以连接上万个核苷酸。大肠杆菌 DNA 聚合酶Ⅲ的延伸能力最强。

（2）3′→5′外切酶活性中心与校对功能　DNA 聚合酶的 3′→5′外切酶（exonuclease）活性中心与 5′→3′聚合酶活性中心相距约 3nm，可以切除新生链 3′端不能与模板形成 Watson-Crick 碱基配对的核苷酸。因此，在 DNA 合成过程中，一旦连接了错配核苷酸，聚合反应就会中止，错配核苷酸进入 3′→5′外切酶活性中心并被切除，然后聚合反应继续进行，这就是 DNA 聚合酶的校对（proofreading）功能。

（3）5′→3′外切酶活性中心与切口平移　仅 DNA 聚合酶Ⅰ有 5′→3′外切酶活性中心，而且只作用于双链核酸。因此，如果双链 DNA 中存在切口（nick），DNA 聚合酶Ⅰ可在切口处催化两个反应：一个是水解反应，从 5′端切除核苷酸，每次可连续切除约 10 个核苷酸；另一个是聚合反应，在 3′端延伸合成 DNA。结果反应过程像是切口在移动，故称切口平移（nick translation，图 2-9）。在切口平移过程中被水解的可以是 RNA 引物，也可以是损伤 DNA。

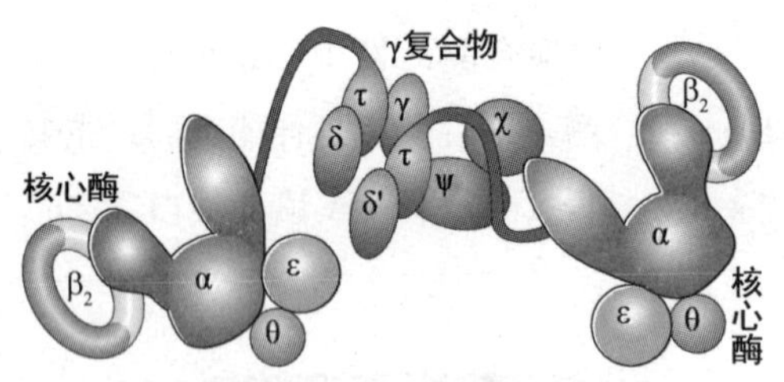

图 2-8　DNA 聚合酶Ⅲ复合体结构模型

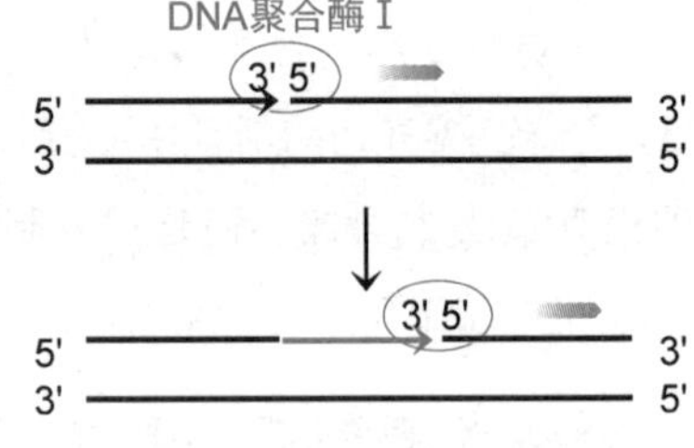

图 2-9　切口平移

DNA 聚合酶Ⅰ的切口平移作用有两个意义：①在 DNA 复制过程中切除后随链冈崎片段 5′端的 RNA 引物，并合成 DNA 填补，即切除较早合成的冈崎片段 1 的 RNA 引物，延伸合成较晚合成的冈崎片段 2（图 2-15）。②参与 DNA 修复。此外，在核酸杂交技术中，DNA 聚合酶Ⅰ常用于通过切口平移标记探针（第十二章，373 页）。

（二）解链、解旋酶类

DNA 有超螺旋、双螺旋等结构，在复制时，作为模板的亲代 DNA 需要松解螺旋，解开双链，暴露碱基，才能作为模板，按照碱基配对原则指导合成子代 DNA。参与亲代 DNA 解链，并将其维持在解链状态的酶和其他蛋白质主要有 DNA 解旋酶、DNA 拓扑异构酶和单链 DNA 结合蛋白。

1. DNA 解旋酶（DNA helicase）　作用是解开 DNA 双链。解链过程需要通过水解 ATP 提供能量，每解开一个碱基对消耗一个 ATP。目前在大肠杆菌中已经鉴定到解旋酶 DnaB、Rep、Ⅱ、Ⅳ和 RecB 等至少 13 种 DNA 解旋酶，其中解旋酶 DnaB 沿结合股 5′→3′方向移动解链，参与 DNA 复制；解旋酶 Rep、Ⅱ、Ⅳ沿结合股 3′→5′方向移动解链，参与错配修复；解旋酶

NOTE

RecB 既可沿结合股 3′→5′方向移动解链，又可沿 5′→3′方向移动解链，且有核酸外切酶活性，参与重组修复。

解旋酶 DnaB 是 *dnaB* 基因产物（471AA），形成同六聚体环结构，有依赖 DNA 的 ATP 酶（ATPase）活性。在 DNA 复制过程中，解旋酶 DnaB 同六聚体环套在复制叉的后随链模板上（图 2-14），沿 5′→3′方向移动解链，解链过程中会在前方形成正超螺旋结构，由 DNA 拓扑异构酶松解。

DNA 复制始于复制起点。解旋酶 DnaB 与后随链模板的结合依赖染色体复制起始蛋白 DnaA（467AA）、细菌组蛋白 HU（αβ 二聚体）和 DNA 复制蛋白 DnaC（245AA）（表 2-3）。

2. DNA 拓扑异构酶（DNA topoisomerase）　在共价闭合环状 DNA 双螺旋中，两股链相互缠绕的次数称为连环数（linking number，*Lk*）。有相同一级结构、不同连环数的 DNA 分子称为拓扑异构体（topoisomer）。DNA 拓扑异构酶简称拓扑酶，由 Wang 和 Gellert 发现，它们可以催化 DNA 双螺旋 3′,5′-磷酸二酯键的断裂和形成，改变其连环数，形成拓扑异构体。

例如，一个只有 B-DNA 结构的 1100bp 环状 DNA 有 110 个螺旋，即连环数为 110；如果由 DNA 拓扑异构酶松解 10 个螺旋，即连环数减至 100，则可能成为 A-DNA。改变前后的两种结构互为拓扑异构体。

大肠杆菌有四种 DNA 拓扑异构酶，分为两类，均参与 DNA 的复制、转录和重组及染色质重塑（表 2-2）。

表 2-2　大肠杆菌 K-12 株 DNA 拓扑异构酶

分类	名称	结构	基因	亚基大小（AA）
Ⅰ型 DNA	DNA 拓扑异构酶 1（DNA topoisomerase 1）	单体	*topA*	865
拓扑异构酶	DNA 拓扑异构酶 3（DNA topoisomerase 3）	单体	*topB*	653
Ⅱ型 DNA	DNA 促旋酶（DNA gyrase）	A_2B_2 四聚体	*gyrA*，*gyrB*	875（A），804（B）
拓扑异构酶	DNA 拓扑异构酶 4（DNA topoisomerase 4）	A_2B_2 四聚体	*parC*，*parE*	752（A），630（B）

（1）Ⅰ型 DNA 拓扑异构酶　又称转轴酶（swivelase），有 DNA 拓扑异构酶 1 和 DNA 拓扑异构酶 3 两种，能消除超螺旋，即在双链 DNA 的某一部位将其中一股切断（不是水解），在消除超螺旋（改变连环数）之后再连接起来，使 DNA 呈松弛状态，反应过程不消耗 ATP。

Ⅰ型 DNA 拓扑异构酶的催化机制——磷酸二酯键转移反应：①Ⅰ型 DNA 拓扑异构酶活性中心含酪氨酸残基（大肠杆菌 DNA 拓扑异构酶 1 为 Tyr319，人为 Tyr722），其羟基通过亲核攻击断开一股 DNA 特定的 3′,5′-磷酸二酯键，形成切口。酪氨酸羟基以酯键与切口的 5′-磷酸基结合。②另一股 DNA 穿过切口，使双链 DNA 改变一个连环数。③切口的 3′-羟基通过亲核攻击取代酪氨酸羟基，重新与 5′-磷酸基结合，形成 3′,5′-磷酸二酯键（图 2-10）。

（2）Ⅱ型 DNA 拓扑异构酶　有 DNA 拓扑异构酶 2（又称 DNA 促旋酶）和 DNA 拓扑异构酶 4 两种，能在双链 DNA 的某一部位将两股链同时切断（不是水解），在消除超螺旋或使连环体解离（或形成，46 页）之后再连接起来，反应过程消耗 ATP。此外，DNA 促旋酶还可以在 DNA 中引入负超螺旋。

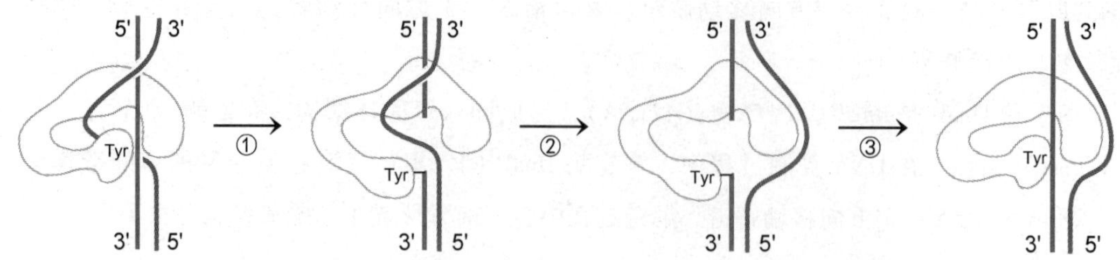

图 2-10 大肠杆菌Ⅰ型 DNA 拓扑异构酶催化机制

Ⅱ型 DNA 拓扑异构酶的催化机制：Ⅱ型 DNA 拓扑异构酶是 A_2B_2 四聚体，其中 A 亚基含切接活性中心，通过酪氨酸羟基（DNA 促旋酶为 Tyr122）催化反应，酪氨酸羟基的作用与Ⅰ型 DNA 拓扑异构酶基本一致。B 亚基含 ATPase 活性中心，并负责引入负超螺旋。①钳住 G 片段。②结合 ATP，钳住 T 片段。③切割 G 片段。④使 T 片段通过并进入 DNA 拓扑异构酶的中心孔。⑤G 片段重新连接，ATP 水解，T 片段释放（图 2-11）。

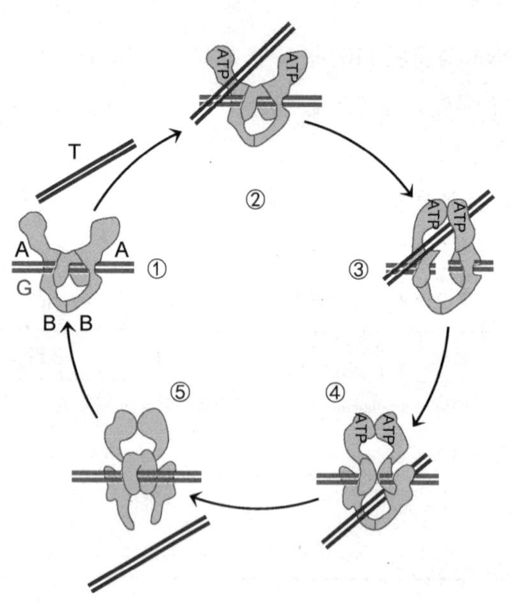

图 2-11 大肠杆菌Ⅱ型 DNA 拓扑异构酶催化机制

3. 单链 DNA 结合蛋白（SSB） 又称单链结合蛋白、松弛蛋白。大肠杆菌 DNA 解链时，两股单链 DNA 会被 SSB 结合。SSB 是 *ssb* 基因产物（177AA），活性形式是四聚体，其功能是，①稳定解开的 DNA 单链（覆盖约 32nt），防止其重新形成双链结构。②抗核酸内切酶降解。

原核生物 SSB 与 DNA 的结合具有协同效应，当第一个 SSB 结合之后，其后 SSB 的结合能力可以提高 10^3 倍。因此，一旦结合开始，便快速扩展，直至结合全部单链 DNA。此外，SSB 并不是在 DNA 链上移动，而是通过不断的结合与解离来改变结合位点（滑行与步行）。

（三）引物酶

DNA 复制需要 RNA 引物。RNA 引物由引物酶催化合成。引物酶（primase）又称引发酶，属于 RNA 聚合酶，但对利福平不敏感。大肠杆菌的引物酶是 DnaG，是 *dnaG* 基因产物（581AA）。游离的引物酶 DnaG 没有活性。当解旋酶 DnaB 联合其他复制因子识别复制起点并

NOTE

启动解链形成复制叉时，引物酶 DnaG 被解旋酶 DnaB 等募集，组装成引发体（primosome），并被激活，在后随链模板的一定部位（CTG 序列）合成 RNA 引物（pppAG……），合成方向与 DNA 一样，也是 5′→3′。RNA 引物合成后可提供 3′-羟基引发 DNA 合成。

（四）DNA 连接酶

DNA 聚合酶催化合成冈崎片段或环状 DNA 时会形成切口，需要 DNA 连接酶（DNA ligase）催化切口处的 5′-磷酸基和 3′-羟基缩合，形成磷酸二酯键。

DNA 连接酶发现于 1967 年。大肠杆菌 DNA 连接酶是 *ligA* 基因产物（671AA）。它不能连接游离的单链 DNA，只能连接双链 DNA 中的切口。连接反应由 NAD^+ 供能（真核生物和古细菌由 ATP 供能）。

大肠杆菌 DNA 连接酶的催化机制：①DNA 连接酶先与 NAD^+ 反应，形成 DNA 连接酶-AMP（并释放烟酰胺单核苷酸 NMN^+，其中 AMP 的磷酸基与活性中心 Lys115 的 ε-氨基结合），再将 AMP 转移给切口处的 5′-磷酸基，形成 5′-AMP-DNA，将 5′-磷酸基活化。②切口处的 3′-羟基对活化的 5′-磷酸基进行亲核攻击，形成 3′,5′-磷酸二酯键，同时释放 AMP（图 2-12）。

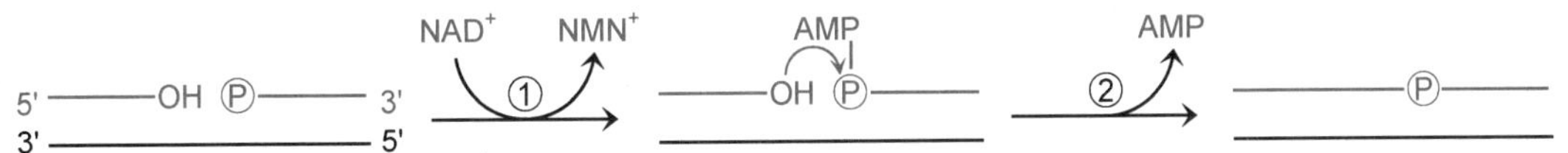

图 2-12　大肠杆菌 DNA 连接酶催化机制

除 DNA 复制外，DNA 连接酶也参与 DNA 重组、DNA 修复等，还是重组 DNA 技术重要的工具酶。

二、复制过程

在大肠杆菌 DNA 的复制过程中，各种与复制有关的酶和其他蛋白因子结合在复制叉上，形成多酶复合体，称为复制体（replisome），催化 DNA 的复制合成。复制过程可分为起始、延伸和终止三个阶段。三个阶段的复制体有不同的组成和结构。

（一）复制起始

在复制起始阶段，一组酶和其他蛋白质从亲代 DNA 复制起点解链、解旋，形成复制叉，组装引发体。

1. 复制起点　大肠杆菌染色体 DNA 的复制起点称为 *oriC*，位于天冬酰胺合成酶和 ATP 合成酶操纵子之间，长度为 245bp，包含两种保守序列（conserved sequence，DNA、RNA 或蛋白质一级结构中的一些在进化过程中变化极小的序列）：①五段重复排列的 9bp 序列，是 DnaA 蛋白识别和结合区，故又称 *dnaA* 盒，共有序列（consensus sequence，一组 DNA、RNA 或蛋白质的同源序列所含的共有核苷酸序列或氨基酸序列）为 TTA/TTNCACC（N 为任意碱基）（图 2-13），可以结合 DnaA·ATP 和 DnaA·ADP。此外，9bp 序列之间还存在三段 DnaA 蛋白识别和结合区，但不含上述 9bp 共有序列，也可以结合 DnaA·ATP。②三段串联重复排列的 13bp 序列，是起始解链区，故又称 DNA 解旋元件（DNA unwinding element，DUE），富含 AT，共有序列为 GATCTNTTNTTTT。

大肠杆菌还有一种备用复制起点，称为 *oriH*，仅在 *oriC* 不能启动复制时启用。

NOTE

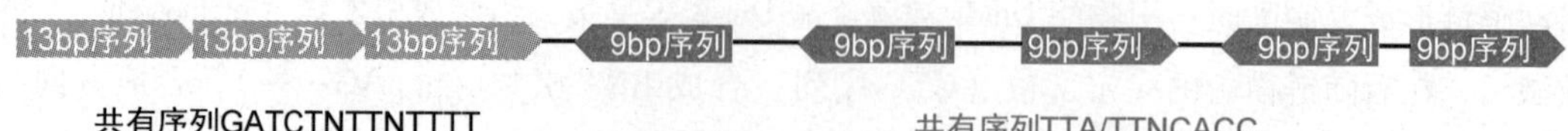

图 2－13　大肠杆菌 DNA 复制起点

2. 有关的酶和其他蛋白质　复制起始阶段至少需要 9 种酶和其他蛋白质（表 2-3），它们的作用是从复制起点解开 DNA 双链，组装引发体前体（preprimosome），又称前引发复合物（prepriming complex）。

表 2－3　大肠杆菌 K-12 株 DNA 复制起始阶段所需的部分酶和其他蛋白质

酶/蛋白质	结构	亚基大小（AA）	功能
DnaA 蛋白（染色体复制起始蛋白）	单体	467	识别复制起点并解链
DnaB 蛋白（DNA 解旋酶）	同六聚体	471	DNA 解链，组装引发体
DnaC 蛋白（DNA 复制蛋白）	同六聚体	245	协助 DnaB 结合于复制起点
HU 蛋白（细菌组蛋白）	异二聚体	90，90	DNA 结合蛋白，促进起始
DNA 促旋酶	异四聚体	875，804	松解 DNA 超螺旋
单链 DNA 结合蛋白	同四聚体	178	保护单链 DNA
DnaG 蛋白（引物酶）	单体	581	组装引发体，合成引物
RNA 聚合酶	异六聚体	表 3-3，第 80 页	提高 DnaA 活性
Dam 甲基化酶	单体	278	将 *oriC* 的 GATC 中的 A 甲基化

3. 起始过程　①DnaA 蛋白 N 端为 ATPase 结构域，C 端为 DNA 结合域，与 ATP 形成复合物，6~8 个 DnaA·ATP 结合于复制起点 *oriC* 的 DnaA 蛋白识别和结合区，并通过 ATPase 结构域相互结合，被 DNA 缠绕形成复合物。②HU 蛋白与 DNA 结合，协助 DnaA 蛋白使起始解链区解链（消耗 ATP），成为开放复合物。③两个解旋酶 DnaB 六聚体在十二个 DnaC 单体（有 ATPase 活性）的协助下与开放复合物结合，组装两个引发体前体（含 1 个 PriC 单体、1 个 DnaT 单体、2 个 PriA 单体、2 个 PriB 二聚体、1 个 DnaB 六聚体），沿着后随链模板 5′→3′方向移动解链（消耗 ATP），形成两个复制叉（图 2-14）。

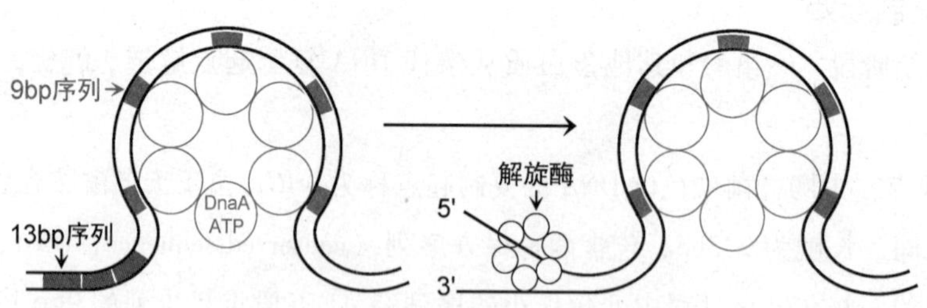

图 2－14　大肠杆菌 DNA 复制起始

随着解链进行，引物酶 DnaG 被引发体前体的解旋酶 DnaB 等募集，组装成引发体，合成 RNA 引物。RNA 引物使 DnaC 水解 ATP 并释放。解旋酶 DnaB 移动解链并使 DnaA 蛋白释放。单链 DNA 结合蛋白与单链 DNA 模板结合，DNA 促旋酶则负责松解 DNA 双链因解链而形成的正超螺旋结构，或引入负超螺旋，以协助解链。

（二）复制延伸

NOTE

DNA 复制的延伸阶段合成前导链和后随链。两股链的合成反应都由 DNA 聚合酶Ⅲ催化，但合成过程有显著区别，参与 DNA 合成的蛋白质也不尽相同（表 2-4）。

表 2-4　大肠杆菌 K-12 株 DNA 复制延伸阶段所需的酶和其他蛋白质

酶/蛋白质	功能	酶/蛋白质	功能
单链 DNA 结合蛋白	保护单链 DNA	DNA 聚合酶 I	切除引物，填补缺口
DNA 解旋酶（DnaB 蛋白）	DNA 解链，组装引发体	DNA 连接酶	连接切口
引物酶（DnaG 蛋白）	组装引发体，合成引物	DNA 促旋酶	松解 DNA 超螺旋
DNA 聚合酶Ⅲ	合成 DNA		

1. 前导链的合成　复制启动之后，前导链的合成通常是一个连续过程。先由一个复制叉的引发体在复制起点处催化合成一段 10~12nt 的 RNA 引物，随后 DNA 聚合酶Ⅲ通过 τ 亚基与解旋酶 DnaB 结合，以 dNTP 为原料在引物 3′端合成另一个复制叉的前导链。前导链的合成与其模板的解链保持同步。

2. 后随链的合成　后随链的合成是分段进行的。当亲代 DNA 解开 1000~2000nt 时，先由引发体催化合成 RNA 引物，再由 DNA 聚合酶Ⅲ在引物 3′端催化合成冈崎片段。当冈崎片段合成遇到前方引物时，DNA 聚合酶 I 替换 DNA 聚合酶Ⅲ，通过切口平移切除引物（RNase H 参与降解 RNA 引物），合成 DNA 填补。最后，DNA 连接酶催化连接 DNA 切口。如图 2-15 所示，DNA 聚合酶 I 通过切口平移切除引物 1，同时延伸合成冈崎片段 2 填补，由 DNA 连接酶催化连接。

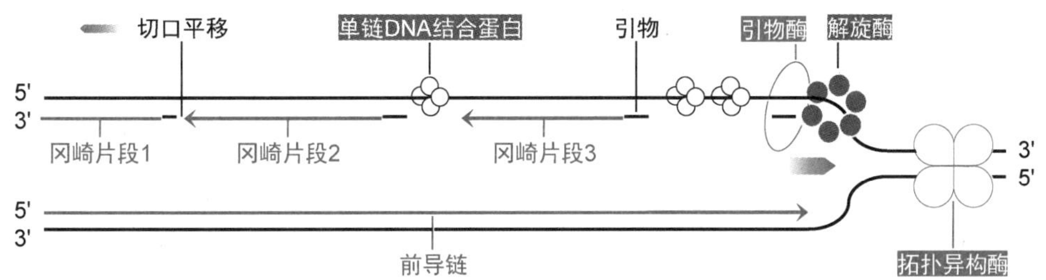

图 2-15　大肠杆菌前导链和后随链的合成

后随链合成的长号模型　DNA 双链是反向互补的，而前导链和后随链是由一个 DNA 聚合酶Ⅲ复合体催化同时合成的，称为 DNA 的并行合成、协同合成。为此，后随链的模板必须形成一个突环（looping out），使后随链的合成方向与前导链一致，这样它们就可以由同一个 DNA 聚合酶Ⅲ复合体催化合成。DNA 聚合酶Ⅲ不断地与后随链的模板结合、合成 1000~2000nt 冈崎片段、释放，再结合、合成、释放……（图 2-16）。这一机制称为长号模型（trombone model）。

3. DNA 复制过程中的保真机制　①5′→3′聚合酶活性中心对核苷酸的选择使其错配率仅为 10^{-4}~10^{-5}。②3′→5′外切酶活性中心的校对进一步将错配率降至 10^{-6}~10^{-8}（错配修复系统进一步将错配率降至 10^{-9}~10^{-10}，60 页）。

（三）复制终止

大肠杆菌环状 DNA 的两个复制叉向前推进，最后到达终止区（terminus region），形成连环体（catenane），又称 DNA 连环，在细胞分裂前由 DNA 拓扑异构酶 4 催化解离。

终止区包括两个复制叉的交会点和位于交会点两侧的 10 段终止序列（terminus sequence，

NOTE

Ter），其中逆时针复制叉的 5 段终止序列 *TerA*～*TerH* 位于交会点的顺时针复制叉一侧，而顺时针复制叉的 5 段终止序列 *TerC*～*TerJ* 位于交会点的逆时针复制叉一侧。显然，一个复制叉必须通过另一个复制叉的终止序列之后才能停止推进。这样，在 *oriC* 处解链形成的两个复制叉将在交会点会合（图 2-17）。

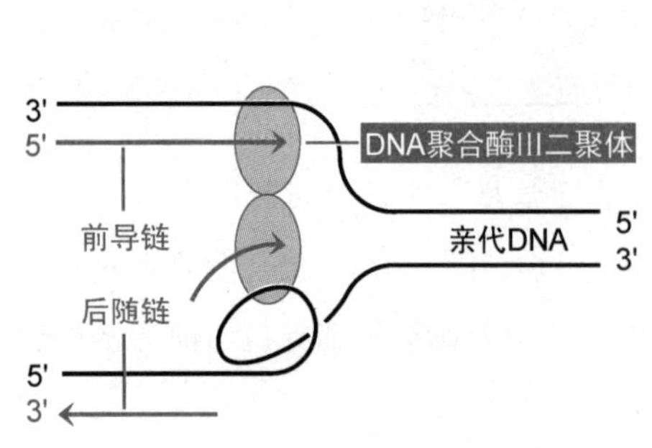

图 2－16 后随链合成的长号模型

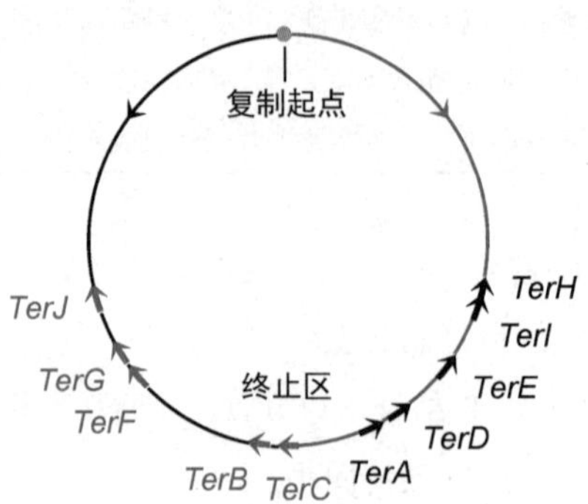

图 2－17 大肠杆菌 DNA 复制终止区

使复制叉停止推进需要 DNA 复制终止区结合蛋白 Tus（terminator utilization substance）的参与。Tus 蛋白是 *tus* 基因产物（309AA），特异地识别并结合终止序列 Ter 的共有序列 GTGTGGTGT，形成 Tus-Ter 复合物，阻止 DNA 解旋酶继续解链，从而使复制叉停止推进。Tus-Ter 复合物只能阻止一个复制叉的推进，而每个复制周期也只需有一个 Tus-Ter 复合物起作用。因此，Tus-Ter 复合物的作用是让先到达终止区的复制叉停止推进，等待与另一个复制叉会合。

两个复制叉在交会点相遇而结束复制，复制体解体，两股亲代链解开，但有 50～100nt 尚未复制，将通过修复方式完成。结果，两个闭环染色体 DNA 相互套成连环体，由 DNA 拓扑异构酶 4 催化解离（图 2-18）。

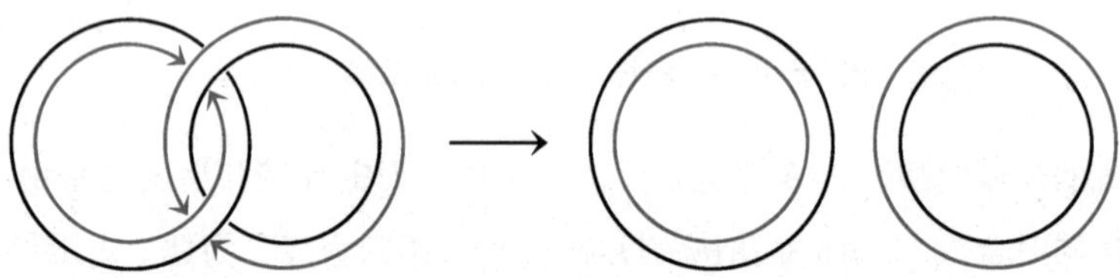

图 2－18 连环体解离

DNA 的复制速度相当快，在营养充足、生长条件适宜时，大肠杆菌 DNA 不到 40 分钟即可完成一次复制。大肠杆菌基因组 DNA 全长约 4.6×10^6bp，依此计算，每秒钟能掺入 2000 个核苷酸（事实并非如此，机制见 48 页）。

某些细菌、噬菌体、病毒线性 DNA 的末端后随链以蛋白质为引物，由其酪氨酸的羟基引发 DNA 合成。

三、复制调控

大肠杆菌 DNA 在每个细胞周期只复制一次，这是在复制起始阶段通过负调节因子 SeqA 作用于调控位点实现的。

1. 调控位点　GATC 是一种回文序列（palindrome），在基因组中大量存在，在复制起点 *oriC* 就有 11 处。GATC 中的 A 会被 Dam 甲基化酶催化 N^6-甲基化，因而有全甲基化、半甲基化两种结构。GATC 在复制之前为全甲基化结构，复制形成的两个子代 DNA 中为半甲基化结构（仅模板甲基化，图 2-29），但在复制起点的这种半甲基化结构只维持约 13 分钟，其他部位的半甲基化结构则维持不到 1.5 分钟，之后被 Dam 甲基化酶催化甲基化成全甲基化结构。

2. 负调节因子 SeqA　是 *seqA* 基因产物（181AA），可以形成螺旋纤维并与半甲基化 GATC 结合。SeqA 蛋白结合于复制起点会抑制 DnaA 蛋白结合，从而抑制启动新的复制；此外，SeqA 蛋白的结合还抑制半甲基化 GATC 的全甲基化。SeqA 蛋白结合于 DNA 其他部位则影响复制进程、染色质重塑和基因表达。

3. Dam 甲基化酶（DNA adenine methylase）　催化半甲基化 GATC 全甲基化，导致其不再募集 SeqA 蛋白，复制抑制被解除。

此外，①半甲基化的持续时间就是容许错配修复的时间。②*dnaA* 启动子中的 GATC 在子链中存在甲基化延迟，而半甲基化启动子抑制转录。

四、原核生物 DNA 合成的抑制剂

一些抗生素通过抑制 DNA 合成杀死原核病原体。

1. 喹诺酮类（quinolone）　例如环丙沙星、诺氟沙星、氧氟沙星、左氧氟沙星，通过作用于革兰氏阴性菌的 DNA 解旋酶和革兰氏阳性菌的 DNA 拓扑异构酶 4 而抑制 DNA 合成，对真核生物染色体 DNA 合成也有影响。

2. 硝基呋喃类（nitrofuran）　例如呋喃妥因，被细菌摄取之后，由硝基呋喃还原酶还原成多种中间产物，攻击 DNA、核糖体蛋白、呼吸链复合物、丙酮酸脱氢酶复合体等。

3. 硝基咪唑类（nitroimidazole）　例如甲硝唑，被厌氧菌摄取并还原，还原产物与厌氧菌 DNA 结合，抑制其复制和转录。

第三节　真核生物 DNA 的复制合成

真核生物染色体 DNA 在细胞周期 S 期复制，复制机制与大肠杆菌相似，但复制过程更为复杂。真核生物线粒体 DNA 以 D 环复制方式进行复制。

一、染色体 DNA 复制

真核生物染色体 DNA 与组蛋白、非组蛋白、RNA 形成线性染色质结构，位于细胞核内，有其复制特点。参与复制和修复的 DNA 聚合酶及其他因子比原核生物多而复杂。染色体 DNA 的端粒通过特殊机制合成。

（一）真核生物染色体 DNA 复制特点

真核生物的基因组比原核生物大。例如人类为 3000Mb，而大肠杆菌只有 4.6Mb。不过，真核生物染色体 DNA 的复制用时并不长，且有以下特点。

1. 发生染色质解离与重塑 真核生物的染色体 DNA 与组蛋白形成核小体结构，复制叉经过时需短暂解离；而当复制叉经过之后，还要马上在两条子代 DNA 双链上重塑核小体结构。相比之下，原核生物的 DNA 是裸露的，复制叉在推进过程中少有阻碍，所以复制速度较快。

2. 复制速度慢 受染色质解离与重塑影响，真核生物染色体 DNA 复制叉的推进速度约为 50nt/s，仅为大肠杆菌 DNA 复制叉推进速度（800~1000nt/s）的 1/16~1/20。

3. 多起点复制 ①真核生物的染色体 DNA 是多复制子 DNA，每个复制子都比较短，为 30（酵母）~100kb（动物）（表 2-5）。例如，酵母 DNA 有 400 个复制起点，复制子平均长度为 30kb；人类染色体 DNA 可能有 3×10^4 个复制起点，复制子平均长度为 100kb，仅相当于大肠杆菌的 2%。②基因组中复制子长度差异大，可相差 10 多倍。③如果各复制子同时启动复制，哺乳动物 DNA 复制完成约需 1 小时，但实际上需要 6~10 小时，因此只有 15%的复制子同时启动复制。通常靠近常染色质或活性基因的复制子先启动复制。当然也有各复制子同时启动复制的。④大多数复制子没有终止区。

表 2-5 部分复制子对比

物种	复制子数	平均长度（kb）	合成速度（bp/min）
大肠杆菌	1	4200	50000
酵母	400	30	3600
果蝇	3500	40	2600
爪蟾	15000	200	500
蚕豆	35000	300	-
人	30000	100	-

4. 冈崎片段短 真核生物冈崎片段的长度为 100~200nt，而大肠杆菌冈崎片段的长度为 1000~2000nt。

5. DNA 连接酶耗能差异 真核生物 DNA 连接酶连接冈崎片段时由 ATP 供能，而大肠杆菌由 NAD^+ 供能。

6. 终止阶段涉及端粒合成 真核生物的染色体 DNA 为线性结构，其末端端粒通过特殊机制合成。

7. 受 DNA 复制检查点控制 真核生物的染色体 DNA 在一个细胞周期中只复制一次；而快速生长的大肠杆菌分裂一次仅需 18 分钟，其 DNA 在一轮复制完成之前即可启动下一轮复制（“胎中胎”）。

（二）真核生物 DNA 聚合酶

真核生物有十几种 DNA 聚合酶（表 2-6），编码基因均位于染色体 DNA 上。它们的基本性质和大肠杆菌 DNA 聚合酶一致，都有 5′→3′聚合酶活性。DNA 聚合酶 δ 催化复制染色体 DNA，DNA 聚合酶 α 催化合成 RNA-DNA 引物，DNA 聚合酶 ε 催化切除引物。此外，DNA 聚合酶 β、ε 参与染色体 DNA 修复，DNA 聚合酶 γ 催化复制线粒体 DNA。

NOTE

表 2-6　人 DNA 聚合酶

DNA 聚合酶	亚基数目	3′→5′外切酶活性	功能
α	4	-	染色体 DNA 复制起始，合成引物
β	1	-	染色体 DNA 修复（碱基切除修复）
γ	3	+	线粒体 DNA 复制和修复
δ	4	+	染色体 DNA 后随链（可能包括前导链）合成，核苷酸/碱基切除修复
ε	4	+	核苷酸/碱基切除修复，染色体 DNA 前导链合成（可能）
ζ	1	-	染色体 DNA 修复（跨损伤合成）
η	1	-	染色体 DNA 修复（跨损伤合成，嘧啶二聚体修复）
θ	1	-	染色体 DNA 修复（交联修复）
ι	1	-	染色体 DNA 修复（跨损伤合成）
κ	1	-	染色体 DNA 修复（跨损伤合成）
λ	1	-	染色体 DNA 修复（碱基切除修复）
μ	1	-	染色体 DNA 修复（双链断裂修复）
ν	1	-	染色体 DNA 修复
σ	1	-	可能参与染色体 DNA 修复、复制

1. DNA 聚合酶 α　是多亚基酶，其最大亚基是催化亚基，含 5′→3′聚合酶活性中心，另有两个引物酶亚基，其中一个含引物酶活性中心。DNA 聚合酶 α 没有 3′→5′外切酶活性中心，不能校对错配，所以其功能可能是合成 RNA 引物，而不是催化合成 DNA。

人 DNA 聚合酶 α 为四聚体结构，由催化亚基（POLA1/p180，1462AA）、调节亚基（POLA2/p70，598AA）、引物酶亚基 1（PRIM1/p49，420AA）、引物酶亚基 2（PRIM2/p58，509AA）组成。复制时先由引物酶亚基 1 合成 RNA 引物（约 10nt），再由催化亚基合成一段 DNA（约 20nt），随后由 δ、ε 延伸合成 DNA。

2. DNA 聚合酶 δ　也是多亚基酶，含 3′→5′外切酶活性中心，可以校对错配，功能是催化合成染色体 DNA 后随链和前导链，相当于大肠杆菌 DNA 聚合酶Ⅲ。

人 DNA 聚合酶 δ 为四聚体结构，由催化亚基 POLD1/p125（1107AA）和辅助亚基 POLD2/p50、POLD3/p66、POLD4/p12 组成，催化亚基含 5′→3′聚合酶活性中心、3′→5′外切酶活性中心。DNA 聚合酶 δ 接替 α 完成后随链冈崎片段的合成，此外也可合成前导链，但需要增殖细胞核抗原（PCNA）和复制因子 C（RFC）协助。

3. DNA 聚合酶 ε　功能是参与 DNA 修复，可能还参与催化合成染色体 DNA 前导链。

人 DNA 聚合酶 ε 为四聚体结构，由催化亚基 POLE1（2286AA）和辅助亚基 POLE2、POLE3、POLE4 组成。

4. DNA 聚合酶 γ　是线粒体唯一的 DNA 聚合酶，负责 mtDNA 的复制与修复。

人 DNA 聚合酶 γ 为三聚体结构，由催化亚基 POLG1 和两个辅助亚基 POLG2/p55 组成。

（三）参与真核生物染色体 DNA 复制的其他因子

参与真核生物染色体 DNA 复制的因子种类比原核生物多，结构和功能也更复杂。以下为已阐明的参与人类染色体 DNA 复制的因子。

1. 起始识别复合物（ORC） 与大肠杆菌 DnaA 同源，是一种六亚基蛋白质（Orc1-6，依次含 861AA、577AA、711AA、436AA、435AA、252AA），在复制起始阶段与染色体 DNA 复制起点的保守序列结合，在整个细胞周期中呈结合状态，并且受控于调节细胞周期的一组蛋白质。

2. 细胞分裂周期蛋白 6（Cdc6）和 DNA 复制因子 1（Cdt1） Cdc6 含 560AA，Cdt1 含 546AA，相当于大肠杆菌的 DnaC，与 ORC 结合，促进 DNA 解旋酶的组装，并且介导 DNA 解旋酶与复制起点结合。

3. 解链、解旋酶类 包括 MCM 解旋酶、解旋酶 hDNA2、DNA 拓扑异构酶和复制蛋白 A。

（1）MCM 解旋酶 是由 6 种微染色体维持蛋白（minichromosome maintenance protein，MCM）构成的六聚体环状 Mcm2-7 复合物（4836AA，图 2-19），相当于大肠杆菌的解旋酶 DnaB。细胞内缺少任何一种 MCM 都导致 DNA 复制不能启动，故 MCM 也称 DNA 复制许可因子（replication licensing factor，RLF）。

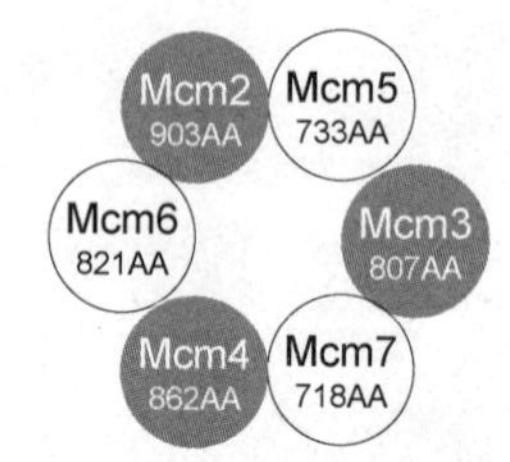

图 2-19 人 MCM 解旋酶

（2）解旋酶 hDNA2 有 ATPase 活性、DNA 解旋酶活性和核酸内切酶活性，参与染色体 DNA 和线粒体 DNA 复制和修复：冈崎片段 5′端切除序列（flap）如果太长（超过 27nt），会被复制蛋白 A（RPA）包被而抗侧翼核酸内切酶 1（flap endonuclease 1，FEN-1）剪切，则先由 hDNA2 切短，使 RPA 不能结合，再被 FEN-1 剪切。

（3）DNA 拓扑异构酶 分为 Ⅰ 型、Ⅱ 型 DNA 拓扑异构酶。Ⅰ 型 DNA 拓扑异构酶包括 DNA 拓扑异构酶 1、3α 和 3β，Ⅱ 型 DNA 拓扑异构酶包括 DNA 拓扑异构酶 2α 和 2β。

真核生物 DNA 拓扑异构酶既能松解负超螺旋，又能松解正超螺旋。相比之下，原核生物 DNA 拓扑异构酶只能松解负超螺旋。

真核生物 DNA 拓扑异构酶是某些抗肿瘤药物靶点。例如喜树碱（camptothecin）及其半合成类似物伊立替康（irinotecan，商标名称 Camptosar、Campto）就是 Ⅰ 型 DNA 拓扑异构酶的抑制剂。它可以抑制 Ⅰ 型 DNA 拓扑异构酶的连接酶活性，使其只表现内切酶活性，从而抑制 DNA 复制，杀死增殖期的肿瘤细胞。同理依托泊苷（etoposide）是 Ⅱ 型 DNA 拓扑异构酶的抑制剂。

（4）复制蛋白 A（RPA） 相当于大肠杆菌的单链 DNA 结合蛋白（SSB），目前已在人体内鉴定了 cRPA（canonical RPA，由 RPA1、2、3 亚基构成）和 aRPA（alternative RPA，由 RPA1、3、4 亚基构成）两种异三聚体，以 cRPA 为主。它们在 DNA 复制、重组和修复过程中起作用。

4. 复制因子 C（RFC） 有异五聚体结构，在复制延伸阶段取代 DNA 聚合酶 α 与引物 3′端结合，并与增殖细胞核抗原（PCNA）一起协助 DNA 聚合酶 δ 或 ε 与 DNA 模板结合（消耗 ATP），形成复制体，催化 DNA 延伸合成。

5. 增殖细胞核抗原（PCNA） 在增殖细胞的细胞核内大量存在，有同三聚体结构，由 RFC 募集并与 DNA 结合，功能是提高 DNA 聚合酶 δ 与 DNA 模板的亲和力，从而使其延伸能力增强，与大肠杆菌 DNA 聚合酶Ⅲ的 β 夹子（β_2）同源。

NOTE

6. 核糖核酸酶H2（RNase H2）和侧翼核酸内切酶1（FEN-1） ①RNase H2是由A、B、C亚基构成的异三聚体，其中A为催化亚基，可以降解RNA-DNA杂交体中的RNA，在DNA复制过程中降解冈崎片段的引物RNA。②FEN-1（flap endonuclease 1）又称DNase Ⅳ，有5′侧翼内切酶和5′→3′外切酶活性，三分子FEN-1与PCNA同三聚体形成六聚体，参与DNA复制（引物切除）和损伤修复。

7. DNA连接酶 包括DNA连接酶1、3、4，均消耗ATP，参与DNA复制、重组、修复。

（四）复制起点与复制起始

真核生物染色体DNA的复制起点又称自主复制序列（autonomously replicating sequence，ARS）。

1. 复制起点结构 作为最简单的真核生物，酿酒酵母（*S. cerevisiae*）基因组ARS目前研究得最清楚，其16条染色体中有400个ARS，每个ARS长50~185bp，含4段保守序列，从3′到5′依次为A、B1、B2、B3，其中A序列长14~15bp，包含一段富含AT的11bp共有序列A/TTTTATRTTTA/T，称为复制起点识别元件（origin recognition element，ORE），是起始识别复合物（ORC）的结合位点。ORE紧邻一段约80bp的富含AT序列，是DNA解旋元件（DNA unwinding element，DUE），DNA解旋酶的结合位点。哺乳动物ARS结构特征有待阐明。

2. 复制起始机制 酵母DNA复制起始过程分两个阶段（第八章，图8-14）。

（1）组装复制前复合物 在细胞周期G_1期，ORC识别并结合ARS中的A序列和B1序列，ORC募集Cdc6、Cdt1，三者共同募集MCM解旋酶（Mcm2-7复合物），组装成复制前复合物（pre-RC）。

（2）启动DNA复制 进入S期后，细胞周期蛋白依赖性激酶复合物cyclin A-CDK2催化Cdc6、Cdt1等磷酸化，依赖Dbf4的蛋白激酶（Dbf4-dependent kinase，DDK，Cdc7-Dbf4二聚体）催化MCM解旋酶磷酸化，RPA、DNA聚合酶δ/ε、DNA聚合酶α、RFC、PCNA依次结合，启动DNA复制。之后Cdc6、Cdt1被释放和降解，避免启动二次复制。

（五）端粒合成与复制终止

真核生物与原核生物DNA复制的另一显著区别是在终止阶段，真核生物DNA复制终止涉及端粒合成。

1971年，Olovnikov提出末端复制问题（end replication problem）：既然真核生物的染色体DNA为线性结构，那么在复制时，后随链5′端切除RNA引物之后会留下短缺，无法由DNA聚合酶催化补齐。如果任其存在，DNA每复制一次，DNA双链都会缩短一部分（图2-20）。

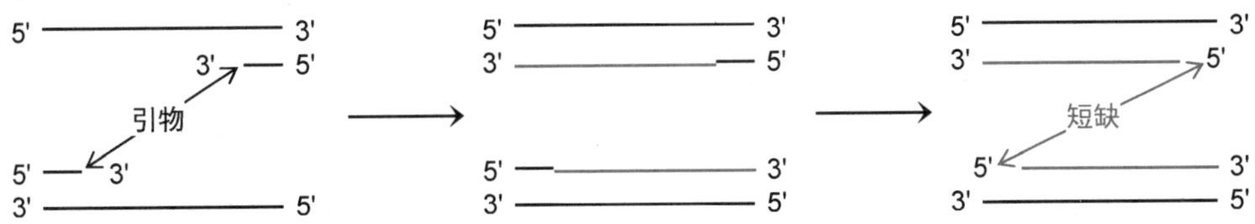

图2-20 染色体DNA复制时末端短缺

1978 年，Blackburn 发现真核生物线性 DNA 末端存在端粒结构；1984 年，Greider（在读研究生）发现了端粒酶。Blackburn、Greider 和 Szostak 因发现端粒和端粒酶并阐明其对染色体 DNA 的保护作用而获得 2009 年诺贝尔生理学或医学奖。

1. 端粒结构 端粒（telomere）是一种短串联重复序列，人端粒新生链（后随链）重复单位是 CCCTAA，模板重复单位是 TTAGGG。复制后端粒的后随链模板长出，所以形成 3′端突出结构。

2. 端粒功能 端粒的功能是维持染色体结构的独立性和稳定性，从而在染色体 DNA 复制和末端保护、染色体定位、细胞寿命维持等方面起作用。①末端保护：防止 DNA 被修复系统降解。②延伸合成：防止 DNA 因复制而缩短。③参与同源染色体配对和重组：促进减数分裂。

研究表明，体细胞染色体 DNA 的端粒会随着细胞分裂而缩短。当端粒缩短到一定程度时，细胞会停止分裂。因此，端粒起细胞分裂计数器的作用，其长度能反映细胞分裂的次数。

3. 端粒酶 端粒是由端粒酶催化合成的。端粒酶（telomerase）的化学本质是含有一段 RNA 的核糖核蛋白。人端粒酶 RNA 长 451nt，含 CUAACCCUAA 序列，可以作为模板指导合成其端粒的后随链模板 DNA。因此，端粒酶是一种自带 RNA 模板的特殊逆转录酶。

4. 端粒合成 ①端粒酶结合于端粒后随链模板（富含 G 股）的 3′端，以端粒酶 RNA 为模板，催化合成端粒后随链模板一个重复单位。②端粒酶前移一个重复单位。③重复合成重复单位、前移（图 2-21）。端粒合成到一定长度时（人 3～20kb），端粒酶脱离。端粒后随链模板募集引物酶、DNA 聚合酶等，合成冈崎片段填补后随链短缺。虽然端粒依然保持 3′端突出结构，但最终可以形成 t 环（t-loop，图 2-22）。

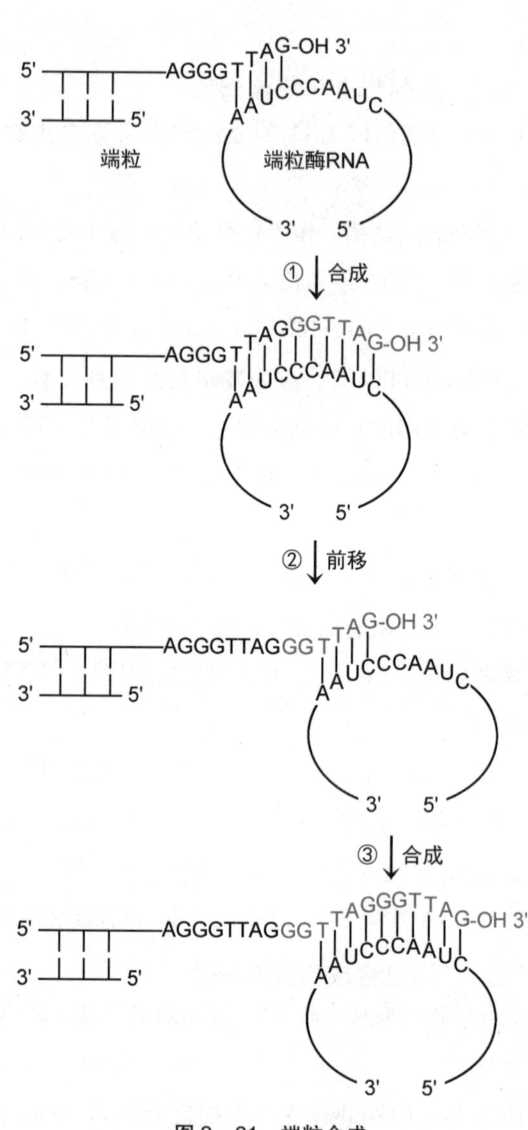

图 2-21 端粒合成

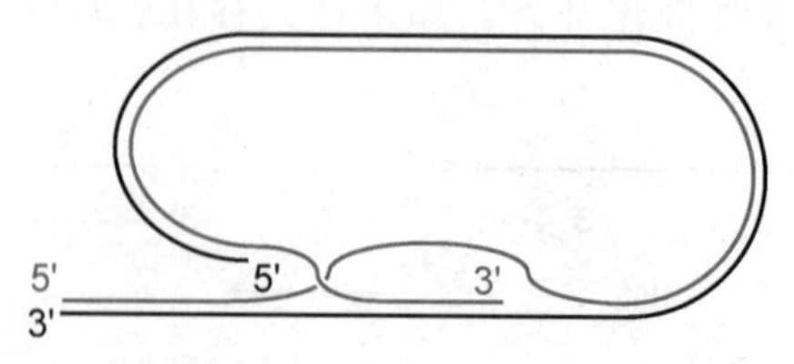

图 2-22 端粒 t 环结构

NOTE

端粒酶是最早阐明的催化合成端粒的酶，但可能不是唯一的，目前发现还存在端粒延伸替代机制（alternative lengthening of telomere）、不等交换机制。

端粒的长度反映端粒酶的活性。端粒酶分布广泛，在生殖细胞、胚胎细胞、干细胞和85%～90%的肿瘤细胞（如 Hela 细胞）中活性较高，这些细胞染色体 DNA 的端粒也一直保持一定的长度；而其他体细胞中端粒酶活性很低，其染色体 DNA 的端粒随着细胞分裂进行性地缩短，成为导致某些器官功能减退的原因之一。

5. 端粒酶与肿瘤诊断　神经母细胞瘤是一种儿时发生的周围神经系统肿瘤，可通过分析端粒酶活性进行诊断。其预后与端粒酶活性呈负相关，即端粒酶活性越高预后越差。端粒酶基因表达受 N-myc 蛋白激活，故其水平也可以反映治疗效果，*MYCN* 基因发生扩增的肿瘤患者预后差。

二、线粒体 DNA 复制

绝大多数 mtDNA 为闭环结构，且 H 链和 L 链的复制起点错位分布，相隔距离为 mtDNA 总长度的 1/3。mtDNA 由 DNA 聚合酶 γ 催化复制，在细胞分裂 S 期和 G_2 期进行。

1. H 链的复制合成　从其亲代 L 链上的复制起点 ori^H 处解链，RNA 聚合酶转录，转录产物被特异核酸内切酶切割成引物，引导 DNA 聚合酶 γ 合成新生 H 链，并且是单向复制。

2. L 链的复制合成　当新生 H 链合成达到 mtDNA 总长度的 2/3 时，亲代 H 链上的复制起点 ori^L 暴露，由特定引物酶合成 RNA 引物，引导 DNA 聚合酶 γ 合成新生 L 链（图 2-23）。

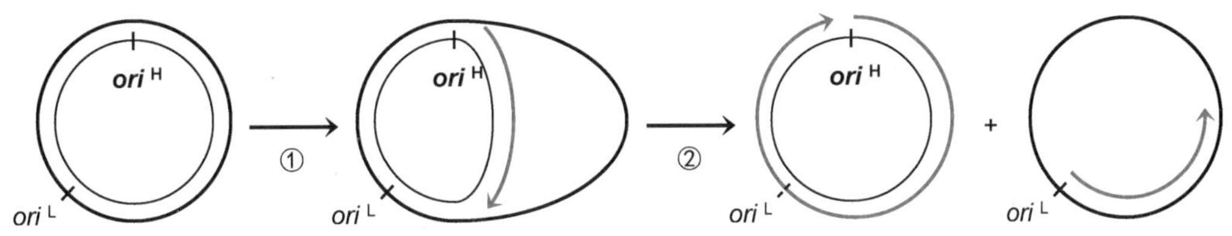

图 2－23　线粒体 DNA 的 D 环复制

mtDNA 两股链的复制起点错位分布，两股链复制的起始时间不同，终止时间也不同，所以其复制是不对称的。这种复制的前期是以新生 H 链替换（displacement）亲代 H 链的过程，并且亲代 H 链的游离结构形似字母 D，所以这种复制被形象地称为 D 环复制（D-loop replication）。

叶绿体 DNA 的复制方式也是 D 环复制，高等植物叶绿体 DNA 有两个 D 环。

第四节　病毒 DNA 的复制合成

病毒 DNA 的复制机制由其基因组特征和宿主 DNA 复制系统共同决定。

一、病毒 DNA 复制

多数 DNA 病毒的基因组为双链环状 DNA 分子，其复制是在细胞核内由宿主细胞的 DNA 复制系统完成的。不同病毒 DNA 的复制过程不尽相同，以下介绍乙型肝炎病毒（hepatitis B vi-

rus，HBV）复制机制。

1. HBV 基因组　HBV-DNA 是由两股不等长 DNA 链构成的非闭环双链 DNA：长链 L 为负链 DNA（模板链，转录产物为正链 RNA，可以指导蛋白质合成，第三章，79 页），以 DNA（-）表示，其 5′端有共价结合的乙型肝炎病毒 DNA 聚合酶；短链 S 为正链 DNA（编码链，有的可以转录，转录产物为负链 RNA，属于反义 RNA，第五章，151 页），以 DNA（+）表示，其 5′端有 18nt 加帽 RNA，为前基因组 RNA（pgRNA）残留。

2. HBV 复制机制　包括吸附、穿入、脱壳、合成、包装释放等环节（图 2-24）。

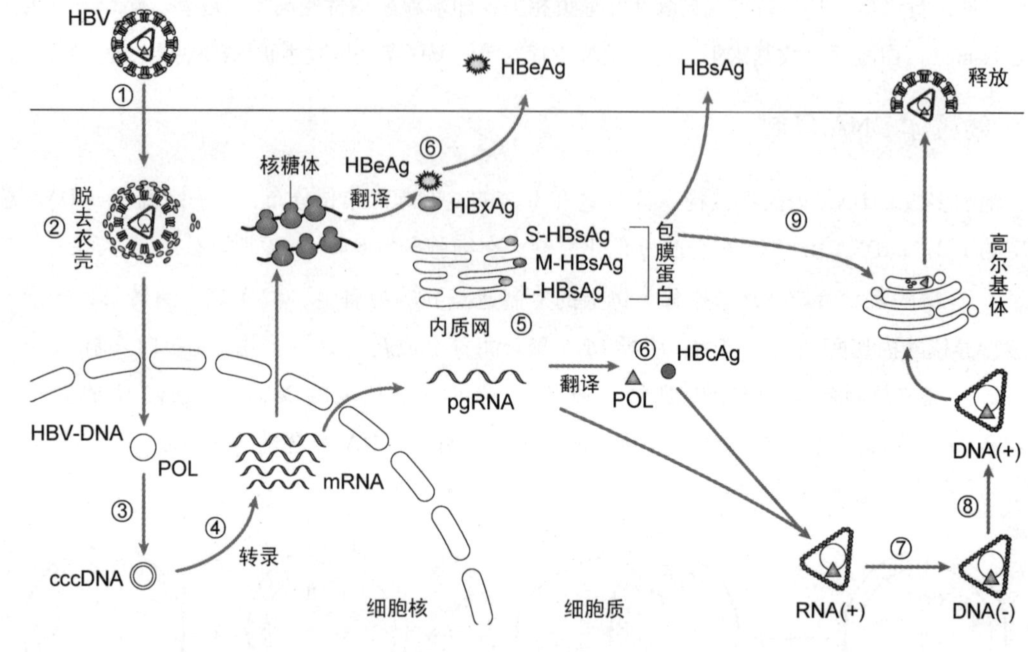

图 2-24　乙型肝炎病毒生命周期

（1）HBV 感染肝细胞，感染机制尚未阐明，候选受体是转铁蛋白受体、肝细胞中联蛋白、去唾液酸糖蛋白受体。核壳（核衣壳）进入细胞质。

（2）HBV-DNA 脱去衣壳，通过核孔进入细胞核。

（3）肝细胞 DNA 聚合酶催化填补缺口，形成共价闭合环状 DNA（cccDNA），可进行不依赖染色体的自主复制。

（4）以 HBV-DNA 负链为模板，在肝细胞 RNA 聚合酶Ⅱ的催化下合成四种 mRNA，其中包括 3.5kb 的 pgRNA。

（5）在内质网合成包膜蛋白（HBsAg）。

（6）在细胞质合成 HBcAg（及分泌型 HBeAg）、DNA 聚合酶（POL，有逆转录酶活性）及 X 蛋白（HBxAg）。

（7）pgRNA 与 HBcAg、DNA 聚合酶等形成核壳，并逆转录合成负链 cDNA。

（8）复制不等长非闭环双链基因组 DNA。

（9）在内质网、高尔基体内形成 Dane 颗粒并释放，同时有 HBsAg 构成的小球形颗粒和纤维状颗粒形成并释放（第十章，344 页）。

3. 病毒 DNA 合成的抑制剂　主要是核苷类似物，例如阿昔洛韦和拉米夫定。

（1）阿昔洛韦（acyclovir）　鸟苷类似物，属于前药（prodrug），被病毒感染的细胞摄取之后，由病毒胸苷激酶（TK）催化磷酸化生成三磷酸化产物 acyclo-GTP，然后通过两种机制抑制病毒 DNA 合成：一是竞争性抑制病毒 DNA 聚合酶；二是掺入病毒 DNA，抑制延伸。阿昔洛韦可用于治疗单纯疱疹病毒（HSV）、水痘带状疱疹病毒（varicella zoster virus，VZV）等的感染。阿昔洛韦由 1988 年诺贝尔生理学或医学奖获得者 Elion 发明。

（2）拉米夫定（lamivudine）　胞苷类似物，属于前药，其三磷酸化产物抑制乙型肝炎病毒（HBV）的 DNA 聚合酶、艾滋病病毒（HIV-1、HIV-2）的逆转录酶，但也抑制细胞的 DNA 聚合酶。

二、噬菌体 DNA 复制

不同噬菌体 DNA 的复制方式不尽相同，这里介绍滚环复制。共价闭合环状 DNA 复制时有一股链被切断，形成的 5′端被甩出，3′端由 DNA 聚合酶结合，以未切开的一股为模板延伸合成。当 3′端延伸合成时，5′端被连续甩出，好像环状模板在滚动，所以这种复制被形象地称为**滚环复制**（rolling circle replication）。甩出的 DNA 链有两种状况（图 2-25）。

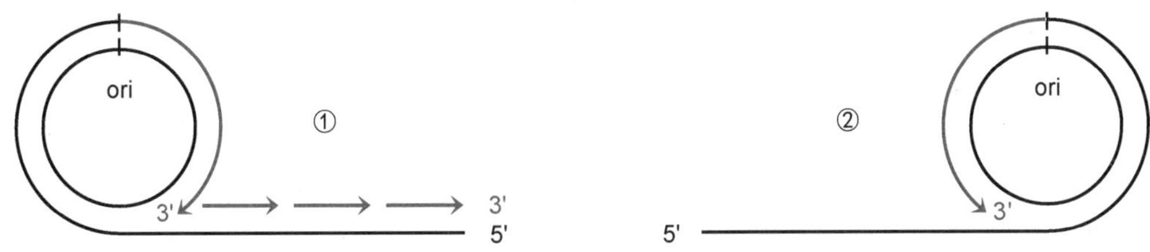

图 2－25　滚环复制

1. 作为模板指导不连续复制　得到双链 DNA **串联体**（concatemer，又称**多联体**，是指以基因组为重复单位的串联 DNA，或一组基因序列利用重组 DNA 技术构建的串联 DNA），并按照基因组长度切割，两端连接成环，得到共价闭合环状 DNA，例如 λ 噬菌体和 T4 噬菌体。

2. 不复制　得到单链 DNA 串联体，按照基因组长度切割，两端连接成环，得到单链环状 DNA，例如 ΦX174 噬菌体和 M13 噬菌体。

第五节　DNA 损伤与修复

DNA 聚合酶的校对功能可保证 DNA 复制的保真性，对遗传信息在细胞增殖时的准确传递至关重要。不过，DNA 复制并不是万无一失的，虽然极少出错。此外，即使在非复制期间，DNA 也会受到各种损伤，损伤的可能是碱基、脱氧核糖、磷酸二酯键或一段 DNA，导致 DNA 的序列或结构出现异常，甚至发生基因突变。这种突变会影响表型，一方面是生物进化的基础，另一方面又是个体患病甚至死亡的遗传因素。不过，在漫长的进化过程中，生物体已经建立了各种修复系统，可以修复 DNA 损伤，以保证生命的延续性和遗传的稳定性。

一、DNA 损伤

DNA 复制的保真性使生物体维持着遗传信息的稳定性。不过，稳定是相对的，变异是绝对的。变异即基因突变（mutation），分为静态突变（staticmutation，包括点突变和片段突变，能稳定遗传给子代）和动态突变（dynamic mutation，主要是重复序列拷贝数增加，遗传给子代时进一步发生突变）。基因突变的化学本质是 DNA 损伤（DNA damage），是指 DNA 结构出现异常，导致细胞或病毒的基因型发生稳定的、可遗传的变化，这种变化有时导致基因产物功能的改变或缺失，从而导致细胞转化或死亡。

（一）损伤意义

DNA 损伤会导致基因突变，一方面有利于生物进化，另一方面又可能产生不利后果。

1. 突变是生物进化的分子基础　遗传与变异是对立统一的生命现象。突变容易被片面理解成危害生命，但实际上突变的发生在各种生物体内普遍存在，并且有其积极意义。有突变才有生物进化，没有突变就不会有大千世界的生物多样性。

2. 致死突变消灭有害个体　致死突变（lethal mutation）发生在对生命过程至关重要的基因上，可导致细胞死亡或个体夭亡，消灭病原体。例如短指（brachydactyly）是一种隐性致死突变，其纯合子个体会因骨骼缺陷而夭亡。

3. 突变是许多疾病的分子基础　在导致疾病的基因突变中，点突变占 70%（其中错义突变占 49%，无义突变占 11%，剪接位点突变占 9%，调控元件突变占 1%），插入缺失突变占 23%，重排等占 7%。

4. 突变是多态性的分子基础　例如单核苷酸多态性。

（二）损伤类型

DNA 损伤类型多种多样，其中有些损伤可以遗传，因此导致基因突变。

1. 错配（mismatch）　导致 DNA 链上的一个碱基对被另一个碱基对置换，称为碱基置换（base substitution）（图 2-26）。碱基置换有两种类型：①转换（transition），是嘧啶碱基之间或嘌呤碱基之间的置换，这种方式占 2/3，其中又以 C→T 转换最多，发生率约为其他转换的 10 倍。②颠换（transversion），是嘌呤碱基和嘧啶碱基之间的置换。

```
野生型：GGG AGT GTA CGT CAG ACC CCG CCC TAT AGC
        Gly Ser Val Arg Gln Thr Pro Pro Tyr Ser
错  配：GGG AGT GTA CGT CGG ACC CCG CCC TAT AGC
        Gly Ser Val Arg Arg Thr Pro Pro Tyr Ser
插  入：GGG AGT GTA CGT CAG ACC CCG GCC CTA TAG C
        Gly Ser Val Arg Gln Thr Pro Ala Leu 终止
缺  失：GGG AGT GTA CGT CAG ACC CGC CCT ATA GC
        Gly Ser Val Arg Gln Thr Arg Pro Ile
```

图 2-26　错配、插入缺失

从理论上讲，DNA 分子的每一个碱基位点都可能发生突变，但实际情况是不同位点发生突变的频率不同。某些位点的突变频率大大高于平均值（10～100 倍），这些位点称为突变热点（hotspot of mutation），例如 5mCpG 序列中的 5mC 自发脱氨基成 T。有人分析了一例急性髓

NOTE

系白血病的基因组，发现存在750处突变，但其中只有12处存在于蛋白质或调控RNA基因内。

2. 插入缺失（indel） 是指DNA序列中发生一个碱基对或一小段核苷酸序列（通常是1~60bp）的插入缺失。插入缺失位点如果位于编码区内（第四章，103页），且插入缺失的不是$3n$个碱基对，会导致该位点下游的遗传密码全部发生改变，这种改变称为移码突变（frame-shift mutation，图2-26）；插入缺失的如果是$3n$个碱基对，则突变位点下游的遗传密码不会改变，这种突变称为整码突变（in-frame mutation）。

由一个碱基对的置换或插入缺失所导致的突变统称点突变（point mutation）。如果编码区发生点突变，会导致遗传密码改变，有多种可能的结果。

（1）错义突变（missense mutation） 是指一种氨基酸的密码子突变成为另一种氨基酸的密码子。

镰状细胞贫血是点突变致病的典型例子：患者镰状血红蛋白β亚基基因的编码序列有一个点突变A→T（腺嘌呤被胸腺嘧啶置换），使原来6号谷氨酸（记作Glu6）密码子GAG变成缬氨酸密码子GTG（记作Glu6Val）。

（2）无义突变（nonsense mutation） 又称终止突变（stop mutation），是指一种氨基酸的密码子突变成为终止密码子，导致翻译提前终止，所编码的蛋白质通常完全失活。成为终止密码子UAA、UAG、UGA的突变分别称为称为赭石突变（ochre mutation）、琥珀突变（amber mutation）、乳白突变（opal mutation）。

（3）同义突变（synonymous mutation） 是指氨基酸的密码子突变成为其另一种同义密码子，因此不影响蛋白质结构，属于沉默突变（silent mutation），占编码区错配的50%。

（4）移码突变（frameshift mutation） 插入缺失一个碱基对的移码突变属于点突变。

3. 重排（rearrangement） 又称基因重排、DNA重排、染色体易位（chromosomal translocation），是指基因组中较大DNA片段（10~1000bp）移动位置，但不包括基因组DNA缺失或外源DNA插入。重排可发生在DNA分子内部（染色体内），也可发生在DNA分子之间（染色体间），例如血红蛋白Lepore病就是重排的结果（图2-27）。

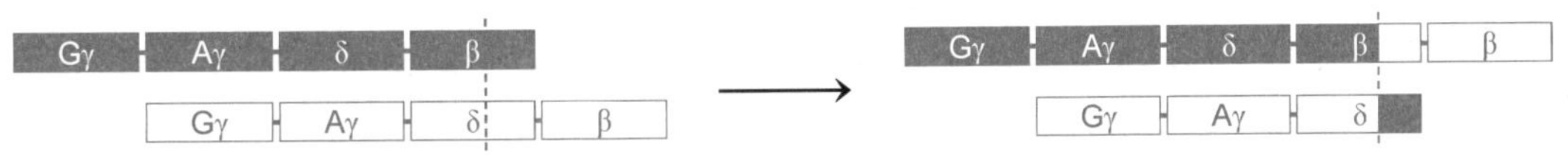

图2-27 重排与血红蛋白Lepore病

研究发现，中期染色体存在一种脆性位点（fragile site），该位点的DNA容易断裂、缺失或重排。有的脆性位点含短串联重复序列。例如，脆性X综合征（fragile X syndrome）是一种X连锁显性遗传病，患者X染色体上的一种翻译抑制因子基因*FMR1*（脆性X智力低下基因1，Xq27.3）的5′非翻译区（5′ UTR，第四章，103页）存在含CGG短串联重复序列的脆性位点，所含CGG短串联重复序列拷贝数高达200~3000个，而正常人只有6~50个，女性携带者和男性传递者为50~200个。

4. 共价交联 是指碱基之间形成共价键连接。例如同一股DNA链上相邻的胸腺嘧啶发生共价交联（链内交联），形成胸腺嘧啶二聚体，会抑制复制和转录。补骨脂素（psoralen）可在

双链之间形成交联（链间交联）。

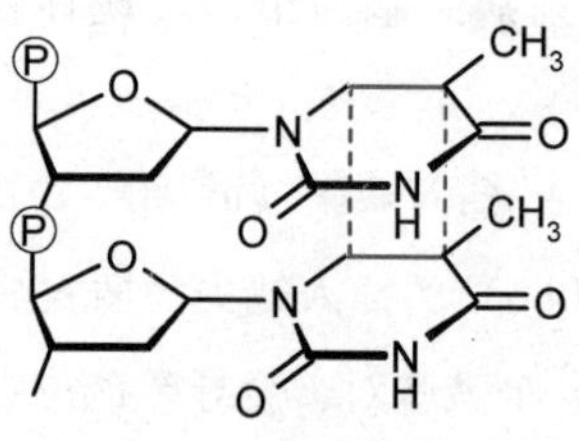

胸腺嘧啶二聚体

5. 单碱基损伤　①脱嘌呤：一个体细胞基因组因热或酸破坏糖苷键，每日可丢失嘌呤碱基 5000～10000 个，此外水解也导致嘧啶碱基丢失。②脱氨基：胞嘧啶非酶促脱氨基成尿嘧啶，尿嘧啶被糖苷酶脱去，一个人体细胞每日可达 100～500 个；腺嘌呤脱氨基成次黄嘌呤。③碱基烷化。

6. 主链断裂　电离辐射、自由基或某些化学试剂（如博莱霉素）可以使磷酸二酯键断裂。

值得注意的是，绝大多数致病突变发生在编码区（其中 60% 为碱基置换，20%～25% 为插入缺失），仅有不到 1% 发生在调控区（调控元件）。

（三）损伤因素

内部因素和外部因素都会引起 DNA 损伤。内部因素如复制错误、自发性损伤会产生自发突变（spontaneous mutation），特点是突变率相对稳定，例如细菌的碱基对突变率为 10^{-9}～10^{-10}/代，基因（1000bp）突变率约为 10^{-6}/代，基因组突变率约为 3×10^{-3}/代。人类基因突变率为 10^{-6}～10^{-7}/（细胞·代）。外部因素如物理因素、化学因素、生物因素会产生诱发突变（induced mutation）。

1. 复制错误　主要导致点突变。复制虽然高度保真，但错配在所难免。DNA 聚合酶选择核苷酸的错误率为 10^{-4}～10^{-5}，经过 3′→5′外切酶活性校对降至 10^{-6}～10^{-8}。

DNA 复制时，由于 DNA 聚合酶偶尔“打滑”（slippage），又称复制滑动、复制滑移（replication slippage），模板或新生链会发生核苷酸的“环出”现象。新生链环出会导致子二代 DNA 发生插入，而模板环出会导致子二代 DNA 发生缺失。发生复制滑动的主要位点是重复序列，特别是短重复序列（图 2-28）。例如，结肠癌 TGF-β 受体 RⅡ常见一种突变，其基因序列中存在一段由 10 个连续的腺苷酸组成的短重复序列（A_{10}）。在复制时，由于 DNA 聚合酶滑动，子代 DNA 中的该短重复序列长度会改变至 A_9 或 A_{11}。

```
                          (T)
新生链  5'-C-G-T-T-T   T-T-T-G-C-3'      新生链  5'-C-G-T-T-T-T-T-T-G-C-3'
模  板  3'-G-C-A-A-A-A-A-A-A-C-G-5'      模  板  3'-G-C-A-A-A   A-A-A-C-G-5'
                                                            (A)
       ①新生链环出导致插入                     ②模板环出导致缺失
```

图 2－28　复制滑动

2. 自发性损伤　DNA 分子可以由于各种原因发生化学变化。碱基发生酮-烯醇互变异构是导致自发突变的主要原因，此外还有碱基修饰、碱基脱氨基甚至碱基丢失等。这些变化会影响碱基对氢键的形成，因而影响碱基配对。如果这些变化发生在 DNA 复制过程中，就会发生错配。

3. 物理因素　紫外线和电离辐射可导致碱基丢失、主链断裂或交联等。紫外线（特别是 100～290nm 的 UVC）通常使 DNA 链上相邻的嘧啶碱基形成二聚体（T_2 最多，C_2 最少），在局部扭曲 DNA 双螺旋结构，阻断复制和转录。电离辐射例如 X 射线可直接使 DNA 主链

NOTE

断裂，也可作用于水而产生活性氧（氧化应激时产生增加），间接导致 DNA 断链或碱基氧化。

4. 化学因素　碱基类似物、碱基修饰剂、烷化剂、染料、芳香族化合物、黄曲霉毒素等许多诱变剂（mutagen）可以引起 DNA 损伤。

（1）碱基类似物　通过补救途径转化为核苷酸类似物，在 DNA 合成时可代替正常核苷酸掺入 DNA。这些类似物容易发生异构，引起错配。所有碱基类似物引起的错配都是转换。例如，5-溴尿嘧啶（5-BU）是胸腺嘧啶的类似物，其酮式结构可与腺嘌呤配对，其烯醇式结构可与鸟嘌呤配对。因此，如果酮式 5-溴尿嘧啶代替胸腺嘧啶掺入 DNA，可以诱导 T→C 转换，结果碱基对 T-A 转换为 C-G；如果烯醇式 5-溴尿嘧啶代替胞嘧啶掺入 DNA，可以诱导 C→T 转换，结果碱基对 C-G 转换为 T-A。

（2）碱基修饰剂　通过修饰碱基改变碱基配对，例如羟胺、亚硝酸盐、烷化剂及活性氧等自由基。

亚硝酸盐能使腺嘌呤脱氨基成次黄嘌呤，后者在 DNA 合成时与胞嘧啶配对，诱导 A→G 转换，结果碱基对 A-T 转换为 G-C；也能使胞嘧啶脱氨基成尿嘧啶，后者在 DNA 合成时与腺嘌呤配对，诱导 C→T 转换，结果碱基对 C-G 转换为 T-A。

羟自由基氧化鸟嘌呤生成 8-氧鸟嘌呤（8-oxoG），后者在 DNA 合成时与腺嘌呤配对，诱导 G→T 颠换，结果碱基对 G-C 颠换为 T-A。

GC→AT 突变多于 AT→GC 突变：①C 脱氨基或甲基化脱氨基，诱导 C→T 转换。②G 氧化成 8-oxoG，诱导 G→T 颠换。

烷化剂是极强的诱变剂，它们带有一个或多个活性烷基，可以将 DNA 碱基烷基化，烷基化反应主要发生在鸟嘌呤的 N-7 位上。①烷基化鸟嘌呤不稳定，容易水解脱落，从而在主链上留下一个脱氧核糖残基，这种无嘌呤嘧啶位点称为 AP 位点（apurinic or apyrimidinic site），它会改变碱基配对性质，或者干扰 DNA 合成，例如导致缺失。②烷化剂还能使鸟嘌呤交联成二聚体，或者使 DNA 双链交联。交联 DNA 无法修复，因而烷化剂毒性较大，能导致细胞癌变、肿瘤发生。例如氮芥类（环磷酰胺、苯丁酸氮芥、苯丙氨酸氮芥）、硫芥、硫酸二甲酯（DMS）、磺酸酯类（甲基磺酸乙酯）、环氧化物类（环氧乙烷，苯并芘、黄曲霉毒素 B_1 转化产物）、卤代烃（溴代甲烷）。

有些烷化剂因为能选择性杀死肿瘤细胞而用于治疗恶性肿瘤，例如氮芥类、氮丙啶类、亚硝基脲类、环氧化物类。

S-腺苷蛋氨酸是重要的内源性烷化剂，通过与 DNA 碱基发生非酶促反应，每日可在一个细胞内形成 4000 个 7-甲基鸟嘌呤、600 个 3-甲基腺嘌呤（m^3A）、10～30 个 O^6-甲基鸟嘌呤（m^6G）。

（3）染料　原黄素、吖啶黄、吖啶橙、溴化乙锭等化合物有扁平芳香环结构，可以嵌入双链 DNA 相邻碱基对之间，所以称为嵌入染料（intercalative dye）。它们与碱基对大小相当，嵌入之后会引起复制滑动，发生插入缺失，从而导致移码突变。

5. 生物因素　病毒 DNA 整合、转座子转座（72 页）等可以改变基因结构，或者改变基因表达活性。

二、DNA 修复

虽然 DNA 损伤导致的基因突变是生物进化的分子基础，但对个体而言绝大多数突变都是有害的。一个细胞只有两套甚至一套基因组 DNA，并且 DNA 分子本身是不可替换的，所以一旦受到损伤必须及时修复，以维持遗传信息的稳定性和完整性。目前研究得比较清楚的 DNA 修复机制有错配修复、直接修复、切除修复、重组修复和 SOS 修复等（Lindahl、Modrich、Sancar 因阐明碱基切除修复、错配修复、核苷酸切除修复和光修复机制而获得 2015 年诺贝尔化学奖）。其中错配修复、直接修复和切除修复发生在细胞周期 G_1 期或 G_2 期，统称复制后修复，是准确修复；重组修复和 SOS 修复发生在 DNA 复制过程中，不能完全修复 DNA 损伤（表 2-7）。

表 2-7 哺乳动物 DNA 损伤与修复

损伤因素	损伤类型	修复机制	保真性
复制错误	错配，插入缺失	错配修复	+++
电离辐射，X 射线，抗肿瘤药物	双链断裂，单链断裂，交联	同源重组（S 期，G_2/M 期）	++
		非同源末端连接（G_0/G_1 期）	+
紫外线，化学试剂	碱基修饰，嘧啶二聚化	核苷酸切除修复	+++
活性氧，水解，烷化剂	脱嘌呤/嘧啶，单链断裂，8-oxoG	碱基切除修复	+++

考虑到 DNA 复制错配率（10^{-6}）及我们一生中细胞分裂次数（10^{16}），则一生中我们基因组（3×10^9bp）的每个碱基对平均至少会发生 2 次自发突变。如果再考虑到其他因素诱发突变，在离世之际我们的基因组当面目全非了。当然事实并非如此，这要感谢我们的 DNA 修复系统，可以将错配率降至 10^{-10}～10^{-11}。

已从人类基因组中鉴定到 130 多种基因，其产物参与 DNA 修复。

（一）错配修复

错配修复（mismatch repair，MMR）是指在 DNA 复制完成后，在模板序列的指导下对新生链上的错配、单股插入缺失环进行修复。大肠杆菌错配修复系统可修复离 GATC 序列 1kb 以内的错配，将复制精确度提高 10^2～10^3 倍。大肠杆菌参与错配修复的蛋白质至少有 12 种（Dam、MutS、MutL、MutH、MutU、SSB、RecJ、ExoⅦ、ExoⅠ、ExoⅩ、PolⅢ、DNA 连接酶），其功能是识别模板或修复错配。

1. 模板识别　错配修复的关键是识别构成子代 DNA 双链的模板和新生链，然后才可根据模板序列修复新生链的错配。大肠杆菌通过寻找模板上的甲基标记来识别模板和新生链。大肠杆菌的 Dam 甲基化酶可以将其 DNA 的全部 GATC 序列中的 A 甲基化成 m^6A（N^6-甲基腺嘌呤）。在 DNA 复制过程中，新生链只有几秒钟至几分钟时间呈未甲基化状态，之后便被甲基化。因此，错配修复系统就在这短暂的时间内识别模板和新生链，并根据甲基化模板的序列对新生链的错配进行修复（图 2-29）。

2. 修复机制　大肠杆菌由错配修复蛋白扫描错配并进行修复（表 2-8）。

NOTE

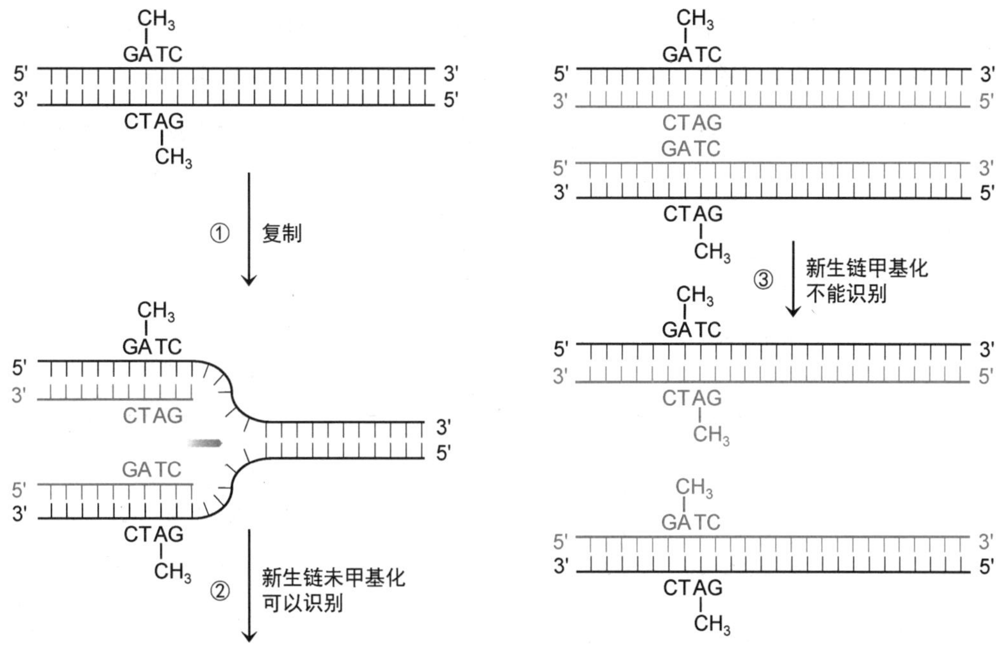

图 2－29　模板识别

表 2－8　大肠杆菌 K-12 株错配修复蛋白

错配修复蛋白	大小（AA）	功能
MutS	853	有很弱的 ATPase 活性，参与错配识别，募集 MutL
MutL	615	有 ATPase 活性，参与错配识别，募集并激活 MutH
MutH	228	位点特异性核酸内切酶，切割未甲基化 GATC
MutU（解旋酶Ⅱ，UvrD）	720	有 ATPase 活性和解旋酶活性，参与错配修复和核苷酸切除修复

（1）扫描　①错配修复蛋白 MutS 二聚体扫描 DNA，结合于错配位点并募集 MutL 二聚体，形成 MutL-MutS 复合物。该复合物可以结合除 C-C 之外的任何错配碱基对。②MutL-MutS 复合物在错配碱基两侧寻找较近的一个 GATC 序列（消耗 ATP），形成 DNA 环。③MutL 募集错配修复蛋白 MutH 并将其激活。MutH 蛋白有位点特异性核酸内切酶活性，催化新生链未甲基化 GATC 序列中 G 的 5′端磷酸二酯键水解，形成切口（图 2-30）。

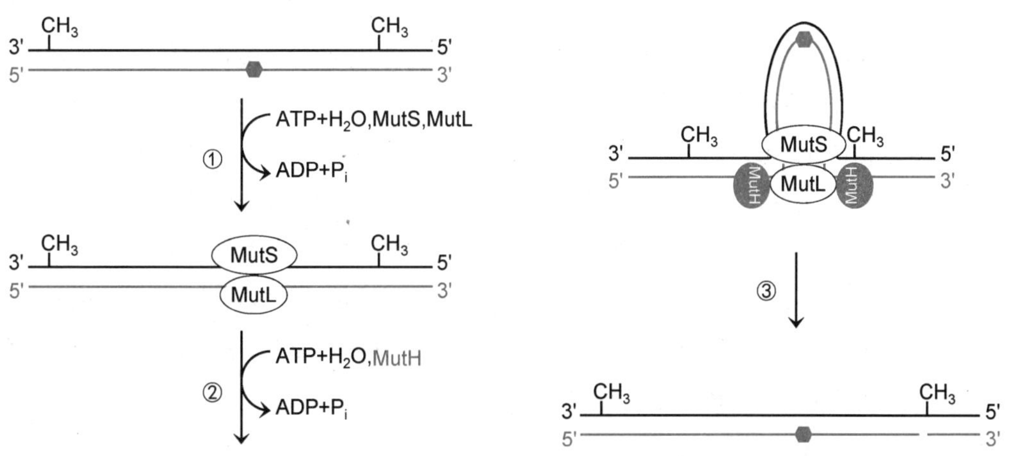

图 2－30　大肠杆菌错配扫描

（2）修复 ①MutH 切割离错配碱基近的（5′侧或 3′侧）GATC 序列的 5′侧，形成切口。②解旋酶 MutU 从切口处向错配方向解旋 DNA，相应的核酸外切酶 RecJ、ExoⅦ（5′→3′方向）或 ExoⅠ、Ⅹ（3′→5′方向）降解含错配股，形成缺口。③DNA 聚合酶Ⅲ合成 DNA 填补缺口，DNA 连接酶连接切口（图 2-31）。

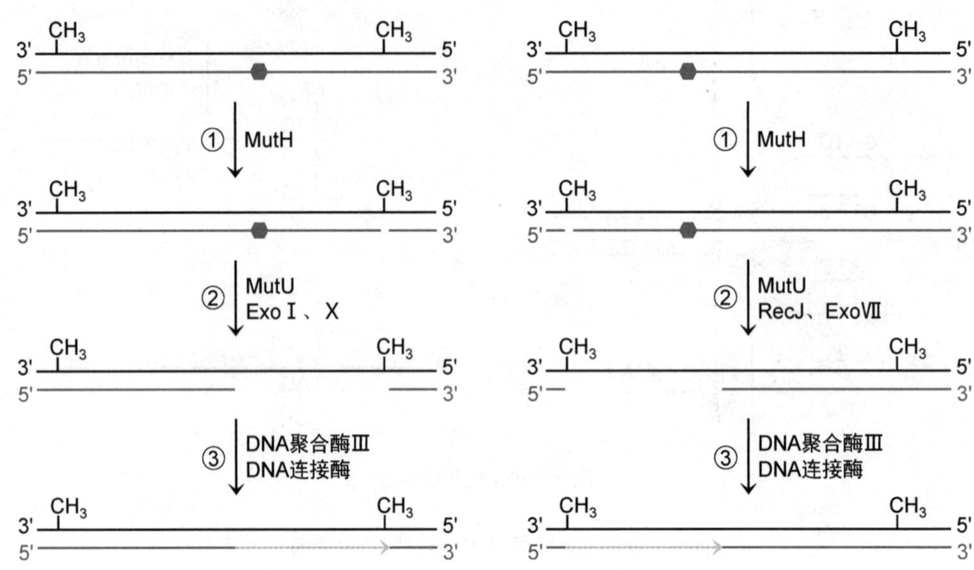

图 2－31 大肠杆菌错配修复

真核生物也存在错配修复系统，损伤识别机制尚未阐明，但不依赖模板的甲基化，故不同于大肠杆菌。修复机制则与大肠杆菌类似。此外，真核生物错配修复系统还可修复复制滑动导致的插入缺失，需要 DNA 聚合酶 δ 参与。

（二）直接修复

直接修复（direct repair）是指不切除损伤碱基或核苷酸，直接将其修复，例如嘧啶二聚体的光修复和烷基化碱基的去烷基化修复。

1. 光修复 嘧啶二聚体有多种修复机制，其中光修复是高度特异的直接修复方式，由 DNA 光解酶催化进行。大肠杆菌 DNA 光解酶（DNA photolyase）又称 DNA 光裂合酶，由 *phr* 编码，472AA，单体酶，以 FAD、N^5,N^{10}-次甲基四氢叶酸为辅助因子，被 300～600nm 可见光激活后可催化嘧啶二聚体解聚。DNA 光解酶广泛分布于低等单细胞生物到鸟类及各种植物，不过除有袋动物之外的有胎盘哺乳动物没有此酶。

2. 去烷基化修复 有些酶可以识别 DNA 中的修饰碱基。例如，①大肠杆菌 O^6-甲基鸟嘌呤-DNA 甲基转移酶（6-*O*-methylguanine-DNA methyltransferase，MGMT，171AA，单体酶）可以识别 O^6-甲基鸟嘌呤（m^6G，会与胸腺嘧啶配对），并且直接将其 O^6-甲基转移到 MGMT 的 Cys139 的巯基上。此外，该酶还可以同样机制转移 O^4-甲基胸腺嘧啶（m^4T）的 O^4-甲基。②1-甲基腺嘌呤（m^1A）和 3-甲基胞嘧啶（m^3C）的甲基可以被氧化成甲醛释放，原核生物和真核生物均存在该修复酶类，且 RNA 也有该修复机制。

（三）切除修复

切除修复（excision repair）是指将一股 DNA 的损伤片段切除，然后以其互补链为模板，合成 DNA 填补缺口，将其修复。切除修复是细胞内最普遍的修复机制。原核生物和真核生

NOTE

物都有核苷酸切除修复系统和碱基切除修复系统，以核苷酸切除修复系统为主。两套系统都包括两个步骤：①由特异性核酸酶寻找损伤部位，切除损伤片段。②合成 DNA 填补缺口。

1. 核苷酸切除修复（nucleotide excision repair，NER）　当 DNA 损伤（如嘧啶二聚体、烷基化碱基）影响其双螺旋结构时，核苷酸切除修复系统可修复损伤。核苷酸切除修复系统的关键酶是切除核酸酶（excinuclease）。大肠杆菌的切除核酸酶 UvrABC（又称 UvrABC 修复体系）由 UvrA、UvrB、UvrC 构成（表 2-9）。它不同于一般的核酸内切酶，可以同时水解损伤位点 5′侧翼的第 7~8 个磷酸二酯键和 3′侧翼的第 4~5 个磷酸二酯键（消耗 ATP），释放 DNA 片段，从而形成一个 12~13nt 的缺口。真核生物切除核酸酶与大肠杆菌的基本功能一样，但特异性不同，是同时水解损伤位点 5′侧翼的第 22 个磷酸二酯键和 3′侧翼的第 6 个磷酸二酯键，结果形成一个 24~32nt 的缺口。

表 2-9　大肠杆菌 K-12 株切除核酸酶 UvrABC

亚基	亚基大小（AA）	功能
UvrA	940	有 ATPase 活性和 DNA 结合活性，与 UvrB 形成 $UvrA_2B_2$，扫描损伤位点
UvrB	672	在损伤位点形成 UvrB-DNA 前剪切复合体，募集 UvrC 组装剪切复合体
UvrC	610	含 C 端活性中心和 N 端活性中心，分别水解损伤位点 5′侧和 3′侧

（1）大肠杆菌核苷酸切除修复机制　①$UvrA_2B_2$ 扫描损伤位点，UvrA 脱离（消耗 ATP），$UvrB_2$ 将损伤位点解链，并募集 UvrC 水解损伤位点两侧特定的磷酸二酯键，形成两个切口。②UvrD（即 MutU，又称 DNA 解旋酶Ⅱ）协助释放损伤片段，形成 12~13nt 的缺口。③DNA 聚合酶Ⅰ以互补链为模板，催化合成 DNA 片段，填补缺口，由 DNA 连接酶连接切口（图 2-32）。

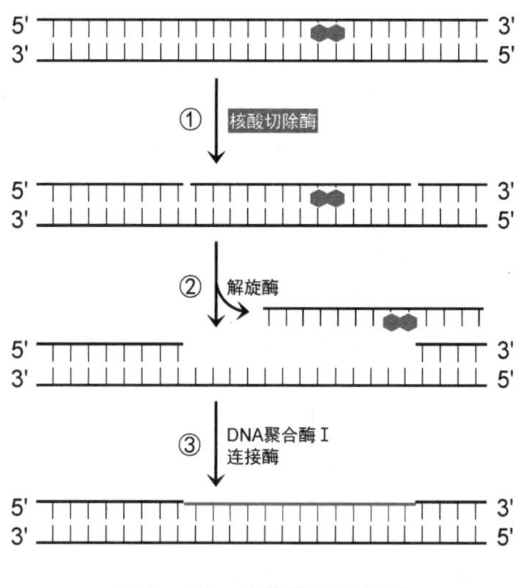

图 2-32　核苷酸切除修复

（2）真核生物核苷酸切除修复机制　与大肠杆菌类似，只是参与修复的酶及其他蛋白质更多（至少 25 种），修复机制更复杂。有基因组修复和转录偶联修复两种机制。①基因组修复（global genome repair）：由 8 种基因编码的 XPA、XPB、XPC、XPD 等蛋白质组成，XPC 功能相当于 UvrA，可以识别损伤并启动修复，其中嘧啶二聚体等损伤的识别需要 DNA 损伤结合复合

体（DDB）协助。②转录偶联修复（transcription-coupled repair）：可修复转录过程中遇到的损伤，而且优先修复模板链。损伤由RNA聚合酶Ⅱ识别，并导致转录中止，而RNA聚合酶Ⅱ大亚基被降解。

两种修复机制都需要通用转录因子TFⅡH（第三章，88页）在损伤位点解链约20bp。解旋酶XPB又称TFⅡH p89（782AA），是TFⅡH的一个亚基，其功能是参与转录启动子解链及损伤位点3′→5′解链。解旋酶XPD又称TFⅡH p80（760AA），是TFⅡH的一个亚基，其功能是稳定转录起始复合物及参与损伤位点5′→3′解链，之后由XPF、XPG分别从损伤位点5′侧、3′侧切开，形成24～32nt的缺口，由DNA聚合酶δ、ε催化合成DNA片段填补。

2. 碱基切除修复（base excision repair，BER）　含有一个异常碱基的DNA可以由DNA糖基化酶介导切除修复。

（1）大肠杆菌有几十种DNA糖基化酶（DNA glycosylase，又称DNA糖苷酶，DNA glycosidase），每一种都特异识别并水解一种异常核苷酸的糖苷键，释放异常碱基（如AlkA可以切除m^3A），形成AP位点。

（2）大肠杆菌AP核酸内切酶（AP endonuclease）又称AP裂合酶，有的同时有核酸外切酶活性，如AP核酸内切酶Ⅵ；有的同时有DNA糖基化酶活性，如AP核酸内切酶MutM。AP核酸内切酶催化AP位点的磷酸二酯键断裂（3′侧或5′侧都有可能，与AP核酸内切酶种类有关），形成切口。

（3）大肠杆菌DNA聚合酶Ⅰ（独自或联合核酸外切酶）通过切口平移合成DNA片段，DNA连接酶连接切口（图2-33）。真核生物则由DNA聚合酶β、ι或λ催化合成DNA片段，DNA连接酶连接切口。

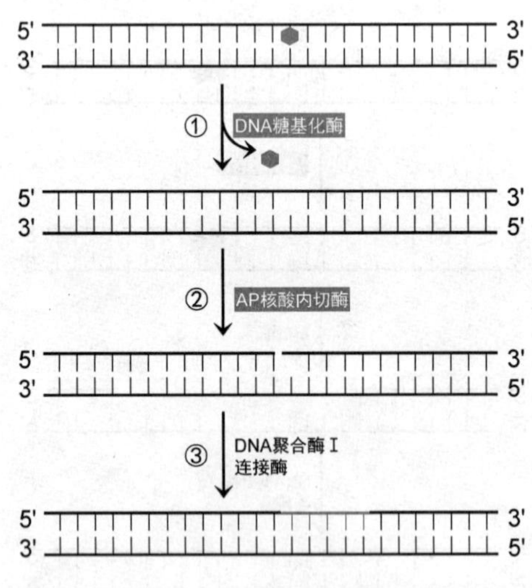

图2－33　碱基切除修复

鸟嘌呤会被氧化成8-氧鸟嘌呤（8-oxoG）。8-oxo-dGTP在DNA复制时会以同样几率与A/C配对。大肠杆菌在三个环节修复8-oxoG：①底物环节：dGTP被氧化成8-oxo-dGTP时，8-oxo-dGTP酶MutT催化8-oxo-dGTP水解，防止其掺入DNA：8-oxo-dGTP＋H_2O→8-oxo-dGMP＋PP_i；②产物环节：DNA中的dGMP被氧化成8-oxo-dGMP时，DNA糖基化酶MutM催化8-oxo-dGMP

NOTE

水解，启动碱基切除修复；③复制环节：DNA 复制过程中有 dAMP 掺入与 8-oxo-dGMP 互补配对时，DNA 糖基化酶 MutY 催化 dAMP 水解，启动碱基切除修复。

真核生物有短修补途径和长修补途径，均在糖基化酶切除损伤碱基后由核酸内切酶 APE1（有 3′→5′活性）裂解 AP 位点的 3′-磷酸酯键，FEN1 切除 AP 位点 5′-磷酸脱氧核糖甚至 1~9nt：①短修补途径：由 APE1 募集 DNA 聚合酶 β 催化加接 1nt，DNA 连接酶 3 催化连接。②长修补途径：由 APE1 募集 DNA 聚合酶 δ/ε 合成 2~10nt，DNA 连接酶 1 催化连接。

（四）重组修复

DNA 复制过程中有时会遇到尚未修复的 DNA 损伤，可以先复制再修复。此修复过程中有 DNA 重组（第六节，67 页）发生，因此称为重组修复（recombinational repair）。

在有些损伤部位（如断裂、嘧啶二聚体），复制酶系统无法根据碱基配对原则合成新生链，可以通过以下机制进行修复。

1. 以图 2-34 所示的重组修复机制进行复制，由重组酶 RecA（352AA）和核酸外切酶Ⅴ（又称 RecBCD 复合体，为三聚体结构，RecB、RecC、RecD 分别含 1180AA、1122AA、608AA，有核酸酶、解旋酶、ATP 酶活性，作用是提供 3′黏性末端）等催化。复制完成时，损伤并未得到修复，可以通过切除修复机制进行修复。

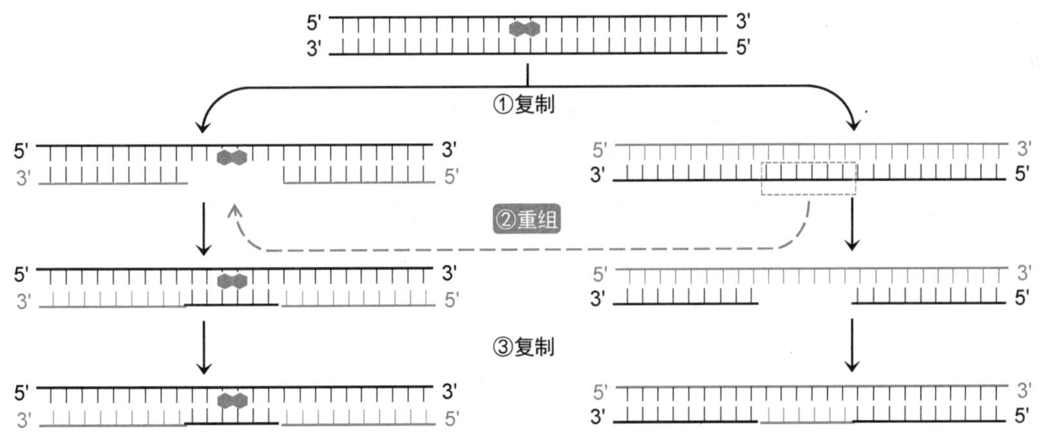

图 2-34　重组修复

2. 重组酶 RecA 和核酸外切酶Ⅴ还催化一种修复机制（图 2-35）：复制在损伤位点中止，复制体解体，复制叉后退，前导链和后随链形成双链，模板损伤修复，复制叉继续前进，复制体再形成，复制重启。此过程需要 RecA 稳定 DNA 单链，RecB、RecC 参与切除修复，有时会有重组发生（图中未示）。

此外，RecA 还参与 SOS 修复和同源重组。其中同源重组（第六节，67 页）是 S、G_2、M 期双链断裂修复（DSB-repair）方式。非同源末端连接（NHEJ）的重组修复是 G_0/G_1 期双链断裂修复方式。

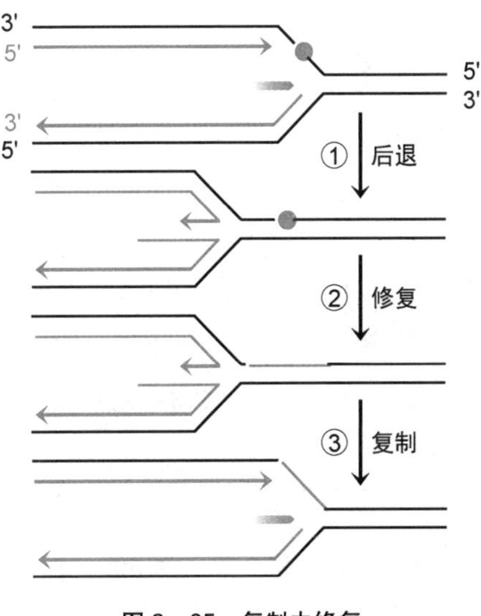

图 2-35　复制中修复

（五）SOS 修复

DNA 修复系统的修复能力与 DNA 的损伤程度相关。DNA 损伤严重时会激活与 DNA 修复有关的基因，这一现象称为 SOS 反应、SOS 应答（SOS response）。SOS 反应产生两类效应：①诱导切除修复和重组修复等修复系统基因的表达，从而提高修复能力。②启动 SOS 修复系统。SOS 反应机制见第五章（146 页）。SOS 修复系统的基因一般情况下是沉默的，紧急情况下才被整体激活。

大肠杆菌 SOS 修复系统的核心是 DNA 聚合酶Ⅳ（又称 DinB）和Ⅴ（由 1 分子 UmuC 和 2 分子 UmuD′组成）。它们都没有校对功能，复制错配率高达 10^{-3}。它们对碱基的识别能力差，能催化有损伤 DNA 模板的复制，称为跨损伤合成（translesion synthesis）、跨损伤复制（translesion replication）。

跨损伤合成是对 DNA 损伤严重的一种应激反应，特点是保真性降低、突变率大增。跨损伤合成只在复制叉推进过程中遇到 DNA 损伤而无法正常完成复制时才启动。其本质是 DNA 聚合酶Ⅳ和Ⅴ不严格执行碱基配对原则，而是随机连接核苷酸。这种机制虽然使复制得以进行下去，但是会形成较多错配，发生较多突变，造成突变积累，所以称为 SOS 修复、易错修复（error-prone repair）。

SOS 修复虽然最终会杀死一些细胞，但毕竟使另一些细胞得以生存。这种以发生突变为代价的修复似为无奈之举，但对突变体来讲是值得的。

人体有 5 种 DNA 聚合酶催化跨损伤合成（其中 4 种属于 DNA 聚合酶 Y 家族），并且它们有一定的校对功能。例如，所有真核生物都有 DNA 聚合酶 η，它催化胸腺嘧啶二聚体的跨损伤合成时极少发生错配，因为它恰好优先选择连接腺苷酸。

三、DNA 修复和疾病

DNA 损伤后果取决于 DNA 的损伤程度和细胞的 DNA 修复能力。如果细胞不能修复 DNA，就会因基因功能异常而导致疾病。一些遗传病和肿瘤等就与 DNA 修复缺陷有关（表 2-10）。

表 2-10 人 DNA 修复缺陷相关疾病

修复机制缺陷	相关疾病
非同源末端连接	重症联合免疫缺陷（SCID），辐射敏感性重症联合免疫缺陷（RS-SCID）
同源重组修复	共济失调性毛细血管扩张症样紊乱（ATLD），Nijmegen 断裂综合征（NBS），Bloom 综合征（BS），Werner 综合征（WS），Rothmund-Thomson 综合征（RTS），1、2 型乳腺癌易感性（BRCA1、BRCA2）
核苷酸切除修复	着色性干皮病（XP），Cockayne 综合征（CS），毛发硫营养不良（TTD）
碱基切除修复	MUTYH 相关息肉病（MAP）
错配修复	遗传性非息肉病性结直肠癌（HNPCC）

1. 着色性干皮病（xeroderma pigmentosa，XP） 是一种常染色体隐性遗传病，患者存在 DNA 修复缺陷，特别是核苷酸切除修复缺陷，编码核苷酸切除修复系统的 8 个基因中有突

NOTE

变发生，不能修复由紫外线照射等引起的表皮细胞 DNA 损伤，特别是嘧啶二聚体，导致高突变率（是正常人的 1000 多倍）。着色性干皮病的特征是对日光尤其是紫外线特别敏感，易被晒伤，皮肤暴露部分形成大量黑斑甚至溃烂，常在学龄前即发展为基底细胞上皮瘤及其他皮肤癌。

2. 遗传性非息肉病性结直肠癌（hereditary nonpolyposis colorectal cancer，HNPCC） 又称 Lynch 综合征，约占全部结肠癌的 2%。患者存在错配修复缺陷，不能修复复制滑动导致的插入缺失，因而其微卫星 DNA 长度异常。编码错配修复系统因子的五个基因即 *MLH1*（与 *mutL* 同源）、*MSH2*（与 *mutS* 同源）、*MSH6*、*PMS1*、*PMS2* 中只要有一个基因发生突变，就可能导致细胞错配修复功能缺失，基因组稳定性得不到有效维护，调节细胞生长的基因容易发生突变，细胞容易发生恶性转化。实际上约 20% 肿瘤患者存在错配修复缺陷。

3. Cockayne 综合征（Cockayne syndrome，CS） 是一种罕见的隐性遗传病，一种早衰症（progeroid syndrome），患者存在与转录偶联的核苷酸切除修复缺陷，特征是发育迟缓、神经退行性疾病、老年貌，多在 12 岁前死于早衰。

第六节 DNA 重组

DNA 重组（DNA recombination）是 DNA 分子内或分子间发生的遗传信息重新共价组合的过程，包括基因组内大片段 DNA 易位、基因组间大片段 DNA 传递甚至基因组整合，其中基因组内大片段 DNA 易位又称 DNA 重排。DNA 重组在各类生物都有发生。真核生物 DNA 重组多发生在减数分裂同源染色体交换环节。细菌及噬菌体的基因组为单倍体，其 DNA 可以通过多种方式进行重组。

DNA 重组的方式复杂多样，目前研究比较明确的有同源重组、位点特异性重组、转座。不同方式的 DNA 重组具有不同的生理意义，概括如下：①参与 DNA 复制。②参与 DNA 修复（双链断裂修复）。③参与基因表达调控。④在真核细胞分裂时促进染色体正确分离。⑤产生遗传多样性。⑥在抗体合成过程中起关键作用。⑦在胚胎发育过程中实现程序性基因重排。⑧参与病毒基因组整合。

DNA 重组的另一个含义是指一项分子生物学技术，应用于重组 DNA 技术、转基因技术、基因靶向、基因治疗等。

一、同源重组

同源重组（homologous recombination，HR）是指发生在两段同源序列之间的交换。两段同源序列既可以完全相同，又可以存在差异，既可位于不同 DNA 分子中，又可位于同一 DNA 分子中。同源重组发生于真核生物的同源染色体交换及姐妹染色单体交换、细菌的转导和转化、噬菌体的整合等过程中。目前有多种模型阐述同源重组机制，这里介绍一部分。

（一） Holliday 模型

Holliday 于 1964 年提出 Holliday 模型，将同源重组分为四步（图 2-36）。

NOTE

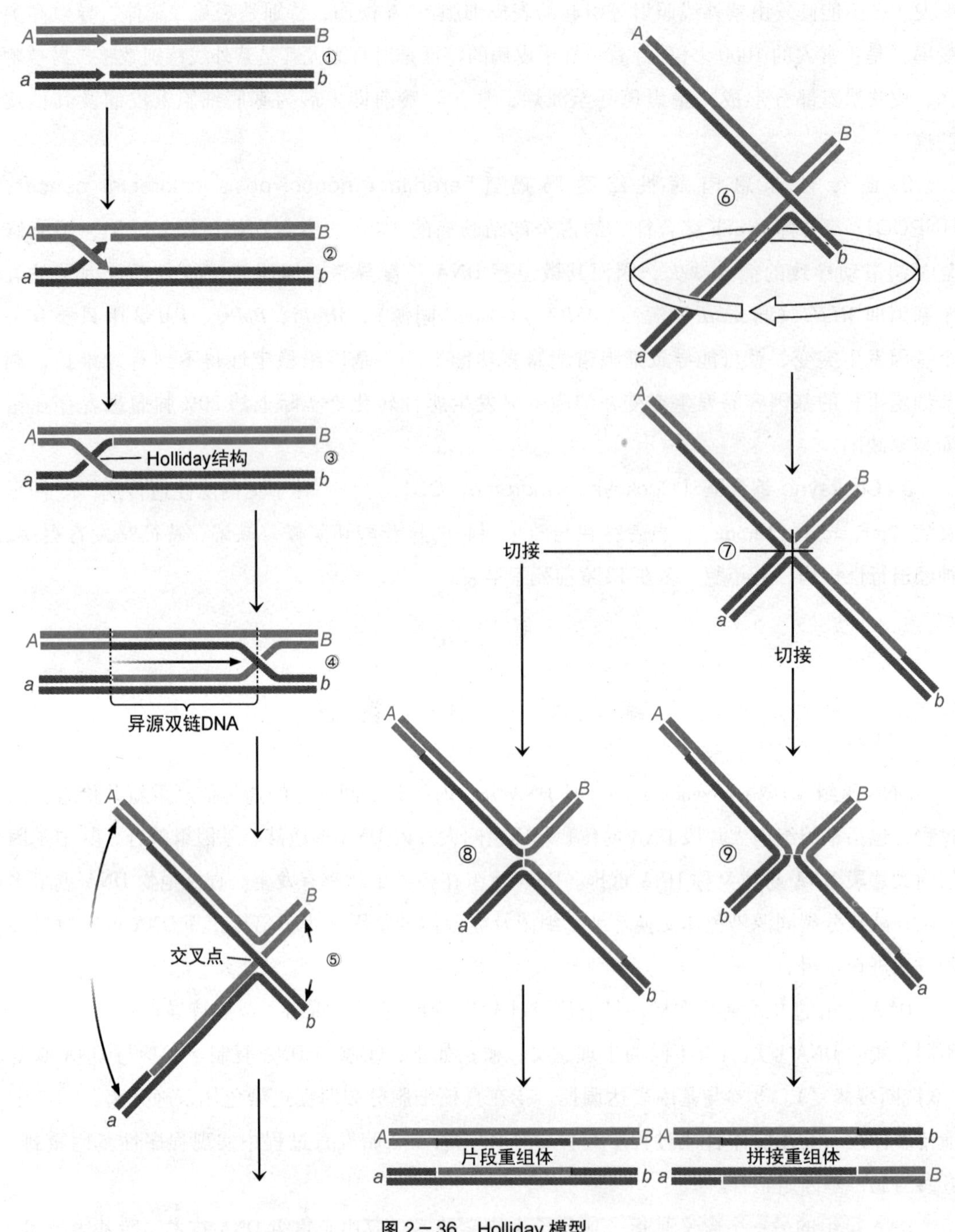

图 2-36　Holliday 模型

1. 同源序列配对　所谓同源序列这里是指两段不少于 100bp 的相同或相似序列。

2. 形成 Holliday 结构　即两段同源序列的单股同源 DNA 的同一磷酸二酯键被水解（①），同源末端交换（②），连接（③），形成 Holliday 结构（Holliday structure，又称 Holliday 中间体、Holliday 连接体）。

3. 形成异源双链　即 Holliday 结构发生分支迁移（branch migration），形成异源双链（heteroduplex DNA，④。⑤~⑦结构同④，只是适当变形，便于理解接下来的两种解离方式）。

4. Holliday 结构解离　即两段同源序列的单股同源 DNA 的同一磷酸二酯键被水解，Holliday 结构解离（resolution），连接切口，形成重组体。水解位点不同，所得到的重组体也就不同。

（1）两次水解的是同股 DNA（⑧），形成片段重组体（patch recombinant）。这种重组未发生实质性交换（noncrossover），依然是 *A-B*、*a-b*。

（2）两次水解的是异股 DNA（⑨），形成拼接重组体（splice recombinant）。这种重组发生了实质性交换（crossover），产物是 *A-b*、*a-B*。

大肠杆菌 Holliday 结构的解离由解离酶（resolvase）RuvC 催化。RuvC 是同二聚体，每个亚基含 172AA。RuvC 有一定专一性，催化切割的共有序列是 A/TT·TG/C。

（二）双链断裂修复模型

双链断裂（double-strand break，DSB）在有丝分裂和减数分裂中都有发生，发生率较高。双链断裂主要通过同源重组修复，这种修复称为双链断裂修复（double-strand break repair，DSB-repair）。双链断裂修复模型（DSBR model）将同源重组分为四步（图 2-37）。

1. 同源序列配对　同 Holliday 模型。

2. 形成 3′端突出结构　即配对 DNA 双链之一（受体 DNA，recipient DNA）的同源序列断裂，或被特定内切酶（如人减数分裂重组蛋白 SPO11）交错切割，由 5′外切酶（大肠杆菌为 RecBCD。人为 MRX 复合体，由 MRE11A、RAD50、XRS2 组成）水解，形成 3′端突出结构（即 3′黏性末端，第十五章，410 页），长达 1kb（①~②）。

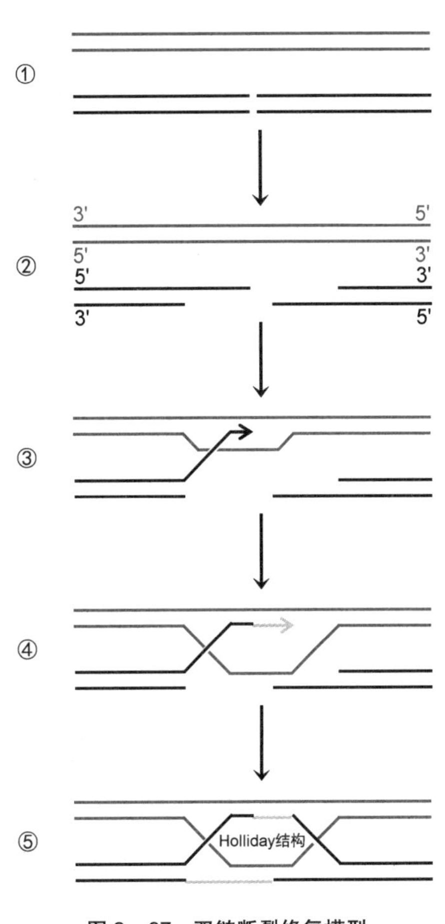

图 2-37　双链断裂修复模型

3. 形成 Holliday 结构　即由链交换蛋白（strand exchange protein，大肠杆菌为 RecA、人为 RAD51 和 DMC1）催化受体 DNA 的一个 3′端攻击另一 DNA 双链（供体 DNA，donor DNA）的同源序列，形成称为 D 环的分支结构，随后发生分支迁移（由 RuvAB 复合体催化）、DNA 合成、缺口修复，最终形成 Holliday 结构（③~⑤）。

4. Holliday 结构解离　由解离酶、连接酶催化，两种解离方式得到两种不同的重组结果。

（三）单链退火模型

单链退火模型（single-strand annealing model，SSA model）是双链断裂修复机制之一，发生于同向重复序列（DR）之间。修复导致重复序列之间序列及一段同向重复序列缺失（图 2-38），引起某些 1 型糖尿病、法布里病、α 地中海贫血。

NOTE

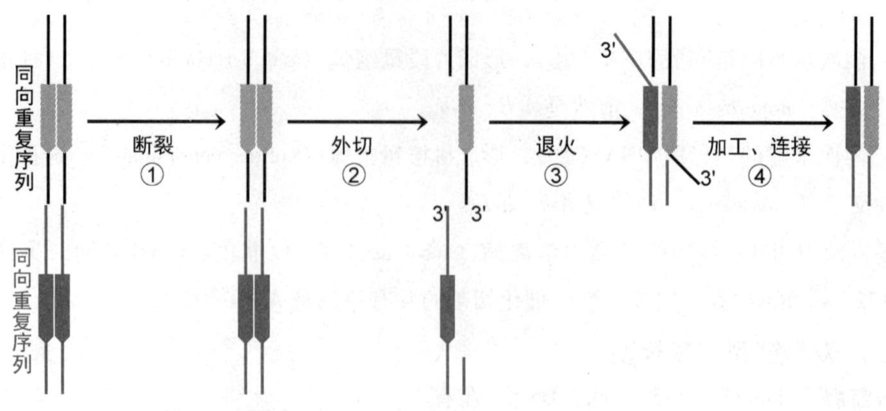

图 2－38 单链退火模型

（四）断裂诱导复制模型

断裂诱导复制（break-induced replication，BIR）是发生于脆性位点的双链断裂修复机制之一，发生于非同源染色体的同源重复序列之间，导致称为非相互易位（nonreciprocal transloca-tion）的染色体易位（图 2-39），见于某些肿瘤。

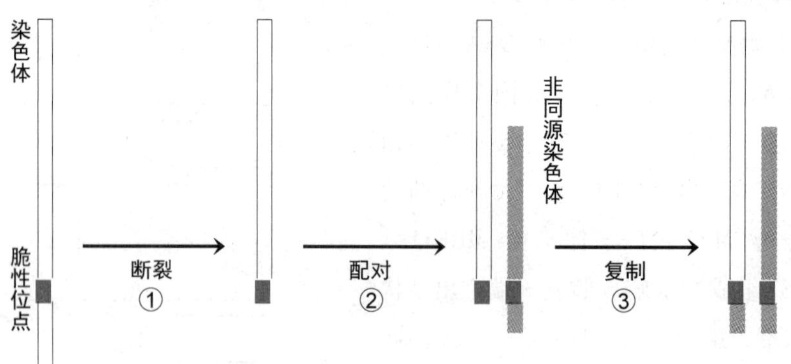

图 2－39 断裂诱导复制模型

二、位点特异性重组

位点特异性重组（site-specific recombination）是发生在两个重组位点之间的交换，是由一组辅助蛋白（accessory protein）协助重组酶催化进行的。重组位点（recombination site）由交换区（又称核心区）和其两侧称为重组酶识别位点（又称臂）的反向重复序列组成。重组位点之间不要求完全同源。重组酶（recombinase）分为酪氨酸重组酶和丝氨酸重组酶，能识别特定核苷酸序列。

位点特异性重组发生于包括基因表达调控、胚胎发育过程中的程序性基因重排、免疫球蛋白基因的重排、一些病毒 DNA 和质粒在复制周期中发生的整合与解离等过程中。

（一）重组机制

这里以 λ 噬菌体 DNA 整合于大肠杆菌 DNA 而进入溶原状态为例，介绍位点特异性重组机制（图 2-40）。整合由 λ 噬菌体重组酶催化，发生在大肠杆菌重组位点 *attB* 和 λ 噬菌体重组位点 *attP* 之间。*attB* 长 23bp，*attP* 长 240bp，它们有 15bp 同源交换区。λ 噬菌体重组酶又称整合酶（integrase，356AA），由 λ 噬菌体基因组编码，属于酪氨酸重组酶。

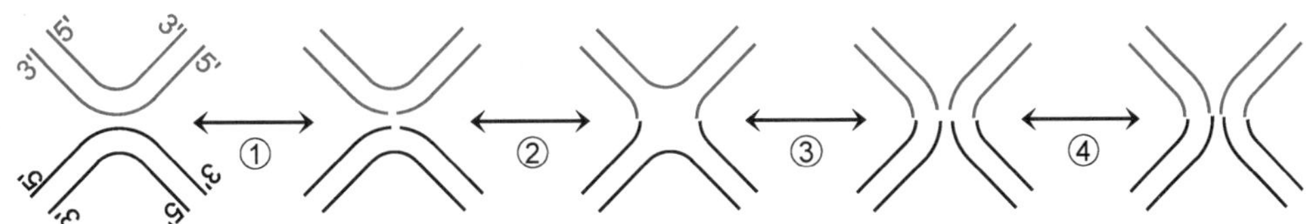

图 2-40 位点特异性重组机制

1. 第一次切割　整合酶四聚体与重组位点 *attP*、*attB* 结合，切断两个重组位点交换区一股 DNA 特定的磷酸二酯键，形成两个切口，切口的 5′-羟基游离，3′-磷酸基与活性中心 Tyr342 的羟基以磷酸酯键结合。

2. 第一次连接　两个切口的 5′端交换，与对方 3′端连接，形成 Holliday 结构。

3. 第二次切割　整合酶切断两个重组位点交换区另一股 DNA 特定的磷酸二酯键，形成两个切口。切口 3′端的磷酸基与活性中心 Tyr342 的羟基以磷酸酯键结合。

4. 第二次连接　两个切口的 5′端交换，与对方 3′端连接，Holliday 结构解离。

丝氨酸重组酶催化位点特异性重组时，两个重组位点的四股 DNA 同时切割，同时连接，并不形成 Holliday 结构。

（二）重组效应

位点特异性重组既可以发生在一个 DNA 分子内，也可以发生在两个 DNA 分子间。重组位点的交换区有方向性，所以重组位点有方向性，重组时两个重组位点需同向排列（图 2-41）。

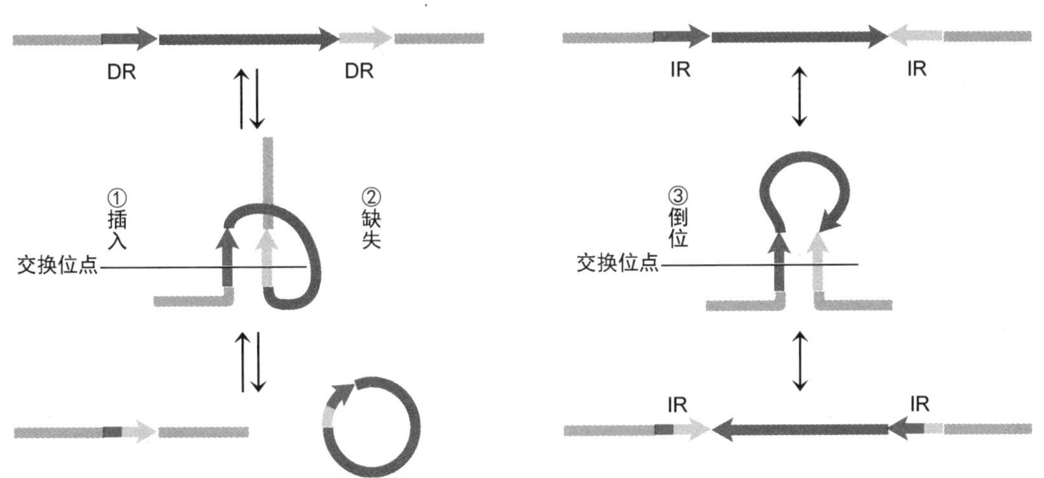

图 2-41 位点特异性重组效应

1. 插入　当位点特异性重组发生在两个 DNA 间且至少其中一个为共价闭合环状 DNA 时，重组的结果是 DNA 插入（即整合），并且插入之后在两端形成同向重复序列（DR，①）。

2. 缺失　如果 DNA 分子中一个片段的两端存在同向重组位点（属于同向重复序列），则该 DNA 分子可以通过位点特异性重组使该片段缺失，并且缺失片段成环（②）。

3. 倒位　如果 DNA 分子中一个片段的两端存在反向重组位点（属于反向重复序列，IR），则该 DNA 分子可以通过位点特异性重组使该片段倒位（③）。

三、转座

转座子或其拷贝移动位置的现象称为转座（transposition）。大多数DNA转座对转座位点的选择是随机的（如IS1），少数存在转座热点（如IS2）或具有特异性（如IS4）。这里介绍DNA转座子及其转座。

（一）转座子

转座子是中度重复序列的重要部分，长度可达5kb，在原核生物和真核生物中普遍存在，可占某些多细胞真核生物基因组序列的50%以上。细菌有两类典型的DNA转座子：简单转座子和复合型转座子。

1. 简单转座子（simple transposon）　又称插入序列（insertion sequence，IS）、插入元件，目前已发现700多种，是结构最简单的转座子。简单转座子长度768～1531bp，由转座酶基因序列和两端9～41bp的末端反向重复序列构成，其中末端反向重复序列是转座酶识别位点，其序列通常只是相似，并不完全相同（图2-42）。

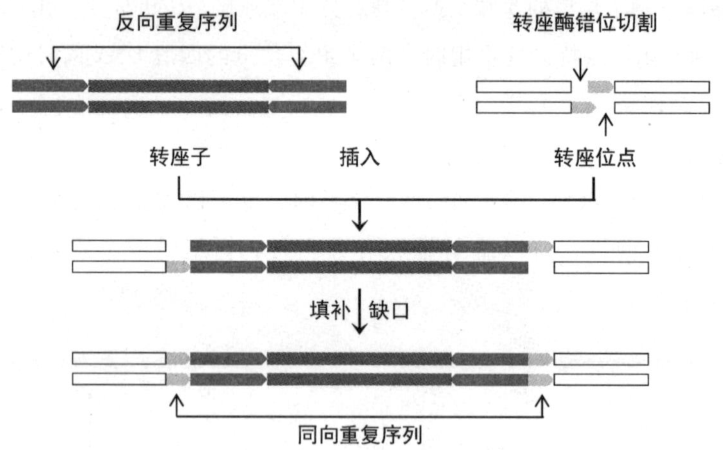

图2-42　简单转座及同向重复序列的形成

2. 复合型转座子（composite transposon）　长度4.5～20kb，除了含转座酶基因序列和转座酶识别位点之外，还含与转座无关的其他基因序列，这些基因常常赋予宿主细胞某种表型，例如抗性基因赋予宿主细胞抗药性，Tn3转座子就是一种含氨苄青霉素抗性基因（编码β-内酰胺酶）的复合型转座子（4957bp，图2-43）。复合型转座子可以进一步分类。

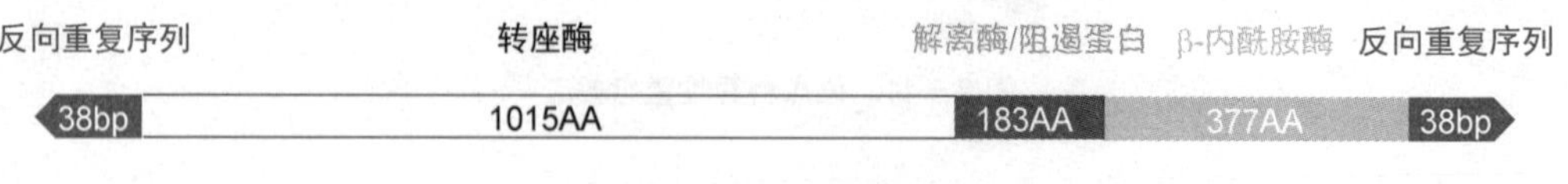

图2-43　Tn3转座子

（二）转座机制

细菌转座子有两种转座机制：简单转座和复制转座。有的转座子只采用其中一种转座机制，有的转座子两种机制都采用。

1. 简单转座（simple transposition）　又称非复制型转座，例如插入序列、Tn5、Tn7、

Tn10 的转座，转座酶将转座子从原位点切下，插入被转座酶交错切割（通常错位 2、5、9bp）的转座位点，经过填补之后，两端形成短的同向重复序列（4～13bp，对一个转座子而言，其序列不是唯一的，但长度是确定的）。原位点或被连接修复（通过同源重组或非同源末端连接），或所属 DNA 被降解。降解通常是致死性的（图 2-42）。插入序列转座发生率为 10^{-7}/拷贝，即在 1 个世代的 10^{7} 个细菌中有 1 个发生插入。

2. 复制转座（replicative transposition） 又称复制型转座，例如 Tn3、TnA、Mu 噬菌体的转座，在原位点与转座位点之间形成共合体，包括以下步骤（图 2-44）。

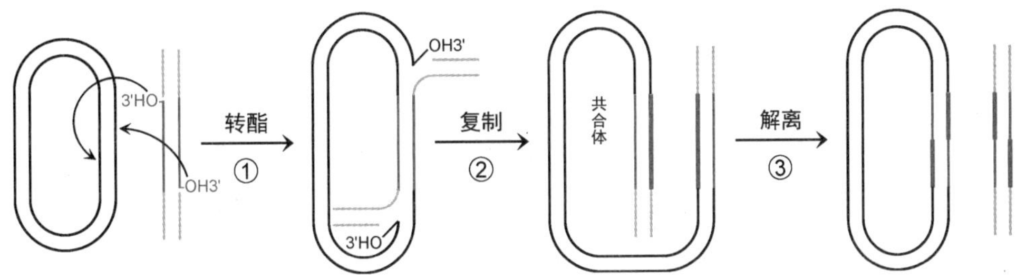

图 2-44 复制转座机制

（1）转酯 转座酶切割转座子两端，形成切口。转座子的两个 3′-羟基错位攻击转座位点的两个 3′,5′-磷酸二酯键，通过转酯反应共价连接。

（2）复制 形成共合体（cointegrant，cointegrate）。

（3）解离 解离酶催化共合体通过位点特异性重组解离，原位点与转座位点各有一个转座子。

（三）转座效应

与同源重组相比，DNA 转座发生率极低，一个转座子转座发生率仅为 10^{-3}～10^{-4}/代，但转座的生理意义十分重要，是许多生物自发突变的主要分子基础。DNA 转座导致基因重排，产生以下效应。

1. 转座子移至新位点，其基因活性发生变化。
2. 转座位点位于编码序列中，转座子插入导致基因突变。
3. 转座位点位于调控元件内，转座子插入影响基因表达。
4. 在转座位点插入转座子基因，赋予新表型，例如抗药性。
5. 经过复制转座之后，转座子拷贝之间发生位点特异性重组，导致缺失、插入、倒位、易位。

第七节 DNA 的逆转录合成

逆转录又称反转录（reverse transcription），是以 RNA 为模板，以 dNTP 为原料，在逆转录酶的催化下合成 DNA 的过程。这是一个从 RNA 向 DNA 传递遗传信息的过程，与从 DNA 向 RNA 传递遗传信息的转录过程正好相反，所以称为逆转录。

一、逆转录酶

1970 年，Baltimore 和 Temin（1975 年诺贝尔生理学或医学奖获得者）发现致癌 RNA 病毒能以 RNA 为模板指导 DNA 合成，所以这类病毒又称**逆转录病毒**（retrovirus）。

逆转录病毒有以下四个特征：①是唯一的二倍体病毒。②是唯一完全利用宿主细胞的转录系统合成基因组的 RNA 病毒。③是唯一以宿主细胞特定 RNA（tRNA）为引物进行复制的病毒。④是唯一在感染之后不能直接指导蛋白质合成的正链 RNA 病毒（第三章，99 页）。

逆转录病毒的逆转录过程由逆转录酶催化进行。许多**逆转录酶**（reverse transcriptase）由 β、α 两个亚基构成，由逆转录病毒的 *pol* 基因编码。α 实际上是 β 的一个降解片段，例如艾滋病病毒（HIV-1）的逆转录酶由 p66、p51 构成，两者 **N 端**（又称**氨基端**）相同，只是 p66（560AA）比 p51（440AA）多了 **C 端**（又称**羧基端**）的 RNase H 结构域（p15，120AA）。逆转录酶又称 **RNA 依赖的 DNA 聚合酶**（RNA-dependent DNA polymerase，RDDP），有三种催化活性。

1. **逆转录活性** 即 RNA 依赖的 DNA 聚合酶活性，能催化合成 RNA（+）的**单链互补 DNA**（sscDNA）（-），形成 RNA-DNA 杂交体。该合成反应需要引物提供 3′-羟基，该引物是逆转录病毒颗粒自带的一种 tRNA。

一个逆转录病毒颗粒可以携带 50 ~ 100 个不同种类的 tRNA 分子，它们是在包装病毒颗粒时从宿主细胞获得的。不同的逆转录病毒以不同的 tRNA 作为引物。例如，HIV-1 的引物是 $tRNA^{Lys}$，莫洛尼鼠白血病病毒（MMLV，M-MuLV，MoMLV，MoMuLV）的引物是 $tRNA^{Pro}$。

2. **水解活性** 即 RNase H 活性，能内切降解 RNA-DNA 杂交体中的 RNA（所以命名为 RNase H、核糖核酸酶 H。H：hybridation），得到游离的单链互补 DNA。

3. **复制活性** 即 DNA 依赖的 DNA 聚合酶活性，能催化复制单链互补 DNA，得到**双链互补 DNA**（dscDNA）。单链互补 DNA 和双链互补 DNA 统称**互补 DNA**（cDNA）。

逆转录酶没有 3′→5′外切酶活性和 5′→3′外切酶活性，所以在逆转录合成 DNA 过程中不能校对，错配率较高（2×10^{-4}，在体外高浓度 dNTP 和 Mg^{2+}下，错配率高达 2×10^{-3}），这可能是逆转录病毒突变率高、容易形成新病毒株的原因。值得注意的是，HIV 逆转录酶错配率比其他逆转录酶还高 10 倍，几乎每次复制都会出现错配。

恩曲他滨（emtricitabine）和替诺福韦酯（tenofovir）通过抑制逆转录酶抑制 HIV 复制。

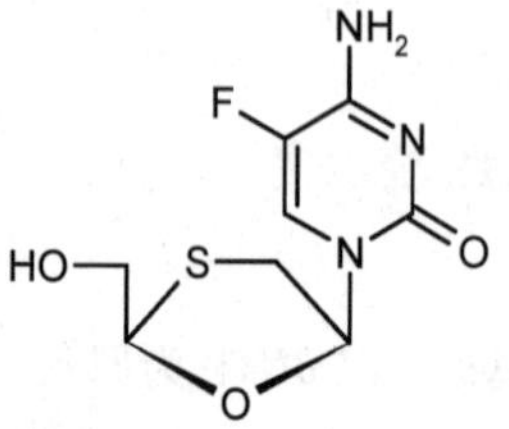

恩曲他滨（emtricitabine） 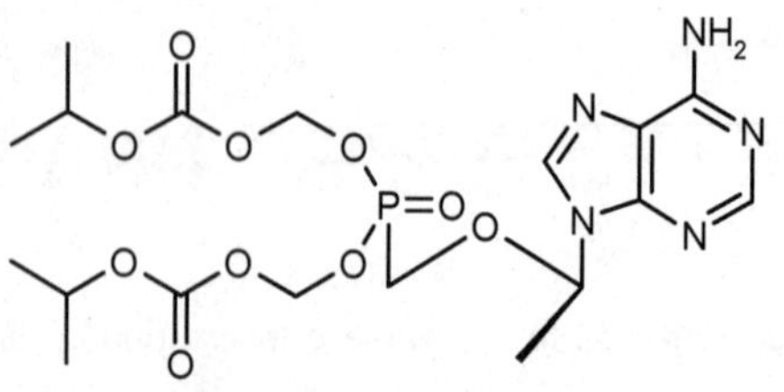　　替诺福韦酯（tenofovir）

二、逆转录病毒基因组

各种逆转录病毒虽然大小不同，但是结构相似，都含有两个相同的正链基因组 RNA 拷贝（长度约为 10000nt），其编码序列中含调控元件（图 2-45）。

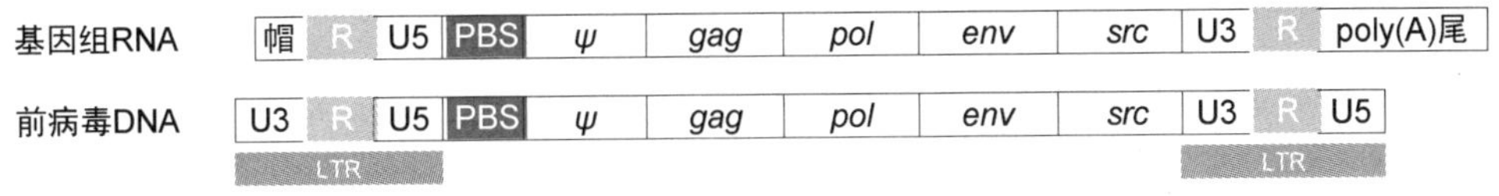

图 2-45 Rous 肉瘤病毒基因组

1. 翻译区 包括以下序列：①*ψ*——包装信号（packaging signal），又称包装元件（packaging element）。②*gag*——编码四种衣壳蛋白。③*pol*——编码逆转录酶、蛋白酶和整合酶等。④*env*——编码病毒包膜蛋白，该包膜蛋白赋予病毒感染性和宿主特异性。此外，有些逆转录病毒基因组还携带癌基因，例如 Rous 肉瘤病毒（劳斯肉瘤病毒，RSV）基因组携带癌基因 *src*。

2. 长末端重复序列（LTR） 长度为 250～1400bp，包括以下序列：①U3——3′非翻译区（3′ UTR，170～1260nt，含启动子、增强子）。②R——重复序列（10～97nt，含加尾信号，且参与整合）。③U5——5′非翻译区（5′ UTR，80～100nt）。仅前病毒 DNA 的长末端重复序列（LTR）是完整的，且两端存在短反向重复序列（即 U5 的 3′端与 U3 的 5′端存在短反向重复序列）。完整的长末端重复序列对前病毒 DNA 与宿主染色体 DNA 的整合以及整合之后的转录均起重要作用。

3. 5′帽子结构与 poly（A）尾 是整合到宿主染色体 DNA 中的前病毒 DNA 的转录产物在转录后加工时形成的（第三章，91 页）。

4. 引物结合位点（primer binding site，PBS） 位于 5′ UTR 下游，距离 5′端 100～200nt，可与 tRNA 引物 3′端的 18nt 配对。

5. 多嘌呤序列（polypurine tract，PPT） 与 U3 相邻，富含嘌呤序列，例如 HIV-1 的 PPT 为 AAAAGAAAAGGGGGG，可以抗 RNase H 降解，并作为第二股 cDNA 的引物。

三、逆转录过程

当逆转录病毒感染宿主细胞时，逆转录病毒脱去包膜（成为宿主细胞膜的一部分），其由基因组 RNA、tRNA 引物和逆转录酶等组成的核壳进入细胞，逆转录酶以基因组 RNA 为模板逆转录合成其前病毒 DNA。逆转录过程极为复杂，它包括以病毒基因组 RNA 为模板合成单链互补 DNA、水解 RNA-DNA 杂交体中的 RNA、复制单链互补 DNA 形成双链互补 DNA（即前病毒 DNA）等环节（图 2-46）。

前病毒 DNA 合成之后进入细胞核，由整合酶（在序列、结构和功能上与转座酶有关）催化整合到染色体 DNA 中。整合位点虽然不具有特异性，但也不是随机的。整合机制与转座类似，整合后在两端形成 4～6bp 的同向重复序列。前病毒 DNA 仅在整合状态下才能转录，因此整合是逆转录病毒生命周期中的重要事件。

NOTE

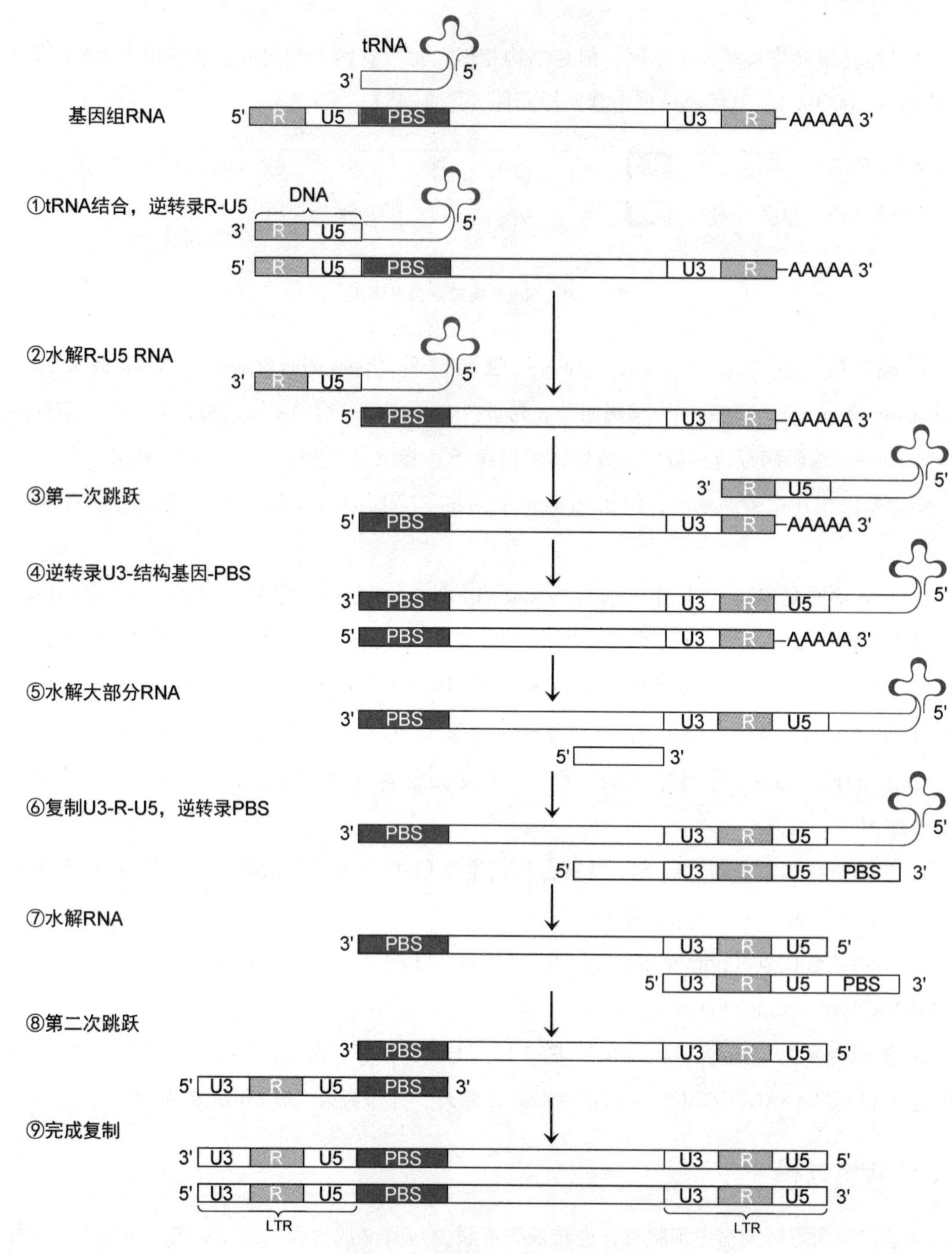

图 2－46　前病毒 DNA 合成过程

四、逆转录意义

逆转录机制的阐明完善了中心法则。遗传物质不都是 DNA，也可以是 RNA。因为许多 RNA 还直接参与代谢，具有功能多样性（第二十章，541 页），所以越来越多的科学家认为在生命起源史上 RNA 可能是先于 DNA 出现的生命物质。

研究逆转录病毒有助于阐明肿瘤的发病机制，探索其防治策略。已知的致癌 RNA 病毒都

NOTE

是逆转录病毒，通过研究其生命周期中的感染、逆转录、整合、表达、包装等环节的代谢机制，可以在关键环节发现药物靶点，有针对性地发现药物。

逆转录酶是重组 DNA 技术常用的工具酶，可用于合成 cDNA，进而制备 cDNA 探针、构建 cDNA 文库等（第十八章，479 页）。常用的是来自禽成髓细胞瘤病毒（avian myeloblastosis virus，AMV）和莫洛尼鼠白血病病毒（MMLV）的逆转录酶及其重组体。

NOTE

第三章 RNA 的生物合成

细胞内存在各种功能 RNA，可分为信使 RNA（mRNA）和非编码 RNA（ncRNA）。它们都是基因表达的产物，是由 RNA 聚合酶以 DNA 为模板指导合成各种 RNA 前体，再经过后加工得到的。

被某些 RNA 病毒感染的细胞内存在另一种 RNA 合成机制：由 RNA 复制酶以 RNA 为模板指导合成。

第一节 转录的基本特征

转录（transcription）是遗传信息由 DNA 向 RNA 传递的过程，即一股 DNA 的核苷酸序列按照碱基配对原则指导 RNA 聚合酶催化合成与之序列互补 RNA 的过程。中心法则的核心内容就是由 DNA 指导合成 mRNA，再由 mRNA 指导蛋白质合成。合成蛋白质的过程还需要 tRNA 和 rRNA 的参与，而 tRNA 和 rRNA 也是转录的产物。因此，转录是中心法则的关键，是基因表达的首要环节，并且是绝大多数生物 RNA 的主要合成方式，转录产物 RNA 在 DNA 和蛋白质之间建立联系。

无论是原核生物还是真核生物，RNA 的转录合成都需要 DNA 模板、RNA 聚合酶、NTP 原料和 Mg^{2+}（或 Mn^{2+}）。RNA 聚合酶催化核苷酸以 3′,5′-磷酸二酯键连接合成 RNA，合成方向为 5′→3′，合成反应可表示如下：

$$5'\ (\mathrm{NMP})_n\text{-OH}\ 3' + \mathrm{NTP} \xrightarrow[\text{RNA聚合酶}]{\text{DNA模板，}Mg^{2+}} 5'\ (\mathrm{NMP})_n\text{-NMP-OH}\ 3' + \mathrm{PP_i}$$

转录的基本特征是选择性转录、不对称转录、连续性转录和转录后加工。

1. 选择性转录 是指在不同组织细胞、或同一细胞在机体不同的生长发育阶段，根据生存条件和代谢需要转录表达不同的基因，因而表达的只是基因组的一部分。例如大肠杆菌通常只有约 5%的基因处于高表达状态，成人个体每种组织一般只表达 10%~20%的基因。相比之下，DNA 复制是全部染色体 DNA 的复制（图 3-1）。

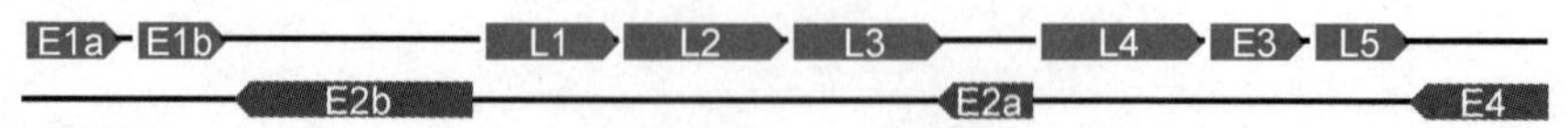

图 3-1 腺病毒基因组

2. 不对称转录 传统分子生物学的不对称转录是指 DNA 每个基因的转录区都只有一股链可被转录。不过，现在有越来越多的基因被确认其转录区的两股链都可被转录，至少是部分序

列可被转录，例如人类基因组中有 70%基因转录区的两股链都可被转录。

虽然如此，转录区两股链的意义还是不同的，我们分别定义其为模板链（template strand）和编码链（coding strand）。它们的对比见表 3-1。

表 3-1　模板链和编码链对比

性质	模板链	编码链
其他名称	负链，反义链，非编码链	正链，正义链，有义链
可以转录	一定	不一定
转录后加工产物	mRNA、tRNA 或 rRNA	反义 RNA
转录范围	整个转录区	可以是转录区局部
转录时序	先	后

不同转录区的模板链可能分布在双链 DNA 的不同股上。因此，就整个双链 DNA 而言，其每一股链都可能含指导 mRNA、tRNA 或 rRNA 合成的模板链（图 3-1）。

为了便于学习，这里简单介绍基因序列的书写和编号规则（图 3-2）。

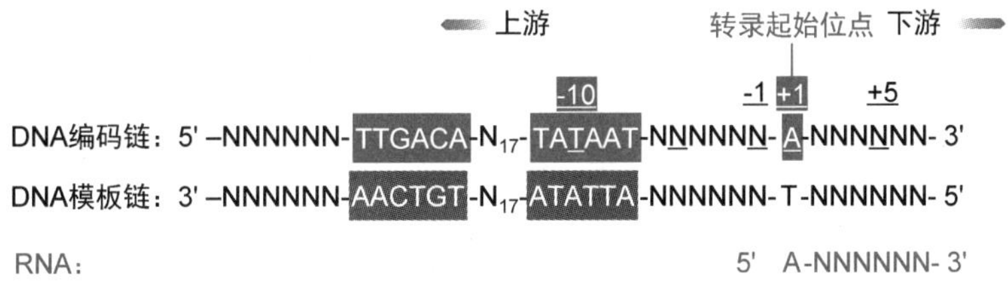

图 3-2　基因序列编号

（1）因为 DNA 双链的序列是互补的，所以只要给出一股链的序列，另一股链的序列也可推出。因此，为了避免繁琐，书写 DNA 序列时只写出一股链。

（2）因为 DNA 编码链与转录产物 RNA 的核苷酸序列一致，只是 RNA 中以 U 取代了 DNA 中的 T，所以为了方便解读遗传信息，一般只写出编码链。

（3）通常将编码链上位于转录起始位点的核苷酸编为+1 号；转录进行的方向称为下游（downstream），核苷酸依次编为+2 号、+3 号等；相反方向称为上游（upstream），核苷酸依次编为-1 号、-2 号等，没有 0 号。

3. 连续性转录　一个 RNA 分子从头到尾由一个 RNA 聚合酶分子催化合成。

4. 转录后加工　RNA 聚合酶转录合成的 RNA 称为 RNA 前体（pre-RNA）、初级转录产物（primary transcript），大多数需要经过加工才能成为成熟 RNA。初级转录产物加工成成熟 RNA 的过程称为转录后加工。

第二节　RNA 聚合酶

RNA 聚合酶（RNA Pol）全称 DNA 依赖的 RNA 聚合酶（DNA-dependent RNA polymerase，DDRP），又称转录酶。RNA 聚合酶催化 RNA 的转录合成，是参与转录的关键要素之一。原核生物和真核生物的 RNA 聚合酶有其共同特点，但在结构、组成和性质等方面不尽相同。

NOTE

1. RNA 聚合酶特点　原核生物和真核生物的 RNA 聚合酶有许多共同特点，其中以下特点与 DNA 聚合酶一致：①以 DNA 为模板合成其互补链。②催化核苷酸通过聚合反应合成核酸。③聚合反应是依赖 DNA 的聚合酶催化核苷酸形成 3′,5′-磷酸二酯键的反应。④以 3′→5′方向阅读模板，5′→3′方向合成核酸。⑤忠实复制/转录模板序列。此外，RNA 聚合酶有许多特点不同于 DNA 聚合酶（表 3-2）。

表 3-2　转录和复制对比

项目	转录	复制
聚合酶	RNA 聚合酶	DNA 聚合酶
DNA 模板	基因组局部（转录区，选择性转录）	基因组全部
	转录单链（模板链，不对称转录）	复制双链（半保留复制）
原料	NTP	dNTP
起始	启动子	复制起点
引物	不需要	需要
碱基配对原则	dA-rU，dT-rA，dG-rC，dC-rG	dA-dT，dT-dA，dG-dC，dC-dG
错配率	10^{-4}～10^{-5}（保真性低）	10^{-6}～10^{-8}（保真性高）
连续性	连续	不连续
终止	终止子	终止区
产物	单链 RNA	双链 DNA
后加工	有	无

2. 大肠杆菌 RNA 聚合酶　RNA 聚合酶全酶（holoenzyme）是由五种亚基构成的六聚体（$\alpha_2\beta\beta'\omega\sigma$），其中 $\alpha_2\beta\beta'\omega$ 称为核心酶。大肠杆菌只有一种核心酶（约 13 000 个分子，数量与生长条件相关，几乎都与 DNA 结合），可以催化合成 mRNA、tRNA 和 rRNA。σ 亚基又称 σ 因子，是大肠杆菌的转录起始因子，其作用是在与核心酶结合成全酶后，直接与启动子的-10 区和-35 区结合，因而协助核心酶识别并结合启动子元件。

1955 年，Ochoa（1959 年诺贝尔生理学或医学奖获得者）报道鉴定了 RNA 聚合酶，后被确定是多聚核苷酸磷酸化酶。RNA 聚合酶是由 Hurwitz 和 Weiss 于 1959 年鉴定的。

大肠杆菌 RNA 聚合酶各亚基的功能见表 3-3。不同原核生物的 RNA 聚合酶在分子大小、组成、结构、功能以及对某些药物的敏感性等方面都类似。

表 3-3　大肠杆菌 K-12 株 RNA 聚合酶

亚基	大小（AA）	功能	基因
α	329	启动 RNA 聚合酶组装，通过 CTD 直接识别并结合上游启动子元件，与某些激活蛋白结合	*rpoA*
β	1342	含活性中心，催化形成磷酸二酯键	*rpoB*
β′	1407	结合 DNA 模板	*rpoC*
ω	90	促进 RNA 聚合酶组装，参与某些转录调控	*rpoZ*
σ^{70}	613	与核心酶构成全酶后直接识别并结合启动子元件	*rpoD*

3. 真核生物 RNA 聚合酶　到目前为止研究的所有真核生物细胞核内都有 RNA 聚合酶Ⅰ、RNA 聚合酶Ⅱ、RNA 聚合酶Ⅲ（表 3-4），植物还有 RNA 聚合酶Ⅳ、RNA 聚合酶Ⅴ。

NOTE

表 3-4 真核生物细胞核 RNA 聚合酶

RNA 聚合酶	名称缩写	亚细胞定位	转录产物	α 鹅膏蕈碱的抑制作用
RNA 聚合酶Ⅰ	PolⅠ	核仁	18S、5.8S、28S rRNA 前体	无
RNA 聚合酶Ⅱ	PolⅡ	核质	mRNA、snRNA、调控 RNA 前体	强
RNA 聚合酶Ⅲ	PolⅢ	核质	tRNA、5S rRNA、snRNA 前体	弱

RNA 聚合酶结构由 Kornberg R. D.（2006 年诺贝尔化学奖获得者）于 2001 年揭示。人的 3 种细胞核 RNA 聚合酶分别由 14、12、17 个亚基构成，比大肠杆菌 RNA 聚合酶更复杂，但其一些亚基是同源的（表 3-5）。

表 3-5 大肠杆菌和人细胞核 RNA 聚合酶亚基组成

大肠杆菌 RNA 聚合酶	β	β′	αⅠ	αⅡ	ω	
人 RNA 聚合酶Ⅰ	RPA1	RPA2	RPC5	RPC9	RPB6	9 个其他亚基
人 RNA 聚合酶Ⅱ	RPB1	RPB2	RPB3	RPB11	RPB6	7 个其他亚基
人 RNA 聚合酶Ⅲ	RPC1	RPC2	RPC5	RPC9	RPB6	12 个其他亚基

人的 3 种细胞核 RNA 聚合酶都含 2 个大亚基（如 RNA 聚合酶Ⅱ的 RPB1 和 RPB2）、2 个类 α 亚基和 1 个类 ω 亚基，分别与大肠杆菌核心酶的 β′和 β、2 个 α 亚基和 ω 亚基同源。其中，RNA 聚合酶Ⅱ的大亚基 RPB1 含有 C 端结构域（CTD），由 52 个七肽单位 YSPTSPS 串联构成，其中的 Ser2、Ser5 是主要磷酸化位点。该 C 端结构域参与 RNA 合成、后加工、转运的调控。在启动转录时，它必须保持去磷酸化状态；然而转录一旦启动，它必须被磷酸化，才能使转录进入延伸阶段。

除了上述 5 个亚基之外，三种 RNA 聚合酶还各含 9~12 个小亚基，其中有 4 个小亚基是相同的（POLR2E、H、K、L），其余小亚基则具有特异性，即只参与构成某一种 RNA 聚合酶。这些亚基可能都是 RNA 聚合酶催化转录所必需的。

植物 RNA 聚合酶Ⅳ和 RNA 聚合酶Ⅴ的功能是转录 miRNA 基因。

线粒体有自己的 RNA 聚合酶，催化合成线粒体 mRNA、tRNA 和 rRNA。线粒体 RNA 聚合酶能被利福霉素或利福平抑制，而利福霉素和利福平是原核生物 RNA 聚合酶抑制剂。因此，无论是在功能上还是在性质上，线粒体 RNA 聚合酶都更像原核生物 RNA 聚合酶。

第三节 大肠杆菌 RNA 的合成和降解

我们以大肠杆菌 K-12 株为例介绍原核生物 RNA 的合成和降解。大肠杆菌 RNA 的转录合成分为起始、延伸、终止和后加工四个阶段。起始阶段需要 RNA 聚合酶全酶催化，其所含的 σ 因子协助核心酶识别并结合启动子元件，延伸阶段需要核心酶催化，终止阶段有的需要 ρ 因子参与。

一、转录起始

转录起始是基因表达的关键阶段，核心内容就是 RNA 聚合酶全酶识别并结合到启动子上，形成转录起始复合物，启动 RNA 合成。

1. 启动子（promoter） 是 RNA 聚合酶识别、结合和赖以启动转录的一段 DNA 序列，具有方向性。大肠杆菌基因的启动子位于-70~+30 区，长度 40~70bp，其中含有三段保守序列，具有高度的保守性和一致性，分别称为 Sextama 盒、Pribnow 盒和转录起始位点，其中 Sextama 盒、Pribnow 盒统称核心启动子（core promoter）（图 3-3）。

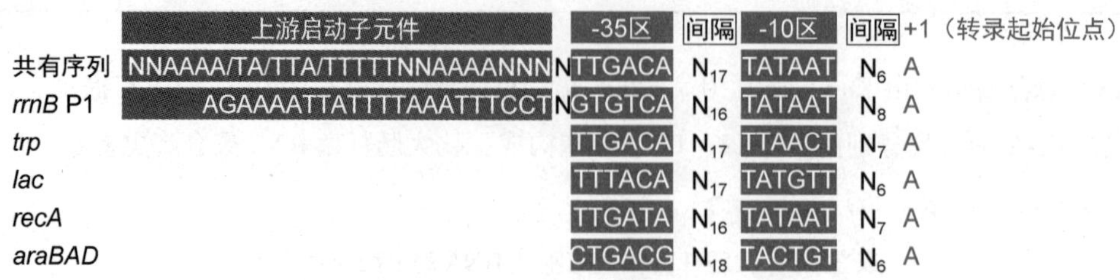

图 3-3 大肠杆菌部分基因的启动子

（1）Sextama 盒 共有序列 $T_{82}T_{84}G_{78}A_{65}C_{54}A_{45}$（下标表示该碱基出现的频率，以下同），中心位于-35 号核苷酸处，故又称-35 区，是 RNA 聚合酶依靠 σ 因子识别并初始结合的位点，因而又称 RNA 聚合酶识别位点。

（2）Pribnow 盒 共有序列 $T_{80}A_{95}T_{45}A_{60}A_{50}T_{96}$，中心位于-10 号核苷酸处，故又称-10 区，是 RNA 聚合酶依靠 σ 因子识别并牢固结合的位点，因而又称 RNA 聚合酶结合位点，Pribnow 盒富含 A-T 碱基对，容易解链，有利于 RNA 聚合酶启动解链和转录。

（3）转录起始位点 位于共有序列 $CA^{+1}T$ 内。

（4）上游启动子元件 位于某些高表达基因（如 rRNA 基因）强启动子（第五章，138 页）的-40~-60 区，是 RNA 聚合酶 α 亚基 C 端结构域（carboxy-terminal domain，αCTD）直接识别和结合的位点。

2. 起始过程 大肠杆菌的转录起始过程分四步（图 3-4）。

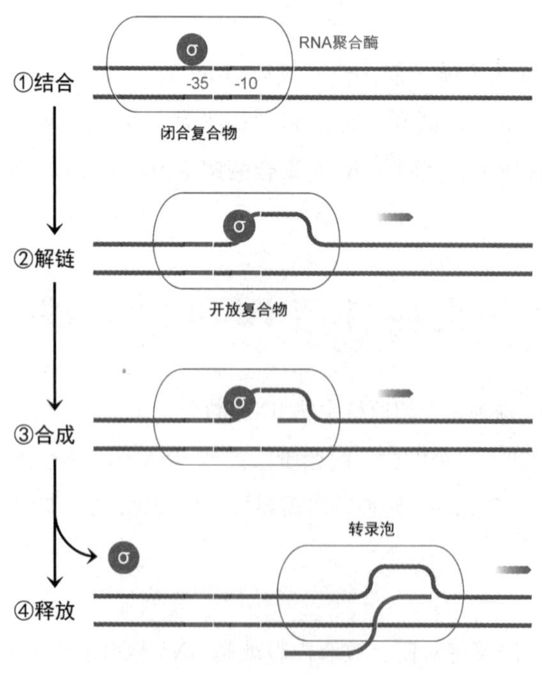

图 3-4 大肠杆菌转录起始

（1）结合　RNA 聚合酶全酶通过其 σ 因子与启动子区结合，形成闭合复合物（closed promoter complex，CPC），覆盖约 55bp（-55～+1）。

大肠杆菌 RNA 聚合酶核心酶与 DNA 的结合是非特异性的，在与 σ 因子结合成全酶时获得特异性，表现为与其他位点的亲和力下降到原来的 $1/10^4$（半衰期不到 1 秒），与启动子的亲和力则增强 10^3 倍（半衰期可达数小时），从而与启动子形成特异性结合。

（2）解链　RNA 聚合酶全酶从-10 区将 DNA 解开 12～17bp（-11～+2，包含转录起始位点），形成开放复合物（open promoter complex，OPC），覆盖 70～75bp（-55～+20）。

（3）合成　RNA 聚合酶全酶根据模板链指令获取第一、二个 NTP，形成 3′,5′-磷酸二酯键，启动 RNA 合成。90%以上基因转录产物的第一个核苷酸是嘌呤核苷酸，而且大多数是腺苷酸：

$$pppA\text{-}OH + pppN\text{-}OH \rightarrow pppApN\text{-}OH + PP_i$$

注意：第一个核苷酸在形成磷酸二酯键之后，仍然保留其 5′端的三磷酸基，直至转录后加工。

（4）释放　RNA 聚合酶全酶催化合成 10nt 的 RNA 片段之后，σ 因子释放，导致核心酶构象改变，与启动子的亲和力下降，于是沿着 DNA 模板链向下游移动（称为启动子清除、启动子逃逸），把转录带入延伸阶段。

需要说明的是，大肠杆菌转录起始的上述四步很多时候并不是一步到位的，有时在释放环节释放的不是 σ 因子，而是 2～9nt 新合成的 RNA 片段。RNA 片段的释放意味着启动失败，需要重新启动转录，这一现象称为流产式启动（abortive synthesis），它会影响到转录启动效率。

当一个核心酶沿着转录区向下游转录时，另一个转录起始复合物开始形成。以大肠杆菌色氨酸操纵子为例，每分钟形成约 15 个转录起始复合物。

二、转录延伸

在这一阶段，核心酶沿着 DNA 模板链 3′→5′方向移动（覆盖 30～40bp），使转录区保持约 17bp 解链；同时，NTP 按照碱基配对原则与模板链结合，由核心酶催化，通过 α-磷酸基与 RNA 的 3′-羟基形成磷酸酯键，使 RNA 链以 5′→3′方向延伸（50～100nt/s）。这时的转录复合物称为转录泡（transcription bubble）。在转录泡上，RNA 的 3′端 8～9nt 与模板链结合，形成 RNA-DNA 杂交体，5′端则脱离模板链甩出；已经转录完毕的 DNA 模板链与编码链重新结合（图 3-4）。转录过程中在下游形成正超螺旋，由 DNA 促旋酶通过引入负超螺旋消除；在上游形成负超螺旋，由 DNA 拓扑异构酶 1 消除。

当合成错误导致形成非 Watson-Crick 碱基配对时，RNA 聚合酶通过两种机制进行校对：①焦磷酸解编辑（pyrophosphorolytic editing）：通过聚合反应的逆反应使错接的 NMP 与 PP_i 重新生成 NTP。②水解编辑（hydrolytic editing）：RNA 聚合酶停顿、后退 1～2nt，从 RNA 的 3′端切除错接的 NMP，或含错接 NMP 的 2nt，然后继续转录。大肠杆菌 RNA 的水解编辑需要辅助因子（accessory factor）GreA 或 GreB 的协助。

三、转录终止

RNA 聚合酶核心酶转录到转录终止信号时结束转录，RNA 释放，转录泡解体。转录终止信号又称终止子（terminator），是位于转录区下游的一段 DNA 序列，最后才被转录，所以编码 RNA 前体的 3′端。原核基因的终止子有两类：一类不需要转录终止因子 ρ 协助就能终止转录，另一类则需要 ρ 因子协助才能终止转录。

1. 不依赖 ρ 因子的转录终止　这类基因的终止子又称内在终止子（intrinsic terminator），转录产物有两个特征（图 3-5）。

（1）一段 U 序列　又称 oligo(U)，长 4~8nt，与模板链以最弱的 dA-rU 对结合。

（2）一段反向重复序列　位于 U 序列之前，长约 20nt，富含 G/C，可以形成发夹结构。

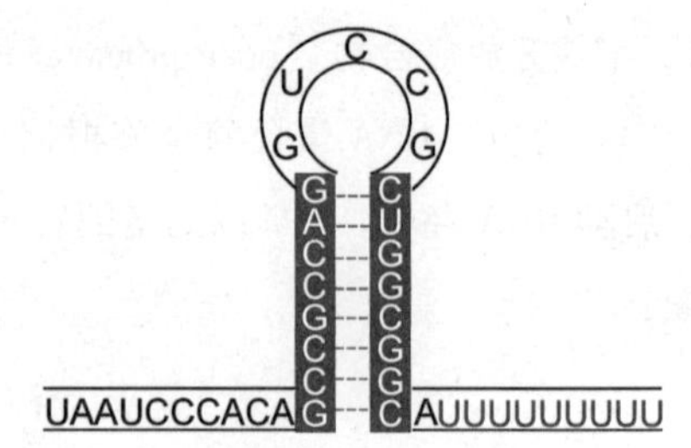

图 3－5　大肠杆菌不依赖 ρ 因子终止子的转录产物

发夹结构一方面削弱 dA-rU 结合力，使 RNA 容易释放；另一方面改变 RNA 与核心酶的结合，使转录终止，终止的分子机制尚未阐明。大肠杆菌约有半数转录单位以此机制终止转录。

2. 依赖 ρ 因子的转录终止　这类基因终止子的转录产物可以形成发夹结构，但之后不含 U 序列，所以本身不能终止转录，需要转录终止因子 ρ 的协助。ρ 因子与 DNA 解旋酶同源（419AA），是一种同六聚体蛋白，含量约为 RNA 聚合酶的 10%，有依赖 RNA 的 ATP 酶活性（被双环霉素抑制）和依赖 ATP 的解旋酶活性，可以与转录产物上游的一个 rut 位点（rho utilization site，*rut* site，又称 rut 元件，*rut* element，约 40nt，富含 C 而少含 G）结合，并作用于 RNA 聚合酶和 RNA-DNA 杂交体，使杂交体解链，RNA 释放（分子机制尚未阐明）。大肠杆菌约有半数转录单位以此机制终止转录。ρ 因子由 Roberts 于 1969 年发现于 T4 噬菌体感染的大肠杆菌。

终止阶段 RNA 聚合酶有时在转录到终止子序列时并不终止，而是继续向下游转录，这种现象称为连读、通读（read-through）。有一类称为抗终止因子的辅助因子（ancillary factor）通过作用于 RNA 或 RNA 聚合酶启动连读，称为抗终止作用。

四、转录后加工

RNA 聚合酶催化合成的初级转录产物是各种 RNA 前体（pre-RNA）。大肠杆菌 mRNA 前体不需要加工，可以直接指导蛋白质合成，而 rRNA 前体和 tRNA 前体则需要经过加工才能成为有功能的成熟 RNA 分子。

（一）mRNA 前体

大肠杆菌蛋白基因的 mRNA 前体（pre-mRNA）平均长度为 1200nt，一般不用加工，可以直接翻译，并且往往是边转录边翻译。

（二）rRNA 前体加工

大肠杆菌的 rRNA 前体（pre-rRNA，30S）包含 16S rRNA、23S rRNA、5S rRNA、tRNA、外转录间隔区（external transcribed sequence，ETS）和内转录间隔区（internal transcribed spacer,

ITS）序列，其中四种 rRNA 前体的 16S rRNA 和 23S rRNA 之间有一个 tRNA，另外三种有两个 tRNA。它们经过以下加工得到成熟 rRNA 和成熟 tRNA（图 3-6）。rRNA 与核糖体蛋白聚合成核糖体大亚基和小亚基。

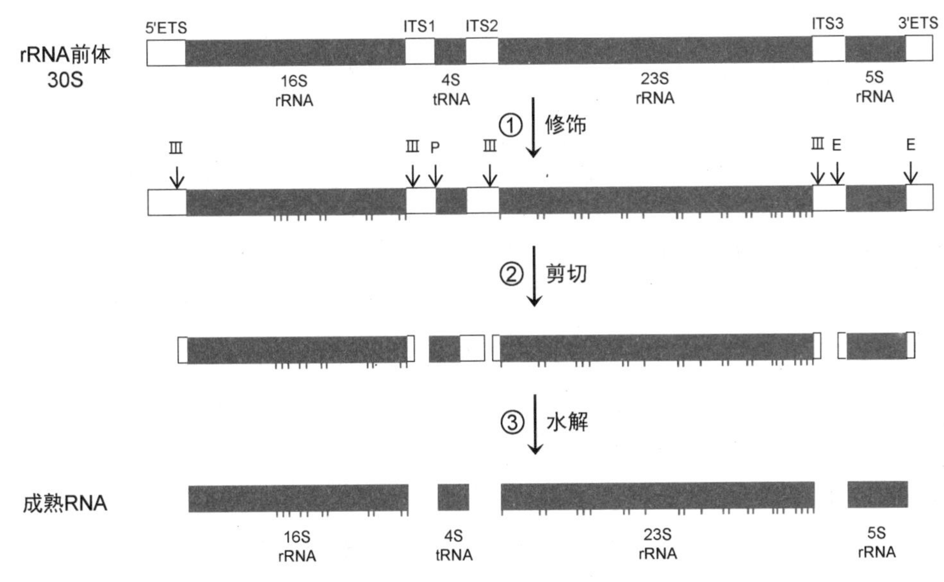

图 3-6　大肠杆菌 rRNA 前体转录后加工

1. 核苷酸修饰　主要是碱基甲基化和核糖 2′-*O*-甲基化。例如，16S rRNA 酶促修饰形成 10 个甲基化核苷酸、1 个假尿苷酸；23S rRNA 酶促修饰形成 20 个甲基化核苷酸、10 个假尿苷酸、1 个二氢尿嘧啶核苷酸。

2. 剪切　分别由 RNase Ⅲ、RNase P 和 RNase E 催化切割不同位点。

3. 水解　分别由 RNase M16、M23 和 M5 进一步水解，得到成熟 RNA。

4. 亚基聚合　rRNA 加工与亚基聚合同步进行，加工完成即意味着形成核糖体小亚基（30S 亚基）和大亚基（50S 亚基），可以在 mRNA 上形成核糖体，合成蛋白质。

（三）tRNA 前体加工

大肠杆菌的 tRNA 基因大多数形成基因簇，有的与 rRNA 基因、蛋白基因共同组成转录单位。tRNA 前体（pre-tRNA）经过以下加工得到成熟 tRNA。

1. 核苷酸修饰　成熟 tRNA 分子含较多的稀有碱基，它们都是在 tRNA 前体水平上由常规碱基通过酶促修饰形成的，修饰方式包括嘌呤碱基甲基化成甲基嘌呤、腺嘌呤脱氨基成次黄嘌呤、尿嘧啶还原成二氢尿嘧啶、尿苷酸变位成假尿苷酸或甲基化成胸腺嘧啶核糖核苷酸等，目前已经发现了 81 种修饰方式（含真核生物 tRNA）。修饰效应是抗降解，形成翻译识别标志。

2. 剪切　tRNA 前体 5′端的额外核苷酸（extranucleotides）由 RNase P 切除，形成成熟的 5′端；3′端的额外核苷酸由一种核酸内切酶和一组核酸外切酶切除，直至暴露出 CCA 序列为止。

大肠杆菌 RNase P 是一种核酶、核酸内切酶，由一个催化 RNA（M1，377nt，由 *rnpB* 编码）和一个蛋白亚基（C5，119AA，由 *rnpA* 编码）构成。

人 RNase P 由一个催化 RNA（H1，341nt，由 *RPPH1* 编码）和至少十个蛋白亚基构成，参与加工 RNA 聚合酶Ⅲ转录的各种非编码 RNA，包括 tRNA、5S rRNA、7SL RNA、U6 snRNA。

3. 添加3′CCA 有的tRNA的3′CCA是后加的，反应由tRNA核苷酸转移酶（tRNA nucleotidyl transferase）催化，以CTP和ATP为原料。

五、RNA降解

RNA降解和合成同样重要。

大肠杆菌mRNA主要由降解体（degradosome）降解。降解体由核酸内切酶E、多核苷酸磷酸化酶和RNA解旋酶等构成。RNase E可从5′端将mRNA内切成RNA片段，多核苷酸磷酸化酶可从3′端将该片段磷酸解（释放NDP）。

1. 核酸内切酶E（RNase E） 可从mRNA的5′端内切富含A/U的序列，但要求5′端为5′-NMP结构，因为其活性依赖该结构。因此mRNA被其内切前先要从5′端去焦磷酸。RNase E还在RNA加工过程中起中心作用，参与加工5S、16S rRNA和大多数tRNA。

2. 多核苷酸磷酸化酶（polynucleotide phosphorylase，PNPase） 只催化单链RNA片段3′端磷酸解（生成5′-NDP），且受阻于发夹结构。因此，mRNA的3′端如果形成发夹结构，就可以抗降解，从而提高mRNA稳定性，提高翻译水平。

不过，如果发夹3′端有一段超过7~10nt的单链结构，依然可以由PNPase磷酸解。因此，大肠杆菌会由poly(A)聚合酶［poly(A) polymerase Ⅰ，PAP Ⅰ，455AA］催化，在mRNA终止子转录产物发夹结构的3′端加接10~40nt的poly(A)，再由PNPase磷酸解。

大肠杆菌mRNA主要由RNA降解体降解，此外存在其他降解体系。能降解有稳定二级结构RNA片段的除了PNPase还有RNase R。

第四节 真核生物RNA的合成和降解

真核生物和原核生物RNA的转录合成遵循共同的规律，分为起始、延伸、终止和后加工四个阶段。各种RNA合成的起始、延伸、终止阶段是一致的，区别主要在转录后加工和转录调控。此外，真核生物不同的RNA由不同的RNA聚合酶催化合成。

一、转录起始

与原核基因相比，真核基因启动子结构复杂，RNA聚合酶需要通用转录因子的协助才能识别和结合启动子，启动转录。

1. 启动子 真核基因的启动子可分为Ⅰ、Ⅱ、Ⅲ三类，三种RNA聚合酶各识别其中一类。RNA聚合酶Ⅱ识别的蛋白基因的启动子属于Ⅱ类启动子（约100bp），包含以下两类元件：①核心启动子元件（core promoter element，CPE）：又称核心元件、近端启动子（proximal promoter），40~60nt，包括起始子、TATA盒、下游启动子元件等，位于转录起始位点的上游和下游，功能是确定转录起始位点。②上游启动子元件（upstream promoter element，UPE）：包括GC盒、CAAT盒，功能是控制转录启动效率（图3-7）。

（1）起始子（initiator，Inr） 是含转录起始位点的一段保守序列，位于−2~+5区，哺乳动物共有序列是YYA^{+1}NWYY，其中A^{+1}是转录起始位点。pre-mRNA的5′末端碱基通常是嘌

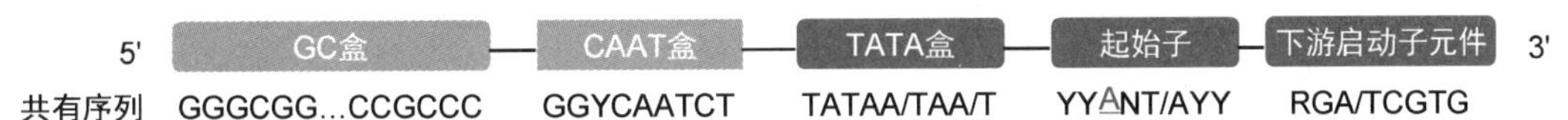

图 3-7 真核基因Ⅱ类启动子元件

呤，特别是腺嘌呤。起始子是通用转录因子 TFⅡD 特定 TAF 亚基的识别结合位点。

（2）TATA 盒 又称 Hogness 盒，中心一般位于-25～-31 区（酵母 TATA 盒位于-90 区），共有序列是 TATAAAA（表 3-6），是转录因子 TBP（TATA 结合蛋白）的识别结合位点，作用是确定转录起始位点。TATA 盒富含 A-T 碱基对，容易解链，有利于 RNA 聚合酶Ⅱ结合并启动转录，是 RNA 聚合酶Ⅱ稳定结合的序列。TATA 盒在Ⅱ类启动子中出现率较高（人类基因约 24%），常与起始子共存。

表 3-6 人珠蛋白启动子元件

基因	TATA 盒	CAAT 盒
β	GGCATAAAAG	GGCCAATCTACTC
δ	-GCATAAAAG	AACCAATCTGCTC
Aγ	GGCATAAAAG	GACCAATAGCCTT
Gγ	GGCATAAAAG	GACCAATAGCCTT
α	GGCATAAAAG	GACCAATGACTTT

（3）下游启动子元件 有些含起始子的基因没有 TATA 盒，但多含下游启动子元件（downstream promoter element，DPE），共有序列是 RGA/TCGTG，中心位于+28～+32 区，是转录因子 TFⅡD 的 TAF6、TAF9 亚基的识别结合位点。

（4）CAAT 盒 分布较散，多位于-70～-90 区，是转录因子 C/EBP、CTF/NF1、NF-Y 的结合位点，作用是控制转录启动效率。

CAAT 盒又称 CCAAT 盒、CAT 盒，存在于人类基因组 25%～30%的Ⅱ类启动子。与之结合的各种转录因子的识别序列不尽相同：①C/EBP 识别共有序列 TT/GNNGNAAT/G，CCAAT 五核苷酸序列非必需。②CTF/NF1 识别共有序列 TTGGCN$_5$GCCAA，五核苷酸序列中的 T 非必需。③NF-Y 识别共有序列 RRCCAATCAG，CCAAT 五核苷酸序列必需，但位于模板链上，即与其他 CAAT 盒取向相反。

（5）GC 盒 哺乳动物许多基因不含 TATA 盒（40%，人类更高），其启动子内（-90 区）有一段保守序列称为 GC 盒（GC box）。GC 盒长度为 20～50bp，包含两段共有序列：GGGCGG 和 CCGCCC。它们互为反向重复序列，是转录因子 Sp1（specificity protein 1）的结合位点，作用是控制转录启动效率。

不过，并非所有的Ⅱ类启动子都含上述启动子元件。对数千种蛋白基因启动子分析表明，30%只含起始子，30%含起始子和 TATA 盒，25%含起始子和 DPE，15%含起始子、TATA 盒和 DPE。例如，猿猴空泡病毒 40（SV40）的早期启动子有 6 个 GC 盒，不含 TATA 盒、CAAT 盒；组蛋白 H2B 的启动子含 TATA 盒和两个 CAAT 盒。

2. 转录因子 是参与 RNA 转录合成的一类蛋白因子。真核生物的三种 RNA 聚合酶转录基因时都需要转录因子协助，并且有各自的转录因子。RNA 聚合酶Ⅱ需要多种转录因子，其中有些转录因子是与启动子元件结合的，称为通用转录因子（又称基础转录因子，相当于原核生物σ因子），包括TFⅡA、TFⅡB等（表3-7）。

表3-7　参与人RNA聚合酶Ⅱ转录起始的通用转录因子

转录因子	亚基数	功能
TBP	单体	特异识别TATA盒
TFⅡA	异三聚体	稳定TFⅡB和TBP与启动子的结合
TFⅡB	单体	与TBP结合，募集RNA聚合酶Ⅱ-TFⅡF复合物
TFⅡE	异二聚体	募集TFⅡH，有ATPase活性和解旋酶活性
TFⅡF	异二聚体	结合RNA聚合酶Ⅱ、TFⅡB，抑制RNA聚合酶Ⅱ与非特异序列结合
TFⅡH	异十二聚体	有DNA解旋酶活性，催化启动子解链；有蛋白激酶活性，催化CTD磷酸化；募集核苷酸切除修复蛋白

TATA结合蛋白（TBP）是唯一能识别并结合TATA盒的转录因子。TBP可以和一组（10~14个）TBP相关因子（TAFⅡ，包括TAF1~TAF15）组成TFⅡD。TFⅡD也能与不含TATA盒的启动子结合，机制是通过TAFⅡ与其他核心元件结合。TAFⅡ还可以与其他转录因子（特异转录因子和中介分子，第六章，166页）结合。

3. 起始过程　是通用转录因子协助RNA聚合酶依托启动子形成前起始复合物的过程（覆盖启动子-30~+30的60bp序列），以启动子含TATA盒的基因为例（图3-8）：

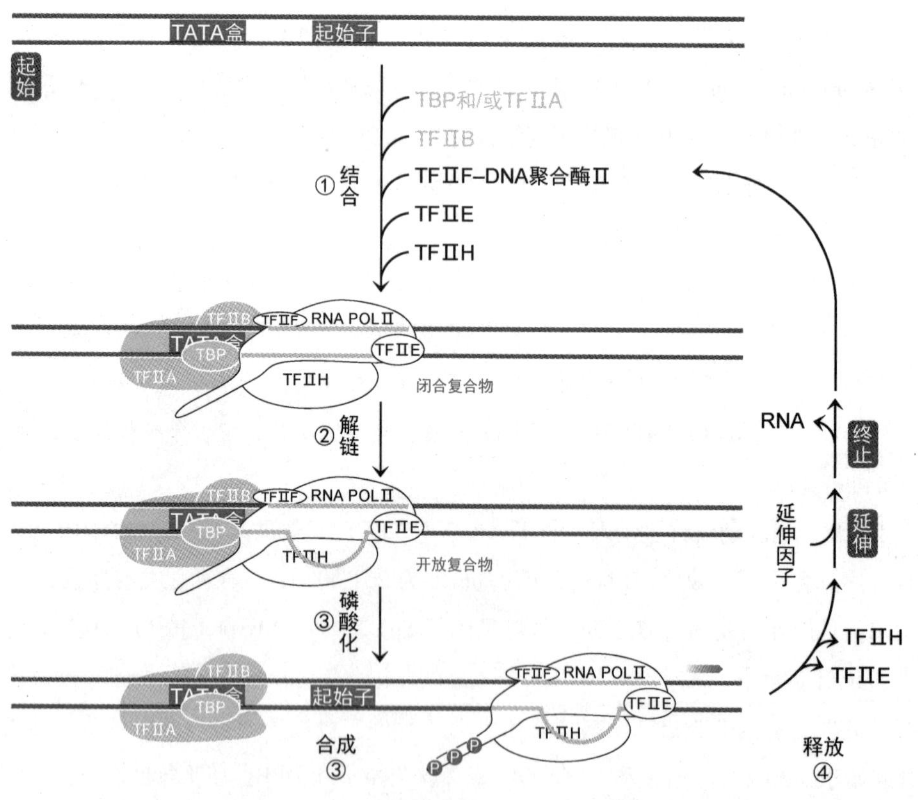

图3-8　真核生物RNA聚合酶Ⅱ的转录过程

（1）形成闭合复合物　TBP（多数时候与TFⅡ一起）与TATA盒结合，通过β折叠嵌入小沟使TATA盒变形（特别是弯曲约80°，使小沟展宽），进而依次募集TFⅡB、TFⅡF-RNA

聚合酶Ⅱ、TFⅡE、TFⅡH，形成闭合复合物，又称前起始复合物（preinitiation complex，PIC）。

（2）形成开放复合物　TFⅡH（可能还有TFⅡE）利用DNA解旋酶活性在起始子区解链11～15bp（消耗ATP），使闭合复合物变构成开放复合物。

（3）启动RNA合成　TFⅡH应用其所含的细胞周期蛋白依赖性激酶7（CDK7）催化RNA聚合酶Ⅱ大亚基RPB1的C端结构域七肽单位中的Ser5磷酸化，改变开放复合物构象，启动RNA合成。

（4）启动子清除　RNA合成至60～70nt时，RNA聚合酶Ⅱ先后释放TFⅡE、TFⅡH等大多数转录因子，同时募集延伸因子，使转录进入延伸阶段。

二、转录延伸

RNA聚合酶与约50bp保持结合，受核小体移位和重塑影响，转录速度较慢（10～40nt/s）。

真核基因的转录延伸与原核基因基本相同，不过TFⅡF始终与转录复合物结合，此外还募集转录延伸因子（如SPT5、TFⅡS）、通过大亚基C端结构域（需由蛋白激酶复合物P-TEFb催化其七肽单位中的Ser2磷酸化）募集RNA加工酶类等。研究表明人胚胎干细胞约1/3基因的表达过程需要转录延伸因子。

三、转录终止

真核蛋白基因的转录终止机制尚未阐明。哺乳动物蛋白基因的最后一个外显子中有一段保守序列，称为加尾信号、多腺苷酸化信号（polyadenylation signal），其共有序列是AATAAA。加尾信号下游10～30bp处是加尾位点（polyadenylation site），加尾位点下游20～40bp处还有一段富含G/T或T的序列（图3-9）。mRNA转录终止与加尾同步进行。

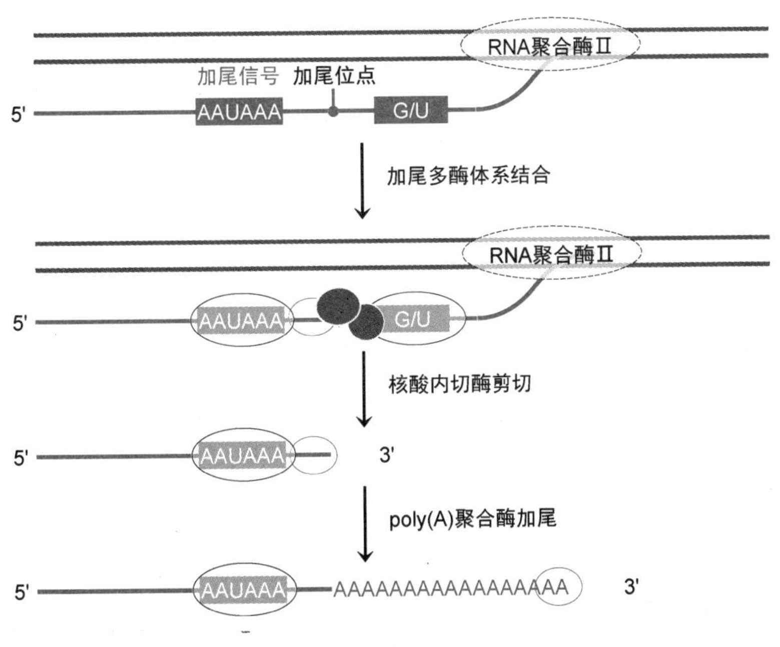

图3-9　真核生物mRNA基因转录终止和加尾

NOTE

1. 剪切 转录接近终止区时，①聚腺苷酸化特异因子（cleavage and polyadenylation specificity factor，CPSF，由 CPSF160、CPSF100、CPSF73、CPSF30 和 hFip1 构成的五聚体，其中 CPSF73 有核酸内切酶活性）结合到加尾信号 AAUAAA 上，形成不稳定的 CPSF-RNA 复合物。②进而募集剪切刺激因子（cleavage stimulation factor，CSTF，异三聚体，同时与加尾位点下游富含 G/U 或 U 的序列结合）、剪切因子Ⅰ（异四聚体）、剪切因子Ⅱ（异二聚体）。③最后募集 poly(A)聚合酶 α［poly(A) polymerase α，PAP-α，744AA］，形成剪切/加尾复合物。PAP 的结合激活 CPSF73。CPSF73 从加尾位点切断转录产物。

2. 加尾 由 poly(A)聚合酶 α 以 ATP 为原料，在 RNA 的 3′端合成 200~250nt 的 poly(A)尾（图 3-9）。加尾分两阶段。

（1）在特异因子的协助下，依赖加尾信号，poly(A)聚合酶 α 在 mRNA 的 3′端合成 10~12nt 的寡腺苷酸 oligo(A)，合成较慢。

（2）poly(A)结合蛋白 2（PABP-2，PABPⅡ，305AA）结合于 oligo(A)，使合成加快，将 oligo(A)延伸成 200~250nt 的 poly(A)。

值得注意的是，只有 RNA 聚合酶Ⅱ的转录产物才会加尾。组蛋白基因转录发生于细胞周期 S 期，不加尾。

3. 终止 剪切、加尾之后，RNA 聚合酶Ⅱ并未终止转录，而是继续转录，长度可达数千核苷酸，之后才会终止转录，终止机制尚未阐明。目前有以下两种终止模型。

（1）变构模型（allosteric model） RNA 剪切导致转录泡构象改变，使 RNA 聚合酶Ⅱ终止转录并与 RNA、模板分离。

（2）鱼雷模型（torpedo model） 5′-3′核酸外切酶 2（Xrn2，950AA）结合于加尾位点之后部分（还在继续转录）的 5′端，其催化的降解速度快于 RNA 聚合酶Ⅱ合成的速度，因而最终追上 RNA 聚合酶Ⅱ，协助结合于 RNA 聚合酶Ⅱ的 C 端结构域上的辅助蛋白使 RNA 聚合酶Ⅱ终止转录并与模板分离。

RNA 聚合酶Ⅱ与模板分离后，其大亚基 RPB1 的 C 端结构域被去磷酸化，之后可以回到启动子位点，启动新一轮转录。

四、转录后加工

成人每种组织一般只表达基因组 10%~20%的基因。即 2500~5000 种基因（肝、肾表达 10000~15000 种），却指导合成 10000~20000 种 mRNA。每种基因平均指导合成 4 种 mRNA。这主要是通过转录后加工实现的。

RNA 聚合酶转录一个转录单位得到一种初级转录产物，经过转录后加工得到有功能的成熟 RNA。转录单位可根据加工方式分为简单转录单位和复杂转录单位。

简单转录单位（simple transcription unit）占人蛋白基因的 5%~10%，其初级转录产物只有一种剪接方式（少数甚至不需要剪接），因而最终只得到一种或一组成熟 RNA。简单转录单位有三种情况：①初级转录产物不加尾，不剪接，如核心组蛋白和大多数 rRNA、tRNA 基因。②初级转录产物只加尾，不剪接，如 α 干扰素、酵母大多数蛋白质、鸟类组蛋白 H5 基因。③初级转录产物既加尾，又剪接，但只有一种剪接方式，称为组成性剪接（constitutive splicing），如 α、β 珠蛋白基因和所有非编码 RNA 基因。

NOTE

复杂转录单位（complex transcription unit）占人蛋白基因的90%~95%，其初级转录产物需要剪接，且有不止一种剪接方式（少则两种，多至数百种甚至数千种），称为选择性剪接（alternative splicing，又称可变剪接）。复杂转录单位都是蛋白基因，经过选择性剪接可以得到不同的成熟 mRNA，指导合成不同的蛋白质。这些 RNA 及其编码的蛋白质统称同源体、同源异构体（isoform）、剪接变异体（splicing variant）。

（一）mRNA 前体加工

真核蛋白基因大多数是断裂基因，其外显子和内含子都被转录，初级转录产物是 mRNA 前体（pre-mRNA，曾称为 hnRNA，但 hnRNA 也用以表示细胞核内尚未完成加工的所有 RNA）。pre-mRNA 的平均长度是成熟 mRNA 的4~5 倍（人类高达 10 倍），并且半衰期短（5~15 分钟），只有一部分加工成为成熟 mRNA。pre-mRNA 加工过程如下（mRNA 的转录“后”加工其实是与转录同步进行的）。

1. 5′端加帽　又称 mRNA 加帽。真核生物大多数 mRNA 的 5′端存在一种特殊结构，由一个 5′-磷酸-7-甲基鸟苷（5′-m^7GMP）与一个 5′-核苷二磷酸（5′-NDP）通过 5′-5′三磷酸连接形成，该结构称为真核生物 mRNA 的 5′帽子。目前已经发现三种 5′帽子结构，其中 1 型最多，但单细胞真核生物 mRNA 主要是 0 型（图 3-10，表 3-8）。

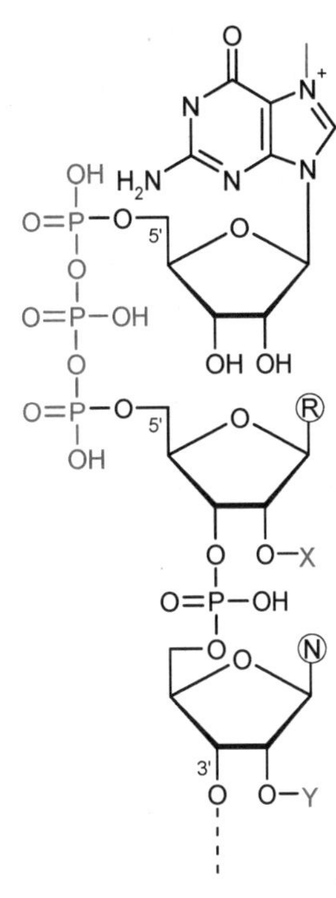

图 3-10　5′帽子结构

表 3-8　真核生物 mRNA 的 5′帽子

种类	X	Y	结构书写	mRNA	加帽场所
0	H	H	m^7GpppRpN	酵母，某些病毒	细胞核
1	CH_3	H	m^7GpppRmpN	各种生物，某些病毒	细胞质（0 型帽子甲基化）
2	CH_3	CH_3	m^7GpppRmpNm	脊椎动物	细胞质（1 型帽子甲基化）

5′帽子结构的作用：①参与 5′外显子剪接：是帽结合复合物（cap-binding complex，CBC）的识别和结合位点。②参与 mRNA 向细胞核外转运：是核孔复合体中 TREX 复合体（transcription and export complex）的识别和结合位点。③参与蛋白质合成起始：是真核生物翻译起始因子 eIF-4F 的识别和结合位点。④抗磷酸酶或 5′核酸外切酶降解，提高 mRNA 的稳定性。

真核生物 mRNA 的 5′帽子结构形成于转录的早期，当时 RNA 仅合成了 20~30nt。催化加帽的酶就结合在 RNA 聚合酶Ⅱ大亚基 RPB1 的 C 端结构域七肽单位磷酸化 Ser5 上。

人 mRNA 加帽过程由加帽酶系（表 3-9）催化：①HCAP1 催化 mRNA 的 5′-pppRpN 二核苷酸水解脱去 γ-磷酸，生成 5′-ppRpN。②HCAP1 催化 5′-ppRpN 与 GTP 缩合，生成 GpppRpN。③RG7MT1 催化 G 甲基化，形成 m^7GpppRpN（0 型帽子）。④MTr1 催化 0 型帽子 R-2′-*O*-甲基化，形成 m^7GpppRmpN（1 型帽子）。⑤ MTr2 催化 1 型帽子 *N*-2′-*O*-甲基化，形成 m^7GpppRmpNm（2 型帽子）。加帽所需甲基来自 *S*-腺苷蛋氨酸（adoMet，供出甲基生成 *S*-腺苷

NOTE

同型半胱氨酸，adoHcy）（图3-11）。

表3-9 人mRNA加帽酶系

酶	名称缩写	大小（AA）
mRNA加帽酶（双功能酶：多核苷酸-5′-三磷酸酶+mRNA鸟苷酸转移酶）	HCAP1	597
mRNA帽子鸟嘌呤-N^7-甲基转移酶	RG7MT1	476
帽子特异性mRNA（核苷-2′-*O*-）-甲基转移酶1	MTr1	835
帽子特异性mRNA（核苷-2′-*O*-）-甲基转移酶2	MTr2	770

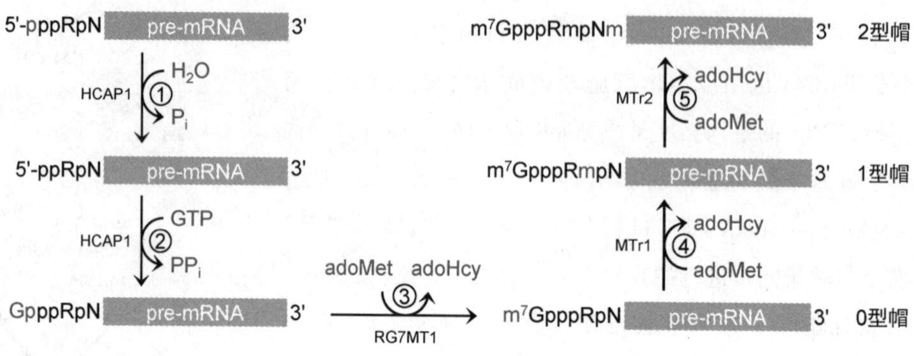

图3-11 mRNA加帽

一旦加帽完毕，Ser5去磷酸化，C端结构域摆脱加帽酶系。蛋白激酶复合物P-TEFb催化其七肽单位中的Ser2磷酸化募集RNA剪接酶类，等待进行RNA剪接。

某些非编码小RNA（snmRNA）也有5′帽子结构，例如剪接体snmRNA含三甲基帽子结构（含三甲基鸟嘌呤）。

2. 3′端加尾　又称mRNA多腺苷酸化。除组蛋白mRNA外，真核生物其他mRNA的3′端都有聚腺苷酸序列，其长度因不同mRNA而异，一般为80~250nt，该序列称为poly(A)尾或多(A)尾。加尾过程见图3-9。

poly(A)尾的作用：①可能参与mRNA向细胞核外转运，不过缺少poly(A)尾的mRNA也能转运到细胞质。②参与蛋白质合成的起始和终止。③募集poly(A)结合蛋白（PABP）以结合保护，抗3′→5′外切酶降解，提高稳定性。poly(A)尾可使mRNA寿命延长至数小时甚至数日。组蛋白mRNA没有poly(A)尾，半衰期只有几分钟。一些细菌mRNA也有poly(A)尾，但却促进其降解（86页）。

在细胞核内完成加尾的mRNA，其poly(A)会被降解并导致mRNA降解。特殊情况下一些mRNA会在细胞质进行二次加尾，以延长寿命。

3. RNA编辑（RNA editing）　是指在转录后加工时通过非剪接方式改变RNA的编码区序列，即在mRNA水平上通过碱基插入、删除或置换改变遗传信息，结果一个基因可以编码多种蛋白质。目前已有两种编辑机制被阐明。

（1）腺嘌呤/胞嘧啶的位点特异性脱氨基　发生于特定组织细胞且受到调控。例如人类载脂蛋白apo B-100（4536AA）和apo B-48（2152AA）是同一个基因*APOB*产物。①apo B-100：在肝细胞内，*APOB*基因的初级转录产物在加工之后指导合成4563AA的多肽链，经过切除27AA的信号肽等翻译后修饰得到4536AA的apo B-100。②apo B-48：在小肠细胞中，*APOB*基因初级转录产物的加工有所不同，一种小肠细胞特异性胞嘧啶脱氨酶（*mRNA C*-6666 脱氨酶，236AA）与初级转录产物的第 2180 号密码子 CAA（位于外显子 26 中，编码谷氨酰胺）结合，催化其胞嘧啶脱氨基成尿嘧啶，密码子 CAA 改造成终止密码子 UAA，指导合成 2179AA 的多肽链，经过切除 27AA 的信号肽等翻译后修饰得到 2152AA 的 apo B-48（图 3-12）。

密码子编号		2146		2148		2150		2152		2154		2156	
编辑前密码子	…	CAA	CUG	CAG	ACA	UAU	AUG	AUA	CAA	UUU	GAU	CAG	…
apoB-100	—	Gln	Leu	Gln	Thr	Tyr	Met	Ile	Gln	Phe	Asp	Gln	—
编辑后密码子	…	CAA	CUG	CAG	ACA	UAU	AUG	AUA	UAA	UUU	GAU	CAG	…
apoB-48	—	Gln	Leu	Gln	Thr	Tyr	Met	Ile					

图 3-12 人 *APOB* 基因 mRNA 编辑

大鼠脑细胞谷氨酸受体 2 的 mRNA 发生 Gln607Arg 编辑（CAG→CGG），是其生理功能必需的。

（2）gRNA 指导的一磷酸尿苷插入/删除 发生于锥虫（trypanosomes）线粒体蛋白 pre-mRNA 的后加工过程。尿嘧啶插入或删除导致密码子甚至阅读框改变，例如其 *cox* Ⅱ-RNA 的一段序列发生如下编辑：GAG-AAC-CU→GA*U*-*U*G*U*-A*U*A-CCU。该编辑依赖指导 RNA（guide RNA，gRNA，一种 60~80nt 的小分子 RNA）和一组酶，插入的 *U* 来自 gRNA 的 poly(U)尾。该编辑既导致密码子改变，又发生-1 移码（第六章，180 页）。

一种真核基因通过编辑可以编码多种氨基酸序列不同的蛋白质，这不但丰富了基因的信息量、基因产物的多样性，而且还和生物发育有关，是基因表达调控的一个环节，使生物可以更好地适应生存环境。

4. 修饰 除了在 5′帽子结构中有 1~3 个甲基化核苷酸之外，mRNA 分子内部也有 1~2 个 N^6-甲基腺嘌呤，常见于 5′ UTR（第四章，103 页）。N^6-甲基腺嘌呤是在 pre-mRNA 剪接之前由特异 RNA 甲基化酶催化形成的，其功能尚未阐明。

（二）rRNA 前体加工

真核生物 rRNA 基因的拷贝数较高，通常有几十到几千个，并且形成基因簇。每个转录单位由 18S、5.8S、28S rRNA 基因及外转录间隔区、内转录间隔区组成，在核仁区由 RNA 聚合酶Ⅰ催化转录，合成 rRNA 前体（哺乳动物 rRNA 前体为 45S），经过修饰与剪切，得到成熟 rRNA（图 3-13）。5S rRNA 基因独立表达，由 RNA 聚合酶Ⅲ催化转录。rRNA 与核糖体蛋白聚合成核糖体大亚基和小亚基。

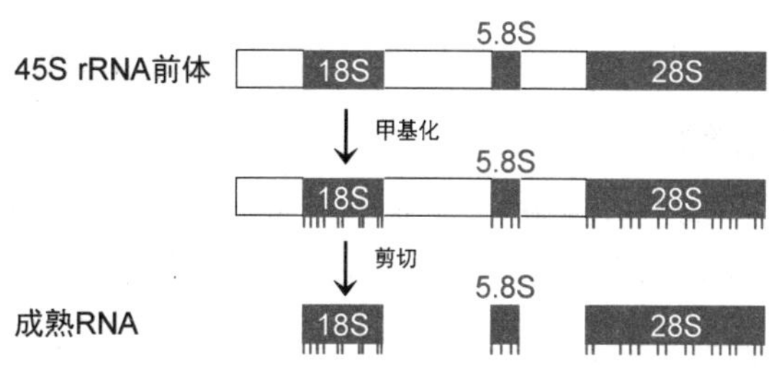

图 3-13 真核生物 rRNA 前体转录后加工

1. 修饰 主要是核糖甲基化和形成假尿苷酸。人 rRNA 有 115 个核糖 2′-*O*-甲基化（需要 40 多种 C/D snoRNA），95 个尿苷酸变位成假尿苷酸（需要 20 多种 H/ACA snoRNA），其中甲基化需要核仁小核糖核蛋白（small nucleolar ribonucleoprotein，snoRNP）协助。

snoRNP 是由一种核仁小 RNA（small nucleolar RNA，snoRNA，属于 snRNA）和几种蛋白质构成的核蛋白，既参与 RNA 合成，又参与 rRNA、tRNA、其他 snRNA 上特异位点的核糖 2′-*O*-甲基化（C/D-box）或假尿嘧啶化（H/ACA-box）等后加工。snoRNA 含反义元件（10～20nt），与甲基化位点旁序列互补结合，引导修饰酶修饰 rRNA。

2. 剪切　由核仁内的多种核酸内切酶和核酸外切酶催化进行。U3 snoRNA 参与 5′端切除。

3. 亚基聚合　与大肠杆菌一样，真核生物 rRNA 加工与亚基聚合同步进行，加工完成即意味着形成核糖体大亚基（60S 亚基）和小亚基（40S 亚基），然后转运到细胞质中，在 mRNA 上形成核糖体，合成蛋白质。

（三）tRNA 前体加工

真核生物 tRNA 基因由 RNA 聚合酶Ⅲ催化转录合成 tRNA 前体，其加工与原核生物 tRNA 前体一致，需要修饰核苷酸（碱基与核糖）、剪切末端序列、添加 3′CCA（图 3-14）。

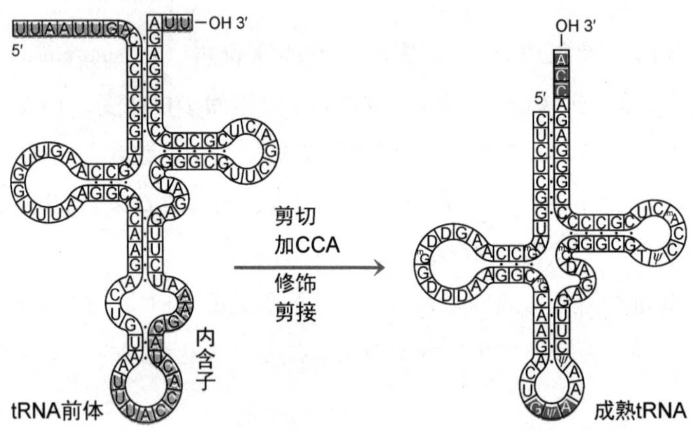

图 3-14　真核生物 tRNA 前体转录后加工

真核生物 tRNA 与原核生物 tRNA 加工的不同之处。

1. 添加 3′CCA　真核生物几乎所有（及细菌部分）tRNA 前体都没有 3′CCA，要在加工时添加，由 CCA tRNA 核苷酸转移酶（393AA）催化，不需要模板，反应在线粒体内进行。

2. 剪接　某些 tRNA 前体有一个 14～60nt 的Ⅳ型内含子，位于反密码子下游且只隔一个核苷酸。在加工时，该内含子由一种剪接核酸内切酶（splicing endonuclease）切除（形成 5′-羟基和 3′-磷酸基），再由一种 tRNA 剪接酶复合体将两个外显子连接起来（3′-磷酸基环化成 2′,3′-环磷酸基，与 5′-羟基连接），这一过程称为 tRNA 剪接，反应在细胞核内进行。

3. 加接 5′G　组氨酸 tRNA 没有 5′G，由组氨酸 tRNA 鸟苷酸转移酶（298AA）催化加接，反应在细胞质中进行。

（四）RNA 剪接

真核生物经过加工去除断裂基因初级转录产物中的内含子，连接外显子，得到成熟 RNA 分子，这一过程称为 RNA 剪接（RNA splicing）。

1. 内含子分类　内含子存在于 mRNA、rRNA 和 tRNA 前体中，可根据剪接方式的不同分为四类。染色体基因组蛋白基因主要含Ⅲ型内含子（表 3-10）。

NOTE

表 3-10 内含子

内含子	分布	剪接方式
Ⅰ型	某些真核 rRNA 基因、细胞器基因，细菌某些 tRNA 基因	自我剪接，需要 GMP、GDP 或 GTP
Ⅱ型	真核细胞器基因组蛋白基因，细菌某些 tRNA 基因	自我剪接，核酶（内含子）催化
Ⅲ型	染色体基因组蛋白基因	剪接体剪接
Ⅳ型	染色体基因组 tRNA 基因	核酸内切酶、tRNA 剪接酶复合体剪接

2. Ⅲ型内含子剪接　存在于真核生物 pre-mRNA 中的Ⅲ型内含子通过形成剪接体进行剪接。剪接体（spliceosome，60S）是由 5 种核内小核糖核蛋白与 150 多种其他剪接因子组装于Ⅲ型内含子上形成的复合体。

（1）核内小核糖核蛋白（snRNP）　是参与 RNA 剪接的主要剪接因子（splicing factor），是含核内小 RNA（small nuclear RNA，snRNA）的核蛋白。snRNA 是真核生物细胞核内的一类小 RNA，以 snRNP 形式存在。多细胞真核生物 snRNA 长度 90~300nt，在不同的真核生物中高度保守，其中一部分因富含尿嘧啶而用 U 和数字编号命名。在哺乳动物细胞核内已经发现了十几种 snRNA：①U1、U2、U4、U5 和 U6（长度 106~185nt）位于核质内，参与形成剪接体，参与 pre-mRNA 的剪接。②U7 参与组蛋白 pre-mRNA 3′端的加工。③U3 主要位于核仁内，参与 rRNA 前体的加工及核糖体的形成。

此外还有一些有其他功能的 snRNA。例如，7SK RNA 调节转录因子活性，B2 RNA 调节 RNA 聚合酶Ⅱ活性，端粒酶 RNA 作为指导端粒合成的模板。

（2）Ⅲ型内含子　绝大多数Ⅲ型内含子含三段保守序列，称为剪接信号：①5′端的二核苷酸序列 GU 位于 5′剪接位点（又称剪接供体，splice donor，SD）内（脊椎动物共有序列 AGGUAAGU），可以与 U1 互补结合。②3′端的二核苷酸序列 AG 位于 3′剪接位点（又称剪接受体，splice acceptor，SA）内（脊椎动物共有序列 $Y_{10}NCAG$）。上述Ⅲ型内含子末端序列的保守特征称为 GT-AG 规则、GT-AG 法则。③3′剪接位点上游 18~50nt 处的一段富含嘧啶的序列，可以与 U2 互补结合。该序列中有一个特定的 A，称为分支点（intron branch point，酵母共有序列 UACUAAC，动物共有序列 $Y_{80}NY_{80}Y_{87}R_{75}A_{100}Y_{95}$，图 3-15）。

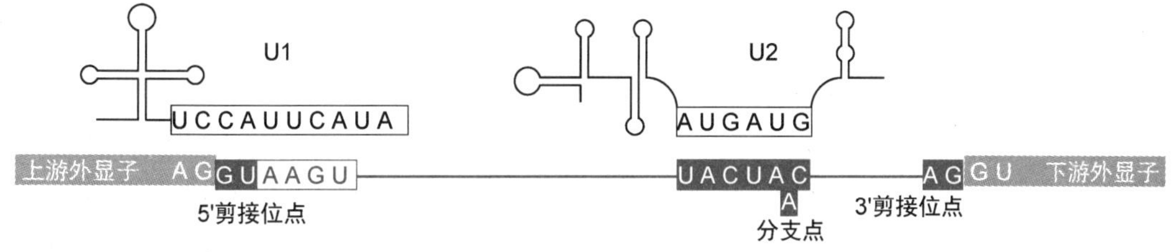

图 3-15 酵母Ⅲ型内含子

Ⅲ型内含子以符合 GT-AG 规则的 U2 型为主（占人类基因组Ⅲ型内含子的 98%以上），另有少量符合 GT-AG 规则的 U12 型和符合 AT-AC 规则的 U12 型。

（3）转酯反应　Ⅲ型内含子剪接过程是先组装剪接体，再发生两步转酯反应（transesterification reaction）：①第一步转酯反应：又称 2′-3′转酯反应，分支点 A 的 2′-羟基亲核攻击上游外显子 3′端的 3′-磷酸酯键，使其断开，释放上游外显子 3′端羟基，内含子 5′端则并形成含

NOTE

2′,5′-磷酸二酯键的内含子套索（intron lariat）。②第二步转酯反应：又称3′-3′转酯反应，上游外显子3′端羟基亲核攻击内含子3′端的3′-磷酸酯键，使其断开，释放内含子套索，并使上游外显子3′端与下游外显子5′端以3′,5′-磷酸二酯键连接（图3-16）。

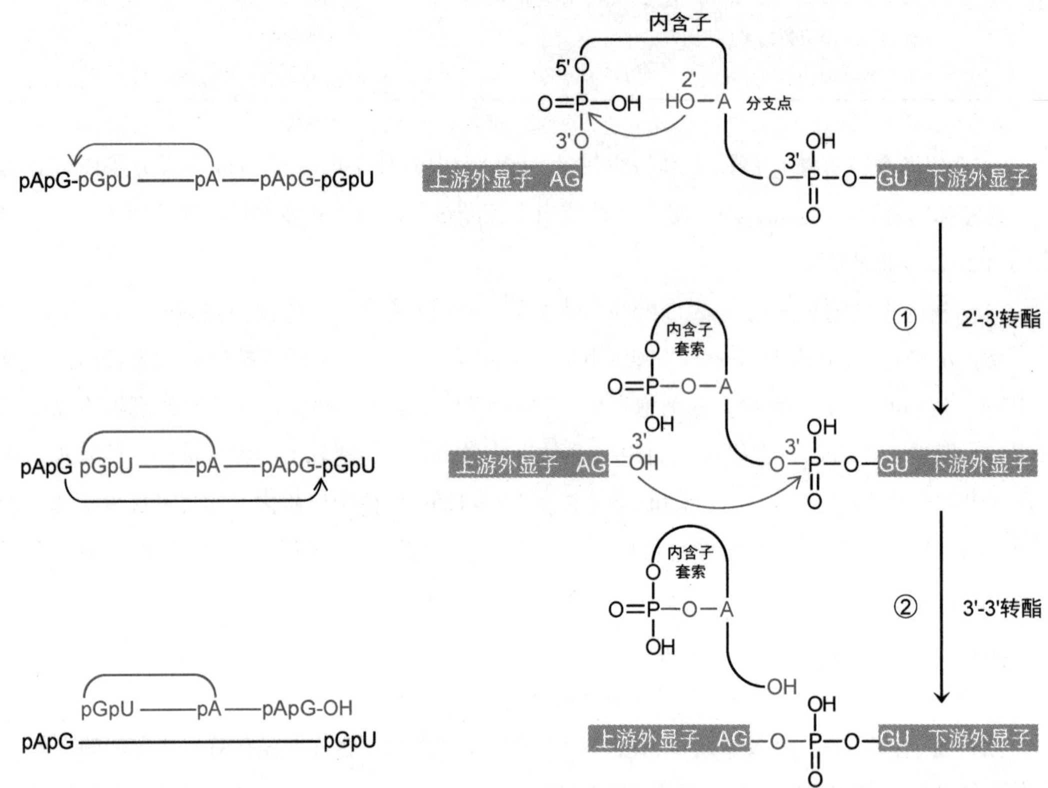

图3-16 Ⅲ型内含子转酯反应

（4）剪接过程 ①形成A复合物：U1 snRNP通过碱基配对结合于5′剪接位点。U2 snRNP在剪接因子U2AF和SF1的协助下通过碱基配对结合于分支点（消耗ATP），形成A复合物（A complex），且A凸出，便于与5′剪接位点进行转酯反应。②形成B复合物：U4/U6、U5 snRNP依次结合于A复合物（消耗ATP），形成B复合物（又称无活性剪接体），此时内含子弯曲，上游外显子与下游外显子相互靠近。③形成C复合物：B复合物变构，释放U1、U4 snRNP。U6、U2、U5 snRNP形成C复合物（又称活性剪接体），其中U6和U2通过碱基配对结合，形成活性中心，U6取代U1通过碱基配对结合于5′剪接位点。④第一步转酯反应：分支点A的2′-羟基攻击内含子5′端磷酸基，断开其与上游外显子3′端羟基之间的磷酸酯键，同时通过AGU环化，形成内含子套索。⑤第二步转酯反应：U5 snRNP介导上游外显子3′端羟基接近并攻击下游外显子5′端磷酸基，释放内含子套索，同时连接上游外显子3′端与下游外显子5′端（图3-17）。

3. 选择性剪接 是指一种pre-mRNA在不同发育阶段、不同组织细胞或受到不同信号刺激时发生不同的剪接，得到不同的成熟mRNA同源体。选择性剪接主要发生在一些具有组织特异性或发育特异性基因初级转录产物的加工过程中。例如，同一pre-mRNA在甲状腺经过选择性剪接得到降钙素mRNA，在大脑经过选择性剪接得到降钙素基因相关肽mRNA（图3-18）。

NOTE

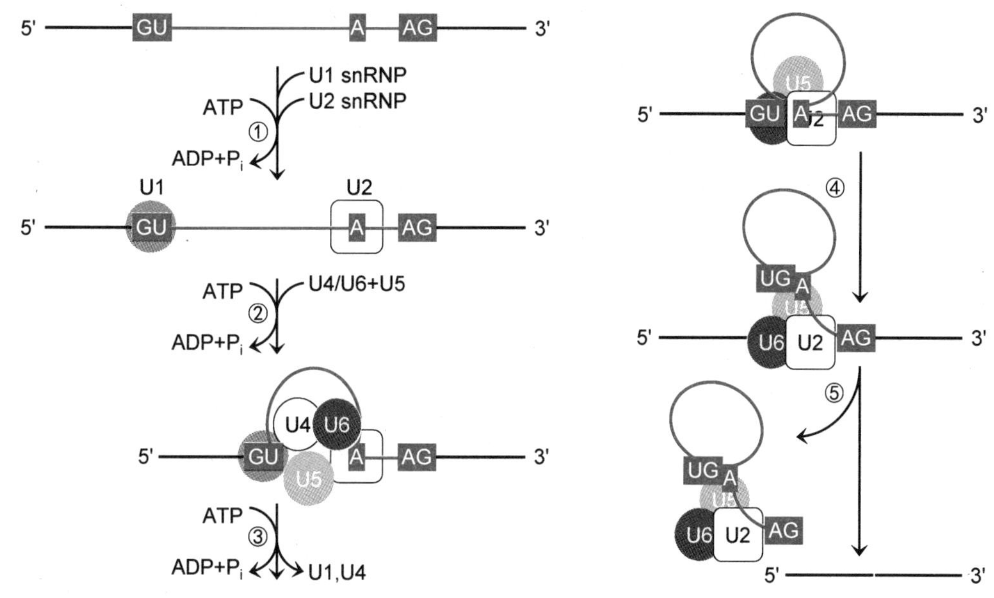

图 3－17 Ⅲ型内含子剪接

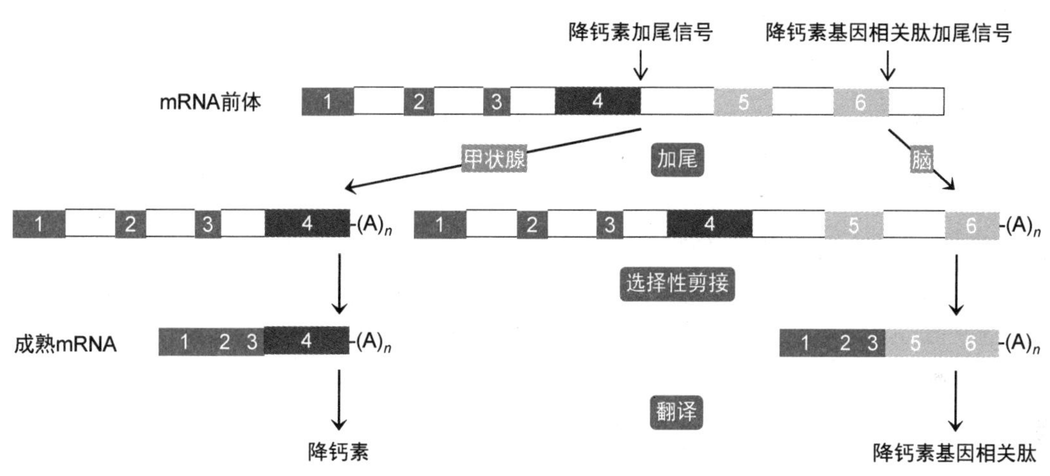

图 3－18 mRNA 选择性剪接

选择性剪接包括内含子保留（3%）、5′选择性剪接（18%）、3′选择性剪接（8%）、外显子跳读（又称外显子遗漏，38%）、外显子互斥（具有组织特异性）、外显子选择、启动子选择、选择性加尾（如降钙素基因），其中 75%～80% 导致蛋白质一级结构改变（图 3-19）。此外，选择性剪接还可以发生于两个 pre-mRNA 分子之间，称为选择性反式剪接（*trans*-splicing）。

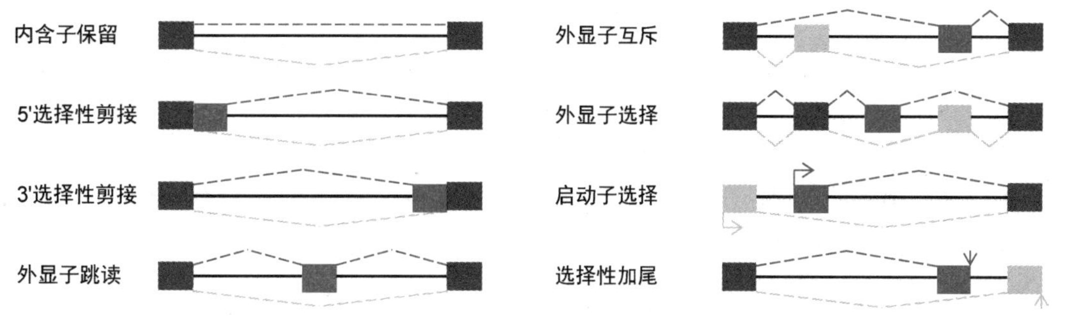

图 3－19 mRNA 选择性剪接方式

不难看出，在选择性剪接中，内含子和外显子是相对的。某一序列在一种剪接方式中保留于成熟 mRNA 中，是外显子，而在另一种剪接方式中则被切除，是内含子。通过选择性剪接，同一 pre-mRNA 可以加工成多种成熟 mRNA，最终指导合成多种蛋白质，即一种基因可以编码多种产物，更加丰富了基因的信息量；另一方面，选择性剪接也是基因表达调控的有效方式。人类基因组中每个基因平均有 4 种剪接方式，其选择性剪接多发生于不同组织细胞或同一组织细胞的不同发育阶段。果蝇的 *Dscam* 基因是一个极端实例，其 pre-mRNA 可以有 38016 种剪接方式（不过多数并不发生）。

4. **异常剪接** 选择性剪接与细胞分化、个体发育等关系密切。在点突变导致的遗传病中，至少有 15%是因为发生**剪接位点突变**（简称**剪接突变**，splicing mutation）导致**异常剪接**（aberrant splicing，表 3-11）。例如，脊髓性肌萎缩症（spinal muscular atrophy，SMA）是导致婴儿死亡的常见遗传病。患儿的运动神经元存活蛋白基因 1（*SMN1*）存在缺陷，其内含子 6 的 3′剪接位点发生突变，导致 pre-mRNA 异常剪接，丢失外显子 7，翻译产物很快就被降解，导致脊髓运动神经元过早死亡，发生脊髓性肌萎缩症，患儿通常在两岁前死亡。

表 3－11 异常剪接导致的疾病

疾病	相关基因/基因产物	疾病	相关基因/基因产物
急性间歇性卟啉病	胆色素原脱氨酶	Leigh 脑脊髓病	丙酮酸脱氢酶 E1α
乳腺癌、卵巢癌	乳腺癌基因蛋白 1	重症联合免疫缺陷	腺苷脱氨酶
囊性纤维化病	囊性纤维化跨膜转导调节因子	脊髓性肌萎缩症	运动神经元存活蛋白 1、2
额颞叶痴呆	Tau 蛋白	β 地中海贫血	β 珠蛋白
自毁容貌症	次黄嘌呤鸟嘌呤磷酸核糖转移酶	2 型家族性孤立性	生长激素
血友病 A	因子 8	生长激素缺乏症	

一些病毒基因的表达过程也发生选择性剪接，例如猿猴空泡病毒 40（SV40）的早期基因初级转录产物通过 5′选择性剪接生成大 T 抗原（LT-AG）和小 t 抗原（ST-AG）mRNA。

五、RNA 降解

真核生物至少存在以下七条 mRNA 降解途径。绝大多数 mRNA 通过前两条依赖脱腺苷酸化途径降解，即先由脱腺苷酸酶（deadenylase）如 poly(A)尾特异性 RNA 酶（PARN）催化将 poly(A)外切至 10~12nt，之后再降解。一些特定 mRNA 通过途径 3~6 降解并受到调控。途径 7 降解转录后加工异常产物（残次品）。

1. **依赖脱腺苷酸化的 3′端降解途径** mRNA 由 11 种 3′→5′外切酶与 RNA 解旋酶等构成的外切体（exosome，存在于真核生物和古核生物的细胞质、细胞核）催化从 3′端外切降解。

2. **依赖脱腺苷酸化的 5′端降解途径** mRNA 由脱帽复合体催化脱帽，形成 5′-磷酸 RNA，再由 5′-3′外切酶 1（Xrn1，1706AA）降解。

3. **不依赖脱腺苷酸化的脱帽途径** mRNA 由其他脱帽酶脱帽（不需要脱腺苷酸化），之后被 Xrn1 降解。核糖体蛋白 S28 的 mRNA 以此机制降解。该 mRNA 的 3′非翻译区（3′ UTR，第四章，103 页）有一茎环结构，S28 过量时与之结合，使降解加速，这是一种翻译抑制（第六章，176 页）。

4. **组蛋白 mRNA 降解途径** 其 3′端存在类似大肠杆菌 mRNA 的茎环结构，故降解也类似，

NOTE

由 poly(U)聚合酶催化加 oligo(U)，由外切体复合物降解。

5. 序列/结构特异性内切降解途径 mRNA 由序列/结构特异性内切酶降解成片段，这些片段再由 3′→5′外切酶和 5′→3′外切酶降解。

6. miRNA 途径 即 RNA 干扰（第六章，177 页），通常导致植物 mRNA 内切降解，动物 mRNA 翻译抑制和依赖脱腺苷酸化降解。

7. 无义介导的 mRNA 降解（nonsense-mediated mRNA decay，NMD） 实际上是一种 mRNA 加工质检系统，其功能是发现 mRNA 转录后加工残次品，例如存在提前终止密码子（premature stop codon，PTC，因突变、转录或剪接错误而形成的终止密码子）、剪接不完全（含部分内含子）、3′ UTR 过长的 mRNA，并将其降解，从而防止合成异常蛋白质，有效维持细胞正常的生命活动。降解机制：当核糖体翻译遇到提前终止密码子时，在解离之前募集 Upf1、Upf2、Upf3 蛋白。Upf 蛋白激活脱帽酶和脱腺苷酸酶，催化 5′端脱帽、3′端脱腺苷酸化。之后 Xrn1 催化 5′-3′外切，外切体催化 3′-5′外切，将 mRNA 降解。

第五节 RNA 病毒 RNA 的复制合成

某些噬菌体和动物病毒的基因组是 RNA，带有编码 RNA 复制酶的基因。这类 RNA 复制酶（RNA replicase）能以噬菌体或病毒 RNA 为模板，以四种 NTP 为原料，以 5′→3′方向催化合成 RNA 的互补链，此过程称为 RNA 复制（RNA replication）。

RNA 病毒的种类很多，其 RNA 的复制方式也不尽相同。

1. 含正链 RNA 的 RNA 病毒 这类病毒感染宿主细胞之后，首先利用宿主细胞表达系统合成 RNA 复制酶亚基和相关蛋白，组装 RNA 复制酶；然后由 RNA 复制酶以正链 RNA 为模板合成负链 RNA，再以负链 RNA 为模板合成正链 RNA；最后由正链 RNA 和蛋白质包装成新的 RNA 病毒颗粒。Qβ 噬菌体和脊髓灰质炎病毒属于这种类型。

Qβ 噬菌体（4220nt）的 RNA 复制酶由四个亚基构成，其中只有一个亚基由 Qβ 噬菌体基因编码，并且含 RNA 复制酶活性中心；另外三个亚基由大肠杆菌基因编码，分别是核糖体小亚基的 S1 蛋白和参与蛋白质合成的翻译延伸因子 EF-Tu、EF-Ts。在 RNA 复制过程中，S1、EF-Tu 和 EF-Ts 可以使 RNA 复制酶结合于病毒 RNA 的 3′端，启动其复制。

RNA 复制酶具有模板特异性，只复制病毒 RNA。RNA 复制酶没有 3′→5′外切酶活性，所以催化 RNA 复制时不能校对，错配率较高，达 10^{-4}，与 DNA 指导的 RNA 合成错配率相当。

病毒性感冒的病原体是 RNA 病毒，因错配率高、变异快，容易逃避免疫攻击，不易制备有效疫苗。

2. 含负链 RNA 和 RNA 复制酶的 RNA 病毒 这类病毒感染宿主细胞之后，先合成正链 RNA，并以正链 RNA 为模板翻译合成病毒蛋白，再以正链 RNA 为模板合成负链 RNA。狂犬病病毒和马水泡性口炎病毒属于这种类型。

3. 含双链 RNA 和 RNA 复制酶的 RNA 病毒 这类病毒感染宿主细胞之后，先合成正链 RNA，并以正链 RNA 为模板翻译合成病毒蛋白，再以正链 RNA 为模板，复制合成双链 RNA。呼肠孤病毒属于这种类型。

第六节 RNA 合成的抑制剂

一些临床药物及科研试剂是干扰 RNA 合成的抗代谢物。

一、碱基类似物

2-氨基嘌呤、6-巯基嘌呤、8-氮鸟嘌呤、硫鸟嘌呤、5-氟尿嘧啶、6-氮尿嘧啶等碱基类似物有以下作用。

1. 作为核苷酸抗代谢物直接抑制核苷酸合成 例如 6-巯基嘌呤进入体内可通过补救途径转化为巯基嘌呤核苷酸，抑制嘌呤核苷酸的合成，在临床上用于治疗急性白血病和绒毛膜上皮癌等。

2. 掺入 DNA 使其形成异常结构，致突变。

3. 掺入 RNA 使其形成异常结构，丧失生物活性。例如 5-氟尿嘧啶能掺入 RNA，在临床上用于治疗直肠癌、结肠癌、胃癌、胰腺癌、乳腺癌等。

二、核苷类似物

以核苷类前药利巴韦林（ribavirin）为例，作为嘌呤核苷类似物，其磷酸化产物发挥以下作用。

1. 掺入 RNA 病毒的 RNA 诱导致死突变。
2. 抑制 RNA 病毒的 RNA 聚合酶 从而抗 RNA 病毒。
3. 抑制某些 DNA 病毒 RNA 加帽 从而抑制其翻译，如痘病毒。
4. 抑制 IMP 脱氢酶 从而抑制 GTP 的从头合成，抗 DNA 病毒，但因此有副作用。
5. 增强 T 细胞的抗病毒感染活性 例如抗丙型肝炎病毒（HCV）。

三、模板干扰剂

一些放线菌素，包括放线菌素 D、色霉素 A_3、橄榄霉素和光神霉素等，属于模板干扰剂。放线菌素 D 是从链霉菌中分离到的含肽抗生素，在与 DNA 非共价结合时，其酚噁嗪酮（phenoxazone）环平面可嵌入碱基对之间，其肽部分在 DNA 的小沟内起阻遏蛋白作用，抑制转录，且对原核生物和真核生物都有效，故用于治疗某些肿瘤。

属于模板干扰剂的还有烷化剂（如氮芥、环磷酰胺）、嵌入染料（如溴化乙锭）等。

四、RNA 聚合酶抑制剂

有些抗生素和化学药物能够抑制 RNA 聚合酶活性，从而抑制 RNA 合成。

1. 利福霉素（rifamycin） 是 1957 年从链霉菌中分离到的一类抗生素，能强烈抑制革兰氏阳性菌和结核分枝杆菌，对其他革兰氏阴性菌的抑制作用较弱。利福平（rifampicin）是 1962 年获得的半合成的利福霉素 B 衍生物，有广谱抗菌作用，对结核分枝杆菌杀伤力更强。利福霉素及其同类化合物的作用机制是与细菌 RNA 聚合酶全酶 β 亚基活性中心旁的 RNA-DNA

NOTE

结合区特异性结合，抑制其活性，将转录起始阻止在 RNA 只合成 2～3nt 的环节，不能进入延伸阶段。

2. 利迪链菌素（streptolydigin）　与细菌 RNA 聚合酶的 β 亚基结合，抑制转录延伸反应。

3. α 鹅膏蕈碱（α-amanitin）　是毒鹅膏（*A. phalloides*）的一种八肽代谢物，可抑制真核生物 RNA 聚合酶活性（抑制启动子清除），特别是 RNA 聚合酶Ⅱ。对细菌 RNA 聚合酶的抑制作用极弱。

NOTE

第四章 蛋白质的生物合成

蛋白质是生命活动的执行者。储存遗传信息的 DNA 并不直接指导蛋白质合成，DNA 的遗传信息通过转录传递给 mRNA，mRNA 直接指导蛋白质合成。mRNA 由 4 种核苷酸合成，而蛋白质由 20 种氨基酸合成。发生在核糖体上的蛋白质合成过程是核糖体用 tRNA 从 mRNA 读取遗传信息、用氨基酸合成蛋白质的过程，是 mRNA 核苷酸序列决定蛋白质氨基酸序列的过程，或者说是把核酸语言翻译成蛋白质语言的过程。因此，蛋白质的合成过程又称翻译（translation）。

蛋白质是信息代谢的终产物，一个细胞需要数千种蛋白质维持其正常代谢活动（一个原核细胞中约有 10^7 个蛋白质分子）。这些蛋白质必须适时地合成和降解，以适应代谢需要。一个生长迅速的大肠杆菌中合成蛋白质所消耗的能量占细胞代谢能量的 80%~90%，参与蛋白质合成的成分占细胞干重的 35%~50%。

第一节 参与蛋白质合成的主要物质

蛋白质的合成过程非常复杂，除了消耗大量氨基酸和高能化合物 ATP、GTP 外，还需要 100 多种生物大分子的参与，包括 mRNA、tRNA、rRNA 和一组蛋白因子，合成反应可表示如下：

$$\text{氨基酸} \xrightarrow[\text{酶，蛋白因子，ATP，GTP}]{\text{mRNA，rRNA，tRNA}} \text{蛋白质}$$

这里先介绍 mRNA、tRNA 和含 rRNA 的核糖体，其他相关酶和蛋白因子将结合蛋白质的合成过程介绍（表 4-1）。

表 4－1 参与蛋白质合成的主要物质

蛋白质合成阶段	参与蛋白质合成的物质
氨基酸负载	氨基酸，氨酰 tRNA 合成酶，tRNA，ATP，Mg^{2+}
翻译起始	核糖体大、小亚基，mRNA，蛋氨酰 tRNA，翻译起始因子，GTP，Mg^{2+}
翻译延伸	mRNA，核糖体，氨酰 tRNA，翻译延伸因子，GTP，Mg^{2+}
翻译终止	mRNA，核糖体，释放因子，GTP
翻译后修饰	酶、辅助因子和其他成分（用于切除新生肽 N 端、裂解肽链、修饰氨基酸等）

一、mRNA

mRNA 传递从 DNA 转录的遗传信息，其一级结构中编码区的密码子序列直接编码蛋白质多肽链的氨基酸序列。

1. mRNA 的一级结构　由编码区和非翻译区构成（图 4-1）。

① 原核生物mRNA	5'非翻译区	编码区1	顺反子间区	编码区2	3'非翻译区
② 真核生物mRNA	5'帽	5'非翻译区	编码区	3'非翻译区	poly(A)尾

图 4-1　mRNA 的一级结构

（1）5′非翻译区（5′UTR）　又称前导序列（leader，leader sequence，>25nt），是从 mRNA 的 5′端到起始密码子之前的一段序列。

（2）编码区（coding region）　又称开放阅读框（ORF），是从起始密码子到终止密码子的一段序列，是 mRNA 的主要序列。原核生物 mRNA 多数有两个甚至多个编码区，相邻编码区被一个顺反子间区（intercistronic region，-1～40nt）隔开，这种 mRNA 称为多顺反子 mRNA（polycistronic mRNA）。真核生物几乎所有 mRNA 都只有一个编码区，这种 mRNA 称为单顺反子 mRNA（monocistronic mRNA）。

（3）3′非翻译区（3′UTR）　又称尾随序列（trailer，trailer sequence），是从 mRNA 的终止密码子之后到 3′端的一段序列。

真核生物 mRNA 平均长度 1000～2000nt，5′端有 5′帽子结构，3′端有 poly(A)尾（组蛋白 mRNA 例外）。

2. 密码子　mRNA 编码区从 5′端向 3′端每三个相邻核苷酸一组连续分组，每一组核苷酸构成一个遗传密码，称为密码子（codon）、三联体密码（triplet code）（表 4-2）。密码子不仅决定着蛋白质合成时将连接何种氨基酸，还控制着蛋白质合成的起始和终止。

表 4-2　遗传密码表

第一碱基	第二碱基				第三碱基
	U	C	A	G	
U	UUU 苯丙（Phe，F）	UCU 丝（Ser，S）	UAU 酪　（Tyr，Y）	UGU 半胱（Cys，C）	U
	UUC 苯丙（Phe，F）	UCC 丝（Ser，S）	UAC 酪　（Tyr，Y）	UGC 半胱（Cys，C）	C
	UUA 亮　（Leu，L）	UCA 丝（Ser，S）	UAA 终止密码子	UGA 终止密码子	A
	UUG 亮　（Leu，L）	UCG 丝（Ser，S）	UAG 终止密码子	UGG 色　（Trp，W）	G
C	CUU 亮　（Leu，L）	CCU 脯（Pro，P）	CAU 组　（His，H）	CGU 精　（Arg，R）	U
	CUC 亮　（Leu，L）	CCC 脯（Pro，P）	CAC 组　（His，H）	CGC 精　（Arg，R）	C
	CUA 亮　（Leu，L）	CCA 脯（Pro，P）	CAA 谷胺（Gln，Q）	CGA 精　（Arg，R）	A
	CUG 亮　（Leu，L）	CCG 脯（Pro，P）	CAG 谷胺（Gln，Q）	CGG 精　（Arg，R）	G
A	AUU 异亮（Ile，I）	ACU 苏（Thr，T）	AAU 天胺（Asn，N）	AGU 丝　（Ser，S）	U
	AUC 异亮（ILe，I）	ACC 苏（Thr，T）	AAC 天胺（Asn，N）	AGC 丝　（Ser，S）	C
	AUA 异亮（ILe，I）	ACA 苏（Thr，T）	AAA 赖　（Lys，K）	AGA 精　（Arg，R）	A
	AUG 蛋　（Met，M）	ACG 苏（Thr，T）	AAG 赖　（Lys，K）	AGG 精　（Arg，R）	G
G	GUU 缬　（Val，V）	GCU 丙（Ala，A）	GAU 天　（Asp，D）	GGU 甘　（Gly，G）	U
	GUC 缬　（Val，V）	GCC 丙（Ala，A）	GAC 天　（Asp，D）	GGC 甘　（Gly，G）	C
	GUA 缬　（Val，V）	GCA 丙（Ala，A）	GAA 谷　（Glu，E）	GGA 甘　（Gly，G）	A
	GUG 缬　（Val，V）	GCG 丙（Ala，A）	GAG 谷　（Glu，E）	GGG 甘　（Gly，G）	G

NOTE

（1）起始密码子（start codon） 是位于编码区 5′端的第一个密码子，是编码蛋氨酸（又称甲硫氨酸）的，即蛋白质合成都是从蛋氨酸开始的。原核基因的起始密码子绝大多数是 AUG（在编码区内部也编码蛋氨酸），少数是 GUG（在编码区内部编码缬氨酸）、UUG（在编码区内部编码亮氨酸）。大肠杆菌三种起始密码子使用率依次为 91%、7%、2%。结核分枝杆菌 H37Rv 三种起始密码子使用率依次为 61%、35%、4%。真核基因的起始密码子几乎都是 AUG，极少数是 CUG（在编码区内部编码亮氨酸）。

（2）终止密码子 位于编码区 3′端的最后一个密码子不编码任何氨基酸，是终止信号，称为终止密码子（stop codon）、无义密码子（nonsense codon），是 UAA（赭石密码子）、UAG（琥珀密码子）或 UGA（乳白密码子）。在细菌的基因组中，三种终止密码子的使用频率 UAA>UGA>UAG。

遗传密码的破解（crack）完成于 1966 年，是 20 世纪最重要的科学发现之一，Holley、Khorana 和 Nirenberg 因此于 1968 年获得诺贝尔生理学或医学奖。

3. 密码子特点 密码子有以下特点。

（1）方向性 核糖体阅读 mRNA 编码区的方向是 5′→3′，因此：①所有密码子都以 5′→3′方向阅读。②起始密码子位于编码区的 5′端，终止密码子位于编码区的 3′端。

（2）连续性 ①mRNA 编码区的密码子之间没有间隔（gap），即每个核苷酸都参与构成密码子。②密码子没有重叠（nonoverlapping），即每个核苷酸只参与构成一个密码子。因此，如果发生插入缺失突变，并且插入缺失的不是 $3n$ 个碱基，插入缺失点下游就会发生移码突变，导致蛋白质的氨基酸组成和序列改变。

（3）简并性 密码子共有 64 个，其中 61 个编码标准氨基酸，称为有义密码子（sense codon）。每一个有义密码子编码一种标准氨基酸，但标准氨基酸只有 20 种，所以一种氨基酸可能有不止一个密码子。实际上只有蛋氨酸和色氨酸有单一密码子，其余 18 种氨基酸各有 2~6 个密码子（表 4-2）。编码同一种氨基酸的不同密码子称为同义密码子（synonymous codon）、简并密码子（degenerate codon）。同义密码子具有简并性（degeneracy），又称密码简并（code degeneracy），即不同密码子可以编码同一种氨基酸，并且只编码一种氨基酸。大多数同义密码子的第一、二碱基一样，第三碱基不同，称为第三碱基简并性（third-base degeneracy）。例如 GAU 和 GAC 是同义密码子，都编码天冬氨酸，其第一、二碱基都是 GA，第三碱基分别是 U 和 C。简并性可降低突变效应，如同义突变。

密码子偏爱性（codon bias）又称密码子偏倚，是指编码同一种氨基酸的几个同义密码子在一个基因组中的翻译效率可能不同，翻译效率高的称为偏爱密码子（preferred codon，真核生物第三碱基几乎都是 G 或 C），翻译效率低的称为稀有密码子（rare codon）。一个同义密码子在不同生物的基因组中翻译效率可能不同，在一种生物的基因组中可能是偏爱密码子，而在另一种生物的基因组中却可能是稀有密码子。

（4）通用性 地球生物采用同一套遗传密码，说明它们由同一祖先进化而来。个别物种染色体 DNA 的遗传密码例外，但主要涉及终止密码子，如支原体用 UGA 编码色氨酸，四膜虫和草履虫用 UAA/UAG 编码谷氨酰胺。此外，假丝酵母用 CUG 编码丝氨酸。不过，线粒体 DNA 遗传密码的例外较多（表 4-3）。

NOTE

表 4－3 人类染色体密码与线粒体遗传密码对比

密码子	AUA	AGA/AGG	UGA
染色体	异亮氨酸	精氨酸	终止密码子
线粒体	蛋氨酸（与 AUG 同义）	终止密码子（与 UAA/UAG 同义）	色氨酸

4. 阅读框 又称阅读框架（reading frame），是 mRNA 分子上从一个起始密码子到其下游第一个终止密码子所界定的一段序列。理论上有的 mRNA 序列中有三套不同的密码子序列，即有三个重叠的阅读框。每个阅读框都从起始密码子开始，到终止密码子结束（图 4-2）。实际上其中只有一个阅读框真正编码蛋白质多肽链，称为开放阅读框、可读框（ORF，其余阅读框太小，不能编码功能蛋白）。一个开放阅读框就是 mRNA 的一个编码区。各种生物 mRNA 编码区所编码肽链的平均长度是 350AA，人的是 440AA。

mRNA 5'－GAUGCAUGCAUGGGAUAUAGGCCUUAGUUGAC－3'

阅读框1 5'－GAUGCAUGCAUGGGAUAUAGGCCUUAGUUGAC－3'
Met His Ala Trp Asp Ile Gly Leu Ser

阅读框2 5'－GAUGCAUGCAUGGGAUAUAGGCCUUAGUUGAC－3'
Met His Gly Ile

阅读框3 5'－GAUGCAUGCAUGGGAUAUAGGCCUUAGUUGAC－3'
Met Gly Tyr Arg Pro

图 4－2 阅读框

蛋白质翻译合成过程中有时会发生核糖体移码（ribosome frameshifting），又称翻译移码（translation frameshifting），即核糖体复合物把一个四核苷酸序列读成密码子（如大肠杆菌 RF-2 的翻译合成，第五章，152 页），或者把一个碱基重读，接下来虽然继续按照三联体阅读，但阅读框已经改变。核糖体移码极少见，主要发生在某些病毒 RNA（特别是逆转录病毒 RNA）翻译过程中，是在翻译水平调控基因表达的一种机制。

二、tRNA

在蛋白质合成过程中，mRNA 编码区的密码子序列决定着蛋白质多肽链的氨基酸序列，但这种决定是由 tRNA 介导的。实际上密码子与氨基酸并不能相互识别，因此不会直接结合。

1. tRNA 是氨基酸转运工具 每一种氨基酸都有自己的 tRNA，它通过 3′CCA 序列的腺苷酸 3′-羟基结合、转运氨基酸并在核糖体上将其连接到肽链的 C 端。

2. tRNA 是译码器 每一种 tRNA 都有一个反密码子（anticodon），它是 tRNA 反密码子环（YY-N34-N35-N36-R*N，R*为修饰嘌呤碱基）上的一个三核苷酸序列（N34-N35-N36），可识别 mRNA 编码区的密码子，并与之结合（图 4-3）。因此，mRNA 通过碱基配对选择氨酰 tRNA，并允许其将携带的氨基酸连接到肽链上。

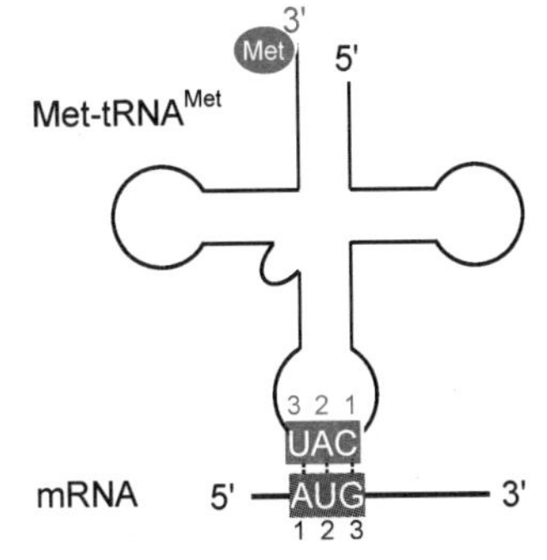

图 4－3 tRNA 译码

3. tRNA 译码存在摆动性 反密码子与密码子是反向结合的，即 tRNA 反密码子的第一、二、三碱基分别与

mRNA 密码子的第三、二、一碱基结合。如果这种结合严格按照碱基配对原则，即 1 种反密码子只识别 1 个密码子，那么识别 61 个密码子就需要 61 种反密码子，从而需要 61 种 tRNA。

实际上，各种细胞所含 tRNA 的种类的确多于标准氨基酸的种类，因此一种标准氨基酸可能有几种 tRNA，它们称为同工 tRNA（isoaccepting tRNA，因为被同一种氨酰 tRNA 合成酶催化负载，又称关联 tRNA，cognate tRNA）。然而，绝大多数细胞所含的 tRNA 种类少于密码子个数，例如真核生物大多数细胞有 40~50 种 tRNA，因此一种反密码子可能识别几个不同的密码子（当然它们一定是同义密码子）。这就意味着有些反密码子与密码子的结合并不严格按照碱基配对原则，这种现象称为摆动性。

研究发现，mRNA 密码子的第三碱基和 tRNA 反密码子的第一碱基为摆动位置（wobble position），该位置存在非 Watson-Crick 碱基配对。1966 年，Crick 总结对摆动位置的研究，提出了摆动假说（wobble hypothesis），又称摆动法则（wobble rule）。

（1）反密码子的第二、三碱基与密码子的相应碱基只能形成 Watson-Crick 碱基配对，对密码子的特异性起决定作用。因此，两个同义密码子的第一、二碱基即使有一个不同，也将由不同的 tRNA 识别。例如，编码精氨酸的两个密码子 AGA、CGA 的第一碱基分别是 A、C，两个密码子分别由反密码子为 UCU、UCG 的两种 $tRNA^{Arg}$ 识别。

16S rRNA 的三个保守碱基 G530、A1492、A1493 监控密码子第一、二碱基是否与反密码子形成 Watson-Crick 碱基配对：它们会与形成 Watson-Crick 碱基配对的碱基形成氢键。

（2）反密码子的第一碱基决定着其识别的密码子个数：第一碱基为 A 和 C 的反密码子只识别一个密码子；第一碱基为 G 和 U 的反密码子可以识别两个同义密码子；第一碱基为 I（次黄嘌呤）的反密码子可以识别三个同义密码子（表 4-4）。因此，摆动位置可以形成五种非 Watson-Crick 碱基配对，又称摆动配对，即 G-U、U-G、I-A、I-C、I-U，其中特别值得注意的是 G-U 和 U-G，它们与 Watson-Crick 碱基配对 G-C、C-G 几乎同样稳定。例如，苯丙氨酸的密码子 UUU、UUC 都被 $tRNA^{Phe}$ 的反密码子 GAA 识别。实际上，如果两个密码子的第一、二碱基分别一样，第三碱基是 U 或 C，那么它们一定编码同一种氨基酸，并且由同一种 tRNA 识别，该 tRNA 反密码子的第一碱基一定是 G。

表 4-4 摆动配对

反密码子第一碱基	A	C*	G	U#	I
密码子第三碱基	U	G	C，<u>U</u>	A，<u>G</u>	<u>A</u>，<u>C</u>，<u>U</u>

注：* 线粒体 tRNA 反密码子第一碱基 C 可以与第三碱基为 A、G 的两种同义密码子配对。# 线粒体 tRNA 反密码子第一碱基 U 可以与第三碱基为 A、C、G、U 的四种同义密码子配对。

（3）识别 61 个密码子至少需要 32 种 tRNA 的 31 种反密码子（识别 AUG 需要两种 tRNA）。线粒体 DNA 遗传密码有差异，因而只需要 22 种 tRNA。

摆动性使一种 tRNA 可以识别几个同义密码子，降低有害突变的发生率。

三、核糖体

20 世纪 50 年代，Zamecnik 等通过同位素实验证明蛋白质是在核糖体上合成的。

Ramakrishnan、Steitz 和 Yonath 因在核糖体结构和功能的研究中做出突出贡献而获得 2009 年诺贝尔化学奖。Ramakrishnan 于 2000 年测定了大肠杆菌核糖体小亚基的结构及其与不同抗

NOTE

生素结合时的结构，随后又测定了核糖体-tRNA-mRNA 复合物的完整结构。Steitz 于 2000 年测定了大肠杆菌核糖体大亚基的结构，证明了 rRNA 的肽基转移酶活性，并揭示了相关抗生素抑制蛋白质合成的机制。Yonath 自 1989 年开始研究核糖体结构，先后测定了大肠杆菌核糖体大亚基（1800kDa）和小亚基（900kDa）的高分辨率结构，证明了 rRNA 的肽基转移酶活性，揭示了 20 多种抗生素抑制蛋白质合成的机制，并且发现了核糖体大亚基上的新生肽通道（channel），还建立了一种核糖体晶体学新技术（cryo bio-crystallography）。

一个哺乳动物细胞有 10^7 个核糖体。在生长状态下，细菌约有 80%的核糖体都在合成蛋白质。在合成蛋白质时，核糖体亚基与氨酰 tRNA、mRNA 形成翻译起始复合物（覆盖约 35nt），核糖体移动阅读 mRNA 的编码区，通过肽基转移酶活性中心和三个 tRNA 结合位点将氨基酸连接到新生肽上。

1. 肽基转移酶活性中心　又称肽酰转移酶活性中心，位于原核生物和真核生物核糖体大亚基上。

2. tRNA 结合位点　有三个：①氨酰位（aminoacyl site）：简称 A 位，结合氨酰 tRNA，跨在小亚基和大亚基上。②肽酰位（peptidyl site）：简称 P 位，结合肽酰 tRNA，跨在小亚基和大亚基上。③出口位（exit site）：简称 E 位，结合脱酰 tRNA，主要位于大亚基上，但与小亚基也有接触（图 4-4）。

第二节　氨基酸负载

原核生物与真核生物的蛋白质合成过程在以下几方面基本一致：①合成蛋白质的直接原料是氨酰 tRNA，即 tRNA 的氨基酸酯，又称负载 tRNA。氨基酸与 tRNA 的结合由氨酰 tRNA 合成酶催化，这一过程称为负载。②译码从 mRNA 编码区 5′端的起始密码子开始，沿 5′→3′方向，到终止密码子结束。③肽链的合成从 N 端开始，在 C 端延伸，整个过程分为起始、延伸和终止三个阶段。此外，蛋白质合成高度保真，错误率仅为 10^{-4} ~ 10^{-5}（密码子-反密码子错配率约 5× 10^{-4}，类似核糖体移码的发生率约 10^{-5}），几乎在任何时候都不会影响正常代谢。

氨基酸负载过程消耗 ATP，使氨基酸与 tRNA 以高能酯键连接，所以氨酰 tRNA 是氨基酸的活化形式，氨基酸负载又称氨基酸活化。每活化一分子氨基酸消耗两个高能磷酸键。

1. 氨基酸必须由 tRNA 负载　在合成蛋白质时，tRNA 与氨基酸必须以高能酯键连接，形成氨酰 tRNA，然后氨酰 tRNA 通过反密码子与 mRNA 密码子结合，才能将氨基酸连接到正在合成的肽链上（图 4-3）。

tRNA 的 3′末端 AMP（A76）的 3′-羟基是氨基酸结合位点，可以与氨基酸的羧基形成高能酯键。反应在细胞质中分两步进行。

$$\underset{\text{氨基酸}}{H_2N-\underset{H}{\overset{R}{C}}-\overset{O}{\overset{\|}{C}}-OH} \xrightarrow{ATP\quad PP_i} \underset{\text{氨酰AMP}}{H_2N-\underset{H}{\overset{R}{C}}-\overset{O}{\overset{\|}{C}}-O-AMP} \xrightarrow{tRNA\quad AMP} \underset{\text{氨酰tRNA}}{H_2N-\underset{H}{\overset{R}{C}}-\overset{O}{\overset{\|}{C}}-O-tRNA}$$

（1）腺苷酸化（adenylylation） 氨基酸与 ATP 反应生成氨酰 AMP 和焦磷酸。

（2）tRNA 负载（tRNA charging） 氨酰基转移到 tRNA 的 3′-羟基上，合成氨酰 tRNA。

2. 负载由氨酰 tRNA 合成酶催化 tRNA 与氨基酸并不能相互识别，它们的正确结合是由氨酰 tRNA 合成酶（需要 Mg^{2+}）催化进行的。绝大多数生物基因组编码 20 种氨酰 tRNA 合成酶，每一种氨酰 tRNA 合成酶都催化一种标准氨基酸与其 tRNA（包括同工 tRNA）的 3′-羟基连接。氨酰 tRNA 合成酶具有高度专一性，既能识别氨基酸，又能识别相应的 tRNA（识别 D 臂等部位的特异结构）。

20 种氨酰 tRNA 合成酶可分为Ⅰ类、Ⅱ类两个家族（表 4-5），它们有以下区别。

表 4-5 氨酰 tRNA 合成酶分类

家族	结构	氨基酸
Ⅰ类	单体（Trp、Tyr 为同二聚体），活性中心位于/靠近 N 端	Arg，Cys，Gln，Glu，Ile，Leu，Met，Trp，Tyr，Val
Ⅱ类	同二聚体（Ala 为同四聚体，Gly、Phe 为 $\alpha_2\beta_2$ 四聚体），活性中心位于/靠近 C 端	Ala，Asn，Asp，Gly，His，Lys，Phe，Pro，Ser，Thr

（1）它们的结构及与 tRNA 结合的方式不同 Ⅰ类氨酰 tRNA 合成酶多为单体，与氨基酸臂的小沟侧结合，Ⅱ类氨酰 tRNA 合成酶多为二聚体，与氨基酸臂的大沟侧结合。

（2）它们催化反应的机制不尽相同 Ⅰ类氨酰 tRNA 合成酶催化氨基酸先与 A76 的 2′-羟基结合，再从 2′-羟基转移到 3′-羟基上；Ⅱ类氨酰 tRNA 合成酶催化氨基酸直接与 A76 的 3′-羟基结合（Phe-tRNA 例外）。

人的催化以下氨基酸负载的氨酰 tRNA 合成酶与三种辅助蛋白（auxiliary protein：p18，p48，p43）形成多酶复合体：Glu、Pro、Ile、Leu、Gln、Met、Lys、Arg、Asp。

tRNA 必须正确负载。当氨酰 tRNA 参与蛋白质合成时，核糖体只是协助氨酰 tRNA 的反密码子与 mRNA 的密码子结合，不能识别氨酰 tRNA 负载的氨基酸是否正确。如果氨酰 tRNA 错载（mischarging，实际发生率不到 10^{-3}），即结合其他氨基酸，就会发生错编（miscoding），即将错载的氨基酸连接到肽链上，合成产物的氨基酸序列异常，最终影响产物结构、性质甚至功能。实际上氨酰 tRNA 合成酶有校对功能，可以水解错误结合的氨酰 AMP（转移前编校）和氨酰 tRNA（转移后编校），从而将错载率控制在 $10^{-5}\sim10^{-7}$。

3. 原核生物起始蛋氨酰 tRNA 被甲酰化 原核生物和真核生物都有两种负载蛋氨酸的 tRNA，两种 tRNA 都由同一种蛋氨酰 tRNA 合成酶（MetRS）催化负载，负载的蛋氨酸分别用于蛋白质合成的起始和延伸。原核生物的起始蛋氨酰 tRNA 被甲酰化，生成 *N*-甲酰蛋氨酰 tRNA，反应由转甲酰基酶（transformylase）催化：

$$\text{蛋氨酰tRNA} + N^{10}\text{-甲酰四氢叶酸} \rightarrow N\text{-甲酰蛋氨酰tRNA} + \text{四氢叶酸}$$

甲酰化非必需事件，但可以提高翻译启动速度。真核生物细胞质中的蛋氨酰 tRNA 未甲酰化，但是其线粒体和叶绿体内的蛋氨酰 tRNA 被甲酰化，再次提示这些细胞器可能是寄生于真核细胞中的细菌演化体。

4. 氨酰 tRNA 通常用 AA-$tRNA^{AA}$表示 如甘氨酰 tRNA 写作 Gly-$tRNA^{Gly}$。原核生物和真核

NOTE

生物两种负载蛋氨酸的 tRNA 有相应的表示方法（表 4-6）。

表 4-6　蛋氨酰 tRNA

生物	名称缩写	功能
原核生物	fMet-tRNA$_f^{Met}$、fMet-tRNA$_f$、fMet-tRNA$_i^{fMet}$ 或 fMet-tRNA^{fMet}	翻译起始，与核糖体小亚基的 P 位结合
	Met-tRNA$_m^{Met}$	翻译延伸，与 70S 核糖体的 A 位结合
真核生物	Met-tRNA$_i^{Met}$ 或 Met-tRNA$_i$	翻译起始，与核糖体小亚基的 P 位结合
	Met-tRNA^{Met}	翻译延伸，与 80S 核糖体的 A 位结合

tRNA$_f^{Met}$ 不同于其他 tRNA 的一个特征是其氨基酸臂的最后一对碱基 C-A 不是 Watson-Crick 碱基配对，该特征为 Met-tRNA$_f$ 甲酰化及只用于翻译起始所必需。

5. tRNA 多以负载氨基酸形式存在　在生长旺盛的细胞中 tRNA 负载率达 65%～90%，但氨基酸缺乏导致负载率下降。

第三节　大肠杆菌蛋白质的翻译合成

原核生物和真核生物的蛋白质合成过程在细节上有差异，参与合成的因子及其命名/缩写也不同。我们以大肠杆菌 K-12 株为例介绍原核生物蛋白质合成过程。

一、翻译起始

翻译起始阶段是核糖体在翻译起始因子（IF，表 4-7）的协助下与 mRNA、fMet-tRNA$_f^{Met}$ 形成翻译起始复合物的过程，在复合物中，fMet-tRNA$_f^{Met}$ 的反密码子 CAU 与 mRNA 的起始密码子正确配对（配对效率为 AUG：GUG：UUG＝4：2：1）。因此，翻译起始的核心内容就是核糖体从起始密码子启动蛋白质合成（图 4-4）。

表 4-7　大肠杆菌 K-12 株翻译起始因子

常用名称缩写（IUBMB 推荐）	基因	结构	大小（AA）	功能
IF-1（IF1）	*infA*	单体	71	结合于小亚基 A 位点，抑制氨酰 tRNA 与 A 位结合，协助 IF-2、IF-3
IF-2（IF2）	*infB*	单体	890	与 fMet-tRNA$_f^{Met}$ 结合，防止其自发水解； 与 A 位点的 IF-1 结合，促使 fMet-tRNA$_f^{Met}$ 与小亚基 P 位结合，抑制其他 tRNA 与小亚基结合； 有 GTPase 活性，在 70S 核糖体组装完毕后水解 GTP
IF-3（IF3）	*infC*	单体	174	（在上一轮翻译终止阶段）与小亚基 E 位点结合，促进 70S 核糖体解离； 协助 mRNA 核糖体结合位点与小亚基结合； 封堵 E 位，使 fMet-tRNA$_f^{Met}$ 结合小亚基 P 位及起始密码子

NOTE

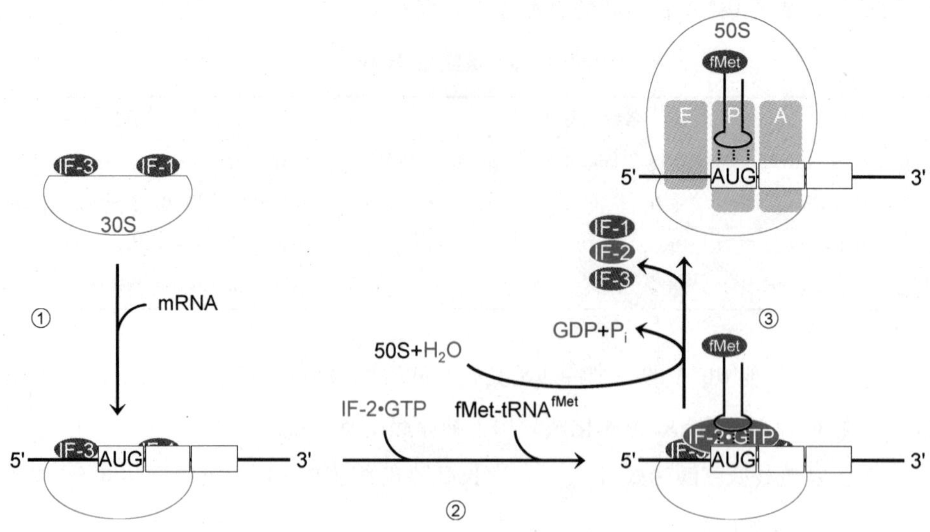

图 4-4　大肠杆菌翻译起始

1. mRNA 与小亚基结合　翻译起始复合物的形成是从游离的小亚基开始的。细胞质中存在着核糖体的解离平衡。大肠杆菌有三种翻译起始因子（IF），其中 IF-1 和 IF-3 参与核糖体解聚：IF-3 与小亚基 E 位，结合促进核糖体解聚。IF-1 与小亚基 A 位结合。mRNA 通过核糖体结合位点与小亚基结合（图 4-4①）。

编码区的 5′端和内部都存在 AUG，某些 mRNA 的 5′ UTR 也有 AUG。只有位于核糖体结合位点内的 AUG 才是起始密码子。

核糖体结合位点（RBS）是指核糖体赖以形成并启动肽链合成的一段 mRNA 序列。大肠杆菌 mRNA 的核糖体结合位点约 30nt，覆盖起始密码子及其上游（5′ UTR 或顺反子间区内）8～13nt 处的一段富含嘌呤核苷酸的保守序列，该序列长度 4～9nt，共有序列是 AGGAGGU，用发现者 Shine-Dalgarno 的名字命名为 SD 序列。大肠杆菌核糖体小亚基 16S rRNA 的 3′端有一段富含嘧啶的序列 ACCUCCU，可与 mRNA 的 SD 序列互补结合。研究表明，16S rRNA 的 3′端与 SD 序列形成 3～9 个 Watson-Crick 碱基配对，才能促成小亚基与 mRNA 的有效结合（图 4-5）。

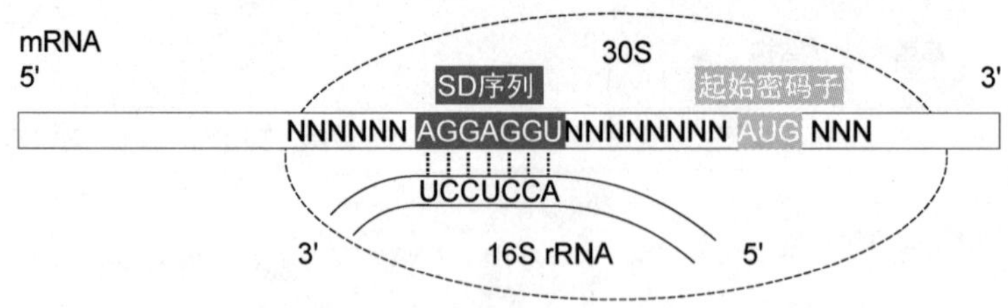

图 4-5　核糖体结合位点

原核生物多顺反子 mRNA 的每个编码区都有自己的核糖体结合位点。第一个编码区的核糖体结合位点覆盖其起始密码子并与 5′ UTR 重叠。其余编码区的核糖体结合位点覆盖其起始密码子并与其 5′侧的顺反子间区重叠，又称内部核糖体进入位点（internal ribosome entry site，IRES）。

2. 30S 复合物形成　fMet-tRNA$_f^{Met}$ 与 mRNA-小亚基结合形成 30S 复合物，需要翻译起始因子 IF-2 协助。IF-2 是一种 G 蛋白（第七章，192 页），有依赖核糖体的 GTPase（GTP 酶）活

NOTE

性。IF-2先与GTP形成IF-2·GTP，结合于小亚基P位，再募集fMet-$tRNA_f^{Met}$，并协助其与P位结合形成30S复合物（TΨC臂起决定作用）。在30S复合物中，fMet-$tRNA_f^{Met}$的反密码子CAU与mRNA的起始密码子AUG互补结合，其中密码子UG碱基与反密码子CA碱基的配对是必需的（图4-4②）。

3. 翻译起始复合物形成 大亚基与30S复合物结合形成翻译起始复合物（initiation complex，又称70S起始复合物）并激活IF-2·GTP，催化GTP水解，IF-2·GDP释放，IF-1和IF-3也释放（图4-4③）。

抑制翻译起始的抗菌素 ①大肠杆菌素（colicin）：又称大肠菌素，由某些细菌合成，可切除大肠杆菌16S rRNA 3′端约50nt（该序列的功能有结合IF-3、mRNA、tRNA），从而抑制翻译起始。②春日霉素（kasugamycin）：使fMet-$tRNA_f^{Met}$从30S复合物上脱落，从而抑制翻译起始。

二、翻译延伸

翻译延伸阶段是mRNA编码区指导核糖体用氨基酸合成肽链的过程。翻译延伸是一个循环过程，该循环包括进位、成肽、移位三个步骤（图4-6）。每次循环连接一个氨基酸，每秒钟可连接15~20个氨基酸。肽链合成的方向是N端→C端，所以起始*N*-甲酰蛋氨酸位于N端。肽链延伸消耗GTP，并且需要翻译延伸因子（EF，又称延长因子）EF-Tu、EF-Ts和EF-G参与（表4-8），延伸错误率10^{-3}~10^{-5}。

表4－8 大肠杆菌K-12株翻译延伸因子

常用名称缩写（IUBMB推荐）	基因	结构	大小（AA）	功能
EF-Tu（EF1A）	*tufA* *tufB*	单体	393	与IF-2同源，GTPase，与氨酰tRNA、GTP形成三元复合物，保护氨酰tRNA高能酯键，并协助氨酰tRNA正确进入核糖体A位
EF-Ts（EF1B）	*tsf*	$EF\text{-}Ts_2EF\text{-}Tu_2$	283	GEF，促使EF-Tu释放GDP，结合GTP
EF-G（EF2）	*fusA*	单体	703	与IF-2同源，GTPase，促使核糖体移位

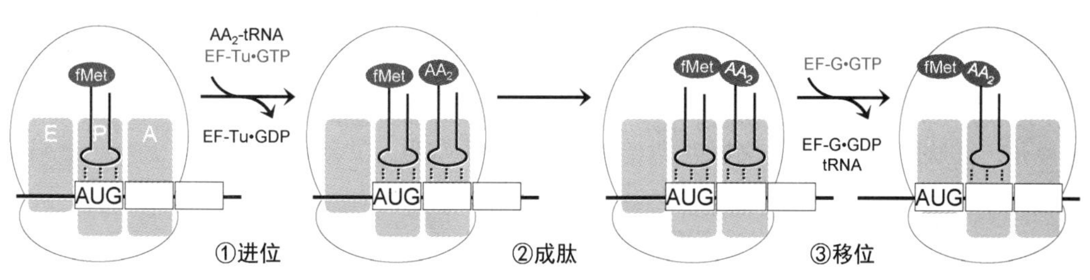

图4－6 大肠杆菌翻译延伸

1. 进位 即氨酰tRNA进入A位（图4-6①）。在翻译起始阶段完成时，翻译起始复合物上三个位点的状态不同：①E位是空的。②P位对应mRNA的第一个密码子AUG，结合了fMet-$tRNA_f^{Met}$。③A位对应mRNA的第二个密码子，是空的。何种氨酰tRNA进位由A位对应mRNA的第二个密码子决定，并且需要翻译延伸因子EF-Tu和EF-Ts协助，通过进位循环完成

进位。

进位循环　①EF-Tu·GTP 与氨酰 tRNA 结合，形成氨酰 tRNA-EF-Tu·GTP 三元复合物。②三元复合物进入 A 位，tRNA 反密码子与 mRNA 密码子结合，其他部位与大亚基结合。③如果进位正确，核糖体变构，激活 EF-Tu·GTP。EF-Tu·GTP 水解其结合的 GTP，转化为 EF-Tu·GDP，从而变构脱离核糖体。④EF-Ts 作为鸟苷酸交换因子（GEF）使 GTP 取代 GDP 与 EF-Tu 结合，形成新的 EF-Tu·GTP 复合物，参与下一次进位循环（图 4-7）。

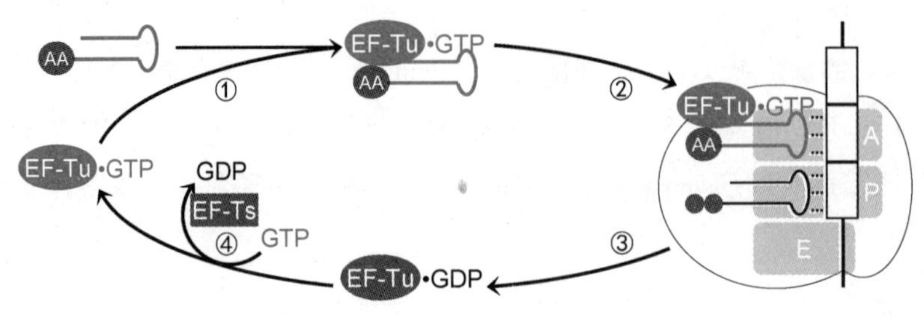

图 4-7　进位循环

一个大肠杆菌中约有 70000 个 EF-Tu（约占总蛋白 5%），与氨酰 tRNA 分子数一致，提示其形成三元复合物。而 EF-Ts 约有 10000 个，与核糖体数（15000~20000 个）相近。

EF-Tu 是质量控制因子，EF-Tu·GTP 的水解和 EF-Tu·GDP 的释放都很慢，为错误进位的氨酰 tRNA 争取到退出时间，使进位错误率不到 10^{-5}。

抗生素黄色霉素（kirromycin）抑制蛋白质合成的机制是在翻译延伸阶段抑制 EF-Tu·GDP 释放及肽键形成。

2. 成肽　即 P 位 fMet-$tRNA_f^{Met}$ 甲酰蛋氨酸（及之后的肽链）的 α-羧基与 A 位氨酰 tRNA 氨基酸的 α-氨基形成肽键。成肽反应由核糖体大亚基的肽基转移酶活性中心催化，既不消耗高能磷酸化合物，也不需要翻译延伸因子（图 4-6②）。23S rRNA 的 A2451 和 P 位肽酰 tRNA 的 3′端 AMP 提供的两个 2′-羟基可能是活性中心中的必需基团。

抗生素司帕霉素（sparsomycin）抑制蛋白质合成的机制是在翻译延伸阶段与肽酰 tRNA 结合，抑制 23S rRNA 的肽基转移酶活性。

3. 移位　肽键形成之后，A 位结合的是肽酰 tRNA，P 位结合的是脱酰 tRNA。接下来是核糖体移位（translocation），又称核糖体移动，即核糖体向 mRNA 的 3′端移动一个密码子，而脱酰 tRNA 及肽酰 tRNA 与 mRNA 之间没有相对移动。移位后，①脱酰 tRNA 从 P 位移到 E 位再脱离核糖体。②肽酰 tRNA 从 A 位移到 P 位。③A 位成为空位，并对应 mRNA 的下一个密码子。④核糖体恢复 A 位为空位时的构象，等待下一个氨酰 tRNA-EF-Tu·GTP 三元复合物进位，开始下一次延伸循环（图 4-6③）。

移位需要翻译延伸因子 EF-G（又称移位酶）与一分子 GTP 形成的 EF-G·GTP。EF-G·GTP 水解其 GTP，转化为 EF-G·GDP，同时推动核糖体移位。一个细胞内约有 20000 个 EF-G，与核糖体数（15000~20000 个）一致。

抗生素夫西地酸（fusidic acid）抑制蛋白质合成（包括原核生物和真核生物）的机制是在翻译延伸阶段抑制 EF-G·GDP 释放，从而抑制下一循环的进位。

NOTE

综上所述，蛋白质合成的延伸阶段是一个包括三个步骤的循环过程，每次循环都会在新生肽的 C 端连接一个氨基酸。结果，新生肽不断延伸，并穿过核糖体大亚基的一个肽链通道（exit channel）甩出核糖体。该通道直径 1～2nm，长约 10nm，可容纳约 50AA 肽段，主要由 rRNA 形成。

蛋白质合成是一个高度耗能过程。每活化一分子氨基酸要消耗两个高能磷酸键（来自 ATP），每一次延伸循环在进位和移位时又各消耗一个高能磷酸键（来自 GTP）。因此，在多肽链上每连接一个氨基酸要消耗四个高能磷酸键。

三、翻译终止

当核糖体通过移位读到终止密码子时，蛋白质合成进入翻译终止阶段，由释放因子协助终止翻译。

1. 终止过程　需要一组释放因子决定 mRNA-核糖体-肽酰 tRNA 的命运（图 4-8）。

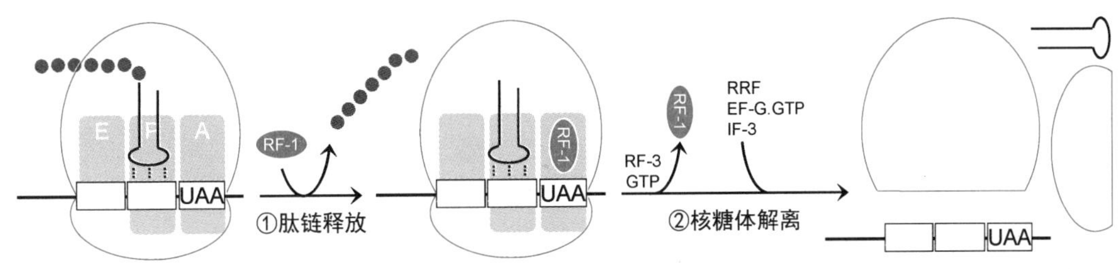

图 4-8　大肠杆菌翻译终止

（1）释放因子 RF-1 和 RF-2 构象很像 tRNA，各有一个肽反密码子（peptide anticodon），其中之一进入核糖体 A 位并与终止密码子结合，导致 P 位肽酰 tRNA 水解，释放肽链。尚未阐明水解是由肽基转移酶活性中心还是释放因子催化。

（2）释放因子 RF-1、RF-2 是 RF-3 的鸟苷酸交换因子，募集 RF-3·GDP，促使其释放 GDP，结合 GTP。RF-3·GTP 引发核糖体变构，RF-1 或 RF-2 释放。之后 RF-3·GTP 水解，RF-3·GDP 释放。

（3）核糖体循环因子（ribosome recycling factor，RRF）结合于大亚基 A 位，募集 EF-G·GTP。EF-G 使核糖体移位，大亚基释放。

（4）IF-3 结合于小亚基，使其释放脱酰 tRNA、mRNA。

2. 释放因子　大肠杆菌有 RF-1、RF-2、RF-3 和 RRF 四种释放因子（RF，又称终止因子，表 4-9）。一个细胞有 RF-1、RF-2 各约 600 个，其一个保守序列 GGQ 影响到肽基转移酶活性中心，导致肽酰 tRNA 水解。

表 4-9　大肠杆菌 K-12 株翻译终止释放因子

常用名称缩写（IUBMB 推荐）	基因	大小（AA）	功能
RF-1（RF1）	*prfA*	360	识别终止密码子 UAG、UAA
RF-2（RF2）	*prfB*	365	识别终止密码子 UGA、UAA
RF-3（RF3）	*prfC*	528	与 IF-2 同源，依赖核糖体的 GTPase，促 RF-1、RF-2 释放
RRF（RF4）	*frr*	185	作用于大亚基，促使核糖体复合物解离

四、多核糖体循环

细胞可以通过以下两种机制提高翻译效率。

1. 形成多核糖体 在绝大多数情况下，一个 mRNA 分子上会结合不止一个核糖体，相邻核糖体间隔 20nm（80nt），形成多核糖体（polysome，又称多聚核糖体）结构（一个色氨酸操纵子 mRNA 可同时结合约 30 个核糖体）。

2. 形成核糖体循环 一个核糖体在完成一轮翻译之后解离成亚基，可以在 mRNA 的 5′端重新形成翻译起始复合物，启动新一轮翻译，形成核糖体循环（ribosome cycle）。

第四节 真核生物蛋白质的翻译合成

真核生物蛋白质的合成与原核生物不尽相同，需要的蛋白因子多，合成速度较慢，合成过程更复杂。

一、翻译起始

真核生物与原核生物在翻译起始阶段有几点不同：①起始 Met-$tRNA_i^{Met}$ 不需要甲酰化。②mRNA 没有 SD 序列，是由 5′帽子结构协助核糖体识别起始密码子。③起始密码子位于 Kozak 序列内。④翻译起始因子更多（至少有 12 种，表 4-10），功能更复杂。

表 4-10 人翻译起始因子

常用名称缩写（IUBMB 推荐）	功能
eIF-1 （eIF1）	与 IF-1 同源；增强 eIF-3 解离活性；结合于小亚基的 E 位；促进 Met-$tRNA_i$-eIF-2·GTP 三元复合物与小亚基的结合，促进扫描；与 eIF-1A、eIF-5 共同抑制大亚基与小亚基结合及 tRNA 与 A 位点结合
eIF-1A（eIF1A）	与 IF-1 同源；增强 eIF-3 解离活性，促使核糖体解聚；结合于小亚基 A 位，协助 eIF-2 促使 Met-$tRNA_i$ 与小亚基 P 位结合
eIF-2 （eIF2）	α、β、γ 异三聚体，GTPase（与 IF-2 同源），在结合 GTP 时促使 Met-$tRNA_i^{Met}$ 与小亚基结合，且协助反密码子与密码子结合
eIF-2B（eIF2B）	α、β、γ、δ、ε 异五聚体，GEF，促使 eIF-2 释放 GDP，结合 GTP
eIF-3 （eIF3）	异十三聚体，与 IF-3 同源；最先与小亚基结合，抑制大亚基提前结合，促使 Met-$tRNA_i^{Met}$、mRNA 与小亚基结合
eIF-4A（eIF4A）	ATPase，RNA 解旋酶，结合 mRNA 并松解其二级结构，使其与小亚基结合
eIF-4B（eIF4B）	结合于 mRNA 帽子附近，激活 eIF-4A 的 RNA 解旋酶活性，促进扫描
eIF-4E（eIF4E）	直接与 mRNA 的 5′帽子结构结合
eIF-4G（eIF4G）	支架蛋白，与 5′端 eIF-4E、3′端 PABP-1、eIF-3 结合
eIF-4F（eIF4F）	5′帽结合蛋白，由 eIF-4E、eIF-4A、eIF-4G 组成（不确定是否先组装）
eIF-5 （eIF5）	GAP，激活 eIF-2 的 GTPase 活性
eIF-5B（eIF5B）	GTPase（与 IF-2 同源），促使小亚基释放其他翻译因子，募集大亚基形成翻译起始复合物
eIF-6 （eIF6）	与大亚基结合，阻止其与小亚基形成翻译起始复合物

1. 起始扫描模型 由 Kozak 提出，认为真核生物核糖体通过扫描（scanning）mRNA 寻找含起始密码子的核糖体结合位点（30~40nt）（图 4-9③④）。

扫描机制：核糖体与 mRNA 的 5′帽子结构结合，向 3′端移动，通过 Met-$tRNA_i^{Met}$ 识别起始密码子，启动翻译。对真核生物 699 种 mRNA 的研究发现，有 5%~10%的 mRNA 并不是以其 5′端第一个 AUG 作为起始密码子的。它们的起始密码子位于称为 Kozak 序列的保守序列中，其共有序列是 $R^{-3}NNA^{+1}UGG^{+4}$。目前研究的几乎所有 mRNA 的翻译起始都依赖 5′帽子结构募集小亚基，少数通过内部核糖体进入位点（internal ribosome entry site，IRES）募集小亚基。

2. 翻译起始因子 真核生物翻译起始也需要翻译起始因子，并且需要更多的翻译起始因子，其功能包括：①参与识别 mRNA 的 5′帽子结构。②参与翻译起始复合物形成。③某些翻译起始因子是翻译调控点。

真核生物翻译起始因子的名称缩写以 eIF 表示，与原核生物翻译起始因子有相同功能的翻译起始因子用同一编号。例如，介导 Met-$tRNA_i^{Met}$ 结合的翻译起始因子都编号为 2（原核 IF-2，真核 eIF-2、eIF-2B）。

3. 起始过程 从来自翻译终止阶段的核糖体小亚基和大亚基开始。小亚基结合有翻译起始因子 eIF-1（结合于 E 位）、eIF-1A（结合于 A 位，阻止 Met-$tRNA_i^{Met}$ 结合于 A 位）、eIF-3（阻止与大亚基提前结合）。大亚基结合有 eIF-6（阻止与小亚基提前结合）（图 4-9）。

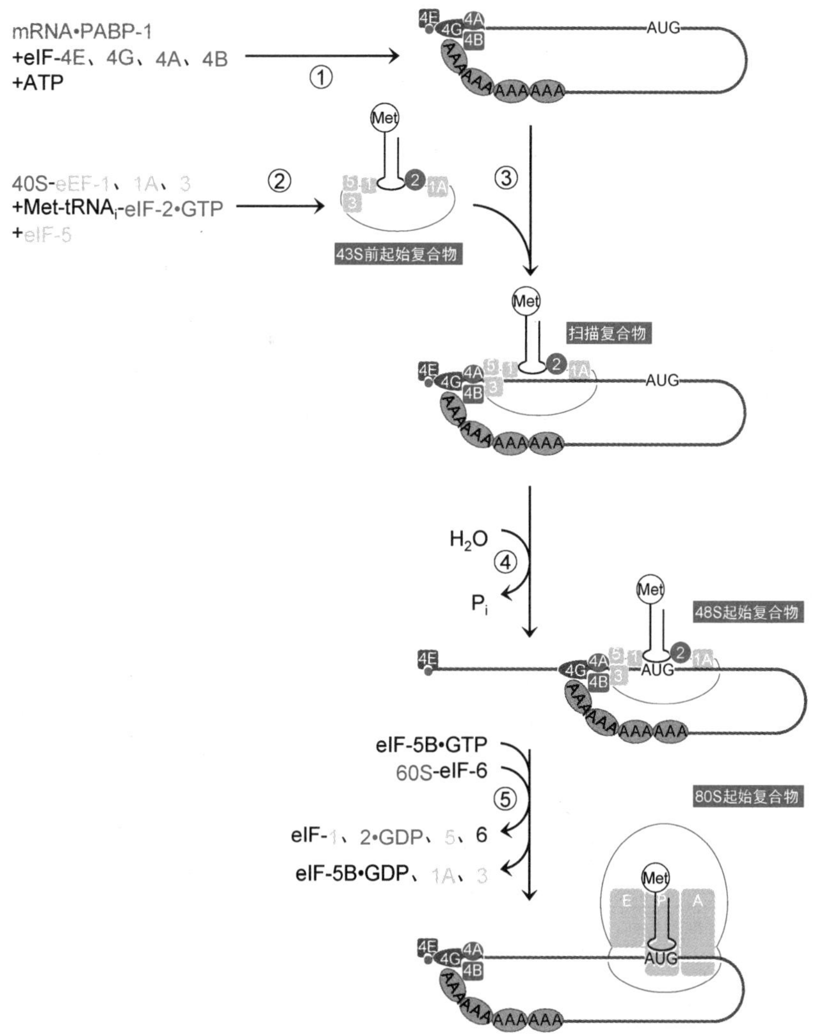

图 4-9 真核生物翻译起始

（1）mRNA 活化　mRNA 通过 5′帽子募集 eIF-4E，之后 eIF-4E-mRNA 募集 eIF-4G，eIF-4G-mRNA 募集 eIF-4A，eIF-4A-mRNA 募集 eIF-4B。eIF-4B 激活 eIF-4A 的 RNA 解旋酶活性。eIF-4A 松解 mRNA 5′端的各种二级结构，有利于接下来 mRNA 与小亚基结合。之后，mRNA 5′端通过 eIF-4G 与 poly(A)尾及其结合的 poly(A)结合蛋白 1（PABP-1，PABP Ⅰ，636AA）结合，使 mRNA 成环（图 4-9①）。

PABP-1 不但参与 mRNA 成环，还通过与 poly(A)结合保护 mRNA。

（2）形成 43S 前起始复合物　小亚基-eIF-1、1A、3 通过 P 位募集 Met-$tRNA_i$-eIF-2·GTP 三元复合物，进而募集 eIF-5，形成 43S 前起始复合物（43S preinitiation complex）（图 4-9②）。

（3）组装扫描复合物　活化 mRNA 通过 eIF-4G 与 43S 前起始复合物的 eIF-3 结合，形成扫描复合物（图 4-9③）。

（4）扫描起始密码子　eIF-4A 通过消耗 ATP 松解 5′端 15nt 内的二级结构，使扫描复合物从 mRNA 的 5′帽子向 3′方向移动扫描至起始密码子，小亚基 P 位 Met-$tRNA_i$ 的反密码子与 mRNA 起始密码子结合，导致扫描复合物变构成 48S 起始复合物（又称 48S 前起始复合物）而结束扫描（图 4-9④）。

（5）形成翻译起始复合物　eIF-5B·GTP 与 P 位的 Met-$tRNA_i$ 及小亚基 A 位的 eIF-1A 结合，大亚基-eIF-6 结合，①*导致 48S 起始复合物变构，释放 eIF-1，导致 eIF-5 变构，激活 eIF-2·GTP。eIF-2·GTP 水解其 GTP 成为 eIF-2·GDP，与 eIF-5 一起释放。②导致 eIF-5B·GTP 水解其 GTP 成为 eIF-5B·GDP 并与 eIF-1A、eIF-3 一起释放（使大亚基的结合过程不可逆），翻译起始复合物（又称 80S 起始复合物）形成，核糖体覆盖约 28nt（图 4-9⑤）。

*也有研究认为 eIF-1、eIF-2·GDP、eIF-5、在形成 48S 起始复合物前释放，即前述 Met-$tRNA_i$ 的反密码子与 mRNA 起始密码子结合，导致扫描复合物变构，释放 eIF-1，导致 eIF-5 变构，激活 eIF-2·GTP。eIF-2·GTP 水解其 GTP 成为 eIF-2·GDP，与 eIF-5 一起释放，使扫描复合物变构成 48S 起始复合物而结束扫描。

4. eIF-2B 突变　引起白质病，机制尚未阐明。

二、翻译延伸

真核生物和原核生物的翻译延伸阶段一致，是一个进位、成肽、移位循环过程，所需的翻译延伸因子也一致，只是命名/缩写不同（图 4-10，表 4-11）。此外，合成速度较慢，每秒钟仅能连接 2~6 个氨基酸。

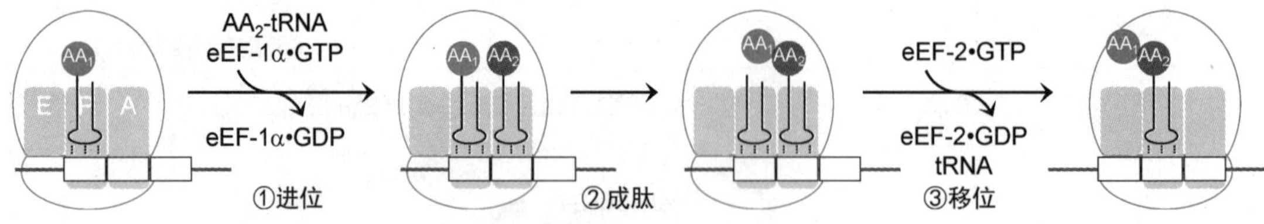

图 4－10　真核生物翻译延伸

表 4－11　人翻译延伸因子

常用名称缩写（IUBMB 推荐）	功能
eEF-1α　(eEF1A)	与 EF-Tu 同源，GTPase，与氨酰 tRNA、GTP 形成三元复合物，并协助氨酰 tRNA 进入核糖体 A 位
eEF-1βγδ（eEF1B）	GEF，促使 eEF-1α 释放 GDP，结合 GTP
eEF-2　(eEF2)	与 EF-G 同源，GTPase，催化移位

三、翻译终止

真核生物和原核生物的翻译终止阶段基本一致，不过释放因子有区别。真核生物有两种释放因子：eRF-1 和 eRF-3（表 4-12）。eRF-1 可以识别全部三种终止密码子。与大肠杆菌 RF-3 不同的是，eRF-3·GTP 协助 eRF-1 与核糖体结合，之后水解 GTP，释放 eRF-3·GDP，eRF-1 通过其 GGQ 序列促使肽链释放、tRNA 释放，并募集 Rli1（一种 ATPase），促使核糖体解聚并从 mRNA 上释放，启动核糖体循环。

表 4-12 人翻译终止释放因子

常用名称缩写（IUBMB 推荐）	功能
eRF-1（eRF1）	识别终止密码子 UAA、UAG、UGA
eRF-3（eRF3）	依赖核糖体的 GTPase，激活 eRF-1

四、多核糖体循环

多核糖体循环确保翻译高效，一个 mRNA 分子可以指导合成 10^5 条肽链。真核生物 mRNA 可以形成多核糖体，相邻核糖体间隔至少 35nt，这种结构使核糖体循环效率更高（图 4-11）。

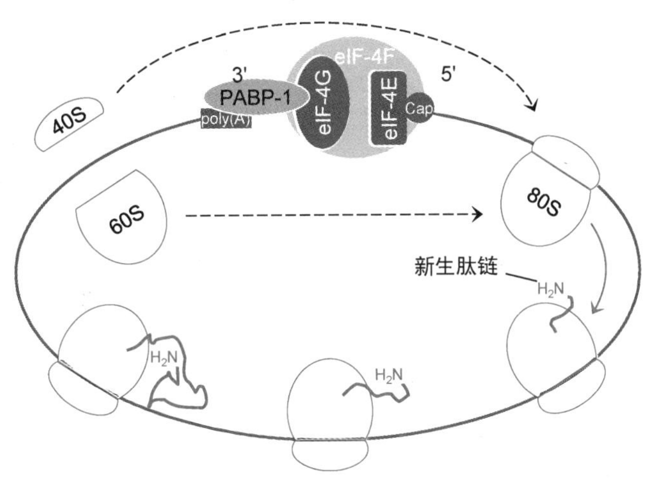

图 4-11 真核生物多核糖体循环

真核生物 mRNA 形成环状结构，这样使编码区两端的起始密码子和终止密码子离得很近，核糖体在终止密码子位点解离之后很容易回到起始密码子位点，启动新一轮翻译。

五、硒蛋白合成

硒是硒代半胱氨酸（Sec，U）的组成元素，主要位于某些酶的活性中心中，直接参与催化氧化还原反应。人体内至少已发现 25 种硒蛋白，如硫氧还蛋白还原酶、谷胱甘肽过氧化物酶、甲状腺素脱碘酶、硒蛋白 P。

合成硒蛋白需要 H_2Se、ATP、Ser、$tRNA^{Sec}$ 和一组酶（图 4-12）。

1. 硒代磷酸合成　由硒代磷酸合成酶催化 H_2Se 与 ATP 反应生成（①）。

2. 丝氨酰 $tRNA^{Sec}$ 合成　由丝氨酰 tRNA 合成酶催化 Ser 与 $tRNA^{Sec}$ 生成，消耗 ATP（②）。

NOTE

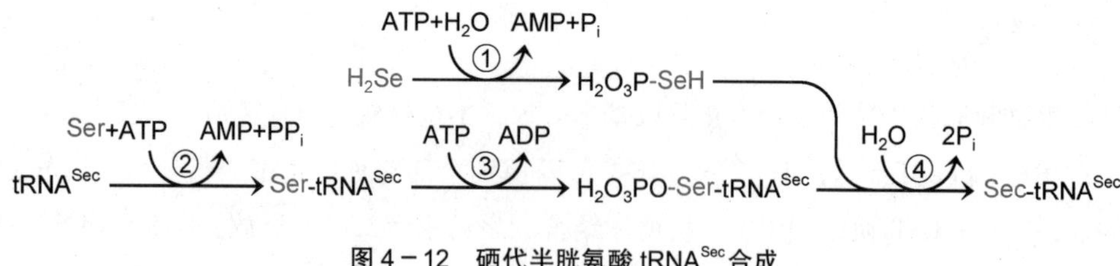

图 4－12　硒代半胱氨酸 $tRNA^{Sec}$合成

3. 丝氨酰 $tRNA^{Sec}$磷酸化　丝氨酰 $tRNA^{Sec}$激酶催化丝氨酰 $tRNA^{Sec}$磷酸化，生成 *O*-磷酸丝氨酰 $tRNA^{Sec}$，消耗 ATP（③）。

4. 硒代半胱氨酰 $tRNA^{Sec}$合成　由硒代半胱氨酸合成酶催化 *O*-磷酸丝氨酰 $tRNA^{Sec}$与硒代磷酸生成硒代半胱氨酰 $tRNA^{Sec}$（④）。

5. 硒代半胱氨酸插入　$tRNA^{Sec}$识别的密码子为终止密码子 UGA。硒蛋白 mRNA 的 UGA 下游存在一种硒代半胱氨酸插入序列（selenocysteine insertion sequence，SECIS），可以形成茎环结构，被硒代半胱氨酸插入序列结合蛋白（SECIS binding protein，SBP，854AA）识别，在核糖体读到 UGA 时由硒代半胱氨酸特异性延伸因子（eEFSec，596AA）协助硒代半胱氨酰 $tRNA^{Sec}$进位，合成硒蛋白。

第五节　蛋白质的翻译后修饰

翻译后修饰（post-translational modification）是指对在核糖体上合成的新生肽进行各种加工与修饰，从而改变其结构、性质、活性、分布、稳定性、与其他分子的相互作用。实际上，所有蛋白质在合成后一直经历着各种加工与修饰，直至最后被分解。

翻译后修饰内容丰富，既有一级结构的修饰，例如肽键水解、侧链修饰，又有空间结构的修饰，例如蛋白质折叠、亚基聚合；既有不可逆修饰，例如羟化、糖基化、酰基化，又有可逆修饰，例如磷酸化和去磷酸化。各项修饰进行的时机和场所不尽相同，在蛋白质多肽链的合成、定向运输或分泌、参与细胞代谢、最终被分解过程中，都可能进行。

一、肽键水解和肽段切除

由核糖体合成的肽链称为前体蛋白（preprotein）、新生肽（nascent peptide）。酶原激活及许多新生肽在形成有天然构象的蛋白质时都要进行特异切割，即由蛋白酶水解特定肽键，切除末端信号肽、内部肽段、末端氨基酸，或者水解成一系列活性片段。这种水解是不可逆的。

水解特定肽键是酶原激活或许多其他功能蛋白活化所必需的。例如：

（1）胃和胰腺合成的消化食物蛋白的蛋白酶。

（2）凝血过程中凝血因子通过水解的级联激活对出血作出快速反应。

（3）某些蛋白质激素的无活性前体的激活，如胰岛素原激活成胰岛素。

（4）胶原蛋白是皮肤和骨骼的主要蛋白质成分，是前胶原（procollagen）水解激活的产物。

（5）许多物种个体发育过程受酶原激活控制。例如在蝌蚪蜕变成青蛙的过程中，尾巴的大量胶原在数日内被再吸收。哺乳动物子宫在分娩后降解大量胶原蛋白。胶原酶原激活成胶原酶的过程在上述过程中严格调控。

（6）细胞凋亡由胱天蛋白酶（caspase）介导。无活性的 caspase 前体被凋亡信号激活后诱导细胞凋亡。

1. 末端加工　新生肽的 N 端都是甲酰蛋氨酸（原核生物）或蛋氨酸（真核生物），但许多（大肠杆菌 50%）成熟蛋白质的 N 端都是其他氨基酸。新生肽 N 端的 *N*-甲酰蛋氨酸或蛋氨酸都被一种氨肽酶切除了（原核生物先由脱甲酰基酶脱甲酰基），这一事件发生在翻译延伸阶段，此时新生肽长 10~15AA。此外，有些新生肽切除了含 *N*-甲酰蛋氨酸或蛋氨酸的一个肽段。例如，①大肠杆菌错配修复蛋白 MutH 和翻译起始因子 IF-1、IF-3 在合成后切除了 N 端的 *N*-甲酰蛋氨酸。②人组蛋白、肌红蛋白在合成后切除了 N 端的蛋氨酸。③人溶菌酶 C 在合成后切除了 N 端的一个十八肽。④膜蛋白、分泌蛋白前体的 N 端有一段信号肽，该信号肽在完成使命后也被切除。

很多蛋白质 C 端也有氨基酸或肽段切除。例如，①人 *UBC* 基因编码的多聚泛素的 C 端切除一个缬氨酸。②人 SUMO-1 蛋白的 C 端切除一个四肽。③人肠碱性磷酸酶的 C 端切除一个二十五肽。④人三种 Ras 蛋白的 C 端均切除一个三肽。

2. 蛋白激活　参与食物消化的许多酶及血液循环中的凝血系统、纤溶系统的各种因子必须被激活才能起作用，其激活过程就是蛋白酶水解过程。蛋白酶水解还参与蛋白质及肽类信号分子的形成。例如，转化生长因子 β、表皮生长因子和胰岛素都是从大的前体肽加工形成的。

人胰岛素基因产物经历前胰岛素原（preproinsulin，Met1~Asn110）→胰岛素原（proinsulin，Phe25~Asn110）→胰岛素（insulin）的翻译后修饰过程。前胰岛素原为 110AA 的肽链，在翻译后修饰过程中先后切除信号肽（Met1~Ala24）、连接肽 1（Arg55~Arg56）、C 肽（Glu57~Gln87，又称前肽、前导肽，propeptide）、连接肽 2（Lys88~Arg89），得到由 A 链（Gly90~Asn110）和 B 链（Phe25~Thr54）构成的活性胰岛素（图 4-13）。

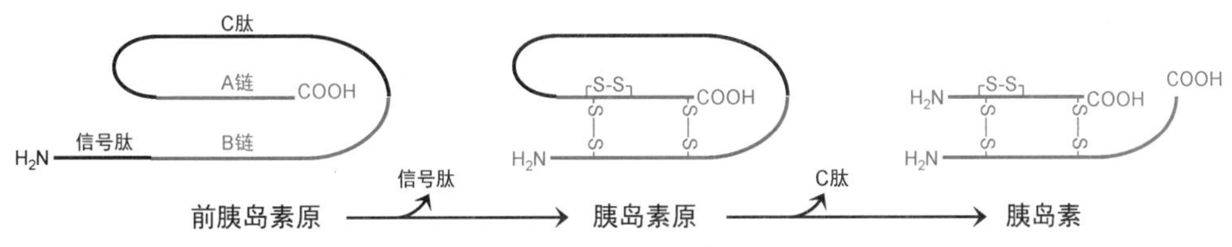

图 4-13　人胰岛素一级结构翻译后修饰

多聚蛋白（polyprotein）加工得到一组功能蛋白。人 *UBC* 基因编码一个 685AA 多聚泛素（Ub_9-Val685），水解得到 9 分子泛素，第 685 号是缬氨酸。人 *UBA52* 基因编码一个 128AA 多聚蛋白，水解得到一分子泛素和一分子核糖体大亚基蛋白 L40。

二、氨基酸修饰

蛋白质是用 20 种标准氨基酸合成的，然而目前在各种蛋白质中还发现了上百种非标准氨基酸，它们是标准氨基酸翻译后修饰的产物，对蛋白质功能发挥至关重要。氨基酸修饰包括羟化、甲基化、羧化、磷酸化、甲酰化、乙酰化、酰基化、异戊二烯化、核苷酸化等（表 4-

13)。修饰的意义是改变蛋白质溶解度、稳定性、活性、亚细胞定位、与其他蛋白质的作用等。

表 4-13 蛋白质中常见的氨基酸修饰

修饰类型	修饰的氨基酸	修饰类型	修饰的氨基酸
磷酸化	丝氨酸，苏氨酸，酪氨酸	泛素化	赖氨酸
乙酰化	赖氨酸，丝氨酸	羟化	脯氨酸，赖氨酸
肉豆蔻酰化	赖氨酸，N 端甘氨酸	甲基化	赖氨酸，精氨酸，组氨酸，天冬酰胺，天冬氨酸，谷氨酸
ADP 核糖基化	谷氨酸	硒化	半胱氨酸
法尼基化	半胱氨酸	*N*-糖基化	天冬酰胺
γ-羧化	谷氨酸	*O*-糖基化	丝氨酸，苏氨酸
硫酸化	酪氨酸	糖化	含游离氨基的氨基酸

1. 羟化（hydroxylation） 例如前胶原蛋白脯氨酸羟化生成羟脯氨酸：（前胶原）-L-脯氨酸+α-酮戊二酸+O_2→（前胶原）-反-4-羟-L-脯氨酸+琥珀酸+CO_2。

2. 甲基化（methylation） 既有 Lys、Arg、His、Gln 的 *N*-甲基化，又有 Glu、Asp 的 *O*-甲基化，均以 *S*-腺苷蛋氨酸为甲基供体，由甲基转移酶（如组蛋白甲基转移酶 HMT）催化。其中 Lys 可以发生单甲基化、二甲基化、三甲基化，转化为一甲基赖氨酸（Kme1）、二甲基赖氨酸（Kme2）、三甲基赖氨酸（Kme3）；Arg 可以发生单甲基化、二甲基化，转化为一甲基精氨酸（Rme1）、二甲基精氨酸（Rme2）。组蛋白 Lys 甲基化是基因表达调控的一个环节，影响到染色质重塑、基因转录、基因印记（第六章，157 页）。此外，蛋白质可以通过 N 端甲基化抗蛋白酶水解，延长寿命。

3. 羧化（carboxylation） 例如凝血酶原谷氨酸 γ-羧化：（凝血酶原）-谷氨酸+CO_2+O_2+维生素 K→（凝血酶原）-γ-羧基谷氨酸+2,3-环氧维生素 K，反应由依赖维生素 K 的 γ-羧化酶催化。

4. 磷酸化（phosphorylation） 真核蛋白至少有 30%是磷蛋白。磷酸化主要发生在特定丝氨酸、苏氨酸或酪氨酸残基的 R 基羟基上，比例为 1800∶200∶1。磷酸化产生以下效应：①许多酶和其他功能蛋白的化学修饰调节，例如糖原磷酸化酶 *b* 磷酸化激活，糖原合酶 *a* 磷酸化抑制，G_2 晚期组蛋白 H1 的磷酸化促进染色质凝集。②磷酸基成为蛋白质的识别标志和停泊位点（第七章，196、211 页）。③磷酸化改变蛋白质寿命，例如 p27 蛋白磷酸化后被泛素-蛋白酶体系统降解。④磷的储存形式，例如牛奶酪蛋白磷酸化。

以下 6 个因素使磷酸化成为蛋白质的最主要修饰方式。

（1）磷酸化修饰反应自由能最大，在 ATP 提供的 250kJ/mol 中，仅一半传递给底物蛋白，另一半以热能形式散失，使磷酸化反应不可逆。

（2）磷酸基团赋予底物蛋白两个负电荷，可以破坏其分子结构中原有的静电作用，形成新的静电作用，可以改变活性中心与底物的亲和力，从而改变催化活性。

（3）磷酸基团可以形成三个甚至更多的氢键，其四面体结构使这些氢键高度定向，可以与供氢体特异性结合。

（4）磷酸化和去磷酸化的持续时间，短至不到一秒种，长至一小时，可以因代谢需要而调节。

（5）磷酸化通常具有放大作用，一分子蛋白激酶可以在很短的时间内磷酸化数百分子底物蛋白。如果其底物蛋白也是酶，则可以进一步催化更多的底物发生反应。

（6）ATP 是能荷因素，以 ATP 作为磷酸基供体，意味着在代谢调节与能量状态之间建立联系。

5. 乙酰化（acetylation）　蛋白质组的乙酰化效应堪比磷酸化。人类蛋白质组中有 3600 个乙酰化位点（乙酰化蛋白质组，acetylome）。乙酰化发生在肽链 N 端的氨基上或肽链侧链上。乙酰化是蛋白质 N 端最常见的化学修饰，真核生物约 50%（人类>80%）蛋白质的 N 端都发生乙酰化，例如，新合成的腺苷脱氨酶切除 N 端的蛋氨酸之后，新的 N 端的丙氨酸进一步乙酰化。许多线粒体蛋白的乙酰化甚至都不需要酶催化就能发生。蛋白质的乙酰化产生以下效应。

（1）组蛋白 Lys 乙酰化参与染色质重塑，且是基因表达调控机制之一（第六章，157 页）。

（2）是酶化学修饰调节机制之一。各重要代谢途径（如糖酵解、糖原合成、糖异生、三羧酸循环、脂肪酸 β 氧化、尿素合成）的几乎所有酶都含乙酰化位点。

（3）其他效应，包括调节细胞代谢、信号转导、骨架运动等。

（4）前体蛋白 N 端蛋氨酸常被乙酰化，切除 N 端蛋氨酸之后的 N 端 Ala、Val、Ser、Thr、Cys 也会被乙酰化，其意义尚未阐明。研究发现酵母蛋白发生上述乙酰化后会被泛素化降解。

6. 酰基化（acylation）　膜蛋白酰基化发生于内质网胞质面。酰基化在真核生物普遍存在：①棕榈酰化：发生于半胱氨酸巯基、丝氨酸或苏氨酸羟基，例如胰岛素受体、白细胞介素 1 受体、视紫红质棕榈酰化。②肉豆蔻酰化：发生于 N 端甘氨酸氨基，例如 G 蛋白、蛋白激酶 A 肉豆蔻酰化。③法尼基化：发生于 C 端半胱氨酸巯基，例如 Ras 蛋白 C 端 Cys186 法尼基化。④糖基磷脂酰肌醇化：发生于 C 端。

三、蛋白质糖基化

生物体内多数蛋白质都是结合蛋白质，其中以糖蛋白居多，分泌蛋白和膜蛋白几乎都是糖蛋白。糖蛋白所含的糖基是在翻译后修饰阶段加接的，加接过程称为糖基化（glycosylation）。

1. 糖基功能　①活性必需：对介导某些蛋白质的生物活性起直接作用，例如人绒毛膜促性腺激素（HCG）、红细胞生成素（EPO）。②定向运输：帮助目的蛋白到达其功能场所，例如溶酶体酶的运输。③分子识别：直接参与配体-受体识别、底物-酶结合，例如某些细胞因子受体与细胞因子的识别。④结构稳定：寡糖有助于稳定蛋白质构象，保护其免受蛋白酶攻击，延长寿命。⑤易于溶解：增加蛋白质的水溶性。⑥定向嵌膜：避免膜蛋白在运输和起作用时翻转（flip-flop）。

红细胞生成素（EPO）由肾分泌，可以刺激红细胞生成。EPO 含 165AA，有 3 个 Asn 和一个 Ser 被糖基化，糖占 EPO 的 40%，作用是稳定 EPO，未糖基化 EPO 活性仅为糖基化 EPO 的 10%，因为其被肾从血液中快速清除。重组 EPO 已用于治疗贫血，但也被运动员用于增加红细胞数量，提高运氧力。违禁药物实验室可以应用等电聚焦技术鉴别某些重组 EPO，因为其糖基化程度不同于天然 EPO。

2. 糖基化机制　包括单糖基化和寡糖基化。均有 *N*-糖基化和 *O*-糖基化两种形式。

（1）*N*-糖基化　通过 *N*-糖苷键与 Asn-Xaa-Ser/Thr（Xaa 不包括 Pro）中 Asn 的酰胺基

连接，形成 *N*-连接寡糖。这类寡糖大而复杂，多数是通过 *N*-乙酰氨基葡萄糖（GlcNAc，又称 *N*-乙酰葡萄糖胺）直接与 Asn 连接。*N*-糖基化始于内质网腔，在高尔基体内继续进行。

所有 *N*-连接寡糖都有一个五糖核心（$Man_3GlcNAc_2$）。

（2）*O*-糖基化　通过 *O*-糖苷键与特定 Ser/Thr 的羟基连接，形成 *O*-连接寡糖。这类寡糖小而简单，通常只含 2~4 个糖基。分泌型糖蛋白的 *O*-糖基化在高尔基体内进行，是把 *N*-乙酰半乳糖胺（GalNAc，又称 *N*-乙酰氨基半乳糖）连接到 Ser/Thr 的羟基上；细胞内糖蛋白的 *O*-糖基化在细胞质中进行，是把 GlcNAc 连接到 Ser 的羟基上。

胶原蛋白特定羟赖氨酸羟基通过 *O*-糖苷键连接葡萄糖基或半乳糖基。

四、蛋白质泛素化

泛素化（ubiquitination）是指用泛素共价标记靶蛋白，分为单泛素化和多聚泛素化。其中单泛素化（monoubiquitination）调节靶蛋白功能、活性或定向运输，多聚泛素化（polyubiquitination）介导靶蛋白被 26S 蛋白酶体（proteosome）识别并降解（第六章，181 页）。

泛素（Ub）在真核生物中普遍存在，是一类高度保守的调节蛋白（人和酵母泛素的一级结构只有 3 个残基不同，表 4-14），由 76 个氨基酸构成，所含的 7 个赖氨酸和 C 端甘氨酸是最重要的保守残基。

表 4－14　人与酵母泛素一级结构差异

编号	19	24	28
人	Ser	Asp	Ser
酵母	Pro	Glu	Ala

泛素发现于 1975 年，其功能由 Ciechanover、Hershko 和 Rose（2004 年诺贝尔化学奖获得者）于 20 世纪 80 年代阐明：泛素通过泛素化系统介导蛋白质分解。进一步研究表明，泛素化系统催化靶蛋白多聚泛素化或单泛素化。多聚泛素化介导蛋白质分解。单泛素化产生其他效应，包括抗原提呈和免疫反应、细胞周期和细胞凋亡、信号转导和基因表达、DNA 修复和疾病发生等。

泛素化系统是由泛素活化酶 E1（人类基因组编码两种，以下同）、泛素结合酶 E2（约 40 种，组成一个家族）、E3 泛素连接酶（>600 种，分别属于三个家族）构成的一种多酶体系，所催化的靶蛋白泛素化过程至少包括三个步骤（图 4-14）。

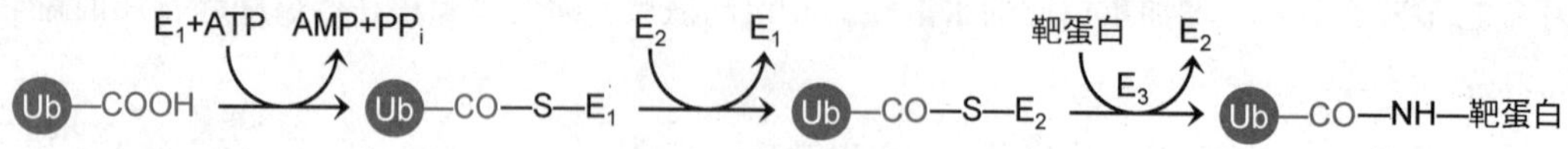

图 4－14　泛素化系统

1. 泛素活化　泛素活化酶 E1（ubiquitin-activating enzyme）活性中心的半胱氨酸巯基与泛素 C 端的甘氨酸羧基形成硫酯键，消耗 ATP。

2. 泛素转移　泛素从泛素活化酶 E1 活性中心转移到泛素结合酶 E2（ubiquitin-conjugating enzyme）活性中心的半胱氨酸巯基上。

NOTE

3. 泛素结合　E3 泛素连接酶（ubiquitin ligase）催化泛素 C 端甘氨酸羧基与靶蛋白赖氨酸 ε-氨基形成异肽键（isopeptide bond，由氨基酸侧链的羧基或氨基形成的肽键）。E3 泛素连接酶既识别泛素结合酶 E2，又识别靶蛋白的识别序列，例如 R-X-X-L-G-X-I-G-D/N。

E3 泛素连接酶分为含 HECT 结构域类（HECT E3，如 E6-AP）和含 RING 结构域类（RING E3，如 APC/C、Mdm2）。HECT E3 活性中心含半胱氨酸巯基，从 E2 获得泛素，再转移至靶蛋白。RING E3 催化泛素直接从 E2 转移至靶蛋白，参与调节细胞周期、细胞凋亡、细胞分泌、定向运输。

此外，靶蛋白 N 端氨基酸残基种类影响其泛素化，例如蛋氨酸、丝氨酸抑制泛素化，天冬氨酸、精氨酸促进泛素化。

五、蛋白质 SUMO 化

SUMO 化（sumoylation）是指用一个或多个类泛素单体共价标记靶蛋白，从而影响其稳定性、功能、定向运输。

类泛素（ubiquitin-like protein，UBL）又称小泛素相关修饰物（SUMO），属于泛素家族、类泛素亚家族。人体内已发现四种 SUMO：SUMO-1（96AA）、2（93AA）、3（92AA）、4（93AA）。SUMO 化机制与泛素化完全一致：由相应的 E1、E2、E3 催化进行，最终使 SUMO 通过 C 端 Gly 以异肽键与靶蛋白 Lys 结合。但修饰效应不尽相同：参与细胞核蛋白运输、DNA 复制和修复、信号转导、基因表达、有丝分裂，但不参与靶蛋白降解。

六、蛋白质折叠和亚基聚合

蛋白质折叠（protein folding）是指有不确定构象的新生肽通过有序折叠形成有天然构象的功能蛋白的过程。蛋白质的一级结构是其构象的基础。蛋白质多肽链能够自发折叠，形成稳定的天然构象。不过，大多数蛋白质多肽链（细菌 85%）在体内的折叠是在各种辅助蛋白的协助下进行的。已经阐明的辅助蛋白有折叠酶类和分子伴侣等。

1. 折叠酶类　共价键异构是某些蛋白质折叠的关键步骤，需要相应折叠酶类的催化，目前研究较多的是蛋白质二硫键异构酶和肽基脯氨酰顺反异构酶。

（1）蛋白质二硫键异构酶（protein disulfide isomerase，PDI）　位于内质网中，其活性中心含二硫键，催化的是巯基与二硫键的可逆转化反应，因而在蛋白质的折叠过程中通过两个效应协助含二硫键蛋白质正确折叠：①二硫键形成，即催化底物蛋白半胱氨酸巯基形成二硫键。②二硫键纠错，即断开错误的二硫键，形成正确的二硫键。

二硫键是蛋白质（特别是分泌蛋白和细胞膜蛋白）构象的稳定因素。真核蛋白的二硫键主要形成于粗面内质网中。内质网腔是一个氧化环境，对二硫键形成和蛋白质折叠非常重要。

（2）肽基脯氨酰顺反异构酶（peptidyl-prolyl isomerase，PPIase）　作为一个家族广泛存在于各种组织细胞的细胞质、内质网、线粒体、细胞核等区室，催化的是蛋白质中脯氨酸亚氨基形成的肽键的顺反异构反应，可将异构速度提高 10^4 倍以上。蛋白质中脯氨酸亚氨基形成的肽键存在顺反异构，它影响蛋白质的正确折叠。在新生肽中该肽键均为反式结构，在成熟蛋白质中约有 6% 为顺式构型，特别是在 β 折叠中。

反式 肽基脯氨酰顺反异构酶 顺式

PPIase A 又称**亲环素 A**（cyclophilin A），除了参与蛋白质折叠之外，还参与病毒蛋白折叠，因而已成为研发抗病毒药物的新靶点，例如用于治疗艾滋病、丙型肝炎等病毒性疾病的环孢素及其衍生物阿拉泊韦（alisporivir）。

2. 分子伴侣（molecular chaperone） 是广泛存在于原核生物和真核生物的一类保守蛋白质，位于细胞的各个区室。它们在细胞内促进多肽链从非天然构象向天然构象的**折叠**（folding）及**多体**（又称**多亚基蛋白**，multimer）的组装，并且在折叠和组装完毕之后与之分离，并不成为所组装蛋白质的组分。哺乳动物超过 50% 新生肽的折叠依赖分子伴侣。它们可以通过以下作用提高折叠和组装效率：①协助新生肽正确折叠以形成天然构象。②协助**错误折叠**（misfolding）的蛋白质**去折叠**（unfolding，又称**解折叠**、**伸展**）及**重新折叠**（refolding）。③协助多体正确组装以形成天然构象。④协助组装错误的多体解离以重新组装。此外，有些分子伴侣还协助蛋白质跨膜转运或降解。

已经发现有许多分子伴侣家族参与蛋白质折叠，例如 Hsp60、70、90 等各类**热休克蛋白**（Hsp，又称**热激蛋白**）家族。不同分子伴侣作用机制各不相同，可分为Ⅰ类分子伴侣和Ⅱ类分子伴侣（表 4-15）。

表 4-15 大肠杆菌 K-12 株与人同源分子伴侣对比

分类	大肠杆菌 K-12 株分子伴侣			人分子伴侣			
	名称缩写/大小（AA）	结构	所属家族	名称缩写/大小（AA）	结构	亚细胞定位	所属家族
Ⅰ类	DnaK/637		Hsp70	Hsp70/640	异寡聚体	细胞质	Hsp70
	DnaJ/375	同二聚体	DnaJ	Hsp40/339		细胞质	Hsp40
	GrpE/197	同二聚体	GrpE	GRPEL1/190		线粒体	GrpE
	HtpG/624	同二聚体	Hsp90	Hsp86/731	同二聚体	细胞质	Hsp90
Ⅱ类	GroEL/547	同十四聚体	Hsp60	Hsp60/547		线粒体	Hsp60
	GroES/97	同七聚体	GroES	Hsp10/101	同六聚体	线粒体	GroES
				TCP-1α/556	异寡聚体	细胞质	TCP-1

（1）Ⅰ类分子伴侣 例如 Hsp70 家族（位于人细胞质、线粒体基质、内质网、细胞核）和 DnaK，作用对象是能自发折叠的蛋白质，功能是结合和稳定富含疏水性氨基酸的未折叠肽段，从而防止新生肽提前折叠，热变性蛋白错误折叠或聚集；协助多体组装；协助线粒体蛋白运输。

大肠杆菌 DnaK（因参与 DNA 合成而被鉴定，故以 Dna 命名）是一类 ATP 结合蛋白，其 N 端结构域（NTD）为 ATPase 活性中心，C 端结构域（CTD）含疏水口袋，可与肽链疏水序列结合。DnaK 有两种构象：①结合 ATP 形成 O 构象（开放构象），可以与富含疏水性氨基酸的未折叠肽段松散而可逆结合。②ATP 水解成 ADP 时形成 C 构象（闭合构象），与肽链结合牢

NOTE

固，有利于蛋白质折叠。DnaK 的促进蛋白质折叠作用依赖两种辅助分子伴侣（cochaperone）DnaJ、GrpE。DnaJ 是 DnaK 的 ATPase 激活蛋白，可将其激活 100~1000 倍。GrpE 是一种核苷酸交换因子（真核生物是 BAG、HspBP、Hspll0 家族），促使 DnaK 释放 ADP，结合 ATP。

大肠杆菌 DnaK 作用机制：①DnaJ 与未折叠肽链结合，并协助 DnaK·ATP 与肽链松散结合。②DnaJ 激活 DnaK·ATP 水解其 ATP，转换成 C 构象 DnaK·ADP，与肽链结合牢固，促进蛋白质折叠。③GrpE 促使 DnaK 释放 ADP，结合 ATP，恢复 O 构象的 DnaK·ATP，与部分折叠的蛋白质解离。DnaJ、DnaK、GrpE 重复上述过程，直至完成折叠（图 4-15）。

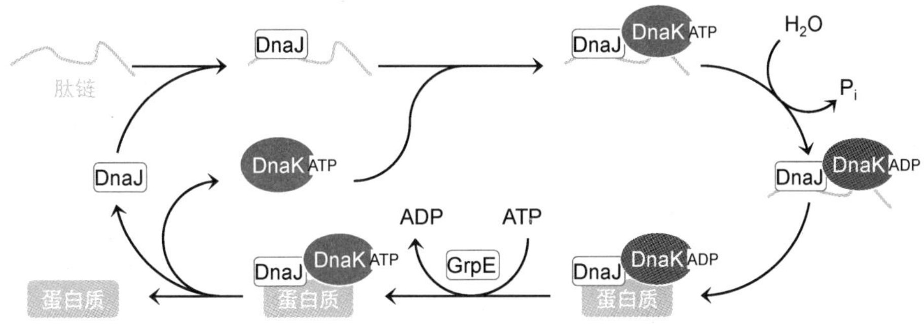

图 4-15　Ⅰ类分子伴侣

Ⅰ类分子伴侣识别并结合新生肽富含疏水性氨基酸的未折叠肽段，使肽链呈伸展状态。因为暴露的疏水肽段具有一定的聚集倾向，会发生错误折叠，形成无活性构象，所以正在合成的肽链与分子伴侣结合，可以防止发生错误折叠。

（2）Ⅱ类分子伴侣　又称伴侣蛋白（chaperonin），是一类结构复杂的蛋白复合体，例如 TCP1、GroEL，作用对象是不能自发折叠的蛋白质，功能是创造微环境，促进新生肽的正确折叠和亚基的正确聚合。

细菌 GroEL 由两个桶状七聚体构成（图 4-16），有两种构象：①结合 ADP 形成 T 构象（紧张构象）。②结合 ATP 形成 R 构象（松弛构象）。

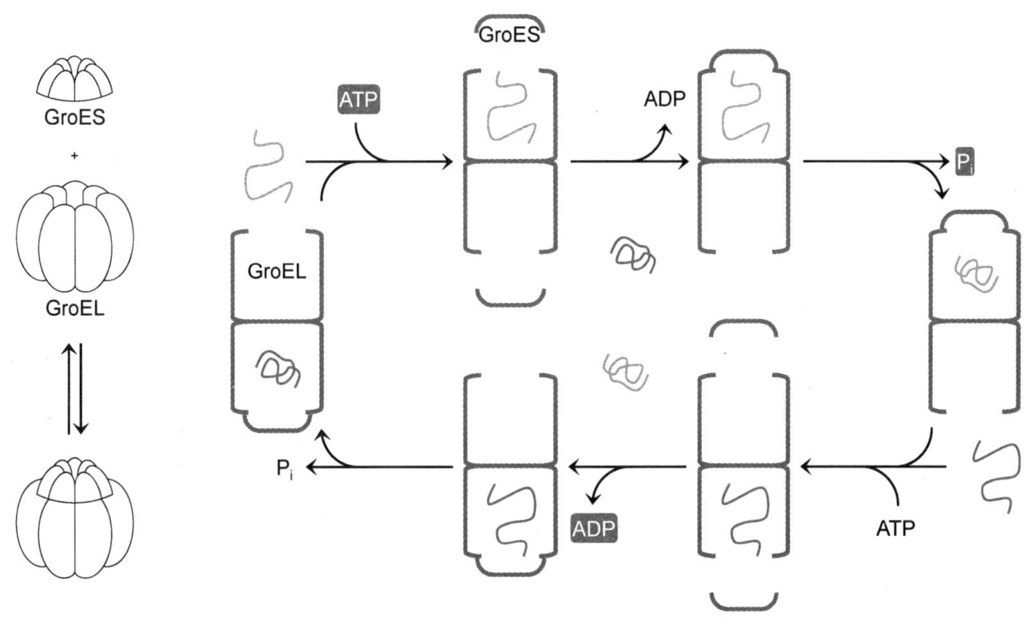

图 4-16　Ⅱ类分子伴侣

GroEL 作用机制：①不能有效折叠的多肽进入 GroEL·ADP 内腔，与内壁结合。②GroEL·ADP 释放 ADP，结合 ATP。GroEL·ATP 促使蛋白质折叠，这一过程需要辅助分子伴侣 GroES 七聚体协助，它就像 GroEL 桶状七聚体的盖子。③GroEL·ATP 水解其 ATP，转换成 GroEL·ADP，释放已经完成折叠的蛋白质（图 4-16）。大肠杆菌有 10%～15%新生肽的折叠需要 GroEL/GroES 协助，热休克时则多达 30%。

分子伴侣和其他辅助分子伴侣除了协助新生肽的正确折叠和聚合之外，还组成一个控制蛋白质折叠的“质控系统”，使未完成折叠的多肽链、错误折叠的蛋白质或错误聚合的蛋白质寡聚体滞留于内质网中，不向高尔基体运输，以免产生异常效应。

3. 亚基聚合　在粗面内质网上合成的许多分泌蛋白和膜蛋白都是多体，其亚基聚合在内质网中按一定顺序进行，结合蛋白质的亚基聚合还涉及辅基结合。例如，①血红蛋白合成时其 α、β 珠蛋白先聚合成二聚体，再与血红素结合成 α、β 亚基二聚体，称为原聚体（protomer），最后两个原聚体形成血红蛋白 HbA（$\alpha_2\beta_2$）。②人乙酰辅酶 A 羧化酶 1 通过 Lys786 的 ε-氨基与 β 生物素的羧基以酰胺键结合，形成生物胞素。

4. 蛋白质构象病　错误折叠的蛋白质会相互聚集，形成淀粉样沉淀而致病，这类疾病称为蛋白质构象病。朊病毒病、阿尔茨海默病、帕金森病等都是蛋白质构象病。

朊病毒（proteinaceous infectious only，prion）又称朊蛋白、普里昂、朊粒，是能引起同种或异种蛋白质构象改变而使其功能改变或致病的一类蛋白质，具有致病性和感染性。朊病毒病（prion disease）又称传染性海绵状脑病（transmissible spongiform encephalopathy，TSE），是由朊病毒引发的一类慢性退行性、致死性中枢神经系统疾病，已经报道的人类软病毒病有库鲁病、克雅氏病（CJD）、致死性家族性失眠症等，其他动物有羊瘙痒病、疯牛病（牛海绵状脑病，bovine spongiform encephalopathy，BSE）、猫海绵状脑病。

朊病毒由 Prusiner（1997 年诺贝尔生理学或医学奖获得者）于 1982 年发现并阐明，因为是只有蛋白质而没有核酸的“病原体”，所以并不是传统意义上的病毒，微生物学称之为亚病毒。例如哺乳动物脑组织细胞膜上的一种疏水性糖蛋白就是朊病毒。人朊病毒新生肽含 253AA，成熟朊病毒含 208AA，有两种构象：一种是正常的 PrP^C（cellular prion protein）构象，以 α 螺旋为主，以单体形式存在，可被蛋白酶完全水解；一种是致病的 PrP^{Sc}（scrapie prion protein）构象，以 β 折叠为主（图 4-17），以淀粉样聚集体形式存在，不能被蛋白酶完全水解。PrP^{Sc} 分子能“复制”——通过构象链反应（conformational chain reaction）将其他朊病毒的 PrP^C 构象转化为 PrP^{Sc} 构象。遗传性朊病毒病患者的朊病毒存在各种突变。例如：致死性家族性失眠症（fatal familial insomnia，FFI）患者的朊病毒存在 Asp178Asn 突变，突变朊病毒更容易形成 PrP^{Sc} 构象。

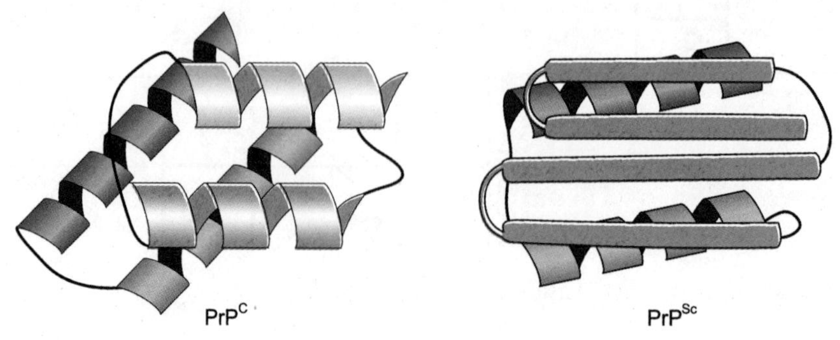

图 4－17　朊病毒构象

NOTE

第六节　真核生物蛋白质的定向运输

真核生物蛋白质的定向运输又称定向转运、靶向输送（targeting）、分选（sorting），是指新合成的蛋白质从合成场所定向运输到功能场所的过程。

真核细胞中合成的蛋白质可分为三类，其中两类涉及定向运输：①游离核糖体合成的细胞质蛋白和线粒体、叶绿体核糖体合成的蛋白质，不涉及定向运输。②游离核糖体合成的细胞核蛋白、线粒体蛋白、过氧化物酶体蛋白及内质网核糖体合成的溶酶体蛋白、膜整合蛋白，经历细胞内定向运输。③内质网核糖体合成的分泌蛋白（secretory protein），经历定向运输和分泌。

例如，酵母有6000多种蛋白质（包括5000种可溶性蛋白质、1000种膜蛋白），其中有1/2为细胞质蛋白，1/4为细胞核蛋白，1/4为线粒体、内质网、高尔基体蛋白。

蛋白质的定向运输可分为两个阶段：①蛋白质向相关区室运输，通常在蛋白质合成过程中或合成结束时进行。不同的蛋白质在这一阶段分别进入内质网、线粒体或细胞核等。②运输到内质网的蛋白质进一步进入分泌途径。高尔基体蛋白、溶酶体蛋白和细胞膜蛋白都以运输小泡形式通过分泌途径运输。

一、进入内质网腔

分泌蛋白的合成是在游离核糖体上开始的，后由信号肽引导核糖体锚定于内质网膜胞质面并继续合成，且新生肽直接进入内质网腔，即合成与运输同时进行，该过程称为共翻译运输（cotranslational translocation），例如胰腺细胞分泌的酶、浆细胞分泌的抗体、小肠杯细胞分泌的黏蛋白、内分泌腺分泌的多肽类激素、各组织细胞分泌的细胞外基质成分。游离核糖体和内质网核糖体是一样的，新生肽进入内质网腔由四种其他成分决定。

1. 信号肽（signal peptide）　经历定向运输的蛋白质的特点是都含有信号肽（又称信号序列。Blobel因提出阐明蛋白质运输和定位的信号学说而获得1999年诺贝尔生理学或医学奖）。溶酶体、线粒体、内质网蛋白前体的信号肽通常位于肽链的N端，功能是引导这些蛋白前体向相应场所运输，之后被切除。细胞核蛋白的信号肽位于肽链的内部，功能是引导其运输入核，之后不被切除。

信号肽（signal peptide）、信号序列（signal sequence）　蛋白质一级结构中决定其去向或归宿的一段氨基酸序列。

前导肽（leader peptide）　①同信号肽。②原核生物操纵子前导序列编码产物，参与基因表达调控。

转运肽（transit peptide）　由染色体基因编码的细胞器（线粒体、过氧化物酶体、顶置体、叶绿体、蓝色小体等）蛋白的信号肽。

前肽（propeptide）　在翻译后修饰时被切除的氨基酸序列，如胰岛素C肽。部分中文文献也译作前导肽。

控制共翻译运输的信号肽长13~36AA，位于（或靠近）新生肽N端，有以下特征：①有的信号肽N端有1~2个带正电荷的碱性氨基酸。②中间有10~15个疏水性氨基酸。③C端为

NOTE

蛋白酶剪切位点，含极性氨基酸，靠近剪切位点处为小分子量氨基酸。分泌蛋白信号肽的功能是引导新生肽进入内质网，之后被切除，所以成熟的分泌蛋白没有信号肽（图 4-18）。

人血清白蛋白原	Met *Lys* Trp Val Thr Phe Ile Ser Leu Leu Phe Leu Phe Ser Ser Ala Tyr Ser•Arg
人胃蛋白酶原	Met *Lys* Trp Leu Leu Leu Leu Gly Leu Val Ala Leu Ser Glu Cys•Ile
人流感病毒 A 蛋白	Met *Lys* Ala *Lys* Leu Leu Val Leu Leu Tyr Ala Phe Val Ala Gly•Asp

图 4-18 人分泌蛋白信号肽

鸡卵清蛋白例外，其 mRNA 翻译成的新生肽 386AA，信号肽是 His22～Asp48，不在 N 端，最后也未被切除。卵清蛋白的另一个特点是其 Ser165、237、321 会缓慢改变 L-构型为 D-构型，并赋予其热稳定性。

2. 信号识别颗粒（signal recognition particle，SRP） 是控制共翻译运输的信号肽受体蛋白。信号识别颗粒可与信号肽结合，从而与含该信号肽的新生肽结合。新生肽一旦与信号识别颗粒结合，便向运输通道（channel）移动，穿过运输通道进入细胞器。许多新生肽的运输过程不可逆，即不会再回到细胞质，因为运输过程与释能过程（如 ATP 水解）偶联，且运输到位之后信号肽通常被切除。

信号识别颗粒是一种核蛋白：①人信号识别颗粒由六种蛋白质（SRP54、SRP19、SRP68、SRP72、SRP14、SRP9）和一种 7S RNA 构成。其中 7S RNA 也记作 7SL RNA，属于胞质小 RNA，长度为 300nt；SRP54 是一种 GTPase，含两个结构域：G 结构域结合 GTP，M 结构域结合 7S RNA（需 SRP19 协助）和信号肽。②原核生物信号识别颗粒由一种蛋白质和一种 4.5S RNA（平均长度为 100nt）构成。③信号识别颗粒的功能是在结合 GTP 时与新合成的信号肽及核糖体结合，引导它们向内质网转移，与停靠蛋白结合。

3. 停靠蛋白（docking protein） 又称信号识别颗粒受体（SRP receptor），是一种内质网膜整合蛋白、一种 αβ 二聚体，其 α 亚基有 GTPase 活性。停靠蛋白的功能是在结合 GTP 时募集信号识别颗粒-新生肽-核糖体-mRNA 复合物，引导它们向转运体转移。

4. 转运体（translocator） 又称易位子（translocon）、易位蛋白质，是一种内质网膜蛋白，跨膜异三聚体，记作 $SEC61_{\alpha\beta\gamma}$，功能是作为新生肽通道，在与核糖体结合时开放，介导新生肽进入内质网腔。

5. 分泌蛋白共翻译运输机制 ①核糖体合成信号肽。②核糖体通过信号肽募集信号识别颗粒。③信号识别颗粒与 GTP 结合并中止肽链合成（因为封闭了延伸因子结合位点），此时新生肽长约 70AA（肽链过长不利于运输）；mRNA-核糖体-新生肽-信号识别颗粒·GTP 向内质网移动，被内质网膜停靠蛋白（结合有 GTP）募集。④核糖体与核糖体受体、贯穿内质网膜的转运体结合，转运体开放，信号肽引导新生肽通过，同时信号识别颗粒和停靠蛋白水解各自的 GTP，信号识别颗粒释放。⑤新生肽继续合成，并通过转运体进入内质网腔（消耗 ATP），信号肽被内质网中与转运体结合的信号肽酶（signal peptidase，又称前导肽酶。人信号肽酶是一种跨膜五聚体）切除。⑥新生肽继续合成，直到终止。⑦核糖体解聚，转运体关闭，新生肽在内质网中修饰（图 4-19）。

分泌蛋白在内质网中修饰后，以运输小泡（transport vesicle）形式向高尔基体顺面（顺面高尔基网）运输，在高尔基体内进一步修饰（包括 *O*-糖基化、*N*-寡糖加工），再以分泌小泡形

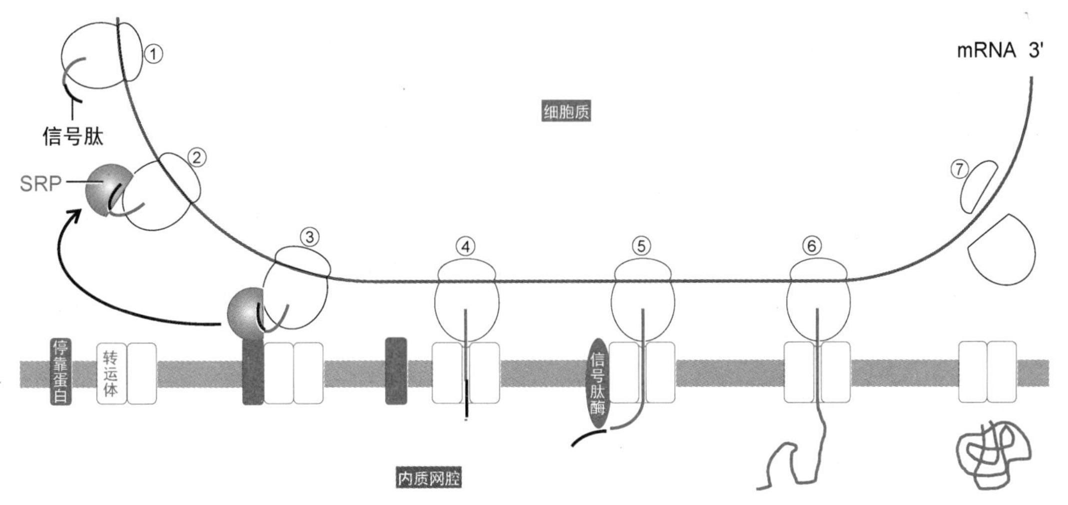

图 4－19　共翻译运输

式离开高尔基体反面（反面高尔基网），运输到细胞膜，通过胞吐作用分泌到细胞外。

二、嵌入内质网膜

内质网膜、高尔基体膜、溶酶体膜和细胞膜的跨膜蛋白都是在内质网上完成合成的，合成之后的运输途径与分泌蛋白的运输途径一致。跨膜蛋白在整个运输过程中始终呈跨膜状态，不会改变与膜的相对取向。因此，跨膜蛋白最终的跨膜取向早在嵌入内质网膜时就确定了。

跨膜蛋白分为四类（图 4-20），这里以 I 型单次跨膜蛋白为例介绍其嵌膜机制。

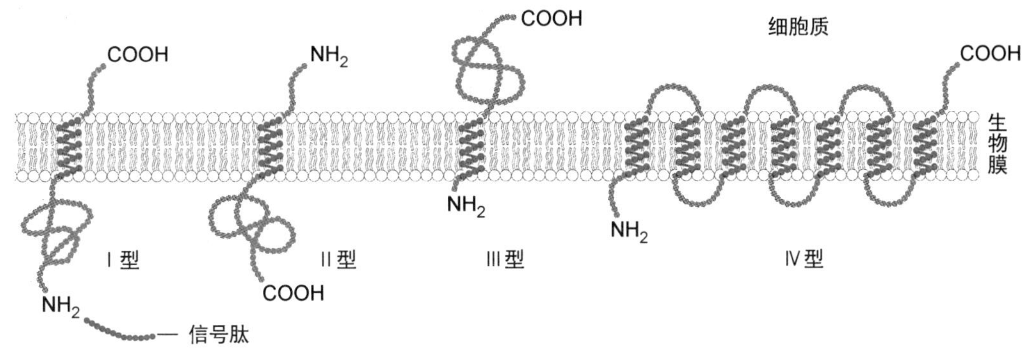

图 4－20　四类跨膜蛋白

所有 I 型跨膜蛋白都含 N 端信号肽和一段约 22AA 的内部疏水肽段（称为信号锚定序列，signal-anchor sequence，停止转移序列，stop transfer sequence，即跨膜区序列），N 端信号肽引导跨膜蛋白向内质网移动，信号锚定序列则为跨膜 α 螺旋。I 型跨膜蛋白的 N 端信号肽和分泌蛋白的信号肽一样，通过信号识别颗粒与停靠蛋白结合，启动共翻译运输：①新生肽 N 端进入内质网腔，信号肽被切除。②新生肽继续合成并进入内质网腔。③信号锚定序列进入转运体通道，跨膜转运终止。④信号锚定序列从转运体的亚基之间挤出，嵌入双层膜结构。⑤新生肽继续合成，核糖体仍然与转运体结合，但转运体已经关闭。⑥合成终止，核糖体脱离转运体，跨膜蛋白 C 端位于内质网表面（图 4-21）。之后出芽形成小泡，最终运输到功能场所。

NOTE

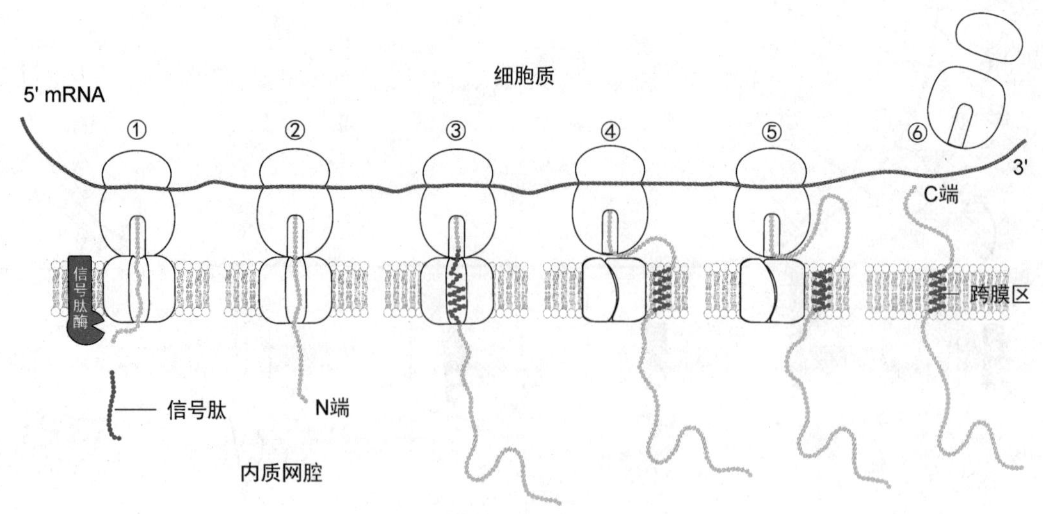

图 4-21 Ⅰ型单次跨膜蛋白运输

三、进入线粒体

人心肌线粒体蛋白质组有 615 种蛋白质，仅 13 种由 mtDNA 编码，其余均由染色体 DNA 编码，在细胞质中翻译合成，合成之后才向线粒体内运输，称为翻译后运输（post-translational transport）。

1. 线粒体蛋白信号肽　又称转运肽（transit peptide），在细胞质中合成的线粒体前体蛋白转运肽位于 N 端，长 20~55AA，有以下特征：①富含疏水性氨基酸、碱性氨基酸（特别是精氨酸）和羟基氨基酸（丝氨酸、苏氨酸），几乎不含酸性氨基酸。②有两亲性 α 螺旋（又称两亲螺旋）构象，即疏水性氨基酸和碱性氨基酸分别位于 α 螺旋的两个侧面。③没有特异性，可以引导其他蛋白质进入线粒体。

2. 线粒体蛋白运输机制　①新合成的线粒体前体蛋白与分子伴侣 Hsp70（或 MSF）结合，呈伸展状态（否则不能运输）。②线粒体前体蛋白与线粒体外膜上的内运受体结合。③内运受体将线粒体前体蛋白向线粒体内外膜接触点（contact point）转移。④线粒体前体蛋白由转运肽引导，穿过外膜 TOM 复合体（translocon of the outer membrane，TOM complex）Tom40 和 TIM 复合体（translocon of the inner membrane，TIM complex）Tim23/17。⑤结合在内膜 Tim44 上的分子伴侣 Hsp70 与线粒体前体蛋白结合，通过水解 ATP 提供能量促使其内运。⑥线粒体前体蛋白的转运肽被线粒体加工肽酶（mitochondrial processing peptidase，MPP，αβ 二聚体）切除。⑦线粒体蛋白形成活性构象（多数需要线粒体伴侣蛋白协助）（图 4-22）。

线粒体蛋白以线粒体基质蛋白为主，此外还有内膜蛋白、外膜蛋白、膜间隙蛋白。后三类蛋白质均含相应的靶向序列，由相关运输系统通过各自的运输机制完成运输。

四、进入细胞核

细胞核与细胞质之间的物质运输涉及大分子穿孔：①RNA 从细胞核到细胞质。②新生核糖体蛋白从细胞质到细胞核。③在细胞核内组装的核糖体亚基从细胞核到细胞质。此外，在细胞质中合成并向细胞核转运的还有其他细胞核蛋白，如 DNA 聚合酶、RNA 聚合酶、组蛋白和

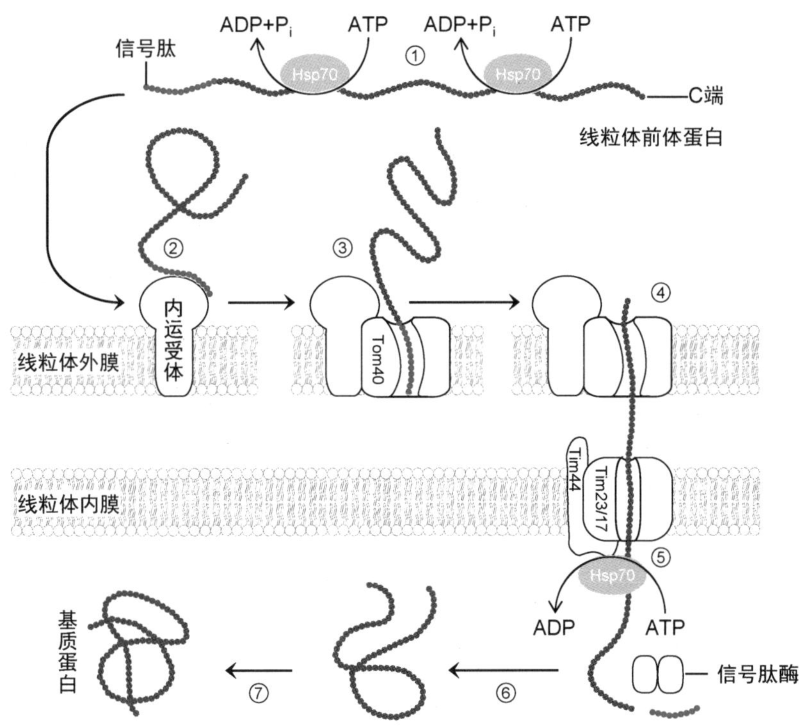

图 4－22 线粒体蛋白运输

非组蛋白（特别是转录因子）等。

真核生物细胞分裂时发生核膜破裂和重建（remodeling），细胞核蛋白也发生弥散和再聚，因此细胞核蛋白的信号肽——核定位信号（又称核定位序列，NLS）并不切除。NLS 可以位于一级结构的不同位点，差异很大，多数含 4~8AA，包括几个连续的碱性氨基酸（表 4-16）。

表 4－16 细胞核蛋白核定位信号和核输出信号

细胞核蛋白	单体大小（AA）	核定位信号位置（序列）	核输出信号位置（序列）
E3 泛素连接酶 Mdm2（人）	491	R179~K185（RQRKRHK）； K466~K473（KKLKKRNK）	S190~I202（SLSFDESLALCVI）
Mdm4 蛋白（人）	490	K442~R445（KRPR）	
T 抗原（SV40）	708	P125~V132（PPKKKRKV）	

有些蛋白质会因代谢条件变化而在细胞核与细胞质之间穿梭，这种蛋白质还需要核输出信号（NES），例如人糖皮质激素受体、E3 泛素连接酶 Mdm2（表 4-16）。

1. 参与细胞核蛋白运输的蛋白因子 种类繁多，其中包括：①输入蛋白（importin）：又称输入因子、核转运蛋白，一种 αβ 二聚体，是细胞核蛋白的可溶性受体，其 α 亚基可识别细胞核蛋白核定位信号。②Ran：一种小分子 GTPase（第七章，194 页）。

2. 细胞核蛋白运输机制 ①在细胞质中，输入蛋白与细胞核蛋白核定位信号结合，形成细胞核蛋白-输入蛋白复合物。②细胞核蛋白-输入蛋白复合物通过核孔复合体（nuclear pore complex，NPC）进入细胞核。③Ran·GTP 促使输入蛋白与细胞核蛋白分离。④Ran·GTP-输入蛋白通过核孔复合体回到细胞质。⑤位于核孔复合体胞质面的 GTP 酶激活蛋白（GAP，第七章，194 页）激活 Ran·GTP，使其水解 GTP，成为 Ran·GDP，从而与输入蛋白分离，输入蛋白

NOTE

继续运输细胞核蛋白。⑥Ran·GDP 返回细胞核内，由鸟苷酸交换因子（GEF，第七章，194页）协助释放 GDP，结合 GTP（图 4-23）。

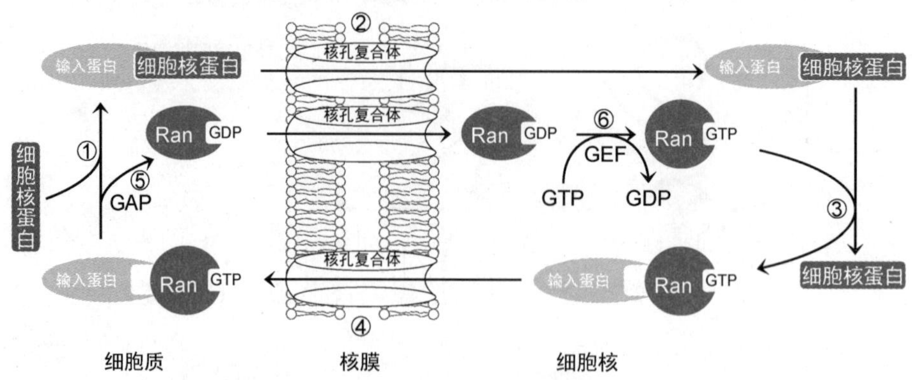

图 4-23 细胞核蛋白运输

第七节 蛋白质合成的抑制剂

许多影响基因表达的因素最终影响蛋白质合成，其中有些是通过影响 DNA 复制和转录间接影响蛋白质合成，有些则直接影响或干扰蛋白质合成。

1. 抗生素（antibiotic） 是一类生物（特别是细菌、酵母、霉菌）代谢物，对某些生物（特别是病原生物或有害生物）的毒性极大，既可从生物材料提取，又可通过化学工艺制备。有临床价值的抗生素的共同特点是直接抑制病原体蛋白质合成且副作用较少。

（1）氨基糖苷类 主要抑制革兰氏阴性菌的蛋白质合成：①链霉素（streptomycin）：与原核生物核糖体小亚基的 S12 蛋白结合，干扰 fMet-$tRNA_f^{Met}$ 与小亚基的正确结合，导致译码错误。②卡那霉素（kanamycin）、新霉素（neomycin）、庆大霉素（gentamicin）：与原核生物核糖体小亚基结合，干扰 tRNA 与 16S rRNA 的相互作用。③壮观霉素（spectinomycin）：与原核生物核糖体小亚基结合，抑制蛋白质合成。④阿米卡星（amikacin）：与原核生物核糖体小亚基结合导致核糖体移码。⑤遗传霉素 G418（商标名称 Geneticin）：在翻译延伸阶段抑制蛋白质合成。⑥潮霉素 B（hygromycin B）：在翻译延伸阶段抑制脱酰 tRNA 释放。

G418 和潮霉素 B 也能杀死真核细胞，在重组 DNA 技术、转基因技术和基因靶向技术中用于筛选转化细胞。

（2）四环素和土霉素 在翻译延伸阶段与原核生物核糖体小亚基结合，从而抑制氨酰 tRNA 进位。

（3）氯霉素 属于广谱抗生素，与原核生物核糖体大亚基 23S rRNA 结合，抑制其肽基转移酶活性，从而在翻译延伸阶段抑制细菌的蛋白质合成，对真核生物线粒体的蛋白质合成也有抑制作用。

（4）林可酰胺类 作用于敏感菌核糖体 23S rRNA，抑制其肽基转移酶活性，使肽酰 tRNA 提前释放，从而在翻译延伸阶段抑制细菌的蛋白质合成，例如林可霉素（lincomycin）和克林霉素（clindamycin）。

NOTE

（5）放线菌酮 作用于真核生物核糖体大亚基，抑制其肽基转移酶活性。

（6）大环内酯类 抑制葡萄球菌、链球菌等革兰氏阳性菌的蛋白质合成，机制是作用于核糖体大亚基 23S rRNA，抑制其肽基转移酶活性，此外还抑制核糖体移位，是治疗葡萄球菌肺炎最有效的药物，例如红霉素（erythromycin）、阿奇霉素（azithromycin）和克拉霉素（clarithromycin）。

（7）氨基核苷类 例如嘌呤霉素（puromycin），其结构与酪氨酰 tRNA 相似，可进入核糖体 A 位，获得由肽基转移酶催化从 P 位肽酰 tRNA 转移的肽链，然后脱离核糖体，使新生肽合成提前终止。嘌呤霉素对原核生物和真核生物的蛋白质合成均有干扰作用，所以不适合作为抗菌药物。

2. 干扰素（interferon） 抑制真核生物蛋白质合成，机制之一是诱导合成蛋白激酶 PKR，催化翻译起始因子 eIF-2α 磷酸化失活。

3. 白喉毒素（diphtheria toxin） 一级结构 535AA，由白喉杆菌合成，可抑制真核生物蛋白质合成。白喉毒素进入细胞后被裂解成 A 片段（193AA）和 B 片段（342AA）。B 片段可以与膜受体结合，A 片段有 ADP 核糖转移酶活性，可催化 NAD^+ 的 ADP 核糖基与翻译延伸因子 eEF-2 的一个组氨酸衍生物——白喉酰胺结合形成 eEF-2-*N*-（ADP-D-核糖）白喉酰胺，从而抑制 eEF-2 的活性。白喉毒素剧毒，一分子即可修饰一个细胞内的 eEF-2，从而杀死该细胞。

4. 蓖麻毒素（ricin toxin） 属于Ⅱ型核糖体失活蛋白，由 A 链（267AA）和 B 链（262AA）通过一个二硫键连接而成。B 链有凝集素活性，能与细胞膜特异糖基结合，介导 A 链进入细胞。A 链有 RNA *N*-糖苷酶活性，可催化人 28S rRNA 脱去 A4324，导致翻译延伸因子不能结合，翻译被阻断。蓖麻毒素剧毒，一分子即可杀死一个细胞。

NOTE

第五章 原核基因表达调控

基因表达（gene expression）是 DNA 转录及转录产物翻译过程，即由基因指导 RNA 合成和 mRNA 指导蛋白质合成的过程，体现了 DNA 和蛋白质、基因型和表型、遗传和代谢的关系。

同一个体的不同组织细胞有相同的基因组，而其基因表达谱（第二十章，530、540 页）各不相同，这是基因表达调控的结果。基因表达调控（gene regulation）是指细胞或生物体在基因表达水平上对营养状况和环境因素的变化作出反应，它决定细胞的结构和功能，决定细胞分化和形态发生，赋予生物多样性和适应性。

原核生物是单细胞生物，通过调节其各种代谢适应营养状况和环境因素的变化，并使其生长繁殖达到最优化。原核生物的基因表达与环境因素关系密切，其相关基因形成的操纵子结构有利于对环境变化迅速作出反应。

第一节 基因表达的方式

不论是原核生物还是真核生物，其基因组中处于表达状态的基因都只是少数，包括高表达基因（如翻译延伸因子基因）和低表达基因（如 DNA 修复酶类基因）。不同基因可能有不同的表达方式。

一、组成性表达

有些基因在一个生物体的各种细胞中持续表达，产物在整个生命过程中都是必需的，因而保持一定水平，其表达效率主要由启动子和 RNA 聚合酶决定，受环境因素影响较小，这种表达方式称为组成性表达、组成型表达（constitutive expression），这类基因称为管家基因（housekeeping gene）、组成型基因（constitutive gene）。管家基因是细胞基本组分编码基因和细胞基本代谢相关基因，哺乳动物可能有 10000 多种。例如 rRNA 基因、3-磷酸甘油醛脱氢酶基因、β 肌动蛋白基因、微管蛋白基因、核糖体蛋白基因。

二、组织特异性表达

有些基因只在特定类型细胞中表达，表达效率还受其他调控元件和调节因子调控，并受营养状况或环境因素变化影响，例如某些基因在不同营养条件下的表达效率相差 1000 多倍，这种表达方式称为组织特异性表达（tissue-specific expression）、调节性表达（regulated expression）、适应性表达，这类基因称为组织特异性基因（tissue-specific gene）、奢侈基因（luxury

NOTE

gene)。根据对环境信号反应结果的不同，组织特异性表达进一步分为诱导性表达和抑制性表达。

1. 诱导性表达　有些基因的基础转录水平很低，受环境信号刺激时启动表达或表达增强，这种表达方式称为诱导性表达（inducible expression），诱导其表达的环境信号称为诱导物（inducer），这类基因称为可诱导基因（inducible gene）。例如别乳糖作为诱导物诱导大肠杆菌乳糖操纵子的表达，DNA 损伤诱导表达 SOS 修复系统。

2. 抑制性表达　有些基因的基础转录水平很高，受环境信号刺激时终止表达或表达减弱，这种表达方式称为抑制性表达、阻遏型表达（repressible expression），抑制其表达的环境信号称为辅阻遏物（corepressor），这类基因称为可抑制基因、可阻遏基因（repressible gene）。例如色氨酸作为辅阻遏物抑制大肠杆菌色氨酸操纵子的表达。

由管家基因、可诱导基因、可抑制基因编码的酶分别称为组成酶、诱导酶、阻遏酶。

三、协同表达

为确保机体代谢有条不紊地进行，在一定机制控制下，功能相关的一组基因无论其为何种表达方式都需协调一致，共同表达，这种表达方式称为协同表达（coordinate expression）、共表达（coexpression）。例如，人体各血红蛋白亚基基因的表达必须同步，否则可能导致地中海贫血。

原核生物操纵子、调节子的表达都属于协同表达。例如，编码大肠杆菌核糖体蛋白的 52 个基因构成的 20 多个转录单位的表达必须协调一致，属于协同表达。

第二节　基因表达的特点

每个原核细胞都是独立的生命体，其一切代谢活动都是为了适应环境，更好地生存、生长和繁殖。原核基因表达有以下特点。

1. 基因表达具有条件特异性　条件特异性是指许多基因（可诱导基因和可抑制基因）的表达水平受营养状况和环境因素影响。例如，①在乳糖充足而葡萄糖缺乏时大肠杆菌乳糖操纵子高表达。②在 SOS 反应后期大肠杆菌 DNA 聚合酶Ⅳ和Ⅴ的基因启动表达。

2. 基因转录多以操纵子为单位　操纵子（operon）由一个启动子、一个操纵基因及其所控制的一组功能相关的结构基因等组成，有些操纵子还有激活蛋白结合位点。操纵子是基因的一种转录单位，转录产物为多顺反子 mRNA。例如大肠杆菌有 4000 多个基因，约半数基因形成操纵子，产物为多体或控制特定代谢途径的多酶体系。操纵子主要存在于原核生物，此外仅在低等真核生物有发现。

3. 基因转录的特异性由 σ 因子决定　大肠杆菌 RNA 聚合酶全酶由核心酶和 σ 因子组成。核心酶只有一种（$\alpha_2\beta\beta'\omega$），催化所有 RNA 的转录合成。已鉴定的大肠杆菌 σ 因子有 σ^{70}、σ^{54}、σ^{38}、σ^{32}、σ^{28}、σ^{24}、σ^{18}（数字表示其分子量大小，例如 σ^{70} 的分子量为 70kDa）等七种。不同 σ 因子与核心酶结合，协助其识别不同的启动子，从而启动不同基因的转录，其中 σ^{70} 协助识别管家基因的启动子（表 5-1）。环境因素可诱导表达特定 σ 因子，启动特定基因的转录，

NOTE

例如环境温度升高时大肠杆菌合成σ^{32}，协助核心酶启动转录一组热休克基因，合成热休克蛋白（如辅助分子伴侣 GrpE）。

表 5－1 大肠杆菌 K-12 株 σ 因子及所识别启动子的共有序列

σ 因子	大小（AA）	分子数/细胞	识别启动子数目，功能	−35 区-N_n-−10 区
σ^{70}	613	700	1000，管家基因	TTGACA-$N_{16\sim18}$-TATAAT
σ^{54}	477	110	5，精氨酸代谢酶基因	CTGGNA（−24 区）-N_6-TTGCA（−12 区）
σ^{38}，σ^{S}	330	<1	100，稳定期基因	TTGACA-$N_{16\sim18}$-TATAAT
σ^{32}，FliA	284	<10	30，细胞质热休克基因	TNTCNCCCTTGAA-$N_{13\sim15}$-CCCCATNTA
σ^{28}	239	370	40，鞭毛和趋化性基因	CTAAA-N_{15}-GCCGATAA
σ^{24}，σ^{E}	191	<1	20，周质热休克基因	GAA-N_{16}-YCTGA
σ^{18}	173	<10	1~2，周质功能基因，铁代谢基因	TTGGAAA-N_n-GTAATG

σ^{32}-mRNA 在热休克时翻译加快，且σ^{32}降解减慢。其控制的细胞质热休克基因绝大多数编码分子伴侣和蛋白酶，受细胞内未折叠蛋白（unfolded protein）诱导。一旦未折叠蛋白被分子伴侣重新折叠，或被蛋白酶降解，σ^{32}就会被蛋白酶降解而回落到正常水平。热休克基因表达下调。

σ^{24}受周质空间及外膜未折叠蛋白诱导：基础条件下σ^{24}结合于跨内膜蛋白 RseA 位于胞质面的 N 端而不会组装 RNA 聚合酶全酶，所以 RseA 是一种抗 σ 因子。外膜未折叠蛋白积累时激活一种周质蛋白酶 DegS，裂解 RseA 位于周质空间侧的 C 端，导致激活跨内膜蛋白酶 RseP，裂解 RseA 的 N 端，释放σ^{24}，激活周质热休克基因表达。

4. 转录与翻译偶联　原核生物没有细胞核，染色体 DNA 位于细胞质中；此外，原核生物 mRNA 基因的初级转录产物即为成熟 mRNA，其编码区是连续的。因此，原核生物 mRNA 合成与蛋白质合成可以同时进行：新生 RNA（nascent RNA）还未合成到 3′端，其 5′端就已启动翻译（图 5-1）。

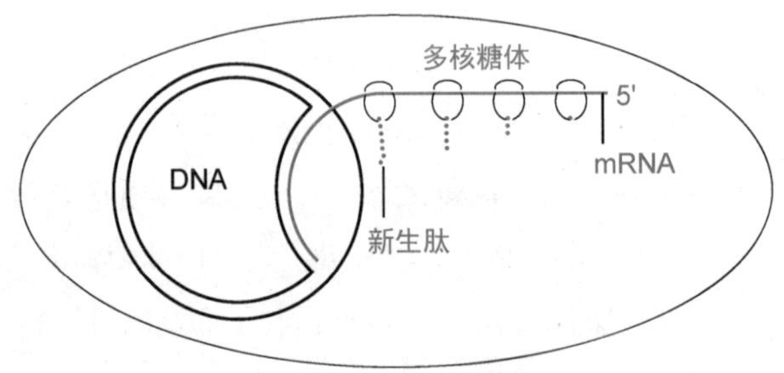

图 5－1 原核生物转录和翻译偶联

第三节 基因表达调控的特点

与真核生物相比，原核生物的基因表达调控有以下特点。

1. 基因表达在多环节受到调控　基因表达是一个多环节过程，每一个环节都可能受到调控。到目前为止的研究集中在以下环节：基因激活、转录（起始、延伸、终止）和转录后加工、RNA 转运和降解、翻译和翻译后修饰、蛋白质定向运输、蛋白质分解，其中转录（特别

是转录起始和延伸）是基因表达调控最重要的环节。

2. 转录因子都是 DNA 结合蛋白　原核基因转录调控是通过转录因子与调控元件的相互作用实现的。转录因子都是 DNA 结合蛋白，通过直接与调控元件结合调控转录。

3. 转录因子的效应包括负调控和正调控　除 σ 因子外，原核基因转录还需要两类转录因子：起负调控作用的阻遏蛋白和起正调控作用的激活蛋白。负调控和正调控在原核生物中普遍存在。

4. 存在协同调控机制　协同调控又称协同调节（coordinated regulation），是指一组功能相关基因的表达受到同一因素调控。例如编码大肠杆菌核糖体蛋白的 52 个基因构成 20 多个转录单位，其表达协调一致。

5. 存在衰减调控机制　某些氨基酸或核苷酸操纵子中含有衰减子序列。

6. 存在应急反应调控机制　原核生物遇到诸如氨基酸缺乏等紧急情况时会作出应急反应，即停止几乎所有合成代谢。

第四节　DNA 水平的调控

有些原核生物可以通过基因重排调控基因表达。鼠伤寒沙门氏菌（*salmonella typhimurium*）是一种哺乳动物肠道细菌，其 1 相鞭毛蛋白 FliC（494AA）和 2 相鞭毛蛋白 FljB（505AA）是哺乳动物免疫系统的主要靶点。沙门氏菌逃避免疫反应的机制是在不同时期表达不同鞭毛蛋白，大约每 1000 代变换一次，这一机制称为相转变（phase variation）（图 5-2）。

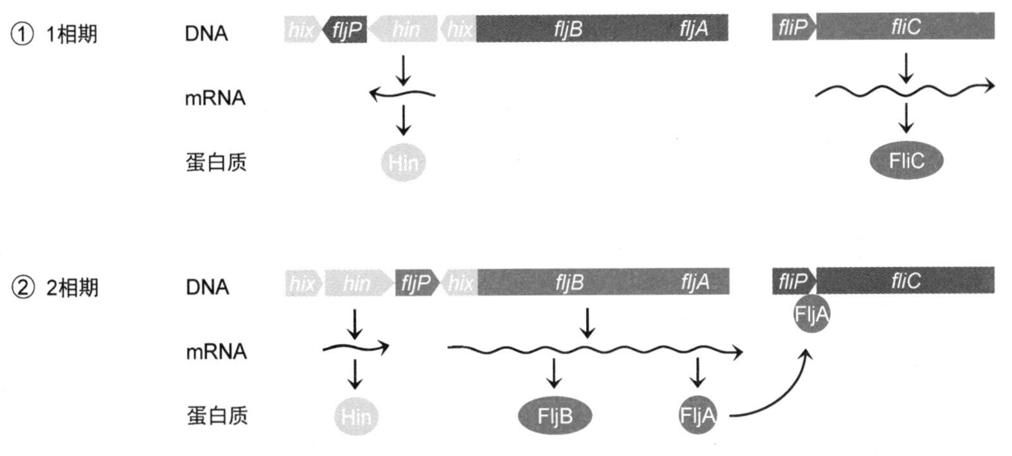

图 5-2　沙门氏菌鞭毛蛋白基因表达调控相转变机制

1. FljB 和 FliC 不会同时合成　*fliC* 的表达受阻遏蛋白 FljA 抑制。*fljA* 和 *fljB* 受同一个启动子 *fljP*（称为翻滚启动子，flip-flop promoter）控制，因而 *fljB* 表达则 *fljA* 表达，合成的 FljA（179AA）结合于启动子 *fliP*，抑制 *fliC* 表达，因而 *fljB* 和 *fliC* 不会同时表达，即 FljB 和 FliC 不会同时合成。

2. DNA 倒位控制合成 FljB 和 FliC　启动子 *fljP* 和 *hin* 基因（编码丝氨酸重组酶 Hin，190AA）位于同一个 DNA 片段中，该 DNA 片段长约 1000bp，两端存在反向重复序列 *hix*（14bp），是重组酶 Hin 作用位点。在 1 相期，*fljA* 和 *fljB* 与启动子 *fljP* 相背而不表达，*fliC* 未被抑制而表达。一旦 *hin* 表达重组酶 Hin，Hin 催化 *hix* 发生位点特异性重组，引起倒位，启动子

fljP 启动 *fljA* 和 *fljB* 表达合成 FljA 和 FljB。FljA 结合于启动子 *fliP*，抑制 *fliC* 表达，进入 2 相期。

通过倒位控制基因表达的机制也见于奇异变形杆菌的氯霉素抗性基因和珠蛋白基因等。

第五节 转录水平的调控

基于以下两个因素，转录起始是基因表达调控最重要的环节：①节约能量和原料，避免浪费。②调控对象较少，通常只有一个靶基因，比转录产物的翻译容易调控。

转录水平的调控是对 RNA 合成时机、合成水平的调控。操纵子是原核基因的基本转录单位，经过系统研究而被阐明的乳糖操纵子等已成为研究原核基因表达调控的经典模型。

一、调控要素

转录调控（transcription regulation）又称转录调节，主要是控制转录起始，本质是控制 RNA 聚合酶与启动子的识别和结合。RNA 聚合酶、调控元件和调节因子是调控转录起始的基本要素。

（一）调控元件

调控元件又称调节元件（regulatory element）、调控区、调节区（regulatory region）、调控序列（regulatory sequence），是影响基因表达的 DNA 序列，根据作用机制分为两类：①顺式作用元件（cis-acting element）：是基因序列的一部分，是 RNA 聚合酶或转录因子的结合位点，包括启动子、终止子、原核生物的操纵基因和激活蛋白结合位点、真核生物的增强子和沉默子等。真核生物顺式作用元件比原核生物多，且绝大多数与结构基因（转录区）在同一染色体 DNA 中，可位于结构基因两侧或内部。②反式作用元件（trans-acting element）：即调控基因（regulatory gene），其产物称为调节因子、反式作用因子（trans-acting factor），包括蛋白质（即转录因子）和 RNA（即调控 RNA），以转录因子为主。调控基因产物的功能是调控基因表达。真核生物反式作用元件与其靶基因可以在同一染色体 DNA 中。调控元件狭义仅指顺式作用元件。

调控原核基因转录的调控元件既包括启动子和终止子，又包括操纵基因和激活蛋白结合位点（图 5-3）。

激活蛋白结合位点	启动子	操纵基因	结构基因（转录区）	终止子

图 5-3 原核基因的调控元件

1\. 启动子（promoter） 决定基因的基础转录水平。大肠杆菌基因的启动子长 40~60bp，包含-35 区和-10 区两段保守序列，分别是 RNA 聚合酶的识别位点和结合位点。

启动子的结构影响其与 RNA 聚合酶的结合，从而影响其所控制基因的基础转录水平。实际上，大肠杆菌仅有少数基因启动子-35 区和-10 区的核苷酸序列与共有序列完全相同，多数启动子存在碱基差异，并且差异碱基的多少影响转录的启动效率：差异碱基少的启动子启动效率高，快至 1~2 秒钟转录一次，属于强启动子（strong promoter）；差异碱基多的启动子启动效率低，慢至 10 分钟甚至一个细胞周期转录一次，属于弱启动子（weak promoter）。此外，-35 区与-10 区的距离也影响转录的启动效率。研究表明，所有启动子两区的间隔集中在15~20bp，其中 90%集中在 16~18bp，两区相隔 17bp 时启动效率最高（图3-3，82 页）。实际上，强启动

NOTE

子与弱启动子的基础转录效率可相差 1000 多倍。

2. 操纵基因（operator）　绝大多数与启动子相邻、重叠或包含，是阻遏蛋白结合位点。阻遏蛋白结合于操纵基因可使 RNA 聚合酶不能与启动子结合，或结合后不能启动转录。

3. 激活蛋白结合位点（activator site）　绝大多数位于启动子上游，是激活蛋白的结合位点。激活蛋白结合于该位点时可增强 RNA 聚合酶的转录启动活性。

（二）调节因子

调节因子（regulatory factor）包括转录因子和调控 RNA（如反义 RNA，151 页），其中转录因子（TCF）又称基因调节蛋白（gene regulatory protein）、反式调节蛋白（trans-regulator），是最早阐明的一类反式作用因子，是调控基因编码产物之一，与顺式作用元件有很强的亲和力，是与其他 DNA 序列亲和力的 $10^4 \sim 10^6$ 倍。转录因子通过与顺式作用元件结合调控基因表达，是决定基因表达特异性的主要因素。转录因子调控基因表达产生两种效应：①正调控（positive control）：又称正调节（positive regulation）、上调（up regulation）、增量调节，是指转录因子与调控元件结合后促进基因表达。②负调控（negative control）：又称负调节（negative regulation）、下调（down regulation）、减量调节，是指转录因子与调控元件结合后抑制基因表达。

1. 转录因子分类　原核生物的转录因子都是 DNA 结合蛋白，通过识别和结合调控元件影响 RNA 聚合酶的结合、闭合复合物向开放复合物的转变或启动子逃逸，从而调控转录，多调控转录起始。它们分为三类。

（1）转录起始因子（transcription initiation factor）　即 σ 因子，决定 RNA 聚合酶与启动子识别和结合的特异性，启动基础水平（basal level）的转录。

（2）阻遏蛋白（repressor）　又称阻遏物、负调节因子（negative regulator），与操纵基因结合，抑制转录，介导负调控。

（3）激活蛋白（activator）　又称激活物、正调节因子（positive regulator），与激活蛋白结合位点结合，激活转录，介导正调控。

大肠杆菌基因组中有 300 多个调控基因，其编码的转录因子有的能调控大量基因的表达（转录因子 CRP、FNR、IHF、Fis、ArcA、NarL 和 Lrp 调控半数基因的表达）；有 60 多种转录因子只调控 1~2 个基因的表达；有的转录因子是一个基因的激活蛋白，同时又是另一个基因的阻遏蛋白；有的转录因子对同一个基因的调控具有两重性，如调控阿拉伯糖操纵子的 ArcC，有阿拉伯糖时起激活作用，无阿拉伯糖时起抑制作用。

2. 转录因子作用模式　转录因子是变构蛋白，其调控效应受诱导物和辅阻遏物等环境信号的影响。环境信号与转录因子结合，改变其构象，影响其与调控元件的结合，从而调控基因表达。这种影响有四种模式（图 5-4）。

（1）负调控诱导　在可诱导基因的表达过程中，诱导物钝化阻遏蛋白，诱导基因表达，例如别乳糖诱导乳糖操纵子表达。

（2）正调控诱导　在可诱导基因的表达过程中，诱导物活化激活蛋白，诱导基因表达，例如阿拉伯糖诱导阿拉伯糖操纵子表达。

（3）负调控抑制　在可抑制基因的表达过程中，辅阻遏物活化阻遏蛋白，抑制基因表达，例如色氨酸抑制色氨酸操纵子表达。

（4）正调控抑制　在可抑制基因的表达过程中，辅阻遏物钝化激活蛋白，抑制基因表达。

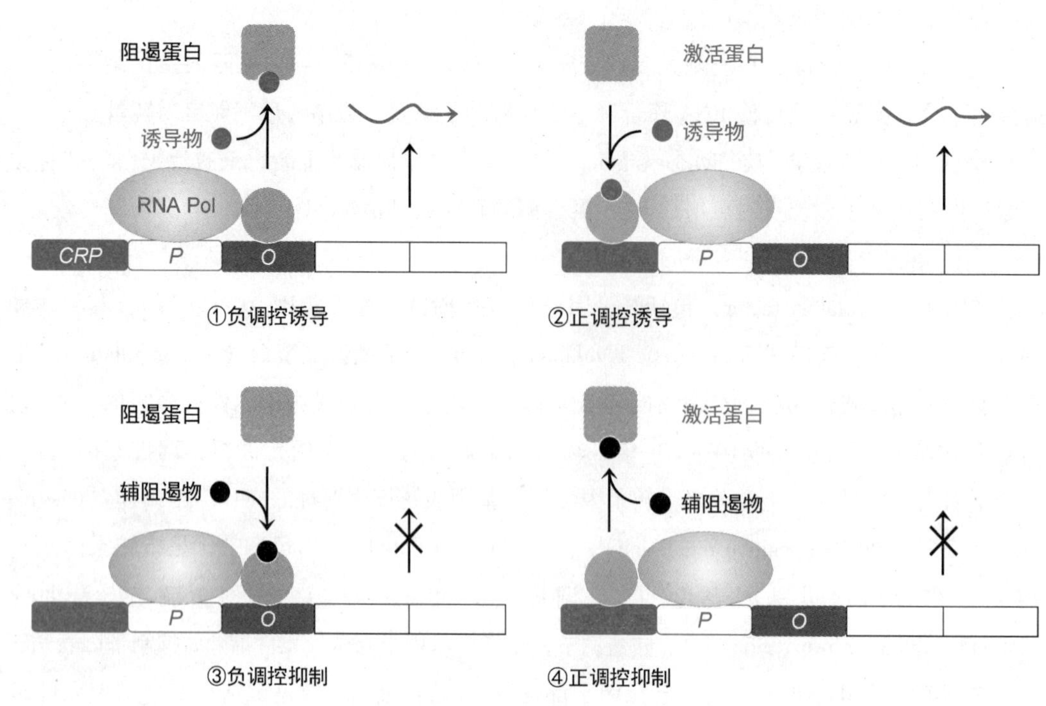

图 5-4　转录因子作用模式

二、乳糖操纵子

葡萄糖是大肠杆菌的主要能源。当可以得到葡萄糖和其他糖时，大肠杆菌会先利用葡萄糖，这种现象称为葡萄糖效应（glucose effect）。当葡萄糖耗尽后，大肠杆菌会停止生长，经过短暂适应，转而利用其他糖。

针对这种现象，Jacob 和 Monod（1965 年诺贝尔生理学或医学奖获得者）经过研究，于 1960 年提出操纵子模型，该模型被视为阐述原核基因转录调控机制的经典模型。现已阐明：乳糖操纵子的表达受诱导调控和激活调控双重调控，调控幅度高达 5000 倍。

1. 乳糖操纵子的结构　大肠杆菌乳糖操纵子（*lac* operon）包含三个结构基因 *lacZ*（3510bp）、*lacY* 和 *lacA*，编码参与乳糖分解代谢的三种酶（表 5-2）。结构基因上游还有操纵基因 *lacO*、启动子 *lacP* 和 cAMP 受体蛋白结合位点等调控元件（图 5-5①）：①操纵基因 *lacO*：21bp，共有序列 AATTGTGAGCGGATAACAATT，位于-5～+21 区，含反向重复序列。②启动子 *lacP*：64bp，3′端与 *lacO* 重叠。③cAMP 受体蛋白结合位点：简称 CRP 结合位点、*CRP*，约 22bp，中心位于-60～-61 区，共有序列 TGTGA，有时形成反向重复序列 $TGTGAN_2TN_3TCANA$。

表 5-2　大肠杆菌 K-12 株乳糖操纵子结构基因及调控基因

基因	产物	大小（AA）	结构	功能
lacZ	β-半乳糖苷酶	1023	同四聚体	水解 β-半乳糖苷
lacY	β-半乳糖苷透过酶（乳糖-H^+同向转运体）	417	单体	摄取 β-半乳糖苷
lacA	半乳糖苷乙酰转移酶	203	同二聚体	硫代半乳糖苷解毒
lacI	阻遏蛋白	360	同四聚体	抑制乳糖操纵子表达
cap	cAMP 受体蛋白	210	同二聚体	激活表达一组操纵子

NOTE

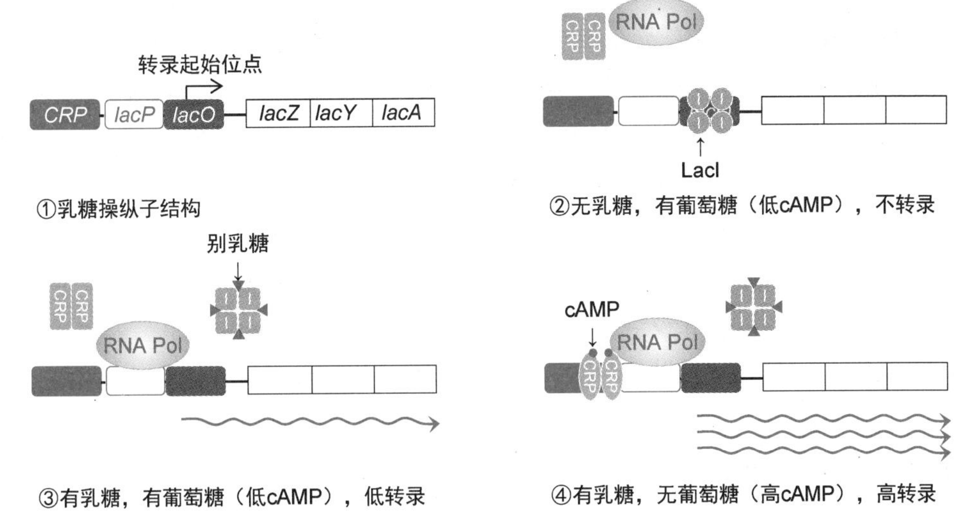

图 5－5　乳糖操纵子调控机制

2. 乳糖操纵子的诱导调控　乳糖操纵子上游存在调控基因 *lacI*。*lacI* 组成性表达 LacI 阻遏蛋白，但受弱启动子控制，转录效率很低，转录产物翻译效率也很低，每个细胞内有 10～20 个 LacI 同四聚体（由两个同二聚体形成）。LacI 单体 360AA，三级结构可分为三部分：①DNA 结合域：由 N 端序列（Met1～Gly58，其中 Leu6～Asn25 形成螺旋-转角-螺旋基序）构成，与核心部分仅通过一段铰链序列结合，可直接嵌入 *lacO* 大沟。②核心：含二聚化结构域和诱导物（别乳糖）结合位点。③四聚化结构域：由 C 端序列构成，是一段 α 螺旋（图 5-6）。LacI 同四聚体介导乳糖效应。

图 5－6　LacI 结构示意图

（1）在没有乳糖时，LacI 同四聚体会与 *lacO* 结合，亲和力是与其他序列结合的 10^6～10^7 倍（平衡常数 1×10^{13}～2×10^{13}，表 5-3），所以结合具有高度特异性。LacI 的结合抑制 RNA 聚合酶与启动子结合，从而抑制转录，导致转录效率极低，仅为基础转录水平的 1/1000（图 5-5②），只有 5～10 个 β-半乳糖苷酶分子。

表 5－3　大肠杆菌 K-12 株乳糖操纵子阻遏蛋白-操纵基因结合特异性

DNA	阻遏蛋白	阻遏蛋白+诱导物	DNA	阻遏蛋白	阻遏蛋白+诱导物
操纵基因结合平衡常数	2×10^{13}	2×10^{10}	操纵基因结合状态	96%	3%
其他 DNA 结合平衡常数	2×10^{6}	2×10^{6}	操纵效应	抑制	诱导
特异性	10^{7}	10^{4}			

（2）在有乳糖时，乳糖被 β-半乳糖苷酶催化水解，同时生成少量副产物别乳糖（半乳糖 β1→6 葡萄糖）。别乳糖作为诱导物与 LacI 结合使其变构，与 *lacO* 的亲和力下降到原来的 $1/10^3$（平衡常数 2×10^{10}），因而乳糖操纵子去抑制（derepression），转录效率可提高到基础转录水平（图 5-5③）。培养基中加入乳糖 1～2 分钟后即有 *lac* mRNA 开始积累，5～6 分钟内达到峰值，

10 分钟内酶蛋白达到峰值，可合成 5000 多个 β-半乳糖苷酶分子。

3. 乳糖操纵子的激活调控　野生型 *lacP* 为弱启动子（图 3-3，82 页），RNA 聚合酶与之识别、结合的效率很低，所以即使解除 LacI 的抑制调控，乳糖操纵子的转录也仅达到基础转录水平，还需要 cAMP 受体蛋白（cAMP receptor protein，CRP，又称分解代谢物基因激活蛋白，catabolite gene activator protein，CAP）的激活调控。

CRP 是同二聚体，每个亚基含以下结构：①N 端结构域（Pro10～Gly133）：又称 cAMP 结合域，可结合一分子 cAMP。②C 端结构域（Leu138～Arg210）：又称 DNA 结合域，可与 CRP 结合位点（*CRP*）结合，使其保守序列 TGTGA 扭结（kink）而弯曲。③三个转录激活区（activating region，AR1、AR2 和 AR3）：分别作用于 RNA 聚合酶 α 亚基的 C 端结构域、N 端和 σ^{70}。

CRP 介导葡萄糖效应。CRP 必须与 cAMP 结合形成 CRP·cAMP 复合物，才能结合到 CRP 结合位点，激活转录。因此，CRP 的激活效应受 cAMP 水平控制，而 cAMP 水平与葡萄糖水平呈负相关。

（1）当葡萄糖缺乏时，cAMP 增加，CRP·cAMP 复合物增加，与 CRP 结合位点结合的效率高，结合时募集 RNA 聚合酶，即通过作用于 RNA 聚合酶 α 亚基促进其与启动子的结合，可以将转录效率在基础转录水平上提高 50 倍（图 5-5④）。

（2）当葡萄糖充足时，cAMP 减少，CRP·cAMP 复合物减少，与 CRP 结合位点结合的效率低，对乳糖操纵子转录的激活效应弱。

4. 乳糖操纵子的双重调控　如上所述，乳糖操纵子的转录受 LacI 和 CRP 的双重调控，只有因存在乳糖而解除 LacI 的抑制调控，同时因缺乏葡萄糖而启动 CRP 的激活调控，才会使乳糖操纵子高效转录，最终使 β-半乳糖苷酶分子从不到 10 个增加到几千个。这种调控机制称为信号整合（signal integration），在原核生物和真核生物广泛存在。

乳糖操纵子的双重调控机制有利于大肠杆菌的生存。在没有乳糖时，没有必要表达乳糖分解代谢酶系；而在葡萄糖和乳糖都可利用时，诱导表达分解乳糖的酶系也不经济。因此，乳糖操纵子调控机制有利于大肠杆菌优先利用最易代谢的葡萄糖。

三、色氨酸操纵子

大肠杆菌可用分支酸合成色氨酸，合成过程由 3 种酶的 5 种活性中心催化（表 5-4）。相应的 5 种编码基因构成色氨酸操纵子（*trp* operon），其表达受抑制调控和衰减调控双重负调控，调控幅度高达 700 倍。

表 5-4　大肠杆菌 K-12 株色氨酸操纵子

酶活性中心	酶亚基组成	基因
邻氨基苯甲酸合酶	$TrpE_2TrpD_2$（$\alpha_2\beta_2$）	*trpE*
邻氨基苯甲酸磷酸核糖转移酶	$TrpE_2TrpD_2$（$\alpha_2\beta_2$）	*trpD*
磷酸核糖邻氨基苯甲酸异构酶（双功能酶）	TrpC	*trpC*
吲哚甘油磷酸合酶（双功能酶）	TrpC	*trpC*
色氨酸合成酶	$TrpA_2TrpB_2$（$\alpha_2\beta_2$）	*trpA*，*trpB*

NOTE

稳定条件下，大肠杆菌色氨酸操纵子每分钟转录 15 次，每个 mRNA 降解前被翻译 10 次，因此每分钟细胞内生成 150 套合成酶系。

1. 色氨酸操纵子的结构　色氨酸操纵子包含五个结构基因（约 7000bp），分别为 *trpE*（1560bp）、*trpD*（1593bp）、*trpC*（1356bp）、*trpB*（1191bp）和 *trpA*（804bp）。结构基因上游还有操纵基因 *trpO*（21bp，-23～-3）、启动子 *trpP*（60bp）和前导序列 *trpL*（162bp）（图 5-7①）。

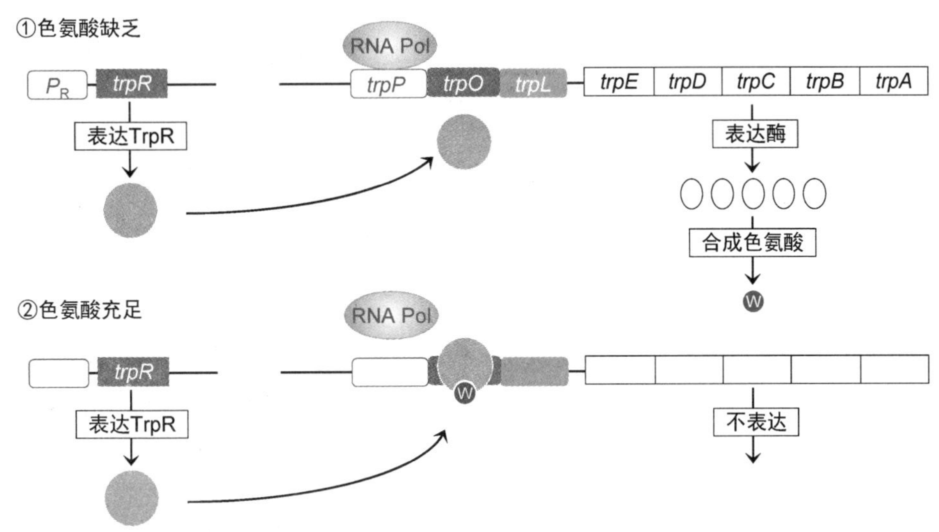

图 5-7　色氨酸操纵子抑制调控机制

2. 色氨酸操纵子的抑制调控　色氨酸操纵子上游存在调控基因 *trpR*，编码 TrpR 阻遏蛋白（107AA，形成同二聚体）。

（1）当色氨酸缺乏时，游离的 TrpR 阻遏蛋白不能与操纵基因 *trpO* 结合，RNA 聚合酶可有效地转录结构基因，维持较高的色氨酸合成速度（图 5-7①）。

（2）当色氨酸充足时，色氨酸（W）作为辅阻遏物与 TrpR 阻遏蛋白结合（每个亚基结合一分子），使其变构成为活性 TrpR·Trp，与操纵基因 *trpO* 的保守序列 ACTAGT 结合。*trpO* 与启动子 *trpP* 部分重叠，所以 TrpR·Trp 与 *trpO* 的结合抑制 RNA 聚合酶与 *trpP* 结合。已经转录的 mRNA 也很快降解（其半衰期约 3 分钟），最终降低色氨酸的合成速度（约为色氨酸缺乏时的 1/70，图 5-7②）。

此外，TrpR 阻遏蛋白还抑制调控 *aroH*（编码芳香族氨基酸合成途径的一种同工酶）表达及反馈抑制 *trpR* 表达。

3. 色氨酸操纵子的衰减调控　衰减调控又称弱化调控，作用于转录延伸环节，是通过控制一个前导肽的合成来进行的。色氨酸操纵子的**前导序列**（leader）*trpL* 位于结构基因 *trpE* 与操纵基因 *trpO* 之间，长 162bp，含四段特殊序列，分别编号为序列 1（45bp，+27～+71）、2（20bp，+74～+93）、3（14bp，+108～+121）、4（9bp，+126～+134）。序列 1 编码一个 14AA 的**前导肽**（leader peptide），其中第十、十一号氨基酸是两个色氨酸（W，**调节氨基酸**）。序列 2 和序列 3 存在互补序列，可以形成发夹结构。序列 3 和序列 4 也存在互补序列，可以形成富含 G-G 的发夹结构，该发夹结构之后有 7 个连续的 U，所以是一个不依赖 ρ 因子的终止子结构，称为**衰减子**（attenuator）、**弱化子**、**内在终止子**（intrinsic terminator）（图 5-8①）。

NOTE

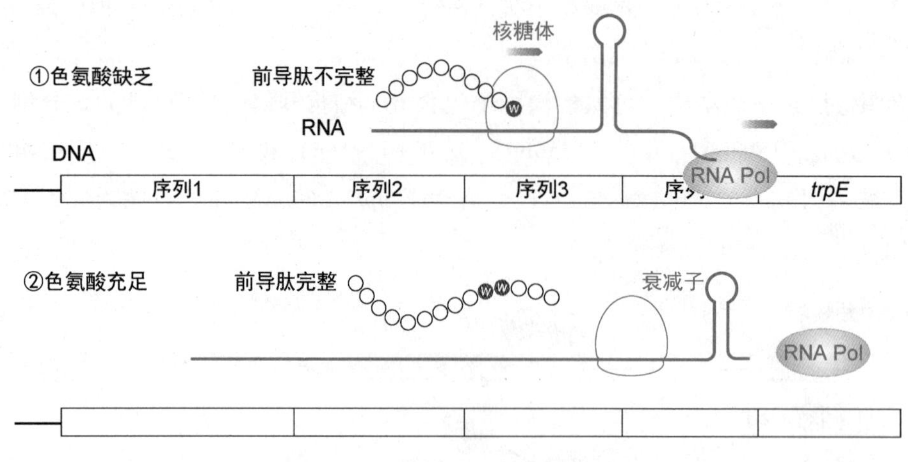

图 5-8　色氨酸操纵子衰减调控机制

转录与翻译的偶联是衰减调控的基础，色氨酰 tRNA 水平的变化是衰减调控的信号。

（1）当色氨酸缺乏时，色氨酰 tRNA 供给不足，合成前导肽的核糖体停滞于序列 1 的色氨酸密码子位点，序列 2 与序列 3 形成发夹结构，使序列 3 不能和序列 4 形成衰减子结构，下游的结构基因 *trpE* 等可以被 RNA 聚合酶有效转录（图 5-8①），最终合成约 7000nt 的全长 mRNA。

（2）当色氨酸充足时，色氨酰 tRNA 供给充足，核糖体在 RNA 聚合酶完成序列 3 转录之前完成序列 1 的翻译，并对序列 2 形成约束，导致序列 3 不能与序列 2 形成发夹结构，转而与序列 4 形成转录终止子结构——衰减子，使下游正在转录结构基因的 RNA 聚合酶 90%脱落，转录提前终止（premature transcription termination，图 5-8②），合成的 mRNA 有 90%为 130～140nt 片段，仅 10%为全长 mRNA，因此转录效率仅为色氨酸缺乏时的 1/10。

4. 色氨酸操纵子的双重负调控　其抑制调控和衰减调控相辅相成：①抑制调控作用于转录起始环节，衰减调控作用于转录延伸环节。②抑制调控的信号是色氨酸水平的变化，衰减调控的信号是色氨酰 tRNA 水平的变化。③抑制调控有效、经济，衰减调控细微、迅速。

衰减调控广泛存在，仅在氨基酸操纵子中就已鉴定了六种（表 5-5）。

表 5-5　大肠杆菌 K-12 株氨基酸类操纵子前导肽

操纵子	前导肽长度（AA）	所含调节氨基酸数	操纵子	前导肽长度（AA）	所含调节氨基酸数
色氨酸操纵子	14	2	苏氨酸操纵子	21	8
苯丙氨酸操纵子	15	7	亮氨酸操纵子	28	4
组氨酸操纵子	16	7	支链氨基酸操纵子	32	15

四、阿拉伯糖操纵子

阿拉伯糖（arabinose，Ara）是大肠杆菌的营养物之一，代谢时先由三种酶催化转化为5-磷酸木酮糖，再通过磷酸戊糖途径代谢，而三种酶即由阿拉伯糖操纵子（*ara* operon）编码。该操纵子在存在阿拉伯糖且缺乏葡萄糖时高表达。

1. 阿拉伯糖操纵子的结构基因　共有三个，简写为 *araBAD*。*araA* 编码 L-阿拉伯糖异构酶，*araB* 编码 L-核酮糖激酶，*araD* 编码 L-核酮糖-5-磷酸-4-差向异构酶。

NOTE

2. 阿拉伯糖操纵子的调控元件　即与 *araBAD* 相邻的启动子区域，包括以下元件（图 5-9）。

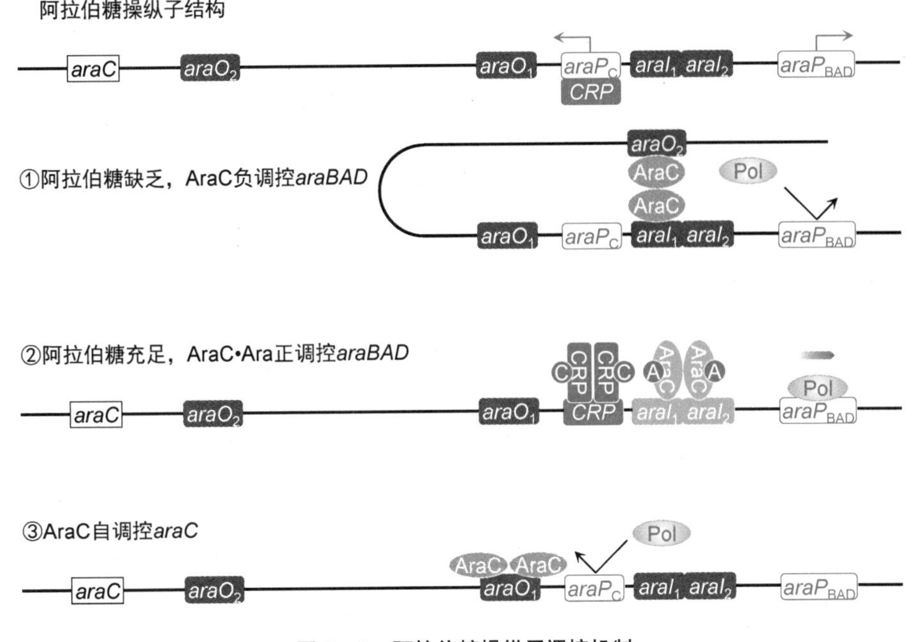

图 5-9　阿拉伯糖操纵子调控机制

（1）两个启动子　一个是 *araBAD* 的启动子 $araP_{BAD}$，一个是调控基因 *araC* 的启动子 $araP_C$，后者也是 *araBAD* 的 CRP 结合位点（*CRP*）。

（2）四个其他调控元件 $araO_2$、$araO_1$、$araI_1$、$araI_2$　它们都是转录因子 AraC 的结合位点，其中 $araO_1$ 调控 *araC* 转录，其余调控元件调控 *araBAD* 转录。

3. 转录因子 AraC 的正、负调控作用　阿拉伯糖操纵子上游存在调控基因 *araC*，编码转录因子 AraC。AraC 同二聚体与调控元件有三种不同的结合方式，产生不同的调控效应。

（1）当阿拉伯糖缺乏时，AraC 与 $araO_2$、$araI_1$（两者相隔 194bp）结合，使成环而抑制 *araBAD*转录，产生负调控效应（图 5-9①）。

（2）当阿拉伯糖充足时，AraC 与阿拉伯糖（A）结合成 AraC·Ara 而变构，与 $araI_1$、$araI_2$ 结合，激活 *araBAD* 转录，产生正调控效应（图 5-9②）。

（3）AraC 还可以自调控，通过与 $araO_1$ 结合，抑制 *araC* 转录，防止 AraC 过多（图 5-9③）。

4. 激活蛋白 CRP 的正调控作用　这里的 CRP 即调控乳糖操纵子的 CRP（实际上 CRP 是大肠杆菌 100 多种基因的激活蛋白）。当存在 cAMP（即缺乏葡萄糖）时，CRP 可以与 cAMP（C）形成 CRP·cAMP，然后与 $araP_C$ 结合。$araP_{BAD}$是一个弱启动子，其-35 区和-10 区与共有序列有 5 个碱基不同，间隔区的长度也差 1 个核苷酸（图 3-3）。只有 CRP·cAMP 与 $araP_C$（即 CRP 结合位点）结合时，AraC·Ara 才能激活 *araBAD* 表达，产生正调控效应。因此，阿拉伯糖与 cAMP 必须同时存在，*araBAD* 转录才能启动（图 5-9②）。因为 cAMP 水平与葡萄糖水平呈负相关，所以只有既存在阿拉伯糖又缺乏葡萄糖，才会使阿拉伯糖操纵子高效表达。

五、严谨调控

严谨调控是转录的另一种调控形式，是指细菌在氨基酸缺乏时，迅速减少 rRNA、tRNA 和

NOTE

核糖体蛋白的合成。其中 rRNA、tRNA 的合成效率降至正常条件下的 5%～10%，某些 mRNA 的合成效率则降至正常条件下的 3%。此外，糖、脂质、核苷酸的合成也减少，而蛋白质分解加快。

1. 应急反应调控机制　氨基酸缺乏时大肠杆菌合成两种特殊的鸟苷酸——鸟苷四磷酸（ppGpp，5′-二磷酸鸟苷-3′-焦磷酸）和鸟苷五磷酸（pppGpp，5′-三磷酸鸟苷-3′-焦磷酸），它们是通过层析被鉴定的，统称魔斑核苷酸（magic spot）。其中 ppGpp 调节各种代谢，特别是抑制 RNA 合成（图 5-10②），主要是抑制 rRNA（和 tRNA）的合成；此外也诱导某些基因（如氨基酸合成酶基因的转录）。这种调控机制称为严谨调控、严紧控制（stringent control）、严谨反应、严紧反应（stringent response）。

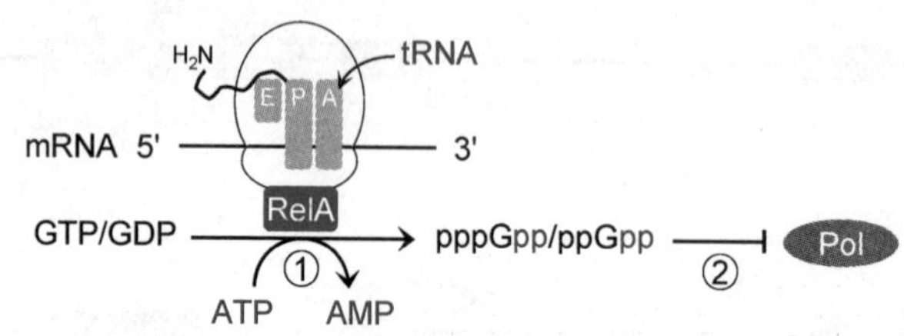

图 5-10　应急反应调控机制

大肠杆菌 rRNA 基因启动子结构特别，转录起始阶段形成的开放复合物需要 ATP 稳定，ATP 缺乏时解体。ppGpp 可以与开放复合物结合，竞争性抑制 ATP 结合，导致开放复合物解离，不能合成 rRNA。

2. pppGpp/ppGpp 合成机制　有 0.5%的核糖体结合有一种称为应急因子（stringent factor，又称严谨因子、严紧因子）的蛋白质 RelA，是一种 GTP 焦磷酸激酶，由 *relA* 编码，744AA，极少，与核糖体之比仅为 1∶200。营养缺乏导致空的 tRNA 进入核糖体 A 位，激活应急因子，催化合成 pppGpp/ppGpp，称为空载反应（idle reaction）：ATP＋GTP/GDP→AMP＋pppGpp/ppGpp，以 pppGpp 为主（图 5-10①）。pppGpp 可被几种酶（如五磷酸鸟苷焦磷酸酶）转化为 ppGpp：pppGpp+H_2O→ppGpp+P_i。

营养条件恢复正常之后，ppGpp 被双功能 ppGpp 合酶/水解酶 SpoT（702AA）催化水解：ppGpp+H_2O→GDP+PP_i。ppGpp 半衰期只有约 20 秒，所以应急反应极其迅速。

六、SOS 反应调控

调节子（regulon）是存在于原核生物和真核生物基因组中的一类表达调控系统。一个调节子有以下特征：由散在分布于基因组中的一组操纵子或其他基因组成，它们拥有各自的调控元件。它们的表达受各自的一组转录因子调控，其中有一种转录因子是相同的，因而它们的表达受到统一调控。例如，大肠杆菌 CRP 调控 100 多种基因的表达，它们组成调节子。

SOS 修复系统是一个典型的调节子，由一组基因（包括 *lexA* 和 *recA*）和操纵子组成，编码一组 DNA 修复酶类。其操纵基因称为 SOS 盒，阻遏蛋白是 LexA（图 5-11①）。

1. SOS 盒与阻遏蛋白 LexA　SOS 盒是一个与启动子重叠的 16bp 回文序列（CTG-TATATATATACAG），缺省状态下与阻遏蛋白 LexA（202AA）结合，使 SOS 调节子的表达处于抑制状态。

NOTE

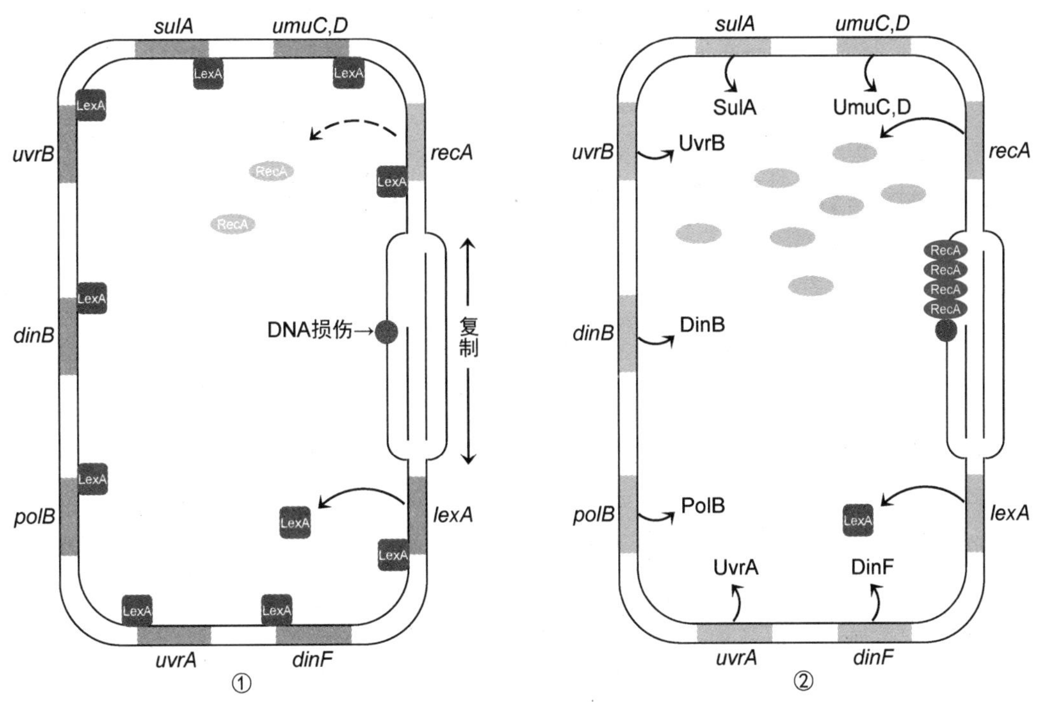

图 5－11　SOS 调节子调控机制

2. 重组酶 RecA　其编码基因 *recA* 是 SOS 修复系统成员，因而也受 LexA 抑制，但属于不完全抑制，即存在基础表达，使得细胞内在最低水平时也有 1200 多个 RecA 单体，可以满足同源重组及重组修复需要。

3. SOS 反应调控机制　这里介绍以下三个环节。

（1）SOS 调节子激活　在 SOS 修复过程中，RecA 是 LexA 的激活剂。当 DNA 受到紫外线、交联剂、烷化剂等作用，损伤严重，有较长的单链 DNA 模板不能复制时，单链 DNA 募集 RecA，RecA 激活 LexA，促使其自我剪切（又称自水解，A84-G85），解除对 SOS 调节子的抑制，转录增加，启动 SOS 修复（图 5-11②）。

（2）DNA 聚合酶Ⅴ激活　①SOS 调节子包括 *umuDC* 操纵子，其产物形成 $UmuD_2C$ 三聚体。②$UmuD_2C$ 被结合于单链 DNA 模板的 RecA 募集。UmuD（139AA）被 RecA 激活，自我剪切成 UmuD′（切除 N 端 24AA），因而 $UmuD_2C$ 激活成 $UmuD'_2C$，即为有活性的 DNA 聚合酶Ⅴ。③DNA 聚合酶Ⅴ催化跨损伤合成。

（3）SOS 调节子重抑制　SOS 调节子的表达包括大量合成 RecA 和 LexA，其中 RecA 水平升高约 50 倍，确保促使新合成的 LexA 自我剪切。一旦 SOS 修复完成，不再有单链 DNA 募集 RecA，LexA 不再被激活而自我剪切，得以积累，结合于 SOS 盒，使 SOS 调节子回归抑制状态。

RecA 还激活其他阻遏蛋白，例如原噬菌体阻遏蛋白，使其自我剪切，结果噬菌体从溶原状态进入溶菌状态。

第六节　翻译水平的调控

NOTE

大肠杆菌乳糖操纵子被诱导表达时，表达的 β-半乳糖苷酶、β-半乳糖苷透过酶、半乳糖苷乙酰转移酶分子数并不相等，而是1：0.5：0.2，说明其在转录后水平（这里是翻译水平）上也受到调控。转录后水平调控有两个优势：①多点调控可以对更多的调控因素作出反应，且调控更有效、更精细。②转录后水平调控反应更迅速。

原核生物基因表达的转录后水平调控主要发生在翻译水平，与mRNA稳定性、5′非翻译区、翻译抑制、反义RNA、核糖体移码等有关。

一、mRNA稳定性

细菌的繁殖周期是20~30分钟，所以细菌代谢活跃，需要快速合成或降解mRNA以适应环境变化。细菌不同mRNA的半衰期不同，短至20秒钟，长至90分钟，多数为2~3分钟（如乳糖操纵子和色氨酸操纵子mRNA半衰期约为3分钟），因此诱导因素一旦消失，基因表达很快就会停止。

细菌的大多数mRNA寿命很短，很可能在转录启动不到1分钟时就开始被降解了，此时3′端的翻译甚至转录都还没有完成。不过降解速度较慢，约为转录速度的一半。

mRNA寿命受RNA结合蛋白控制。大肠杆菌碳储存调节蛋白A（carbon storage regulator A，CsrA）与糖原合酶、糖原分支酶、1-磷酸葡萄糖腺苷酸转移酶mRNA结合促进其降解，从而抑制糖原合成。

二、5′非翻译区

mRNA的翻译效率受控于5′UTR结构。

（一）SD序列

包括SD序列与共有序列的差异、SD序列与起始密码子的距离（表5-6）。

表5-6 原核生物和噬菌体部分mRNA核糖体结合位点序列

mRNA	SD序列　　起始密码子
大肠杆菌 *trpA*	AGCACGAGGGGAAAUCUGAUGGAACGCUAC
大肠杆菌 *araB*	UUUGGAUGGAGUGAAACGAUGGCGAUUGCA
大肠杆菌 *lacI*	CAAUUCAGGGUGGUGAAUGUGAAACCAGUA
φX174噬菌体A蛋白	AAUCUUGGAGGCUUUUUUAUGGUUCGUUCU
λ噬菌体 *cro*	AUGUACUAAGGAGGUUGUAUGGAACAACGC

（二）核糖开关

研究发现，细菌某些mRNA中有一种保守序列，它主要位于5′UTR内，可与特定小分子结合而改变mRNA二级结构，从而影响翻译效率以及mRNA寿命，这种序列称为核糖开关（riboswitch）。

1. 核糖开关结构　核糖开关由适体和表达平台构成。

（1）适体（aptamer）　又称适配体，一种可以与特定小分子高亲和力特异性结合的寡核苷酸序列（第十九章，525页），直接结合小分子配体并变构。小分子配体可以是代谢物。

（2）表达平台（expression platform）　因适体变构而变构，从而终止转录或抑制翻译起始。

2. 核糖开关效应 ①使不依赖 ρ 因子的终止子形成发夹结构。②通过折叠影响 pre-mRNA 剪接。③通过折叠掩盖核糖体结合位点。④核糖开关型核酶催化降解 mRNA。

例如，大肠杆菌 *glmS* 基因编码 6-磷酸氨基葡萄糖（GlcN6P）合成酶，该酶催化 6-磷酸果糖和谷氨酰胺合成 GlcN6P，用于形成细胞壁。*glmS* mRNA 的 5′ UTR 是一种核糖开关，且有核酶活性，可以催化自我剪切降解。GlcN6P 积累时会与其适体结合，将其激活，催化自降解，终止翻译。GlcN6P 的反馈效应很像翻译抑制因子的翻译抑制。

当然，并非所有核糖开关都是核酶。其他核糖开关是受代谢物影响，发生高活性构象和低活性构象的转换，影响翻译起始复合物形成，从而影响翻译。

3. 部分核糖开关 目前已报道的数十种核糖开关多数发现于细菌，少数发现于真菌和植物。例如，

（1）大肠杆菌维生素 B_1 合成酶 mRNA 含 TPP 核糖开关，与 TPP 结合之后掩盖核糖体结合位点，最终抑制维生素 B_1 合成与运输。

（2）大肠杆菌维生素 B_{12} 转运体 mRNA 的 5′ UTR 含钴胺素核糖开关，与腺苷钴胺素结合而掩盖核糖体结合位点，最终抑制氰钴胺素摄取。

（3）枯草芽孢杆菌（*Bacillus subtilis*）FMN 合成操纵子 mRNA 的 5′端含 FMN 核糖开关，与 FMN 结合之后形成发夹结构，导致转录终止，从而抑制 FMN 合成。初步估计，枯草芽孢杆菌至少有 4%基因的表达受核糖开关控制。

（4）真核生物脉孢菌（*neurospora*）*NMT1* 基因（编码硫胺素合成蛋白）mRNA 的 5′UTR 存在一种核糖开关，其作用是控制选择性剪接（第六章，172 页）。

（三）其他结构

乳糖操纵子阻遏蛋白 mRNA 的 5′ UTR 结构不利于形成翻译起始复合物，所以翻译效率极低，每个细胞内仅有 10~20 个同四聚体分子。

RNA 噬菌体多顺反子 mRNA 各个开放阅读框的翻译是按一定顺序进行的，机制是其 mRNA 形成复杂的二级结构。只有一个开放阅读框的核糖体结合位点是暴露的，可以形成翻译起始复合物，其他开放阅读框的核糖体结合位点被封闭于二级结构中，不能形成翻译起始复合物。第一个被翻译的开放阅读框被翻译时破坏二级结构，暴露出其他开放阅读框的核糖体结合位点，才得以启动其翻译。

三、密码子偏爱性

同义密码子由同工 tRNA 译码。偏爱密码子由高丰度 tRNA（common tRNA）译码；稀有密码子由低丰度 tRNA（稀有 tRNA，rare tRNA）译码。偏爱密码子使用率高的开放阅读框主要由高丰度 tRNA 译码，翻译效率高；稀有密码子使用率高的开放阅读框主要由低丰度 tRNA 译码，翻译效率低（表 5-7）。

表 5-7 大肠杆菌稀有密码子

氨基酸	稀有密码子	氨基酸	稀有密码子	氨基酸	稀有密码子
Arg	AGA，AGG，CGA，CGG	Gly	GGA，GGG	Ser	UCA，UCG，UCC，UCU
Pro	CCC，CCU	Leu	CUA，CUG	Thr	ACG，ACA
Cys	UGU，UGC	Ile	AUA		

例如，大肠杆菌引物酶 DnaG、转录起始因子 σ^{70}、核糖体蛋白 S21 由同一个操纵子编码，单细胞内分子数却差别显著，分别是 50、700、40000。这种差别是翻译效率不同的结果。引物酶 mRNA 稀有密码子使用率高，所以翻译效率低（表 5-8）。

表 5-8　大肠杆菌部分蛋白质 Ile 密码子使用率（%）

蛋白质	AUU	AUC	AUA
25 种结构蛋白	37	62	1
转录起始因子 σ^{70}	26	74	0
引物酶 DnaG	36	32	32

四、基因重叠

大肠杆菌色氨酸操纵子产物中，TrpA 和 TrpB、TrpD 和 TrpE 均需等量表达以形成四聚体（表 5-4）。大肠杆菌是通过翻译偶联实现其等量表达的，偶联的机制是基因重叠：*trpE*、*trpB* 终止密码子 UGA 的第三碱基分别是 *trpD*、*trpA* 起始密码子 AUG 的第一碱基。

五、翻译抑制

大肠杆菌有些 mRNA 的 SD 序列一侧可以特异结合某种蛋白质，这种结合抑制小亚基结合，从而抑制翻译。这种蛋白质称为翻译抑制因子（translational repressor，表 5-9），这种在翻译水平上的抑制调控称为翻译抑制、翻译阻遏（translational repression）。这些 mRNA 的翻译抑制因子通常是其编码产物，因而这种抑制属于反馈抑制。

表 5-9　翻译抑制因子

翻译抑制因子	靶基因	结合位点特征
R17 噬菌体包膜蛋白	R17 复制酶	含核糖体结合位点的发夹结构
T4 噬菌体 RegA	T4 几种早期基因 mRNA	含起始密码子
T4 噬菌体 DNA 聚合酶	T4 DNA 聚合酶	含 SD 序列
T4 噬菌体 p32	基因 *32*	前导序列

1. 核糖体蛋白多顺反子 mRNA　大肠杆菌的 52 种核糖体蛋白与其他参与复制、转录、翻译的部分蛋白质由 20 多个操纵子编码。每个操纵子含 2~11 个结构基因，可转录合成一种多顺反子 mRNA，翻译合成一组蛋白质，其中有一种（个别是两种）核糖体蛋白可与多顺反子 mRNA 结合而反馈抑制其翻译（图 5-12）。

核糖体蛋白翻译抑制机制：①作为翻译抑制因子的核糖体蛋白在核糖体结构中都是直接与 rRNA 结合的，并且与 rRNA 的亲和力强于 mRNA，所以其优先与 rRNA 结合。只有当翻译抑制因子过多（比 rRNA 多）时，过多部分才会与 mRNA 结合，抑制翻译，从而使核糖体蛋白合成与 rRNA 合成保持同步。②mRNA 上的翻译抑制因子结合位点靠近甚至覆盖一个（通常是第一个）编码区的 SD 序列甚至起始密码子，并且抑制该 mRNA 所有编码区的翻译。

2. 转录起始因子 σ^{32}-mRNA　大肠杆菌转录起始因子 σ^{32} 的基因是 *rpoH*。在 30℃下，其表达在翻译水平受到抑制调控，低水平翻译，每个细胞仅有 50 个 σ^{32} 分子，温度升高至 42℃时去抑制，翻译水平可提高数倍。

NOTE

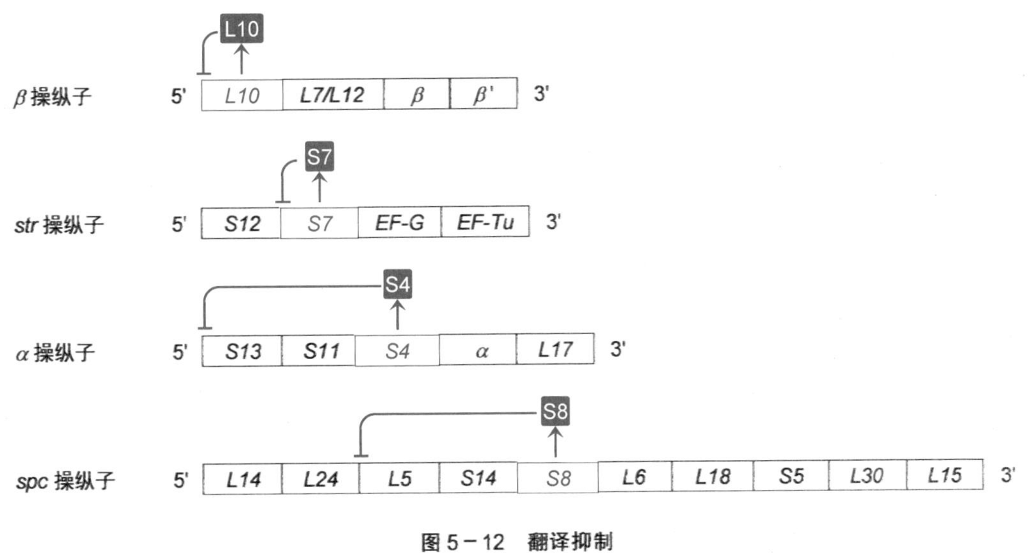

图 5－12　翻译抑制

转录起始因子 σ^{32} 翻译抑制机制：30℃下 σ^{32}-mRNA 的－19～+247 区形成复杂的二级结构，隐藏了核糖体结合位点，导致翻译抑制；42℃时 σ^{32}-mRNA 变构，暴露出核糖体结合位点，去抑制。

六、反义 RNA

反义 RNA（antisense RNA，asRNA）是细菌应答环境压力（氧化压力、渗透压、温度等）而合成的一类小分子单链 RNA，与细胞内相关功能 RNA 序列互补。反义 RNA 在原核细胞中广泛存在（真核细胞中同样存在），染色体、质粒、噬菌体、转座子等 DNA 都含反义 RNA 编码序列。研究表明，反义 RNA 参与基因表达调控，作用机制包括抑制复制、转录和翻译，促进 mRNA 降解：①在复制水平，反义 RNA 可以与 RNA 引物结合，抑制复制。②在转录水平，反义 RNA 可以与 RNA 结合，抑制转录。③在翻译水平，反义 RNA 与 mRNA 的 SD 序列或编码区结合，抑制翻译；或结合之后使 mRNA 被 RNase Ⅲ降解（RNase Ⅲ是一类核酸内切酶，催化水解双链 RNA，生成带有二碱基 3′黏性末端的双链 RNA 片段）。④真核细胞反义 RNA 还可抑制 mRNA 的转录后加工及转运。

1. 反义 RNA 抑制铁蛋白翻译合成　大肠杆菌铁蛋白（BFR，158AA）用于氧化储存过剩的 Fe^{2+}，故应仅在细胞内 Fe^{2+} 水平高时才需要。大肠杆菌铁蛋白基因的转录不受 Fe^{2+} 水平影响，但翻译受 Fe^{2+} 水平调控。大肠杆菌有一种称为铁吸收调节蛋白（Fur）的翻译抑制因子，其靶基因是 *anti-bfr* 和一组参与铁吸收的膜蛋白基因。*anti-bfr* 基因的转录产物 Anti-bfr-RNA 是一种反义 RNA，可以结合铁蛋白 mRNA，抑制其翻译。高 Fe^{2+} 时，Fur 被激活，一方面抑制 *anti-bfr* 基因转录合成 Anti-bfr-RNA，解除对铁蛋白 mRNA 的翻译抑制，加快合成铁蛋白，以使 Fe^{2+} 水平回落；另一方面抑制参与铁吸收的膜蛋白基因的表达，减缓铁的吸收。

2. 反义 RNA 抑制孔蛋白翻译合成　大肠杆菌转录因子 OmpR 是孔蛋白基因 *ompF*、*ompC* 的激活蛋白。OmpR 是一种变构蛋白，在低渗透浓度下为单体结构，激活 *ompF*，高渗透浓度下形成寡聚体，激活 *ompC*。高渗透浓度下不仅 *ompF* 不再转录，现有 *ompF* mRNA 的翻译也被一种反义 RNA（约 170nt）抑制。该 RNA 的基因恰好位于 *ompC* 上游，可与 *ompC* 同时被 OmpR

激活。

3. 反义 RNA 促进转录起始因子 σ^{38} 翻译合成　*dsrA* 受低温刺激表达 85nt 的 DsrA-RNA，它是一种反义 RNA，可以在转录水平解除类核相关蛋白 H-NS 的转录沉默，在翻译水平促进 σ^{38} 翻译合成，从而激活基因表达。DsrA-RNA 有 3 个茎环结构，第一个茎环结构与 σ^{38}-mRNA 5′ UTR 互补结合，促进翻译起始复合物形成，促进 σ^{38} 翻译合成；第二个茎环结构解除类核相关蛋白 H-NS 的转录沉默。

七、核糖体移码

大肠杆菌释放因子 RF-2 的基因 *prfB* 的 26 号密码子是终止密码子 UGA。该终止密码子仅被 RF-2 识别、结合并终止翻译。RF-2 低水平时该 UGA 不被识别，核糖体会向下游移动一个碱基 C，读 UGAC 为 GAC，允许 Asp-$tRNA^{Asp}$ 进入核糖体 A 位，翻译按新的阅读框继续进行，合成 RF-2。显然，这是一种特别的翻译抑制。

八、跳码

跳码又称核糖体跳跃、框内跳译（bypassing），是一种罕见的翻译调控机制。T4 噬菌体基因 *60* 的 mRNA 翻译时发生跳码：-GAU-$GGA^{起飞点}$-UAG……AUU-$GGA_{着陆点}$-UUA-，起飞点与着陆点间隔 60nt。

九、核糖体拯救

原核生物因转录异常或转录产物被部分水解（partial digest），会产生 mRNA 残片（mRNA fragment），其 ORF 被截断，因而可以启动翻译，但不能终止，导致核糖体滞留于 mRNA 残片 3′端，不能继续用于蛋白质合成。原核生物可以通过一种转移-信使 RNA 使该核糖体完成翻译，从而可以继续用于蛋白质合成，这一机制称为核糖体拯救（rescue）。

大肠杆菌转移-信使 RNA（transfer-messenger RNA，tmRNA）又称 SsrA，363nt（由 457nt 前体加工产生），兼有 tRNA 和 mRNA 的双重功能。其 5′和 3′端序列结合形成的空间结构类似于 $tRNA^{Ala}$，可以由 Ala-tRNA 合成酶催化负载 Ala，并由 EF-Tu 协助进入上述 mRNA 残片 3′端核糖体的 A 位。tmRNA 内部有一段 30nt 序列，编码一个十肽，之后是一个终止密码子，可在 tmRNA 进位到 A 位后取代 mRNA 残片，从 P 位获得新生肽，作为模板指导核糖体在新生肽 C 端合成十肽，称为标记肽（peptide tag），并终止合成，释放核糖体。该方式称为反式翻译（trans-translation），翻译产物因含标记肽而被蛋白酶识别并降解，以免损伤细胞。

利福平、异烟肼、乙胺丁醇和吡嗪酰胺是治疗结核病的 4 种一线药物（frontline drug）。吡嗪酰胺是一种前药（pro-drug），被细胞摄取后由吡嗪酰胺酶催化水解成活性形式吡嗪甲酸，其靶点之一是结核分枝杆菌核糖体小亚基最大的蛋白质 S1（RpsA）。S1 在翻译起始阶段协助小亚基募集 mRNA，也协助募集 tmRNA 30nt 序列（需要 tmRNA 结合蛋白 SmpB、EF-Tu 协助）。吡嗪甲酸抑制 S1 募集 tmRNA 而不抑制其募集 mRNA。

NOTE

第六章　真核基因表达调控

分子生物学的研究重点已经从原核生物转向真核生物。真核基因表达调控机制是当前分子生物学最活跃的研究领域之一。通过研究可以阐明并有效控制真核生物生长发育，更有助于推动真核基因工程的发展。

原核基因表达调控的一些机制同样存在于真核基因。然而，真核生物几乎都是多细胞生物，其细胞在个体生长发育过程中分化，形成各种组织和器官，其形态、结构、功能和生长发育过程比原核生物复杂得多，有精确的发育程序和大量分化的特殊细胞群。因此，真核基因表达调控比原核基因复杂得多。

真核生物基因组庞大，基因的结构和功能更为复杂，其基因表达调控的显著特征是在特定时间或特定条件下激活特定组织细胞中的特定基因，即具有时间特异性、条件特异性和空间特异性，从而实现预定的有序分化发育过程。真核基因表达调控涉及染色质水平、转录水平、转录后加工水平、转录产物转运水平、翻译水平和翻译后修饰水平、mRNA 降解水平等环节，其中转录水平依然是最主要的调控环节。

第一节　基因表达的特点

与原核生物相比，真核生物的基因表达有以下特点。

1. 基因表达特异性不同于原核生物　不但具有条件特异性，而且具有时间特异性、空间特异性。

（1）基因表达的条件特异性　例如在受到病原体感染时人体表达细胞因子、免疫球蛋白，在长期禁食时人体糖异生途径关键酶基因表达上调。

（2）基因表达的时间特异性　是指同一基因在生命的不同生长发育阶段的表达水平不同；而不同基因在生命的同一生长发育阶段的表达水平也不同。例如甲胎蛋白基因在胎儿肝细胞表达，合成大量甲胎蛋白，自出生至成年后该基因基本沉默。多细胞生物基因表达的时间特异性与细胞分化、个体发育阶段一致，所以又称基因表达的阶段特异性。

（3）基因表达的空间特异性　是指在生命的同一生长发育阶段，多细胞生物的同一基因在不同组织器官的表达水平不同；而不同基因在同一组织器官的表达水平也不同。例如胰岛素基因只在胰岛 β 细胞内表达，甲胎蛋白基因只在肝细胞内表达。基因表达的空间特异性是在分化细胞形成的组织器官中体现的，所以又称基因表达的细胞特异性、基因表达的组织特异性（表 6-1）。

NOTE

表6-1 部分组织高表达基因mRNA丰度

胰腺	%	肝脏	%	干细胞	%
羧肽酶A1	7.6	白蛋白	3.5	3-磷酸甘油醛脱氢酶	0.7
胰蛋白酶2	5	载脂蛋白A-Ⅰ	2.8	翻译延伸因子1α1	0.6
糜蛋白酶	4.4	载脂蛋白C-Ⅰ	2.5	微管蛋白α	0.5
胰蛋白酶1	3.7	载脂蛋白C-Ⅲ	2.1	翻译控制肿瘤蛋白	0.5
弹性蛋白酶ⅢB	2.4	ATPase6/8	1.5	亲环素A	0.4
蛋白酶E	1.9	细胞色素*c*氧化酶亚基3	1.1	丝切蛋白	0.4
胰脂肪酶	1.9	细胞色素*c*氧化酶亚基2	1.1	核仁磷蛋白	0.3
羧肽酶B	1.7	α1抗胰蛋白酶	1.0	连接蛋白	0.3
胰α淀粉酶	1.7	细胞色素*c*氧化酶亚基1	0.9	磷酸甘油酸变位酶	0.2
胆盐激活型脂肪酶	1.4	载脂蛋白E	0.9	翻译延伸因子1β2	0.2

例如，胰岛β细胞中胰岛素mRNA占总mRNA的20%，胰岛素原占总蛋白的50%。

在多细胞生物从受精卵到组织、器官形成的各个发育阶段，一些基因在特定组织细胞中的表达严格按照一定的时间顺序启动或终止。例如，甲胎蛋白基因在胎儿肝细胞表达，合成大量甲胎蛋白，自出生至成年后该基因基本沉默；胰岛素基因只在胰岛的β细胞中表达。

人类基因组中存在两个珠蛋白基因簇，α珠蛋白基因簇编码ζ、α亚基，β珠蛋白基因簇编码ε、γ（Gγ、Aγ）、δ、β亚基。它们的表达具有时间、空间特异性（表6-2，图6-1）。

表6-2 人珠蛋白基因表达的时间空间特异性

发育阶段	表达场所	α珠蛋白表达	β珠蛋白表达	主要血红蛋白
胚胎期（<8周）	卵黄囊	ζ→α2、α1	ε→γ（Gγ、Aγ）	Hb Gower1（$\zeta_2\varepsilon_2$），Hb Portland（$\zeta_2\gamma_2$），Hb Gower2（$\alpha_2\varepsilon_2$）
胎儿期（3~9个月）	肝脏	α	γ→β	HbF（$\alpha_2\gamma_2$，70%~80%）
出生后	骨髓	α	δ，β	HbA（$\alpha_2\beta_2$，97%），HbA2（$\alpha_2\delta_2$，2%），HbF（$\alpha_2\gamma_2$，1%）

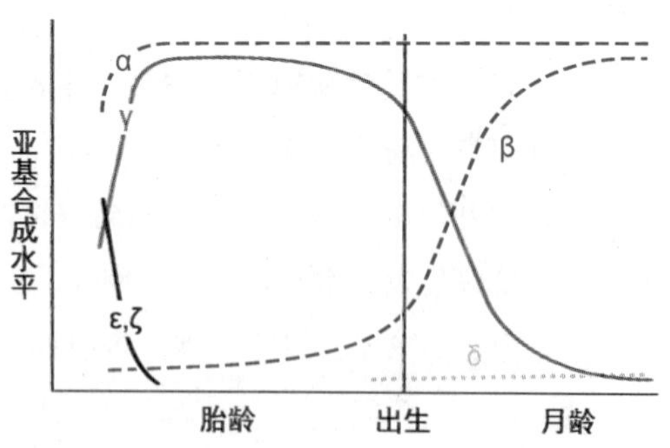

图6-1 人珠蛋白基因表达的时间特异性

鸡肝细胞和鸡输卵管细胞分别表达17000、15000种基因，其中12000种是共同的，5000种在肝表达而输卵管不表达，3000种在输卵管表达而肝不表达。

2. 以基因为转录单位 转录产物为单顺反子mRNA。

3. 转录后加工更复杂 绝大多数真核生物的绝大多数基因（特别是蛋白基因）都是断裂

NOTE

基因，其 pre-mRNA 只是初级转录产物，必须经过加工才能成为成熟 mRNA。因此，其后加工是基因表达必不可少的环节。

4. 转录和翻译存在时空隔离 真核生物的细胞核和细胞质是被核膜分隔的两个不同区室，染色体 DNA 在细胞核内，因此其转录在细胞核内进行。转录合成的 pre-mRNA 经过加工后成为成熟 mRNA，转运到细胞质，才能指导蛋白质合成（图 6-2）。因此，真核生物可以通过控制 mRNA 转运调控基因表达。实际上，只有少数 mRNA 最终到达细胞质，指导蛋白质合成。

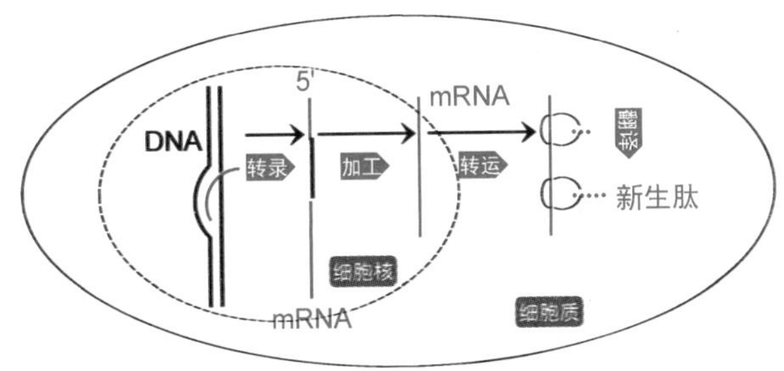

图 6-2 真核生物转录和翻译存在时空隔离

5. 翻译和翻译后修饰更复杂 影响真核生物翻译的除了有更多的蛋白因子外，还有各种非编码小 RNA（snmRNA）；翻译后修饰内容丰富，涉及各种修饰因子，修饰场所遍布细胞内各个区室甚至细胞外。

第二节 基因表达调控的特点

真核生物与原核基因表达调控有一些共同特点，例如都有转录和转录后水平的调控，都以转录水平调控最为重要，转录调控都依赖调控元件与调节因子的相互作用。但是，原核生物的基因表达调控只是为了在一个特定的环境中为细胞有效增殖创造条件，或在细胞受到损伤时尽快得到修复。因此，原核基因表达调控属于适应性调控。真核生物的基因表达调控涉及在特定时间和特定细胞内激活特定的基因，从而实现既定的、有序的、不可逆转的分化、发育过程，并使生物的组织和器官在一定的条件下维持正常功能。因此，真核基因表达调控还存在程序性调控。

与原核生物相比，真核生物的基因表达调控有以下特点。

1. 既有瞬时调控，又有发育调控 瞬时调控又称可逆调控，属于适应性调控，是真核生物在内、外环境的刺激下作出的反应，是通过改变代谢物浓度或激素水平，引起细胞内某些酶或其他特异蛋白质水平的改变来进行的，相当于原核细胞对环境变化作出的反应。发育调控又称不可逆调控，属于程序性调控。在正常情况下，体细胞的生长和分化按照一定程序，使机体的生长和发育顺利进行。细胞的类型不同，所处的发育阶段不同，所表达基因的种类和表达水平也就不同。因此，发育调控决定了真核细胞生长和分化的全过程，是真核基因表达调控的精髓。

2. 调控环节更多 有些环节是原核生物没有的，例如染色质重塑、mRNA 转录后加工、蛋白质定向运输。

3. 染色质结构变化影响转录效率 真核生物DNA与蛋白质形成染色质结构。基因表达过程中在转录区发生DNA与蛋白质的解离，以暴露特定DNA序列。真核生物DNA还能根据生长发育的需要进行重排、扩增。

4. 转录调控以正调控为主 真核生物的RNA聚合酶对启动子的亲和力极低，其转录依赖多种转录因子的协助。因此，真核生物转录因子虽然也有起负调控作用的，但以正调控为主。

5. 调控元件复杂并且可远离转录区 一个蛋白基因平均含5~6个调控元件，很多蛋白基因甚至有几十个调控元件，这些调控元件与转录起始位点的距离可远至10^6bp。

6. 转录因子种类多，调控机制更复杂 ①真核生物转录因子种类比原核生物多，并且不都是DNA结合蛋白，也不都直接作用于RNA聚合酶。②可以有十几种甚至几十种转录因子与RNA聚合酶形成转录起始复合物，调控一种基因的表达。③联合调控（combinatorial control）：几乎所有转录因子都不能单独调控转录，必须由一组转录因子共同作用。

第三节 染色质水平的调控

真核生物DNA与蛋白质形成染色质结构，这种结构控制着RNA聚合酶与DNA的接触、识别、结合，这些作用受组蛋白修饰、DNA甲基化等控制。染色质水平调控的本质是改变染色质结构，这种调控稳定而长效。

一、染色质重塑

转录以改变染色质结构为前提。转录区只有所在染色质结构处于“开放”状态时才能被转录。染色质重塑在启动基因表达时的作用就是暴露启动子、募集转录因子并形成转录起始复合物。

在细胞分裂间期，真核生物DNA与蛋白质形成染色质，染色质从组成到结构都是不均一的，其中组蛋白（特别是H1）含量低、结构疏松、压缩比小（1000~2000）的形成常染色质区，约占全部染色质的90%；组蛋白含量高、结构致密、压缩比大（8000~10000）的形成异染色质区，约占全部染色质的10%。

1. 活性基因与DNase Ⅰ超敏感位点 在特定阶段正在转录或有潜在转录活性的基因称为活性基因，其所在的染色质区称为活性染色质（active chromatin）。活性染色质位于常染色质区内，在组蛋白组成、核小体定位和修饰等方面不同于失活染色质（inactive chromatin），特别是几乎不含组蛋白H1。活性染色质对核酸酶更敏感，易被核酸酶如DNase Ⅰ（DNA酶Ⅰ，脱氧核糖核酸酶Ⅰ，可降解单链/双链DNA，在细胞凋亡过程中参与DNA片段化）降解，这类位点称为超敏感位点（hypersensitive site）。研究发现，每个活性基因序列中都有一个或几个超敏感位点，且大部分位于启动子区。超敏感位点实际上是一段裸露的DNA序列，长100~300bp，是RNA聚合酶或转录因子的结合位点。此外，复制起点处也存在超敏感位点。

2. 染色质重塑与重塑复合物 DNase Ⅰ超敏感位点的出现和消失多意味着基因表达的启动和终止，这离不开染色质结构的改变。实际上，启动子区DNA有两种结构状态：①在基因沉

NOTE

默时与组蛋白结合形成核小体。基因沉默（gene silencing）是指在不发生突变的前提下，通过异染色质形成、组蛋白修饰、DNA 甲基化、RNA 干扰等在转录或翻译水平显著抑制或终止基因表达的现象，见于除酵母外的真核细胞。②在基因激活（gene activation）时与 RNA 聚合酶及通用转录因子结合形成转录起始复合物。两种结构状态的转换是通过染色质重塑（chromatin remodeling）实现的。

在控制基因表达时，染色质重塑发生三个事件：①组蛋白八聚体沿 DNA 滑动，改变 DNA 与组蛋白结合的区段或部位。②组蛋白八聚体与 DNA 解离，改变连接 DNA 的区段或长度。③组蛋白八聚体中的 H2A-H2B 二聚体与 H2A.X-H2B 二聚体交换。

染色质重塑由依赖 ATP 的重塑复合物（remodeling complex）催化进行。重塑复合物在真核生物广泛存在，含 2~16 个亚基，其核心亚基是一种 ATPase。通常根据核心亚基把重塑复合物分为 SWF/SNF（主要参与激活）、ISWI（主要参与抑制）、CHD（参与抑制）、INO80/SWRI（参与组蛋白亚基交换）等亚家族。

大多数重塑复合物本身不能识别靶序列。靶序列是由激活蛋白或阻遏蛋白识别的，它们识别并结合之后再募集重塑复合物。重塑复合物结合之后催化染色质重塑。激活蛋白或阻遏蛋白有的释放有的不释放。

二、组蛋白修饰

组蛋白是染色质的主要结构蛋白，是基因表达的抑制者。因此，启动基因表达首先要疏松其所在活性染色质、释放组蛋白、使 DNA 游离，有利于 DNA 与转录因子、RNA 聚合酶的结合。组蛋白正电荷和 DNA 负电荷的静电引力是形成染色质结构的主要作用力，因而通过修饰组蛋白减少其所带正电荷，改变构象，可以疏松染色质和释放组蛋白。组蛋白修饰影响到染色质重塑和基因转录，是真核基因表达调控的重要环节之一。组蛋白修饰位点（包括被修饰的氨基酸及其定位）和修饰方式称为组蛋白密码。

1. 组蛋白修饰位点　主要发生在启动子所在的染色质区，多集中于核心组蛋白的 8 个 N 端（称为组蛋白尾）和 H2A、H2B 的 4 个 C 端，它们都暴露在核小体的表面，被修饰的主要是 Lys（K）、Arg（R）、Ser（S）等，其中 Lys 最多。如 H3 亚基第四位赖氨酸残基三甲基化，记作 H3K4me3（表 6-3）。

表 6－3　人核心组蛋白部分修饰位点和修饰效应

修饰位点	修饰效应	修饰位点	修饰效应	修饰位点	修饰效应
H3K4me2，H3K4me3	基因激活	H3K14ac	基因激活	H3K27me3	基因沉默
H3K9ac	基因激活	H3R17me	基因激活	H2BS14p	DNA 修复
H3K9me3	基因沉默	H3K18ac	基因激活	H2BK120ub	基因激活
H3S10p	基因激活	H3K27me	基因激活	H4 K8ac	基因激活

2. 组蛋白修饰方式　包括乙酰化（ac）、甲基化（me）、磷酸化（p）、ADP 核糖基化、单泛素化（ub）、SUMO 化、*O*-糖基化等，以乙酰化、甲基化为主（表 6-3、表 6-4）。其中乙酰化是活性染色质的标志，组蛋白乙酰化（特别是组蛋白 H3、H4）导致基因激活，去乙酰化导致基因沉默。

表 6-4 组蛋白修饰方式和修饰效应

修饰方式	修饰效应	修饰方式	修饰效应
乙酰化	染色质凝集，H3、H4 乙酰化导致转录激活	ADP 核糖基化	DNA 修复
甲基化	转录激活或抑制	单泛素化	转录激活或抑制，异染色质基因沉默
磷酸化	H1 磷酸化参与染色质凝集	SUMO 化	转录抑制

(1) 组蛋白乙酰化激活基因表达 **组蛋白乙酰化**由组蛋白乙酰化酶（又称组蛋白乙酰转移酶，histone acetyltransferase，HAT）催化（表 6-5）。转录起始复合物中的个别转录激活因子就是 HAT，例如 TFⅡD 的 TAF1 亚基。HAT 有靶点专一性，其中可以作用于非组蛋白的称为赖氨酸乙酰转移酶（KAT）。

表 6-5 部分组蛋白乙酰化酶

组蛋白乙酰化酶	大小（AA）	靶蛋白
转录起始因子 TFⅡD 亚基 1（p250，TAFⅡ-250，TAF1）	1872	H3，H4
核受体共激活因子 1（NcoA-1）	1440	H3，H4
核受体共激活因子 3（NcoA-3）	1423	H2A，H2B，H3，H4
CREB 结合蛋白（CBP）	2441	H2A，H2B，H3，H4
组蛋白乙酰化酶 p300（p300HAT，p300）	2413	H2A，H2B，H3，H4
组蛋白乙酰化酶 KAT2B（KAT2B，PCAF，P/CAF）	832	H2A，H2B，H3，H4；ACL
组蛋白乙酰化酶 KAT5（KAT5，Tip60）	513	H2A，H4；ATM
组蛋白乙酰化酶 KAT6A	2004	H3，H4；p53

(2) 组蛋白去乙酰化抑制基因表达 **组蛋白去乙酰化**由组蛋白去乙酰化酶（HDAC）催化。HDAC 是转录抑制复合物成分。转录激活因子募集有 HAT 活性的共激活因子，转录抑制因子募集有 HDAC 活性的共抑制因子（166 页）。

N-羟基-N′-苯基辛二酰胺（SAHA）商标名称伏立诺他（vorinostat），可以抑制组蛋白去乙酰化酶（HDAC1、2、3、6），用于治疗皮肤 T 细胞淋巴瘤。

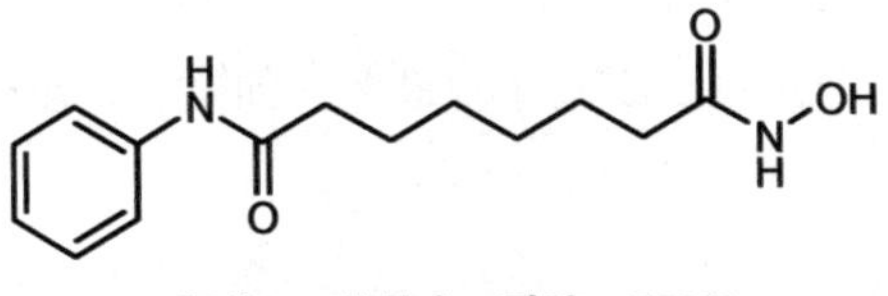

***N*-羟基-*N'*-苯基辛二酰胺，SAHA**

3. 组蛋白修饰效应 ①消除 Lys 正电荷，导致组蛋白与 DNA 的亲和力下降，有利于组蛋白与 DNA 的解离。②通过修饰基团募集组装转录复合物或染色质重塑复合物。

例如，①组蛋白 H3 的乙酰赖氨酸 14（H3K14ac）是布罗莫结构域蛋白 7（bromodomain-containing protein 7，Brd7，651AA）的结合位点。Brd7 是一种中介分子（167 页）。TAF1 的 C 端含两个布罗莫结构域（bromodomain），可以分别结合组蛋白 H4K5ac、H4K12ac。②果蝇组蛋白 H3 的三甲基赖氨酸 9（H3K9me3）是含克罗莫结构域（chromodomain）的异染色质蛋白 1（HP1）的结合位点。HP1 结合后募集 DNA 甲基转移酶（DNA methyl-transferase，Dnmt，又称 DNA 甲基化酶）催化 CpG 岛甲基化，维持 DNA 异染色质状态，导致基因沉默，因此组蛋白某些位点的甲基化促

NOTE

进 DNA 甲基化。③组蛋白 H3 的三甲基赖氨酸 27（H3K27me3）可以募集多梳抑制复合物 1（polycomb repressive complex 1，PRC1）。PRC1 的结合导致染色质凝集或核小体定位于转录起始位点处或其附近，从而导致基因沉默。

DNA 甲基化同样促进组蛋白某些位点的甲基化：某些组蛋白去乙酰化酶复合物和组蛋白甲基化酶复合物含 DNA 结合域，识别并结合甲基化 CpG，结合后分别催化组蛋白某些位点去乙酰化、甲基化。

活性染色质与失活染色质的修饰区别见表 6-6。

表 6-6 活性染色质与失活染色质修饰特征

染色质修饰	活性染色质	失活染色质
组蛋白修饰程度	高	低
组蛋白其他修饰特征	H3/H4 尾被乙酰化	H3 特定赖氨酸如 K9 被甲基化
胞嘧啶甲基化水平	低	高

三、DNA 甲基化

DNA 甲基化是 DNA 最古老的修饰方式之一，从低等原核生物到高等真核生物都广泛存在。DNA 甲基化是细胞分化时最常见的 DNA 复制后调控方式之一，在染色体结构维持、雌性 X 染色质失活、印记基因失活、转录调控和肿瘤发生发展等方面都起关键作用，还可能与衰老有关。

1. DNA 甲基化形式与分布　在染色质水平上，异染色质区如着丝粒附近 DNA 甲基化水平最高；在基因组水平上，转座子、假基因、小 RNA 基因 DNA 甲基化水平较高；在基因水平上，转录区两端富含甲基化位点，启动子甲基化位点密度与转录调控效应呈正相关。

人 DNA 甲基化率约为 1%，主要发生于胞嘧啶。人类基因组 DNA 中约有 3%的胞嘧啶被甲基化，形成 5-甲基胞嘧啶（5mC）。此外，少数甲基化发生于腺嘌呤、鸟嘌呤，形成 N^6-甲基腺嘌呤（m^6A）、7-甲基鸟嘌呤（m^7G）。

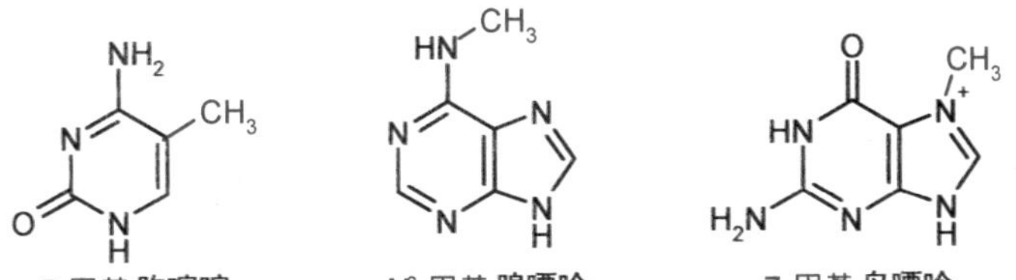

5-甲基胞嘧啶　　N^6-甲基腺嘌呤　　7-甲基鸟嘌呤

考虑到人类基因组 GC 含量 42%，CpG 序列含量 1%，CpG 序列甲基化率 70%~80%，有 60%~72%基因的启动子上游到外显子 1 下游之间存在这样一类序列：长度 300~3000bp，GC 含量 50%~60%，CpG 序列含量可达 4%~10%且甲基化水平很低。这类序列称为 CpG 岛（CpG island，CGI）。人类基因组有 29000 个 CpG 岛。所有管家基因启动子附近都有 CpG 岛，约占全部 CpG 岛的一半，且都未甲基化。约 50%调节基因启动子附近有 CpG 岛。CpG 岛的 CpG 序列是最重要的甲基化位点。

2. DNA 甲基化效应　通常 DNA 甲基化导致基因沉默，例如雌性哺乳动物失活的 X 染色质（又称 X 小体、巴氏小体）高度甲基化。一些肿瘤中存在抑癌基因如 *p16*、*p15* 转录失活即与启动子区高甲基化有关。去甲基化导致基因激活，例如一些激素激活基因、致癌物激活原癌基因，其机制可能就是使 DNA 去甲基化。因此，DNA 甲基化水平与基因转录效率呈负相关，即甲基化水平高的基因转录效率低，甲基化水平低的基因转录效率高。

甲基化改变 DNA 构象，导致染色质结构改变。甲基化影响蛋白质与 DNA 的相互作用，因而影响转录因子与调控元件的识别与结合。甲基化甚至将增强子改造成沉默子，抑制激活蛋白结合，促进阻遏蛋白结合。

异染色质 DNA 甲基化水平高。甲基化 DNA 募集 DNA 结合蛋白（如 MeCP2），后者进一步募集组蛋白去乙酰化酶、组蛋白甲基化酶，修饰染色质，使其异染色质化。

不过，DNA 甲基化对不同生物基因表达调控的重要性可能不同。脊椎动物特别是哺乳动物 DNA 甲基化水平较高，而无脊椎动物 DNA 甲基化水平很低。还有一些低等真核生物如酵母、果蝇和其他双翅目昆虫尚未发现 DNA 甲基化。说明 DNA 甲基化可能出现于某一进化时期，并随着进化而提高。

3. DNA 甲基化机制　CpG 位点是一个回文序列，其理论上有非甲基化、半甲基化、全甲基化三种状态，但实际上只有非甲基化和全甲基化两种稳定状态，半甲基化是其中间状态。CpG 位点甲基化由 DNA 甲基转移酶（Dnmt）催化，*S*-腺苷蛋氨酸（SAM）提供甲基。人类基因组编码 Dnmt1、Dnmt3a、Dnmt3b 三种 DNA 甲基转移酶，催化 CpG 位点甲基化。DNA 甲基化分为维持甲基化和从头甲基化。

（1）维持甲基化　在 DNA 半保留复制过程中，子代 DNA 的 CpG 位点呈半甲基化状态，即模板甲基化，新生链非甲基化。新生链的甲基化过程称为维持甲基化，由 Dnmt1 催化，Dnmt1 又称维持甲基化酶。

（2）从头甲基化　在基因表达调控过程中，非甲基化状态的 CpG 位点双链的甲基化过程称为从头甲基化，由 Dnmt3a、Dnmt3b 催化。

5mCpG 位点去甲基化由甲基胞嘧啶双加氧酶 TET（ten-eleven translocation 1 gene protein，含 Fe^{+2}、Zn^{+2}）催化，消耗 α-酮戊二酸和 O_2。

4. DNA 甲基化异常　甲基化异常可能导致基因表达异常，出生前导致死胎，出生后导致疾病（包括肿瘤）发生。人类由碱基置换导致的遗传病中，有 1/3 是 CpG 序列胞嘧啶甲基化的后果。肿瘤细胞普遍存在高甲基化 CpG 岛。CpG 序列胞嘧啶甲基化后会脱氨基成胸腺嘧啶，不易修复，引起 DNA 损伤。*p53* 基因第 273 号密码子 CGT（Arg）含 CpG 序列，可以通过此机制转换为 TGT（Cys）或 CAT（His），多见于脑瘤、乳腺癌、直肠癌。

5-氮杂胞苷（azacitidine，阿扎胞苷，商标名称维达扎，Vidaza）和 5-氮杂-2′-脱氧胞苷（decitabine，地西他宾，商标名称达珂，Dacogen）可以抑制 DNA 甲基转移酶，用于治疗某些白血病。

5-氮杂胞苷

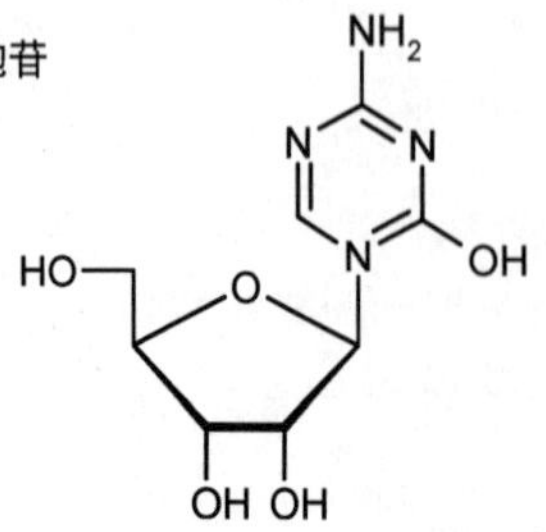

5-氮杂-2′-脱氧胞苷

NOTE

Rett 综合征（Rett syndrome）　是一种女性重症神经系统疾病，患者出生至6~18个月时发育正常，之后逐渐丧失运动技能和认知技能，出现智力低下、癫痫发作、自闭、手足躁动、自制力丧失，最终于12~40岁死亡。Rett 综合征的病因是甲基胞嘧啶结合蛋白2（MeCP2）基因发生突变。MeCP2 是一种转录因子，通过与 5mCpG 序列中的 5mC 结合抑制转录（但也可以激活许多基因转录）。突变导致神经细胞和神经胶质细胞基因表达异常。Rett 综合征仅发于女性，因为 MeCP2 基因位于 Xq28，且杂合子即发病，而男性突变体在出生前即死亡。不过男性可见轻度 MeCP2 突变，症状是轻度智力低下、新生儿致死性脑病，占智力低下男性的 1.5%。

四、基因重排

基因重排可以使一个基因更换调控元件，例如置于另一个增强子或强启动子的控制下，从而提高表达效率；也可以使表达的基因发生切换，由表达一种基因转为表达另一种基因，例如单倍体酵母的交配型转换；还可以形成新的基因，使产物呈现多样性，例如免疫球蛋白基因、T 细胞受体基因的重排与表达。

免疫球蛋白单体由两条重链（H）和两条轻链（L）组成。不同免疫球蛋白分子的差别主要在重链和轻链的 N 端，故将 N 端称为可变区（V 区）；C 端序列相似，称为恒定区（C 区）。免疫球蛋白的轻链、重链之间和两条重链之间由二硫键连接。

在人类基因组中，所有免疫球蛋白的重链和轻链都是由不同基因片段经重排形成的基因编码的。Toneqawa（1987 年诺贝尔生理学或医学奖获得者）的研究表明，在 B 细胞分化成浆细胞的过程中，通过 DNA 重排，理论上利用有限的免疫球蛋白基因可编码数十亿种免疫球蛋白。①重链基因由来自 14 号染色体的 *V*、*D*、*J* 和 *C* 四个基因片段构成，其中 *V*、*D*、*J* 通过位点特异性重组形成 V_H 区序列，通过一个含增强子的内含子与 *C* 片段组成转录单位。②κ 型和 λ 型轻链基因分别由来自 2 号和 22 号染色体的 *V*、*J* 和 *C* 三个基因片段构成，其中 *V*、*J* 通过位点特异性重组形成 V_L 区序列，通过一个含增强子的内含子（约 1200bp）与 *C* 片段组成转录单位（图 6-3，表 6-7）。

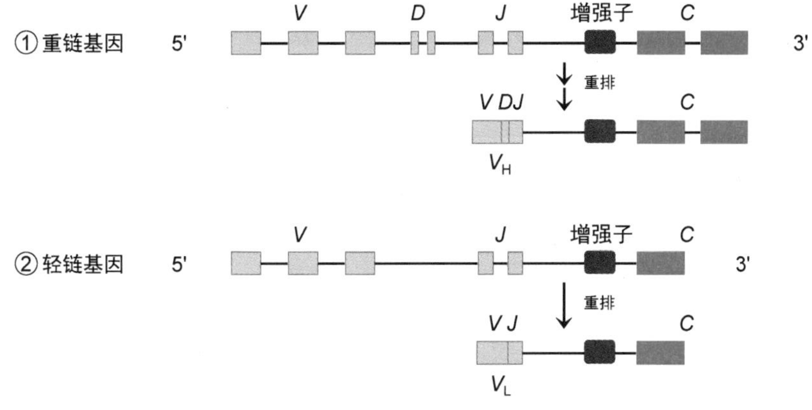

图 6-3　免疫球蛋白基因重排

表6-7 人类基因组中免疫球蛋白G基因片段数量

成分	基因	染色体	基因片段数量			
			*V*基因	*D*基因	*J*基因	*C*基因
重链	*IGH*	14	86	30	9	11
轻链κ	*IGK*	2	76	0	5	1
轻链λ	*IGL*	22	52	0	7	7

免疫球蛋白基因重排称为V(D)J重组，以非同源末端连接（NHEJ）方式进行，由重组酶亚基RAG1、RAG2组成的RAG复合体催化，该复合体只存在于成熟淋巴细胞中。

五、基因扩增

基因扩增（gene amplification）又称DNA扩增（DNA amplification），是指细胞内选择性复制某个或某些特定基因，从而增加其拷贝数的现象，是生物体为了完成细胞分化和个体发育，或适应营养状况和环境因素的变化，在短时间内大量表达特定基因产物，调节表达活性的一种有效方式。

1. 基因扩增产物以两种形式存在 ①在染色体扩增位点形成串联重复序列，在G带标本上显示为均匀无带纹的浅染区，称为均匀染色区（homogeneously staining region，HSR），简称均染区。②形成独立于染色体之外的闭环双微体（double minute，DM）结构（图6-4）。

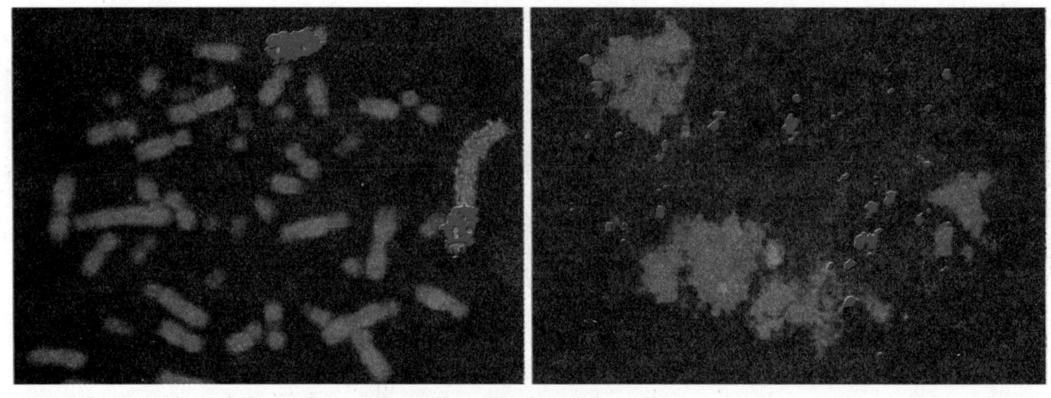

图6-4 基因扩增产物存在形式

2. 基因扩增在真核生物基因组中普遍存在 ①某些细胞在其生长分化过程中需要大量相关蛋白，常通过基因扩增激活基因表达。例如，非洲爪蟾卵母细胞在成熟过程中大量扩增rRNA基因，拷贝数增加4000倍，由500个扩增到200万个，可用于形成10^{12}个核糖体，满足卵裂期和胚胎期大量合成蛋白质的需要。②基因扩增赋予肿瘤细胞抗药性。例如，甲氨蝶呤（methotrexatum，MTX）抑制肿瘤细胞中二氢叶酸还原酶（dihydrofolate reductase，DHFR）的活性，使核苷酸合成减少，从而杀死肿瘤细胞。然而，肿瘤细胞在甲氨蝶呤培养基中培养一段时间后，其二氢叶酸还原酶基因（*DHFR*，5q11.2-q13.2）扩增，拷贝数可增加200~250倍，从而抵抗更大剂量甲氨蝶呤的杀伤作用。③基因扩增是原癌基因激活机制之一。

NOTE

六、染色质丢失

一些低等真核生物在细胞分化过程中丢失染色质或染色质片段，以达到调控基因表达的目的。某些基因在这些片段丢失前并不表达，丢失后才表达。因此，这些片段的存在可能抑制相关基因的表达。高等生物也有染色质丢失。例如，①马蛔虫在卵裂至 32 个细胞的分裂球的过程中，31 个将分化成体细胞的细胞内全部发生染色质丢失。②晚幼红细胞在成熟过程中丢失整个细胞核。染色质丢失属于不可逆调控。

七、基因印记

基因印记又称基因组印记（genomic imprinting）、遗传印记（genetic imprinting）、亲本印记（parental imprinting），是指由不同性别的亲本传给子代的同源染色体中，一条染色体上的等位基因因 DNA 甲基化修饰失活而不表达的现象，相应的基因称为印记基因（imprinted gene）。在哺乳动物胚胎发育过程中，印记基因是被激活还是被沉默仅仅取决于它们是来自精子还是卵子，例如周期蛋白依赖性激酶抑制因子 1C（$p57^{Kip2}$）基因（*CDKN1C*，11p15.5）、一种长链非编码 RNA 基因 *H19*、胰岛素样生长因子 2 受体基因（*IGF2R*，6q25.3）的父源等位基因被沉默，仅母源等位基因表达；相反胰岛素样生长因子 2 基因（*IGF2*，11p15.5）的母源等位基因被沉默，仅父源等位基因表达。这种在生物进化中形成的、有规律并受控的基因沉默是基因表达调控的一种重要方式。

基因印记机制：*H19* 在 *IGF2* 下游且相邻。*H19* 和 *IGF2* 之间存在称为印记控制区（imprinting control region，ICR）的绝缘子（165 页）。*H19* 下游存在增强子（164 页）。理论上该增强子可以激活 *H19* 和 *IGF2*，但母源 ICR 结合了 ICR 结合蛋白 CTCF，从而抑制下游增强子激活上游 *IGF2*，因此母源 *H19* 表达而 *IGF2* 不表达。相比之下，父源 ICR 和 *H19* 启动子被甲基化了，因而一方面 RNA 聚合酶不能转录 *H19*，且甲基化 ICR 可以募集 MeCP2，后者募集组蛋白修饰酶类，进一步抑制 *H19* 启动子；另一方面 CTCF 也不能结合 ICR，增强子可以激活上游 *IGF2*，因此父源 *IGF2* 表达而 *H19* 不表达。

DNA 甲基化、组蛋白修饰、RNA 介导基因沉默（179 页）是可逆的，成为表观遗传学研究的主要内容。

第四节 转录水平的调控

有相同遗传信息的不同细胞所表达的基因不尽相同，管家基因是维持细胞基本代谢所必需的，而组织特异性基因则在一些分化细胞中表达，这是细胞分化、生物发育的基础。组织特异性基因的表达调控通常发生在转录水平。转录水平的调控实际上是对 RNA 聚合酶活性进行调控，通过调控元件、调节因子和 RNA 聚合酶相互作用实现。真核生物细胞核内有三种 RNA 聚合酶，其中 RNA 聚合酶Ⅱ催化转录蛋白基因和大多数调控 RNA 基因，是转录调控的核心。真核基因转录水平的调控以正调控为主。

一、调控元件

真核生物的调控元件是对同一 DNA 中的基因的转录启动及转录效率起重要调控作用的 DNA 序列，包括启动子、终止子、增强子、沉默子和绝缘子。启动子和终止子是启动和终止转录所必需的；增强子介导正调控作用，激活转录；沉默子介导负调控作用，抑制转录；绝缘子阻止调控效应扩散。

（一）启动子

真核蛋白基因的启动子属于Ⅱ类启动子，它们含 GC 盒、CAAT 盒、TATA 盒、起始子或下游启动子元件等保守序列。

选择性启动子（alternative promoter） 葡萄糖激酶基因有两个选择性启动子-外显子 1：1L 和1B。1L 在肝细胞起作用，受胰岛素调控。1B 在胰岛 β 细胞起作用，受葡萄糖调控。

（二）增强子

1981 年，Banerji 在 SV40 晚期基因（late gene）区发现一种 72bp 的重复序列，它可以使重组 SV40 携带的兔 β 珠蛋白基因的转录效率提高 200 倍，这是第一个被报道的增强子。

增强子（enhancer）又称增强子元件（enhancer element），是高等真核生物激活转录的一类调控元件（酵母对应序列称为上游激活序列，UAS），与启动子可以相邻、重叠或包含，可以募集增强子结合蛋白形成增强体（enhancesome），从而改变染色质构象、激活一种或一组基因的转录。增强子的功能是提高转录启动效率，但增强子不能代替启动子。增强子结合蛋白与增强子的结合决定着基因表达的特异性。

1. 增强子特点 增强子有以下特点。

（1）增强效应十分明显 增强子一般能使转录效率提高数十倍至上千倍。例如，人巨细胞病毒（human cytomegalovirus，HCMV）增强子可使珠蛋白基因的转录效率提高 600～1000 倍。

（2）增强效应与增强子所处的位置和取向无关 增强子可以位于结构基因的上游、下游或内部（内含子内），多数距离转录起始位点 0.5～5kb，有的可达 10^2kb；用重组 DNA 技术改变其位置或使其倒位，仍然可以产生增强效应。不过，酵母上游激活序列（UAS）仅位于上游，离转录起始位点较近。

（3）没有基因特异性 增强子与不同结构基因重组均产生增强效应，如把 SV40 的增强子连接到兔 β 珠蛋白基因上，也可使转录水平提高 100 倍以上。

（4）具有组织细胞特异性 例如免疫球蛋白基因的增强子只在 B 细胞起作用。增强子是否产生增强效应，取决于组织细胞中是否存在转录因子。增强子只有与转录因子结合才能产生增强效应。

（5）多含重复对称序列 增强子序列长度一般为 100～200bp，由一个或多个称为增强元（enhanson）的独立的核心序列组成。核心序列长 8～13bp，部分序列有回文特征，例如 M 型肌酸激酶基因的 CAGCTA 序列。

（6）增强子的作用具有协同性 一个蛋白基因平均拥有 5～6 个增强子，它们通过募集不同的转录激活因子共同激活基因表达。它们的激活作用具有协同效应（synergy effect），即其共同作用的效应强于各自单独作用效应的加和。

（7）许多增强子的作用受环境信号影响 例如金属硫蛋白基因增强子的增强效应受 Zn^{2+} 和

NOTE

Cr^{3+}水平的影响。

（8）增强子的作用不都是确定的 有的调控元件既可作为增强子与转录激活因子结合而激活转录，又可作为沉默子与转录抑制因子结合而抑制转录。

2. 增强子分类 可分为激素反应元件（募集的是激素-核受体复合物）和辅助因子元件（募集的是没有配体的核受体或转录因子）。

3. 增强子作用机制 增强子提高转录效率的机制尚未阐明，目前认为有以下可能。

（1）增强子募集染色质重塑复合物，改变染色质构象，以暴露出转录区或调控元件，提高 DNA 与转录因子的结合效率，促进转录复合物的形成。

（2）增强子协助转录激活因子促进转录前起始复合物形成，或变构激活转录前起始复合物。

例如，β 干扰素基因增强子序列位于-110～-45 区，含 4 种增强子，在病毒感染时分别结合核因子 κB（NF-κB）、干扰素调节因子（IRF）、cAMP 依赖性转录因子-转录因子 c-Jun（ATF-2/c-Jun）异二聚体、HMG I（Y），并形成 β 干扰素增强体结构，可进一步募集共激活因子，作用于前起始复合物，促进 β 干扰素基因转录。

（3）增强子将 DNA 固定在细胞核特定部位，有利于 DNA 拓扑异构酶催化 DNA 解旋、RNA 聚合酶转录。

在受到不同信号调节时，有的增强子可以募集不同转录因子，调控同一基因的表达。这种增强子称为选择性增强子（alternative enhancer）。

（三）沉默子

真核基因中抑制转录的调控元件称为沉默子（silencer）、沉默基因（silent gene）、负增强子（negative enhancer）。与增强子相比，已鉴定的沉默子序列很少。沉默子与相应的转录因子结合，使正调控失去作用。沉默子对基因簇的选择性转录起重要作用。沉默子和增强子协调作用可以决定基因表达的时空顺序。

（四）绝缘子

绝缘子（insulator）又称边界元件（boundary element），位于增强子或沉默子与启动子之间，其作用是阻止结合于该增强子或沉默子的转录因子影响位于绝缘子另一侧基因的表达。因此，在位于增强子和启动子之间时，绝缘子阻断增强子的增强效应；在位于沉默子和启动子之间时，绝缘子阻断沉默子的抑制效应；在位于异染色质和活性基因之间时，绝缘子阻断异染色质对活性基因的阻遏作用。绝缘子通过募集绝缘子结合蛋白（如转录抑制因子 CTCF）起作用。

（五）调控元件变异与疾病

可诱导基因和可抑制基因的表达通常有复杂的调控模式，其调控离不开相关调控元件。调控元件变异会引起基因表达异常，导致遗传病。已经发现三种形式的调控元件变异。

1. 调控元件突变 ①人 *Shh* 基因的一个增强子原件 ZRS（ZPA regulatory sequence）位于其上游另一个基因 *LMBR1* 的内含子 5 中，其功能是激活 *Shh* 基因在肢体前端的表达，抑制在肢体后部的表达。已发现 ZRS 点突变导致 2 型肢体内侧多趾症（preaxial polydactyly 2，PPD2）。②β 珠蛋白基因顺式作用元件突变导致 β 珠蛋白基因转录减慢，β 珠蛋白合成减少，引起 β 地中海贫血。

2. 染色体结构异常　调控元件所在染色体区域的空间结构异常会引起相关基因表达异常，导致遗传病的发生。

人类 4 号染色体上（4q35）存在一种称为 D4Z4 的串联重复序列，重复单位 3. 3kb。正常人有 11～150 个 D4Z4 拷贝。拷贝数减少引起 1 型面肩肱肌营养不良（facio-scapulo-humeral dystrophy，FSHD1，一种常染色体显性遗传的神经肌肉性疾病）。95%的 FSHD1 患者的 D4Z4 拷贝数是 1～10 个，并且拷贝数越低，病情越严重，发病年龄也越早。

3. 转录区与调控元件分离　由转录区之外的染色体结构畸变引起的遗传病称为位置效应遗传病。染色体结构畸变（如缺失、易位、倒位）导致调控元件破坏或与结构基因分离，是这类遗传病发生的根本原因。

无巩膜（aniridia）　是由 *PAX6* 基因表达不足引起的常染色体显性遗传病。*PAX6* 基因（11p13）编码转录因子 Pax-6，其靶基因产物参与眼睛发育。然而，在一些无巩膜患者基因组中检测不到 *PAX6* 基因转录区突变，却发现其 *PAX6* 基因下游存在染色体重排，重排位点全部位于组成型基因 *ELP4*（编码组蛋白乙酰转移酶的一个亚基，与 Rolandic 癫痫连锁）的最后三个内含子中，其中含 *PAX6* 基因增强子，重排导致这些增强子丢失或易位，引起 *PAX6* 基因表达不足，从而导致与 *PAX6* 编码区突变相同的临床表型。

二、转录因子

转录因子通过识别并结合调控元件等影响 RNA 聚合酶Ⅱ识别并结合启动子，即影响转录起始复合物的形成，从而调控转录。

（一）转录因子分类

真核生物转录起始十分复杂，需要一组转录因子的协助。转录因子与 RNA 聚合酶Ⅱ、调控元件形成转录起始复合物，启动转录。真核生物转录因子种类繁多（人类基因组编码的转录因子就有 2000 多种），可分为三类。

1. 通用转录因子（general transcription factor，GTF）　又称基础转录因子，是与启动子元件特异性结合并启动转录的转录因子，存在于各种细胞中，决定基础转录效率。在细胞外条件下，只要通用转录因子与 RNA 聚合酶Ⅱ在启动子处组装成基础转录装置，就能启动基础转录。然而，因为细胞内 DNA 形成染色质结构，所以基础转录效率很低，还需要特异转录因子、中介分子甚至组蛋白修饰酶等的共同作用以提高转录效率。

2. 特异转录因子（specific transcription factor）　又称序列特异性转录因子，是通过与增强子或沉默子结合来调控转录的转录因子，其作用具有组织特异性：它们是在某些组织细胞受到激素、生长因子等信号刺激，需要调控某些靶基因的表达时才起作用，因而控制着靶基因表达的特异性。作用机制：①作用于通用转录因子、其他特异转录因子、中介分子或 RNA 聚合酶Ⅱ，影响转录起始复合物的稳定性。②募集组蛋白修饰酶类，或募集组装染色质重塑复合物。特异转录因子分为转录激活因子和转录抑制因子。

（1）转录激活因子（transcription activator）　即增强子结合蛋白，在结合于增强子的基础上直接募集核小体修饰酶类（如 HAT）、Ⅱ类通用转录因子（如 TFⅡD）、共激活因子（如 mediator）等，进而募集 RNA 聚合酶Ⅱ组装转录复合物，激活转录。有的转录激活因子募集转录延伸因子，推动转录延伸。例如果蝇 *HSP70* 转录时需要转录激活因子 HSF 募集蛋白激酶 P-TEFb，

NOTE

后者催化 RNA 聚合酶Ⅱ大亚基 C 端结构域（CTD）七肽单位中的 Ser2 磷酸化，推动启动子逃逸。

（2）转录抑制因子（transcription repressor）　又称**转录阻遏物**，在结合于沉默子或增强子的基础上作用于 RNA 聚合酶Ⅱ、Ⅱ类通用转录因子、转录激活因子、共抑制因子或核小体修饰酶类，抑制转录。作用机制：①沉默子与增强子存在重叠，转录抑制因子的结合抑制转录激活因子的结合。②沉默子与增强子邻近，同时结合转录抑制因子和转录激活因子时，转录抑制因子与转录激活因子结合，抑制其转录激活结构域。③转录抑制因子作用于共激活因子，抑制其激活作用。④转录抑制因子募集抑制性组蛋白修饰酶类。

不过，某些特异转录因子的调控效应是可以改变的，例如某些类固醇受体本身是转录抑制因子，与类固醇激素结合后变构成为转录激活因子。此外，许多转录激活因子对信号分子敏感，可应答细胞环境变化而起激活或去激活作用。

3. 中介分子（mediator）　又称**共调节因子**、**辅助转录因子**，不是直接与 DNA 结合，而是通过蛋白质相互作用介导特异转录因子作用于 RNA 聚合酶Ⅱ-通用转录因子复合物，从而调控转录，分为共激活因子和共抑制因子。

（1）共激活因子（coactivator）　又称**辅激活因子**，如 CBP、p300、SRC、NCoA、TIF2、GRIP1、ACTR、RAC3，是真核生物的主要中介分子，由 25~30 个亚基构成，其中有些亚基含作用于 RNA 聚合酶Ⅱ（可能是大亚基 RPB1 的 C 端结构域，激活 TFⅡH 的 C 端结构域激酶活性）、Ⅱ类通用转录因子的转录激活结构域，有的含活性中心，通过化学修饰改变染色质结构，激活转录。例如，组蛋白乙酰化酶 p300（p300 HAT）是一种共激活因子，通过调控染色质重塑介导各种转录激活因子（如激素受体、AP-1、MyoD）作用于转录起始复合物。

（2）共抑制因子（corepressor）　又称**辅抑制因子**、**辅阻遏物**（区别于原核生物辅阻遏物）、**转录辅阻遏物**，如 NCoR、SMRT，是抑制转录的中介分子。共抑制因子可以在细胞质中结合于其他转录因子的核定位信号（NLS），阻止其进入细胞核；或与结合于增强子的转录激活因子的转录激活结构域结合，抑制其激活作用。

中介分子多为多亚基复合物，其合成和作用与细胞类型和分化阶段有关，并对细胞外信号产生应答，例如维生素 D 受体相互作用蛋白（vitamin D receptor interacting protein，DRIP）。中介分子由 Kornberg R. D.（2006 年诺贝尔化学奖获得者）于 1990 年报道。

信号分子的细胞内受体大多数是转录因子，它们与调控元件（称为反应元件）的结合是信号转导的一个效应环节，例如糖皮质激素受体（第七章，201 页）。

（二）转录因子结构

转录因子含特定的 DNA 结合域、转录激活结构域或二聚化结构域（表 6-8）。

表 6-8　转录因子结构

功能结构域	所含结构类型	举例
DNA 结合域	锌指	转录激活因子 Sp1，类固醇受体
	螺旋-转角-螺旋	LacI，CRP，TrpR
转录激活结构域	酸性结构域	转录激活因子 Gal4
	谷氨酰胺结构域	转录激活因子 Sp1
	脯氨酸结构域	转录激活因子 CTF（NF1）
二聚化结构域	亮氨酸拉链	转录激活因子 GCN4、AP-1、Myc
	碱性螺旋-环-螺旋	转录激活因子 Myc

1. DNA 结合域（DBD） 是突出于转录因子表面的一种较小的结构域，含 60~90AA。DNA 结合域中包含直接与 DNA 调控元件结合的基序，例如螺旋-转角-螺旋、锌指。人类基因组编码的转录因子中有 1500 多种含 DNA 结合域。

（1）螺旋-转角-螺旋 是 DNA 结合域中第一类被阐明结构的基序（DNA 结合基序），约含 20AA，由各含 7~9AA 的两段 α 螺旋通过一个 β 转角连接而成，其中第二螺旋（位于 C 端的 α 螺旋）直接与调控元件 DNA 双螺旋大沟的特定碱基对结合（如精氨酸 R 基与鸟嘌呤形成氢键），称为识别螺旋（recognition helix）。第一螺旋（位于 N 端的 α 螺旋）主要与 DNA 主链结合（图 6-5）。

螺旋-转角-螺旋（HTH）最早发现于原核生物 DNA 结合蛋白中，例如 LacI 阻遏蛋白的 Leu6~Asn25、CRP 的 Arg170~Lys189、TrpR 的 Gln68~Ala91，迄今已在原核生物 100 多种 DNA 结合蛋白（如所有 σ 因子）和真核生物某些 DNA 结合蛋白中鉴定到螺旋-转角-螺旋。

真核生物有一类基因称为同源盒基因（hox gene，Hox 基因）、同源异型基因（homeotic gene），其编码的同源盒蛋白（homeoprotein，又称同源域蛋白、同源异型蛋白）是 DNA 结合蛋白（既有转录激活因子，又有转录抑制因子），在胚胎发育过程中的表达水平对于组织器官的形成有重要的调控作用。同源盒基因的编码序列中有一段称为同源盒（homeobox）的保守序列，长约 180bp，编码同源盒蛋白中长约 60AA 的一个肽段，称为同源域（homeodomain）。同源域属于 DNA 结合域，含三段 α 螺旋，其中两段形成一个螺旋-转角-螺旋类基序，与 DNA 大沟结合（图 6-6）。同源盒蛋白作为转录因子常形成异二聚体，识别并结合不对称调控元件。

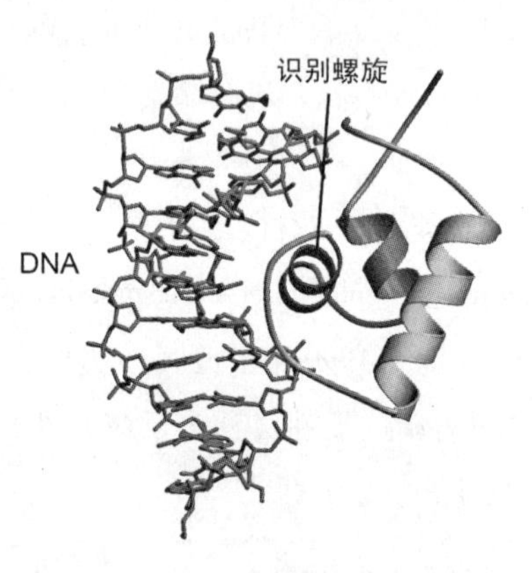

图 6-5 螺旋-转角-螺旋

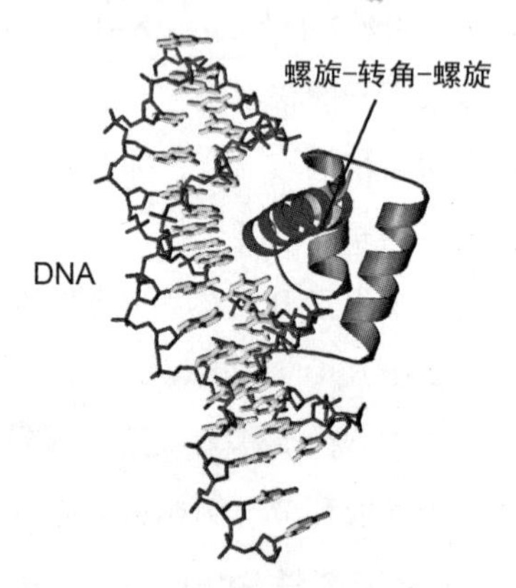

图 6-6 同源域

（2）锌指（zinc finger） 是 DNA 结合域中第二类被阐明结构的基序，约含 30AA，序列中有四个氨基酸残基通过配位键螯合一个 Zn^{2+}，形成手形结构，故称锌指（图 6-7），分为 C_2H_2 锌指（见于转录因子 Sp1 等）和 C_4 锌指（见于核受体等，第七章，190 页）（表 6-9）。含锌指的蛋白质称为锌指蛋白。

单一锌指与 DNA 的亲和力很低，但 DNA 结合蛋白通常含多个锌指，例如非洲爪蟾（*Xenopus*）的一种 DNA 结合蛋白有 37 个锌指，人转录因子 TFⅢA 含 9 个 C_2H_2 锌指。它们同时与 DNA 结合，所以结合非常稳定。不同 DNA 结合蛋白中锌指的一级结构不尽相同，因而其识别

NOTE

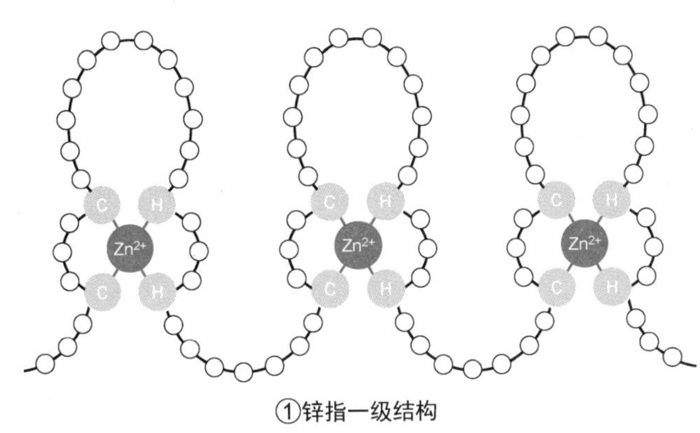

①锌指一级结构

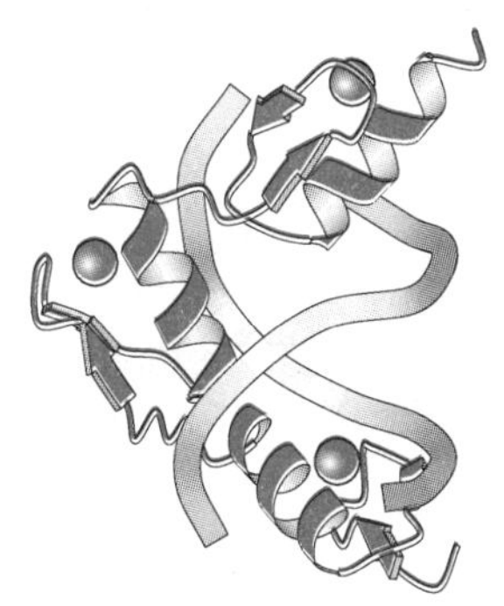
②锌指-DNA结合构象

图6-7 锌指

表6-9 锌指

锌指类型	共有序列	基序类型	转录因子	锌指数
C_2H_2 锌指	$C\text{-}X_{2\sim4}\text{-}C\text{-}X_3\text{-}F\text{-}X_5\text{-}L\text{-}X_2\text{-}H\text{-}X_3\text{-}H$	螺旋-折叠-折叠	人 Sp1	3
C_4 锌指	$C\text{-}X_2\text{-}C\text{-}X_{13}\text{-}C\text{-}X_2\text{-}C$	螺旋-转角-螺旋	人类固醇受体	2

和结合 DNA 序列的机制也有差别，有些锌指的氨基酸残基参与识别 DNA 序列，有些并无直接关系。锌指是真核生物 DNA 结合蛋白中最常见的 DNA 结合基序。人类基因组编码几百种锌指蛋白，包括全部 48 种核受体和某些翻译抑制因子。此外，某些原核蛋白也是锌指蛋白，例如大肠杆菌 DNA 拓扑异构酶 1 含 3 个锌指。

2. 转录激活结构域（TAD） 简称转录激活域，是转录因子所含模块化结构之一，由 20~100AA 组成，通过蛋白质相互作用与 RNA 聚合酶、通用转录因子（特别是 TFⅡD 的 TAF，此外还有 TFⅡB、TFⅡA）或共激活因子结合，促进转录起始复合物的形成。转录激活结构域主要存在于真核生物转录激活因子和共激活因子中，其一级结构保守性差，具有一定的组成特征（如富含酸性氨基酸、疏水性氨基酸、谷氨酰胺或脯氨酸），但结构特征尚未阐明。这里介绍三种（图 6-8）。

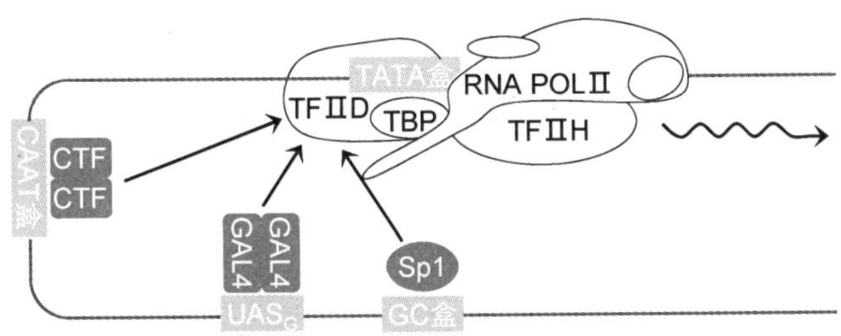

图6-8 转录激活结构域

（1）酸性结构域 例如酵母转录激活因子 GAL4 的 N 端是含类锌指的 DNA 结合域，Asp149~Phe196 是转录激活结构域，该转录激活结构域富含酸性氨基酸残基（11/48），所以称为酸性结构域（acidic activation domain，AAD），其作用是募集 TFⅡD、共激活因子 mediator（机制是直接与其亚基 MED15、17 结合）等，以形成转录起始复合物。不同酸性结构域序列差异很大，因而酸性结构域的激活作用是由氨基酸残基的酸性而不是序列决定的。GAL4 先形成

有卷曲螺旋（coiled-coil）结构的同二聚体，然后才与增强子 UAS_G（回文序列 $CGGN_{11}CCG$）结合。

（2）谷氨酰胺结构域　人转录激活因子 Sp1（specificity protein 1）有两个转录激活结构域（A：Gln146～Gln251；B：Asn261～Thr495），它们富含谷氨酰胺（A：23/106；B：43/235），所以称为谷氨酰胺结构域（glutamine-rich domain，GD）。其他许多转录激活因子也有谷氨酰胺结构域。

（3）脯氨酸结构域　人 CCAAT 盒结合转录因子（CTF，又称核因子 1，NF1）的 N 端（Met1～Pro195）有一个富含碱性氨基酸残基（42/195）的 DNA 结合域，C 端有一个脯氨酸结构域（proline-rich domain，PD），其 22% 的氨基酸残基为脯氨酸。

3. 二聚化结构域　真核生物的许多转录因子常先形成同二聚体或异二聚体（相比之下，原核生物只形成同二聚体或同四聚体），再通过 DNA 结合域与调控元件结合。某些结构域是形成二聚体所必需的，称为二聚化结构域。目前发现这些二聚化结构域含以下基序。

（1）亮氨酸拉链　位于肽链 C 端，一级结构中每隔 6AA 就有一个亮氨酸（L，图 6-9）。二级结构是一种两亲性 α 螺旋，且亮氨酸恰好排列于疏水侧面。两段两亲性 α 螺旋的亮氨酸平行排列，通过疏水作用结合成有卷曲螺旋结构的二聚体，形似拉链铰在一起，所以称为亮氨酸拉链（leucine zipper，LZ）。亮氨酸拉链可使转录因子二聚化，形成同二聚体（如 $bHLHe40_2$）或异二聚体（如 Fos-Jun）。

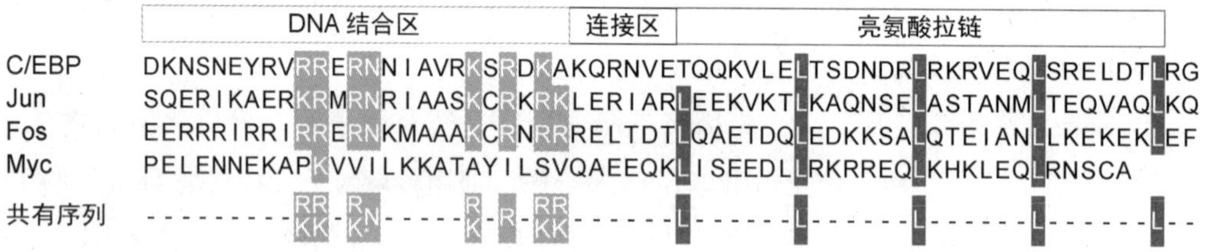

```
        DNA 结合区                  连接区   亮氨酸拉链
C/EBP   DKNSNEYRVRRERNNIAVRKSRDKAKQRNVETQQKVLELTSDNDRLRKRVEQLSRELDTLRG
Jun     SQERIKAERKRMRNRIAASKCRKRKLERIARLEEKVKTLKAQNSELASTANMLTEQVAQLKQ
Fos     EERRRIRRIRRERNKMAAAKCRNRRRELTDTLQAETDQLEDKKSALQTEIANLLKEKEKLEF
Myc     PELENNEKAPKVVILKKATAYILSVQAEEQKLISEEDLLRKRREQLKHKLEQLRNSCA
共有序列 ---------RR-R------R-R-RR-------L------L------L------L------L--
                 KK K:N      K   KK
```

图 6-9　碱性亮氨酸拉链一级结构

亮氨酸拉链的 N 端与一段碱性序列连接，合称碱性亮氨酸拉链（bZIP），其碱性序列也形成 α 螺旋，但不属于二聚化结构域，而是 DNA 结合域，可以嵌入 DNA 大沟，并与主链带负电荷的磷酸基结合（图 6-10）。

碱性亮氨酸拉链结构存在于许多真核蛋白（如酵母转录激活因子 GCN4，人转录激活因子 AP-1、Myc、C/EBP）和个别原核蛋白中。

（2）螺旋-环-螺旋　位于肽链 C 端，一级结构是一段约 50AA 的保守序列（可以含亮氨酸）。二级结构由两段两亲性 α 螺旋通过一段长度不一的环（12～28AA）连接构成，所以称为螺旋-环-螺旋。螺旋-环-螺旋 C 端的 α 螺旋是二聚化螺旋，可通过形成卷曲螺旋结合，使转录因子二聚化，包括同二聚化（如 Mnt_2）和异二聚化（如 Myc-Max）。

螺旋-环-螺旋 N 端的 α 螺旋是识别螺旋，有的识别螺旋 N 端与一段碱性序列连接，合称碱性螺旋-环-螺旋（bHLH）。碱性序列是 DNA 结合域。如果二聚体的两个单体都含 DNA 结合域（如 Myf-3-Tcf-3），则可直接与靶基因启动子的 E 盒（enhancer box sequence，E-box，共有序列 CANNTG）结合（图 6-11）。如果二聚体中只有一个单体含 DNA 结合域，则不能直接结合 DNA（如 Tcf-3-Id-3）。

NOTE

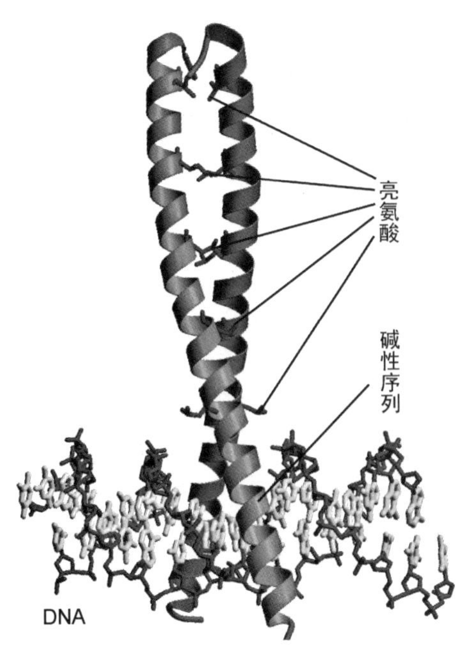

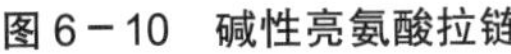
图 6－10 碱性亮氨酸拉链

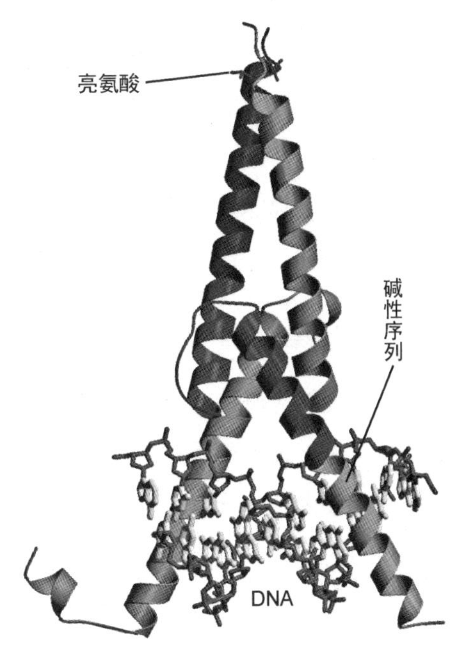

图 6－11 碱性螺旋-环-螺旋

碱性螺旋-环-螺旋结构存在于多细胞真核生物的部分 DNA 结合蛋白中（如 Myc、Max、Mnt、SREBP），在发育过程中参与基因表达调控。

（三）转录因子调节

转录因子通过水平调节、变构调节、化学修饰调节、蛋白质相互作用等方式调控基因表达（表 6-10）。

表 6－10 真核生物转录因子活性调节方式

调节方式	举例
水平调节	转录因子 E2F，同源盒蛋白
变构调节	糖皮质激素受体（GR）（第七章，201 页），NF-κB
化学修饰调节	信号转导和转录激活因子（STAT），cAMP 反应元件结合蛋白（第七章，206 页）
蛋白质相互作用	转录因子 Myc-Max
裂解激活	固醇调节元件结合蛋白（SREBP）

转录因子活性调节机制有二：①解除转录抑制因子或抑制结构域对激活结构域的封闭抑制。例如，没有半乳糖时，结合于酵母 *GAL1* 上游 UAS_G 的 Gal4 的激活结构域被 Gal80 封闭。半乳糖通过激活蛋白 Gal3 使 Gal80 变构释放，解除其对 Gal4 的抑制。②改变转录因子区室分布。这类转录因子通常位于细胞质中（可能的机制是被转录抑制因子约束，锚定于细胞膜上，核定位信号被封闭），在细胞受到细胞外信号刺激时转入细胞核（可能的机制是抑制蛋白降解，锚定部位丢失，变构暴露出核定位信号），调控基因表达。例如 NF-κB 信号通路（第七章，223 页）。

转录因子与调控元件的结合具有相对特异性：一种转录因子能与一种或多种调控元件结合；一种调控元件能与一种或多种转录因子结合。

第五节　转录后加工水平的调控

真核基因含外显子和内含子，复杂转录单位存在选择性剪接，转录后加工产物还要转运到细胞质中，因而转录后加工也是其表达调控的一个重要环节。

一、加帽和加尾

mRNA 转录合成时要在 5′端加帽。不同 5′帽子结构的甲基化水平不同（0、1、2 型）。mRNA 转录合成之后还要在 3′端加 poly(A)尾。加帽和加尾均影响转运和翻译效率及 mRNA 寿命，从而影响基因表达效率。

二、选择性剪接

剪接水平的基因表达调控是真核生物所特有的。通过选择性剪接调控基因表达产生多种效应。

1. 导致基因产物多样性　①免疫球蛋白 M 重链 μ 基因初级转录产物选择性加尾得到 μ_m-mRNA（2700nt）、μ_s-mRNA（2400nt），翻译产物分别是 B 细胞膜结合型 μ_m 蛋白（473AA，单次跨膜）和分泌型 μ_s 蛋白（452AA），两种蛋白的 S1-T432 序列相同，只是 C 端序列不同。②钙调蛋白激酶 CaMK Ⅱ δ 外显子 14、15、16 为选择性外显子，其剪接具有组织特异性（表 6-11）。

表 6-11　CaMK Ⅱ δ pre-mRNA 的选择性剪接

产物	外显子 14（含 NLS）	外显子 15	外显子 16	产物亚细胞定位	产物功能
δA	-	+	+	神经细胞膜	调节离子通道活性
δB	+	-	-	细胞核	调控基因表达
δC	-	-	-	细胞质	磷酸化一组细胞质蛋白

2. 使同一基因编码功能相反的产物　几乎所有调节细胞凋亡的基因都至少表达两种产物，分别是促凋亡蛋白和抗凋亡蛋白，两者的比例决定细胞的存亡。

3. 控制细胞内 mRNA 水平　选择性保留 mRNA 中的调控元件，控制其寿命，从而控制其细胞内水平。例如控制含提前终止密码子（premature stop codon，PTC）mRNA 的比例，这种 mRNA 寿命短。

真核生物脉孢菌（*neurospora*）*NMT1* 基因（编码硫胺素合成蛋白）mRNA 的 5′ UTR 存在一种核糖开关，其作用是控制选择性剪接。

NMT1 基因有两个外显子（外显子 2 含 ORF）和一个内含子，该内含子是一个选择性内含子，有两个 5′剪接位点，两个 5′剪接位点之间有一个 uORF。①TPP 不足时，适体与第二个 5′剪接位点结合而对其形成保护，第一个 5′剪接位点发生剪接，形成 5′ UTR 短的 mRNA，不含 uORF，可以翻译。②TPP 充足时，TPP 与适体结合，解除其对第二个 5′剪接位点的保护，第二个 5′剪接位点发生剪接，形成 5′ UTR 长的 mRNA，含 uORF，不能翻译（图 6-12）。

NOTE

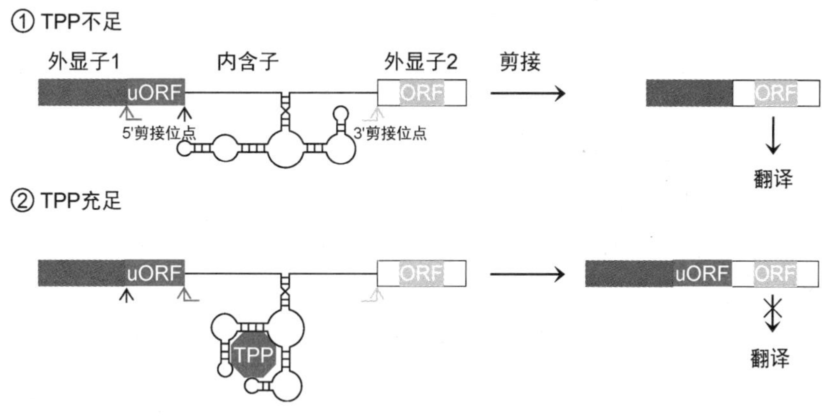

图 6－12　脉孢菌 NMT1-mRNA 核糖开关

三、转运

真核生物转录产物必需通过核孔转运到细胞质，因此 RNA 转运也是一个基因表达的调控环节。控制转运就是控制出核 RNA 的质量和数量。实际上，只有 5%～20%的 mRNA 转运到细胞质中，留在细胞核内的 mRNA 有 50%在一小时内被降解。

mRNA 从细胞核向细胞质转运的机制目前尚未阐明，但以下事实表明转运受到调控：①mRNA 的出核过程是一个主动转运过程。只有加工正确的 mRNA 才能出核，且由 G 蛋白 Ran（第四章，194 页）水解 GTP 供能。②mRNA 与特定蛋白质组装成信使核糖核蛋白（messenger ribonucleoprotein，mRNP）才能出核。③加工错误的 RNA、剪切下来的内含子必须在核内及时降解，不能出核。

此外，编辑（第三章，92 页）和转录后基因沉默（179 页）等转录后加工事件也都影响基因表达。

四、转录后加工异常与疾病

阿尔茨海默病（Alzheimer disease，AD）与 Tau 蛋白 pre-mRNA 的选择性剪接异常有关。

Tau 蛋白又称 τ 蛋白、微管相关蛋白 Tau（microtubule-associated protein tau，MAPT）、神经纤维缠结蛋白，是一种微管相关蛋白，主要存在于轴突中，功能是启动微管组装和稳定微管系统。在成人脑中，*MAPT* 基因（17q21）外显子 2、3、10 通过选择性剪接生成 8 种 mRNA，指导合成 8 种 Tau 蛋白同源体。根据外显子 10 选择性剪接导致 4 段重复序列（Tau/MAP 1：Gln561～Lys591，Tau/MAP 2：Val592～Ser622，Tau/MAP 3：Val623～Gln653，Tau/MAP 4：Val654～Asn685）保留数的不同，8 种同源体可分为 Tau3R 和 Tau4R 两类。Tau3R 型又称Ⅰ型，包括 Fetal-tau、Tau-A、Tau-B、Tau-C，只保留 3 段重复序列，缺失 Tau/MAP 2，从胎儿期持续表达。Tau4R 型又称Ⅱ型，包括 Tau-D、Tau-E、Tau-F、Tau-G，均保留 4 段重复序列，在成年后开始表达。在生理状态下，Tau3R：Tau4R≈1。外显子 10 选择性异常剪接造成 Tau3R/Tau4R 比例失调，从而导致阿尔茨海默病等 Tau 蛋白病的发生。

第六节 翻译水平的调控

真核生物翻译水平的调控比原核生物更重要：①一些较大基因的转录及转录后加工所需的时间太长（可达数小时），细胞可以通过提高已有 mRNA 的翻译效率来满足急需。②有些基因的翻译调控属于微调。③无核细胞可对已有 mRNA 的翻译进行调控。

翻译水平的调控主要是调节 mRNA 稳定性、翻译起始复合物形成，此外还存在 RNA 干扰、核糖体移码等特殊机制。mRNA 的 5′ UTR 和 3′ UTR 是主要调控位点。

一、mRNA 稳定性

mRNA 稳定性影响其寿命，从而影响翻译可持续时间，影响翻译效率。真核生物 mRNA 的寿命比原核生物的长，脊椎动物 mRNA 的半衰期平均约为 3 小时，而细菌只有 1.5 分钟。不过，不同 mRNA 的寿命差异显著，短的只有数秒钟，长的可存在数个细胞周期。例如，控制细胞分裂的 *FOS* mRNA 的半衰期为 10～30 分钟，红系祖细胞血红蛋白、鸡输卵管细胞卵清蛋白 mRNA 的半衰期超过 24 小时。

mRNA 稳定性与其降解效率呈负相关。mRNA 降解效率与其结构、RNA 结合蛋白的保护有关，体现在以下方面。

1. 5′非翻译区和 3′非翻译区结构　5′帽子结构的种类、5′ UTR 的长度（大多数不超过 100nt）和结构、3′ UTR 的结构、poly(A)尾的长度均影响 mRNA 稳定性。①删除 c-*myc* mRNA 的 5′ UTR 后其半衰期延长 3～5 倍。②组蛋白 mRNA 的 3′ UTR 含抗 3′→5′外切酶的茎环结构。③某些半衰期短的 mRNA（如 CSF mRNA）的 3′ UTR 含 AUUUA 序列，将其引入其他 mRNA（如 β 珠蛋白 mRNA）的 3′ UTR 也会导致其降解加快。④珠蛋白 mRNA 的 3′ UTR 含 CCUCC 重复序列，其发生突变将导致 mRNA 稳定性下降。

2. RNA 结合蛋白保护　真核生物 mRNA 从合成之后到降解之前一直都与 RNA 结合蛋白（RBP）形成信使核糖核蛋白（messenger ribonucleoprotein，mRNP），这种形式可提高其稳定性。例如，催乳素（prolactin，PRL，199AA）可使酪蛋白 mRNA 半衰期从 1 小时延长到 40 小时。家蚕丝心蛋白 mRNA 和蛋白质结合成 mRNP 而使其半衰期可达 4 天。人类基因组至少编码 2000 多种 RBP。不过也有 RNA 结合蛋白与 mRNA 结合是促进其降解的。

某些 mRNP 运至细胞质后并未立即指导蛋白质合成，而是与 RNA 脱帽酶、解旋酶、外切酶等形成 P 小体（P body，相当于原核生物降解体）。P 小体的主要功能是降解 RNA，但某些 mRNA 并未降解，一定条件下会复出，用于指导蛋白质合成。

3. mRNA 稳定性调节　包括结合蛋白调节、加尾脱尾调节和 RNA 干扰（177 页）。

（1）结合蛋白调节　Fe^{2+}在血浆中主要由转铁蛋白（TF）运输，由细胞通过细胞膜转铁蛋白受体（TfR）摄取。细胞摄取 Fe^{2+}的效率取决于 TfR 水平，而 TfR 水平取决于其合成量。TfR 合成量取决于 TfR mRNA 稳定性，而 TfR mRNA 稳定性受控于 3′ UTR 的 5 个铁反应元件（IRE）。IRE 是一种发夹结构，在细胞内缺 Fe^{2+}时可以募集铁调节蛋白（iron regulatory protein，IRP，又称铁反应元件结合蛋白，IRE-BP），使 TfR mRNA 抵抗降解，寿命延长，翻译增加。一

NOTE

且细胞摄取了足够的 Fe^{2+}，Fe^{2+}可以在 IRP 分子结构中形成不稳定的[4Fe-4S]型铁硫中心，使 IRP 与 IRE 解离，解除对 TfR mRNA 的保护，导致降解加快，寿命缩短，翻译减少。

（2）加尾脱尾调节　非洲爪蟾胚胎发育期间 mRNA 在细胞质中通过加尾（腺苷酸化）和脱尾（脱腺苷酸化）控制 mRNA 寿命，从而控制早期胚胎发育：即一些 mRNA 通过加尾增加翻译，通过脱尾减少翻译。加尾依赖 3′端一段富含 AU 的顺式作用元件。脱尾依赖 3′端两种顺式作用元件：EDEN 元件（胚胎期脱腺苷酸化元件，17nt）和 ARE 元件（富含 AU，通常含 AUUUA 串联重复序列），由 poly(A)尾特异性 RNA 酶（PARN）催化脱尾。

二、翻译起始复合物形成

翻译起始复合物的形成是翻译起始阶段的核心事件。形成效率决定翻译启动效率。调节点是 mRNA 识别和 Met-tRNA$_i$ 与小亚基的结合。

1. 5′非翻译区　①5′ UTR 长度影响翻译起始效率：当 5′ UTR 的长度不到 12nt 时，有 50% 的小亚基扫描失误而不能组装；当 5′ UTR 的长度是 17~80nt 时，体外翻译启动效率与其长度成正比。②5′ UTR 二级结构也影响翻译起始效率：二级结构太复杂影响小亚基扫描，因而不利于核糖体形成。

2. 上游开放阅读框　有些 mRNA 的 5′ UTR 内有一个或数个 AUG，称为 5′AUG，它们引导一种称为上游开放阅读框（uORF）的特殊阅读框。这种阅读框与开放阅读框不一致，很小，翻译产物为无活性短肽（通常<10AA）。因此，上游开放阅读框通常对翻译起始起负调控作用，使翻译维持在较低水平。上游开放阅读框多存在于原癌基因中，它们的缺失可导致原癌基因激活。

例如，GCN4（281AA）是酵母的一种转录激活因子，其靶基因有 30 多种，编码产物是氨基酸合成酶系或核苷酸合成酶系。GCN4 的合成在翻译水平受到调控：*GCN4* mRNA 只在氨基酸或核苷酸缺乏时翻译。调控机制：*GCN4* mRNA 的 5′ UTR 内有 4 个 uORF，其中 uORF1 首先被翻译，且在翻译终止核糖体解聚时，有 50% 小亚基保持与 mRNA 结合，继续扫描并翻译 uORF2、uORF3、uORF4。当氨基酸充足时，eIF-2·GTP-Met-tRNA$_i^{Met}$ 三元复合物充足，可以在扫描 uORF2 之前与小亚基结合，从而识别、翻译 uORF2、uORF3、uORF4，且核糖体在 uORF4 翻译终止之后完全脱离 mRNA，不会翻译 GCN4 ORF。当氨基酸缺乏时，一方面导致 eIF-2·GTP-Met-tRNA$_i^{Met}$ 三元复合物缺乏，与小亚基结合缓慢，另一方面造成空载 tRNA 积累，激活一种称为 GCN2 的 eIF-2α 激酶（表 6-12）。GCN2 催化 eIF-2α 磷酸化，导致 eIF-2·GDP 不能转化为 eIF-2·GTP，进而导致 eIF-2·GTP-Met-tRNA$_i^{Met}$ 三元复合物进一步缺乏，小亚基不能识别、翻译 uORF2、uORF3、uORF4，结果小亚基在快扫描到 GCN4 ORF 时才与 eIF-2·GTP-Met-tRNA$_i^{Met}$ 三元复合物结合，从而可以识别、翻译 GCN4 ORF，合成 GCN4。

表 6-12　人 eIF-2α 激酶

名称	其他名称及名称缩写	大小	eIF-2α 修饰残基	引起修饰的条件
eIF-2α 激酶 1	heme-controlled repressor，HCR	630	Ser51、Ser48	低血红素
eIF-2α 激酶 2	IFN-induced，dsRNA-activated protein kinase，PKR	550	Ser51	干扰素，dsRNA
eIF-2α 激酶 3	PRKR-like endoplasmic reticulum kinase，PERK	1087	Ser51	内质网应激
eIF-2α 激酶 4	general control non-derepressible-2，GCN2	1649	Ser51	氨基酸缺乏

NOTE

3. Kozak序列 共有序列是 $R^{-3}NNA^{+1}UGG^{+4}$。-3位R和+4位G对核糖体与mRNA识别和结合的影响最大，翻译效率可改变10倍。-3～-1序列（RNN）在脊椎动物多为ACC和GCC，在无脊椎动物多为AAA和ACA。

4. 核糖体蛋白 在细胞周期 G_1 期，核糖体蛋白S6被核糖体蛋白S6激酶（S6K，p70S6K，一种丝氨酸/苏氨酸激酶）催化磷酸化激活，促进蛋白质合成，促使细胞从 G_1 期进入S期。

S6K是信号通路重要的蛋白激酶，可以通过以下信号通路激活：Src→PTK2→PI3K→PI(3,4)P_2/PI(3,4,5)P_3→S6K。

5. 翻译起始因子 翻译调控主要发生在翻译起始阶段。翻译调控的典型机制是翻译起始因子或翻译起始因子调节蛋白磷酸化。

（1）eIF-2α磷酸化抑制翻译起始 起始因子eIF-2在翻译起始阶段起关键作用。它先与GTP、Met-$tRNA_i^{Met}$ 形成三元复合物，进一步与核糖体小亚基形成43S前起始复合物，最终形成翻译起始复合物（第四章，114页）。

起始因子eIF-2是一个αβγ三聚体，其中eIF-2α是调节亚基，其Ser51、Ser48是磷酸化调节位点，磷酸化导致以下交换不能进行：eIF-2·GDP+GTP→eIF-2·GTP+GDP，从而影响eIF-2的循环利用，抑制翻译。

在不同细胞压力和刺激下，哺乳动物eIF-2α由丝氨酸/苏氨酸蛋白激酶家族、GCN2亚家族的四种eIF-2α激酶催化磷酸化修饰，例如病毒感染产生的dsRNA激活蛋白激酶（PKR），PKR磷酸化eIF-2α，抑制蛋白质（包括病毒蛋白）合成，起到抗感染作用（表6-12）。

（2）eIF-4E磷酸化促进翻译起始 eIF-4E在翻译起始阶段的早期直接与mRNA 5′帽子结构结合，松解mRNA二级结构，促进翻译起始复合物形成，是翻译起始的关键步骤。eIF-4E的活性受化学修饰调节，其Ser209是一个磷酸化位点，可以被蛋白激酶C（第七章，209页）催化磷酸化。磷酸化eIF-4E与5′帽子结构的亲和力增强3倍，促进eIF-4F组装，启动翻译。胰岛素及其他部分生长因子通过信号转导促进eIF-4E磷酸化，使蛋白质合成加快。

6. 翻译抑制因子 许多mRNA都有较长的非翻译区，其中含反向重复序列（IR），可形成茎环结构。一些翻译抑制因子是RNA结合蛋白，可与这种茎环结构结合，干扰翻译起始复合物的形成，抑制翻译起始。

（1）翻译产物反馈抑制 poly(A)结合蛋白mRNA指导合成的poly(A)结合蛋白可以与其5′ UTR的一段oligo(A)序列结合，抑制翻译。

（2）翻译抑制因子变构调节 例如 Fe^{2+} 对铁蛋白（ferritin）合成的调控。铁蛋白主要分布于肝和肾，其功能是储存 Fe^{2+}，并对细胞内游离 Fe^{2+} 起缓冲作用。高水平游离 Fe^{2+} 对细胞有毒性（会引起肝损伤、心力衰竭、糖尿病），因而当细胞内 Fe^{2+} 水平很高时，铁蛋白的翻译合成加强，并与 Fe^{2+} 结合，降低游离 Fe^{2+} 水平。

铁蛋白翻译抑制机制：铁蛋白mRNA的5′ UTR有1个铁反应元件（IRE）。游离 Fe^{2+} 水平低时，IRE可以募集铁调节蛋白（iron regulatory protein，IRP），使eIF-4A、eIF-4B无法解除IRE发夹结构，从而抑制翻译。游离 Fe^{2+} 水平高时，Fe^{2+} 通过在IRP分子结构中形成［4Fe-4S］型铁硫中心使IRP脱离IRE，从而解除翻译抑制（图6-13）。

（3）翻译抑制因子化学修饰调节 eIF-4E结合蛋白1（eIF-4E binding protein 1，4E-BP1）是真核生物的一种翻译抑制因子，可以与eIF-4E结合，竞争性抑制eIF-4G与eIF-4E结合组装

NOTE

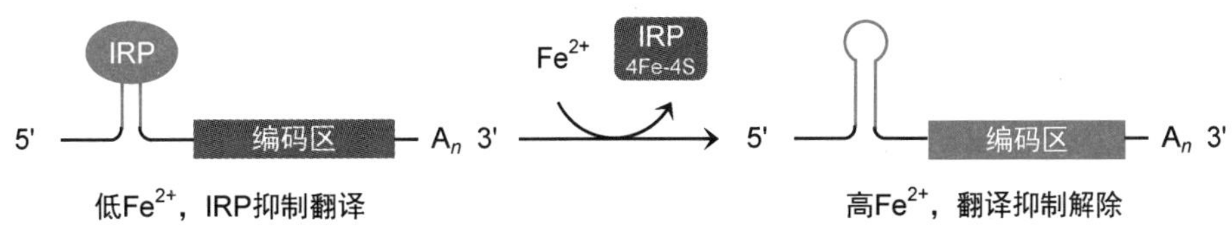

图 6－13 铁蛋白翻译抑制机制

eIF-4F 复合物，从而抑制翻译起始。某些生长因子、激素（如胰岛素）等信号通过激活 PI3K-Akt 途径或 mTOR 途径激活丝氨酸/苏氨酸激酶 mTOR（2549AA），mTOR 催化 4E-BP1 磷酸化，使其与 eIF-4E 解离，解除翻译抑制。

RNA 调节子（RNA regulon） 是指由同一种 RNA 结合蛋白（RBP）控制翻译或降解的一组 mRNA，例如由铁调节蛋白控制的铁蛋白 mRNA 和转铁蛋白受体 mRNA。

三、RNA 干扰

1993 年，Ambros、Lee 和 Ruvkun 等用定位克隆的方法从线虫（*C. elegans*）基因组中克隆出 *lin-4* 基因，通过定点突变发现 *lin-4* 编码一种 61nt RNA，它被切割后得到一种 22nt 的 miRNA，能以不完全互补的方式与其靶基因 *lin-14* mRNA 的 3′ UTR 结合，抑制其翻译，最终导致 lin-14 蛋白质合成减少。这就是 *lin-4* 控制线虫幼虫由 L1 期向 L2 期转化的机制。这种由一类小分子 RNA 介导基因沉默的机制称为 RNA 干扰（RNAi）、RNA 沉默（RNA silencing）。

RNA 干扰现象在生物界普遍存在，是一种在进化上十分保守的防御机制。Fire 和 Mello 因为研究 RNA 干扰（RNAi，1998 年）而获得 2006 年诺贝尔生理学或医学奖。

（一）相关小分子 RNA 种类

与 RNA 干扰相关的小分子 RNA 至少有 miRNA、piRNA、siRNA 三类，它们在不同组织、不同条件下起作用（表 6-13）。

表 6－13 miRNA、piRNA、siRNA 一览

	miRNA/stRNA	piRNA	siRNA
活性形式长度（nt）	20～23	24～31	20～23
编码基因	细胞基因	细胞基因	病毒基因、转座子
组织特异性	体细胞	生殖细胞	体细胞
合成条件	生长发育	配子形成	病毒感染
RISC 组成蛋白	Ago 亚家族	Piwi 亚家族	Ago 亚家族

1. miRNA miRNA（microRNA，微小 RNA）是由基因组编码的一类小分子 RNA，功能是与 Ago 家族 Ago 亚家族蛋白（人 hAgo）等结合形成 RNA 诱导沉默复合体（RNA-induced silencing complex，RISC），介导基因沉默。RISC 介导基因沉默的机制通常是通过 miRNA 与靶 mRNA 的 3′ UTR 结合，抑制其翻译，有的还促进其降解。

已在人体内鉴定到 1100 多种 miRNA 基因（其编码序列占基因组的 1%），作用于 19898 种基因的 34911 种 3′ UTR 的 16228619 种靶序列。这些 miRNA 中有一半来自蛋白基因内含子，其余来自长链非编码 RNA（long noncoding RNA，lncRNA）。有趣的是有的 miRNA 由假基因编码，可见假基因功能未必都完全缺失。每一种 miRNA 都调控上百种 mRNA，每一种 mRNA 都被多

种 miRNA 调控，在发育的各阶段起作用。

因为许多 miRNA 参与发育调节，即只在发育过程中短暂出现，它们有时又称小时序 RNA（small temporal RNA，stRNA），主要影响翻译，也有的作用于启动子而影响转录起始。

miRNA 有以下特点：①普遍存在于各种真核生物。②有一定的保守性。③其基因表达具有时间特异性和空间特异性。

miRNA 基因或其靶序列突变与某些遗传病有关。

2. piRNA　piRNA（piwi-interacting RNA）是存在于生殖细胞中的一类 miRNA，功能是与 Ago 家族 Piwi 亚家族蛋白（人 PiwiL、Hiwi，小鼠 Miwi）等结合形成 RISC，抑制逆转录转座，稳定基因组信息，维持染色质结构。piRNA 加工机制尚未阐明。

3. siRNA　siRNA 是病毒感染时产生的一类 miRNA，功能是与 Ago 蛋白等结合形成 RISC，抑制病毒复制。有的转座子也可以产生 siRNA，作用是沉默转座子。

有些病毒感染细胞后其两股 DNA 都转录，所以得到 dsRNA，经过加工可得到 siRNA。其生成机制、干扰机制类似于 miRNA，但所用 Ago 蛋白不同。

（二）小分子 RNA 生成机制

miRNA 的生成机制是先通过转录合成 pri-miRNA，自动形成发夹结构，双链部分通常不完全互补，然后进行以下加工（图 6-14）。

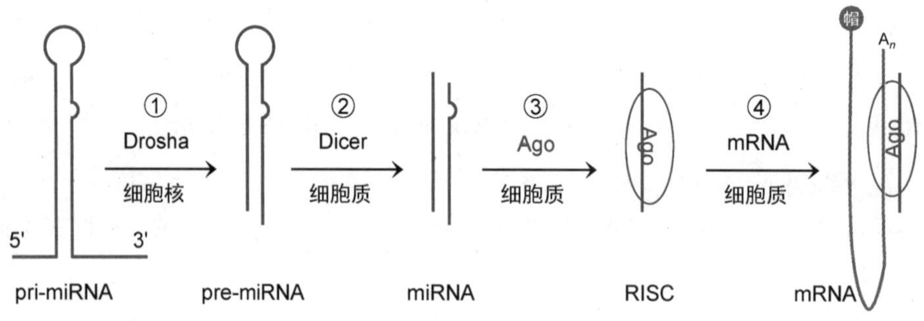

图 6－14　小分子 RNA 生成和 RNA 干扰机制

1. 加工成 pre-miRNA　在细胞核内，miRNA 基因（miDNA）由 RNA 聚合酶Ⅱ（部分由 RNA 聚合酶Ⅲ）转录得到 pri-miRNA（通常 500～1500nt），且大多数加帽加尾。pri-miRNA 形成发夹结构，由核酸内切酶 Drosha（又称 RNase Ⅲ，1374AA）在 RNA 结合蛋白 DGCR8（773AA）和微加工体（microprocessor）的协助下切割成 65～80nt 的 pre-miRNA，其一端即为成熟 miRNA 的末端。

有的 pri-miRNA 还要由 dsRNA 特异的腺苷脱氨酶（dsRNA-specific adenosine deaminase，DRADA）编辑，把腺嘌呤(A)转化为次黄嘌呤（I），这种编辑可以改变其靶特异性。

有的 miRNA 基因属于蛋白基因内含子（基因内基因），在转录后加工时剪下的内含子套索不需要 Drosha 加工就是 pre-miRNA，又称 mirtron。

2. 加工成 miRNA　pre-miRNA 由输出蛋白 exportin-5 和 Ran 运至细胞质，由 TRBP（366AA）、PACT（313AA）协助核酸内切酶 Dicer 从双链端切下 20～23bp（长度取决于 Dicer）的 dsRNA 片段，即得到 miRNA，其两端为长出 2nt 的 3′黏性末端。3′黏性末端通常还要进一步 2′-*O*-甲基化以提高其稳定性。

有的 miRNA 还会加促降解信号 oligo(U)，或加促稳定信号 oligo(A)。

哺乳动物只有一种核酸内切酶 Dicer，属于解旋酶家族、Dicer 亚家族，1922AA，含两个 RNase Ⅲ活性中心和 PAZ 结构域、解旋酶结构域、解旋酶 ATP 结合域、dsRNA 结合域、dsRNA 结合折叠域各一个。

3. 形成活性 RISC　miRNA 募集核酸内切酶 Argonaute（Ago）等，形成 RNA 诱导沉默复合体(RISC)。RISC 将 miRNA 解链，降解其过客链（passenger strand，又称 miRNA star，miRNA*），保留其引导链（guide strand，又称成熟 miRNA，mature miRNA），成为活性 RISC，送至靶 mRNA 的 3′ UTR。

Ago 含有一个 PAZ 结构域和一个 Piwi 结构域，其中 Piwi 结构域有类似 RNase H 的核酸酶活性（但多数 Ago 的 Piwi 结构域并无此活性，表 6-14）。人 Ago 家族有 8 个成员（表 6-13），miRNA 碱基配对程度和末端序列决定与哪种 Ago 结合、选择哪一股作为过客链。

表 6－14　人 Ago 家族

亚家族	成员	大小（AA）	核酸酶活性	RNA
Ago	hAgo1（eIF2C1）	857	－	miRNA，siRNA
	hAgo2（eIF2C2）	859	+	miRNA，siRNA
	hAgo3（eIF2C3）	860	－	miRNA
	hAgo4（eIF2C4）	861	－	miRNA
Piwi	PiwiL1（Hiwi）	861	－	piRNA
	PiwiL2（CT80）	973	－	piRNA
	PiwiL3	882	－	piRNA
	PiwiL4（Hiwi2）	852	－	piRNA

（三）RNA 干扰机制

miRNA 并不是单独作用，而是与核酸内切酶 Ago 等结合，形成 RNA 诱导沉默复合体，调控翻译过程。

RISC 通过三种主要机制产生转录后基因沉默（post-transcriptional gene silencing，PTGS），又称 miRNA 介导基因沉默（microRNA-mediated gene silencing）：①直接降解 mRNA。②介导 poly(A)核酸酶（CCR4-NOT 复合体）降解 poly(A)尾。③抑制翻译。

这三种机制在动植物都存在，但动物 miRNA 以抑制其翻译为主，植物 miRNA 以介导降解 mRNA 为主，不过降解效应实际上取决于 miRNA 与 mRNA 的互补程度，互补程度越高降解效应越显著。研究表明，RISC 只降解靶 mRNA 与引导链 10、11 位核苷酸对应的磷酸二酯键，且要求 9~11 位核苷酸严格配对。此外，存在少数 RISC，其 miRNA 促进 mRNA 翻译。

RISC 通过 Ago 导向靶 mRNA 分子，通过 miRNA 扫描 mRNA 靶序列。动物 miRNA 靶序列通常位于靶 mRNA 3′ UTR 的富含 AU 区（图 6-14），少数位于 ORF 内（植物 miRNA 靶序列多位于 ORF 内）。一种靶 mRNA 通常有多处靶序列，在不同条件下被不同 miRNA 识别。miRNA 的一个 6~7nt 序列（第 2~7 或 2~8 位核苷酸）对其扫描 mRNA 靶序列非常重要，必需完全互补配对，称为种子序列（seed sequence）。

极少数 miRNA 在 P 小体中没有促进 mRNA 降解，而是将其激活，机制尚未阐明。

（四）RNA干扰意义

miRNA介导的RNA干扰是一种基因表达调控方式，有以下意义：①调控基因表达，调节生长发育，包括细胞增殖、分化、凋亡和应激反应。②调控基因转座，维持基因组稳定性。③防御外源基因侵入，保护生物体免受病毒或其他病原体损害。

（五）RNA干扰特点

RNA干扰有高效、特异、保守、可以传播等特点。

1. 效率极高　少量miRNA/siRNA就可以引发大量mRNA的反应。

2. 特异性高　miRNA/siRNA与靶mRNA错配一个碱基就可以极大降低RNA干扰效应。在哺乳动物中，只有长约21bp并且3′端对称突出两个胸腺嘧啶核苷酸的miRNA/siRNA的RNA干扰作用才是特异的并且效应较强。

3. 目标保守　RNA干扰可能是一种古老的机体抗病毒方式，因为保守基因容易产生RNA干扰效应。

4. 可以传播　RNAi效应可以在细胞间传播，而且还可以通过RNA依赖的RNA聚合酶（RDRP）扩增，放大其抑制效应，这对抗病毒感染特别有意义。不过主要见于植物界，动物界目前仅见于线虫。

5. 依赖ATP　RNA干扰是一个ATP依赖过程，这是因为Dicer和RISC的作用过程都消耗ATP。

四、核糖体移码

HIV-1 *gag-pol*基因的ORF含滑动序列（slippery sequence）UUUUUAGG，翻译时，被译码为UUU-UUA-GG（Phe436-Leu437-Gly438），最终合成507AA的Gag。但部分核糖体在Leu-tRNA连接入新生肽之后发生-1移码（−1 frameshift），即移位后又后退一个碱基，将滑动序列译码为UU-UUU-AGG（Phe436-Leu437-Arg438），最后合成1441AA的Gag-Pol（水平约为Gag的5%）。

面包酵母*TY*基因的ORF含滑动序列CUUAGGC，翻译时，被译码为CUU-AGG-C（Leu435-Arg436），最终合成440AA的TYA。但部分核糖体在Leu-tRNA连接入新生肽之后发生+1移码（+1 frameshift），移位后再前进一个碱基，将滑动序列译码为C-UUA-GGC（Leu435-Gly436），最后合成1755AA的TYA-TYB（水平为TYA的5%~20%）。

五、核糖体拯救

真核生物核糖体拯救机制与原核生物不尽相同。当翻译终止密码子缺失的mRNA时，核糖体会一直翻译到3′末端，包括poly(A)尾，因而翻译产物C端是一段Lys（因而不稳定，很快被降解），之后核糖体募集Dom34（类似于eRF-1）和Hbs1、Ski7（类似于eRF-3）蛋白。Dom34和Hbs1使核糖体解聚，释放肽酰tRNA和mRNA。Ski7募集外切体，降解该mRNA，且有内切酶参与降解。

第七节　翻译后水平的调控

新生肽合成后通常要经过修饰才能成为天然蛋白质并运输到功能场所。蛋白质构象决定其功能，而蛋白质的天然构象是在翻译后修饰过程中形成的。通过修饰控制其功能，通过定向运输控制其亚细胞定位，这些都是基因表达调控的重要内容，见第四章（118 页），这里介绍蛋白质分解。

一、蛋白质分解

蛋白质的活性取决于蛋白质的结构和水平，蛋白质的水平由合成与分解的平衡决定。蛋白质分解速度直接决定其寿命。不同组织蛋白寿命不同（表 6-15）。

表 6－15　哺乳动物组织蛋白半衰期（天）

组织	肝	肾	心	脑	肌
半衰期	0.9	1.7	4.1	4.6	10.7

细胞内蛋白质分解完全不同于消化道食物蛋白质水解，整个过程受到严格控制，其意义是清除异常蛋白，应激时（如饥饿）维持氨基酸代谢库，加工活性肽（如激素、抗原），下调蛋白质水平（如细胞周期蛋白）。

蛋白质寿命与其序列有关，直接决定其分解的序列称为降解决定子（degron），例如细胞周期蛋白降解盒（第八章，234 页）。最小的降解决定子就是一个特定的氨基酸残基。例如酵母细胞质蛋白的 N 端降解决定子（N-terminal degron）：①N 端残基为 Ala、Cys、Gly、Met、Pro、Ser、Thr、Val 的半衰期大于 20 小时。②N 端残基为 Arg、His、Ile、Leu、Lys、Phe、Trp、Tyr 的半衰期 2～30 分钟。③N 端残基为修饰 Asn、Asp、Gln、Glu 的半衰期 3～30 分钟。

哺乳动物有三条蛋白降解途径已被阐明：溶酶体途径、自噬途径和泛素-蛋白酶体途径。三条途径分解的蛋白质均需先多聚泛素化，之后由哪条途径分解，取决于泛素标记被哪条途径的泛素化感受器（sensor）识别。

（一）溶酶体途径

溶酶体途径（lysosomal pathway）又称不依赖 ATP 的溶酶体降解途径，可以分解细胞外蛋白、膜蛋白（如膜受体、膜通道）和半衰期长的细胞内蛋白，即在泛素化后由溶酶体内的组织蛋白酶降解。肝细胞每小时分解的蛋白质量占其蛋白质总量的 4.5%，主要通过溶酶体降解。例如，血浆糖蛋白分解时先脱去寡糖基非还原端的唾液酸，成为去唾液酸糖蛋白，然后被肝细胞通过去唾液酸糖蛋白受体介导内吞，再由溶酶体降解。

（二）自噬途径

自噬途径（autophagy pathway）是先以双层膜结构包裹细胞内需要清除的细胞器或蛋白质（需泛素化）等成分，形成自噬体，再由溶酶体降解。

（三）泛素-蛋白酶体途径

泛素-蛋白酶体途径（ubiquitin-proteasome pathway）又称依赖 ATP 的泛素-蛋白酶体降解途

径，主要分解半衰期短的调节蛋白（如癌蛋白、肿瘤抑制蛋白、膜受体、细胞周期蛋白、转录因子）和细胞质中变性、损伤（结构异常或折叠错误）的蛋白质，此外在应激时也分解正常蛋白质。泛素-蛋白酶体途径降解蛋白质过程包括泛素化系统催化靶蛋白多聚泛素化和蛋白酶体降解泛素化靶蛋白两个阶段。

1. 靶蛋白多聚泛素化　跨膜靶蛋白只需单泛素化即可被蛋白酶体降解。可溶性靶蛋白需多聚泛素化（至少含 4 个泛素）才能被蛋白酶体降解。细胞内通过两种方式对靶蛋白进行多聚泛素化（polyubiquitination）。

（1）靶蛋白泛素多聚泛素化　例如将靶蛋白泛素的 Lys48 泛素化，形成多聚泛素链。

（2）靶蛋白多聚泛素化　即将靶蛋白的多个赖氨酸泛素化。

2. 蛋白酶体降解泛素化靶蛋白　靶蛋白一旦多聚泛素化，即由 26S 蛋白酶体识别、募集，降解成含 7~9AA 的寡肽（再被其他蛋白酶彻底降解），而泛素则被释放并再利用。

26S 蛋白酶体（proteasome）在真核生物体内广泛存在，位于细胞核和细胞质中，功能是以依赖 ATP 的方式降解多聚泛素化蛋白质。26S 蛋白酶体由一个桶状 20S 核心颗粒（core particle，又称催化颗粒，catalytic particle）和两个盖状 19S 调节颗粒（regulatory particle，又称 PA700）构成。

（1）20S 核心颗粒　是由两个 α 亚基异七聚体环和两个 β 亚基异七聚体环叠成的桶状结构（α 亚基和 β 亚基均由七种基因编码），每个 β 亚基七聚体环含三个活性中心，位于 β1、β2、β5 亚基的桶内侧壁上，分别具有胱天蛋白酶、胰蛋白酶、糜蛋白酶活性，在中性或略偏碱性的条件下水解酸性氨基酸（Glu）、碱性氨基酸（Arg）、疏水性氨基酸（Phe、Tyr、Leu）羧基形成的肽键（图 6-15）。

（2）19S 调节颗粒　由一个基座（base）和一个盖子（lid）构成。基座由 6 个 ATPase 亚基（RPT1~6）和 4 个其他亚基（RPN1、2、13、10）构成，其中 RPN10、13 是泛素受体。盖子由 9 个亚基构成（RPN3、5~9、11、12，SEM1），其中 RPN11 催化靶蛋白去泛素化（deubiquitinating）。

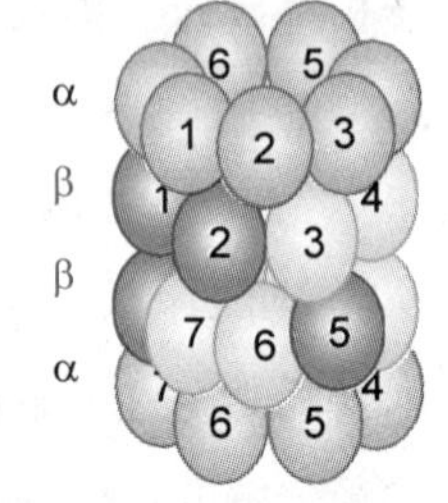

图 6-15　20S 核心颗粒

此外，20S 蛋白酶体核心还可以与另外两分子 11S 调节颗粒（又称 PA28）形成蛋白酶体，功能是以不依赖 ATP 的方式降解未泛素化（non-ubiquitinated）短肽。

3. 生理意义　泛素-蛋白酶体途径是细胞内一系列生命进程的重要调节方式，它可以严格控制功能蛋白的水平、质量，参与免疫反应，维护人体的代谢、修复功能。

（1）严格控制功能蛋白水平　例如细胞周期蛋白在完成使命之后会被磷酸化，导致称为降解盒的降解决定子暴露，被 SCF/APC 介导的泛素-蛋白酶体系统标记、降解。

（2）清除修饰错误的蛋白质　修饰错误包括折叠错误、半胱氨酸氧化、谷氨酰胺或天冬酰胺脱氨基等，这些错误导致蛋白质疏水序列暴露，被泛素-蛋白酶体系统识别、标记、降解。

（3）参与免疫反应　抗原提呈细胞应用泛素-蛋白酶体系统将病毒蛋白标记、降解，产生的抗原肽运输到内质网，与内质网膜上的主要组织相容性抗原 I 结合成复合物，运输到细胞膜，激活细胞毒性 T 细胞，杀死病毒感染细胞。

NOTE

保持蛋白质合成与分解的动态平衡对生命活动至关重要。阐明泛素-蛋白酶体途径对研究基因表达调控、疾病发病机制和研发新药具有重要意义。Ciechanover、Hershko、Rose 因阐明泛素-蛋白酶体途径而获得 2004 年诺贝尔化学奖。

泛素-蛋白酶体系统为药物设计提供了一种新思路：①硼替佐米（bortezomib，商标名称 Velcade）是第一种蛋白酶体抑制剂类药物，用于治疗多发性骨髓瘤（multiple myeloma）和套细胞淋巴瘤（mantle cell lymphoma）。②中药雷公藤的抗肿瘤成分雷公藤红素（celastrol）是一种天然的蛋白酶体抑制剂，能通过抑制蛋白酶体活性诱导肿瘤细胞凋亡。

二、翻译后调控异常与疾病

翻译后修饰异常也会导致蛋白质构象异常，这种蛋白质不仅没有活性，反而会被不完全降解，造成大量降解片段积累，引发某些退行性疾病，特征是在肝脏、大脑等形成不溶性斑块，导致疾病发生。

1. 修饰异常与疾病　阿尔茨海默病脑细胞 Tau 蛋白修饰异常（*O*-糖基化不足，磷酸化过度，双螺旋丝型 Tau 蛋白被糖化）而从微管上解离，并在皮质神经元细胞质中聚集，形成神经纤维缠结（NFT）。修饰异常导致的 Tau 蛋白聚集与阿尔茨海默病密切相关。

2. 定向运输异常与疾病　一些疾病与蛋白质定向运输异常有关。酪氨酸酶活性中心外点突变导致蛋白质折叠错误，酪氨酸酶滞留于内质网而不能输出，导致Ⅱ型泛发性白化病。

CFTR 基因（7q31.2）编码的囊性纤维化跨膜转导调节因子（CFTR）是一种 12 次跨膜蛋白，1480AA，是一种依赖 cAMP 的氯离子通道。一种突变体存在 Phe508 缺失，折叠错误，不能正确嵌入细胞膜，导致囊性纤维化（cystic fibrosis），占 72%。其余突变体可以嵌膜但不能被磷酸化激活。

CFTR 因子缺失导致呼吸道、鼻窦、消化道、外分泌腺（汗腺、胰腺、胆管、输精管）上皮细胞氯离子通道异常，表现为易患慢性细菌性呼吸道感染，汗液多氯（>60mmol/L），脂肪消化不良，男性不育。生理状态下，肺上皮细胞的分泌物可以捕获并杀死细菌，由上皮细胞纤毛清除。*CFTR* 基因突变导致呼吸道表面黏液层增厚，上述过程减弱甚至缺失，易受金黄色葡萄球菌和绿脓杆菌感染，造成肺损伤，引起呼吸困难，常因呼吸衰竭而于 30 岁前死亡。

3. 降解异常与疾病　一些疾病与泛素-蛋白酶体途径异常相关。

（1）某些脑瘤细胞表达 *BIRC6* 基因（2p22.3），产物 Birc6 是一种抗凋亡蛋白（4857AA，259 页），其 C 端（Arg4576～Pro4704）有泛素结合酶 E2 活性，介导泛素-蛋白酶体系统降解促凋亡蛋白，从而抗凋亡。

（2）*PARK2* 基因（6q25.2-q27）编码 Parkin 蛋白（465AA），其功能之一是参与构成 E3 泛素连接酶，介导泛素-蛋白酶体系统降解底物蛋白。*PARK2* 基因突变导致常染色体隐性早发性帕金森病（juvenile Parkinson disease）。

（3）E3A 泛素连接酶（15q11.2）缺陷导致 Angelman 综合征（Angelman syndrome，天使综合征）。VCB 复合体（一种 E3 泛素连接酶）的 VHL 亚基（3p25.3）缺陷导致 VHL 综合征（von Hippel-Lindau syndrome）。

（4）人乳头瘤病毒（HPV）的致癌机制是其编码产物激活一种 E3 泛素连接酶，催化 p53 蛋白和 DNA 修复系统多聚泛素化降解。超过 90% 宫颈癌患者可见该泛素连接酶被激活。

阿尔茨海默病的标志是脑组织形成老年斑和神经纤维缠结。老年斑（senile plaque）又称神经斑（neuritic plaque），主要成分是β淀粉样蛋白（Aβ），来自嵌膜的淀粉样前体蛋白（amyloid precursor protein，APP）。正常情况下APP被α分泌酶裂解，不产生Aβ。阿尔茨海默病患者的APP被β分泌酶（裂解Met671~Asp672）和γ分泌酶裂解（裂解Val711~Ile712或Ala713~Thr714），产生Aβ，包括Aβ40（Asp672-Val711）和Aβ42（Asp672-Ala713）。两者C端各有来自APP跨膜区（Gly700~Leu723）的一段疏水序列（Gly700~Val711、Gly700~Ala713），因此在细胞外大量沉积，形成淀粉样斑块，导致神经元死亡。

NOTE

第七章 信号转导

在多细胞生物中，各个细胞的代谢需要相互协调，以适应环境变化，保证机体生命活动的正常进行。这种协调依赖细胞之间的相互联系，即细胞之间通过内环境进行的信息传递，这种信息传递过程称为细胞通讯（cell communication）。

细胞通讯启动细胞内一系列化学反应，导致一组成分的活性、水平或亚细胞定位改变，最终引起细胞反应（cell response），包括改变代谢物浓度和代谢速度，最终导致细胞的生长、分裂、分化、衰老、死亡速度改变，这一过程称为信号转导（signal transduction）。信号转导过程发生的一系列化学反应构成信号转导途径（signaling pathway，简称信号途径），又称信号转导通路（简称信号通路）。执行信号转导的成分称为信号转导分子。细胞内各种信号通路相互联系和相互协调，交织成复杂有序的信号转导网络（signaling network，简称信号网络）。

微环境通过细胞通讯和信号转导控制细胞代谢，协调细胞行为。这是组织稳态、个体发育、组织修复、免疫反应的基础。环境因素和遗传因素可能导致信号分子和信号转导分子出现异常，包括结构异常和水平异常，导致细胞通讯和信号转导出现异常，导致肿瘤、糖尿病、自身免疫性疾病等的发生。研究细胞通讯和信号转导有助于研究发病机制，寻找新的诊断标志和药物靶点。

第一节 概 述

在多细胞生物体内，一些特定的信号细胞（signaling cell）合成和分泌信号分子，作用于特定的靶细胞（target cell），激活靶细胞中的信号转导，完成细胞代谢调节和基因表达调控。这一过程复杂而有序。

一、细胞通讯概述

细胞之间通讯方式有间隙连接通讯、表面分子接触通讯、化学信号通讯等，以化学信号通讯为主。

1. 间隙连接通讯（gap junction） 两个相邻细胞的细胞膜上形成由连接子蛋白（connexin）构成称为连接子（connexon）的细胞间通道，该通道的直径为1.5~2nm，允许相邻细胞直接交换无机离子和1kDa以下的小分子代谢物，实现代谢偶联或电偶联。

2. 表面分子接触通讯（juxtacrine signaling） 又称细胞识别（cell recognition）、细胞表面识别，两个相邻细胞通过位于细胞膜上的配体-受体结合进行信号交换，在细胞黏附、增殖和移动过程中起重要作用。

3. 化学信号通讯（chemical signal） 信号分子从信号细胞释放出，经过近距离扩散或远距离运输，到达靶细胞，调节其代谢行为。

二、信号转导概述

激活靶细胞信号转导的细胞外信号来自信号细胞或外环境，其中有一些是物理信号，包括光、热和机械刺激等，但大多数是信号分子。

（一）信号转导的基本机制

信号转导由信号转导分子完成。**信号转导分子**（signal transducer）的化学本质是**信号转导蛋白**（signaling protein）或小分子活性物质，其转导信号的过程是改变水平、构象或亚细胞定位的过程。

1. 通过水平调节改变水平 ①小分子第二信使是一些酶或信号转导蛋白的变构剂，其水平改变之后，产生的变构效应也会改变，调节快速。②信号转导蛋白的水平通过控制合成和降解的速度进行调节。环境信号可以通过调控基因表达改变信号转导蛋白的水平，调节迟缓。

2. 通过结构调节改变构象 信号转导蛋白因受变构调节或化学修饰调节而改变构象，从而改变活性，甚至改变功能，调节快速。变构调节通常是变构剂与信号转导蛋白结合或解离的过程，化学修饰调节多数是磷酸化和去磷酸化过程（此外还有乙酰化和去乙酰化、泛素化和去泛素化等过程）。

3. 通过定向运输改变亚细胞定位 例如，糖皮质激素使糖皮质激素受体从细胞质进入细胞核；IP_3 使 Ca^{2+}从内质网腔逸出进入细胞质。

（二）信号转导的终止方式

信号转导是通过其快速、有效的激活和终止来完成的，已经阐明的信号转导终止方式有：①细胞外信号消除或受体与信号分子解离。②膜受体因内吞而数量减少（受体脱敏）。③抑制性受体作用于信号转导分子。④第二信使降解或清除。⑤信号转导分子失活或降解。⑥信号通路负反馈调节。⑦信号通路之间相互制约。

例如，①成纤维细胞长时间受大量表皮生长因子（EGF）刺激，会引起细胞膜表皮生长因子受体（EGFR）内吞而减少；如果降低表皮生长因子水平，细胞会合成新的表皮生长因子受体补充到细胞膜上而使其数量增多；如果表皮生长因子受体基因发生突变，细胞会对表皮生长因子产生持续应答，导致细胞持续增殖。②细胞因子信号转导抑制因子（SOCS）可以抑制蛋白激酶 JAK，从而抑制 JAK-STAT 途径。

（三）信号转导的基本特点

形成信号网络的各种信号通路具有机制和效应的复杂性和多样性，这是复杂的生命过程对多变的生存环境作出反应的结果。即便如此，它们仍有以下共同特点。

1. 信号转导过程中的双向反应 通过一些双向反应，信号转导分子适时、有效地参与信号转导。例如，①cAMP 通过水平变化参与信号转导，而 cAMP 水平取决于其合成速度和分解速度，即取决于腺苷酸环化酶和 cAMP 磷酸二酯酶活性。②信号转导蛋白主要通过改变构象参与信号转导，即它们至少存在有活性和无活性或高活性和低活性两种构象，两种构象可以通过变构调节或化学修饰调节相互转换。

NOTE

2. 信号转导过程中的级联反应 信号转导的很多环节就是酶促反应，其转导过程是一个级联反应（cascade）过程，即通过逐级放大使较弱的输入信号转变为较强的输出信号，导致各种生理反应的过程。信号通路所包含的酶促反应环节越多，级联反应效应就越显著。微弱的环境信号通过级联反应可以诱导细胞最终产生强烈的应答（图 7-1），如 PKA 途径促进糖原分解的级联反应。

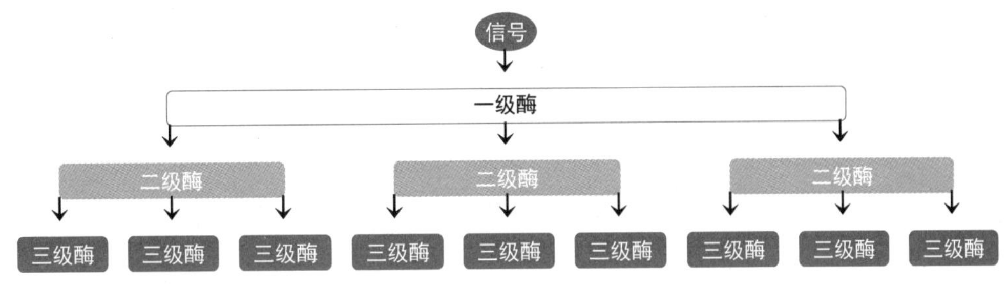

图 7-1 级联反应

3. 信号通路的特异性和通用性 ①信号通路的特异性是指特定信号分子激活特定组织细胞中特定的信号通路，产生特异应答。例如，胰高血糖素激活肝细胞中的 PKA 途径，促进肝糖原分解。不同信号的特异程度有很大差异，有的只作用于少数组织细胞，例如垂体前叶促激素主要作用于相应的靶内分泌腺；有的作用范围遍及全身，例如生长激素、甲状腺激素、胰岛素。这完全取决于其受体分布。②信号通路的通用性是指不同信号转导分子转导的信号可以汇合于同一信号通路。例如，β 肾上腺素能受体、胰高血糖素受体、5-羟色胺受体均可激活 PKA 途径。

4. 信号网络的复杂性和精密性 形成信号网络的各种信号通路相互交流，称为交叉对话（cross-talk）、串流，体现在以下几方面。

（1）一种信号分子可以激活不同组织的不同信号通路，产生不同的效应，称为信号发散，例如乙酰胆碱作用于骨骼肌细胞引起收缩，作用于心肌细胞引起收缩频率降低，作用于唾液腺细胞引起唾液分泌。

（2）一种受体可以激活不同的信号通路产生不同的效应。

（3）一种信号转导分子可以参与不同的信号通路产生不同的效应，并介导其相互协同或制约。

（4）不同的信号通路可以作用于同一个靶分子或靶基因（称为整合，integration，注意区别于 DNA 整合，第二章，75 页），产生的效应可能一致（称为信号会聚），也可能相反。

第二节 信号转导的分子基础

信号网络由众多信号通路交织而成，每一条途径都涉及信号分子和一组信号转导分子，例如胰高血糖素促进肝糖原分解的信号通路：

胰高血糖素 → 受体 → 三聚体G蛋白 → 腺苷酸环化酶 → cAMP →

蛋白激酶A → 糖原磷酸化酶激酶 → 糖原磷酸化酶 → 糖原

一、信号分子

信号分子（signal molecule）是信号转导的激活者，是细胞外及细胞膜上的信号物质。

（一）分类

信号分子种类繁多，包括激素、生长因子、细胞因子、神经递质、神经肽等体液因子及营养物质、药物、毒素、病原体、抗原、味觉刺激和嗅觉刺激等（表7-1）。信号分子可分为亲水性信号分子、疏水性信号分子、气体信号分子及少量细胞膜信号分子。

表7-1 部分信号分子

信号分子	合成或分泌细胞	化学本质	生理功能
激素			
肾上腺素	肾上腺髓质	酪氨酸衍生物	升压，平滑肌收缩，肝糖原分解，脂肪动员
胰岛素	胰岛β细胞	蛋白质	刺激细胞葡萄糖摄取、蛋白质合成、脂质合成
胰高血糖素	胰岛α细胞	二十九肽	刺激肝糖原分解、脂肪动员、糖异生
胃泌素	胃黏膜	十七肽	刺激胃黏膜分泌 HCl 和胃蛋白酶原
甲状腺激素	甲状腺	酪氨酸衍生物	促进有氧代谢、产热代谢、糖酵解、蛋白质合成
皮质醇	肾上腺皮质	类固醇	调节多数组织蛋白质、糖、脂质代谢，抗炎，免疫抑制
雌二醇	卵巢	类固醇	诱导和维持雌性第二性征
睾酮	睾丸	类固醇	诱导和维持雄性第二性征
局部介质			
表皮生长因子	多种细胞	蛋白质	刺激上皮细胞等增殖
血小板源性生长因子	血小板等多种细胞	蛋白质	促进多种细胞增殖
神经生长因子	各种神经支配的组织	多肽	促进各种神经元代谢、神经元轴突生长，引起神经元肥大和增生
组胺	肥大细胞	组氨酸衍生物	促进毛细血管扩张、胃液分泌等
一氧化氮	神经元，血管内皮细胞	无机化合物	引起平滑肌松弛，调节神经元活性
神经递质			
乙酰胆碱	神经末梢	胆碱酯类	许多神经肌肉突触和中枢神经系统中存在的兴奋性神经递质
γ-氨基丁酸	神经末梢	谷氨酸衍生物	中枢神经系统中存在的抑制性神经递质

1\. 亲水性信号分子　又称第一信使（primarymessenger），包括氨基酸、氨基酸衍生物、活性肽、蛋白质和核苷酸等（广义第一信使包括神经冲动）。它们与位于靶细胞膜上的受体结合，激活信号转导。

2\. 疏水性信号分子　有类固醇激素、甲状腺激素、维甲酸、钙三醇和脂肪酸衍生物等。它们不溶于水，在血液中由特异载体蛋白运输至靶组织，可以通过自由扩散穿过靶细胞膜进入细胞内，与细胞内受体结合，激活信号转导。

3\. 气体信号分子　包括一氧化氮、一氧化碳，可以通过自由扩散进入细胞内，激活鸟苷酸环化酶受体，激活信号转导。

NOTE

（二）通讯方式

根据细胞通讯距离及信号作用对象的不同，动物体内的通讯方式主要有内分泌、旁分泌、自分泌和神经分泌通讯（图 7-2）。

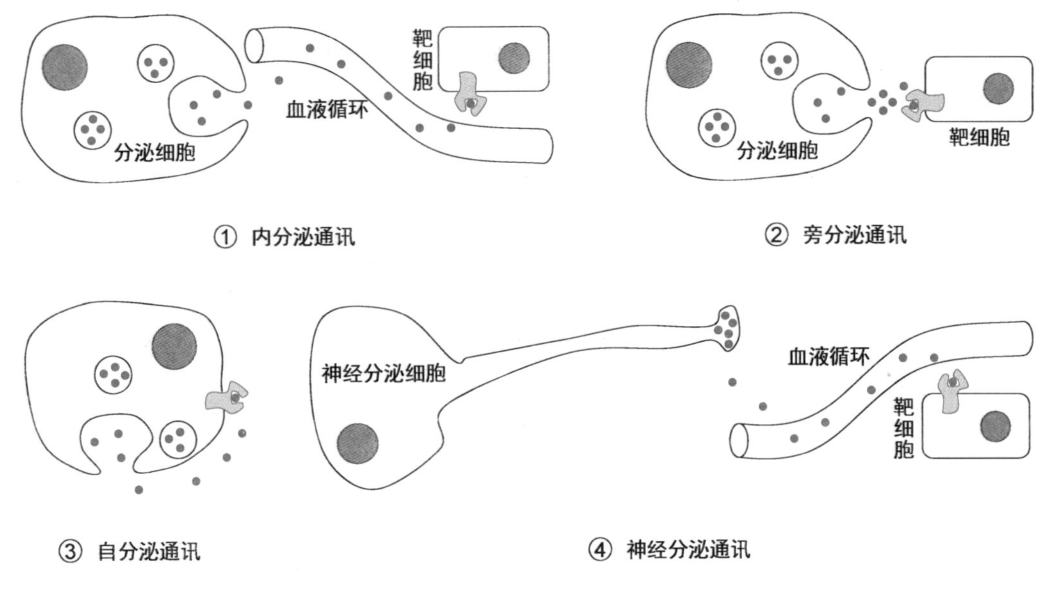

图 7-2 信号分子主要通讯方式

1. 内分泌（endocrine） 以内分泌方式通讯的信号分子属于激素，由无导管腺体或其他组织（如心肌、肠道、脂肪组织）合成和分泌，通过血液和淋巴液进行运输，远距离作用于靶细胞。

2. 旁分泌（paracrine） 在旁分泌通讯方式中，分泌细胞合成和分泌的信号分子不进入血液循环，而是通过局部扩散作用于邻近的靶细胞。例如，胰岛 δ 细胞分泌的生长抑素抑制 α 细胞分泌胰高血糖素，胰高血糖素促进 β 细胞分泌胰岛素，胰岛素抑制 α 细胞分泌胰高血糖素。多细胞生物的许多生长因子和细胞因子及局部激素（又称自体有效物质，autacoid，例如组胺、5-羟色胺、血管紧张素、类花生酸、一氧化氮、内皮素等）以这种方式起作用。

3. 自分泌（autocrine） 在自分泌通讯方式中，信号分子作用于分泌细胞自身及同类细胞，发挥兴奋、抑制或调控分泌作用。例如胰岛素可以抑制 β 细胞自身进一步分泌胰岛素。一些细胞因子也以这种方式起作用，例如单核细胞分泌的白细胞介素 1、T 细胞分泌的白细胞介素 2。肿瘤细胞普遍存在自分泌通讯，许多肿瘤细胞分泌过多的生长因子，促进肿瘤细胞增殖。

4. 神经分泌（neurocrine） 下丘脑某些神经元属于神经分泌细胞，它们既能产生和传导神经冲动，又能合成和分泌激素。来自神经分泌细胞的激素称为神经激素（neurohormone），有转运到垂体后叶储存和释放的垂体后叶激素，有经垂体门脉系统转运到垂体前叶的下丘脑激素。

一种信号分子可以有几种通讯方式。例如，肾上腺素既可作为神经递质，以旁分泌通讯方式起作用；又可作为激素，以内分泌通讯方式起作用。

（三）信号异常

信号分子异常会导致疾病的发生。

NOTE

1. 信号分子水平异常　胰岛素可以激活 PI3K-Akt 途径和 MAPK 途径，促进肌细胞和脂肪细胞 GLUT-4 从内吞小泡回补到细胞膜，使细胞加快摄取葡萄糖，促进糖原合成，抑制糖原分解。破坏胰岛 β 细胞会导致胰岛素绝对缺乏而引起 1 型糖尿病。

2. 自身免疫产生受体抗体　自身免疫性甲状腺病患者产生针对促甲状腺激素受体的抗体，有的抗体具有受体激动剂活性，与受体结合后激活受体，有的抗体具有受体拮抗剂活性，与受体结合后抑制受体。

二、受体

信号通路中的受体（receptor）是一类细胞膜跨膜蛋白或细胞内可溶性蛋白（个别受体是糖脂，例如霍乱毒素受体是神经节苷脂 G_{M1}），可以通过直接与信号分子（称为受体的配体，ligand）特异性结合而变构、二聚化或寡聚化，从而激活信号转导，产生生物学效应，是药物或毒素最重要的靶点。

（一）受体分类

受体可根据亚细胞定位分为细胞内受体和细胞膜受体两大类。

1. 细胞内受体　位于细胞质中或细胞核内，其中绝大多数属于转录因子，称为核受体。核受体与信号分子（主要是疏水性信号分子）结合之后作用于染色体 DNA 中称为反应元件（response element）的调控元件，调控基因表达。

2. 细胞膜受体　简称膜受体，又称细胞表面受体，位于细胞膜上，与细胞外的信号分子（主要是亲水性信号分子）结合之后改变构象及活性，进而激活信号转导，引起细胞代谢和行为的改变。膜受体包括：①离子通道受体：分布于神经、肌肉等可兴奋细胞。②G 蛋白偶联受体：分布于各种组织细胞。③单次跨膜受体：分布于各种组织细胞。

（二）受体结构

各种蛋白质类受体大小为 400~1300AA。不同受体的结构区别明显，同类受体的结构非常相似（图 7-3）。

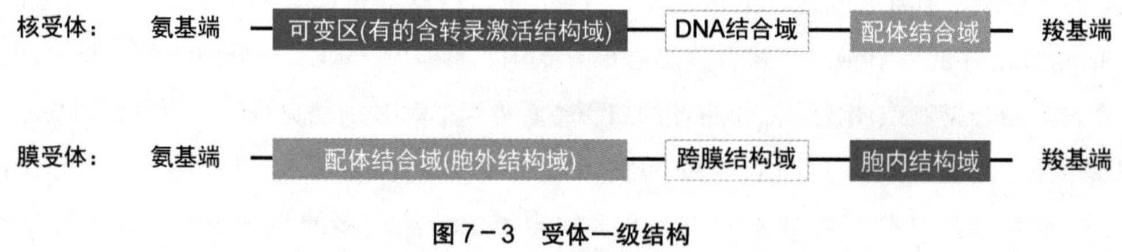

图 7-3　受体一级结构

1. 核受体　至少含三种结构域。

（1）配体结合域（LBD）　又称配体结合区，225~285AA，靠近一级结构的 C 端，是信号分子（配体）结合位点，具有结合特异性。此外，配体结合区还可能含热休克蛋白结合域、二聚化结构域、核定位信号和依赖配体的转录激活结构域 2。有的配体结合区在未与配体结合时起转录抑制作用。

（2）DNA 结合域（DBD）　68AA，位于一级结构的中部，含两个 C_4 锌指，具有效应特异性。DBD 通过铰链区与 LBD 连接。

NOTE

（3）可变区　100~500AA，位于一级结构的 N 端，大多数核受体的可变区含转录激活结构域1，可以与共激活因子结合。

2. 膜受体 几乎都是寡聚体，由相同或不同的亚基组成，每个亚基至少含三种结构域。

(1) 胞外结构域（extracellular domain，ECD） 简称胞外域，又称配体结合区，与配体相互作用，具有结合特异性。

(2) 胞内结构域（intracellular domain，ICD） 简称胞内域，在细胞内激活信号转导，具有效应特异性。

(3) 跨膜结构域（TMD） 又称跨膜区，将受体固定在细胞膜上。

此外，许多受体（如酪氨酸激酶受体、核受体）还含二聚化结构域，因而与配体结合后发生二聚化而被激活，称为配体诱导二聚化。

细胞外液中存在一些膜受体碎片，它们含胞外结构域，但不含跨膜区和胞内结构域，因而可以结合配体，但不能转导信号，称为可溶性受体、分泌型受体。

受体与配体的结合具有特异性高、亲和力强、可逆结合、可以饱和等特点。

（三） 受体调节

受体调节（receptor regulation）是指靶细胞受体的数量及与配体的亲和力受生理因素或药理因素的影响而改变，是机体维持内环境稳定的一种重要机制，其中受体的水平调节分为上调和下调。

1. 受体上调（up regulation） 即向上调节，又称增量调节，是指长期配体过少或反复使用拮抗剂等，导致受体水平升高。

2. 受体下调（down regulation） 即向下调节，又称减量调节，是指长期配体过多或反复使用激动剂等，导致受体水平下降。

（四） 受体异常

受体异常又称受体病，是指因受体的结构或水平发生变化，导致信号分子不能激活信号转导而引起的疾病。

1. 遗传性受体病 例如雄激素不敏感综合征（androgen insensitivity syndrome，AIS），又称睾丸女性化综合征（testicular feminization syndrome，TFS）。已知胎儿睾丸合成两类重要活性物质：雄激素（睾酮和双氢睾酮，是男性外生殖器发育所必需的）和抗苗勒管激素（anti-müllerian hormone，AMH，535AA，在雄性胚胎中抑制子宫和输卵管形成）。AIS患者染色体核型为46XY，雄激素水平正常，但雄激素受体基因（*AR*，Xq11-q12）存在缺陷，编码的受体对雄激素无反应。

AIS特征是外貌及性心理发育（psychosexual development）女性化，拥有短的盲端阴道，腹股沟或腹腔内可见发育不全的睾丸，但是没有卵巢、子宫和输卵管，青春期后无阴毛、腋毛，不育。

2. 自身免疫性受体病 例如重症肌无力（myasthenia gravis）。神经肌肉接头是通过突触前膜释放乙酰胆碱，作用于神经肌肉接头后膜的乙酰胆碱受体（nAChR，又称烟碱受体）来完成兴奋传递的。80%的重症肌无力患者检出乙酰胆碱受体抗体。这种抗体与nAChR结合后，会阻断nAChR与乙酰胆碱的结合，或使受体因内吞或补体结合而破坏（203页）。

3. 受体水平异常 例如家族性高胆固醇血症（familial hypercholesterolemia，FH）。患者LDL受体基因（*LDLR*，19p13.2）存在缺陷，导致肝细胞膜表面的LDL受体（LDL receptor，

LDLR，839AA）数量不足，肝细胞对血浆低密度脂蛋白（low density lipoprotein，LDL）的摄取能力低下，导致 LDL 在血浆中积累（第十章，000 页）。

（五）受体激动剂和拮抗剂

受体激动剂和拮抗剂是激素衍生物或类似物，可以与激素竞争受体，其中受体激动剂（agonist）有激素活性，即与受体结合后激活信号转导，受体拮抗剂（antagonist）又称阻滞剂，与受体结合后阻断激素或受体激动剂的效应，即抑制信号转导。特异性高、亲和力强的受体激动剂和拮抗剂在临床上可用于治疗相关疾病，如肾上腺素（与 β 肾上腺素能受体结合后的解离常数 K_d = 5μmol/L，以下同）的受体激动剂异丙肾上腺素（0.4μmol/L）、受体拮抗剂（即 β 受体阻滞剂）心得舒（0.0034μmol/L）和心得安（0.0046μmol/L）。

三、分子开关

人类基因组编码近 200 种鸟苷酸结合蛋白（guanine nucleotide-binding protein），简称 G 蛋白（G protein）。G 蛋白有两个特点：①它是一类变构酶，以 GTP 为激活剂、GDP 为抑制剂。②它是一类 GTPase，能把 GTP 水解成 GDP 和磷酸，即把激活剂转变成抑制剂。G 蛋白可分为三聚体 G 蛋白、小 G 蛋白和其他 G 蛋白三类，其中三聚体 G 蛋白、小 G 蛋白属于控制信号转导的一类分子开关（molecular switch），由 Gilman 和 Rodbell（1994 年诺贝尔生理学或医学奖获得者）最早研究发现。

（一）三聚体 G 蛋白

三聚体 G 蛋白（trimeric G protein）又称异三聚体 G 蛋白（heterotrimeric G protein）、大 G 蛋白。

1. 三聚体 G 蛋白结构　由 G_α、G_β 和 G_γ 三个亚基构成，其中 G_β 和 G_γ 结合牢固形成 $G_{\beta\gamma}$ 二聚体，G_α 与 $G_{\beta\gamma}$ 结合松散，G_α 和 G_γ 与脂酰基共价结合，锚定于细胞膜胞质面。

G_α 有多个功能位点（表 7-2）。

表 7-2　三聚体 G 蛋白和小 G 蛋白功能位点对比

G_α	Ras 蛋白
C 端的 G 蛋白偶联受体结合位点	鸟苷酸交换因子结合位点
N 端的 $G_{\beta\gamma}$ 二聚体结合位点	GDP 解离抑制因子结合位点
GTP/GDP 结合位点	GTP/GDP 结合位点
下游效应蛋白结合位点	下游效应蛋白结合位点
GTPase 活性中心	GTPase 活性中心
	GTP 酶激活蛋白结合位点

2. 三聚体 G 蛋白循环　当 G_α 结合 GDP 时，与 $G_{\beta\gamma}$ 形成无活性 $G_{\alpha\beta\gamma}$·GDP。当信号分子与 G 蛋白偶联受体结合时，G 蛋白偶联受体发生变构，作用于 $G_{\alpha\beta\gamma}$·GDP，使 G_α 释放 GDP，结合 GTP；然后 G_α·GTP 与 $G_{\beta\gamma}$ 解离，完全激活，表现出变构剂活性：G_α·GTP 促使下游效应蛋白变构，进一步转导信号。另一方面，G_α·GTP 被下游效应蛋白激活，表现出 GTPase 活性：G_α·GTP 将 GTP 水解。G_α·GDP 与下游效应蛋白解离，重新与 $G_{\beta\gamma}$ 结合，形成无活性 $G_{\alpha\beta\gamma}$·GDP，这就是三聚体 G 蛋白循环（图 7-4）。值得注意的是，G_α·GTP 被激活后其 GTPase 活性不高，需几秒

NOTE

钟甚至几分钟的时间才能水解，转变成 G_α·GDP。

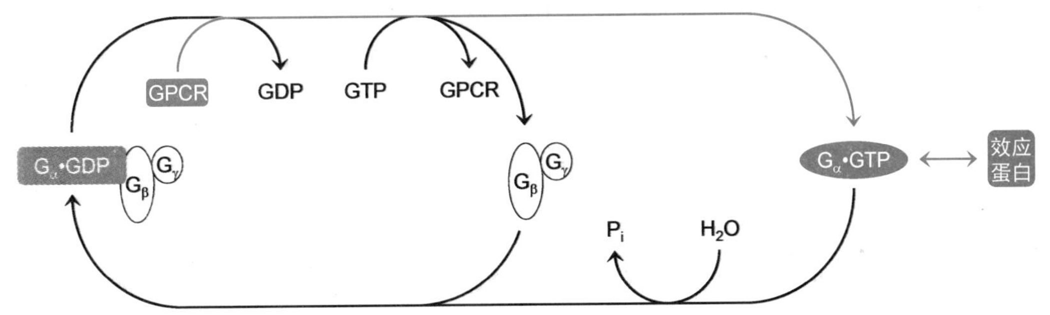

图 7-4　G 蛋白偶联受体与三聚体 G 蛋白循环

某些三聚体 G 蛋白通过 $G_{\beta\gamma}$转导信号。例如，迷走神经释放乙酰胆碱激活心肌细胞膜乙酰胆碱受体（属于 M 胆碱受体），受体激活抑制型三聚体 G 蛋白（G_i），G_i 的 $G_{\beta\gamma}$开启心肌细胞膜钾通道，K^+外逸，膜超极化，心率减慢。

3. 三聚体 G 蛋白分类　三聚体 G 蛋白可根据 G_α 亚基的不同进行分类。不同的三聚体 G 蛋白从不同的 G 蛋白偶联受体向其效应蛋白转导信号，引起不同的细胞反应（表 7-3）。人类基因组至少编码 21 种 G_α（属于 G 蛋白 α 家族，约 45kDa）、5 种 G_β（属于 WD 重复序列 G 蛋白 β 家族，约 35kDa）和 11 种 G_γ（属于 G 蛋白 γ 家族，约 7kDa）。

表 7-3　哺乳动物的部分三聚体 G 蛋白

G 蛋白	G_α 名称缩写，大小（AA）	上游 G 蛋白偶联受体	下游效应蛋白，效应	第二信使，水平变化
G_s	$G_{s\alpha}$（α_s），394	β 肾上腺素能受体， 胰高血糖素受体， 5-羟色胺受体， 前列腺素 E_1 受体	腺苷酸环化酶，↑	cAMP，↑
G_{olf}	$G_{olf\alpha}$（α_{olf}），381	嗅觉受体	腺苷酸环化酶，↑	cAMP，↑
G_i	$G_{i\alpha}$（α_i），353	α_2 肾上腺素能受体， 生长抑素受体， 前列腺素 E_1 受体（脂肪细胞）	腺苷酸环化酶，↓	cAMP，↓
G_q	$G_{q\alpha}$（α_q），359	α_1 肾上腺素能受体， 血管紧张素 Ⅱ 受体， M 胆碱受体	磷脂酶 C_β，↑	IP_3+DAG，↑
G_o	$G_{o\alpha}$（α_o），353	M 胆碱受体	磷脂酶 C_β，↑ 腺苷酸环化酶，↓	IP_3+DAG，↑ cAMP，↓
G_t	$G_{t\alpha\text{-}1}$（$\alpha_{t\text{-}1}$），349	视杆细胞光受体/视紫红质	cGMP 磷酸二酯酶，↑	cGMP，↓

（二）小 G 蛋白

小 G 蛋白（small G-protein）又称小 GTPase（small GTPase）、单体 G 蛋白（monomeric G protein），以 Ras 蛋白为代表。

1. Ras 蛋白结构　Ras 蛋白是一类小 G 蛋白，通过 C 端 Cys186 与法尼基共价结合，其他氨基酸（如 HRas 的 Cys181、Cys184）与棕榈酰基共价结合，锚定于细胞膜胞质面。

Ras 蛋白有多个功能位点（表 7-2）。

2. Ras 蛋白循环　与三聚体 G 蛋白相比，小 G 蛋白的 GTPase 活性很低，且不直接与受体结合。在小 G 蛋白循环中，受体通过三种蛋白因子调节小 G 蛋白活性（图 7-5）。

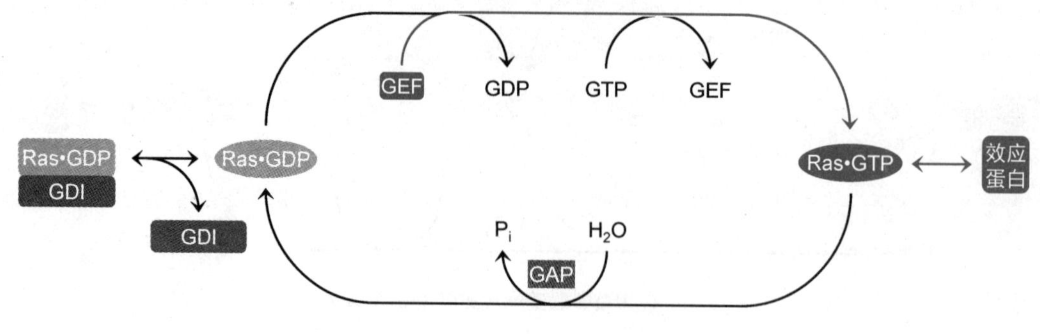

图 7-5　小 G 蛋白循环

（1）鸟苷酸交换因子（guanine nucleotide exchange factor，GEF）　促使小 G 蛋白释放 GDP，结合 GTP，向下游效应蛋白转导信号，是正调节因子，相当于 G 蛋白偶联受体对 G_{α} 的激活作用。

（2）GTP 酶激活蛋白（GTPase activating protein，GAP）　增强小 G 蛋白的 GTPase 活性（可达 10^5 倍），促使其水解 GTP 而失活，是负调节因子。

（3）GDP 解离抑制因子（guanine nucleotide dissociation inhibitor，GDI）　抑制小 G 蛋白释放 GDP，使其维持在无活性状态，是负调节因子，相当于 $G_{\beta\gamma}$ 对 G_{α} 的抑制作用。

3. 小 G 蛋白分类　人体内已发现 150 多种小 G 蛋白（20～35kDa），包括最早发现的 Ras 蛋白，共同组成 Ras 超家族，又称小 GTPase 超家族（small GTPase superfamily）。Ras 超家族包括以下 7 个家族（表 7-4）。

表 7-4　Ras 超家族

家族	亚细胞定位	功能
Ras 家族	细胞膜	通过丝氨酸/苏氨酸激酶调节细胞生长
Rho 家族	细胞膜	通过丝氨酸/苏氨酸激酶调节细胞骨架运动
Arf 家族	细胞质，高尔基体	调节小泡运输途径，激活磷脂酶 D，激活霍乱毒素 A 亚基的 ADP 核糖转移酶活性
Rab 家族	高尔基体，内质网	调节细胞分泌和内吞
Ran 家族	细胞核，细胞质	调控 RNA 和蛋白质的跨核孔转运
Rheb 家族	细胞膜	调节神经可塑性
RGK 家族	细胞膜	参与信号转导（结合 GTP，但无 GTPase 活性）

（三）G 蛋白异常

G 蛋白活性异常与许多疾病有关。

1. 假性甲状旁腺功能减退症（pseudohypoparathyroidism，PHP）　患者血清中甲状旁腺激素水平并不低，但存在甲状旁腺激素抵抗，机制是其靶细胞 G_s 亚基存在遗传缺陷，不能被甲状旁腺激素受体激活，因而对甲状旁腺激素无应答。

2. 1 型生长激素型垂体腺瘤（pituitary adenoma，growth hormone-secreting，1，PAGH1）有 40% 患者存在 $G_{s\alpha}$ 亚基遗传缺陷，表现为 GTPase 活性低下，腺苷酸环化酶持续激活，cAMP

NOTE

基础水平过高（20倍于正常水平），导致垂体生长激素细胞增生和肿瘤发生。

3. 霍乱毒素（cholera toxin，CT）　是小肠霍乱弧菌（*V. cholerae*）分泌的一种外毒素（第十章，319页），一种异六聚体蛋白（AB_5），其B亚基与小肠上皮细胞膜神经节苷脂G_{M1}特异性结合，并把催化亚基A送入细胞。A亚基由A1、A2链通过二硫键连接而成，进入细胞后裂解。A1有ADP核糖转移酶活性，被ADP核糖基化因子ARF6（是一种小G蛋白）结合激活，可以催化NAD^+的ADP核糖基与$G_{s\alpha}$亚基的Arg 201共价结合，抑制其GTPase活性，使$G_{s\alpha}$亚基组成性激活，腺苷酸环化酶持续激活，cAMP长时间保持高水平，蛋白激酶A持续激活，细胞膜上Na^+-H^+交换体被磷酸化抑制，氯离子通道CFTR则被磷酸化开放。结果Na^+的吸收被抑制，Cl^-及其他水盐则大量外流，进入肠腔，出现水样腹泻甚至脱水症状。

4. 百日咳毒素（pertussis toxin，PT）　是百日咳杆菌（*B. pertussis*）分泌的一种外毒素，一种异六聚体蛋白（AB_5），其B_5是由S2、S3、S5各一个和两个S4亚基形成的五聚体，与细胞膜特异性结合，并把A亚基送入细胞。A亚基又称S1蛋白，有ADP核糖转移酶活性，可以催化NAD^+的ADP核糖基与$G_{i\alpha}$亚基的一个半胱氨酸巯基共价结合，使$G_{i\alpha}$亚基与GTP的亲和力下降，导致其组成性失活，不能抑制腺苷酸环化酶活性，腺苷酸环化酶持续激活，呼吸道上皮细胞cAMP长时间保持高水平，大量水盐及黏液进入呼吸道，引起严重咳嗽。

四、第二信使

第一信使与膜受体结合，引起细胞内一些小分子物质水平的改变，这些小分子物质是下游效应蛋白的变构剂，通过变构调节效应蛋白转导信号。它们称为第二信使（second messenger，表7-5）。第二信使的水平是通过控制其合成与分解或门控通道的开放与关闭来改变的。

表7-5　部分第二信使及其效应分子

第二信使	cAMP	cGMP	IP_3	DAG	Ca^{2+}
效应蛋白	蛋白激酶A	蛋白激酶G	IP_3门控钙通道	蛋白激酶C	蛋白激酶C，钙调蛋白激酶

此外，神经酰胺作为第二信使调节细胞周期、细胞分化、细胞衰老、细胞凋亡。

Sutherland（1971年诺贝尔生理学或医学奖获得者）最早发现第二信使cAMP并提出第二信使学说。

（1）有些激素等细胞外化学物质作为第一信使并不进入细胞内，而是与膜受体结合，形成激素-受体复合物。

（2）激素-受体复合物激活细胞膜腺苷酸环化酶，催化ATP合成第二信使cAMP。

（3）cAMP使细胞内蛋白激酶及其他功能蛋白逐级激活，产生一定的生理效应（表7-6）。

（4）cAMP的降解使信号转导终止。

表7-6　cAMP的组织效应

组织细胞	效应	升cAMP因素	降cAMP因素
肠黏膜	诱导氯离子通道开放，促水盐分泌	血管活性肠肽，腺苷，肾上腺素	内啡肽（鸦片受体）
肝	促糖原分解、糖异生	胰高血糖素，肾上腺素	胰岛素

续表

组织细胞	效应	升 cAMP 因素	降 cAMP 因素
骨骼	促骨钙释放	甲状旁腺激素	–
骨骼肌	促糖原分解、糖酵解	肾上腺素	–
黑色素细胞	促黑色素合成	促黑素	褪黑素
甲状腺	促甲状腺激素分泌	促甲状腺激素	–
卵泡	促雌激素、孕激素合成	FSH，LH	–
肾上腺皮质	促皮质激素合成、分泌	促肾上腺皮质激素	–
肾小管上皮	促水重吸收	抗利尿激素	–
心肌	使心率加快	肾上腺素	–
血管平滑肌	扩张血管，抑制生长	肾上腺素（β 受体）	肾上腺素（α_2 受体）
血小板	抑制血小板聚集、分泌	前列环素，前列腺素 E	ADP
支气管平滑肌	扩张支气管	肾上腺素（β 受体）	–
脂肪组织	促脂肪动员	肾上腺素，胰高血糖素	胰岛素

五、蛋白激酶和蛋白磷酸酶

膜受体介导的信号通路会发生信号转导蛋白的化学修饰。化学修饰属于翻译后修饰的范畴，通过以下机制实现信号转导：①直接调节信号转导蛋白的活性和功能。②引入或消除信号转导蛋白停泊位点。③调节信号转导蛋白的亚细胞定位。

由 Fischer 和 Krebs（1992 年诺贝尔生理学或医学奖获得者）阐明的磷酸化和去磷酸化是最典型的化学修饰方式，分别由蛋白激酶和蛋白磷酸酶催化进行。一方面许多蛋白质的磷酸化位点可被多种蛋白激酶/蛋白磷酸酶催化磷酸化/去磷酸化，另一方面许多蛋白激酶/蛋白磷酸酶可催化多种蛋白磷酸化/去磷酸化。人类基因组编码的 500~600 种蛋白激酶和 100~150 种蛋白磷酸酶已被鉴定。酵母蛋白质有 3%是蛋白激酶和蛋白磷酸酶，因此低等生物蛋白质的磷酸化和去磷酸化也很重要。

（一）蛋白激酶

蛋白激酶可以催化蛋白磷酸化反应，即将 ATP 的 γ-磷酸基转移到底物蛋白特定的氨基酸残基上（表 7-7），导致底物蛋白改变活性、亚细胞定位及存在状态。蛋白激酶在代谢调节（特别是信号转导）中起关键作用，约 30%的人体蛋白质都是其底物。目前已阐明的 1000 多种蛋白激酶可分为 9 个家族（family）、134 个亚家族（subfamily），以酪氨酸激酶和丝氨酸/苏氨酸激酶为主（原核生物多见组氨酸激酶和天冬氨酸激酶）。

表 7-7 部分蛋白激酶的底物磷酸化位点

蛋白激酶	磷酸化位点共有序列	蛋白激酶	磷酸化位点共有序列
丝氨酸/苏氨酸激酶		Chk1	R-X-X-S/T
PKA	R-R-X-S/T-Φ	Chk2	L-X-R-X-X-S/T
CDK	S/T-P-X-K/R	PKCμ/PKD	L/I-X-R-X-X-S/T
ERK2	P-X-S/T-P	酪氨酸激酶	
CK1	pS-X-X-S/T	ABL	I/V/L-Y-X-X-P/F
GSK3	S/T-X-X-X-pS/T	EGFR	E-E-E-Y-F
CaMK2	R-X-X-S/T	Src	E-E-I-Y-E/G-X-F
PKB（Akt）	R-X-R-X-X-S/T	IRK	Y-M-M-M
ATM，ATR	S/T-Q		

NOTE

1. 酪氨酸激酶（PTK）　又称酪氨酸蛋白激酶，可以催化底物蛋白特定酪氨酸的羟基磷酸化，从而调节酶活性或形成停泊位点，最终促进正常细胞或肿瘤细胞的增殖，或T细胞、B细胞、肥大细胞的活化。酪氨酸激酶可分为两类。

（1）受体酪氨酸激酶（RTK）　又称酪氨酸激酶受体，位于细胞膜上。它们既是受体又是酶，以配体为激活剂。受体酪氨酸激酶已鉴定50多种，例如表皮生长因子受体、胰岛素受体，分为6个亚家族，主要功能是控制细胞生长和分化，而不是调节中间代谢。

（2）非受体酪氨酸激酶（nRTK）　位于细胞内，直接或间接与受体结合并被其激活，转导信号，例如JAK亚家族、SRC亚家族、TEC亚家族。

2. 丝氨酸/苏氨酸激酶　又称丝氨酸/苏氨酸蛋白激酶，可以催化底物蛋白特定丝氨酸或苏氨酸的羟基磷酸化，从而调节酶活性。丝氨酸/苏氨酸激酶可分为两类。

（1）受体丝氨酸/苏氨酸激酶（receptor serine/threonine kinase，RSTK）　又称丝氨酸/苏氨酸激酶受体，位于细胞膜上，例如转化生长因子β受体。

（2）蛋白质丝氨酸/苏氨酸激酶（protein serine/threonine kinase）　位于细胞内，例如蛋白激酶A、MAPK、CDK1～CDK7。

3. 双特异性蛋白激酶　例如MEK激酶，既有酪氨酸激酶活性，又有丝氨酸/苏氨酸激酶活性。

一种蛋白激酶可以催化多种底物蛋白磷酸化。另一方面，多种蛋白激酶可以催化同一种底物蛋白磷酸化，而且磷酸化部位不同，则产生的效应可能不同。

（二）蛋白磷酸酶

蛋白磷酸酶可以催化蛋白去磷酸化反应，即将磷酸化底物蛋白脱磷酸，从而产生与蛋白激酶相反的效应。蛋白磷酸酶主要有蛋白酪氨酸磷酸酶和蛋白丝氨酸/苏氨酸磷酸酶两类。有些蛋白磷酸酶是双特异性磷酸酶（dual-specificity phosphatase，DUSP），例如Cdc25A和Cdc25C，既有酪氨酸磷酸酶活性，又有丝氨酸/苏氨酸磷酸酶活性。

蛋白酪氨酸磷酸酶分为四类：受体型（RPTP，细胞膜）、非受体型（nrPTP，细胞质、细胞膜、内质网膜）、双特异型（dsPTP）、低分子量型。蛋白酪氨酸磷酸酶在酪氨酸激酶受体等介导的信号通路中起重要作用，如果其活性被抑制，则相关信号通路组成性激活或不能抑制，这种情况常见于肿瘤细胞中。

蛋白激酶和蛋白磷酸酶既有组成酶又有调节酶。调节酶本身的活性也受到调节，包括变构调节和化学修饰调节。例如，蛋白激酶A由cAMP变构激活，丝裂原活化蛋白激酶（MAPK）由丝裂原活化蛋白激酶激酶（MAPKK）催化磷酸化激活。实际上，在信号转导没有被激活时，蛋白激酶或蛋白磷酸酶因受到自我抑制、抑制性修饰或抑制剂抑制而处于无活性或低活性状态。信号转导使其解除抑制而激活。

（三）蛋白激酶和蛋白磷酸酶异常

蛋白激酶和蛋白磷酸酶的结构或数量异常会导致细胞的增殖异常而诱发肿瘤。

1. 表皮生长因子受体（EGFR）　是一类受体酪氨酸激酶（表7-8），与表皮生长因子结合后可激活信号转导，最终调控基因表达，影响细胞代谢、增殖、分化、迁移、凋亡。研究表明在许多实体瘤中存在表皮生长因子受体的基因突变、基因扩增或过度表达。

表 7-8 人表皮生长因子受体亚家族

名称缩写	基因	大小（AA）	配体
EGFR（c-ErbB-1，erbB-1，ErbB1）	*EGFR*（*ERBB*，*ERBB1*，*HER1*）	1186	EGF，TGF-α，HB-EGF
erbB-2（Neu，c-ErbB-2，HER2，ErbB2）	*ERBB2*（*HER2*，*NEU*）	1233	
erbB-3（c-ErbB-3，HER3，ErbB3）	*ERBB3*（*HER3*）	1323	NRG1，NRG2
erbB-4（c-ErbB-4，HER4，ErbB4）	*ERBB4*（*HER4*）	1283	NRG1，NRG2，HB-EGF

（1）过度表达将引起下游信号转导的增强　*EGFR* 基因的过度表达在恶性肿瘤的发展中起重要作用，乳腺癌、卵巢癌、结肠癌、胶质细胞瘤、肾癌、肺癌、前列腺癌、胰腺癌等组织中都有 *EGFR* 基因的过度表达。

（2）*EGFR* 缺陷导致 EGFR 的持续活化　许多肿瘤中存在 *EGFR* 基因突变，现已发现多种突变型 *EGFR* 基因，包括配体非依赖型受体的持续活化。

（3）以受体酪氨酸激酶为靶点的药物　目前临床上已经有很多上市的多靶点酪氨酸酶抑制剂（tyrosine-kinase inhibitor，TKI）用于肿瘤的治疗，如索拉非尼（sorafenib）、舒尼替尼（sunitinib）、达沙替尼（dasatinib）等。

2. Bruton 酪氨酸激酶（Bruton tyrosine kinase，BTK）　是第一种被发现与人类遗传病相关的酪氨酸激酶，属于酪氨酸激酶家族、Tec 亚家族，在 B 细胞内表达，在 B 细胞信号转导中起重要作用。*BTK* 基因位于 Xq22.1，其发生的各种点突变导致 B 细胞的分化成熟发生障碍，是常见的原发性免疫缺陷病之一，其特征是血液循环中缺乏 B 细胞和 γ 球蛋白，称为 X 连锁的无 γ 球蛋白血症（X-linked agammaglobulinemia，XLA），属于 X 连锁隐性遗传病，多见于男性。

3. 丝裂原活化蛋白激酶（MAPK）　简称 MAP 激酶，又称细胞外信号调节蛋白激酶（ERK），是 Sturgill 等于 1986 年发现的一类丝氨酸/苏氨酸激酶。在人体内至少已发现 14 种 MAPK，它们组成 CMGC 丝氨酸/苏氨酸蛋白激酶家族的 MAPK 亚家族。位于细胞质中，被激活后进入细胞核，磷酸化调节转录因子活性。目前研究发现在许多肿瘤（如口腔癌、黑色素瘤、乳腺癌等）中都有 MAPK 的过度激活。

4. 酪氨酸磷酸酶 SHP-1　该酶由 *PTPN6* 基因（12p13.31）编码，包含 2 个 SH2 结构域和 1 个催化结构域，主要表达于造血细胞，是调节细胞内信号转导蛋白磷酸化水平的关键调节因子。*PTPN6* 被认为是淋巴瘤、白血病和其他肿瘤的抑癌基因。*PTPN6* 启动子的甲基化或 *PTPN6* 基因的突变等导致 SHP-1 水平降低或功能缺失，被认为是某些淋巴瘤、白血病细胞株和其他肿瘤细胞的典型特征。

六、接头蛋白

接头蛋白（adaptor protein）又称衔接蛋白、连接物蛋白，是参与信号转导中间环节的一类信号转导蛋白。它们并无催化活性，而是作为一个结构平台，可以通过蛋白质相互作用与上游及下游信号转导蛋白组装信号转导复合物。

（一）接头蛋白结构

许多接头蛋白能成为结构平台，是因为其具有模块化结构（modular construction），即分子

NOTE

中含两个及两个以上可以与其他分子结合的保守结构域。不过并非所有接头蛋白都含结构域，例如属于人 14-3-3 家族的 7 种接头蛋白不含结构域。

目前已有 40 多种这样的结构域被阐明，以下是几种典型的结构域。

1. SH2 结构域（Src homology 2 domain）　简称 SH2 域，由 80~116AA 构成（图 7-6），能识别并结合信号转导蛋白的磷酸化酪氨酸（pY），这种磷酸化酪氨酸必须属于某种基序，例如酪氨酸激酶 Src 的 SH2 结构域与 pY-E-E-I 中的磷酸化酪氨酸结合（pY 下游为酸性氨基酸），PLCγ1、SHP 结合 pY 下游为连续 5 个脂肪族氨基酸。SH2 结构域最初发现于与原癌基因 *c-src* 家族产物同源的酪氨酸激酶受体中，因其与 SH1 催化结构域不同而被命名为 SH2 结构域。人类基因组编码的 111 种蛋白质含 SH2 结构域，分别识别和结合不同基序中的磷酸化酪氨酸。

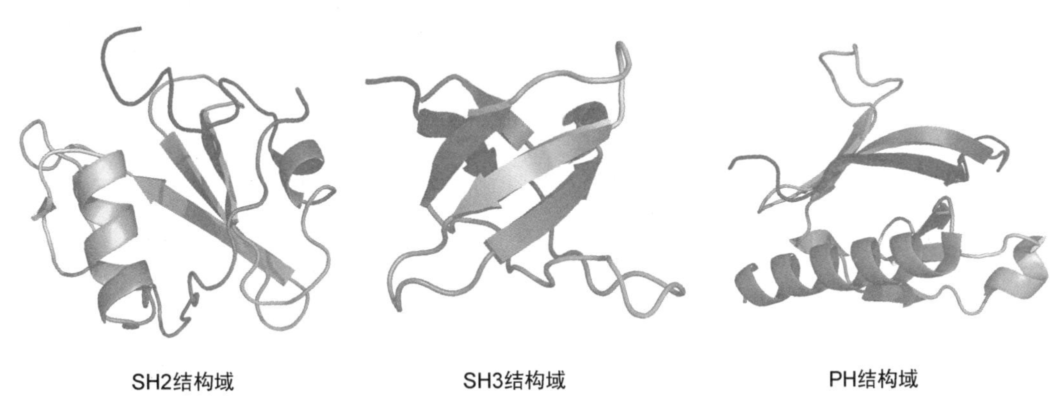

图 7-6　接头蛋白结构域

2. SH3 结构域（Src homology 3 domain）　简称 SH3 域，由 55~77AA 构成，以反向平行的 β 折叠为主（图 7-6），识别并结合信号转导蛋白（及细胞骨架）含以下共有序列的脯氨酸结构域：Xaa-Pro-p-Xaa-Pro，其中 Xaa 为脂肪族氨基酸，p 多为脯氨酸。

3. PH 结构域（pleckstrin homology domain）　由 100~146AA 构成，含 7 段 β 折叠（1~7），折叠 1~4 和折叠 5~7 构成的两个反向 β 片层形成夹心结构（图 7-6），主要识别并结合细胞膜内层脂所含肌醇磷脂的 3-磷酸基、三聚体 G 蛋白的 $G_{\beta\gamma}$ 亚基和蛋白激酶 C（PKC），该作用可促使蛋白质向细胞膜募集。PH 结构域广泛存在于信号转导蛋白和细胞骨架蛋白中。

实际上，这些结构域不仅存在于接头蛋白，也存在于其他信号转导蛋白（图 7-7）。

（二）接头蛋白异常

接头蛋白结构异常或水平异常表达与细胞的恶性增殖密切相关。

1. crk 蛋白　又表示为 c-Crk、p38，是原癌基因 *CRK*（17p13）产物（303AA），分子结构中含有一个 SH2 结构域（Trp22~Val117）和两个 SH3 结构域（Glu131~Pro191、Pro236~Gln295），可以通过 SH2-磷酸化酪氨酸相互作用募集信号转导蛋白。癌基因 *crk* 最早发现于禽肉瘤病毒 CT10（avian sarcoma virus CT10），其产物能明显提高酪氨酸激酶活性，故命名为 *crk*（CT10 regulator of kinase，CT10 激酶调节物）。*CRK* 基因在胚胎和成人的多数组织中无表达或低表达，但在大多数恶性肿瘤细胞中表达增加，特别是在肺癌、结肠癌。crk 蛋白作为接头蛋白广泛参与肿瘤细胞的信号转导，刺激其迁移、生长等。

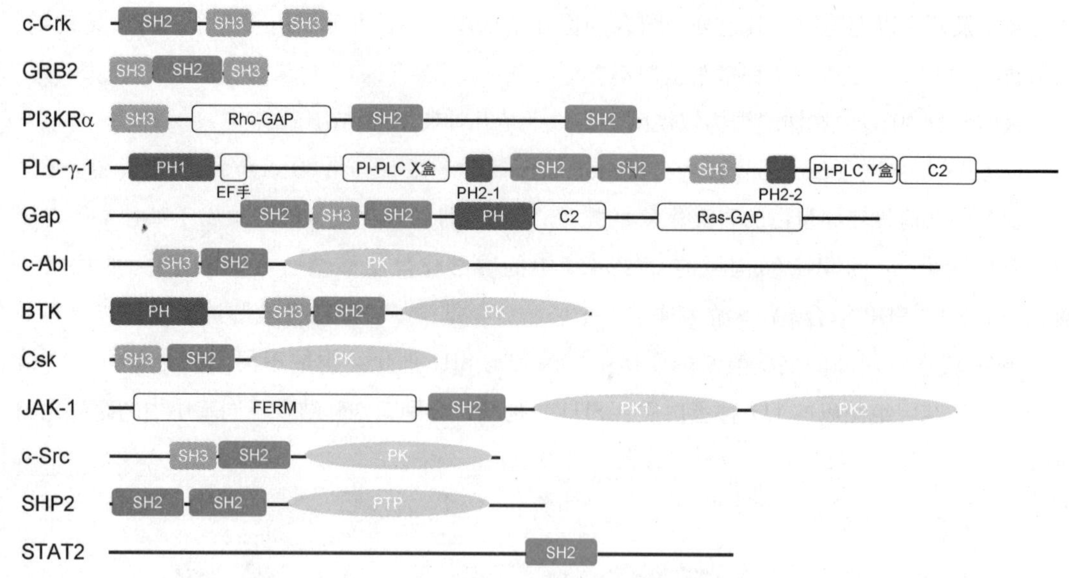

图 7-7 人部分蛋白质中的结构域

2. 接头蛋白 GRB2 是 *GRB2* 基因（生长因子受体结合蛋白 2，17q24-q25）产物（217AA），分子结构中含有一个 SH2 结构域（Trp60～Glu152）和两个 SH3 结构域（Met1～His58、Gln156～Arg215），通过 SH2-磷酸化酪氨酸相互作用与生长因子受体（如 HER2 蛋白）及一些癌蛋白（如 Bcr-Abl 融合蛋白）pTyr-Xaa-Asn-Xaa 中的磷酸化酪氨酸结合。研究表明，GRB2 主要在 MAPK 途径中起作用，参与细胞的生长调节和分化调控。GRB2 与肿瘤关系密切，在慢性粒细胞性白血病中，恶性细胞的增殖总是伴随着 GRB2 合成的增加。慢性粒细胞性白血病会编码一种由 *BCR-ABL1* 融合基因表达的 Bcr-Abl 融合蛋白，GRB2 通过与 Bcr-Abl 融合蛋白结合，激活下游 Ras 信号通路，导致造血细胞的恶性转化。另外，在不同的乳腺癌细胞中也有 GRB2 过度合成，抑制 GRB2 可抑制 *HER2* 基因高表达的乳腺癌细胞的生长和转化。

第三节 细胞内受体介导的信号通路

细胞内受体绝大多数都是转录因子，并且是 DNA 结合蛋白，与配体结合之后通过 DNA 结合域与靶基因（目的基因）的增强子（反应元件，responsive element，RE，表 7-9）结合，调控基因表达。属于转录因子的细胞内受体称为核受体（nuclear receptor）。

表 7-9 人核受体及其反应元件

核受体名称（缩写）	亚基大小（AA）	活性形式	反应元件	
			名称缩写：共有序列	特征
糖皮质激素受体（GR）	777	GR-GR，GR-MR，GR-RXR	GRE：AGAACAN$_3$TGTTCT	IR
盐皮质激素受体（MR）	984	MR-MR，MR-GR	MRE：AGAACAN$_3$TGTTCT	IR
雌激素受体 1/2（ER）	595/530	ER1-ER1，ER1-ER2，ER2-ER2	ERE：AGGTCAN$_3$TGACCT	IR
维生素 D_3 受体（VDR）	427	RXR-VDR	VDRE：AGGTCAN$_3$AGGTCA	DR
甲状腺激素受体 α/β（TR）	490/461	RXR-TR，TR-TR	TRE：AGGTCAN$_4$AGGTCA	DR
维甲酸受体 α/β/γ（RAR）	462/455/454	RXR-RAR	RARE：AGGTCAN$_5$AGGTCA	DR
维甲酸 X 受体 α/β/γ（RXR）	462/533/463	RXR-RAR，RXR-RXR	RARE：AGGTCAN$_5$AGGTCA	DR

NOTE

1. 核受体分类 人类基因组已鉴定的48种核受体组成核受体家族，可分为两类。

（1）GR、MR 位于细胞质中，与激素结合之后进入细胞核起作用。

（2）ER、VDR、TR、RAR、RXR 位于细胞核内，多形成含RXR的异二聚体（如RXR-VDR、RXR-TR、RXR-RAR）（或同二聚体）结合于靶基因的调控元件。①在与配体结合之前，异二聚体通过配体结合区募集含组蛋白去乙酰化酶（HDAC）的转录抑制因子，催化相邻核小体组蛋白去乙酰化，促进染色质凝集，抑制转录。②在与配体结合之后，异二聚体的配体结合区释放转录抑制因子，募集共激活因子，促使相邻核小体组蛋白的去乙酰化逆转（即超乙酰化），促进转录起始复合物形成。

2. 糖皮质激素受体转导机制 糖皮质激素（glucocorticoid，GC）是由肾上腺皮质分泌的类固醇激素，参与许多生理过程的调节，包括基因表达、能量代谢、水盐代谢、生长发育、炎症反应、免疫反应和应激反应等。这些效应是通过糖皮质激素与糖皮质激素受体的结合来实现的。人类基因组中约1%基因的调控元件含糖皮质激素反应元件。

人糖皮质激素受体（glucocorticoid receptor，GR）777AA，属于核受体家族、NR3亚家族，其一级结构依次分为以下区段：①转录激活结构域（TAD）：Met1 ~ Met420，其中Arg399 ~ Pro418为PEST序列（第八章，234页）。②DNA结合域（DBD）：Cys421 ~ Met486，含两个C_4锌指：Cys421 ~ Cys441、Cys457 ~ Cys481）。③铰链区：Asn487 ~ Gln527。④配体结合区（LBD）：Leu528 ~ Lys777。糖皮质激素受体含多种修饰位点，这些位点的修饰状态影响其亚细胞定位、活性和稳定性（表7-10）。

表7-10 人糖皮质激素受体修饰效应

修饰方式	修饰位点	修饰效应
磷酸化	Ser113、134、141、203、211、226、267	Ser203磷酸化后位于细胞质
		Ser211磷酸化激活，进入细胞核，激活靶基因转录
SUMO化	Lys277、293	激活
泛素化	Lys419	抑制
乙酰化	Lys480、492、494、495	抑制与GRE结合，抑制转录

在细胞内没有糖皮质激素时，人糖皮质激素受体与细胞质中的分子伴侣Hsp90、亲免素（immunophilin）FKBP5（457AA，是一种肽基脯氨酰顺反异构酶，第四章，123页）等形成复合物而滞留于细胞质中，不能进入细胞核激活靶基因转录。一旦有糖皮质激素通过自由扩散进入细胞质，就会与糖皮质激素受体结合，使其变构释放FKBP5等，暴露出核定位信号（NLS），并与另一种亲免素FKBP4（459AA）结合，由动力蛋白（dynein）介导通过主动转运进入细胞核，形成同二聚体，或与维甲酸X受体（RXR）形成异二聚体，以两种机制调控基因表达。

（1）作为特异转录因子 通过DNA结合域与染色体DNA（或线粒体DNA）靶基因的糖皮质激素受体反应元件（glucocorticoid receptor responsive element，GRE）结合，作用于染色质重塑复合物、组蛋白乙酰化酶复合体和其他共激活因子（如p160家族的核受体共激活因子1、2），启动或激活靶基因的转录（图7-8），例如可以启动葡萄糖-6-磷酸酶和磷酸烯醇式丙酮酸

羧激酶（促进糖异生）、膜联蛋白Ⅰ（annexin I，抑制磷脂酶 A_2 活性，抗炎，另参与胞吐）等基因的转录。

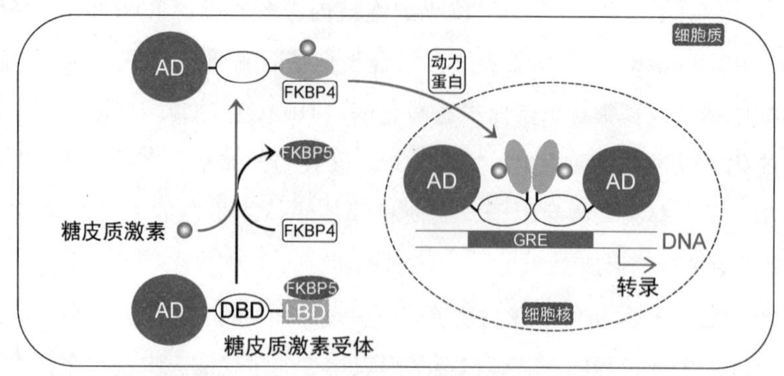

图 7－8 糖皮质激素信号通路

（2）形成中介分子 ①作为共激活因子与转录因子 STAT5A、STAT5B 同二聚体或异二聚体结合，参与生长激素激活的 JAK-STAT 途径。②作为共抑制因子与转录因子 NF-κB 或 AP-1 等结合，抑制它们对各自靶基因表达的增强效应，从而抑制这些靶基因的表达，例如可以抑制肿瘤坏死因子（TNF-α）和白细胞介素 2（IL-2）等基因的转录。③可能通过调节脂解/抗脂解基因表达抑制脂肪合成。

核受体调节显效慢，通常需要数小时至数天时间。

3. 核受体拮抗剂 ①他莫昔芬（tamoxifen）：是一种前药，其代谢物 4-羟基他莫昔芬是一种雌激素受体拮抗剂，与雌激素受体结合后抑制其募集共激活因子，因而可有效抑制基因表达，从而抑制雌激素依赖性乳腺癌细胞增殖，可用于这类乳腺癌的术后化疗。②米非司酮（mifepristone）：是一种孕激素受体拮抗剂，作用机制是与孕激素受体结合，抑制受精卵着床，可用于避孕。

他莫昔芬　　米非司酮

第四节 配体门控离子通道介导的信号通路

细胞外信号刺激感觉细胞、神经元、肌细胞兴奋的过程依赖于一类离子通道介导的无机离子的跨膜转运，这种转运具有特异性和门控性。特异性是指这类离子通道在开放时只允许特定无机离子（Na^+、K^+、Ca^{2+}、Cl^-）通过。门控性（gated）是指这类离子通道的开关状态受信号因素或膜电位因素调控，故称门控离子通道（gated ion channel）。根据门控机制的不同这些门控离子通道可分为配体门控离子通道、电压门控离子通道和机械门控离子通道等。

一、配体门控离子通道

配体门控离子通道又称离子通道受体，是许多神经递质（如乙酰胆碱、5-羟色胺、谷氨酸、甘氨酸、γ-氨基丁酸等）的受体，有离子通道功能，常见于神经元及神经肌肉接头处。目前已鉴定的配体门控离子通道有三类（表7-11），其部分亚基含配体结合位点，与配体结合之后会改变开关状态。

表7-11 配体门控离子通道分类与结构

配体门控离子通道	举例	亚基数	亚基跨膜次数	分布
半胱氨酸环受体	烟碱型乙酰胆碱受体	5	4	神经肌肉接头
谷氨酸受体	*N*-甲基-D-天冬氨酸受体	4	3	脑组织
ATP门控离子通道	ATP受体P2X5	3	2	脑组织，免疫系统

二、烟碱型乙酰胆碱受体

烟碱型乙酰胆碱受体简称烟碱受体（nicotinic acetylcholine receptor，nAChR），又称N胆碱受体，属于阳离子（Na^+、K^+）通道，位于神经突触后膜和神经肌肉接头后膜（又称终板膜）上，在神经突触传递（从突触前神经元到突触后神经元）、神经肌肉接头传递（从运动神经元到肌细胞）中起关键作用。烟碱受体是由四种亚基构成的五聚体，未成熟肌细胞是$\alpha_2\beta\gamma\delta$，成熟肌细胞是$\alpha_2\beta\varepsilon\delta$，乙酰胆碱的结合位点位于两个α亚基的N端（图7-9）。各亚基都含由四段α螺旋（M1~M4）构成的跨膜区，其中M2为两亲性α螺旋，围成通道内表面，且中部有一个Leu，其疏水侧链伸出表面，将通道封闭。神经冲动可使突触前膜向突触间隙释放300多个乙酰胆碱小泡。乙酰胆碱与烟碱受体结合导致其变构，M2发生旋转，Leu疏水侧链转入通道内壁，从而使离子通道开放，Na^+或Ca^{2+}流入细胞、K^+流出细胞，流入多于流出，导致细胞膜去极化。神经突触后膜去极化产生突触后电位，神经肌肉接头后膜去极化则引起肌细胞兴奋，肌肉收缩。

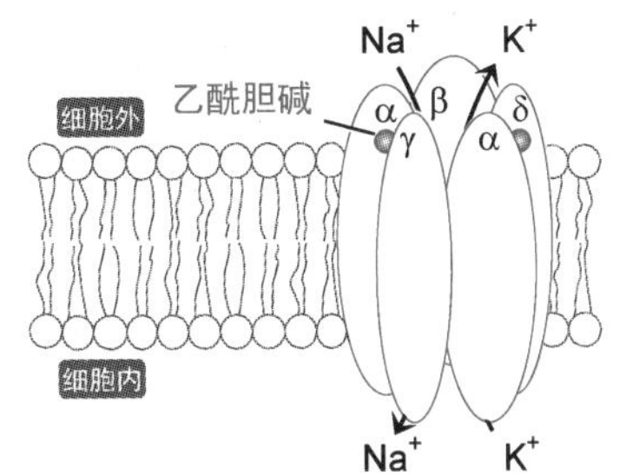

图7-9 烟碱型乙酰胆碱受体

离子通道具有组织特异性。例如，脑细胞和神经肌肉接头的烟碱受体亚基存在差异。尼古丁可以激活脑细胞烟碱受体，箭毒可以抑制神经肌肉接头烟碱受体。

肌细胞烟碱受体基因突变会导致其亚基异常，发生先天性肌无力。例如，α亚基的乙酰胆碱结合位点异常可以使受体与配体的亲和力增强，导致离子通道持续开放，发生肌无力。此外，乙酰胆碱受体抗体也可以引起重症肌无力。

某些毒素作用于门控离子通道：眼镜蛇毒素（cobrotoxin，61~62AA）抑制乙酰胆碱受体，

NOTE

黑曼巴蛇树突毒素（dendrotoxin，57~60AA）阻断电压门控钾通道，河豚毒素（tetrodotoxin）阻断电压门控钠通道。

三、P2X 受体

嘌呤受体（purinergic receptor）广泛分布于神经系统和其他组织，包括 P1、P2X、P2Y 三类（表 7-12），其中 P2X 受体属于离子通道型受体。和烟碱受体、谷氨酸受体一样，P2X 受体是非选择性阳离子通道，介导突触后兴奋传递，但亚基结构特别，只有两次跨膜。P2X 受体广泛分布于中枢神经系统和周围神经系统，在感觉神经传递机械刺激和痛觉，在其他细胞功能未知。

表 7-12 嘌呤受体

分类	P1	P2X	P2Y
种类	4（A_1，A_{2A}，A_{2B}，A_3）	7（$P2X_1$，$P2X_2$，$P2X_3$，$P2X_4$，$P2X_5$，$P2X_6$，$P2X_7$）	8（$P2Y_1$，$P2Y_2$，$P2Y_4$，$P2Y_6$，$P2Y_{11}$，$P2Y_{12}$，$P2Y_{13}$，$P2Y_{14}$）
跨膜次数	7	2	7
功能	代谢型受体	离子通道型受体	代谢型受体
主要配体	腺苷	ATP	ATP，ADP，UTP，UDP，UDP-Glc

四、配体门控离子通道与视觉

有些 G 蛋白偶联受体可以通过第二信使调节钠通道或钾通道等阳离子通道的开关状态。例如，人类视杆细胞膜盘上的视紫红质是一种 G 蛋白偶联受体，由 11-顺视黄醛和视蛋白构成。受到光照时，一部分 11-顺视黄醛异构成全反式视黄醛，变构激活视蛋白。视蛋白作用于转导蛋白（transducin，又称转导素，G_t），使 $G_{t\alpha}$·GDP 释放 GDP，结合 GTP，与 $G_{\beta\gamma}$解离而激活（1 分子视蛋白可至少激活 500 分子 G_t）。$G_{t\alpha}$·GTP 作用于膜盘上的 cGMP 磷酸二酯酶 αβγδ 四聚体，使其催化亚基 α、β 与抑制性调节亚基 γ、δ 解离。催化亚基 α、β 水解 cGMP（1 分子磷酸二酯酶 1 秒钟至少水解 4200 分子 cGMP），从而关闭 cGMP 门控阳离子通道，使 Na^+/Ca^{2+} 内向通量减少，钠泵则使视杆细胞膜超极化，释放神经递质减少，视神经向大脑视皮层的传导发生变化，产生视觉效应。

第五节 G 蛋白偶联受体介导的信号通路

G 蛋白偶联受体（GPCR）通过激活三聚体 G 蛋白转导信号，故得名。G 蛋白偶联受体是七次跨膜的单体蛋白（因此又称七次跨膜受体，其跨膜区为七段 α 螺旋，每段 16~30AA），N 端在细胞外，含配体结合区；C 端在细胞内，变构激活 G 蛋白。

G 蛋白偶联受体在真核生物中普遍存在。通过 G 蛋白偶联受体转导的信号有激素（如肾上腺素、去甲肾上腺素、缓激肽、促甲状腺激素、黄体生成素、甲状旁腺激素、类花生酸）、神

NOTE

经递质（如组胺、5-羟色胺、乙酰胆碱）、信息素等，此外还有视觉、味觉、嗅觉等信号。人类基因组编码的1000多种G蛋白偶联受体组成一个膜受体超家族，其中约350种是激素、生长因子等内源性配体的受体，约500种是嗅觉和味觉受体，其余150多种的天然配体尚未鉴定（故称孤儿受体）。

G蛋白偶联受体与许多疾病有关，如变态反应、抑郁、糖尿病、各种心血管疾病。1/3～1/2临床药物的靶点是G蛋白偶联受体。例如β肾上腺素能受体是β受体阻滞剂的靶点。β受体阻滞剂可用于治疗高血压、心律失常、青光眼、焦虑、偏头疼等。

G蛋白偶联受体介导的信号通路为数众多，比较经典的有PKA途径、IP_3-DAG途径、MAPK途径及离子通道等。

一、PKA途径

PKA途径又称PKA通路。该途径以改变靶细胞中cAMP水平和蛋白激酶A活性为主要特征，是激素调节细胞代谢和调控基因表达的重要途径。

通过PKA途径转导的信号既有激素，又有生长因子等，如肾上腺素/去甲肾上腺素（α_2、β受体）、促甲状腺激素（TSH）、卵泡刺激素（FSH）、黄体生成素（LH）、促肾上腺皮质激素（ACTH）、促肾上腺皮质激素释放激素（CRH）、多巴胺（D_1、D_2受体）、胰高血糖素、组胺（H_2受体）、促黑素（MSH）、甲状旁腺激素（PTH）、前列腺素E_1/E_2（PGE_1/PGE_2）、5-羟色胺（5-HT-1a、5-HT-2受体）、生长抑素、加压素（V_2受体）、降钙素、人绒毛膜促性腺激素（HCG）、促脂素（LPH），此外还有味觉刺激、嗅觉刺激。

1. 核心成分 简介如下。

（1）三聚体G蛋白 包括激活型三聚体G蛋白（G_s）和抑制型三聚体G蛋白（G_i）。

（2）腺苷酸环化酶（adenylate cyclase，AC） 人类基因组编码的10种腺苷酸环化酶同工酶已被鉴定（属于4型腺苷酸环化酶/鸟苷酸环化酶家族，表7-13），其中AC1～AC9是十二次跨膜蛋白（AC10是周边蛋白），其胞内结构域含活性中心，被G_s激活之后可催化合成cAMP。

表7-13 人腺苷酸环化酶同工酶

同工酶	大小（AA）	主要分布	激活剂	抑制剂
AC1	1119	脑，视网膜，肾上腺髓质	Ca^{2+}/钙调蛋白	$G_{\beta\gamma}$
AC2	1091	脑	$G_{\beta\gamma}$，Raf1	-
AC3	1144	脑，新，肾，肝，肺，胰腺，胎盘，骨骼肌	Ca^{2+}/钙调蛋白	-
AC4	1077	-	$G_{\beta\gamma}$	-
AC5	1261	-	Raf1	Ca^{2+}
AC6	1168	-	Raf1	Ca^{2+}
AC7	1080	-	-	Ca^{2+}
AC8	1251	-	Ca^{2+}/钙调蛋白	-
AC9	1353	气道平滑肌，肺	β肾上腺素能受体	-
AC10	1610	广泛	Mg^{2+}，Mn^{2+}，$Mg^{2+}+HCO_3^-$，Ca^{2+}	$Mn^{2+}+HCO_3^-$

（3）环磷酸腺苷（cAMP） 又称环腺苷酸，是第一种被发现的第二信使，由腺苷酸环化

酶催化合成、磷酸二酯酶催化分解。细胞内 cAMP 基础水平通常维持在 10^{-6}mol/L 以下。

（4）蛋白激酶 A（PKA）　是一类丝氨酸/苏氨酸激酶，其磷酸化位点位于共有序列 R-R-X-S/T-Φ 中，其中 X 为小的氨基酸，Φ 为大的疏水性氨基酸。蛋白激酶 A 为异四聚体（R_2C_2）结构，含两个催化亚基（C）和两个调节亚基（R）。调节亚基有一段序列称为假底物序列（pseudo-substrate sequence），如I型蛋白激酶 A 调节亚基的假底物序列 R-R-G-A-I 与磷酸化位点共有序列一致，只是丝氨酸被丙氨酸取代，因而可以直接结合于活性中心的底物蛋白结合位点，从而抑制底物蛋白的结合，即抑制催化亚基的活性。调节亚基还有两个 cAMP 结合位点，可以与 cAMP 结合而变构，解离成调节亚基二聚体和两个游离的催化亚基。游离的催化亚基有催化活性，因此 cAMP 是蛋白激酶 A 的变构激活剂，通过解除调节亚基对催化亚基的抑制作用而激活催化亚基。

人类基因组编码的蛋白激酶 A 的 4 种催化亚基（PKA C-α/β/γ、PrKX）和 7 种调节亚基（PKI-α/β/γ、PKAR1α/β、PKAR2α/β）已被鉴定。它们组成不同的同工酶，在不同组织或不同生长发育阶段起作用。

2. 转导机制　以肾上腺素为例，①肾上腺素与其一类 G 蛋白偶联受体——β 肾上腺素能受体（$β_1$、$β_2$、$β_3$）结合，形成激素-受体复合物。②激素-受体复合物将三聚体 G 蛋白激活成 $G_α$·GTP，每一个激素-受体复合物可激活上百个三聚体 G 蛋白，故具有放大作用。③$G_α$·GTP 变构激活腺苷酸环化酶。④腺苷酸环化酶催化 ATP 合成第二信使 cAMP，使细胞内 cAMP 水平在几秒钟内升高数倍（约 10^{-6}mol/L）。⑤cAMP 激活蛋白激酶 A（图 7-10）。

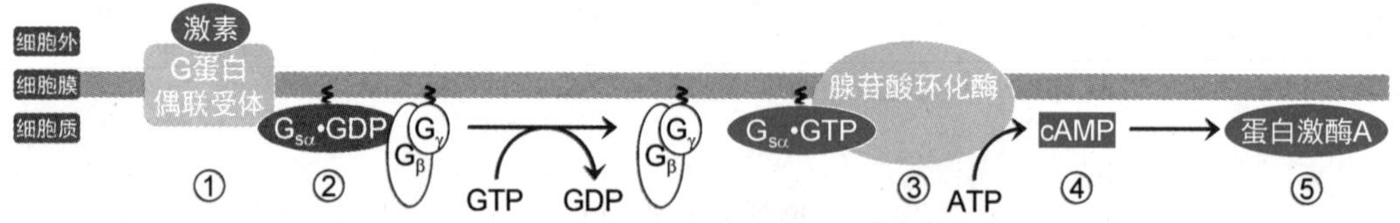

图 7-10　cAMP 与蛋白激酶 A 介导的信号转导

3. 转导效应　蛋白激酶 A 的靶蛋白包括各种代谢酶、通道蛋白、肌原纤维、转录因子等。蛋白激酶 A 催化靶蛋白特定丝氨酸/苏氨酸磷酸化，引起细胞反应，最终产生两种效应。

（1）短期效应　又称核外效应，发生在细胞质中，是作用于已有酶类或其他效应蛋白，所以显效快，整个过程只需要几秒钟到几分钟。例如，在肝细胞内激活糖原磷酸化酶激酶，促进肝糖原分解，补充血糖；在心肌细胞使心肌收缩增强、心率加快；在胃黏膜促进胃酸分泌。

（2）长期效应　又称核内效应，发生在细胞核内，蛋白激酶 A 磷酸化修饰转录因子，调控基因表达，从而影响细胞增殖或细胞分化。整个转导过程需要几小时到几天，慢而持久。例如，在内分泌细胞内 cAMP 诱导合成生长抑素（somatostatin，又称促生长素抑制素），抑制各种激素释放；在肝细胞内 cAMP 诱导合成糖异生酶类。

PKA 途径的靶基因都含增强子 cAMP 反应元件（cAMP-response element，CRE，共有序列 TGACGTCA，CG 是甲基化修饰位点），与 CRE 结合的一类转录因子统称 cAMP 反应元件结合蛋白（CREB）。以 CREB-1 为例，①蛋白激酶 A 进入细胞核之后，催化 CREB-1 的 Ser133 磷酸化。②CREB-1 形成二聚体，结合于 CRE。③CREB-1 通过 Ser133 募集共激活因子 CBP（CREB 结合蛋白）或 p300（第六章，158 页），激活靶基因转录（图 7-11）。c-Fos、脑源神经营养因子（brain-derived neurotrophic factor，BDNF）、酪氨酸羟化酶以及许多神经肽（如生长激素抑素、脑啡肽、血管生长因子、促肾上腺皮质激素释放激素）基因等都是 CREB-1 的靶基因。

CBP 或 p300 还参与 MAPK 途径（AP-1）、核受体途径、JAK-STAT 途径、NF-κB 途径。

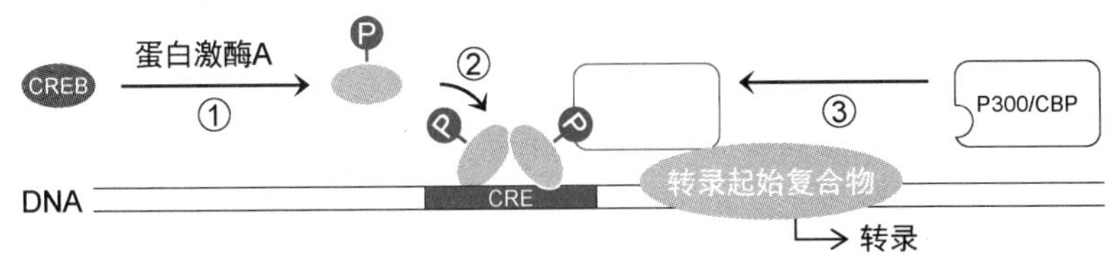

图 7-11　cAMP 与蛋白激酶 A 介导的基因表达

4. **放大作用**　在 PKA 途径中，第一信使传递的信号被放大。放大发生在受体、腺苷酸环化酶及化学修饰环节。

5. **特异性**　蛋白激酶 A 在不同的组织细胞中磷酸化不同的靶蛋白，因而产生不同的转导效应。

（1）在肝细胞　激活糖原磷酸化酶激酶，促进肝糖原分解，补充血糖，维持血糖稳定。

（2）在脂肪细胞　激活激素敏感性脂肪酶，促进脂肪动员。

（3）在心肌细胞　磷酸化细胞膜电压门控钙通道，增加 Ca^{2+} 内向通量（influx），增强心肌收缩。

（4）在胃黏膜壁细胞　促进微管泡运输，补充顶端膜 H^+,K^+-ATPase，促进胃酸分泌。

（5）在海马锥体细胞　抑制 Ca^{2+} 激活的钾通道，使细胞膜去极化，延长放电时间。

6. **信号转导终止**　在 β_2 肾上腺素能受体（413AA）环节上终止信号转导有以下几种机制。

（1）肾上腺素能受体复合物解离　受体变构回归无活性构象。

（2）受体脱敏　β 肾上腺素能受体激酶 1（βARK-1，又称 GRK2）被 $G_{\beta\gamma}$ 募集到细胞膜内表面，催化 β 肾上腺素能受体胞内结构域 C 端 Ser355、Ser356 磷酸化，使其 C 端募集 β 抑制蛋白。β 抑制蛋白（β-arrestin）抑制 G 蛋白偶联受体，使其不能募集激活 $G_{\alpha\beta\gamma}$。

（3）受体下调　β 肾上腺素能受体-β 抑制蛋白随细胞膜内吞形成内体（endosome），使受体下调。形成内体的 β 肾上腺素能受体最终去磷酸化，回归细胞膜（复敏，resensitization），形成 G 蛋白偶联受体循环。

人类基因组编码至少 7 种 G 蛋白偶联受体激酶（GPCR kinase，GRK）和 4 种抑制蛋白。不同 GRK 参与不同 G 蛋白偶联受体循环，不同抑制蛋白抑制不同磷酸化 G 蛋白偶联受体。

二、IP_3-DAG 途径

IP_3-DAG 途径是一组相互联系的信号通路，首先由细胞外信号启动细胞内第二信使 1,2-甘油二酯（diacylglycerol，DAG）和 1,4,5-三磷酸肌醇（IP_3）的产生和 Ca^{2+} 水平的升高，继而由第二信使激活 PKC 途径和钙调蛋白途径等。例如，催产素通过该途径促使 Ca^{2+} 进入子宫平滑肌细胞，激活蛋白激酶 C 和钙调蛋白，刺激子宫平滑肌收缩。

通过该途径转导的信号有乙酰胆碱（M 胆碱受体）、加压素（V_1 受体）去甲肾上腺素（α_1 受体）、血管紧张素Ⅱ、ATP（嘌呤受体 P1、P2Y）、胃泌素释放肽、谷氨酸、促性腺激素释放激素（GnRH）、组胺（H_1 受体）、催产素、血小板源性生长因子（PDGF）、5-羟色胺（5-HT-1c 受体）、促甲状腺激素释放激素（TRH）等。

NOTE

1. 第二信使 IP_3/DAG/Ca^{2+}　磷脂酰肌醇（PI）是细胞膜内层脂成分，其所含肌醇的羟基可被磷酸化，例如经过两次磷酸化生成磷脂酰肌醇-4,5-二磷酸［$PI(4,5)P_2$］。$PI(4,5)P_2$ 是许多细胞质蛋白的停泊位点（docking site），参与骨架形成、小泡融合及内吞作用等。

以乙酰胆碱为例，IP_3-DAG 途径基本过程（图 7-12）：①乙酰胆碱与其 G 蛋白偶联受体（M 胆碱受体）结合。②G 蛋白偶联受体激活三聚体 G 蛋白 G_q（或 G_o）。③G_q 激活 PIP_2 特异性磷脂酶 C_β（PLC_β）。④PLC_β 催化 $PI(4,5)P_2$ 水解，生成第二信使 1,2-甘油二酯（DAG）和 1,4,5-三磷酸肌醇（IP_3）。DAG 保留于细胞膜（会被代谢而终止转导，机制是水解或重新合成磷脂）。⑤IP_3 进入细胞质，作为配体作用于内质网膜同四聚体 IP_3 受体（IP3R），又称 IP_3 门控钙通道，使通道开放，内质网 Ca^{2+} 外逸，这一过程称为钙调动（calcium mobilization）。

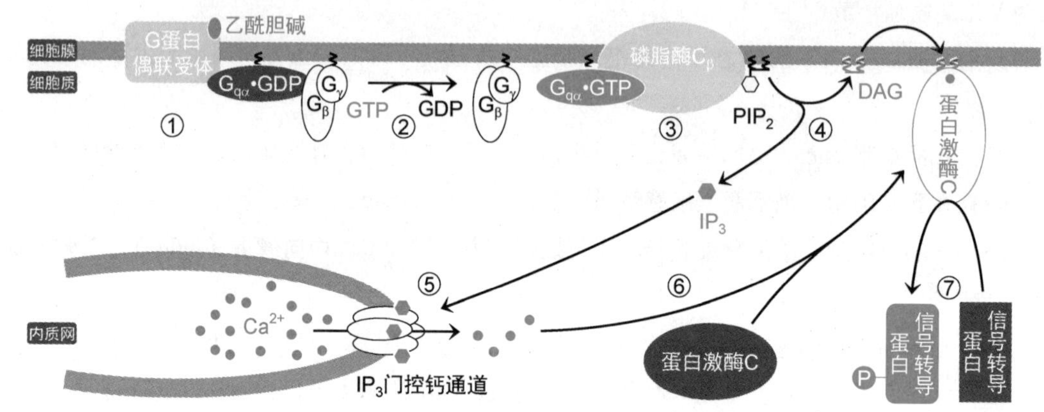

图 7-12　IP_3 与 DAG 介导的信号转导

细胞内的游离钙有 90%以上储存于滑面内质网（肌细胞内储存钙的滑面内质网称为肌浆网）和线粒体内。细胞质中的游离钙通常由钙泵（位于内质网膜、线粒体膜、细胞膜上）、Na^+-Ca^{2+}交换体（位于细胞膜、线粒体膜上）清除，所以游离钙的基础水平极低，仅为 0.01~0.2μmol/L，为细胞外水平（500~1500μmol/L）的 $1/10^5$~$1/10^4$。信号分子或其他信号刺激可以使 Ca^{2+}通过相应的钙通道从细胞外、内质网、线粒体进入细胞质，使水平升至 1~2μmol/L，产生胞吐、肌肉收缩、细胞骨架重排等各种效应（表 7-14）。

表 7-14　Ca^{2+}的组织效应

组织细胞	诱导内质网钙外逸的因素	效应
肠黏膜	乙酰胆碱（M_1 受体）	促水盐分泌
成纤维细胞	肽类生长因子	DNA 合成，细胞分裂
肥大细胞	抗原	促组胺分泌
肝	肾上腺素（α_1 受体），抗利尿激素	促糖原分解
黄体	促黄体激素释放激素	促激素合成
甲状腺	促甲状腺激素	促激素合成与分泌
内皮细胞	组胺（H_1 受体），缓激肽，ATP（P2X/P2Y 受体），乙酰胆碱，凝血酶	促 NO 合成
唾液腺	乙酰胆碱	促唾液淀粉酶分泌
血管平滑肌	肾上腺素（α_1 受体），血管紧张素Ⅱ，抗利尿激素	促血管收缩
血小板	血栓素，胶原，凝血酶，血小板活化因子（PAF），ADP	促变形、脱颗粒
胰腺	乙酰胆碱，胆囊收缩素	促酶原分泌
支气管平滑肌	组胺，白三烯	刺激支气管收缩

NOTE

哮喘 特征是支气管痉挛反复发作，导致支气管阻塞。组胺（通过 H_1 受体）和乙酰胆碱（通过 M 胆碱受体）升钙，刺激支气管收缩。肾上腺素（通过 β 受体）升 cAMP，从而降钙，抑制支气管收缩，因此可用肾上腺素及 β 受体激动剂（如沙丁胺醇）、磷酸二酯酶抑制剂（如茶碱和氨茶碱）治疗哮喘。

2. PKC 途径 又称 PKC 通路。该途径以 Ca^{2+} 水平升高和蛋白激酶 C 激活为主要特征，是激素调节细胞代谢和调控基因表达的重要途径。

蛋白激酶 C（PKC）是一类丝氨酸/苏氨酸激酶。游离于细胞质中的蛋白激酶 C 没有活性，与 Ca^{2+} 结合之后向细胞膜转运，与细胞膜甘油二酯结合后被甘油二酯和磷脂酰丝氨酸激活（图 7-12）。

蛋白激酶 C 具有分布、底物、效应、激活剂特异性。

（1）分布特异性 人类基因组编码的 12 种蛋白激酶 C 已被鉴定，它们的分布具有组织特异性（表 7-15）。

表 7-15 人蛋白激酶 C 亚家族

同工酶	大小（AA）	分布	变构激活剂	化学修饰激活
α	671	-	Ca^{2+}+DAG+PS	Thr496，Thr637，Ser656
β	670	-	Ca^{2+}+DAG+PS	Thr499，Thr641，Ser660
γ	697	小脑皮质中层内的浦肯雅细胞	Ca^{2+}+DAG+PS	Thr514，Thr655，Thr674
δ	329R+347C	-	DAG+PS	Thr507，Ser645，Ser664
ε	737	-	DAG+PS	Thr566，Thr710，Ser729
ι	595	肺，脑	-	Thr412，Thr564
η	683	肺	DAG+PS	Thr513，Thr656，Ser675
θ	706	骨骼肌，T 细胞	DAG+PS	Thr538，Ser676，Ser695
ζ	592	脑	-	Thr410，Thr560
PKN1	941	广泛	Rho，心磷脂	Thr773，Ser915
PKN2	984	广泛	Rhoa/Rac1，心磷脂	Thr816，Thr958
PKN3	889	肿瘤细胞	-	Thr718，Thr860

（2）底物特异性 与蛋白激酶 A 一致，包括细胞骨架蛋白、酶、即刻早期基因的转录因子等，例如可以磷酸化 EGFR、Raf、MAPK、IκB。

（3）效应特异性 即在不同的细胞内产生不同的效应。①短期效应：蛋白激酶 C 可以通过催化一些酶的磷酸化改变其活性，从而产生短期效应，例如磷酸化 Na^+-H^+ 交换体，促进 Na^+-H^+ 交换，使细胞内 pH 值升高；磷酸化心肌细胞钙泵，促进排钙，增加 Ca^{2+} 外向通量（efflux），导致心肌舒张。②长期效应：蛋白激酶 C 可以通过间接磷酸化激活转录因子（如 Elk-1），或抑制转录因子抑制蛋白（如 IκB），从而调控不同基因的表达，产生长期效应，例如促进细胞的增殖和分化。

佛波酯（phorbol ester） 存在于巴豆油中，是一种促癌剂（tumor promoter），促癌机制之一是通过信号转导激活蛋白激酶 C。

3. 钙调蛋白途径 钙调蛋白（CaM，148AA）是一种酸性细胞质蛋白，与三种类钙调蛋白 CLP3、CLP4、CLP6 组成钙调蛋白家族。钙调蛋白由 N 端结构域和 C 端结构域通过铰链区连接构成。N 端结构域和 C 端结构域各含两个称为 EF 手（EF-hand）的螺旋-环-螺旋基序，每个

EF 手都可以螯合一个 Ca^{2+}。钙调蛋白与 Ca^{2+} 的结合产生协同效应，所以对游离钙的变化非常敏感。在游离钙水平高于 0.5μmol/L 时，Ca^{2+} 与钙调蛋白结合并将其激活。钙调蛋白与 Ca^{2+} 的结合与解离产生三种效应：①调节钙调蛋白的亚细胞定位。②调节钙调蛋白与靶蛋白的结合与解离平衡。③激活以钙调蛋白为调节亚基的变构酶。因此，钙调蛋白是一种分子开关，在细胞代谢（特别是信号转导）中介导各种 Ca^{2+} 效应（图 7-13）。

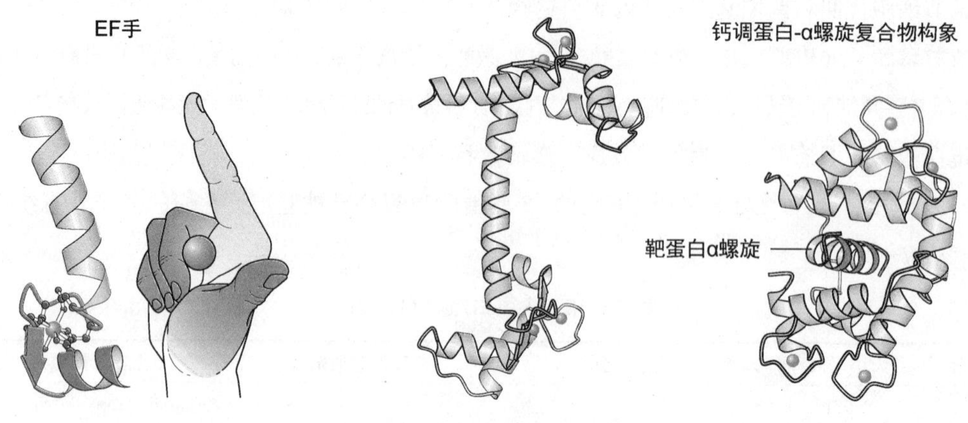

图 7－13 钙调蛋白构象

（1）激活肌球蛋白轻链激酶（myosin light chain kinase，MLCK） MLCK 是一类钙调蛋白激酶（CaM kinase，CaMK），属于 CAMK 丝氨酸/苏氨酸激酶家族，可以催化肌球蛋白轻链磷酸化，引起平滑肌、骨骼肌、心肌肌丝滑行，肌肉收缩。

（2）与 PKA 途径交叉对话 在某些组织激活 1 型磷酸二酯酶（calcium/calmodulin-dependent 3′,5′-cyclic nucleotide phosphodiesterase，Cam-PDE 1A、B、C），水解 cAMP；在另一些组织则激活腺苷酸环化酶（脑细胞 AC1、3、8），合成 cAMP，从而与 PKA 途径关联（交叉对话），整合调节。

（3）激活血管内皮细胞一氧化氮合酶（eNOS） eNOS 催化 Arg 氧化产生一氧化氮（NO，半衰期 2~30 秒钟），扩散至邻近平滑肌细胞，诱导平滑肌松弛（机制见 cGMP-PKG 途径，222 页），引起血管扩张。

（4）激活细胞膜钙泵 加快泵出 Ca^{2+}，使细胞质游离钙回落到基础水平。

（5）间接激活转录因子 ①激活钙调蛋白激酶，钙调蛋白激酶催化转录因子磷酸化激活。②激活钙调磷酸酶（属于丝氨酸/苏氨酸磷酸酶），钙调磷酸酶催化转录因子去磷酸化激活。

例如，T 细胞的一种称为**活化 T 细胞核因子**（nuclear factor of activated T cell，NFAT）的转录因子以无活性磷酸化状态存在于细胞质中，受体激活使细胞质游离钙升高，由 Ca^{2+}/CaM 激活钙调磷酸酶（calcineurin），催化 NFAT 脱磷酸，暴露出核定位信号（NLS）。NFAT 进入细胞核，激活基因表达。

（6）激活肌糖原磷酸化酶激酶 肌糖原磷酸化酶激酶 $(\alpha\beta\gamma\delta)_4$ 的调节亚基 δ 就是钙调蛋白。

4. 其他效应 在横纹肌，Ca^{2+} 与肌浆网上的兰尼碱受体（ryanodine 受体，RYR，一种钙通道）结合，诱导 Ca^{2+} 外逸，与细肌丝上的肌钙蛋白（troponin）结合引起肌肉收缩。

NOTE

第六节　单次跨膜受体介导的信号通路

单次跨膜受体又称酶联受体（enzyme-linked receptor）、催化型受体（catalytic receptor），主要是细胞因子和生长因子受体，其转导效应主要是调控基因表达。这类受体含单次跨膜α螺旋结构，可根据转导机制进一步分类。

（1）受体是酶，信号分子是酶的变构剂　这类受体可以是，①蛋白激酶：例如表皮生长因子受体是酪氨酸激酶（酪氨酸激酶受体），转化生长因子β受体是丝氨酸/苏氨酸激酶（丝氨酸/苏氨酸激酶受体）。②蛋白磷酸酶：例如接触蛋白（contactin）的受体是酪氨酸磷酸酶（受体型蛋白酪氨酸磷酸酶）。③鸟苷酸环化酶：例如位于肾和血管平滑肌细胞膜上的心钠素受体是鸟苷酸环化酶（鸟苷酸环化酶受体）。

（2）受体是酶的变构剂，信号分子是受体的变构剂　例如γ干扰素受体是酪氨酸激酶JAK的激活剂，属于酪氨酸激酶偶联受体。

（3）受体是其他　例如参与细胞凋亡的死亡受体。

一、MAPK 途径

表皮生长因子（EGF）又称上皮生长因子，属于生长因子（第九章，313页），是一种热稳定的肽类促分裂激素（53AA，含3个二硫键），能刺激表皮和其他上皮组织等增生，从而促进创伤后组织修复，此外还可抑制胃酸分泌。表皮生长因子主要由肾、唾液腺、脑、前列腺合成分泌，在血浆、乳汁、唾液、尿液中广泛存在。

表皮生长因子受体（EGFR、c-ErbB-1、erbB-1、HER1）属于表皮生长因子受体亚家族（表7-8）。EGFR胞内结构域是酪氨酸激酶活性中心，其胞外结构域既是配体结合区又是变构调节结构域，表皮生长因子既是信号分子又是其变构激活剂。表皮生长因子受体与表皮生长因子结合后形成二聚体，从而变构激活。激活的表皮生长因子受体可以相互催化（活性中心外）C端富含酪氨酸域六个特定的酪氨酸磷酸化。酪氨酸磷酸化既导致进一步的化学修饰激活，又成为下游信号转导蛋白的停泊位点。

表皮生长因子、成纤维细胞生长因子、血小板源性生长因子、血管内皮生长因子、神经生长因子、胰岛素等许多生长因子的受体属于酪氨酸激酶受体（RTK）家族。目前已鉴定50多种RTK，它们有共同的结构特征：N端胞外结构域（配体结合区）、跨膜区（单次跨膜α螺旋）、C端胞内结构域（含酪氨酸激酶活性中心）。绝大多数RTK为单一肽链结构，与配体结合后二聚化激活，相互催化特定酪氨酸磷酸化，称为自身磷酸化（autophosphorylation）。

酪氨酸激酶受体激活后产生三种效应：①募集细胞质中的下游蛋白：它们可能是酶（底物在细胞膜上），也可能是接头蛋白。②变构激活其募集的下游蛋白例如酶。③化学修饰下游蛋白：例如胰岛素受体底物1、2（IRS-1、2）各约有20个酪氨酸被酪氨酸激酶受体磷酸化。

酪氨酸激酶受体介导的信号通路有MAPK途径、PI3K-Akt途径和IP_3-DAG途径等，以MAPK途径最为典型。MAPK途径又称MAPK通路，广泛存在于从酵母到哺乳动物的细胞内，包括以下几个阶段。

1. EGF-Ras 转导　即：EGF→EGFR→GRB2→Sos→Ras（图 7-14）。

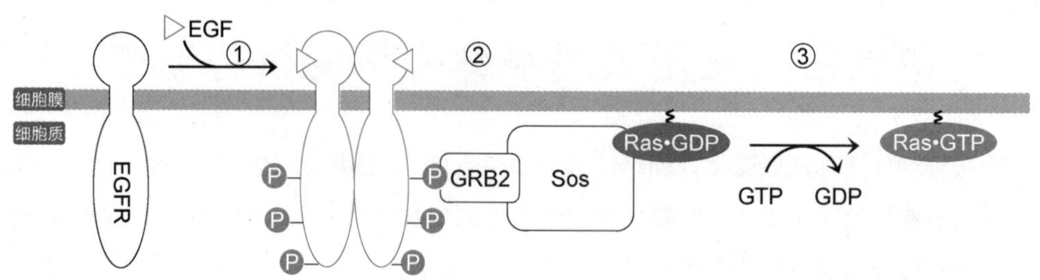

图 7-14　EGF-Ras 转导

（1）两分子 EGF 分别结合一分子 EGFR 单体，二聚化形成（EGFR·EGF）$_2$，激活 EGFR 胞内结构域的酪氨酸激酶活性，自身磷酸化二聚体的 12 个酪氨酸残基，形成磷酸化酪氨酸停泊位点。

（2）表皮生长因子受体募集细胞质接头蛋白 GRB2（217AA），机制是通过磷酸化酪氨酸停泊位点与 GRB2 的 SH2 结构域结合。GRB2 募集细胞质 Sos 蛋白，机制是通过 SH3 结构域与 Sos 蛋白的脯氨酸结构域结合，激活 Sos 蛋白。

（3）Sos 蛋白（1332/1333AA）属于鸟苷酸交换因子（GEF），募集细胞膜胞质面的 Ras 蛋白，促使其释放 GDP，结合 GTP，从而将其激活。

2. Ras-MAPK 转导　这是一个级联反应过程，涉及三种蛋白激酶的激活，依次为 Raf、MEK 和 MAPK，即：Ras→Raf→MEK→MAPK（图 7-15）。

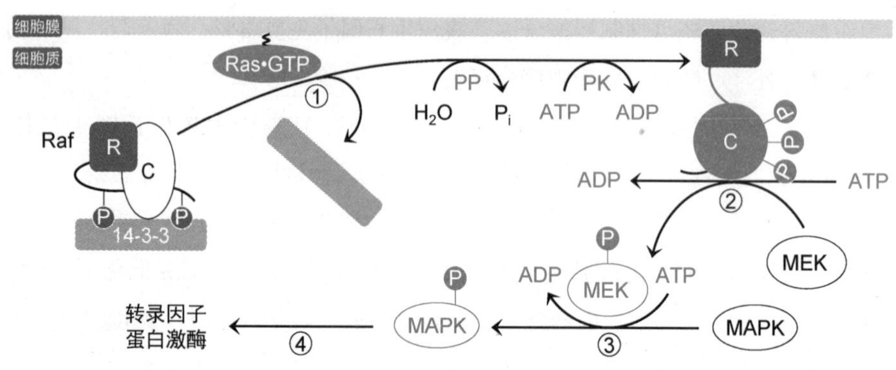

图 7-15　Ras-MAPK 转导

（1）Ras 蛋白激活 Raf 激酶　Ras·GTP 募集细胞质丝氨酸/苏氨酸激酶 Raf，将其变构激活，并使其进一步被蛋白磷酸酶（PP）催化去磷酸化、蛋白激酶（PK）催化磷酸化激活。之后 Ras·GTP 将 GTP 水解，与 Raf 激酶分离（图 7-15①）。

Ras 蛋白在不同组织募集不同信号转导蛋白，例如 Raf 激酶、PI3K 蛋白、RalGDS、Rin1。Raf 激酶属于 MAP 激酶激酶激酶（MAP3K，MAPKKK），是细胞癌基因 *RAF1*（3p25）产物，其一级结构含 648AA，依次分为以下区段（图 7-16）：调节结构域（R，Asn56～Cys184，N 端可结合 Ras 蛋白，C 端可结合膜脂）、铰链区（Cys184～Val349，含 Ser259）、催化结构域（C，Val349～Val648，含 Ser621）。Raf 激酶通常位于细胞质中，并受以下调节而处于抑制状态：①调节结构域与催化结构域结合，产生自我抑制效应。②Ser259 和 Ser621 处于磷酸化状态，成为一分子称为 14-3-3 的磷酸化丝氨酸结合蛋白的停泊位点，被其结合抑制。例如，14-3-3β/α

NOTE

（245AA）的 Arg57、Arg128 与 Raf 激酶的 pSer259、pSer621 形成离子键。

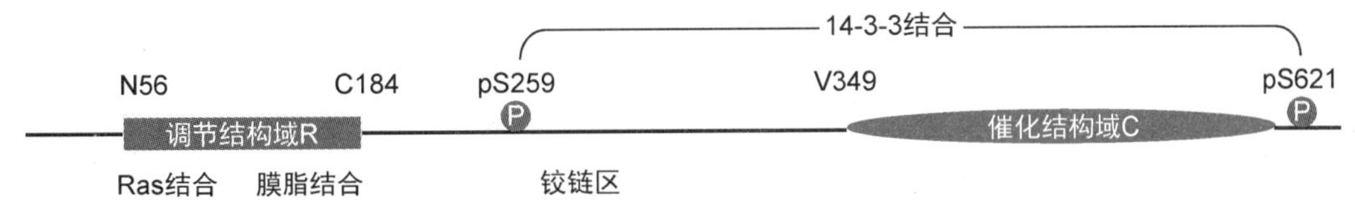

图 7－16 Raf 激酶一级结构

Ras·GTP 可以与 Raf 激酶的调节结构域结合，产生以下激活效应：①解除调节结构域对催化结构域的抑制，使其部分激活。②使 Raf 激酶变构释放 14-3-3 蛋白，暴露的 pSer259 和 pSer621 得以被特定蛋白磷酸酶（PP）催化去磷酸化。③Raf 激酶的 Ser338、Tyr341、Thr491、Ser494 被酪氨酸激酶 Src、丝氨酸/苏氨酸激酶 PAK1（p21-activated kinase 1）等蛋白激酶催化磷酸化，从而完全激活（图 7-15①）。

（2）Raf 激酶激活 MEK 激酶　Raf 激酶催化 MEK 激酶的 Ser218、Ser222 磷酸化，激活 MEK 激酶（图 7-15②）。

Raf 激酶在不同组织催化各种信号转导蛋白磷酸化，例如 MEK 激酶、AC、BAD、MYPT、TnTc 等。MEK 激酶又称 MAP 激酶激酶（MAP2K，MAPKK），是一类双特异性蛋白激酶。在人体内至少已发现 7 种 MEK 激酶，它们组成丝氨酸/苏氨酸蛋白激酶家族的 MAPKK 亚家族，可以催化多种信号转导蛋白（如 MAPK）的丝氨酸或苏氨酸与酪氨酸同时磷酸化。

（3）MEK 激酶激活 MAPK　MEK 激酶催化 MAPK 的 Thr185、Tyr187 磷酸化，激活 MAPK（图 7-15③）。

MAPK 即丝裂原活化蛋白激酶，简称 MAP 激酶，是一类丝氨酸/苏氨酸激酶。它们都是调节酶，一级结构中含有一个保守序列 Thr185-Xaa186-Tyr187，是调节位点。MAPK 因 Thr185 和 Tyr187 被 MEK 激酶催化磷酸化而激活，被双特异性磷酸酶催化去磷酸化而失活。

3. 转导效应　MAPK 途径主要通过调控基因表达影响细胞增殖。MAPK 被激活后可以催化各种底物蛋白磷酸化，包括细胞核转录因子（如 Myc、Jun、c-Fos）和细胞质蛋白激酶（如 p90S6K、Mnk），它们可以直接或间接地调控基因表达（如 *myc*、*IFNB1* 基因），最终调节细胞周期，从而影响细胞增殖、分化、迁移、凋亡（图 7-15④）。

MAPK 是多条信号通路的整合点，一些细胞因子受体、T 细胞受体、G 蛋白偶联受体介导的信号通路也作用于 MAPK。

生长因子（如血小板源性生长因子）等细胞外信号通过激活信号通路修饰转录因子，激活一系列靶基因的转录。这一过程很快，通常在几分钟至几十分钟内即可以激活数十种靶基因，如 *FOS*、*JUN*、*MYC*、*MYB*、*EGFR* 等。这些靶基因称为早期基因（early gene）。其中激活最快的，受细胞外信号刺激几分钟后即可检出基因产物，称为即刻早期基因（immediately early gene），如 *FOS*（其产物称为 G_0/G_1 期开关调节蛋白 7）、*JUN*。早期基因的转录有两个特点：①不受蛋白质合成抑制剂的抑制，在许多情况下，还会因为蛋白质合成抑制剂抑制了不稳定蛋白质的合成而使转录产物的半衰期延长。②持续时间短，通常不到半小时，之后沉默。因此，这类基因产物主要是转录因子，用于调控其他基因表达，介导细胞对细胞外信号作出反应。

4. 转导终止　①激素-受体复合物启动网格蛋白（clathrin）介导的激素-受体复合物内化，

NOTE

一部分运至溶酶体降解，其余可返回细胞膜。运输过程及降解比例受微管去乙酰化调节。这一机制的效应是防止信号转导的偶然激活，要求只有持续存在的生长因子才起作用。②小 G 蛋白循环。③Raf 受 MAPK1 负反馈抑制，机制是其 Ser29、Ser43、Ser289、Ser296、Ser301、Ser642 被 MAPK1 催化磷酸化。

5. 转导异常　是细胞增殖过度及某些肿瘤发生的重要原因，例如一些肿瘤细胞常有 MAPK 途径的信号转导蛋白异常，导致 MAPK 途径转导异常。

（1）受体突变　①30%乳腺癌存在 *HER2* 基因过度表达，表达产物 HER2 蛋白不需 EGF 刺激即可激活 MAPK 途径，促进肿瘤细胞生长。曲妥珠单抗（trastuzumab，商标名称赫赛汀，Herceptin）是一种 HER2 蛋白特异性单克隆抗体，可有效抑制其增殖，机制是通过与受体结合促进其内化，从而杀死肿瘤细胞，且对正常细胞无杀伤性（HER2 蛋白水平低）。②非小细胞肺癌（NSCLC）、乳腺癌等存在 *EGFR* 基因扩增。厄洛替尼（erlotinib，商标名称特罗凯，Tarceva）和吉非替尼（gefitinib，商标名称易瑞沙，Iressa）是 EGFR 抑制剂，可明显延长患者寿命。③一些结肠癌存在 *EGFR* 突变，西妥昔单抗（cetuximab，商标名称爱必妥，Erbitux）可与 EGFR 竞争性结合，抑制其二聚化，从而抑制其信号转导。

（2）Ras 突变　在人类许多肿瘤中有发现，突变导致 Ras 蛋白与 GTP 的亲和力增强（组成性激活），或 GTPase 活性缺失，MAPK 途径持续激活，磷酸化多种转录因子，导致原癌基因表达过度，细胞增殖过度。

MAPK 途径过度激活是肾上腺素诱导心肌细胞增生的重要原因。肾上腺素与心肌 β 肾上腺素能受体结合刺激糖原分解，增强肌肉收缩，但长时间作用会诱导心肌细胞增生，在个别情况下导致心力衰竭。肾上腺素诱导心肌细胞增生的机制：①由 GPCR-β 抑制蛋白复合物激活的 MAPK 途径过度激活。②β 肾上腺素能受体激活的 G_s 通过未知途径激活细胞外一种特异的金属蛋白酶，它裂解表皮生长因子跨膜前体，释放可溶性表皮生长因子，以自分泌通讯方式结合并激活同类细胞膜上的 EGFR，导致 MAPK 途径过度激活。

二、PI3K-Akt 途径

PI3K-Akt 途径又称 PI3K-Akt 通路，一些酪氨酸激酶受体可以通过该途径促进细胞增殖或抑制细胞凋亡。

1. 核心成分　磷脂酰肌醇 3 激酶和蛋白激酶 B 是该途径的两种核心成分。

（1）PI3K 蛋白　即磷脂酰肌醇 3 激酶，是一个激酶家族，人类基因组编码的 PI3K 蛋白均由一个催化亚基和一个调节亚基构成。调节亚基通过 SH2 结构域与酪氨酸激酶受体（或 IRS-1、Ras）结合而激活催化亚基。催化亚基可以催化细胞膜内层脂肌醇磷脂中肌醇的 3-羟基磷酸化，生成相应的 PI(3)P、$PI(3,4)P_2$、$PI(3,5)P_2$、$PI(3,4,5)P_3$ 等（表 7-16）。

表 7-16　磷脂酰肌醇 3 激酶的底物和产物

底物	PI	PI(4)P	PI(5)P	$PI(4,5)P_2$
产物	PI(3)P	$PI(3,4)P_2$	$PI(3,5)P_2$	$PI(3,4,5)P_3$

（2）蛋白激酶 B（PKB）　又称 Akt，是一类含 PH 结构域的丝氨酸/苏氨酸激酶，在细胞未受信号刺激时，游离于细胞质中，此时其活性中心被 PH 结构域掩盖，所以没有活性。人类

基因组编码的三种蛋白激酶 B 组成丝氨酸/苏氨酸激酶 AGC 家族、RAC 亚家族（表 7-17），催化 100 多种底物蛋白磷酸化。

表 7－17 人丝氨酸/苏氨酸激酶 RAC 亚家族

成员	大小（AA）	亚细胞定位	功能
PKBα（Akt1）	480	细胞质，细胞核，细胞膜	介导生长因子促增殖、抗凋亡
PKBβ（Akt2）	481	细胞质，细胞核，细胞膜	介导胰岛素效应
PKBγ（Akt3）	478	细胞核，细胞质，细胞膜	影响脑发育

2. 转导机制 ①当一些酪氨酸激酶受体（RTK）或细胞因子受体受信号分子（如胰岛素）刺激时，受体的胞内结构域磷酸化形成磷酸化酪氨酸停泊位点，停泊位点募集并激活 PI3K，PI3K 催化 $PI(4,5)P_2$ 的 3-羟基磷酸化，生成 $PI(3,4,5)P_3$。②$PI(3,4,5)P_3$ 的 3-磷酸基募集依赖磷脂酰肌醇的蛋白激酶 B，解除 PH 结构域的抑制，变构激活。③$PI(3,4,5)P_3$ 的 3-磷酸基募集 3-磷脂酰肌醇依赖性蛋白激酶 1（PDK1，属于丝氨酸/苏氨酸激酶），PDK1 和 PDK2 分别催化蛋白激酶 B 的 Thr308 和 Ser473 磷酸化，将其完全激活（图 7-17）。

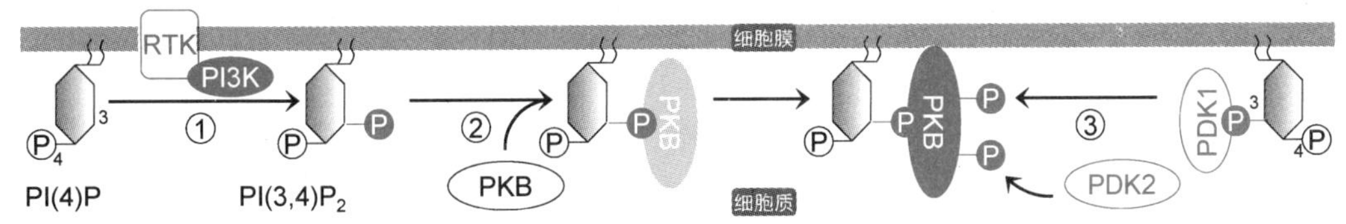

图 7－17 PI3K-Akt 途径

3. 转导效应 完全激活的蛋白激酶 B 与 $PI(3,4,5)P_3$ 的 3-磷酸基解离，进入细胞质或细胞核，催化下游信号转导蛋白磷酸化。

蛋白激酶 B 在不同组织通过磷酸化不同的信号转导蛋白产生不同的效应，与细胞的代谢、生长、凋亡、癌变等密切相关。

（1）在转录水平调控基因表达 例如磷酸烯醇式丙酮酸羧激酶、脂肪酸合成酶、胰岛素样生长因子结合蛋白 1（insulin-like growth factor binding protein 1，IGFBP1）。

（2）在翻译水平调控基因表达 ①磷酸化翻译抑制因子 eIF-4E 结合蛋白 1（4E-BP1），解除其对翻译起始因子 eIF-4E 的抑制。②磷酸化激活核糖体蛋白 S6 激酶（S6K），促进蛋白质合成（第六章，176 页）。

（3）磷酸化激活 eNOS 促进 NO 合成。

（4）降低血糖水平 ①在肝细胞和肌细胞内，蛋白激酶 B 催化糖原合酶激酶 3A（GSK3A）的 Ser20 磷酸化，导致其失活，不再催化糖原合酶磷酸化抑制，因而促进糖原合成。②在肌细胞和脂肪细胞中，蛋白激酶 B 使携带葡萄糖转运蛋白 4（glucose transporter，GLUT4）的细胞内运输小泡与细胞膜融合，上调细胞膜 GLUT4，促进血糖摄取。

（5）促进细胞增殖和抑制细胞凋亡 ①在转录水平，蛋白激酶 B 磷酸化抑制转录因子 FOXO1（655AA），使其离开细胞核，并与 14-3-3 蛋白结合滞留于细胞质中，不再激活促凋亡基因（如死亡配体基因 *FASL*、促凋亡蛋白基因 *BIM*）表达，从而抑制细胞凋亡；磷酸化激活转录因子 NF-κB、CREB，从而激活抗凋亡基因（如凋亡抑制蛋白基因、抗凋亡蛋白 *BCL2* 基因）表达，抑制细胞凋亡。②在翻译后修饰水平，蛋白激酶 B 在某些细胞内直接磷酸化或诱导磷酸化抑制促凋亡蛋白（如 Bad 蛋白，第八章，269 页）、Caspase-9（胱天蛋白酶 9，第八章，256 页）。

4. 转导终止　抑癌基因 *PTEN*（10q23）编码的 PTEN 蛋白有双特异性磷酸酶及磷脂酰肌醇 3 磷酸酶活性，可以催化胰岛素受体、胰岛素受体底物、蛋白激酶 B 脱去磷酸基，催化磷脂酰肌醇-3-磷酸化产物脱去 3-磷酸基，从而拮抗 PI3K 蛋白的作用，即抑制蛋白激酶 B 的激活，抑制 PI3K-Akt 途径。

5. 转导异常　①PI3K-Akt 途径激活的蛋白激酶 B 可以激活下游的 E2F 家族（一类转录因子，第八章，240 页）和 Bcl-2 家族（一类凋亡蛋白，第八章，266 页）等的蛋白因子，促进肿瘤细胞增殖，抑制肿瘤细胞凋亡。②结肠癌、乳腺癌、卵巢癌、肝癌细胞 *PIK3CA* 基因（3q26.3）的表达增加，导致 $PI(3,4,5)P_3$ 增多。③人类有多种肿瘤细胞存在 *PTEN* 基因缺失，导致 PI3K 和蛋白激酶 B 异常高活性，肿瘤细胞增殖失控。

6. 蟾酥灵　许多中药通过作用于信号通路而起作用，并且已经有相关中药制剂问世，例如蟾酥灵（bufalin）的抗癌机制就是抑制 PI3K-Akt 途径。

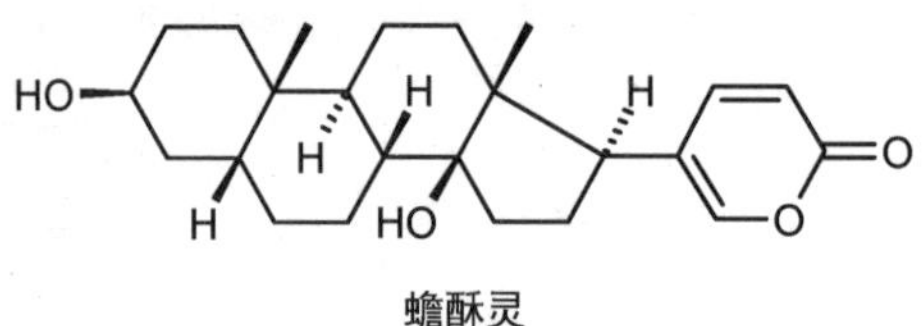

蟾酥灵

三、JAK-STAT 途径

细胞因子（cytokine）是指由免疫细胞及其他细胞合成并主动分泌的一类小分子量的可溶性蛋白质，包括淋巴因子、干扰素、白细胞介素、红细胞生成素、肿瘤坏死因子、趋化因子和集落刺激因子等。细胞因子以旁分泌、自分泌或内分泌通讯方式通过膜受体起作用，是免疫细胞之间、免疫细胞与其他细胞联络的核心，能改变分泌细胞自身或其他靶细胞的行为或性质。

细胞因子介导的信号通路有 JAK-STAT 途径、MAPK 途径、IP_3-DAG 途径和 PI3K-Akt 途径等，以 JAK-STAT 途径最为典型。有 50 多种细胞因子（及部分生长因子和激素，例如生长激素、催乳素）通过 JAK-STAT 途径调节细胞的增殖、分化、凋亡。

1. 核心成分　JAK-STAT 途径的核心成分包括细胞因子受体、JAK 激酶、转录因子 STAT 等。

（1）细胞因子受体（cytokine receptor）　①胞外结构域含配体结合区。②胞内结构域通过非共价键募集酪氨酸激酶 JAK，其某些酪氨酸残基会被磷酸化，之后可募集含 SH2 结构域的信号转导蛋白，如 STAT、SHC、GRB2、PLC_γ、PI3K。细胞因子受体未与细胞因子结合时以单体形式存在，与细胞因子结合时形成受体二聚体。

细胞因子受体分为Ⅰ型细胞因子受体家族和Ⅱ型细胞因子受体家族。表 7-18 为Ⅱ型细胞因子受体家族。

NOTE

表 7－18　人Ⅱ型细胞因子受体家族

细胞因子受体单体	单体大小	活性形式	配体
IL-10Rα	557	IL-10Rα-IL-10Rβ	IL10、IL28、IFN-λ1
IL-10Rβ（辅助受体）	306	IL-10Rα-IL-10Rβ， IL-20Rα-IL-10Rβ， IL-22Rα1-IL-10Rβ， IFN-λ-R1-IL-10Rβ	
IL-20Rα	524	IL-20Rα-IL-20Rβ， IL-20Rα-IL-10Rβ	IL19、IL20、IL24 IL26
IL-20Rβ（辅助受体）	282	IL-20Rα-IL-20Rβ， IL-22Rα1-IL-20Rβ	
IL-22Rα1	559	IL-22Rα1-IL-10Rβ， IL-22Rα1-IL-20Rβ， IL-22Rα1	IL22 IL20、IL24 IL20、IL22、IL24
IL-22Rα2	263	同源体 2， 同源体 1	IL22
IFN-α/β-R1	530	IFN-α/β-R1-IFN-α/β-R2， IFN-α/β-R1	IFN-α、β IFNB
IFN-α/β-R2（辅助受体）	489	IFN-α/β-R1-IFN-α/β-R2 同源体 1(+)， IFN-α/β-R1-IFN-α/β-R2 同源体 2(+)， IFN-α/β-R1-IFN-α/β-R2 同源体 3(-)	
IFN-γ-R1	472	异二聚体：IFN-γ-R1-IFN-γ-R2	IFN-γ
IFN-γ-R2（辅助受体）	310	异二聚体：IFN-γ-R1-IFN-γ-R2	
IFN-λ-R1	500	IFN-λ-R1-IL-10Rβ	IFN-λ2、IFN-λ3

γ 干扰素受体（IFN-γ-R）属于Ⅱ型细胞因子受体家族，是由 IFN-γ-R1 和 IFN-γ-R2 构成的异二聚体。以人 IFN-γ-R 为例：①IFN-γ-R1 长 472AA，胞外结构域（E1～G228，氨基酸序列编号，含四个二硫键）可直接与 γ 干扰素（IFN-γ）结合。胞内结构域（C250～S472）含 JAK1 结合基序（266～269/LPKS，已与 JAK1 结合）、STAT1 结合基序（440～444/YDKPH，其中 441～444/DKPH 决定 STAT1 的结合特异性，Tyr440 必须磷酸化才能结合 STAT1）。②IFN-γ-R2 长 310AA，胞外结构域（S1～Q220）不直接与 IFN-γ 结合。胞内结构域（L242～L310）含 JAK2 结合基序（由 257～261/PPSIP 和 264～268/IEEYL 构成，已与 JAK2 结合）。③未与 IFN-γ 结合时，IFN-γ-R 的存在形式为 JAK1-IFN-γ-R1-IFN-γ-R2-JAK2 异四聚体（图 7-18）。

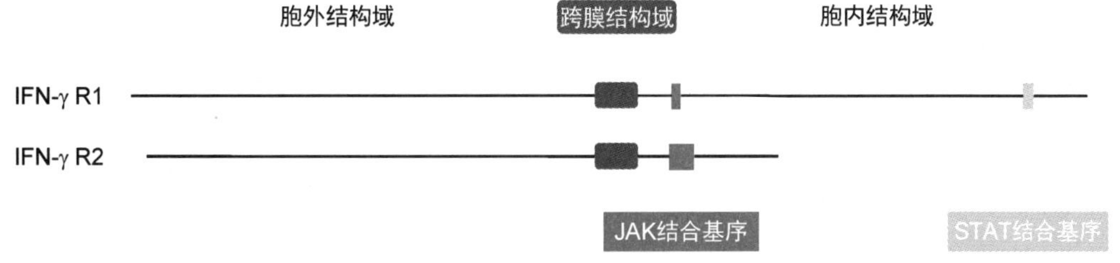

图 7－18　人 IFN-γ 受体一级结构

（2）JAK激酶　人类基因组编码三种JAK激酶，属于酪氨酸激酶家族、JAK亚家族（表7-19），一级结构依次含以下结构：①一个FERM结构域。②一个SH2结构域，即受体结合域，介导JAK激酶与细胞因子受体（如生长激素、催乳素、红细胞生成素受体）的胞内结构域结合。③1~6个自身磷酸化位点。④两个活性中心，既可以催化自身磷酸化，又可以催化细胞因子受体及其他信号转导蛋白磷酸化。

表7-19　人JAK亚家族

JAK	大小	亚细胞定位	自身磷酸化位点数	信号
JAK1	1154AA	细胞膜	2	IFN-α、β、γ，IL-2R
JAK2	1132AA	细胞膜，细胞质，细胞核	6	Ⅰ型细胞因子受体（GHR、PRLR、LEPR、EPOR、THPO），Ⅱ型细胞因子受体（IFN-α、β、γ，ILs）
JAK3	1124AA	细胞膜，细胞质	3	细胞因子、干扰素、生长激素受体
TYK2	1187AA	-	1	Ⅰ型干扰素

真性红细胞增多症（polycythemia vera，PV）　红细胞增多症是指血液中红细胞异常增多，在多数情况下由慢性缺氧导致。然而，真性红细胞增多症并无明显的外部原因，而是由基因突变导致：有报道164名患者中有21名的JAK2存在Val617Phe突变。突变型JAK2组成性激活，即不需由红细胞生成素受体激活。

（3）信号转导和转录激活因子（STAT）　又称信号转导及转录激活蛋白，是一类转录因子，①一级结构中间序列构成DNA结合域（DBD），含核定位信号（NLS）。②DNA结合域下游有受体结合域，是一个SH2结构域，可以与特定的磷酸化酪氨酸残基结合，例如与IFN-γ-R1胞内结构域的pTyr440或STAT1的pTyr700结合。③SH2结构域下游有一个特定酪氨酸残基，例如STAT1的Tyr700，可以被JAK激酶（或酪氨酸激酶受体及其他酪氨酸激酶）磷酸化。④STAT通常以无活性同二聚体结构存在于细胞质中，被磷酸化激活后形成同二聚体或异二聚体，进入细胞核，激活转录（表7-20）。

表7-20　人STAT家族

名称缩写	大小（AA）	SH2结构域位置	修饰酪氨酸（修饰酶）	活性形式	转导信号
STAT1	750	573~670	700（JAK）	同二聚体，异二聚体	IFN-I/II
STAT2	851	572~667	690（JAK）	同二聚体，异二聚体	IFN-I
STAT3	770	580~670	704（FER/PTK6）	同二聚体，异二聚体	IL/KITLG/SCF
STAT4	748	569~664	693（JAK）	同二聚体，异二聚体	IL-12
STAT5A	794	589~686	694（JAK2）	同二聚体，异二聚体	EPO/KITLG/SCF/ERBB4
STAT5B	787	589~686	699（JAK/HCK/PTK6）	同二聚体，异二聚体	EPO/KITLG/SCF
STAT6	847	517~632	640（JAK）	同二聚体，异二聚体	IL-4/3

2. 转导机制　以下以γ干扰素（IFN-γ，138AA）为例介绍JAK-STAT途径（图7-19）。

（1）JAK2激活　IFN-γ单体形成反向二聚体，与IFN-γ-R1结合形成异十聚体，导致两个JAK2变构激活。JAK2激酶通过自身磷酸化进一步化学修饰激活。

（2）JAK1激活　JAK2催化JAK1磷酸化激活。

（3）IFN-γ-R1胞内结构域磷酸化　JAK1催化IFN-γ-R1胞内结构域的Tyr440磷酸化，形成pTyr440。

NOTE

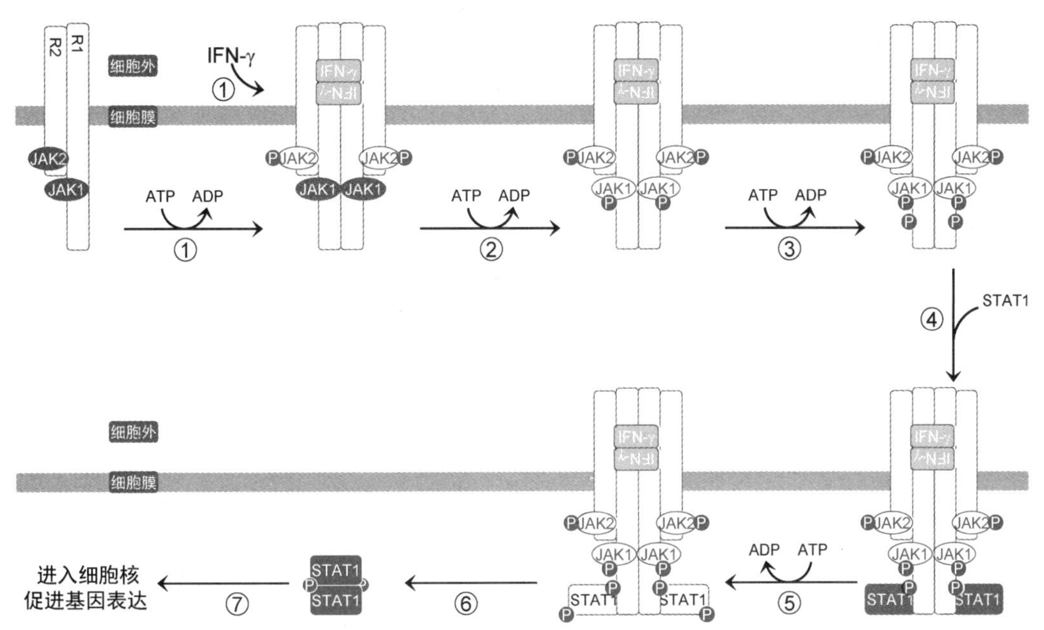

图 7－19 γ-干扰素激活的 JAK-STAT 途径

（4）STAT1 结合 pTyr440 募集一对含 SH2 结构域的转录因子 STAT1。

（5）STAT1 磷酸化 其 Tyr700 被 JAK1（或 JAK2、TYK2）磷酸化。

（6）STAT1 形成二聚体 一对磷酸化 STAT1 释放，通过各自的 SH2 结构域与对方的 pTyr700 结合，形成 STAT1 同二聚体，暴露出核定位信号（NLS）。

（7）转录调控 STAT1 二聚体进入细胞核，作用于 GAS 家族靶基因增强子（共有序列是反向重复序列 TTTCCNGGAAA），调控基因表达。

相比之下，STAT1-STAT2 异二聚体与干扰素调节因子 9（IFN regulatory factor 9，IRF-9）组装成干扰素刺激基因因子 3（interferon-stimulated gene factor 3，ISGF-3），作用于 ISRE 家族靶基因增强子（共有序列是同向重复序列 AGTTTN$_3$TTTCC），调控基因表达。

JAK-STAT 途径反应迅速，IFN-γ 靶基因产物是转录因子，从 IFN-γ 作用到转录因子表达仅经历 15~30 分钟。

3. 转导效应 JAK-STAT 途径参与调节细胞的增殖、分化、凋亡以及免疫反应等许多重要的生物学过程。IFN-γ 通过 JAK-STAT 途径激活蛋白激酶 PKR 等 60 多种基因的表达（但抑制 *MYC* 基因表达），从而产生以下效应：抗病毒，抑制转化细胞增殖，激活巨噬细胞，促进 Th0 细胞分化为 Th1 细胞，抑制 Th2 细胞增殖；促进细胞毒性 T 细胞成熟及杀伤活性，促进 B 细胞分化、产生免疫球蛋白类别转换，激活中性粒细胞、NK 细胞（自然杀伤细胞）、血管内皮细胞等。

4. 转导异常 许多实体瘤和血液肿瘤存在 *STAT* 基因突变，表现为 JAK-STAT 途径持续激活原癌基因，促进细胞增殖、血管生成和肿瘤细胞转移。

5. 干扰素（IFN） 是最早发现的细胞因子，是指脊椎动物某些细胞受多种因素（如促细胞分裂素、病毒核酸、细菌内毒素）诱导产生的一类抗病毒糖蛋白，可抑制病毒复制、细胞分裂（包括肿瘤细胞增殖），调节免疫功能等。干扰素分为Ⅰ型干扰素（抗病毒干扰素）、Ⅱ型干扰素（免疫干扰素）和干扰素样细胞因子。人体Ⅰ型干扰素有 IFN-α（由巨噬细胞分泌，以下同）、β（成纤维细胞）、ε（肿瘤细胞）、κ（角质形成细胞、单核细胞、静息树突状细胞）、ω（白细胞），Ⅱ型干扰素有 IFN-γ（活化 T 细胞）。

干扰素抗病毒机制：当宿主细胞被病毒感染时，干扰素一方面诱导合成一种蛋白激酶 PKR，使 eIF-2α 磷酸化失活，从而抑制病毒蛋白合成（第六章，175 页）；另一方面诱导表达 2′-5′(A)$_n$合酶，该酶由双链 RNA（dsRNA）激活后催化合成 2′-5′(A)$_n$，2′-5′(A)$_n$激活一种核酸内切酶 L，降解病毒单链 RNA（ssRNA），从而抑制病毒蛋白合成。

干扰素有很强的抗病毒作用，因而有很高的医用价值，但在生物体内含量很低，难以大量制备。目前已可用基因工程技术生产干扰素，以满足基础研究与临床应用的需要。

四、TGF-β 途径

转化生长因子（TGF）是指能使正常表型细胞变成转化态的 TGF-α 和 TGF-β 两个细胞因子家族：①TGF-α 在一级结构和空间结构上都和表皮生长因子相似，并且与表皮生长因子受体结合。与表皮生长因子不同的是 TGF-α 在胎儿和成人组织中广泛表达。②TGF-β 的结构与 TGF-α 并无同源性。人类基因组编码 TGF-β1、TGF-β2 和 TGF-β3 三种 TGF-β，属于 TGF-β 家族。三种 TGF-β 单体大小均为 112AA，含四个链内二硫键，其活性形式是由两个 TGF-β 单体通过一个链间二硫键（Cys77）连接形成的同二聚体或异二聚体。TGF-β 的功能是抑制多种细胞（包括大多数上皮细胞、免疫细胞）增殖（表 7-21）。

表 7-21 人 TGF-β

种类	活性形式	受体	功能
TGF-β1（TGF-β-1）	同二聚体， 异二聚体（TGF-β1/2）	TGFR Ⅰ、Ⅱ、Ⅲ	调节细胞增殖、分化
TGF-β2（TGF-β-2）	同二聚体， 异二聚体（TGF-β1/2、TGF-β2/3）	–	抑制依赖 IL-2 的 T 细胞生长
TGF-β3（TGF-β-3）	同二聚体	TGFR Ⅱ	参与胚胎发生、细胞分化

1. 核心成分 TGF-β 途径（TGF-β signaling pathway）的核心成分包括 TGF-β 受体、Smad 蛋白等。

（1）TGF-β 受体（TGFR） 是胞外结构域含二硫键的一类糖蛋白，有 TGFR Ⅰ、Ⅱ、Ⅲ三种（表 7-22）。TGFR Ⅰ、Ⅱ都是跨膜二聚体，其胞内结构域有丝氨酸/苏氨酸激酶活性。TGFR Ⅱ是 TGF-β 的直接受体，但即使不与 TGF-β 结合也能催化自身磷酸化，所以是组成性激酶。TGF-β 可以通过与 TGFR-3 结合定位于细胞外表面。

表 7-22 人 TGF-β 受体

名称缩写	功能亚基大小（AA）	结构	催化结构域	配体结合区	功能
TGFR Ⅰ	470	同二聚体	+	–	磷酸化激活 R-Smad
TGFR Ⅱ	545	同二聚体	+	+	磷酸化激活 TGFR Ⅰ
TGFR Ⅲ	831	单体	–	+	为 TGFR Ⅱ募集 TGF-β

（2）Smad 蛋白 即 Sma 和 Mad 相关蛋白，与线虫 Sma 蛋白、果蝇 Mad 蛋白同源。人体中已鉴定到 8 种 Smad 蛋白，组成 dwarfin/Smad 家族，分为三类（表 7-23）。

表 7-23 人 Smad 家族

分类，名称缩写	Smad	大小（AA）	功能
膜受体激活型 Smad，R-Smad	Smad1、Smad2、Smad3、Smad5、Smad9	456、466、424、464、467	转录因子
协同型 Smad，co-Smad	Smad4	552	转录因子
抑制型 Smad，I-Smad	Smad6	496	抗 co-Smad
	Smad7	426	

2. 转导机制 ①TGF-β 二聚体直接（或通过 TGFR Ⅲ）与 TGFR Ⅱ 二聚体结合，形成 TGF-β_2-TGFRⅡ$_2$ 异四聚体。②TGF-β_2-TGFRⅡ$_2$ 与 TGFRⅠ二聚体结合形成（TGF-β-TGFRⅡ-TGFRⅠ）$_2$ 异六聚体，并将 TGFRⅠ胞内结构域的 Thr152、153 和 Ser154、156、158 磷酸化，使其活性中心暴露而激活。③TGFRⅠ磷酸化 R-Smad（receptor-regulated Smad），使其核定位信号（NLS）暴露。④两分子 R-Smad 与一分子 co-Smad（common partner Smad）、两分子 β 输入蛋白结合，形成 Smad 复合物。⑤Smad 复合物进入细胞核，与不同的转录因子共同作用，调控多种靶基因的表达（图 7-20）。

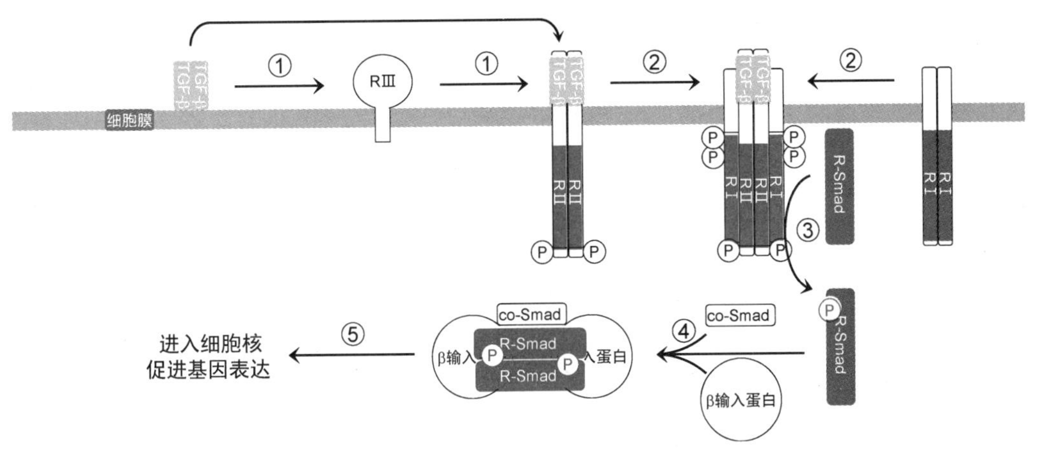

图 7-20 TGF-β 途径

3. 转导效应 TGF-β 与其他生长因子共同调节细胞增殖、细胞分化、胚胎发育、造血调控、免疫调节等。例如：TGF-β 在转录水平诱导内皮细胞 *p15* 基因表达、下调 *myc* 基因表达，从而抑制细胞增殖（图 8-12，242 页）。

4. 转导调节 Smad 蛋白被 cyclin D-CDK4 磷酸化抑制。Smad3/4 被 SCF 泛素连接酶催化泛素化，被蛋白酶体降解。Axin-1 募集 RNF111 泛素连接酶催化 I-Smad（inhibitory Smad，Smad7）泛素化降解，增强 TGF-β 转导效应。

5. 转导异常 TGF-β 途径可以诱导细胞合成细胞周期蛋白依赖性激酶抑制因子 $p15^{Ink4b}$（一种肿瘤抑制蛋白）和 $p27^{Kip1}$ 等，抑制细胞周期蛋白依赖性激酶 4（CDK4），使细胞停滞于 G_1 期（第八章，242 页）。因而在肿瘤发生的早期阶段，TGF-β 抑制肿瘤细胞增殖或诱导肿瘤细胞凋亡；但是，TGF-β 在肿瘤发展期不再起抑制作用，在晚期则刺激肿瘤细胞增殖。这一过程与 I-Smad 及两种癌蛋白 SnoN 和 Ski 的负反馈调节有关：①TGF-β 诱导 I-Smad（特别是 Smad7）表达，I-Smad 抑制 TGFR Ⅰ 磷酸化 R-Smad，从而抑制 TGF-β 途径。②TGF-β 起初是诱导 SnoN 和 Ski 蛋白迅速降解，后来则诱导其强烈表达，SnoN 和 Ski 蛋白可以与 Smad 复合物结合，使其虽然与靶基因的调控元件结合，但是不再激活转录，从而抑制 TGF-β

NOTE

途径。

细胞外基质蛋白（extracellular matrix protein）基因和纤溶酶原激活物抑制剂（plasminogen activator inhibitor 1，PAI-1）基因是被 TGF-β 途径激活的靶基因。PAI-1 可抑制纤溶酶催化的细胞外基质蛋白降解。因此，*TGFBR* 或 *SMAD* 基因发生功能缺失性突变均促进细胞增殖，还可能促进肿瘤细胞浸润（invasiveness）和转移（metastasis）。

人体许多肿瘤细胞存在 *TGFBR* 或 *SMAD* 基因功能缺失性突变，因而其增殖不再受 TGF-β 抑制：①*TGFBR1*（9q22）或 *TGFBR2*（3p22）基因功能缺失性突变存在于视网膜母细胞瘤、恶性淋巴瘤、肠癌、胃癌、肝癌。②*TGFBR3* 基因已经被确定为抑癌基因，其缺失存在于肺癌、乳腺癌、卵巢癌、胰腺癌、前列腺癌。③许多胰腺癌（55%）、结肠癌（40%）存在 *SMAD4* 基因（18q21.1）功能缺失性突变，受 TGF-β 刺激时不能合成 $p15^{Ink4b}$ 和其他细胞周期抑制蛋白，*SMAD4* 基因又称 *DPC4*（deletion target in pancreatic carcinoma 4）基因。

五、cGMP-PKG 途径

cGMP 作为另一种环核苷酸类第二信使与 cAMP 一样具有不同的组织效应（表 7-24）。

表 7-24 鸟苷酸环化酶受体-cGMP 的组织效应

鸟苷酸环化酶受体	信号	分布	效应
细胞内鸟苷酸环化酶受体	NO，CO	心脏平滑肌	平滑肌松弛
		血管平滑肌	平滑肌松弛，血管扩张
		脑	脑发育，脑功能
细胞膜鸟苷酸环化酶受体			
心钠素受体 1	心钠素，脑钠肽	肾集合管	排钠排水
		血管平滑肌	平滑肌松弛，血管扩张
心钠素受体 2	C 型利尿钠肽	软骨	软骨内骨化
肠毒素受体	鸟苷肽，肠毒素	小肠上皮	促进氯分泌，减少水吸收

cGMP 由细胞膜鸟苷酸环化酶受体或细胞内鸟苷酸环化酶受体催化合成。

1. 细胞膜鸟苷酸环化酶受体　是一组单次跨膜受体，包括心钠素受体 1、2 和肠毒素受体。

血量增加时刺激心房分泌心钠素（atrial natriuretic factor，ANF），经血液循环到肾，激活集合管细胞膜心钠素受体二聚体，合成 cGMP，促进肾小管排钠排水，使血量恢复正常。血管平滑肌也有心钠素受体，结合后引起血管扩张、血流加快、血压下降。

肠毒素受体位于小肠上皮，可被鸟苷肽激活，调节氯分泌。大肠杆菌内毒素激活该受体，导致氯分泌失控，水吸收不足，引起腹泻。

2. 细胞内鸟苷酸环化酶受体　是一种血红素蛋白，是 NO 受体，被 NO 结合激活后催化合成 cGMP，cGMP 激活蛋白激酶 G（PKG）。在心脏平滑肌，蛋白激酶 G 激活钙泵，抑制钙通道，从而降低细胞质游离钙，导致平滑肌松弛（图 7-21）。

Furchgott、Ignarro 和 Murad 因发现 NO 的信号分子作用并阐明其作用机制而获得 1998 年诺贝尔生理学或医学奖。

NO是一种神经递质、血管扩张剂。硝酸甘油、硝酸异山梨酯和硝普钠是一组硝基血管扩张剂（nitrovasodilator），用于治疗心绞痛、高血压（硝普钠）。硝酸甘油在体内由线粒体醛脱氢酶代谢产生NO；硝酸异山梨酯在体内代谢生成单硝酸异山梨酯，进一步代谢产生NO；硝普钠在血液循环中分解产生NO。

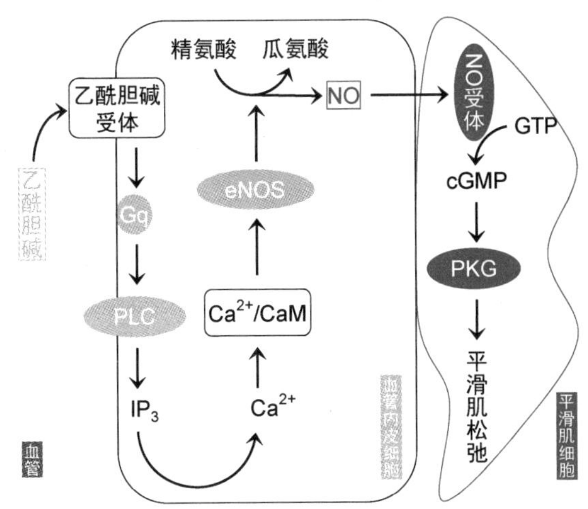

图7－21　NO诱导平滑肌松弛

西地那非，sildenafil

阳痿（勃起功能障碍）　阴茎海绵体在受到副交感神经刺激时会明显膨胀。NO是最重要的刺激因子。海绵体NO主要由神经末梢合成，少量由血管内皮细胞合成，直接作用是激活血管平滑肌细胞内鸟苷酸环化酶。西地那非类药物（sildenafil，商标名称Viagra）治疗阳痿的机制是抑制cGMP特异性磷酸二酯酶（PDE5）。

第七节　依赖泛素化的信号通路

这类信号通路的特点是通过信号转导调节信号转导蛋白的泛素化降解速度，从而改变其寿命。

一、NF-κB途径

NF-κB途径又称NF-κB信号通路，激活该途径的信号既有细胞因子（如肿瘤坏死因子α、白细胞介素）、生长因子（如EGF、PDGF、NGF）、自由基等信号分子作用，又有辐射等物理信号刺激，还有细菌、病毒等病原体感染。这些信号激活NF-κB信号通路，调控基因表达。

（一）核心成分

NF-κB信号通路的核心成分包括核因子κB、NF-κB抑制蛋白、IκB激酶等。

1. 核因子κB（NF-κB）　是哺乳动物几乎所有细胞都表达的一组重要的二聚体多效转录因子（表7-25），以p50-p65最多。不同NF-κB二聚体调控不同靶基因的表达，有的是转录激活因子（如p50-p65），有的是转录抑制因子（如p50-p50）。其靶基因调控元件的共有序列是GGRNNYYCC。

表 7-25 人 NF-κB

	NF-κB	单体大小（AA）	活性形式
NF-κB1	p105	968	p50-p105
	p50（p105 降解产物）	433	p50-p50，p50-p65，RelB-p50，p50-c-Rel
NF-κB2	p100	900	RelB-p100
	p52（p100 降解产物）	454	p52-p52，p65-p52，RelB-p52，p52-c-Rel
RelA	p65	551	p65-p65，p65-c-Rel
RelB		579	
c-Rel		619	c-Rel-c-Rel

2. NF-κB 抑制蛋白（IκB） 人体有五种 NF-κB 抑制蛋白，与 NF-κB 二聚体结合（主要作用于 p65）而将其滞留于细胞质中，或在细胞核内抑制其与靶基因调控元件结合，从而抑制其转录因子活性（表 7-26）。

表 7-26 人 NF-κB 抑制蛋白

NF-κB 抑制蛋白名称缩写	单体大小（AA）	亚细胞定位	抑制的 NF-κB
IκBα	317	细胞质，细胞核	RELA
IκBβ	356	细胞质，细胞核	RELA，c-Rel
IκBδ	313	细胞核	NFKB1，RELA，RELB
IκBε	500	细胞质	p50-p65，p50-c-Rel
IκBζ	718	细胞核	RELA-p50，p50-p65，p50-p50

3. IκB 激酶（IKK） 可以催化 NF-κB 抑制蛋白磷酸化，解除其对 NF-κB 的抑制。IκB 激酶由催化亚基 IKK-α、IKK-β 和调节亚基 IKK-γ 等构成，其中催化亚基属于蛋白激酶超家族、丝氨酸/苏氨酸蛋白激酶家族、IκB 激酶亚家族（表 7-27），调节亚基 NEMO（IKK-γ，IKKG）一级结构 419AA，含锌指（22AA）、亮氨酸拉链（22AA）、卷曲螺旋（308AA）等结构，两个单体的 Cys54 形成二硫键，从而形成同二聚体结构。

表 7-27 人 IκB 激酶亚家族

IKK 催化亚基名称缩写	单体大小（AA）	活性形式	亚细胞定位
IKK-α，IKK-A，CHUK	745	$(\alpha\beta)_4\gamma_4$	细胞质，细胞核
IKK-β，IKK-B	756	$(\alpha\beta)_4\gamma_4$	细胞质，细胞核
IKK-ε，IKK-E	716	同二聚体	细胞质，细胞核
TBK1，T2K	729	同二聚体	细胞质

（二）转导机制

以人肿瘤坏死因子 α（TNF-α）为例，除肝细胞外的许多细胞，特别是活化的巨噬细胞、单核细胞、某些 T 细胞、NK 细胞，都可以合成 TNF-α。TNF-α 激活 NF-κB 信号通路，使淋巴细胞内转录因子复合物解离，释放转录因子 NF-κB，进入细胞核，调控基因表达。结合型 TNF-α（233AA）是一种Ⅱ型单次跨膜蛋白（N 端在胞质面），C 端部分在细胞外表面，切下成为分泌型 TNF-α（157AA）。结合型和分泌型 TNF-α 均为同三聚体。

1. TRAF2 泛素连接酶复合物组装　细胞外 TNF-α 与肿瘤坏死因子受体（TNF-R1，434AA）结合，使其形成三聚体结构。TNF-R1 通过死亡结构域（DD，86AA）募集 TNF-R1 相关死亡结构域蛋白（TRADD）。TRADD 通过死亡结构域募集肿瘤坏死因子受体相关因子 2（TRAF2）同三聚体（或 TRAF1、2、3 异三聚体），完成组装（图 7-22①）。

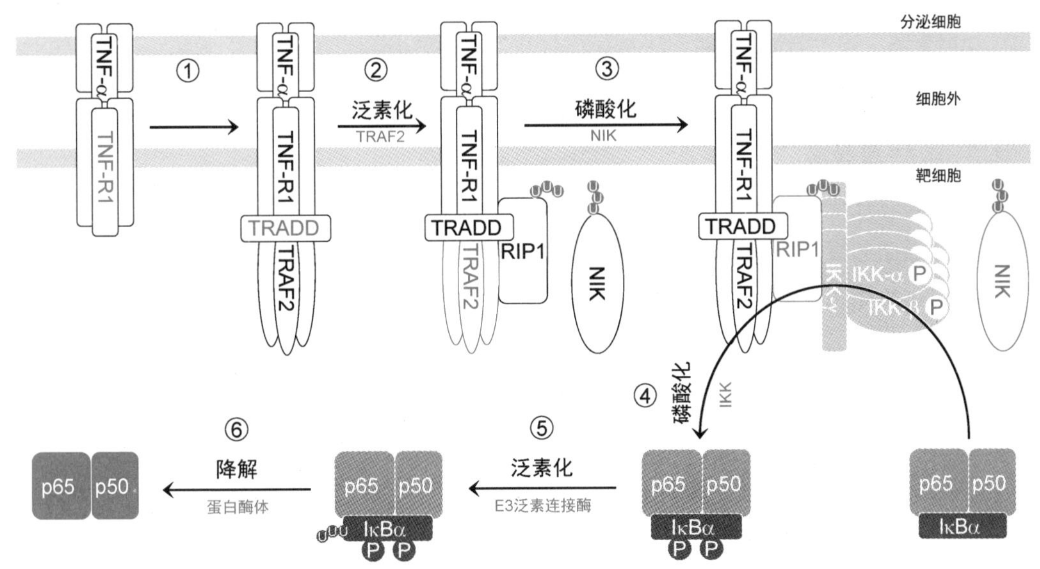

图 7-22　NF-κB 信号通路

（1）TNF-R1 相关死亡结构域蛋白（TRADD）　是一种接头蛋白，其一级结构 312AA，含有一个死亡结构域（DD，111AA），赖以与 TNF-R1 结合，形成 TNF-R1-TRADD 二聚体，并进一步募集 TRAF1、TRAF2、RIP1 或 FADD 等。TRADD 表达于已研究的各种组织，位于细胞质中和细胞核内。

（2）肿瘤坏死因子受体相关因子 2（TRAF2）　是一种 E3 泛素连接酶，其一级结构 500AA，含有一个 MATH/TRAF 结构域（146AA），赖以与受体结合；含有一段卷曲螺旋（50AA），赖以形成同三聚体，或与 TRAF1、TRAF3 形成异三聚体；含有一个 RING 锌指（40AA），为 E3 泛素连接酶活性所必需。

2. RIP1、NIK 多聚泛素化　TRAF2 催化受体相互作用蛋白 1（RIP1）、NF-κB 诱导激酶（NIK）多聚泛素化激活（图 7-22②）。

（1）受体相互作用蛋白 1（RIP1）　一级结构 671AA，含有一个死亡结构域（DD，87AA），赖以与其他含死亡结构域的蛋白质结合。RIP1 蛋白是一种丝氨酸/苏氨酸激酶，但在本途径中起接头蛋白作用，用以募集 IκB 激酶，不过需要其 Lys377 被 TRAF2 催化多聚泛素化。

（2）NF-κB 诱导激酶（NIK）　又称 MAP3K14，一级结构 947AA，是一种丝氨酸/苏氨酸激酶，属于蛋白激酶超家族、STE 丝氨酸/苏氨酸激酶家族、MAP3K 亚家族。

3. IκB 激酶激活　RIP1 蛋白通过与 IKK-γ 结合募集 IκB 激酶（IKK），NIK 催化 IKK-α 的 Ser176 和 IKK-β 的 Ser177、81 磷酸化，从而激活 IκB 激酶。IκB 激酶激活后可以与 RIP1 蛋白解离，甚至进入细胞核（图 7-22③）。

4. IκBα 磷酸化　IκB 激酶催化 NF-κB-IκB 三聚体中 IκBα 的 Ser32、36 磷酸化（图 7-22④）。

5. IκBα 多聚泛素化　磷酸化 IκBα 募集 D3 泛素结合酶（UBE2D3）、SCF（β-TrCP）泛素

NOTE

连接酶等，并被其催化多聚泛素化（图 7-22⑤）。

6. 多聚泛素化 IκBα 降解 多聚泛素化 IκBα 由蛋白酶体降解，释放 NF-κB（p50-p65）。NF-κB 进入细胞核，作用于靶基因调控元件（如 p50 与位于免疫反应或急性期反应基因增强子结合），激活基因表达（图 7-22⑥），需共激活因子（如 CBP）参与。

NF-κB 的靶基因有 150 多种，它们的产物中有细胞因子、黏附因子、趋化因子、凋亡抑制蛋白（Birc2、Birc3、CASH，第八章，259 页）、Bcl-2 家族抗凋亡蛋白 A1 和 Bcl-x_L（表 8-20，267 页）、应激反应蛋白、急性期蛋白、免疫受体、E3 泛素连接酶（如 Mdm2）等。

（三）转导效应

NF-κB 是与各种生命现象（如炎症、免疫、细胞生长与分化、细胞凋亡、肿瘤发生）有关的许多信号通路的终点。NF-κB 通过直接应答病原体感染或间接应答损伤细胞释放的信号分子的刺激等提高机体防御能力，对提高机体免疫力至关重要。正因为如此，其作用异常与肿瘤发生、病毒感染、感染性休克、炎症性疾病、自身免疫性疾病等有密切关系。

EGF、PDGF、NGF 等均能通过蛋白激酶 B 激活 NF-κB 信号通路，抑制细胞凋亡。

糖皮质激素用于治疗各种炎症性疾病和免疫性疾病，部分机制就是作用于 NF-κB 信号通路：促进 IκB 基因转录，合成更多的 IκB，抑制 NF-κB。糖皮质激素受体与 NF-κB 竞争共激活因子。糖皮质激素受体还直接与 p65 结合，抑制其激活。

（四）转导调节

NF-κB 信号通路受到负反馈抑制，因为 IκBα 基因（*NFKBIA*、*IKBA*）也是其靶基因，所以 NF-κB 信号通路可以促进 IκBα 合成，提高其细胞质水平，反馈抑制信号转导。

（五）转导异常

NF-κB 的异常活化与肿瘤有密切关系，NF-κB 基因扩增和突变使得 NF-κB 信号通路持续转导，从而增强许多细胞周期相关蛋白的表达，抑制肿瘤细胞凋亡，促进肿瘤血管生成。携带突变 NF-κB 基因的病毒可以诱发淋巴瘤和白血病。此外，一些病毒也可以使 NF-κB 信号通路过度激活。

二、Wnt 途径

Wnt 途径又称 Wnt 信号通路（Wnt signaling pathway），激活 Wnt 信号通路的信号称为 Wnt 蛋白。Wnt 是两个同源基因 *wingless*（果蝇体节极性基因）和 *int*（小鼠的一种原癌基因，因研究小鼠乳腺瘤病毒 MMTV 整合致癌而被发现）的混成词。人类基因组编码 19 种 Wnt 蛋白（330~382AA），组成 Wnt 家族，其一级结构中均有 1~5 个 Asn 被糖基化，除 Wnt8a/b、Wnt10a/b 之外均有 1 个丝氨酸被棕榈酰化，后者对其与受体的结合至关重要。

（一）转导机制

Wnt 蛋白激活 Wnt 信号通路，使转录因子复合物解离，释放转录因子 β 连环蛋白。β 连环蛋白进入细胞核，激活基因表达。

1. β 连环蛋白降解机制 β 连环蛋白（β-catenin）又称 β 连环素，在 Wnt 信号通路中的功能是作为共激活因子协助 TCF/LEF 家族转录因子（TCF-3、4、7，LEF-1）激活靶基因。没有 Wnt 蛋白时，①β 连环蛋白与 Axin-APC-CK1-GSK3 复合物结合。②β 连环蛋白 N 端的 Ser22/28/32/36、Thr40 被蛋白激酶 GSK3 催化磷酸化，Ser44 被酪蛋白激酶 1（CK1）催化磷酸化。

NOTE

③磷酸化β连环蛋白被SCF（β-TrCP）泛素连接酶（605AA）催化多聚泛素化，最终被蛋白酶体降解（图7-23）。

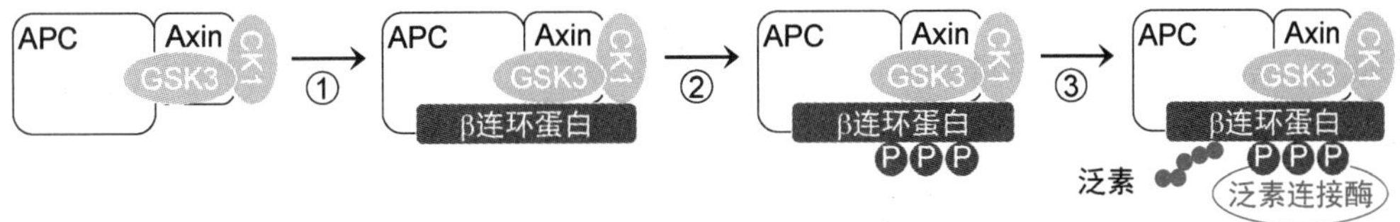

图7-23 β连环蛋白降解机制

β连环蛋白降解过程涉及以下核心成分。

（1）腺瘤性息肉病蛋白（APC） 是一种肿瘤抑制蛋白，在Wnt信号通路中参与构成Axin-APC-CK1-GSK3复合物。

（2）轴蛋白（Axin） 是一类支架蛋白（scaffold protein）、Wnt信号通路抑制蛋白，在Wnt信号通路中与蛋白激酶GSK3形成复合物并进一步构成Axin-APC-CK1-GSK3复合物。

（3）酪蛋白激酶1（CK1） 一级结构336AA，是一种丝氨酸/苏氨酸激酶，属于CK1丝氨酸/苏氨酸激酶家族、CK Ⅰ亚家族，在Wnt信号通路中催化β连环蛋白磷酸化。

（4）糖原合酶激酶3（GSK3） 是一类丝氨酸/苏氨酸激酶，包括GSK3B（又称GSK-3β，420AA）和GSK3A（又称GSK-3α，482AA），组成CMC丝氨酸/苏氨酸激酶家族的GSK-3亚家族，在Wnt信号通路中参与构成Axin-APC-CK1-GSK3复合物，催化β连环蛋白、APC蛋白磷酸化。

2. β连环蛋白积累机制 当有Wnt蛋白时，①Wnt蛋白与受体Frizzled（Fz，卷曲蛋白）结合形成Wnt-受体复合物。②复合物募集LDL受体相关蛋白6（LRP6）。③Frizzled受体募集Dishevelled（散乱蛋白）。④Dishevelled促使LRP6募集Axin-GSK3复合物，形成信号体（signalsome），导致Axin-APC-CK1-GSK3复合物解离。β连环蛋白不再被Axin-GSK3复合物磷酸化，因而不再被泛素化降解，可以进入细胞核，与转录因子（如TCF-4）结合，上调靶基因（又称Wnt反应基因，例如*MYC*、*JUN*、*CCND1*、*PPARG*、*MMP-7*）表达（图7-24），促进细胞从G_1期进入S期（第八章，240页）。

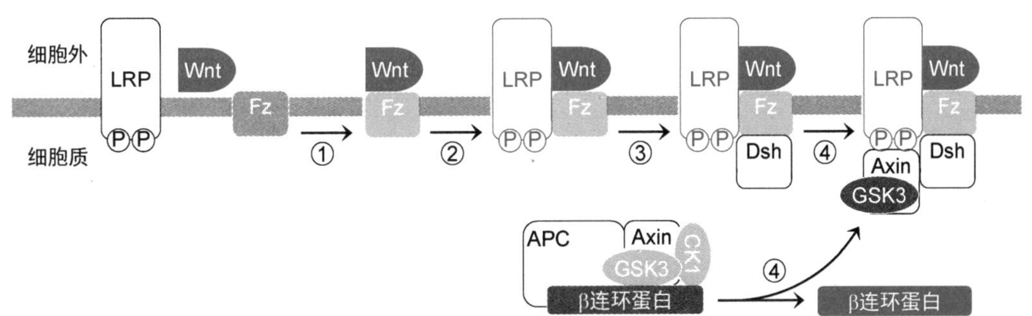

图7-24 β连环蛋白积累机制

β连环蛋白积累过程涉及以下核心成分。

（1）Frizzled受体（Fz，卷曲蛋白） 是Wnt蛋白的受体，有七次跨膜结构，其N端的FZ结构域是Wnt蛋白结合域，C端的PDZ结构域是Dishevelled结合域。人类基因组编码10种Frizzled受体（501～688AA），属于G蛋白偶联受体Fz/Smo家族。

（2）LRP（LDL receptor-related protein，LDL 受体相关蛋白） 人类基因组编码 11 种 LRP，其中 LRP5 和 LRP6 作为 Wnt 蛋白的辅助受体（coreceptor）参与 Wnt 信号通路（表 7-28）。LRP5 和 LRP6 均为单次跨膜单体形成的同二聚体，其胞内结构域所含的 4~5 个 PPPSP 基序被蛋白激酶 GSK3、CK1 催化磷酸化后可以募集 Axin-1，LRP6 的胞外结构域含 Wnt 蛋白结合域。

表 7-28 人 LRP5/6

LRP	单体大小（AA）	胞外结构域（AA）	跨膜区（AA）	胞内结构域（AA）（含 PPPSP 基序数）
LRP5	1584	1353	23	208（4）
LRP6	1594	1351	23	220（5）

（3）Dishevelled（Dsh，DVL，散乱蛋白） 在 Wnt 信号通路中直接与 Frizzled 受体结合，并促使 LRP6 募集 Axin-GSK3 复合物，形成信号体。人类基因组编码四种 Dishevelled（670~736AA），组成 DSH 家族。

（二）转导效应

Wnt 信号通路控制各种生物的发育过程，包括原肠胚形成、大脑发育、器官形成。

（三）转导异常

Wnt 信号通路可以激活一些在机体发育和肿瘤发生发展过程中起重要作用的基因的表达，例如在乳腺癌等肿瘤细胞中异常激活，促进细胞增殖、浸润、转移，抑制细胞凋亡。Wnt 信号通路涉及两种抑癌基因 *APC*、*AXIN1* 和一种癌基因 *CTNNB1*。

1. 抑癌基因 *APC* 人 *APC* 基因（结肠腺瘤性息肉病基因）最初发现于结肠腺瘤性息肉，并因此得名。该基因位于 5q21-q22，全长 138735bp，含 16 个外显子（外显子 16 最长，达 8687bp；外显子 1 最短，仅 67bp），其 mRNA 长 10740nt。

（1）APC 蛋白结构 *APC* 基因产物一级结构 2843AA，切除 N 端 Met 得到 2842AA 的腺瘤性息肉蛋白（APC 蛋白），分布于细胞质、细胞骨架和细胞膜。此外，外显子 16 后面有一个外显子 16A，在转录后加工时可以进行选择性剪接，最终翻译产物是长出 18 个氨基酸的 APC 蛋白（2861AA）。

APC 蛋白 N 端的 Ala 被乙酰化，此外有 15 个 Ser 和 2 个 Thr 可被 GSK3B 等催化磷酸化修饰，磷酸化程度影响 APC 蛋白活性。

（2）APC 蛋白功能 APC 蛋白是一种多功能肿瘤抑制蛋白，是 Wnt 信号通路的负调节因子，促进 β 连环蛋白降解（第九章，290 页），避免其异常积累。APC 蛋白还参与其他过程，包括细胞黏附、细胞迁移、细胞增殖、细胞凋亡、细胞分化。

（3）*APC* 基因突变 *APC* 基因功能缺失性突变导致 β 连环蛋白积累、靶基因表达过度、细胞增殖过度，导致息肉，例如家族性腺瘤性息肉病（FAP），通常发展为恶性肿瘤，如结肠癌。85%的结肠癌中可以检出 *APC* 突变。此外，其突变还见于遗传性硬纤维瘤病（HDD）、髓母细胞瘤（MDB）、错配修复肿瘤综合征（MMRCS）、胃癌（GASC）、肝癌（HCC）等。

2. 抑癌基因 *AXIN1* 人 *AXIN1* 基因位于 16p13.3，全长 65234bp，含 11 个外显子（外显子 2 最长，达 959bp；外显子 4 最短，97bp），其 mRNA 长 3675nt，编码的 Axin-1 蛋白一级结构 862AA，分布于细胞质、细胞核、细胞膜。人类基因组编码两种 Axin 蛋白：Axin-1（862AA）、Axin-2（843AA）。

NOTE

（1）Axin-1 蛋白结构 有 6 个 Ser 和 1 个 Thr 可被 CK1、GSK3B 等催化磷酸化修饰，且被

CK1 催化磷酸化后与 GSK3 的亲和力增强。C 端有两个 Lys 可被 SUMO 化，从而抑制泛素化降解。此外，Axin-1 蛋白还可以被 ADP 核糖基化，之后被 RNF146 泛素连接酶（359AA）催化多聚泛素化，被蛋白酶体降解。

（2）Axin-1 蛋白功能　是一类支架蛋白、Wnt 信号通路的负调节因子。

（3）*AXIN1* 基因突变　见于肝细胞癌。

3. 癌基因 *CTNNB1*　人 *CTNNB1* 基因位于 3p21，全长 65260bp，含 16 个外显子（外显子 16 最长，达 630bp；外显子 2 和 14 最短，各 61bp），其 mRNA 长 3256nt，产物一级结构 781AA，切除 N 端 Met 得到 780AA 的 β 连环蛋白，分布于细胞质、细胞核。人类基因组编码的 9 种蛋白质组成 β 连环蛋白家族。

（1）β 连环蛋白结构　N 端的 Ala 被乙酰化，此外有 9 个 Ser、3 个 Thr 和 6 个酪氨酸可被 GSK3B、CDK5、CSK、PTK6 等催化磷酸化修饰，磷酸化状态影响 β 连环蛋白活性和稳定性。

（2）β 连环蛋白功能　是一种转录因子。

（3）*CTNNB1* 基因突变　见于结肠癌、卵巢癌、前列腺癌、肝母细胞瘤、肝细胞癌、髓母细胞瘤、间皮瘤等。

第八节　原核生物信号转导

原核生物也存在信号转导机制，例如大肠杆菌的双组分系统（two-component system）。该系统由两类成分组成（表 7-29）：

表 7－29　大肠杆菌 K-12 株双组分系统

感受蛋白（活性）	大小（AA）	反应调节蛋白	大小（AA）
有氧呼吸调节感受蛋白 ArcB（组氨酸激酶）	778	有氧呼吸调节蛋白 ArcA	238
渗量感受蛋白 EnvZ（组氨酸激酶）	450	特异转录因子 OmpR	239
kdp 操纵子感受蛋白 KdpD（组氨酸激酶）	894	*kdp* 操纵子特异转录因子 KdpE	225
磷酸盐调节子感受蛋白 PhoR（组氨酸激酶）	431	磷酸盐调节子特异转录因子 PhoB	229
氮调节蛋白 NtrB（组氨酸激酶）	349	氮调节蛋白 NtrC	469
硝酸盐/亚硝酸盐感受蛋白 NarX（组氨酸激酶）	598	硝酸盐/亚硝酸盐反应调节蛋白 NarL	216
		硝酸盐/亚硝酸盐反应调节蛋白 NarP	215
硝酸盐/亚硝酸盐感受蛋白 NarQ（组氨酸激酶）	566	硝酸盐/亚硝酸盐反应调节蛋白 NarL	216
		硝酸盐/亚硝酸盐反应调节蛋白 NarP	215

1. 感受蛋白（sensor-regulator）　位于细胞膜上，有蛋白激酶活性（特别是组氨酸激酶），又称传感激酶，可以感受细胞外刺激而被激活，催化其胞内结构域的一个组氨酸残基磷酸化。

2. 反应调节蛋白（response regulator）　位于细胞质中，是传感激酶的靶蛋白，其一个天冬氨酸残基从传感激酶的磷酸化组氨酸残基获得磷酸基，成为有活性的激活蛋白或抑制蛋白，调控基因表达。

第八章 细胞周期和细胞凋亡

细胞是生物体的基本单位。人体每天有大量的细胞衰老死亡，例如皮肤细胞、血细胞、肠上皮细胞，同时也会通过细胞增殖产生大量的细胞，以保持细胞数量的动态平衡和机体的正常功能。

第一节 细胞周期

细胞周期（cell cycle）是指连续分裂的细胞从上一次有丝分裂结束开始，经过物质准备，到本次有丝分裂结束为止，所经历的整个过程，包括 G_1 期、S 期、G_2 期、M 期四个阶段。在细胞周期中发生三个核心事件：DNA 复制（遗传物质精确复制）、姐妹染色单体分离（形成两个子细胞核）、胞质分裂（形成两个子细胞）。

一、细胞周期概述

细胞周期是一个连续而协调的过程，细胞在细胞周期中依次经过 G_1 期→S 期→G_2 期→M 期四个阶段而完成增殖过程。

1. G_1 期（first gap phase） 是真核细胞分裂间期中，介于上一次有丝分裂之胞质分裂结束至本次有丝分裂之 DNA 合成开始前的一个阶段。细胞进入这一阶段标志着进入增殖状态。细胞在 G_1 中期开始合成 RNA、蛋白质及其他成分，体积增大，直至 G_1/S 转换期，为进入 S 期合成染色体 DNA 做准备。

2. S 期（synthesis phase） 即 DNA 合成期，是真核细胞分裂间期中合成染色体 DNA 的阶段。在这一阶段主要进行染色体 DNA 合成、组蛋白合成、染色质重塑，同时仍有 RNA 及其他蛋白质的合成。

3. G_2 期（second gap phase） 是真核细胞分裂间期中，介于 DNA 合成结束后至有丝分裂期开始前的一个阶段。在这一阶段染色体 DNA 是四倍体，细胞继续合成与有丝分裂期有关的 RNA 和蛋白质及大量 ATP 等，为进入有丝分裂期做准备。细胞体积增大 1 倍。

4. M 期（mitotic phase） 即有丝分裂期。在这一阶段细胞先后进行有丝分裂（核分裂）和胞质分裂（细胞分裂），最终形成两个子细胞。M 期又分为以下五个阶段。

（1）前期（prophase） 染色质凝集成染色体，分裂极确定，纺锤体开始形成。

（2）前中期（prometaphase） 核膜破裂，纺锤体形成，染色体与纺锤体结合，染色体移向赤道板。

NOTE

（3）中期（metaphase） 染色体排列到位，动粒微管在所有染色单体与纺锤体极之间形成连接。

（4）后期（anaphase）　姐妹染色单体分离形成子染色体，子染色体分别移向纺锤体两极。

（5）末期（telophase）　两组子染色体分别到达纺锤体两极，纺锤体消失，子染色体去凝集，核膜重建、子核形成，启动胞质分裂，最终形成两个子细胞。

此外，在研究细胞周期调控时，常把M期分为M早期（early，包括前期、前中期、中期）和M晚期（late，包括后期、末期）。

细胞完成一个细胞周期所需的时间称为细胞周期时间。体外培养的动物细胞和快速增殖的人体细胞的细胞周期时间约为24小时（有的甚至只有12小时），其中G_1期约9（6~12）小时，S期约10（6~10）小时，G_2期约4（3~4）小时，M期最短，约1小时。同类细胞的细胞周期时间相同或相近。不同组织来源或处于不同状况下（如不同环境温度下）细胞的细胞周期时间的差别很大，短至8分钟（如果蝇胚胎发育早期），长至数年（如高等动物某些组织细胞）。各种细胞的细胞周期时间中G_1期差别较大，其他各期特别是M期差别较小。

多细胞生物，特别是高等生物，在胚胎发育过程中细胞发生分化，形成各类组织细胞。这些细胞在功能上分工明确，增殖行为也出现差异，可分为三类：①增殖细胞（proliferating cell）：又称分裂细胞、周期中细胞。这类细胞持续分裂，如上皮组织的基底细胞。②静止期细胞（quiescent cell）：又称静息细胞、G_0期细胞、休眠细胞，是暂时从G_1期退出细胞周期、停止分裂的细胞，一旦受到增殖信号刺激，可以进入细胞周期，重启增殖，如结缔组织中的成纤维细胞。静止期短至数小时，长至数日甚至细胞一生。③终末分化细胞（differentiated cell）：分化程度很高，已经特化定型，执行特定功能，终生不再分裂。如肝细胞、脂肪细胞、神经细胞、横纹肌细胞、粒细胞。静止期细胞和终末分化细胞有时难以区分。

细胞周期反映细胞增殖过程，是生物生长、发育、繁殖的基础。为了维持正常的生命活动，细胞周期必须受到严格调控。细胞周期调控包括以下三方面内容：①细胞分裂必须与细胞生长一致，以维持细胞的正常大小。②细胞周期各阶段必须有序进行，一个阶段的全部事件完成后才能进入下一个阶段，否则可能产生严重后果，例如导致细胞癌变或死亡。③多细胞高等生物的细胞周期还受整体调控，以维持机体的生长发育和组织更新。

二、细胞周期调控系统

自20世纪70年代以来，随着分子生物学技术的发展和应用，细胞周期调控研究不断取得突破，特别是揭示了细胞周期调控机制和细胞周期调节蛋白在细胞周期调控中的作用，Hartwell、Hunt和Nurse因此而获得2001年诺贝尔生理学或医学奖。

细胞周期受细胞周期调控系统（cell-cycle control system）调控。细胞周期调控系统的核心是一个蛋白激酶家族，称为细胞周期蛋白依赖性激酶（CDK），其活性呈周期性波动，且与细胞周期同步，从而导致其底物蛋白的磷酸化程度呈周期性变化，而这些底物蛋白具体完成细胞周期的一系列事件。例如，G_2期检查点CDK（CDK1）活性升高后催化一组蛋白磷酸化，它们控制染色质凝集、核膜破裂、纺锤体形成等有丝分裂事件。

（一）细胞周期蛋白依赖性激酶

细胞周期蛋白依赖性激酶（CDK）是一类丝氨酸/苏氨酸激酶，可以催化数百种细胞周期

调节蛋白磷酸化激活或抑制，这些蛋白质调节细胞周期启动、DNA 复制、细胞有丝分裂，同时还调节影响细胞周期调节蛋白活性的其他蛋白质的活性，从而调节细胞增殖。

CDK 在进化上高度保守。人类基因组至少编码 21 种 CDK（命名为 CDK1、2 等，其中 CDK1 又称 cdc2），组成蛋白激酶超家族中丝氨酸/苏氨酸激酶 CMGC 家族的 CDC2/CDKX 亚家族。其中 CDK1、CDK2、CDK4、CDK6、CDK7 在细胞周期调控中的作用研究得比较清楚。

1. CDK 功能　主要细胞周期蛋白依赖性激酶在细胞周期中的作用见表 8-1，其部分底物见图 8-1。注意并非所有的 CDC2/CDKX 亚家族成员都参与调节细胞周期。

表 8-1　人主要细胞周期蛋白依赖性激酶

CDK	大小（AA）	在细胞周期中的作用	作用时相
CDK4、6	302、326	在 G_1 期激活细胞周期，通过限制点，进入 S 期	G_1 期
CDK2	298	在 G_1 晚期参与激活细胞周期，通过限制点，进入 S 期；启动并促进 DNA 合成	G_1 期，S 期
CDK1	297	促使细胞从 G_2 期进入 M 期，促进完成 M 早期事件	M 期
CDK7	345	磷酸化激活 CDK1、2、4、6 及 RNA 聚合酶Ⅱ	

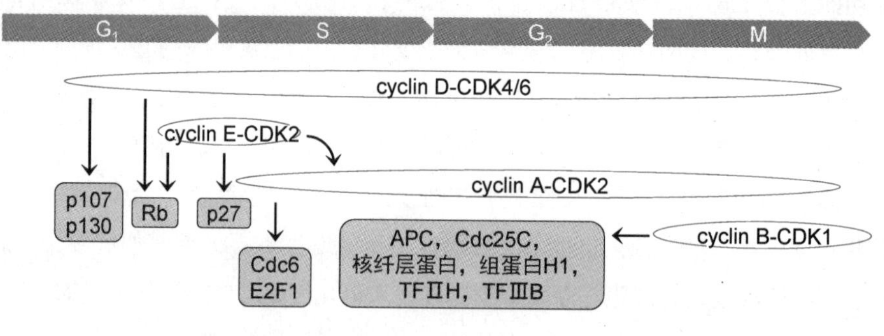

图 8-1　CDK 的部分底物

2. CDK 结构特征　以 CDK2 为例。

（1）CDK2 活性中心外有一个称为 T 环（T loop）的柔性区（flexible region），可以遮盖活性中心，阻止底物蛋白进入。

（2）CDK2 含两类调节位点，①变构抑制位点：可以结合 p21 蛋白、钙三醇。②变构激活位点：可以结合 cyclin A、cyclin E。

（3）CDK2 含两类修饰位点，①抑制性磷酸化位点 Thr14、Tyr15：位于活性中心中。②激活性磷酸化位点 Thr160：位于 T 环上。

各种 CDK 均含 CDK 激酶结构域，内含保守序列，可能介导 cyclin 结合。这些序列称为 PSTAIRE 序列：45PSTAIRE51（CDK1、2）、50PISTVRE56（CDK4）、55PLSTIRE61（CDK6）。

3. CDK 活性特征　CDK 活性与其酶蛋白水平没有平行关系，因为其活性调节以结构调节为主，结构调节发生在细胞周期的特定阶段。

（1）CDK 酶蛋白水平在整个细胞周期中很稳定，没有明显变化，且远高于 cyclin，但游离 CDK 没有活性。

（2）各种 CDK 在细胞周期特定阶段激活，启动特定事件：cyclin D-CDK4/6、cyclin E/A-CDK2 作用于 G_0/G_1 期而激活细胞周期，cyclin A-CDK2 促进细胞从 G_1 期进入 S 期并在 S 期起作用，cyclin A/B-CDK1 促进细胞从 G_2 期进入 M 期并在 M 期起作用（图 8-2）。CDK 在细胞周

NOTE

期特定阶段的激活和抑制形成信号网络，既协调细胞周期事件有序进行，又确保一个事件完成之后才能启动下一个事件。

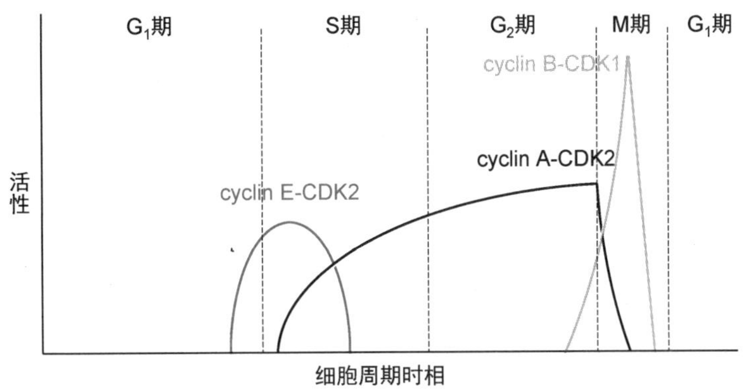

图 8－2　CDK 活性的周期性

（3）CDK 活性的周期性是多种机制共同调节的结果。

4. CDK 活性调节　CDK 活性呈现周期性波动，是受到结构调节、水平调节、亚细胞定位调节的结果（表 8-2，图 8-3）。

表 8－2　细胞周期蛋白依赖性激酶活性调节机制

	调节机制	调节因素（效应）
结构调节	变构调节	cyclin（+），CKI（-）
	化学修饰调节	CAK（+），Wee1（-），Cdc25（+）
水平调节	合成调节	E2F（刺激合成 CDK2）
亚细胞定位调节	CDK1 穿梭于细胞核和细胞质之间	

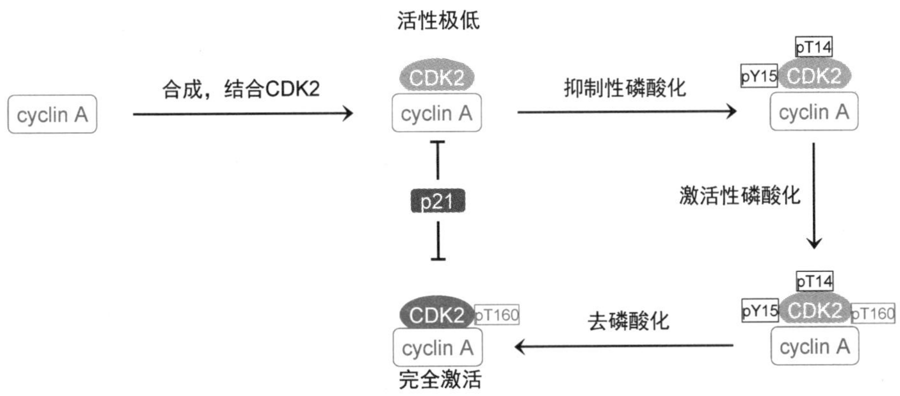

图 8－3　CDK2 活性调节

（1）变构调节　以 CDK2 为例。①cyclin A 激活 CDK2：cyclin A 与 CDK2 结合时，既导致 T 环变构暴露活性中心，又使 N 端一段螺旋转向，其所含必需基团 Glu51 回归活性中心，但此时活性极低。②p21 蛋白与 cyclin A-CDK2 结合抑制其活性。

（2）化学修饰调节　以 CDK2 为例，先后发生抑制性磷酸化、激活性磷酸化、去磷酸化激活。①抑制性磷酸化：发生于 CDK2 活性中心 ATP 结合位点的 Tyr15 和 Thr14。磷酸化抑制 ATP 结合，从而抑制 CDK 的催化活性。其中 Tyr15 磷酸化由 Wee1 激酶等催化（237 页）。②激

活性磷酸化：发生于T环的Thr160，由CDK活化激酶（CAK）催化（237页）。在有些物种（如人）该磷酸化发生在CDK2与cyclin E/A结合之后，在其他物种则发生在结合之前。③去磷酸化激活：CDK2由Cdc25A催化Tyr15和Thr14去磷酸化，导致进一步变构而完全激活（活性升高300~10000倍），且Thr160的磷酸基通过与Arg50、Arg126、Arg150形成离子键维持活性构象。

（二）细胞周期蛋白

细胞周期蛋白（cyclin）是最重要的细胞周期调节蛋白，这已在CDK名称中得到体现：没有cyclin的结合CDK是无活性的（故cyclin也称CDK的调节亚基、激活亚基）。cyclin得名于其水平呈周期性波动，且与细胞周期同步。cyclin水平的周期性波动导致cyclin-CDK复合物水平的周期性波动。

从酵母到人类的各种真核细胞中都有cyclin。人类基因组至少编码15类cyclin（cyclin A、cyclin B、cyclin C等），组成cyclin家族，其中已基本阐明作用机制的主要有cyclin A、cyclin B、cyclin D、cyclin E等。

1. cyclin分类 分为四个亚家族（表8-3）。

表8-3 人主要细胞周期蛋白

cyclin	大小（AA）	在细胞周期中的作用	作用时相
cyclin D亚家族			
cyclin D1、2、3（G_1/S特异性cyclin D）	295、289、292	变构激活CDK4、6	G_1期
cyclin E亚家族			
cyclin E1、E2（G_1/S特异性cyclin E）	410、404	变构激活CDK2（晚于CDK4/6）	G_1期
cyclin AB亚家族			
cyclin A1、A2	465、432	在G_1晚期代替cyclin E变构激活CDK2；在G_2期与CDK1结合，但CDK1在进入M期之前才被激活	G_1期；M期
cyclin B1、B2、B3（G_2/M特异性cyclin B）	433、398、1395	在G_2期与CDK1结合，但CDK1在进入M期之前才被激活	M期
cyclin C亚家族			
cyclin H	323	变构激活CDK7	

2. cyclin结构特征 各种cyclin虽然结构差异很大，但有以下共同特征。

（1）周期蛋白盒（cyclin box） 是一段约100AA的保守序列，功能是介导cyclin与CDK结合。周期蛋白盒与CDK的结合具有特异性，即不同周期蛋白盒与不同的CDK结合。

（2）降解盒（destruction box） 又称破坏盒，是cyclin A、cyclin B的N端存在的一段保守序列，共有序列是RXXLGXIXN，功能是在M后期介导cyclin被APC/C泛素连接酶催化多聚泛素化，被蛋白酶体降解。

被APC/C泛素-蛋白酶体系统降解的蛋白质都含降解盒，降解盒为介导降解所必需且足以介导降解。

（3）PEST序列 是cyclin C、cyclin D、cyclin E的C端的一段富含Pro、Glu、Ser、Thr序列，功能是在S期一定阶段介导cyclin被SCF泛素连接酶催化多聚泛素化，被蛋白酶体降解。

3. cyclin功能特征 cyclin是激活细胞周期的限速因子，有3个功能特征。

NOTE

（1）结合特异性　不同 cyclin 变构激活特定的 CDK，且赋予 CDK 底物专一性。

（2）作用阶段性　CDK 在细胞周期特定阶段起作用，即调节该阶段的一组事件。当然，其中有些事件是为下一阶段做准备的，因而推动细胞周期进行。

（3）水平周期性　每种 cyclin 只在其发挥调节作用的阶段积累，在其他阶段被降解，且必须被降解（图 8-4，图中各条曲线高度不同是为便于区分，与 cyclin 实际水平没有相关性）。①cyclin D：是细胞在 G_1 早期受细胞生长信号刺激时最先合成的 cyclin，故称生长信号感受器，且持续合成，其水平在 S 期和 G_2 期相当稳定，进入 M 期后才下降。②cyclin E：水平在 G_1 晚期开始上升，并因形成 E2F-cyclin E-CDK2 正反馈环（feedback loop，cyclin E 基因是其靶蛋白 E2F 的靶基因，242 页）而骤增，在进入 S 期时达到高峰，进入 S 期之后骤降。③cyclin A：在 G_1 晚期继 cyclin E 之后合成，在整个 S 期保持高水平并持续到 G_2 期末。但在进入 M 期时开始下降，在 M 中期之前全被降解。④cyclin B：在大多数细胞 S 期开始合成，在 G_2 期和 M 前期合成加快，并与 CDK1 结合，在 M 中期达高峰，在 M 后期骤降。在胚胎细胞中，cyclin B 在整个细胞周期中组成性合成。

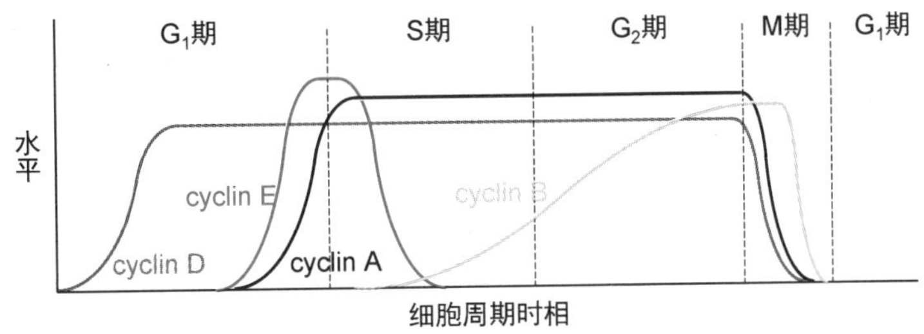

图 8-4　cyclin 水平的周期性

有些 cyclin 还有其他功能，且这些功能不依赖 CDK。例如，cyclin D1 可以与 30 多种转录因子（含共激活因子）结合，其中包括核受体、bHLH 蛋白、Smad 蛋白、组蛋白乙酰化酶、组蛋白去乙酰化酶、染色质重塑蛋白，因而直接参与基因表达调控。

4. cyclin 水平调节　cyclin 水平的周期性波动是基因表达调控的结果。cyclin 的基因表达调控体现在 cyclin 的合成和降解在时间上高度精确，从而精确调控 CDK 活性。

（1）转录调控　是调节 cyclin 水平的一个环节，如 cyclin E 基因被转录因子 E2F 启动转录。激活 cyclin A、cyclin B 基因转录的转录因子也是 E2F 的靶基因。

（2）降解调节　cyclin 的水平主要通过泛素-蛋白酶体途径降解调节。①cyclin E 在 S 期被 CDK2 磷酸化，之后与 CDK2 解离，被 SCF（FBXW7）泛素-蛋白酶体系统介导降解。②cyclin B 在离开 M 中期时被 APC/C 介导降解。

因为降解不可逆，只能通过从头合成补偿，这一机制确保细胞周期只能前行不能后退，即一旦一种 cyclin 被降解了，其启动的事件将不再发生。

CDK 活性调节的反馈环机制　以 CDK1 为例（图 8-5）：①新合成的 cyclin A 与 CDK1 结合，形成无活性 cyclin A-CDK1。CDK1 的 Thr14（T14）、Tyr15（Y15）分别被 Myt1、WEE1 催化抑制性磷酸化，且不能进入细胞核（细胞周期阻滞于 G_2 期）。②CDK1 的 Thr161（T161）被 CAK 催化激活性磷酸化，但仍无活性。③在 G_2 期末，pT14、pY15 被蛋白磷酸酶 Cdc25A、Cdc25B 催化去磷酸化，cyclin A-CDK1 被激活。④cyclin A-CDK1 磷酸化激活蛋白磷酸酶，形成正反馈环。⑤cyclin A-CDK1 磷酸化激活降解盒识别蛋白（destruction box recognizing protein，DBRP）。⑥磷酸化 DBRP 蛋白识别 cyclin A 降解盒，介导其多聚泛素化。⑦多聚泛素化 cyclin A 被蛋白酶体降解，导致 cyclin A-CDK1 减少，CDK1 总活性降低，DBRP 蛋白磷酸化减慢；然

NOTE

而，磷酸化 DBRP 蛋白却不断被 DBRP 磷酸酶（活性不高但稳定）催化去磷酸化，因而导致磷酸化 DBRP 蛋白减少，cyclin A 降解减慢，并通过合成得到补充。

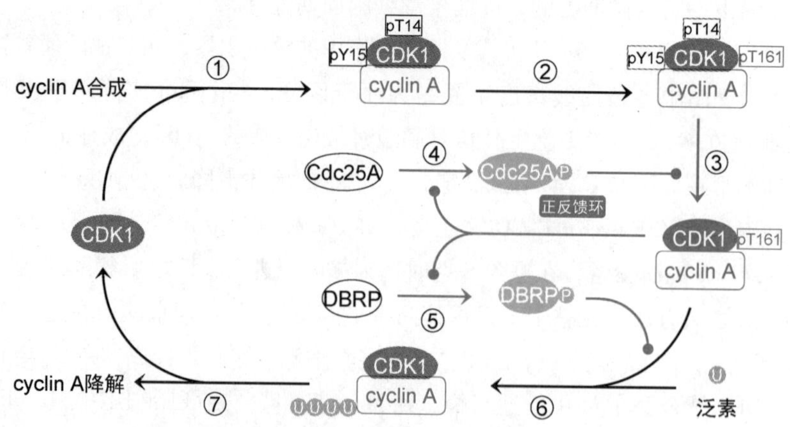

图 8－5　CDK1 活性调节的反馈环机制

此外，cyclin 水平还可以通过改变其亚细胞定位进行调节，例如 cyclin D1 在 G_1 期进入细胞核起作用，进入 S 期时离开细胞核，进入细胞质。

（三）细胞周期蛋白依赖性激酶抑制因子

细胞周期蛋白依赖性激酶抑制因子简称 CDK 抑制因子（CKI），是一类细胞周期负调节蛋白，主要在细胞周期 G_1、G_0 期抑制 CDK 活性，从而阻止细胞从 G_1 期进入 S 期或调节细胞从 G_0 期进入 G_1 期（图 8-6）。CKI 根据其结构和作用特点分为两个家族（表 8-4）。

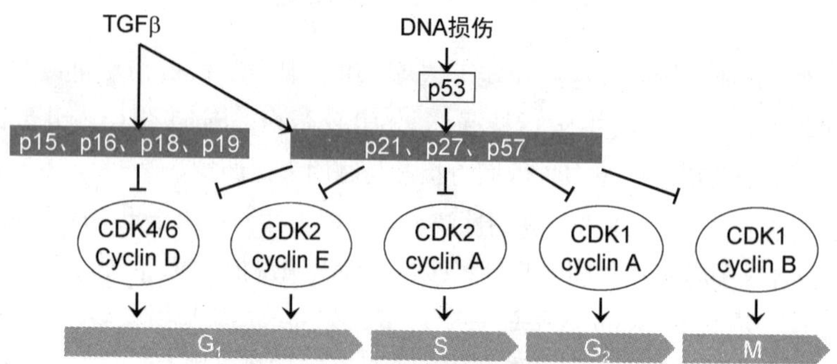

图 8－6　CDK 抑制因子的主要功能

表 8－4　人主要细胞周期蛋白依赖性激酶抑制因子

分类	Ink4 家族				Cip/Kip 家族		
CKI	CDK4I MTS-1 p16[INK4a] p16[INK4] p16[INK4A]	MTS-2 p14[INK4b] p15[INK4b] p15[INK4B]	p18[INK4c] p18[INK6]	p19[INK4d]	CIP1 MDA-6 p21 p21[CIP1]	p27 p27[Kip1] p27[KIP1]	p57 p57[Kip2] p57[KIP2]
大小（AA）	156	138	168	166	163	198	316
cyclin D-CDK2、4、6	+	+	+	+	+	+	
cyclin E-CDK2					+	+	+
cyclin A-CDK2、1					+	+	+

1. Ink4 家族 又称 CDKN2 家族，包括 p16^{Ink4a}（简写 p16）、p15^{Ink4b}、p18^{Ink4c}和 p19^{Ink4d}，以 p16^{Ink4a}为代表。它们可以抑制游离 CDK。它们与 CDK4/6 结合后导致其变构，既不能结合 cyclin D，又不能结合 ATP，即抑制其激活，使其不能催化 Rb 磷酸化，从而抑制基因表达，阻止细胞从 G_1 期进入 S 期。

2. Cip/Kip 家族 又称 CDI 家族，包括 p21$^{Cip1/Waf1}$、p27^{Kip1} 和 p57^{Kip2}，以 p21$^{Cip1/Waf1}$为代表。它们可以抑制所有 cyclin-CDK 复合物。其中 p21 和 p57 主要抑制 cyclin E/A-CDK2 复合物，从而阻止细胞从 G_1 期进入 S 期，即抑制 DNA 复制的启动。此外，①在 G_1 期，p21 主要在 DNA 受到损伤时才起作用。②在 S 期，p21 还与 PCNA 结合，直接抑制 DNA 复制。③p21 和 p27 对 cyclin D-CDK4 的调节具有两重性，低水平时激活，高水平时抑制。

（四） CDK 活化激酶和 Wee1激酶

CDK 活化激酶和 Wee1 激酶分别催化 CDK 的激活性磷酸化和抑制性磷酸化。

1. CDK 活化激酶（CAK） 由 CDK7、cyclin H 和 Mat1 组成，位于细胞核内。①CDK7：又称 TFⅡH 复合物激酶亚基，345AA，其基因在细胞周期中稳定表达。②cyclin H：323AA，其基因在细胞周期中稳定表达。③Mat1（menage a trois 1）：309AA，CAK 组装因子。

CAK 功能：①调节细胞周期：在通过 G_1 期进入 S 期时催化 CDK2 的 Thr160 磷酸化，从而激活 cyclin E-CDK2、cyclin A-CDK2；在通过 G_2 期进入 M 期时催化 CDK1 的 Thr161 磷酸化，从而激活 cyclin B-CDK1；在 DNA 受到损伤时催化 p53 磷酸化激活（但被其反馈抑制），从而抑制细胞周期，赢得修复时间，或诱导细胞凋亡。②调控基因转录：Cak 作为 TFⅡH 复合物成分催化 RNA 聚合酶Ⅱ大亚基 POLR2A 的 C 端结构域的丝氨酸磷酸化，使其离开启动子，进入转录延伸阶段（启动子清除，第三章，89 页）。

CAK 催化 CDK 激活性磷酸化不是激活 CDK 的限速步骤。CAK 活性在整个细胞周期中保持稳定，可以随时催化新形成的 cyclin-CDK 磷酸化。

2. Wee1 激酶 又称 WEE1hu 激酶，一级结构 646AA，属于丝氨酸/苏氨酸蛋白激酶家族、WEE1 亚家族。Wee1 激酶在细胞周期中的作用是在进入 M 期前催化 cyclin B-CDK1 中 CDK1 的 Tyr15 抑制性磷酸化，阻止细胞进入 M 期，即抑制 G_2/M 期转换。

Wee1 在 S 期和 G_2 期合成，在 G_2 期活性最高。进入 M 期之后被 CDK1 等催化磷酸化抑制，并被 SCF（β-TrCP）泛素-蛋白酶体系统降解。降解一直持续到 G_1 期。

（五） 双特异性磷酸酶 Cdc25

人类基因组编码三种双特异性磷酸酶 Cdc25：Cdc25A（524AA）、Cdc25B（580AA）、Cdc25C（472AA），分别称为 M 期诱导磷酸酶 1、2、3（M-phase inducer phosphatase），组成 MPI 磷酸酶家族，位于细胞质中和细胞核内。Cdc25 在细胞周期中的作用是在进入 M 期时被 cyclin B 激活，催化 CDK1/2 去磷酸化激活，促进细胞从 G_2 期进入 M 期。

Cdc25A 水平受到调节：①在 G_1 后期，被 APC/C-Cdh1 泛素-蛋白酶体系统降解。②在 S 期，被 SCF（β-TrCP、FBXW11）泛素-蛋白酶体系统降解。③在 DNA 损伤时，被 Chk2 激酶、PLK3 等催化磷酸化，被 SCF（CUL1、β-TrCP、FBXW11）泛素-蛋白酶体系统降解。

（六） 泛素-蛋白酶体系统

细胞通过 G_1 期（G_1 期检查点）、G_2 期（G_2 期检查点）是由 CDK 促进的，而 CDK 的活性则受 cyclin、CKI、Cdc25、p53 等细胞周期调节蛋白水平的调节。相比之下，细胞通过 M 期（M 期检查点）并完成有丝分裂，是由细胞周期调节蛋白降解启动的。因此，细胞周期调节蛋白的降解也是细胞周期调控的重要机制和环节，且确保其不可逆转。

细胞周期调节蛋白主要通过泛素-蛋白酶体途径降解，至少有三类 E3 泛素连接酶参与细胞周期调控：SCF、后期促进复合物 APC/C 和 Mdm2 蛋白。它们可以催化细胞周期调节蛋白多聚泛素化，从而介导其被蛋白酶体降解。SCF 泛素连接酶和后期促进复合物是多亚基结构，其催化亚基都含 RING 锌指（C_3HC_4）。

1. SCF 泛素连接酶　由 Rbx1（催化亚基）、Skp1（接头蛋白）、Cul1（支架蛋白）亚基与一种 F 盒蛋白（靶蛋白受体）构成，F 盒（F-box）蛋白赋予其靶蛋白专一性（表 8-5）。人类基因组编码 70 多种 F 盒蛋白，分为 Fbw、富含 WD、Fbl 三类。SCF 泛素连接酶的靶蛋白包括 p21、p27、p57、cyclin A、cyclin E、cyclin D、Cdc25 等。

表 8-5　细胞周期部分 E3 泛素连接酶

E3 泛素连接酶	靶蛋白	作用阶段	功能
SCF 泛素连接酶（F 盒蛋白）		G_1 期到 G_2 期	
SCF（FBXO31）	cyclin D1	G_1 期，限制点前	促进 DNA 修复
SCF（FBXL2）	cyclin D2、3	G_1 期	抑制 G_1 期
SCF（Skp2）	p27kip	G_1 晚期	激活 cyclin A-CDK2，促进细胞从 G_1 期进入 S 期
SCF（FBXW7）	cyclin E	G_1 晚期	抑制 CDK2，阻止细胞从 G_1 期进入 S 期
SCF（Skp2）	Orc1，Cdt1	S 期	启动 DNA 复制
SCF（β-TrCP）	Cdc25A	S 期	抑制 CDK1，阻止细胞从 G_2 期进入 M 期
SCF（β-TrCP）	Wee1	细胞从 G_2 期进入 M 期时	促进细胞从 G_2 期进入 M 期
后期促进复合物 APC/C	cyclin A、cyclin B，securin	M 中期到 G_1 期	促进细胞从 M 中期进入后期
Mdm2 蛋白	p53，p73	G_1 期	促进细胞增殖，抑制细胞凋亡

SCF 泛素连接酶活性稳定，但只识别磷酸化靶蛋白。SCF 泛素-蛋白酶体系统作用机制（图 8-7）：①靶蛋白磷酸化：例如 p27 蛋白的 Thr187 在细胞核内被 cyclin E-CDK2 或 cyclin A-CDK1 催化磷酸化。②磷酸化靶蛋白多聚泛素化：例如磷酸化 p27 蛋白在细胞质中被 SCF（Skp2）泛素连接酶催化多聚泛素化，进而被蛋白酶体降解。

图 8-7　SCF 泛素-蛋白酶体系统作用机制

p27 蛋白磷酸化有两个作用：①使其可以离开细胞核。②使其可以被 SCF（Skp2）泛素连接酶识别。

2. 后期促进复合物（APC/C）　又称 APC/C 泛素连接酶，至少由 12 个不同的亚基构成，其中催化亚基是 APC1（1944AA，属于 APC1 家族）。APC/C 的靶蛋白包括 cyclin A、cyclin B 和分离酶抑制蛋白（securin）等，它们都含降解盒（图 8-8）。

APC/C 的活性和专一性依赖两种调节蛋白 Cdc20 和 Fzr（Cdh1），它们称为底物靶向

图 8-8　APC/C 泛素-蛋白酶体系统作用机制

因子（substrate-targeting factor），其中 Cdc20 蛋白的激活作用被纺锤体检查点蛋白 Mad2 抑制（表 8-6）。

表 8-6　APC/C 调节蛋白

调节蛋白	大小（AA）	靶蛋白	在细胞周期中的作用	作用时相
Cdc20	499	securin，cyclinA、B	启动姐妹染色单体分离	M 中/后期转换
Fzr（Cdh1）	496	cyclinA、B，Orc1，Cdc6，Geminin	抑制 CDK 活性	M 后期、末期，G_1 期
Mad2	204	APC/C-Cdc20	抑制 M 中/后期转换	M 中期

通过化学修饰调节和变构调节，APC/C 在 M 中/后期转换时被激活，且活性保持到下一个细胞周期从 G_1 期进入 S 期：①在 M 中期，APC/C 先被 CDK1 催化磷酸化，再被 Cdc20 变构激活，促进 M 中/后期转换。②在 M 后期、末期和下一个细胞周期的 G_1 期，Cdc20 被降解，APC/C 被 Cdh1 变构激活；③在离开 G_1 期时，Cdh1 被 CDK2（激活于 G_1 晚期）催化磷酸化，与 APC/C 解离；APC/C 被 CDK2 催化磷酸化抑制，并在 S 期和 M 早期保持低活性。

3. Mdm2 蛋白　又称 Mdm2 泛素连接酶，一级结构 491AA，与 Mdm4 蛋白组成 MDM2/MDM4 家族。Mdm2 蛋白在细胞周期中有以下作用：①与 p53、p73 蛋白的转录激活结构域结合，抑制其抑制细胞增殖、诱导细胞凋亡活性。②催化 p53 蛋白多聚泛素化，使其被蛋白酶体降解。③促使 Rb1 蛋白不需要多聚泛素化即可被蛋白酶体降解。④诱导死亡结构域相关蛋白（Daxx）多聚泛素化及降解，从而抑制其介导的细胞凋亡。

Mdm2 蛋白靶蛋白有转录因子（p53、p63、p73、Rb、FOXO、E2F1）、CDK 抑制因子（p21）、核糖体蛋白、二氢叶酸还原酶等。

Mdm2 蛋白基因（*MDM2*）是一种癌基因，在许多肿瘤中存在过度表达，其中约 10% 的过度表达源于基因扩增。Mdm2 蛋白致癌效应的主要分子机制是抑制 p53 蛋白（第九章，308 页），此外还有其他机制。

三、细胞周期重要事件的分子机制

当细胞增殖条件合适时，①各种信号激活 CDK4/6。②CDK4/6 刺激合成 cyclin E 和 cyclin A，激活 CDK2。③CDK2 使细胞通过限制点，并激活 CDK2/1。④CDK2/1 在 S 期启动 DNA 复制和某些 M 早期事件。⑤CDK1 继续被 cyclin A、cyclin B 激活，使细胞通过 G_2 期检查点，并启动 M 早期事件，使姐妹染色单体排列到纺锤体赤道板上。⑥APC/C-Cdc20 在 M 期检查点启动降解 cyclin A、cyclin B 和分离酶抑制蛋白（securin），使姐妹染色单体分离，完成有丝分裂。⑦有丝分裂完成之后，CDK1 被抑制，进入 G_1 期（图 8-9）。

细胞周期受检查点控制。细胞周期检查点（cell-cycle checkpoint）又称检测点、关卡、检

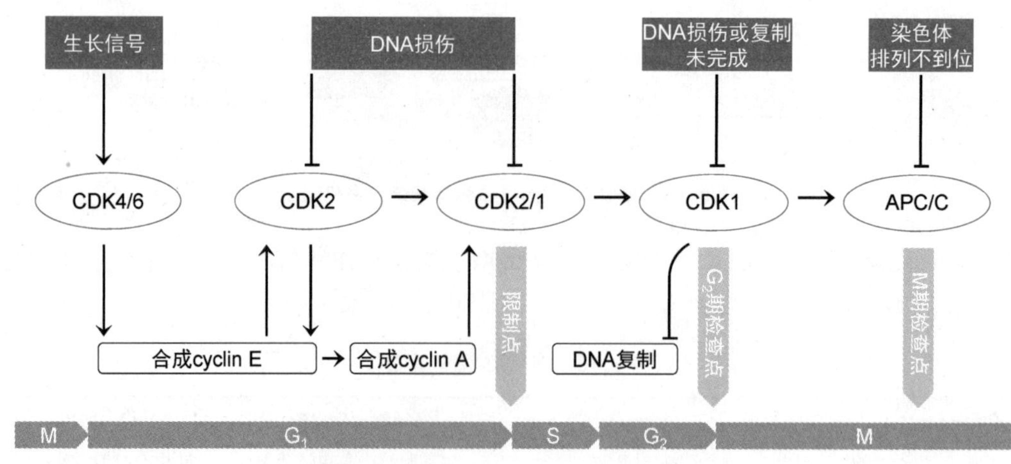

图 8－9 细胞周期重要事件分子机制一览

验点、检控点，是细胞周期中存在的一种反馈调节机制，决定细胞周期能否进入下一时相。检查点的作用是确保细胞周期在进入下一时相之前完成两类事件：①有序完成本时相必需的所有事件，例如 DNA 复制、纺锤体形成。②纠正本时相可能发生的所有错误，例如修复 DNA 损伤。从分子水平看，检查点是一组调节细胞周期的信号通路，其监控作用在于保证基因和基因组的稳定性。如果检查点功能缺失，会有基因和基因组异常事件发生，如染色体重排或断裂、非整倍体形成、基因丢失，导致基因组不稳定、细胞癌变。

细胞周期有几个重要的检查点。以 CDK 为核心的细胞周期调控系统严格监控这几个检查点，确保 DNA 复制和染色体分离高度准确。其中染色体分离的错误率仅为 10^{-4}～10^{-5}。

（一） G_1期检查点的分子机制

G_1 期检查点又称 G_1/S 检查点，在哺乳动物又称限制点，存在于细胞周期 G_1 晚期，是唯一受细胞外生长信号控制的检查点。如果细胞受到细胞外生长信号刺激，就会：①启动 G_0 期细胞进入 G_1 期并进入 S 期。②启动 G_1 期细胞进入 S 期，启动 DNA 复制。G_1 期检查点是最重要的检查点，决定着细胞能否启动 DNA 复制、细胞分裂。只要通过 G_1 期检查点，细胞周期就能继续进行，即依次进行 DNA 复制、有丝分裂、胞质分裂，且不再需要细胞外信号刺激。

1. G_1 期检查点关键调控蛋白　通过 G_1 期检查点至少需要具备一个条件：细胞长到一定大小。为此需要 G_1 期细胞通过基因表达合成足够量的一组酶和其他蛋白因子，它们是 DNA 复制所必需的。通过该检查点需要以下几类关键成分。

（1）转录因子 E2F　又称视网膜母细胞瘤结合蛋白，是一类转录因子，其靶基因启动子含 E2 识别位点（TTTCG/CCGC），故得名。

转录因子 E2F 是由 E2F 亚基和 DP（E2F dimerization partner）亚基形成的异二聚体。人类基因组编码 8 种 E2F 亚基和 2 种 DP 亚基，均属于 E2F/DP 家族，可分为两类：①转录激活因子 E2F1～5，其中 E2F1～3 被 Rb 蛋白抑制，E2F4 主要被类 Rb 蛋白 1（p107）、类 Rb 蛋白 2（p130）抑制，E2F5 主要被 Rb 蛋白抑制。②转录抑制因子 E2F6～8，不受 Rb 家族蛋白调节，且 E2F7、E2F8 不与 DP 亚基形成异二聚体，而是各自形成同二聚体或相互形成异二聚体。

转录因子 E2F 靶基因产物调节细胞周期和依赖 p53 蛋白的细胞凋亡。其靶基因产物有酶、细胞周期蛋白、转录因子、肿瘤抑制蛋白、促凋亡蛋白等。这些产物都是细胞通过 G_1 期检查

NOTE

点所必需的（表 8-7）。

表 8－7 转录因子 E2F 靶基因产物

分类	举例
酶	核苷酸还原酶、DNA 聚合酶 α、CDK2、CDK4、胸苷激酶、二氢叶酸还原酶
细胞周期蛋白	cyclin D、cyclin E、cyclin A
转录因子	c-Myc、E2F1
肿瘤抑制蛋白	p14，Rb
促凋亡蛋白	Apaf-1

不过，E2F 虽然在任何时候都与靶基因启动子结合，但在 G_1 期被 Rb 家族蛋白结合，其转录因子活性被抑制（图 8-10②）。

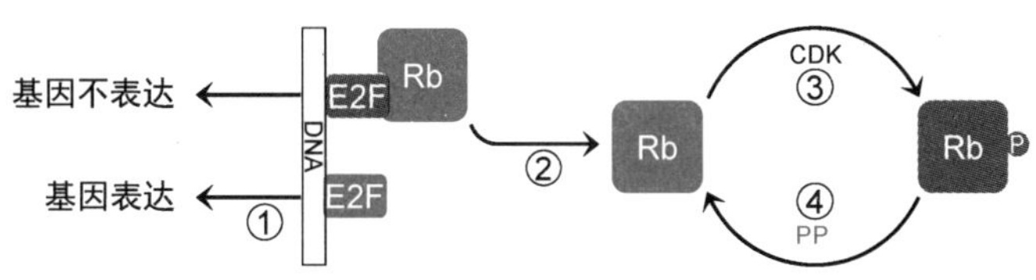

图 8－10 E2F 与 Rb

要想通过 G_1 期检查点，必须解除 Rb 蛋白对 E2F 的抑制，启动 E2F-cyclin E-CDK2 正反馈环。

（2）Rb 蛋白 又称视网膜母细胞瘤蛋白、Rb1（第九章，302 页），有低磷酸化和高磷酸化两种存在形式，其中低磷酸化 Rb 蛋白可以结合转录因子 E2F 形成 Rb-E2F 复合物，结合于 E2F 靶基因启动子上，抑制其转录；高磷酸化 Rb 蛋白则无此作用。在细胞受到生长信号刺激之前，Rb 蛋白以低磷酸化形式存在，因而结合并抑制 E2F 转录因子活性。

Rb-E2F 复合物作用机制：①Rb 蛋白结合于 E2F 的转录激活结构域，抑制其活性。②Rb 蛋白作为接头蛋白，通过蛋白质相互作用募集转录抑制因子（如组蛋白去乙酰化酶、赖氨酸甲基化酶、染色质重塑蛋白），抑制转录。

要想激活 E2F，必须由 CDK 催化 Rb 磷酸化失活，解除其对 E2F 的抑制。

（3）CDK、cyclin 和 CDK 抑制因子 ①CDK：CDK4/6 在整个 G_1 期水平很高。CDK2 在 G_1 晚期才因 E2F 激活其基因转录而大量合成，在 G_1 晚期和 S 早期被 cyclin E 激活，在 S 晚期则被 cyclin A 激活，在 S、G_2 期维持最高活性。cyclin D-CDK4/6 的激活为进入 S 期做好充分准备，cyclinE-CDK2 的激活则促进细胞从 G_1 期进入 S 期。②cyclin：cyclin D 在离开 M 期时水平很低，但在 G_1 期由生长信号通过信号转导启动合成而积累。cyclin E 在 cyclin D 之后由 E2F 促进合成。cyclin A 在进入 S 期之前由 E2F 促进合成。③CDK 抑制因子：G_0 期和 G_1 早期存在高水平的 p27 及 Ink4 家族的 CDK 抑制因子（CKI）特别是 p16 蛋白，抑制 CDK4/6，从而抑制细胞周期启动。

要想激活 CDK，必须合成更多的 cyclin 以克服 CDK 抑制因子的抑制，并启动 CDK 抑制因子降解。

2. G_1 期检查点调控机制 通过 G_1 期检查点的关键是激活 cyclin D1 基因（*CCND1*），最终启动 E2F-cyclinE-CDK2 正反馈环。

NOTE

（1）CDK4/6 激活　生长因子等丝裂原（mitogen）持续刺激 G_0/G_1 期细胞，激活信号转导，例如 MAPK 途径：①MAPK 催化转录因子 c-Jun、c-Fos（又称 G_0/G_1 开关调节蛋白 7）磷酸化激活，它们组成异二聚体 AP-1。②AP-1 激活一组靶基因表达，产物中包括 cyclin D、cyclin E。③cyclin D 竞争性解除 Ink4 家族 CDK 抑制因子（p16、p15、p18 蛋白等）对 CDK4、CDK6 的抑制，形成的 cyclin D-CDK4、cyclin D-CDK6 进入细胞核，这一过程称为滴定机制，即必须合成更多的 cyclin D 才能克服 Ink4 家族对 CDK4、CDK6 的抑制，因而 cyclin D 合成速度影响到 G_1 期持续时间。④一种脯氨酸指导的蛋白激酶（属于丝氨酸/苏氨酸激酶）催化 CDK4 的 T 环的 Thr172 磷酸化（p27 在 G_0 期抑制其磷酸化），将 cyclin D-CDK4 激活（图 8-11）。

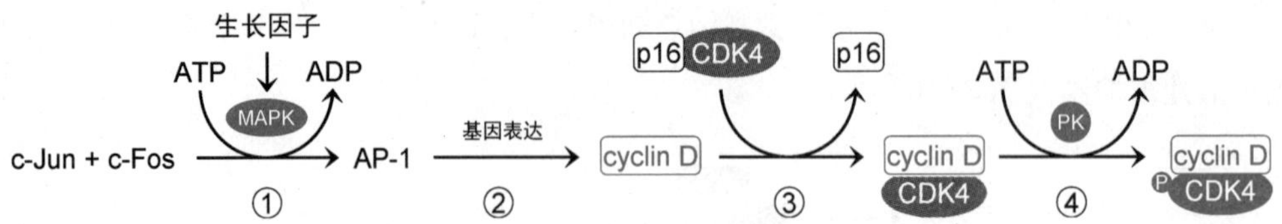

图 8-11　CDK4 激活机制

激活 *CCND1* 基因转录的信号（途径）还有：细胞外信号通过整联蛋白途径，细胞因子通过 JAK-STAT 途径和 NF-κB，Notch 途径通过转录因子 CSL，Wnt 信号通路通过转录因子 β 连环蛋白和 TCF，PI3K-Akt 途径、Rac 途径通过 NF-κB，雌激素受体途径。

细胞外丝裂原信号还通过以下非转录机制促进 cyclin D1 积累：通过 PI3K-Akt-mTOR-S6K1 级联反应促进 cyclin D1 翻译合成，通过 PI3K-Akt-GSK3B 级联反应抑制 cyclin D1 磷酸化，从而抑制其被泛素-蛋白酶体系统降解。

以下抗增殖信号（途径）促进 CDK 抑制因子（CKI）积累，从而抑制 CDK4、CDK6 激活：TGF-β 途径、cAMP、细胞接触、DNA 损伤。

例如 TGF-β 途径抑制细胞增殖、介导细胞凋亡，机制是在转录水平诱导 *p15* 基因表达，p15 蛋白抑制 CDK4、6、2，使其无法催化 Rb 磷酸化失活，Rb 蛋白抑制转录因子 E2F，从而阻止细胞从 G_1 期进入 S 期（图 8-12）。

TGF-β途径 ——● p15 ——┤ CDK4、6、2 ——┤ Rb ——┤ E2F ——● G_1/S期转换

图 8-12　TGF-β 途径抑制细胞增殖机制

（2）E2F 激活　在 G_1 中期，cyclin D-CDK4 催化 Rb-E2F 复合物中 Rb 蛋白的 Ser567 磷酸化，解除其对 E2F 的抑制（图 8-10②③，8-13①）。

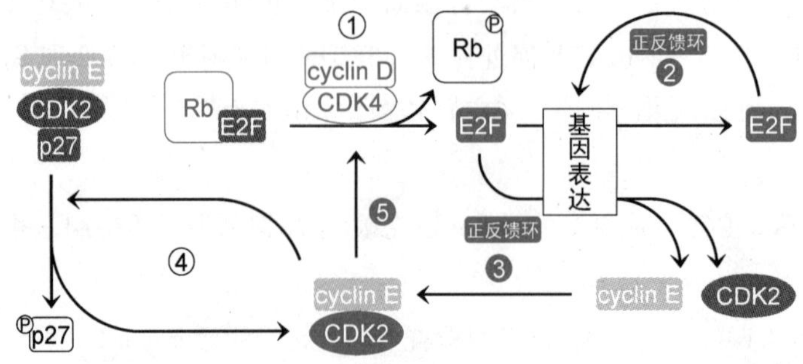

图 8-13　E2F-cyclin E-CDK2 正反馈环

（3）基因表达　E2F 进入细胞核，激活 *E2F* 基因等靶基因的表达，其中 *E2F* 基因的表达与产物 E2F 形成正反馈环（图 8-13②）。

（4）E2F-cyclin E-CDK2 正反馈环启动　E2F 靶基因产物 cyclin E 与 CDK2 结合成复合物，使 cyclin E-CDK2 复合物水平在 G_1 晚期和 S 早期高于 p27 的抑制水平而激活（图 8-13③）。cyclin E-CDK2 一方面催化 p27 的 Thr187 磷酸化，使其被 SCF（Skp2）泛素-蛋白酶体系统降解，解除其对 cyclin E-CDK2 的抑制（图 8-13④）；另一方面接替 cyclin D-CDK4、cyclin D-CDK6 继续催化 Rb 磷酸化，以维持 E2F 激活状态，且形成 E2F-cyclin E-CDK2 正反馈环（图 8-13⑤）。

E2F-cyclin E-CDK2 正反馈环的启动导致 E2F、cyclin E-CDK2 水平骤增，催化 Rb、p53、CDK7、BRCA2、Myc 蛋白等数百种靶蛋白磷酸化，促使细胞通过限制点，进入 S 期，启动 DNA 复制、中心体复制。

值得注意的是，①cyclin E-CDK2 只能在 cyclin D-CDK4、cyclin D-CDK6 之后催化 Rb 磷酸化，因为它只能催化低磷酸化 Rb 磷酸化。②cyclin E-CDK2 还磷酸化释放 cyclin E，导致其被 SCF 泛素-蛋白酶体系统降解。CDK2 则转而被 cyclin A 激活，cyclin A 在 G_1 晚期紧随 cyclin E 之后合成。

3. G_1 期检查点缺失与肿瘤　据估计人类约 80%的肿瘤存在 G_1 期检查点缺失。

大多数肿瘤存在致癌突变，这类突变导致 G_1 期检查点的某些关键调控蛋白合成过多（如 cyclin D1）或不合成（如 Rb 蛋白），结果即使不存在细胞外生长信号，细胞也能通过 G_1 期进入 S 期。

（1）癌蛋白 cyclin D1　即 Bcl-1（B 细胞淋巴瘤 1 蛋白），是原癌基因 *CCND1* 产物，在各种肿瘤中因易位、扩增、低甲基化而过度表达，也可因 Ras-MAPK 途径、Wnt 信号通路激活而过度表达，导致水平升高，促使细胞从 G_0 期进入 G_1 期，且不受营养条件控制。

例如，①Thr286Ala、Thr288Ala 突变体抗泛素-蛋白酶体系统降解，造成 cyclin D1 积累，t（11；14）（q13；q32）易位导致 *CCND1* 被 *IGHG1*（14q32. 33）增强子激活，大量合成 cyclin D1，均诱发套细胞淋巴瘤（MCL）。②t（11；11）（q13；p15）易位导致 *CCND1* 被 *PTH*（11p15. 3-p15. 1）增强子激活，大量合成 cyclin D1，诱发甲状旁腺腺瘤（表 9-10，288 页）。

（2）CDK4　3 型皮肤恶性黑色素瘤（CMM3）的 *CDK4* 基因发生 Arg24Cys 或 Arg24His、Asn41Ser 突变，CDK4 不再被 p16 抑制。

（3）肿瘤抑制蛋白　包括 p16、p15、p18、p19、p21、p27、Rb，见表 9-21，301 页。

（二）DNA 复制启动的分子机制

DNA 复制的起始阶段是在复制起点组装前起始复合物，并且在一个细胞周期中只组装一次，从而确保 DNA 只复制一次，维持染色体的二倍性。

1. 起始识别复合物组装　从 M 晚期到 G_1 早期，6 个起始识别复合物亚基（Orc1-6，需结合 ATP）募集于复制起点中的 A 序列和 B1 序列，组装成起始识别复合物（ORC，3272AA，图 8-14①）。

2. 复制前复合物组装　ORC 依次募集复制起始因子 Cdc6（560AA，需结合 ATP）、Cdt1（546AA）。三者共同募集组装 DNA 解旋酶（Mcm2-7 复合物），组装成复制前复合物（pre-RC，图 8-14②）。

因为在复制起点组装 pre-RC 是形成起始复合物、启动 DNA 复制所必需的，组装成 pre-RC

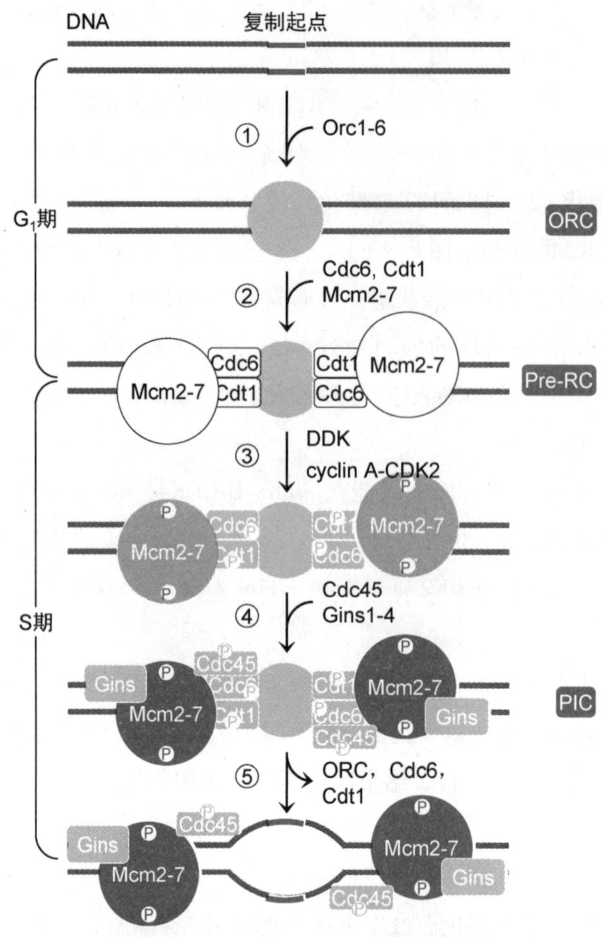

图 8-14　DNA 复制启动的分子机制

意味着得到复制许可，所以 Cdc6、Cdt1、Mcm 又称复制许可因子、复制执照因子（replication licensing factor，RLF）。

3. Mcm 激活　在离开 G_1 期进入 S 期时，Mcm2 的 Ser40、Ser53 被丝氨酸/苏氨酸激酶 DDK（Dbf4-dependent kinase，依赖 Dbf4 的蛋白激酶）催化磷酸化激活。cyclin A-CDK2 催化 Cdc6、Cdt1、Mcm 和 Cdc45（566AA）磷酸化。(图 8-14③)。

DDK 是由催化亚基 Cdc7（574AA）和调节亚基 Dbf4（674AA）组成的二聚体，其中 Dbf4 在 G_1 期开始合成，进入 S 期时达到高水平，并维持到整个 G_2 期。DDK 在 G_1 晚期被激活。

4. 前起始复合物形成　Cdc45 和 Gins1-4（185~222AA）四聚体（819AA）是 Mcm 激活因子，被复制前复合物中的 Mcm 募集，形成前起始复合物（preinitiation complex，PIC，图 8-14④）。

5. 复制起点解链　Mcm 启动复制起点解链，募集复制蛋白 A 保护单链模板，同时释放 ORC、Cdc6、Cdt1（图 8-14⑤）。

（1）ORC 的 Orc1 亚基被 SCF（Skp2）泛素-蛋白酶体系统降解而降至基本水平。降解部分在下一个 G_1 中期会通过基因表达得到补充。

（2）Cdc6 由 SCF（CDC）泛素-蛋白酶体系统降解。

NOTE

（3）Cdt1 由 SCF（Skp2）泛素-蛋白酶体系统降解，降解从 S 晚期持续到 M 期；未降解部分被双能蛋白结合抑制。

双能蛋白（geminin）又称孪蛋白，209AA，从 S 期到 M 中期持续合成并积累，在 S 期与磷酸化 Cdt1 结合，抑制其在同一细胞周期再次参与组装 pre-RC。双能蛋白含降解盒，因而在离开 M 中期进入后期时被 APC/C-Cdh1 泛素-蛋白酶体系统降解。释放的 Cdt1 则在下一细胞周期 G_1 期去磷酸化，参与组装 pre-RC。被降解的 Cdt1 则在 G_1 期通过基因表达得到补充。

6. 引物合成　Cdc45 和 Gins 募集 DNA 聚合酶 α，引物酶亚基催化合成约 10nt 的 RNA 引物，DNA 聚合酶亚基在引物 3′端催化合成约 20nt 的 DNA。

7. DNA 复制启动　RFC 促使 DNA 聚合酶 α 脱离，募集 PCNA-DNA 聚合酶 ε（合成前导链）和 δ（合成后随链），启动 DNA 复制。

综上所述：CDK2 是启动 DNA 复制必需的，其作用是，①促进 pre-RC 募集 Mcm 激活因子 Cdc45 和 Gins，组装成 PIC，激活 Mcm，启动解链，并募集 DNA 聚合酶 ε 合成前导链、募集 DNA 聚合酶 δ 合成后随链。②在 DNA 复制启动之后，CDK2 促进 pre-RC 解离，且直至有丝分裂完成后才会重新组装。因此，CDK2 确保每个细胞周期只在 G_1 期组装一次 pre-RC，只在 S 期激活 Mcm，启动一次 DNA 复制。

（三）G_2期检查点的分子机制

G_2 期检查点（G_2 checkpoint）又称 DNA 复制检查点、G_2/M 期检查点，存在于 G_2/M 转换期。如果监测到 DNA 复制已经完成，细胞已经长到合适大小，将允许细胞进入 M 期。如果存在 DNA 损伤、药物刺激等因素干扰，导致 DNA 复制不能完成，细胞就会阻滞于 G_2 期，直至 DNA 复制完成。

1. G_2 期检查点关键调控蛋白　通过该检查点需要以下几类关键成分。

（1）cyclin B 和 CDK1　①cyclin B 的合成始于 S 期，在 G_2 期和 M 前期合成加快，并与 CDK1 组成 cyclin B-CDK1（称为成熟促进因子、有丝分裂促进因子，MPF）。因此，在进入 M 期前，cyclin B 一直在积累，造成 cyclin B-CDK1 持续积累，在到达 G_2 期末时达到最高水平。②CDK1 在有丝分裂间期位于细胞质中，在进入 M 期前先后与 cyclin A、cyclin B 结合成 cyclin A-CDK1、cyclin B-CDK1，其 Thr14 被位于内质网膜 MyT1 激酶（499AA）催化磷酸化，之后进入细胞核，其 Tyr15、Thr161 分别被 Wee1、CAK 催化磷酸化。此时仍无催化活性，需要由双特异性磷酸酶 Cdc25 催化 Thr14、Tyr15 去磷酸化才能激活（图 8-15）。

CDK1 是促使细胞从 G_2 期进入 M 期、启动 M 早期事件所必需的唯一 CDK，通过催化 M 早期靶蛋白（CDK1 有数百种靶蛋白，如 Cdc25C、Wee1、Orc1、Mcm2/4、NPC、CDK7、核纤层蛋白）磷酸化启动 M 早期所有事件，例如染色质凝集、纺锤体形成、姐妹染色单体排列。

要想进入 M 期，cyclin B-CDK1 必须被 Cdc25 催化去磷酸化激活。

（2）Cdc25、Chk1 和 ATR　①Cdc25：在细胞周期中的功能之一是在 G_2 期催化 CDK1 去磷酸化激活。Cdc25A 在 G_1 后期被 APC/C 泛素-蛋白酶体系统降解，在 S 期被 Chk1 激酶催化磷酸化抑制并被 SCF（β-TrCP）泛素-蛋白酶体系统降解。②Chk1 激酶：是一种丝氨酸/苏氨酸激

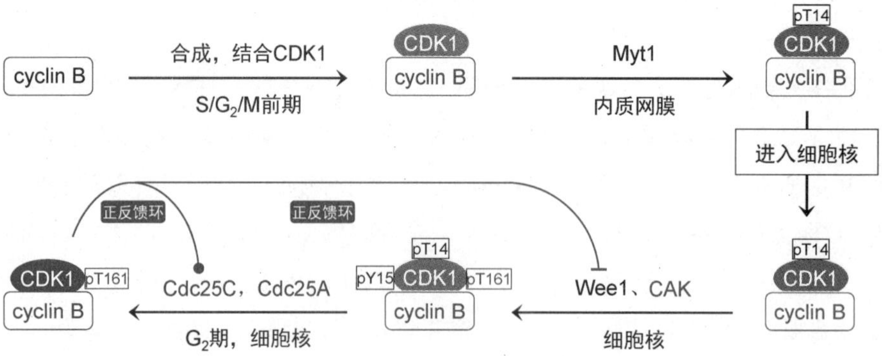

图 8－15　cyclin B-CDK1 激活机制

酶，在细胞周期中的功能之一是在 S 期催化 Cdc25 磷酸化抑制。Chk1 激酶在 S 期被 ATR 催化 Ser317/345 磷酸化激活，被蛋白磷酸酶 PP2Cδ 催化去磷酸化抑制。③ATR 激酶：2644AA，是一种丝氨酸/苏氨酸激酶，在细胞周期中的功能之一是在 S 期催化 Chk1 激酶磷酸化激活。ATR 在 S 期被单链 DNA 激活（图 8-16）。

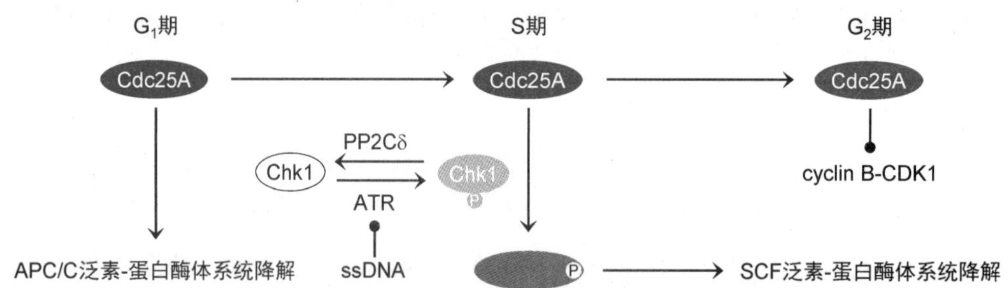

图 8－16　Cdc25A 激活机制

要想由 Cdc25 催化 cyclin B-CDK1 去磷酸化激活，必须抑制由 Chk1 激酶催化的 Cdc25 磷酸化抑制。

2. G_2 期检查点调控机制　通过 G_2 期检查点的关键是积累有活性的 Cdc25，激活 CDK1。

（1）在 S 期被单链 DNA 募集激活的 ATR 催化 Chk1 激酶磷酸化激活；磷酸化 Chk1 激酶催化 Cdc25A 磷酸化抑制并被 SCF（β-TrCP）泛素-蛋白酶体系统降解。

（2）当 DNA 复制完成之后不再有单链 DNA 时，ATR 不再被激活；已被激活的磷酸化 Chk1 激酶被蛋白磷酸酶 PP2Cδ 催化去磷酸化抑制；持续合成的 Cdc25A 不再被降解，得以积累，Cdc25C 也在 G_2 期大量合成，并被丝氨酸/苏氨酸激酶（如 PLK-1，602AA）催化磷酸化激活。Cdc25 在 G_2 期末催化 CDK1 去磷酸化激活；cyclin B-CDK1 促使细胞通过 G_2 期进入 M 期，启动 M 早期事件，表现为催化一组底物蛋白磷酸化，从而启动染色质凝集、纺锤体形成、核膜破裂、染色体排列等。

因此，只有 DNA 复制完成之后不再有单链 DNA 时，cyclin B-CDK1 才能被激活，促使细胞进入 M 期。

（3）有意思的是，被激活的 cyclin B-CDK1 催化其激活剂 Cdc25C 磷酸化激活，催化其抑制剂 Wee1 磷酸化抑制，即其在 G_2/M 期转换时的激活过程形成两个正反馈环（图 8-15）。因此，Cdc25 的部分激活导致 G_2 期末 cyclin B-CDK1 的部分激活，其通过正反馈进一步激活，很快全

NOTE

部激活，导致 CDK1 活性骤升，促使细胞通过 G_2 期进入 M 期。

（四）M 期检查点的分子机制

M 期检查点又称纺锤体检查点（spindle checkpoint）、纺锤体组装检查点、M/G_1 转换点、中/后期转换点，存在于细胞周期 M 中期，功能是确保姐妹染色单体正确分离。M 中期耗时最长，通常占 M 期的约一半。M 中期时染色体排列在赤道板上，等待 APC/C 泛素连接酶发出姐妹染色单体分离信号。只有染色体先排列到位，姐妹染色单体才能分离，这是 M 期检查点的核心内容。只要检测到纺锤体已经形成，染色体全部排列到位，细胞周期就会从 M 中期进入 M 后期，即允许姐妹染色单体分离。

1. M 期检查点关键调控蛋白　通该检查点涉及以下几类关键成分（图 8-17）。

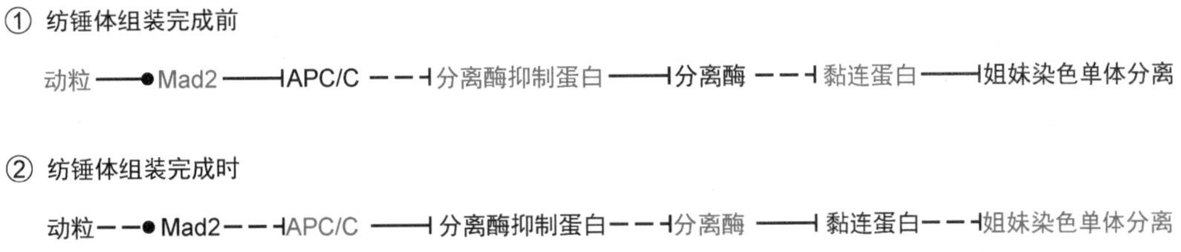

① 纺锤体组装完成前

动粒 ——● Mad2 ——┫APC/C - - -┫分离酶抑制蛋白 ——┫分离酶 - - -┫黏连蛋白 ——┫姐妹染色单体分离

② 纺锤体组装完成时

动粒 - - -● Mad2 - - -┫APC/C ——┫分离酶抑制蛋白 - - -┫分离酶 ——┫黏连蛋白 - - -┫姐妹染色单体分离

图 8－17　M 期检查点调控机制

（1）粘连蛋白　在 M 早期即纺锤体形成前，姐妹染色单体之间通过粘连蛋白（cohesin）连接。在 M 中/后期转换即纺锤体形成时，分离酶降解粘连蛋白，促进姐妹染色单体分离。

（2）分离酶和分离酶抑制蛋白　①分离酶（separase，2120AA）：又称分离蛋白（separin），在纺锤体形成时降解粘连蛋白，促进姐妹染色单体分离，但在纺锤体形成前被分离酶抑制蛋白变构抑制，且被 CDK1 催化磷酸化（S1126）抑制，因而姐妹染色单体不会分离。②分离酶抑制蛋白（securin，201AA）：N 端含降解盒序列，在纺锤体形成之前抑制分离酶，在纺锤体形成后被 APC/C-Cdc20 泛素-蛋白酶体系统降解。

（3）APC/C-Cdc20 泛素-蛋白酶体系统　APC/C 泛素连接酶是促进 M 中/后期转换的关键因素。在纺锤体形成时降解分离酶抑制蛋白等 M 中/后期转换抑制蛋白，启动姐妹染色单体分离，但在纺锤体形成前被纺锤体检查点蛋白 Mad2 等抑制。

Cdc20 是 APC/C 泛素连接酶调节蛋白，在细胞从 G_1 期进入 S 期时开始合成，在离开 G_2 期前加快合成，在 M 期最多，在 M/G_1 期转换时被泛素-蛋白酶体系统快速降解。Cdc20 合成后与 APC/C 形成二元复合物，但在纺锤体形成前被结合在纺锤体动粒上的纺锤体检查点蛋白 Mad2 募集并抑制。

（4）纺锤体检查点蛋白 Mad2 和动粒　①M 期检查点蛋白 Mad2（mitotic arrest deficient 2-like protein，204AA）：在与动粒结合的状态下可以募集 APC/C-Cdc20，形成无活性三聚体 APC/C-Cdc20-Mad2。②动粒：位于着丝粒两侧的蛋白复合体，纺锤丝结合点，但在未与纺锤丝结合时可以募集 Mad2。

2. M 期检查点调控机制　细胞通过 M 期检查点的关键是激活 APC/C-Cdc20 泛素-蛋白酶体系统，降解粘连蛋白，促进姐妹染色单体分离。

（1）在纺锤体形成前，未与纺锤丝结合的动粒募集 Mad2；Mad2 募集 APC/C-Cdc20，抑制其降解分离酶抑制蛋白；分离酶抑制蛋白与分离酶结合，抑制其降解粘连蛋白，从而阻止姐妹

染色单体过早分离（图 8-17①）。

（2）在纺锤体形成时，所有姐妹染色单体都排列到位，所有动粒都与纺锤体形成正确结合，动粒不再募集 Mad2；游离的 Mad2 不再抑制 APC/C-Cdc20；APC/C-Cdc20 降解分离酶抑制蛋白，解除其对分离酶的抑制；分离酶催化粘连蛋白降解，约 20 分钟后启动 M 后期，即姐妹染色单体分离，使其分别移向纺锤体两极，即促进 M 中/后期转换，进入 M 后期（图 8-17②）。

cyclin A、cyclin B 降解与 M 期完成：一组 M 后期蛋白是完成 M 后期、末期和胞质分裂期所必需的。它们在 S 期到 M 早期被 cyclin A-CDK1、cyclin B-CDK1 催化磷酸化抑制，避免提前进入 M 后期。在 M 中/后期转换时，即染色体排列到赤道板上时，APC/C 介导降解 cyclin A、cyclin B，导致 CDK1 在 M 后期失活（图 8-2），并被 Myt1、Wee1 催化磷酸化抑制。于是这组 M 后期蛋白在 M 后期被相应的磷酸酶催化去磷酸化激活，促进完成 M 晚期事件：姐妹染色单体分离、纺锤体消失、子染色体去凝集、核膜重建、胞质分裂，离开 M 期。显然，cyclin A、cyclin B 降解是 M 期完成所必需的。

CDK1 激活 APC/C-Cdc20 过程形成负反馈环：APC/C 先被 CDK1 催化磷酸化，再被 Cdc20 变构激活；APC/C-Cdc20 则催化 cyclin A、cyclin B 多聚泛素化，介导其被蛋白酶体降解，导致 CDK1 失活。

（五）DNA 损伤检查点的分子机制

DNA 损伤检查点（DNA damage checkpoint）是指在细胞周期中，当外界因素引起 DNA 损伤时（如双链断裂、单链断裂、碱基损伤或错配），细胞对 DNA 损伤迅速作出反应的检查点。该检查点对 DNA 损伤作出的反应是启动一系列生化事件：①将细胞阻滞于 G_1 期或 G_2 期。②诱导表达 DNA 修复系统，修复 DNA 损伤，保证细胞周期进行得高度准确。③如果 DNA 损伤严重无法修复，细胞就会启动凋亡程序，避免有遗传缺陷的细胞继续存活甚至增殖。

DNA 损伤检查点包括 G_1 期 DNA 损伤检查点、G_2 期 DNA 损伤检查点。

前已述及，细胞通过 G_1 期检查点至少需要具备一个条件：细胞长到一定大小。实际上，通过 G_1 期检查点还需要具备第二个条件：DNA 没有受到损伤。Rb 蛋白在 G_1 期整合细胞生长信号和 DNA 损伤信号，因而成为进入 S 期的关键卫士。

DNA 损伤检查点由 ATM 亚家族蛋白激酶控制，目前研究得最清楚。当 ATM 亚家族蛋白激酶（感受器）监测到 DNA 损伤时，可以激活 Chk1、Chk2 激酶（传感器），进而通过激活 Cdc25 途径和 p53 途径抑制 CDK 激活，使细胞周期停滞，为效应器启动 DNA 修复争取时间（图 8-18）。

1. DNA 损伤引发级联反应　分以下两步进行。

（1）DNA 损伤激活 ATM、ATR 激酶　ATM 和 ATR 激酶是一组丝氨酸/苏氨酸激酶，两者组成 PI3/PI4 激酶家族、ATM 亚家族。它们可以被 DNA 损伤激活，因而可称为 DNA 损伤感受器（sensor）。①ATM 通路：ATM 激酶（3055AA）本为无活性二聚体，主要被结合于 DNA 双链断裂部位的 MRN 复合物（MRE11A-RAD50-NBN，一种双链断裂修复蛋白复合物，其结合需要 DNA 修复蛋白 XRCC6 和磷酸化组蛋白 H2AX 的协助）募集并自身磷酸化，解离成活性单体，可以催化 Chk2/1 激酶、p53 蛋白、BRCA1、NBN（nibrin）磷酸化激活，并募集修复蛋白，

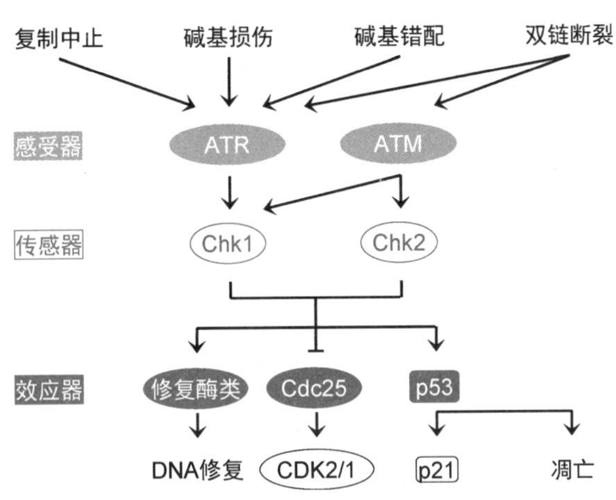

图 8－18 DNA 损伤检查点系统

启动同源重组修复。这一修复途径称为 ATM 通路。②ATR 通路：ATR 激酶可被结合于单链 DNA（存在于双链断裂、核苷酸异常等 DNA 损伤部位和复制过程中）上的复制蛋白 A（RPA）和 ATR 相互作用蛋白（ATR-interacting protein，ATRIP）等募集并激活，激活后可以催化复制蛋白 A2、Chk1 激酶、p53 蛋白、Mcm2 解旋酶、组蛋白 H2AX、BRCA1 等磷酸化激活。这一修复途径称为 ATR 通路。

ATM 和 ATR 激酶在双链断裂修复过程中可催化 700 多种靶蛋白磷酸化，从而抑制细胞周期，或诱导细胞凋亡。

ATM 激酶通过激活依赖 p53 和不依赖 p53 两条途径促凋亡（图 8-19）。

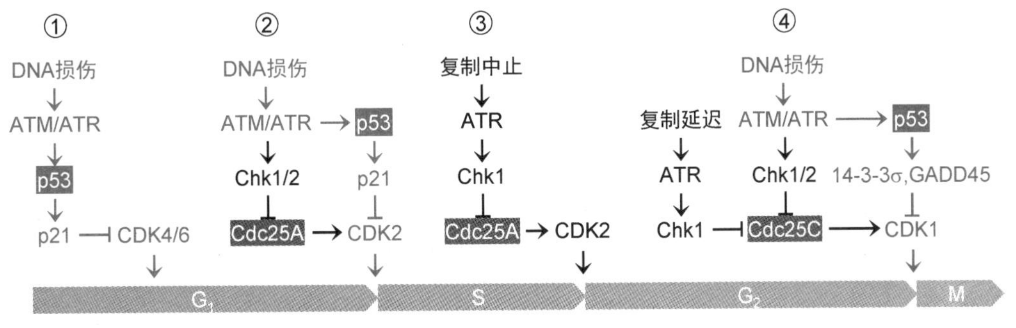

图 8－19 DNA 损伤检查点关键调控蛋白机制

共济失调毛细血管扩张症（ataxia-telangiectasia） 是一种罕见的隐性遗传病，患者 *ATM* 基因存在缺陷，特征是进行性小脑共济失调、眼球和结膜血管扩张、免疫功能紊乱、生长停滞、不育，易患肿瘤（特别是淋巴瘤和白血病，发生率高达 30%），对电离辐射极其敏感。杂合子虽不表现共济失调毛细血管扩张症，但易患乳腺癌。

（2）ATM、ATR 激活 Chk1、2 激酶 Chk1 和 Chk2 激酶是一组丝氨酸/苏氨酸激酶，属于 CAMK 丝氨酸/苏氨酸激酶家族。它们可被 DNA 损伤感受器激活，因而可称为 DNA 损伤传感器（transducer）。①Chk1 激酶（476AA）可以被 ATR、ATM 催化磷酸化激活，磷酸化激活位点是 Ser317、345。②Chk2 激酶（543AA）可以被 PLK3、ATM 催化磷酸化激活，磷酸化激活位点分别是 Ser73、Thr68，之后形成同二聚体，自身磷酸化 T 环上的激活性磷酸化位点 Thr383/387，完全激活。

Chk1 和 Chk2 激酶都可以催化 Cdc25 磷酸化抑制、p53 蛋白磷酸化激活。Cdc25、p53 蛋白等称为效应器（effector，图 8-18）。

2. Cdc25 途径　Chk1、Chk2 激酶催化 Cdc25 磷酸化抑制，并被 SCF（β-TrCP）泛素-蛋白酶体系统降解。不再有 Cdc25 催化 CDK2、1 去磷酸化激活，导致细胞周期停滞，为 DNA 修复争取时间。该途径不涉及基因表达，因而反应迅速，但效应短暂，只能维持数小时。

（1）如果 DNA 损伤发生于 G_1 期，Chk1、Chk2 激酶催化 Cdc25A 磷酸化抑制，Cdc25A 不能催化 CDK2 去磷酸化激活，且 Cdc25A 被 APC/C-Cdh1 介导降解。细胞停滞于 G_1 期（图 8-19②）。

（2）如果 DNA 损伤发生于 G_2 期，或发生于 G_1 期、S 期的 DNA 损伤在进入 G_2 期时尚未修复，Chk1、Chk2 激酶催化 Cdc25 磷酸化抑制，Cdc25 不能催化 CDK1 去磷酸化激活，且 Cdc25A 在 S 期被 SCF（β-TrCP）介导降解。细胞停滞于 G_2 期（图 8-19③④）。

3. p53 途径　如果 DNA 损伤严重，ATM、Chk1、Chk2 激酶进一步催化 p53 磷酸化激活，促进合成 p21 蛋白。p21 蛋白结合并抑制 CDK4、6、2、1，彻底抑制细胞周期。该途径涉及基因表达，因而反应滞后于 Cdc25 途径，但效应持久（图 8-19①②）。

p53 蛋白在 DNA 损伤检查点起关键作用。当 DNA 受到损伤时，p53 蛋白被 ATM、Chk1、Chk2 激酶等催化磷酸化激活。p53 蛋白一方面使细胞周期停滞，另一方面启动 DNA 修复，待 DNA 修复之后，使细胞继续增殖。显然，p53 蛋白可以确保遗传信息的忠实性和稳定性。p53 蛋白缺失会导致 DNA 损伤检查点缺失、DNA 修复缺失、细胞凋亡缺失。此时损伤 DNA 也能完成复制，从而将 DNA 损伤传递给子细胞，将转化的可能性赋予子细胞。因此，p53 称为“基因卫士”“一号肿瘤抑制蛋白”。

（1）如果 DNA 损伤发生于 G_1 期，p53 蛋白在转录水平激活 *p21* 基因表达，大量合成 p21 蛋白。p21 蛋白结合并抑制 cyclin D-CDK4/6、cyclin E/A-CDK2，使 Rb 呈低磷酸化状态，结合并抑制转录因子 E2F。因为 E2F 靶基因产物是细胞通过 G_1 期检查点所必需的，所以 p53 蛋白通过 p21 蛋白使细胞停滞于 G_1 期，目的是为 DNA 修复争取时间，避免将 DNA 损伤传递给子细胞。

（2）如果 DNA 损伤发生于 G_2 期，p53 蛋白刺激合成接头蛋白 14-3-3σ、生长停滞与 DNA 损伤诱导蛋白 45（GADD45），它们直接或间接抑制 cyclin B-CDK1，使细胞停滞于 G_2 期。

（3）p53 蛋白启动与修复有关基因的表达，从而启动 DNA 修复。例如，刺激合成 p48（组蛋白结合蛋白 RBBP4）、p53R2（核苷酸还原酶亚基 M2B）、GADD45、sestrin-1（p53 调节蛋白 PA26）等 DNA 修复酶类，修复 DNA。

（4）在 DNA 受到损伤时，p53 蛋白还通过抑制 CAK 活性抑制细胞周期。

4. cyclin 降解途径　在 DNA 受到损伤时，MAPK 催化 cyclin D1 Thr286 磷酸化，SCF（FBXO31）识别磷酸化 Thr286，介导 cyclin D1 泛素化降解，使细胞停滞于 G_1 期。

5. DNA 损伤检查点缺失与肿瘤　DNA 损伤检查点缺失导致 DNA 修复缺失，基因组稳定性缺失，DNA 损伤积累，致癌突变积累，突变率增加，细胞癌变率上升，肿瘤发生率上升。

DNA 损伤检查点的调控蛋白 ATM、p16、p15、p18、p19、p21、p27、p53、Rb 等都是肿瘤抑制蛋白，其编码基因都是抑癌基因（第九章，297、301 页），其功能缺失性突变导致 DNA 损伤检查点缺失。

NOTE

第二节　细胞凋亡

“apoptosis（凋亡）”一词源自希腊语，本义是树叶的自然脱落。1965 年，Kerr 等在研究结扎大鼠门静脉造成的局部缺血时，发现了肝细胞不同于坏死的凋亡现象。1972 年，Kerr 等用“apoptosis”描述细胞凋亡。细胞凋亡也称**程序性细胞死亡**（programmed cell death，PCD），是由死亡信号诱发的受调节的细胞死亡过程，是生理性细胞死亡的普遍形式，且主要见于生理性细胞死亡。凋亡过程中 DNA 发生片段化，细胞皱缩分解成凋亡小体，被周围细胞或吞噬细胞吞噬，不会引起炎症反应。细胞凋亡是多细胞生物组织细胞的一种死亡方式，并且是主要的死亡方式，其特点是细胞有序地经历一个受到严格调控的生化过程，从而发生一系列形态学改变，最终死亡，是一个由基因控制的主动过程。

细胞凋亡具有重要的生理意义和病理意义：①维持组织稳态，例如肠上皮细胞的更新、皮肤表皮细胞的角化脱落、月经周期中子宫壁细胞的脱落。②确保机体发育正常，例如蝌蚪尾的消失、指/趾的形成，胚胎发育过程中组织器官的形成，哺乳期后乳腺组织的吸收。③发挥积极防御功能，例如肿瘤细胞的监控、病毒感染细胞和突变细胞的清除、分泌自身抗体浆细胞的凋亡。

一、细胞凋亡的形态特征

在凋亡诱导因子的刺激下，所有动物细胞都发生类似的凋亡过程，可分为凋亡诱导因子诱导、凋亡执行、凋亡细胞清除三个阶段。

细胞凋亡的形态变化出现在凋亡执行阶段。

1. 细胞膜变化　首先细胞间接触消失，细胞膜表面的微绒毛、突起和皱褶等特化结构消失，并与扩张的内质网融合，导致细胞膜皱缩、凹陷、起泡、出芽，形成芽状突起，但仍然保持完整性，通透性也不变（图 8-20）。

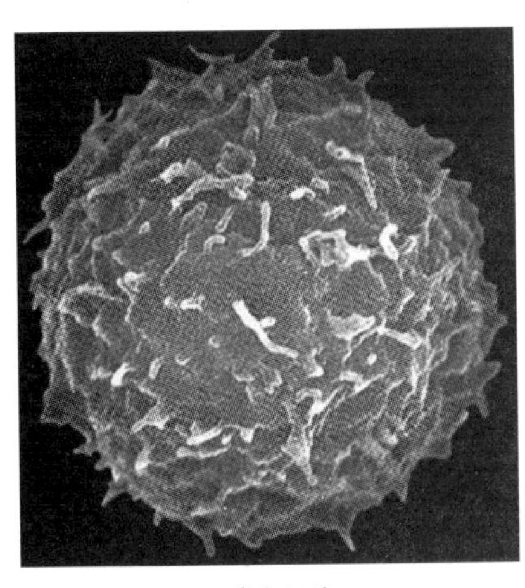

正常白细胞

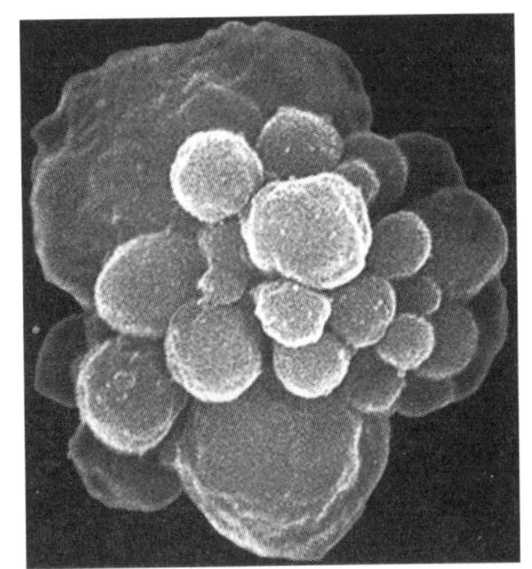

凋亡白细胞

图 8－20　扫描电镜下的细胞形态

NOTE

2. 细胞质变化　细胞质因为脱水而浓缩，线粒体变大、空泡化，核糖体脱离内质网，内质网膨胀、与细胞膜融合，其他细胞器密集但结构完好。

3. 细胞核变化　细胞核固缩，核仁裂解，染色质凝缩、断裂成碎片，并凝聚在核膜边缘呈月牙状或不规则团块；进而核纤层消失，核膜破裂并包裹块状染色质，形成核碎片（图 8-21）。

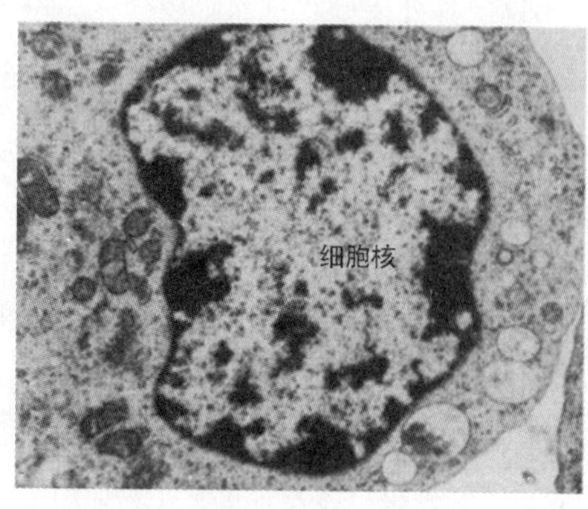

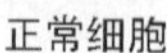

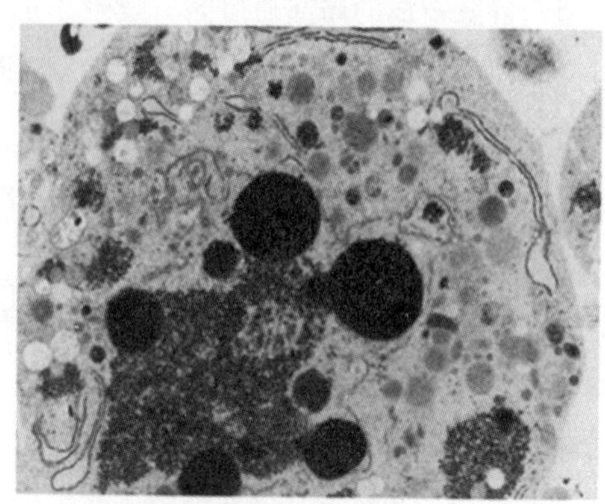

图 8－21　投射电镜下的细胞形态

4. 凋亡小体形成　细胞膜进一步皱缩凹陷，包裹核碎片及线粒体等某些细胞器，在细胞表面形成多个泡状或芽状突起，并逐渐分离，成为球形的凋亡小体（apoptotic body）。

5. 吞噬降解　周围细胞或吞噬细胞（主要是中性粒细胞和巨噬细胞）通过识别凋亡小体膜外翻的磷脂酰丝氨酸将其吞噬，通过溶酶体将其降解，或自然脱落而离开生物体。

整个凋亡过程很快，在 30 分钟到几小时内整个凋亡细胞即被清除，期间没有溶酶体破裂，细胞膜呈封闭状态，细胞内成分没有失控性外逸，故不会引起炎症反应和组织破坏（图 8-22）。

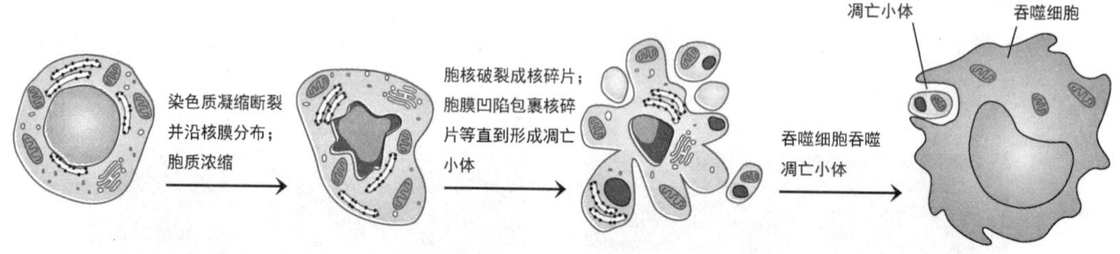

图 8－22　凋亡过程

二、细胞凋亡的生化特征

细胞凋亡的生化特征体现在从细胞核、细胞质、细胞器到细胞膜的一系列变化，其中染色体 DNA 片段化（DNA fragmentation）最典型。

1. 染色体 DNA 片段化　细胞凋亡时，细胞内 Ca^{2+}、Mg^{2+} 水平明显升高，激活 Ca^{2+}/Mg^{2+} 依赖性核酸内切酶（如 DNase Ⅰ，260AA），切割核小体连接 DNA，形成长度是核小体单位（180～200bp）倍数的 DNA 片段（其两端为长出<12nt 的黏性末端），在琼脂糖凝胶电泳中形成梯状条带（图 8-23）。由于凋亡的生化变化是从内到外，即从基因开始，所以 DNA 损伤发生在凋亡早期，即细胞质、细胞膜发生形态变化前。

NOTE

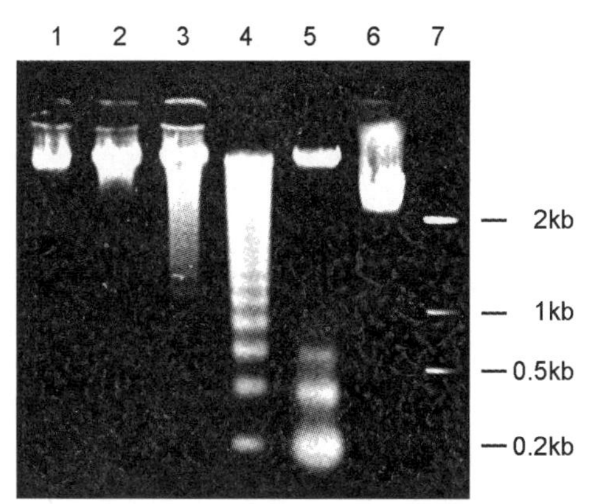

图 8－23　凋亡细胞 DNA 梯状条带

2. 线粒体老化　线粒体通透性增加，释放促凋亡因子。呼吸链代谢紊乱，产生大量活性氧。活性氧既消耗细胞内抗氧化剂，又参与激活凋亡蛋白酶和凋亡诱导因子，诱导细胞凋亡。

3. 细胞质游离钙明显升高　在凋亡早期，许多细胞的细胞质游离钙迅速升高且持续保持高水平，这些 Ca^{2+} 来自细胞内钙库 Ca^{2+} 外逸和细胞外 Ca^{2+} 内流。较高水平的 Ca^{2+} 可以通过多种机制促凋亡，例如激活细胞质 Ca^{2+}/Mg^{2+} 依赖性核酸内切酶，促进 DNA 片段化；激活 Ca^{2+} 依赖性蛋白酶，降解细胞蛋白；增加线粒体通透性，引起细胞色素 *c* 等促凋亡因子外逸。

4. 磷脂酰丝氨酸外翻　细胞膜内层磷脂酰丝氨酸外翻。膜联蛋白Ⅴ（annexin Ⅴ）是一种磷脂结合蛋白，与细胞膜外翻的磷脂酰丝氨酸有很强的亲和力，因此用于检测早期凋亡细胞。

坏死（necrosis）　细胞死亡方式之一，是由药物、高温、损伤、缺血或感染导致的细胞死亡现象，是细胞病理性死亡的主要形式，且引起炎症反应。

坏死是以（蛋白酶、磷脂酶、核酸酶等）酶溶性变化为特点的活体内局部组织中细胞的死亡，可由致病因素较强直接导致，但多数由可逆性损伤发展而来，其基本表现是蛋白质变性、细胞肿胀、细胞器崩解、细胞内成分失控性外逸，伤及周围细胞，常引起炎症反应。另外，炎症时坏死细胞及周围渗出的中性粒细胞释放溶酶体酶，可促进坏死的进一步发生和局部实质细胞裂解，因此坏死常累及多个细胞。

坏死的主要形态特征：①细胞核发生核固缩、核碎裂或核溶解（图 8-24）。②细胞质变性蛋白质增多，嗜酸性增强，线粒体、内质网肿胀形成空泡，线粒体基质无定形钙积累，溶酶体释放酸性水解酶类溶解细胞成分。③细胞膜通透性增加，细胞酶释放入血，可作为细胞损伤早期诊断的参考指标。

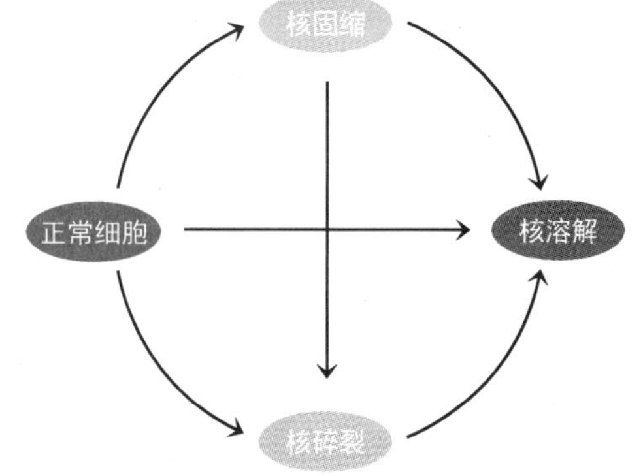

图 8－24　坏死时细胞核变化

坏死是损伤从外到内，细胞器、溶酶体等先破裂，释放的酶把 DNA 随机降解成大小不一的片段（降解程度低于凋亡），电泳呈涂抹状拖带，而不是梯状条带。

细胞经由何种方式死亡，一方面有赖于细胞外刺激的种类、强度、持续时间，另一方面也受控于细胞内能荷水平和基因表达情况。

三、细胞凋亡调控概述

细胞凋亡既发生在正常细胞，也发生在损伤细胞（如有丝分裂错误、DNA 损伤等），且均受到相应凋亡程序的严格调控。不论何种凋亡程序，其死亡过程的分子机制是一致的：由凋亡信号作用于一组凋亡相关蛋白，通过一系列称为凋亡途径的过程执行凋亡。

1. 凋亡信号　动物细胞的凋亡信号大致可分为两大类：

（1）物理因子　包括射线（紫外线、γ 射线等）、较温和的温度刺激（热休克、冷休克）、高渗状态等。

（2）化学及生物因子　包括活性氧（超氧自由基、羟自由基、过氧化氢等）、NO、药物（钙离子载体、维生素 K_3、维甲酸、DNA 和蛋白质合成抑制剂）、细胞毒素、病毒感染、正常营养信号（激素、细胞因子等）、死亡信号（如肿瘤坏死因子 α）、不可修复的 DNA 损伤等。

2. 凋亡相关蛋白　不同生物凋亡途径中的凋亡相关蛋白高度同源，可分为效应蛋白、接头蛋白、调节蛋白等。

（1）效应蛋白（effector protein）　例如凋亡蛋白酶、颗粒酶等。

（2）接头蛋白（adaptor protein）　例如 Apaf-1、FADD、TRADD 等（表 8-8）

表 8－8　人类基因组编码的部分凋亡途径接头蛋白

接头蛋白	单体大小/残基数	所含结构域种类及残基数				募集物
		DD	DED	MATH	锌指数	
FADD	208	85	79	-	-	Caspase-8、10，Cash
TRADD	312	111	-	-	-	TRAF、RIP1、FADD
EDARADD	215	80	-	-	-	EDAR、TRAF1-3
TRAF1	416	-	-	147	-	调节 NF-κB、JNK 激活， TRAF1-2 募集 E3 降解 NIK 等靶蛋白， TRAF1-2 向 TNF-R2 募集 BIRC2、3 抗凋亡
TRAF2	500	-	-	146	3	调节 NF-κB、JNK 激活
TRAF3	568	-	-	146	3	调节 NF-κB、MAPK 激活， 泛素化降解 BIRC2
TRAF4	470	-	-	156	4	调节 NF-κB、JNK 激活
TRAF5	557	-	-	147	3	调节 NF-κB、JNK 激活
TRAF6	552			150	3	调节 NF-κB、JUN 激活
TRAF7	670	-	-	-	2	E3 泛素连接酶，调节 NF-κB、JUN 激活

（3）调节蛋白（regulatory protein）　大多数是单次跨膜蛋白，位于线粒体外膜、细胞核外膜、内质网膜上，作为凋亡途径中应答凋亡信号的感受器。①促凋亡蛋白（pro-apoptotic protein）：促进凋亡蛋白酶激活，例如凋亡蛋白酶激活因子、细胞色素 *c*、Bcl-2 家族促凋亡蛋白

NOTE

（表 8-20）、肿瘤抑制蛋白（p53、Rb、p16）等。②抗凋亡蛋白（anti-apoptotic protein）：抑制凋亡蛋白酶激活，例如 IAP、Bcl-2 家族抗凋亡蛋白（表 8-20）、转录激活因子（癌蛋白）Myc、c-Fos、c-Jun、Myb 等。

3. 凋亡途径　动物细胞都有类似的凋亡途径（apoptotic pathway），可分为内源性途径（intrinsic pathway）和外源性途径（extrinsic pathway）（表 8-9），也可分为抗凋亡途径和促凋亡途径。

表 8-9　凋亡途径一览

途径	胱天蛋白酶依赖性	起始胱天蛋白酶	凋亡诱导因子来源	诱导效应
C. elegans 凋亡途径	+	CED-3	内源性	正调节
死亡受体途径	+	Caspase-8	外源性	正调节
线粒体凋亡途径	+	Caspase-9	内源性	正调节
营养因子途径	+	Caspase-8	外源性	负调节
颗粒酶途径	-	-	-	正调节
内质网途径	-	-	-	正调节

（1）抗凋亡途径　这是一类自杀程序，被来自其他细胞的生存信号抑制，凋亡细胞的默认程序是死亡，因缺少生存信号而自杀，属于负调节途径，例如营养因子途径，其效应属于负调节。

（2）促凋亡途径　这是一类谋杀程序，被来自其他细胞的死亡信号激活，凋亡细胞的默认程序是生存，属于正调节途径，例如死亡受体途径，其效应属于正调节。

四、*C. elegans* 凋亡

雌雄同体型线虫（*C. elegans*）胚胎发育过程中共产生 1090 个体细胞，其中有 131 个体细胞发生凋亡，因此成年线虫有 959 个体细胞。Brenner、Horvitz 和 Sulston（2002 年诺贝尔生理学或医学奖获得者）最早阐明模式生物线虫细胞凋亡的分子机制，揭示了第一个凋亡途径。

1. *C. elegans* 凋亡途径相关蛋白　*C. elegans* 凋亡途径涉及四种基因产物（表 8-10）。

表 8-10　线虫主要凋亡相关蛋白

线虫凋亡相关蛋白	基因	单体大小（AA）	亚细胞定位	功能
EGL-1	*egl-1*	106	细胞质	促凋亡，抑制 CED-9
CED-9	*ced-9*	280	内膜系统，线粒体外膜	抗凋亡，抑制 CED-4
CED-4 同源体 *a*	*ced-4*	549	线粒体	促凋亡
CED-3	*ced-3*	503	细胞质	促凋亡

（1）凋亡激活蛋白 EGL-1　是一种促凋亡蛋白，可以解除 CED-9 对 CED-4 的抑制。

（2）凋亡调节蛋白 CED-9　是一种抗凋亡蛋白，含 BH4（20AA）、BH1（20AA）、BH2（17AA）结构域，是一种周边蛋白，主要位于线粒体外膜上，作为凋亡信号感受器。CED-9 属

于 Bcl-2 家族。

(3) 细胞死亡蛋白 CED-4　是一种凋亡蛋白酶激活因子（protease-activating factor），N 端含有一个 CARD 结构域（M1-I91）。CED-4 有两种同源体：①同源体 a（549AA）可以诱导 CED-3 前体自我剪切（autocleavage）激活，促凋亡。缺省状态下以二聚体形式被 CED-9 募集并抑制，限制在线粒体外膜上。②同源体 b（571AA）抗凋亡。

(4) 细胞死亡蛋白 CED-3　是一种细胞杀伤性半胱氨酸蛋白酶，属于肽酶 C14A 家族。CED-3 前体含有一个 CARD 结构域（M1-L91），可能在 CED-4 协助下通过自我剪切形成异二聚体（371AA，132AA），可以剪切细胞内特定底物，包括 CED-4，导致细胞死亡。

此外，CED-1、6、7、8、10、12 蛋白介导吞噬细胞吞噬凋亡细胞，CED-11 蛋白也在凋亡中起重要作用。

2. 凋亡机制　在缺省状态下，CED-4 蛋白被 CED-9 蛋白抑制，CED-3 前体不被激活。当细胞受到凋亡信号刺激时：①EGL-1 蛋白作用于 CED-9-$(CED\text{-}4)_2$，使 CED-4 二聚体游离。②四个 CED-4 二聚体形成八聚体。③CED-4 八聚体募集两分子 CED-3 前体，促使其自我剪切激活。CED-3 降解细胞内特定靶蛋白，导致细胞死亡（图 8-25）。

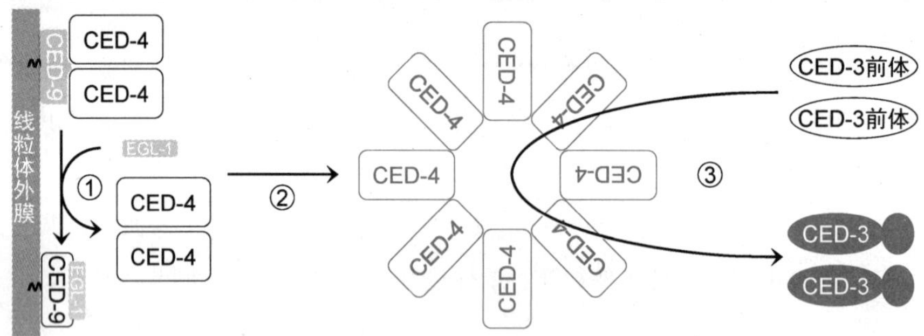

图 8-25　线虫凋亡的分子机制

五、人胱天蛋白酶体系

目前阐明的胱天蛋白酶体系以胱天蛋白酶为核心，还包括胱天蛋白酶激活的核酸酶、聚 ADP 核糖聚合酶等。

胱天蛋白酶是主要的促凋亡蛋白酶，也是依赖胱天蛋白酶凋亡途径的核心。胱天蛋白酶活性中心都含半胱氨酸（Cys），专一性水解靶蛋白特定天冬氨酸（Asp）羧基形成的肽键，所以被命名为胱天蛋白酶（caspase）。

1. 胱天蛋白酶种类　人类基因组编码 13 种 caspase（表 8-11），与线虫 CED-3 同源（CED-3 就是一种 caspase），属于肽酶 C14A 家族。

表 8-11　人胱天蛋白酶

名称（缩写）	前体大小（AA）	亚基/大小（AA）	底物
Caspase-1（IL-1BC，ICE）	404	p20/178，p10/87	裂解激活 IL-1β，裂解激活 SREBP，Caspase-1。参与死亡受体介导的凋亡
Caspase-2（Nedd-2，ICH-1）	452	p18/156，p12/75	裂解 PARP，激活 Caspase-2

续表

名称（缩写）	前体大小（AA）	亚基/大小（AA）	底物
Caspase-3（CPP-32，SCA-1）	277	p17/147：p12/102	裂解 PARP，裂解激活 SREBP、Caspase-3、6、7、9
Caspase-4（ICE_{rel}-Ⅱ，ICH-2，TX）	377	亚基 1/190，亚基 2/88	裂解激活 Caspase-4
Caspase-5（ICE_{rel}-Ⅲ，ICH-3，TY）	434	p20/191，p17/88	促凋亡，裂解激活 Caspase-5
Caspase-6（Mch-2）	242	p18/156，p11/100	过度表达促凋亡，Caspase-3
Caspase-7（Mch-3，CMH-1）	277	p20/175；p11/97	参与级联激活效应 caspase；裂解激活 SREBP，裂解 PARP
Caspase-8（Mch-5，CAP-4，FLICE，MACH）	479	p18/158；p10/95	裂解激活 Caspase-3、4、6、8、9、10
Caspase-9（Mch-6，Apaf-3）	416	p35/?；p10/86	裂解激活 Caspase-3、9，裂解 PARP
Caspase-10（Mch-4，FLICE2）	521	p23/17/196；p12/106	裂解激活 Caspase-3、4、6、7、8、9、10
Caspase-12	341		无蛋白酶活性
Caspase-14	242	p19/?，p10/90	参与表皮分化
Caspase-16（Caspase-14L）	183		–

caspase 可根据功能分为凋亡 caspase（apoptotic caspase）和炎症 caspase（proinflammatory caspase）。凋亡 caspase 主要有 Caspase-2、3、6、7、8、9、10，可进一步分为两类。

（1）起始 caspase（initiator）　是最先激活的 caspase，功能是裂解激活效应 caspase。起始 caspase 包括 Caspase-2、8、9、10，一级结构特点是 N 端前肽（又称前导肽，propeptide，原结构域，prodomain）较长（>90AA），且含两个死亡效应结构域（DED，Caspase-8、10）或 caspase 募集结构域（CARD，Caspase-2、9）（图 8-26）。DED 和 CARD 结构域也存在于凋亡相关接头蛋白中，可以介导它们的相互结合、募集。起始 caspase 被激活平台（又称死亡平台，death platform，表 8-12）募集并诱导自我剪切激活。其中，Caspase-8 一方面激活 Caspase-3 等效应 caspase，激活 caspase 级联反应；另一方面裂解激活 Bcl-2 家族的促凋亡蛋白 Bid，激活线粒体凋亡途径。

表 8－12　人胱天蛋白酶激活平台

名称	组成*	激活 caspase	凋亡途径
死亡诱导信号复合物（DISC）	①Fas，FADD ②TNF-R1，TRADD，FADD	Caspase-8、10	外源性途径
凋亡体（apotosome）	Cyt *c*，Apaf-1	Caspase-9	内源性途径
PIDD 体（PIDDosome）	PIDD1，CRADD	Caspase-2	

* 关于激活平台组成，目前有两种定义，区别在于含或不含所激活的 caspase，本书采用后者

（2）效应 caspase（effector）　是被起始 caspase 裂解激活的 caspase，功能是剪切各种靶蛋白（包括细胞核、细胞质中的结构蛋白、调节蛋白、调控蛋白、转录因子。目前已经鉴定了 280 多种靶蛋白），使其失活或活化，进入凋亡执行阶段。效应 caspase 包括 Caspase-3、6、7，一级结构特点是 N 端前肽较短（20~30AA），不含 DED 和 CARD 结构域。

除了细胞质外，caspase 的级联激活还可能起始于细胞核、高尔基体、溶酶体、内质网，起始机制尚未阐明。

NOTE

2. 胱天蛋白酶活性　caspase 多以无活性前体形式存在于细胞质中，部分也存在于线粒体（4、9）、细胞核（9、14）内，被激活时切除两段前肽（个别含有一段或三段），得到由大亚基（含活性中心）和小亚基形成的异二聚体（表 8-11，图 8-26），两个异二聚体进一步结合形成有活性的异四聚体（凋亡蛋白酶 12、14、16 例外）。Caspase-1 ~ Caspase-10 的活性形式均为异四聚体结构。

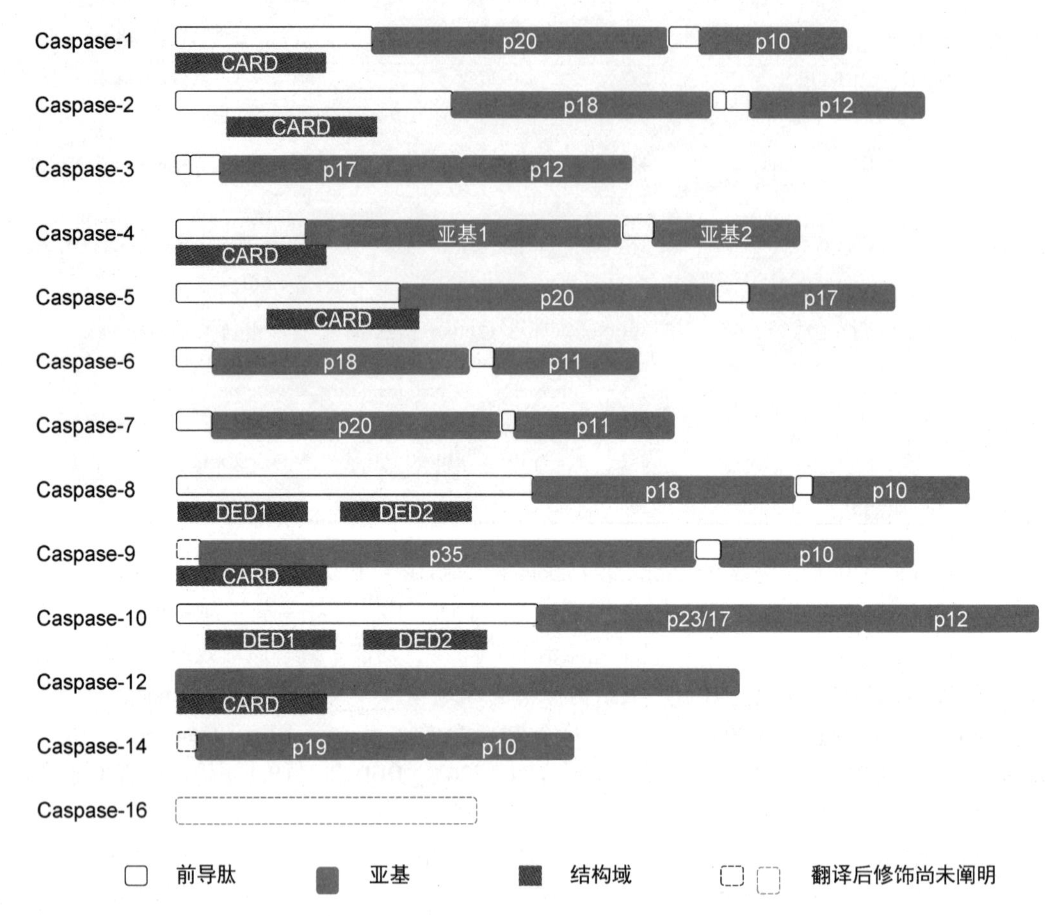

图 8-26　人胱天蛋白酶一级结构特征

3. 胱天蛋白酶专一性　各种 caspase 虽然均水解天冬氨酸羧基形成的肽键，但具有高度的序列专一性（可分为三类，表 8-13），因而具有各自的底物专一性（表 8-11）。

表 8-13　人胱天蛋白酶序列专一性

caspase	靶点序列专一性	分类	caspase	靶点序列专一性	分类
Caspase-1	YVAD·	Ⅰ	Caspase-6	VEHD·	Ⅲ
Caspase-2	VDVAD·	Ⅱ	Caspase-7	DEVD·	Ⅱ
Caspase-3	DXXD·	Ⅱ	Caspase-8	(L/D/V) ETD·(G/S/A)	Ⅲ
Caspase-4	YVAD·，DEVD·	Ⅰ	Caspase-9	LGHD·X	Ⅲ
Caspase-5	YVAD·，DEVD·	Ⅰ	Caspase-10	LQTD·G	Ⅲ

4. 胱天蛋白酶激活　①起始 caspase 被激活平台诱导自我剪切激活，效应 caspase 被起始 caspase 裂解激活。②多数 caspase 可以自我剪切激活（Caspase-6、7 例外）或被其他 caspase 裂解激活（Caspase-1、2、5 例外）。③Caspase-3、7、8、9、10 还可以被颗粒酶 B 裂解激活（表 8-14）。

NOTE

表 8－14　人胱天蛋白酶激活

caspase	激活酶	caspase	激活酶
Caspase-1	Caspase-1	Caspase-6	Caspase-3、8、10
Caspase-2	Caspase-2	Caspase-7	Caspase-3、10，颗粒酶 B
Caspase-3	Caspase-3、6、8、9、10，颗粒酶 B	Caspase-8	Caspase-8、10，颗粒酶 B
Caspase-4	Caspase-1、4、8	Caspase-9	Caspase-3、8、9、10，颗粒酶 B
Caspase-5	Caspase-5	Caspase-10	Caspase-8、10，颗粒酶 B

5. 胱天蛋白酶抑制剂　如果 caspase 被错误激活，会导致正常细胞被错误凋亡。人类基因组编码一组 caspase 抑制剂，称为凋亡抑制蛋白（IAP），可以抑制起始 caspase 和效应 caspase，避免错误凋亡。已鉴定了 11 种凋亡抑制蛋白，主要位于细胞质、细胞核等部位，可抑制特定 caspase 的激活，其中 Birc1～8 含 1～3 段杆状病毒 IAP 重复序列（baculoviral IAP repeat，BIR），Birc2、3、4、6、7 还是 E3 泛素连接酶，IAP1～4、KIAP、ILP-2 六种组成 IAP 家族（表 8-15）。

表 8－15　人凋亡抑制蛋白

名称缩写	单体大小（AA）	结构域	抑制 caspase	主要亚细胞定位
Birc1（NAIP）	1403	BIR1、2、3，NACHT	Caspase-3、7、9	细胞质
Birc2（IAP-2）	618	BIR1、2、3，ZF，CARD	Caspase-3、7、8	细胞质，细胞核
Birc3（IAP-1）	604	BIR1、2、3，ZF，CARD	Caspase-3、7、8	细胞质，细胞核
XIAP（Birc4，IAP-3）	497	BIR1、2、3，ZF	Caspase-3、7、9	细胞质，细胞核
Birc5（IAP-4，survivin）	142	BIR	Caspase-3、7	细胞质，细胞核
Birc6（Bruce）	4857	BIR	Caspase-3、7、9	高尔基体，细胞质
Birc7（KIAP，livin）	298	BIR，ZF	Caspase-3、7、9	细胞核，细胞质，高尔基体
Birc8（ILP-2）	136	BIR，ZF	Caspase-9	细胞质
Bfar	450	ZF，SAM	Caspase-8	内质网膜（四次跨膜）
Cash（c-Flip）	376，104	DED1，DED2	Caspase-8	细胞质
Myp	208	CARD	Caspase-8	细胞质

6. 胱天蛋白酶部分靶蛋白　可分为三类：第一类经酶切后激活，第二类经酶切后失活，第三类经酶切后功能改变（表 8-16）。

表 8－16　人胱天蛋白酶部分靶蛋白

caspase 底物分类	酶类	其他
激活类	Caspase，nPKC-δ，PKN2，MST-1，MST-2，PAK2	APP，MEF2A/C/D
失活类	TAO1，PARP	JBP，核纤层蛋白，E-Cad，角蛋白-18，Bid，SATB1，CARP-2，ICAD，GCP170，SREBP
功能改变类	SRSF 蛋白激酶 2，Ret	Bcl-2，Bcl-x_L，Mcl-1L，NXP-1

六、死亡受体途径

死亡受体途径（death receptor pathway）是由死亡信号激活的外源性途径，是细胞外的死亡信号与细胞膜死亡受体结合，将凋亡信号转导到细胞内，启动凋亡程序，诱导细胞凋亡。死亡受体途径是促凋亡途径，其效应属于正调节。死亡受体途径是一组依赖 caspase 的凋亡途径，包括 FasL 途径、TNF-α 途径、TRAIL 途径。

（一）死亡受体途径相关蛋白

死亡受体途径相关蛋白主要是死亡信号、死亡受体和接头蛋白。死亡受体途径中许多相关蛋白的构象中有**死亡结构域**（DD，74~86AA）和**死亡效应结构域**（DED，73~80AA）等。这些结构域的作用是介导相关蛋白相互结合。

1\. 死亡信号　激活死亡受体途径的细胞外信号称为**死亡信号**（death signal）、**死亡配体**，例如 TNF-α、FasL、TRAIL 等细胞因子。它们多数存在膜结合型和分泌型两种形式，其中膜结合型为Ⅱ型单次跨膜蛋白（N 端在胞质面），活性形式为同三聚体（表 8-17）。

表 8-17　人类基因组编码的肿瘤坏死因子家族的死亡配体

死亡配体	结合型单体大小（AA）	受体
TNF-α	233	TNF-R1，TNF-R2
TNFSF6（CD95-L，FasL）	281	Fas
TRAIL	281	TRAILR1

2\. 死亡受体　人类基因组编码的 10 种**死亡受体**（death receptor，DR）已被鉴定（表 8-18），它们有以下特点：①均为Ⅰ型单次跨膜受体，被死亡配体募集后结合成有活性的同三聚体或同二聚体。②多数死亡受体胞内结构域含死亡结构域（DD）。③功能是募集凋亡途径接头蛋白等。

表 8-18　人类基因组编码的死亡受体

种类	单体大小（AA）	死亡结构域（AA）	存在形式	功能
TNF-R1（TNF-RⅠ）	434	86	同三聚体	募集 TRADD、FADD 激活 Caspase-8，激活 NF-κB 信号通路
TNF-R2（TNF-RⅡ）	439	-	-	通过 TRAF1/TRAF2 复合物募集 Birc2、3
Fas（CD95）	310	85	同三聚体	募集 FADD、DAXX、RIPK1、FAIM2
DR3（WSL-1）	393	82	同二聚体	募集 TRADD 激活 NF-κB
DR4（TRAIL-R1）	445	84	-	募集 TRADD、FADD 激活 Caspase-8，激活 NF-κB
DR5（TRAIL-R2）	385	84	同三聚体	募集 TRADD、FADD 激活 Caspase-8，激活 NF-κB
DR6（CD358）	614	84	-	募集 TRADD
NGFR	399	78	同二聚体	募集 TRAF、RANBP9
IGFBP-3R	202	-	-	募集激活 Caspase-8
EDAR	422	74		募集 EDARADD、TRAF1-3，激活 NF-κB、JNK，促进依赖 caspase 的凋亡

许多组织细胞还表达一类特别的死亡受体，它们可以结合死亡配体，但不能转导凋亡信号，因而产生抗凋亡效应。它们称为**诱饵受体**（decoy receptor，DcR）。例如诱饵受体 TNFRSF10C（DcR1，TRAIL-R3）、TNFRSF10D（DcR2，TRAIL-R4）可以中和 TRAIL，诱饵受体 TNFRSF6B（DcR3）可以中和 TNFSF14、FasL 等。

NOTE

此外，个别死亡受体直接募集 Caspase-8 前体，NGFR 通过不依赖 caspase 的凋亡途径促进神经细胞凋亡，分泌型 TNF-R2 同源体 2 拮抗同源体 1 的促凋亡效应，分泌型 Fas 同源体 2～6 拮抗 Fas 同源体 1 的促凋亡效应。

3. **接头蛋白**　许多接头蛋白参与细胞凋亡（表 8-8）。在凋亡途径中，它们与死亡受体结合，形成**死亡诱导信号复合物**（DISC），进而募集 caspase 前体（主要是 Caspase-8 前体），使 caspase 前体得以自我剪切激活。此外，许多接头蛋白还参与其他信号通路。

（二）FasL 途径

FasL 途径是死亡信号 FasL（Fas antigen ligand）与死亡受体 Fas 结合后，募集接头蛋白 FADD 等，进而募集激活 caspase 前体，诱导细胞凋亡。FasL 途径是免疫系统调节细胞凋亡的核心途径。免疫系统表达 FasL 的细胞毒性 T 细胞通过 FasL 途径诱导被病原体感染的表达 Fas 的靶细胞凋亡，保持免疫系统的动态平衡。

1. **FasL**　是 TNF 家族的一种重要的死亡信号，由激活的细胞毒性 T 细胞和 NK 细胞表达，受体是 Fas，可以诱导病毒感染细胞、肿瘤细胞、移植细胞的凋亡。

2. **Fas 和 Fas 相关磷酸酶 1**　通常以复合物形式存在。

（1）Fas　人类基因组编码 6 种 Fas 同源体。Fas 同源体 1 是 FasL 的膜结合型受体，胞内部分有一个死亡结构域。在与 FasL 结合后，Fas 可以通过死亡结构域募集接头蛋白 FADD、DAXX、RIPK1 或 FAIM2。

Fas 同源体 1、6 以相同水平表达于外周血静止单核细胞，单核细胞被激活后同源体 1 表达增加，同源体 6 表达减少。

（2）Fas 相关磷酸酶 1（Fas-associated protein-tyrosine phosphatase 1，FAP-1）　又称**蛋白酪氨酸磷酸酶非受体型 13**（PTPN13），属于蛋白酪氨酸磷酸酶家族、非受体型亚家族，可以抑制 FasL 途径。FAP-1 一级结构 2485AA，构象中有 5 个 PDZ 结构域、1 个 KIND 结构域、1 个 FERM 结构域。FAP-1 通过第二个 PDZ 结构域结合 Fas 并抑制其促凋亡活性。此外，FAP-1 还通过第三个 PDZ 结构域结合 NGFR 并抑制其促凋亡活性。

3. **Fas 相关死亡结构域蛋白（FADD）**　一种接头蛋白，C 端序列构成死亡结构域（DD，85AA），赖以与 Fas 直接结合，N 端序列构成死亡效应结构域（DED，79AA），赖以与 Caspase-8 前体结合（也通过死亡效应结构域），将死亡信号向下游传递。

4. **FasL 途径机制**　当细胞毒性 T 细胞识别到表达 Fas 的靶细胞时（图 8-27）：

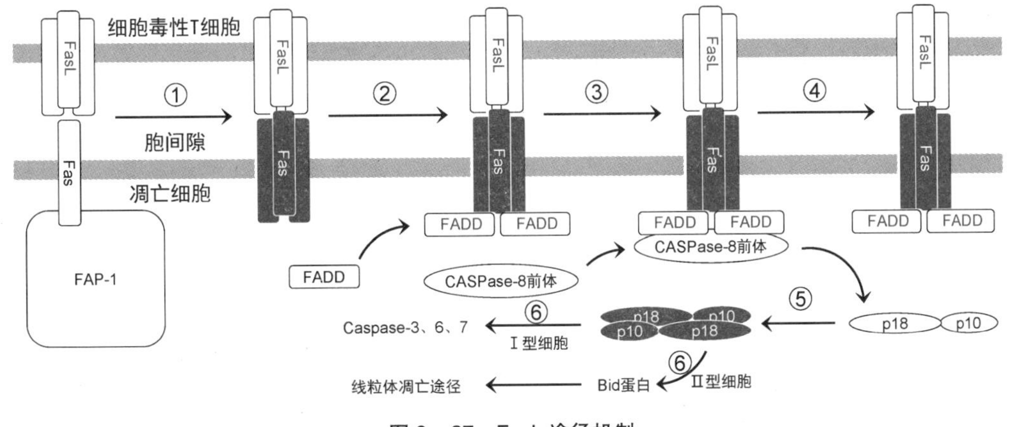

图 8－27　FasL 途径机制

（1）细胞毒性 T 细胞表面 FasL 三聚体与靶细胞表面 Fas 结合，使 Fas 释放 FAP-1 并形成 Fas 三聚体。

（2）Fas 通过死亡结构域（DD）募集接头蛋白 FADD，形成 Fas-FADD，称为死亡诱导信号复合物（DISC）。

（3）DISC 通过 FADD 的死亡效应结构域（DED）募集起始 Caspase-8 前体（或 Caspase-10 前体）。

（4）DISC 促使 Caspase-8 前体自我剪切，形成 p18-p10 异二聚体。

（5）两个 p18-p10 异二聚体进一步反向结合，形成 Caspase-8 活性异四聚体 $(p18\text{-}p10)_2$。

（6）Caspase-8 在Ⅰ型细胞激活效应 Caspase-3、6、7。Caspase-3 降解核纤层蛋白、细胞骨架蛋白、DNA 修复酶类等，诱导细胞凋亡。Caspase-8 在Ⅱ型细胞激活 Bid 蛋白，进而激活线粒体凋亡途径（图 8-32）。

FasL 途径的长期效应是诱导外周耐受（peripheral tolerance，外周免疫器官成熟 T 细胞和 B 细胞在遇到自身抗原或外源性抗原时产生的耐受）和抗原刺激的成熟 T 细胞自杀（antigen-stimulated suicide of mature T-cell）。

5. FasL 途径抑制蛋白　有多种调节蛋白抑制 FasL 途径，例如 caspase 同源物（caspase homolog，CASH，又称 Casper、CLARP、c-FLIP、CFLAR），一级结构 480AA，被 Caspase-8 剪切成 p43（M1～D376）和 p12（G377～T480）两部分。p43 与 DISC 结合，使其不能募集并激活 Caspase-8 前体。

自身免疫性淋巴增生综合征 1A（ALPS1A，autoimmune lymphoproliferative syndrome 1A）　是 Fas 发生突变导致的一种凋亡异常，发生于童年早期，表现为自身反应淋巴细胞积累，特征是肝脾大、良性淋巴结肿大、自身免疫性溶血性贫血、血小板减少、中性粒细胞减少。

（三）TNF-α 途径

肿瘤坏死因子 α（TNF-α）除了激活 NF-κB 途径之外还激活 TNF-α 途径。TNF-α 途径与 FasL 途径机制一致，是死亡信号 TNF-α 与死亡受体 TNF-R1 结合后，募集接头蛋白 TRADD 等，进而募集激活 Caspase-8 前体，启动激活 caspase 的级联反应，最终诱导细胞凋亡。

1. TNF-α 和 TNF-R1　肿瘤坏死因子 α（TNF-α）又称肿瘤坏死因子（TNF），是一种Ⅱ型单次跨膜蛋白（N 端在胞质面）、一种细胞因子、TNF 家族一种重要的死亡信号，主要由细菌感染或其他免疫反应刺激巨噬细胞表达，受体是 TNF-R1、TNF-R2，可以诱导某些肿瘤细胞死亡，也可以在某些慢性炎症性疾病中促进细胞死亡、组织破坏。是一种热源，可引起发热。某些条件下刺激细胞增殖、诱导细胞分化。

TNF-R1 是 TNF-α 的结合型受体，一级结构 434AA，构象中有一个死亡结构域（86AA）。TNF-R1 与 TNF-α 结合之后形成同三聚体，可以通过死亡结构域募集接头蛋白 TRADD（图 7-22①，225 页）。

2. TNF-α 途径机制　TNF-α 同三聚体募集 TNF-R1 形成同三聚体，之后接力募集接头蛋白 TRADD、FADD，形成 TNF-R1-TRADD-FADD 死亡诱导信号复合物（DISC），募集 Caspase-8 前体，启动激活 caspase 的级联反应，最终诱导细胞凋亡（图 8-28①）。

3. 受体相互作用蛋白 1（RIP1）　见第七章（225 页），在 TNF-α 途径中起以下作用。

NOTE

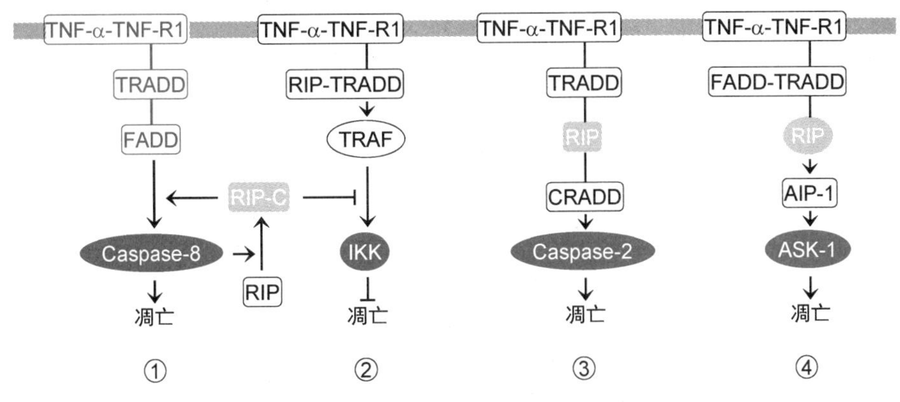

图 8－28　TNF-α 途径机制

（1）稳定 DISC 和抑制 IκB 激酶　RIP1 被 Caspase-8 剪切，得到的 C 端部分（RIP-C，347AA）含死亡结构域，有两种活性：①使 TNF-R1 与 TRADD、FADD 等含死亡结构域蛋白的亲和力更强，即稳定 DISC，从而激活 Caspase-8，即激活促凋亡途径（图 8-28①）。②抑制 IκB 激酶（IKK），即抑制抗凋亡途径（图 8-28②）。

（2）激活 Caspase-2　RIP1 被 TNF-R1-TRADD 募集后募集含死亡结构域的接头蛋白 CRADD，CRADD 募集 Caspase-2，启动激活 caspase 的级联反应，诱导细胞凋亡（图 8-28③）。

接头蛋白 CRADD 又称含死亡结构域的 RIP 相关蛋白（RIP-associated ICH1/CED3-homologous protein with death domain，RAIDD），一级结构 199AA；C 端 S116～E188 序列形成死亡结构域，赖以结合 RIP；N 端 M1～E91 序列形成 CARD 结构域，赖以结合 Caspase-2。

（3）激活 ASK-1-JNK 促凋亡途径　RIP1 在 DISC 中催化支架蛋白 AIP-1（又称 DAB2IP，1189AA）磷酸化，募集激活凋亡信号调节激酶 1（ASK-1、MEKK5、MAP3K5，1374AA），从而激活 ASK-1-JNK 促凋亡途径（图 8-28④）。

（四）TRAIL 途径

TRAIL 途径与 FasL 途径机制一致，是死亡信号 TRAIL 与死亡受体 TRAIL-R1 或 TRAIL-R2 结合后，募集接头蛋白 TRADD 等，进而募集 Caspase-8 前体，启动激活 caspase 的级联反应，最终诱导细胞凋亡。

1. TNF 相关凋亡诱导配体　简称 TRAIL 蛋白，又称 Apo-2 配体（Apo-2L），属于肿瘤坏死因子家族。TRAIL 蛋白单体一级结构 281AA，三个 TRAIL 蛋白单体通过 Cys230 结合于同一个 Zn^{2+}，形成同三聚体结构。TRAIL 蛋白在人体内广泛表达，特别是在脾、肺、前列腺。

2. TRAIL 受体　人体内有五种 TRAIL 受体（表 8-19），其中 TRAIL-R1、TRAIL-R2 均可以介导 TRAIL 蛋白的促凋亡活性，机制是募集接头蛋白 TRADD、RIP，并进一步募集 FADD、Caspase-8，组装 DISC，募集 Caspase-8 前体，启动激活 caspase 的级联反应。TRAIL-R3、TRAIL-R4 和 OPG 胞内结构域残缺或不被凋亡接头蛋白识别，因而属于诱饵受体，可以削弱 TRAIL 蛋白的促凋亡活性。

表 8－19 人 TRAIL 受体一览

TRAIL-R 种类	单体大小（AA）	胞内结构域：大小（AA）	募集接头蛋白	效应
TRAIL-R1（TNFRSF10A，DR4）	445	DD：84	TRADD，RIP	促凋亡
TRAIL-R2（TNFRSF10B，DR5）	385	DD：84	TRADD，RIP	促凋亡
TRAIL-R3（TNFRSF10C，DcR1）	211	–	–	抗凋亡
TRAIL-R4（TNFRSF10D，DcR2）	331	DD 残片：27	–	抗凋亡
OPG（TNFRSF11B）	380	DD1：72；DD2：96	–	抗凋亡

此外，TRAIL-R1、TRAIL-R2 还参与激活 NF-κB。TRAIL-R2 为内质网应激诱导细胞凋亡所必需。

TRAIL-R1、TRAIL-R2 在各组织广泛表达。①TRAIL-R1 高表达于脾、小肠、胸腺、外周血白细胞、活化 T 细胞及 K-562 红白血病、MCF-7 乳腺癌细胞。②TRAIL-R2 高表达于心、外周血白细胞、肝、胰、脾、胸腺、前列腺、卵巢、子宫、胎盘、睾丸、食道、胃、小肠及 HeLaS3、K-562、HL-60、SW480、A-549、G-361 等肿瘤细胞。TRAIL-R2 表达受内质网应激诱导、p53 激活。

七、线粒体凋亡途径

线粒体被认为是哺乳动物细胞凋亡的核心场所，在诱导细胞凋亡过程中起关键作用。线粒体凋亡途径是由各种应激（DNA 损伤、活性氧、缺氧、生长因子缺乏、原癌基因激活等）诱导线粒体外逸促凋亡因子（proapoptotic factor）激活的内源性途径，是一条依赖 caspase 的促凋亡途径，其效应属于正调节。

线粒体在凋亡过程中起关键作用

在个体发育或细胞损伤严重时，多细胞生物的某些细胞发生凋亡，线粒体作为控制中心调节该过程。虽然细节尚未阐明，损伤线粒体外膜通透性增加，称为线粒体外膜透化（MOMP）。透化是 Bcl 家族蛋白作用的结果。细胞色素 *c* 是最强的凋亡激活蛋白，逸出后与凋亡蛋白酶激活因子 1（Apaf-1）结合，形成凋亡体。凋亡体募集并激活 caspase-9，后者级联激活其他 caspase。不同 caspase 降解不同的靶蛋白，如细胞结构维持蛋白、caspase 激活的 DNA 酶抑制剂（ICAD）。

（一）线粒体凋亡途径机制

许多凋亡相关蛋白位于线粒体膜上或线粒体内。当细胞受到凋亡信号刺激时，细胞内的早期反应之一是一些 Bcl-2 家族蛋白（特别是 Bax）被激活，在线粒体外膜上形成寡聚体通道。线粒体外膜通透性转换孔复合体（permeability transition pore complex，PTPC）被促凋亡蛋白开启，导致线粒体膜的通透性增加，细胞质离子进入线粒体，正常情况下只存在于线粒体内的多种促凋亡因子（特别是成熟细胞色素 *c*，此外还有凋亡诱导因子、Smac 蛋白、丝氨酸蛋白酶 HtrA2 等）外逸到细胞质中，进而激活依赖 caspase 的凋亡和不依赖 caspase 的凋亡（图 8-29）。

1. 依赖 caspase 的凋亡　通过细胞色素 *c*、Smac 蛋白和线粒体丝氨酸蛋白酶 HtrA2 等间接激活 Caspase-9。

（1）细胞色素 *c*　成熟细胞色素 *c*（104AA，由新合成细胞色素 *c* 切除 N 端 Met 生成）会与细胞质凋亡蛋白酶激活因子 1（Apaf-1）单体结合，进而募集 Caspase-9 前体，启动激活 caspase

NOTE

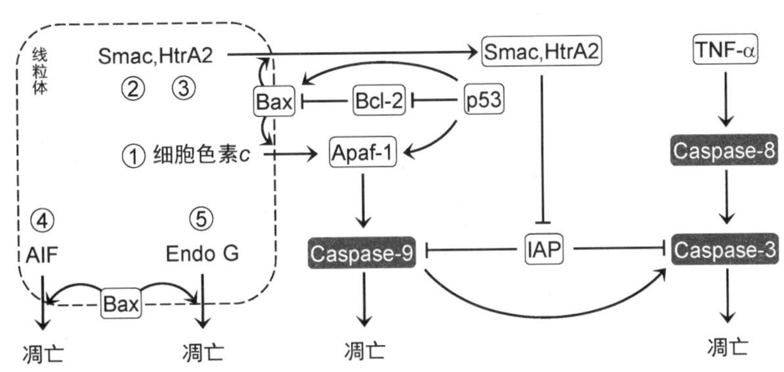

图 8-29 线粒体凋亡途径

的级联反应，最终诱导细胞凋亡。核糖体新合成细胞色素 c（105AA）无此作用（图 8-29①）。

（2）Smac 蛋白（second mitochondria-derived activator of caspase） 又称 Diablo 蛋白，一级结构 184AA，构象中有 IAP 结合基序（也称结合域，A1～A5）（图 8-29②）。

Smac 蛋白位于线粒体内，凋亡时外逸到细胞质中，与凋亡抑制蛋白（IAP）结合，解除其对 Caspase-3、Caspase-9 等的抑制，且抑制 BIRC6/Bruce 泛素连接酶的抗凋亡作用，从而促进 caspase 激活。

（3）线粒体丝氨酸蛋白酶 HtrA2（high temperature requirement protein A2） 又称 OMI，一级结构 325AA，构象中有一个 PDZ 结构域和一个 IAP 结合基序（A134～S137），属于肽酶 S1B 家族。激活后形成同三聚体结构，水解非极性脂肪族氨基酸肽键（图 8-29③）。

HtrA2 主要位于线粒体膜间隙中，凋亡时或线粒体受 p15 Bid（Caspase-8 剪切 p22 Bid 的产物，表 8-20）刺激时外逸到细胞质中，促进或诱导细胞凋亡，机制是直接结合凋亡抑制蛋白（IAP）中的 Bric2、3、4、6，解除其对 Caspase-3、9 等的抑制，从而促进 caspase 激活。

此外，HtrA2 也可以利用其蛋白酶活性参与凋亡，例如在细胞核内切割细胞周期调节蛋白 THAP5（395AA，可抑制 G_2/M 期转换）并促使其降解。

（4）凋亡诱导因子 3（AIF3） 凋亡诱导因子（AIF）又称 NADH 氧化还原酶，是一类黄素蛋白，既有 NADH 氧化还原酶活性，又有促凋亡活性。人类基因组编码三种 AIF，组成依赖 FAD 的氧化还原酶家族。其中 AIF3 参与依赖 caspase 的凋亡，AIF1、AIF2 参与不依赖 caspase 的凋亡（图 8-29④）。

AIF3 一级结构 605AA，构象中有一个 Rieske 结构域，该结构域介导依赖 caspase 的凋亡，机制可能是降低线粒体膜电位。

2. 不依赖 caspase 的凋亡 通过核酸内切酶 G 和凋亡诱导因子 1、2 等。

（1）核酸内切酶 G（Endo G） 一级结构 249AA，以 Mg^{2+} 或 Mn^{2+} 为辅助因子，以同二聚体形式位于线粒体内。Endo G 属于 DNA/RNA 非特异性内切酶家族，可以切割双链 DNA、单链 DNA、单链 RNA、DNA-RNA 杂交体。Endo G 的主要功能是为线粒体 DNA 复制提供引物。

在凋亡信号激活线粒体凋亡途径时，Endo G 可能作为促凋亡因子从线粒体内外逸，进入细胞核，切割染色体 DNA，促凋亡（图 8-29⑤）。

（2）凋亡诱导因子 1（AIF1） 其前体一级结构 613AA，转运到线粒体膜间隙（mitochondrial intermembrane space，IMS）后，N 端信号肽（54AA）被线粒体加工肽酶（αβ 二聚体）切

除，成为有活性的线粒体内膜锚定型 AIF（AIFmit，559AA），通过其 NADH 氧化还原酶活性起抗凋亡蛋白作用。

在细胞受到凋亡信号刺激时，AIFmit 的 N 端前肽（47AA）被切除，成为溶解型 AIF（AIFsol，512AA），即 AIF1。AIF1 外逸到细胞质中，一部分进入细胞核内，参与不依赖 caspase 的凋亡：①在细胞核内，AIF1 诱导依赖聚 ADP 核糖聚合酶 1 的细胞死亡（parthanatos），即不依赖 caspase 的染色体 DNA 片段化。②在细胞核和核周区，AIF1 通过作用于 eIF-3 亚基 eIF-3G，既抑制蛋白质合成，又激活 Caspase-7，诱导细胞凋亡。③AIF1 在过氧化氢导致的不依赖 caspase 的核固缩细胞死亡（pyknotic cell death）过程中起关键作用。

（3）凋亡诱导因子 2（AIF2）　一级结构 372AA，其中 V6～A26 为跨膜区，位于细胞质中和线粒体外膜上。AIF2 可能是一种不依赖 caspase 的感受器，介导依赖 p53 的细胞凋亡。

（二）凋亡蛋白酶激活因子1

凋亡蛋白酶激活因子 1（Apaf-1）是存在于细胞质中的一种 Caspase-9 前体的激活剂，一级结构 1248AA，N 端序列（M1～G90）形成 CARD 结构域。Apaf-1 是线粒体途径的接头蛋白，在与成熟细胞色素 *c*（Cyt *c*）结合后，可以募集 Caspase-9 前体，并将其激活。Apaf-1 与线虫 Ced4 同源。

没有细胞色素 *c* 时，Apaf-1 单体与 ATP 结合。在与细胞色素 *c* 结合之后，Apaf-1 把 ATP 分解成 ADP，并组装成圆盘形七聚体（Cyt *c*-Apaf-1）$_7$，称为凋亡体（apoptosome），成为起始 Caspase-9 前体的激活平台。无活性的依赖细胞色素 *c* 的 Caspase-9 前体是单体结构，与凋亡体中的 Apaf-1 通过各自 N 端的 CARD 结构域结合后二聚化，自我剪切激活，然后裂解激活效应 caspase，如 Caspase-3。激活的 Caspase-3 既可以自我剪切激活，又可以裂解激活 Caspase-6、7、9，导致细胞蛋白降解（图 8-30）。

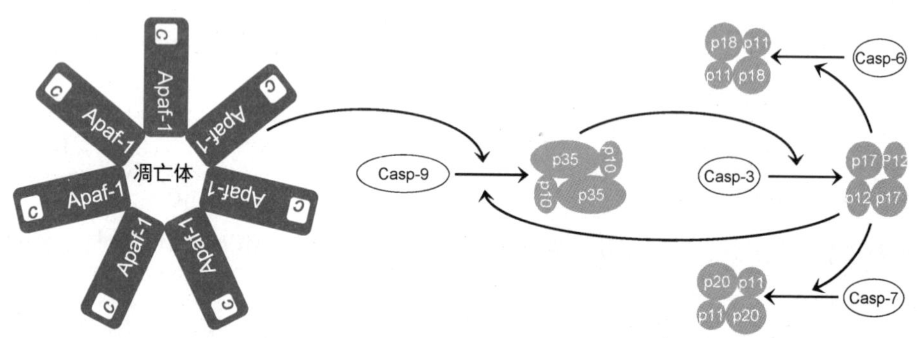

图 8－30　凋亡体与 caspase 级联激活

在凋亡神经细胞内，Apaf-1 被 p53、E2F 诱导合成。

细胞色素 *c* 从线粒体膜间隙（IMS）外逸，才能与 Apaf-1 形成激活平台，激活 Caspase-9。细胞色素 *c* 的外逸依赖 Bcl-2 家族蛋白增加线粒体外膜的通透性。

（三）Bcl-2家族蛋白

在内源性途径中，线粒体膜间隙成熟细胞色素 *c* 等促凋亡因子的外逸是关键。促凋亡因子外逸依赖线粒体外膜通透性增加，而 Bcl-2 家族蛋白是控制线粒体外膜通透性的关键因子。

Bcl-2 家族蛋白既有促凋亡蛋白（与 EGL-1 同源），又有抗凋亡蛋白（与 CED-9 同源）。它们多位于线粒体外膜上，或受凋亡信号刺激后可以转移到线粒体外膜上。它们的构象中含 1～4

NOTE

个 BH 结构域（图 8-31），介导分子间相互作用。其中 BH3 结构域是促凋亡蛋白 Bax、Bak、Bad、p15Bid、Bik 的促凋亡活性及与 Bcl-2 家族抗凋亡蛋白结合所必需的。

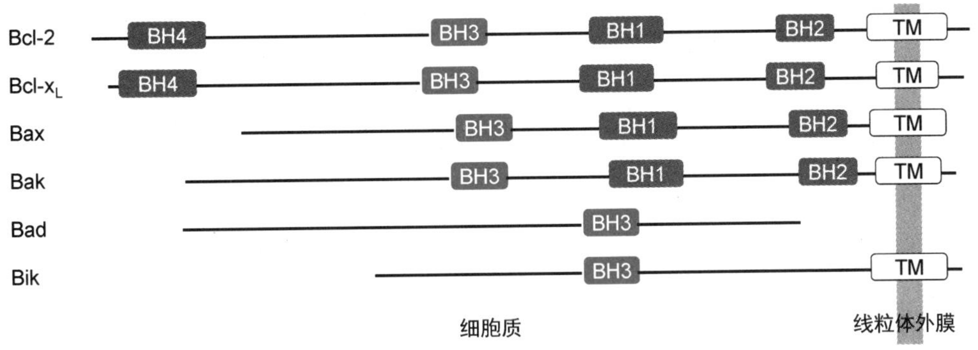

图 8-31 人 Bcl-2 家族蛋白一级结构特征

Bcl-2 家族蛋白可根据在控制线粒体外膜通透性时所起的作用进行分类（表 8-20）。

表 8-20 人类基因组编码的 Bcl-2 家族凋亡蛋白

分类	大小（AA）	BH 结构域	跨膜结构域	功能
①促凋亡蛋白，促进线粒体外膜寡聚体通道形成				
Bax（Bcl2-L-4）	192	3、1、2	21	结合并抑制 Bcl-2，应激时转移至线粒体，诱导细胞色素 *c* 外逸
Bak（Bcl2-L-7）	210	3、1、2	18	结合并抑制 Bcl-2
Bok（Bcl2-L-9）	212	4、3、1、2	无	促凋亡
②抗凋亡蛋白，抑制 Bax、Bak				
Bcl-2（与 CED-9 同源）	239	4、3、1、2	22	与 Bax、Bad、Bak 或 Bcl-x_L 结合形成异二聚体，通过抑制线粒体细胞色素 *c* 外逸和与 Apaf-1 结合，抑制激活 caspase
Bcl-x_L（Bcl2-L-1）	233	4、3、1、2	17	结合电压依赖性阴离子通道，抑制细胞色素 *c* 外逸
Bcl-w（Bcl2-L-2）	192	4、1、2	无	抑制 Bax
Mcl-1L（EatL，Bcl2-L-3）	350	3、1、2	21	抗凋亡，作用于促凋亡蛋白
A1（Bfl-1，Grs，Bcl2-L-5）	175	1、2	无	作用于促凋亡蛋白
NrH/Bcl-B（Bcl2-L-10）	194	1、2	18	抗 Bax
③促凋亡蛋白，凋亡信号感受器，促进线粒体外膜寡聚体通道形成				
Bad（Bcl2-L-8）	168	3	无	与 Bcl-X_L、Bcl-2、Bcl-W 形成异二聚体
p15 Bid	134	3	无	与 Bax、Bcl-2 形成异二聚体，促 Bax、Bak 形成寡聚体
BimL（Bcl2-L-11）	138	3	无	与 Bcl-2、Bcl-x_L 形成异二聚体，或直接促 Bax 或 Bak 形成寡聚体
BBC3（JFY-1，Puma）	193	3	无	促进 Bcl-x_L-p53 解离；抑制 Mcl-1、A1、Bcl-2、Bcl-x_L，促进 Bax 或 Bak 寡聚体形成
Bmf	184	3	无	作用于抗凋亡蛋白 Bcl-2、Bcl-x_L
Hrk（Bid3）	191	3	19	促凋亡，作用于 Bcl-2、Bcl-x_L
Bik（Nbk）	160	3	21	与 Bcl-x_L、Bcl-2、BHRF1、E1B-19k 等结合促凋亡

NOTE

续表

分类	大小（AA）	BH 结构域	跨膜结构域	功能
④其他促凋亡蛋白				
Mil-1 同源体 2（Bcl2-L-13）	485	4、3、1、2	21	促进激活 Caspase-3
Bcl-x_S（Bcl-x_L 同源体）	170	4、3	17	促凋亡
Mcl-1S/EatS（Mcl-1L 同源体）	271	3、1	无	促凋亡
Bcl-G（Bcl2-L-14）	327	3、2	无	促凋亡

1. 促进寡聚体通道形成 Bax 和 Bak 是脊椎动物线粒体损伤、凋亡诱导所必需的，属于促凋亡蛋白，作用是在线粒体外膜上形成寡聚体通道，增加其通透性。不过，尚未阐明促凋亡因子的外逸是否经由该寡聚体通道。

（1）Bax 蛋白 通常形成同二聚体并与 14-3-3 蛋白结合位于细胞质中。受凋亡信号刺激时，Bax 与 14-3-3 解离，转位到线粒体外膜上，与促凋亡蛋白 BimL 结合寡聚化，形成寡聚体通道。Bax 由 *BAX* 基因编码，*BAX* 基因是 p53 蛋白的靶基因。

（2）Bak 蛋白 是线粒体外膜单次跨膜蛋白，正常条件下被抗凋亡蛋白 Bcl-x_L 或 Mcl-1L 结合抑制。受凋亡信号刺激时，①Bak 蛋白与抗凋亡蛋白 Bcl-2 或腺病毒的 E1B-19k 结合，解除其对 Bax 蛋白的抑制。②Bak 蛋白与抗凋亡蛋白解离并形成寡聚体通道。

2. 抑制寡聚体通道形成 以 Bcl-2 和 Bcl-x_L、Mcl-1L 为代表，属于抗凋亡蛋白，作用是抑制 Bax、Bak 在线粒体外膜上形成寡聚体通道。

（1）Bcl-2 蛋白 一级结构 239AA，构象中依次含 BH4、3、1、2 四个结构域，其中 BH4 结构域为其抗凋亡活性所必需（图 8-31）。Bcl-2 蛋白是高度保守的单次跨膜蛋白，主要位于线粒体外膜，少量位于核膜、内质网膜。

Bcl-2 蛋白抗凋亡机制：①与线粒体膜上的 Bax、Bak、Bad 结合形成异二聚体，抑制其寡聚化，从而抑制线粒体内细胞色素 *c* 等促凋亡因子的外逸。②与 Apaf-1 结合，抑制其激活 Caspase-9。

Bcl-2 蛋白的抗凋亡作用受到调节：①在 G_2/M 期，Bcl-2 蛋白的 Ser70 被丝氨酸/苏氨酸激酶（如蛋白激酶 C、MAPK）催化磷酸化而抗凋亡；如果没有生长因子，Bcl-2 蛋白的 Thr-69、Ser-70、Ser-87 被 MAPK8（JNK1）等应激激活激酶（stress-activated kinase）催化磷酸化，促进饥饿诱导的自噬。②在细胞凋亡时，Bcl-2 蛋白被 Caspase-3 切除 N 端 34AA（M1～D34，含 BH4 结构域：D10～W30）之后，成为促凋亡蛋白，诱导细胞色素 *c* 外逸。

Bcl-2 由 *BCL2* 基因（18q21.3）编码：*BCL2* 基因是在哺乳动物中被鉴定的第一个凋亡相关基因，而且是一种原癌基因，克隆自人滤泡淋巴瘤。*BCL2* 基因含三个外显子，长度依次为 207、871、5414nt。*BCL2* 基因在各组织中都有表达。由于（14；18）（q32；q21）易位，其编码区易位到免疫球蛋白的增强子附近，导致过量表达 Bcl-2，使肿瘤细胞能抗凋亡而持续增殖（第九章，288 页）。

（2）Bcl-x_L 蛋白 是 *BCL2L1* 基因（20q11.21）编码的两种同源体之一，抗凋亡机制是与电压依赖性阴离子通道蛋白 1（VDAC-1）结合，抑制线粒体内细胞色素 *c* 外逸。不过，

NOTE

与 Bcl-2 蛋白类似，一旦启动凋亡，Bcl-x_L 蛋白会被 Caspase-1 切除 N 端 61AA（M1～D61，含 BH4 结构域：S4～W24），成为促凋亡蛋白。*BCL2L1* 基因编码的另一种同源体 Bcl-x_S 是促凋亡蛋白。

（3）Mcl-1L 蛋白　一级结构 350AA，是 *MCL1* 基因（1q21）编码的两种同源体之一，抗凋亡机制是提高其生存能力。与 Bcl-2 蛋白类似，一旦启动凋亡，Mcl-1L 蛋白会被 Caspase-3 剪切，释放的 C 端 223AA（G158～R350）片段成为促凋亡蛋白。*MCL1* 基因编码的另一种同源体 Mcl-1S 蛋白是促凋亡蛋白。

3. 凋亡信号感受器　以 Bad 蛋白和 p15 Bid 蛋白为代表，属于促凋亡蛋白，作用是促使 Bax 蛋白、Bak 蛋白在线粒体外膜上形成寡聚体通道。

脊椎动物凋亡调控机制是环境应激激活只含 BH3 结构域的 Bcl-2 家族蛋白。它们都是促凋亡蛋白，是外源性途径和内源性途径的汇合点，故称**凋亡信号感受器**。它们所含的 BH3 结构域是其促凋亡活性及与 Bcl-2 家族抗凋亡蛋白结合并抑制其抗凋亡活性所必需的。

汇合机制：外源性死亡受体途径激活 Caspase-8，Caspase-8 将 Bid 蛋白裂解激活成 p15 Bid，p15 Bid 激活线粒体凋亡途径。

Bid 蛋白和 Bad 蛋白的作用是抑制 Bcl-2 家族抗凋亡蛋白 Bcl-2、Bcl-X_L，从而激活 Bax、Bak，使其在线粒体外膜上形成寡聚体通道。

（1）p15Bid 蛋白　由 *BID* 基因（22q11.2）产物 Bid 蛋白通过翻译后修饰生成。Bid 蛋白又称 p22Bid，一级结构 195AA，构象中含 BH3 结构域（I86～S100），游离于细胞质中。凋亡时，外源性死亡受体途径（如 TNF-α 途径）激活的 Caspase-8 切除 p22Bid 蛋白的 M1～G61（少量是 M1～S76、M1～R99），得到 p15Bid 蛋白（134AA：N62～D195）和少量 p13Bid 蛋白（119AA：E77～D195）、p11Bid 蛋白（96AA：S100～D195）。p15Bid 蛋白转位到线粒体外膜上，成为外膜整合蛋白。

p15Bid 蛋白既可与线粒体外膜整合蛋白 Bcl-2 形成异二聚体，抑制其抗凋亡活性，又可与细胞质 Bax 蛋白形成异二聚体，协助其转位到线粒体外膜上，促使 Bax、Bak 蛋白形成寡聚体，导致细胞色素 *c* 等促凋亡因子外逸。

值得注意的是，p15 Bid 蛋白是由外源性死亡受体途径激活的蛋白酶裂解激活 Bcl-2 家族的 Bid 蛋白得到的。因此，线粒体凋亡途径与死亡受体途径相互联系。

（2）Bad 蛋白　一级结构 168AA，构象中含 BH3 结构域，为其促凋亡活性所必需。Bad 蛋白有磷酸化和去磷酸化两种形式。在某些细胞内，磷酸化 Bad（pSer-99 或 pSer-75）与 14-3-3 蛋白结合形成异二聚体，游离于细胞质中，其促凋亡活性被抑制。去磷酸化 Bad 与抗凋亡蛋白 Bcl-X_L、Bcl-2 或 Bcl-W 形成异二聚体，使它们不能与促凋亡蛋白 Bax 或 Bak 结合并抑制其促凋亡活性。

4. 其他促凋亡蛋白　通过其他机制参与细胞凋亡。

Bcl-2 家族蛋白只是改变线粒体外膜通透性，改变线粒体内膜通透性的机制尚未阐明。

（四）非 Bcl-2家族蛋白

除了 Bcl-2 家族蛋白之外，人体内还存在其他凋亡相关蛋白（表 8-21）。

NOTE

表 8-21 人体内非 Bcl-2 家族凋亡相关蛋白

凋亡相关蛋白	大小（AA）	亚细胞定位	功能
VDAC-1	282	线粒体外膜，细胞膜	形成线粒体外膜、细胞膜通道
ANT3	298	线粒体内膜	ADP-ATP 载体，可能参与 PTPC 形成
PPIase F	178	线粒体基质	既打开线粒体外膜通透性转换孔促凋亡，又抑制依赖细胞色素 *c* 的凋亡
PPM1K	343	线粒体基质	调节线粒体外膜通透性转换孔
PMAIP1（Noxa）	54	线粒体	与 Bak、bimL 竞争结合 Mcl-1，增加线粒体通透性
BNIP3L（NIP3L）	194	核膜，内质网膜，线粒体外膜	与 Bcl-2 结合抑制其抗凋亡活性，作用于 E1B-19k、BHRF1

（五）病毒凋亡相关蛋白

许多病毒蛋白也有抗凋亡或促凋亡活性（表 8-22）。

表 8-22 病毒凋亡相关蛋白

病毒凋亡相关蛋白	大小（AA）	病毒	功能
BHRF1（EA-R）	191	HHV-4	抗凋亡，抑制促凋亡蛋白的促线粒体通透性效应
ORF16	175	HHV-8	抗凋亡
E1B（小 T 抗原，E1B-19k，E1B-	175	HAdV-2	抗凋亡，Bcl-2 同系物，作用于 Bax，抑制 TNF、
Serpin-2（CrmA）	341	CPV	抗凋亡，抑制 caspase
p35	299	BmNPV	抗凋亡，抑制 caspase
Vpr	96	HIV-1	促凋亡，增加线粒体通透性

八、营养因子途径

动物细胞的存活依赖细胞外生存信号。如果没有生存信号，就会启动凋亡程序，诱导细胞凋亡。这种依赖性确保细胞只存活于适当的时间和地点。细胞存活所依赖的生存信号称为营养因子（trophic factor）。营养因子可以是各种丝裂原及其他生长因子。它们与膜受体结合后激活信号转导，抗凋亡。营养因子作为细胞外信号抑制细胞凋亡，机制是保护线粒体的完整性，抑制线粒体内促凋亡因子外逸，其效应属于负调节。

1. 神经营养因子　人有四种神经营养因子（neurotrophin，NT），属于 NGF-β 家族（表 8-23）。神经营养因子通过与受体结合传递促生长信号：当神经细胞从脊髓向外围生长时，靶组织分泌神经营养因子，与神经生长锥伸出的轴突上的 Trk 受体结合，促进神经细胞生长，使其可以达到靶组织。

表 8-23 人神经营养因子

神经营养因子	单体大小（AA）	结构	受体
神经生长因子（β-NGF）	120	同二聚体	Trk-A，NGFR
脑源性神经营养因子（BDNF）	119	单体，同二聚体	Trk-B，NGFR
神经营养因子 3（NT-3，NGF-2）	119	-	Trk-C，NGFR
神经营养因子 4（NT-4）	130	-	NGFR

NOTE

2. 神经营养因子受体　人有4种神经营养因子受体，均为Ⅰ型单次跨膜蛋白。其中有3种是酪氨酸激酶受体（Trk受体，包括Trk-A、B、C），属于蛋白激酶超家族、酪氨酸激酶家族、胰岛素受体亚家族。Trk受体游离时以低活性单体为主，与神经营养因子同二聚体结合后以高活性同二聚体为主。第四种是神经生长因子受体（NGFR），存在形式是通过二硫键连接的同二聚体（表8-24）。

表8－24　人神经营养因子受体

神经营养因子受体	单体大小（AA）	配体	募集物
Trk-A（NTRK1）	764	β-NGF	SHC1，FRS2，SH2B1，SH2B2，PLCG1
Trk-B（NTRK2）	791	BDNF，NT-4	SHC1，FRS2，SH2B1，SH2B2，PLCG1
Trk-C	808	NT-3	SHC1，PI3K，PLCG1
NGFR（p75NTR）	399	β-NGF，BDNF，NT-3、4	Trk-A，Trk-B

3. 营养因子途径机制　营养因子途径与死亡受体途径、线粒体凋亡途径共同作用，调节细胞凋亡（图8-32）。

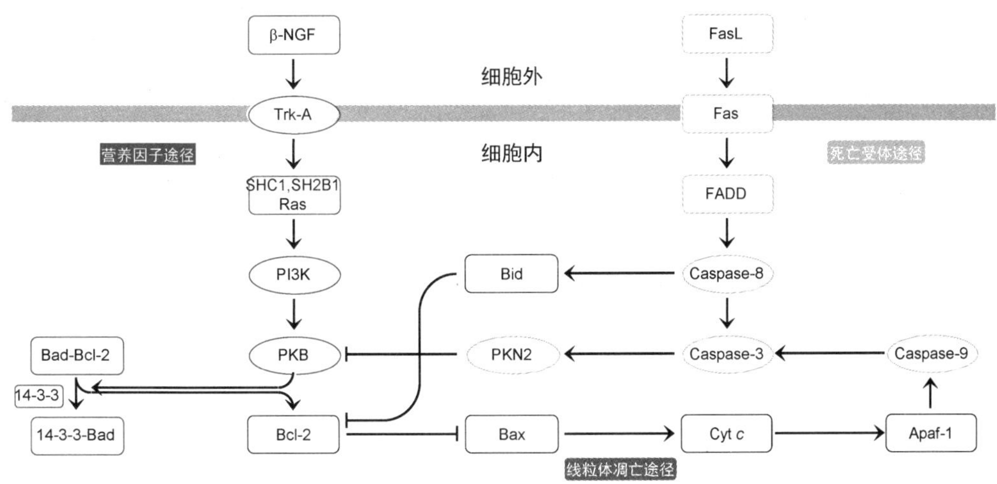

图8－32　营养因子途径-死亡受体途径-线粒体凋亡途径

（1）有营养信号β-NGF时　β-NGF激活营养因子途径，即与营养因子受体Trk-A结合，募集SHC1、SH2B1、Ras等，通过PI3K-Akt途径激活蛋白激酶B（Akt）（第七章，214页）。蛋白激酶B催化促凋亡蛋白Bad磷酸化，抑制其促凋亡活性，即抑制线粒体凋亡途径。机制：蛋白激酶B（蛋白激酶A也可以）催化Bad蛋白的Ser-99、Ser-75磷酸化，磷酸化Bad从线粒体外膜脱落进入细胞质，与磷酸化丝氨酸结合蛋白14-3-3形成异二聚体，进而由蛋白激酶A（蛋白激酶B也可以）催化磷酸化Bad的BH3结构域中的Ser-118磷酸化，结果Bad蛋白不再结合抑制Bcl-2（或Bcl-x_L）蛋白，使Bcl-2蛋白得以发挥抗凋亡作用。

（2）有死亡信号FasL时　FasL激活死亡受体途径，即与死亡受体Fas结合，募集FADD，FADD介导Caspase-8、Caspase-3、PKN2级联激活，PKN2催化蛋白激酶B（Thr308、Ser473）磷酸化抑制，解除线粒体凋亡途径的抑制，亦即使细胞质中的促凋亡蛋白Bad可以与线粒体外膜抗凋亡蛋白Bcl-2（或Bcl-x_L）结合，抑制它们与促凋亡蛋白Bax（或Bak）的结合，Bax可以在线粒体外膜上形成寡聚体通道，诱导细胞色素*c*（Cyt *c*）外逸，与Apaf-1共同启动caspase

级联激活，诱导细胞凋亡。

九、内质网途径

内质网是有重要生理功能的细胞器。它既是蛋白质和脂质的合成场所，又是钙库。内质网功能状态对蛋白质的翻译后修饰和定向运输至关重要。细胞稳态改变可以影响到内质网功能，引起内质网应激。**内质网应激**（ER stress，ERS）是指内质网功能紊乱时，错误折叠蛋白和未折叠蛋白积累于内质网腔、钙平衡紊乱的状态。内质网应激诱导细胞凋亡的过程即为内质网途径。

很多因素都可以引起内质网应激：①葡萄糖缺乏（影响到*N*-糖基化修饰）。②钙平衡紊乱（影响到内质网依赖 Ca^{2+} 的分子伴侣的功能，进而影响到蛋白质折叠）。③cyclin D1 缺失。④内质网应激诱导剂（衣霉素、布雷菲德菌素 A、毒胡萝卜素、氧化剂）。

内质网功能紊乱引起的内质网应激反应（ER stress response）包括未折叠蛋白反应、内质网超负荷反应、固醇级联反应，其中未折叠蛋白反应研究较多。**未折叠蛋白反应**（unfolded protein response，UPR）是一种高度保守的细胞应激反应，其效应是促进蛋白质分解、下调蛋白质合成、上调分子伴侣合成、促进蛋白质正确折叠，以减轻细胞压力，纠正紊乱；但如果紊乱严重且持久，超过适应能力时则促凋亡。未折叠蛋白反应可分为适应（adaptation）、报警（alarm）、凋亡（apoptosis）三个阶段。

（一）适应

蛋白质折叠有一个基础错误折叠率，所以在翻译后修饰时产生一部分错误折叠蛋白。错误折叠蛋白会逆向运输到细胞质，由蛋白酶体降解。蛋白酶体功能异常会导致与神经退行性疾病有关的包涵体病。

适应是指细胞对环境变化作出反应，努力维持内质网正常功能。适应机制涉及转录调控，上调促折叠基因、内质网相关蛋白降解基因，以清除错误折叠蛋白；抑制翻译及新生肽进入内质网，可持续数小时，直至转录合成了未折叠蛋白反应蛋白的 mRNA。

未折叠蛋白反应是从一组内质网跨膜蛋白需肌醇酶 1（IRE1）、PRKR 类内质网激酶（PERK）、活化转录因子 6（ATF6）的激活开始的。其中 IRE1、PERK 的 N 端位于内质网腔面，生理状态下募集内质网分子伴侣 GRP-78（葡萄糖调节蛋白 78，又称免疫球蛋白重链结合蛋白，BiP，636AA）并被抑制。未折叠蛋白和错误折叠蛋白积累时与 GRP-78 结合，GRP-78 不再结合 PERK、IRE1，导致 PERK、IRE1 激活，引起未折叠蛋白反应。

1. 活化转录因子 6（activating transcription factor 6，ATF-6） 又称依赖 cAMP 的转录因子 6（cAMP-dependent transcription factor ATF-6），包括 ATF-6α（670AA）和 ATF-6β（702AA），其前体是一组内质网Ⅱ型单次跨膜蛋白（N 端在胞质面），未折叠蛋白反应时转位到高尔基体，由蛋白酶 S1P、S2P 依次裂解，释放的 N 端为活性转录因子 ATF-6。

功能：ATF-6 在内质网应激时激活未折叠蛋白反应靶基因（如 *XBP1*、*CHOP* 基因）。未折叠蛋白反应靶基因含 ERS 反应元件（内质网应激反应元件，ER stress response element，ERSE）（$CCAATN_9CCACR$）或 ERS 反应元件Ⅱ（ERSEⅡ，ATTGGNCCACG）。ATF-6 需与转录因子 NF-Y（异三聚体，特异性结合 CCAAT 序列）结合才能结合 ERSE。此外 ATF-6β 不能结合 ERSEⅡ。

NOTE

未折叠蛋白反应靶基因 *XBP1* 产物 X 盒结合蛋白 1（XBP-1）有两种同源体 XBP-1U（261AA）和 XBP-1S（376AA）。XBP-1S 是一种未折叠蛋白反应转录激活因子，参与肝细胞生长、浆细胞分化、免疫球蛋白分泌、未折叠蛋白反应。在内质网应激时，XBP-1 直接结合于未折叠蛋白反应靶基因的未折叠蛋白反应元件（UPRE），激活其表达，产物促进错误折叠蛋白逆向运输、降解。此外，与 ATF-6 类似，XBP-1 可能还与转录因子 NF-Y 结合，然后与其他靶基因的 UPRE 或 ERSE 结合，激活其表达。

2. 需肌醇酶 1（inositol-requiring enzyme 1，IRE1）　又称需肌醇蛋白 1、内质网入核信号 1，是一种双功能酶（丝氨酸/苏氨酸激酶、核酸内切酶），一级结构 959AA。IRE1 是一种内质网膜Ⅰ型单次跨膜蛋白，未折叠蛋白反应前以单体形式通过 N 端结构域募集内质网分子伴侣 GRP-78 并被其抑制，解离后形成二聚体（通过二硫键连接），导致自身磷酸化激活。

功能：通过核酸内切酶活性中心剪掉 XBP-1 mRNA 密码子 167 第一碱基（Y）到 175 第二碱基（A）之间的 26nt，导致 mRNA 移码，翻译产物 XBP-1S 抑制细胞生长、诱导细胞凋亡。

3. PRKR 类内质网激酶（PRKR-like endoplasmic reticulum kinase，PERK）　又称 eIF-2α 激酶 3（第六章，175 页），一级结构 1087AA。PERK 是一种内质网Ⅰ型单次跨膜蛋白，未折叠蛋白反应前以单体形式通过 N 端结构域募集内质网分子伴侣 GRP-78 并被其抑制，解离后形成寡聚体，导致自身磷酸化激活。

功能：①PERK 催化 eIF2 的 α 亚基 Ser51 磷酸化失活，从而抑制蛋白质合成及向内质网运输。但某些蛋白质特别是 ATF-4 合成反而加快，因为其靶基因编码未折叠蛋白反应蛋白，例如参与氨基酸代谢、细胞氧化还原、抗应激反应的蛋白质及 C/EBP 同源蛋白（CHOP 蛋白）。②PERK 是因 cyclin D1 缺失而致的未折叠蛋白反应使 G_1 期停滞的关键效应分子。

活化转录因子 4（ATF-4）又称 cAMP 反应元件结合蛋白 2（CREB-2），一级结构 351AA。ATF-4 是一种转录激活因子，与 cAMP 反应元件（CRE）结合，该序列存在于许多病毒、细胞启动子中。在内质网应激反应中调节 *CHOP* 和 *ASNS* 基因的诱导表达。与 CHOP 蛋白一起激活 TRIB3 转录，促进内质网应激诱导的神经细胞凋亡，机制是调节 *PUMA* 基因的转录诱导。

（二）报警

如果适应失败，不能及时清除错误折叠蛋白，IRE1 募集接头蛋白 TRAF2，TRAF2 通过以下途径激活防御因子基因的表达：①募集激活凋亡信号调节激酶 1（ASK-1），ASK-1 激活 JNK、MAPK14，不过被它们修饰的相关转录因子尚未阐明。②激活 NF-κB 途径（图 7-22，第 225 页）。

（三）凋亡

如果内质网应激严重且持久，则未折叠蛋白反应进入最后阶段，启动细胞自杀，通常是凋亡。

内质网参与凋亡调控至少在两个方面：①通过 Ca^{2+} 外逸促凋亡。②内质网存在 Bcl-2 家族的一些促凋亡蛋白（如 Bok）和抗凋亡蛋白（如 Bcl-2）。Bok 下调或 Bcl-2 上调均可有效抑制内质网 Ca^{2+} 外逸，从而抗凋亡。

内质网应激诱导细胞凋亡机制多样，但尚未阐明，涉及蛋白酶、蛋白激酶、转录因子、Bcl-2 家族蛋白及其调节因子激活。

1. Ca^{2+} 与内质网途径　内质网外逸的 Ca^{2+} 作为第二信使在一组信号通路中起关键作用。

NOTE

Ca^{2+}的外逸由 IP_3 受体（IP3R）、ryanodine 受体（ryanodine receptor，RYR）等激活引起。许多刺激都会诱导 Ca^{2+}外逸，例如缺氧、氧化剂、IP_3、SERCA 阻滞剂（拮抗 SERCA 家族的 Ca^{2+}-ATPase，这些酶负责将 Ca^{2+}泵回内质网）。Ca^{2+}外逸引起细胞质中 Ca^{2+}骤增，通过多种机制诱导细胞凋亡。

（1）过量 Ca^{2+}进入线粒体基质，导致线粒体通透性增加，引起促凋亡因子外逸。

（2）激活内质网附近的钙蛋白酶（calpain）。这是一组依赖 Ca^{2+}的半胱氨酸蛋白酶，属于肽酶 C2 家族，有 15 种，其底物包括促凋亡蛋白（Bax、Bid，被激活）和抗凋亡蛋白（Bcl-2、Bcl-x_L，被抑制）和某些 caspase。

（3）激活一组依赖 Ca^{2+}的磷脂促翻转酶（phospholipid scramblase）。它们可以改变膜结构，例如使细胞膜磷脂酰丝氨酸（PS）外翻（这是允许吞噬细胞吞噬的信号），使心磷脂从线粒体内膜转移到外膜（这是允许 Bcl-2 家族促凋亡蛋白 Bid、Bax 嵌入的信号），从而诱导细胞凋亡或坏死。

（4）激活依赖 Ca^{2+}/钙调蛋白的钙调磷酸酶。钙调磷酸酶催化促凋亡蛋白 Bad 去磷酸化激活，催化一组 T 细胞转录因子（NFAT）去磷酸化激活，进而激活促凋亡基因（如死亡配体 FasL 基因 *FASLG*、孤儿核受体 Nur77 基因 *NR4A1*）。

（5）激活一组依赖 Ca^{2+}/钙调蛋白的 NOS，进一步加重氧化应激。

（6）激活一组依赖 Ca^{2+}/钙调蛋白的死亡相关蛋白激酶（DAP 激酶，DAPK）。它们属于 CAMK 丝氨酸/苏氨酸激酶家族、DAP 激酶亚家族，其中 DAPK1、2 促进细胞凋亡或自噬。

（7）激活依赖 Ca^{2+}的线粒体分裂蛋白 DRP-1（发动蛋白相关蛋白 1）。这是一种位于线粒体外膜、过氧化物酶体膜上的Ⅰ型单次跨膜蛋白，参与 Bax 诱导的细胞色素 *c* 外泄。

（8）影响钙结合蛋白 TCTP 结构。它可能调节 Bcl-2 家族抗凋亡蛋白（如 Mcl-1）活性。

2. CHOP 蛋白与内质网途径 CHOP 蛋白又称 DDIT-3、GADD153，是一种转录因子，与转录因子 ATF、C/EBP、CREB、c-Fos、c-Jun、XBP-1 同属于转录因子 bZIP 家族（C 端均含 bZIP）。CHOP 蛋白一级结构 169AA，非应激条件下位于细胞质中，内质网应激时进入细胞核。

（1）功能 CHOP 蛋白是一种多功能转录因子。在内质网应激反应时诱导细胞周期停滞、细胞凋亡。①CHOP 蛋白是转录激活因子，靶基因有 *TRIB3*、*IL6*、*IL8*、*IL23*、*DR5*、*PUMA*、*BIM*、*ERO1L* 等。②CHOP 蛋白是转录抑制因子，靶基因有 *BCL2*、依赖 ATF-4 的 *ASNS*、依赖 CEBPB 的 *PPARG*、依赖 TCF-4 的 Wnt 信号通路靶基因（*CCND1* 和 *MYC* 等）。

CHOP 蛋白可能还有非转录因子活性。CHOP 蛋白虽然参与各种应激（包括内质网应激）诱导的凋亡，但不是内质网应激诱导细胞凋亡所必需的。

此外，CHOP 蛋白还调节炎症反应，机制是诱导表达 Caspase-11，后者诱导激活 Caspase-1，且两者均参与激活 IL-1β，而 IL-1β 也参与炎症反应。

（2）表达 CHOP 蛋白被内质网应激、氧化应激、氨基酸缺乏、缺氧诱导表达。在内质网应激时被 PERK 途径（通过 ATF-4）、IRE1 途径（通过 ATF-6、XBP-1）诱导表达，且为表达所必需（一旦 *ATF4* 等敲除，*CHOP* 将不再被内质网应激诱导表达），但应激持久时其被 TLR 途径抑制。

IRE1-TRAF2-ASK-1 途径还在转录后水平激活 CHOP 蛋白，即 ASK-1 通过级联反应激活 MAPK14，MAPK14 催化 CHOP 蛋白（Ser79、Ser82）磷酸化激活。

3. Bcl-2 家族蛋白及其调节因子与内质网途径 Bcl-2 家族蛋白及其调节因子不仅参与线

粒体途径，也参与内质网途径，调节内质网钙平衡，控制内质网应激诱导的凋亡。

（1）促凋亡蛋白 BimL　促凋亡基因 *BCL2L11* 是转录因子 Myc 的靶基因，编码促凋亡蛋白 BimL（Bcl2-L-11 同源体）可以与内质网膜、线粒体膜上的 Bcl-2、Bcl-x_L 形成异二聚体，抑制其抗凋亡作用；或直接促内质网膜、线粒体膜上的 Bax 或 Bak 形成促凋亡寡聚体。这可能是 Myc 的促凋亡机制。

（2）促凋亡蛋白 Puma　虽然是线粒体蛋白，但其合成受 DNA 损伤、生长因子缺乏、糖皮质激素、p53、内质网应激诱导，其中内质网应激诱导依赖 CHOP 蛋白。Puma 蛋白功能是介导依赖或不依赖 p53 的细胞凋亡。机制是促进 Bcl-x_L 部分伸展、Bcl-x_L-p53 解离，促进 Bax 或 Bak 寡聚体形成，抑制 Mcl-1、A1、Bcl-2、Bcl-x_L。

（3）抗凋亡蛋白 Mcl-1L 和促凋亡蛋白 Bik　主要位于内质网膜上，可能参与内质网凋亡途径。

（4）Bax 抑制蛋白 1（BI-1）　是一种内质网膜七次跨膜蛋白，一种钙通道，调节内质网钙平衡。BI-1 合成受缺氧诱导，是一种抗凋亡蛋白，可以与 Bcl-2 或 Bcl-x_L 结合，介导未折叠蛋白反应途径，抗内质网应激诱导的凋亡。BI-1 对线粒体途径或死亡受体途径影响较小。BI-1 可以结合抗凋亡蛋白 Bcl-2、Bcl-x_L，不结合促凋亡蛋白 Bax、Bak，但抑制 Bax 过度表达诱导的凋亡。

（5）双功能凋亡调节因子（BFAR）　是一种内质网膜四次跨膜蛋白，一级结构 450AA，N 端的 140AA 位于胞质面，含有一个 RING 锌指（Cys34～Arg74），可以结合泛素结合酶 E2；其后有一个 SAM 结构域（Trp182～Leu249），可以募集抗凋亡蛋白 Bcl-2、Bcl-x_L，从而抗凋亡；其后有一个 DED-L 结构域（Tyr273～Ala345），可以募集 Caspase-8，从而抗死亡受体途径。

4. 其他调节蛋白与内质网途径　例如前面涉及的 Bap31、shisa-5 蛋白、ASK-1 激酶。

（1）B 细胞受体相关蛋白 31（Bap31）　是一种内质网膜三次跨膜蛋白，属于 BCAP29/BCAP31 家族。Bap31 一级结构 245AA，C 端的 123AA 位于胞质面，含有一个 DED-L 结构域，可以募集 Caspase-8 同源体 9。Bap31 是含量丰富的内质网蛋白，主要功能是作为分子伴侣参与分泌蛋白定向运输、识别错误折叠蛋白并介导其降解。Bap31 参与 Caspase-8 介导的细胞凋亡：全长 Bap31 可以抑制 Fas 诱导的细胞凋亡，切除其 C 端后则诱导内质网 Ca^{2+} 外逸，促进 Fas 诱导的细胞凋亡。

（2）shisa-5（scotin）　是位于内质网膜和核膜上的一种 Ⅰ 型单次跨膜蛋白，以依赖 caspase 方式诱导细胞凋亡，且参与内质网应激诱导的细胞凋亡、依赖 p53 的细胞凋亡。shisa-5 的编码基因 *SHISA5*（*SCOTIN*）是 p53 的靶基因，提示 DNA 损伤和内质网介导凋亡之间存在联系。

（3）Caspase-4　属于炎症 caspase，但也参与某些组织细胞的内质网凋亡途径，在执行阶段参与 caspase 的级联激活，直接裂解激活 Caspase-1，具有组织特异性。

（4）ASK-1 激酶　前已述及 ASK-1 激酶参与死亡受体途径之 ASK-1-JNK 促凋亡途径。在内质网应激反应中，ASK-1 被 IRE1 通过 TRAF2 募集激活，进而激活下游 JNK、MAPK14，不过下游效应物尚未阐明：ASK-1 途径激活 JNK，JNK 磷酸化激活促凋亡蛋白 Bim、同时抑制抗凋亡蛋白 Bcl-2。因此，IRE1 在未折叠蛋白引起的内质网应激的三个阶段都起作用，依次通过 XBP-1（适应）、TRAF2（NF-κB 警报）、ASK-1（可能还有 Caspase-12）起作用。

此外，参与内质网应激诱导细胞凋亡的还有 ARMET 蛋白、synoviolin 泛素连接酶、氧化还原酶 ERO1-L、线粒体融合蛋白 2、硒蛋白 K、reticulon-3 等。

十、颗粒酶途径

细胞毒性 T 细胞和 NK 细胞是动物体抗肿瘤发生、病毒感染的主力。它们可以通过多条途径诱导肿瘤细胞或病毒感染细胞凋亡，例如颗粒酶途径和前述的 FasL 途径。**颗粒酶途径**又称**穿孔素途径**，是指细胞毒性 T 细胞和 NK 细胞受到刺激后分泌细胞毒性胞质颗粒，所含穿孔素在靶细胞膜上形成膜孔，促使所含颗粒酶进入靶细胞，通过依赖和不依赖 caspase 两类机制促使靶细胞凋亡。

1. 穿孔素（perforin-1，P1） 一级结构 534AA，C 端含有一个 C2 结构域（Q395～D477）。穿孔素主要储存在细胞毒性 T 细胞的胞质颗粒（cytoplasmic granule）内，起作用时分泌到 T 细胞与靶细胞间隙。在与 Ca^{2+}结合后，穿孔素由 C2 结构域介导与细胞膜结合，之后发生变构，形成发夹结构嵌入靶细胞膜，寡聚化形成大的膜孔，可促使颗粒酶进入靶细胞。

穿孔素在依赖分泌颗粒的细胞凋亡过程中起关键作用，诱导肿瘤细胞或病毒感染细胞凋亡。穿孔素还在杀死被免疫系统认定的异己细胞时起重要作用，例如移植排斥反应、某些自身免疫性疾病。

噬血细胞性淋巴组织细胞增生症 2（familial hemophagocytic lymphohistiocytosis 2，FHL2） 是一种罕见的免疫功能紊乱，由穿孔素基因的 8 处错义突变或 1 处缺失引起。突变导致颗粒酶不能进入靶细胞，机体清除病原体能力低下，且 T 细胞和巨噬细胞大量增殖。特征是高细胞因子血症（hypercytokinemia）、NK 细胞功能缺陷、大量活化淋巴细胞和巨噬细胞浸润某些器官。临床表现为发烧、肝脾大、血细胞减少，偶尔有神经异常（张力过低易激惹，癫痫，脑神经不足，共济失调）。

2. 颗粒酶（granzyme） 是一类丝氨酸蛋白酶，属于肽酶 S1 家族、颗粒酶亚家族，包括颗粒酶 A、B、M、H、K（表 8-25）。颗粒酶 A、B、M 参与凋亡，机制：①颗粒酶剪切靶细胞外基质蛋白，破坏靶细胞与基质及周围细胞的联系。②颗粒酶通过膜孔进入靶细胞中，通过依赖和不依赖 caspase 两种方式促使靶细胞凋亡。

表 8-25 人类基因组编码的颗粒酶一览

颗粒酶	来源	专一性	单体大小（AA）	存在
颗粒酶 A	细胞毒性 T 细胞、NK 细胞胞质颗粒	Lys、Arg	234	同二聚体
颗粒酶 B	细胞毒性 T 细胞、NK 细胞胞质颗粒	Asp（Caspase-3、7-10）	227	–
颗粒酶 M	细胞毒性 T 细胞、NK 细胞胞质颗粒	Met、Leu（Birc5）	232	–
颗粒酶 H	细胞毒性 T 细胞、NK 细胞胞质颗粒	大氨基酸、芳香族氨基酸	226	–
颗粒酶 K	肺、脾、胸腺、外周血白细胞	–	238	–

（1）颗粒酶 A 细胞毒性 T 细胞、NK 细胞胞质颗粒富含的一种丝氨酸蛋白酶，对 Lys、Arg 羧基形成的肽键最敏感，进入靶细胞后可不依赖 caspase 地诱导细胞凋亡：①裂解灭活 APEX 核酸酶（一种多功能 DNA 修复酶）。②裂解灭活 SET 蛋白（又称 IGAAD，颗粒酶 A 激活的 DNase 抑制剂），解除其对 GAAD（颗粒酶 A 激活的 DNase）的抑制。GAAD 切割染色体

NOTE

DNA。③裂解纤维连接蛋白、Ⅳ型胶原、核仁蛋白（参与 rRNA 加工和核糖体形成）。

颗粒酶 A 激活的 DNase（GAAD）　又称核苷二磷酸激酶 A、转移抑制因子 NM23，是一种多功能酶：核苷二磷酸激酶（主要功能）、丝氨酸/苏氨酸激酶、牻牛儿基和法尼基焦磷酸激酶、组氨酸激酶、核酸内切酶、3′→5′外切酶。

（2）颗粒酶 B　细胞毒性 T 细胞、NK 细胞胞质颗粒富含的一种丝氨酸蛋白酶，在细胞介导的免疫反应中是靶细胞裂解所必需的。对 Asp 羧基形成的肽键最敏感，是真核生物目前已知蛋白酶中唯一与 caspase 专一性相同的蛋白酶，可能在凋亡执行阶段参与激活 Caspase-3、7、8、9、10，从而促进细胞凋亡。颗粒酶 B 可被丝氨酸酶抑制剂二异丙基氟磷酸（DFP）抑制。

（3）颗粒酶 M　细胞毒性 T 细胞、NK 细胞胞质颗粒富含的一种丝氨酸蛋白酶，组成性表达于活化 NK 细胞，对 Met、Leu 羧基形成的肽键最敏感，靶蛋白包括细胞绒毛蛋白（EZR）、α 微管蛋白、凋亡抑制蛋白 Birc5，通过激活 caspase 促进细胞凋亡。

十一、细胞凋亡与肿瘤

按照正常的分化程序，许多在器官形成或组织更新过程中不再需要的细胞最终凋亡，凋亡是它们的既定归宿。许多损伤细胞最终也会凋亡。如果一个细胞该凋亡却存活，而且维持增殖活性，就会形成肿瘤。

肿瘤细胞不仅增殖过度、分化异常，而且存在凋亡缺陷，因而其增殖与凋亡严重失衡，增殖远高于凋亡。失衡的分子基础是损伤感受器（如 p53 蛋白）失活，生长信号（如 IGF1、IGF2）或抗凋亡蛋白（如 Bcl-2、Bcl-x_L）过多，死亡信号或促凋亡蛋白（如 Bax、Bim、BBC3）缺乏。

1. 某些抗凋亡基因同时也是癌基因　其编码的抗凋亡蛋白也是癌蛋白，其功能获得性突变导致凋亡缺失、肿瘤发生。例如乳腺癌、肺癌、结肠癌、前列腺癌等很多肿瘤细胞中存在 *BCL2* 基因激活，Bcl-2 蛋白水平升高。

（1）Bcl-2 蛋白是一种关键性抗凋亡蛋白。慢性淋巴细胞白血病（CLL）存在一种染色体易位，导致 *BCL2* 基因激活，CLL 细胞 Bcl-2 蛋白水平升高并抗凋亡，导致其存活。CLL 的发生可以归因于凋亡缺失。

（2）Bcl-2 蛋白在介导肿瘤发生时与癌蛋白 Myc 有协同作用。Bcl-2 和 Myc 蛋白均有抑制细胞凋亡作用。当其水平升高时，抑制细胞凋亡效应增强，从而促进细胞增殖。

（3）肿瘤细胞中 Bcl-2 和 Bcl-x_L 蛋白水平升高还与其放化疗疗效有关。

2. 某些促凋亡基因同时也是抑癌基因　其编码的促凋亡蛋白也是肿瘤抑制蛋白，其失活导致凋亡缺失、肿瘤发生。

（1）*PTEN* 基因编码 PTEN 蛋白　PTEN 蛋白是一种磷酸酶，可催化 PIP_3 去磷酸化，从而抑制蛋白激酶 B 的激活，而蛋白激酶 B 的功能是通过多条途径促进细胞增殖，抑制细胞凋亡。*PTEN* 缺陷细胞 PIP_3 水平升高，过度激活蛋白激酶 B。因此 PTEN 蛋白既是肿瘤抑制蛋白又是促凋亡蛋白，可以削弱蛋白激酶 B 的促进细胞增殖、抑制细胞凋亡效应。

（2）Bcl-2 家族的促凋亡基因失活与肿瘤发生密切相关　*BAX* 基因既是促凋亡基因又是抑癌基因，其功能缺失性突变 Met74Asp 导致 Bax 蛋白不再诱导细胞色素 *c* 外逸，即细胞凋亡下调，虽然本身不会导致细胞癌变，但会造成肿瘤细胞积累。Bcl-2 家族的其他促凋亡基因如

BAK、*BIM* 等突变或表达异常也与肿瘤发生相关。

（3）抑癌基因 *p53* 是重要的促凋亡基因　p53 蛋白激活的靶基因中也有促凋亡基因，例如 *BAX* 基因。当细胞 DNA 损伤严重或受到应激刺激时，p53 蛋白诱导其促凋亡基因表达，导致其死亡。其意义在于这些细胞可能积累了各种突变。*p53* 基因功能缺失性突变导致凋亡缺失，致癌性突变发生率增加且不断积累，易导致肿瘤发生。

3. 凋亡的影响因素与肿瘤的发生和治疗密切相关　细胞凋亡对肿瘤起负调节作用，凋亡信号的强度和凋亡相关蛋白的水平或结构异常都可能导致凋亡缺失和肿瘤发生。诱导肿瘤细胞凋亡是治疗肿瘤的一条有效途径，肿瘤治疗的某些化疗、放疗和理疗策略的机制就是诱导肿瘤细胞凋亡。肿瘤细胞凋亡研究对肿瘤的发生、诊断和治疗研究有重大意义。

NOTE

第九章　癌基因、抑癌基因和生长因子

多细胞生物的生长、发育、衰老、死亡是由其组织细胞的增殖、分化、凋亡等组成的一个复杂系统决定的，这一系统的平衡受到精确而严格的调控。

肿瘤（tumor）是细胞异常增殖产生的赘生物（neoplasm），有良性恶性之分。良性肿瘤（benign tumor）很小，局限于原位，不会浸润周围组织或转移到其他部位生长，例如疣（wart）。恶性肿瘤（malignant tumor）不仅增殖异常快速，而且能够浸润周围组织，甚至转移到其他部位形成新的肿瘤，即有扩散、转移能力。各种恶性肿瘤称为癌（cancer）。

肿瘤发生的分子基础是 DNA 损伤导致基因突变、基因表达异常，进而导致生长和增殖的调控出现异常。这些 DNA 损伤所涉及的基因预计有 2000 多种，已有 400 多种得到鉴定，可分为原癌基因、抑癌基因、DNA 修复基因、凋亡基因。这些基因产物多为蛋白质。这些蛋白质有的调节细胞增殖，有的调节细胞凋亡，有的参与 DNA 修复。

导致肿瘤发生的致癌突变（oncogenic mutation）绝大多数发生于体细胞（因此区别于遗传病），称为体细胞突变（somatic mutation），这些突变不遗传；极少数发生于生殖细胞，称为生殖细胞突变（germline mutation）或遗传性突变（inherited mutation），这些突变具有遗传性，增加了后代发生肿瘤的风险。体细胞突变与生殖细胞突变共同作用导致细胞癌变、肿瘤发生（carcinogenesis）。

第一节　癌基因

原癌基因是正常的细胞基因，产物促进细胞增殖。原癌基因是致癌突变的对象，也是肿瘤病毒的猎物。原癌基因发生功能获得性突变之后转化为癌基因，则其表达产物过量，或产物活性过高，因而促生长活性增强，可以导致肿瘤发生。

一、癌基因的发现

癌基因是在对肿瘤病毒的研究中发现的，目前已经鉴定 300 多种。

（一）携带癌基因的肿瘤病毒

1911 年，Rous（1966 年诺贝尔生理学或医学奖获得者）发现将鸡肉瘤匀浆的无细胞滤液注射到健康鸡体内，会诱发新的肉瘤。1960 年，Bernhard 应用电镜技术观察到了该无细胞滤液中的致癌因素是一种（逆转录）病毒，并将其命名为 Rous 肉瘤病毒（RSV）。

1969 年，Huebner 和 Todaro 提出病毒癌基因存在于正常细胞的假说。1975 年，Bishop 和

NOTE

Varmus（1989 年诺贝尔生理学或医学奖获得者）从 Rous 肉瘤病毒 RNA（6000～9000nt）中鉴定出 *src* 基因（其产物 Src 激酶是一种酪氨酸激酶），并且发现诱导肿瘤发生的正是该基因，于是将其命名为癌基因。

（二）细胞基因组中的原癌基因

1976 年，Bishop 和 Varmus 发现，鸡和其他脊椎动物正常细胞基因组含有的一种基因与 Rous 肉瘤病毒的 *src* 基因同源，于是把这种正常的细胞基因命名为原癌基因或细胞癌基因。

原癌基因广泛存在于各种生物的基因组中，从酵母到人的基因组中都有。此类基因在进化过程中高度保守，属于管家基因。例如，人的 *KRAS* 基因和小鼠的 *Kras* 基因产物均含 189 个氨基酸，其一级结构中只有 2 个氨基酸不同（表 9-1）；而人的 *HRAS* 基因和大鼠的 *Hras* 基因产物的一级结构完全相同。

表 9-1 人与小鼠 *ras* 产物差异

物种	基因	产物	AA132	AA187
人	*KRAS*	KRas	Asp	Ile
小鼠	*Kras*	KRas	Glu	Val

（三）肿瘤病毒癌基因的来源

肿瘤病毒又称致癌病毒，是能在敏感宿主诱发肿瘤或使培养细胞转化为肿瘤细胞的动物病毒。肿瘤病毒可分为三类，其中有两类携带癌基因，并且其癌基因来源各不相同（表 9-2）。

表 9-2 肿瘤病毒

病毒	病毒	肿瘤
RNA 病毒	人 T 细胞白血病毒 I（HTLV-I）	成人 T 细胞白血病
	艾滋病病毒（HIV）	Kaposi 肉瘤
	丙型肝炎病毒（HCV）	肝癌
DNA 病毒	人乳头瘤病毒（HPV）	宫颈癌
	人类疱疹病毒（HHV）	Kaposi 肉瘤
	乙型肝炎病毒（HBV）	肝癌
	EB 病毒（EBV）	Burkitt 淋巴瘤，鼻咽癌，B 细胞淋巴瘤

1. 转导逆转录病毒（transducing retrovirus） 又称急性转化病毒，是致癌 RNA 病毒的一类，其基因组中含有癌基因（表 9-3）。其癌基因来自原癌基因：当逆转录病毒感染宿主细胞并增殖时（第二章，75 页），子代病毒获得了细胞基因组的原癌基因，并改造成显性癌基因（来自转录后加工产物）。例如 Rous 肉瘤病毒。这类病毒诱导肿瘤发生过程很快，只需几天。

表 9-3 转导逆转录病毒癌基因

病毒癌基因	病毒	宿主	病毒癌基因	病毒	宿主
v-*abl*	Abelson 白血病毒	小鼠	v-*fins*	McDonough 猫肉瘤病毒	猫
v-*akt*	AKT8 病毒	小鼠	v-*fos*	FBJ 小鼠成骨肉瘤病毒	小鼠
v-*cbl*	Cax NS-1 病毒	小鼠	v-*fps*	Fujinami 肉瘤病毒	鸡
v-*crk*	CT10 肉瘤病毒	鸡	v-*jun*	禽类肉瘤 17 病毒	鸡

续表

病毒癌基因	病毒	宿主	病毒癌基因	病毒	宿主
v-*erb-a*	禽类成红血细胞增生症 ES4 病毒	鸡	v-*kit*	Hardy-Zuckerman 猫肉瘤病毒	猫
v-*erbB*	禽类成红血细胞增生症 ES4 病毒	鸡	v-*maf*	禽类肉瘤 AS42 病毒	鸡
v-*ets*	禽类成红血细胞增生症 E26 病毒	鸡	v-*mos*	Moloney 肉瘤病毒	小鼠
v-*fes*	Feline 肉瘤病毒	猫	v-*mpl*	骨髓增生性白血病病毒	小鼠
v-*fgr*	Gardner-Rasheed 猫肉瘤病毒	猫	v-*myb*	禽成髓细胞瘤病毒	鸡

2. 慢作用逆转录病毒（slow-acting retrovirus） 是致癌 RNA 病毒的一类，占致癌 RNA 病毒的大多数，其基因组中没有癌基因。这类病毒诱导肿瘤发生过程缓慢，需要数月、数年甚至数十年时间。慢作用逆转录病毒致癌机制：这类病毒感染细胞后，首先合成前病毒 DNA，然后整合到宿主的染色体 DNA 中。如果整合位点恰好位于细胞原癌基因侧翼，前病毒 DNA 的长末端重复序列（LTR）含有的强启动子和增强子就能激活该原癌基因。

例如，在禽白血病病毒（ALV）诱导的鸡淋巴瘤细胞中，禽白血病前病毒 DNA 的整合位点就在 c-*myc* 侧翼，因而其长末端重复序列含有的强启动子和增强子可以提高 c-*myc* 的表达水平，使这些细胞过度合成 c-Myc 蛋白。

慢作用逆转录病毒致癌效应缓慢有两个原因：①前病毒 DNA 恰好整合到细胞原癌基因侧翼是一个小概率随机事件；②还需要进一步发生其他突变才能导致肿瘤发生。

3. DNA 肿瘤病毒（oncogenic DNA virus） 少数肿瘤病毒为 DNA 病毒，例如 HBV、SV40、腺病毒、多瘤病毒、乳头瘤病毒、疱疹病毒、痘病毒。与其他 DNA 病毒不同，当 DNA 肿瘤病毒感染宿主细胞时，病毒 DNA 整合到宿主的染色体 DNA 中，其所含的一个或多个基因可以永久转化宿主细胞。因此，DNA 肿瘤病毒含有癌基因，而且所含的癌基因是病毒基因组的组成部分，是病毒复制所必需的，例如人乳头瘤病毒（HPV）的 *E5*、*E6*、*E7* 基因。

HPV 的 *E5*、*E6*、*E7* 基因编码的三种蛋白有诱导各种培养细胞分裂及转化能力：①E5 蛋白通过持续激活 EGFR 促进转化细胞增殖。②E6 蛋白抑制 p53 蛋白。③E7 蛋白抑制 Rb 蛋白。④即使调节蛋白没有突变，E6 蛋白和 E7 蛋白共同作用也足以诱导转化。

女性宫颈癌的病因之一就是 HPV 感染。不幸中的万幸是并非所有 HPV 感染都会导致肿瘤。

二、癌基因的定义

原癌基因（proto-oncogene）：是存在于细胞基因组中的一类正常基因，其产物在细胞增殖、分化、凋亡及个体发育和组织修复等生命活动中起重要作用，突变时可转变为癌基因，导致细胞癌变。原癌基因也称细胞癌基因（cellular oncogene，c-oncogene）。

原癌基因有以下特点：①广泛存在于各种生物基因组中。②在进化中高度保守，是一些有重要功能的管家基因。③其功能是通过产物来体现的。④一定条件下被激活成癌基因，导致细胞增殖过度，形成肿瘤。

癌基因（oncogene）：原癌基因激活后成为癌基因，是导致肿瘤发生的重要分子基础，其产物可以在动物体内导致肿瘤发生，或使培养细胞发生恶性转化。

病毒癌基因（viral oncogene，v-oncogene）：是存在于某些肿瘤病毒基因组中的癌基因，目前已鉴定30多种，包括转导逆转录病毒的癌基因和DNA肿瘤病毒的癌基因，其中转导逆转录病毒的癌基因来自原癌基因。

转导逆转录病毒的癌基因有以下特点：①来自宿主细胞的原癌基因。②是原癌基因的激活状态。③没有内含子，调控元件缺失。④并不是病毒复制所必需的。⑤易突变。⑥转化能力强，诱导肿瘤发生时间短（几天或几周）。

广义的癌基因是原癌基因（细胞癌基因）、癌基因和病毒癌基因的统称。

三、癌基因及其产物的命名

由于历史的原因，癌基因（和抑癌基因）的命名和名称缩写至今并无统一规则，大多数癌基因及其产物有不止一个名称或名称缩写。

（一）癌基因命名

癌基因名称缩写与其他基因一致，多以斜体表示，但其命名没有统一规则。

1. 以最初发现于何种肿瘤为基础，结合所在细胞或逆转录病毒的名称，用小写斜体字母表示，例如 *ras*（rat sarcoma）；但现在用大写斜体字母或大小写混用的也很多，例如人 *BRCA1*（breast cancer 1）、鼠 *Src*（Rous sarcoma virus）。

2. 致癌RNA病毒癌基因加前缀“v”，例如v-*src*；相应的细胞癌基因加前缀“c”，例如c-*src*。

3. 因物种不同而有一定区分，例如细胞癌基因c-*src*，人和鸡的表示为 *SRC*，鼠的表示为 *Src*，斑马鱼的表示为 *src*。

4. DNA肿瘤病毒的癌基因为病毒复制所必需，故沿用原名，不以癌基因命名，例如腺病毒（adenovirus）的早期基因 *E1A* 和 *E1B*、多瘤病毒（polyomavirus，例如SV40）的大T抗原（large T-antigen）和中T抗原（middle T-antigen）基因等。

5. 大多数癌基因和癌基因产物有不止一个名称或名称缩写（表9-4~7）。

（二）癌基因产物命名

大多数癌基因产物是癌蛋白（oncoprotein），其命名及表示也没有统一规则。

1. 用其表观分子量大小表示。例如，c-*ras* 产物的表观分子量是21kDa，表示为 $p21^{ras}$ 或p21。

2. 用相应癌基因名称缩写正体表示，但首字母大写。例如，*myc* 产物表示为Myc，*ras* 产物p21也可以表示为Ras。

四、原癌基因产物的功能和分类

不同原癌基因产物的亚细胞定位和功能不用，可据此分类。

（一）原癌基因产物根据亚细胞定位分类

原癌基因产物可分为膜结合蛋白（如EGFR、Neu、c-Fms、Mas、c-Src）、可溶性蛋白（如c-Mos、c-Sis、c-Fes）、细胞核蛋白（如c-Myc、c-Maf、c-Jun、c-Myb）。不过这种分类有局限性，有的癌蛋白可同时存在于细胞核、细胞质、细胞膜，例如B-Raf；有的癌蛋白起作用时穿梭于细胞质和细胞核之间，例如KBF2。

NOTE

（二）原癌基因产物根据功能分类

原癌基因产物可分为生长因子类、生长因子受体类、细胞质信号转导蛋白类、转录因子类和其他（凋亡蛋白、DNA 修复相关蛋白、细胞周期调节蛋白），其共同特征是都能诱导一系列与细胞生长分化有关的基因表达，从而改变细胞表型。

1. 生长因子类　肿瘤细胞的一个特征是其增殖不依赖外源增殖信号，因为可以自己产生增殖信号。有的生长因子类原癌基因激活后产物结构正常，但发挥自分泌作用。个别生长因子类原癌基因激活后产物结构异常，如 *SIS* 基因（表 9-4）。

表 9-4　人部分生长因子类原癌基因产物

原癌基因	产物	单体大小（AA）	性质	亚细胞定位
PDGFB（*PDGF2*，*SIS*）	PDGFB（PDGF-2，c-Sis）	109	血小板源性生长因子 β 亚基，激活 IP_3-DAG 途径	分泌
FGF3（*INT2*）	FGF-3（Int-2）	222	成纤维细胞生长因子 3	分泌
FGF4（*HST*）	FGF-4（HST，HST-1）	176	成纤维细胞生长因子 4	分泌

2. 生长因子受体类　这类原癌基因产物多为酪氨酸激酶受体，配体结合导致其二聚化激活，进而激活信号通路，促进细胞增殖。已经阐明的酪氨酸激酶受体中有一半以上在一些肿瘤中存在突变或过度表达（表 9-5）。

表 9-5　人部分生长因子受体类原癌基因产物

原癌基因	产物	单体大小（AA）	产物性质	亚细胞定位
（1）酪氨酸激酶类				
FGFR-1	FGFR-1	801	成纤维细胞生长因子受体 1	细胞膜、细胞核
RET	c-Ret	1086	胶质细胞源性神经营养因子受体	细胞膜
ROS1（*MCF3*，*ROS*）	c-Ros	2320	孤儿受体	细胞膜
CSF1R（*FMS*）	CSF-1-R（CSF-1R，M-CSF-R，c-Fms）	953	集落刺激因子 1 受体	细胞膜
MET	HGFR（c-Met）	1366	肝细胞生长因子受体	细胞膜
EGFR（*ERBB*，*ERBB1*，*HER1*）	EGFR（c-ErbB-1）	1186	表皮生长因子受体	细胞膜、内质网膜、高尔基体膜、核膜
ERBB2（*HER2*，*MLN19*，*NEU*，*NGL*）	Neu（c-ErbB-2，HER2）	1233	酪氨酸激酶受体	细胞膜
KIT（*SCFR*）	SCFR（PBT，c-Kit）	951	肥大细胞、干细胞生长因子受体	细胞膜
NTRK1（*MTC*，*TRK*，*TRKA*）	Trk-A 同源体Ⅲ	698	神经生长因子受体	细胞膜
（2）非酪氨酸激酶类				
MAS1（*MAS*）	Mas	325	血管紧张素Ⅰ～Ⅶ受体	细胞膜
MPL（*TPOR*）	TPO-R（c-Mpl）	610	血小板生成素受体	细胞膜
THRA	THRA	410	甲状腺激素受体 α	细胞核

（1）产物结构异常　大多数酪氨酸激酶受体类癌基因存在点突变或缺失，导致不依赖配体即可组成性二聚化激活。例如，①*HER2* 基因发生一个点突变，编码突变 Neu 癌蛋白，其跨膜区中的一个 Val 被 Gln 置换，因而组成性二聚化，可参与诱发某些肿瘤。②*EGFR* 基因胞外结构域编码序列发生缺失，编码二聚化 ErbB 癌蛋白。

（2）产物水平异常　有些突变导致正常酪氨酸激酶受体合成过多而致癌。例如，人许多乳腺癌存在正常 *HER2* 基因过度表达，因而即使只有极少量表皮生长因子等相关激素也促进乳腺癌细胞增殖，而正常细胞 Her2（Neu）蛋白在表皮生长因子极少时是不被激活的。

某些病毒蛋白可以激活生长因子受体

（1）脾病灶形成病毒（spleen focus-forming virus，SFFV）　是一种逆转录病毒，可以在成年小鼠体内诱发红白血病（一种红系祖细胞肿瘤）。SFFV 致癌的分子基础是其包膜蛋白 gp55。正常红系祖细胞的生长、增殖、分化是依赖红细胞生成素（EPO，166AA）和红细胞生成素受体（erythropoietin receptor，EPO-R，484AA）的。gp55（377AA）可以结合并组成性激活红系祖细胞的 EPO-R，导致红系祖细胞增殖失控，并进一步发生突变，因而在感染数周之后即可形成恶性红系祖细胞克隆。

（2）人乳头瘤病毒（HPV）　是一种 DNA 病毒，可以诱发宫颈癌和尖锐湿疣（又称生殖器疣）。HPV 基因组编码一种 E5 蛋白（44AA），以二聚体或三聚体形式存在于细胞膜上，每个单体可与 PDGF 受体稳定结合，从而募集 PDGF 受体并使其二聚化或三聚化激活，最终导致细胞转化。

目前已有 HPV 衣壳蛋白 L1 疫苗研发成功，可以降低某些 HPV 亚型的致宫颈癌风险。

3. 信号转导蛋白类　许多原癌基因产物为信号转导蛋白，例如 Ras 蛋白、Src 激酶、ABL 激酶。这些原癌基因激活后表达产物结构异常且组成性激活（表 9-6）。

表 9-6　人部分信号转导蛋白类原癌基因产物

原癌基因	产物	单体大小（AA）	亚细胞定位
（1）酪氨酸激酶类			
①SRC 亚家族			
SRC（*SRC1*）	c-Src	535	细胞膜、线粒体内膜、细胞核
FGR（*SRC2*）	c-Fgr	528	细胞膜、细胞质
YES1（*YES*）	c-Yes	542	细胞膜、细胞质
HCK	HCK	525	细胞质
LCK	Lck（LSK）	508	细胞质，细胞膜
LYN（*JTK8*）	Lyn	511	细胞膜、细胞核
FYN	Fyn（Syn，c-Fyn，SLK）	536	细胞质，细胞核
②ABL 亚家族			
ABL1（*ABL*，*JTK7*）	ABL1（c-Abl）	1130	细胞质，细胞核，线粒体
③Fes/Fps 亚家族			
FES（*FPS*）	Fes/Fps（c-Fes，c-Fps）	822	细胞质，细胞膜

NOTE

续表

原癌基因	产物	单体大小（AA）	亚细胞定位
（2）丝氨酸/苏氨酸激酶类			
①TKL 丝氨酸/苏氨酸激酶家族，RAF 亚家族			
RAF1（*RAF*）	c-RAF（cRaf，Raf-1）	648	细胞质，细胞膜，线粒体，细胞膜
ARAF（*PKS*）	A-Raf（A-Raf-1，Pks）	606	线粒体
BRAF	B-Raf（p94）	765	细胞核，细胞质，细胞膜
②STE 丝氨酸/苏氨酸激酶家族，MAP3K 亚家族			
MAP3K8（*COT*，*ESTF*）	MAP3K8（c-Cot，TPL-2）	467	细胞质
③CAMK 丝氨酸/苏氨酸激酶家族，PIM 亚家族			
PIM1	pim-1	404	细胞质，细胞核，细胞膜
④丝氨酸/苏氨酸蛋白激酶家族，其他			
MOS	c-Mos	346	-
（3）小 GTPase 超家族，Ras 家族			
HRAS（*HRAS1*）	HRas（H-Ras-1，Ha-Ras，c-H-ras，p21ras）	185/186	细胞膜
KRAS（*KRAS2*，*RASK2*）	KRas（K-Ras 2，Ki-Ras，c-K-ras，c-Ki-ras）	185/186	细胞膜
NRAS（*HRAS1*）	NRas（N-Ras）	186	细胞膜
（4）鸟苷酸交换因子			
MCF2（*DBL*）	DBL（MCF-2）	428/528	细胞质，细胞膜
VAV1（*VAV*）	vav	845	细胞质
（5）接头蛋白			
CRK	c-Crk（p38）	303	细胞质

4. 转录因子类　原癌基因激活（及抑癌基因失活）最终影响基因表达（表 9-7）。这一点可以通过检测正常细胞与肿瘤细胞 mRNA 水平得到确证。

表 9-7　人部分转录因子类原癌基因产物

原癌基因	产物	单体大小（AA）	产物性质	亚细胞定位
（1）bZIP 家族，Jun 亚家族				
JUN	AP-1*（c-Jun）	331	转录因子	细胞核
（2）bZIP 家族，Fos 亚家族				
FOS（*GOS7*）	c-Fos	380	转录因子	细胞核
（3）SKI 家族				
SKI	c-Ski	728	共抑制因子	细胞核
（4）ETS 家族				
FLI1	Fli-1	452	转录激活因子	细胞核

NOTE

续表

原癌基因	产物	单体大小（AA）	产物性质	亚细胞定位
（5）其他				
REL	c-Rel	618	转录因子	细胞核
NFKB2（*LYT10*）	KBF2（H2TF1，Lyt-10，Lyt10）	900	转录因子	细胞核，细胞质
MYC（*BHLHE39*）	c-Myc（bHLHe39）	439	转录因子	细胞核
MYCL（*BHLHE38*，*LMYC*，*MYCL1*）	L-Myc（bHLHe38）	364	转录因子	细胞核
MYCN（*BHLHE37*，*NMYC*）	N-myc（bHLHe37）	464	转录因子	细胞核
MYB	c-Myb	640	转录因子	细胞核
MECOM（*EVI1*）	EVI-1	1051	转录因子	细胞核

*有些文献 AP-1 指 c-Jun-c-Fos 异二聚体。

直接调控基因表达的是转录因子，因此不难理解许多原癌基因产物就是转录因子。典型的例子是 *JUN*、*FOS* 基因，它们最初发现于逆转录病毒，后来发现某些肿瘤存在 *JUN* 基因过度表达。c-Jun 蛋白和 c-Fos 蛋白有时形成异二聚体转录因子，这些转录因子可通过 c-Jun 与许多靶基因的启动子或增强子中的 TGAG/CTCA 序列结合，从而激活或抑制靶基因表达。其中一些被激活表达的靶基因产物促进细胞生长，而一些被抑制表达的靶基因产物则抑制细胞生长。

许多原癌基因在细胞生长时表达，说明它们直接参与生长调节。例如，用血小板源性生长因子（PDGF）刺激静止 3T3 细胞时，c-Fos 和 c-Myc 水平可升高近 50 倍。c-Fos 和 c-Myc 可激活靶基因，靶基因产物促使细胞通过 G_1 期、S 期。在肿瘤细胞中，*JUN*、*FOS* 基因常过度表达且表达失控。

在正常细胞中，*FOS* 和 *MYC* 编码的 mRNA 和蛋白质寿命很短，降解很快。*FOS* 的某些缺失突变导致其 mRNA 和蛋白质寿命延长。*FOS* 有多种激活机制。在 Burkitt 淋巴瘤（Burkitt lymphoma，BL）细胞中，*FOS* 易位到免疫球蛋白重链基因（该基因通常只在合成免疫球蛋白的白细胞表达）附近，受其增强子激活，持续表达，导致细胞癌变。

5. 其他　包括细胞周期调节蛋白（如 cyclin D1）、凋亡蛋白（如 Bcl-2、Birc5）、E3 泛素连接酶（如 CBL、Mdm2）、DNA 修复相关蛋白等。

（三）原癌基因产物根据所属基因家族分类

以下基因家族的某些基因是原癌基因（表 9-4～表 9-7）：

1. PDGF/VEGF 生长因子家族　例如 *sis*（人 *PDGFB*，以下同）基因，产物为血小板源性生长因子 β 亚基。

2. G 蛋白偶联受体 1 家族　例如 *MAS1* 基因，产物为 G 蛋白偶联受体。

3. 酪氨酸激酶家族　①SRC 亚家族：例如 *src*（*SRC*）、*fgr*（*FGR*）、*fyn*（*FYN*）、*hck*（*HCK*）、*lck*（*LCK*）、*lyn*（*LYN*）、*yes*（*YES1*）。②*ABL* 亚家族：*abl*（*ABL1*）。③fes/fps 亚家族：*fes/fps*。④胰岛素受体亚家族：*ros*、*TRK*。⑤EGF 受体亚家族：*neu*（*ERBB2*）。⑥CSF-1/PDGF 受体亚家族：*kit*（*KIT*）、*FMS*。⑦其他：*ret*（*RET*）。

索拉菲尼（sorafenib，商标名称多吉美，Nexavar）是蛋白激酶 VEGFR、PDGFR、Raf 的抑制剂，可用于治疗晚期肾癌、肝癌、甲状腺癌。

NOTE

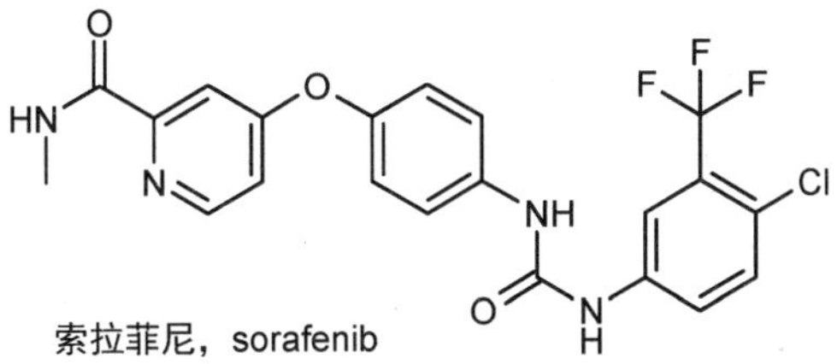

索拉菲尼，sorafenib

4. Ras 家族　产物为小 GTPase，包括 *HRAS*、*KRAS*。

5. 核受体家族　产物为特异转录因子，*ERBA2*。

6. bZIP 家族　产物为特异转录因子：①Jun 亚家族：例如 *jun*（*JUN*）。②Fos 亚家族：例如 *fos*（*FOS*）。③Maf 亚家族：例如 *maf*（*MAF*）、*MAFA*、*MAFB*。

7. SKI 家族　产物为特异转录因子，例如 *SKI*、*SKIL*。

8. 其他　产物为特异转录因子，例如 *myc*（*MYC*）、*myb*（*MYB*）、*REL*、*NFKB2*、*BCL3*。

五、原癌基因的激活

原癌基因在正常细胞中的表达受到严格调控，产物有正常生理功能。在受到物理、化学、生物等因素刺激时，原癌基因会激活成癌基因。与原癌基因相比，癌基因可能出现以下异常：①产物结构异常、活性过高、活性调节异常、稳定性异常、亚细胞定位异常、相互作用异常；②表达失控，产物水平过高；③形成融合基因；④发生基因扩增。因而产生以下效应：①产物总活性增强；②产物总活性失控；③产物**组成性激活**（constitutively active）；④表达于错误时刻；⑤表达于错误组织。原癌基因的这种激活属于**功能获得性突变**（gain-of-function mutation），且属于显性突变，即一对等位基因中只要有一个发生突变，便足以在肿瘤发生中起作用。

原癌基因激活导致产物结构异常或水平升高。结构异常影响其活性（如 Ras）、亚细胞定位（如 ABL）、与其他信号转导蛋白的相互作用、活性调节。水平升高可能源于基因扩增、启动子激活、mRNA 稳定性提高、表观遗传学改变导致的表达过度，也可能源于泛素化降解障碍。

原癌基因激活的分子基础是基因突变。研究发现，肿瘤细胞突变发生率远高于正常细胞。白血病基因组所含突变较少，肺癌基因组所含突变位点很多，可超过 100000 处，多数肿瘤所含突变位点为 1000~10000 处。

点突变、插入缺失、重排、扩增、去甲基化等都会导致原癌基因激活，其中以点突变最常见。常见原癌基因的激活机制和相关肿瘤见表 9-8。

表 9-8　常见原癌基因激活机制和相关肿瘤

原癌基因	产物	激活机制	相关肿瘤
PDGFB	PDGFB	易位	隆突性皮肤纤维肉瘤
EGFR	EGFR	扩增	肺癌
ERBB2	Neu	扩增	胃癌，胶质瘤，卵巢癌，肺癌
HRAS	HRas	点突变	膀胱癌等
ABL1	ABL（c-Abl）	易位	慢性粒细胞白血病，急性髓系白血病
MYC	c-Myc	易位	Burkitt 淋巴瘤

（一）点突变

点突变可以导致癌基因产物一级结构异常，进而构象异常，导致：①活性增强。②活性失控，多为组成性激活。③降解障碍，寿命延长，导致水平过高或失控。

以点突变方式激活的原癌基因中以 *ras* 基因最为典型。1982 年，Taparowsky 发现人膀胱癌细胞 *HRAS* 发生 Gly12Val（G35T）点突变。*ras* 有三个突变热点：Gly12、Gly13、Gln61（292 页）。

（二）病毒启动子或增强子插入

逆转录病毒前病毒 DNA 两端存在长末端重复序列（LTR），含强启动子、增强子。逆转录病毒感染宿主细胞时，如果整合位点恰好位于原癌基因启动子区域或附近，则前病毒 DNA 的启动子、增强子可提高原癌基因的转录效率，从而引起原癌基因高表达，称为插入激活。前述慢作用逆转录病毒的作用机制就是插入激活。例如：①逆转录病毒 MOSV-DNA 感染鼠成纤维细胞后整合在鼠原癌基因 *Mos* 附近，将 *Mos* 激活，导致成纤维细胞转化为肉瘤细胞。②禽白血病病毒 DNA 感染禽类后整合在无活性的禽类原癌基因 *MYC* 附近，将 *MYC* 激活，诱发淋巴瘤（表 9-9）。

表 9-9 LTR 插入激活的部分原癌基因

LTR 来源	原癌基因	诱导的肿瘤	LTR 来源	原癌基因	诱导的肿瘤
小鼠白血病病毒	*Pim1*	小鼠 T 细胞淋巴瘤	猫白血病病毒	*MYC*	猫 T 细胞淋巴瘤
小鼠白血病病毒	*Lck*	小鼠 T 细胞淋巴瘤	禽白血病病毒	*EGFR*	禽类红白血病
小鼠白血病病毒	*Kras*	小鼠髓性细胞白血病	禽白血病病毒	*MYC*	禽类黏液性囊性淋巴瘤
小鼠白血病病毒	*Csf1r*	小鼠髓性细胞白血病	禽白血病病毒	*MYB*	禽类黏液性囊性淋巴瘤
小鼠白血病病毒	*Mecom*	小鼠髓性细胞白血病	禽白血病病毒	*HRAS*	禽肾细胞瘤
小鼠乳头瘤病毒	*Wint1*	小鼠乳腺癌			

鸟类和鼠类的慢作用逆转录病毒比转导逆转录病毒更为常见。因此，导致原癌基因插入激活可能是逆转录病毒诱导肿瘤发生的主要机制。

（三）重排

人类肿瘤中已发现上百种基因重排（或染色体易位），多见于白血病和淋巴瘤，且常涉及酪氨酸激酶和转录因子类原癌基因。原癌基因可以通过基因重排激活（表 9-10），激活效应有两种。

表 9-10 人肿瘤中的部分癌基因重排

染色体易位	断裂点重排基因	激活癌基因	肿瘤
t（9；22）(q34；q11)	*BCR*（22q11）	*ABL1*（9q34.1）	慢性粒细胞白血病（CML）
t（14；18）(q32；q21)	*IGHG1*（14q32.33）	*BCL2*（18q21.3）	慢性淋巴细胞白血病（CLL）
t（11；14）(q13；q32)	*IGHG1*（14q32.33）	*CCND1*（11q13）	套细胞淋巴瘤（MCL）
t（11；11）(q13；p15)	*PTH*（11p15.3-p15.1）	*CCND1*（11q13）	甲状旁腺腺瘤
t（12；16）(q13；p11)	*DDIT3*（12q13.1-q13.2）	*FUS/TLS*（16p11.2）	恶性黏液性脂肪肉瘤
t（16；21）(p11；q22)	*ERG*（21q22.3）	*FUS/TLS*（16p11.2）	急性髓系白血病（AML）

续表

染色体易位	断裂点重排基因	激活癌基因	肿瘤
t（12；16）(q13；p11.2)	*ATF1*（12q13）	*FUS/TLS*（16p11.2）	血管瘤样纤维组织细胞瘤（AFH）
t（8；14）(q24；q32)	*IGHG1*（14q32.33）	*MYC*（8q24）	Burkitt 淋巴瘤（BL）
t（8；22）(q24；q11)	*IGLC1*（22q11.22）	*MYC*（8q24）	Burkitt 淋巴瘤（BL）
t（2；8）(p12；q24)	*IGKC*（2p11.2）	*MYC*（8q24）	Burkitt 淋巴瘤（BL）
t（8；12）(q24；q22)	*BTG1*（12q21.33）	*MYC*（8q24）	慢性淋巴细胞白血病（CLL）
t（1；3）(q21；q11)	*TFG*（3q12.2）	*NTRK1*（1q21-q22）	甲状腺乳头状癌（TPC）
t（8；21）(q22；q22)	*RUNX1*（21q22.3）	*RUNX1T1*（8q22）	M2 型急性髓系白血病（AML-M2）
t（17；22）(q22；q13)	*COL1A1*（17q21.33）	*SIS*（22q13.1）	隆突性皮肤纤维肉瘤

1. 激活原癌基因　原癌基因易位到强启动子或增强子附近并被其激活，高效表达，甚至组成性表达，因而产物水平高。因为原癌基因编码区结构不变，所以产物结构正常。例如急性淋巴细胞白血病中的染色体易位。

1984 年，Tsujimoto 等发现急性淋巴细胞白血病存在 t（14；18）(q32；q21）易位。18 号染色体的 *BCL2* 基因（18q21.3）易位到 14 号染色体的免疫球蛋白重链基因侧翼。易位导致 *BCL2* 基因表达失控，大量合成抗凋亡蛋白 Bcl-2。

t（14；18）(q32；q21）易位主要导致 B 细胞非霍奇金淋巴瘤（non-Hodgkin lymphoma），包括滤泡性淋巴瘤（80%～90%）、弥漫性大细胞性淋巴瘤（30%），偶见于急性淋巴细胞白血病、慢性淋巴细胞增生性疾病。

BCL2 基因激活之后合成的大量抗凋亡蛋白 Bcl-2 不是促进细胞分裂，而是抑制细胞凋亡（第八章，268 页），延长细胞寿命，增加细胞数量。

2. 形成融合基因　重排可以使原癌基因与其他基因形成融合基因，产物组成性激活，例如费城染色体中的 *BCR-ABL1* 融合基因（294 页）。

总览 DNA 合成、基因表达调控、原癌基因激活中有关重排的内容不难看出，重排会影响到生命活动的许多方面：免疫球蛋白多样性、受体多样性、基因表达调控、原癌基因激活、细胞分化。

（四）扩增

在肿瘤细胞中，基因扩增是一种常见的遗传变异（表 9-11），它可以使基因或染色质片段的拷贝数增加 100 多倍，形成均染区。原癌基因扩增之后转录效率更高，癌蛋白合成过多，从而引起细胞代谢紊乱，并可能在细胞癌变过程中起重要作用。例如，神经母细胞瘤（neuroblastoma）中有 200 多个 *MYCN* 拷贝，小细胞肺癌中 *MYC*、*MYCN* 或 *LM* 的拷贝数也超过 50 个。在与基因扩增有关的肿瘤中，有些只有一种癌基因发生扩增，例如一些乳腺癌存在 *RPS6KB1*（17q23.1）基因扩增；有些则发生多种癌基因扩增，例如神经母细胞瘤中同时存在 *MYCN*（2p24.3）和 *DDX1*（2p24）基因扩增，一些乳腺癌同时存在 *CCND1*（11q13）、*FGF4*（11q13.3）和 *FGF3*（11q13）基因扩增。

表 9－11　人肿瘤中的部分癌基因扩增

癌基因	肿瘤	扩增倍数	癌基因	肿瘤	扩增倍数
MYC	早幼粒白血病细胞系 HL60	20	*MYB*	急性髓系白血病	5~10
	小细胞肺癌	5~30		结肠癌细胞系	10
MYCN	原发性神经母细胞瘤 III~IV 级，神经母细胞瘤细胞系	5~1000	*EGFR*	类表皮癌细胞系，原发性胶质瘤	30
	视网膜母细胞瘤	10~200	*KRAS*	原发性肺癌，结肠癌，膀胱癌，直肠癌	4~20
	小细胞肺癌	50	*NRAS*	乳腺癌细胞系	5~10
MYCL	小细胞肺癌	10~20			

癌基因扩增发生率远高于肿瘤发生率，但大多数扩增都被修复，或相应细胞受检查点控制退出细胞周期，因此存在癌基因扩增的肿瘤细胞还存在 DNA 修复缺陷，即看护基因缺陷（一类抑癌基因，见第二节）。

发生扩增的基因有的已鉴定，有的待鉴定。鉴定哪些基因被扩增可能很繁琐，但又是寻找导致肿瘤发生的基因突变所必需的。通过研究基因扩增，并进一步研究其表达情况，可以筛选出肿瘤相关基因。例如，已知一种乳腺癌细胞有 4 个染色体扩增区域，用基因芯片鉴定其扩增基因及其表达水平，发现有 50 个基因发生扩增，但其中只有 5 个基因表达上调，这 5 个基因可能是候选癌基因。

（五）缺失

一些原癌基因产物含有自抑制结构域，可以抑制其活性中心。缺失突变导致自抑制结构域缺失，从而缺失自我抑制，常使活性中心组成性激活。

例如，①Rous 肉瘤病毒的 v-*src* 发生缺失突变，表达的 Src 激酶组成性激活，不再被磷酸化抑制（图 9-2）。②EGFR 细胞外配体结合区缺失，成为癌蛋白 ErbB1，组成性激活。③*MYC* 基因的 3′UTR 不稳定序列缺失，mRNA 寿命延长。④某些原癌基因的 5′AUG 及 uORF 缺失，导致翻译抑制缺失（第六章，175 页）。

（六）去甲基化

肿瘤 DNA 甲基化的特征是基因组和癌基因 DNA 低甲基化，抑癌基因 DNA 高甲基化。例如，①人肝癌、肠腺癌细胞中 *MYC* 基因处于低甲基化状态，并且甲基化水平越低，则肿瘤恶性程度和转移能力越高，临床分期越晚。②人结肠癌和肺癌细胞中存在 *KRAS* 和 *HRAS* 基因的低甲基化。

（七）其他

以 *MYC* 基因的激活为例，除了重排、扩增、逆转录病毒插入和 3′UTR 缺失之外，还有其他激活机制：①转录因子激活：β 连环蛋白是 *MYC* 基因的共激活因子，但在正常细胞中被 APC 蛋白（腺瘤性息肉病蛋白，第七章，228 页）结合抑制，并由泛素-蛋白酶体系统降解。结肠癌 *APC* 基因突变导致 APC 蛋白缺失，于是 β 连环蛋白与转录因子 TCF-4 结合激活 *MYC* 基因表达（第七章，226、228 页）。②转录因子突变：结肠癌、肝癌及其他肿瘤中存在突变激活的 β 连环蛋白，激活 *MYC* 基因表达。③Ras 蛋白可能在翻译后修饰环节稳定 Myc 蛋白。

NOTE

原癌基因的激活机制复杂多样。不同原癌基因有不同的激活机制。一种原癌基因在不同条件下可能有不同的激活机制，例如 *RAS* 基因的激活机制主要是点突变，*MYC* 基因的激活机制既有基因扩增又有基因重排，在某些条件下可能以某种激活机制为主。

六、部分癌基因

癌基因的种类很多，例如 *bcl-2*（第八章，268 页）。常见的是 *HER2*、*ras*、*BRAF*、*ABL1*、*SRC*、*myc* 等。

（一） *HER2*基因

人 *HER2* 基因又称 *ERBB2*、*MLN19*、*NEU*、*NGL*，属于酪氨酸激酶家族、EGF 受体亚家族（表 7-8，198 页），位于 17q11.2-q12，全长 40523bp，mRNA 长 4315nt。

1. HER2 蛋白结构　HER2 蛋白前体一级结构 1255AA，切除 N 端 22AA 的信号肽得到 1233AA 的功能 HER2 蛋白，又称 Neu、c-ErbB-2。HER2 蛋白虽然属于 EGF 受体亚家族，但在体内并无相关配体，而是通过与 EGFR、ErbB3、ErbB4 的配体-受体复合物结合而被激活。

2. HER2 蛋白功能　HER2 蛋白有酪氨酸激酶活性，通过 Ras-MAPK 途径和 PI3K-Akt 途径等促进细胞增殖、抑制细胞凋亡。

3. *HER2* 基因突变　在 30%乳腺癌中存在 *HER2* 基因扩增或表达过度，表达产物形成同二聚体，具有组成活性，且表达水平与治疗后复发率及预后不良显著相关。针对其过度表达研发的单克隆抗体药物曲妥珠单抗（trastuzumab，商标名称赫赛汀，Herceptin，抗 HER2 蛋白的胞外结构域）可应用于晚期乳腺癌等的临床治疗。

（二） *ras* 基因

人体三种癌基因 *HRAS*（1982 年鉴定，是第一个在人类肿瘤内被鉴定的非病毒癌基因）、*KRAS*（1983 年鉴定）和 *NRAS*（1983 年鉴定）属于 Ras 超家族、Ras 家族（表 9-12）。它们分别编码 HRas、KRas、NRas 蛋白。

表 9-12　人类 Ras 家族癌基因

ras 基因	染色体定位	产物	功能产物大小（AA）
HRAS	11p15.5	HRas，H-Ras-1，Ha-Ras，c-H-ras，p21ras	185~186
KRAS	12p12.1	KRas，K-Ras 2，Ki-Ras，c-K-ras，c-Ki-ras	185~186
NRAS	1p13.2	NRas，N-Ras	186

1. Ras 蛋白结构　Ras 蛋白的翻译后修饰对其活性、亚细胞定位和寿命非常重要：①一部分 Ras 蛋白的 N 端保留 Met1 且被乙酰化；其余 Ras 蛋白的 Met1 切除且 Thr2 被乙酰化。②Cys118巯基亚硝基化促进鸟苷酸交换。③KRas 的 Cys180、HRas 的 Cys181 和 Cys184、NRas 的 Cys181 巯基可被棕榈酰化。棕榈酰化与去棕榈酰化循环调节其在细胞膜与高尔基体之间的分配。④Cys186 的羧基被甲基化，其巯基则被法尼基化。⑤C 端切除三肽 Val-Leu-Ser（HRas）、Ile-Ile-Met（KRas）、Val-Val-Met（NRas）。⑥Lys104 被乙酰化会抑制 Ras 蛋白与鸟苷酸交换因子（GEF）结合。

2. Ras 蛋白功能　*ras* 基因主要表达于 G_1 中晚期，但在 G_1 期检查点（限制点）之前，产物 Ras 蛋白属于信号转导分子开关，通过激活 Raf 激酶转导生长信号，维持细胞骨架完整性，激活基因表达、细胞增殖、细胞分化、细胞黏附、细胞迁移、细胞凋亡（第七章，212 页）。

一些生长因子（如 EGF、PDGF、NGF、M-CSF、INS）可通过其酪氨酸激酶受体（RTK）激活 Ras 蛋白，另一些生长因子（如 IL-2、IL-3、IL-5）的受体没有酪氨酸激酶活性，则可激活酪氨酸激酶（PTK），PTK 激活 Ras 蛋白。

3. *ras* 基因突变　人类肿瘤中有 20%～30%可以检出 *HRAS*、*KRAS* 或 *NRAS* 突变，主要是 *KRAS* 突变。不同肿瘤的 *ras* 突变检出率不同，胰腺癌超过 90%，肺癌和结肠癌为 30%～50%，泌尿系肿瘤为 10%。*ras* 突变主要是点突变，突变体促浸润、促转移、抗凋亡。

（1）一些 Ras 突变体的 GTPase 活性极低且抗 GTP 酶激活蛋白（GAP）激活，所以突变导致其组成性激活　例如 HRas、KRas 的 Gly12Val 突变体。Ras 蛋白的组成性激活存在于人类许多肿瘤中，例如膀胱癌、结肠癌、乳腺癌、皮肤癌、肺癌、神经母细胞瘤、白血病等。

（2）不同 *ras* 基因在不同肿瘤中有优势激活现象　*KRAS* 突变常见于白血病、胰腺癌、结肠癌、膀胱癌、肺癌；*HRAS* 突变常见于膀胱癌、甲状腺肿瘤；*NRAS* 突变常见于白血病、黑色素瘤、神经母细胞瘤、结肠癌、肺癌。不同 *ras* 基因突变后果不同：*KRAS* 突变导致胎儿贫血及肝脏缺陷而胎死腹中；*HRAS*、*NRAS* 突变不影响生长发育，但携带者具有肿瘤易感性。

（3）突变热点具有肿瘤相关性　研究表明，*ras* 突变主要是点突变，有三个突变热点，即 Gly12、Gly13、Gln61，存在于人类各种肿瘤中（表 9-13）。

表 9－13　人类 *ras* 基因肿瘤相关突变热点

热点	点突变和相关肿瘤
HRAS	
Gly12	Asp（G35A，乳腺癌/白血病），Val（G35T，膀胱癌）
Gln61	Leu（A182T，黑色素瘤/肺癌），Lys（C181A，甲状腺肿瘤）
KRAS	
Lys5	Asn（胃癌）
Gly12	Asp（G35A，胰腺癌/胃癌/肺癌/结肠癌/白血病），Ser（G34A，肺癌/胃癌/结肠癌/胰腺癌），Cys（G34T，肺癌/结肠癌），Arg（G34C，肺癌/胰腺癌/膀胱癌），Val（G35T，肺癌/胰腺癌/结肠癌/胃癌/白血病），Ala（G35C，结肠癌/肺癌）
Gly13	Asp（G38A，乳腺癌/胃癌/结肠癌）
Ala59	Thr（膀胱癌/胃癌）
Gln61	His（A183C/T，肺癌/白血病），Arg（A182G，结肠癌）
NRAS	
Gly12	Ala（G35C，白血病），Asp（G35A，白血病），Cys（G34T，白血病），Ser（G34A，白血病），Val（G35T，白血病）
Gly13	Arg（G37C，结肠癌），Asp（G38A，白血病），Cys（G37T，白血病），Ala（G38C，白血病），Val（G38T，白血病）
Gln61	Arg（A182G，肺癌/黑色素瘤），His（A183C/T，白血病），Leu（A182T，白血病），Lys（C181A，神经母细胞瘤/白血病/黑色素瘤）

Gly12 位于 Ras 蛋白的 GTPase 调节结构域内，GAP 通过 Gly12 与 Ras 蛋白结合并激活其 GTPase 活性，把 GTP 水解成 GDP，抑制信号转导（第七章，194 页）。因此，Gly12 点突变（如 Gly12Val）会导致 Ras 蛋白不能被 GAP 激活，GTPase 活性极低，导致 Ras 长时间与 GTP 结合，组成性激活，即使没有生长因子刺激，也向细胞核发出促生长信号，最终导致细胞增殖失控，肿瘤发生。

NOTE

Gln61 位于 Ras 蛋白的 GTPase 活性中心中，直接参与水解 GTP。Gln61 点突变导致 GTPase 活性中心失活，几乎不能水解 GTP。结果 Ras 一直与 GTP 结合即组成性激活。

（三）*BRAF* 基因

人 *BRAF* 基因属于蛋白激酶超家族、TKL 丝氨酸/苏氨酸激酶家族、RAF 亚家族，其三个成员均为癌基因（表 9-14）。*BRAF* 基因全长 205431bp，含 18 个外显子（外显子 18 最长，达 759bp；外显子 9 最短，仅 37bp），其 mRNA 长 2949nt。

表 9-14　人 RAF 亚家族

raf 基因	染色体定位	产物	大小（AA）	组织特异性
RAF1（*RAF*）	3p25	RAF（c-RAF，Raf-1）	648	骨骼肌
ARAF（*ARAF1*）	Xp11. 3-p11. 23	A-Raf（A-Raf-1）	606	泌尿生殖系统组织
BRAF（*BRAF1*）	7q34	B-raf（B-Raf）	765	脑，睾丸

1. B-Raf 激酶结构　B-Raf 激酶前体一级结构 766AA，切除 N 端 Met 得到 765AA 的功能 B-Raf 激酶。B-Raf 激酶有单体、同二聚体、异二聚体（B-Raf-RAF）等存在形式，异二聚体活性最高。丝裂原调节异二聚体形成，14-3-3 蛋白促进其形成。异二聚体级联激活的 MAPK1（ERK2）通过催化其 Thr752 磷酸化促进二聚体解离。

2. B-Raf 激酶功能　在 MAPK 途径中 B-Raf 激酶通过催化 MAP2K1 磷酸化激活参与转导有丝分裂信号。B-Raf 激酶可被 EGF、HGF 激活的信号通路激活，在细胞增殖和细胞分化过程中起重要作用。

3. *BRAF* 基因突变　人类结肠癌、肺癌、家族性非霍奇金淋巴瘤、肉瘤、黑素瘤、浆液性卵巢癌、毛细胞型星形细胞瘤及 1 型 CFC 综合征、7 型努南综合征、3 型豹斑综合征等的发生与 *BRAF* 基因突变有关。例如，约 60%的黑素瘤存在 *BRAF* 基因突变，其中 Val600Glu 最常见，突变导致 B-Raf 激酶组成性激活。针对该突变的靶向药物威罗菲尼（vemurafenib，商标名称 Zelboraf）可抑制该突变体活性，从而抑制肿瘤生长，已应用于临床。

（四）*ABL1* 基因

人 *ABL1* 基因属于蛋白激酶超家族、酪氨酸激酶家族、ABL 亚家族，位于 9 号染色体末端（9q34. 1），全长 274474bp，含 11 个外显子（外显子 11 最长，达 3707bp；外显子 5 最短，仅 85bp），其 mRNA 长 5881nt；编码产物 ABL1 蛋白又称 ABL 蛋白、ABL 激酶、c-Abl 蛋白、c-Abl 激酶。

1. ABL 激酶结构　ABL 激酶一级结构 1130AA，其构象中含 SH3 和 SH2 结构域、蛋白激酶活性中心（PK）、帽区、核定位信号（NLS1、2、3）、DNA 结合区、核输出信号（NES）(图 9-1)。

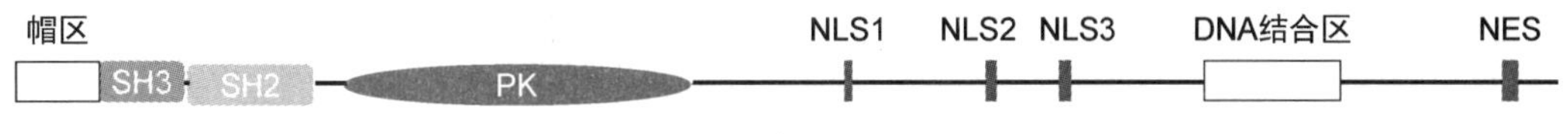

图 9-1　ABL 蛋白一级结构特征

2. ABL 激酶功能　ABL 激酶主要功能是促进肌动蛋白分支形成和细胞突起延伸，从而控制细胞骨架和细胞形态。在与细胞生长、存活有关的关键过程中起作用，如细胞骨架重塑（以对细胞外刺激作出反应）、细胞运动、细胞黏附、受体内吞、自噬、DNA 损伤反应、凋亡。

3. *ABL1* 基因突变　主要是重排。

一些慢性粒细胞白血病（chronic myelogenous leukemia，CML，阳性率90%~95%）、急性淋巴细胞白血病（acute lymphoblastic leukemia，ALL，成人阳性率25%~30%，少儿阳性率2%~10%）和急性髓系白血病（又称急性粒细胞白血病，acute myelogenous leukemia，AML）患者骨髓造血细胞的22号染色体称为费城染色体（Ph$^+$染色体），它带有一个 *BCR-ABL1* 融合基因，是通过t（9；22）（q34；q11）易位形成的。易位导致 *ABL1* 基因（9q34.1）插入 *BCR* 基因（22q11，编码一种GTP酶激活蛋白），形成 *BCR-ABL1* 融合基因，表达Bcr-Abl融合蛋白。在CML和ALL患者中，9号染色体 *ABL1* 的断点一样，但22号染色体 *BCR* 的断点不同，并且CML患者有两处断点，因而形成不同大小的 *BCR-ABL1* 融合基因，表达不同大小的Bcr-Abl融合蛋白。CML的Bcr-Abl融合蛋白命名为p210、p180，ALL的Bcr-Abl融合蛋白命名为P185-ALL-ABL。不过，上述急性白血病还存在其他突变，如 *p53* 或 *RB* 基因的功能缺失性突变。

Bcr-Abl融合蛋白形成四聚体，几乎全部位于细胞质中。其致癌活性的分子机制有二：①Bcr-Abl融合蛋白含ABL激酶的大部分序列，其活性高于ABL激酶且组成性激活，可以催化多种信号转导蛋白磷酸化激活，其中一些并不是ABL激酶的生理底物。例如，Bcr-Abl融合蛋白可以激活Ras-MAPK途径、JAK-STAT途径和PI3K-Akt途径，它们在正常情况下是被酪氨酸激酶受体激活的。②Bcr-Abl融合蛋白中的Bcr部分还可以募集信号转导蛋白，因而更有利于激活信号转导蛋白。

伊马替尼（imatinib，商标名称格列卫，Gleevec）是一种特异性Bcr-Abl酪氨酸激酶抑制剂（tyrosine-kinase inhibitor，TKI），可以直接结合ABL激酶活性中心，抑制其活性，因而可以杀死存在 *BCR-ABL1* 融合基因的CML细胞且不影响正常细胞，于2001年成为第一种靶向作用于肿瘤细胞信号转导蛋白的抗肿瘤药物。伊马替尼也抑制与其他肿瘤相关的另外几种蛋白激酶，并用于治疗相关肿瘤，例如胃肠道肿瘤。伊马替尼目前是一线治疗CML的标准药物，不过治疗会产生耐药性。目前已有第二代TKI药物，例如厄洛替尼（erlotinib，商标名称特罗凯，Tarceva）用于二线治疗。

伊马替尼

（五）*src* 基因

src 基因是最早发现的一种癌基因，是一种致肉瘤癌基因，最初发现于Rous肉瘤病毒，命名为v-*SRC* 基因。人类基因组中存在相应的细胞癌基因，命名为 *SRC* 基因（20q12-q13），属于蛋白激酶超家族、酪氨酸激酶家族、SRC亚家族（表9-15）。

表9-15　人和Rous肉瘤病毒 *src* 基因

src 基因	产物	单体大小（AA）	SH3（AA）	SH2（AA）	PK（AA）
SRC	c-Src，pp60c-src，p60-Src	535	84~145（62）	151~248（98）	270~523（254）
v-*SRC*	pp60c-src，p60-Src，v-Src	525	81~142（62）	148~245（98）	267~517（251）

1. Src 激酶结构　人和 Rous 肉瘤病毒 *src* 基因产物称为 Src 激酶、Src 蛋白，分布在细胞膜、线粒体内膜上和细胞核内。Src 激酶属于非受体酪氨酸激酶，其构象中均含有一个 SH3 结构域、一个 SH2 结构域和一个蛋白激酶结构域。SH2、SH3 结构域的作用是介导分子内、分子间作用，从而调节酶活性、酶蛋白亚细胞定位，或募集靶蛋白（图 9-2）。

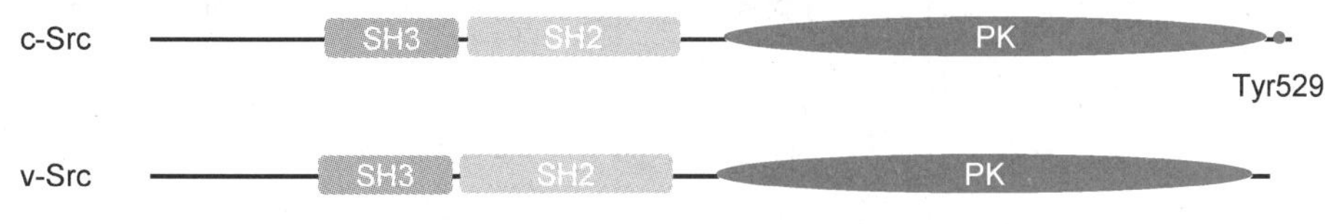

图 9－2　Src 激酶一级结构特征

人 Src 激酶的活性受到化学修饰调节，其 Tyr529 是一个重要的化学修饰位点，受 CSK 激酶和受体型蛋白酪氨酸磷酸酶 PTPRJ 的调节：被 CSK 激酶催化磷酸化后与分子内 SH2 结构域结合，导致 Src 激酶扭曲成无活性构象（自我抑制）。受体型蛋白酪氨酸磷酸酶 PTPRJ 催化磷酸化 Tyr529 去磷酸化激活（图 9-2）。

2. Src 激酶功能　Src 激酶被多种膜受体募集激活，如免疫反应受体、整联蛋白、其他黏附受体、酪氨酸激酶受体、G 蛋白偶联受体、细胞因子受体。激活的 Src 激酶调节各种代谢，包括基因转录、免疫反应、细胞黏附、细胞周期、细胞凋亡、细胞迁移、细胞转化等。

3. *src* 基因突变　v-Src 激酶缺失 Tyr-529 同源残基，因而不被 CSK 磷酸化修饰，即组成性激活（图 9-2）。

c-Src 激酶在几种肿瘤（如结肠癌）及肿瘤细胞系中活性增加。

（六）*myc* 基因

1978 年，Sheiness 和 Bishop 在一种诱发鸟类骨髓细胞瘤（myelocytomatosis）的禽骨髓细胞瘤病毒（avian myelocytomatosis virus）中发现了 v-*myc* 基因（产物 v-Myc 蛋白，一级结构 416AA），随后于 1979 年在鸡的基因组中发现了同源 c-*myc* 基因（产物 c-Myc 蛋白，一级结构 416AA）。

人类基因已鉴定出三种典型的 *myc* 基因（表 9-16），均属于早期基因，只在增殖细胞中表达，主要表达于 G_0/G_1 转换期和 G_1 早期。

表 9－16　人 *myc* 基因

人 *myc* 基因	染色体定位	产物	大小（AA）
MYC（*BHLHE39*）	8q24	c-Myc（bHLHe39）	439
MYCN（*BHLHE37*）	2p24. 3	N-myc（bHLHe37）	464
MYCL（*BHLHE38*）	1p34. 3	L-Myc（bHLHe38）	364

1. Myc 蛋白结构　三种基因产物的大小及序列不尽相同，但有一些共同的结构特征。例如 c-Myc 蛋白是磷酸化糖蛋白，一级结构 439AA，从 N 端起依次含以下结构：①转录激活结构域（TAD）：包括 Met1～Lys143，其中 33～37 号是 5 个 Gln，88～91 号是 4 个 Gly。②核定位信号（NLS）：介导 c-Myc 蛋白向细胞核转运。③碱性螺旋-环-螺旋基序（bHLH）：Val354～Val406，是 DNA 结合区，可以与靶基因启动子元件 E 盒（enhancer box sequence，E-box，共有序列 CACG/ATG）结合。④亮氨酸拉链区（LZ）：包括 Leu413～Leu434，是二聚化结构域，可

以与同样含 LZ 的转录因子 Max 形成 Myc-Max 活性二聚体。

Myc 蛋白受到磷酸化、乙酰化、甲基化、SUMO 化、泛素化等翻译后修饰调节，例如被 PI3K-Akt 途径激活的 GSK3A 催化其 Thr58 磷酸化激活。

2. Myc 蛋白功能　三种 Myc 蛋白都是转录因子，位于细胞核内。与其他 bHLH 蛋白（如 Max、Mad、Mnt）形成异二聚体后，与调控元件结合，调节靶基因转录。Myc 蛋白控制着数千种基因的表达，因此影响到细胞几乎所有的功能。

Myc 蛋白是转录激活因子，可以与转录因子 Max（159AA）结合成 Myc-Max 二聚体，结合于靶基因启动子的 E 盒，通过上调靶基因表达，促进细胞周期、细胞代谢、细胞分化、细胞凋亡，抑制细胞黏附。由 Myc-Max 调控的靶基因数占基因总数的 15%，例如细胞周期蛋白。Myc 蛋白复合物通过向靶基因募集染色质修饰复合物（含组蛋白乙酰化酶，HAT），激活转录。转录抑制因子 Mad（221AA）或 Mxi-1（228AA）可以与 Max 形成异二聚体，从而抑制 Myc 蛋白的转录激活因子活性（因此可用 Mad 蛋白或其激活剂类药物抑制 Myc 蛋白，抑制肿瘤发生）。Mad 还和 Mnt 协助共抑制因子 Sin3 募集组蛋白去乙酰化酶（HDAC），抑制转录。

Myc 蛋白是转录抑制因子，可以取代组蛋白乙酰化酶 CBP（或 p300）与转录因子 Miz-1（803AA）结合，下调 Miz-1 靶基因的表达。

Myc 蛋白的靶基因还有 miRNA 基因，从而使其功能更加多样化，与肿瘤发生的关系更加复杂（图 9-3）。

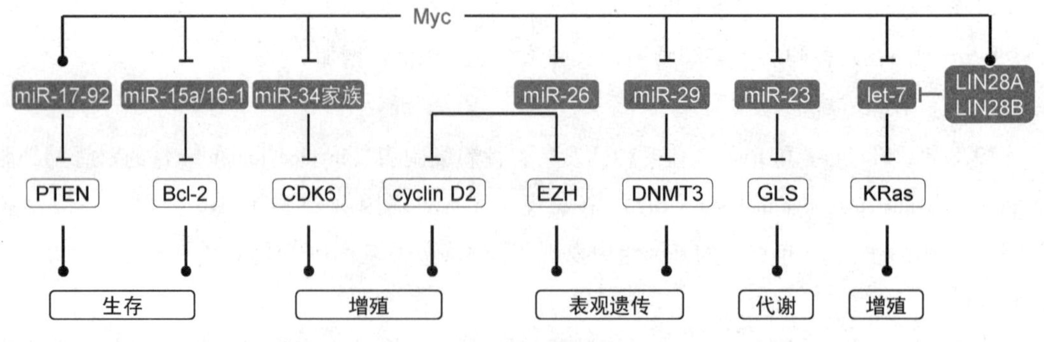

图 9-3　Myc 蛋白的 miRNA 靶基因

（1）促进细胞生长　细胞进入 S 期之前必须积累各种代谢物，细胞也要长到一定体积。Myc 蛋白靶基因产物与细胞生长、增殖有关，涉及核苷酸合成系统、DNA 复制系统、DNA 修复系统、蛋白质合成系统、能量代谢系统，例如氨甲酰磷酸合成酶Ⅱ、二氢叶酸还原酶、胸苷激酶、DNA 聚合酶、cyclin D1、CDK4、BRCA1、ARF、rRNA、tRNA、miRNA（图 9-3）。培养细胞高效合成 Myc 蛋白，刺激合成大量其他转录因子和核糖体蛋白，促进细胞生长。

（2）激活细胞周期　Myc 蛋白是 G_1 期的重要转录因子。①Myc 蛋白上调 cyclin D1、cyclin D2、cyclin E、CDK4、Cdc25A、Cullin1 蛋白合成，促进细胞从 G_1 期进入 S 期。其中 cyclin E 和 Cullin1 还下调 p27 蛋白效应：cyclin E-CDK2 催化 p27 蛋白磷酸化，由 SCF 泛素连接酶（含有 Cullin1）通过泛素-蛋白酶体系统降解（图 8-7，238 页）。②Myc 蛋白与转录因子 Miz-1 结合，下调 Miz-1 靶基因 *p15*、*p21* 的表达。

NOTE

（3）诱导细胞凋亡或肿瘤发生　①如果缺乏 IL-3，Myc 蛋白诱导依赖 IL-3 的 32d. 3 骨髓祖代细胞凋亡。②各种应激信号（缺氧、低血糖）通过刺激成纤维细胞大量合成 Myc 蛋白而诱导其凋亡。③过量的 Myc 蛋白促进细胞增殖，导致肿瘤发生，例如淋巴瘤发生。

Myc 蛋白诱导细胞凋亡或导致肿瘤发生的机制尚未阐明。一种分析认为 Myc 蛋白促进细胞增殖过快、检查点缺失，导致基因组不稳定，形成新突变，染色体数目和结构出现异常；并且高水平 Myc 蛋白诱导基因扩增，或形成非整倍体、多倍体；Myc 蛋白还诱导线粒体活性氧外逸，引起 DNA 损伤。通常这些事件可以促进细胞凋亡，但如果有其他突变等因素激活抗凋亡信号，就可能导致肿瘤发生。

E 盒不只是 Myc 蛋白的结合元件，也是其他转录因子的结合元件，例如固醇调节元件结合蛋白（SREBP）和缺氧诱导因子（HIF）。实际上 Myc 蛋白需要与其他转录因子共同作用才能调控基因表达。

3. *myc* 基因表达　其转录受到各种细胞外信号的调控，被酪氨酸激酶受体途径、Notch 途径、Wnt 途径、TCR 途径上调，被 TGF-β 途径下调。这些途径异常激活会导致 *myc* 基因及其靶基因转录异常。

4. *myc* 基因突变　是各种肿瘤中最常见的突变癌基因之一，主要激活机制有易位、扩增、错配和启动子激活。

Burkitt 淋巴瘤中多存在 *MYC* 基因的染色体易位，特别是 t（8；14）(q24；q32）易位。8 号染色体的 *MYC* 基因易位到 14 号染色体的免疫球蛋白重链基因（*IGH*）侧翼，该基因在合成免疫球蛋白的白细胞中处于表达状态，所以 *MYC* 基因易位后受 *IGH* 基因增强子控制，大量合成 c-Myc 蛋白，可以导致细胞癌变，发展为淋巴瘤。

MYC 基因在各种血液肿瘤中有高表达。

第二节　抑癌基因

许多肿瘤细胞中存在染色体缺失，因此推测缺失的染色体 DNA 中可能包含抑制细胞生长的基因，它们在缺失之前是有活性的。如今，通过对遗传性肿瘤的研究已经证实了抑癌基因的存在。

一、抑癌基因的发现

存在抑癌基因的证据最早来自细胞融合实验。1969 年，Harris 等用小鼠的多株肿瘤细胞与正常细胞株或从淋巴细胞衍生的细胞株融合，发现杂交瘤细胞的成瘤能力受到抑制。1971 年，Klein 和 Wiener 等发现 Ehrlich 腹水癌细胞与动物原代成纤维细胞融合之后核型（染色体组型：细胞分裂中期染色体的数目、大小和形态特征的总汇）不稳定，来自成纤维细胞的染色体丢失后，腹水癌细胞的成瘤能力得以恢复。因此，正常细胞的染色体上可能存在抑制肿瘤发生的基因，它们的缺失可导致肿瘤发生。

1971 年，Knudson 在系统研究了 48 个视网膜母细胞瘤病例之后，提出了用于阐述视网膜母细胞瘤发生的二次打击学说（二次突变假说，two “hit” hypothesis，Knudson hypothesis)：视网膜母细胞瘤（retinoblastoma）是由两个突变事件导致的。在遗传性视网膜母细胞瘤基因组

中，有一个突变事件遗传自生殖细胞，另一个突变事件发生于视网膜母细胞；在散发性视网膜母细胞瘤基因组中，两个突变事件都发生于视网膜母细胞演进成恶性细胞的过程中。

1985 年，Cavenee 等发现视网膜母细胞瘤患者的 13 号染色体存在隐性缺失。1987 年，Lee 等克隆并鉴定了该染色体上的 *RB1* 基因（13q14.2）及其产物 Rb 蛋白。

二、抑癌基因的定义

1985 年 1 月，Smith 等提出“suppressor gene（抑制因子基因）”概念；同年，Stanbridge 提出“tumor suppressor gene（抑癌基因）”概念。抑癌基因又称肿瘤抑制基因、抗癌基因，是一类存在于正常细胞基因组中、产物抑制细胞增殖的基因，有潜在的抑制细胞癌变的作用。抑癌基因发生功能缺失性突变后生长抑制活性降低，甚至完全丧失，可以导致细胞癌变，增殖失控，肿瘤发生。抑癌基因产物称为肿瘤抑制蛋白、抑癌蛋白。

1. 抑癌基因突变携带者具有肿瘤易感性　肿瘤易感性是指一类个体因有某种遗传特征而表现出在相同条件下更容易患某些肿瘤的倾向性。

如果一个个体是某个抑癌基因的野生型纯合子，即遗传的是两个野生型等位基因，则该个体的一个细胞与其子细胞中的这两个等位基因必须都发生功能缺失性突变，即细胞至少需要发生两次功能缺失性突变，成为该抑癌基因的突变纯合子，才有可能导致肿瘤发生；相比之下，如果一个个体是该抑癌基因的杂合子，即遗传了一个野生型等位基因和一个突变等位基因，则只要有一个细胞发生一次功能缺失性突变，使仅有的一个野生型等位基因转化为突变等位基因，就会成为该抑癌基因的突变纯合子，就有可能导致肿瘤发生。如同抑癌基因杂合子这种因发生功能缺失性突变而转化为突变纯合子的现象称为杂合性缺失、杂合性丢失（loss of heterozygosity，LOH），它是抑癌基因导致肿瘤发生所必需的。

显然，抑癌基因遗传性突变携带者只是具有肿瘤易感性，还不足以导致肿瘤发生。例如，一个抑癌基因 *BRCA1* 野生型纯合子女性在 50 岁之前患乳腺癌的可能性是 2%，而一个 *BRCA1* 杂合子女性在 50 岁之前患乳腺癌的可能性高达 60%。此外，*BRCA1* 野生型纯合子女性患卵巢癌的可能性是 2%，而 *BRCA1* 杂合子女性是 15%~40%。

2. 原癌基因和抑癌基因有以下区别　①在功能上，抑癌基因对细胞增殖起负调节作用，即抑制细胞增殖，促进细胞分化、成熟、衰老、凋亡；原癌基因的作用则相反。②在遗传方式上，多数抑癌基因是隐性的，因为其产物以单体形式起作用，只要有一个等位基因正常就能有效调节细胞增殖，除非两个等位基因都失活，所以抑癌基因在研究初期称为隐性癌基因（recessive oncogene）；原癌基因都是显性的，因为其只要有一个等位基因被激活即可促进细胞增殖和肿瘤发生。③在突变细胞类型上，抑癌基因突变既可发生在体细胞，也可发生在生殖细胞，并且后者可遗传；原癌基因突变只能发生在体细胞。原癌基因和抑癌基因是矛盾的统一体。两者相互制约，共同控制着细胞增殖和细胞分化，维持着生命活动的平衡（表 9-17）。

表 9－17　肿瘤相关基因对比

肿瘤相关基因	原癌基因	抑癌基因
功能	促进细胞生长或增殖	抑制细胞生长或增殖，或维护 DNA 稳定性
产物	抗凋亡蛋白，信号通路蛋白，转录因子	促凋亡蛋白，细胞周期抑制蛋白，检查点调控蛋白，信号通路蛋白，DNA 修复酶类

续表

肿瘤相关基因	原癌基因	抑癌基因
突变效应	功能获得性突变导致细胞增殖失控	功能缺失性突变导致细胞增殖失控或突变积累
突变遗传特征	显性突变	隐性突变
突变细胞	体细胞	体细胞，生殖细胞
突变类型	点突变，易位，扩增	缺失，点突变，甲基化

三、抑癌基因产物的功能和分类

抑癌基因编码的肿瘤抑制蛋白的功能主要是维持基因组稳定、抑制细胞增殖、诱导细胞分化或凋亡，归纳如表 9-18。

表 9－18　抑癌基因产物的功能

产物功能	举例
细胞周期调节蛋白	周期蛋白依赖性激酶抑制因子 p16、ARF、p15、p21 蛋白，Rb 蛋白
抗增殖信号受体或信号转导蛋白	TGF-β 受体，神经纤维瘤蛋白，APC 蛋白，Axin-1 蛋白
检查点调控蛋白	p53 蛋白
促凋亡蛋白	PTEN 蛋白
DNA 修复蛋白	BRCA1 蛋白
特异转录因子	肾母细胞瘤蛋白

DNA 修复酶类并不是直接抑制细胞增殖，而是监控细胞增殖。如果 DNA 的缺口、断裂等许多损伤得不到修复，就会造成许多突变积累，累及在调节细胞增殖时起关键作用的一些基因，包括原癌基因和抑癌基因。

1997 年，Kinzler 等建议将抑癌基因分为看门基因（gatekeeper gene，产物调节细胞周期和细胞凋亡，从而抑制细胞生长或突变积累）和看护基因（caretake gene，又称稳定基因，stability gene，产物参与 DNA 修复和 M 期检查点控制，维持基因组完整性和稳定性，如 *ATM*、*XP*、*BRCA1*。也有人将看护基因与癌基因、抑癌基因并列，定义为决定肿瘤发生的三类基因）。2004 年，Franziska Michor 等建议抑癌基因还包括 landscaper gene（产物维护细胞生长微环境）。

抑癌基因还有其他分类（表 9-19）：①抗癌基因：拮抗癌基因的促生长活性，例如 p16 蛋白拮抗 cyclin D1 和 CDK4、6，Rb 蛋白拮抗 cyclin D1，PTEN 蛋白拮抗 PI3K。②DNA 损伤检查点基因：在复制应激时诱导细胞死亡或衰老，例如 ATM、p53 蛋白。③看护基因：参与 DNA 修复、M 期检查点控制，维持基因组完整性和稳定性，例如 DNA 修复蛋白 XPA 参与核苷酸切除修复，错配修复蛋白 Mlh1 参与错配修复，BRCA1 蛋白参与双链断裂修复。

表 9－19　抑癌基因分类之一

抑癌基因	举例
抗癌基因	*p16*（抗 CDK4），*RB1*（抗 cyclin D1）
DNA 损伤检查点基因	*ATM*，*p53*
看护基因	*MLH1*，*BRCA1*，*MUTYH*，*XPA*，*APEX1*，*XRCC1*，*XRCC3*，*MGMT*

四、抑癌基因的失活

抑癌基因受物理、化学、生物等因素刺激时会发生突变，导致其不再表达，或表达产物无活性，称为功能缺失性突变（loss-of-function mutation）。

抑癌基因失活机制与原癌基因激活机制的化学本质是一样的（表9-20），这里以抑癌基因 *APC* 为例介绍。

表9－20 抑癌基因失活机制

抑癌基因	错义突变	移码突变	无义突变	沉默突变	剪接位点突变	其他
p53	74	9	8	4	2	3
APC	4	51	32	9	4	0
ATM	28	56	14	0	0	2
BRCA1	30	54	11	0	5	0

（一）缺失

APC 编码区缺失 Val312～Gln412，突变产物 2742AA。

（二）点突变

APC 的外显子 16 是点突变的集中区。目前已经发现了 45 种 *APC* 点突变。

1. 生殖细胞突变　多数家族性腺瘤性息肉病（FAP）患者的生殖细胞存在 *APC* 突变，其中 95%是无义突变和移码突变。Lys1061 和 Glu1309 是生殖细胞 *APC* 突变热点，占报道病例的 1/3。其余 2/3 基本散布于 Met200～Lys1600。

2. 体细胞突变　*APC* 超过 60% 的体细胞突变发生在 Glu1286～Glu1513（占编码区不到 10%），其中有两个突变热点 Glu1309、Arg1450。这些突变导致 Axin 蛋白结合点和 β 连环蛋白结合点丢失。

（三）高甲基化

有些结肠癌细胞只有一个 *APC* 等位基因突变，但其启动子 CpG 岛发生高甲基化（hypermethylation），而相邻正常肠上皮细胞 *APC* 等位基因则正常，所以其二次突变可能就是启动子的高甲基化。后来发现，包括食道癌、胰腺癌、胃癌、肝癌等 *APC* 启动子也高甲基化，这些肿瘤不合成 APC 蛋白。不过，有报道正常胃黏膜细胞 *APC* 启动子也有高甲基化。因此，高甲基化也许是结肠癌早期 *APC* 基因失活的机制，但也许只是一个正常的调节机制；即使是失活机制，可能也不是主要机制，因为多数结肠癌的发生是由于结构基因发生二次突变。

启动子 CpG 岛的高甲基化在抑癌基因很常见，例如抑癌基因 *APC*、*BRCA1*、*CDH-1*、*MGMT*、*MLH*、*NF1*、*p15*、*p16*、*PTEN*、*RB1*、*STK11*、*TIMP3*、*VHL*。这种高甲基化常常是导致许多肿瘤中某些抑癌基因失活的唯一分子基础（表9-21）。此外，高甲基化也会发生在抑癌基因的其他调控元件内。

（四）癌基因产物抑制

癌基因激活效应在表型上可以类似于抑癌基因缺失效应。例如，人乳头瘤病毒蛋白 E7 可以结合并抑制 Rb 蛋白。cyclin D1 过度合成与 p16 蛋白缺失一致，导致 Rb 蛋白高磷酸化失活。

NOTE

五、部分抑癌基因

目前已经鉴定的抑癌基因和候选抑癌基因有上百种（表9-21）。

表9-21　部分已知抑癌基因和候选抑癌基因

基因	染色体定位	主要产物	产物功能	相关肿瘤
APC	5q21-q22	APC蛋白	Wnt信号通路信号转导蛋白	家族性腺瘤性息肉病，结肠癌，胃癌
ATM	11q22-q23	ATM激酶	DNA损伤感受器	TALL，PLL，BCLL，NHL
AXIN1（*AXIN*）	16p13.3	Axin-1蛋白（hAxin）	信号转导蛋白	肝癌
BRCA1	17q21.31	BRCA1蛋白	E3泛素连接酶，DNA修复	乳腺癌，卵巢癌
BRCA2（*FACD*，*FANCD1*）	13q12-q13	BRCA2蛋白	DNA修复	乳腺癌，卵巢癌
CDH1	16q22.1	E-钙黏蛋白（cadherin-1，E-cadherin）	细胞黏附	胃癌，宫颈癌，卵巢癌，乳腺癌
CDKN1A（*CAP20*，*CDKN1*，*CIP1*，*MDA6*，*PIC1*，*SDI1*，*WAF1*，*p21*）	6p21.1	CDKI1（MDA-6，p21，p21^{CIP1}）	CDK2/4抑制剂	前列腺癌
CDKN1B（*KIP1*，*p27*）	12p13.1-p12	CDKI1B（p27，p27^{Kip1}）	CDK2/4抑制剂	多种肿瘤
CDKN2A（*CDKN2*，*MTS1*，*p16*）	9p21	CDKI2A（CDK4I，MTS-1，p16-INK4，p16INK4A，p16^{INK4a}，p16），p14^{ARF}	CDK4/6抑制剂	黑素瘤等多种肿瘤
CDKN2B（*MTS2*，*p15*）	9p21	CDK4IB（MTS-2，p14-INK4b，p15-INK4b，p15^{INK4B}，p15）	CDK4/6抑制剂	胶质母细胞瘤
CDKN2C（*CDKN6*，*p18*）	1p32.3	CDK4IC（CDK6I，p18-INK4c，p18-INK6，p18^{INK4c}，p18）	CDK4/6抑制剂	多种肿瘤
CDKN2D（*p19*）	19p13	CDK4ID（p19-INK4d，p19，p19^{INK4d}）	CDK4/6抑制剂	多种肿瘤
DCC	18q21.1	netrin受体（DCC）	神经突起生长导向因子（netrin）受体	结肠癌
FHIT	3p14.2	双（5′-腺苷）-三磷酸酶（AP3Aase）	水解双（5′-腺苷）-三磷酸	消化道肿瘤，肾癌等
MGMT	10q26	O^6-甲基鸟嘌呤-DNA甲基转移酶	DNA修复	-
MLH1，*COCA2*	3p22.3	DNA错配修复蛋白Mlh1	错配修复	2型遗传性非息肉病性结直肠癌，子宫内膜癌
MSH2	2p21	DNA错配修复蛋白Msh2（hMSH2）	错配修复	HNPCC，宫颈癌
NF1	17q11.2	神经纤维蛋白（NF-1）	Ras激活蛋白	Ⅰ型神经纤维瘤病、幼年型粒-单核细胞白血病、家族性脊髓神经纤维瘤、结肠癌

NOTE

续表

基因	染色体定位	主要产物	产物功能	相关肿瘤
NF2	22q12.2	Merlin（NF2）	细胞骨架蛋白，信号转导蛋白	Ⅱ型神经纤维瘤，1型神经鞘瘤，间皮瘤
PTCH1	9q22.1-q31	PTC1 蛋白	SHH、IHH、DHH 受体	基底细胞癌
PTEN	10q23	磷脂酰肌醇-3，4，5-三磷酸-3-磷酸酶和双特异性磷酸酶 PTEN	抑制 PI3K-Akt 途径	头颈部鳞癌，子宫内膜癌，胶质瘤，前列腺癌等
RB1（*RB*）	13q14.2	p105-Rb，pRb，Rb，pp110	细胞周期调控	视网膜母细胞瘤，膀胱癌，骨肉瘤
SMAD4（*DPC4*，*MADH4*）	18q21.1	DPC4（SMAD4，Smad4，hSMAD4）	参与 TGF-β 超家族信号转导	胰腺癌
STK11（*LKB1*）	19p13.3	丝氨酸/苏氨酸激酶 STK11（LKB1）	调节 AMPK 活性	睾丸生殖细胞肿瘤
TIMP3	22q12.3	金属蛋白酶抑制剂 3（TIMP-3）	抑制金属蛋白酶	-
TP53（*P53*，*p53*）	17p13.1	p53	转录因子，DNA 修复，细胞凋亡	食道癌，头颈部鳞癌，肺癌，脉络丛乳头状瘤，肾上腺皮质癌，基底细胞癌等多种肿瘤
VHL	3p25.3	VHL 病肿瘤抑制蛋白（G7 蛋白，pVHL）	E3 泛素连接酶复合物亚基，介导蛋白质泛素化降解	嗜铬细胞瘤，肾癌等
WT1	11p13	WT33	转录因子	肾母细胞瘤，间皮瘤等

（一）*RB1*基因

人 *RB1* 基因是第一种被鉴定和克隆的抑癌基因。*RB1* 基因位于 13q14.2，全长 178240bp，含 27 个外显子（外显子 27 最长，达 1893bp；外显子 24 最短，仅 31bp），其 mRNA 长 4772nt。

1. Rb 蛋白结构　*RB1* 基因产物是 Rb 蛋白前体，一级结构 928AA，切除 N 端 Met 得到 927AA 的 Rb 蛋白，属于 RB 家族（表 9-22）。

表 9-22　人 RB 家族

基因	染色体定位	Rb 蛋白	大小（AA）	功能
RB1	13q14.2	p105-Rb（pRb，Rb）	927	细胞周期调控
RBL1	20q11.23	p107（pRb1）	1068	细胞周期调控
RBL2	16q12.2	p130（RBR-2，pRb2）	1139	细胞周期调控

Rb 蛋白一级结构形成三个结构域：①N 端结构域（Pro1～His371）：其中 Ala9～A17 为富含丙氨酸序列，Pro19～Pro28 为富含脯氨酸序列。②口袋结构域（T372～Tyr770）：可以结合转录因子 E2F 或病毒癌蛋白 T 抗原、E1A 等。③C 端结构域（Ala771～Lys927）：可以结合 DNA 和 E4F1、cyclin-CDK 等，其中 Lys869～Arg875 为核定位信号（NLS）。

Rb 蛋白有 7 个 Thr 和 7 个 Ser 可被细胞周期蛋白依赖性激酶 CDK1、2、3、4、6 或丝氨酸/苏氨酸激酶 Chk1、2 催化磷酸化，所以有两种存在形式：无活性的高磷酸化 Rb 蛋白（在 G_1 期，被 cyclin D-CDK4/6、cyclinE/A-CDK2 催化）和有活性的低磷酸化 Rb 蛋白（在 M 晚期和 G_1 早期）。两种形式相互转化形成 Rb 蛋白循环，该循环由 cyclin-CDK 和蛋白磷酸酶 1（PP1）控制（图 8-10③④）。

2. Rb 蛋白功能　基本功能是防止细胞增殖异常。Rb 蛋白位于细胞核内，在真核细胞周期调控中起重要作用。Rb 蛋白在各种（可能是所有）细胞中通过多种机制介导各种信号调节细胞周期，例如调控染色质重塑、与 E2F 结合抑制其启动转录，是控制细胞从 G_0 期进入 G_1 期的关键因子。

（1）抑制细胞增殖　通过作用于转录因子 E2F 调节细胞从 G_1 期进入 S 期，促进细胞分化，抑制细胞增殖。

低磷酸化 Rb 蛋白是转录因子 E2F1 靶基因（产物为 S 期所必需）的转录抑制因子，通过与 E2F1 结合，抑制其转录因子活性，使其不能启动靶基因的表达，使细胞在 G_1 期不能合成 cyclin E、cyclin A、CDK2、DNA 聚合酶体系等功能蛋白，导致细胞停滞于 G_1 期而不能进入 S 期，从而起到抑制细胞增殖的作用（图 8-13，242 页）。

c-Myc 和 c-Fos 是细胞从 G_0 期进入 G_1 期所必需的。Rb 蛋白可抑制其合成从而抑制细胞增殖。某些病毒癌基因产物可结合有活性的低磷酸化 Rb 蛋白，抑制其活性，从而促进细胞增殖。例如：在病毒感染时，猿猴病毒 SV40 大 T 抗原、人乳头瘤病毒蛋白 E7、腺病毒蛋白 E1A 可以与低磷酸化 Rb 蛋白结合，诱导 Rb-E2F1 解离。

低磷酸化 Rb 蛋白还直接参与形成异染色质，特别是通过募集组蛋白甲基转移酶（HMT）和组蛋白去乙酰化酶（HDAC）参与组蛋白修饰，促进形成结构异染色质，抑制转录。

（2）抑制细胞凋亡　转录因子 E2F1 的靶基因中包括促凋亡基因 *APAF1*（编码 Apaf-1）和抑癌基因 *p16*。

3. *RB1* 基因突变　导致 Rb 蛋白失活，使细胞通过 G_1 期，进入 S 期。*RB1* 基因发生功能缺失性突变，或在表观遗传学水平因 DNA 甲基化、染色质修饰而沉默。其中功能缺失性突变见于视网膜母细胞瘤、膀胱癌、骨肉瘤、小细胞肺癌、乳腺癌、前列腺癌等。此外其他基因突变也导致 Rb 蛋白失活。

（1）癌基因 *CCND1* 发生功能获得性突变，过度表达，cyclin D1（即 Bcl-1）合成过多，导致 CDK4/6/2 过度激活，催化 Rb 磷酸化失活。

（2）抑癌基因 *p27*、*p16* 发生功能缺失性突变，TGF-β 途径异常而不能诱导 *p15* 基因表达（第七章，221 页），均导致 CDK 抑制因子缺乏，CDK4、6、2 抑制缺失，催化 Rb 磷酸化失活。

（3）多瘤病毒（如 SV40）、腺病毒、人乳头瘤病毒分别编码的 T 抗原、E1A 蛋白、E7 蛋白是癌蛋白，且都可以结合并抑制低磷酸化 Rb 蛋白，导致转录因子 E2F 游离而激活。

（二）*p53* 基因

人 *p53* 基因又称 *TP53*、*P53*，是一种比较独特的抑癌基因——显性抑癌基因，与 *p63*、*p73* 基因组成 p53 家族。*p53* 基因位于 17p13.1，全长 19149bp，含 11 个外显子（外显子 11 最长，达 1289bp；外显子 3 最短，仅 22bp），其 mRNA 长 2591nt。

1. p53 蛋白结构　*p53* 基因产物称为 p53 蛋白、细胞肿瘤抗原 p53。p53 蛋白广义上是指 *p53*

基因通过选择性转录和选择性剪接表达的9种同源体，狭义上（及通常）是指p53α（表9-23）。

表9-23 人p53同源体

p53同源体	大小（AA）	p53同源体	大小（AA）	p53同源体	大小（AA）
p53α	393	δ40-p53α	354	δ133-p53α	261
p53β	341	δ40-p53β	302	δ133-p53β	209
p53γ	346	δ40-p53γ	307	δ133-p53γ	214

p53蛋白一级结构393AA，依次含以下功能序列。

（1）转录激活结构域（Met1～Met44） 是一种酸性结构域，参与转录激活，其中Glu17～Leu25构成转录激活结构域Ⅰ（TADⅠ），Asp48～Glu56构成转录激活结构域Ⅱ（TADⅡ）。

（2）脯氨酸结构域（Met66～Arg110） 含12个脯氨酸。

（3）DNA结合域（Thr102～Lys292） 其中Arg273～Arg280与DNA结合。所结合的调控元件是两段共有序列为RRRCATGYYY或RRRCTAGYYY的反向重复序列，间隔0～13bp。

*p53*基因的各种突变中有95.1%都位于DNA结合域序列中（特别是Arg175、Gly245、Arg248、Arg273、Arg282），说明它主要作为DNA结合蛋白起作用。

（4）核定位信号（Lys305～Lys321）。

（5）四聚化结构域（Gly325～Gly356） 赖以形成活性同四聚体结构。此外，其所含的Glu339～Leu350是核输出信号（NES），并起转录抑制结构域作用。

2. p53蛋白功能 p53蛋白在维持细胞生长、抑制细胞增殖、促进细胞凋亡方面起重要作用。p53蛋白是DNA损伤（特别是双链断裂）感受器，基本功能是维持基因组稳定性，基本作用是调节细胞周期，特别是从G_0期进入G_1期。p53蛋白是一种特异转录因子（转录激活因子或转录抑制因子），其靶基因与DNA修复及细胞的增殖、分化、衰老、凋亡有关，最终效应是抑制存在DNA损伤和染色体畸变细胞的增殖。p53蛋白的直接靶基因已鉴定了130多种（表9-24），间接靶基因可能有数千种（同样情况还有转录因子Myc）。p53蛋白的靶基因不只是蛋白基因，还有miRNA基因、lncRNA基因。

表9-24 p53蛋白的部分靶基因

p53作用	靶基因功能	举例
激活转录	负反馈	*MDM2*，*CCNG1*
	代谢	*AMPK*，*TIGAR*
	抗氧化	*ALDH4*，*GPX1*
	血管生成	*SERPINB5*，*THBS1*
	抑制细胞周期	*SFN*，*GADD45A*，*p21*，*IGFBP3*，*mi-R34*
	DNA修复	*MSH2*，*GADD45A*，*XPC*，*FANCC*
	自噬	*AMPK*，*DRAM1*，*BBC3*
	促凋亡	*APAF1*，*BAX*，*BBC3*，*PMAIP1*，*IGFBP3*，*FAS*，*TNFRSF10A*，*TNFRSF10B*，*HIC1*，*CASP6*，*TP53I3*
	衰老	*p21*，*PML*
抑制转录	抗凋亡	*APC*，*CDC25C*，*DNMT1*，*BIRC5*，*JUN*，*FOS*，*ABCB1*，*PCNA*，*BCL2*，*BCL2L1*，*Rb1*，*IL6*

NOTE

p53 蛋白还通过非转录机制参与翻译调控、代谢调节、同源重组，从而调节细胞的增殖、分化、衰老、凋亡。

（1）抑制细胞增殖 当 G_1 期细胞受到各种应激信号刺激时，p53 蛋白通过翻译后修饰机制被激活，作为一种特异转录因子，激活某些基因，特别是 *p21* 基因表达，大量合成 p21 蛋白。p21 蛋白是一种 CDK 抑制因子，可以抑制 cyclin D-CDK4、cyclin D-CDK6、cyclin E-CDK2、cyclin A-CDK2 活性，从而使细胞停滞于 G_1 期。

（2）促进 DNA 修复 如果 DNA 损伤严重，蛋白激酶 ATM、Chk1、Chk2 均可催化 p53 磷酸化激活，促进合成 p21 蛋白。p21 蛋白结合并抑制 CDK4、6、2、1，彻底抑制细胞周期，为 DNA 修复争取时间。p53 因此被称为“基因卫士”“一号肿瘤抑制蛋白”。见第八章，250 页。

（3）诱导细胞凋亡 当 DNA 损伤严重至不能修复，特别是细胞已通过 G_1 期检查点进入 S 期时，p53 蛋白会通过以下机制诱导细胞凋亡，从而清除损伤细胞，维持组织器官的正常功能：①在转录水平，激活促凋亡基因表达（如 *BAX*、*BBC3*、*PMAIP1*、*IGFBP3*、*FAS*、*TNFRSF10A*、*TNFRSF10B*、*CASP6*、*APAF1*、*TP53I3*），抑制抗凋亡基因表达（如 *BCL2*、*BCL2L1*、*BIRC5*），从而启动凋亡程序，诱导细胞凋亡，抑制肿瘤发生。②在转录水平，激活一组基因间长链非编码 RNA（large intergenic non-coding RNA，lincRNA）基因转录，介导转录抑制，例如 lincRNA-p21 通过与特定染色质复合物结合参与依赖 p53 的转录抑制，从而抑制细胞增殖，促进细胞凋亡。③在非转录水平，直接与线粒体外膜抗凋亡蛋白 Bcl-2、Bcl-x_L 结合，抑制其抗凋亡活性；直接激活促凋亡蛋白 Bax，从而激活线粒体途径，促进细胞凋亡。

诱导细胞衰老和凋亡可能是 p53 蛋白抑制肿瘤发生最重要的机制。

（4）诱导细胞分化 ①有些 *p53* 基因突变胚胎中存在神经管不闭合等缺陷。②p53 蛋白可以诱导某些体外培养细胞分化，例如诱导前 B 细胞株 L12 分化。

p53 蛋白效应多样，且与细胞类型、应激类型和应激强度等有关（图 9-4）。

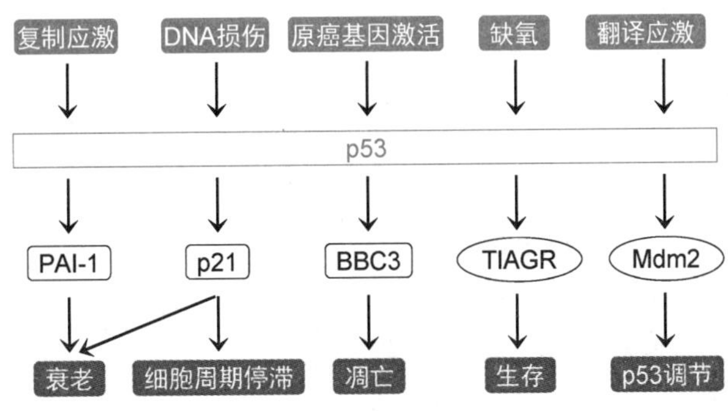

图 9-4 p53 蛋白效应多样性

3\. p53 蛋白活性调节因素 p53 活性受水平调节和结构调节：M 期后 p53 蛋白水平很低，到 G_1 期合成增加，S 期被 CDK 等催化磷酸化激活。

p53 蛋白水平和结构受各种应激调节。p53 蛋白分布于所有组织，但非应激条件下水平很低且无活性。这主要是因为 p53 蛋白受 Mdm2 蛋白抑制，并被其介导降解，半衰期只有 20~30 分钟。应激时（如 DNA 受到损伤）大量合成，水平可升高 5~100 倍，且应激还激活各种信号通路，使 p53 蛋白通过翻译后修饰激活。诱导 p53 蛋白合成和激活的应激可分为三类。

（1）基因毒性应激（genotoxic stress） 例如紫外线、X 射线、γ 射线、致癌物、细胞毒性药物导致的DNA损伤（断裂、交联）。这些应激在DNA损伤检查点激活ATR、ATM、Chk1、Chk2、DNA-PK等。它们一方面催化p53磷酸化激活，另一方面催化Mdm2磷酸化并使其被泛素-蛋白酶体系统降解（图9-6）。

（2）致癌应激（oncogenic stress） 生长因子信号转导过度，原癌基因激活。这些应激通过Rb-E2F途径、Ras-MAPK途径、转录因子Myc等诱导合成ARF蛋白（CDKI之p16同源体，311页），下调Mdm2蛋白，激活p53途径，促进细胞凋亡。

（3）非基因毒性应激（nongenotoxic stress） 复制应激、翻译应激、代谢应激（如高温、缺氧、核苷酸缺乏）。

4. p53蛋白翻译后修饰 p53蛋白的水平和活性主要在翻译后修饰水平受到调节。p53蛋白的24个修饰残基已被鉴定，包括11个Lys、10个Ser、3个Thr。修饰方式主要是磷酸化和乙酰化，此外还有甲基化、泛素化、SUMO化等（表9-25）。修饰导致p53蛋白的稳定性、亚细胞定位、与DNA的亲和力、与其他蛋白质的亲和力改变。

表9-25 p53蛋白重要翻译后修饰方式

修饰方式	修饰残基
磷酸化	10个Ser，3个Thr。8个在N端，4个在C端，1个在DNA结合域内
乙酰化	6个Lys。5个在C端，1个在DNA结合域内
甲基化	4个Lys。都在C端
泛素化	2个Lys。都在C端
SUMO化	Lys386

（1）磷酸化 p53蛋白有高磷酸化和低磷酸化两种存在形式。高磷酸化p53蛋白抗Mdm2蛋白介导的泛素-蛋白酶体系统降解，可以积累，且形成活性同四聚体，激活一组靶基因表达。低磷酸化p53蛋白易被Mdm2蛋白介导泛素化降解，因而半衰期很短，正常条件下水平很低，基本上不产生转录效应（表9-26）。

表9-26 p53蛋白重要磷酸化位点

磷酸化位点	磷酸化激酶	磷酸化位点	磷酸化激酶
Ser15	ATM，CDK5，NUAK1	Ser46	DYRK2，PKC，CDK5
Ser20	PLK3，Chk2，CK1	Ser315	CDK1，CDK2
Ser33	CDK5，CDK7	Ser392	CK2，CDK2，NUAK1

p53蛋白N端的Ser磷酸化后激活，且不再被Mdm2蛋白结合抑制和介导降解，因而稳定性也提高。N端磷酸化对各种应激反应迅速。机制：①DNA损伤、复制应激等激活ATM、ATR、DNA-PK、Chk1、Chk2、CDK2、CDK5、CAK，它们催化p53蛋白N端特定残基磷酸化，抑制细胞周期或诱导细胞凋亡。②紫外线、葡萄糖缺乏等可以激活MAPK亚家族激酶如p38、JNK，它们催化p53蛋白N端特定残基磷酸化。③活性氧激活PLK3激酶，它催化p53蛋白Ser20磷酸化，诱导细胞凋亡。不过，TAF1催化p53蛋白Thr55磷酸化，促进Mdm2蛋白介导降解。

NOTE

（2）乙酰化　p53 蛋白至少有 6 个 Lys 乙酰化位点，其中 5 个在 C 端，1 个在 DNA 结合域内。这些位点的乙酰化影响到 p53 蛋白的稳定性和活性、靶基因的选择性。乙酰化由组蛋白乙酰化酶 KAT6A 等催化。

（3）甲基化　p53 蛋白 C 端有 4 个 Lys 甲基化位点。不同位点甲基化产生不同效应。例如，Lys370、382 二甲基化和 Lys372 单甲基化激活 p53 蛋白，Lys370、373、382 单甲基化抑制 p53 蛋白。值得注意的是，Lys373、382 既是甲基化抑制位点也是二甲基化、乙酰化激活位点，说明它们的修饰具有开关效应。

（4）泛素化　p53 蛋白至少有两个 Lys 泛素化位点（位于 C 端），因而可被 Mdm2 蛋白等多种 E3 泛素连接酶催化单泛素化或多聚泛素化，并介导其被蛋白酶体降解。其中某些 Lys 单泛素化还促进 p53 蛋白从细胞核向细胞质转运。

Mdm2 蛋白是一种癌蛋白，属于 MDM2/MDM4 家族，通过两种机制抑制 p53 蛋白（图 9-5）：①抑制其活性：Mdm2 蛋白与 p53 蛋白 N 端的转录激活结构域结合，抑制其转录因子活性。②降低其稳定性：在非应激条件下，p53 蛋白主要由 Mdm2 蛋白介导的泛素-蛋白酶体系统降解。

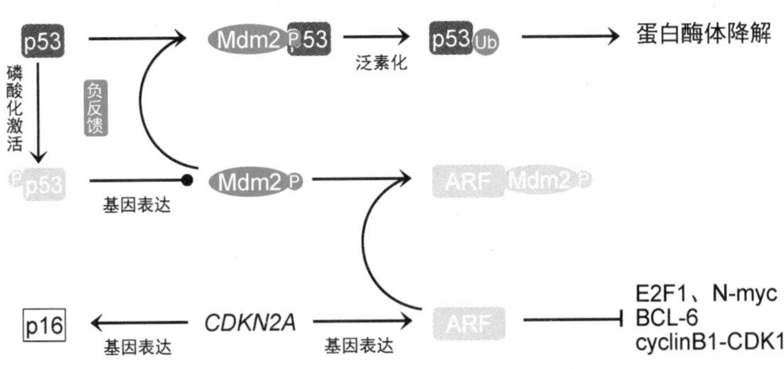

图 9－5　Mdm2 负反馈调节 p53 蛋白

抑制 p53 蛋白的还有 MDM2/MDM4 家族的 Mdm4 蛋白。值得注意的是，Mdm4 蛋白抑制 p53 蛋白，但不介导其泛素化降解，且抑制 Mdm2 蛋白介导的泛素化降解。

（5）SUMO 化　效应尚未阐明。

5. p53 蛋白水平调节　p53 蛋白水平受多途径调节，以 Mdm2 蛋白介导的泛素-蛋白酶体系统降解为主：

（1）Mdm2 蛋白是 *MDM2* 基因产物，*MDM2* 基因是 p53 蛋白激活的靶基因，因而 p53 蛋白促进 Mdm2 蛋白合成，然而 Mdm2 蛋白不但抑制 p53 蛋白的转录因子活性，而且催化 p53 蛋白多聚泛素化，介导其被蛋白酶体降解（图 9-5）。因此，Mdm2 蛋白与 p53 蛋白形成负反馈调节，导致两者在非应激条件下均保持低水平。

（2）应激条件下上述负反馈调节被以下机制打破，导致 p53 蛋白水平升高且被激活。①应激激活的 ATM 激酶等催化 p53 磷酸化，磷酸化既激活 p53 蛋白又抑制其被 Mdm2 蛋白结合而抑制（图 9-5）。ATM 激酶还催化 Mdm2 蛋白磷酸化抑制，并被接头蛋白 14-3-3σ 介导自泛素化降解，使 p53 蛋白积累增多（图 9-6）。②*p16* 基因 *CDK2N* 表达 ARF 蛋白，ARF 蛋白是 Mdm2 蛋白的调节蛋白，它结合 Mdm2 蛋白并抑制其泛素连接酶活性，使 p53 蛋白得以积累于细胞核内而水平升高，使细胞周期停滞（图 9-5）。

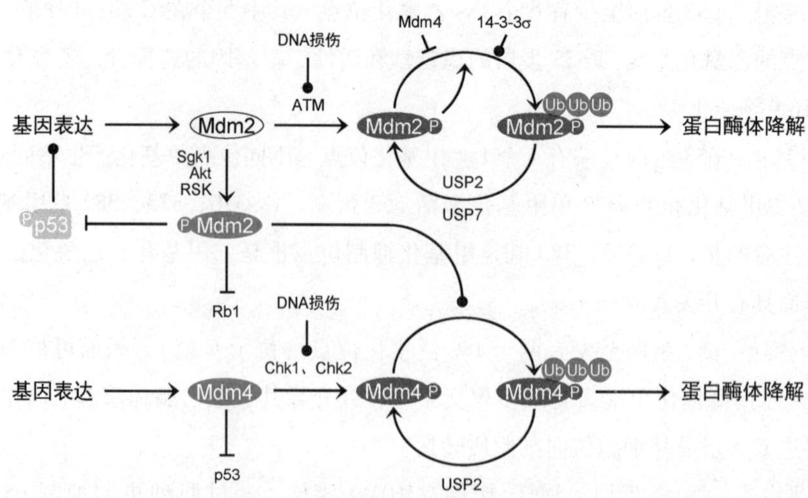

图 9-6 Mdm2、4 泛素连接酶调节

基于以上机制，ARF 蛋白水平通常很低，几乎检测不到，否则会造成 p53 蛋白积累，抑制细胞周期，诱导细胞凋亡。然而，一旦受到致癌信号刺激，即存在高水平有丝分裂信号，转录因子 E2F 就会激活 *p16* 基因的选择性转录，大量合成 ARF 蛋白。因此，当功能获得性突变导致信号通路转导的有丝分裂信号水平远高于正常水平时，ARF 蛋白可以诱导 p53 蛋白积累和激活，所以 ARF 蛋白也是重要的肿瘤抑制蛋白。

许多肉瘤及其他肿瘤 *p53* 基因正常，但存在 *Mdm2* 基因扩增，细胞内大量合成 Mdm2 蛋白，可以促 p53 蛋白降解，将 p53 蛋白维持在极低水平，在 DNA 受到损伤时不能使细胞停滞于 G_1 期。

6. *p53* 基因突变　p53 蛋白处于肿瘤发生的中心地位，是抗肿瘤发生的关键成分。p53 蛋白功能正常的细胞在 DNA 受到损伤时会停滞于 G_1 期，而 p53 蛋白功能缺失的细胞则不能。*p53* 缺陷小鼠代谢旺盛，但易患多种肿瘤。

p53 基因是目前已知在各种肿瘤中突变率最高的抑癌基因，为 50%~60%，见于皮肤癌（90%）、结肠癌（70%）、肺癌（60%）、乳腺癌（30%~50%）、前列腺癌、头颈部肿瘤、肝癌、胃癌、食道癌、星形细胞瘤、红白血病等。*p53* 基因既有体细胞突变，又有生殖细胞突变（当然很少），例如 Li-Fraumeni 综合征（LFS，乳腺癌、脑瘤、骨癌、白血病、肺癌、皮肤癌发生率高且早）生殖细胞存在 *p53* 基因突变。

大剂量辐射或化疗药物刺激 *p53* 突变体时不再诱导细胞凋亡，因此不难理解：*p53* 基因是肿瘤细胞中最常见的突变基因。

p53 基因突变类型有点突变、插入缺失、重排、甲基化等，以点突变为主。例如，非小细胞肺癌 *p53* 基因 Arg273 存在 G→T 颠换，发生率高达 59.3%。突变导致 DNA 损伤检查点缺失，基因组不稳定，损伤积累，且在未修复时也能进行细胞分裂。

存在 *p53* 基因突变的黑色素瘤、结肠癌、前列腺癌、胰腺癌细胞通常不能被诱导凋亡，因而对放疗和化疗有抵抗性。

显性负突变（dominant negative mutation）是指一对等位基因中只要有一个发生功能缺失性突变即导致表型缺失。有显性负突变特征的抑癌基因产物多形成寡聚体或与其他蛋白质结合起

NOTE

作用。*p53* 基因突变属于显性负突变，这是因为 p53 的活性形式是同四聚体，所以只要有一个 *p53* 等位基因发生突变，就会导致细胞内几乎所有 p53 四聚体都是含突变亚基的异四聚体，即 p53 蛋白基本上不再有活性。

基于以上分析，多数肿瘤细胞中的 p53 蛋白是失活的，或因功能缺失性突变，或因其正调节因子（如 ARF 蛋白）下调，或因其负调节因子（如 Mdm2 蛋白）上调。此外，p53 蛋白还可被 DNA 肿瘤病毒产物（如腺病毒编码的大 T 抗原、小 T 抗原，SV40 的 T 抗原，HPV 的 E6 蛋白）抑制或介导降解。

HPV 编码的 E6 蛋白是一种癌蛋白，致癌机制：E6 蛋白识别并结合于 p53 蛋白时可募集 E6 相关蛋白（E6-AP），E6-AP 是一种 HECT E3 泛素连接酶，在 E6 蛋白介导下催化 p53 蛋白多聚泛素化，被蛋白酶体降解。

（三）*PTEN* 基因

人 *PTEN* 基因又称 *MMAC1*、*TEP1*，位于 10q23，全长 106908bp，含 9 个外显子（外显子 9 最长，达 3489bp；外显子 3 最短，仅 45bp），其 mRNA 长 5572nt。

1. PTEN 蛋白结构 *PTEN* 基因产物一级结构 403AA，切除 N 端 Met 得到 402AA 的 PTEN 蛋白（磷酸酶和张力蛋白同源蛋白），分布于细胞质（去泛素化 PTEN 蛋白）和细胞核（单泛素化 PTEN 蛋白）。

PTEN 蛋白含以下结构：①一个磷酸酶张力蛋白型结构域（Arg13～His184），含活性中心。②一个 C2 张力蛋白型结构域（Pro189～Thr349），介导 PTEN 蛋白以不依赖 Ca^{2+} 的方式与膜磷脂结合，这对其抑癌作用非常重要。③一个 PDZ 结构域结合序列（Thr400～Val402），与生长调节有关，其缺失导致抗肿瘤活性减弱。

2. PTEN 蛋白功能 PTEN 蛋白既是一种双特异性磷酸酶，催化磷酸化酪氨酸、磷酸化丝氨酸、磷酸化苏氨酸去磷酸化，又是一种磷脂酰肌醇-3,4,5-三磷酸-3-磷酸酶，可以催化磷脂酰肌醇-3,4,5-三磷酸（PIP_3）、磷脂酰肌醇-3,4-二磷酸（PIP_2）、磷脂酰肌醇-3-磷酸（PIP）、1,3,4,5-四磷酸肌醇（IP_4）水解成磷脂酰肌醇-4,5-二磷酸（PIP_2）、磷脂酰肌醇-4-磷酸（PIP）、磷脂酰肌醇（PI）、1,4,5-三磷酸肌醇（IP_3），而 PIP_3 是蛋白激酶 B、PDK1 等信号转导蛋白的锚定位点，因而 PTEN 蛋白通过催化 PIP_3 水解抑制蛋白激酶 B 激活，即 PI3K-Akt 途径（第七章，216 页），从而调节细胞增殖和细胞存活。

PTEN 蛋白还催化黏着斑激酶（focal adhesion kinase，FADK）磷酸化酪氨酸去磷酸化失活，从而抑制细胞迁移、整合蛋白介导的细胞伸展和黏着斑形成，因而与肿瘤转移密切相关。

细胞核单泛素化 PTEN 蛋白有很强的促凋亡活性，细胞质去泛素化 PTEN 蛋白抗肿瘤活性较低。

3. *PTEN* 基因突变 见于头颈部鳞癌、子宫内膜癌、胶质瘤、前列腺癌等。

（四）*WT1* 基因

人 *WT1* 基因位于 11p13，全长 47761bp，含 9 个外显子（外显子 9 最长，达 1405bp；外显子 4 最短，仅 78bp），通过选择性剪接和选择性启动编码 8 种同源体，称为肾母细胞瘤蛋白（WT33，又称 Wilms 瘤蛋白）。其中同源体 1 的 mRNA 长 2977nt。

1. 肾母细胞瘤蛋白结构 肾母细胞瘤蛋白同源体 1 一级结构 449AA，其 C 端（Phe323～His438）含 4 个 C_2H_2 锌指，锌指 3、4 之间（Lys408～Ser410）有一个 KTS 基序。N 端有一个

脯氨酸结构域（Pro27～Pro83）。肾母细胞瘤蛋白活性形式为同二聚体。

2. 肾母细胞瘤蛋白功能　肾母细胞瘤蛋白是一种转录因子，在细胞生长和生存过程中起重要作用：调控许多靶基因表达（如 *EPO*），在泌尿生殖系统发育过程中起重要作用。识别结合共有序列是 CGCCCCCGC 的调控元件。*WT1* 基因既是抑癌基因又是癌基因，其功能具有同源体特异性：不含 KTS 基序的同源体 2、4、6 为转录因子，含 KTS 基序的同源体 1、3、7、8、9 是 mRNA 结合蛋白，调控其转录后加工。

3. *WT1* 基因突变　见于一部分肾母细胞瘤和恶性间皮瘤。

（五）*DCC* 基因

人 *DCC* 基因位于 18q21.1，全长 1195732bp，含 29 个外显子（外显子 29 最长，达 5340bp；外显子 21 最短，仅 33bp），其 mRNA 长 10210nt。

DCC 基因表达于中枢神经系统和周围神经系统的轴突、小肠细胞，但在结肠癌细胞中不表达，这些细胞不能分化成黏液细胞。

1. DCC 蛋白结构　*DCC* 基因产物一级结构 1447AA，切除信号肽（25AA）得到 1422AA 的 DCC 蛋白。DCC 蛋白是一种Ⅰ型单次跨膜蛋白，其胞外结构域 1072AA，含 4 个二硫键、6 个 *N*-糖基化 Asn；跨膜区 25AA；胞内结构域 325AA，含 3 个可被 MAPK1 磷酸化修饰的 Ser。

2. DCC 蛋白功能　DCC 蛋白是神经突起生长导向因子（netrin）受体，为轴突导向所必需。DCC 蛋白与另一类神经突起生长导向因子受体 UNC5 结合激活导致轴突排斥的信号转导。在未结合 netrin 时，DCC 蛋白可以诱导细胞凋亡。

3. *DCC* 基因突变　人结肠癌的 70%以上存在 *DCC* 基因突变。

（六）*NF1*基因

Ⅰ型神经纤维瘤病（neurofibromatosis 1）是一种源于周围神经系统神经鞘细胞的良性肿瘤，患者的 *NF1* 基因发生功能缺失性突变，产物神经纤维瘤蛋白结构异常，不再激活 Ras 蛋白的 GTPase 活性，导致鞘细胞的 Ras 蛋白组成性激活。

1990 年，Ballester 等研究Ⅰ型神经纤维瘤病，发现其相关基因是 *NF1* 基因。*NF1* 基因位于 17q11.2，全长 332190bp，含 57 个外显子（外显子 57 最长，达 3665bp；外显子 55 最短，仅 47bp），其 mRNA 长 12381nt。

1. 神经纤维瘤蛋白结构　*NF1* 基因产物一级结构 2839AA，切除 N 端 Met 得到 2838AA 的神经纤维瘤蛋白（neurofibromin），位于细胞核内。①N 端的 Ala 被乙酰化，此外有 7 个 Ser 可被磷酸化修饰。②Glu1579～Lys1737 构成一个 CRAL-TRIO 结构域，可以结合甘油磷脂，主要是磷脂酰乙醇胺和磷脂酰胆碱。③Gln1234～Asn1450 构成一个 Ras-GAP 结构域，有 GTP 酶激活蛋白（GAP）活性。④Lys2554～Arg2570 是核定位信号（NLS）。

2. 神经纤维瘤蛋白功能　神经纤维瘤蛋白是一种 GTP 酶激活蛋白，可以激活 Ras 蛋白的 GTPase 活性，促使其水解所结合的 GTP，从而下调其信号转导活性（第七章，194 页）。

3. *NF1* 基因突变　见于Ⅰ型神经纤维瘤病（NF1）、幼年型粒-单核细胞白血病（JMML）、Watson 综合征（WTSN）、家族性脊髓神经纤维瘤（FSNF）、脊髓神经纤维瘤-Noonan 综合征（NFNS）、结肠癌（CRC）。

（七）*p16*基因

NOTE

1993 年，Serrano 等从人基因组中克隆了抑癌基因 *p16*，产物计算分子量为 15.8kDa，命名为 p16 蛋白。进一步研究发现 *p16* 基因表达存在选择性剪接，所以产物为一组同源体，一级结构 105~173AA，p16 蛋白只是其一种同源体。目前 *p16* 基因的推荐命名为 *CDKN2A* 基因，此外又称 *CDKN2*、*MTS1* 基因。

p16 基因位于9p21，全长26740bp，含3个外显子（外显子3最长，达491bp；外显子2最短，为307bp），其 mRNA 长 1267nt。

1. 产物结构　*p16* 基因通过选择性启动和选择性剪接表达两种主要同源体：

（1）p16 蛋白　又称 CDK4I、MTS-1、p16-INK4、p16INK4A、$p16^{INK4a}$、$p16^{Ink4a}$蛋白，一级结构 156AA。

（2）ARF 蛋白　又称 $p14^{ARF}$、$p14^{Arf}$、p14，一级结构 132AA。

除了大脑和骨骼肌外，各组织细胞都有 *p16* 表达，产物分布在细胞质中和细胞核内。*p16* 基因选择性剪接表达 ARF 蛋白受 Ras-MAPK 途径、转录因子 E2F1 和 Myc 激活。

2. 产物功能　p16 蛋白和 ARF 蛋白都在 G_1 期起作用，即通过以下两个途径调节 CDK4 和 p53 蛋白的活性。

（1）Rb 途径　p16 蛋白是 CDK 抑制因子，作为一种负调节因子在 G_1 早期与 cyclin D-CDK4 或 cyclin D-CDK6 结合，抑制其蛋白激酶活性，从而抑制其催化 Rb 磷酸化失活，维持 Rb 活性，即阻止细胞进入 S 期，从而抑制细胞增殖（图 9-7①）。

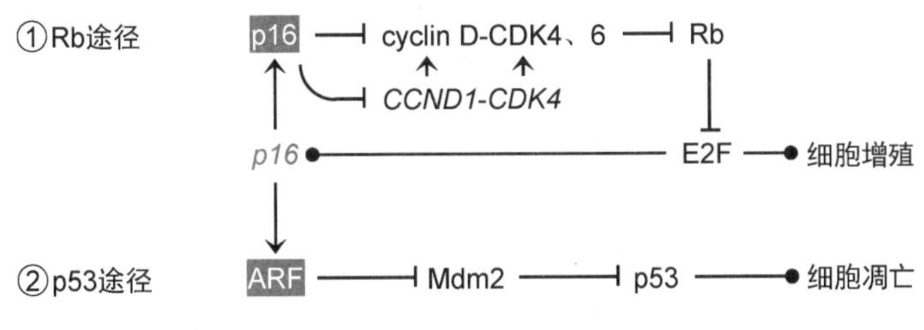

图 9-7　Rb 途径和 p53 途径

此外，①Rb 蛋白抑制 *p16* 基因的转录，在 Rb 途径中形成反馈调节环，以共同影响细胞周期的进程。②p16 蛋白除了直接抑制 CDK4、CDK6 的蛋白激酶活性之外，还抑制 *CCND1* 和 *CDK4* 基因的表达。③p16 蛋白还抑制 Ras 蛋白诱导的细胞生长及恶性转化。

（2）p53 途径　ARF 蛋白激活 p53 蛋白，p53 蛋白激活一组促凋亡基因和细胞周期抑制基因表达。ARF 蛋白激活 p53 蛋白的机制是结合并抑制两种泛素连接酶 Mdm2（491AA）和 HUWE1（又称 ARF-BP1，4374AA）（它们都可以特异性介导 p53 蛋白通过泛素-蛋白酶体系统降解），从而稳定 p53 蛋白，促使 p53 蛋白抑制细胞周期、诱导细胞凋亡（图 9-7②）。

3. *p16* 基因突变　*p16* 基因突变是功能缺失性突变，并且多为纯合性缺失，突变导致 cyclin D-CDK4、cyclin D-CDK6 去抑制。cyclin D-CDK4、cyclin D-CDK 6 催化 Rb 蛋白磷酸化失活，从而激活转录因子 E2F。

p16 基因突变在肿瘤细胞系中可达 80%以上，在实体瘤中可达 70%。*p16* 基因突变常见于 2 型皮肤恶性黑色素瘤（CMM2）、家族性非典型多痣黑色素瘤-胰腺癌综合征（FAMMMPC）、Li-Fraumeni 综合征（LFS）、黑色素瘤-星形细胞瘤综合征（MASTS）、胰腺癌、肺癌、胃癌、乳腺癌、血液系统肿瘤等。

在某些肿瘤（如肺癌）中，*p16* 编码序列正常，但启动子高甲基化，导致 *p16* 基因不表达。

（八）*p21*基因

p21 基因又称 *CDKN1A*、*CIP1*、*WAF1* 基因，位于 6p21.1，全长 10880bp，含 4 个外显子（外显子 4 最长，为 1589bp；外显子 2 最短，仅 32bp），其 mRNA 长 2122nt。

1. p21 蛋白结构　*p21* 基因产物一级结构 164AA，切除 N 端 Met 得到 163AA 的功能产物，称为 p21 蛋白，又称 CDKI1、MDA-6、$p21^{CIP1}$蛋白。①N 端 Ser 乙酰化，此外有 4 个 Ser 和 1 个 Thr 可被 GSK3B、蛋白激酶 A、蛋白激酶 B、蛋白激酶 C 等催化磷酸化修饰。②含 1 个 C_4 锌指（C12~40）。p21 蛋白分布在细胞质中和细胞核内。

2. p21 蛋白功能　在 DNA 受到损伤时介导 p53 蛋白抑制细胞增殖。*p21* 基因是 p53 蛋白在 G_1 期最重要的靶基因。在 DNA 受到损伤时，p53 蛋白诱导表达 p21 蛋白，p21 蛋白抑制 cyclin D-CDK4，从而抑制细胞周期。此外，p21 蛋白结合并抑制 PCNA，从而抑制 DNA 复制。

3. *p21* 基因突变　*p21* 基因点突变产物易被泛素化降解，对 CDK2、CDK4、PCNA 的抑制效应减弱甚至缺失。

六、致癌物和看护基因

致癌物是能导致细胞癌变的化学物质，可以是天然存在的或人工合成的。致癌物可以诱发抑癌基因功能缺失性突变，或激活原癌基因，或破坏 DNA 修复系统。大多数肿瘤发生的分子基础是 DNA 损伤导致肿瘤抑制蛋白和癌蛋白功能异常。此外，看护基因损伤导致突变率增加。有些突变影响细胞周期调节蛋白，相关细胞会癌变。有些突变导致 DNA 修复系统异常，修复的结果反而导致肿瘤发生。肿瘤细胞不能维持基因组完整性，导致形成肿瘤细胞异质群体。因此，直接针对一个甚至是一组基因的化疗很可能是无效的，不能杀死所有肿瘤细胞。这就需要我们研究新的化疗方案，包括阻断肿瘤血供、靶向治疗、多靶点治疗。

细胞正常分裂时会通过多种机制避免致癌突变积累。干细胞防突变机制之一是降低分裂速度，减少分裂次数，以防止在 DNA 复制和有丝分裂时发生损伤。此外，干细胞不能随意增殖，经过较少的分裂次数后就会退出细胞周期，以降低突变导致细胞分裂失控、进而癌变的可能性。考虑到多次突变促进肿瘤生长、诱导血供、浸润周围组织、转移，较低的增殖速度和突变速度（10^{-9}）对防止肿瘤发生是必要的。不过，一旦有致癌物进入细胞，或 DNA 修复能力减退导致突变率增加，上述防护还是会被突破。一旦具有干细胞生长特性的细胞被致癌物诱变且不能有效修复损伤，就会导致肿瘤发生。

第三节　抑癌基因、癌基因与 miRNA

近年来的研究已经明确，ncRNA 特别是 miRNA 也是决定肿瘤发生的关键因子。

miRNA 在肿瘤发生中的作用最初是通过分析 13q14.3 区带阐明的。已知大多数慢性淋巴细胞白血病（chronic lymphocytic leukemia，CLL）存在该区带缺失，而 CLL 是最常见的白血病。进一步研究表明是两种 miRNA（miR-15-a、miR-16-1）缺失导致 CLL。两种 miRNA 的作用都是抑制细胞增殖。一旦它们缺失，B 细胞增殖就会加快。Let-7 miRNA 是参与肿瘤发生的另一类

miRNA，可以下调 Ras 蛋白合成，因此 Let-7 miRNA 缺失导致 Ras 蛋白组成性过量，导致肿瘤发生。

因为决定肿瘤发生的 miRNA 抑制翻译，miRNA 基因表达异常导致癌基因产物过多，或抑癌基因产物不足（图 9-3），所以其编码基因既有抑癌基因，又有癌基因，所编码的 miRNA 分别称为抑癌基因 miRNA 和癌基因 miRNA。

1. 抑癌基因 miRNA 抑制癌基因表达　miR-15-a、miR-16-1 属于抑癌基因 miRNA，正常情况下抑制细胞增殖（可能通过抑制 *BCL2*），其缺失导致细胞增殖。

2. 癌基因 miRNA 抑制抑癌基因表达　miR-155、miR-21 属于癌基因 miRNA。miR-155 在大 B 细胞淋巴瘤中水平过高。miR-21 在大多数实体瘤中水平过高，例如胶质母细胞瘤、乳腺癌、肺癌、胰腺癌、结肠癌，且其靶基因是几种抑癌基因，例如 *PTEN* 基因。

miRNA 导致肿瘤发生的机制尚未阐明。因为每一种 miRNA 都可以调控多种靶基因，它们可能以多种方式影响肿瘤发生，从而使其在肿瘤发生中所起的作用可能更大。

第四节　生长因子

生长因子（growth factor）是一类由各种组织细胞合成分泌的细胞有丝分裂原，主要是蛋白质或多肽类信号分子，可以促进细胞生长、增殖和分化，以内分泌、旁分泌或自分泌方式起作用。

Cohen 和 Levi-Montalcini 因发现神经生长因子（NGF，1948 年）、表皮生长因子（EGF，又称上皮生长因子，1962 年）而获得 1986 年诺贝尔生理学或医学奖。

一、生长因子分类

目前已鉴定的肽类生长因子有数十种（表 9-27）。它们来自各种组织细胞，靶细胞也不同。有的生长因子靶细胞比较单一，如红细胞生成素（EPO）作用于红细胞系，血管内皮生长因子（VEGF）作用于血管内皮细胞；有的生长因子靶细胞广泛多样，如成纤维细胞生长因子（FGF）作用于间充质细胞、内分泌细胞、神经系统细胞。

表 9-27　人部分生长因子

名称（缩写）	分泌细胞	主要功能
白细胞介素 1（IL-1）	单核细胞、内皮细胞、成纤维细胞等	刺激 T 细胞生成 IL-2
白细胞介素 2（IL-2）	某些 $CD4^+$T 细胞	刺激 T 细胞汇集于感染部位，NK 细胞、B 细胞、巨噬细胞增殖
表皮生长因子（EGF）	颌下腺、巨噬细胞、血小板等	促进表皮、上皮细胞、培养成纤维细胞生长
成纤维细胞生长因子（FGF）	各种细胞	促进多种细胞增殖
肝细胞生长因子（HGF）	间质细胞	促进肝实质细胞生长
红细胞生成素（EPO）	肾细胞、肝细胞	刺激幼稚红细胞增生、血红蛋白化和红细胞成熟

续表

名称（缩写）	分泌细胞	主要功能
巨噬细胞集落刺激因子（G-CSF）	巨噬细胞、中性粒细胞、内皮细胞、成纤维细胞、活化 T 细胞核 B 细胞	促进骨髓造血前体细胞增殖分化为单核细胞、巨噬细胞，并可激活成熟单核细胞、巨噬细胞
内皮素（ET）	血管内皮细胞	促进内皮细胞或血管平滑肌细胞生长
神经生长因子（NGF）	颌下腺	促进神经细胞增殖、神经突生长
血管内皮生长因子（VEGF）	广泛，垂体瘤	促进血管生成、内皮细胞增殖、细胞迁移，抑制细胞凋亡，增加血管通透性
血小板源性生长因子（PDGF）	血小板	促进间充质细胞和胶质细胞生长
胰岛素（INS）	胰岛 β 细胞	合成代谢
胰岛素样生长因子 1（IGF1）	肝细胞	促成骨细胞葡萄糖吸收、糖原合成 DNA 合成
转化生长因子 α（TGF-α）	角质形成细胞、肿瘤细胞	表皮生长因子效应
转化生长因子 β（TGF-β）	骨细胞、软骨细胞等许多细胞	刺激或抑制某些细胞的增殖、分化

二、生长因子功能

生长因子及其受体与细胞生长、细胞分化、免疫反应、创伤愈合、肿瘤发生等多种生理、病理状态有关。大多数生长因子的活性是促进细胞生长，少数生长因子的活性是抑制细胞生长（称为抑素），个别生长因子的活性具有两重性。

例如，神经生长因子（NGF）促进神经细胞生长，但却抑制成纤维细胞的 DNA 合成；TGF-β 促进成纤维细胞生长，但却抑制其他多数细胞的生长；HGF 促进正常肝细胞生长，却抑制肝癌细胞增殖。

三、生长因子作用机制

生长因子以内分泌、旁分泌、自分泌方式作用于靶细胞，特别是旁分泌和自分泌。

生长因子受体多位于靶细胞膜上，是一类跨膜蛋白，多数有蛋白激酶活性。

1. 主要是酪氨酸激酶受体　如表皮生长因子受体、胰岛素受体、血小板源性生长因子受体，可催化受体自身磷酸化，并进一步催化其他信号转导蛋白磷酸化。

例如，血小板源性生长因子受体被激活后，催化磷脂酶 C 磷酸化激活，进而激活 PKC 途径（第七章，209 页），只需一小时甚至几分钟即可激活早期基因（如 *MYC*、*FOS*），使细胞进入细胞周期，进行有丝分裂。

2. 少数是丝氨酸/苏氨酸激酶受体　如转化生长因子 β 受体。目前发现细胞核内也存在表皮生长因子等生长因子受体样蛋白。有些生长因子受体如表皮生长因子受体为原癌基因产物。

生长因子与其靶细胞膜受体结合后，激活一系列信号通路，激活或抑制不同靶基因表达，从而影响细胞增殖或分化。如果生长因子、受体或其他信号转导蛋白出现异常，会导致细胞分化及个体发育异常，甚至导致肿瘤发生。因此，生长因子与肿瘤发生的关系越来越受到重视。

四、生长因子与肿瘤

NOTE

生长因子有潜在致癌作用的观念受到普遍重视。生长因子调节细胞增殖、细胞分化，维持组织和细胞生长的有序性。如果这种调控发生异常，细胞的增殖与分化就会失调，甚至导致肿瘤发生。生长因子潜在的致癌作用与肿瘤的发生发展相关。

许多肿瘤细胞及其周围组织细胞合成分泌生长因子，促进血管生成。有些肿瘤诱导周围正常细胞合成分泌生长因子促进血管生成。例如许多肿瘤细胞都可以分泌碱性成纤维细胞生长因子（b-FGF）、转化生长因子α（TGF-α）或血管内皮生长因子（VEGF）。它们都可以促进血管生成，既通过提供营养促进肿瘤生长，又使其因生长而积累突变，还使其更易转移。

人类基因组编码5种血管内皮生长因子（VEGF A~E）和3种VEGF受体。VEGF是促进血管生成的主要生长因子，其表达受缺氧诱导（氧分压低于7mmHg）。VEGF受体属于酪氨酸激酶家族、CSF-1/PDGF受体亚家族，分布在内皮细胞和淋巴细胞膜上，可以通过信号转导激活NF-κB途径，促进血管内皮细胞增殖、细胞迁移、血管生成。抑制肿瘤血管生成药物贝伐单抗（Bevacizumab，商标名称安维汀，Avastin）以VEGF A为靶点，可用于治疗结肠癌、乳腺癌等。

缺氧促进肿瘤血管生成，机制是缺氧导致缺氧诱导因子1-α（HIF-1-α）表达增加，并从细胞质进入细胞核。HIF-1-α是一种转录因子，可激活*VEGF*等30多种靶基因。这些基因产物中有许多都与肿瘤生长有关，其中包括葡萄糖无氧酵解酶系，例如LDH。因此，HIF-1-α使肿瘤细胞可以更多地通过无氧酵解获得ATP，以适应缺氧。HIF-1-α活性受氧感受器控制。氧感受器由脯氨酸羟化酶等组成。脯氨酸羟化酶在氧分压降低时无活性，在氧分压正常时有活性，催化HIF-1-α羟化，介导其泛素化降解。

其他促进血管生成的生长因子还有血管生成素（ANG）、碱性成纤维细胞生长因子（b-FGF）、转化生长因子α（TGF-α）、胎盘生长因子（PGF）。也有血管生成抑制因子，如内皮抑素。

目前已知与恶性肿瘤发生发展有关的生长因子有PDGF、EGF、TGF-β、FGF、IGF-1等。

NOTE

第十章 疾病的分子生物学

疾病（disease）是指机体在一定条件下与致病因素相互作用而发生的一个损伤与抗损伤过程，机体有代谢、功能和形态的一系列改变，与环境之间的协调发生障碍，临床出现一定的症状与体征。简言之，疾病是致病因素导致机体代谢紊乱而发生的异常生命活动过程。

第一节 概 述

从病原学（etiology）和发病机制（pathogenesis）上看，致病因素包括先天因素和后天因素。由先天因素引发的疾病称为先天性疾病，其中由遗传因素引发的疾病称为遗传性疾病；由后天因素引发的疾病称为获得性疾病，其中由某些生物因素引发的疾病具有感染性，称为感染性疾病。

一、遗传性疾病的分子生物学

遗传性疾病简称遗传病，是指由生殖细胞或受精卵的遗传物质发生突变或畸变而引发的疾病。

遗传病通常有以下特征：①生殖细胞突变：生殖细胞基因突变是遗传病的物质基础，而体细胞基因突变则不具有遗传性。②垂直传递：即从亲代直接向子代传递。不过，并不是在每个遗传病家系中都可以观察到垂直传递，例如有些患者是突变发病，是该家系中的先证者（proband）；当然，未育个体或不育个体也观察不到垂直传递现象。③终身性：传统理论认为通过治疗虽然可以改善遗传病的症状或进程，但不能改变遗传物质，故遗传病具有终身性。

遗传病包括基因病、染色体病和线粒体遗传病。其中，基因病（genopathy）是指由基因突变所导致的疾病，能导致遗传病或与遗传病发生相关的基因称为致病基因。按致病基因的遗传特点可将遗传病分为单基因遗传病和多基因遗传病等。染色体病（chromosomal disorder）是由染色体数目或结构异常而引起的疾病，分为常染色体病和性染色体病（表 10-1）。线粒体遗传病（mitochondrial genetic disorder）致病基因位于线粒体 DNA 中，通过女性遗传，例如 Leber 遗传性视神经病（LHON）、线粒体脑肌病、个别糖尿病。

NOTE

表 10－1　遗传病的分类和发病率

分类	亚类	发病率（%）	病例
基因病	单基因遗传病	2.5	重症联合免疫缺陷（SCID）
	常染色体显性遗传病	0.9	家族性高胆固醇血症（FH）
	常染色体隐性遗传病	1.3	尿黑酸尿症
	性连锁遗传病	0.3	X 连锁抗维生素 D 佝偻病
	多基因遗传病	18.0	高血压，冠心病，糖尿病
染色体病	常染色体病	0.36	21 三体综合征
	性染色体病	0.18	特纳综合征（先天性卵巢发育不全）

此外，也有人将遗传病分为简单遗传病和复杂遗传病两类。简单遗传病又称孟德尔遗传病，其临床鉴定的疾病表型与相应基因型之间存在对应关系；复杂遗传病遗传性状复杂，其临床鉴定的疾病表型与相应基因型之间不存在对应关系。

（一） 单基因遗传病

单基因遗传病简称单基因病（monogenic disease），是指发病只涉及一对等位基因的遗传病。单基因遗传病发病率低，是目前已经阐明的主要遗传病。单基因遗传病包括以下几类。

1. 常染色体显性遗传病　致病基因位于常染色体上，杂合子即可发病，例如家族性 apo B-100 缺陷症（2p24-p23）。

2. 常染色体隐性遗传病　致病基因位于常染色体上，纯合子才会发病，例如苯丙酮尿症（12q22-q24.2）、白化病（11q14.3）、血友病 C（4q35）。

3. X 连锁显性遗传病　致病基因位于 X 染色体上，纯合子（X^-X^-）、杂合子（X^+X^-）或半合子（X^-Y）均可发病，例如 X 连锁低磷血症（X-linked hypophosphatemia，XLH，又称 X 连锁抗维生素 D 佝偻病，Xp22.2-p22.1）、Ⅰ型高氨血症（鸟氨酸氨甲酰基转移酶缺乏，OTCD，Xp21.1）、X 连锁无 γ 球蛋白血症（X-linked agammaglobulinemia，XLA，Xq21.33-q22）。

4. X 连锁隐性遗传病　致病基因位于 X 染色体上，纯合子或半合子发病，杂合子不发病，例如血友病 A（Xq28）、血友病 B（Xq26.3-q27.1）、6-磷酸葡萄糖脱氢酶缺乏症（Xq28）、色盲（Xp11.23）、自毁容貌症（Xq26.2）。

5. Y 连锁遗传病　致病基因位于 Y 染色体上，有致病基因即发病，这类疾病呈全男性遗传，例如外耳道多毛症、视网膜色素变性（retinitis pigmentosa）。因 Y 染色体基因极少，Y 连锁遗传病罕见。

单基因遗传病的分子基础主要是某些蛋白基因发生突变，导致代谢紊乱（表 10-2）。

表 10－2　人类单基因遗传病所涉及异常蛋白质的功能分类

蛋白质功能	比例（%）	蛋白质功能	比例（%）
受体及蛋白质相互作用（包括信号转导蛋白）	27	结构蛋白	4
酶	22	酶活性调节蛋白	3
DNA/RNA 结合蛋白（包括转录因子）	15	转录因子	2
信号转导蛋白	10	其他功能蛋白	5
膜转运体，电子载体	9	未知功能蛋白	3

NOTE

（二）多基因遗传病

多基因遗传病简称多基因病（polygenic disease），是复杂遗传病，由多对等位基因共同控制，这些基因是共显性的，通过功能的叠加效应（additive effect）共同决定多基因遗传病的表型。多基因遗传病遗传性状复杂，临床鉴定的疾病表型与相应的基因之间不像单基因遗传病那样存在对应关系，而且往往是遗传因素和环境因素（饮食、生活方式、毒素、病原体等）相互作用的结果，因而又称多因子病（multifactorial disease）。从广义上讲，导致这类疾病遗传性状复杂的原因主要有多基因遗传、基因型不完全外显、表型变异的环境修饰和遗传基因的不均一性等。对这类遗传病的研究得益于重组 DNA 技术和 DNA 多态性等研究技术的应用。

多基因遗传病包括肿瘤、心血管疾病、肥胖、糖尿病、阿尔茨海默病、免疫性疾病、精神疾病和其他代谢性疾病（表 10-3），是常见的遗传病。多基因遗传病的遗传因素复杂多样，目前被广泛接受的是常见疾病-常见变异假说（common disease common variant hypothesis，CD-CVH），认为大多数常见疾病与多个基因上较为常见的变异有直接关系。这些变异单独存在时可能作用微弱，但多个变异共同作用增加了个体的疾病易感性。

表 10-3 部分多基因疾病的发病率和遗传率

疾病	发病率（%）	遗传率（%）	疾病	发病率（%）	遗传率（%）
哮喘	4.0	80	原发性高血压	4~8	62
精神分裂症	1.0	60~80	脊柱裂	0.30	60
唇裂或腭裂	0.17	76	癫痫	0.36	55
先天性幽门狭窄	0.30	75	消化性溃疡	4.0	37
早发型糖尿病	0.20	75	迟发型糖尿病	2~3	35
冠心病	2.50	65	先天性心脏病	0.50	35

尽管多基因遗传病由多基因（polygene，又称微效基因）控制，但有些多基因遗传病往往有一个或几个基因（主基因，major gene，又称主效基因、寡基因）的作用比较明显，成为从分子生物学水平研究多基因遗传病的靶点，使人们有可能从主基因入手，利用重组 DNA 技术揭示多基因遗传病的分子病理。

（三）染色体病

染色体病是由染色体数目或结构异常而引起的疾病，通常不在家系中传递。人体细胞有 23 对染色体。如果在生殖细胞形成或受精卵早期发育过程中出现错误，就会形成染色体数目或结构异常的个体，表现为各种先天发育异常，例如唐氏综合征（Down syndrome）多了一条 21 号染色体，所以又称 21 三体综合征（trisomy 21 syndrome）。孕妇妊娠头 3 个月的自然流产中有 50%是由染色体病导致的。新生儿的染色体病发病率约为 0.7%（其中非整倍体占 0.25%，染色体重排占 0.1%）。染色体结构异常往往涉及多基因，因而多表现出复杂的临床综合征。

二、感染性疾病的分子生物学

感染性疾病（infectious disease）是指由病原微生物（病毒、细菌、真菌、衣原体、支原体、立克次体等）、寄生虫和朊病毒等病原体通过一定的传播途径进入人体所引发的疾病，包

NOTE

括非传染性感染性疾病和传染性感染性疾病，后者又称传染病（communicable disease），在一定条件下能在人群中流行。

病原体感染或寄生使机体产生病理反应的特性或能力称为致病性（pathogenicity）。病原体能否致病取决于机体的免疫力和病原体的毒力。病原体的毒力（virulence）又称致病力，是指其致病的能力，是侵袭力和毒力因子的综合效应。侵袭力（invasiveness）是指病原体突破宿主的防御系统，在宿主生理环境中定居、增殖和扩散的能力。毒力因子（virulence factor）是指病原体表达或分泌的与致病相关的物质，是病原体致病的物质基础。

（一）致病菌致病的分子机制

致病菌的毒力因子包括毒素和毒力岛及其他毒力因子。致病菌毒素（toxin）是致病菌代谢产生的对另一种生物有毒性的代谢物，包括外毒素和内毒素。

1. 外毒素（exotoxin） 是指由致病菌在代谢过程中合成分泌的毒素，通过与靶细胞受体结合进入细胞而起作用，是主要的毒力因子。外毒素直接或间接作用于宿主细胞的膜结构及信号转导、基因表达等过程，导致宿主细胞受损或功能丧失。

（1）作用于膜受体，干扰信号转导 例如大肠杆菌耐热肠毒素 STA2（heat-stable enterotoxin A2，19AA）激活小肠上皮细胞膜鸟苷酸环化酶受体。

（2）作用于细胞膜导致膜损伤甚至溶细胞 例如肺炎链球菌溶血素（pneumolysin，470AA）在细胞膜上形成 30nm 孔径寡聚体通道，导致溶细胞；产气荚膜梭菌（*C. perfringens*）的 α 毒素（370AA，属于溶血素）有磷脂酶 C 活性，是气性坏疽的毒力因子。

（3）进入细胞起作用 例如霍乱毒素（AB_5 六聚体）催化三聚体 G 蛋白的 $G_{s\alpha}$ 亚基 ADP 核糖基化失活；白喉毒素催化 eEF-2 ADP 核糖基化失活；Shiga 毒素（AB_5 六聚体）催化 28S rRNA 脱去一个腺嘌呤，使核糖体失活。

外毒素多为热不稳定蛋白质分子，其基因位于染色体、质粒或噬菌体 DNA 序列中（表 10-4）。

表 10-4 部分致病菌外毒素

毒素来源	毒素名称，名称缩写	宿主靶分子	作用方式	作用部位
百日咳杆菌（*B. pertussis*）	腺苷酸环化酶毒素，ACT	ATP	催化合成 cAMP	呼吸道
	百日咳毒素，PT	$G_{i\alpha}$	催化 $G_{i\alpha}$ ADP 核糖基化	呼吸道
霍乱弧菌（*V. cholerae*）	霍乱毒素，CT	$G_{s\alpha}$	催化 $G_{s\alpha}$ ADP 核糖基化	肠黏膜
炭疽杆菌（*B. anthracis*）	保护性抗原，PA	膜受体 ATR	形成七聚体膜通道	皮肤，肺，肠
	水肿因子，EF	ATP	催化合成 cAMP	皮肤，肺，肠
	致死因子，LF	MAPKK	降解多种 MAPKK	皮肤，肺，肠
大肠杆菌（*E. coli*）	不耐热肠毒素，LT	腺苷酸环化酶	激活腺苷酸环化酶	肠黏膜
白喉棒状杆菌（*C. diphtheriae*）	白喉毒素，DT	eEF-2	催化 eEF-2 ADP 核糖基化	多器官
肉毒杆菌（*C. botulinum*）	肉毒杆菌毒素，BT	阳离子通道	抑制突触后膜释放乙酰胆碱	神经组织

2. 内毒素（endotoxin） 是指由致病菌在菌体裂解时释放的毒素，主要是指革兰氏阴性菌细胞壁脂多糖或脂多糖与外膜蛋白的复合物，通过激活单核巨噬细胞系统释放细胞因子而起作用。

3. 毒力岛（pathogenicity island） 又称致病岛，是病原微生物基因组特有的一类序列，

10~200kb，GC 含量不同于其他序列，可在不同细菌基因组间传递（水平传递）。例如炭疽杆菌有两个质粒，其中一个有毒力岛，含炭疽毒素（anthrax toxin）基因。

（二）病毒致病的分子机制

病毒感染性疾病占全部感染性疾病的 3/4。病毒的毒力主要取决于病毒能否进入机体并接触到易感细胞、感染细胞后能否损伤细胞。

1. 病毒复制周期　病毒没有任何代谢系统，其全部生命活动就是感染易感细胞，依靠细胞的代谢系统进行复制。全过程可分为吸附、穿入、脱壳、合成、包装释放五个步骤。

（1）吸附（adsorption）　病毒与细胞表面的病毒受体非共价特异性结合。病毒受体是宿主细胞的膜成分，多为膜蛋白，也有膜脂，其分布具有种属特异性和组织特异性，因而病毒感染具有宿主特异性（表 10-5）。

表 10－5　部分病毒受体

病毒	病毒受体	易感细胞
脊髓灰质炎病毒	免疫球蛋白超家族	脊髓运动神经细胞
鼻病毒	黏附分子 ICAM-1（CD54）	淋巴细胞，上皮细胞等
狂犬病毒	乙酰胆碱受体	横纹肌细胞
EB 病毒	Ⅱ型补体受体（CD21）	B 细胞，树突状细胞
甲型、乙型流感病毒，副黏液病毒	含唾液酸的糖蛋白或糖脂	红细胞，上皮细胞
丙型流感病毒	含 9-*O*-乙酰唾液酸的糖蛋白或糖脂	上皮细胞
麻疹病毒	补体受体（CD46）	白细胞，上皮细胞
艾滋病病毒	CD4 受体，趋化因子受体 5	T 细胞，巨噬细胞
乙型肝炎病毒	尚未阐明	肝细胞

（2）穿入（penetration）　又称侵入，病毒与细胞表面病毒受体结合后，核壳（如腮腺炎病毒）或整个病毒颗粒（如狂犬病毒）进入细胞，偶有仅核酸进入细胞（如脊髓灰质炎病毒）。

（3）脱壳（uncoating）　核壳或病毒颗粒释放病毒核酸，其余部分被溶酶体降解。

（4）合成　不同病毒通过各自机制复制病毒基因组，合成病毒蛋白。

（5）包装释放　病毒基因组与病毒蛋白等组装成核壳，包膜病毒还要包被包膜，裂解释放或出芽释放。

2. 病毒感染对宿主细胞功能的影响　病毒感染宿主细胞后会损伤细胞，从而影响其正常功能。

（1）直接损伤宿主细胞　包括干扰细胞大分子合成，破坏细胞膜及细胞器功能，影响细胞凋亡等。

（2）间接免疫病理损伤　即病毒抗原刺激宿主免疫反应，对机体造成间接损伤，包括 T 细胞、B 细胞介导病理损伤，诱发自身免疫反应等。

第二节　血友病 A

NOTE

血友病（hemophilia）是临床上较常见的一类因遗传性凝血因子合成障碍引起的出血性疾

病，表现为关节、肌肉、内脏经常自发性出血，或轻度外伤、小手术后出血不止，且有以下特征：①阳性家族史。②生来就有，幼年发病，伴随一生。③常表现为软组织或深部肌肉内血肿。④负重关节反复出血甚为突出，最终可致关节肿胀、僵硬、畸形，可伴骨质疏松、关节骨化及相应肌肉萎缩（血友病关节）。血友病的男性发病率 1/10000～2/10000。血友病根据分子基础分为血友病 A、血友病 B 和血友病 C，三者发病率之比为 16：3：1，即血友病 A 最为常见，故又称典型血友病（表 10-6）。

表 10－6　血友病分类

血友病类型	分子基础	染色体定位	遗传特征
血友病 A（血友病甲）	凝血因子Ⅷ（FⅧ）缺乏或异常	Xq28	X 连锁隐性遗传
血友病 B（血友病乙）	凝血因子Ⅸ（FⅨ）缺乏	Xq26. 3-q27. 1	X 连锁隐性遗传
血友病 C（血友病丙）	凝血因子Ⅺ（FⅪ）缺乏	4q35	常染色体隐性遗传

1. 一般性问题　血友病 A（Hemophilia A，HEMA）是由于凝血因子Ⅷ基因异常，致血浆中凝血因子Ⅷ的水平低下或功能缺陷，从而引起内源性凝血途径障碍而出血，具有 X 连锁隐性遗传特征。男性新生儿血友病 A 发病率 5/10000～10/10000。血友病出血程度与血友病类型及相关因子缺乏程度有关。血友病 A 出血较重，并根据血浆中凝血因子Ⅷ活性分为重型、中型和轻型三种。①重型：约占血友病患者的 50%，其凝血因子Ⅷ活性不到正常人的 1%，出生后有自发性肌肉和关节出血，发病频繁。②中型：凝血因子Ⅷ活性为正常人的 2%～5%，发病年龄较早，出血倾向较明显。③轻型：凝血因子Ⅷ活性为正常人的 6%～30%，发病年龄较晚，无自主性出血，出血发病较少。

2. 凝血因子Ⅷ基因　凝血因子Ⅷ基因（*F8* 基因）位于 Xq28，长 186936bp，约占 X 染色体的 0. 1%，是人类基因组中目前克隆的最大基因（转录一次需要数小时）。凝血因子Ⅷ基因含 26 个外显子，其中外显子 14 最长，达 3106bp，是人类基因组中目前阐明的最大外显子，外显子 5 最短，仅 69bp。

3. 凝血因子Ⅷ功能　凝血因子Ⅷ（coagulation factor Ⅷ，FⅧ，又称抗血友病因子，antihemophilic factor，AHF），是参与内源性凝血的一种辅助因子。在内源性凝血途径中，凝血因子Ⅷ与 Ca^{2+}、磷脂作为凝血因子Ⅸa（FⅨa，又称血浆凝血激酶，一种丝氨酸蛋白酶）的辅助因子，将凝血因子Ⅹ（FⅩ）激活成凝血因子Ⅹa（FⅩa，又称促凝血酶原激酶，内源性凝血途径的终端蛋白酶）。

4. 凝血因子Ⅷ翻译后修饰　凝血因子Ⅷ基因在肝、脾、淋巴结、肾等组织细胞表达，以肝细胞为主。其表达的 mRNA 长 9048nt，编码的凝血因子Ⅷ前体 2351AA（图 10-1）。

（1）分泌　在转入内质网腔时凝血因子Ⅷ前体 N 端 19AA 的信号肽被切除，然后进行 *N*-糖基化修饰（如 Asn），由 ERGIC-53 蛋白介导转运到高尔基体，进一步修饰，包括 *N*-糖基加工、硫酸化（如 Tyr1683、1699）、二硫键形成（如 Cys1918-Cys1922）等，并由枯草杆菌蛋白酶家族的蛋白酶（尚未鉴定）水解 Arg1332-Ala1333 和 Arg1667-Glu1668 肽键，切除 Ala1333～Arg1667，得到由重链（H 链，1313AA，Ala20～Arg1332）和轻链（L 链，684AA，Glu1668～Tyr2351）通过 Cu^{+}非共价结合的二聚体凝血因子Ⅷ，分泌到血浆中，通过重链 C 端和轻链 N 端与血管性血友病因子（von Willebrand factor，vWF）形成复合物。vWF 的作用是稳定凝血因

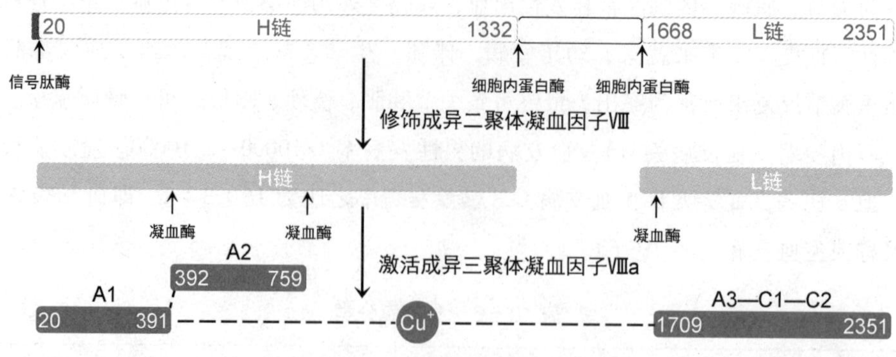

图 10-1 人凝血因子Ⅷ翻译后修饰

子Ⅷ。

（2）激活 在内源性凝血过程中，凝血因子Ⅷ被凝血酶（即凝血因子Ⅱa，FⅡa）或凝血因子Ⅹa 水解 Arg391、Arg759 和 Arg1708 羧基形成的肽键，切除重链 C 端的 Ser760 ~ Arg1332 和轻链 N 端的 Glu1668 ~ Arg1708（所结合的 vWF 也一同释放），激活成由重链 A1 段（Ala20 ~ Arg391，含结构域 A1）、A2 段（Ser392 ~ Arg759，含结构域 A2）和轻链 A3-C1-C2 段（Ser1709 ~ Tyr2351，含结构域 A3-C1-C2）构成的三聚体凝血因子Ⅷa（A1 和 A3 通过 Cu^+结合，A1 段 C 端和 A2 段 N 端结合）。

凝血因子Ⅷa 与激活后聚集的血小板的膜磷脂（如 PS）结合，然后募集凝血因子Ⅸa 和 Ca^{2+}，形成Ⅹ酶复合物（tenase complex），激活凝血因子Ⅹ。

当血浆凝血因子Ⅷa 活性低下时，Ⅹ酶复合物水平低下，凝血功能障碍，导致凝血缺陷性出血。

（3）灭活 凝血因子Ⅷa 被凝血因子Ⅸa、凝血因子Ⅹa、抗凝物质蛋白 C（APC，一种丝氨酸蛋白酶，可降解凝血因子Ⅴa、凝血因子Ⅷa）等水解重链 Arg355、Arg581 羧基形成的肽键，分别导致凝血因子Ⅹ、凝血因子Ⅸa 不再结合。

5. 凝血因子Ⅷ基因突变 如上所述，凝血因子Ⅷ基因序列长，外显子多，突变呈现高度异质性，在散发病例中新突变的发生率较高，即使血友病家系患者也有 30%为新的自发突变病例，因而对其研究有一定的难度。目前检出的凝血因子Ⅷ基因突变类型有点突变、插入缺失、移码、倒位、重复和 mRNA 异常剪接等，其中半数以上为缺失（表 10-7）。这些突变导致凝血因子Ⅷ合成、分泌异常。

表 10-7 已鉴定凝血因子Ⅷ基因编码序列突变类型与血友病 A 临床严重程度

突变		临床严重程度
①点突变 481 处	147 处	轻型
	130 处	中型
	139 处	重型
②缺失 7 处（6 处缺 1AA，1 处缺 2AA）	2 处	中型
	4 处	重型
③插入 1 处	外显子 14 插入 3. 5kb	重型
④移码 1 处	外显子 8 密码子 GAA360 缺失 GA	重型

（1）倒位　有20%~25%的血友病A是由凝血因子Ⅷ基因的内含子22发生倒位所致（重型血友病A更是高达45%~50%）。倒位几乎全都发生在精子的形成过程中，却很少发生在卵子的形成过程中。此外，患者的母亲均为倒位携带者，几乎无一例外。

倒位机制：凝血因子Ⅷ基因内含子22内有一个基因内基因 *A1*（功能未知），其两个同源基因 *A2*、*A3* 位于X染色体末端。*A1* 与 *A2*、*A3* 任何一个发生同源重组，都导致外显子1~内含子22部分倒位到X染色体长臂远端，与外显子23~26部分分离。其中 *A1* 与 *A3* 发生的重组称为远端重组（导致Ⅰ型倒位），约占倒位的85%，*A1* 与 *A2* 发生的重组称为近端重组（导致Ⅱ型倒位），约占倒位的15%。

（2）大片段缺失　凝血因子Ⅷ基因大片段（>100bp）缺失是约5%血友病A的病因。DNA印迹法分析显示这类缺失断裂点具有不均一性，提示在凝血因子Ⅷ基因上不存在断裂热点。大多数缺失都导致重型血友病A，但外显子22、23、24的缺失却与中型血友病A相关。

（3）小片段缺失　凝血因子Ⅷ基因小片段（<100bp）缺失引起移码突变，从而导致重型血友病A。大多数小片段缺失发生在短重复序列区域。

（4）插入　长散在元件1（LINE1，又称长散在重复序列1）是真核生物基因组中的一类长散在元件（LINEs），重复单位长度在1000bp以上。人类基因组序列约17%为LINEs，虽然大部分存在5′缺失，但仍有100多个长度约6000bp的LINEs有逆转录转座子活性，含有逆转录酶、核酸内切酶的编码区。这些序列自身可以启动逆转录转座，即先转录成带poly(A)尾的RNA，再逆转录合成dscDNA，并插入新的基因位点。LINE1插入凝血因子Ⅷ基因可导致重型血友病A。

（5）重复　曾发现一对同胞姐妹患者凝血因子Ⅷ基因外显子23和25之间存在重复突变，其中一位所生儿子的凝血因子Ⅷ基因缺少外显子23和25，据此推断重复部位的DNA极不稳定。

（6）点突变　已经报道的点突变中有488种（因数据来源不同，与表10-7不一致）是错义突变，例如凝血因子Ⅷ基因外显子26中存在G6977T（Arg2326Leu）突变。绝大多数错义突变会引起凝血因子Ⅷ活性降低。凝血因子Ⅷ基因点突变符合人类基因突变的两大普遍规律：①存在GC突变热点。38%的点突变位于GC盒内，正链易发生G-C→G-T突变，负链则发生G-C→A-C突变。②突变常发生在基因不表达的组织。

第三节　Duchenne型肌营养不良

Duchenne型肌营养不良（DMD）又称假肥大型肌营养不良，是一种抗肌萎缩蛋白缺乏或结构异常导致的严重致残致死性X连锁隐性遗传病，其发展快，愈后差，男性发病率为1/3500，女性为突变携带者。

1. 一般性问题　Duchenne型肌营养不良一般在4~5岁发病，特征是初期肌肉变性、萎缩和进行性肌无力，行走困难呈鸭步，仰卧起坐非常困难，后期腓肠肌假性肥大，病变肌纤维萎缩变性，被脂肪组织和结缔组织所替代。患者多在12岁左右出现不能行走，25岁左右死亡。

2. 抗肌萎缩蛋白基因　于1986年被阐明。抗肌萎缩蛋白基因（*DMD* 基因）位于Xp21.2，

全长 2241765bp，是目前鉴定的人体最大的基因。*DMD* 基因含 79 个外显子，其中外显子 79 最长，达 2703bp，是人类基因组中目前阐明最大的外显子，外显子 78 最短，仅 32bp。

3. 抗肌萎缩蛋白　*DMD* 基因表达的 mRNA 长 13993nt，编码含 3685AA 的抗肌萎缩蛋白，又称肌萎缩蛋白、肌营养不良蛋白、肌养蛋白（dystrophin）。

抗肌萎缩蛋白是一种细胞骨架蛋白，主要分布在骨骼肌细胞膜上，占肌肉总蛋白量的 0.002%，占肌细胞骨架蛋白的 5%。现在认为抗肌萎缩蛋白要与糖蛋白形成抗肌萎缩蛋白-糖蛋白复合物才能起作用，该复合物积累于神经肌肉接头、中枢神经和周围神经的各种突触处。

抗肌萎缩蛋白的功能：①参与细胞骨架与细胞外基质的结合。②是肌膜（sarcolemma）的结构成分。③参与信号转导和突触传递。

4. 抗肌萎缩蛋白基因突变　导致抗肌萎缩蛋白缺乏或结构异常，细胞膜不稳定，最终导致肌细胞因通透性增加而变性或坏死。在 Duchenne 型肌营养不良患者中，有 60%～70%是缺失突变，约 20%是点突变，5%～10%是重复突变，约 8%是插入缺失。*DMD* 的缺失突变常发生在外显子 3～20（22%～27%）和外显子 44～53（54%～60%）两个区域。缺失导致移码突变，是引起 Duchenne 型肌营养不良的主要原因。此外内含子 44 长 160～180bp，断裂几率最高。

第四节　高血压

全球有超过十亿高血压患者。高血压从遗传学角度可分为原发性高血压（约占 95%）和单基因遗传性高血压（约占 5%）两大类。

一、原发性高血压

原发性高血压（EHT）是以血压升高为主要临床表现，伴或不伴有多种心血管危险因素的综合征，通常简称高血压病。原发性高血压是许多国家的公共卫生问题，因为它与冠心病、肾病、外周血管疾病等密切相关，影响重要脏器（如心、脑、肾）的结构和功能，最终导致这些脏器功能衰竭，迄今仍是心血管疾病死亡的主要原因之一。

原发性高血压是遗传因素和环境因素相互作用的结果，其中遗传因素约占 40%，环境因素约占 60%。关于原发性高血压的遗传方式目前认为可能存在主基因显性遗传和多基因混合遗传两种方式，不过相关基因和基因座尚未阐明，仅确定了部分候选基因。候选基因（candidate gene）对主基因进行检测时作为候选者并具有已知生理功能，它们赋予生物体表型，对数量性状有一定影响，且已有某些研究表明其与某种疾病有关（表 10-8）。

表 10－8　原发性高血压候选基因

产物名称（缩写）	功能产物大小（AA）	组织特异性	功能
肾素（renin）	340	肾	激活血管紧张素原
血管紧张素转化酶（ACE）	1277	广泛	激活血管紧张素 I
血管紧张素原（AGT）	452	肝	血管紧张素前体
内皮素（ET）	21	肺，滋养层	缩血管

续表

产物名称（缩写）	功能产物大小（AA）	组织特异性	功能
1 型血管紧张素Ⅱ受体（AGTR1）	359	肝，肺，肾上腺	激活 IP_3-DAG 途径
11β-羟类固醇脱氢酶（11β-HSD）	405	肾，胰腺，前列腺，卵巢	皮质醇转化
交感神经受体 α_2（ADRA2）	450	广泛	信号转导
交感神经受体 β_2（ADRB2）	413	广泛	信号转导
内皮细胞一氧化氮合酶（eNOS）	1202	血小板，肝，肾	NO 合成
α 内收蛋白（ADD1）	737	广泛	细胞膜骨架相关蛋白质
心钠素（ANP）	28	心房肌细胞	松弛血管平滑肌，促进肾排钠排水

1. 血管紧张素转化酶　血管紧张素转化酶基因（*ACE*，17q23.3）内含子 16 中存在 *Alu* 序列多态性，可能与血浆血管紧张素转化酶（angiotensin-converting enzyme，ACE）活性及原发性高血压相关，缺失者血浆血管紧张素高活性。

血管紧张素转化酶功能：催化血管紧张素Ⅰ（十肽）水解释放 C 端二肽（His-Leu），转化为血管收缩活性更强的血管紧张素Ⅱ（八肽），还可以灭活有血管扩张活性的缓激肽（八肽）。其活性依赖 Zn^{2+}，且被 Cl^- 激活。抗高血压药卡托普利（captopril）、依那普利（enalapril）、赖诺普利（lisinopril）为血管紧张素转化酶抑制剂。

2. 血管紧张素和 1 型血管紧张素受体　血管紧张素原基因（*AGT*）与原发性高血压相关的早期报道是 Met235Thr 突变。

血管紧张素原前体（485AA）是一种 α_2 球蛋白，由肝细胞合成，切除信号肽（33AA）后成为血管紧张素原（452AA），分泌入血浆后由肾素（即血管紧张素原酶，由球旁细胞之颗粒细胞合成）催化裂解成为血管紧张素Ⅰ（十肽，Asp34～Leu43），由血管紧张素转化酶催化切除 C 端二肽（His42-Leu43）成为血管紧张素Ⅱ（八肽，Asp34～Phe41）。血管紧张素Ⅱ很快被血浆中的氨肽酶裂解成血管紧张素Ⅲ（七肽，Arg35～Phe41），半衰期不到 1 分钟。

血管紧张素Ⅱ有很高的血管收缩活性，通过作用于血管平滑肌和肾上腺皮质等细胞的血管紧张素受体（angiotensin receptor，AGTR，属于 G 蛋白偶联受体）产生相应的生理效应，包括刺激血管平滑肌收缩、刺激肾上腺皮质球状带合成分泌醛固酮（血管紧张素Ⅲ仍有刺激醛固酮分泌活性）。

AGT 基因突变是原发性高血压的易感因素，其 Met235Thr 突变在某些人群与高水平血管紧张素及原发性高血压相关。

1 型血管紧张素受体（AGTR1）分布于肝、肺、肾上腺等，通过 G_q 激活 IP_3-DAG 途径，导致肾上腺皮质球状带细胞膜去极化，电压门控钙通道开放，Ca^{2+} 流入，刺激醛固酮合成、分泌。有报道 *AGTR1* 基因 A1166C 突变与重度原发性高血压相关。

3. 内皮素和内皮素转化酶 1　内皮素（endothelin，ET）又称内皮缩血管肽、内皮肽，是由内皮细胞分泌的一组二十一肽，主要有内皮素 1、2、3，分别由 *EDN1*、*EDN2*、*EDN3* 编码，是已知活性最高的缩血管激素，在维持血压方面具有重要意义。*EDN1* 基因 C198T 突变体易患肥胖高血压。*EDN2* 基因 A985G 突变体与高血压程度密切相关。

内皮素转化酶 1（endothelin-converting enzyme 1，ECE-1）是一类同二聚体单次跨膜蛋白，

770AA，有 A、B、C、D 四种同工酶，分布广泛，催化前内皮素 1（又称大内皮素 1，三十八肽）水解成有生物活性的内皮素 1。在原发性高血压时，ECE-1 的表达增加，内皮素 1 生成增加，促进钠潴留和高血压发生。

4. 3β-羟类固醇脱氢酶/异构酶 1 和 11β-羟类固醇脱氢酶 2　3β-羟类固醇脱氢酶/异构酶 1（372AA，由 *HSD3B1* 编码）是一种位于内质网、线粒体的单次跨膜蛋白，是一种双功能酶，催化 3β-羟-δ(5)-类固醇先脱氢生成 3-氧-δ(5)-类固醇，再异构成 3-氧-δ(4)-类固醇，在类固醇激素（包括醛固酮）合成过程中起重要作用。*HSD3B1* 基因突变可能导致血浆醛固酮水平升高，血量增加，血压升高。

11β-羟类固醇脱氢酶 2（405AA，由 *HSD11B2* 编码）分布在肾脏、胰腺、前列腺、卵巢、小肠、结肠等的微粒体、内质网中，催化 11β-羟类固醇脱氢生成 11-氧-类固醇，因而可把高活性的皮质醇（氢化可的松）转化为低活性的皮质酮（可的松），从而控制细胞内皮质醇水平。

皮质醇虽称为糖皮质激素，但也能与特异性较差的盐皮质激素受体（mineralocorticoid receptor，MR）结合，而皮质酮与盐皮质激素受体结合很弱。因此 11β-羟类固醇脱氢酶 2 通过控制皮质醇水平限制其激活盐皮质激素受体。

Lovati 等报道 *HSD11B2* 基因的一个微卫星 DNA 标记与盐敏感性高血压（salt-sensitive hypertension）相关。Melander 等从其外显子 3 鉴定了一个 G534A（Glu178Glu）突变，其纯合子在原发性高血压的比例高于正常人，提示该突变增加其原发性高血压易感性。

11β-羟类固醇脱氢酶 2 可被甘草次酸及其衍生物生胃酮、11α-羟孕酮抑制，故长期应用甘草次酸会引起高血压。

5. 交感神经受体 α_2、交感神经受体 β_2 与 G 蛋白偶联受体激酶 4　交感神经受体 α_2 介导儿茶酚胺抑制腺苷酸环化酶，α_{2A} 与肾上腺素的亲和力强，α_{2B} 与去甲肾上腺素的亲和力强；Baldwin 等在交感神经受体 α_{2B} 发现了一个含 9 个或 12 个谷氨酸的多态性区段，但未确定是否与原发性高血压相关。

交感神经受体 β_2 介导儿茶酚胺激活腺苷酸环化酶，与肾上腺素的亲和力是去甲肾上腺素的 30 倍。有报道交感神经受体 β_2 的 Arg16Gly 突变可能与高血压有关。

G 蛋白偶联受体激酶 4（GRK4，578AA）　由 *GRK4* 编码，通过催化 G 蛋白偶联受体（如多巴胺 D_1 受体）磷酸化失敏影响血压。原发性高血压患者近端小管存在多巴胺 D_1 受体应答不足，原因是多巴胺 D_1 受体-G 蛋白-效应酶解偶联。有报道 GRK4 同工酶 3 的 Val486Ala 突变与原发性高血压有关。

6. 心钠素　又称心房肽、心房钠尿肽（atrial natriuretic peptide，ANP），是一种肽类激素，由心房肌细胞合成分泌，其主要作用是松弛血管平滑肌，促进肾脏排钠排水，从而降低血压。

心钠素基因（*NPPA*）的 G664A、T2308C 突变可能与原发性高血压有关。心钠素受体基因（*NPR1*）上游启动子的 A-55C 突变与高血压发病连锁。不过，关于心钠素基因多态性与原发性高血压的连锁性，各种研究报道并不一致。

7. 内皮细胞一氧化氮合酶　是一种细胞膜内侧的同二聚体周边蛋白，主要分布于冠状血管和心内膜，由钙调蛋白激活，催化精氨酸合成 NO。NO 是有效的血管扩张剂（vasodilator），通过激活蛋白激酶 G 途径刺激血管平滑肌松弛，有扩张血管、调节血流、抑制血管平滑肌细胞增殖、抑制血小板聚集和白细胞黏附等功能，参与多种疾病的病理过程。

NOTE

Shoji 等报道了一种可能与高血压有关的内皮细胞一氧化氮合酶（eNOS）突变，即位于外显子 7 的 G894T（Glu298Asp）突变，导致 eNOS 活性降低，NO 合成减少，血管平滑肌收缩增强，引起高血压。

8. α 内收蛋白（adducin，ADD）　是一类红细胞膜胞质面周边蛋白，由 α 亚基（ADD1，737AA）与 β（ADD2，725AA）或 γ（ADD3，706AA）亚基构成的异二聚体，属于红细胞膜骨架蛋白质，参与血影蛋白-肌动蛋白骨架的组装，与钙调蛋白结合，参与信号转导、离子转运。有报道一个 Gly460Trp 突变可能影响肾近端小管钠泵活性，从而影响钠的重吸收，与原发性高血压有关。

二、单基因遗传性高血压

单基因遗传性高血压目前研究得比较清楚，主要包括 Liddle 综合征等（表 10-9）。

表 10－9　单基因遗传性高血压遗传因素

单基因遗传性高血压	致病基因	产物	突变特征	功能	遗传模式	染色体定位
Liddle 综合征	*SCNN1B*， *SCNN1G*	钠通道 β 亚基， 钠通道 γ 亚基	无义突变， 错义突变	↑	显性	16p12. 1-p12. 2， 16p12
糖皮质激素可抑制性醛固酮增多症	*CYP11B1*， *CYP11B2*	类固醇 11β -羟化酶， 醛固酮合酶	融合基因	↑	显性	8q21， 8q21-q22
盐皮质激素增多症	*HSD11B2*	11β -羟类固醇脱氢酶 2	错义突变， 缺失	↓	隐性	16q22
妊娠合并重度发作期早发性高血压	*NR3C2*	盐皮质激素受体	错义突变	↑	显性	4q31. 1
Ⅱ型假性醛固酮减少症	*WNK1*， *WNK4*	丝氨酸/苏氨酸激酶 1， 丝氨酸/苏氨酸激酶 4	缺失， 错义突变	↑	显性	12p13. 3， 17q21-q22
高血压-高胆固醇血症-低镁血症	*MT-TI*	$tRNA^{Ile}$	错义突变	线粒体功能障碍	Mit	Mit

1. Liddle 综合征（Liddle's syndrome，LIDDS）　最早报道于 1963 年，特征是高血压、假性醛固酮过多症（pseudoaldosteronism）、低钾碱中毒、低肾素。Liddle 综合征的致病基因是 *SCNN1B* 和 *SCNN1G*，分别编码上皮细胞钠通道（ENaC）β 亚基和 γ 亚基，其突变导致钠通道组成性激活。Liddle 综合征的高血压和低血钾可用氨苯蝶啶（triamterene，一种肾远端小管钠通道阻滞剂）改善。

上皮细胞钠通道（epithelial Na^+ channel，ENaC）是一种 α（669AA，由 *SCNN1A* 编码）、β（640AA，由 *SCNN1B* 编码）、γ（649AA，由 *SCNN1G* 编码）异三聚体上皮细胞顶端膜蛋白，介导内腔液钠（及水）透过顶端膜，控制肾、肠、肺、汗腺钠重吸收，被丝氨酸/苏氨酸激酶 WNK 激活，被利尿药阿米洛利抑制。

2. 糖皮质激素可抑制性醛固酮增多症（glucocorticoid-remediable aldosteronism，GRA）　最早报道于 1966 年，特征是高醛固酮、低肾素、盐敏感性高血压。GRA 的致病基因是 *CYP11B1*、*CYP11B2*，分别编码类固醇 11β-羟化酶、醛固酮合酶。两种基因均位于 8 号染色体上，且序列同源性（sequence homology，不同 DNA 片段核苷酸序列或不同蛋白质氨基酸序列的相似程度）达 95%。

1992 年 Lifton 等报道：GRA 患者 *CYP11B2* 的编码序列与 *CYP11B1* 的调控元件发生不等交换（unequal crossingover），形成融合基因，在肾上腺皮质束状带（而不是球状带）表达，且受促肾上腺皮质激素（adrenocorticotropic hormone，ACTH）调控，导致醛固酮合成分泌增加，促使水盐重吸收增多而导致高血压。

地塞米松可抑制 ACTH 分泌，从而抑制醛固酮合酶基因表达，降血压，故该型高血压称为糖皮质激素可抑制性醛固酮增多症。

3. 盐皮质激素增多症（apparent mineralocorticoid excess，AME）　是一种极其罕见的常染色体隐性遗传的低肾素型高血压，通常在出生一年内发病，特征是多尿、多饮、生长迟缓、高血钠、重度高血压、低肾素、低醛固酮、低钾碱中毒、肾钙沉着。AME 的致病基因是 *HSD11B2*，该基因有 18 处突变与高血压关联，其中 17 处为失活突变，造成皮质醇大量积累，血浆水平是醛固酮的几百倍，激活盐皮质激素受体，导致高血压发生。

4. 妊娠合并重度发作期早发性高血压（EOHSEP）　由盐皮质激素受体基因（*NR3C2*，*MCR*）的 Ser810Leu 突变引起。突变导致盐皮质激素受体活性和特异性改变：孕酮等不含 21-羟基的类固醇激素及利尿药安体舒通是正常盐皮质激素受体的拮抗剂，但却是其突变体的激动剂，因此妊娠期高水平孕酮会导致高血压。

5. Ⅱ型假性醛固酮减少症（pseudohypoaldosteronism）　又称Ⅱ型假性低醛固酮血症、家族性高钾性高血压（familial hyperkalemia and hypertension，FHH），其 *WNK4* 基因存在 Gln565Glu 突变，特征是高钙尿、低血钙。已知 WNK4 激酶调节肾髓质钾通道、肾皮质氯-碱交换体、钠-钾-氯共转运体，且与一个钙通道（或转运体）有关联，其突变影响到肾对盐的重吸收。

6. 高血压-高胆固醇血症-低镁血症　见于白种人，由线粒体 *MT-TI* 基因（编码 $tRNA^{Ile}$）的 U4291C 突变导致，该突变点是位于反密码子 5′侧的一个保守位点，影响到 $tRNA^{Ile}$ 与核糖体的结合。

7. 高血压-短趾（hypertension and brachydactyly，HTNB）　基因座位于 12p12，尚未阐明。

第五节　脂血症

脂血症（lipemia）又称高脂血症（hyperlipemia），与动脉粥样硬化密切相关，有一定的遗传性，其相关基因的结构、功能和调控异常可能是重要原因，其中载脂蛋白及其受体基因的变化尤为重要（表 10-10）。

表 10－10　脂血症遗传因素

脂血症	致病基因	功能产物（大小，AA）	突变特征	功能	遗传模式	染色体定位
apo B-100 缺陷症	*APOB*	载脂蛋白 apo B-100（4536）	错义突变	↓	显性	2p24-p23
ⅠB 型脂血症	*APOC2*	载脂蛋白 apo C-Ⅱ（79）	错义突变	↓	隐性	19q13.2
Ⅲ型脂血症	*APOE*	载脂蛋白 apo E（299）	错义突变	↓	显性	19q13.31
家族性高胆固醇血症	*LDLR*	LDL 受体（839）	错义突变，缺失	↓	半显性	19p13.2

NOTE

1. *APOB* 基因突变与 apo B-100 缺陷症　*APOB* 基因全长 42645bp，含 29 个外显子，其中外显子 26 最长，达 7572bp，外显子 2 最短，仅 39bp。相应的 mRNA 长 14121nt，编码 apo B-100（4536AA，在肝细胞）和 apo B-48（2152AA，在小肠细胞）。

Innerarity 等于 1987 年报道了家族性 apo B-100 缺陷症（familial defective apoB-100，FDB）。家族性 apo B-100 缺陷症表现为脂蛋白代谢紊乱，发展为高胆固醇血症，易患冠心病。家族性 apo B-100 缺陷症具有显性遗传特征，是由于 *APOB* 基因的 Arg3500Gln 和 Arg3531Cys 突变，使 apo B-100 介导的 LDL 与 LDL 受体的亲和力下降，LDL 不能被组织细胞有效摄取，导致血浆 LDL 水平升高。

2. *APOC2* 基因突变与 Ⅰ B 型脂血症　*APOC2* 基因全长 7328bp，含 4 个外显子，其中外显子 4 最长，达 407bp，外显子 2 最短，仅 68bp。相应的 mRNA 长 738nt，编码 101AA 的新生肽，切除 22AA 的信号肽后，成为 79AA 的成熟 apo C-Ⅱ。

在血脂正常个体，apo C-Ⅱ主要存在于 HDL；而在高血脂个体，apo C-Ⅱ主要存在于 VLDL 和 LDL。apo C-Ⅱ的功能是激活脂蛋白脂酶，通过与 CM、VLDL、LDL、HDL 可逆结合，促进富含甘油三酯的脂蛋白的分泌、代谢。apo C-Ⅱ的结构发生变异或绝对含量降低，都不能有效地激活甘油三酯脂肪酶。

目前已经发现多种 *APOC2* 基因突变，均为点突变。

（1）Inadera 等研究发现一个家系存在 *APOC2* 基因的 Trp48Arg（T2697C）突变，导致Ⅰ B 型脂血症。Ⅰ B 型脂血症（hyperlipoproteinemia type 1B，HLPP1B）是一种常染色体隐性遗传病，特征是高甘油三酯血症、黄色瘤，患胰腺炎、早期动脉粥样硬化的风险增加。

（2）Pullinger 等研究 3 例无亲缘高血脂个体（胆固醇 313～345mg/dL，甘油三酯 203～1000mg/dL）发现均存在 *APOC2* 基因的 Glu60Lys 突变，其中 1 例还存在 Lys77Gln 突变。

3. *APOE* 基因突变与Ⅲ型脂血症　*APOE* 基因全长 3612bp，含 4 个外显子，其中外显子 4 最长，达 861bp，外显子 1 最短，仅 60bp。*APOE* 主要在肝、脑、脾、肺、肾、卵巢、肾上腺、肌细胞表达，相应的 mRNA 长 1223nt，编码 317AA 的新生肽，切除 18AA 的信号肽后，成为 299AA 的成熟 apo E。

apo E 参与形成各种血浆脂蛋白，功能是作为肝细胞 apo B/E 受体（LDL 受体）、apo E 受体的配体，介导 CM 残粒、VLDL 残粒被肝细胞结合、内吞、代谢。

目前已鉴定了 apo E 的三种等位基因：*ε2*、*ε3*、*ε4*，其产物的一级结构仅有两个氨基酸残基不同，分别称为 A 位点（AA112）和 B 位点（AA158）(表 10-11)。

表 10－11　三种 apo E 异构体氨基酸差异

apo E	E2	E3	E4
A 位点（AA112）	Cys	Cys	Arg
B 位点（AA158）	Cys	Arg	Arg
基因频率	0.11	0.72	0.17

Ⅲ型脂血症（hyperlipoproteinemia type 3，HLPP3）特点是 VLDL 和 IDL 以及 apo E 水平升高，患黄色瘤病、高胆固醇血症和高甘油三酯血症，早发心血管疾病。

apo E 缺陷是导致Ⅲ型脂血症的重要遗传因素（表 10-12）：Ⅲ型脂血症患者 apo E 结构存

在缺陷，与肝细胞受体亲和力下降，因而使CM残粒、VLDL残粒清除减慢，造成血浆胆固醇、甘油三酯积累，引发黄色瘤病、早发心血管疾病。绝大多数患者为*ε2*纯合子（91%）。极少数为*ε3ε2*或*ε4ε2*杂合子。不过，毕竟只有1%～5%的*ε2*纯合子患Ⅲ型脂血症，因此Ⅲ型脂血症还与其他遗传因素及环境因素有关，如甲状腺功能减退症、系统性红斑狼疮、糖尿病酸中毒。

表10－12　与Ⅲ型脂血症有关的apo E错义突变

等位基因	突变
ε2	Arg136Cys，Arg136Ser，Arg145Cys，Lys146Gln，Arg224Gln，Val236Glu
ε3	Arg142Cys，Arg145His
ε4	Glu13Lys，Leu28Pro，Arg145Cys，Arg251Gly

4. *LDLR*基因突变与家族性高胆固醇血症　*LDLR*基因全长44469bp，含18个外显子，其中外显子18最长，达2550bp，外显子16最短，仅78bp。*LDLR*在各组织都有表达，相应的mRNA长5292nt，编码860AA的新生肽，切除21AA的信号肽后，成为839AA的成熟LDL受体（low density lipoprotein receptor，LDLR）。

LDL受体是单次跨膜蛋白，功能是介导LDL、CM残粒、VLDL残粒被肝细胞结合、内吞、代谢。

LDL受体缺陷导致家族性高胆固醇血症（familial hypercholesterolemia，FH），遗传基础主要是*LDLR*有大片段插入缺失。这是一种常染色体半显性遗传病，纯合子极为罕见，发病率仅为$1/10^6$，但症状较重，血浆胆固醇高达15.6～20.8mmol/L（600～800mg/dl）；杂合子较为常见，发病率约为$2/10^3$，但症状较轻，血浆胆固醇可达7.8～10.4mmol/L（300～400mg/dL）。LDL受体缺陷导致肝细胞膜LDL受体水平下降或缺乏，肝脏对血浆LDL的清除能力低下，LDL在血浆中积累，胆固醇沉积于皮肤（黄色斑）、肌腱（黄色瘤）、冠状动脉（动脉粥样硬化），20岁前即出现典型的冠心病症状。

第六节　糖尿病

糖尿病（DM）是一类代谢综合征，是由各种因素导致胰岛素分泌或作用缺陷，影响糖、脂肪、蛋白质的正常代谢而导致的一类代谢性疾病，以持续性高血糖为特征。此外还有多种临床症状，如口渴、多尿、体重减轻、视力减退，严重时有酮症酸中毒或非酮体性高渗状态，直至昏迷、死亡。不过很多时候这些特征并不明显甚至没有，因而在诊断之前常因长期的高血糖而出现病理性或功能性改变。

糖尿病的长期效应包括各种进行性并发症，各种组织器官病变与损伤、功能减退及衰竭。如视网膜病导致失明，肾病导致肾衰竭，神经疾病导致脚部溃疡、下肢坏死（甚至需要截肢），Charcot关节病，心律失常，性腺功能减退。糖尿病患者易患心脑血管疾病和外周血管疾病。

糖尿病是常见病、多发病，且发病率随生活水平提高、人口老化、生活方式改变而增加。根据世界卫生组织（WHO）估计，截至2012年全球有3.71亿人患糖尿病，其中80%以上生

NOTE

活于经济不发达国家和地区，有 480 万人死于糖尿病，糖尿病治疗费用高达 4710 亿美元。根据 WHO 公布的结果，糖尿病已成为人类第八大死亡原因，仅 2011 年就有 140 万人死于糖尿病。

糖尿病的发病机制十分复杂，多数是遗传因素和环境因素共同作用的结果，且尚未阐明。1999 年 WHO 建议根据病因把糖尿病分为 1 型糖尿病、2 型糖尿病、特殊类型糖尿病和妊娠期糖尿病，其中 1 型糖尿病和 2 型糖尿病最常见。

一、1 型糖尿病

1 型糖尿病（diabetes mellitus type 1，T1DM）占全部糖尿病患者的 5%～10%，是由胰岛 β 细胞被破坏，导致胰岛素绝对缺乏而引起的，表现为血浆胰岛素水平绝对低下，持续性高血糖（空腹血浆葡萄糖≥7mmol/L 或 130mg/dL，糖耐量试验 2 小时后≥11.1mmol/L 或 200mg/dL），继发酮症酸中毒，需用胰岛素控制血糖并维持生命，故又称胰岛素依赖型糖尿病（insulin-dependent diabetes mellitus，IDDM）。1 型糖尿病根据 β 细胞破坏原因分为自身免疫性 1 型糖尿病（T 细胞介导胰岛 β 细胞破坏）和特发性 1 型糖尿病（未知因素介导胰岛 β 细胞破坏）。

1 型糖尿病是 T 细胞等介导胰岛 β 细胞破坏导致胰岛素合成不足，导致胰高血糖素/胰岛素比值高于正常水平，①促进糖原分解，②脂肪细胞、肌细胞不能有效摄取葡萄糖，③肝细胞持续进行糖异生和酮体合成，空腹血糖高于正常水平。胰高血糖素相对过多导致肝细胞中 2,6-二磷酸果糖减少（它可以激活糖酵解关键酶磷酸果糖激酶 1、抑制糖异生关键酶果糖-1,6-二磷酸酶），导致糖酵解不足，糖异生过度，血糖过高，超过肾小管重吸收能力，部分随尿液排出，并有水的相应丢失。因此，急性期表现为饥渴。

因为糖的利用障碍，胰岛素缺乏导致脂质、蛋白质分解失控，大量生酮，超过肾脏维持酸碱平衡的能力，血液 pH 值下降。加之脱水，会导致昏迷（coma）。相比之下，2 型糖尿病极少发生酮症酸中毒（diabetic ketosis），因为其胰岛素水平足以抑制脂肪细胞和肝细胞脂解过度（excessive lipolysis）。

自身免疫性 1 型糖尿病是由于 T 细胞介导胰岛 β 细胞破坏（残存不到 10%甚至完全消失），导致胰岛素绝对缺乏。该糖尿病在任何年龄都可以发病，但主要起病于儿童和青少年期（20 岁前）。该病可根据发病年龄、病程的不同分为急进型（多发于儿童）和隐匿型（多发于成人，又称成人隐匿性自身免疫性糖尿病，latent autoimmune diabetes of adult，LADA）。一些患者（特别是儿童和青少年）在诊断时常已发生酮症酸中毒；也有些患者表现为中度高血糖，感染或其他应激时迅速发展为重度高血糖和（或）酮症酸中毒；还有些患者（特别是成人）尚有一定数量 β 细胞，数年后才会发生酮症酸中毒。

自身免疫性 1 型糖尿病的标志是胰岛细胞抗体（islet cell autoantibody，ICA）、胰岛素抗体（anti-insulin antibody，AIA，故又称胰岛素抵抗综合征）、谷氨酸脱羧酶抗体（glutamic acid decarboxylase autoantibody，GADA）、胰岛细胞抗原 2 抗体（islet antigen 2 antibody，IA-2A）阳性，阳性率 85%～90%。

自身免疫性 1 型糖尿病患者通常伴有其他自身免疫性疾病，如突眼性甲状腺肿（Graves disease）、桥本甲状腺炎（Hashimoto thyroiditis）、肾上腺皮质功能减退（Addison disease）。

对自身免疫性 1 型糖尿病遗传因素的鉴定集中在基因组的 18 个区（每个区可能含有一个

或多个基因），分别命名为 IDDM1～IDDM18。目前研究较多的是 IDDM1（含人类白细胞抗原复合体）、IDDM2（含胰岛素基因）、IDDM12（含细胞毒性 T 细胞相关抗原 4 基因）。

1. IDDM1　位于 6 号染色体上（6p21.3）的一个基因簇，又称 HLA 复合体（人类白细胞抗原复合体）、HLA 基因座，属于人类主要组织相容性复合体（MHC），其产物称为人类白细胞抗原（HLA），属于人类主要组织相容性抗原（MHA）（表 10-13）。

表 10－13　主要组织相容性复合体与人类白细胞抗原复合体的关系

MHC 类型	人类相关基因	染色体定位	功能
MHC Ⅰ	*HLA-A*，*HLA-B*，*HLA-C*	6p21.3	向 $CD8^+$T 细胞提呈抗原肽
MHC Ⅱ	*HLA-CD74*，*DMA*，*DMB*，*DOA*，*DOB*，*DPA*，*DPB*，*DQA*，*DQB*，*DRA*，*DRB*	6p21.3	向 $CD4^+$T 细胞提呈抗原肽
MHC Ⅲ	*C4A*	5p13，6p21.3	炎症及其他免疫反应（补体）

人类白细胞抗原是 T 细胞的一类细胞膜糖蛋白，其作用是在细胞表面提呈抗原，协助 T 细胞识别自体（如胰岛 β 细胞）和异体（如细菌和病毒），进而发动其他免疫细胞对异体发起攻击，能引起强烈而迅速的排斥反应。

人类白细胞抗原对免疫反应至关重要。在健康个体的免疫系统中，T 细胞只被异体抗原活化。如果没有人类白细胞抗原，T 细胞无法识别异体抗原。不过，某些人类白细胞抗原突变体会诱导 T 细胞被自身抗原活化，发动其他免疫细胞攻击自身细胞，导致自身免疫性疾病。这正是 IDDM1 导致 T 细胞介导胰岛 β 细胞破坏即自身免疫性 1 型糖尿病的基础。

自身免疫性 1 型糖尿病的遗传因素至少有 50% 来自 HLA 区。HLA 基因有各种等位基因，因此每个人的 HLA 复合体都是特定 HLA 等位基因的组合，称为 HLA 单倍型。某些 HLA 单倍型与自身免疫性 1 型糖尿病有关，特别是 *HLA-DQA1*、*HLA-DQB1*、*HLA-DRB1* 组合。不过，该 HLA 单倍型在人类广泛存在，仅 5% 是 1 型糖尿病患者。

2. IDDM2　位于 11 号染色体上（11p15.5），含有一个胰岛素基因（*INS*）。*INS* 由 3 个外显子（e_1、e_2、e_3）和 2 个内含子（i_1、i_2）构成，其中 e_2 编码信号肽（72bp）、B 链（90bp）、连接肽（6bp）、C 肽的 N 端部分（19bp），外显子 3 编码 C 肽的 C 端部分（74bp）、连接肽（6bp）、A 链（66bp）（图 10-2）。

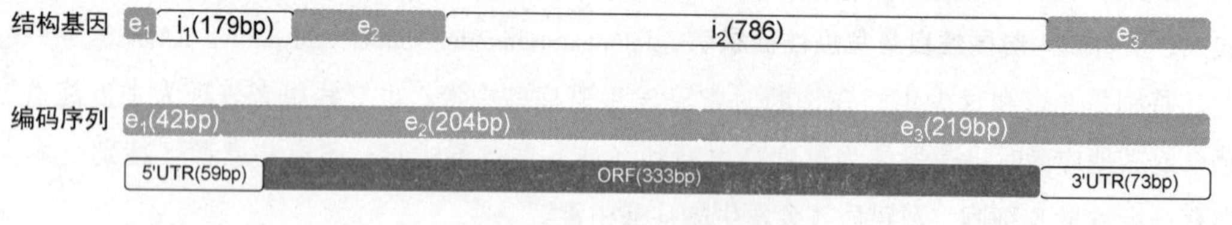

图 10－2　人胰岛素基因

IDDM2 占自身免疫性 1 型糖尿病遗传因素的 10%。相关基因座位于 *INS* 转录起始位点上游 0.5kb 处，是一种可变数目串联重复序列（variable number of tandem repeat，VNTR），可分为三类：Ⅰ类含 26～63 个重复单位，此类个体具有高度易感性；Ⅱ类平均含 80 个重复单位；Ⅲ类含 141～209 个重复单位，此类个体具有抵抗性（Ⅰ/Ⅲ类杂合子易感性仅为Ⅰ/Ⅰ类纯合子的 1/3）。

NOTE

3. IDDM12　位于 2 号染色体上（2q33），含有一组候选基因，产物是 T 细胞表面的一组辅助受体（又称共受体、协同受体，co-receptor），包括 CTLA-4、CD28 和 ICOS 等，其中与 1 型糖尿病关联度最高的是 CTLA-4（细胞毒性 T 细胞相关抗原 4）。

机体免疫反应涉及抗原提呈细胞（antigen-presenting cell，APC，包括巨噬细胞、树突状细胞、B 细胞）与 T 细胞的相互作用。抗原提呈细胞将主要组织相容性抗原-抗原肽复合物展示于细胞表面并提呈给 T 细胞。T 细胞通过 T 细胞受体（T-cell receptor，TCR）识别抗原肽之后有两种可能：①被活化后发动免疫攻击。②被钝化。

T 细胞的活化需要两个事件：①抗原提呈细胞提呈的抗原（第一信号）与 T 细胞受体作用。②抗原提呈细胞膜共刺激信号（co-stimulatory ligand，第二信号，如 CD86）与 T 细胞膜上的激活性辅助受体（如 CD28）作用。没有第二信号的刺激 T 细胞将被钝化（图 10-3）。

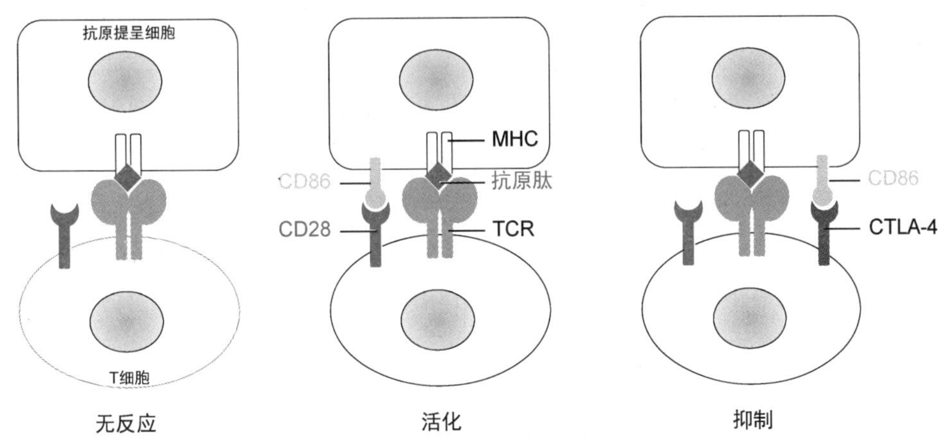

图 10-3 辅助受体与 T 细胞活化

细胞毒性 T 细胞相关抗原 4（cytotoxic T lymphocyte-associated antigen 4，CTLA-4，223AA）是 T 细胞膜上的一种抑制性辅助受体，其天然共刺激信号是 CD80（表达于活化 B 细胞、巨噬细胞、树突状细胞）、CD86（表达于活化 B 细胞、单核细胞），且亲和力强于它们的激活性辅助受体 CD28。基于以下事实，CTLA-4 的功能很可能是防止发生自身免疫：①CTLA-4 仅在 T 细胞被提呈抗原（第一信号）活化后才表达，而其他辅助受体并非如此。②CTLA-4 通过干扰第二信号的作用下调 T 细胞活化，因而对免疫系统有负调节效应（图 10-3）。

Doherty 和 Zinkernagel 因阐明 T 细胞活化机制而于 1996 年获得诺贝尔生理学或医学奖。

CTLA4 突变导致 T 细胞被自身抗原活化，与自身免疫性疾病相关，例如自身免疫性甲状腺功能减退（如桥本甲状腺炎）、突眼性甲状腺肿、系统性红斑狼疮、乳糜泻、自身免疫性 1 型糖尿病。

二、2 型糖尿病

2 型糖尿病（diabetes mellitus type 2，T2DM）是最常见的代谢性疾病，占全部糖尿病的 90%以上，其血浆胰岛素达到正常水平甚至高于正常水平，但信号转导障碍，即胰岛素作用的靶细胞（主要是肝细胞、肌细胞、脂肪细胞）对胰岛素作用的敏感性降低，称为胰岛素抵抗（insulin resistance）。2 型糖尿病发病晚于 1 型糖尿病，是导致失明、肾功能衰竭、截肢的主要原因。

肥胖是导致胰岛素抵抗的重要因素，而胰岛素抵抗是 2 型糖尿病的早期事件。实际上以下病理过程常同时发生：胰岛素抵抗、高血糖、血脂异常（血液高甘油三酯、高胆固醇、高LDL）。它们称为代谢综合征（metabolic syndrome），是2型糖尿病的前兆（predecessor）。肥胖发展的结果是体内甘油三酯水平超过脂肪组织储存能力，结果在其他组织，特别是在肝细胞和肌细胞积累，导致胰岛素抵抗，最终导致胰腺衰竭。

营养过剩导致胰岛素抵抗机制：血脂过高时，肌细胞摄取脂肪酸增加，但不能全部氧化，而是部分合成甘油三酯积累于细胞质中，甘油二酯、神经酰胺也增多。甘油二酯是第二信使，激活蛋白激酶C，蛋白激酶C及其他丝氨酸苏氨酸激酶催化胰岛素受体底物（IRS）磷酸化，抑制其转导胰岛素信号。神经酰胺及其代谢物抑制葡萄糖摄取及糖原合成，机制是抑制PDK、蛋白激酶B。

2型糖尿病导致胰腺衰竭机制：正常情况下β细胞合成大量胰岛素原，在内质网加工成胰岛素，包装成分泌小泡。

当肌细胞发生胰岛素抵抗时，β细胞会合成更多的胰岛素原，超出内质网中翻译后修饰的能力，引起内质网应激，即未折叠蛋白和错误折叠蛋白积累于内质网腔。内质网应激引起未折叠蛋白反应（unfolded protein response，UPR），意在保护细胞。该反应分几步：①抑制其他蛋白质合成，以免更多的蛋白质积累于内质网中。②分子伴侣合成加快，以提高翻译后修饰（折叠）效率。③错误折叠蛋白被清除内质网，被蛋白酶体降解。④如果上述反应仍不能缓解内质网应激，则启动细胞凋亡。

胰岛素抵抗和胰岛素分泌不足是2型糖尿病发病机制的两个要素。在存在胰岛素抵抗的情况下，如果β细胞能代偿性增加胰岛素分泌，则可维持血糖正常；如果β细胞存在胰岛素分泌不足，不能代偿胰岛素抵抗，则会引起2型糖尿病。胰岛素抵抗和胰岛素分泌不足对不同患者的影响不同，对同一患者的影响也可能随着疾病发展而发生变化。

经常运动可改善胰岛素敏感性，从而改善2型糖尿病的胰岛素抵抗。机制：运动时运动神经元刺激肌细胞肌浆网释放Ca^{2+}，诱导肌肉收缩。Ca^{2+}作为第二信使激活钙调蛋白和各种钙依赖性酶。钙依赖性酶和AMPK一样，激活一组转录因子。这些转录因子分别激活以下两类基因之一：①脂肪酸代谢酶类基因，如β氧化酶系，这类基因也被脂肪酸激活。②促进线粒体分裂基因。它们都促进脂肪酸降解。因为脂肪酸积累导致胰岛素抵抗，所以脂肪酸分解改善胰岛素敏感性。

2型糖尿病症状可能与1型糖尿病相似，但临床症状往往不明显，常在发病多年之后才被诊断，此时多已出现并发症（表10-14）。

表10-14 1型、2型糖尿病对比

	1型糖尿病	2型糖尿病
表型	主要在20岁之前发病	主要在40岁后发病（目前有低龄化趋势）
	体重正常或消瘦	多数肥胖
	并发酮症酸中毒	极少并发酮症酸中毒
	依赖胰岛素维持生存	不依赖胰岛素维持生存
	胰岛受自身免疫损伤	胰岛不受自身免疫损伤
	胰岛素绝对缺乏	胰岛素相对不足或胰岛素抵抗

NOTE

续表

	1 型糖尿病	2 型糖尿病
基因型	有遗传因素 同卵双生一致性<50% HLA 连锁	有遗传因素 同卵双生一致性>70% HLA 无连锁
治疗	胰岛素注射	①健康饮食，体育锻炼 ②降糖药 ③胰岛素注射（初期不需，有些终身不需）

目前认为 2 型糖尿病是遗传因素和环境因素综合作用的结果。

遗传因素尚未阐明，但有以下特点：①多基因参与发病，分别影响糖代谢的某个环节。②不同基因对发病的影响程度不同，多数为多基因，个别可能为主基因。③每个基因只赋予个体某种程度的易感性，不足以致病，也未必是致病所必需。④多基因异常的总效应形成遗传易感性。

环境因素起着十分重要，有时甚至是决定性的作用。饮食与运动是影响 2 型糖尿病发生发展的重要环境因素。大多数 2 型糖尿病患者运动不足，体重超重或肥胖，而肥胖会导致或加重胰岛素抵抗（有些患者虽不肥胖，但其腹部有脂肪堆积），是 2 型糖尿病的重要诱因。此外，年龄、高血压、高血脂、妊娠期糖尿病都是 2 型糖尿病的易患因素。

2 型糖尿病的遗传易感性与许多潜在易感基因（又称易患基因，susceptibility gene）的关系尚未阐明。通过对糖代谢、脂代谢、信号转导等的研究，目前已发现一组候选基因，其变异可能导致糖尿病（表 10-15）。

表 10－15　2 型糖尿病候选基因

基因名称缩写	染色体定位	外显子数	基因产物名称（名称缩写）	功能产物大小（AA）
SLC2A2，*GLUT2*	3q26.1-q26.2	11	葡萄糖转运蛋白 2（GLUT2）	524
GCK	7p15.1-p15.3	12	葡萄糖激酶（GCK）	465
ABCC8，*SUR1*	11p15.1	41	磺酰脲类受体 1（SUR1，ABCC8）	1580
KCNJ11	11p15.1	1	钾通道（Kir6.2）	390
CAPN10	2q37.3	13	钙蛋白酶 10（CANP 10）	672
INS	11p15.5	3	胰岛素（INS）	51
INSR	19p13.2-p13.3	23	胰岛素受体（IR）	2702
PIK3R1，*GRB1*	5q13.1	17	PI3K 调节亚基 α（PI3KRα）	724
GCGR	17q25	14	胰高血糖素受体（GL-R）	452
HNF4A，*TCF14*	20q12-q13.1	11	肝细胞核因子 4α（HNF-4α，TCF-14）	474
LPL	8p22	10	脂蛋白脂酶（LPL）	448
PPARG	3p25	11	过氧化物酶体增殖物激活受体（PPAR-γ）	505

1. 葡萄糖转运蛋白 2（glucose transporter 2，GLUT2）　是由 *GLUT2* 基因编码的一种 12 次跨膜蛋白。人体内已鉴定出 14 种葡萄糖转运蛋白，均为 12 次跨膜蛋白，通过易化扩散影响葡萄糖进出细胞，具有组织特异性。葡萄糖转运蛋白 2（GLUT2）分布于肝、小肠、肾和胰岛 β 细胞，是控制胰岛 β 细胞摄取葡萄糖的主要葡萄糖转运蛋白，也被视为胰岛 β 细胞的葡萄糖感受器，但其转运活性不受胰岛素影响。

（1）*GLUT2* 的错义突变 Thr110Ile、Val197Ile 可能与 2 型糖尿病有关。

（2）*GLUT2* 突变导致一种罕见的 Fanconi-Bickel 综合征（Fanconi-Bickel syndrome，FBS）。患者进食时出现高血糖，禁食时出现低血糖。

2. 葡萄糖激酶　是由 *GCK* 基因编码的一种己糖激酶，通过选择性剪接表达 3 种同源体，胰细胞表达同源体 1，肝细胞表达同源体 2、3。同源体 1 被视为控制胰岛 β 细胞分泌胰岛素的葡萄糖感受器。

葡萄糖激酶 1 控制胰岛素分泌机制：①血糖升高时胰岛 β 细胞通过 GLUT2 使葡萄糖摄取增多，葡萄糖激酶催化生成 6-磷酸葡萄糖增多，糖酵解加快，ATP 合成增加。②［ATP］/［ADP］比值升高导致 ATP 敏感性内向整流钾通道（ATP-sensitive inward rectifier potassium channel，IKATP）关闭，膜电位由 -70mV 升至 -30mV，称为去极化。③去极化导致细胞膜电压门控钙通道开放，Ca^{2+} 进入细胞。④细胞内 Ca^{2+} 增加导致胰岛素分泌小泡与细胞膜融合，胰岛素分泌。

刺激胰岛素分泌的血糖阈值约为 5mmol/L。*GCK* 基因突变导致血糖阈值改变，与以下三种综合征有关，反映葡萄糖激酶（glucokinase，GCK）对葡萄糖稳态及糖尿病的重要性。

（1）激活突变　使刺激胰岛素分泌的血糖阈值降至约 1.5mmol/L，导致胰岛素分泌过度，导致先天性高胰岛素血症（congenital hyperinsulinism），又称婴儿家族性持续性高胰岛素性低血糖（familial persistent hyperinsulinemic hypoglycemia of infancy，PHHI）。

（2）纯合子失活突变　使刺激胰岛素分泌的血糖阈值大幅升高，出生时即患永久性新生儿糖尿病（permanent neonatal diabete，PNDM）。

（3）杂合子失活突变　使刺激胰岛素分泌的血糖阈值升至约 7mmol/L，出生时即出现轻度高血糖，引发 MODY2（340 页）。

3. 磺酰脲类受体 1　磺酰脲类是 2 型糖尿病患者的一类离子通道阻滞剂类降糖药，通过作用于胰岛 β 细胞的磺酰脲类受体 1 刺激胰岛素分泌。

磺酰脲类受体 1（sulfonylurea receptor 1，SUR1）即 ATP 结合盒转运蛋白 C 亚家族蛋白 8（ATP-binding cassette sub-family C member 8，ABCC8），是由 *ABCC8* 基因编码的一种 17 次跨膜蛋白，属于 ATP 结合盒转运蛋白超家族、ABCC 家族。四个磺酰脲类受体亚基（SUR1）和四个钾通道亚基（Kir6.2）构成胰岛 β 细胞膜 ATP 敏感性内向整流钾通道（IKATP）。

IKATP 活性影响胰岛素分泌（见前），因此能使 IKATP 关闭的药物（如磺酰脲类）可用于治疗 2 型糖尿病，称为口服降血糖药。

（1）*ABCC8* 突变影响胰岛素分泌，是 2 型糖尿病的一个遗传因素：①*ABBC8* 的一个错义突变 Glu1506Lys 导致 IKATP 活性降低，胰岛素分泌增加，导致先天性高胰岛素血症。②*ABBC8*的一个同义突变 Arg1273Arg（AGG→AGA）与一种胰岛素分泌增加相关。在禁食时，纯合子（AA）突变体的胰岛素水平高于杂合子（GA）突变体和野生型（GG）。

（2）*ABCC8* 基因突变还可导致胰岛素分泌上调，血糖降低，导致先天性高胰岛素血症。

（3）*ABCC8* 错义突变 Val86Ala 和 Phe132Leu 引起永久性新生儿糖尿病（PNDM），Cys435Arg 和 Arg1379Cys 引起 2 型短暂性新生儿糖尿病（transient neonatal diabetes mellitus type 2，TNDM2）。

NOTE

4. 钾通道　是由 *KCNJ11* 基因编码的一种两次跨膜蛋白（Kir6.2），含 ATP 结合位点，与磺酰脲类受体（SUR1）构成 ATP 敏感性内向整流钾通道（IKATP）。

KCNJ11 的多种点突变导致 Kir6.2 结构异常，从而导致胰岛素分泌不足并成为 2 型糖尿病的遗传因素：①突变 Glu23Lys 使 Kir6.2 对 ATP 的敏感性降低，IKATP 容易开放，需要更多的 ATP 才能关闭。②肥胖或 2 型糖尿病患者存在持续性高游离脂肪酸，造成 β 细胞长链脂酰辅酶 A 积累，作用于 IKATP，抑制胰岛素分泌。突变 Glu23Lys 和 Ile337Val 可能导致脂酰辅酶 A 的抑制效应增强。

此外，和 *ABBC8* 突变一样，*KCNJ11* 突变也会导致先天性高胰岛素血症，引起永久性新生儿糖尿病。

KCNJ11 和 *ABBC8* 均位于 11 号染色体上且相邻。*KCNJ11* 的突变 Glu23Lys 和 *ABBC8* 的突变 Ala1369Ser 几乎完全连锁不平衡（complete linkage disequilibrium）。因此从遗传学上尚未确定哪个是引起 2 型糖尿病的遗传因素。

5. 钙蛋白酶 10　是由 *CAPN10* 基因编码的一种钙离子依赖性内肽酶，属于半胱氨酸蛋白酶。

钙蛋白酶（calpain，CANP）由一个大的催化亚基和一个小的调节亚基构成，大亚基含四个结构域，其中 N 端的结构域Ⅰ在激活时被切除，结构域Ⅱ含活性中心，结构域Ⅲ是个连接域，结构域Ⅳ很像钙调蛋白，含 EF 手基序。钙蛋白酶通过切除某些蛋白质特定片段改变其活性，因而参与蛋白质修饰、信号转导。目前已在人体各种细胞中发现 15 种钙蛋白酶，许多都与疾病有关，例如钙蛋白酶 1 和 2 与中风后脑损伤及阿尔茨海默病有关，钙蛋白酶 3 突变引起肢带型肌营养不良。

钙蛋白酶 10 在各组织广泛表达，可能参与调节胰岛素的分泌与作用、调节肝细胞的糖异生。

CAPN10 存在 8 种选择性剪接及 8 种单核苷酸多态性，其中位于内含子 3（SNP-43）、6（SNP-19）、19（SNP-63）内的单核苷酸多态性与部分地区的 2 型糖尿病相关。

6. 胰岛素　其点突变 Phe48Ser（洛杉矶胰岛素）、Arg55Cys 及 3′UTR 的一种突变均与 2 型糖尿病相关。

7. 胰岛素受体　是由 *INSR* 基因编码的一种细胞膜糖蛋白。胰岛素受体（insulin receptor，IR）新生肽长 1382AA，自 N 端起依次为信号肽（Met1 ~ Gly27）、α 链（His28 ~ S758，731AA）、剪切位点（Arg-Lys-Arg-Arg）、β 链（Ser763 ~ Ser1382，620AA）。成熟胰岛素受体是两个 αβ 原聚体形成的二聚体 $(\alpha\beta)_2$。α 链位于细胞外，含 1 个胰岛素结合域、16 个链内二硫键、2 个链间二硫键（α551-α551，α674-β899）；β 链跨膜，含 1 个二硫键（膜外，α674-β899）、1 个跨膜 α 螺旋和 1 个胞内结构域（含酪氨酸激酶活性中心）。

胰岛素受体属于酪氨酸激酶受体（RTK）家族（第七章，197、215 页），但与其他 RTK 不同，胰岛素受体未与胰岛素结合时也为二聚体结构。胰岛素受体与一分子胰岛素结合后，分两步自身磷酸化激活：①先磷酸化活性中心中 3 个酪氨酸（Tyr1185、Tyr1189、Tyr1190），使受体变构，结合 ATP 并进一步激活。②再磷酸化活性中心外 5 个酪氨酸（Tyr992、Tyr999、Tyr1011、Tyr1355、Tyr1361），形成的 pTyr 成为信号转导蛋白的停泊位点。

胰岛素受体底物 1（IRS-1）是结合于胰岛素受体停泊位点的一种重要的接头蛋白，通过 SH2 结构域与胰岛素受体的 pTyr999 结合并被胰岛素受体催化磷酸化，激活两条信号通路：依

NOTE

赖 Ras 途径（Ras-dependent pathway，Ras-MAPK 途径）和不依赖 Ras 途径（Ras-independent pathway，PI3K-Akt 途径）。

与其他信号通路一样，胰岛素信号通路必须受到约束。有三种下调机制。

（1）磷酸酶灭活胰岛素受体，破坏关键第二信使。酪氨酸磷酸酶ⅠB 催化胰岛素受体去磷酸化灭活。第二信使 PIP_3 被磷酸酶 PTEN 水解成 PIP_2 而灭活。

（2）IRS-1 特定的 Ser 被一类丝氨酸/苏氨酸激酶催化磷酸化灭活，这类激酶在营养过剩或应激时被激活，可能参与胰岛素抵抗的发生。

（3）细胞因子信号转导抑制因子（SOCS）作用于 IR、IRS-1，介导其被蛋白酶体降解。

有些 2 型糖尿病患者胰岛素的结构和水平并无异常，但其胰岛素受体基因（*INSR*）存在突变，且影响胰岛素受体水平或结构，因而导致胰岛素抵抗。胰岛素抵抗是引起糖尿病的主要原因，因此 *INSR* 可能是 2 型糖尿病易感基因，例如一种点突变 Val985Met 占 2 型糖尿病遗传因素的 4%。

不过，虽然 *INS* 及 *INSR* 是 2 型糖尿病候选基因，它们在大多数 2 型糖尿病患者并无异常。

8. PI3K 调节亚基 α　是由 *PIK3R1* 基因编码的一种磷脂酰肌醇 3 激酶调节亚基（PI3KR）。磷脂酰肌醇 3 激酶（PI3K）是在信号转导中起重要作用的一类酶，根据结构、专一性及调节方式分Ⅰ、Ⅱ、Ⅲ三类。Ⅰ类 PI3K 有异二聚体结构，并进一步分为ⅠA、ⅠB 两类。ⅠA 类 PI3K 由催化亚基 p110（分为 p110α、p110β 和 p110δ）和调节亚基 p85（分为 PI3KRα、PI3KRβ 和 PI3KRγ）构成。PI3KRα 含两个 SH2 结构域和一个 SH3 结构域。

PI3K 在胰岛素信号通路中起关键作用，编码 PI3KRα 的 *PIK3R1* 基因成为糖尿病候选基因。已在 *PIK3R1* 中鉴定出多种可能与糖尿病有关的突变，例如 Met326Ile，该突变可能影响脂肪细胞分化、胰岛素的促细胞摄取葡萄糖作用。虽然 Met326Ile 对胰岛素信号通路的影响可能很小，但如果该途径其他信号转导蛋白也存在突变，则叠加效应会很大，足以导致 2 型糖尿病。

9. 肝细胞核因子 4α　是由 *HNF4A* 基因编码并在肝、肾、小肠和胰岛 β 细胞表达的一种转录因子。

肝细胞核因子 4α（hepatocyte nuclear factor 4α，HNF-4α）在肝细胞内最多，位于细胞核内，以同二聚体形式参与调控一组基因（如 $α_1$ 抗胰蛋白酶基因、载脂蛋白 C-Ⅲ基因、甲状腺素结合前白蛋白基因、*HNF1A*、*HNF1B*）的表达，从而影响肝细胞功能。

HNF-4α 在胰岛 β 细胞中调控胰岛素基因的表达，并与肝细胞核因子 1（HNF-1）共同调控其他几种与胰岛素分泌有关的基因（其中包括 *GLUT2* 和糖代谢酶类基因）的表达。

与 2 型糖尿病相关的一个基因座位于 *HNF4A* 编码区上游的选择性启动子 *P2* 中。*P2* 位于启动子 *P1* 上游 46kb 处，*P1*、*P2* 在肝细胞和胰岛 β 细胞中都起作用，但在胰岛 β 细胞中以 *P2* 为主。德系犹太人和芬兰人 *HNF4A* 的 *P2* 侧翼序列存在与 2 型糖尿病相关的 4 种单核苷酸多态性：rs4810424、rs1884613、rs1884614 和 rs2144908。

10. 胰高血糖素受体（glucagon receptor，GL-R）　是由 *GCGR* 基因编码的一种 G 蛋白偶联受体（452AA）。其一个 Gly40Ser 突变位于外显子 2 内，编码肽段属于受体的细胞外配体结合区，使受体与胰高血糖素的亲和力下仅为野生型的 1/3，导致 cAMP 合成减少，胰高血糖素刺激的胰岛素分泌也减少。不过，在一些地区虽有 Gly40Ser 导致胰岛素分泌减少，但并不伴发 2 型糖尿病。

NOTE

11. 脂蛋白脂酶 是由 *LPL* 基因编码的一种脂肪酶，与肝脂肪酶、胰脂肪酶组成脂肪酶超家族。脂蛋白脂酶（lipoprotein lipase，LPL）由一个大的 N 端结构域（Ala1~Lys312，催化结构域）和一个小的 C 端结构域（Phe314~Lys437，PLAT/LH2 域，其中 Lys319~Lys414 是肝素结合域）构成。通过与上皮细胞表面蛋白聚糖的硫酸乙酰肝素结合，脂蛋白脂酶以同二聚体形式结合在细胞表面，并可在细胞表面与脂蛋白之间搭桥，使细胞摄取更多的脂蛋白，特别是低密度脂蛋白，这种作用被认为与动脉粥样硬化有关。

胰岛素促进脂蛋白脂酶合成。许多 2 型糖尿病的脂蛋白脂酶水平明显低于正常人，但注射胰岛素后可以升高。

LPL 3′端的单核苷酸多态性与胰岛素抵抗、冠心病有关，可能是糖尿病、动脉粥样硬化的遗传因素。

12. 过氧化物酶体增殖物激活受体 是由 *PPARG* 基因编码的一种转录因子（peroxisome proliferator-activated receptor gamma，PPAR-γ），属于核受体超家族，主要位于脂肪细胞中，通过亮氨酸拉链与维甲酸 X 受体 α（retinoid X receptor α，RXR-α）形成异二聚体，可被过氧化物酶体增殖物（peroxisome proliferator）如脂肪酸、降脂药、降糖药等结合激活，进而激活一组脂代谢基因，包括脂蛋白脂酶基因（*LPL*）、脂肪酸转运体 1 基因（*SLC27A1*，*FATP1*）、乙酰辅酶 A 合成酶基因（*ACS*）等。这些基因的表达影响脂肪酸代谢，在脂肪细胞分化及葡萄糖稳态中起关键作用。

PPARG 已被确定为肥胖及 2 型糖尿病的遗传因素。PPAR-γ 还是治疗 2 型糖尿病药物的靶点。噻唑烷二酮类（thiazolidinedione，TZD）如罗格列酮（rosiglitazone）可以激活脂肪细胞 PPAR-γ-RXR-α 异二聚体，增强 2 型糖尿病的胰岛素降糖效应。

三、特殊类型糖尿病

特殊类型糖尿病包括由明确的单基因突变引起的糖尿病和由胰腺内外其他病因引起的糖尿病，仅占全部糖尿病患者的不到 5%（表 10-16）。

表 10－16 特殊类型糖尿病

病因	类型
β 细胞功能基因缺陷	青年发病的成年型糖尿病，线粒体 DNA 突变所致糖尿病，其他
胰岛素作用的基因缺陷	A 型胰岛素抵抗综合征，妖精貌综合征，Rabson-Mendenhall 综合征，脂肪萎缩性糖尿病，其他
胰腺外分泌疾病	纤维钙化性胰腺病，胰腺炎，胰腺创伤，胰腺切除术，胰腺癌，胰腺囊性纤维化，血色病，其他
其他内分泌疾病	Cushing 综合征，肢端肥大症，嗜铬细胞瘤，胰高血糖素瘤，甲状腺功能亢进，生长抑素瘤，醛固酮瘤，其他
药物或化学品诱发	烟酸，糖皮质激素，甲状腺激素，肾上腺素 α 受体激动剂，肾上腺素 β 受体激动剂，噻嗪类利尿药，苯妥英钠二氮嗪，喷他脒（戊双脒），毒鼠药吡甲硝苯脲，α 干扰素，其他
感染	先天性风疹病毒感染，巨细胞病毒感染，其他
非常见型免疫介导	胰岛素自身免疫综合征（胰岛素抗体），胰岛素受体抗体阳性（B 型胰岛素抵抗），僵人（Stiff Man）综合征，其他
有时伴有糖尿病的其他遗传综合征	Down 综合征，Friedreich 共济失调，亨廷顿病，Klinefelter 综合征，Laurence-Moon-Biedel 综合征，强直性肌营养不良，卟啉病，Prader-Willi 综合征，Turner 综合征，Wolfram 综合征，其他

（一）β 细胞功能基因缺陷所致糖尿病

主要有青年发病的成年型糖尿病和线粒体 DNA 突变所致糖尿病等。

1. 青年发病的成年型糖尿病（maturity-onset diabetes of the young，MODY） 属于单基因遗传病，具有常染色体显性遗传特征，占全部糖尿病患者的不到 5%。MODY 基本特征是胰岛素分泌不足，通常在 25 岁之前（儿童期和青少年期）发病，有亲代个体患糖尿病。不过，某些 MODY 患者仅有轻度高血糖，而且其早期治疗与 2 型糖尿病一样不需要胰岛素，因此会被误诊为 2 型糖尿病（一些 MODY 患者因在儿童期测出高血糖而会被误诊为 1 型糖尿病）。MODY 与 2 型糖尿病有以下区别（表 10-17）。

表 10－17 2 型糖尿病与青年发病的成年型糖尿病对比

特征	青年发病的成年型糖尿病	2 型糖尿病
遗传性	单基因遗传，常染色体显性遗传	多基因遗传
发病年龄	通常<25 岁	通常>40 岁
外显率	80%～90%	10%～40%
肥胖	无肥胖	通常肥胖
代谢综合征	无	通常存在

目前已报道的 MODY 有 11 型（表 10-18），其中 MODY3 最多，其次是 MODY2，两者约占全部 MODY 的 2/3。这些 MODY 由不同基因突变引起，其中 *GCK* 突变导致葡萄糖激酶不能精确感受血糖水平，引起 MODY2；其余 MODY 相关基因多编码转录因子，形成转录因子调控网络，调控胰岛 β 细胞的基因表达。这些基因突变在胚胎期会影响 β 细胞分化，导致成年后 β 细胞功能障碍。这些基因产物在成年 β 细胞中的功能尚未阐明。

表 10－18 MODY 与相关基因缺陷

MODY 分型	基因名称缩写	染色体定位	基因产物（名称缩写）	功能产物（AA）	分子基础	其他相关糖尿病
MODY1	*HNF4A*，*TCF14*	20q12-q13.1	肝细胞核因子 4α（HNF-4α，TCF-14）	474	β 细胞基因表达调控异常，导致胰岛素分泌不足，β 细胞不足	T2DM
MODY2	*GCK*	7p15.1-p15.3	葡萄糖激酶（GCK）	465	葡萄糖磷酸化低下，导致 β 细胞对葡萄糖的感受缺陷，胰岛素	T2DM
MODY3	*HNF1A*，*TCF1*	12q24.3	肝细胞核因子 1α（HNF-1α，TCF-1）	631	β 细胞基因表达调控异常，导致胰岛素分泌不足，β 细胞不足	-
MODY4	*PDX1*，*IPF1*	13q12.1	胰/十二指肠同源盒蛋白 1（PDX-1），胰岛素启动子因子 1（IPF-1）	283	与 β 细胞分化和功能有关的基因表达调控异常	T2DM
MODY5	*HNF1B*，*TCF2*	17q11.2-q12	肝细胞核因子 1β（HNF-1β，TCF-2）	557	β 细胞基因表达调控异常，导致胰岛素分泌不足，β 细胞不足	-
MODY6	*NEUROD1*，*BHLHA3*	2q32	神经源性分化因子 1（NeuroD1，bHLHa3）	356	与 β 细胞分化和功能有关的基因表达调控异常	T1DM，T2DM

NOTE

续表

MODY分型	基因名称缩写	染色体定位	基因产物（名称缩写）	功能产物（AA）	分子基础	其他相关糖尿病
MODY7	*KLF11*	2p25	Krueppel 样因子 11（KLF11）	512	β 细胞基因表达调控异常	-
MODY8	*CEL*，*BAL*	9q34.3	胆盐激活性脂肪酶（BAL）	733	胰腺外分泌功能障碍	-
MODY9	*PAX4*	7q32	配对盒蛋白 4（Pax-4）	350	转录抑制因子	T1DM，T2DM
MODY10	*INS*	11p15.5	胰岛素（INS）	51	点突变 Arg6His 或 Arg6Cys 导致胰岛素分泌不足	T1DM，T2DM
MODY11	*BLK*	8p22-p23	酪氨酸激酶 Blk（p55-Blk）	504	β 细胞基因表达调控异常，导致胰岛素分泌不足	

2. 线粒体 DNA 突变所致糖尿病　线粒体 DNA 突变是引起糖尿病的罕见因素。β 细胞线粒体 $tRNA^{Leu}$（A3243G）、$tRNA^{Lys}$（A8296G）等基因突变导致 ATP 合成不足，胰岛素分泌缺陷。

3. 其他因素导致 β 细胞功能基因缺陷　①有家族存在基因突变，为常染色体显性遗传，表现为胰岛素翻译后修饰障碍，有轻度糖耐量异常。②有家族存在基因突变，为常染色体显性遗传，导致高胰岛素血症，糖代谢基本正常。

（二）胰岛素作用的基因缺陷所致糖尿病

胰岛素作用缺陷即机体存在胰岛素抵抗，是指机体对正常水平的胰岛素不能产生正常应答，包括 A 型胰岛素抵抗综合征、妖精貌综合征、Rabson-Mendenhall 综合征、脂肪萎缩性糖尿病、B 型胰岛素抵抗综合征等。目前阐明的导致胰岛素抵抗的原因主要是肥胖，此外还有其他遗传缺陷导致的重度胰岛素抵抗。

1. A 型胰岛素抵抗综合征　表现为高血糖，出生发病，伴发黑棘皮病，女性伴发多囊卵巢综合征、雄激素过多、月经稀发、多毛症，无自身抗体。10%～20%患者存在 *INSR* 突变，例如 Phe382Val、Arg1174Gln。

2. 妖精貌综合征（leprechaunism 综合征）　1954 年由 Donohue 和 Uchida 报道，所以又称 Donohue 综合征，是一种重度胰岛素抵抗综合征，特征包括出生前后发育迟缓，妖精貌（elfin-like，耳朵突出，手足大，皮下脂肪和肌肉减少，皮肤多毛，常伴发黑棘皮病），通常在两岁前死亡。某些妖精貌综合征患者存在 *INSR* 缺陷，例如 Val28Ala、Leu93Gln。

3. Rabson-Mendenhall 综合征（Rabson-Mendenhall Syndrome，RMS）　1956 年由病理学家 Rabson 和家庭医生 Mendenhall 报道，是一种重度胰岛素抵抗综合征，特征是胰岛素抵抗型糖尿病，并发松果体增生、黑棘皮病、面貌衰老、牙齿异常、腹部肿胀、女性阴蒂和男性阴茎硕大，有时伴有脂肪组织缺陷或缺乏，通常在 20 岁前死亡。某些 Rabson-Mendenhall 综合征患者存在 *INSR* 缺陷，例如 Asn15Lys、Arg1131Trp。

4. 脂肪萎缩性糖尿病　例如先天性全身脂肪营养不良（congenital total lipodystrophy，CTL），又称 Berardinelli-Seip 综合征，为常染色体隐性遗传病，患者几乎没有脂肪组织，极度胰岛素抵抗、高甘油三酯血症、肝脂肪变性、早发糖尿病，因病因不同而分为四型（表 10-19）。

表 10－19 先天性全身脂肪营养不良

分型	基因	基因座	产物（AA）	致病突变
CTL1	*AGPAT2*	9q34.3	1-酰基甘油-3-磷酸-*O*-酰基转移酶 2（278）	错义突变 Gly136Arg、Leu228Pro、Ala239Val
CTL2	*BSCL2*	11q13	seipin（398）	错义突变 Ala212Pro
CTL3	*CAV1*	7q31.1	caveolin-1（177）	无义突变 G112T
CTL4	*PTRF*	17q21	cavin-1（390）	插入突变 696insC

5. B 型胰岛素抵抗综合征 表现为高血糖，伴发黑棘皮病、其他自身免疫性疾病，有自身胰岛素受体抗体，中年发病。

（三）胰腺外分泌疾病所致糖尿病

胰腺的各种损伤都可能引起糖尿病，例如纤维钙化性胰腺病、胰腺炎、胰腺创伤、胰腺切除术、胰腺癌、胰腺囊性纤维化、血色病等。除了胰腺癌外，其余损伤需很广泛才会引起糖尿病。较轻的胰腺癌即可引起糖尿病，提示糖尿病的病因不是单纯的 β 细胞减少。胰腺囊性纤维化和血色病发展到一定程度也会损伤 β 细胞，影响胰岛素分泌。

（四）其他内分泌疾病所致糖尿病

生长激素、皮质醇、胰高血糖素、肾上腺素等是胰岛素拮抗激素，某些疾病因伴发这些激素分泌过多而引起糖尿病，例如库欣综合征（皮质醇增多症）、肢端肥大症、嗜铬细胞瘤、胰高血糖素瘤、甲状腺功能亢进，其高血糖可在清除过多激素后回落。

生长抑素瘤及醛固酮瘤诱发的低血钾会引起糖尿病，部分原因是胰岛素分泌被抑制，其高血糖可在切除肿瘤后回落。

（五）药物或化学品诱发糖尿病

有些药物会影响胰岛素分泌。这些药物本身不引起糖尿病，但会使胰岛素抵抗型糖尿病加重。如果不能先确定其病因究竟是 β 细胞功能障碍，还是胰岛素抵抗，则这类糖尿病的分型很困难。某些毒素能彻底破坏 β 细胞，例如毒鼠药吡甲硝苯脲、喷他脒（戊双脒）。有些药物和激素能抑制胰岛素作用，例如烟酸、糖皮质激素、甲状腺激素、肾上腺素 α 受体激动剂、肾上腺素 β 受体激动剂、噻嗪类利尿药、苯妥英钠二氮嗪、α 干扰素。

（六）感染所致糖尿病

某些病毒会破坏 β 细胞，例如某些先天性风疹患者伴发糖尿病。此外还有柯萨奇 B 病毒感染、巨细胞病毒感染、腺病毒感染等。

（七）非常见型免疫介导的糖尿病

有几种不同于 1 型糖尿病的非常见型免疫介导的糖尿病。

1. 胰岛素自身免疫综合征 属于胰岛素抗体阳性的罕见病例，通常禁食时出现低血糖，但餐后血糖极高。

2. 胰岛素受体抗体阳性 即 B 型胰岛素抵抗综合征。胰岛素受体抗体通过与靶组织胰岛素受体结合抑制胰岛素结合，从而引起糖尿病。不过，胰岛素受体抗体也可能产生激动剂效应，即与胰岛素受体结合导致低血糖。一些系统性红斑狼疮及其他自身免疫性疾病患者有时也有胰岛素受体抗体。前已述及，和其他重度胰岛素抵抗一样，胰岛素受体抗体阳性个体常患黑棘皮病。

NOTE

3. 僵人综合征　是一种中枢神经系统自身免疫性疾病，特征是中轴肌僵硬、疼痛、痉挛。患者通常有高滴度谷氨酸脱羧酶抗体，其中约一半继发糖尿病。

4. 其他　有报道一些接受α干扰素治疗的患者因出现胰岛细胞抗体而继发糖尿病，其中部分患者有重度胰岛素缺乏。

（八）有时伴有糖尿病的其他遗传综合征

一些遗传综合征患者为糖尿病高发群体，如唐氏综合征、Friedreich 共济失调、亨廷顿病、Klinefelter 综合征、Laurence-Moon-Biedel 综合征、强直性肌营养不良、卟啉病、Prader-Willi 综合征、Turner 综合征、Wolfram 综合征等。

四、妊娠期糖尿病

妊娠期糖尿病（gestational diabetes，GDM）是指孕妇在妊娠期（通常在妊娠中期或后期）发现糖耐量异常及高血糖，发病率高达4%。①不排除在妊娠之前已经存在糖耐量异常，只是在妊娠期才发现。②不考虑是否需用胰岛素治疗，或分娩之后是否恢复正常。③妊娠前已知糖尿病患者称为糖尿病合并妊娠，不属于妊娠期糖尿病。④正常孕妇妊娠头四个半月血糖低于其他正常女性。如果不低反高，说明怀孕前已患糖尿病，应进一步做糖耐量实验。

妊娠期糖尿病高发因素：高龄妊娠，有糖耐量异常史，有超重儿生产史，高发人群，偶发高血糖。通常应在头三个月内做相关检查，以确定是否在妊娠前已患糖尿病。通常在妊娠24~28周期间诊断妊娠期糖尿病。

妊娠期糖尿病患者及其后代易患2型糖尿病，其中约一半产妇在产后5~10年内会患2型糖尿病。

第七节　乙型肝炎

病毒性肝炎是由各种肝炎病毒（表10-20）感染引起的、以肝脏损害为主的一组全身性传染病，其中由乙型肝炎病毒引起的称为乙型病毒性肝炎（virus B hepatitis），简称乙型肝炎、乙肝。乙型肝炎病毒（hepatitis B virus，HBV）是一种非闭环双链 DNA 病毒，属于嗜肝 DNA 病毒科、正嗜肝 DNA 病毒属。乙型肝炎的临床表现与其他肝炎相似，以疲乏、食欲减退、厌油、肝功能异常为主，部分出现黄疸，但乙型肝炎多呈慢性感染，主要经血液等胃肠外体液途径传播，少数病例可发展为肝硬化或肝细胞癌。我国是病毒性肝炎的高发区，有1.3亿乙型肝炎病毒表面抗原携带者（全球3.7亿）。乙肝疫苗的应用是预防和控制乙型肝炎的根本措施。

表10－20　人类肝炎病毒命名及特点

病毒名称	名称缩写	基因组结构	包膜	传播途径
甲型肝炎病毒	HAV	ssRNA（+）	无	口腔，粪便
乙型肝炎病毒	HBV	DNA（非闭环双链）	有	血液，体液，性接触
丙型肝炎病毒	HCV	ssRNA（+）	有	血液，性接触
丁型肝炎病毒	HDV	ssRNA（－）	有	血液

续表

病毒名称	名称缩写	基因组结构	包膜	传播途径
戊型肝炎病毒	HEV	ssRNA（+）	无	口腔，粪便
庚型肝炎病毒	HGV	ssRNA（+）	有	血液，性接触
输血传播病毒	TTV	ssDNA	无	血液
Sen 病毒	SENV	ssDNA（环状）	无	输血

一、HBV 形态结构

乙型肝炎病毒感染者血浆中存在三种相关颗粒。

1. **大球形颗粒** 直径 42nm，为完整的乙型肝炎病毒颗粒，在血浆中含量最低，由 Dane 等于 1970 年通过电镜观察发现，故又称 Dane 颗粒。乙型肝炎病毒颗粒由包膜与核壳构成：①包膜厚 7nm，含乙型肝炎表面抗原（HBsAg，包括小、中、大分子型）、糖蛋白和膜脂。②核壳为二十面体，直径 27nm，含基因组 DNA、DNA 聚合酶、蛋白激酶 C、HSP90、核心抗原（HBcAg）和少量前核心抗原（HBeAg，又称分泌型核心抗原）（图 10-4）。Dane 颗粒是病毒复制和感染的主体。

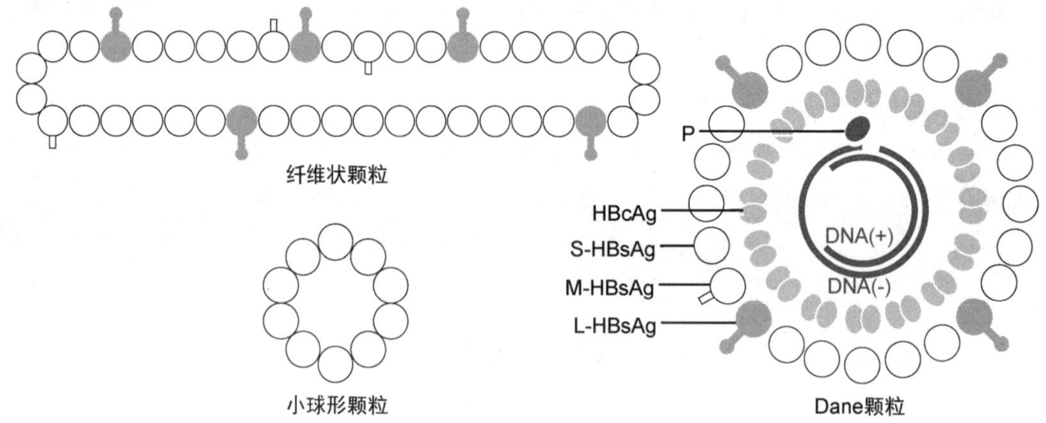

图 10-4 HBV 形态结构

Dane 颗粒对环境因素不敏感，可以抵抗有机溶剂、高温、酸碱、干燥等。

2. **小球形颗粒** 直径 17~25nm，由乙型肝炎表面抗原（主要是小分子型）构成，在血浆中含量最高，无感染性。

3. **纤维状颗粒** 直径 17~20nm，长 100~200nm，由乙型肝炎表面抗原（小、中、大分子型）构成，无感染性。

二、HBV 基因组与基因产物

1. **HBV 基因组** 是由两股不等长 DNA 链构成的非闭环双链 DNA，长链为负链 DNA，长 3182~3248nt，短链为正链 DNA，长度可变（5′端确定，3′端不定），约 1700nt。图 10-5（上）是乙型肝炎病毒基因组用限制性内切酶 *Eco*R Ⅰ 切割后的线性结构（常以 *Eco*R Ⅰ 限制性酶切位点作为起点对乙型肝炎病毒基因组核苷酸序列进行编号），虚线部位是正链短缺形成的缺口，感染细胞后将填补并连接成共价闭合环状 DNA（cccDNA）。乙型肝炎病毒有 A~H 共 8 种基因型（分类依据：基因组序列同源性小于92%，或S区序列同源性小于96%），其中一种3182nt的HBV基因组由Galibert于1979年完成测序。分布在我国的主要是B型（主要分布于长江以南）和C型（主要分布于长江以北）乙型肝炎病毒，长链3215nt。

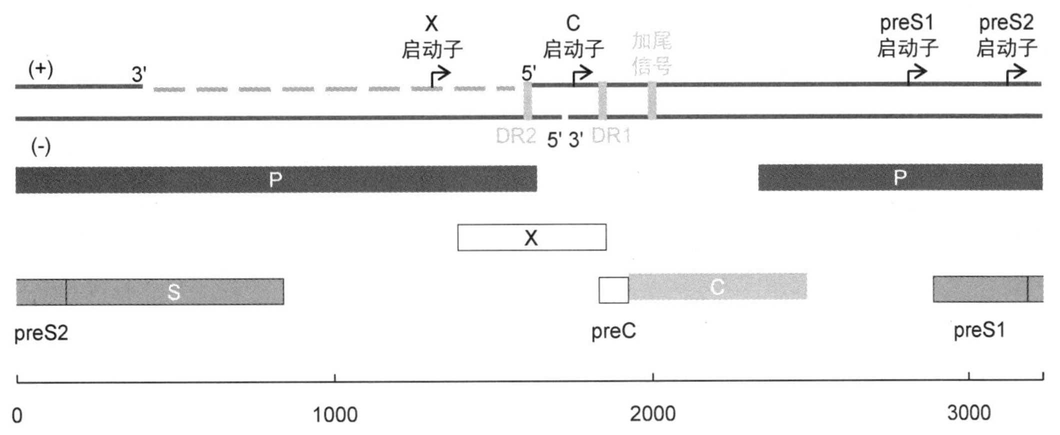

图10－5　HBV基因组结构

乙型肝炎病毒基因组有四个编码区：C区、P区、S区、X区，编码区之间存在重叠，其中S区完全重叠于P区内，C区和X区分别有23%和53%与P区重叠，X区有5%与C区重叠（图10-5）。

有两段11bp同向重复序列DR1、DR2（TTCACCTCTGC），分别位于1842（对应负链3′端）、1590（对应正链5′端）碱基处。DR1下游85bp处是加尾信号。DR1是pgRNA转录起始位点，也是逆转录起始位点。

2. HBV基因产物　乙型肝炎病毒基因组的四个编码区编码七种蛋白质（表10-21）。其中，DNA聚合酶（P）是一种多功能酶，含DNA聚合酶/逆转录酶活性中心（Glu347～Gln690）、RNase H活性中心（Arg691～Pro843）；S-HBsAg是主要的乙肝表面抗原，占全部表面抗原的70%～90%；L-HBsAg、M-HBsAg水平分别相当于S-HBsAg的5%～15%、1%～2%，但其N端preS1序列为感染所必需；HBxAg除了可以激活HBV本身、其他病毒或细胞的多种调控基因，促进乙型肝炎病毒或其他病毒（如HIV）的复制外，还可能在慢性肝病（chronic liver disease，CLD）、原发性肝细胞癌（HCC）的发生过程中起重要作用。

表10－21　乙型肝炎病毒基因组编码区产物

编码区	产物			
	名称	名称缩写	大小（AA）	功能
C区	乙型肝炎e抗原（前核心抗原）	HBeAg	212	衣壳蛋白
	乙型肝炎核心抗原	HBcAg	183	
P区	乙肝病毒DNA聚合酶	P	843	DNA聚合酶
S区	小分子型乙肝表面抗原（S蛋白）	S-HBsAg	226	包膜蛋白
	中分子型乙肝表面抗原（M蛋白）	M-HBsAg	281	
	大分子型乙肝表面抗原（L蛋白）	L-HBsAg	400	
X区	乙型肝炎病毒X抗原	HBxAg	154	调节

NOTE

一个完整的乙型肝炎病毒含300~400个S-HBsAg、40~80个M-HBsAg和L-HBsAg。不过，非复制期的乙型肝炎病毒几乎只含S-HBsAg，M-HBsAg不到1%，不含L-HBsAg。复制期的乙型肝炎病毒S-HBsAg：M-HBsAg≈10：1，L-HBsAg不到5%。

乙型肝炎病毒的结构基因由四个启动子控制转录（图10-5，表10-22），其中C启动子控制的转录起始位点具有不均一性，转录产物既可以是编码HBeAg、HBcAg、DNA聚合酶的mRNA，又可以是前基因组RNA（pgRNA）。另一方面，乙型肝炎病毒的结构基因共用一套转录终止信号，加尾信号是TATAAA，有别于真核生物的加尾信号AATAAA。

表10-22 乙型肝炎病毒基因组转录产物与翻译产物

启动子	转录产物长度（nt）	转录产物相对量	翻译产物
C启动子（pgRNA）	3500	多	前核心抗原HBeAg，核心抗原HBcAg，DNA聚合酶
preS1启动子	2400	少	L蛋白
preS2启动子	2100	多	M蛋白，S蛋白
X启动子	700	少	HBxAg

乙型肝炎病毒基因组突变率高，是其他DNA病毒的10倍，大部分为同义突变。S区突变体可引起HBsAg阴性肝炎。C启动子突变体可引起HBeAg阴性/HBeAb阳性肝炎。C区突变体可引起HBcAg阴性肝炎。P区突变可导致复制缺陷或复制水平低下。

三、HBV感染检测

乙型肝炎的诊断主要有血清学标志物检测和乙型肝炎病毒基因检测。

1. 血清学标志物检测　临床上用免疫学方法（ELISA）检测HBV的血清学标志物，即HBsAg、HBsAb、HBeAg、HBeAb、HBcAb，对评价乙型肝炎病毒感染及慢性活动等具有重要意义：①HBsAg及其抗体滴度升高提示有病毒感染但大多已被清除，是早期诊断乙型肝炎病毒感染的重要间接指标。②HBeAg及其抗体检测是临床最实用的乙型肝炎病毒感染指标。HBeAg阳性表示病毒复制，持续阳性则提示患者易转变成慢性活动性肝炎，可能导致肝硬化，而其抗体滴度升高提示患者传染性降低。③HBcAg及其抗体检测是病毒感染的直接指标，其抗体IgM出现早，滴度升高提示病毒复制活跃，对急性乙型肝炎具有确诊价值，而滴度低下表示既往有过感染；不过HBcAg检测方法较复杂，临床上通常不做。

免疫学方法不足：不能直接反应病毒有无复制、复制程度、致病力及预后等信息。

2. 乙型肝炎病毒基因检测　HBV-DNA是乙型肝炎病毒复制和感染的直接标志，对其进行定量检测对判断病毒复制程度、致病力、抗病毒药物疗效等有重要意义。①临床上可针对其保守的C区的一段270bp特异序列利用PCR技术进行检测。②在母婴传播的监控中检测孕妇血液中HBV-DNA的数量，并进行免疫阻断，可降低乙型肝炎病毒母婴传播的几率。

第八节　艾滋病

人类首例艾滋病患者于1981年在美国报道，1983年由法国病毒学家Montagnier（2008年诺贝尔生理学或医学奖获得者）等确定艾滋病的病原体为HIV。

艾滋病（AIDS）是获得性免疫缺陷综合征的简称，是由 HIV 感染引起的慢性传染病。艾滋病病毒又称人类免疫缺陷病毒（HIV），是一种单链 RNA 病毒，属于逆转录病毒科、慢病毒属、人类慢病毒组，包括 HIV-1 和 HIV-2 两型，两者的氨基酸序列有 40%～60% 同源。分布广泛的主要是 HIV-1。HIV-2 的毒力较弱，潜伏期更长，主要分布于西非和西欧国家。HIV 主要感染和杀死 $CD4^+T$ 细胞（辅助性 T 细胞），导致机体细胞免疫功能低下甚至缺陷，极大地增加机会性感染和肿瘤发生的几率。艾滋病主要经性接触、血液及母婴传播，有传播迅速、发病缓慢、死亡率高的特点。

联合国艾滋病规划署发布的《2015 艾滋病疫情报告》显示：截至 2014 年底，全球存活 HIV 感染者和患者 3690 万；2014 年新发现 HIV 感染者 200 万人，艾滋病相关死亡 120 万。全球范围内，新发现 HIV 感染者、新发现儿童感染者、艾滋病相关死亡数量都在减少。

根据我国法定传染病疫情报告，截至 2015 年 12 月 31 日，全国报告现存活 HIV 感染者 336382 例，艾滋病患者 241041 例，死亡 182882 例。2015 年新发现 HIV 感染者和患者 115465 例（男女之比为 3.6∶1），既往 HIV 感染者本年转化为患者 16561 例。2015 年报告死亡 24827 例。

世界卫生组织公布 2012 年人类十大死亡原因，艾滋病排第六位（表 10－23）。

表 10－23 2012 年人类十大死亡原因

原因	死亡人数（万）	比例（%）	原因	死亡人数（万）	比例（%）
缺血性心脏病	740	13.2	艾滋病	150	2.7
卒中	670	11.9	腹泻类疾病	150	2.7
慢性阻塞性肺疾病	310	5.6	糖尿病	150	2.7
下呼吸道感染	310	5.5	道路交通损伤	130	2.2
气管、支气管、肺部癌症	160	2.9	高血压性心脏病	110	2.0

一、HIV 形态结构

HIV 由包膜、基质和二十面体核壳构成，直径 100～120nm（图 10－6）。

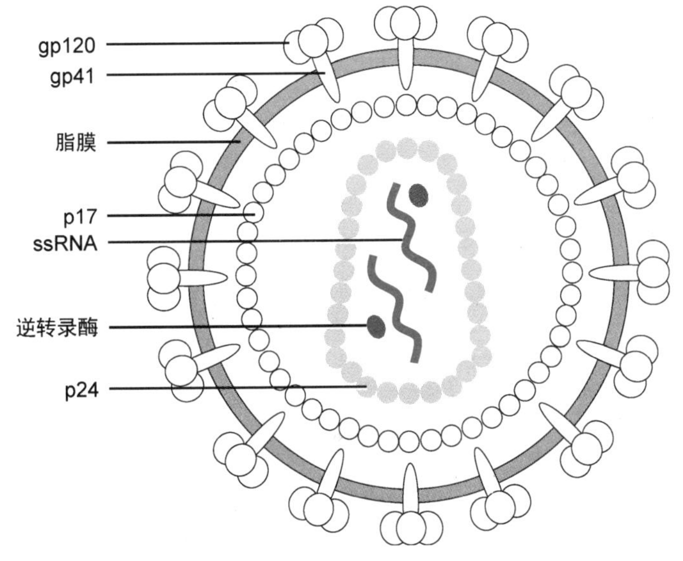

图 10－6 艾滋病病毒形态结构

1. 包膜 由外膜糖蛋白 gp120、跨膜糖蛋白 gp41、多种宿主蛋白（如 MHA Ⅱ）与脂质双层构成，其中 gp41、MHA Ⅱ与 HIV 感染宿主细胞密切相关。

2. 基质 位于包膜与核壳之间，成分是基质蛋白 p17。

3. 核壳 含两个 ssRNA（+）拷贝、衣壳蛋白 p24、与 RNA 结合的衣壳蛋白 p7 和 p6、逆转录酶 p66/p51、整合酶 p32、蛋白酶 p10、$tRNA^{Lys}$。

二、HIV 基因组与基因产物

HIV-1 基因组（9719nt）和 HIV-2 基因组（10279nt）结构一致，序列同源性为40%~45%。

1. 9 个基因 ①3 个结构基因：组织特异性抗原基因 *gag*、逆转录酶基因 *pol*、包膜蛋白基因 *env*。②2 个调控基因：病毒蛋白表达调节因子基因 *rev*、反式激活蛋白基因 *tat*，都是断裂基因。③4 个辅助基因（accessory gene）：病毒颗粒感染因子基因 *vif*、负调节因子基因 *nef*、病毒蛋白 R 基因 *vpr*、病毒蛋白 U 基因 *vpu*（HIV-1）或病毒蛋白 X 基因 *vpx*（HIV-2）。9 个基因序列存在重叠（图 10-7），其中 *gag*、*pol*、*env* 编码 9 种蛋白质，其余 6 个编码区各编码一种蛋白质（表 10-24）。

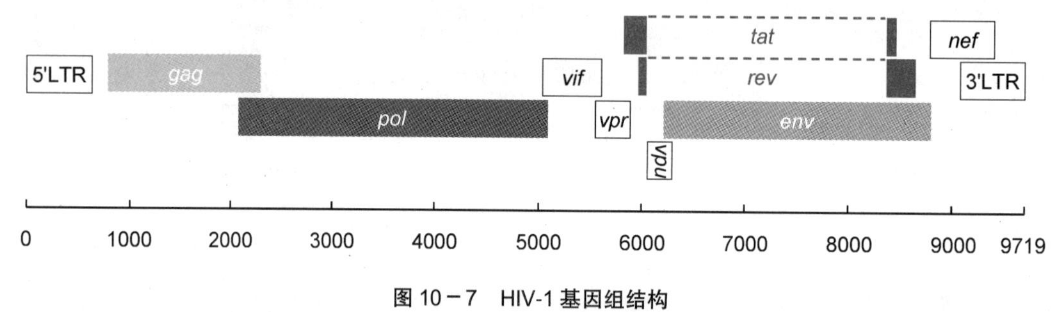

图 10－7 HIV-1 基因组结构

表 10－24 HIV-1 基因组结构

基因分类	基因名称缩写	产物，名称缩写	大小（AA）	功能
结构基因	*gag*	基质蛋白 p17，MA	131	基质蛋白
		衣壳蛋白 p24，CA	231	衣壳蛋白
		衣壳蛋白 p7	55	与 RNA 结合的衣壳蛋白
		衣壳蛋白 p6	48	与 RNA 结合的衣壳蛋白
	pol	蛋白酶 p10，PR	99	蛋白酶
		逆转录酶 p66*，p66RT	560	逆转录酶
		整合酶 p32，IN	288	整合酶
	env	表面蛋白 gp120，SU	484	与细胞受体（CD4）结合
		跨膜蛋白 gp41，TM	345	与辅助受体（CXCR4 或 CCR5）结合
调控基因	*rev*	病毒蛋白表达调节因子，Rev	116	与 RRE 转录产物结合，促进转录产物向细胞质转运
	tat	反式激活蛋白，Tat	86	与 TAR 转录产物结合，募集 P-TEFb，增强 RNA 聚合酶的延伸能力
辅助基因	*vif*	病毒颗粒感染因子，Vif	192	在其他细胞因子协助下促进 HIV 复制，影响 HIV 毒力
	vpr	病毒蛋白 R，Vpr	96	促使 HIV 在吞噬细胞中复制，影响 HIV 毒力
	vpu‡	病毒蛋白 U，Vpu	81	促使细胞释放 HIV-1，影响 HIV 毒力
	nef	负调节因子，Nef	209	抑制 HIV 复制，影响 HIV 毒力

注：* 部分逆转录酶/p66 裂解成为逆转录酶/p51（440AA）和 RNase H/p15（120AA），形成 p66/p51 二聚体；‡HIV-2 为 *vpx*，编码病毒蛋白 X（112AA），为 HIV-2 在淋巴细胞和巨噬细胞中复制所必需。

NOTE

2. 5个顺式作用元件　其中U3、R、U5构成长末端重复序列（LTR），位于两个末端，占整个基因组的7%。①U3：3′UTR，含启动子、增强子。②R：末端重复序列，含加尾信号。③U5：5′UTR。④TAR（trans-activation response element）：反式激活反应元件，长约57nt，位于5′UTR内（+1～+57），其转录产物与Tat结合，增强RNA聚合酶的延伸能力，可将转录效率提高至少1000倍。⑤RRE（Rev response element）：Rev反应元件，长约350nt，位于*env*编码区内（+7709～+8063），其转录产物与Rev结合，有利于向细胞质转运。

三、HIV感染与复制

艾滋病病毒主要感染辅助性T细胞（$CD4^+$T细胞）、巨噬细胞、NK细胞、细胞毒性T细胞（$CD8^+$T细胞）、神经系统细胞（星形胶质细胞、神经元、胶质细胞、脑巨噬细胞）、树突状细胞。其中，感染$CD4^+$T细胞并复制时导致其裂解，感染其余细胞不会导致其裂解。

HIV通过与细胞受体和辅助受体结合进入细胞。HIV的细胞受体主要是CD4（CD4正常配体是MHCⅡ），辅助受体主要是CXCR4或CCR5（表10-25），它们都属于GPCR1家族。辅助性T细胞膜富含CD4和CXCR4。

表10－25　HIV辅助受体

辅助受体	HIV类型	大小（AA）	辅助受体	HIV类型	大小（AA）
CCR2	1	374	CCR8	1	355
CCR3	1	355	CCR9	1	369
CCR4	2	360	CXCR4	1，2	352
CCR5	1	352			

趋化因子CXC亚家族受体4（CXC chemokine Receptor 4，CXCR4）　又称**融合素**、**融合病毒蛋白**（fusin），分布于外周血白细胞、脾、胸腺、脊髓、心脏、胎盘、肺、肝、骨骼肌、肾、胰、小脑、大脑皮质、大脑髓质（小胶质细胞和星形胶质细胞）、脑微血管、冠状动脉、脐带内皮细胞等，本身是趋化因子CXCL12/SDF-1的受体，又是某些HIV-1的辅助受体（主受体是CD4）、HIV-2的主受体。

趋化因子受体5（CC chemokine receptor 5，CCR5）　是一种细胞因子受体，一种称为CCR5-Δ32的突变因存在32bp缺失而不能合成CCR5。欧洲人中有15%～20%为该突变杂合子，对HIV有一定抵抗性，感染后发病较慢。另有1%为纯合子，几乎完全抗HIV感染。

当HIV与细胞接触时，HIV先通过gp120与细胞受体CD4结合，导致gp120-gp41构象改变，与辅助受体CXCR4结合，gp41进一步变构，N端嵌入宿主细胞膜，HIV包膜与细胞膜融合，核壳进入细胞。

在细胞质中，HIV的逆转录酶逆转录其基因组RNA，合成前病毒DNA（HIV-DNA），进入细胞核，由整合酶催化与宿主染色体DNA整合，进入潜伏期。

一定条件下前病毒DNA可被激活，利用宿主RNA聚合酶Ⅱ，由5′LTR内的单一启动子启动转录，合成HIV-RNA初级转录产物。这一过程需要Tat、Rev参与。

HIV-RNA初级转录产物是基因组RNA，有的运至细胞质组装核壳，或翻译合成多聚蛋白（polyprotein）Gag和Gag-Pol（需核糖体移码）（20∶1），由HIV蛋白酶p10裂解得到成熟HIV

蛋白；有的经过选择性剪接加工成各种成熟 mRNA，运至细胞质，其中 *env* mRNA 在内质网翻译合成多聚蛋白并嵌入内质网膜，运输到高尔基体后糖基化得到 gp160，由细胞蛋白酶 furin（弗林蛋白酶，内切 Arg-Xaa-Arg/Lys-Arg C 端的肽键）裂解 Arg484-Ala485 得到 gp120 和 gp41。两者以非共价键结合，随高尔基体小泡运输到细胞膜，成为膜蛋白，包装核壳，出芽成为成熟 HIV 颗粒。HIV 蛋白酶是抗艾滋病药物（如沙奎那韦）的靶点之一。

四、HIV 致病机制

和其他病原体一样，HIV 感染也会引起机体细胞和体液免疫反应，特别是在急性感染期。然而，机体免疫力不足以清除所有 HIV，所以一经感染便终身携带病毒，并复制大量病毒颗粒，导致感染细胞死亡。

HIV 导致感染细胞死亡的机制是其糖蛋白嵌入细胞膜及 HIV 颗粒出芽释放导致细胞膜通透性增加，离子和水的内流破坏离子平衡，导致渗透性溶细胞。

此外，HIV 还可通过以下途径导致免疫功能低下：①gp120 脱落，与正常细胞膜 CD4 结合，被免疫系统误杀。②gp120 封闭 T 细胞 CD4，影响其免疫辅助功能。③gp120 刺激机体产生 CD4 抗体，阻断 T 细胞功能。④带病毒包膜蛋白的细胞与其他细胞融合而丧失功能。不过，这些尚不足以解释其感染造成的免疫系统进行性损伤直至崩溃的严重病症。

五、HIV 感染检测

临床上主要通过血清学检测 HIV，用蛋白质印迹法检测 p24 及 gp120 可以确诊 HIV 感染。HIV 核酸检测（HIV-RNA 定性或定量）作为一种补充，主要用于 HIV 阳性产妇所生婴儿和处于 HIV 抗体窗口期感染者的检测。通过培养病毒或检测病毒的抗原、抗体、核酸可以确诊 HIV 感染。

1. 病毒分离　可从受检者血浆、单核细胞、脑脊液分离出 HIV。因操作复杂，主要用于科研。

2. 抗体检测　是目前诊断 HIV 感染者和艾滋病患者的主要指标和标准检测项目，应用酶联免疫吸附测定技术检测血清、尿液、唾液、脑脊液 HIV 抗体可获得阳性结果，特别是查血清 p24、gp120 抗体，阳性率可达 99%。不过，血清病毒抗体阳性者仅 10%~15% 会发展为艾滋病患者，其余 85%~90% 只能确诊为 HIV 感染者，需通过蛋白质印迹法进一步检测，才能确诊是否为艾滋病患者。

3. 抗原检测　以 p24 单克隆抗体用酶联免疫吸附测定技术检测血清 p24 抗原，采用流式细胞术检测血液或其他体液中 HIV 特异性抗原，对诊断有一定帮助。

4. 基因诊断　可以体外培养淋巴细胞，再用 RNA 印迹法、逆转录 PCR 检测 HIV-RNA，或用 PCR、基因芯片检测 HIV-DNA。检测时要同时作阳性对照和阴性对照，检测结果为阳性时需复测，仍为阳性方可确诊。

第十一章　核酸提取与鉴定

核酸是分子生物学的主要研究对象之一，核酸提取是分子生物学研究的基本内容，核酸样品的纯度和核酸结构的完整度关系到核酸研究结果的科学性和准确性。

作为分子生物学研究对象的核酸包括基因组 DNA、质粒、总 RNA 及 mRNA 等。提取过程涉及裂解细胞、去除杂质、浓缩核酸。

提取的核酸要进行鉴定，有几项基本技术是常用的：①分光光度技术：可以对样品进行定量分析、纯度鉴定。②凝胶电泳技术：可以对样品进行纯度鉴定、定量分析、分子量测定，还可以从样品中分离特定长度的核酸片段，用于进一步分析。如果结合其他技术，凝胶电泳技术还可用于研究核酸多态性，或进行 DNA 测序。

第一节　核酸提取

核酸提取的原则是避免核酸断裂。

核酸提取的主要步骤：①裂解细胞。②去除与核酸结合的蛋白质、多糖等生物大分子。③分离核酸。④去除其他杂质（无机盐、不需要的其他核酸分子等）。不同核酸的存在形式和亚细胞定位不同，具体的提取方法也不尽相同。

一、质粒提取

质粒含复制起点，能够转化细菌，并利用细菌的代谢系统进行扩增和表达，在重组 DNA 技术中用于构建载体。质粒提取包括三个基本步骤。

（一）培养细菌和扩增质粒

在培养基中加入蛋白质合成的抑制剂（如氯霉素）可以抑制细菌的蛋白质合成，从而抑制细菌繁殖，而质粒会继续复制，拷贝数可达 3000 个，这一过程称为质粒扩增。因此，如果在细菌指数生长（又称对数生长）后期在培养基中加入氯霉素，既可控制细菌数量，又可继续进行数小时的质粒扩增，增加质粒拷贝数。如果要扩增的质粒携带氯霉素抗性基因（Cm^R），可用壮观霉素（spectinomycin）代替氯霉素，抑制细菌繁殖。

（二）收获和裂解细菌

细菌有细胞壁，可用不同方法裂解：①机械法：例如用超声波、玻璃珠。用机械法裂解细菌容易导致 DNA 断裂。②化学试剂法：例如用十二烷基硫酸钠（SDS）。许多细菌的细胞壁较厚，仅用化学试剂难以充分裂解。③溶菌酶-化学试剂联合法：先用溶菌酶消化，再用化学试剂处理。这是最常用的方法。

（三）提取质粒

提取质粒的关键是去除染色体 DNA，可以利用质粒相对较小及其闭环特性：①质粒很小，仅为染色体 DNA 的 0.1%~2%。②在提取质粒过程中，绝大多数质粒呈闭环结构，而染色体 DNA 大量断裂并且呈线性结构。基于以上特性，可用碱裂解法、煮沸裂解法、氯化铯密度梯度离心法、聚乙二醇沉淀法等提取质粒。

1. 碱裂解法（alkaline lysis） 是快速提取质粒的一种方法，其优点是回收率高，适用于从 1~2mL 多数菌株（特别是溶菌酶难溶菌）提取质粒，所得的质粒经过纯化之后可以满足多数应用。常规碱裂解提取系统如下。

（1）溶液Ⅰ 50mmol/L 葡萄糖-25mmol/L Tris-HCl-10mmol/L EDTA，pH 8.0，使大肠杆菌悬浮。EDTA（乙二胺四乙酸）的作用是螯合 Mg^{2+}、Ca^{2+}，从而抑制 DNase（DNA 酶），防止质粒降解。

（2）溶液Ⅱ 200mmol/L NaOH-1%SDS，裂解细菌，并使蛋白质、染色体 DNA 和质粒变性。SDS 等离子表面活性剂裂解细菌效果较好。SDS 既能裂解细菌，解聚核蛋白，又能使蛋白质变性析出，包括使 DNase 变性失活。

（3）溶液Ⅲ 3mol/L 醋酸钾-2mol/L 醋酸，使变性蛋白质与染色体 DNA 共沉淀，闭环质粒复性呈溶解状态。

从 1~2mL 培养基中离心收集细菌，用上述碱裂解系统处理，离心取上清，酚：氯仿（1：1）抽提脱蛋白，乙醇沉淀质粒，离心收集质粒，溶于含 RNase A（20μg/mL）的 TE 溶液（10mmol/L Tris-HCl-1mmol/L EDTA，pH 8.0），可在 4℃下短期保存、-20℃下长期保存。

2. 煮沸裂解法（boiling lysis） 所得的质粒可直接用于一般研究。

（1）从 1~2mL 培养基中离心收集细菌，以 **STET 溶液**（100mmol/L NaCl-10mmol/L Tris-HCl-1mmol/L EDTA-5%Triton X-100，pH 8.0）和溶菌酶（10mg/mL）裂解，然后在沸水浴中加热 40 秒钟，这样不仅可使细菌裂解更彻底，还可使蛋白质和染色体 DNA、质粒变性。

（2）常温下离心 15 分钟，收集上清液，加 2.5mol/L 醋酸钠缓冲液（pH 5.2）、异丙醇沉淀质粒。

（3）离心收集质粒沉淀，70%乙醇（4℃）洗涤，用含 RNase A（20μg/mL）的 TE 溶液溶解保存。

煮沸裂解法不适于从 *endA* 阳性株（$endA^+$，例如 HB101、JM100）提取质粒，因为 *endA* 表达核酸内切酶Ⅰ（endonuclease Ⅰ，Endo Ⅰ，213AA），类似于 DNase Ⅰ，可以降解双链 DNA；加热时 Endo Ⅰ变性不彻底，存在 Mg^{2+}时会降解质粒。

3. 氯化铯密度梯度离心法 有些研究对质粒纯度的要求较高，而质粒粗品通常含少量 RNA、染色体 DNA 和蛋白质，因而需要进一步纯化。氯化铯密度梯度离心法可以从质粒粗提液中纯化闭环质粒，适用于纯化易形成切口的较大质粒。氯化铯密度梯度离心法机制如下。

（1）如果把含溴化乙锭（ethidium bromide，EB）的氯化铯溶液加入大肠杆菌裂解物，结构扁平的溴化乙锭分子会嵌入 DNA 相邻碱基对之间，导致 DNA 解旋。

（2）不同构型 DNA 结合的溴化乙锭量不同：开环 DNA 或线性 DNA 片段因存在游离末端而容易解旋，可以结合大量溴化乙锭；闭环质粒压缩程度高且没有游离末端，只能部分解旋，

NOTE

结合少量溴化乙锭。

（3）DNA结合的溴化乙锭越少，其密度越高。因此，在饱和溴化乙锭溶液中，闭环质粒的密度比染色体DNA片段的密度高。经过氯化铯密度梯度离心（或电泳）之后，它们会浓缩成不同的条带，从而达到分离纯化的目的。

基本操作：在质粒粗提液中加入氯化铯（每毫升粗提液中加1.01g，终密度1.55g/mL），30℃下溶解，加入10mg/mL溴化乙锭（每5mL粗提液中加入100μL，终浓度200μg/mL），然后进行超速离心分离，离心条件参考离心机型号及技术参数，如用Beckman NVT 65转头366000g（62000rpm）离心6小时。最后可用正丁醇（或异戊醇）抽提去除溴化乙锭，用乙醇沉淀（或透析）去除氯化铯。

4. 聚乙二醇沉淀法　可用于从质粒粗提液中纯化质粒。

基本操作：先用5mol/L氯化锂和RNase处理质粒粗提液，以去除RNA，再用聚乙二醇-$MgCl_2$沉淀质粒。聚乙二醇沉淀法经济快捷，但不能有效地将闭环质粒与开环质粒分开。

此外，许多厂家生产的离子交换柱或凝胶过滤柱可用于微量质粒的快速提取。

二、真核生物基因组DNA提取

真核生物基因组以染色体DNA为主，可以直接从组织或细胞中提取，不过需注意：①染色体DNA分子与组蛋白、非组蛋白、RNA形成核蛋白（染色质），可用蛋白酶水解或离子表面活性剂处理，使其解离。②染色体DNA为细长线性分子，用普通匀浆法破碎组织细胞会导致DNA断裂，可用剪刀剪碎组织或在液氮冷冻下研碎组织。操作条件要温和，尤其避免剧烈震荡。③DNA在提取及保存时要防止被DNase降解，为此应在提取液和保存液中加一定量的EDTA。

（一）哺乳动物基因组DNA提取

哺乳动物基因组DNA可从新鲜或冻存组织（或血细胞）、单层贴壁或悬浮细胞中提取，可用于基因组文库构建（第十八章，478页）或DNA印迹分析（第十二章，377页），常用蛋白酶K法提取。

1. 细胞裂解液裂解　取细胞样品（或液氮冷冻后研成粉末的组织样品）加入10倍体积的哺乳动物细胞裂解液（lysis buffer，10mmol/L Tris-100mmol/L EDTA-0.5% SDS-20μg/mL RNase，pH 8.0），破坏细胞膜结构、解聚核蛋白，使蛋白质变性析出、DNase失活，制备细胞裂解物（cell lysate）。

2. 蛋白酶K消化　在细胞裂解物中加入蛋白酶K（20mg/mL）至终浓度100μg/mL，50℃孵育3小时，降解核酸酶（DNase和RNase）。蛋白酶K属于丝氨酸蛋白酶，可以水解由脂肪族氨基酸、芳香族氨基酸的羧基形成的肽键，从而将蛋白质分解成小肽或氨基酸，使DNA游离。在pH 4~12时，即使与SDS、EDTA、尿素共存，蛋白酶K也保持高活性，所以适用于在提取核酸时降解核酸酶。

3. 饱和酚抽提　①用等体积的0.5mol/L Tris-HCl（pH 8.0）饱和酚抽提去除蛋白质。苯酚能使蛋白质变性并析出，浓缩在水相和酚相的界面处，从而与上层水相（DNA溶液）分离。②常温下5000g离心15分钟，用大口吸管小心吸取DNA溶液。用饱和酚重复抽提两次。

4. 乙醇沉淀　①如要制备100~150kb DNA，常温下在上述DNA样品加入0.2倍体积的

NOTE

10mol/L 醋酸铵（盐析效应）、2 倍体积的乙醇（可致 DNA 脱水），沉淀 DNA，离心收集，用 70%乙醇洗涤两次，用 TE（pH 8.0）溶解，4℃下保存。②如要制备 150~200kb DNA，4℃下将上述 DNA 样品用透析液（50mmol/L Tris-10mmol/L EDTA，pH 8.0）透析四次，每次超过 6 小时。

提取动物基因组 DNA 还应注意以下事项：①实验动物处死之后要尽快取材，置于液氮或-80℃冰箱中冻存，以免基因组 DNA 被 DNase 降解。②取材后要分成小块冻存，以免在以后取用时反复冻融。③溶液的转移次数要尽量少，转移时要用粗口滴管和吸管。④固态 DNA 难溶，因此 DNA 应在溶液中保存。

哺乳动物基因组 DNA 还可用甲酰胺法提取。此法提取的 DNA 片段更长，可达 200kb，可与大容量载体重组，构建基因组文库，不过产率较低（约 1mg DNA/10^8 细胞）。

（二）植物基因组 DNA 提取

植物基因组 DNA 可用于药用植物的遗传分析、基因克隆、中药品质 DNA 指纹分析、药用植物进化关系鉴定、道地药材研究、药用植物育种等。提取植物基因组 DNA 常用 CTAB 法。

1. 研磨破碎　植物细胞有细胞壁结构，可在液氮中将其研碎，并最大限度避免基因组 DNA 被 DNase 降解。

2. 表面活性剂处理　用含 2%十六烷基三甲基溴化铵（cetyl trimethylammonium bromide，CTAB，一种离子表面活性剂）和 1.4mol/L NaCl 的提取液溶解粉末，能使膜结构解体、核蛋白解离、DNA 游离。

3. 有机溶剂萃取　上述提取液中加入氯仿：异戊醇（24：1）等有机溶剂混匀并离心，既可以使蛋白质变性，又可以从上层 DNA 提取液中去除变性蛋白质，使其进入下层氯仿：异戊醇相，还可以去除多糖（多糖会抑制 Taq DNA 聚合酶、限制性内切酶等）。

4. DNA 沉淀　核酸溶解于浓度不低于 0.7mol/L 的 NaCl 溶液，但在 NaCl 浓度低于 0.4mol/L 时析出，因此稀释上层 DNA 提取液可使 DNA 析出。

提取植物基因组 DNA 还应注意：①植物细胞所含的某些酶类（特别是氧化酶类）影响到 DNA 提取效率和提取产物质量，需在提取液中加巯基乙醇等抗氧化剂。②有的植物组织含较多的多酚、多糖等次生代谢产物。多酚氧化物与 DNA 共价结合导致其结构破坏。在提取液中加聚乙烯吡咯烷酮（polyvinylpyrrolidone，PVP）可以抑制多酚离子化，加巯基乙醇可以防止多酚氧化。

三、真核生物 RNA 提取

真核生物基因组 DNA 含大量重复序列，直接从中获取靶基因序列工作量大。用 mRNA 制备 cDNA，从中获取靶基因序列多数时候更简便。不过，RNA 容易被 RNase 降解，而 RNase 无处不在，并且可抵抗长时间煮沸。因此，RNA 的提取条件要比 DNA 的苛刻，必须采取措施建立无 RNase 环境。

（一）总 RNA 提取

以下介绍几种真核细胞总 RNA 的提取方法。

1. 异硫氰酸胍-酚-氯仿法　是用细胞裂解液（Trizol 试剂，含异硫氰酸胍、苯酚）裂解细胞，氯仿抽提，异丙醇沉淀，75%乙醇洗涤制备 RNA。该方法比较简便、经济和高效，能批量

处理标本，并且 RNA 的完整度和纯度都很理想。

2. 异硫氰酸胍-氯化铯密度梯度离心法　用异硫氰酸胍使蛋白质变性，抑制 RNase，再进行密度梯度离心，能够获得高纯度的总 RNA。该方法适用于从冷冻时间长、细胞核不易分离及富含 RNase 的组织细胞中提取 RNA，但一次提取量有限，操作过程复杂耗时，并且需要进行密度梯度离心，所以不适于一般实验室。

3. 氯化锂-尿素法　用 6mol/L 尿素使蛋白质变性，抑制 RNase，再用 3mol/L 氯化锂选择性沉淀 RNA。该方法快速简便，适用于从大量材料中提取少量 RNA，但有时会有 DNA 污染，并且会丢失部分小分子量 RNA。

4. 热酚法　将异硫氰酸胍、巯基乙醇和 SDS 等联合使用，可以快速裂解细胞，解离核蛋白，释放 RNA，并有效抑制 RNase。再用热酚（65℃）、氯仿等有机溶剂萃取，离心去除蛋白质和 DNA，留在水相中的 RNA 可用乙醇或异丙醇沉淀纯化。该方法操作简单，成本较低，适用于从培养细胞和动物组织中提取 RNA。

（二）mRNA 提取

mRNA 根据丰度分为高丰度 mRNA 和低丰度 mRNA。高丰度 mRNA 拷贝数 1000～10000，不到 100 种，占总量 50%。低丰度 mRNA（又称稀有 mRNA）拷贝数不到 10，上万种，占总量 50%。

研究基因表达或构建 cDNA 文库都需要提取有一定纯度和完整度的 mRNA。通常先提取总 RNA，再从中分离 mRNA。

真核生物 mRNA 绝大多数都有 poly(A)尾，因而可用 oligo(dT)-纤维素亲和层析分离。即让总 RNA 流经 oligo(dT)-纤维素亲和层析柱，mRNA 在高离子强度下与 oligo(dT)结合，其他 RNA 等成分则被淋洗掉。然后，降低洗脱液的离子强度，可以将 mRNA 洗下，浓缩得到高纯度 mRNA。

还可用 PolyATtract mRNA 提取系统提取 mRNA：将生物素标记 oligo(dT)与总 RNA 孵育形成杂交体，用亲和素磁珠富集杂交体，通过磁架吸附，可分离 mRNA。

离子强度（I）　是定义溶液组成的一个参数：

$$I_m = 1/2\Sigma m_B z_B^2 \quad 或 \quad I_c = 1/2\Sigma c_B z_B^2$$

式中 m_B、c_B、z_B 分别为离子 B 的质量摩尔浓度、物质的量浓度、净电荷数。离子强度反映溶液中离子间作用力的强弱，离子强度越高，离子间作用力越强。

四、核酸纯度鉴定

核酸对 260nm 紫外线有强吸收，并且在一定条件下其吸光度与浓度成正比。因此，通过 A_{260} 比色分析可以测定核酸浓度。在标准条件下，1 个吸光度单位相当于 50μg/mL 的双链 DNA、40μg/mL 的单链 DNA 或 RNA。不过，换算结果的准确度受核酸纯度、溶液 pH 和离子强度的影响，在中性 pH 值和低离子强度下测定纯度较高的核酸时比较准确。

通过测定紫外吸光度可以初步分析核酸的纯度：蛋白质对 280nm 紫外线有强吸收，而肽、盐和其他小分子物质则对 230nm 紫外线有强吸收。因此，测定核酸样品在这几种波长下的吸光度，可以分析其纯度，符合以下指标的核酸纯度较高。

1. DNA 的 $A_{260}/A_{280} \approx 1.8$　如果 $A_{260}/A_{280}>1.8$，说明可能含有 RNA，或 DNA 部分水解；

NOTE

如果 $A_{260}/A_{280}<1.8$，说明可能含有苯酚或蛋白质等。

2. RNA 的 $A_{260}/A_{280}=1.8\sim2.0$　如果 $A_{260}/A_{280}<1.8$，说明可能含有蛋白质或苯酚污染；如果 $A_{260}/A_{280}>2.0$，说明可能有 RNA 降解。不过，Trizol 试剂提取的 RNA，$A_{260}/A_{280}=1.6\sim1.8$。

3. 核酸的 $A_{260}/A_{230}>2.0$　如果比值太小，说明可能含有蛋白质、肽、苯酚或异硫氰酸盐等。

此外，用琼脂糖凝胶电泳分析核酸样品，可以鉴定其均一性。

第二节　核酸电泳

核酸因含磷酸基而带负电荷，可以进行电泳分析。电泳技术操作简单、快速、灵敏，常用于核酸提取、DNA 分型、DNA 测序、限制性酶切图谱分析、核酸与蛋白质相互作用研究等。

核酸电泳的常用支持物是琼脂糖凝胶和聚丙烯酰胺凝胶。琼脂糖凝胶电泳条件简易，操作简单，多用于鉴定较大（50~20000bp）的核酸片段，特别是分子量测定；聚丙烯酰胺凝胶电泳的分辨率很高，用于鉴定较小（5~1000bp）的核酸片段，特别是 DNA 测序。

一、琼脂糖凝胶电泳

琼脂糖是从红色海藻产物琼脂中提取的一种多糖，由 D-半乳糖和 3,6-脱水-L-半乳糖以 β-1,4-糖苷键和 α-1,3-糖苷键交替连接构成。核酸琼脂糖凝胶电泳条带整齐，分辨率高，重复性好，容易染色和回收核酸，并且琼脂糖本身不吸收紫外线。

1. 琼脂糖凝胶电泳应用　可用于分析核酸含量、分子量、纯度等。

（1）分析 DNA 样品的含量和分子量　电泳结束之后，用溴化乙锭染色（或制备琼脂糖凝胶时加入溴化乙锭至终浓度为 0.5μg/mL，不过会使线性双链 DNA 迁移率降低 15%），在紫外灯下可以直接观察到橙色 DNA 条带，灵敏度可达 2ng/条带（如果用花青素 SYBR Gold 染色，灵敏度可达 20pg/条带）。用凝胶扫描仪或紫外检测仪可以观察、拍照、分析结果。条带的荧光强度与 DNA 含量成正比，迁移率与分子量或碱基对数的对数值呈线性关系，因此只要与已知分子量和含量的**分子量标准**（又称**分子量标志**，50~10000bp）平行电泳，就可以分析样品 DNA 的分子量和含量（图 8-23，253 页）。

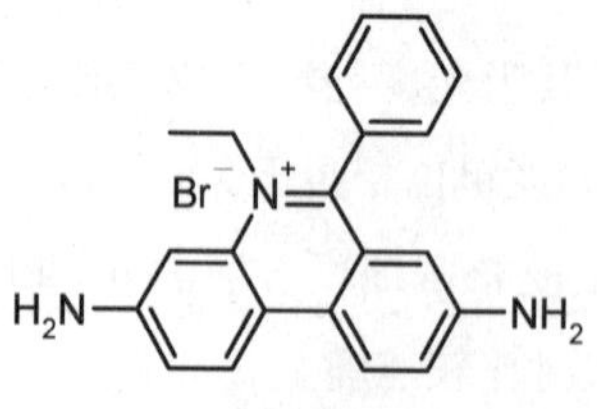

溴化乙锭 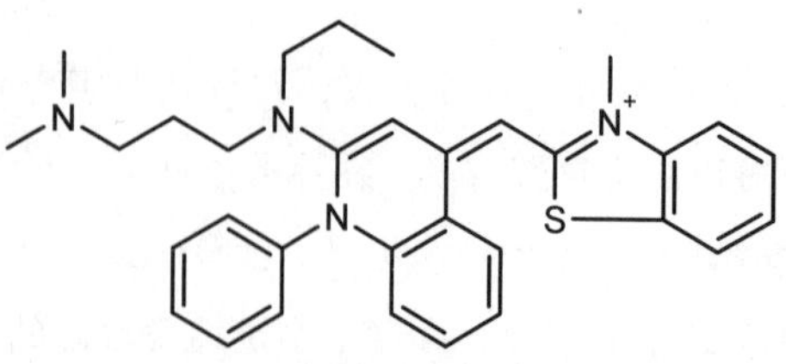　　SYBR Green Ⅰ

（2）分析 DNA 样品的纯度　例如分析质粒样品中是否含染色体 DNA、RNA 或蛋白质等杂质。其中，蛋白质与 DNA 结合，会滞留于加样孔内形成荧光亮点；RNA 会在 DNA 条带前方形成云雾状亮带。

（3）分析RNA的纯度和完整度　可用所含28S（4718nt）和18S（约1874nt）两种rRNA作为参照。经过变性凝胶电泳之后，未降解的高质量rRNA分出两条rRNA条带（有时在电泳指示剂溴酚蓝条带前隐约可见一条5S条带）；经过溴化乙锭染色之后，两条条带的亮度比值应为28S：18S=2：1。如果RNA发生降解，两条条带会变模糊，或亮度比值下降，而5S条带的亮度则明显增强。如果电泳显示RNA大量降解，则说明在制备过程中存在RNase污染。

（4）分析RNA的分子量　RNA为单链分子，容易形成各种二级结构，影响迁移率。为此，可用变性琼脂糖凝胶电泳进行分析。控制变性条件是分析RNA的关键。在具体操作时，应先在RNA样品中加入适量甲醛和甲酰胺，于60~65℃加热5~10分钟，破坏其分子内的发夹结构等各种二级结构；同时，在琼脂糖凝胶中加入适量甲醛，使RNA在电泳过程中维持解链状态，就可以分离不同长度的RNA，分析其分子量。

2. 琼脂糖凝胶电泳影响因素　用琼脂糖凝胶电泳分析核酸要考虑以下因素。

（1）凝胶浓度　一般为0.8%~2%。不同长度的DNA片段要用不同浓度的琼脂糖凝胶，长DNA片段要用低浓度琼脂糖凝胶（表11-1）。

表11-1　DNA琼脂糖凝胶电泳凝胶浓度

琼脂糖凝胶浓度（%）	0.3	0.6	0.7	0.9	1.2	1.5	2.0
适合分离DNA长度（bp）	5~60	1-20	0.8~10	0.5~7	0.4~6	0.2~3	0.1~2

（2）DNA长度　DNA片段越长，其泳动速度越慢。

（3）DNA构型　琼脂糖凝胶电泳不仅可以分离不同长度的DNA，还可以鉴别长度相同而构型不同的DNA。例如，在提取质粒时，由于受各种因素影响，得到的是三种构型的混合物：①**共价闭合环状DNA**（covalently closed circular DNA，cccDNA）：所含的两股DNA均成环，为闭环结构，称为Ⅰ型。②**开环DNA**（open circular DNA，ocDNA）：所含的两股DNA仅一股成环，另一股开链，为开环结构，称为Ⅱ型。③**线性DNA**（linear DNA，lDNA）：所含的两股DNA均开链，为线性结构，称为Ⅲ型。三种构型DNA琼脂糖凝胶电泳的迁移率有差别，一般为Ⅰ型（连环数之差为1的Ⅰ型也能彼此分离）>Ⅲ型>Ⅱ型。不过，受电流强度、离子强度、凝胶浓度的影响，有时也会得到其他顺序。

二、聚丙烯酰胺凝胶电泳

聚丙烯酰胺凝胶是由丙烯酰胺和N,N'-甲叉双丙烯酰胺在N,N,N',N'-四甲基乙二胺（tetramethylethylenediamine，TEMED）和过硫酸铵（ammonium persulfate，AP）的催化下聚合形成的。聚丙烯酰胺凝胶制备时总浓度通常控制在4%~30%，可根据样品分子大小及电泳性质来确定（表11-2）。与琼脂糖凝胶电泳相比，聚丙烯酰胺凝胶电泳（PAGE）所用凝胶的浓度较高，孔径较小，适用于分离较小的DNA片段；聚丙烯酰胺凝胶电泳采用的浓缩胶和分离胶的浓度和pH值是一个不连续系统，因而存在浓缩、电泳和分子筛三种效应，有很高的分辨率，可以分离长度仅差一个核苷酸的核酸片段，只是操作过程繁琐。

表 11－2 DNA 聚丙烯酰胺凝胶电泳凝胶浓度

聚丙烯酰胺凝胶浓度（%）	适合分离 DNA 长度（bp）	聚丙烯酰胺凝胶浓度（%）	适合分离 DNA 长度（bp）
0.3	1000～50000	4	100～1000
0.7	800～12000	10	25～500
2.0	50～2000	20	1～50

有两种聚丙烯酰胺凝胶电泳可以分析核酸：①变性凝胶电泳，即在凝胶中加入尿素、甲酰胺或甲醛，使双链核酸解链，或破坏单链核酸的二级结构，可以分离和纯化单链核酸片段，常用于 DNA 测序。②非变性凝胶电泳，可以分离和纯化小的 DNA 片段，常用于制备高纯度双链 DNA。

聚丙烯酰胺凝胶电泳还是研究蛋白质的常规技术。例如，SDS-聚丙烯酰胺凝胶电泳（SDS-PAGE）属于变性凝胶电泳，可以分析蛋白质的亚基组成及其分子量（第二十章，545 页）；而非变性凝胶电泳可以在保持活性的条件下分析鉴定蛋白质。聚丙烯酰胺凝胶电泳的蛋白质条带可以直接用考马斯亮蓝 R-250 或银染色法显色，也可以先转移到印迹膜上再显色（第十二章，383 页），最后在凝胶扫描仪上扫描分析，包括定量和分子量测定。

三、毛细管电泳

毛细管电泳（capillary electrophoresis，CE）是以高压电场为驱动力，以毛细管为分离通道，根据样品组分迁移率或分配系数的差异进行分离的一类电泳技术。

毛细管电泳所用毛细管为石英材质，外涂聚二酰亚胺，内径 20～200μm，可注入缓冲液、琼脂糖、聚丙烯酰胺、甲基纤维素作为支持介质。电泳时，在外加电场或压力的作用下向毛细管内注入微量（10～100nL）样品，两端加 10～30kV（>500V/cm）的直流高压。样品在毛细管内的移动取决于电渗流速度（正极到负极）和电泳速度（负极到正极）的矢量和。由于电渗流速度大于电泳速度，所有粒子均移向负极。阳离子最快，中性离子次之，阴离子最慢，可通过靠近负极的在线监测系统实时监测（图 11－1）。

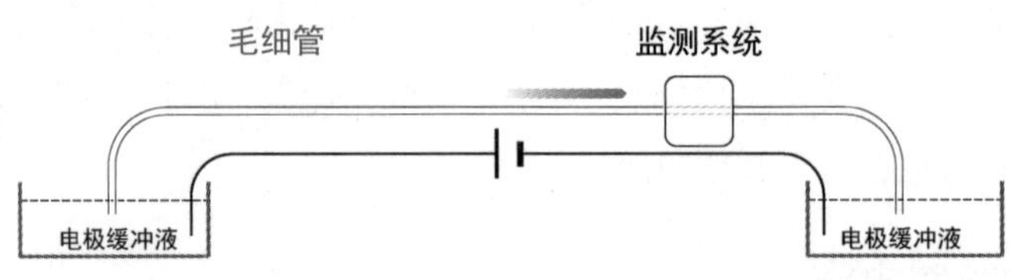

图 11－1 毛细管电泳

毛细管电泳监测系统多采用紫外检测法或激光诱导荧光检测法。激光诱导荧光检测法的灵敏度远高于紫外检测法，当然取决于所用荧光标记物的荧光效率。

毛细管电泳综合了 PAGE 和 HPLC 的优势，有快速、微量、分辨率高、重复性好、易于定量、自动化程度高等特点，在生命科学研究领域广泛用于蛋白质的肽谱构建、结构分析、活性分析和核酸的序列分析、突变检测、PCR 产物鉴定等。

NOTE

第三节　DNA 测序

DNA 是遗传物质，其核苷酸序列包含遗传信息。因此，要想解读遗传信息就要进行 DNA 测序。然而，在确定 DNA 是遗传物质之后的 20 多年中，DNA 测序一直进展缓慢，因为那时受技术条件限制，即使分析一个 5nt 序列也是很困难的。直至 1977 年，第一个基因组——ΦX174 噬菌体长 5386nt 的环状单链 DNA 才由 Sanger 等完成测序。目前已有三代 DNA 测序技术得到广泛应用。

一、第一代 DNA 测序技术

1975 年，Sanger 建立了 DNA 测序的链终止法。1977 年，Maxam 和 Gilbert 建立了 DNA 测序的化学降解法。这两种方法使 DNA 测序有了划时代的突破，Gilbert 和 Sanger 因此于 1980 年获得诺贝尔化学奖。

链终止法和化学降解法都是用待测序 DNA 制备四组标记 DNA 片段，每组片段有以下特征：①5′端序列相同。②3′端序列不同，但 3′末端碱基相同，因而分析每组片段的长度可以确定一种核苷酸在待测序 DNA 链中的位置。③一种核苷酸在待测序 DNA 链中有多少个，相应片段组所含的 DNA 片段就有多少种，所以在待测序 DNA 链中的这种核苷酸全都可以定位。因此，接下来就是分析四组 DNA 片段的长度，要求分辨率达到一个核苷酸单位，而这用变性聚丙烯酰胺凝胶电泳就可以做到。

（一）链终止法

链终止法（chain termination method）又称双脱氧法（dideoxy method），需要建立四个链终止反应体系，每个体系都含 DNA 聚合酶、引物（20～30nt）和 2′-dNTP，可用待测序 DNA 作为模板，合成其互补链，然后进行电泳、显影和读序（图 11-2），读长（read length）可达500～1000nt。

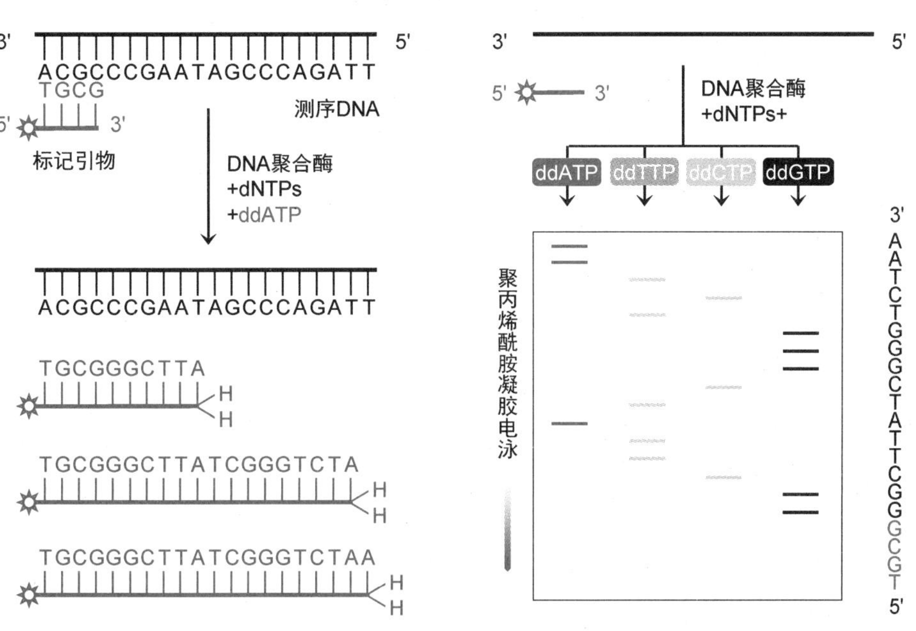

图 11-2　链终止法

1. **制备标记片段组**　链终止法的关键是在每个反应体系中加入一种2′,3′-双脱氧核苷三磷酸（ddNTP）。以ddATP为例，它和2′-dATP一样可以与模板TMP配对，把ddAMP连接到新生链的3′端；但是ddAMP没有3′-羟基，所以下一个dNMP不能连接，DNA链的合成终止于ddAMP，即最后合成的DNA片段的5′端是引物序列，3′端是ddAMP。

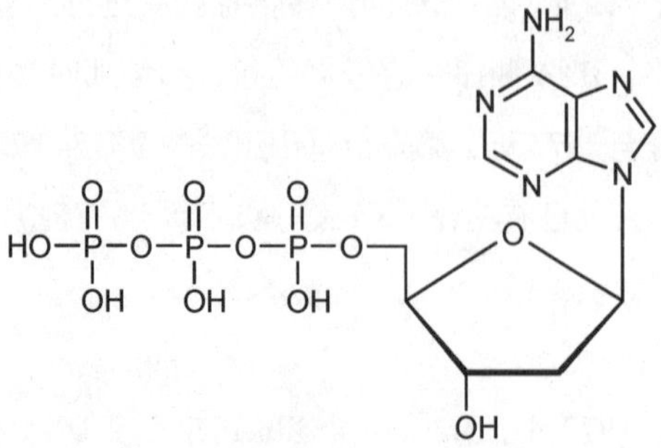

dATP 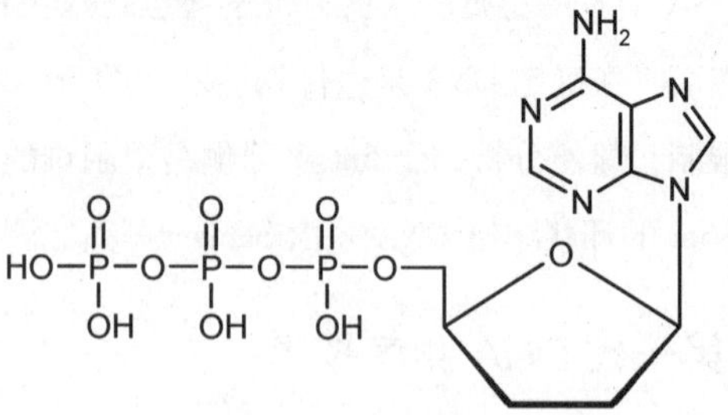　　　　ddATP

由于ddATP的掺入是随机的，通过优化反应体系中2′-dATP和ddATP的比例（通常100：1，与模板长度、DNA聚合酶种类有关），在DNA聚合酶读模板序列的任何一个TMP时都可能催化ddATP的掺入。因此，在模板序列中有多少个TMP，该反应体系最终就会合成多少种DNA片段，它们的5′端都是引物序列，3′端都是ddAMP。这样，只要分析该组片段的长度就可以确定TMP在待测序DNA中的位置。

为了便于接下来的分析，链终止法合成的DNA片段必须进行标记，例如将引物用荧光素或放射性同位素进行标记（第十二章，370页）。

链终止法通常使用经蛋白质工程改造的T7 DNA聚合酶（商标名称**测序酶**），该酶的3′→5′外切酶活性中心因缺失了28AA而失活，因而只有5′→3′聚合酶活性，且延伸能力很强。

2. **电泳**　将四个反应体系合成的DNA片段在变性聚丙烯酰胺凝胶（又称测序胶）的四个分离通道上进行电泳，DNA片段按照长度分离，可以形成梯状条带。

3. **显影**　显影方法因标记物而异，用荧光标记的DNA片段可用CCD扫描法，用放射性同位素标记的DNA片段可用放射自显影法。

4. **读序**　从显影图谱上读出核苷酸序列。因为DNA的合成方向为5′→3′，所以DNA链终止得越早，终止位点离5′端越近。因此，按照从小到大顺序读出的是合成片段5′→3′方向的核苷酸序列，是待测序DNA的互补序列。

（二）化学降解法

化学降解法（chemical degradation method）是通过对待测序DNA进行化学降解而测序的一种方法，测序过程同样包括制备标记片段、电泳、显影和读序几个步骤，其中电泳、显影和读序与链终止法基本相同。

1. **制备标记片段组**　化学降解法的关键是建立四个化学降解反应体系（表11-3），对5′端标记的待测序DNA片段进行部分水解。

（1）G>A反应体系　用硫酸二甲酯将鸟嘌呤（G）和腺嘌呤（A）甲基化成m^7G和m^3A，在中性条件下加热可以脱去m^7G和m^3A形成AP位点，在碱性条件下加热可以在AP位点裂解DNA主链。因为G的甲基化速度5倍于A，所以电泳并显影后，强条带对应G，弱条带对应A。

NOTE

表 11－3　DNA 测序化学降解反应体系

反应体系	碱基修饰试剂	碱基修饰反应	脱碱基	主链断裂方式	断裂点
G>A	硫酸二甲酯	甲基化	中性条件加热	碱性条件加热	G 优先于 A
A>G	硫酸二甲酯	甲基化	稀酸温和处理	碱性条件加热	A 优先于 G
T+C	肼	嘧啶裂解、成腙	哌啶	哌啶	T 和 C
C	肼+NaCl	胞嘧啶裂解、成腙	哌啶	哌啶	C

（2）A>G 反应体系　m^3A 糖苷键比 m^7G 糖苷键对酸敏感，用稀酸温和处理可以优先脱去 m^3A 形成 AP 位点，然后在碱性条件下加热可以在 AP 位点裂解 DNA 主链，电泳并显影后，强条带对应 A，弱条带对应 G。

（3）T+C 反应体系　用肼使 T 和 C 裂解，生成尿素核苷酸，并进一步与肼反应生成腙，然后用 0.5mol/L 哌啶脱腙并在该位点裂解 DNA 主链。

（4）C 反应体系　在 T+C 反应体系中加入 2mol/L NaCl，只有 C 发生裂解、成腙、脱腙及裂解 DNA 主链反应。

上述反应体系有以下特征：①每个体系都可以脱掉特定碱基形成 AP 位点，并在 AP 位点裂解 DNA 主链。②控制反应温度和反应时间等条件，可以使每一个待测序 DNA 片段都形成一个 AP 位点并裂解。③经过化学降解后，每个体系中标记 DNA 片段的 5′端序列都是一样的，3′末端碱基都是确定的，片段种类也是确定的。例如，如果待测序 DNA 片段序列中有五个位置为胞苷酸（dCMP），则用 C 反应体系降解后可以得到五种标记片段。

虽然四个化学降解反应体系的特异程度不同，但是并不影响分析。

2. 读序　将四个反应体系得到的 DNA 片段在变性聚丙烯酰胺凝胶的四个分离通道上进行电泳，形成梯状条带，显影后即可读序（图 11-3）。

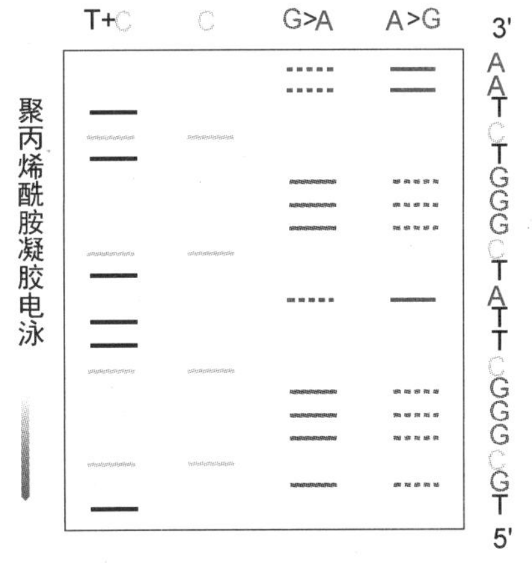

图 11－3　化学降解法

3. 特点　化学降解法只需简单的化学试剂，对 250nt 以内的 DNA 片段测序效果最佳，并且可以测定很短（2~3nt）的序列，最后读出的就是待测序 DNA 的核苷酸序列。化学降解法的不足是用时长、有误读，并且需要消耗较多的待测序 DNA 样品，因此目前已经很少用于 DNA 测序。化学降解法可用于其他研究，例如分析和鉴定甲基化碱基、调控元件、DNA 的二级结构、DNA 与蛋白质的相互作用等。

（三）毛细管电泳测序

传统的链终止法和化学降解法还存在不足，包括操作步骤繁琐、效率低、速度慢等，特别是显影读序耗时。

1987 年，Hood 在链终止法基础上发明了测序仪（又称序列分析仪，sequencer），实现了凝胶电泳、数据采集和序列分析的自动化。测序仪在技术上的一大发展就是用荧光素代替同位素标记 DNA。在制备标记片段时，仍然建立四个传统的反应体系，但每个体系中的引物使用不同的荧光标记，因此合成的四组 DNA 片段带有不同的荧光标记，可以混合在一起，在聚丙烯酰胺凝胶的一个分离通道上进行分析，并通过位于凝胶底部的激光诱导荧光检测器进行扫描，由计算机采集扫描信号，利用软件分析，自动读出 DNA 序列。

20 世纪 90 年代，DNA 测序自动化进一步得到发展，使第一代测序技术（又称自动激光荧光 DNA 测序）达到巅峰：①将 4 种荧光标记引物改为 4 种标记 ddNTP，因而只需建立一个链终止反应体系就可以合成有不同 3′末端标记的四组 DNA 片段。②用毛细管阵列电泳（capillary array electrophoresis，CAE）取代传统的聚丙烯酰胺凝胶平板电泳，简化了繁琐的人工操作（图 11-4）。一台测序仪能同时测定 384 种 DNA 序列，读长 500~1000nt，测序精度 99.999%，成本 0.5 美元/kb。

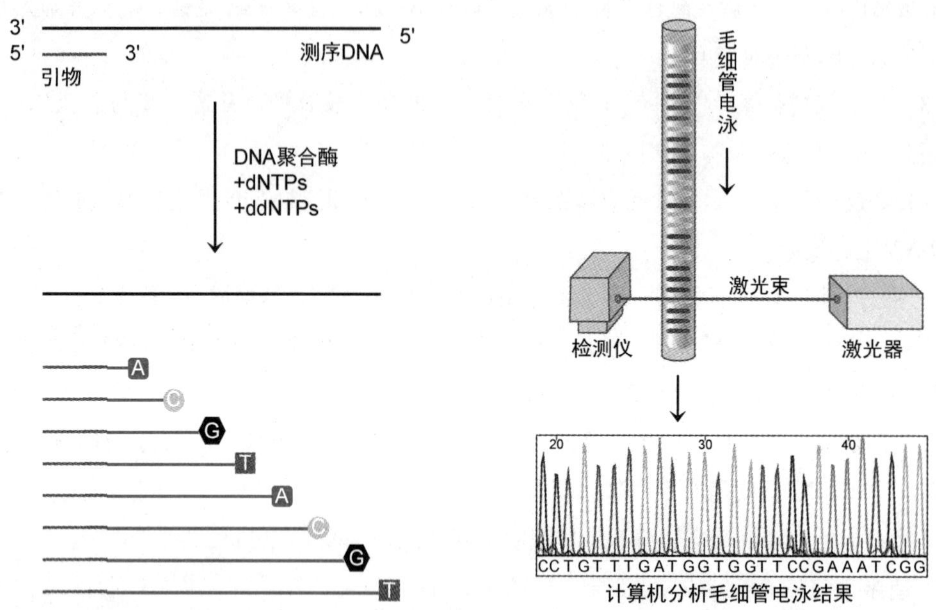

图 11－4　DNA 测序自动化

二、第二代 DNA 测序技术

第一代测序技术实现了自动化，但有通量低、成本高、速度慢等不足，促使第二代测序技术应运而生。

第二代测序技术又称循环测序法（cyclic array sequencing），成熟的主要有 454 测序技术、Solexa 测序技术和 SOLiD 测序技术，其基本流程相似：将测序样品用限制性内切酶消化成限制性片段，加接通用接头构建测序文库，进行 PCR 扩增，使测序文库每个单一片段都扩增成为芯片上固定位点的一个克隆簇，通过循环反应并进行全芯片成像，完成测序。

第二代测序技术优势：实时测序，成本低，能同时测定几十万~几千万条读长；高通量（high-throughout）且速度快，机器运行一次产生的数据通量达几 Gb，测序仪运行一次只需 3~6 天。不足：读长和测序精度等尚未超越第一代测序技术。

这里介绍以焦磷酸测序为基础的 454 测序技术。

（一）焦磷酸测序技术

焦磷酸测序技术（pyrosequencing）是由 Ronaghi 和 Nyrén 于 1996 年发明的，是针对核苷酸掺入 DNA 时释放的焦磷酸建立的实时测序技术。

1. 焦磷酸测序原理　建立含 Klenow 片段、待测序 DNA（作为模板）、测序引物、ATP 硫酸化酶、腺苷-5′-磷酰硫酸（adenosine-5′-phosphosulfate，APS）、荧光素酶、荧光素、三磷酸腺苷双磷酸酶（apyrase）的测序体系，不含 dNTP。

腺苷-5'-磷酰硫酸，APS　　脱氧腺苷α硫代三磷酸，dATPαS

（1）加入一种 dNTP，如果与待测序 DNA 序列互补，则由 Klenow 片段催化，与引物 3′端发生以下反应：

$$dNMP_n + dNTP \longrightarrow dNMP_{n+1} + PP_i$$

（2）产生的 PP_i 在 ATP 硫酸化酶的催化下与腺苷-5′-磷酰硫酸（APS）发生以下反应：

$$PP_i + APS \longrightarrow ATP + H_2SO_4$$

（3）产生的 ATP 在荧光素酶的催化下与荧光素发生以下化学发光反应：

$$ATP + 荧光素 + O_2 \longrightarrow AMP + PP_i + 氧化荧光素 + CO_2 + 荧光$$

所产生荧光的峰值波长约 556nm，荧光强度与消耗的 dNTP 数成正比，且与模板同聚体（如 AAAA）序列长度成正比（线性范围可达 8nt，灵敏度可达 10^{-12}mol），可用 CCD 检测（图 11-5）。

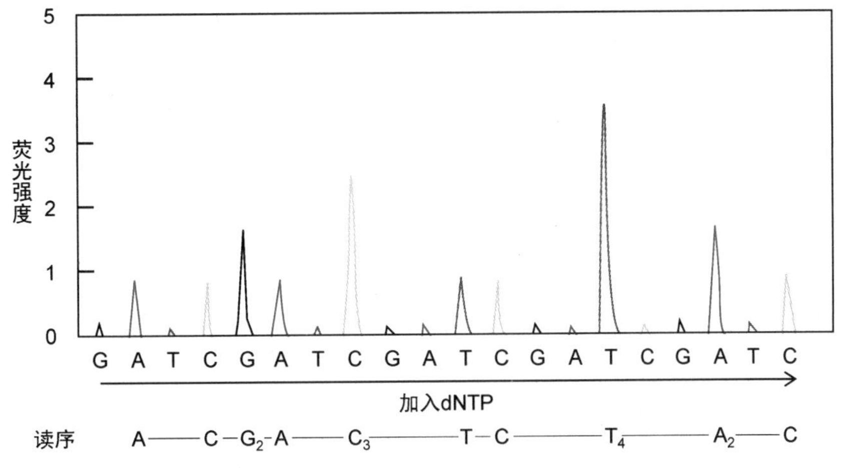

图 11-5　焦磷酸测序图谱

（4）不反应或剩余的 dNTP 和残留的 ATP 被三磷酸腺苷双磷酸酶催化降解：

$$dNTP/ATP + 2H_2O \longrightarrow dNMP/AMP + 2P_i$$

加另一种 dNTP 重复上述过程。所加 dNTP 种类和 CCD 所监测荧光强度可实时输入计算机，分析待测序 DNA 序列。

值得注意的是，dATP 也是荧光素酶的底物，因此第一步反应中是用脱氧腺苷 α 硫代三磷酸（dATPαS）代替 dATP。

2. 焦磷酸测序特点 快速、准确，不需要电泳，读长 400~500nt。

（二）454测序技术

2005 年，454 Life Sciences 在焦磷酸测序技术基础上发明了 454 测序仪。目前其新一代 GS FLX+系统运行一次可获得 100 万条读长，最大读长 800nt，85% 读长＞500nt，测序精度 99.997%，通量可达 1Gb，运行时间 23 小时。不足：测序成本高于其他第二代测序技术。

1. 构建测序文库 通过限制性内切酶消化或超声波降解等方法将样品（可以是基因组 DNA、PCR 产物、BAC、cDNA 等）处理成 300~800bp 的片段，两端分别加接接头 A（其上游股 5′端用生物素标记）和接头 B，用亲和素磁珠进行捕获富集，获得**单链测序文库**，其结构特点是 5′端均为接头 A 上游股（有生物素标记）、3′端均为接头 B 下游股（图 11-6）。

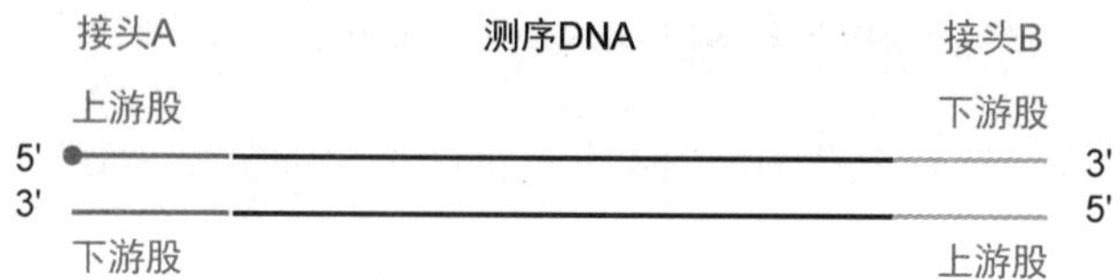

图 11－6　454 测序技术测序 DNA 结构

2. 制备测序珠 包括退火、乳化、扩增、富集环节。

（1）退火　单链测序文库加直径 20μm 的琼脂珠孵育。每一个琼脂珠上交联有数百万个扩增引物 B 上游股，其序列与单链测序文库 3′端接头 B 下游股互补，因而可以退火。通过控制比例，确保每个琼脂珠最多捕获一个单链测序文库片段。

（2）乳化　加入含 DNA 聚合酶、dNTP、生物素标记引物 A（即接头 A 上游股）的 PCR 体系，加乳液制备成油包水乳剂。每个微水滴都是一个 PCR 微反应器（microreactor），最多包含一个琼脂珠和一个单链测序文库片段。

（3）扩增　通过 PCR（乳液 PCR，emPCR）扩增 50 轮，每个琼脂珠上的数百万个扩增引物 B 都扩增成相同的双链测序文库片段拷贝。

（4）富集　用丙醇-乙醇处理油包水乳剂，用亲和素磁珠从琼脂珠中分离包被了扩增产物的琼脂珠（去除未结合测序文库片段的裸珠），变性去除生物素标记股，即为带有数百万个相同单链测序文库片段的测序珠。

3. 循环测序 将测序珠放入 PTP 板（picotiterplate，玻璃纤维材质，有序排列了 0.4×10^6~2×10^6 个直径 29μm 的微孔，每个微孔只能容纳一个测序珠，图 11-7）微孔，然后将 PTP 板置于测序仪中，用焦磷酸测序技术测序（需要引物 A 作为测序引物）。CCD 记录荧光信号。

4. 应用 高通量分析转录组、基因组甲基化、基因突变、DNA 多态性、小分子 RNA 或非编码 RNA 等。

第二代测序技术实现了通量化和规模化，促使人类基因组研究完成了从个体基因组作图到群体基因组研究的飞跃。

NOTE

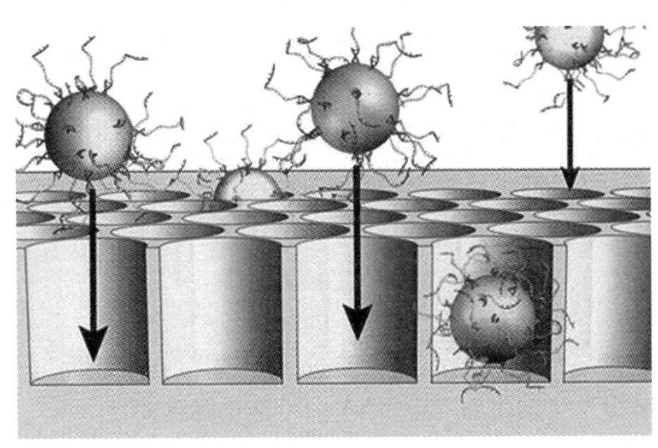

图 11－7　454 测序 PTP 板

三、第三代 DNA 测序技术

第三代测序技术（third-generation DNA sequencing）又称纳米孔测序技术、单分子实时测序技术（single molecule real time sequencing，SMRT）、单分子测序技术，目前主要有 SMRT、FRET、Polykinetic 等技术。这里介绍 SMRT 技术。

SMRT 测序仪的核心结构是附着于透明基质上的一层 100nm 金属膜，其上蚀刻有数以千计的直径 70nm 的称为零级波导（zero mode waveguide，ZMW）的纳米孔，纳米孔底部透明基质面上固定了一分子 DNA 聚合酶。

由于纳米孔直径小于激发光波长，激发光照射透明基质时不会透过纳米孔，而是在纳米孔底部形成呈指数衰减的消逝波，结果形成一个极小的监测空间（10^{-21}L），激光只会激发进入这个空间内的荧光素，DNA 聚合酶分子就在该监测空间内，其活性中心中的荧光标记 dNTP 可以被激发，且 μmol/L 浓度 dNTP 下该监测空间内不会同时出现两个及以上 dNTP 分子。

此外，SMRT 技术所用的 4 种 dNTP 的 γ-磷酸基分别带有不同的荧光标记。

测序时，DNA 聚合酶募集一股带引物的测序模板，催化其引物延伸。当有荧光标记 dNTP 进入活性中心聚合时，其荧光标记被激光激发，产生荧光光曝。聚合反应完成后，释放的荧光标记焦磷酸扩散离开监测空间，光曝消失。通过实时监测每个纳米孔产生的不同波长的光曝，可以获得测序模板的序列信息。

以 SMRT 技术为基础的 PacBio RS Ⅱ 系统优势显著：读长极大，平均 4.2～8.5kb，最高可达 30kb；高度准确，测序精度能达到 99.999%。

四、其他 DNA 测序技术

科学家还建立了一些有特殊用途的测序技术，例如亚硫酸盐测序法。

亚硫酸盐测序法（bisulfite sequencing）由 Frommer 等于 1992 年建立，基本原理如下。

1. 样品制备　通过限制性内切酶消化或超声波降解等方法将样品处理成 500～1000bp 的片段，分成两份，一份先用亚硫酸盐处理（图 11-8）。

2. 亚硫酸盐处理　亚硫酸盐（通常用亚硫酸氢钠）可将 DNA 中未甲基化胞嘧啶（C）脱氨基成尿嘧啶（U），测序时读为 T；而甲基化胞嘧啶（5mC）不会脱氨基，测序时读为 C。

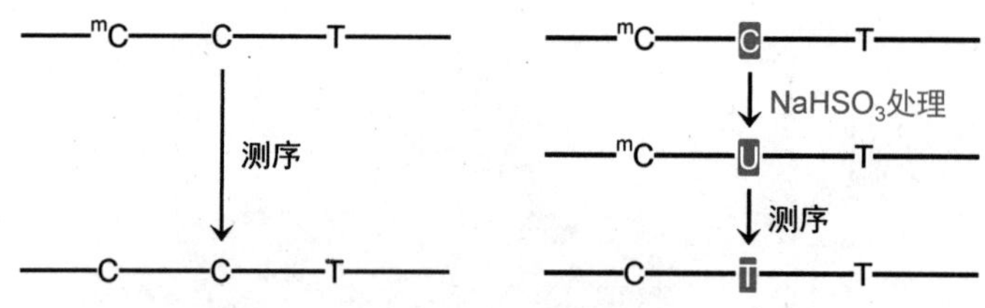

图 11－8 亚硫酸盐测序法

3. 测序结果分析 两份样品可以先扩增后测序，也可用循环测序法测序。结果：①亚硫酸盐处理前后测序结果均为 C 的位点对应 DNA 中甲基化胞嘧啶（5mC）。②亚硫酸盐处理前测序结果为 C、处理后测序为 T 的位点对应 DNA 中未甲基化胞嘧啶（C）。③亚硫酸盐处理前后测序结果均为 T 的位点对应 DNA 中胸腺嘧啶（T）。

DNA 甲基化是表观遗传学（epigenetics）的重要机制，在维持细胞正常功能、遗传印记、胚胎发育以及肿瘤和其他疾病的发生中起着重要作用。甲基化 DNA 免疫共沉淀联合高通量测序技术（MeDIP-seq）把亚硫酸盐测序法与甲基化 DNA 免疫共沉淀联合，可以对 DNA 甲基化进行高通量分析（第十八章，495 页）

第四节 RNA 测序

RNA 测序与 DNA 测序的基本原理一致。

1. RNase 降解法 基本策略与化学降解法一致，但需要四种碱基特异性核糖核酸酶（表 11-4）。

表 11－4 RNA 测序用酶

酶	来源	水解专一性
RNase A	牛胰脏（bovine pancreatic）	C、U 的 3′-磷酸基形成的酯键
RNase T1	米曲霉（*Aspergillus oryzae*）	G 的 3′-磷酸基形成的酯键
RNase U2	黑粉菌（*Ustilago sphaerogena*）	A 的 3′-磷酸基形成的酯键
RNase Phy M	多头绒泡菌（*Physarum ploycephalum*）	A、U 的 3′-磷酸基形成的酯键

2. 化学降解法 基本策略与 DNA 化学降解法一致，其中 C>U 反应体系应用 3mol/L NaCl（表 11-5）。

表 11－5 RNA 测序化学降解反应体系

反应体系	碱基修饰试剂	碱基修饰反应	主链断裂方式	断裂点
G	硫酸二甲酯	甲基化	硼氢化钠+苯胺	G
A>G	焦碳酸二乙酯	乙酯基化	苯胺	A 优先于 G
U	肼	脱碱基	苯胺	U
C>U	肼+NaCl	胞嘧啶裂解、成脲	苯胺	C 优先于 U

3. 逆转录酶法 先以 RNA 指导合成 cDNA，再用 DNA 测序法进行测序。

第十二章　印迹杂交技术

印迹杂交技术是将电泳分离的样品从凝胶转移至印迹膜上，然后与标记探针进行杂交，并对杂交体作进一步分析。

1975年，英国爱丁堡大学的Southern发明了印迹杂交技术，他将DNA片段从琼脂糖凝胶转移至硝酸纤维素膜上进行杂交分析，这一技术后来称为Southern blot。1977年，美国斯坦福大学的Alwine等用类似方法分析RNA，用于研究基因表达，这一技术称为Northern blot。1979年，瑞士米歇尔研究所的Towbin等将蛋白质从SDS-聚丙烯酰胺凝胶电泳凝胶转移至膜上进行免疫学分析，这一技术称为Western blot。1982年，美国宾夕法尼亚大学的Reinhart等对等电聚焦电泳（isoelectrc focusing electrophoresis，IEF）凝胶中的样品蛋白进行印迹分析，以研究蛋白质的翻译后修饰，这一技术称为Eastern blot。目前根据研究成分将上述技术直接命名为DNA印迹法、RNA印迹法和蛋白质印迹法。其中，蛋白质印迹法分析蛋白质的化学基础是其免疫原性，所以又称免疫印迹法（immunoblotting）。

印迹杂交技术是分子生物学的基本技术，并随着分子生物学技术的不断发展而发展，广泛应用于克隆筛选、核酸分析、蛋白质分析和基因诊断等。

第一节　核酸杂交

在一定条件下（如加热）破坏碱基对氢键，可以使双链核酸局部解链，甚至完全解链，形成无规卷曲结构，称为核酸的熔解（melting）、变性（denaturation）。反之，两条单链核酸的序列如果部分互补甚至完全互补，则在一定条件下可以按照碱基配对原则自发结合，形成双链结构，称为退火（annealing）。同一来源变性核酸的退火称为复性（renaturation），即重新形成变性前的双链结构。不同来源单链核酸的退火称为杂交（hybridization）。

一、变性

生物体内的DNA几乎都是双链的，RNA几乎都是单链的。因此，核酸变性主要是指DNA变性。不过，许多RNA分子中含局部双链结构，因此核酸变性也包括RNA变性。

加热或加入化学试剂（如酸、碱、乙醇、尿素和甲酰胺）等均能使溶液中的DNA变性。变性导致核酸的一系列物理性质改变，例如黏度降低，沉降速度加快。此外，单链DNA的紫外吸收比双链DNA高30%~40%，所以变性导致DNA的紫外吸收增强，这一现象称为增色效应（hyperchromic effect）。

温度较其他变性因素更容易控制，因此常用加热法研究DNA变性。使双链DNA解链度达到50%所需的温度称为解链温度、变性温度、熔点（T_m，图12-1）。DNA的解链温度一般在82~95℃，它与以下因素有关：DNA的长度、组成（不同生物DNA的GC含量在26%~74%）和均一性，溶液的pH值和离子强度，变性剂（图12-2）。

T_m=41×(GC含量)%+69.3（0.15mol/L氯化钠-0.15mol/L柠檬酸钠）

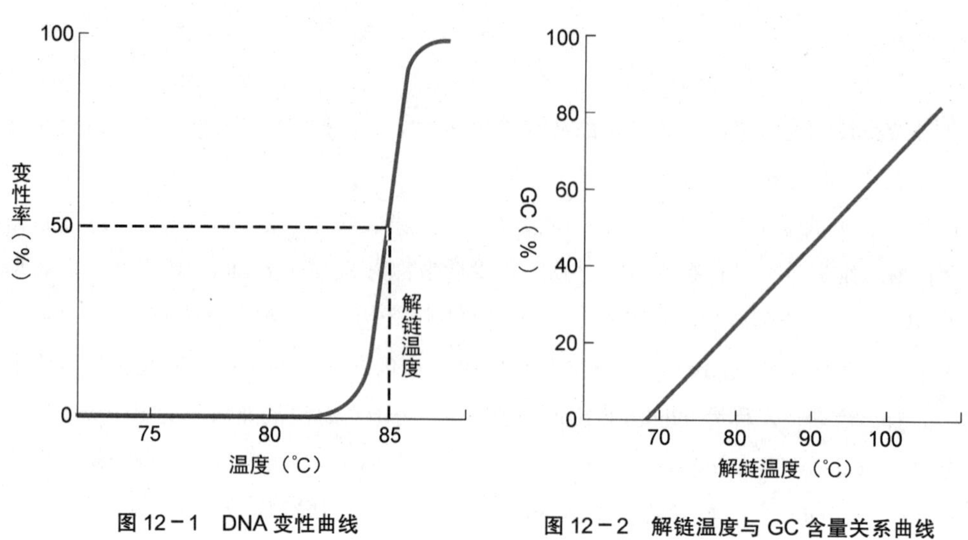

图12-1　DNA变性曲线　　图12-2　解链温度与GC含量关系曲线

此外，同样条件下，RNA-DNA、RNA-RNA的解链温度分别比DNA-DNA高10~15℃、20~25℃。

通常DNA在低离子强度溶液中的解链温度较低（而且解链温度范围较宽）。离子强度增加时，DNA的解链温度也升高（而且解链温度范围变窄），例如将DNA溶解于浓度相差10倍的一价盐溶液中，其解链温度相差16.6℃。因此，DNA制剂通常以高离子强度溶液形式保存。

二、复性

缓慢降温可以使热变性DNA复性，即重新形成变性前的双链结构。复性导致DNA的紫外吸收减弱，这一现象称为减色效应（hypochromic effect）。因此，通过检测DNA紫外吸收值的变化可以分析其变性或复性程度。

DNA复性并不是简单的变性逆过程，复性效率受多种因素影响。

1. **复性温度**　DNA的最适复性温度通常比解链温度低25℃左右。

2. **DNA浓度**　复性过程的第一步是两条DNA互补链随机碰撞形成局部双链，DNA浓度越高互补链碰撞几率越大，因而复性越快，符合二级反应动力学。

3. **复性时间**　较长的复性时间可以使复性更完全。

4. **DNA序列复杂程度**　在一定条件下，序列简单的DNA（如重复序列）复性快，序列复杂的DNA（如单一序列）复性慢，因而可以通过测定复性速度分析DNA序列的复杂程度。

5. **DNA长度**　DNA越长寻找互补序列的难度越大，因而复性越慢。

6. **离子强度**　DNA溶液的离子强度越高，DNA互补链越容易碰撞，因而复性越快。

DNA复性速度可用复性动力学参数$C_0 \cdot t$值来评价。C_0是变性DNA初始浓度，单位是物质的量浓度，t是复性时间，单位是秒。复性体系DNA的同源序列越多，复性越快，$C_0 \cdot t$值也

NOTE

就越小。

三、杂交与核酸杂交技术

不同来源的单链核酸，只要其序列有一定的互补性就可以杂交，形成的杂交产物称为杂交体、杂交分子。杂交可以发生在 DNA 和 DNA、DNA 和 RNA、RNA 和 RNA 之间，不论是来自生物体的还是人工合成的，只要它们的序列有互补性即可杂交。杂交是核酸杂交技术的分子基础。核酸杂交技术是分子生物学领域常用的重要技术之一，是将已知序列的单链核酸片段进行标记便于检测，再与未知序列的待测核酸样品进行杂交，以分析样品中是否存在靶序列（target）或靶序列是否存在变异等。通常把所用已知序列的标记核酸片段称为探针。

根据杂交体系的不同，核酸杂交可分为液相杂交和固相杂交。

1. 液相杂交　是指待测核酸和探针都游离于溶液中，在一定条件下进行杂交。液相杂交速度快、效率高，操作简单；但既会发生待测核酸的复性，又不易去除未杂交的多余探针，因而误差较大。不过，目前已经发展了新的液相杂交技术。此外，DNA 测序、PCR 中存在引物或探针的液相杂交。

2. 固相杂交　是先将待测核酸（或探针）固定在固相支持物（常用硝酸纤维素膜、尼龙膜、乳胶颗粒、磁珠、微孔板）上，然后与溶液中的游离探针（或待测核酸）进行杂交，形成的杂交体结合在固相支持物上。固相杂交既可以避免待测核酸的复性，又可以通过漂洗去除未杂交的多余探针，而且因为杂交体结合在固相支持物上，检测很方便，所以固相杂交应用广泛。印迹杂交技术中的核酸杂交就是以固相杂交为基础的。

第二节　核酸探针与标记

生物化学和分子生物学实验技术中的探针（probe）是用于指示特定物质（如核酸、蛋白质、细胞结构等）的性质或状态并且可被检测的一类标记分子。核酸探针是带有标记物且序列已知的核酸片段，能与待测核酸中的靶序列特异杂交，形成的杂交体可以检测。核酸探针是否合适是决定核酸杂交分析能否成功的关键。合适的核酸探针符合以下条件：①特异性高，只与待测核酸样品中的靶序列杂交。②带有标记物，标记物稳定且灵敏度高，检测方便。

一、核酸探针种类

根据来源和性质的不同，可以把核酸探针分为基因组探针、cDNA 探针、RNA 探针和寡核苷酸探针等。

1. 基因组探针　可以直接从基因组文库中选取目的基因克隆，经过酶切制备（第十五章）；也可以通过聚合酶链反应扩增基因组中的目的基因制备（第十四章）。基因组探针包含目的基因的全部序列或部分序列，是最常用的 DNA 探针。制备基因组探针应尽量选用编码序列，避免选用非编码序列，因为非编码序列（特别是各种重复序列）特异性差，会得到假阳性结果。基因组探针有以下特点：①制备方法简便，多来自基因组文库。②标记方法成熟，可采用切口平移标记、随机引物标记等。

NOTE

2. cDNA 探针　不含内含子等非编码序列，所以特异性高，是一类较为理想的核酸探针，可用于研究基因表达。不过 cDNA 探针不易制备，因此使用不广。

3. RNA 探针　常用带有噬菌体（T7 或 SP6）启动子（417 页）的重组质粒制备。RNA 探针有以下特点：①是单链探针，因而不会自身退火，杂交效率更高，杂交体的稳定性更好。②不含高度重复序列，所以非特异性杂交也较少，特异性高。③杂交之后可用 RNase 降解游离的 RNA 探针，从而降低本底（background，这里指样品背景的信号值）。不足：容易降解。

4. 寡核苷酸探针　是根据已知核酸序列人工合成的 DNA 探针，或根据基因产物氨基酸序列推导并合成的简并探针（编码相同氨基酸序列的一组寡核苷酸的混合物）。寡核苷酸探针有以下特点：①复杂程度低，因而杂交时间短。②是单链 DNA 探针，因而不会自身退火。③多数寡核苷酸探针长度只有 17~50nt，只要其中有一个碱基错配就会影响杂交体的稳定性，因而可用于分析点突变。

设计寡核苷酸探针的注意事项：①控制序列长度 17~50nt。②控制 GC 含量 40%~60%，否则非特异性杂交增多。③不含反向重复序列，以免形成发夹结构降低杂交效率。④单核苷酸重复序列长度≤4nt。⑤与非靶序列比较同源性小于 70%或不存在大于 8nt 的相同序列。

5. 其他探针　还可根据研究需要设计一些有特定结构或用途的探针。

（1）锁式探针（padlock probe）　是一种特别设计的 DNA 探针，中间为连接序列，两侧与靶序列完全互补，并且退火之后形成切口，可以被 DNA 连接酶连接成环。锁式探针与靶序列形成缠绕，所以结合牢固，可以耐受剧烈的漂洗条件，从而有效降低本底，提高特异性（图 12-3）。

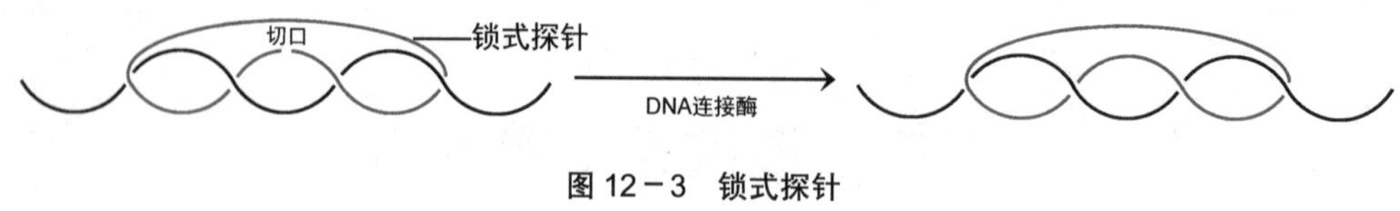

图 12-3　锁式探针

（2）定量 PCR 探针　见第十四章，402 页。

二、核酸探针标记物

核酸杂交体的检测依赖于灵敏而稳定的核酸探针标记物。合适的核酸探针标记物符合以下条件：①标记方便、稳定，标记后可长期保存。②不影响杂交特异性。③检测方便、灵敏、特异。④对环境污染小。

核酸探针标记物分为放射性标记物和非放射性标记物。

（一）放射性标记物

放射性同位素是应用较多的一类核酸探针标记物，可用液体闪烁计数法、放射自显影法或磷光成像技术来检测。放射性同位素的优点是，①与稳定同位素化学性质相同，既不影响各种反应，也不影响杂交的特异性和杂交体的稳定性。②用其作标记物有极高的灵敏度（10^{-14}~10^{-18}g）和特异性。③定量分析最准确。

可用于标记核酸探针的放射性同位素有^{32}P、^{35}S 和^{3}H 等（表 12-1）。它们均可释放出 β 射线。其中^{32}P 因能量高、信号强而应用最多。^{32}P 主要以［α-^{32}P］NTP 或［α-^{32}P］dNTP 形式通过酶促反应掺入核酸探针，也可用［γ-^{32}P］ATP 进行末端标记。

表 12－1 常用放射性同位素特性

同位素	^{32}P	^{35}S	^{3}H	同位素	^{32}P	^{35}S	^{3}H
灵敏度	最高	较低	最低	显影时间	短	较短	较长
半衰期	14.3 天	87.48 天	12.43 年	散射	严重	较轻	极少
β 射线能量	最高	较低	极低	分辨率	较低	较高	最高

不过，放射性同位素有以下不足：①应用时需要采取保护措施，否则会危及操作者身体健康甚至生命安全。②废弃物易造成放射性污染，需要进行特殊处理。③用半衰期短的放射性同位素标记的探针应尽快使用。④需要昂贵的检测设备和苛刻的检测场所。⑤稳定性差，检测耗时。为此，20 世纪 80 年代发展了非放射性标记物。

（二）非放射性标记物

非放射性标记物的优点：①安全、无放射性污染，废弃物处理方便。②稳定性好，所标记的核酸探针可以长期保存。③用不同非放射性标记物标记探针，可进行多探针杂交。④检测过程快，实验周期短。

非放射性标记物的不足：①灵敏度和特异性有时不理想。②探针标记之后不能立即确定标记效率。目前常用的非放射性标记物有半抗原类（生物素、地高辛、二硝基苯、雌二醇等）、荧光素类和酶类，其中半抗原类应用最广。

1. 生物素（biotin） 应用最早，通常用一段 4~16 原子的连接臂与核苷酸交联，例如生物素-11-dUTP，可以代替 TTP 掺入 DNA 探针。

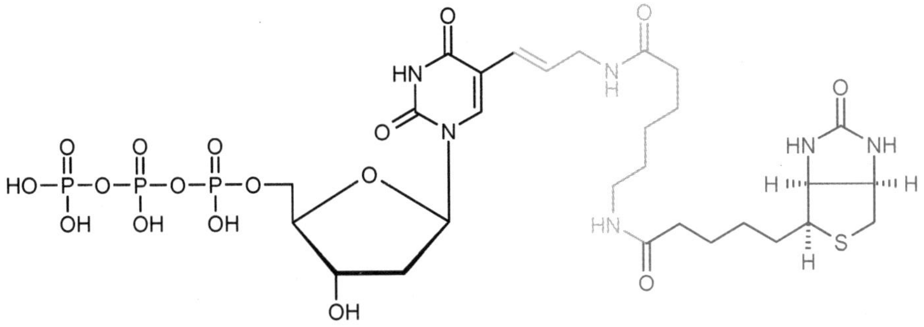

生物素-11-dUTP

生物素是亲和素和链霉亲和素的天然配体。亲和素（avidin）又称抗生物素蛋白，是蛋清中的一种同四聚体糖蛋白（128AA×4）。链霉亲和素（streptavidin）又称链霉抗生物素蛋白，是链霉菌产生的一种同四聚体蛋白（159AA×4）。用生物素标记核酸探针与待测核酸杂交之后，可用偶联有标记酶（又称指示酶，如碱性磷酸酶、辣根过氧化物酶，表 12-2）的亲和素与杂交体结合，然后加标记酶底物，通过显色反应或化学发光反应进行分析。如果用荧光标记亲和素，则杂交体可以直接进行荧光分析（图 12-4）。

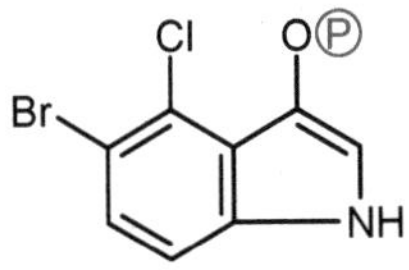

5-溴-4-氯-3-吲哚磷酸酯

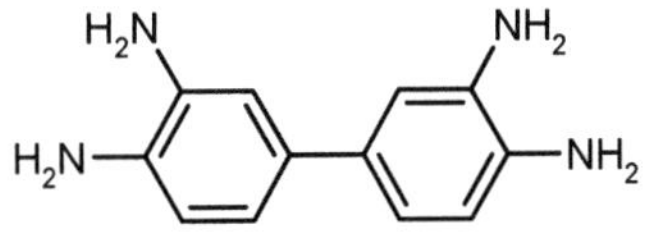

3,3'-二氨基联苯胺

NOTE

表 12－2 标记酶及其底物

标记酶	反应	显色
碱性磷酸酶（ALP）	四唑盐（NBT）联合 5-溴-4-氯-3-吲哚磷酸酯（BCIP）	深紫色
辣根过氧化物酶（HRP）	H_2O_2 联合 3,3′-二氨基联苯胺（DAB）	棕色
	H_2O_2 联合 4-氯-1-萘酚（4C1N）	深紫色

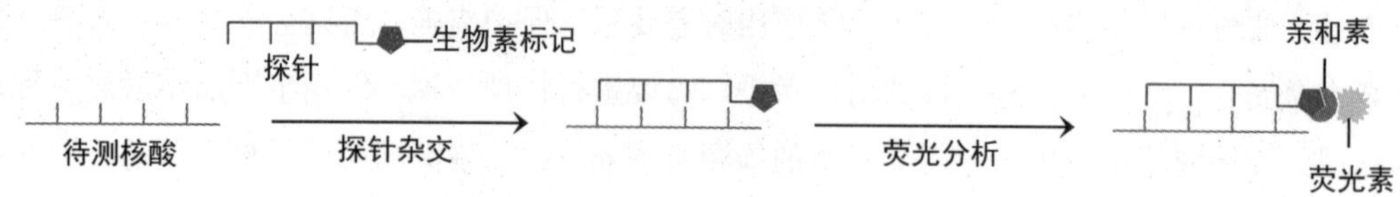

图 12－4 生物素标记核酸探针的应用

生物素还可以通过一段连接臂与一个硝基苯叠氮化合物交联构成**光敏生物素**（photobiotin），可被 260～475nm 光照活化，与 DNA、RNA、蛋白质及其他种类的探针共价结合，操作简单、成本低廉。

光敏生物素

生物素普遍存在于各种生物体内，所以会对杂交结果产生内源性干扰。此外，生物素标记 DNA 不能用酚法纯化，因为生物素使探针进入酚相。

2. **地高辛（digoxin）** 本指地高辛精三洋地黄毒糖苷，水解可得到三分子洋地黄毒糖和一分子**地高辛精**（digoxigenin，又称地高辛苷元），但现在许多文献中把地高辛精称为地高辛。地高辛（精）是一种类固醇半抗原，是应用比较广泛的非放射性标记物。地高辛可用一段连接臂与核苷酸交联，例如地高辛-11-dUTP，可以代替 TTP 掺入 DNA 探针。

地高辛-11-dUTP

用地高辛标记的核酸探针与待测核酸杂交之后，可用偶联有标记酶或荧光素的地高辛抗体与杂交体结合，进行分析。

地高辛标记的优点：①所标记的核酸探针非常稳定，-20℃下可以保存数年。②标记效率高，每 20nt 可掺入一个，灵敏度是生物素标记的 20 倍。③地高辛只存在于洋地黄植物，所以不会产生类似于生物素的内源性干扰，杂交本底较低。不足：所标记的 DNA 探针在碱性条件

NOTE

下容易水解，因此只能采用加热变性。

3. 荧光素（fluorescein）　核酸探针可用荧光素例如异硫氰酸荧光素（fluorescein isothiocyanate，FITC，$\lambda_{ex}=490nm$，$\lambda_{em}=525nm$）、罗丹明（rhodamine，例如罗丹明123，$\lambda_{ex}=511nm$，$\lambda_{em}=534nm$）等直接标记，杂交体可以进行荧光分析。荧光标记操作简单，但因为没有放大作用，灵敏度较低。荧光标记的核酸探针适用于原位杂交分析。

4. 酶类　主要是辣根过氧化物酶和碱性磷酸酶，用戊二醛处理后可以直接与探针共价结合，制成酶标记探针（enzyme-labelled probe）。①辣根过氧化物酶（horseradish peroxidase，HRP）可用化学发光法检测：当有 H_2O_2 时，辣根过氧化物酶催化鲁米诺氧化发光，可用X光胶片曝光分析。②碱性磷酸酶（alkaline phosphatase，ALP）可用显色反应检测：用5-溴-4-氯-3-吲哚磷酸酯-四唑盐（BCIP-NBT）作底物，生成深紫色沉淀，反应可被EDTA终止。

酶法简化了操作步骤，可以减少污染，但为了避免酶变性失活，杂交之后的漂洗等步骤需在温和条件下进行，因而不易去除非特异性杂交。

三、核酸探针标记法

核酸探针标记法可分为直接标记（direct labeling，用荧光标记底物）和间接标记（indirect labeling，用半抗原标记底物，用荧光标记抗体），也可分为体内标记和体外标记。

体内标记是将放射性标记物加入培养基，由细胞摄取后掺入新合成的核酸分子。例如加入 ^{3}H-胸苷可以标记DNA，加入 ^{3}H-尿苷可以标记RNA。

体外标记可以采用化学法和酶促法。①化学法是使标记物分子通过活性基团与核酸探针进行交联，将标记物直接结合到核酸探针上，例如用光敏生物素标记探针即属于化学法。化学法的优点是简便快捷、标记均匀。②酶促法是先用标记物标记核苷酸，再通过酶促反应将标记核苷酸掺入核酸探针，或将标记基团从核苷酸转移到核酸探针上。

体外标记法最常用。前述所有标记物都可用体外标记法标记核酸探针。下面介绍体外标记的部分酶促法。

（一）切口平移标记

切口平移标记由Kelly等建立于1970年，是最早用于DNA探针标记的方法之一，制备的DNA探针适用于大多数杂交分析。

1. 标记过程　①用微量DNase Ⅰ在DNA双链上随机水解磷酸二酯键，形成切口。②用大肠杆菌DNA聚合酶Ⅰ通过切口平移降解原有DNA片段，以标记核苷酸为原料合成标记DNA片段。③变性解链，获得DNA探针（图12-5）。

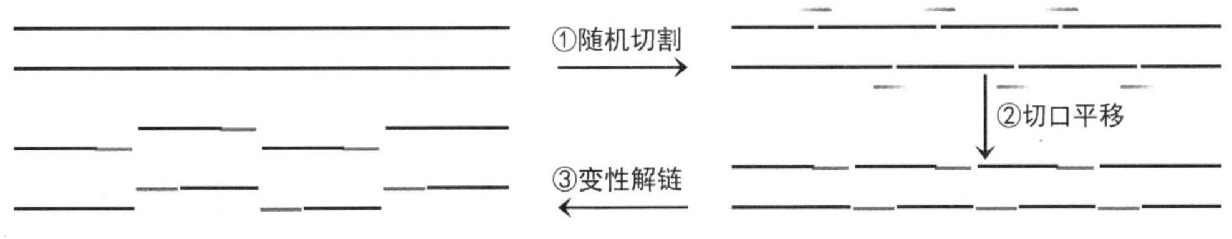

图12-5　切口平移标记

2. 注意事项　①DNase Ⅰ浓度要合适，浓度过高或过低都会影响标记效率，以最后制备的DNA探针长度400~500nt为宜。②控制合适温度，温度过高导致切口过多，温度过低影响标记

效率，通常控制在 14~16℃。③若用^{32}P标记，应当用［α-^{32}P］dNTP。

（二）随机引物标记

随机引物（random primer）是一定长度（6~7nt）寡核苷酸部分或全部随机序列的集合，可作为各种 DNA 合成的引物。如果合成时应用的原料是标记 dNTP，则合成的标记产物可作为 DNA 探针，这就是 DNA 探针的随机引物标记（random priming）。随机引物标记可以合成各种长度的标记 DNA 探针，适用于一般的杂交分析。与切口平移标记相比，随机引物标记效率高，且只需要 Klenow 片段一种酶，合成的标记 DNA 探针长度更均匀，在杂交分析中重复性更好，因而成为 DNA 探针标记的首选方法。

1. 标记过程 ①将 DNA 探针模板变性，与随机引物退火。②加 Klenow 片段，以一种标记 dNTP（如［α-^{32}P］dNTP）和三种普通 dNTP 为原料，合成标记 DNA。③变性解链，获得 DNA 探针（图 12-6）。

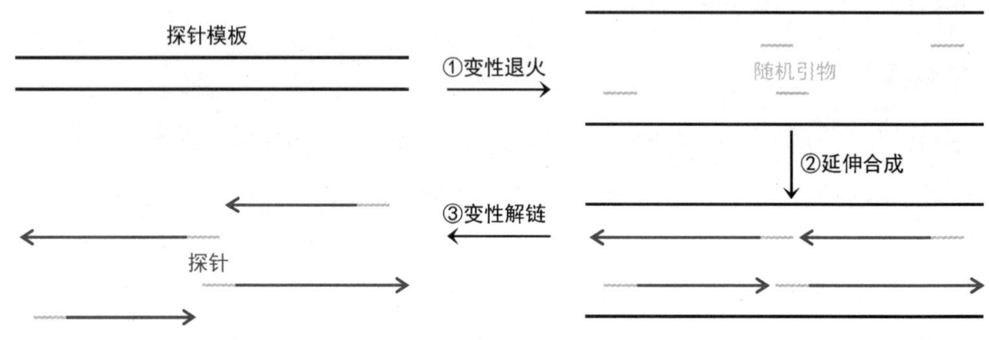

图 12-6 随机引物标记

2. 注意事项 ①所用引物量与标记 DNA 探针的长度呈负相关，因而需要控制引物加入量，以制备 200~500nt 标记 DNA 探针。②产物为双链 DNA，模板未被标记，因而需要去除。

（三）末端标记

末端标记（end labeling）是对 DNA 或 RNA 探针的 5′末端或 3′末端进行标记，多用于寡核苷酸探针的标记，标记效率不高。5′末端标记常用到 T4 多核苷酸激酶，3′末端标记常用到末端转移酶、Klenow 片段和 T4 DNA 聚合酶等。

1. T4 多核苷酸激酶（T4 PNK） 由 T4 噬菌体 *pseT* 基因编码（301AA），有 5′-羟基激酶、3′-磷酸酶、2′，3′-环磷酸二酯酶活性。其 5′-羟基激酶活性能催化 ATP 的 γ-磷酸基转移到 DNA（也可以是 RNA、3′-核苷酸）的 5′-羟基上。DNA 或 RNA 的 5′端通常有磷酸基，因此标记时要先用碱性磷酸酶（ALP）脱去 5′-磷酸基，暴露出 5′-羟基，然后再用 T4 多核苷酸激酶催化［γ-^{32}P］ATP 将其磷酸化（图 12-7）。

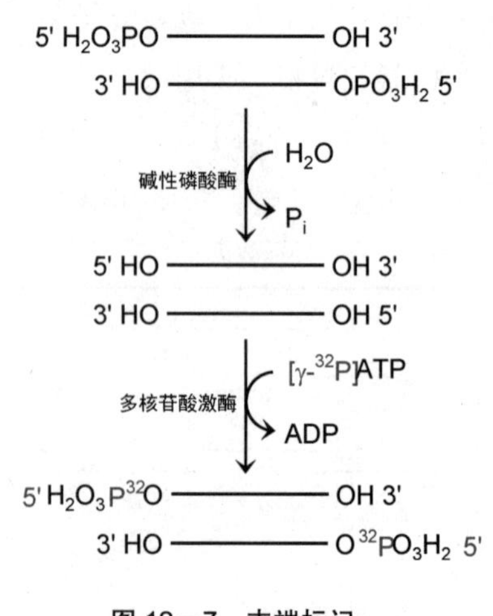

图 12-7 末端标记

2. 末端转移酶（TdT） 即末端脱氧核苷酸转移酶，提取自小牛胸腺或髓细胞（509AA），能催化脱氧核苷酸连接到单链 DNA 的 3′端或双链 DNA 的 3′黏性末端

NOTE

（第十五章，410 页），反应不需要模板，但需要 Mg^{2+}。如果用标记 3′-dNTP 或 2′,3′-ddNTP 为原料，例如 3′-[α-^{32}P]dNTP 或 2′,3′-[α-^{32}P]ddNTP，可以在 3′端加接一个标记核苷酸。

如果只用一种 2′-dNTP（常用 2′-dATP）作为原料，可以合成由单一核苷酸组成的 3′尾，称为**同聚物**（homopolymer），这一过程称为**同聚物加尾**（第十五章，429 页）。

3. T4 DNA 聚合酶和 Klenow 片段　T4 DNA 聚合酶由 T4 噬菌体 *43* 基因编码（898AA），和 Klenow 片段一样有 5′→3′聚合酶活性和 3′→5′外切酶活性，都可用于 DNA 探针的末端标记。

（1）3′黏性末端和平端 DNA　可利用 T4 DNA 聚合酶的 3′→5′外切酶活性，先将其一股从 3′端降解（长度可缩短一半），形成 5′黏性末端（第十五章，410 页），然后再加入标记 dNTP，如 3′-[α-^{32}P]dNTP，利用 T4 DNA 聚合酶的 5′→3′聚合酶活性将 5′黏性末端补成平端，从而实现末端标记，这种末端标记称为**取代合成标记**（replacement synthesis，图 12-8）。T4 DNA 聚合酶的 3′→5′外切酶活性比 Klenow 片段高 200 倍，因此是取代合成标记的首选酶。

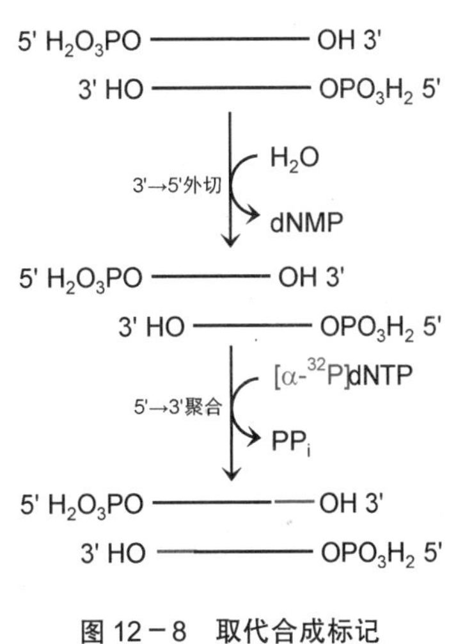

图 12－8　取代合成标记

（2）5′黏性末端 DNA　可直接加入标记 dNTP，利用 T4 DNA 聚合酶或 Klenow 片段的 5′→3′聚合酶活性催化标记。

（四）转录标记

用带有 T3、T7 或 SP6 启动子的质粒载体（如 pSP、pGEM）制制备重组质粒，用 T3、T7 或 SP6 噬菌体 RNA 聚合酶体外转录可制备 RNA 探针（NTP 中含标记 NTP，如 GTP）。注意：转录前需先将环状重组质粒线性化。

（五）逆转录标记

在逆转录反应体系中加入标记 dNTP，可直接制备标记 cDNA 探针。逆转录所用引物可以是特异性引物、随机引物、oligo(dT)。

（六）聚合酶链反应标记

聚合酶链反应（PCR）可以快速扩增 DNA。如果在 PCR 体系中加入引物对（20~30nt）、一种标记 dNTP（如［α-^{32}P］dCTP）和三种普通 dNTP，用 Taq 酶（第十四章，395 页）扩增，扩增产物即为标记 DNA，可以作为 DNA 探针。**聚合酶链反应标记**适用于制备短链 DNA 探针。

四、核酸探针纯化

DNA 探针标记完成之后，在反应体系中还残留有 dNTP 和磷酸等小分子。这些成分会影响 DNA 探针的应用，所以要将探针进行纯化。常用的纯化方法有乙醇沉淀法和凝胶过滤法。

1. 乙醇沉淀法　DNA 片段可以被无水乙醇沉淀，而 dNTP 等小分子物质则呈溶解状态。因此，用无水乙醇沉淀 2~3 次即可将 DNA 探针与其他成分分离，达到纯化目的。乙醇沉淀法操作简单，是纯化 DNA 探针的首选方法。

2. 凝胶过滤法　是利用凝胶的分子筛特性，将 DNA 片段与小分子 dNTP 有效分离的方法。常用的凝胶填料是 Sephadex G-50 和 Bio-Gel P-60，适用于纯化大于 100nt 的探针。如果洗脱液体积过大，可用乙醇沉淀法进行浓缩。

标记效率大于60%的探针在多数情况下可直接应用，不需纯化。

第三节 固相支持物与印迹

印迹杂交技术包括三个基本环节：电泳分离、样品转移和杂交分析。为了保证杂交的灵敏度和重复性，选用合适的固相支持物和印迹方法至关重要。

一、固相支持物

固相支持物应符合以下基本条件：①结合量大，核酸结合量应不少于10μg/cm²。②结合稳定，可耐受杂交温度及漂洗。③核酸样品结合后不影响探针杂交及其特异性。④非特异性吸附可以排除。⑤柔韧性等机械性能良好，便于操作。

印迹杂交技术目前使用的固相支持物有硝酸纤维素膜（nitrocellulose membrane，NC）、尼龙膜、聚偏氟乙烯膜（polyvinylidene fluoride，PVDF）和活化滤纸等印迹膜，可根据实际需要选用，其中硝酸纤维素膜、尼龙膜和PVDF膜最常用。

1. 硝酸纤维素膜 最早用于DNA印迹，其优点是结合量大（80~150μg/cm²）、本底较低、操作简单。硝酸纤维素膜广泛应用于DNA印迹、RNA印迹、蛋白质印迹和菌落杂交、噬菌斑杂交、斑点杂交等。

硝酸纤维素膜虽然广泛应用，但有不足之处：①与核酸以疏水作用结合，因而亲和力低，在杂交后的漂洗时会被洗掉，用于小的DNA片段（特别是小于200nt）及蛋白质印迹时尤其如此。②与核酸的结合受离子强度影响，需要较高的离子强度。③在碱性条件下不能结合核酸，并且长时间浸泡在碱性溶液中会破裂，所以不适于在碱性条件下使用。④在80℃烘烤固定时变脆易裂，很难进行多轮杂交。

2. 尼龙膜 韧性较强，不易破裂，结合量更大（350~500μg/cm²）。在各种pH和离子强度下经紫外线照射后，尼龙膜与核酸的一部分嘧啶碱基以共价键牢固结合，即使与小DNA片段（10nt）的结合也很牢固。在保持完整的情况下，尼龙膜可以进行多轮杂交，即在第一轮杂交后，将核酸探针变性洗脱，可以再与第二种核酸探针杂交。用于印迹杂交的尼龙膜有中性尼龙膜（如Amersham公司的Hybond-N）和正电荷修饰尼龙膜（如Amersham公司的Hybond-N⁺、Bio-Rad公司的Zeta-Probe、PerkinElmer公司的GeneScreen Plus），其中正电荷修饰尼龙膜在碱性条件下印迹后不需要固定即与核酸共价结合，且结合更牢固。

尼龙膜不足之处：不能用于蛋白质印迹。

3. 聚偏氟乙烯膜 常用于蛋白质印迹，有较高的机械强度，耐受剧烈的实验条件，样品结合强度比硝酸纤维素膜强6倍，结合量是170~200μg/cm²，结合后可用氨基黑、印度墨汁、丽春红S及考马斯亮蓝等进行染色，可以进行多轮杂交。

聚偏氟乙烯膜不足之处：本底较高、不能用于荧光分析。此外，在使用时需用甲醇或乙醇预处理，以活化膜上的阳离子基团，使其更容易与带负电荷的蛋白质结合。

二、印迹方法

NOTE

印迹（blotting）是指将核酸和蛋白质等样品用类似于吸墨迹的方法从凝胶等电泳或色谱介

质中转移到合适的印迹膜上，样品在印迹膜上的相对位置与在凝胶中时一样。目前常用的印迹方法有电转移、毛细管转移和真空转移。

1. 电转移（electrotransfer）　是通过电泳使凝胶中的带电荷样品沿着与凝胶平面垂直的方向泳动，按原位从凝胶中转移到印迹膜上（图 12-9），是一种简便、高效的转移方法。

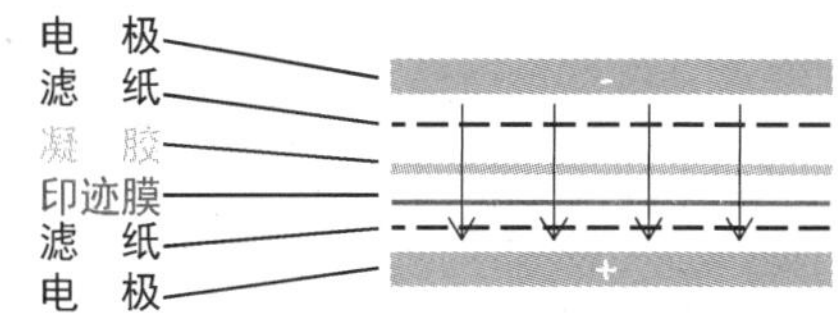

图 12-9　电转移

核酸电转移一般选用尼龙膜而不是硝酸纤维素膜作为印迹膜，因为硝酸纤维素膜结合核酸需要有较高的离子强度，而高离子强度缓冲液的导电效率极高，会大量产热，导致转移系统温度升高，影响转移效率及随后的杂交。

由于电转移是在高电流下进行，所以电转移系统会产热，需要用循环水冷却，或在冷室内操作。

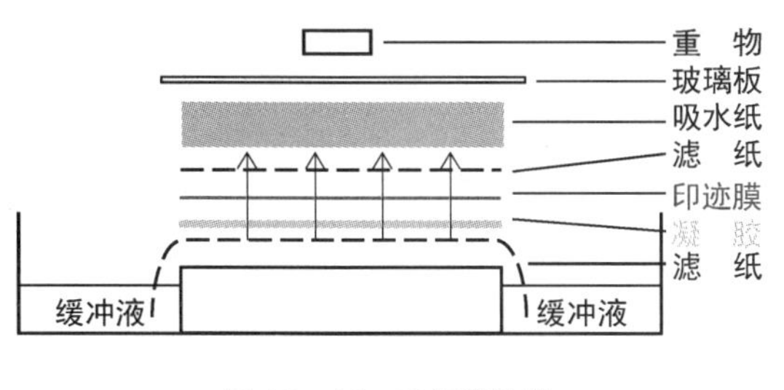

图 12-10　毛细管转移

2. 毛细管转移（capillary transfer）　是通过虹吸作用使缓冲液定向渗透，带动样品按原位从凝胶中转移到印迹膜上。样品转移速度主要取决于样品分子大小、凝胶浓度和凝胶厚度（图 12-10）。

毛细管转移操作简单，重复性好，并且不需要特殊设备，被普遍采用。

3. 真空转移（vacuum transfer）　是通过真空作用使缓冲液从上层储液器中透过凝胶和印迹膜转移到下层真空室内，同时带动样品按原位从凝胶中转移到印迹膜上。真空转移的优点是简便、高效，并且在转移的同时可以对核酸进行变性处理。

应用真空转移时应注意：①保持凝胶平整，厚度均匀，否则在真空作用下会破裂。②真空度不宜过高，以免凝胶被压紧，反而降低转移效率。

第四节　常用核酸杂交技术

常用的核酸杂交技术多为固相杂交，例如印迹杂交、原位杂交、菌落杂交、等位基因特异性寡核苷酸探针杂交等。

一、DNA 印迹法

DNA 印迹法分析的样品是 DNA（50~20000bp），基本过程如下（图 12-11）。

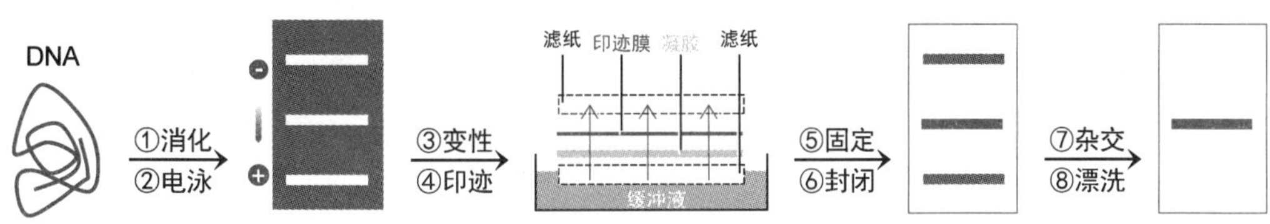

图 12-11　DNA 印迹法

1. **样品制备**　提取有一定纯度和完整度的基因组 DNA，约需 10μg，可来自 1mL 血液或 10mg 绒毛膜绒毛活检，用限制性内切酶消化，获得长度不等的限制性片段。

2. **电泳分离**　用琼脂糖凝胶电泳将限制性片段按长度分离。

3. **变性**　用碱液（酸变性会导致 DNA 降解）处理电泳凝胶，使限制性片段原位变性解链（同时还可降解 RNA 杂质）。变性条件：1.5mol/L NaCl-0.5mol/L NaOH 变性 1 小时，1.5mol/L NaCl-1mol/L Tris-HCl（pH 8.0）中和 1 小时。如果 DNA 片段太长（>15kb），可先用稀盐酸处理使部分脱嘌呤，然后用强碱处理，使其降解成较短片段。

4. **印迹和固定**　选择合适的印迹法，将变性的限制性片段从凝胶中转移到经过预处理的印迹膜（硝酸纤维素膜或尼龙膜）上，然后 80℃烘烤两小时，可将 DNA 固定于印迹膜上。此外还可以采用**紫外交联**（UV crosslinking），即用紫外线照射，使 DNA（通过嘧啶碱基）与尼龙膜共价结合。

5. **预杂交、杂交和漂洗**　在杂交之前用**封闭物**（blocking agent，主要是非同源性核酸或蛋白质，例如变性的鲑精 DNA 或牛血清白蛋白）封闭（block）印迹膜上那些未结合 DNA 的位点，以避免 DNA 探针的非特异性吸附，降低杂交结果的本底，称为**预杂交**（prehybridization）。之后漂洗去除未结合的封闭物。

用 DNA 探针杂交液浸泡结合了待测 DNA 的印迹膜，孵育，DNA 探针即与待测 DNA 片段进行杂交，形成探针-靶序列杂交体。

用不同离子强度的漂洗液依次漂洗印迹膜，去除未杂交 DNA 探针和形成非特异性杂交体的 DNA 探针。非特异性杂交体稳定性差，解链温度低，可以在比探针-靶序列杂交体解链温度低 5～12℃的条件下解链，而探针-靶序列杂交体在同样条件下不会解链。

6. **分析**　用放射自显影或显色反应等方法分析印迹膜上的杂交体，进而分析样品 DNA 的有关信息。例如，将印迹膜上杂交体的位置与凝胶电泳图谱进行对比，可以确定样品 DNA 片段的长度；如果基因出现缺失或扩增，相应条带的位置可能会改变；如果基因中存在其他突变，可能会有条带消失或出现异常条带。

DNA 印迹法是最经典的基因研究方法，可用于分析 DNA 长度、DNA 克隆、DNA 多态性、限制性酶切图谱、基因拷贝数、基因突变和基因扩增等，从而用于基础研究和基因诊断。

二、RNA 印迹法

RNA 印迹法与 DNA 印迹法基本一致，所不同的是，①分析的样品是 RNA，长度相对较短，不需酶切。②为了使 RNA 呈单链状态进行电泳，以使 RNA 按长度分离，需先用变性剂（如 50%甲酰胺-2.2mol/L 甲醛）处理，使 RNA 完全变性，再用琼脂糖凝胶电泳分离。③RNA 可用甲酰胺、甲醛、乙二醛、二甲基亚砜（dimethyl sulphoxide，DMSO）、氢氧化甲基汞等变性，但不能用碱变性，因为碱会导致 RNA 降解。④电泳凝胶中不能加溴化乙锭（ethidium bromide，EB），因为它影响 RNA 与硝酸纤维素膜的结合。⑤全部操作应严格防止 RNase 污染。由于 RNase 无处不在，会降解 RNA，因而 RNA 从制备到分析都要防止 RNase 污染，并且需抑制内源性 RNase 的活性。

RNA 印迹法可用于定性或定量分析组织细胞中的总 RNA 或某一特定 RNA，特别是分析 mRNA 的长度和含量，从而研究基因结构（插入缺失等突变信息）和基因表达（在定量分析

方面虽然 RNA 印迹法灵敏度低于定量 PCR，但特异性高，所以仍被视为检测基因表达水平的金标准，甚至用于验证基因表达芯片的分析结果），从而用于基础研究和基因诊断。

三、斑点杂交法和狭缝杂交法

斑点杂交法（dot blot）和狭缝杂交法（slot blot，又称狭线印迹法）是样品不用电泳和转移，变性后直接点在硝酸纤维素膜等印迹膜上，经过固定、预杂交后与过量的探针进行杂交分析。斑点杂交法点样印迹为圆斑，狭缝杂交法点样印迹为短线。

斑点杂交法和狭缝杂交法分析的样品可以是 DNA、RNA 或蛋白质，可以进行定性和半定量分析，如用于检测 DNA 的同源性、靶序列的拷贝数和基因表达水平。其优点是用样量少，操作简单，提取的核酸不用进行电泳和转移，在同一张印迹膜上可以批量点样分析，便于较大规模的检测和筛选；不足是不能分析核酸长度，并且特异性不高，有一定的假阳性。

四、菌落杂交法和噬菌斑杂交法

1975 年，Grunstein 和 Hogness 在 DNA 印迹法的基础上发明了菌落杂交法（colony hybridization，又称菌落印迹法）。1977 年，Benton 和 Davis 发明了噬菌斑杂交法（plaque hybridization）。

菌落杂交法的基本过程（图 12-12）：①用印迹膜拓印培养菌落，并做相应标记。②用 NaOH 处理拓膜菌落，原位裂解并使 DNA 变性，80℃烘烤或紫外线照射固定。③进行预杂交、杂交和分析。噬菌斑杂交法基本过程与菌落杂交法一致，但因为噬菌斑太密集（在培养皿中可达 1500 多个），通常要重复进行，每次在对应点附近挑取克隆。

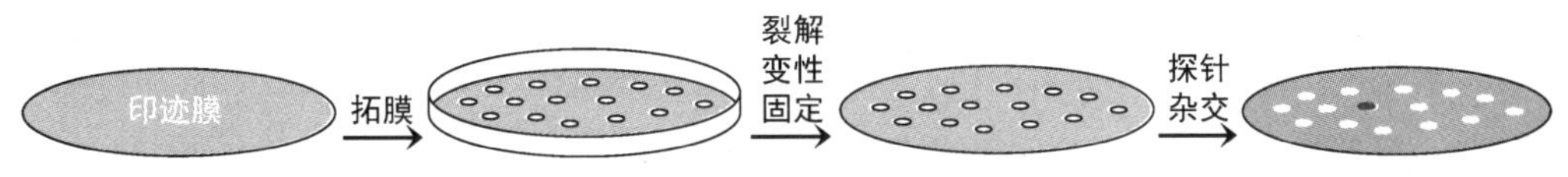

图 12-12　菌落杂交

菌落杂交法和噬菌斑杂交法的特点是省略了核酸提取步骤，在基因工程技术中适用于筛选含靶序列的阳性菌落和噬菌斑，在临床上适用于检验病原体标本。

五、原位杂交

原位杂交（*in situ* hybridization，ISH）是指把细菌、细胞涂片或组织切片（冰冻切片、石蜡切片）进行适当处理（0.2mol/L HCl 处理，蛋白酶 K 消化，乙醇脱水），增加其膜通透性，然后置于核酸探针杂交液中，使探针进入细胞内，与目的 DNA（或 RNA）杂交。

原位杂交不需提取核酸，可保持组织、细胞甚至染色体的形态，多用于分析目的 DNA（或 RNA）的染色体、细胞器、细胞、组织甚至整体定位，这一点具有重要的生物学和病理意义。此外，原位杂交还可用于分析病原体定位和存在形式。因此，原位杂交在发育生物学、细胞生物学、遗传学、病理学和诊断学研究中得到广泛应用。

核酸原位杂交包括染色体原位杂交和 RNA 原位杂交。其中 RNA 原位杂交是指以 cDNA 或寡核苷酸为探针检测与其互补的 mRNA 在组织细胞中的分布，常用于分析基因表达的组织特异性。

荧光原位杂交（fluorescence *in situ* hybridization，FISH）是用荧光标记核酸探针进行的原位杂交，因有以下特点而广泛应用：①荧光标记灵敏、稳定、安全、直观，不需要特别的防护措施。②建立多色荧光原位杂交（multicolor fluorescence in situ hybridization，mFISH）可以同时测定多种靶序列，分辨率可达 100~200bp。

六、等位基因特异性寡核苷酸探针杂交法

等位基因特异性寡核苷酸探针杂交法（ASOH）是最早用于检测已知点突变的方法，也是目前广泛采用的基因诊断方法，由 Wallace 于 1979 年建立。

1. 等位基因特异性寡核苷酸探针杂交法原理 该方法的关键是制备一对**等位基因特异性寡核苷酸探针**（ASO），这是一对人工合成的寡核苷酸，长度为 15~20nt。两种探针序列只有一个碱基不同，该碱基对应突变位点，因而一种探针与野生型等位基因序列完全互补，为野生型探针；另一种探针与突变等位基因序列完全互补，为突变探针。

ASOH 要求所设计的探针覆盖点突变的两侧。对于<20nt 的寡核苷酸而言，仅 1nt 的错配就会使 T_m 降低 5~10℃。因此，通过严格控制杂交条件，可使探针只与完全互补序列杂交，所以可鉴别一个碱基的不同，从而鉴定个体的基因型。

在各种遗传病中，许多致病基因的结构异常是点突变，并且都有一些突变热点。因此，可用 ASOH 诊断遗传病，例如苯丙酮尿症。**苯丙酮尿症**（phenylketonuria，PKU）是一种常染色体隐性遗传病，主要遗传基础是苯丙氨酸羟化酶基因（*PAH*，12q22-q24.2）发生点突变，不表达苯丙氨酸羟化酶、表达的苯丙氨酸羟化酶无活性或很快降解。已知苯丙氨酸通常有 1/4 用于合成蛋白质，3/4 被苯丙氨酸羟化酶转化成酪氨酸。苯丙氨酸羟化酶缺乏引起苯丙氨酸代谢障碍，血液浓度持续高于 1200μmol/L。已知新生儿正常值上限是 120μmol/L，因此患儿如不及时治疗，会导致智力低下，出现先天性痴呆，1/2 会在 20 岁前死亡，3/4 会在 30 岁前死亡。要检测苯丙酮尿症基因的点突变，我们可根据某个突变位点（如 Arg243Gln）设计两种探针：

野生型探针：TTC CGC CTC CGA CCT GT
突变探针：　TTC CGC CTC CAA CCT GT

用两种探针分别与待检个体 DNA 杂交，野生型纯合子只与野生型探针杂交，杂合子与野生型探针和突变探针都杂交，突变纯合子只与突变探针杂交，因此根据杂交结果可以判断待检个体的基因型，如图 12-13 所示的杂交结果：①a/b/d/g 与野生型探针、突变探针都形成杂

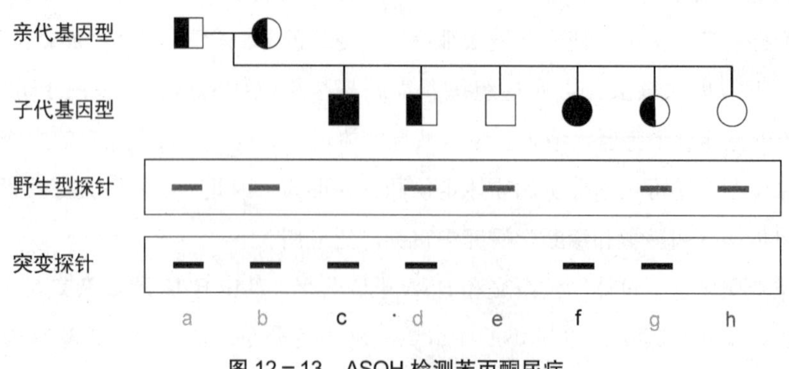

图 12-13 ASOH 检测苯丙酮尿症

交点，为突变携带者，基因型是杂合子。②e/h 只与野生型探针形成杂交点，为正常人，基因型是野生型纯合子。③c/f 只与突变探针形成杂交点，为苯丙酮尿症患者，基因型是突变纯合子。

2. 反向点杂交（RDB） 是 ASOH 的改进技术，是将多组 ASO 分别固定到尼龙膜或硝酸纤维素膜上，再用经 PCR 扩增的标记待测 DNA 与之杂交，鉴定其基因型。这种将待测 DNA 固定改为 ASO 固定的方式，一次杂交即可鉴定待测 DNA 多种可能的突变，可用于遗传病的基因诊断、病原体的分型、癌基因点突变的检测等，已用于各种点突变型地中海贫血的筛查及基因型鉴定。

3. 动态等位基因特异性杂交（dynamic allele-specific hybridization，DASH） 1999 年由 Howell 等建立，使 ASOH 的特异性和效率得到极大提高：①PCR 扩增待测 DNA，其中一种引物带生物素标记，因而扩增产物中有一股带生物素标记。②将扩增产物加至亲和素包被微孔板，生物素标记股与亲和素结合，加碱变性，漂洗去除未标记股。③低温下加入等位基因特异性寡核苷酸，同时加入双链 DNA 特异性荧光素，形成杂交体-荧光素复合物。④缓慢升温，同步检测荧光强度变化。杂交双链解链时荧光消失，可确定解链温度。⑤解链温度下降说明待测 DNA 含突变位点。

七、夹心杂交

夹心杂交（sandwich hybridization）体系由待测核酸、捕获探针、检测探针组成。

1. 待测核酸 含捕获探针、检测探针的靶序列，两者相邻但不重叠，因此待测核酸可以同时与捕获探针、检测探针杂交。

2. 捕获探针 一端可以与固相支持物结合，如存在 oligo（dA），可以与微孔板固定的 oligo（dT）结合。

3. 检测探针 一端已被标记，如用辣根过氧化物酶标记。

基本操作：微孔板固相支持物结合捕获探针，捕获探针捕获待测核酸，待测核酸与检测探针杂交，分析杂交信号。

特点：对样品纯度要求不高，定量较准确。

第五节　影响杂交的因素

核酸杂交的效果取决于杂交的效率和特异性。核酸杂交的效率和特异性受许多因素影响。影响复性的因素同样也影响杂交。

1. 杂交温度 通常在 45~65℃范围内。

温度影响核酸杂交的效率。在 0℃时杂交通常进行得非常缓慢，随着温度升高而加快。当杂交温度比解链温度低 20~25℃时，DNA-DNA 杂交效率最高。当杂交温度比解链温度低 10~15℃时，RNA-DNA 杂交效率最高。如果继续升高温度，杂交体将趋向于变性解链，杂交效率反而降低。

另一方面，温度影响核酸杂交的特异性。杂交温度越接近解链温度，碱基错配越少。当杂

NOTE

交温度比解链温度低 10~15℃时，碱基错配极少。此后杂交温度每降低 1~1.5℃，错配率将增加 1%。因此当杂交温度比解链温度低 30℃时，碱基错配显著增加。

此外，长时间高温状态会引起核酸断链或脱嘌呤，结合在印迹膜上的 DNA 也会脱落，因此应该尽量降低杂交温度。

在实际操作中，应当根据需要确定最适杂交温度，并控制降温速度。

2. 离子强度和甲酰胺浓度 常用标准柠檬酸缓冲液（saline-sodium citrate buffer，SSC）。

离子强度影响解链温度，因而影响最适杂交温度。降低离子强度可以降低最适杂交温度。在同一温度下，降低离子强度可以减少碱基错配，但杂交缓慢；如果增加离子强度，杂交会加快，但碱基错配也随之增加。

使用某些有机溶剂也可以降低最适杂交温度。例如加入甲酰胺，浓度每升高 1%，最适杂交温度可降低 0.72℃。如果甲酰胺浓度达到 30%~50%，最适杂交温度可降至 30~42℃。

3. 核酸探针种类和长度、浓度、标记 ①不同的杂交实验可以选择不同的核酸探针，例如分析 SNP 应使用寡核苷酸探针，原位杂交探针不宜过长，适宜长度 80~150nt。②如果使用单链探针，杂交会随着探针浓度的升高而加快；不过，探针浓度过高会产生较高的本底（源于非特异性杂交）。因此，探针浓度一般不超过 100ng/mL。此外，如果使用双链探针，探针浓度过高反而会降低杂交效率，这是因为尽管其已预先变性解链，但在最适杂交温度下复性优于杂交。③标记物不同则检测灵敏度不同，标记方法不同则标记效率不同。

4. 核酸浓度和核酸分子大小、复杂程度 核酸分子发生碰撞才有可能杂交。①核酸浓度直接影响核酸分子的碰撞几率，浓度越高，杂交越快。②核酸分子越大，其扩散速度越慢，并且越难以形成正确配对，因而杂交越慢。③核酸分子的复杂程度是指反应体系中不同核酸序列的总长度，与杂交速度呈负相关。

5. 杂交时间 其他条件都得到优化后，杂交时间将决定杂交的效果。如果时间过短，杂交会不完全；如果时间过长，会发生非特异性杂交。通常把 DNA-DNA、RNA-DNA 杂交时间控制在 6~18 小时，把 RNA-RNA 杂交时间控制在 10~12 小时。

可从 $C_0 \cdot t = 100$ 来计算杂交时间，C_0 是单链 DNA 初始浓度（以紫外吸光度计算，1μg/mL 单链 DNA 的紫外吸光度是 0.024），t 是杂交时间。

6. 杂交促进剂 惰性多聚体可用作杂交促进剂，促进长度大于 250nt 的核酸探针（特别是双链探针）的杂交。10%硫酸葡聚糖和 10%聚乙二醇是常用的杂交促进剂，可使单链探针杂交速度增加 4 倍、双链探针杂交速度增加 12 倍。不过，硫酸葡聚糖（dextran sulfate，500kDa）分子太大，会增加杂交液黏度；聚乙二醇（polyethylene glycol，PEG，6~8kDa）黏度低，价格低廉，但在某些条件下会产生较高的本底。因此，使用杂交促进剂需要优化杂交条件。

短的核酸探针复杂程度低，容易进行杂交，一般不使用杂交促进剂。

7. 非特异性杂交 在杂交前应进行预杂交，即用封闭物封闭非特异性杂交位点，以避免其对核酸探针的非特异性吸附。预杂交常用的封闭物有两类：①变性的非同源 DNA，多采用鲑精 DNA 或小牛胸腺 DNA。②高分子化合物，多采用 Denhardt 溶液（2%牛血清白蛋白-2%聚蔗糖 400-2%聚乙烯吡咯烷酮，pH 7.0±0.2），也可用 5%脱脂奶粉。杂交液中加甲酰胺、表面活性剂（如 SDS）也可以避免核酸探针的非特异性吸附。

NOTE

第六节　蛋白质印迹法

蛋白质印迹法是以抗原抗体反应特异性为基础建立的印迹技术，可用于定性和半定量分析样品蛋白，它结合了聚丙烯酰胺凝胶电泳分辨率高和固相免疫分析特异性高、灵敏度高（0.1～5ng）等优点，广泛应用于生物学研究和医学研究。

一、基本内容

蛋白质印迹法与DNA印迹法、RNA印迹法类似，也包括电泳分离、样品转移和检测分析等主要步骤，但使用的探针不同，是能与目的蛋白特异性结合的抗体。

1. 样品制备　样品蛋白制备过程主要包括组织匀浆或细胞裂解，沉淀并粗提样品蛋白。对于培养的哺乳动物细胞，用细胞裂解液裂解之后离心去除细胞碎片，上清液即可备用。此外，必要时上述制备工艺需加蛋白酶抑制剂（表19-2）。

2. 电泳分离　取含10～50μg样品蛋白的样品，加含SDS的样品缓冲液加热处理，进行SDS-聚丙烯酰胺凝胶电泳，使样品蛋白按照分子大小在凝胶上形成梯状条带。也可采用其他电泳，例如等电聚焦电泳（第二十章，545页）。

3. 印迹　用电转移将样品蛋白条带转移到印迹膜上，可用硝酸纤维素膜或聚偏氟乙烯膜。

4. 预杂交　用非特异性蛋白质例如白蛋白、奶粉（其所含蛋白成分主要是白蛋白）浸泡印迹膜，以封闭未结合样品的位点，避免杂交时发生抗体非特异性吸附，从而降低本底。

5. 检测分析　可采用特异性分析和非特异性分析。

（1）特异性分析　通常应用抗原抗体反应检测印迹膜上的目的蛋白。①用目的蛋白（或表位标签，第十五章，425页）抗体（**第一抗体**，primary antibody，简称**一抗**）溶液浸泡印迹膜，一抗与目的蛋白反应。②漂洗去除未反应的一抗，再用抗一抗的抗体（**第二抗体**，secondary antibody，简称**二抗**，又称**抗抗体**）溶液浸泡，二抗与一抗反应。二抗常用过氧化物酶、碱性磷酸酶等标记酶标记，称为**酶标抗体**，也可用生物素或荧光素标记。③漂洗去除未反应的酶标抗体，则印迹膜上只有目的蛋白条带结合有标记酶。加标记酶底物进行显色反应，使目的蛋白条带显色，可以确定其在印迹膜上的位置，进而确定其分子量（图12-14）。

（2）非特异性分析　可用氨基黑10B或丽春红S使印迹膜上的所有样品蛋白条带显色，然后用凝胶扫描仪扫描定量。

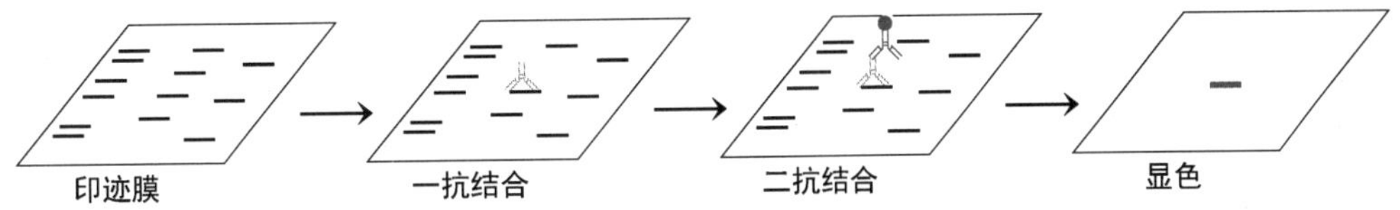

图12-14　蛋白质印迹免疫分析

二、技术发展

DNA-蛋白质印迹法（Southwestern blot）　是将样品蛋白电泳、转移，用DNA探针进行杂交分析，可用于研究 DNA 与蛋白质的相互作用。

RNA-蛋白质印迹法（Northwestern blot） 是将样品蛋白电泳、转移，用 RNA 探针进行杂交分析，可用于研究 RNA 与蛋白质的相互作用。

Far-Western blot 是将样品蛋白电泳、转移，用非抗体探针蛋白进行杂交分析，可用于研究蛋白质与蛋白质的相互作用。

三、应用

蛋白质印迹法可分析抗原的相对丰度、抗原与其他已知抗原的关系、蛋白质翻译后修饰、蛋白质相互作用。

四、特点

蛋白质印迹法高效、简便、灵敏：最低可以检出 5pg 目的蛋白。

五、注意事项

以下因素决定蛋白质印迹法的成败。

1. 凝胶浓度 选用合适的聚丙烯酰胺凝胶浓度可以获得较好的蛋白质分离效果。

2. 印迹膜 印迹时，应根据蛋白质分子量的大小选用合适孔径的印迹膜，以免低分子量蛋白质透过印迹膜丢失。

3. 内参照 蛋白质印迹法常以细胞内一些管家基因产物如 β 肌动蛋白（β-actin）、微管蛋白（tubulin）等作为内参照。即便如此，蛋白质印迹法检测信号的强度受多种因素的影响，所以一般只能做到半定量，即测定目的蛋白的相对含量，确定其是否存在，比较其在不同细胞内的含量。不同目的蛋白用不同抗体检测时，分析结果没有可比性。

4. 抗体稀释倍数 按照抗体使用说明书的建议稀释倍数稀释抗体。如果没有建议稀释倍数，可参照一般推荐的稀释倍数（1：100~1：3000），抗体浓度过高会呈现非特异性条带。

印迹技术发明至今虽然不过几十年，但应用非常广泛，在基因、基因组、基因工程、基因诊断和一些生物制品的研究中有独特优势。不难想象，随着印迹技术不断发展及与其他技术的广泛结合，其将在生命科学各领域中发挥更大作用。

NOTE

第十三章　生物芯片技术

广义的生物芯片是指采用生物技术制备或应用于生物技术的一切微型分析系统，包括新一代测序芯片、用于研制生物计算机的生物芯片、将健康细胞与集成电路结合起来的仿生芯片、芯片实验室，还包括可利用生物分子相互作用的特异性处理生物信号的基因芯片、蛋白芯片、细胞芯片和组织芯片等。狭义的生物芯片（biochip）又称生物微阵列（biomicroarray），是以生物分子相互作用特异性为基础，将一组已知核酸片段、多肽、蛋白质、组织或细胞等生物样品有序固定在惰性载体（硅片、玻片、滤膜等，统称基片、固相载体）表面，组成高密度二维阵列的微型生化反应分析系统。生物芯片制备时常用硅片作为基片，并且在制备过程模拟计算机芯片制备，故得名。

生物芯片的特点是高通量、集成化、标准化、微量化、微型化、平行化、自动化。由于芯片上可以固定数十到上百万个探针点（dot），因此可以批量分析生物样品，快速准确地获取样品信息。生物芯片用途广泛，可用来对基因、抗原或活细胞、组织等进行检测分析，已成为生物学和医学等各研究领域最有应用前景的一项生物技术。

生物芯片的种类很多，可根据作用途径分为功能芯片和信息芯片。**功能芯片**又称主动式芯片，这类芯片将样品制备、生化反应及检测分析等多个实验步骤集成化，通过一步反应主动完成，例如微流控芯片（microfluidic chip）和芯片实验室（lab-on-a-chip）。**信息芯片**又称被动式芯片，这类芯片将多个生化实验集成化，但操作步骤不变，例如基因芯片、蛋白芯片、组织芯片、细胞芯片等。目前信息芯片技术比较成熟，应用比较广泛。

第一节　基因芯片

基因芯片（gene chip）又称**DNA芯片**（DNA chip）、**DNA微阵列**（DNA microarray）、**寡核苷酸微阵列**（oligonucleotide array）等，是高密度、有序固定了寡核苷酸或cDNA探针阵列的生物芯片，可用于分析基因组图谱、基因表达谱等。和DNA印迹法、RNA印迹法一样，基因芯片技术的基本原理也是基于核酸杂交，是集成化的反向点杂交，即探针固相化、集成化并且不被标记，而待测样品游离于液相并且被标记。

一、分类

基因芯片根据用途可分为基因表达谱芯片（主要用于基因功能研究和系统生物学研究）、测序芯片、检测芯片（如检疫芯片、病原体检测芯片）、诊断芯片（如肝癌、糖尿病诊断芯片）、芯片实验室等，根据探针性质可分为寡核苷酸芯片、cDNA芯片和基因组芯片。

二、基本操作

基因芯片技术本质上是高通量的反向点杂交技术。其基本操作分为芯片制备、样品制备、分子杂交和检测分析四个步骤。

1. **芯片制备**　基因芯片的杂交面积一般只有几平方厘米，常要排列数十到上百万个探针点（间隔 5~10μm，密度可达 $10^6/cm^2$），所以制作基因芯片是一个复杂而精密的工艺过程，需要专门的仪器。根据制作原理和工艺的不同，基因芯片的制作方法可分为原位合成和微量点样两大类。

（1）原位合成（*in situ* synthesis）　又称**在片合成**，是指直接在基片上合成寡核苷酸，包括光导原位合成、原位喷印合成、分子印章压印合成。光导原位合成所用基片上带有由光敏保护基团保护的羟基，故可以采用光蚀刻技术在基片上合成寡核苷酸探针。制备过程：①用掩模（mask）遮盖基片，只露出特定探针点，然后用光照去除这些探针点的光敏保护基团，使羟基暴露。②加入一种被光敏保护基团保护的核苷酸，并化学连接到暴露的羟基上。重复上述步骤，即根据设计程序更换掩模，用光照使特定探针点（包括已经连接的核苷酸）的羟基暴露→加入被光敏保护基团保护的核苷酸，并化学连接到暴露的羟基上，就能在不同探针点合成不同序列的寡核苷酸探针（20~60nt），最终制成基因芯片（图 13-1）。

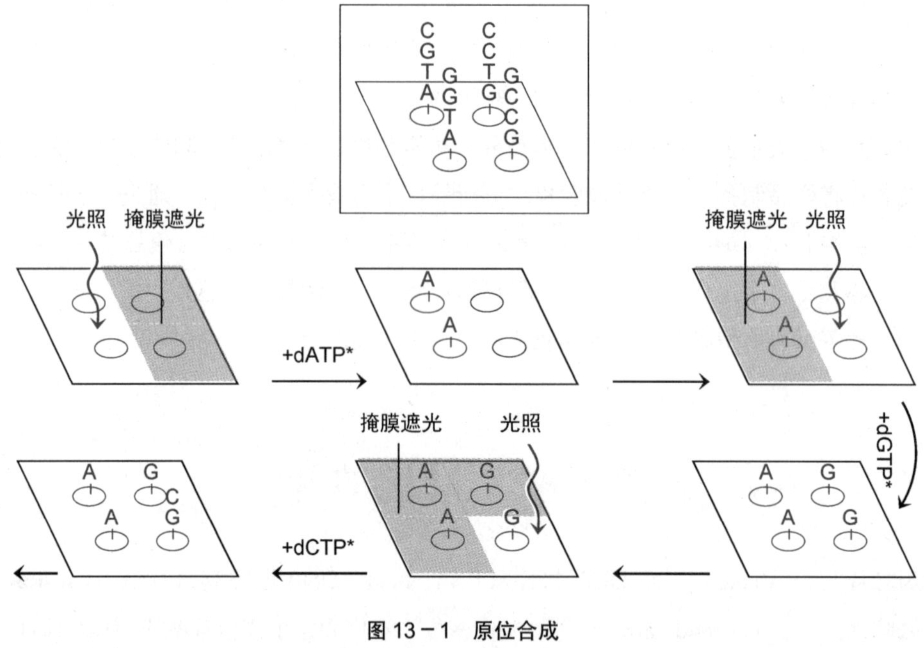

图 13-1　原位合成

（2）微量点样　又称**离片合成**，是先制备探针，再用专门的全自动点样仪按一定顺序点印到基片表面，使探针通过共价结合或静电吸附作用固定于基片上，形成探针点。点样主要有接触打印和喷墨打印两种方式。接触打印是用较为坚硬的点样针蘸取少量探针溶液，然后接触基片，在其表面形成探针点。探针点大小由点样针、探针溶液和基片表面的性质共同决定。喷墨打印是利用微压电打印技术或其他技术将探针溶液通过微孔喷射到基片表面，喷射的液滴体积可以控制在 250nL 以下。

与原位合成相比，微量点样点样量很少，探针的长度（500~5000nt）和种类（寡核苷酸

NOTE

片段、基因组 DNA 片段、cDNA、肽核酸）灵活，并且成本低、速度快，但只能制备中、低密度芯片。

2. **样品制备**　包括从组织细胞中提取 RNA 或基因组 DNA 样品，对样品进行扩增、标记和纯化。所用标记物是荧光素和生物素等，其中以荧光素最为常用。扩增和标记可以采用逆转录反应和聚合酶链反应等。

在目前的基因芯片技术中，一般将对照样品和待测样品分别用花青素 Cy3（cyanine 3，检测分析呈绿色，$\lambda_{ex}=550\sim554$nm，$\lambda_{em}=568\sim570$nm）和 Cy5（cyanine 5，检测分析呈红色，$\lambda_{ex}=649$nm，$\lambda_{em}=666\sim670$nm）进行标记，这样与芯片杂交之后可以清楚地分析两种样品基因表达谱的异同。

Cy3　　　　Cy5

3. **分子杂交**　将已标记的样品等量混合，加到芯片上，在一定条件下使 DNA 样品与芯片探针点进行共杂交（co-hybridized），然后漂洗去除未杂交的 DNA 样品。

基因芯片杂交的一个特点是探针点探针的含量远高于可以杂交的靶序列的含量，所以杂交信号的强弱与靶序列的含量成正比，称为**饱和杂交**（saturation hybridization）。

杂交条件将决定杂交结果的准确性。在实际应用中，应考虑探针的长度、类型、GC 含量、芯片类型和研究目的等因素，对杂交条件进行优化。

4. **检测分析**　基因芯片技术的最后一步是对芯片进行扫描分析。此时，芯片上分布有靶序列-探针杂交体。用芯片扫描仪对芯片进行 Cy3、Cy5 扫描分析，根据芯片上每个探针点的探针序列即可确定待测 cDNA 的靶序列，从而获得样品基因表达谱信息。通常 Cy3/Cy5＝0.5～2.0 视为靶基因在两种组织中的表达没有显著差异，Cy3/Cy5<0.5 或>2.0 视为表达有显著差异，是差异表达基因（图 13－2）。

扫描结果的处理与存储由专业软件完成。芯片配套软件通常包括芯片扫描仪控制软件、芯片图像处理软件、数据获取或统计分析软件。

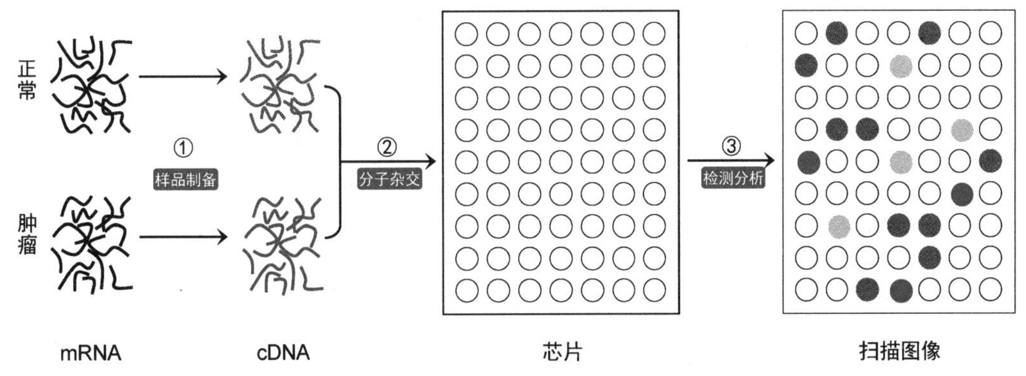

图 13－2　基因芯片技术分析基因表达

常用芯片扫描仪有激光共聚焦芯片扫描仪和 CCD 扫描仪。激光共聚焦芯片扫描仪（laser

confocal biochip scanner）联合计算机和分析软件，可以定量分析高密度芯片每个探针点的荧光强度，灵敏度和分辨率较高，但扫描时间较长，多用于科学研究。CCD 扫描仪的特点是扫描时间短，但灵敏度和分辨率较低，多用于临床诊断。

5. 注意事项 ①为了保证分析数据的可靠性，制作基因芯片时应加上多个管家基因（如细胞骨架蛋白基因、呼吸链复合物基因）作为内参照。②每次杂交结果都会受浓度、离子强度、温度等因素影响，需进行重复实验。

三、应用

基因芯片技术自发明以来，在生物学和医学领域的应用日益广泛，主要用于基因表达分析和 DNA 测序。在此基础上，基因芯片技术已经应用于基因组研究（包括基因表达谱分析、基因鉴定、多态性分析、点突变检测、基因组作图等）、发病机制研究、基因诊断、个体化治疗、药物开发、卫生监督、法医学鉴定和环境监测等。

1. 基因表达谱分析 在转录水平分析基因表达谱，从而研究基因功能，这是目前基因芯片（cDNA 芯片）应用最多的一个领域。例如，肿瘤细胞和正常细胞的基因表达谱存在差异，涉及众多基因的异常表达。应用基因芯片可以平行分析大量基因的表达水平，揭示肿瘤细胞和正常细胞的基因表达谱在 mRNA 水平上的差异。应用人类基因表达谱芯片检测不同肿瘤细胞的基因表达谱，选择差异显著的基因作为肿瘤标志，可以对肿瘤进行分类和鉴定，从而建立一种新的肿瘤分类方法。

2. DNA 测序 应用基因芯片进行的 DNA 测序属于**杂交测序**（sequencing by hybridization, SBH），基本原理是，在芯片上固定一定长度寡核苷酸所有序列的探针，和待测序 DNA 杂交。从理论上讲，任意待测序 DNA 序列都有相应探针与之杂交。根据杂交探针的重叠序列进行分析，即可确定待测序 DNA 序列。例如，将含有全部 8nt 探针（$4^8 = 65536$ 种）的芯片与一种 12nt 的待测序 DNA 片段杂交之后，检出 5 个杂交点。将这 5 个杂交点的探针按照其重叠序列进行排列，可以确定 12nt 序列为 3′AGCCTAGCTGAA 5′（图 13-3）。

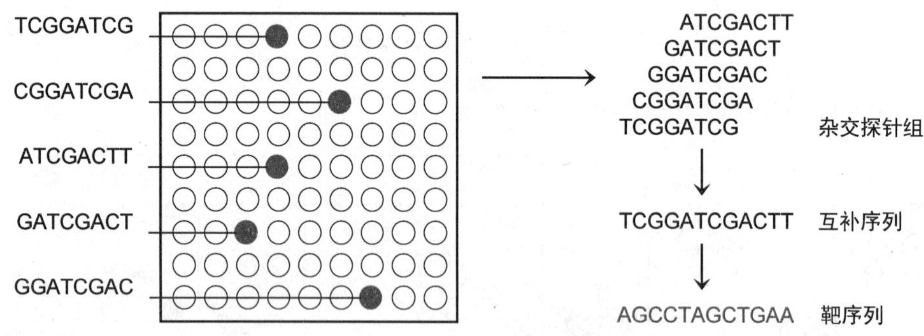

图 13-3 杂交测序

3. 基因诊断 基因芯片技术是基因诊断的核心技术，可用于诊断肿瘤、遗传病、感染性疾病，特别适用于产前诊断、群体筛查。2007 年，第一种基因诊断芯片被美国 FDA 批准应用于临床。该芯片可用于乳腺癌的基因分型和预后判断。目前已经成功研发的有艾滋病病毒芯片（可以诊断是否携带 HIV）、p53 基因芯片（可以分析肿瘤易感个体）、P450 芯片（可以分析药物代谢多态性）。有关基因诊断的内容见第十七章（458 页）。

NOTE

4. **疾病治疗**　①治疗方案评价：通过分析治疗前后基因表达谱的差异评估疗效，指导调整治疗方案。②个体化治疗：同一种药物对于不同患者在疗效和副作用方面会有较大差异。导致差异的主要原因是患者的遗传背景存在种族差异和个体差异，这种差异主要体现在DNA的单核苷酸多态性（SNP）上。基因芯片技术已经广泛应用于分析单核苷酸多态性，可根据分析结果设计给药方案，即针对不同基因型采取不同的用药剂量，实施个体化治疗，以减少药物的副作用，取得更好的疗效。

5. **药物开发**　药物开发包括四个环节：靶点确证、建立模型、发现先导化合物、优化先导化合物。基因芯片技术已用于药物开发，特别是靶点确证。

药物靶点（drug target）是指生物体内的一类大分子及其特定结构位点，有重要的生理功能，其活性可以通过与药物分子的结合而改变，并产生预期的药理效应。一种药物可能作用于单靶点，也可能作用于多靶点。靶点确证及靶点分布评估是药物开发的关键环节，合适的药物靶点必须具有高度特异性，即对特定代谢途径的影响显著，而对其他代谢途径的影响很小。应用基因芯片检测正常组织和病理组织在用药前后基因表达谱的变化，可以确定一组相关基因产物作为药物靶点。基因芯片技术利用多靶点同步进行高通量药物筛选、研究药物作用机制、评价药物活性及毒性，可以省却大量的动物试验、缩短药物筛选所用时间、降低药物开发成本。

6. **中药研究**　由于中药有多成分、多靶点、多途径、多系统的作用特点，用基因芯片技术研究中药优势巨大。基因组学及转录组学、DNA指纹等在中药研究中的应用都要用基因芯片技术完成。

（1）中药鉴定　应用基因芯片可以鉴定不同产地甚至不同季节药用植物、药用动物的品种和药用价值。

（2）中药筛选　应用基因芯片可以分析用药前后基因表达谱的变化，分析病理生理学原因，从中药成分中筛选先导化合物，极大减少动物试验和临床研究工作量，加快中药新药的研发步伐。

第二节　蛋白芯片

蛋白质是生命活动的主要执行者，它的结构和功能直接决定着生命活动，因此需要对蛋白质进行直接和充分的研究。

蛋白芯片（protein chip）又称**蛋白质微阵列**（protein microarray），是在基因芯片基础上研发的用于分析蛋白质（或其他生物分子）的新型生物芯片，即在几平方厘米的基片表面有序固定多达数万个蛋白质或多肽探针点，可以进行以抗原抗体反应、蛋白质相互作用等为基础的规模化分析。

一、基本操作

蛋白质化学合成工艺比核酸复杂，特别是在基片表面合成。此外，蛋白质固定于基片表面时容易改变构象而失活，所以蛋白芯片技术比基因芯片技术复杂。

1. **芯片制备**　蛋白质的构象决定其功能，因此在基片上固定探针蛋白时必须保持其天然构象。

（1）基片选择和处理　可用各种滤膜、玻片、硅片等作为基片。①滤膜是理想材料，常用聚偏氟乙烯膜，使用时用80%～100%的甲醇或乙醇浸泡处理其表面。②玻片广泛使用，常用含乙醛的硅烷试剂处理其表面，或将亲和素吸附于硅烷化的玻片表面，以使探针蛋白的结合量增加，结合的牢固程度提高。

（2）探针蛋白预处理　根据不同的研究目的，可选用抗体、抗原、受体、配体、酶等不同蛋白质作为探针，用含40%甘油的磷酸盐缓冲液（phosphate buffer saline，PBS）等溶解，防止水分蒸发和蛋白质变性。

（3）微量点样　用全自动点样仪将探针蛋白按一定顺序点印到基片表面。

（4）芯片封闭　用Tris、Cys等小分子封闭芯片上尚未结合探针蛋白的区域。

2. 样品制备　蛋白芯片检测的样品主要是蛋白质，但也可以是核酸、酶的底物、其他小分子。样品蛋白通常用试剂商提供的专门试剂分离、纯化和标记，以保持样品天然结构并呈溶解状态。

（1）标记物　可以是标记酶（如辣根过氧化物酶、碱性磷酸酶）、荧光素（如Cy3、Cy5）、化学发光物（如吖啶酯）等。

（2）标记方法　有直接法和交联法。直接法是用过碘酸氧化标记酶分子表面糖基的邻二醇结构，形成醛基，与样品中的游离氨基反应形成西佛碱。交联法是用双功能交联剂将标记酶与样品交联。

3. 检测分析　检测方法取决于样品标记物：荧光素可用激光共聚焦芯片扫描仪扫描，标记酶显色后可用CCD扫描仪扫描，化学发光物可用X光胶片感光，未标记芯片目前也可用质谱法分析。

最后再用分析软件对芯片信息进行分析。

二、应用

蛋白芯片广泛用于蛋白质功能研究、基因表达谱分析、疾病发病机制研究、临床诊断、靶点确证及药物开发、中药鉴定等领域。

1. 蛋白质功能研究　蛋白芯片可用来研究蛋白质翻译后修饰和蛋白质-蛋白质、蛋白质-核酸、蛋白质-小分子代谢物、蛋白质-药物、酶-底物等的相互作用，从而研究其各种结构域，例如DNA结合域、转录激活结构域、二聚化结构域、配体结合区、催化结构域（即活性中心）。

2. 蛋白质组学研究　可将某特定器官、组织或细胞的全部蛋白质制备蛋白质组芯片（proteome chip），用于蛋白质组学研究。

3. 基因差异表达分析　例如用抗体制备抗体芯片，在蛋白质组水平研究基因表达，可以分析不同组织细胞的蛋白质组及其差异，鉴定疾病相关蛋白，从而发现疾病标志，特别是灵敏度高、特异性高的肿瘤标志物，建立新的诊断、评价和预后指标。目前已在膀胱癌、结肠癌、卵巢癌、乳腺癌、鼻咽癌、肺癌、前列腺癌等常见肿瘤的标志物研究中取得了许多有意义的结果，此外在阿尔茨海默病、精神分裂症等研究中显现优势。

4. 药物开发　人类基因组编码1000多种G蛋白偶联受体，它们是许多药物开发的候选靶点。其中，约850种G蛋白偶联受体的天然配体已有报道，其余150种G蛋白偶联受体的天然

NOTE

配体尚未得到鉴定，称为孤儿受体（orphan receptor）。多数孤儿受体被认为是候选的药物靶点，因此需要研发确证技术。G 蛋白偶联受体芯片既可以提供与常见疾病相关的各种候选靶点，又可以筛选针对 G 蛋白偶联受体的多靶点先导化合物，还可以研究多靶点先导化合物的选择性。

第三节　组织芯片

组织芯片（tissue chip）又称组织微阵列（tissue microarray），是由 Kononen 等于 1998 年研发的以形态学为基础的生物芯片，即在基片（通常是玻片）表面有序固定数十到上千种微小组织切片，可以进行常规病理学、免疫组织化学、原位杂交或原位 PCR 等的高通量分析。

组织芯片可根据所排布组织切片的数目分为低密度芯片（<200）、中密度芯片（200~600）和高密度芯片（>600），根据研究目的分为正常组织芯片、肿瘤组织芯片、特定病理类型组织芯片，根据组织来源分为人组织芯片和其他动物组织芯片。

一、基本操作

组织芯片与基因芯片、蛋白芯片在芯片制备、样品制备及检测等方面有很多不同（表 13-1）。

表 13-1　基因芯片、蛋白芯片和组织芯片的比较

项目	基因芯片	蛋白芯片	组织芯片
基片上固定物	核酸探针	探针蛋白	组织标本
靶分子种类	同一样品中的不同核酸	同一样品中的不同蛋白质	不同组织标本中的同一种（组）蛋白质（基因）
标本类型	体液、组织提取液中的核酸	体液、组织提取液中的蛋白质	组织
检测方法	非原位检测	非原位检测	原位检测
分析仪器	扫描仪	扫描仪	光学显微镜
制备工艺	相对简单	复杂	简单
自动化程度	高	较高	低
成本	高	较高	低
应用	分析同一样品中数千种基因	分析同一样品中数千种蛋白质	原位分析数千种标本中一种（组）蛋白质（基因）

1. 组织芯片制备　要用组织芯片制备仪。组织芯片制备仪通常由样品架、打孔采样装置、定位装置等组成。

（1）制备供体蜡块（donor block）（组织蜡块），标记采样点。

（2）用打孔采样装置的微细穿刺针在受体蜡块（recipient block）（空白蜡块）上有序打孔，可以打 40~2000 个直径 1~1.5mm、间距 0.2mm 的小孔。

（3）用微细穿刺针钻取供体蜡块上标记的采样点组织（圆柱形小组织芯，tissue core），整齐插入受体蜡块的相应孔位，制成组织芯片蜡块。

NOTE

组织芯片上的组织切片能否反映标本的真实情况是组织芯片技术成败的关键，并不是每张芯片所含组织切片数量越多越好。在制作肿瘤分化程度差异大或异质性明显的组织芯片时更需注意，采样时要考虑代表性，可在供体蜡块上进行多点采样。

（4）按常规石蜡切片制作方法制作组织芯片蜡块切片，转移到玻片上制成组织芯片(图 13-4)。

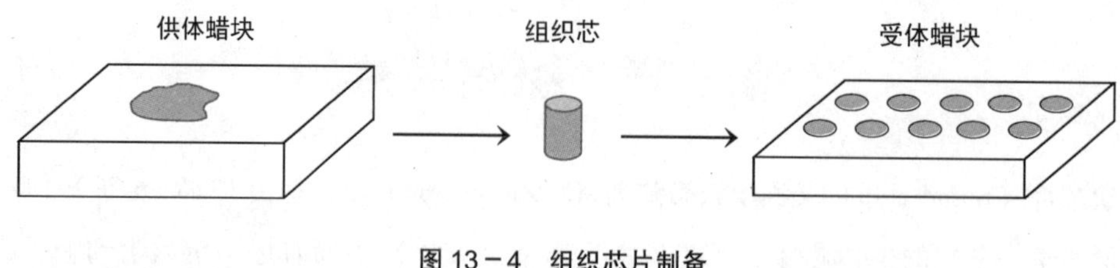

图 13－4　组织芯片制备

2. 检测分析　常用组织芯片检测方法有 HE 染色、免疫组织化学、原位杂交等。

二、应用

组织芯片最初主要应用于肿瘤研究，包括标志物筛选、病因和诊断、治疗和预后等，目前已扩展到包括人类基因和蛋白质研究、医学研究、分子诊断、药物开发等领域。

1. 肿瘤标志物筛选　组织芯片可以高通量分析大批量肿瘤组织的基因及其表达。用上千种肿瘤组织制成组织芯片，应用相应的探针可以平行地原位分析各种标志物。目前已从乳腺癌、前列腺癌、结肠癌、膀胱癌、肾癌、肺癌、肝癌和脑瘤等鉴定了上百种肿瘤标志物（分属于胚胎蛋白、糖蛋白、酶、激素、癌蛋白等)，并获得了数以万计的免疫组织化学数据、原位杂交数据，其中对乳腺癌和前列腺癌研究得最为深入。

2. 临床研究　组织芯片已成为临床病理学研究的一个标准平台。组织芯片与基因芯片结合可以组成基因功能检测系统，从而使疾病的分子诊断、治疗和预后等大规模研发成为可能。例如，可以先用基因芯片检测病理组织与正常组织的基因表达谱，确定差异表达基因，再用其表达产物作为探针分析组织芯片，以确定其表达的组织特异性。

3. 药物开发　组织芯片与基因芯片结合可用于靶点确证。例如，可以先用基因芯片确定候选药物靶点，再用大量病理组织制作组织芯片进行靶点确证。

综上所述，组织芯片技术对人类基因组的相关研究具有实际意义，尤其在基因和蛋白质与疾病关系的研究，疾病相关基因的研究，疾病的诊断、治疗和预后，药物开发等方面。

NOTE

第十四章 聚合酶链反应技术

聚合酶链反应技术（PCR）是一种在体外扩增特定DNA片段的方法，可用很短时间使微量DNA样品扩增几百万倍。该技术由Mullis（1993年诺贝尔化学奖获得者）于1983年发明，有特异性高、灵敏度高、简便快捷等优点，在基础研究和临床实践中得到广泛应用，成为分子生物学研究的重要技术之一。

第一节 PCR基本原理

PCR是一种选择性扩增DNA的技术，待扩增DNA及其扩增产物称为目的DNA，其中扩增产物又称扩增子（amplicon）。PCR与细胞内DNA半保留复制的化学本质一致，但过程更简便，是用一对单链寡脱氧核苷酸作为PCR引物（引物对），通过变性、退火、延伸三个基本步骤的数十次循环，使目的DNA得到扩增（图14-1）。

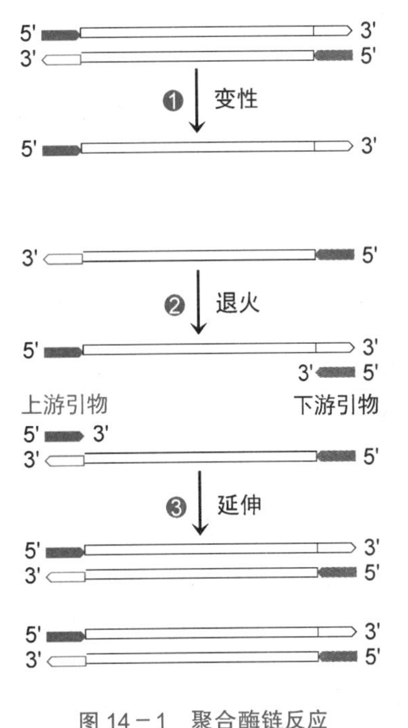

图14-1 聚合酶链反应

1. 变性 根据DNA高温变性的原理，将反应体系温度升至变性温度（高于模板熔点，约95℃），使目的DNA双链解链成PCR模板。

2. 退火 将反应体系温度骤降至退火温度（低于引物熔点，约50℃），使PCR引物与PCR模板3′端杂交，这一步骤称为退火（第十二章，367页）。因为PCR引物是一对人工合成的单链寡脱氧核苷酸，短而不易缠绕，并且引物量远多于模板量（摩尔比>10^8），所以PCR模板与引物的退火（杂交）效率远高于PCR模板之间的退火（复性）效率。因此，通过控制退火条件，引物可以与PCR模板特异性结合。

3. 延伸 将反应体系温度升至延伸温度（约72℃），DNA聚合酶按照碱基配对原则在引物3′端以5′→3′方向催化合成PCR模板新的互补链，使目的DNA拷贝数增加1倍。

以上变性、退火、延伸三个基本步骤构成PCR循环，每次循环的产物都是下一循环的模板，这样每次循环都使目的DNA的拷贝数增加1倍。PCR一般需要循环30次，理论上能将目的DNA扩增2^{30}（≈10^9）倍，但实际扩增效率略低，为75%~85%，循环n次之后的扩增倍数约为$(1+75\%\sim85\%)^n$。PCR每次循环需要2~3分钟，不到1小时就能将目的DNA扩增数百万倍。

NOTE

图 14-2 是 PCR 产物示意图，图中可见，经过三次循环得到八条双链 DNA，其中两条短链 DNA（※）是最终要得到的扩增产物。从理论上讲，随着循环次数的增加，长链 DNA 双链以 $2n$ 倍增加，而扩增产物以（2^n-$2n$）倍增加。因此，循环 30 次之后得到的几乎都是扩增产物，长链 DNA 只有 60 条，用电泳法分析时不会检出。

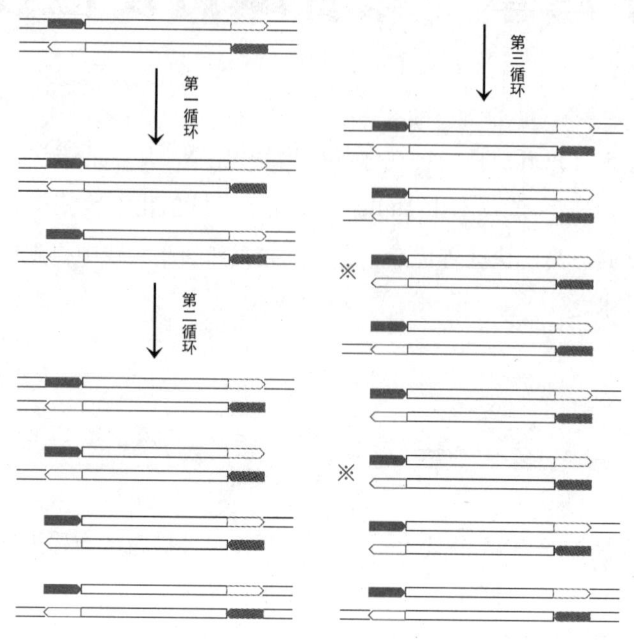

图 14－2　聚合酶链反应产物

第二节　PCR 特点

PCR 有特异性高、灵敏度高、简便快捷、重复性好、易自动化等优点，在一支试管内就能将目的 DNA（如来自一根毛发、一滴血，甚至一个细胞的 DNA 片段）扩增几百万倍，以供分析研究和检测鉴定。

1. 特异性高　PCR 的特异性取决于引物序列与模板序列互补的特异性、引物与模板杂交的特异性和 DNA 聚合酶的专一性，其中引物与模板杂交的特异性是关键。通过合理设计引物、控制适当的反应温度、采用高温启动法等，可以使扩增具有很高的特异性。

2. 灵敏度高　即使只有一个 DNA 分子也能扩增。利用 PCR 技术可以检出 10^6 个细胞内的 10 个结核分枝杆菌。

3. 简便快捷　在 PCR 技术发明初期，所用的 DNA 聚合酶因加热而变性失活，所以每次循环之后都要补加，只能靠手工操作。目前 PCR 技术已经自动化，可以应用各种 PCR 扩增仪，使用耐高温的 DNA 聚合酶，只需一次性地建立 PCR 体系，并设计一定程序，即可进行扩增，通常不到 1 小时即可完成。

4. 对样品要求低　样品不论是来自病毒、细菌还是来自培养细胞，不论是新鲜的还是陈旧的，不论是 DNA 还是 RNA，不论是纯品还是粗品，都可以扩增。原位 PCR 甚至都不必从标本中分离 DNA 或 RNA。

NOTE

第三节　PCR 体系组成

利用 PCR 技术扩增目的 DNA，既要考虑特异性，又要考虑效率。特异性和效率通常是一对矛盾：过分强调特异性会降低效率，过分强调效率又会降低特异性，所以必须综合考虑。

PCR 技术的特异性和效率首先取决于 PCR 的体系组成，市售试剂附有 PCR 体系参考（表 14-1）。

表 14-1　PCR 体系组成

成分	体积	终浓度
10×扩增缓冲液	5μL	1×
20mmol/L dNTPs（pH 8.0）	1μL	400μmol/L
20μmol/L 上游引物	2.5μL	1μM（0.05-1μmol/L）
20μmol/L 下游引物	2.5μL	1μM（0.05-1μmol/L）
1~5U/μL Taq 酶	0.2~1μL	1~2U/50μL（0.5~2.5U）
100μg/mL 哺乳动物基因组 DNA 模板	10μL	1μg
或 1μg/mL 酵母基因组 DNA 模板	10μL	10ng
或 0.1μg/mL 细菌基因组 DNA 模板	10μL	1ng
或 1~5ng/mL 质粒模板	2~10μL	10pg
水	至 50μL	

一、DNA 聚合酶

耐热的 DNA 聚合酶在 PCR 中起关键作用。目前 PCR 使用的 DNA 聚合酶有多种（表 14-2），共同特点是最适温度较高，其中 Taq DNA 聚合酶使用最广。

表 14-2　PCR 常用 DNA 聚合酶

DNA 聚合酶	大小（AA）	来源	校对功能	加接 3′dAMP
Taq DNA 聚合酶	832	*Thermus aquaticus*	−	+
Tth DNA 聚合酶	831	*Thermus thermophilus*	−	+
KOD DNA 聚合酶	1671	*Thermococcus kodakaraen-*	+	−
Tli/Vent DNA 聚合酶	1702	*Thermococcus litoralis*	+	−
Pfu DNA 聚合酶	775	*Pyrococcus furiosus*	+	−
Pwo DNA 聚合酶	775	*Pyrococcus woesei*	+	−
AmpliTaq DNA 聚合酶		Taq DNA 聚合酶修饰	−	+
KlenTaq DNA 聚合酶		Taq DNA 聚合酶修饰	−	+
Phusion DNA 聚合酶		一种大肠杆菌	+	−

Taq DNA 聚合酶简称 Taq 酶，来自栖热水生菌（*T. aquaticus*）YT 1 株。该菌株是 1969 年在美国黄石国家公园的温泉中发现的，能在 70~75℃下生长，所以 Taq 酶有良好的热稳定性，在 92.5℃、95℃和 97.5℃下的半衰期分别为 120、40 和 5 分钟，其催化活性可以适应相当宽的

温度范围。

Taq 酶属于多功能酶，有以下特点：①有 5′→3′聚合酶活性，以 DNA 为模板，四种 dNTP 为原料，在 3′端以 5′→3′方向合成 DNA。②有 5′→3′外切酶活性，但无 3′→5′外切酶活性，因此没有校对功能，其错配率较高，为 $2.0\times10^{-5}\sim2.1\times10^{-4}$。③有类似末端转移酶的活性，可以不依赖模板在双链 DNA 的 3′末端加接一个脱氧核苷一磷酸，并且优先加接 dAMP，因此扩增产物可用 **T 载体**（限制性酶切位点 3′黏性末端为 TMP 的载体，例如 pUCm-T、pGEM-T、pMD18-T）克隆（第十五章，417 页），当然也可用 Klenow 片段削平。

Taq 酶催化聚合速度是 35～150nt/s，最适温度是 75～80℃，降低温度则合成明显减慢。PCR 反应体积为 50μL 时（一般控制在 10～200μL）所需 Taq 酶量为 1～2.5U，加酶过多会影响扩增特异性，加酶过少则影响扩增效率。

目前市售 Taq 酶均为大肠杆菌表达的基因工程酶，价格低廉，扩增效率较高，适用于对错配率要求不高的终端研究，如克隆筛选、基因鉴定等。如果扩增产物还要进一步研究或有其他用途，则应使用有校对功能的 DNA 聚合酶进行扩增，例如 KOD Plus DNA 聚合酶、Phusion DNA 聚合酶等。它们有校对功能，扩增错配率低，称为**高保真酶**，扩增产物可用于基因克隆等。

二、引物

PCR 通常需要一对引物（引物对），分别称为**上游引物**（又称**正向引物**，forward primer）和**下游引物**（又称**反向引物**，reverse primer）。上游引物序列与目的 DNA 模板链的 3′端互补（与编码链的 5′端相同，引发合成编码链），下游引物序列与目的 DNA 编码链的 3′端互补（与模板链的 5′端相同，引发合成模板链）。引物与 PCR 模板的互补性影响 PCR 的特异性，所以 PCR 引物的设计非常重要。

理论上，只要知道目的 DNA 两端的序列，就可以设计相应的引物对，通过 PCR 大量扩增。实际应用中，引物设计还要遵循一些经验规律，才能进行 PCR 扩增，获得预期产物。

1. **引物定位**　基因组 DNA 引物序列应定位于保守序列区域，且在其他区域没有同源序列（序列同源性一般不超过 70%）；cDNA 引物序列应尽量定位于编码区内，断裂基因 cDNA 上游引物和下游引物序列应尽量定位于不同外显子内。

2. **引物长度**　控制在 10～40nt，多数 20～30nt。

3. **引物末端**　3′端与模板严格互补，特别是末端的两个核苷酸，最好是 S（即 G 或 C），但不能有三个连续的 S。对于大引物而言，5′端序列不必严格互补，甚至可以修饰，例如引入限制性酶切位点、突变位点、调控元件等短序列及生物素、荧光素、地高辛等标记。

4. **引物组成**　G 和 C 含量应控制在 40%～75%。

5. **引物序列**　引物之间不能存在互补序列，特别是 3′端不能互补。引物内部不能存在可导致形成发夹结构的反向重复序列。引物所含单核苷酸重复序列长度不能超过 5nt。

6. **引物熔点**　引物熔点 $T_m=2(A+T)+4(G+C)$。引物熔点应一致（相差不超过 5℃）。

使用引物设计软件（如 Primer6.0）可以设计出合适的引物对。

三、dNTP

四种 dNTP 是 PCR 原料，其比例和浓度与 PCR 密切相关。目前市售的 PCR 专用 dNTP 已

经按照等摩尔浓度配制好，所含四种 dNTP 均为 2.5mmol/L 或 10mmol/L。通常根据目的 DNA 的长度把 dNTP 反应浓度控制在 50～400μmol/L。

四、模板

PCR 模板主要是 DNA，可以是基因组 DNA、cDNA 或质粒。线性 DNA 最好，若为环状 DNA，应先用酶切开。PCR 扩增目的 DNA 的长度可达 10000bp，不过多数在 100～500bp（定量 PCR 多数在 100～150bp）。模板总量应根据序列复杂程度确定。

根据科学研究或临床检验的需要，PCR 的模板可以来自临床标本（血液、尿液、羊水、分泌物等）、药物标本（动植物组织细胞等）、法医标本（血渍、精斑、毛发甚至烟蒂等）、病原体标本、考古标本（骨骸、毛发等）。无论何种来源的标本，都应先进行预处理，特别是去除 DNA 聚合酶抑制剂。

五、缓冲液

缓冲液用以维持 DNA 聚合酶的活性和稳定性。如果反应体系缓冲液的组成不当，包括 pH<7.0，会影响 PCR 扩增效率：①PCR 要在 pH 7.2 下进行，为此可用 10～50mmol/L Tris-HCl 缓冲液（20℃时 pH 8.3～8.8）配制反应体系，该体系在 72℃时 pH 7.2。②50mmol/L KCl 可促进引物退火，但浓度过高会抑制 Taq 酶的活性。③1～100μg/mL 小牛血清白蛋白可以去除样品中可能存在的抑制剂。④2%～5%二甲基甲酰胺或二甲基亚砜有利于松解发夹等二级结构，促进引物退火。市售 DNA 聚合酶一般同时提供与酶对应的缓冲液，按所附说明使用即可。

Mg^{2+}是 PCR 缓冲液的重要成分，主要作用是影响酶活性及变性解链、引物退火、扩增效率、扩增特异性等。Mg^{2+}浓度过低会降低 Taq 酶的活性，降低扩增效率；Mg^{2+}浓度过高会降低扩增特异性。常用 1.5mmol/L（一般控制在 1.0～2.5mmol/L）。扩增效率不理想时，可以在 1.0～10mmol/L 范围内进行优化。

第四节　PCR 条件优化

PCR 操作简单，但影响因素很多。PCR 条件影响扩增的特异性、灵敏度和扩增效率，可以从以下方面控制和优化（表 14-3）。

表 14－3　PCR 条件

步骤	温度（℃）	第一循环时间（秒）	中间循环时间（秒）	末次循环时间（秒）
预变性	95	120～300		
	94		30	60
退火	55	15～60	30	30
延伸	72	60/kb	60/kb	300

1. 变性温度和时间　在 PCR 中，模板 DNA 必须彻底变性解链，才能与引物有效退火。变性温度和变性时间通常是根据目的 DNA 的长度和组成并结合所用 DNA 聚合酶确定的。变性温

度过低、时间过短则变性不彻底，变性温度过高、时间过长导致 DNA 聚合酶失活。采用 Taq 酶时通常选择 95℃变性 30 秒钟。

2. 退火温度和时间　退火温度过低、时间过长会降低扩增特异性；退火温度过高、时间过短会降低扩增效率。合适的退火温度应当比引物 T_m 值低 3~5℃，通常为 55℃退火 30 秒钟。优化退火温度和时间时要考虑引物的长度、组成、浓度及模板序列等因素。

3. 延伸温度和时间　如无其他限制，延伸温度应接近 DNA 聚合酶的最适反应温度，常用 72℃。延伸时间可根据酶活性和目的 DNA 序列长度确定，一般按 60 秒钟/kb 计算，1kb 以内延伸 60 秒钟。

此外，①PCR 末次循环的延伸时间可以延长至 5~10 分钟，以确保充分延伸。②如果模板较短（100~300bp），可以采用二温度点法，即统一退火温度与延伸温度，一般采用 94℃变性，65℃退火与延伸。③如果引物太短（<16nt），72℃延伸会造成引物脱落，可以将延伸温度分段升至 72℃。

4. 循环次数　PCR 循环次数主要取决于初始模板拷贝数。当初始模板拷贝数是 3×10^5 时，循环次数可以控制在 25~30 次。如果模板拷贝数偏低，可以增加循环次数，一般控制在 30~40 次。如果循环次数太少，产物的量不够；如果循环次数太多，由于模板浓度增加、dNTP 和引物浓度下降，加之酶活性下降，会使反应进入平台期（plateau phase），即增加循环次数也不会提高产量，且特异性下降。因此，在保证产量的前提下，应当控制循环次数。如果需要进一步扩增，可以将产物适当稀释，再作为模板进行新一轮 PCR。

5. 热启动　PCR 第一循环升温变性过程在达到解链温度前会发生非特异性退火，如形成引物二聚体等，从而发生非特异性扩增。采取以下热启动（hot start）措施可避免这种非特异性扩增：①先将 PCR 体系升温至变性温度预变性 120~300 秒钟，再加入 DNA 聚合酶进行扩增循环。②在 PCR 体系中加入 DNA 聚合酶抗体，温度升高后（一般在 90℃以上）抗体失活，启动扩增。

第五节　PCR 产物鉴定

PCR 特异性如何，其最终产物是否符合预期，必须进行鉴定。具体可根据不同的研究对象和研究目的采用不同的鉴定方法。

1. 电泳分析　属于非特异性分析，仅可分析扩增产物的长度。PCR 产物长度应与预期一致，特别是多重 PCR，因为应用了多对引物，其产物长度都应符合预期。用毛细管电泳可以提高分析效率。

2. 高效液相色谱分析　属于非特异性分析，但有灵敏度高、分析效率高、定量准确、自动化程度高等优点。

3. 酶切分析　根据 PCR 产物中的限制性酶切位点，用相应的限制性内切酶消化（第十五章，409 页），通过电泳分析消化产物长度，看是否符合预期。酶切分析既能对 PCR 产物进行鉴定，又能对目的基因进行分型，还可对基因突变进行研究。

NOTE

4. 杂交分析　是分析 PCR 产物特异性的有效方法，也是研究 PCR 产物是否存在突变的有效方法。常用 DNA 印迹法、斑点杂交法（第十二章，377、379 页）、探针捕获法。

探针捕获法：是夹心杂交的发展，即用生物素标记引物进行 PCR 扩增，产物变性，与固相化探针杂交（如结合于微量滴定板），加辣根过氧化物酶标记亲和素孵育，加底物显色、定量分析。

5. 序列分析　是分析 PCR 产物特异性最可靠的方法，能对目的基因进行分型，还能对基因突变进行研究。

此外，一些联合技术可以提高分析的精确度和灵敏度，例如 PCR-ELISA。

第六节　常用 PCR 技术

PCR 技术自发明以来在各领域得到广泛应用，PCR 技术本身也在不断发展和完善，目前已衍生出各种特殊 PCR 技术，广泛应用于基础研究和临床检验。

一、原位 PCR

原位 PCR（*in situ* PCR）由 Hasse 等于 1990 年建立，是 PCR 技术与原位杂交技术的联合应用，旨在提高原位杂交技术的灵敏度。

1. 原位 PCR 原理　①处理组织切片或细胞涂片（1%～4%聚甲醛固定，蛋白酶 K 充分消化），原位固定其核酸成分，增加其细胞膜通透性。②在细胞内建立 PCR 体系（含地高辛-11-dUTP），扩增其目的 DNA 序列。③如果是分析细胞内的 RNA，包括病毒 RNA，需先加 DNase 降解 DNA，再建立逆转录 PCR 体系，扩增其目的 RNA。④用偶联有标记酶或荧光素的地高辛抗体与扩增产物结合，进行分析。

如果扩增产物无标记，可用核酸探针进行杂交分析，称为**原位杂交 PCR**，其特异性高于原位 PCR。

2. 原位 PCR 应用　研究基因表达调控，早期鉴定癌变细胞，研究发病机制，筛查病原体感染者，诊断疾病，评估预后。

3. 原位 PCR 特点　①不必从组织细胞中分离目的 DNA 或 RNA。②可以获得其他 PCR 技术得不到的信息，因为原位 PCR 只在含目的 DNA 或 RNA 的组织细胞中进行。③灵敏度比原位杂交高两个数量级。

4. 原位 PCR 注意事项　维持细胞形态完整性便于计数。防止小片段扩增产物逸出细胞。防止扩增过程中组织细胞干燥。

二、不对称 PCR

PCR 产物通常是双链 DNA 分子，但 DNA 测序或探针制备需要单链 DNA 分子，为此可采用不对称 PCR。**不对称 PCR**（asymmetric PCR）是在 PCR 体系中按 50∶1～100∶1 的摩尔比加入引物（低浓度引物 0.5～1.0pmol/L），前期进行双链扩增以保证模板量。后期低浓度引物被耗尽，PCR 进行单链扩增，使终产物中单链 DNA 的数量大大超过双链 DNA。

三、多重 PCR

多重 PCR（multiplex PCR）是在一个 PCR 体系中加入多个引物对，同时扩增同一 DNA 或不同 DNA 的多个靶序列，且各靶序列的长度不同。多重 PCR 由 Chamberlain 等于 1988 年建立。

多重 PCR 可用于模板定量、DNA 多态性（微卫星 DNA、SNP）批量分析、连锁分析、基因突变（特别是基因缺失，例如缺失突变导致的 Duchenne 型肌营养不良，第十章，323 页）分析、RNA 分析、癌基因分析、基因诊断（第十七章，458 页）、病原体鉴定及分型、法医学鉴定、食品分析。其特点是经济、简便、高效。

例如，科学家针对 Duchenne 型肌营养不良患者 *DMD* 基因包含缺失热点的 18 个外显子设计 18 个引物对，构建了两个多重 PCR 体系，每个体系可扩增 9 个外显子。通过 DNA 印迹法分析扩增产物，可以鉴定发生缺失的外显子。

多重 PCR 原理与常规 PCR（conventional PCR）相同，但需要优化反应体系和反应条件，使其适合各个引物对及其靶序列，同时还要确保各个靶序列长度不同，便于对扩增产物进行电泳分析。

四、长距离 PCR

常规 PCR 扩增大片段 DNA 存在以下问题，导致扩增效率明显下降，且扩增产物不完整：①长时间加热导致 Taq 酶明显失活。②模板发生脱嘌呤或断裂等损伤明显增加。③Taq 酶较高的错配率导致扩增特异性明显下降。④部分链的延伸提前终止，合成不完整。

长距离 PCR（long-distance PCR，LD-PCR）是对常规 PCR 进行条件优化而建立的改良技术，扩增长度可达 5~35kb。

1. 使用有校对功能的 DNA 聚合酶　通常使用两种 DNA 聚合酶：主酶（高浓度，如 33.7U/1.2μL 的 Klentaq1 DNA 聚合酶）没有校对功能，次酶（低浓度，如 0.187U/1.2μL 的 Pfu DNA 聚合酶）是高保真酶，有校对功能。不同组合使用不同缓冲系统。

2. 保证模板完整　避免损伤。模板可以来自细菌人工染色体、黏粒、噬菌体克隆、基因组 DNA。模板平均长度至少应 3 倍于扩增产物长度。模板使用量 100pg~2μg。模板需纯化，可用氯化铯密度梯度离心法纯化，之后用 TE 溶液（pH 8.0）透析。

3. 使用大引物　多为 25~30nt，上游引物和下游引物均 20pmole/μL。

4. 使用改良缓冲液　含 500mmol/L Tris-HCl、160mmol/L 硫酸铵（或 100mmol/L KCl）、25mmol/L $MgCl_2$、1.5mg/mL 牛血清白蛋白（或 0.1%明胶），常温下 pH 9.0。此外，为了降低解链温度，反应体系需加甘油（终浓度 5%）。另需加 EDTA（终浓度 0.75mmol/L）以螯合二价阳离子（如 Mn^{2+}）。

5. 调整热循环参数　一般采用 94℃变性 1 分钟（第一循环用 2 分钟），60~67℃退火 1 分钟，68℃延伸 5~20 分钟，延伸时间可参考表 14-4。

表 14-4　长距离 PCR 延伸时间参考值

模板长度（kb）	5	10	15	20	25	30	35	40
延伸时间（分钟）	5	8	11	14	17	20	23	27

五、等位基因特异性 PCR

等位基因特异性 PCR（AS-PCR，ASPE）可用于鉴定单核苷酸多态性（SNP）。

原理：针对等位基因的 SNP 设计一个野生型引物对和一个突变引物对，两个引物对的下游引物完全一样，上游引物只是 3′末端的碱基不同，对应已知 SNP 碱基。针对目的 DNA 分别建立两个 PCR 体系，各加入一个引物对，进行扩增，通过控制扩增条件，使 3′末端错配的引物不能扩增，可以确定目的 DNA 是否存在点突变（图 14-3）。

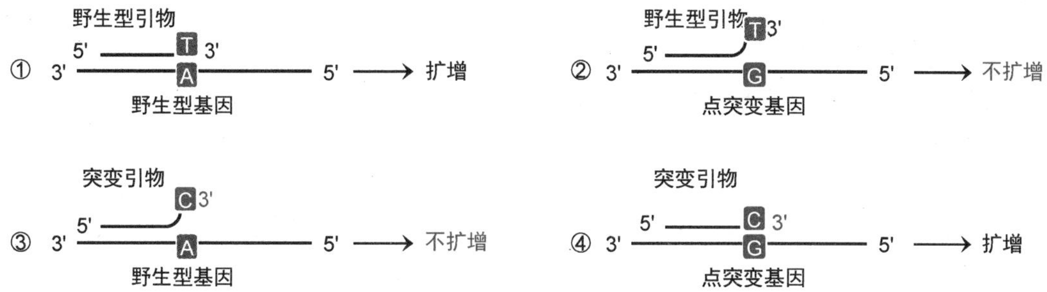

图 14-3 等位基因特异性 PCR（AS-PCR）

等位基因特异性 PCR 要求目的 DNA 序列已知，SNP 明确并且位于引物 3′末端。

六、修饰引物 PCR

对特定 DNA 序列进行定向克隆、定点突变（第十八章，506 页）或体外转录等研究时，需要其一端或两端带有限制性酶切位点、突变序列或启动子等。为此可以在 PCR 引物的 5′端加接这些元件进行扩增，这就是修饰引物 PCR。例如，在引物 5′端加接限制性酶切位点（注意：扩增序列内不能有同样的限制性酶切位点），就可用限制性内切酶消化扩增产物，产生黏性末端，从而与相应载体重组，这就是克隆 PCR。克隆 PCR 克隆效率较高，并且如果给两个引物加接不同的限制性酶切位点，可以进行定向克隆（图 14-4。定向克隆见第十五章，429 页）。

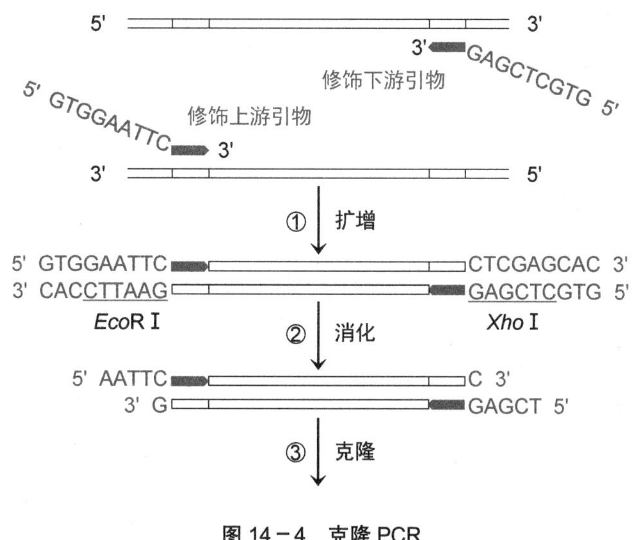

图 14-4 克隆 PCR

七、逆转录 PCR

逆转录 PCR（RT-PCR）是逆转录与 PCR 的联合，即先以 RNA 为模板，用逆转录酶催化合成其 cDNA，再以 cDNA 为模板，用 Taq 酶通过 PCR 扩增其特异序列。逆转录 PCR 常用于基因表达分析、cDNA 克隆、cDNA 探针制备、转录体系制备、遗传病诊断、RNA 病毒检测。

逆转录 PCR 能否成功，逆转录引物很关键。根据所掌握目的 RNA 的信息，可以选用：①oligo(dT)引物（12~18nt）：针对 mRNA 的 poly(A)尾。②随机引物（6nt）：不需要 mRNA 序列信息。随机引物和 oligo(dT)引物统称**普通引物**（general primer）。③**特异性引物**（20~30nt）：针对 mRNA 的特异序列。对于特异性引物，如果根据不同外显子的编码序列设计引物，可以鉴别 cDNA 和基因组 DNA 扩增产物。

如果同时设计内参照，则用逆转录 PCR 可以对 mRNA 进行定性和半定量分析，可检测低丰度 mRNA（不到 10 个拷贝）。

逆转录 PCR 可以采用一步法：逆转录和 PCR 在一个反应体系中进行。也可以采用两步法：逆转录和 PCR 在两个反应体系中分开进行。

八、定量 PCR

定量 PCR（quantitative PCR，qPCR）又称**实时荧光定量 PCR**、**实时定量 PCR**、**实时 PCR**（real-time PCR），是一种通过实时监测 PCR 进程对 DNA 进行定量分析的方法，即在 PCR 体系中加入一种荧光探针，扩增过程中产生荧光，荧光强度与扩增产物水平成正比，所以通过对荧光强度的实时监测跟踪 PCR 进程，最后根据连续监测下获得的 PCR 动力学曲线可定量分析初始模板的水平。

1. 定量 PCR 原理　定量 PCR 的关键是在 PCR 体系中加入一种**荧光探针**。以 TaqMan 荧光探针法为例：TaqMan 探针（18~22nt，T_m 值比引物高 10℃）的 5′端有一个**荧光报告基团**（R），例如 6-羧基荧光素（6-carboxyfluorescein，6-FAM，λ_{ex}=490nm，λ_{em}=530nm），3′端有一个**荧光淬灭基团**（Q），例如 6-羧基四甲基罗丹明（6-carboxy-tetramethyl-rhodamine，TAMRA，λ_{ex}=543nm，λ_{em}=575nm）。探针完整时，报告基团 R 与淬灭基团 Q 之间发生荧光淬灭，报告基团 R 不能产生 530nm 荧光（淬灭原理见第十九章，524 页）。

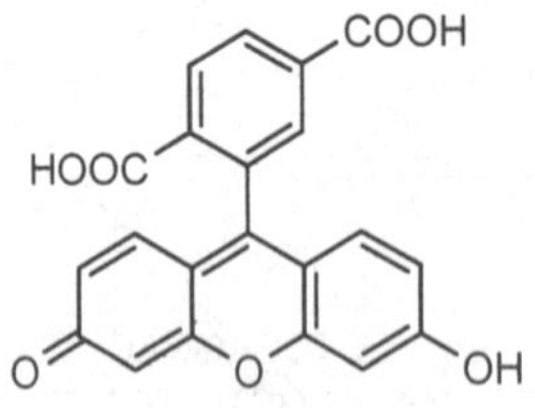

COOH　HOOC　O　O　OH

6-FAM

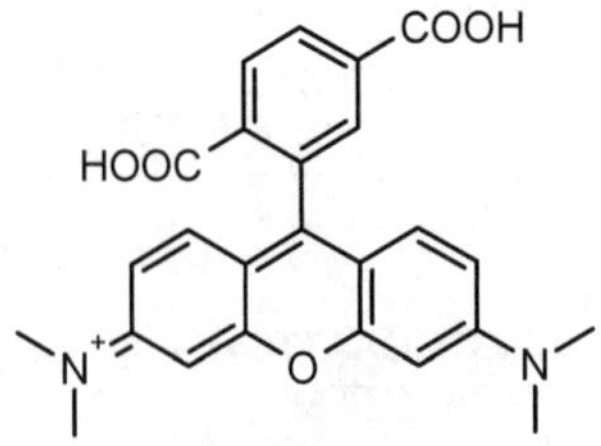

COOH　HOOC　N⁺　O　N

TAMRA

在 PCR 退火时，探针与模板杂交。在 PCR 延伸遇到探针 5′端时，DNA 聚合酶的 5′→3′外切酶活性将探针降解，报告基团 R 和淬灭基团 Q 分离。游离报告基团 R 可被 490nm 激光激发，产生 530nm 荧光。每增加一个扩增子就产生一个游离报告基团 R，实现了扩增子数量与荧光强度的同步化（图 14-5）。

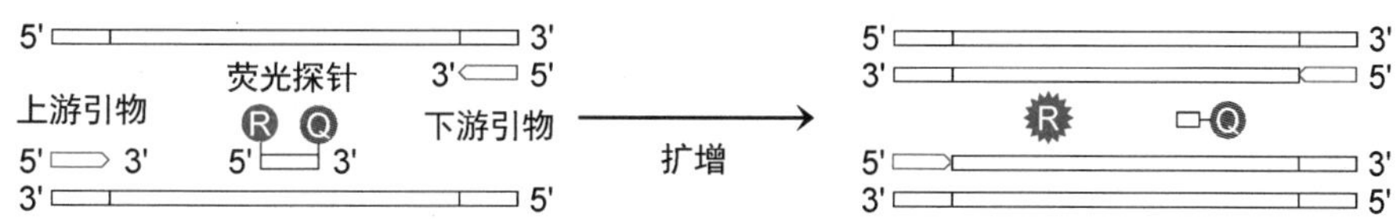

图 14－5　定量 PCR（qPCR）

定量 PCR 所用荧光探针可分为特异性荧光探针（如 TaqMan 探针、分子信标）和非特异性荧光探针（如溴化乙锭或 SYBR Green）：①分子信标：两端分别带荧光报告基团和淬灭基团，因形成茎环结构而淬灭，茎长 5~7bp，环长 15~30nt，与模板退火后解除淬灭，荧光报告基团可被激发产生荧光。②溴化乙锭（$\lambda_{ex}=285nm$，$\lambda_{em}=605nm$）：与双链核酸强烈结合，但与单链核酸也有结合，且抑制酶活性，还是强诱变剂。③SYBR Green（$\lambda_{ex}=488nm$，$\lambda_{em}=522nm$）：只与双链 DNA 结合，并被激发产生荧光，灵敏度至少是溴化乙锭的 5 倍。SYBR Green 成本较低，操作简单，应用广泛，但特异性差，荧光本底较高，且浓度过高时会抑制扩增。

2. 定量 PCR 应用　与逆转录联合可以定量分析 mRNA 以研究基因表达，是最快速、最简便、最常用的 RNA 定量方法，广泛应用于基础研究（等位基因、细胞分化、药物作用、环境影响）和临床诊断（肿瘤、遗传病、病原体）。

TaqMan 探针法检测 SNP　如果所设计的探针序列内部含 SNP 位点，则 TaqMan 探针可用于检测 SNP，可在一个反应体系中同时测定 7 种 SNP（第一章，32 页）。

3. 定量 PCR 特点　充分利用 PCR 的高效性、核酸杂交的特异性、荧光技术的高灵敏度和可计量性、Taq 酶的 5′→3′外切酶活性，在封闭条件下实时监测扩增产物，防止污染，灵敏度高，特异性高，定量准确，方便快捷，自动化程度高，能实现多重反应。

4. 竞争性 PCR（competitive PCR，cPCR）　是一种改进型定量 PCR。其核心内容是构建一组 PCR 体系，其中几乎所有成分浓度均相同，但加入不同量的内参照模板，该模板与待测样品使用同一个引物对，扩增产物长度相差 50~100bp，因而可以等效扩增。扩增过程中或结束后，可以分别对内参照和待测样品扩增产物进行定量分析，从而对初始样品进行定量分析。竞争性 PCR 是目前最准确的定量 PCR 技术。

九、PCR-限制性片段长度多态性分析

PCR-限制性片段长度多态性分析（PCR-RFLP）是 PCR 技术与 RFLP 分析的联合，即先用 PCR 扩增包含多态性位点的 DNA 序列，再用限制性内切酶消化扩增产物，电泳分析其 RFLP，判断其是否存在突变。PCR-RFLP 可以极大地提高 RFLP 分析的灵敏度和特异性（第一章，30 页），是检测突变较为简便的方法。

十、PCR-单链构象多态性分析

在非变性条件下，单链 DNA 形成一定的构象，这种构象是由其核苷酸序列决定的。长度相同的单链 DNA 只要核苷酸序列不同，即使只有一个核苷酸的差异，也会形成不同的构象，这就是单链构象多态性（SSCP）。

单链 DNA 即使长度相同，只要构象不同，就会有不同的电泳迁移率，所以 SSCP 可用非变性凝胶电泳进行分析（第十一章，358 页）。

SSCP 可用于检测点突变。注意：①所分析样品既可以是 DNA 分子，也可以是 RNA 分子。②SSCP 只是经验技术，尚未阐明点突变、构象改变和电泳迁移率三者之间的关系。③电泳迁移率存在差异说明核苷酸序列存在差异，但电泳迁移率相同不等于核苷酸序列相同。④仅可用于分析 400nt 以下的 DNA 片段。

SSCP 目前主要用于基因诊断、等位基因分型、病毒突变株检测。

将 PCR 与 PAGE 联合，可以提高 SSCP 分析的灵敏度和效率：先将待测 DNA 通过 PCR 扩增，扩增产物经过 80% 甲酰胺变性解链，再进行非变性聚丙烯酰胺凝胶电泳（凝胶浓度 5.5%，另含 10% 甘油，6～7V/cm 电泳），观察电泳条带的迁移率是否存在差异，可以分析 DNA 多态性，判断是否存在点突变，这就是 **PCR-单链构象多态性分析**（PCR-SSCP）。

十一、随机扩增多态性 DNA

随机扩增多态性 DNA（RAPD）技术是一种不依赖已知序列的基因组多态性分析技术。

1. RAPD 原理　如果把 DNA 视为各种寡核苷酸序列的有序串联，那就可以在 DNA 序列中找到许多重复的寡核苷酸序列。因此，我们可以设计这样一种 PCR：在 PCR 体系中加入 10nt 的单一寡核苷酸引物，可以扩增得到一组 DNA 片段，它们的两端为反向重复（IR）的 10nt 寡核苷酸序列，它们的长度反映了这种寡核苷酸序列在样品 DNA 序列中的分布。用聚丙烯酰胺凝胶电泳分析这组 DNA 片段，可以得到反映这种分布的 DNA 指纹（图 14-6）。

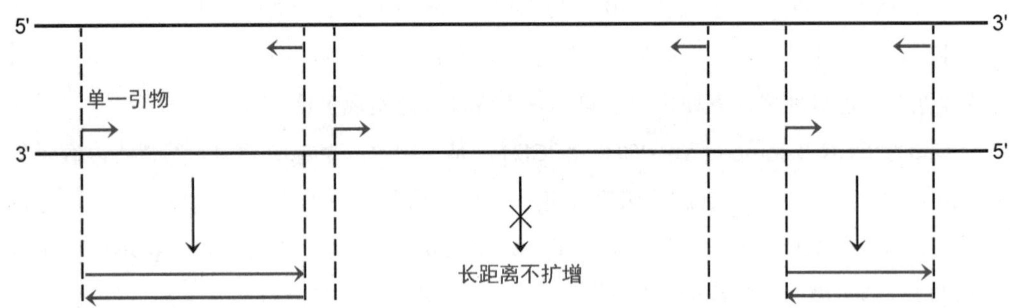

图 14－6　随机扩增多态性 DNA（RAPD）

不同个体的同源 DNA 具有多态性，其所含各种寡核苷酸序列的分布也具有多态性，以某种寡核苷酸为引物扩增的 PCR 产物也具有多态性。因此，以不同的寡核苷酸为单一引物，对所研究的基因组 DNA 进行扩增，可以得到不同的多态性 PCR 产物。实际上，以任意寡核苷酸为单一引物进行扩增，都可以得到相应的多态性 PCR 产物，这种产物称为**随机扩增多态性 DNA**（RAPD）。

2. RAPD 应用　目前，RAPD 已经成功地用于遗传多样性分析、品系鉴定，包括药用植物品种或品系的鉴定和研究、病原体的流行病学检测和分型等。

3. RAPD 特点　如果合成 RAPD 所用单一引物的核苷酸序列恰好是一种限制性酶切位点，则该 RAPD 就与 RFLP 一致了。因此，RAPD 是对 RFLP 的发展。RAPD 有以下特点：①不需知道目的 DNA 序列即可分析其多态性，构建 RAPD 指纹。②所用引物是人工合成的，可用于分析多物种的 DNA 多态性，应用广泛。③样品用量少，实验周期短，灵敏度高。

NOTE

十二、扩增片段长度多态性

扩增片段长度多态性（amplified fragment length polymorphism，AFLP）是 Vos 和 Zabeau 于 1993 年在 RFLP 和 RAPD 的基础上发明的新一代标记技术。

1. AFLP 原理 ①用（一种或几种）限制性内切酶消化 DNA，获得限制性片段，通常用一种低频限制性内切酶（如 *Eco*R Ⅰ）和一种高频限制性内切酶（如 *Mse* Ⅰ）(第十五章，411 页)。②在限制性片段末端加接有互补黏性末端的人工接头。③加选择性引物变性、退火。④进行选择性扩增（图 14－7）。用聚丙烯酰胺凝胶电泳分析扩增产物，得到 DNA 指纹。

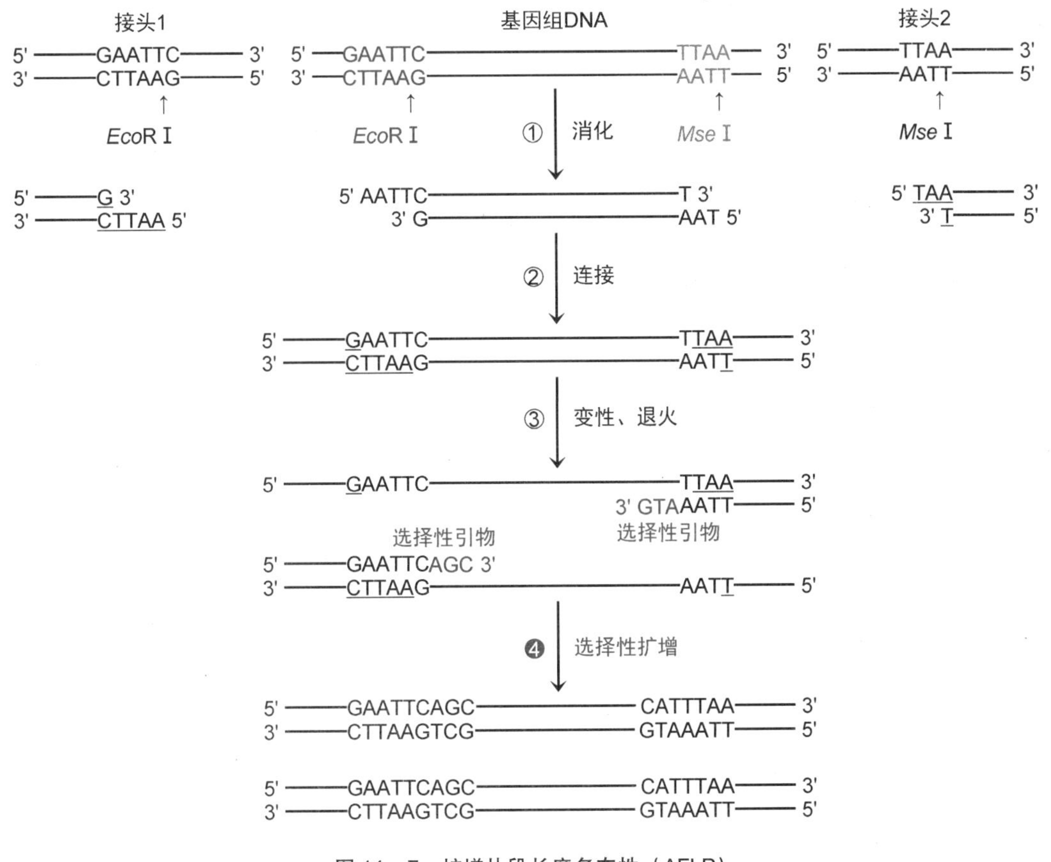

图 14－7 扩增片段长度多态性（AFLP）

AFLP 的关键是设计适当的**选择性引物**，其 3′端有比限制性酶切位点序列长出 1～3nt（随机序列）的**选择性核苷酸**（选择位点），只有那些末端序列与选择性引物完全互补的限制性片段才会被扩增，这种片段只占全部限制性片段的 $1/4^2 \sim 1/4^6$，所以是**选择性扩增**。

2. AFLP 应用 AFLP 能够分析位于限制性酶切位点或选择位点处的点突变、插入缺失、重排所产生的多态性，可用于分析遗传多样性、绘制基因图谱、研究基因突变、构建种系指纹（如中药 DNA 指纹）。

3. AFLP 特点 AFLP 不需要知道目的 DNA 序列信息，优点是重复性好、灵敏度高；不足是时间长、费用高、操作繁琐。

十三、锚定 PCR 和连接锚定 PCR

锚定 PCR（anchor PCR，A-PCR）用于扩增 5′端序列未知 mRNA 的 cDNA，由 Frohman 等

NOTE

于1988年建立。原理：①用末端转移酶在sscDNA的3′端加接同聚物尾如oligo(dG)，称为锚定序列。②设计锚定引物，其3′端与锚定序列互补，如oligo(dC)；5′端为修饰序列，如限制性酶切位点。③用锚定引物与sscDNA内已知特异序列组成引物对，进行扩增。锚定PCR产物可用于重组等研究。

连接锚定PCR（ligation-anchored PCR，LA-PCR）由Troutt等于1992年在锚定PCR的基础上建立，其核心是用T4 RNA连接酶直接在sscDNA的3′端加接修饰序列（其3′末端带保护基团）作为锚定序列，其余同锚定PCR。连接锚定PCR特点是简捷高效，省却了纯化环节。

十四、固相PCR

固相PCR（solid phase PCR，SP-PCR）是用固相引物进行PCR，最后得到固相扩增子。固相引物是将引物共价结合在固定相上，所用固定相可以是琼脂糖（如乳液PCR）、聚丙烯酰胺、磁珠等。如果所用固相引物是oligo(dT)，就可以获得固相cDNA文库。固相cDNA文库可用于DNA测序、基因诊断、探针制备、基因表达分析等。

十五、反向PCR

其他PCR是引物对（20~30nt×2）与目的DNA两端已知序列退火，扩增退火序列之间的一段序列。反向PCR（inverse PCR，iPCR）引物对与目的DNA内部两段串联的已知序列（图14-8：2、3）退火，扩增退火序列之外的两段序列（图14-8：1、4），故得名。反向PCR既可用于鉴定已知序列旁侧的未知序列，也用于研究DNA重组。

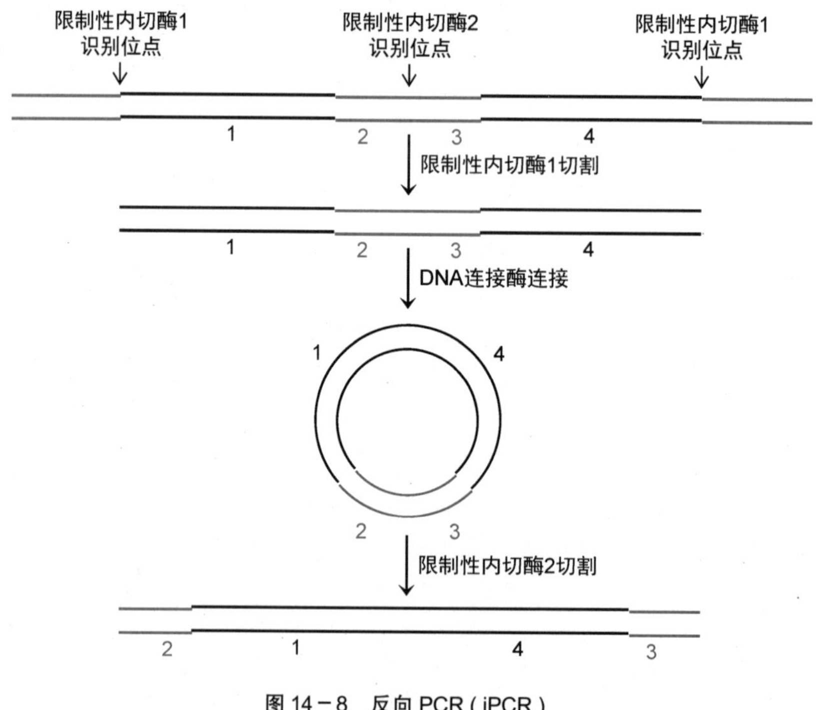

图14-8 反向PCR(iPCR)

十六、巢式PCR和半巢式PCR

巢式PCR（nested PCR）是设计两个引物对（外引物对和内引物对，称为巢式引物），针对同一靶基因进行两次扩增，可以提高检测的灵敏度和特异性。原理：①以样品为模板，加外引物对进行第一次扩增。②以第一次扩增产物为模板，加内引物对进行第二次扩增。

为了防止两次操作可能产生的交叉污染，可以设计高熔点外引物对和低熔点内引物对，一次性加入反应体系，第一次扩增采用高退火温度，仅外引物对退火、扩增，外引物对耗尽之后降低低退火温度，使内引物对退火扩增。

半巢式 PCR（semi-nested PCR）原理与巢式 PCR 基本相同，只是两个引物对中有一个引物是相同的。

十七、多重连接探针扩增

多重连接探针扩增（MLPA）是一种用于分析靶序列拷贝数的多重 PCR。

1. MLPA 原理　如图 14-9 所示，从靶序列中选择两段串联的上游特异序列和下游特异序列作为探针序列，上游探针序列的 5′端加接上游引物序列，下游探针序列的 3′端通过一段填充序列（stuffer sequence）加接下游引物的模板序列。当它们同时与靶序列杂交时，会形成切口结构，可由 DNA 连接酶催化连接。

（1）上述探针与基因组 DNA 进行变性、杂交。

（2）用 DNA 连接酶催化连接探针对。

（3）加上游引物（带荧光标记）和下游引物进行 PCR 扩增。

（4）毛细管电泳分析。

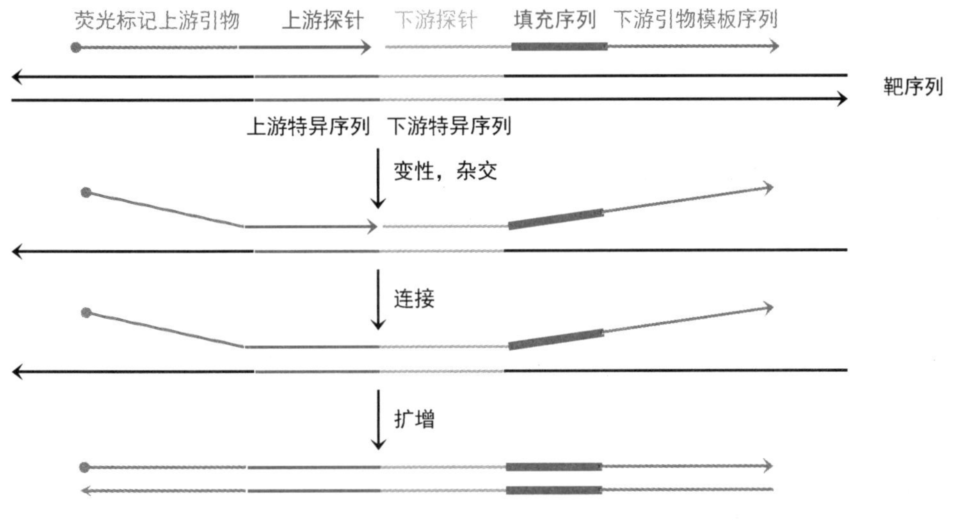

图 14－9　多重连接探针扩增（MLPA）

2. MLPA 特点　操作简单，方法灵敏，可以定量，可以批量分析。

PCR 技术虽然发明较晚，但是已经在分子生物学、医学、药学领域得到广泛应用，包括在分子生物学研究中用于基因组 DNA 扩增、基因分离、基因克隆、克隆筛选、定点突变、突变检测（分子进化研究）、探针制备、DNA 测序、RNA 定量等，在临床上用于基因诊断（包括指导设计疗程、评价化疗效果及是否复发）和器官移植的配型，在法医学鉴定中用于个体识别、亲权鉴定等，在药物研究中用于中药材鉴定。

第十五章 重组 DNA 技术

重组 DNA 技术（recombinant DNA technology）又称基因工程（genetic engineering），是 DNA 克隆所采用的技术和相关工作的统称。DNA 克隆（DNA cloning）又称分子克隆（molecular cloning），是重组 DNA 技术的核心，即将某种 DNA 片段（目的 DNA）与 DNA 载体连接成重组 DNA，导入细胞进行复制，并随细胞分裂而扩增，最终获得该 DNA 片段的大量拷贝。

重组 DNA 技术的建立得益于 1967 年发现的 DNA 连接酶和 1968 年发现的限制性内切酶。它们使 DNA 分子的体外剪接得以实现，是重组 DNA 技术最基本的工具酶。

1972 年，斯坦福大学 Berg（1980 年诺贝尔化学奖获得者）等构建了含 λ 噬菌体 DNA 片段和大肠杆菌 DNA 片段的重组 SV40。1973 年，Cohen、Chang 和 Boyer 等用 pSC101（携带四环素抗性基因）和 RSF1010（携带链霉素、磺酰胺抗性基因）构建重组质粒并转化大肠杆菌，使它们所携带的四环素和链霉素抗性基因得到表达；同年，他们又在大肠杆菌中克隆和表达了非洲爪蟾（*Xenopus*）18S 和 28S rRNA 基因。至此，重组 DNA 技术打破了种属界限。

1978 年用重组 DNA 技术生产人胰岛素获得成功，1983 年重组人胰岛素获准上市，从而使重组 DNA 技术进入成熟阶段。1990 年，Anderson 用重组 DNA 技术对一名患有重症联合免疫缺陷的儿童进行基因治疗获得成功。

重组 DNA 技术自诞生之日起就为细胞的增殖和分化、肿瘤的发生和发展等的基础研究提供了研究手段，也为医药卫生和工农业生产开辟了新的发展领域。目前，人们用重组 DNA 技术研发并生产了大量用传统技术生产产量很低或不易制备的生物制品，包括肽类激素、抗体和疫苗等，很多已经应用于临床。重组 DNA 技术使药物开发步入了分子医学时代，医药工业已成为重组 DNA 技术应用活跃的领域之一。

第一节 工具酶

重组 DNA 技术需要各种工具酶，其中最重要的是限制性内切酶和 DNA 连接酶（表 15-1）。

表 15-1 重组 DNA 技术工具酶

工具酶	催化活性	应用
Ⅱ型限制性内切酶	识别并切割 DNA 特异序列	制备合适 DNA 片段，分析限制性酶切图谱
DNA 连接酶	切口 5′-磷酸基与 3′-羟基形成磷酸二酯键	连接 DNA 切口，制备重组 DNA
DNA 聚合酶	以 DNA 指导 DNA 合成	DNA 复制、扩增，DNA 缺口填补
逆转录酶	以 RNA 指导 DNA 合成	cDNA 合成
多核苷酸激酶	DNA 或 RNA 5′端羟基磷酸化	DNA 末端磷酸化，DNA 末端同位素标记

续表

工具酶	催化活性	应用
末端转移酶	合成 DNA（不需要模板）	DNA 3′端同聚物加尾
核酸外切酶Ⅲ	双链 DNA 3′端（平端或 5′黏性末端）脱核苷酸	DNA 末端修饰
S1 核酸酶	单链 DNA 或 RNA 水解	DNA 或 RNA 末端修饰
λ 噬菌体核酸外切酶	双链 DNA 5′端脱核苷酸	制备 3′黏性末端，DNA 末端修饰
碱性磷酸酶	水解各种磷酸单酯键	DNA 末端脱磷酸基
DNA 甲基转移酶	DNA 特定碱基甲基化	保护目的 DNA

一、限制性内切酶

限制性内切酶又称限制性酶（restriction enzyme）、限制酶、限制性核酸内切酶（restriction endonuclease），是一类核酸内切酶，主要由原核生物（特别是细菌）基因编码，能识别双链 DNA 的特定序列，水解该序列内部或一侧特定位点的磷酸二酯键。限制性内切酶识别的特定序列称为限制性酶切位点、限制位点（restriction site）、识别位点。

在原核细胞中，限制性内切酶可以消化含限制性酶切位点的外源 DNA（foreign DNA），从而抗转化，例如噬菌体 DNA 感染率仅为 10^{-4}。虽然原核细胞基因组 DNA 中也含同样的限制性酶切位点，但其中的某些碱基已被甲基化修饰，因而这些限制性酶切位点受到保护，不会被自身限制性内切酶消化。DNA 的这种甲基化修饰是由修饰性甲基化酶（modification methylase）催化完成的，修饰性甲基化酶的这种活性具有种属特异性，即只修饰自身 DNA 的限制性酶切位点。实际上，限制性内切酶和修饰性甲基化酶组成了原核细胞的限制修饰系统（restriction modification system），起防御作用，即降解外源 DNA、保护自身 DNA，对原核生物遗传性状的稳定性具有重要意义。

（一）限制性内切酶的命名

限制性内切酶大多数用表达该酶的细菌的学名来命名，其命名规则是，①第一个字母取该细菌属名的首字母，用大写斜体。②第二、三个字母取该细菌种名的头两个字母，用小写斜体。③第四个字母（有时无）代表表达该酶的特定菌株等，用大写或小写。④用罗马数字代表同一菌株中不同限制性内切酶的编号，按发现时间排序。

例如，埃及嗜血杆菌（*H. aegytius*）表达的三种限制性内切酶，分别命名为 *Hae* Ⅰ、*Hae* Ⅱ 和 *Hae* Ⅲ。

（二）限制性内切酶的分类

已报道的限制性内切酶有一万多种，分为三类（表 15-2）。

表 15-2　限制性内切酶

特性	Ⅰ型	Ⅱ型	Ⅲ型
亚基数	3	1	2
DNase 活性	+	+	+
修饰性甲基化酶活性	+	−	+
辅助因子	ATP，Mg^{2+}，SAM	Mg^{2+}	ATP，Mg^{2+}，SAM
切割位点	距离限制性酶切位点约 1kb 范围内	在限制性酶切位点上	距离限制性酶切位点 20~30bp

1. Ⅰ型限制性内切酶　三聚体结构，多酶复合体，有 DNase 活性和修饰性甲基化酶活性，这类酶可在距离限制性酶切位点约 1kb 范围内切割 DNA，对切割位点序列并无特异性，所以切割不同 DNA 形成的末端序列未必相同。

2. Ⅲ型限制性内切酶　二聚体结构，多酶复合体，有 DNase 活性和修饰性甲基化酶活性，这类酶通常在限制性酶切位点附近（相距 20～30bp）切割 DNA，对切割位点序列并无特异性，所以切割不同 DNA 形成的末端序列未必相同。

3. Ⅱ型限制性内切酶　单体结构，绝大多数只有 DNase 活性，切割位点就是限制性酶切位点，所以切割不同 DNA 形成的末端序列是相同的。Ⅱ型限制性内切酶是重组 DNA 技术常用的限制性内切酶，称为分子生物学家的手术刀。

第一种Ⅱ型限制性内切酶 *Hind*Ⅱ由 Smith（与 Arber、Nathans 获得 1978 年诺贝尔生理学或医学奖）、Wilcox 和 Kelley 于 1970 年从 *H. influenzae* 中分离，其限制性酶切位点是 GTY·RAC。

在各种教材及其他论著中，没有注明类型的限制性内切酶通常默认为Ⅱ型。

（三）Ⅱ型限制性内切酶的识别和切割

Ⅱ型限制性酶切位点有两个特点：①通常含 4～8bp。②多为回文序列或反向重复序列。在随机序列 DNA 中，平均每 4096（4^6）bp 有一个 6bp 的限制性酶切位点。因此，DNA 分子可以被一种限制性内切酶消化成平均长度为 4kb 的片段，称为限制性酶切片段、限制性片段（restriction fragment）。限制性片段有两类末端。

1. 黏性末端　限制性内切酶从限制性酶切位点的两个对称点交错切割 DNA 双链，产生黏性末端，又称黏端（sticky end）、突出末端（protruding terminus），包括 5′黏性末端和 3′黏性末端。例如，

限制性内切酶 *Eco*RⅠ切割 *Eco*RⅠ位点对称中心 5′侧，形成 5′黏性末端。

```
5'—— G·A-A-T-T-C —— 3'    EcoR I    5'—— G 3'              5' A-A-T-T-C —— 3'
3'—— C-T-T-A-A·G —— 5'   ———————→   3'—— C-T-T-A-A 5'   +            3' G —— 5'
```

限制性内切酶 *Pst*Ⅰ切割 *Pst*Ⅰ位点对称中心 3′侧，形成 3′黏性末端。

```
5'—— C-T-G-C-A·G —— 3'    Pst I     5'—— C-T-G-C-A 3'              5' G —— 3'
3'—— G·A-C-G-T-C —— 5'   ———————→   3'—— G 5'             +   3' A-C-G-T-C —— 5'
```

2. 平端　限制性内切酶从限制性酶切位点的对称中心切割 DNA 双链，形成平头末端，简称平端（blunt end）。例如，

限制性内切酶 *Sma*Ⅰ切割 *Sma*Ⅰ位点对称中心处，形成平端。

```
5'—— C-C-C·G-G-G —— 3'    Sma I     5'—— C-C-C 3'          5' G-G-G —— 3'
3'—— G-G-G·C-C-C —— 5'   ———————→   3'—— G-G-G 5'    +     3' C-C-C —— 5'
```

目前已经发现了数千种Ⅱ型限制性内切酶，它们识别并切割的限制性酶切位点有 100 多种。分析各种限制性内切酶的识别切割关系，发现存在一些特殊的限制性内切酶（表 15-3）。

NOTE

表 15-3 限制性内切酶的识别和切割比较

限制性内切酶	性质	举例	识别切割位点
同裂酶，同切点酶 isoschizomer	限制性酶切位点相同，切割形成相同末端	*Aha* Ⅲ，*Dra* Ⅰ	TTT·AAA
		Hpa Ⅱ，*Msp* Ⅰ	C·CGG
		Sph Ⅰ，*Bbu* Ⅰ	GCATG·C
同位酶，异功酶 neoschizomer	限制性酶切位点相同，切割形成不同末端	*Mae* Ⅱ	A·CGT
		Tai Ⅰ	ACGT·
同尾酶 isocaudarner	限制性酶切位点不同，切割形成相同黏性末端	*Bam*H Ⅰ	G·GATCC
可变酶	限制性酶切位点含可变碱基	*Dra* Ⅲ	CACNNN·GTG
		*Tth*111 Ⅰ	GACN·NNGTC
其他	限制性酶切位点不同，切割形成不同末端	*Alu* Ⅰ	AG·CT
		Bcl Ⅰ	T·GATCA
		*Eco*R Ⅰ	G·AATTC
		Hind Ⅱ	GTY·RAC
		Hind Ⅲ	A·AGCTT
		Mse Ⅰ	T·TAA
		Mss Ⅰ	GTTT·AAAC
		Nla Ⅲ	CATG·
		Not Ⅰ	GC·GGCCGC
		Pst Ⅰ	CTGCA·G
		Sal Ⅰ	G·TCGAC
		Sma Ⅰ	CCC·GGG
		Taq Ⅰ	T·CGA
		Bgl Ⅱ	A·GATCT

由表 15-3 可见，许多限制性内切酶的限制性酶切位点含 6bp。相比之下，有些限制性内切酶的限制性酶切位点含 4bp（如 *Taq* Ⅰ 位点），在 DNA 中相对较多（平均每 $4^4=256$bp 一个），称为高频限制性内切酶、高频剪切酶（frequent cutter）；另一些限制性内切酶的限制性酶切位点含 8bp（如 *Not* Ⅰ 位点），在 DNA 中相对较少（平均每 $4^8=65536$bp 一个），称为低频限制性内切酶、低频剪切酶（rare cutter）。

（四）限制性内切酶的应用

限制性内切酶的应用非常广泛，包括用于 DNA 重组、载体构建、探针制备、DNA 杂交、限制性酶切图谱分析、DNA 指纹分析、基因组文库构建、DNA 测序、DNA 同源性分析和基因定位等。

限制性酶切图谱（restriction map） 简称限制图，反映一种或一组限制性酶切位点在一种 DNA 中的数目和分布。该 DNA 经限制性内切酶消化成限制性片段后，用电泳等方法分离，会形成独特的条带图谱。例如：SV40 有 1 个 *Eco*R Ⅰ 位点、4 个 *Hpa* Ⅰ 位点、11 个 *Hind* Ⅲ 位点。图 15-1 为 SV40 的三种限制性酶切图谱。

（五）限制性内切酶消化效率的影响因素

限制性内切酶的消化效率受 DNA 纯度和结构、反应体系组成和反应条件等影响。

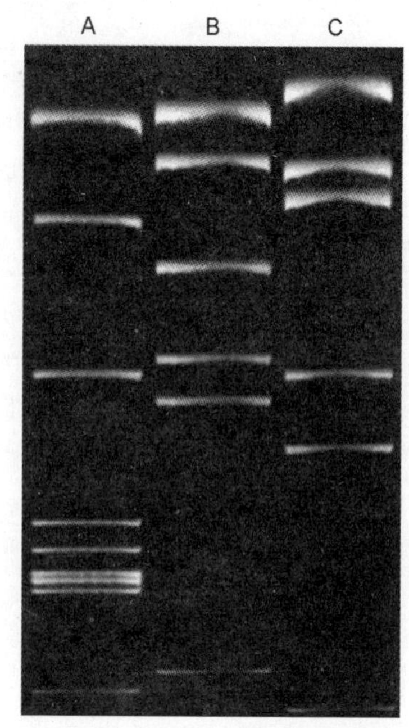

图 15－1　SV40 限制性酶切图谱

1. DNA 纯度　①蛋白质、SDS、EDTA、苯酚、氯仿、乙醇及高离子强度都有可能影响限制性内切酶的活性，从而影响消化效率。②DNA 被 DNase 污染，DNase 会降解 DNA。对低纯度 DNA 的消化应当采用提高酶浓度（但需注意浓度过高会发生非特异性切割）和延长反应时间等方法，以保证消化效率。

2. DNA 甲基化水平　限制性酶切位点甲基化影响消化。大多数大肠杆菌存在两种修饰性甲基化酶：①**Dam 甲基化酶**（DNA adenine methylase）：能将 GATC 序列中的 A 甲基化成 N^6-甲基腺嘌呤（m^6A）。②**Dcm 甲基化酶**（DNA cytosine methylase）：能将 CCA/TGG 序列中的 C 甲基化成 5-甲基胞嘧啶（5mC）。因此，在野生型大肠杆菌的质粒中，这些限制性酶切位点受到甲基化保护，只能被限制性内切酶部分切割，甚至完全不被切割，不适于作为重组 DNA 的载体。为此，可用修饰性甲基化酶缺陷型大肠杆菌的质粒构建载体。

有些限制性内切酶不能切割甲基化限制性酶切位点，称为**甲基化敏感的限制性内切酶**，可用于研究 DNA 甲基化状态（第十八章，494 页）。

3. DNA 结构　DNA 的构型对消化效率有较大影响，例如切割共价闭合环状 DNA（cccDNA）所需的酶浓度要比切割线性 DNA（lDNA）高 10～20 倍。此外，限制性内切酶对位于 DNA 不同区域的限制性酶切位点的切割效率也有差异，这是因为切割还受限制性酶切位点侧翼序列的影响。

4. 反应温度　大多数限制性内切酶的最适温度为 37℃，但也有例外（表 15-4）(限制性内切酶通常以 50%甘油溶液保存于-20℃)。

表 15－4　限制性内切酶的最适温度

限制性内切酶	*Sma* Ⅰ	*Bcl* Ⅰ	*Mae* Ⅲ	*Bst* EⅡ	*Taq* Ⅰ	*Tli* Ⅰ
最适温度（℃）	25	50	55	60	65	75
限制性酶切位点	CCC·GGG	T·GATCA	·GTNAC	·GGTNACC	T·CGA	C·TCGAG

5. 缓冲液　市售限制性内切酶一般附有已经优化的缓冲液（10×缓冲液）。

在“非最适”反应条件下［包括甘油浓度>5%、限制性内切酶浓度>100U/μg DNA、缓冲液离子强度<25mmol/L、pH>8.0、存在二甲基亚砜（dimethyl sulphoxide，DMSO）等有机溶剂以及用 Mn^{2+} 等二价离子代替 Mg^{2+} 等］，限制性内切酶的专一性下降，可以切割与限制性酶切位点相似的序列，这一现象称为**星号活性**。例如：*Eco*RⅠ在正常条件下识别 GAATTC，在甘油浓度高于 5%或低温时可识别 AATT 或 RRATYY。

二、DNA 连接酶

DNA 重组需要 DNA 连接酶，用以将目的 DNA 和载体共价连接成重组 DNA。常用的 DNA 连接酶包括大肠杆菌 DNA 连接酶和 T4 DNA 连接酶。它们的生理功能都一样，即催化 DNA 切口处的 5′-磷酸基与 3′-羟基缩合，形成磷酸二酯键；反应机制也基本相同。不过，反应消耗的高能化合物不同：大肠杆菌 DNA 连接酶消耗 NAD^+，而 T4 DNA 连接酶消耗 ATP。

1. **大肠杆菌 DNA 连接酶**　由大肠杆菌 *ligA* 基因编码（671AA），在大肠杆菌 DNA 的复制、修复和重组过程中起作用，在重组 DNA 技术中用于连接 DNA 切口或互补黏性末端（429 页）。

大肠杆菌 DNA 连接酶的最适温度是 37℃，但连接互补黏性末端时反应温度要低一些，因为黏性末端较短，温度过高时不易退火，也就无法连接。

2. **T4 DNA 连接酶**　由 T4 噬菌体的 *30* 基因编码（487AA），存在于 T4 噬菌体感染的大肠杆菌中，在重组 DNA 技术中用于连接 DNA 平端或互补黏性末端。注意：多胺及高浓度 ATP（5mmol/L）抑制 T4 DNA 连接酶。

三、DNA 聚合酶

DNA 聚合酶催化合成 DNA，在重组 DNA 技术中用于 DNA 体外扩增、DNA 缺口填补和 DNA 探针标记等。各种 DNA 聚合酶的共同特点是都需要模板和引物，不过其专一性高低不同，反应条件也不一样，所以用途各异（表 15-5）。

表 15－5　重组 DNA 技术应用的 DNA 聚合酶

DNA 聚合酶	应用
DNA 聚合酶 I	①催化 DNA 切口平移，制备高比活性 DNA 探针。②合成 dscDNA。③补平或标记 5′黏性末端。④DNA 测序
Klenow 片段	①补平或标记 5′黏性末端。②合成 dscDNA。③DNA 测序
T4 DNA 聚合酶	①补平或标记 5′黏性末端。②平端标记（先水解后补平）制备探针
T7 DNA 聚合酶	①补平或标记 5′黏性末端。②平端标记（先水解后补平）制备探针
Taq DNA 聚合酶	①PCR。②DNA 测序
逆转录酶	①逆转录合成 sscDNA。②制备探针。③逆转录 PCR。④补平或标记 5′黏性末端。⑤DNA 测序

四、RNA 聚合酶

T7 RNA 聚合酶由 T7 噬菌体的 *1* 基因编码（883AA），因为以下特点而用于构建表达系统。

1. **高效性**　合成速度约 300nt/秒钟，活性远高于大肠杆菌 RNA 聚合酶，

2. **专一性**　只识别噬菌体的晚期启动子，该启动子较小，位于－1～－11 区。

五、修饰酶

在重组 DNA 技术中，目的 DNA 经常需要通过修饰进行标记、保护，或加接人工接头，便于重组。修饰需要各种修饰酶。

1. **末端转移酶**　末端转移酶（第十二章，374 页）可用于：①DNA 3′端进行同聚物加尾（429 页），便于克隆。②标记 DNA 3′端，以制备探针或测序。

2. **碱性磷酸酶**　常用的碱性磷酸酶（ALP）有两种：从牛小肠分离的，称为**牛小肠碱性磷酸酶**（calf intestinal alkaline phosphatase，CIP，487AA，同二聚体）；从细菌中分离的，称为**细菌碱性磷酸酶**（bacterial alkaline phosphatase，BAP，大肠杆菌 450AA，同二聚体）。它们的专一性不高，能水解各种磷酸单酯键，可用于：①脱去载体的 5′-磷酸基，防止其自身环化或

NOTE

形成串联体，提高重组效率。②与 T4 多核苷酸激酶联合，用[γ-^{32}P]ATP 标记 DNA 或 RNA 的 5′末端。

3. T4 多核苷酸激酶　T4 多核苷酸激酶（第十二章，374 页）可用于：①将 DNA 或 RNA 的 5′-羟基磷酸化。②与碱性磷酸酶联合，用[γ-^{32}P]ATP 标记 DNA 或 RNA 的 5′末端。

4. 修饰性甲基化酶　在重组 DNA 技术中，常用修饰性甲基化酶将目的 DNA 的某些限制性酶切位点甲基化，使其不再被相应的限制性内切酶消化，起到保护作用。例如，*Eco*R Ⅰ DNA 甲基转移酶能催化 *S*-腺苷蛋氨酸将 *Eco*R Ⅰ 位点 G · AATTC 的 A 甲基化成 N^6-甲基腺嘌呤，使该限制性酶切位点抗 *Eco*R Ⅰ 切割。

5. 核酸酶　水解磷酸二酯键。核酸酶有多种分类：①特异性核酸酶和非特异性核酸酶。②核酸内切酶和核酸外切酶。③DNase、RNase 和 RNase H。④水解单链核酸的核酸酶（RNase S1、绿豆核酸酶）、水解双链核酸的核酸酶、单/双链核酸都水解的核酸酶。⑤水解 3′-磷酸酯键的核酸酶和水解 5′-磷酸酯键的核酸酶等。

第二节　载　体

重组 DNA 技术的一个重要环节，是把目的 DNA 导入宿主细胞，并在宿主细胞内扩增。大多数目的 DNA 很难自己进入宿主细胞，更不能自主复制，因此需要把目的 DNA 连接到一种特定的、可以复制的 DNA 中，这种 DNA 分子就是重组 DNA 技术的载体。

一、概述

重组 DNA 技术载体（vector）的化学本质是 DNA。载体不但能与目的 DNA 重组，导入宿主细胞，还能利用自身的调控元件，使目的 DNA 在宿主细胞内独立和稳定地复制甚至表达，并据此分为克隆载体和表达载体（图 15-2）。

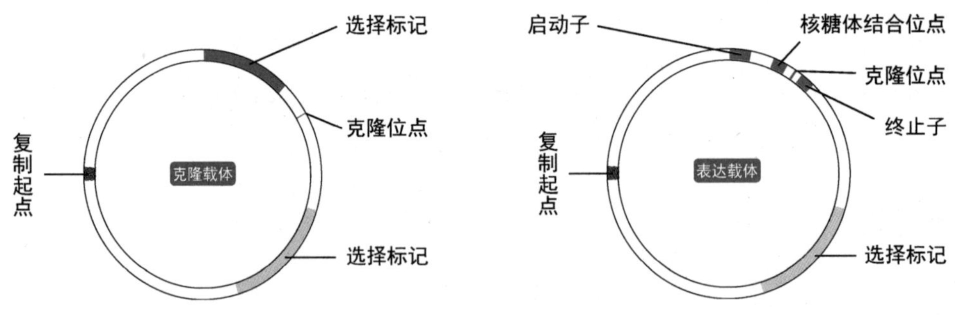

图 15-2　载体的基本结构

1. 克隆载体（cloning vector）　是用来克隆和扩增目的 DNA 的载体，含以下基本元件。

（1）复制起点（ori）　能利用宿主的 DNA 复制系统启动载体复制，目的 DNA 也随之复制。

（2）克隆位点　目的 DNA 的插入位点，为某种限制性内切酶的单一酶切位点，或多种限制性内切酶的单一酶切位点，后者多集中形成多克隆位点（MCS），又称多接头、多位点人工

NOTE

接头（polylinker）(图 15-3)。

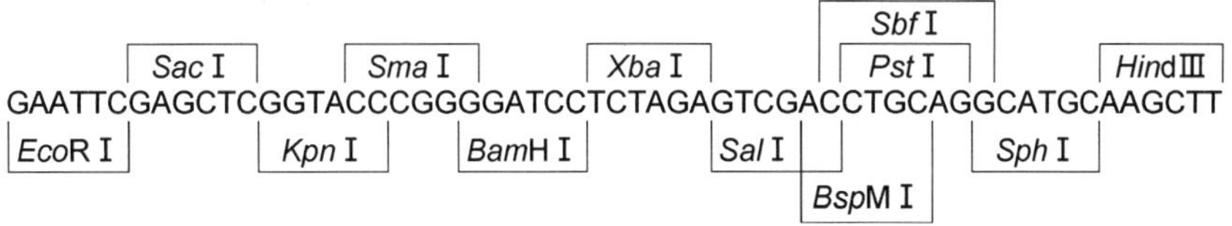

图 15-3　pUC18/19 多克隆位点

（3）选择标记和筛选标记　①选择标记（selectable marker）决定宿主能否存活，分为阳性选择标记（其表达产物为宿主存活所必需）和阴性选择标记（其表达产物会杀死宿主）。②筛选标记（screenable marker）不影响宿主代谢，但赋予宿主某种表型（如其表达产物使宿主显色），便于筛选重组 DNA 克隆。通常选择标记和筛选标记统称选择标记（表 15-6）。

表 15-6　常用选择标记和筛选标记

选择标记种类	常用标记
抗生素抗性基因	氨苄青霉素抗性基因（amp^R）、四环素抗性基因（tet^R）、卡那霉素抗性基因（kan^R）、氯霉素抗性基因（cm^R）、新霉素抗性基因（neo^R）、潮霉素抗性基因（hyg^R）
酶基因	β-半乳糖苷酶 N 端（*lacZ'*）、二氢叶酸还原酶基因（*Dhfr*）、胸苷激酶基因（*TK*）、腺苷脱氨酶基因（*ada*）、次黄嘌呤鸟嘌呤磷酸核糖转移酶基因（*Hprt*）
营养依赖性基因	5-磷酸乳清酸苷脱羧酶基因（*ura3*）、3-异丙基苹果酸脱水酶基因（*leu2*）、咪唑甘油磷酸酯脱水酶基因（*his3*）

此外，克隆载体还应有分子小、容量大、容易导入宿主细胞、拷贝数高、容易提取和抗剪切力强等特点。克隆载体适用于目的 DNA 的重组、克隆和保存。

2. 表达载体（expression vector）　是用来表达目的基因的载体，除了含克隆载体的基本元件外，还含表达元件。这些元件能被宿主表达系统识别，从而调控转录和翻译。因此，表达载体可以利用宿主表达系统表达其携带的目的基因。

常用的载体有：①**原核载体**：以原核细胞为宿主的质粒载体、噬菌体载体、噬菌粒载体、黏粒载体和细菌人工染色体。②**真核载体**：以真核细胞为宿主的病毒载体和酵母人工染色体。③**穿梭载体**：可以转化不同宿主细胞，例如细菌和酵母、细菌和动物细胞。这些载体是由相应的野生型质粒或病毒等构建的（表 15-7）。

表 15-7　常用载体类型

载体	最大容量（kb）	举例	宿主	用途
质粒	10	pBR322，pUC18	大肠杆菌	一般用途，载体构建
λ 噬菌体（插入型）	10	λgt11	大肠杆菌	cDNA 文库构建
λ 噬菌体（置换型）	20~23	λZAP，EMBL4	大肠杆菌	基因组文库构建
M13 噬菌体	8~9	M13mp18	大肠杆菌	定点突变，DNA 测序
黏粒	45~50	pJB8	大肠杆菌	基因组文库构建
噬菌粒	10~20	pBluescript	大肠杆菌	一般用途，定点突变
P1 人工染色体	75~90	pAd10SacB Ⅱ	大肠杆菌	基因组文库构建
细菌人工染色体	300	pBAC108L	大肠杆菌	基因组文库构建
酵母人工染色体	1000	pYAC4	酵母	基因组文库构建

二、质粒载体

质粒载体在重组 DNA 技术中应用最早、最广泛。

在重组 DNA 技术中，为了提高目的 DNA 的扩增效率或目的基因的表达效率，常采用松弛型质粒构建载体，除非过多的目的 DNA 克隆或目的基因产物会影响宿主菌的存活。

质粒载体命名规则：第一个字母小写 p 代表质粒，第二、三个字母大写代表质粒的构建者或其所在实验室，三个字母后面的数字代表质粒编号。例如质粒 pBR322：BR 为构建者 Bolivar、Rodriguez，322 为质粒编号。

（一） pBR322载体

质粒 pBR322 是第一种人工构建的克隆载体（Bolivar & Rodriguez，1977），现在已经对其进行详细研究，包括 DNA 测序、限制性酶切图谱分析。

1. pBR322 载体的基本结构 质粒 pBR322 的大小为 4361bp，用三种亲本 DNA 构建而成，含以下元件（图 15-4，图中未标出所有限制性酶切位点）。

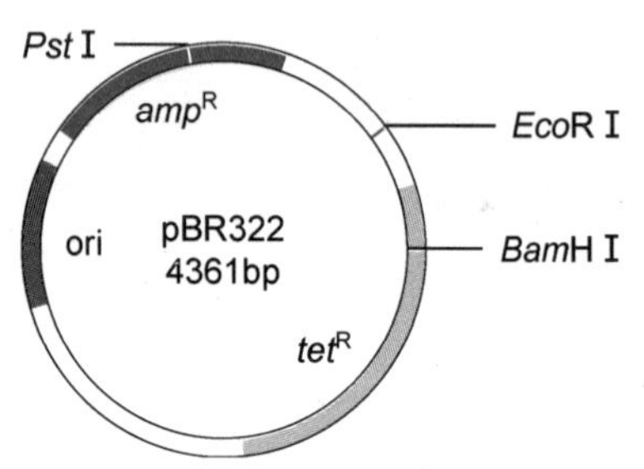

图 15－4 pBR322 结构

（1）复制起点 来自质粒 pMB1 的复制起点 *rep*，决定质粒拷贝数和不相容性，可被宿主复制系统识别、启动复制。

（2）抗性基因 ①氨苄青霉素抗性基因（amp^R）：来自 Tn3 转座子，编码一种 β-内酰胺酶，可以分解氨苄青霉素（又称氨苄西林）。②四环素抗性基因（tet^R）：来自质粒 pSC101，编码一种膜蛋白，可以将四环素泵出细胞。

（3）克隆位点 其中有的位于 tet^R 基因内（如 *Bam*H I 位点），在这种位点插入目的 DNA 会导致 tet^R 基因失活；有的位于 amp^R 基因内（如 *Pst* I 位点），在这种位点插入目的 DNA 会导致 amp^R 基因失活。

2. pBR322 载体的特点 ①分子量较小：为了便于提取并且避免在提取过程中发生断裂，克隆载体的大小最好不超过 15kb。②有两个抗性基因：可以通过插入失活筛选导入目的 DNA 的细胞（转化子，430 页）。③是松弛型质粒：通常拷贝数在 10～20。如果用氯霉素处理，可在每个细胞内扩增 1000～3000 个拷贝，极大提高 DNA 克隆效率。

3. pBR322 载体的应用 ①作为原核克隆载体。②构建原核表达载体。③构建其他载体。

（二） pUC 载体

pUC 载体是用质粒 pBR322 和 M13 噬菌体构建的（Vieira & Messing，1982），大小为 2686bp，是目前在分子生物学研究中应用比较广泛的一类质粒克隆载体。

1. pUC 载体的基本结构 典型的 pUC 含以下元件（图 15-5）。

（1）复制起点 来自质粒 pBR322，因含有一个点突变而使 pUC 拷贝数更高。

（2）amp^R 来自质粒 pBR322，但其序列已被改造，不再含原有的限制性酶切位点。

（3）*lacZ′* 来自噬菌体载体 M13mp18/19，包含大肠杆菌乳糖操纵子的 *CRP*、启动子 *lacP*、操纵基因 *lacO* 和结构基因 *lacZ* 的 5′端部分序列（编码 β-半乳糖苷酶 N 端的 146AA）。

（4）多克隆位点 位于 *lacZ′*编码区内（图 15-3）。

（5）调控基因 *lacI*　来自大肠杆菌乳糖操纵子。

2. pUC 载体的特点　与 pBR322 相比，pUC 有以下特点：①分子量更小，拷贝数更高，不用氯霉素处理即可在每个细胞内扩增 500~700 个拷贝。②针对所含的 *lacZ'* 可用 α 互补和蓝白筛选法筛选转化细胞（以大肠杆菌 DH5α 菌株为宿主），筛选过程简便省时（434 页）。③*lacZ'* 内的多克隆位点使重组更方便。

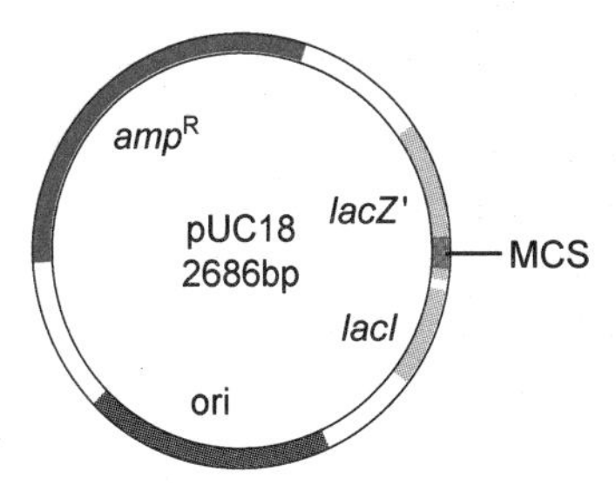

图 15－5　pUC18 和 pUC19 载体结构

pUC 载体都是成对构建的。它们在结构上基本一致，只是多克隆位点所含限制性酶切位点的排序相反（倒位）。

3. pUC 载体的应用　①克隆目的基因。②表达目的基因。③构建 cDNA 文库。④用于 DNA 测序。

（三）pGEM 载体

由 pUC 改造而成，是在其多克隆位点两侧引入了 T7 启动子和 SP6 启动子，因而可用于体外转录，制备 mRNA 或反义 RNA（图 15-6）。

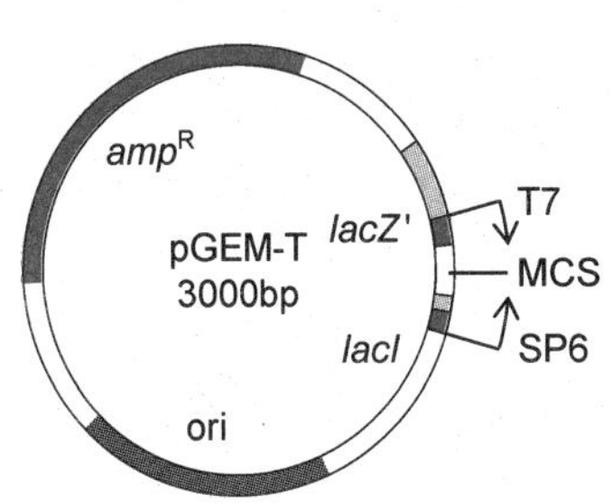

图 15－6　pGEM-T 载体结构

三、噬菌体载体

噬菌体（bacteriophage，phage）是可以感染细菌的病毒。噬菌体 DNA 除了含复制起点外，还携带噬菌体衣壳蛋白基因。噬菌体载体的特点是转化效率高、拷贝数高。噬菌体载体适用于构建基因文库。

（一）λ 噬菌体载体

λ 噬菌体有一个携带基因组 DNA 的头部（head）、一个用于感染大肠杆菌的尾部（tail）（含尾丝，tail fiber，图 15-7）。

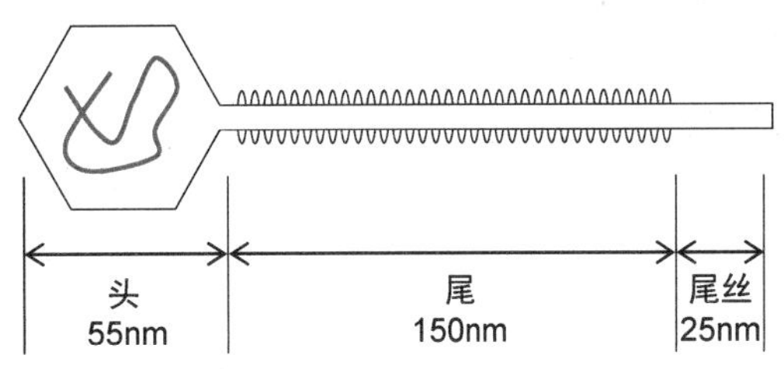

图 15－7　λ 噬菌体

1. λ 噬菌体的生命周期　λ 噬菌体属于溶原性噬菌体（lysogenic phage），又称温和噬菌体，感染细菌之后可以进入裂解周期或溶原周期。裂解周期是指噬菌体感染细菌后持续增殖，可以产生 100 多个子代噬菌体（又称病毒粒子），直至溶菌，释放的噬菌体可以继续感染细菌。溶原周期是指噬菌体感染宿主菌后将 DNA 整合到其染色体 DNA 中，并随之一起复制，遗传给新生菌。这种宿主菌只有一个噬菌体 DNA 拷贝（原噬菌体，prophage），并且宿主菌不被裂解，但在适当条件下（如紫外线照射）可以转入裂解周期（图 15-8）。

2. λ 噬菌体的基因组　是线性双链 DNA，大小是 48502bp，两端各有 12nt 的互补单链，因而是一种天然黏性末端，称为 cos 末端，包括左端（L cos）和右端（R cos）（图 15-9）。

野生型 λ 噬菌体基因组有 60 多个基因：①衣壳蛋白（头部、尾部、尾丝）基因在左侧。②裂解生长蛋白基因在右侧。③中间的一部分序列属于可置换区，可置换容量为 23kb。可置换区并非溶原周期所必需，该序列被置换并不影响 λ 噬菌体的感染和包装。

NOTE

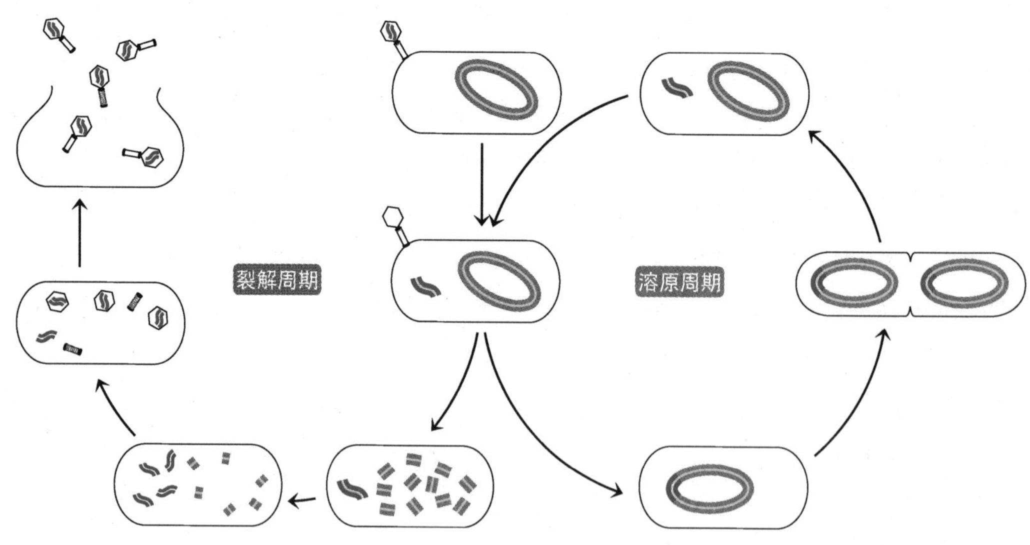

图 15－8　λ 噬菌体的生命周期

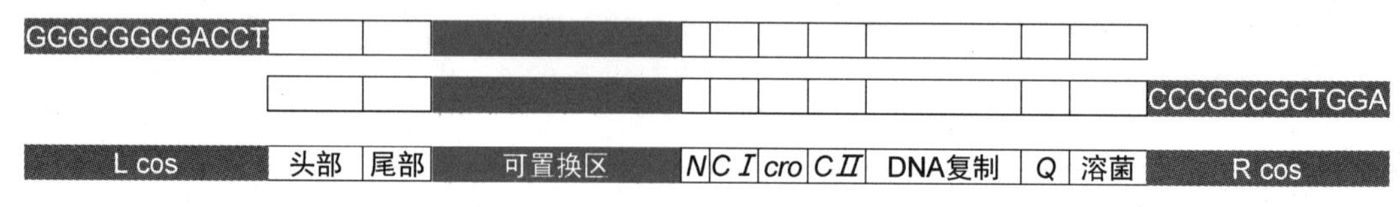

图 15－9　λ 噬菌体基因组

3. λ 噬菌体的复制和包装　λ 噬菌体的 DNA 感染大肠杆菌后自身环化，cos 末端退火形成 cos 位点。如果营养缺乏，则进入溶原周期；如果营养充足，则进入裂解周期，在感染晚期进行滚环复制（第二章，55 页），合成 DNA 串联体，同时合成衣壳蛋白，分别组装成头部、尾部和尾丝。

λ 噬菌体包装过程：①Nu1 亚基（181AA）和 gpA 亚基（641AA）构成的二聚体末端酶（terminase）与 cos 位点结合，其中 gpA 亚基可能是核酸内切酶，从 cos 位点切开串联体，将切下的基因组装入头部空腔（由 ATP 驱动）。②头部和尾部结合，包装成子代噬菌体，由溶菌酶（158AA）溶菌，释放子代噬菌体（图 15-10）。

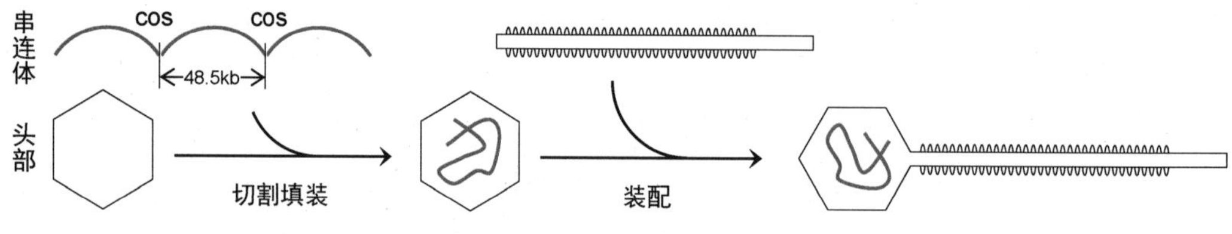

图 15－10　λ 噬菌体包装

4. λ 噬菌体载体的特点　λ 噬菌体载体由 Blattner（威斯康星大学遗传学教授，领导完成大肠杆菌 K-12 株基因组测序）等构建，有以下特点：①λ 噬菌体的包装属于有限包装，可以包装长度相当于噬菌体基因组 78%～105% 的 DNA 片段（不超过 50kb）。过大、过小或缺少必要序列（如包装信号）的 DNA 片段不会被包装。因此，λ 噬菌体的包装过程还是一个筛选过程。②λ 噬菌体对大肠杆菌有很强的感染能力，转化效率高。③筛选效率高，在一个 150mm 培养皿中可形成 5000～50000 个可分辨的噬菌斑。

NOTE

5. λ 噬菌体载体的类型　用 λ 噬菌体构建的载体已有 100 多种，分为插入型载体和置换型载体。

（1）插入型载体（insertion vector）　例如 λgt 系列、Charon 2，其限制性酶切位点可以被切开并插入目的 DNA。受有限包装限制，这类载体容量较小，不超过 10kb，主要用于构建 cDNA 文库。

λgt10 和 λZAP Ⅱ 属于插入型载体。λgt10 含 *cI* 基因（编码阻遏蛋白Ⅰ，236AA），其编码区内含 *Eco*RⅠ位点。插入目的 DNA 导致 *cI* 失活，成为 cI^- 型噬菌体，感染大肠杆菌培养后形成透明噬菌斑；而未重组的 cI^+ 型噬菌体感染大肠杆菌培养后形成混浊噬菌斑，肉眼或在显微镜下可以识别。此外，如果宿主菌含 hflA150（高频率的溶原突变，一种遗传标记，使 cI^+ 型噬菌体的溶原率大大提高），则只有 cI^- 型噬菌体能形成噬菌斑；cI^+ 型噬菌体则进入溶原周期，不会形成噬菌斑，便于筛选。

λZAP Ⅱ 载体含 *lacZ′*，其编码区内含多克隆位点。插入目的 DNA 导致 *lacZ′* 失活，可用 α 互补和蓝白筛选法筛选转化细胞（图 15-11）。

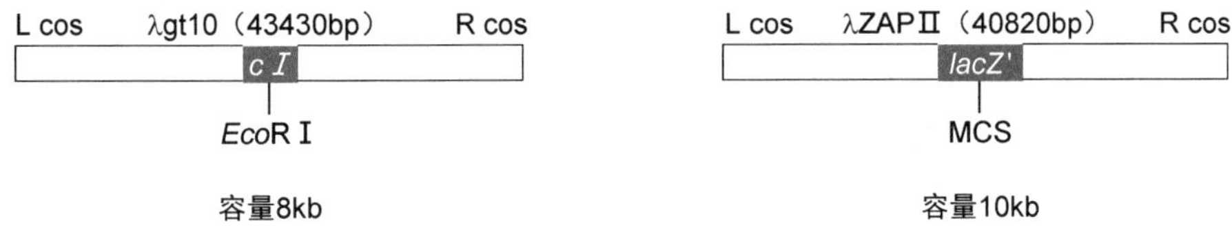

图 15-11　λgt10 和 λZAP Ⅱ 载体结构

（2）置换型载体（replacement vector）　又称取代型载体，例如 EMBL 系列、Charon 4，其各种限制性酶切位点都成对存在，一对限制性酶切位点之间的 DNA 序列可以被目的 DNA 置换。置换型载体容量大，可达 23kb，主要用于构建基因组文库。

λWES·λB′ 和 EMBL4 属于置换型载体。λWES·λB′（或 λgt-λβ）的可置换区两端有 *Eco*RⅠ位点，EMBL4 的可置换区两端有 *Eco*RⅠ、*Bam*HⅠ和 *Sal*Ⅰ位点（图 15-12）。

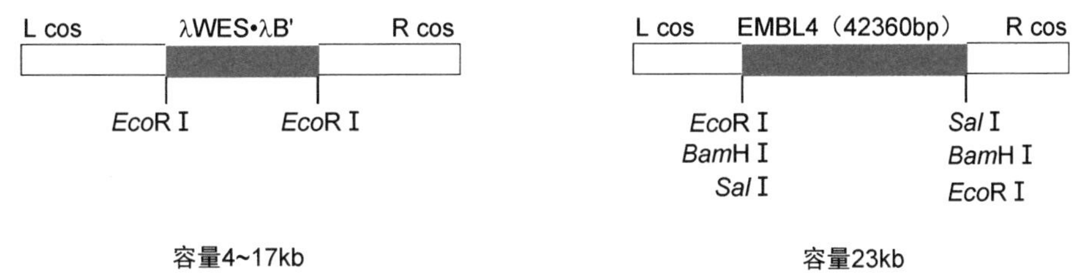

图 15-12　λWES·λB′ 和 EMBL4 载体结构

6. λ 噬菌体载体的重组和包装　①选择合适的限制性内切酶消化目的 DNA 和 λ 噬菌体载体，电泳分离长度约 15kb 的目的 DNA 与噬菌体载体重组，制备重组串联体。②以 gpA 亚基缺陷噬菌体感染大肠杆菌，制备头部和尾部。如果没有 gpA 亚基，DNA 就不会装入头部，而尾部不会与空的头部组装。③以野生型 λ 噬菌体（辅助噬菌体）感染大肠杆菌，制备 gpA 亚基，与重组串联体、头部及尾部混合，自动包装成重组 λ 噬菌体（图 15-13）。

7. λ 噬菌体载体的应用　①构建基因组文库、cDNA 文库和表达文库。②克隆目的基因。

（二）M13噬菌体载体

M13 噬菌体是一类丝状噬菌体，其基因组为环状单链 DNA（+），一级结构 6407nt。M13

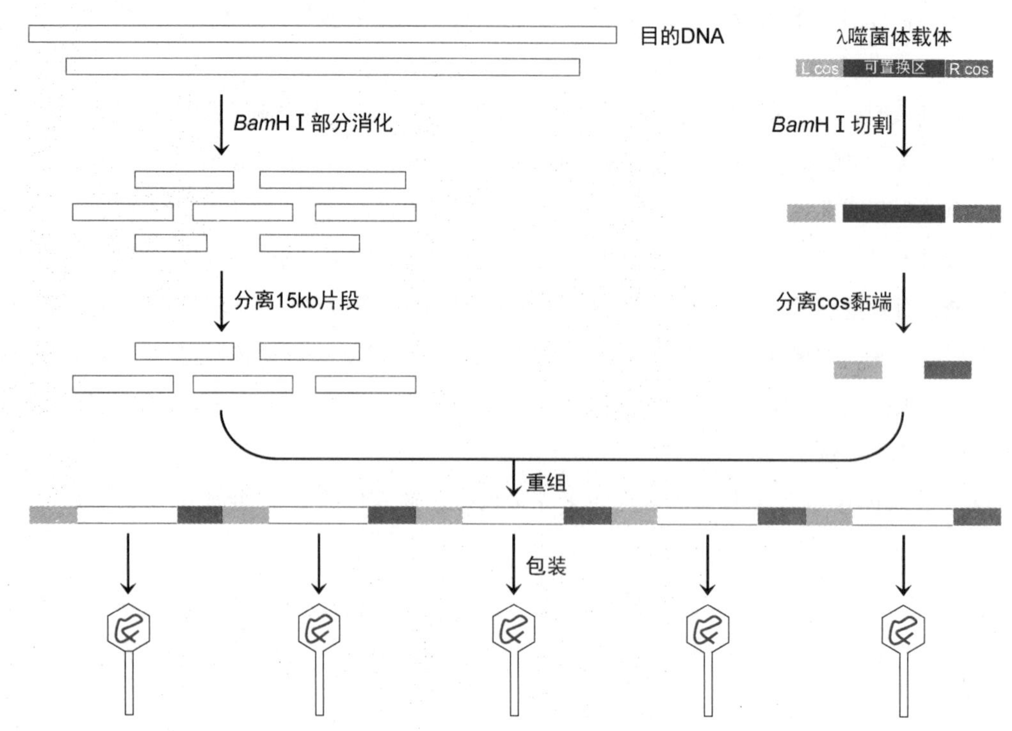

图 15－13 λ噬菌体载体的重组和包装

噬菌体只能感染有性纤毛（由性因子编码）的大肠杆菌（如 JM103），即通过性纤毛进入细胞，然后利用大肠杆菌 DNA 复制系统进行复制（图 15-14）：①以 DNA（+）为模板复制 DNA（-），得到**复制型 DNA**（replicative form DNA，RF DNA）(±)。②转录 DNA（-）并翻译合成复制相关蛋白 G2P、单链 DNA 结合蛋白 G5P 等。③G2P 在复制起点切开 DNA（+），并以磷酸化酪氨酸酯键结合于 5′端，游离出 3′-羟基末端。④由大肠杆菌 DNA 复制系统滚环合成 DNA（+）。⑤DNA（+）合成到其基因组长度时由 G2P 切下，连接成环。重复①~⑤。⑥转录 DNA（-）并翻译合成大量 G5P，G5P 形成同二聚体，与 DNA（+）结合，抑制合成 DNA（-）(此时 RF DNA 已经积累至 100~200 个拷贝)，从而只合成 DNA（+），并包装成 M13 噬菌体，分泌到细胞外，这一过程不会溶菌。

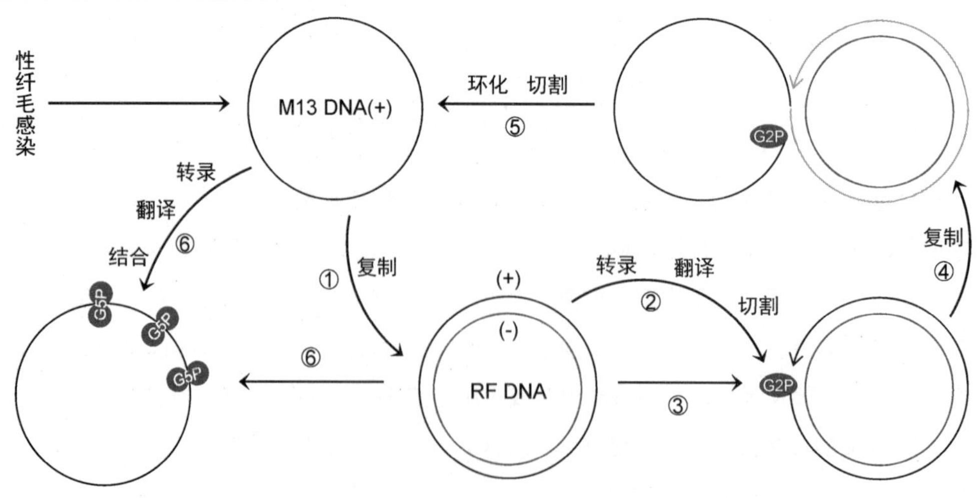

图 15－14 M13 噬菌体基因组的复制

1977 年，Joachim Messing 等利用 M13 噬菌体的 RF DNA 构建克隆载体。目前使用的 M13 噬菌体载体含以下元件：①选择标记 *lacZ'* 及调控其表达的 *lacI*。②多克隆位点，位于 *lacZ'* 的编码区内，可用 α 互补和蓝白筛选法筛选转化细胞（图 15-15）。

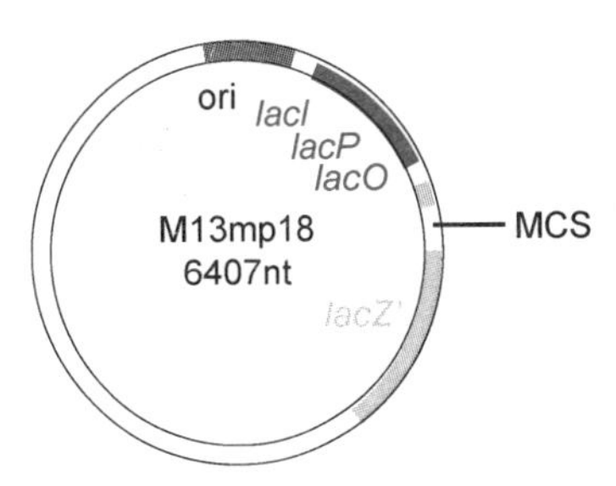

图 15－15　M13 噬菌体载体结构

M13 噬菌体载体根据多克隆位点命名，并且也像 pUC 一样成对构建，例如 M13mp18 和 M13mp19。事实上，M13 噬菌体载体的构建先于 pUC，其多克隆位点用于构建 pUC。

M13 噬菌体载体的最大特点是获得的克隆产物为单链 DNA，可用于 DNA 测序、探针制备和定点突变。M13 噬菌体载体的不足之处是容量小，克隆长度为 300～400bp 的目的 DNA 较为合适，大于 1kb 就不稳定，容易丢失，因此不适于构建基因组文库。

四、细菌人工染色体

1992 年，Shizuya 和 Birren 构建细菌人工染色体作为稳定载体。细菌人工染色体（BAC）是用大肠杆菌严紧型性因子（又称 F 因子）构建的，含以下元件：①性因子的复制起点 *oriS*。②阳性选择标记 cm^R（编码多药转运蛋白 MdfA）。③筛选标记 *lacZ'*，含多克隆位点。④来自性因子的 *par* 基因——编码 *oriS* 结合蛋白，该蛋白质可以使细菌人工染色体均分到子细胞（新生菌）内（图 15-16）。

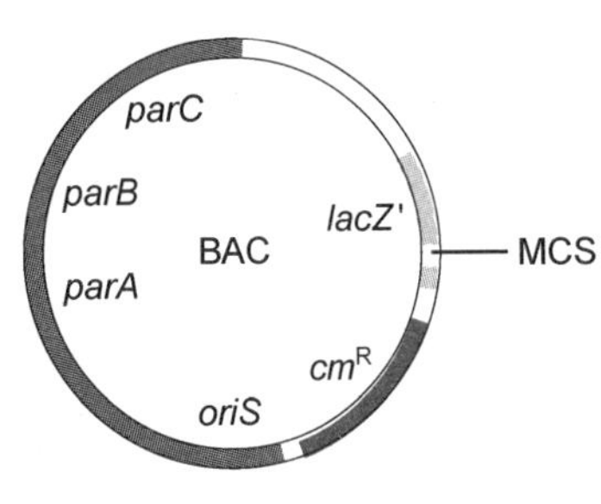

图 15－16　细菌人工染色体

细菌人工染色体在一个宿主菌内的拷贝数是 1～2 个，拷贝数过高时会发生不可控重组，破坏目的 DNA，影响研究和应用。

细菌人工染色体和目的 DNA 重组的方法与一般质粒载体一样，但转化方法不同，需用电穿孔法。

细菌人工染色体容量 100～300kb，比酵母人工染色体稳定得多，且呈闭环结构，易于提取，是人类基因组计划应用的主要载体，用于物理图谱分析和基因组测序。

五、真核载体

真核基因可用原核细胞克隆，但其某些功能在原核细胞中得不到体现，例如 DNA 与减数分裂的关系、细胞的特异性分化等。因此，真核基因有时需要用真核细胞克隆和表达，特别是表达。

真核细胞只能识别真核基因调控元件，不能识别原核基因调控元件。因此，将基因导入真核细胞需要用含真核基因调控元件的载体，即真核载体，例如酵母人工染色体、逆转录病毒载体、腺病毒载体和腺相关病毒载体。

（一）酵母人工染色体

1983 年，Szostak（2009 年诺贝尔生理学或医学奖获得者）等用一种酿酒酵母质粒与其染色体片段构建**酵母人工染色体**（yeast artificial chromosome，YAC）；1987 年，Burke 等用酵母人工染色体克隆大片段 DNA 获得成功。

1. **酵母人工染色体的基本结构** 含以下元件（图 15-17）。

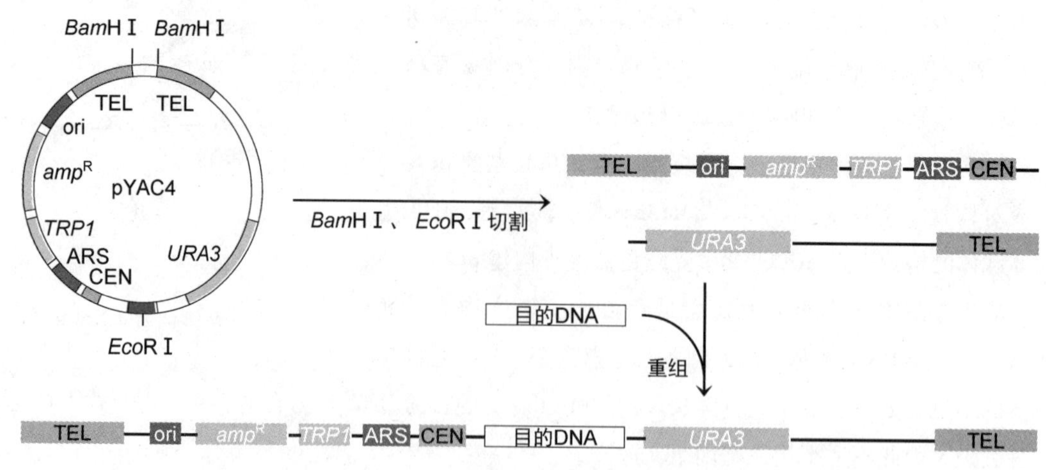

图 15－17 酵母人工染色体克隆原理

（1）自主复制序列（autonomously replicating sequence，ARS） 真核生物 DNA 复制起点。

（2）克隆位点 目的 DNA 插入位点。

（3）选择标记 常用的是 *URA3*（编码乳清酸核苷-5′-磷酸脱羧酶，参与嘧啶核苷酸的从头合成）和 *TRP1*（编码磷酸核糖邻氨基苯甲酸异构酶，参与色氨酸合成），分别位于克隆位点的两侧，用于筛选转化细胞。

（4）大肠杆菌复制起点和选择标记 用于在大肠杆菌内扩增 YAC。

（5）着丝粒 DNA（centromere，CEN） 负责在细胞分裂过程中将 YAC 分配到子细胞中。

（6）端粒（telomere，TEL） 有利于 YAC 完全复制，防止其被核酸外切酶降解。

2. **酵母人工染色体的特点** 主要特点是容量大，可达 1000kb，且所克隆 DNA 片段越长越稳定，大于 150kb 时几乎和宿主染色体一样稳定。相反，如果所克隆 DNA 片段小于 100kb，会随着细胞分裂而丢失。因此，YAC 可用于克隆较长的 DNA 片段，适用于传统的基因图谱研究。YAC 曾经是人类基因组计划应用的主要载体，用于人类基因组的物理图谱分析和序列图谱绘制。此外，YAC 可用于研究真核生物 DNA 与染色体结构、染色体结构与基因表达的关系等分子生物学内容。

（二）病毒载体

目前应用的病毒载体包括逆转录病毒载体、腺病毒载体、腺相关病毒载体、单纯疱疹病毒载体、牛痘病毒载体、杆状病毒载体等，其有害基因均已删除，只保留感染相关基因，能携带目的 DNA 感染宿主细胞并复制。多数病毒载体已经质粒化，由病毒启动子、包装信号、选择标记构成。病毒具有宿主细胞定向感染性和寄生性两大特征。用动物病毒基因组构建的真核载体不但能把目的 DNA 送入宿主细胞，有的还能进一步整合到宿主染色体 DNA 中。

注意事项：①病毒包装容量不超过其基因组大小的 105%～110%。②病毒复制会导致细胞裂解，因此用于基因治疗的病毒载体还需改造成复制缺陷型。

1. **逆转录病毒载体** 是用逆转录病毒构建的复制缺陷型载体，目前是基因治疗应用的主要载体。

NOTE

（1）载体系统 由逆转录病毒载体、包装细胞、辅助病毒构成。①逆转录病毒载体：有

包装信号 ψ 和 LTR，但重组后不含 *gag*、*pol*、*env* 基因及其他可能携带的致病基因，所以不编码病毒蛋白，且只有感染包装细胞才能包装重组逆转录病毒颗粒。②辅助病毒：例如用重组 DNA 技术改造的缺陷型 MMLV，有 *gag*、*pol*、*env* 基因，但无包装信号 ψ。③包装细胞（packaging cell）：例如 PA317，是一种被辅助病毒转化的细胞，可以合成病毒蛋白，但无包装信号 ψ，所以不会自主包装辅助病毒颗粒。

把重组逆转录病毒载体导入包装细胞，它将转录，并与包装细胞合成的病毒蛋白包装成重组逆转录病毒颗粒。重组逆转录病毒颗粒因为存在复制缺陷，所以可以一次性感染，感染后可以整合、表达，但不能包装病毒颗粒，可用于基因治疗。

（2）主要特点　①宿主范围广。②转化效率高，具有受体特异性。③其转化属于稳定转染，可以高效整合，稳定转化，长期表达。④只转化增殖细胞。⑤包装好的重组逆转录病毒颗粒以出芽方式释放，富集方便。

（3）不足之处　①因为随机整合，有可能发生插入突变，导致宿主细胞原癌基因激活或抑癌基因失活。②容量小，如莫洛尼鼠白血病病毒（MMLV）仅可携带 6kb 目的基因。③如果宿主细胞（如来自基因治疗对象的细胞）存在其他逆转录病毒感染，重组逆转录病毒的转化可能导致两者重组，产生感染性逆转录病毒。

2. 腺病毒载体　腺病毒是一种无包膜线性双链 DNA 病毒。人腺病毒有 51 个血清型，其中 Ad5 和 Ad2 在人体内为非致病型，可作为表达载体和基因治疗载体。

（1）主要特点　①宿主范围较广，可以感染大多数种类的细胞。②可以感染各时相细胞，不论是增殖细胞、静止期细胞还是终末分化细胞。③重组病毒滴度高，易于制备和纯化。④高效转化，高效表达。⑤可直接注射于组织，原位转化细胞。⑥其转化属于瞬时转染，即不整合到宿主基因组中，因而不会损伤宿主 DNA，安全性高。⑦容量较大，第三代腺病毒载体容量可达 35kb。

（2）不足之处　①基因组大，载体构建难度大。②不能长期表达，因为其转化属于瞬时转染，会随着细胞分裂而丢失。③免疫原性强，注射后会被宿主免疫系统识别、排斥，且用于基因治疗时不能重复给药。

六、表达载体

表达载体包括原核表达载体和真核表达载体，都含表达元件。原核表达载体（如 pET 系列）含原核基因的启动子、终止子、核糖体结合位点等表达元件，只能被原核表达系统识别；真核表达载体（如杆状病毒载体）含真核基因的增强子、启动子、终止子、核糖体结合位点等表达元件（用于研究转录后加工的载体还携带剪接位点信号），只能被真核表达系统识别。

表达载体可分为非融合表达载体、融合表达载体和共表达载体。

（一）非融合表达载体

非融合表达载体表达产物完全由目的基因编码，例如 pKK223-3，含以下表达元件。

1. 启动子　位于克隆位点上游。好的启动子必须是具有特异性、能被宿主细胞表达系统高效识别和有效调控的强启动子。目前在原核表达系统中普遍使用的可调控强启动子有以下几种（表 15-8）。

表 15－8 大肠杆菌可调控强启动子表达系统

启动子	载体/宿主系统	诱导因素
lacUV5	pET/大肠杆菌 BL21，pHC624/大肠杆菌 K-12	IPTG
trpP，*Ptrp*	ptrpL1/大肠杆菌 HB101	吲哚丁酸
tacP，*Ptac*	pFLAG ATS/大肠杆菌	IPTG
pT7	pT7 FLAG 1/大肠杆菌	IPTG
P_L	pPLc/大肠杆菌 M5219	温度

（1）*lacUV5* 乳糖操纵子启动子 *lacP* 的突变体，是不依赖 cAMP 的强启动子（表 15-9），受 *lacI* 编码的阻遏蛋白调控，以异丙基-β-D-硫代半乳糖苷（IPTG）为诱导物。

表 15－9 大肠杆菌乳糖操纵子启动子对比

大肠杆菌启动子共有序列	$TTGACAN_{18}TATAAT$
野生型 *lacP*	$TTTACAN_{18}TATGTT$
lacUV5	$TTTACAN_{18}TATAAT$

（2）*trpP* 经过改造的色氨酸操纵子启动子，不含前导序列 *trpL*，转录效率比野生型 *trpP* 高 10 倍，是强启动子，受 *trpR* 编码的阻遏蛋白调控，以吲哚丁酸为诱导物。

（3）*tacP* 和 *trcP* 用 *trpP* 和 *lacUV5* 构建的杂合启动子（hybrid promoter），两者均由 *trpP* 的-35 区、*lacUV5* 的－10 区和 *lacO* 构成，主要不同是－35 区和－10 区的间隔，分别为 16、17bp。两者都是强启动子，特别是 *tacP*，启动效率是 *lacP* 的 3 倍。*tacP* 和 *trcP* 都受 *lacI* 编码的阻遏蛋白调控，以 IPTG 为诱导物。

（4）*pT7* T7 噬菌体（39936bp）启动子，比大肠杆菌启动子强得多，并且高度特异，只被 T7 RNA 聚合酶识别，以 IPTG 为诱导物。

（5）P_L λ 噬菌体启动子，受控于温度敏感的阻遏蛋白 cI857（存在温度敏感突变 C37742T）。cI857 在 32℃下抑制转录，在 42℃下失活而解除抑制。

真核表达载体的启动子为Ⅱ类启动子，启动效率因细胞而异，所以应根据宿主细胞的类型选择合适的启动子。

2. 终止子 位于克隆位点下游。虽然没有终止子也能转录，但如果转录合成的 mRNA 过长，不仅消耗大量 NTP，而且还会使 mRNA 形成复杂的二级结构，抑制翻译。因此，为了获得稳定的转录产物，避免转录无关序列（连读），高效表达载体必须含终止子。原核表达载体含不依赖 ρ 因子的终止子，真核表达载体含加尾信号等。

3. 核糖体结合位点 位于启动子下游，并与其保持合适的距离。

4. 克隆位点 表达载体的克隆位点（如 *Nde* Ⅰ位点 CA·TATG、*Nco* Ⅰ位点 C·CATGG）均含起始密码子 ATG。因此，只要将目的基因适当修饰，并加接相应的接头，确保克隆位点的 ATG 恰好作为目的基因阅读框的起始密码子，即可表达目的蛋白。

5. 其他调控元件 基于以下原因，目的基因的表达必须受到调控：①多数表达载体的启动子是强启动子，表达效率非常高，以至于会影响宿主基因的表达。②某些目的蛋白可能有毒性，过量表达会影响宿主细胞的代谢，甚至杀死宿主细胞。③如果翻译速度快于翻译后修饰速度，会导致翻译后修饰异常，影响产物活性。

NOTE

为此，通常调节宿主细胞的代谢和调控目的基因的表达，使其分两阶段进行：①使宿主细胞快速增殖，以获得足够量的细胞。②启动目的基因表达，使目的基因高效表达，合成目的蛋白。

（二）融合表达载体

融合表达载体除了含上述表达元件之外，还含有一段结构基因，位于克隆位点上游或下游，将与插入的目的基因重组成融合基因（fused gene，两个不同来源的基因片段通过重组构成的一种基因，又称嵌合基因，chimeric gene），表达融合蛋白（fused protein）。在融合蛋白中，载体结构基因编码的肽段可以位于 N 端或 C 端。

融合蛋白特点：①更稳定，不易被宿主蛋白酶水解。②一定程度上可以避免形成包涵体。

包涵体 又称包含体（inclusion body），这里指目的基因在大肠杆菌中表达时形成的一种高密度、不溶性蛋白质颗粒，由目的蛋白、大肠杆菌膜蛋白、RNA 聚合酶和 rRNA 等构成。包涵体中的目的蛋白抗降解，但无活性，需经历变性、纯化、复性等工艺处理才能得到有活性产品。导致包涵体形成的因素包括：①目的基因表达效率高，目的蛋白合成过多，浓度过高。②分子伴侣、折叠酶类合成不足，目的蛋白不能正确折叠。③细胞内的还原环境不利于二硫键的形成。④缺乏其他修饰酶类，目的蛋白修饰不完全。⑤缺乏辅助因子。

此外，不同融合表达载体的设计具有针对性，因而有相应特点，例如以下几类。

1. **表位标签载体** 其结构基因编码一段表位标签，又称表位标记（epitope tag），多数至少含 7~10AA，可与标签抗体结合，常用于表达产物的分离与鉴定，例如 6×His（组氨酸标签，His_6，螯合 Ni^{2+}、Cd^{2+}）、FLAG（八肽）、Strep（链亲和素序列，八肽）、HA（血凝素序列，九肽）、myc（十肽）、T7（十一肽）、S（十四肽）、VSV-G（口蹄疫病毒序列，十一肽）、HSV（单纯疱疹病毒序列，十一肽）、GST（谷胱甘肽-*S*-转移酶的底物结合域，结合 GSH）、SPA（金黄色葡萄球菌 A 蛋白，结合 IgG 的 Fc）、MBP（麦芽糖结合蛋白，结合麦芽糖）、β-半乳糖苷酶（结合对-氨基苯基-β-D-硫代半乳糖苷）、GFP（绿色荧光蛋白）、RFP（红色荧光蛋白）。表位标签编码序列位于融合蛋白的 N 端或 C 端，且都有相应的抗体上市。

2. **分泌表达载体** 其结构基因编码一段分泌蛋白的信号肽，表达的融合蛋白可随时分泌到细胞外（或大肠杆菌周质空间），从而避免在细胞质中形成包涵体，或被宿主蛋白酶水解。常用信号肽有 OmpA、PelB、PhoA、Hly 等。

3. **表面展示载体** 其结构基因编码细菌表面蛋白（如鞭毛蛋白），所以表达的融合蛋白也位于细菌表面，见噬菌体展示技术（第十九章，522 页）。

融合蛋白中载体的结构基因编码的肽段可用特异蛋白酶切除，释放目的蛋白，例如 FLAG 标签可用肠激酶切除。

（三）共表达载体

与融合表达载体相比，共表达载体含有一个完整的结构基因，且不与目的基因融合，而是独立表达，编码产物是分子伴侣、蛋白酶抑制剂或稀有密码子 tRNA 等，其作用是促进目的蛋白的翻译或翻译后修饰，既避免形成包涵体，又有助于形成活性产物。

七、穿梭载体

穿梭载体（shuttle vector）通常是由质粒构建的，含两套载体元件（通常分别是克隆元件和表达元件）：可以被相应的宿主细胞（通常分别是原核细胞和真核细胞）识别，所以由其构建的重组体可以转化不同种属的宿主细胞（通常用于在原核细胞中克隆，在真核细胞中表达）。实际上，真核表达载体多为穿梭载体。

酵母穿梭载体是一种典型的穿梭载体，它有两套载体元件：①原核元件包括一个复制起点、一个选择标记（如抗性基因或β-半乳糖苷酶基因），用于在大肠杆菌中复制和筛选。②真核元件包括一个自主复制序列（ARS）、一段酵母着丝粒 DNA（centromere，CEN）、一个酵母选择标记（如 *URA3*），用于在酵母中复制和筛选（图 15-17）。

第三节 基本过程

重组 DNA 技术通常包括以下基本步骤：①目的 DNA 制备：可从组织细胞提取、逆转录合成、PCR 扩增或化学合成。②载体选择：根据研究目的和目的 DNA 的特点选择。③体外重组：用限制性内切酶联合 DNA 连接酶将目的 DNA 与载体连接，构建重组体。④基因转移：用重组体转化宿主细胞。⑤细胞筛选和 DNA 鉴定：检出导入目的 DNA 的宿主细胞。⑥应用：扩增、表达及其他研究（图 15-18）。

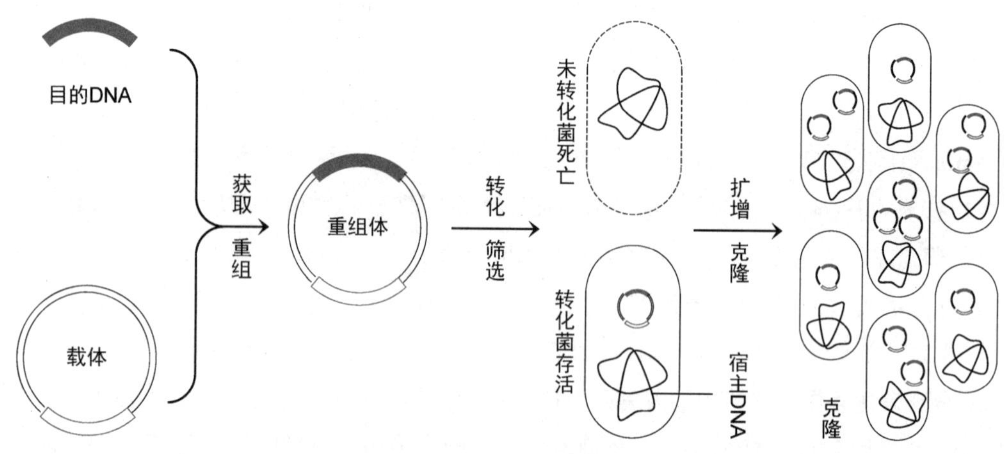

图 15－18 重组 DNA 技术基本过程

一、目的 DNA 制备

重组 DNA 技术中的目的 DNA 既指有待克隆的 DNA，又指有待研究或应用的克隆产物（扩增子），例如基因文库。制备目的 DNA 就是要保证目的 DNA 的量、结构和纯度符合要求。常用的制备方法有从组织细胞提取、逆转录合成、PCR 扩增和化学合成。

1. 从组织细胞提取　只要有足够的组织细胞材料，就可以从中提取基因组 DNA，不过在提取过程中要尽量维持 DNA 分子的完整性，减少断裂（第十一章，353 页）。基因组 DNA 主要用于构建基因组文库。

2. 逆转录合成　以下目的 DNA 不宜从基因组 DNA 中提取：①要在原核细胞中表达的真核基因：真核基因转录的 pre-mRNA 必须经过后加工，成为成熟 mRNA，才能指导蛋白质合成；原核细胞转录后加工系统不能加工真核生物 pre-mRNA。②要研究表达特异性的基因：基因组

DNA 没有组织特异性，并且含量稳定，不受环境因素、营养状况和发育状况的影响。

研究这类基因可用其 cDNA。这就需要先从（高表达）组织细胞中提取 mRNA（如从网织红细胞提取珠蛋白 mRNA，从鸡的输卵管提取卵清蛋白 mRNA，从眼球的晶状体提取晶体蛋白 mRNA），然后用 oligo(dT) 作引物（通常 12~20nt，其 5′端可加接人工接头以便于克隆），逆转录合成其 cDNA（图 15-19），再进行克隆。

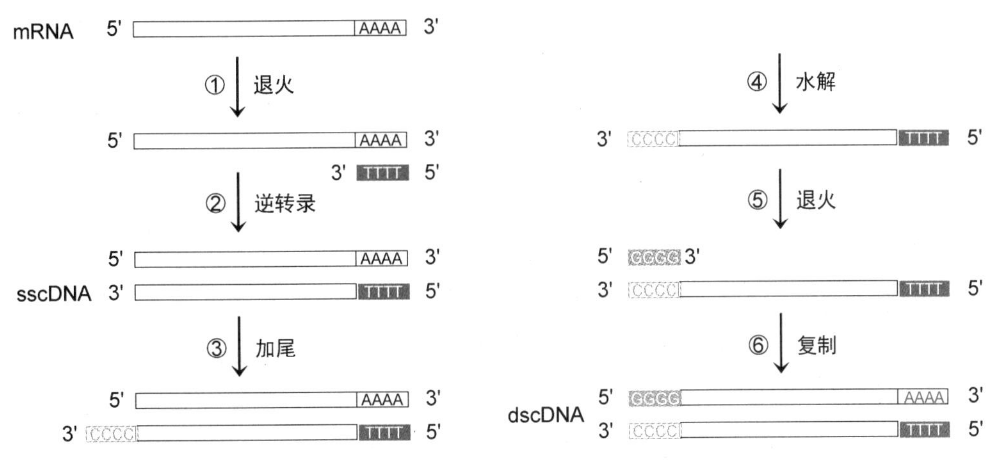

图 15－19　cDNA 合成

为了避免在克隆时被限制性内切酶消化，合成体系中可用甲基化 dCTP 代替 dCTP。不过，很多大肠杆菌都表达 5-甲基胞嘧啶特异性限制性内切酶（*Eco*KMcrA、*Eco*KMcrBC），因此须选择相应的缺陷型菌株。

3. PCR 扩增　如果已有基因组文库、cDNA 文库，或有少量目的 DNA、mRNA 样品，可进行 PCR 扩增，获得重组所需量。

（1）PCR 扩增优点　简单快速经济，应用修饰引物 PCR 还可以引入限制性酶切位点和突变位点等。

（2）PCR 扩增不足　要求目的基因序列已知，此外扩增过程会有错配积累。

（3）PCR 扩增应用　PCR 扩增主要用于克隆已知基因。

4. 化学合成　DNA 的化学合成目前已经自动化，是用 dNMP 的衍生物作为合成原料。

（1）化学合成优点　准确性高，合成快速，还可根据需要对基因进行修饰（如引入限制性酶切位点、偏爱密码子）。

（2）化学合成不足　成本高，合成长度有限，通常不超过 100nt。不过，如果要合成更长的 DNA，可以先分段合成，然后再连接成大片段。

（3）化学合成应用　①制备 PCR 引物、寡核苷酸探针、人工接头、较小的基因、带黏性末端的 DNA 片段、重组质粒。②DNA 测序。③研究基因突变。④改造基因。采用化学合成法已经成功合成人的胰岛素基因、生长抑素基因等，并在大肠杆菌内得到表达。

化学合成 DNA 需要先知道其核苷酸序列。实际上，很多基因的核苷酸序列都可以从 DNA 数据库（DNA database，比较知名的有 GenBank、EMBL、DDBJ）中检索；如果没有，还可以分析其表达的蛋白质多肽链的氨基酸序列，然后推导其核苷酸序列。不过，推导时需要考虑同义密码子问题，即由氨基酸序列推导的核苷酸序列不是唯一的，其中只有一种实际存在于基因组中。如果要表达目的基因，则还要考虑偏爱密码子问题。

用哪种方法制备目的DNA要根据研究目的和实际条件来确定。例如，研究基因表达调控元件使用基因组DNA，在原核细胞中表达真核基因则用cDNA。实际上，要制备符合要求的目的DNA，通常要联合应用上述方法。例如，要合成cDNA得先提取mRNA，再逆转录合成，最后还要从逆转录合成体系中分离纯化cDNA。

二、载体选择

选择载体要考虑克隆的目的：制备目的DNA克隆用克隆载体，表达目的基因用表达载体。此外，还要考虑目的DNA长度和限制性酶切图谱、宿主细胞兼容性等。

三、体外重组

在重组DNA技术中，目的DNA与载体在体外连接的过程称为**体外重组**（*in vitro* recombination）。体外重组的产物称为**重组DNA**（recombinant DNA，rDNA）、**重组体**（recombinant）。

构建重组DNA之前需先用限制性内切酶消化目的DNA和载体，为此必须阐明目的DNA和载体的限制性酶切图谱，以选用合适的限制性内切酶：①其识别的限制性酶切位点仅存在于目的DNA两端，这样消化后可以得到完整的目的DNA。②载体的克隆位点也存在其限制性酶切位点，便于重组和筛选。

目的DNA和载体消化之后还要用琼脂糖凝胶电泳、聚丙烯酰胺凝胶电泳或高效液相色谱纯化，然后才可重组。不同的DNA可用不同的连接方法重组，要综合考虑研究内容，特别是以下因素：①操作简单易行。②连接形成的“接点”最好能被限制性内切酶识别和切割，便于回收目的DNA。③不要破坏表达克隆的表达元件和阅读框。

目的DNA与载体按5∶1~10∶1的比例混合比较合适。载体太多会形成载体二聚体，目的DNA太多会形成多目的DNA-单载体重组体。通常冰浴过夜连接，可避免形成串联体。

1. **平端连接** 凡是有3′-羟基和5′-磷酸基的平端DNA都可由T4 DNA连接酶催化，直接形成磷酸二酯键，这就是**平端连接**（blunt end ligation）。连接时通常按等摩尔量混合载体和目的DNA，且载体需用碱性磷酸酶脱去5′-磷酸基以免自身环化（self-circularize），这样仅一股连接，另一股的切口在导入宿主细胞后会由宿主酶系统连接。

（1）平端连接优点 ①在高浓度酶、DNA和低浓度ATP的条件下直接连接，不受末端序列的限制。②一些黏性末端，特别是那些不能采用其他方法连接的非互补黏性末端，可以先将其平端化（blunting），即进行末端补平（end-filling）或末端削平（end polishing），然后采用平端连接。③可用于重建限制性酶切位点，或构建新的限制性酶切位点。例如，限制性内切酶*Eco*R Ⅰ切割GAATTC形成5′黏性末端，经过Klenow片段催化补平之后，可以与一个5′端为C的平端连接，重新形成*Eco*R Ⅰ位点（图15-20）。限制性酶切位点的构建和重建十分有用，便

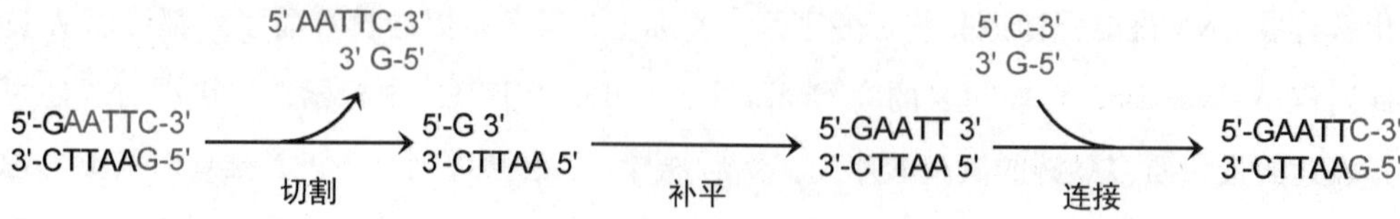

图15-20 重建限制性酶切位点

于在 DNA 重组时选择适当的限制性酶切位点并设计末端连接。

（2）平端连接不足　①连接效率比黏性末端低得多，需要提高 DNA 浓度，所需酶量是黏性末端连接的 10～100 倍。②存在双向插入问题：在表达克隆中，目的基因的插入方向将决定其能否正常表达，目的基因的转录方向必须与表达载体启动子的方向一致才能表达。采用定向克隆可以解决双向插入问题。③形成串联体。④不易从克隆产物中切割回收目的 DNA。

（3）定向克隆　目的基因和载体都采用双酶切——用两种限制性内切酶消化，形成两个不匹配末端（incompatible termini），因而它们的黏性末端是定向互补的，即重组时只有一种取向，这就是**定向克隆**（directional cloning）。采用定向克隆能使目的基因以正确的取向与表达载体重组，这是确保目的基因成功表达的基本条件。此外，定向克隆还可以明显地减少载体的自身环化。

定向克隆有两种方式：①“黏-黏”定向，即目的基因和载体都有两个不同的黏性末端。这种方式的重组效率最高，但并不是所有的载体都有合适的限制性酶切位点，可以切割形成这样两个黏性末端。符合要求的目的基因更少。②“黏-平”定向，即目的基因和载体都有一个黏性末端和一个平端，并且它们的黏性末端是互补的（图 15-21）。

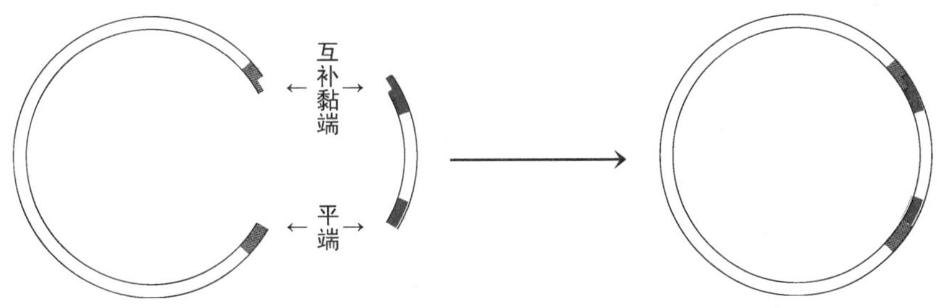

图 15－21　定向克隆

2. 互补黏性末端连接　目的 DNA 和载体由同一种限制性内切酶消化，产生相同的黏性末端，因而彼此互补，称为**互补黏性末端**（complementary sticky end）。在适当条件下，互补黏性末端退火，由 DNA 连接酶催化以磷酸二酯键连接成重组 DNA，这就是**互补黏性末端连接**。

（1）互补黏性末端连接优点　①操作最简便。②连接效率最高。③用同一种限制性内切酶消化 DNA 克隆，可以回收目的 DNA。

（2）互补黏性末端连接不足　①有局限性：不是所有的目的 DNA 都可以切割产生互补黏性末端。②会发生载体分子的自身环化。③存在双向插入问题。④形成串联体。⑤通过同尾酶黏性末端连接制备的 DNA 克隆，目的 DNA 不易消化回收。

3. 同聚物加尾连接　利用末端转移酶在线性载体 DNA 的两端加接同聚物，例如 oligo-(dA)，在目的 DNA 的两端加接互补同聚物，例如 oligo(dT)。两者混合，即可通过同聚物退火。用 DNA 聚合酶催化填补缺口，再用 DNA 连接酶催化连接成重组 DNA。

（1）同聚物加尾连接优点　①连接效率较高。②不发生自身环化。③对末端序列没有要求。

（2）同聚物加尾连接不足　①操作繁琐。②通过同聚物加尾连接制备的 DNA 克隆，目的 DNA 不易消化回收。③可能破坏目的基因结构或影响目的基因的表达或功能。④可能形成新的限制性酶切位点。

合成同聚物所用的末端转移酶的最适底物是3′黏性末端，但也能催化平端或5′黏性末端加尾。因此，如果是平端或5′黏性末端，可用λ噬菌体核酸外切酶降解5′端，形成3′黏性末端，也可以直接加尾。

4. 加人工接头连接　人工接头又称接头DNA（linker DNA），是一种化学合成的双链寡核苷酸（两端均为平端结构的称为linker，带黏性末端的称为adaptor），含有一种（通常8~16bp，图14-7，405页）或多种单一酶切位点（polylinker，图15-3，415页），可用T4 DNA聚合酶催化连接到目的DNA的平端，然后用相应的限制性内切酶消化，形成的黏性末端与载体互补，即可进行互补黏性末端连接。

人工接头与目的DNA的连接多属于平端连接，目的DNA的末端如果是黏性末端，需要先用核酸外切酶削平，或用DNA聚合酶补平。人工接头很短，容易达到平端连接所需的高浓度。值得注意的是，目的DNA序列中不能含与人工接头相同的限制性酶切位点。

同聚物加尾连接和加人工接头连接操作比较繁琐，目前多用于构建基因组文库、cDNA文库、测序文库等。

5. PCR产物连接　①平端产物采用平端连接。②克隆PCR产物采用互补黏性末端连接（第十四章，401页）。③Taq酶的扩增产物用T载体克隆（第十四章，396页）。

6. 体外重组影响因素　以下因素影响DNA的体外重组：连接方式、DNA浓度及比例、DNA连接酶浓度、缓冲液组成、反应温度和反应时间。

四、基因转移

基因转移（gene transfer）是指将外源DNA导入宿主细胞的过程。所用宿主细胞可以是体外培养细胞或体内细胞、真核细胞或原核细胞。在重组DNA技术中，重组体对宿主细胞而言属于外源DNA。外源DNA导入宿主细胞，使其获得新的遗传表型，称为**DNA转化**（transformation），被转化的细胞称为**转化子**、**转化体**（transformant）。其中，通过噬菌体或病毒完成的转化称为**转导**（transduction）、**感染**（infection），被转导的细胞称为**转导子**（transductant）；外源DNA转化培养的真核细胞称为**转染**（transfection），被转染的细胞称为**转染子**（transfectant）。

重组DNA技术是将重组体导入宿主细胞内，利用宿主细胞的代谢系统进行复制、扩增和表达。评价重组DNA技术应用的成败首先要看是否得到携带目的DNA的转化细胞。

（一）宿主细胞选择

重组DNA的宿主细胞既有原核细胞又有真核细胞。常用的原核细胞包括大肠杆菌（表15-10）、枯草杆菌和链球菌等，可用于构建基因组文库、扩增目的DNA、表达目的基因；常用的真核细胞包括酵母、昆虫和哺乳动物细胞等，一般只用于表达目的基因。选择宿主细胞要考虑以下因素。

表15-10　重组DNA技术常用的大肠杆菌菌株

载体	菌株	主要特性及用途
pBR322	HB101	大肠杆菌K-12株与大肠杆菌B的杂交菌株，是用于大量制备的抑制型菌株
λgt10	C600	用于制备裂解物及复制λgt10噬菌体的抑制型菌株
λ噬菌体	K802	用于复制λ噬菌体及其重组体的抑制型菌株

NOTE

续表

载体	菌株	主要特性及用途
pUC、M13	TGI	JM101 的 $EcoK^-$ 衍生菌株，对外源 DNA 没有修饰和限制作用，支持琥珀突变载体的转化
M13	JM103	支持琥珀突变载体的转化
M13	JM109	对外源 DNA 有修饰作用，无限制作用，支持琥珀突变载体的转化，支持蓝白筛选、α 互补
pET	BL21	基因组整合有 T7 RNA 聚合酶，特异识别表达载体 pET 的 T7 启动子

1. **限制与修饰** 宿主细胞必须是限制修饰系统和重组酶缺陷型，以免重组 DNA 在宿主细胞内被降解或发生重组。

2. **功能互补** 宿主细胞必须是目的基因和载体选择标记功能缺陷型，便于筛选，例如针对 pUC 载体的 *lacZ′*应选择 JM 系列菌株。

3. **容易转化** 例如大肠杆菌容易诱导形成感受态，转化效率高。

4. **遗传稳定性好** 易于大量培养或发酵。

5. **安全性高** 是感染寄生缺陷型，不会扩散，也不会污染环境。例如所用大肠杆菌多为从 K-12 株改造的缺陷型菌株，在人体肠道内几乎不能存活。

6. **内源蛋白酶基因缺失或低表达** 有利于富集目的基因产物。

7. **存在翻译后修饰系统** 确保有效表达活性产物。

（二）常用转化方法

有许多方法可以将重组 DNA 导入宿主细胞内，各种方法都有其适用对象、适用条件。可根据目的 DNA、载体、宿主细胞等的特性采用合适的转化方法（表 15-11）。

表 15－11 常用转化方法

转化方法	适用宿主细胞	转化方法	适用宿主细胞
氯化钙法	大肠杆菌	显微注射法（第十六章，443 页）	真核细胞
噬菌体感染法	大肠杆菌	病毒感染法（第十六章，445 页）	真核细胞
完整细胞转化法	酵母	磷酸钙共沉淀法（第十七章，474 页）	真核细胞
原生质体转化法	酵母，链霉菌	DEAE 葡聚糖法（第十七章，474 页）	真核细胞
电穿孔法	大肠杆菌，链霉菌，哺乳动物细胞	脂质体转染法（第十七章，474 页）	真核细胞

1. **氯化钙法** 用于较小外源 DNA（如质粒）转化大肠杆菌。

（1）制备感受态细胞 将指数生长期大肠杆菌悬浮在 0℃ 的 0. 1mol/L $CaCl_2$ 低渗溶液中，冰浴 30 分钟，Ca^{2+}使细菌膨胀，细胞膜的结构发生变化，通透性增加，易被外源 DNA 转化，这种细胞称为**感受态细胞**（competent cell）。感受态的大肠杆菌在 0℃ 时吸附 DNA，在 42℃ 时摄取 DNA。

（2）转化 将外源 DNA 加入感受态细胞悬液，冰浴 30 分钟，快速升温至 42℃ 维持 90 秒钟（称为热休克），再冰浴 1～2 分钟，DNA 可导入细胞。

转化率（transformation efficiency）是外源 DNA 导入细菌的效率，通常以每微克 DNA 制备转化细胞的数量表示。氯化钙法的转化率是 5×10^6～2×10^7 转化细胞/μg 质粒。环状 DNA 比线性 DNA 转化率高 1000 倍。

2. **噬菌体感染法** 用于转化大肠杆菌。用 λ 噬菌体载体或黏粒构建重组体，在体外包装成有感染能力的噬菌体，可以感染大肠杆菌。

3. 完整细胞转化法 用于转化酵母。用醋酸锂或氯化锂处理指数生长期的酵母细胞，在运载DNA（鲑精DNA、小牛胸腺DNA）、聚乙二醇、二甲基亚砜存在下，外源DNA经过热休克处理导入酵母细胞。

4. 原生质体转化法 用于转化酵母、链霉菌。用蜗牛酶（snailase）等处理指数生长期的酵母细胞，降解细胞壁，获得原生质体，以山梨醇-$CaCl_2$溶液悬浮，可以在运载DNA、聚乙二醇存在下吸收外源DNA。

5. 电穿孔法 用于转化大肠杆菌、链霉菌、哺乳动物细胞。**电穿孔**（electroporation）是指在0℃下用直流高压电脉冲（大肠杆菌12.5kV/cm，哺乳动物细胞3kV/cm）瞬时电击细胞，增加其膜通透性（可逆地形成105~115nm的纳米孔，几毫秒到几秒钟后自行消失），可以促使其有效吸收DNA等大分子或其他亲水分子。目前，各种不能用其他方法转化的细胞都可用电穿孔法转化。电穿孔法操作简单，转化率高（10^9~10^{10}转化细胞/μg质粒），在基因工程和细胞工程中广泛应用。

用电穿孔法转化指数生长中期的大肠杆菌需先用GYT培养基（10%甘油-0.125%酵母提取物-0.25%胰蛋白胨）悬浮大肠杆菌。

蛋白胨（peptone） 不同来源的蛋白质经部分酶解或酸水解后，得到的可溶性产物混合物（600~3000Da），主要作为微生物的培养基。

6. VigoFect转染法 VigoFect是一类以阳离子非脂质物质为主的配方，可以与DNA形成稳定的复合物，被细胞摄取，并且保护DNA免受核酸酶降解。该试剂对细胞毒性很小，可在含血清与抗生素的完全培养液中充分发挥作用，对多数培养细胞种类都有较高的转染效率，目前在非病毒介导方法中转染效率最高。

（三）转化稳定性

在医药工业中，重组体转化宿主细胞后，在保存及发酵过程中可能表现出不稳定性，从而影响实际应用。

1. 转化不稳定性 表现在几个方面。

（1）结构不稳定性 重组体转化宿主细胞后发生重组，导致重组体重排或插入缺失。

（2）分离不稳定性 重组体在宿主细胞分裂时未能复制，或复制拷贝未能被平均分配给子细胞，导致某些细胞丢失重组体并最终成为优势群体。

（3）表达不稳定性 因表达效率太高而被宿主细胞应激分解，因而随着培养时间的延长表达效率反而下降。

2. 提高转化稳定性 可以采取以下措施。

（1）构建合适载体 ①引入*par*基因。②使多克隆位点避开稳定序列。③引入大肠杆菌*ssb*基因。

（2）选择合适细胞 重组体在大肠杆菌中的稳定性优于枯草杆菌及酵母。

（3）施加选择压力 控制生长条件，使其有利于阳性转化菌增殖，从而提高菌体纯度和表达效率。

（4）控制基因表达 如利用温度敏感型质粒控制拷贝数；利用诱导型启动子控制表达效率。

五、细胞筛选和 DNA 鉴定

筛选（screening）是指从一个群体中选出特定对象，在重组 DNA 技术中特指选出特定克隆，例如细胞克隆、分子克隆。鉴定是指分析目的 DNA 结构是否存在变异、重组过程是否受到损伤，目的基因是否得到表达、表达产物是否具有天然结构及活性。宿主细胞被重组体转化后，经过培养可以形成许多细胞克隆。然而，这些克隆并非都含有重组体。有的细胞可能只是导入了载体、目的 DNA 或非目的 DNA，更多的细胞根本就没有导入上述成分。显然，导入了重组体的转化细胞只占少数，常常是极少数。因此，我们必须排除那些阴性克隆，筛选出阳性克隆，形成这些阳性克隆的即为目的 DNA 转化细胞。

筛选鉴定方法的选择与设计主要根据载体、重组体、目的 DNA、宿主细胞的遗传学特性和生物学特性。这些方法可分为两类：①利用转化细胞表型变化进行筛选，例如利用抗药性、营养依赖性、显色反应、噬菌斑形成能力等。这些方法简便快捷，可以批量筛选，但存在假阳性。②根据目的 DNA 长度、核苷酸序列、表达产物特性等进行鉴定，例如利用核酸杂交、序列分析、放射免疫分析。这些方法灵敏度高、结果可靠，但要求高、成本高、难度大。

1. 载体标记筛选　载体的选择标记赋予转化细胞新的表型。例如，抗药性的得失决定转化细胞能否在含药平板培养基上形成克隆，*lacZ* 的表达与否使这些克隆有不同的颜色。载体标记筛选简便省时，是筛选转化细胞的第一步，也是重要的一步。不过，载体标记筛选通常只能确定哪些克隆含有重组体，至于这些重组体是否携带目的 DNA，尚需进一步鉴定。

（1）抗生素抗性　以 pBR322 为例，如果 DNA 插入载体抗性基因之外的位点（如 *Eco*R Ⅰ位点，图 15-4），则不会导致抗性基因失活；此外，未经限制性内切酶消化或消化之后重新环化的质粒也都不存在抗性基因失活。它们转化的细胞的表型都是 $amp^{+}tet^{+}$。这些细胞都能在含氨苄青霉素（ampicillin，Amp）或四环素（Tet）的 LB 平板培养基上形成克隆。而未转化细胞的表型是 $amp^{-}tet^{-}$，不能在同样的平板培养基上形成克隆。

LB 液体培养基（Luria-Bertani liquid medium）　胰蛋白胨 1%-酵母粉或酵母膏 0.5%-氯化钠 1%（g/mL）。

LB 固体培养基（Luria-Bertani solid medium）　胰蛋白胨 1%-酵母粉或酵母膏 0.5%-氯化钠 1%-1.5%琼脂（g/mL）。

（2）插入失活　许多载体的选择标记内有限制性酶切位点，插入目的 DNA 将导致该选择标记失活，称为**插入失活**（insertional inactivation）。

以 pBR322 为例，通过插入失活筛选过程：①将目的 DNA 插入 amp^{R} 的 *Pst* Ⅰ位点（图 15-4），制备重组体，其 amp^{R} 被插入失活。②转化大肠杆菌，转化后有三种不同表型的大肠杆菌：未导入 pBR322 载体或重组体的表型为 $amp^{-}tet^{-}$，导入载体的表型为 $amp^{+}tet^{+}$，导入重组体的表型为 $amp^{-}tet^{+}$。③用含 Tet 平板培养基培养，$amp^{-}tet^{-}$菌被四环素杀死，不形成克隆，$amp^{+}tet^{+}$菌形成的都是阴性克隆，$amp^{-}tet^{+}$菌形成的克隆中含阳性克隆，但这些克隆在外观上不易鉴别。④制备 Tet 平板和 Tet+Amp 平板，标记对应位置作为接种点，接种上一步在 Tet 平板培养基上的克隆菌。两平板对应位置接种同一克隆的大肠杆菌，不同位置接种不同克隆的大肠杆菌。经过培养，在 Tet 平板培养基上接种的大肠杆菌全部形成克隆；在 Tet+Amp 平板培养基上接种的大肠杆菌一部分形成克隆，其表型为 $amp^{+}tet^{+}$，是阴性克隆；其余未形成克隆，其表型为 amp^{-}

tet⁺。从 Tet 平板上挑出对应的克隆，其中有些是阳性克隆，其大肠杆菌为目的 DNA 转化细胞（图 15-22）。

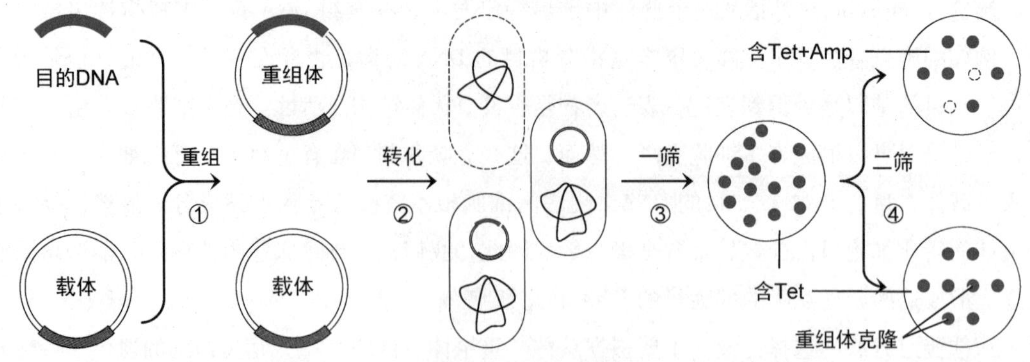

图 15-22 插入失活

（3）蓝白筛选 有些选择标记的表达产物属于这样一类酶，它们催化显色反应，使培养细胞形成有色克隆，容易识别。例如，细菌人工染色体含 *lacZ*，*lacZ* 内含限制性酶切位点，与目的 DNA 重组构建的重组体中 *lacZ* 发生插入失活。转化细菌后，在培养基中加入 *lacZ* 的化学诱导物异丙基-β-D-硫代半乳糖苷（IPTG）和人工合成底物 5-溴-4-氯-3-吲哚-β-D-半乳糖苷（5-bromo-4-chloro-3-indolyl-beta-D-galactopyranoside，BCIG，又称 X-gal），IPTG 诱导 *lacZ* 表达 β-半乳糖苷酶，催化水解 BCIG，生成的 5-溴-4-氯-3-羟基吲哚自发二聚化氧化，产物呈蓝色，因而使克隆呈蓝色；另一方面，重组体的 *lacZ* 因插入失活而不表达有活性的 β-半乳糖苷酶，相应的克隆呈白色。因此，很容易根据显色鉴定含重组体的克隆，这一方法称为蓝白筛选（图 15-23）。

IPTG

BCIG —（H_2O，β-半乳糖苷酶）→ 5-溴-4-氯-3-羟基吲哚 —[O]→ 5,5'-二溴-4,4'-二氯靛蓝

鉴别 pUC、pGEM 系列质粒和 M13mp 系列噬菌体转化的克隆是利用另一种蓝白筛选。以 M13mp 噬菌体为例，其选择标记为含多克隆位点的 *lacZ'*，编码产物为 β-半乳糖苷酶 N 端的 Met1～Gly146（称为 α 肽）。M13mp 噬菌体的宿主菌为 JM 系列（如 JM103），其性因子含 *lacZ*ΔM15，编码称为 ω 肽的 β-半乳糖苷酶片段，缺少 Val11～Glu41 肽段，因而没有酶活性。当 M13mp 噬菌体感染 JM 菌之后，两种表达产物 α 肽和 ω 肽结合，形成有活性的 β-半乳糖苷酶，这一现象称为 α 互补（α-complementation）。

当在培养基中加入 IPTG 和 BCIG 时，IPTG 诱导 M13mp 噬菌体的 *lacZ'* 和 JM 菌的 *lacZ*ΔM15

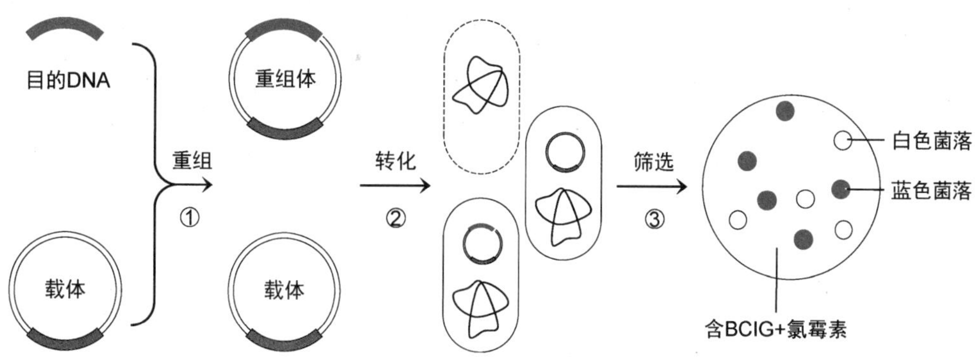

图 15－23　蓝白筛选

表达，通过 α 互补形成活性 β-半乳糖苷酶，催化 BCIG 水解，产物进一步二聚化氧化而呈蓝色，因而使克隆呈蓝色；而 M13mp 重组体的 *lacZ'* 被插入失活，JM 菌不能通过 α 互补形成活性 β-半乳糖苷酶，因而克隆呈白色。

（4）遗传互补　又称标志补救，是指载体选择标记（或目的基因）的表达产物恰好可弥补宿主细胞的遗传缺陷，从而使宿主细胞可以在选择性培养基（selective medium）中生长。例如，①中国仓鼠卵巢细胞（CHO）二氢叶酸还原酶缺陷型（$Dhfr^-$）不能在未加胸腺嘧啶的选择性培养基中生长，被 $Dhfr^+$ 载体或重组体转化后则可以生长。②大肠杆菌咪唑甘油磷酸酯脱水酶缺陷型（$hisB^-$）不能在未加组氨酸的选择性培养基中生长，被携带 *hisB* 的 λ 噬菌体载体或重组体转化后则可以生长。③酿酒酵母磷酸核糖邻氨基苯甲酸异构酶缺陷型（$TRP1^-$）不能在未加色氨酸的选择性培养基中生长，被 $TRP1^+$ 载体或重组体转化后则可以生长。

（5）阳性筛选　用 pBR322 构建的质粒载体 pTR262 含 tet^R 和 *cI*（来自 λ 噬菌体）。*cI* 编码产物是阻遏蛋白，抑制 tet^R 表达。*cI* 的 *Hin*dⅢ 位点插入目的 DNA 导致插入失活，转化细胞后不表达 *cI* 而表达 tet^R，故转化细胞可在含四环素的培养基中生长。

2. 核酸杂交分析　要想鉴定目的 DNA 转化细胞，可通过核酸杂交，即从转化细胞提取核酸，与目的 DNA 探针进行杂交。该方法常用于从基因组文库或 cDNA 文库中鉴定目的 DNA。

如果转化细胞经过平板培养形成克隆菌落或噬菌斑，则可用菌落杂交法或噬菌斑杂交法鉴定目的 DNA 转化细胞，效率极高，可鉴定 90mm 平皿上的 10^4 个克隆。

3. PCR 分析　根据目的 DNA 或克隆位点序列设计引物对，从转化菌落（或噬菌斑）取样，进行 PCR 扩增，称为菌落 PCR（colony PCR）或噬菌斑 PCR。可用琼脂糖凝胶电泳分析扩增产物，并进一步测序或分析限制性酶切图谱，从而鉴定含目的 DNA 的转化细胞。PCR 技术鉴定转化细胞简便有效，适用于鉴定插入目的 DNA 的种类较多、长度相近的重组体。

4. 限制性酶切图谱分析　从转化细胞提取 DNA，用合适的限制性内切酶消化，用琼脂糖凝胶电泳分析其限制性酶切图谱，可以判断有无目的 DNA 及目的 DNA 是否完整。酶切分析的关键是根据载体和目的 DNA 所含的限制性酶切位点选择合适的限制性内切酶。

5. 表达产物分析　如果目的基因在转化细胞中有表达，并且表达产物已经阐明，有酶、激素等活性或免疫原性，则可根据酶-底物作用、激素-受体结合或抗原抗体反应，用显色反应、化学发光、免疫化学等方法鉴定表达产物，从而间接鉴定目的 DNA 转化细胞。

6. 序列分析　序列分析是鉴定目的 DNA 最准确的方法，可确定其序列是否存在损伤、阅读框是否正确。

以下情况需将目的DNA从重组体中切下，与另一载体构建新的重组体：①质粒扩增效率高于λ噬菌体，因此为了高效扩增目的DNA，可将目的DNA从噬菌体重组体中切下，构建重组质粒。②为了表达目的基因，需将目的DNA从克隆重组体中切下，构建表达重组体。③为了对目的DNA进行测序，需将其切下，构建测序重组体。④为了对目的DNA进行修饰（定点突变、引入限制性酶切位点等）。⑤为了获得单链DNA或RNA，可构建M13重组体或含T7启动子的重组体。⑥为了研究DNA序列的功能，例如鉴定调控元件。

第四节　目的基因表达

通过表达目的基因可以研究基因功能、研究基因产物结构、制备和应用基因产物。重组DNA技术的主要内容之一，就是要获得目的基因产物。在得到目的基因克隆后，只要将其按正确的方向插入表达载体的正确位置——启动子的下游，然后转化合适的宿主细胞，即可进行表达。

用重组DNA技术表达目的基因，首先要确定它是原核基因还是真核基因，然后选择合适的表达载体和宿主细胞，构建相应的表达系统。通常用原核表达系统表达原核基因，用真核表达系统表达真核基因。不过，真核表达系统条件苛刻，成本太高，所以某些真核基因也可用原核表达系统表达。

重组DNA技术目前已经用原核细胞（大肠杆菌、枯草杆菌、乳酸菌、沙门氏菌、苏云金杆菌、蓝细菌、棒状杆菌、链霉菌等）、真菌（酵母等）、植物细胞、昆虫细胞、哺乳动物细胞（中国仓鼠卵巢细胞CHO、大鼠肝细胞IAR20、人肝癌细胞HepG2等）等构建了各种表达系统（表15-12）。它们具有遗传背景清楚、对人和环境安全等优点，在理论研究和生产实践中有较高的应用价值。

表15-12　常用表达系统

宿主细胞	表达载体
大肠杆菌	质粒：pET系列，pGEX系列，pMAL系列，pTrx系列
枯草杆菌	质粒：pUB110，pC194，pE194 噬菌体：Φ105，SP
链霉菌	质粒：pIJ101、702、922、940，pHJL197、210、302 黏粒：cosmid 噬菌体：KC系列
酵母	穿梭质粒：YIp，YRp，YCp，Yep
昆虫细胞	转移质粒：pDS47，pAc5.1，pMT 杆状病毒质粒：pIB，pIZt，pIZ，pMIB
哺乳动物细胞	质粒：pcDNA3.1（+/-），pCMV系列，pTRE，pSI，pBudCE4.1 病毒：逆转录病毒，腺病毒，腺相关病毒，牛痘病毒，EB病毒

一、大肠杆菌表达系统

NOTE

大肠杆菌表达系统是建立最早、研究最详尽、应用最广泛、发展最成熟的原核表达系统，既可用于表达原核基因，又可用于表达真核基因。

1. 大肠杆菌表达系统特点　与真核表达系统相比，大肠杆菌表达系统有以下特点。

（1）遗传背景和生理特点已研究得非常清楚，有很多有不同抗药性、不同营养缺陷型、不同校正突变型的菌株可供选用。

（2）增殖迅速，在指数生长期每 20~30 分钟分裂一次。

（3）表达水平通常高于真核表达系统（表 15-13），并且表达易于调控。

（4）培养条件简单，培养成本低廉，适用于大规模生产。

（5）实验室应用株是感染寄生缺陷型，只能在实验室条件下生存，比较安全。

（6）其寄生型或共生型质粒、噬菌体可以携带异源基因。

大肠杆菌是分子生物学研究和生物工程领域的重要工具。

表 15－13　一些目的基因在大肠杆菌表达系统中的表达水平

目的基因	表达产物丰度	目的基因	表达产物丰度	目的基因	表达产物丰度
γ 干扰素	25	α_1 抗胰蛋白酶	15	白细胞介素 2	10
胰岛素 A 链	20	β 干扰素	15	牛生长激素	5
胰岛素 B 链	20	肿瘤坏死因子	15	人生长激素	5

2. 大肠杆菌表达系统影响因素　用大肠杆菌表达系统表达外源基因，特别是真核基因，需要考虑以下因素。

（1）目的基因结构　①真核基因的启动子、终止子等表达元件不能被大肠杆菌表达系统识别，所以可去除。②如要表达真核基因必须用 cDNA，因为大肠杆菌转录后加工系统不能将真核 pre-mRNA 加工成为成熟 mRNA。③真核 cDNA 的 5′ UTR 和 3′ UTR 对大肠杆菌表达系统没有意义，其转录产物还会形成抑制翻译的二级结构，因此需要去除。④对于真核分泌蛋白，应去除其 cDNA 信号肽编码序列。⑤转录产物必须相对稳定并能有效地进行翻译和翻译后修饰，可引入稳定序列，延长其寿命。⑥目的基因密码子偏爱性可能需要改造，起始密码子与 SD 序列的距离也要优化。

同义密码子有偏爱密码子和稀有密码子之分，而且一个同义密码子可能在一种生物是偏爱密码子，而在另一种生物却是稀有密码子。因此，在重组 DNA 技术中，必须根据宿主的密码子偏爱性，通过定点突变（同义突变）对目的基因编码序列进行改造，或共表达稀有密码子 tRNA，才能提高表达效率。

（2）表达载体选择　①必须用大肠杆菌表达载体，即含有大肠杆菌 RNA 聚合酶能够识别的可调控强启动子和 16S rRNA 能够识别的 SD 序列，并且位于克隆位点上游。②要选择拷贝数高、稳定性好、适用面广、表达产物易纯化的表达载体。

pET 系列是大肠杆菌表达系统常用载体。它们含复制起点、多克隆位点、氨苄青霉素抗性基因、T7 启动子、核糖体结合位点、T7 终止子，有的多克隆位点上游或下游含结构基因序列，因此可以表达融合蛋白。

（3）宿主菌和诱导条件　①受拷贝数影响，同一种表达载体在不同宿主菌内的表达效率可能不同，有时需优化宿主菌。②选择宿主菌还要考虑到载体所携带的表达元件，例如带有 T7 启动子的载体要求宿主菌表达 T7 RNA 聚合酶。③要根据启动子类型和转录因子特性确定表

达的诱导条件，例如温度敏感型或药物诱导型。

（4）蛋白质翻译后修饰　大肠杆菌没有真核细胞的翻译后修饰系统。因此，如果真核基因产物必须进行翻译后修饰才有活性，而大肠杆菌表达系统又不能对其进行翻译后修饰，则只能选择真核表达系统。不过，改造大肠杆菌表达系统使其能够修饰真核蛋白，已经取得进展。

（5）包涵体形成　大肠杆菌表达系统表达的目的蛋白往往形成不溶性包涵体，使其应用受到限制。为此可以采取以下措施减少包涵体的形成：①选择合适的表达系统。②表达融合蛋白。③共表达参与翻译后修饰的蛋白因子。④增加辅助因子的合成，或添加辅助因子。⑤降低培养温度。⑥控制诱导条件。

（6）表达产物稳定性　大肠杆菌表达的外源蛋白容易被其蛋白酶水解。可以采取以下措施提高所表达外源蛋白的稳定性：①用融合表达载体表达融合蛋白，特别是分泌型融合蛋白。②用蛋白酶缺陷型菌株构建表达系统。③同时表达蛋白酶抑制剂。④通过定点突变改造蛋白酶靶点。

大肠杆菌表达系统已可以大规模生产真核基因产物，目前是生产人体蛋白最主要的表达系统，部分产品（如胰岛素、干扰素等）已经上市。

3. 大肠杆菌表达系统不足　大肠杆菌及其他原核表达系统存在以下不足。

（1）翻译后修饰　不能对真核基因的表达产物进行有效的翻译后修饰，如糖基化、磷酸化。此外不易正确折叠，会形成包涵体（影响分离纯化，且复性困难）或被蛋白酶降解。

（2）内毒素　大肠杆菌本身会产生结构复杂、种类繁多的内毒素（第十章，319 页），在分离纯化时不易除尽。

二、酵母表达系统

酵母是一种单细胞真核生物，有完整的亚细胞结构。其基因结构、基因表达调控机制、蛋白质合成、修饰与分泌的方式都有真核生物的特征。利用酵母表达高等真核基因有大肠杆菌无法比拟的优点。酵母表达系统已经被应用于医学和药学研究领域，生产人、动植物和病毒蛋白。

1. 酵母表达系统载体　酵母表达系统的载体属于大肠杆菌-酵母穿梭载体，即在大肠杆菌中筛选和扩增，在酵母中表达。不同大肠杆菌-酵母穿梭载体的用途不同，在酵母中的复制方式和所携带目的基因的表达方式也不同，应用时应予以考虑。

2. 酵母表达系统特点　酵母表达系统有以下优点：①遗传背景清楚且遗传稳定。②有真核生物转录后加工和翻译后修饰系统，表达产物接近天然产物。③应用分泌表达载体，表达的分泌型融合蛋白分离纯化方便。④生长繁殖快速，营养要求简单，工艺简便成熟，成本相对低廉，可以规模培养。⑤安全无毒（不产生内毒素），不致病。

不过，酵母表达系统存在以下问题：①目的基因在酵母中的表达规律需要阐明，否则其表达特别是表达效率有很大的随机性。②高等真核生物的基因在酵母中表达时，翻译后修饰产物的结构与天然产物差异较大，常有甘露糖过多或糖链过长。③酵母基因组不编码某些修饰因子。④表达蛋白酶水解目的蛋白，降低产率。

3. 酵母表达系统影响因素　应用酵母表达系统需要考虑以下因素。

（1）目的基因结构　可能存在转录产物非翻译区二级结构抑制翻译问题及密码子偏爱性问题。

（2）表达形式及信号肽选择　分泌型融合蛋白分泌表达效率优于细胞内表达。分泌型融合蛋白信号肽不同，表达效率及分泌效率也就不同。

（3）启动子选择　酵母表达系统有多种启动子可供选择。不同启动子的诱导条件、启动效率不同。

（4）目的基因拷贝数　通常目的基因拷贝数越高，表达效率越高，不过有时会有负效应。

（5）诱导条件　诱导物浓度、诱导时间、发酵温度等会影响表达效率。

（6）表达产物稳定性　要避免蛋白酶水解。

4. 典型酵母表达系统　目前酿酒酵母、甲醇酵母、裂殖酵母等已用于构建酵母表达系统。

（1）酿酒酵母表达系统　酿酒酵母（*S. cereuisiae*）最早用于构建酵母表达系统。第一种基因工程疫苗——乙肝疫苗就是用酿酒酵母生产的（1986 年，USA）。酿酒酵母表达系统目前已用于表达各种目的基因，所表达的乙肝疫苗（如 Engerix-B）、人胰岛素（如 Humulin）、水蛭素（如 Revasc、Refludan）和人粒细胞集落刺激因子（如 rhG-CSF）都已上市。

酿酒酵母表达系统优点：①酿酒酵母广泛应用于面包和乳酪生产，被美国 FDA 列为安全菌。②酿酒酵母遗传背景清楚，便于操作和改造。③重组 DNA 技术使用的酿酒酵母为营养缺陷型，可利用遗传互补筛选转化细胞。

酿酒酵母表达系统不足之处：①表达产物量少，通常不到总蛋白的 5%。②虽然能对表达产物进行糖基化修饰，但是与高等真核生物相比糖基化过度，所形成的糖链太长，可能影响活性，而且会产生副作用。③C 端往往被截短。④表达产物多积累于周质空间，分离困难。⑤分泌蛋白分泌效率低，大于 30kDa 的几乎不分泌。⑥表达载体 YEp 不稳定，YIp 传代不佳。⑦发酵时会产生乙醇，乙醇积累会影响酵母的生长及蛋白质的产量和活性，所以难以进行高密度发酵。

周质空间（periplasm space）　又称**周质间隙**，革兰氏阴性菌质膜与外膜之间，或革兰氏阳性菌质膜与肽聚糖壁之间，或真菌质膜与细胞壁之间的空间。

（2）*P. pastoris* 酵母表达系统　用甲醇酵母中的 *P. pastoris* 酵母建立的酵母表达系统应用最广泛。

P. pastoris 酵母表达系统优点：①表达产物量多：表达载体使用强启动子，多拷贝整合，表达产物量可达 g/L 水平。②稳定遗传：目的基因通过同源重组整合到染色体 DNA 中，稳定性好，不会丢失。③修饰良好：包括一级结构的修饰和高级结构的修饰，其中糖基化修饰更接近高等真核生物。④分泌表达：分泌到培养基中的几乎都是目的蛋白，富集方便。⑤实用性强：目的基因既可分泌表达又可细胞内表达，可以高密度发酵，方便工业化生产。用该系统生产的碱性磷酸酶已经作为分析试剂广泛应用。

P. pastoris 酵母表达系统不足之处：①遗传背景尚未完全阐明，遗传改造有难度。②发酵周期长。③受密码子偏爱性、转录中止等影响，某些目的基因低表达或不表达。④某些表达产物过度糖基化，或被蛋白酶降解。

三、哺乳动物细胞表达系统

1986 年，美国 FDA 批准了第一个用哺乳动物细胞表达系统生产的基因工程药物——组织型纤溶酶原激活物。已上市及在研的基因工程药物多为糖蛋白。哺乳动物细胞表达系统的糖基

NOTE

化修饰与人相似，因而受到重视。2011~2012 年 FDA 共批准上市 12 个生物药物，一半以上由哺乳动物细胞生产。

哺乳动物细胞表达系统的最大优点是转录后加工和翻译后修饰系统完善、精确，因此，常用于表达结构复杂需要进行精确翻译后修饰的蛋白质。

哺乳动物细胞表达系统优点：①目的基因既可来自 cDNA，又可来自基因组 DNA。②能进行复杂的一级结构修饰（如糖基化）和高级结构修饰（如蛋白质折叠），因而表达产物的结构、性质、活性最接近天然产物。③分泌表达更有效。④表达产物不降解。

哺乳动物细胞表达系统不足之处：生长速度缓慢，表达效率不高，营养要求复杂，培养条件苛刻，技术操作困难，培养成本太高，污染风险较大，细胞株稳定性差，因此目前主要用于在细胞内研究蛋白质功能。

目的基因要在哺乳动物细胞中表达，必须先与合适的真核表达载体重组，通常应用穿梭载体，即重组后先在大肠杆菌中扩增，然后提取，导入哺乳动物细胞内进行表达。建立哺乳动物细胞表达系统或其他真核表达系统要考虑以下因素。

1. 表达载体　与原核表达载体一样，同一真核表达载体在不同真核细胞中的表达效率可能不同。因此，针对特定的宿主细胞，要选择合适的表达载体。

哺乳动物细胞表达系统的表达载体包括质粒载体（如 pSV2-dhfr、pRSV-neo）和病毒载体（由腺病毒、腺相关病毒、逆转录病毒等改造而成）。

2. 宿主细胞　不同哺乳动物细胞特性不同，选择时要考虑其与载体的相容性及转化后的稳定性。哺乳动物细胞表达系统目前应用的一些细胞系包括骨髓瘤细胞、幼仓鼠肾成纤维细胞（BHK-21）、中国仓鼠卵巢细胞（CHO）、非洲绿猴肾细胞（CV-1）的 SV40 转化细胞（COS）、小鼠乳腺癌细胞（C127）、犬肾细胞（MDCK）、Burkitt 淋巴瘤细胞（Namalwa）、非洲绿猴肾非整倍体细胞（Vero）、人胚肾细胞（HEK293）等。

（1）CHO 细胞　常用的 CHO 细胞包括野生型和 *Dhfr* 缺陷型。特点：能进行准确的转录后加工和翻译后修饰；很少分泌自身蛋白，适用于分泌表达和细胞内表达，便于下游产物分离纯化；对培养基要求低，既可贴壁生长，又可悬浮生长；目的基因整合稳定，可以高效扩增和表达。不足：培养条件苛刻，生长缓慢。应用：多用于哺乳动物基因表达调控研究、基因工程药物生产。

（2）COS 细胞　是利用复制起点缺失的 SV40 DNA 转化非洲绿猴肾细胞（CV-1）得到的细胞。特点：能在无血清条件下培养、转染、表达，高效表达目的基因。应用：广泛用于蛋白质结构与功能、基因表达调控和目的基因瞬时表达等研究。

3. 转化方法　①目的基因如果与质粒载体重组，可用电穿孔法（悬浮细胞）、阳离子脂质体转染法（贴壁细胞、悬浮细胞）、磷酸钙共沉淀法（贴壁细胞）、DEAE 葡聚糖法（贴壁细胞）等直接转染宿主细胞。②目的基因如果与病毒载体重组，则需要先导入包装细胞，获得重组病毒颗粒，再用以转染宿主细胞。③目的基因也可用显微注射法等直接转染宿主细胞。

哺乳动物细胞有两种转化结果，相应有两种表达系统。

（1）瞬时转染与瞬时表达系统　外源 DNA 导入宿主细胞后以附加体形式独立存在于染色体 DNA 外，称为瞬时转染（transient transfection）。瞬时转染很不稳定，因为细胞分裂时，外源 DNA 未必被平均分配到子细胞中，并且容易丢失。由瞬时表达载体（如质粒载体 pcDNA1.1/Amp、腺病毒载体、痘苗病毒载体）通过瞬时转染建立的表达系统属于瞬时表达系

统，其目的基因进入宿主细胞后，不经选择培养，即时表达，操作简单，周期较短，但会随着细胞分裂而很快地丢失（通常维持 2~3 天）。

（2）稳定转染与稳定表达系统 外源 DNA 导入宿主细胞后进一步整合到染色体 DNA 中，称为稳定转染（stable transfection）。这种外源 DNA 已成为宿主基因组的一部分，所以非常稳定。这种细胞是严格意义上的转化细胞。由稳定表达载体（如质粒载体 pcDNA3. 1-zeo、逆转录病毒载体、SV40 载体）通过稳定转染建立的表达系统属于稳定表达系统，其目的基因的存在和表达稳定持久。

4. 选择标记 无论是病毒载体还是质粒载体，稳定转染的效率都很低，因为 DNA 整合本身就是偶然事件，并且整合位点是随机的。外源 DNA 整合到染色体 DNA 的不同位点，产生不同后果：在某些位点可能高表达，而在其他位点可能根本不表达，这种现象称为位置效应（position effect）。因此，需要进行筛选。哺乳动物细胞表达载体带有抗性基因作为阳性选择标记，大多数是新霉素抗性基因（neo^R），此外还有潮霉素抗性基因（hyg^R）、胸苷激酶基因（*TK*）、次黄嘌呤鸟嘌呤磷酸核糖转移酶基因（*Hprt*）、氯霉素乙酰转移酶基因（*cat*）、二氢叶酸还原酶基因（*Dhfr*）等。

（1）新霉素抗性基因 neo^R 来自细菌的 Tn5、Tn10 转座子，编码的氨基糖苷磷酸转移酶（APH）可以灭活 G418 等氨基糖苷类抗生素。哺乳动物基因组不编码同源酶类，所以只有被 neo^R 载体转化后才能在含 G418 的培养基中生长。

（2）潮霉素抗性基因 hyg^R 来自大肠杆菌，编码的潮霉素 B 激酶可以灭活潮霉素 B。哺乳动物基因组不编码同源酶类，所以只有被 hyg^R 载体转化后才能在含潮霉素 B 的培养基中生长。

（3）胸苷激酶基因 *TK* 几乎所有真核细胞都有该基因，所以必须选择 *TK* 缺陷型细胞株（TK^-）作为宿主细胞，并应用 HAT 培养基进行筛选。HAT 培养基中含以下成分：①次黄嘌呤（hypoxanthine）：用于 dATP、dGTP 补救合成。②氨基蝶呤（aminopterin）：用于抑制四氢叶酸合成，从而抑制 TTP、dATP、dGTP 从头合成。③胸苷（thymidine）：用于 TTP 补救合成。TK^- 宿主细胞只有被 *TK* 载体转化后才能在 HAT 培养基中生长。

5. 表达检测 理论上可通过检测 mRNA 和蛋白质水平评估目的基因的表达，实践中多检测蛋白质水平。常用方法有酶联免疫吸附测定、放射免疫分析、免疫组织化学、原位杂交、蛋白质印迹、免疫沉淀、免疫荧光抗体等。

真核生物目的基因在真核宿主细胞中表达的目的蛋白对细胞影响不大，目的蛋白本身也很少被降解。因此，真核表达载体大多数无需诱导，可以持续表达。

真核目的基因表达的目的蛋白基本都要经过翻译后修饰，许多糖蛋白药物尤其如此。目的蛋白的糖基化类型和糖基化程度常常会影响其药物活性、药代动力学行为、在体内的稳定性以及免疫原性等。酵母、植物和昆虫细胞表达系统尽管也能进行糖基化修饰，但它们的糖基化酶与哺乳动物细胞的不同，所以糖基化产物也就不同于天然产物，对人体可能有免疫原性，还容易被肝细胞或巨噬细胞降解。因此，用其他表达系统表达的糖蛋白药物存在一些问题。目前已经投放市场以及正在进行临床试验的蛋白质药物大多数来自哺乳动物细胞表达系统，包括组织型纤溶酶原激活物（tissue-type plasminogen activator，t-PA）、凝血因子Ⅷ（如 Kogenate FS）、卵泡刺激素（follicle-stimulating hormone，FSH）、红细胞生成素（EPO）、β 干扰素（如 Rebif）及一些抗体。

第十六章 转基因技术和基因靶向技术

转基因技术（transgenic technology）是以非自然途径把一种生物的特定基因作为外源基因整合到另一种没有该基因的生物的基因组中，使其获得新的性状并稳定地遗传给子代的基因操作技术。转基因技术所转的外源基因称为**转基因**（transgene）。基因组中含有转基因的生物称为**转基因生物**、**遗传修饰生物体**（genetically modified organism，GMO），包括转基因动物、转基因植物、转基因微生物和转基因细胞。转基因生物的共同特征是其所有细胞基因组都整合有外源基因，并且能将外源基因遗传给子代。

基因靶向技术（gene targeting technology）是在转基因技术基础上建立的基因操作技术，基本内容是通过同源重组定点改造生物体某一基因座，可以导致基因删除、基因插入、基因置换、基因突变等，从而在活体内研究基因、应用基因。

转基因技术和基因靶向技术打破了物种自然繁殖的种属间隔离，使基因能在种属关系很远的个体间传递，已经作为重要的生物技术应用于生物学、医学、药学、农学和畜牧学等众多与生命科学有关领域的基础研究和应用研究，将对整个生命科学产生全局性影响。

第一节 转基因动物技术

转基因动物技术是培育携带转基因的动物所采用的技术，所培育的动物称为**转基因动物**（transgenic animal）。

1961 年，Tarkowski 将不同品系小鼠卵裂期的胚胎细胞聚集，培育成了嵌合体小鼠。1974 年，Jaenisch 和 Mintz 首次用显微注射法将 SV40 DNA 注入小鼠胚泡腔（卵生动物称为囊胚腔），最终在子鼠体细胞 DNA 中检出 SV40 序列，证明 SV40 DNA 已经整合到小鼠基因组中。这是人类首次培育转基因动物。1980 年，Gordon 等用单纯疱疹病毒（HSV）DNA 片段、SV40 与 pBR322 构建重组质粒，用显微注射法注入小鼠受精卵原核，最后培育出由重组 DNA 转化的转基因小鼠。1982 年，Palmiter 用小鼠金属硫蛋白基因Ⅰ（mMT1）启动子与大鼠生长激素结构基因（rGH）构建融合基因（mMT1-rGH 基因），用显微注射法注入小鼠受精卵原核，最后培育出体态硕大的超级小鼠（supermouse）。该实验表明，融合基因能够在宿主体内得到有效表达，并赋予宿主表型。

卵裂期（cleavage stage） 指多细胞动物受精卵的分裂早期，自受精卵至囊胚早期的有丝分裂阶段。卵裂期内一个细胞不断地快速分裂，从体积极大的卵子分裂成许多较小的有核细胞，胚胎体积与受精卵差别不大。

NOTE

囊胚腔（blastocoel）　囊胚是受精卵经过一系列分裂生成的由单层细胞围成的一个空心球体。囊胚腔是囊胚中央的空腔。腔内充满营养丰富的液体，作为胚胎发育的养料；囊胚腔的存在还有利于内部细胞的迁移，为未来建立胚区和分化成各种器官做准备。

胚泡（blastocyst）　在哺乳动物胚胎发生早期，完成卵裂期的囊胚。

胚泡腔（blastocyst cavity）　哺乳动物受精卵连续分裂形成桑椹胚，桑椹胚空腔化形成一个胚泡腔。

到目前为止，各国生命科学工作者已培育成功转基因鼠、兔、羊、猪、狗、牛、鸡、鱼、泥鳅等，可用于研究基因表达调控、发育分子遗传学、疾病发展、免疫特异性，生产生长因子、激素、疫苗、酶、血浆蛋白等蛋白质药物。

一、基本方法

培育转基因动物包括以下几个环节：①选择转基因（目的基因）和载体，构建重组转基因。②将重组转基因导入受精卵（合子）或胚胎干细胞等宿主细胞，使转基因整合到宿主基因组中。③将受精卵植入受体动物假孕输卵管或子宫；或先将胚胎干细胞注入受体动物胚泡腔，再将胚泡植入假孕子宫。④鉴定转基因胚胎的发育和生长，筛选转基因动物品系。⑤检验转基因的整合率和表达效率。

品系（strain，line）　源出于同一祖先且具有稳定基因型的一个生物种群。

培育转基因动物的关键是转基因导入。早期培育转基因动物都是用显微注射法把转基因导入小鼠体内，目前仍然是最广泛、最可靠的动物转基因方法（表 16-1）。

表 16－1　动物转基因方法

宿主细胞	转基因方法	植入部位
原核期受精卵	显微注射法	假孕输卵管（或子宫）
胚胎干细胞	逆转录病毒感染法、电穿孔法、磷酸钙共沉淀法	胚泡
早期胚胎	逆转录病毒感染法	假孕子宫

除了上述几种较常用的方法外，动物的转基因操作还有精子载体法、畸胎瘤细胞介导法、脂质体转染法、VigoFect 转染法、受体介导法、磷酸钙共沉淀法、细胞核移植法、生殖细胞转染法、基因枪法、电穿孔法、穿刺法、激光导入法等。

（一）原核期受精卵显微注射法

显微注射法（microinjection）是在显微操作仪下将转基因用微量移液器（直径 0.1mm）注入原核期受精卵的原核中，使其整合到宿主基因组中（图 16-1），由 Jaenisch 于 1974 年首先应用。

1. 构建重组转基因　①转基因载体通常包含结构基因和调控元件，要根据研究目的选择调控元件：选择没有组织特异性的强启动子（如 CMV、SRα、pGK 基因的启动子）可以研究转基因表达的生物学效应；选择组织特异性启动子（如白蛋白、胰岛素基因的启动子）可以研究转基因表达的组织特异性；选择诱导型启动子（如 Tet-On 系统）可以调控转基因表达。②多数转基因载体携带报告基因（reporter gene，第十八章，502 页），称为报告基因载体，例如半乳糖苷酶基因、绿色荧光蛋白基因。报告基因编码产物易于检测，可用来跟踪转基因的去

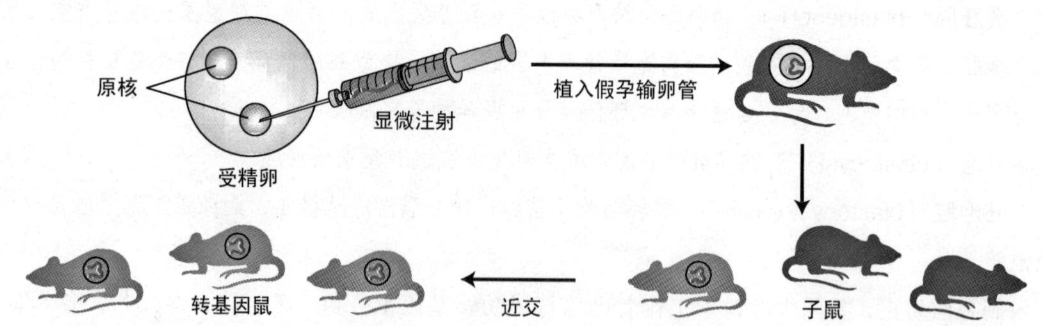

图 16－1 显微注射法培育转基因鼠

向及其在转基因动物体内的表达情况。③线性 DNA 比环状 DNA 更容易整合到基因组中，因此一些环状重组转基因要用限制性内切酶消化成线性结构。

2. 同步制备供体雌鼠和假孕雌鼠 供体雌鼠是雌鼠取卵前 3 天先腹腔注射孕马血清促性腺激素（PMSG），取卵前 1 天再注射人绒毛膜促性腺激素（HCG）以促排卵（可排约 35 枚），再与正常雄鼠交配而成。假孕雌鼠是让发情期雌鼠与结扎雄鼠交配而成。

3. 转基因导入 从供体雌鼠取受精卵培养。刚受精的鼠卵有两个原核（pronuclei），分别来自精子和卵子，用微量注射仪将重组转基因注入雄原核。一般是注入 10^2～10^3 个线性拷贝（2pL），约 2%的受精卵中会有转基因随机整合到染色体 DNA 中。通常会有多拷贝串联整合，如以质粒作为载体，拷贝数常在 1～150。

原核（pronucleus） 真核生物受精过程中，配子（精子和卵子）核膜已经破裂，但尚未融合成合子（受精卵）核的状态。

4. 受精卵移植 将显微注射后经鉴定存活的受精卵（或培养过的存活胚胎）通过手术植入假孕输卵管（或子宫），每只植入 10～15 个，有 10%～30%将生长发育成子鼠，其中一部分（10%～20%）为转基因鼠，其转基因已经整合到基因组中。并且，因为显微注射是在原核期进行的，整合基本都在这一期进行，因此转基因鼠的每个细胞（包括生殖细胞）都携带转基因，其转基因可遗传。

5. 筛选和鉴定 可以从三方面鉴定转基因鼠：①整合检测：应用斑点杂交、DNA 印迹或 PCR 等技术从子鼠基因组 DNA 中鉴定转基因。可从子鼠尾巴提取 DNA（50～100μg/6～10mm）。②转录检测：应用 RNA 印迹和 RT-PCR 等技术研究转基因转录水平。③表达检测：应用蛋白质印迹和免疫组织化学等技术研究转基因产物。

6. 建立转基因动物品系 使转基因鼠近交繁殖，可培育出第一代纯合子转基因鼠（转基因首建者，transgenic founder）。

近交（inbreeding） 又称近亲交配，是指亲缘关系很近的个体间的交配。

显微注射法的主要优点：①在配套仪器具备和操作技术熟练的前提下，该方法实现转基因导入的速度快，并且操作简单。②由于转基因是导入受精卵原核内，与宿主染色体 DNA 的整合率比其他方法高，较少产生嵌合体，有利于对原代转基因的表达分析，并能快速建立转基因动物品系。③导入转基因片段的长度没有限制，可达 100kb，并且无需载体。④重复性好。

同源嵌合体（mosaic） 如肿瘤患者，其组织细胞源出于一个受精卵，但在生长发育过程中经历 DNA 复制异常、染色体分离异常、基因突变，导致有不止一种基因型。

NOTE

异源嵌合体（chimera）　如接受器官移植个体，其组织细胞源出于不止一个受精卵，因而有不止一种基因型。

显微注射法的不足之处：①要求配套仪器精密，成本很高。②转基因的整合是随机的，整合率无法控制。③由整合引起的突变和位置效应（在转基因整合位点或附近存在调控元件）影响转基因表达，即在活性染色质区高表达，在沉默区或其附近不表达。④转基因拷贝数过高导致过度表达，会影响转基因鼠发育甚至致死。⑤有的动物受精卵原核不易识别，例如大鼠、山羊、猪等，需要经过特殊处理才能有效注入。

受精卵因为体积较大，成为用显微注射法培育转基因动物的首选宿主细胞，其次为胚胎干细胞。体细胞也可以作为宿主细胞，与体细胞核移植技术（SCNT）联合培育转基因动物，所培育的转基因动物称为**转基因克隆动物**。

体细胞核移植技术（somatic cell nuclear transfer，SCNT）　又称**治疗性克隆**（therapeutic cloning），是将供体体细胞核植入去核卵细胞中以获得新的胚胎的技术。常用于胚胎干细胞的研究或再生医学。

（二）胚胎干细胞电穿孔法

培育转基因动物时，转基因可能整合到所有组织细胞的基因组中，也可能只整合到部分组织细胞的基因组中，后者属于异源嵌合体。用胚胎干细胞法培育的第一代转基因动物一般都是嵌合体。

胚泡期哺乳动物胚泡中存在一群全能性的细胞团，称为内细胞团（inner cell mass），有分化成多种类型细胞的潜能，这些细胞经过体外培养就成为**胚胎干细胞**（embryonic stem cell，ES cell）。在一定的培养条件下，胚胎干细胞可以长久和稳定地增殖并且保持未分化状态，实现胚胎干细胞在体外的“永生”。

1. **基本工艺**　①用电穿孔法将转基因导入体外培养的胚胎干细胞，转基因整合到胚胎干细胞基因组中，然后进行筛选和鉴定，获得转基因细胞。②用胚泡腔注射法将其注入胚泡，然后将胚泡植入假孕子宫继续发育，部分转基因细胞会和内细胞团融合并参与分化，形成异源嵌合体。③只要部分转基因细胞分化成生殖细胞，就可以通过近交繁殖培育出纯合子转基因动物。

2. **主要优点**　操作简单，基因整合率高，遗传修饰能力强，并且十分精确，具有良好的应用前景。

3. **不足之处**　胚胎干细胞培育困难，适用物种少。此外，动物培育要经过嵌合体途径，受胚胎干细胞种系嵌合能力及交配几率的影响，实验周期较长。

（三）早期胚胎逆转录病毒感染法

将转基因与逆转录病毒载体构建重组体，再用其感染包装细胞，可以收获重组逆转录病毒颗粒，用于感染早期胚胎；也可以直接将胚胎与感染的包装细胞共同培养，以达到感染目的。将感染胚胎植入假孕子宫内，发育形成异源嵌合体，通过近交繁殖可培育出纯合子转基因动物。

1. **主要优点**　①逆转录病毒可以整合，成为基因组的一部分，因此转化率高。②采用复制缺陷型逆转录病毒作载体，它所携带的转基因可以持续表达。

2. **不足之处**　①整合位点是随机的。②由于病毒感染和整合是发生在多次卵裂之后，转基因很难整合到所有胚胎细胞中，所以培育的第一代转基因动物多数是嵌合体。③重组逆转录病毒不稳定，容易发生转基因重排或丢失，并且有潜在致病性，特别是致癌性，因此已较少应用。

二、应用

目前，转基因动物技术已经广泛应用于生物学基础、生物工程学、畜牧学、医学等研究。

（一）生物学基础研究

转基因动物是在整体水平研究基因功能、基因表达及表达调控的有效工具，研究结果最接近其生理功能。

1. 培育携带转基因的转基因动物，通过分析表型变化，可以研究基因型与表型的关系，阐明转基因的功能。

2. 培育携带转基因的转基因动物，通过检测其在生长发育过程中的表达，可以阐明转基因表达的时间特异性、空间特异性和条件特异性。

3. 培育携带调控元件-报告基因重组体的转基因动物，通过检测报告基因的表达，可以阐明调控元件在基因表达调控中的作用。

4. 利用转基因动物技术可以将分子水平、细胞水平和整体水平的研究统一起来，将时间上的动态研究和空间上的整体研究统一起来，其结果更具有理论意义和应用意义。

（二）医药研究

转基因动物在医药研究中的应用前景令人振奋。

1. 异种器官移植　器官移植已成为器官功能衰竭等疾病首选的治疗方法，但传统的器官移植受供体器官来源不足和移植排斥的制约。异种器官移植虽然可以解决来源不足问题，但免疫排斥反应更复杂、更难以克服。利用转基因技术对高等哺乳动物进行基因改造，有可能解决这一问题。猪在解剖、组织和生理等方面与人体最为接近，其组织相容性抗原（SLA 对 HLA）有较高的同源性，器官大小也相仿，因而是理想的器官移植供体。通过培育免疫排斥相关转基因猪，对其器官进行改造，可降低甚至避免免疫排斥反应，目前已通过基因靶向和体细胞核移植技术培育成功 α-1,3-半乳糖苷酶基因敲除猪，从而消除了导致猪器官植入人体后发生免疫排斥反应的一个重要抗原。转基因猪器官在灵长类动物体内进行的移植试验已经取得进展。

异种器官移植研究目前主要集中在以下几方面：①降低或抑制补体反应：利用转基因技术将人补体调节蛋白基因转入器官移植供体动物，使其可以降低或抑制补体反应。②通过基因敲除减少或改变供体器官的表面抗原。③使供体器官表达人免疫抑制因子。

2. 疾病模型　已建立了阿尔茨海默病、肌萎缩侧索硬化、亨廷顿病、关节炎、肌营养不良、肿瘤、高血压、神经退行性疾病、冠心病、糖尿病等人类遗传病的小鼠模型。用转基因技术建立的疾病模型遗传背景清楚、遗传改造简单，有与人类疾病相似的表型，可以模拟人体生命过程，用于从整体、器官、组织、细胞和分子水平研究疾病的病因、病机和治疗策略等，研究结果具有较高的指导价值。例如，①癌基因转基因动物模型对化学致癌物更敏感，可用于研究化学致癌物的致癌机制，特别是致癌物与癌基因、抑癌基因的相互作用。②表达多药耐药基因的转基因鼠模型可模拟人类肿瘤的药物代谢，应用于抗肿瘤药物开发。③用基因工程技术培育的免疫缺陷鼠和转基因鼠是艾滋病研究的动物模型。

NOTE

3. 药物开发　新药应用之前必须进行动物试验，理想的疾病模型是开发新药的得力助手。传统的疾病模型虽然有与人类某种疾病相似的症状，但有病因、病机不尽相同的不足。用转基因动物疾病模型筛选药物，筛选工艺经济、简捷、高效，筛选结果更科学。目前，转基因动物应用于筛选抗艾滋病药物、抗肝炎药物、抗肿瘤药物、肾病药物，已经取得突破性进展。不过，由于人类多数疾病的遗传因素尚未阐明，难以建立相应的转基因动物模型，所以还不能广泛采用。

4. 生物反应器　生物反应器（bioreactor）本意是指可以实现某一特定生物过程（bioprocess）的设备，例如发酵罐（fermenter）、酶反应器（enzyme reactor）、固定细胞反应器、各种细胞培养器，现在也指转基因动植物等，可用于制备或生产某些生物反应产物，或作为生物传感器。

转基因动物技术生产蛋白质药物有饲养简便、生产高效、取材方便、易规模化等优点，已成为生物制药产业大规模生产蛋白质药物的新工艺。转基因动物的乳腺因为有以下优点而成为特殊的生物反应器：①乳腺是一个外分泌器官，乳汁不进入体循环，其所含的转基因蛋白不会影响转基因动物本身的代谢过程。②乳汁产量高，乳汁蛋白含量也高（1 只绵羊 1 年可以生产 20~40kg 蛋白质），从乳汁中提取蛋白质的工艺也比较简单。③乳汁蛋白质已经过充分的翻译后修饰，有稳定的生物活性，接近天然产品。④乳汁生产成本低，用转基因奶牛生产人乳铁蛋白（lactoferrin）的成本仅为用真核细胞培养生产成本的 1/1000。

转基因动物作为生物反应器可以生产营养蛋白、单克隆抗体、疫苗、激素、细胞因子、生长因子等。

5. 基因治疗　见第十七章。

（三）动物品种改良和培育

转基因动物技术的发展使改造动物成为可能，可以使养殖动物肉、蛋、奶的品质和产量提高，饲料利用率提高，抗病能力增强，生长速度加快。转基因动物技术联合体细胞核移植技术能使优良种畜快速繁殖，缩短新品种培育周期，提高经济效益。转基因动物对于动物遗传资源保护的意义重大，有望应用于挽救濒危物种。

植酸即肌醇六磷酸，在植物中广泛存在，是植物磷库。因与蛋白质、无机盐形成复合物，不易消化，植酸会降低植物性饲料利用率，且导致磷排放。植酸酶（phytase）能水解植酸的 3-磷酸酯键，导致复合物解离，促进营养成分的消化吸收。因此，培育植酸酶转基因猪可分泌植酸酶，既能提高饲料利用率，又能减少粪便磷排放导致的环境污染，可称为环保猪。

Jost 等用乳腺 α 乳清蛋白基因的启动子与小鼠肠乳糖酶基因的 cDNA 重组，培育转基因鼠。肠乳糖酶基因在转基因鼠乳腺泡状细胞的顶端得到表达，合成的活性乳糖酶分泌入乳汁，使小鼠乳汁的乳糖含量降低了 50%~85%，而蛋白质和脂肪含量没有明显变化，吃这种低乳糖乳汁的小鼠发育正常。

培育抗流感病毒 RNA 聚合酶的转基因鸡可抑制禽流感的传播。

三、问题与展望

转基因动物技术发明至今发展迅速，已经创造了巨大的经济效益和社会效益，但转基因动物及其产品在环境安全、动物健康与福利、人类健康与食品安全等方面存在的一系列问题也值得关注。

1. 转基因动物产品的安全问题 ①以转基因动物为供体的器官移植可能会产生更严重的跨物种感染问题：如果转基因动物携带病毒，则器官移植会成为其感染人体的高危途径。②转基因食品安全性，见转基因植物（453 页）。

2. 转基因动物技术本身的问题 ①转基因动物培育效率低、成本高，以显微注射法的统计资料为例，奶牛、绵羊、猪的转基因阳性率分别为 0.09%、0.8%、0.8%。②转基因表达水平低，绝大多数转基因低表达，甚至不表达。③转基因整合会导致转基因动物基因突变，包括插入缺失、扩增、易位和激活，从而改变转基因动物的表型，甚至导致不育或死亡。④转基因整合的随机性限制了转基因动物的用途。⑤最终建立的转基因动物模型可能与预期结果不符。⑥转基因的拷贝数不均一，遗传稳定性差。⑦转基因性状遗传率低。⑧转基因产物对转基因动物的代谢活动产生不利影响，危及动物健康。

3. 转基因动物技术的伦理问题 ①表达人类基因的转基因家畜的肉、蛋、奶作为食品能否为消费者所接受。②以转基因动物为供体的器官移植能否为患者、家属甚至公众所接受。

4. 转基因动物技术的环境安全问题 涉及转基因逃逸、木马基因效应等因素。转基因动物在放牧饲养、散养或逃逸时与同类野生动物交配可以将转基因向生物圈扩散，从而影响到生物多样性。

转基因逃逸（transgene escape） 转基因生物的外源基因通过与亲缘种的杂交或种子的逸生等形式进入到自然界中的过程。

木马基因效应（trojan gene effect） 是指转基因的有益或无益释放可能对环境造成的毁灭性影响。

从目前的发展趋势看，转基因动物技术有可能成为 21 世纪生物工程领域的核心技术，将给医药卫生领域（特别是药物生产和器官移植等）带来革命性变化。转基因动物相关产品终将实现产业化和市场化，从而创造更大的经济效益和社会效益。

第二节 植物转基因技术

植物转基因技术是培育携带转基因的植物所采用的技术，所培育的植物（特别是农作物）称为转基因植物（transgenic plant），其转基因可来自动物、植物或微生物。1983 年，世界首例转基因植物（烟草）培育成功。1994 年，转基因西红柿在美国上市。

我国转基因植物的培育成果显著，在基因药物、农作物基因图谱与新品种等方面形成优势，有些研究已经达到国际先进水平。我国已为耐贮藏番茄、抗虫棉花、改变花色矮牵牛、抗病辣椒（甜椒、线辣椒）、抗病番木瓜、抗虫水稻和转植酸酶玉米等 7 种转基因作物批准发放了农业转基因生物安全证书。

随着植物转基因技术的不断发展和各种基因信息的不断获得，转基因技术在植物生物反应器、植物抗逆工程、品种改良、环境保护等方面将取得更大的突破。

一、基本方法

NOTE

植物细胞的全能性是植物细胞培养、组织培养及转基因的有利条件。在植物组织培养基础上发展起来的植物转基因技术的基本工艺包括：①获取转基因，例如植物抗旱基因、动物抗体基因、乙肝表面抗原基因。②培养寄主植物，例如愈伤组织、悬浮细胞、无菌苗。③以转基因转化寄主植物。④培育和筛选阳性转化植株。⑤培育和鉴定转基因植物。

转基因的转化是植物转基因技术的核心，目前已经有多种成熟的转化工艺，包括农杆菌介导转化法、基因枪法、花粉管通道法、显微注射法、电穿孔法、脂质体转染法、超声波转化法、激光微束法等，其中有的需要通过组织培养再生植株，如农杆菌介导转化法、基因枪法；有的则不需要通过组织培养，如花粉管通道法。有的需要用纤维素酶消化细胞壁制备原生质体，故又称原生质体转化法，如电穿孔法、脂质体转染法。它们各有优缺点及适用范围。

（一）农杆菌介导转化法

农杆菌（*A. tumefaciens*）是一种革兰氏阴性植物致病菌，能在自然条件下感染大多数双子叶植物和少数单子叶植物（但不包括谷物）的伤口。农杆菌带有一种 200kb 的闭环 Ti 质粒（tumor-inducing plasmid，又称致瘤质粒、肿瘤诱导质粒），其序列中有一段 20～23kb 的转移 DNA（transfer DNA，T-DNA），它能从 Ti 质粒转移并整合到植物基因组中，影响细胞生长，结果在植物伤口附近形成冠瘿瘤（crown-gall nodule）。因此，Ti 质粒是一种天然的植物转基因载体，农杆菌是一种天然的植物转化体系（图 16－2）。Ti 质粒转移的分子基础是其 T-DNA 的 25bp 末端重复序列。以转基因置换 T-DNA（仅保留其 25bp 末端重复序列），构建重组 Ti 质粒，再以该质粒转化农杆菌，以该农杆菌感染植物，则转基因可以随 25bp 序列整合到植物细胞的基因组中，进一步培育可以获得转基因植株。

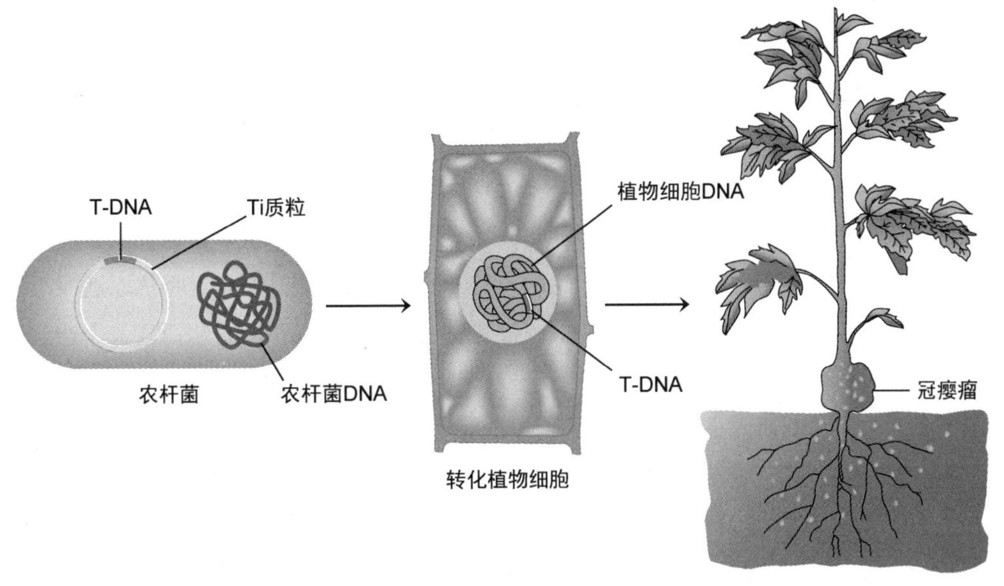

图 16－2　农杆菌 Ti 质粒介导转化

（二）基因枪法

基因枪（gene gun）的工作原理是将转基因用 $CaCl_2$、亚精胺或聚乙二醇沉淀，黏附在微小（直径 0.4～1.2μm）的钨粒或金粒表面，利用基因枪形成的高压气体加速（>400m/秒），直接射入植物细胞或细胞器，转基因整合到植物染色体 DNA 中，然后通过细胞和组织培养技术，

再生植株，筛选阳性转基因植株。基因枪法可用于培育转基因棉花、玉米、大豆、水稻、小麦及高粱等农作物。

主要优点：①寄主植物范围广，能有效转化单子叶植物和裸子植物。②可将转基因转入叶绿体和线粒体等细胞器中。③载体构建相对简单。

不足之处：①转化效率低（0.1%~1%，使选择难度加大）而成本高（仪器昂贵）。②多拷贝转入，会有基因沉默现象。③转基因容易整合到异染色质区域。

（三）花粉管通道法

花粉管通道法的基本工艺是在植物授粉时将转基因溶液涂在柱头上，利用植物在开花、受精过程中形成的花粉管通道，将转基因导入胚囊，并进一步整合到寄主植物的基因组中，使受精卵发育成为转基因植物。花粉管通道法于20世纪80年代初由周光宇提出，主要用于棉花转基因研究。我国目前推广面积最大的 *Bt* 基因（*B. thuringiensis*，苏云金杆菌，*Bt* 基因也称 *cry* 基因，编码一种 δ 内毒素，可以杀死有害昆虫）和豇豆抑肽酶基因双转基因抗虫棉就是用花粉管通道法培育出来的。花粉管通道法的最大优点是不依赖组织培养人工再生植株，技术设备简单，易于掌握，在育种研究中有广阔前景。目前利用花粉管通道法已培育成功转基因棉花、小麦、水稻、玉米、甘蓝、黄瓜、西葫芦等。

二、医药应用

随着现代生物技术的发展，转基因植物作为生物反应器，用于生产疫苗、抗体和其他蛋白质药物等，已成为植物基因工程领域的热点。

（一）转基因植物疫苗

用抗原基因转化植物，利用植物表达系统表达抗原蛋白，即**转基因植物疫苗**（transgenic plant vaccine），适合于作为口服疫苗。1992年，Mason 等首次用乙肝表面抗原基因转化烟草，使其成功表达乙肝疫苗。我国科学工作者也已经用乙肝表面抗原基因培育转基因番茄、胡萝卜和花生。

目前有两种转基因植物疫苗系统，即稳定表达系统和瞬时表达系统。稳定表达系统是将抗原基因整合到植物基因组中，培育稳定表达的转基因植株。瞬时表达系统是将抗原基因与植物病毒重组，然后将重组体接种到植物叶片上，任其蔓延，抗原基因随其复制而高效表达。严格地说该方法并没有培育出转基因植物。

转基因植物疫苗的研究主要集中于烟草（乙肝疫苗、霍乱疫苗）、马铃薯（乙肝疫苗）、番茄（狂犬病疫苗、天花疫苗）和香蕉（乙肝疫苗）等植物。

（二）转基因植物抗体

转基因植物抗体是用抗体或抗体片段基因培育转基因植物表达的抗体或抗体片段。人类既可用植物作为生物反应器生产有药用价值的抗体，特别是单克隆抗体，又可直接利用抗体在植物体内进行免疫调节，以研究植物的代谢机制，或增强植物的抗病虫害能力。一些转基因植物抗体经过纯化，已用于诊断和治疗。

（三）其他药用转基因植物蛋白

1986年，人生长激素（hGH，191AA）第一个在转基因烟草中得到表达。此后，从血浆蛋白到细胞因子等许多生物活性蛋白在不同植物中得到表达，例如人白蛋白（马铃薯、番茄）、

NOTE

人红细胞生成素（番茄、烟草）、白细胞介素2（烟草）、α干扰素（水稻）、粒细胞巨噬细胞集落刺激因子（GM-CSF，水稻）、蛋白酶抑制剂（水稻）、亲和素（玉米）、牛胰蛋白酶（玉米）、血管紧张素转化酶（番茄）。这无疑是高需求量的蛋白质药物的新资源。此外，一些营养保健蛋白也在植物中得到表达，例如能增进婴幼儿健康的人乳铁蛋白和β酪蛋白（马铃薯）。

（四）转基因植物制药的优劣

与其他生物制药相比，转基因植物制药有以下优点。

1. 植物细胞具有全能性，生长条件简单，生产成本低廉，成活率高，可以大规模种植。
2. 用哺乳动物生产蛋白质药物存在动物病毒感染风险，转基因植物则相对安全。
3. 转基因植物能对真核蛋白进行翻译后修饰，在一定程度上保持其天然活性。
4. 使用方便，用转基因植物生产的蛋白质药物如果成为人类正常饮食的一部分，都不需要提纯，其应用无疑是最简便的。
5. 可以进行蛋白质药物的靶向生产，使其积聚于植物的特定组织中。
6. 转基因植物种子储存条件简单，产品可以在常温下长期储存，因此更适合于缺乏冷藏设备的贫困地区种植。

不过，转基因植物制药存在以下不足。

1. 多数转基因表达水平较低，产物量不到总蛋白的1%。
2. 糖基化修饰系统与动物有差异，产物有免疫原性，可能还有其他副作用。
3. 规模种植受限于季节性和区域性。
4. 后加工技术不成熟，成本高。
5. 在植物液泡中存在有毒物质。
6. 成熟的转基因植物生产系统较少。

三、其他应用

1986年，世界上第一例转基因植物——抗烟草花叶病毒（TMV）烟草在美国成功培育，开创了抗病毒育种的新途径。1994年，第一种食用转基因植物——延熟番茄（商标名称FLAVR SAVR）获准上市。截至2004年，全球转基因植物种植面积已达8100万公顷，其中大豆占61%，玉米占23%，棉花占11%，油菜占5%。

与传统作物相比，转基因作物有抗病、抗虫、抗逆、抗药、优质、高产、保存期长等优良性状。

（一）抗除草剂作物

目前各国普遍应用除草剂防除农田杂草以提高农作物产量，但许多除草剂都无法完全区分农田杂草与农作物，在除草的同时也伤害农作物，因而限制了除草剂的应用。培育抗除草剂农作物有利于解决这些问题。目前已培育的抗除草剂农作物有棉花、大豆、水稻、小麦、玉米、甜菜、油菜、番茄、马铃薯、向日葵、烟草等，可以抗草甘膦（glyphosate，抑制芳香族氨基酸合成）、磺酰脲类（sulfonylureas，抑制支链氨基酸合成）、咪唑啉酮类（imidazolinones，抑制支链氨基酸合成）、溴苯腈（bromoxynil，抑制光合作用）、草铵膦（glufosinate，抑制谷氨酰胺合成，欧盟禁用）、阿特拉津（atrazine，抑制电子传递，欧盟禁用）等除草剂。

（二）抗病作物

植物病毒会降低农作物的产量和品质，用植物病毒的衣壳蛋白或复制酶基因、植物的核糖体失活蛋白基因等转化农作物，可以培育抗病毒作物。目前被应用的抗病基因有抗烟草花叶病毒基因，抗白叶枯病基因，抗棉花枯萎病基因，抗黄瓜花叶病毒基因，抗小麦赤霉病、纹枯病和根腐病基因等。已培育出的抗病作物有棉花、水稻、小麦、大麦、番茄、马铃薯、燕麦草、烟草等。我国培育的抗黄瓜花叶病毒甜椒和番茄已经开始推广种植。

（三）抗虫作物

农作物病虫害的传统防治主要依赖农药，但农药不仅污染环境，还使病虫产生耐药性，影响生态系统，更给人类健康带来威胁。培育并推广抗虫作物可以减少农药用量，增加作物产量。1987 年，Vaeck 等最早用 *Bt* 基因培育出能抗烟草天蛾幼虫的转基因烟草。至今已培育出水稻、棉花、玉米、马铃薯等 50 多种转 *Bt* 基因作物，统称 Bt 作物（Bt crop）。目前应用的抗虫基因还有蛋白酶抑制剂基因、α 淀粉酶抑制剂基因和外源凝集素基因等。已培育出的抗虫农作物和其他经济作物有大豆、水稻、玉米、豇豆、慈菇、番茄、马铃薯、甘薯、甘蔗、胡桃、油菜、向日葵、苹果、葡萄、棉花、烟草、杨树、落叶松等。

（四）抗逆作物

为了提高作物对干旱、低温、盐碱等逆境的抗性，各国都在进行以转基因技术提高作物抗逆能力的研究。目前已经应用的抗逆基因有抗寒基因（脯氨酸合成酶基因、鱼抗冻蛋白基因、拟南芥叶绿体 3-磷酸甘油酰基转移酶基因）、抗旱基因（脯氨酸合成酶基因、肌醇甲基转移酶基因、海藻糖合成酶基因、苼蜜糖合成酶基因、枯草杆菌果聚糖蔗糖酶基因 *sacB*）、抗寒耐盐基因（甜菜碱醛脱氢酶基因 *BADH*）等。目前已培育出耐盐的小麦、玉米、草莓、番茄、苜蓿、烟草，耐寒的草莓、苜蓿，抗旱、抗瘠的小麦、大豆，耐盐、耐寒、抗旱的水稻。

（五）品质改良作物

随着生活水平的不断提高，食物的口味、营养价值等进一步受到重视。利用转基因技术改变农作物代谢活动，从而改变食物营养组成，包括蛋白质的含量、氨基酸的组成、淀粉和其他糖类以及脂质的组成等，已成为可能。已培育出富含蛋氨酸烟草，低淀粉水稻，富含月桂酸油菜，延熟番茄，改色玫瑰，富含铁、锌和胡萝卜素的“黄金大米”。

（六）环保植物

转基因植物可用于生物除污（如清除水体和土壤中的有机物和重金属污染等），改善环境。

北京大学生命科学院培育的转基因烟草和转基因蓝藻可以分别用于清除土壤、污水中的镉、汞、铅、镍等重金属污染。其中每千克转基因蓝藻可以吸附 10 克以上的汞。种植转基因烟草的土壤重金属含量明显下降。

三硝基甲苯（TNT）是一种毒性污染物。英国科学家用一种细菌可降解 TNT 的酶的基因培育出能在被 TNT 污染的土壤中茁壮成长、大量吸收并降解 TNT 的转基因烟草。

美国科学家用转基因技术改良白杨树，使其能够更多地吸收地下水中的毒素。实验结果显示：转基因白杨树可以将实验所用液体中的三氯乙烯毒素吸收 91%，而普通植物只能吸收 3%。

NOTE

汞在自然界有有机汞、离子汞、原子汞三种状态，有机汞毒性最大。一些细菌编码有机汞裂解酶、汞离子还原酶，可以降解有机汞，并最终转化为挥发性原子汞。Bizily 培育的转基因拟南芥和 Rugh 培育的转基因黄杨均能显著增加对甲基汞的耐受性，且能将其转化，降低土壤汞含量。

四、问题与展望

自从第一株转基因烟草培育成功以来，植物转基因技术在许多领域取得了令人瞩目的成就，但是面临的问题也不容忽视。正确认识和系统评价其安全性有利于合理发展和应用转基因植物。

（一）技术问题

在转基因植物培育过程中大多数转基因是随机整合的，可能产生非预期效应。

1. 转基因插入宿主基因编码区，影响其功能。

2. 转基因插入宿主基因调控元件，影响其表达。

3. 转基因可能影响到宿主的某个调控基因，从而影响到其他结构基因。

4. 植物代谢作用可能因适应转基因而发生改变。

因此，在获得预期效应的基础上，应重视对非预期效应的评价。

（二）制药安全问题

转基因植物制药存在技术问题、安全问题。

1. 大多数蛋白质疫苗产量不高，如果可食性疫苗的剂量不足，有可能导致不反应甚至免疫耐受，所以必须通过改进表达调控系统等提高产量。

2. 可食性疫苗和抗体只有生食才可以保证效果，任何加热过程都会导致有效成分的破坏甚至完全失活，这使得其寄主植物范围受限。

3. 提纯以去除生物碱及其他植物毒素的后加工工艺复杂。如果疫苗需要注射使用，则提纯难度更大。

4. 利用转基因植物生产的某些产品直接食用容易被消化分解，需要对其进行修饰或包装以增强抗消化力，使它们能通过肠黏膜到达反应部位。

5. 目前对转基因食品的安全性存在争议。虽然尚未确定转基因食品是否会影响人类免疫功能甚至抑制重要器官的生长发育，但这些争议在一定程度上影响到利用转基因植物生产可食性疫苗和抗体的发展。

（三）食品安全问题

虽然尚未确定转基因食品（包括动物性转基因食品和植物性转基因食品）是否会对人体健康构成危害，但有学者认为不排除这种可能性。现有科学认尚不能以全面分析转基因在转基因生物体内产生的所有影响，加之转基因技术是新生事物，因而关注转基因食品安全性是正常和必要的。应全面跟踪转基因食品，特别是对新开发产品进行安全检测，并呼吁在转基因食品上加注标识以尊重消费者的选择权利，同时建立、健全相关法规以避免转基因食品对人体健康产生危害。可以从以下几方面关注转基因食品安全性。

1. 转基因是否会向肠道菌群和组织细胞转移 自然条件下，动物摄入食物时也摄入食物 DNA，绝大部分 DNA 被降解，目前尚无 DNA 能从植物体向细菌或动物细胞转移并表达的证据。因而抗性转基因在自然条件下发生转移或许只存在理论层面的可能性，还没有获得引起抗

NOTE

药性的证据。抗性转基因删除技术可避免这种风险。

2. 转基因产物是否有毒性　针对转基因产物进行安全性评价，首先可根据其化学组成判断毒性，再采用动物试验或模拟试验进行毒理学评估，如致敏性、生殖毒性等。毒性评价已有严格标准，无直接毒性的转基因食品才能获得生产许可。

3. 转基因的非预期效应所带来的食品营养变化　植物转基因技术中大多数转基因是随机整合的，这种整合可能对基因表达产生影响，导致基因沉默或激活、下调或上调等非预期效应，进而影响到植物代谢系统。不过这类非预期效应不止存在于转基因育种技术中，在传统育种技术中也不少见。因此，必须对代谢产物和关键营养成分进行评价。

食品安全性问题受到国际组织和各国政府的高度重视，先后有多项针对转基因生物和转基因食品安全性的公约或政策出台。经济合作与发展组织（经合组织，OECD）于1993年提出了对新食品进行安全性评价的实质等同性（substantial equivalence）原则：如果一种生物工程食品或食品成分与其相应的传统食品或食品成分基本相同，则可以认为其具有相同的安全性。这种基于比较的指导原则已被许多国家采纳，作为评价转基因食品安全性的起点。

例如，转病毒衣壳蛋白基因的抗病毒植物及其产品与农田感染病毒的植物生产的产品都带有衣壳蛋白，这类产品应该被认为是安全的。如果转基因植物产品与传统产品不存在实质等同性，则应进行严格的安全性评价。在进行实质等同性评价时，一般需要考虑是否含有毒物质和过敏原，另外还要考虑营养物质和抗营养因子的含量等。

（四）环境安全问题

环境安全性是指转基因可能对生物群落及生态环境产生影响。

环境安全性评价的核心问题是，开放种植的转基因植物是否会将其抗虫基因、抗病基因、耐药基因转移给野生植物使后者产生适应性或抗性，并且形成可繁殖的后代，打破原有植物种群的平衡，使生态环境受到破坏？转基因植物是否会演变成不可控制的农田杂草？转基因植物是否会杀死非靶标昆虫（如经济昆虫）？

1. 对生物群落的影响　转*Bt*基因玉米花粉对非靶标生物如家蚕的生长有影响，在抵抗农田害虫时也会影响其天敌等有益生物。Bt蛋白可随植物根部渗出物进入土壤，且不易被生物降解，可能对土壤生物及生物多样性产生影响。

2. 转基因逃逸　转基因向野生近源种等非靶标植物转移，使其有获得选择优势的可能性，如抗除草剂基因转至相关杂草会产生抗除草剂的超级杂草。此外，培育抗病毒转基因植物存在病毒重组等风险。当抗病毒转基因植物被其他病毒感染时，感染病毒的RNA可能会被转基因植物所表达的衣壳蛋白包裹，进而改变病毒的宿主范围或感染机制。这方面已有实验室研究依据，但尚无田间试验依据。

（五）安全性评价

转基因生物及相关产品需要进行安全性评价，相关评价研究、评价方法和管理办法都在不断完善和加强。

世界主要发达国家和部分发展中国家都已经制定了关于转基因生物的法规，对其安全性进行评价和监控。由于在法规和管理方面存在着很大的差异，特别是许多发展中国家尚未制定相应的法规，一些国际组织试图制定多数国家（特别是发展中国家）能够接受的统一标准和程序。

NOTE

我国科技部在1993年12月颁布了《基因工程安全管理办法》。农业部在1996年7月颁布了《农业生物基因工程安全管理实施办法》，设立了农业生物基因工程安全管理办公室，并成立了农业生物基因工程安全委员会（后改为国家农业转基因生物安全委员会），负责对转基因生物进行科学、系统、全面的安全性评价。

任何科学技术的发明和发展都会带来一些问题，但随着研究的不断深入，人们会寻求对策来解决问题，从而促进技术的不断发展。到目前为止，全球转基因植物的基础研究、技术研究、产业化应用、安全性评价已经得到全面发展。转基因植物在医药、农业、生态、环保领域有巨大的应用价值，其发展必将进一步造福人类。

我国已为延熟番茄（又称耐贮藏番茄）、抗虫棉花、改变花色矮牵牛、抗病辣椒（甜椒、线辣椒）、抗病番木瓜、抗虫水稻和转植酸酶玉米等7种转基因作物批准发放了农业转基因生物安全证书，其中抗虫棉花、抗病番木瓜已开始规模种植。此外，还批准了转基因棉花、大豆、玉米、油菜等4种作物的进口安全证书，其中转基因大豆、玉米、油菜仅限于作为加工原料，不得种植。

第三节　基因靶向技术

2007年的诺贝尔生理学或医学奖的获得者是Capecchi、Evans和Smithies，他们在涉及胚胎干细胞和哺乳动物DNA重组方面有一系列突破性发现。这些发现来自由他们建立的如今称为基因靶向的强大技术。他们于1987年在小鼠胚胎干细胞中实现了次黄嘌呤鸟嘌呤磷酸核糖转移酶基因（*Hprt*）的定位敲除。

基因靶向（gene targeting）又称**基因打靶**，是通过同源重组定点改造生物体特定基因座。基因靶向可能产生两种效应：①利用靶基因使基因组靶向位点内源基因失活，称为**基因敲除**（gene knock-out）；②将靶基因植入基因组靶向位点，或置换该位点的内源基因，称为**基因敲入**（gene knock-in）。其中基因敲入本质上属于转基因技术，所以植入的靶基因属于转基因。

基因靶向技术的优点是克服了转基因技术的盲目性和偶然性，整合位点精确，表达效率更高，可以稳定遗传；不足是产生不稳定的串联重复序列，能自发进行第二次同源重组。

一、完全基因靶向

基因敲除和基因敲入等基因靶向技术是在转基因技术的基础上先后建立起来的，其原理与转基因技术基本一致，只是所用载体的结构及其在宿主细胞内的转化机制不同，转基因载体是通过非同源重组转化宿主，而靶向载体是通过同源重组转化宿主。

1. 构建靶向载体　靶向载体必须携带靶向位点两段同源序列（~40bp），且含两个选择标记，用于鉴别同源重组和非同源重组。其中一个选择标记位于两段同源序列之间，在同源重组时随转基因一起嵌入靶向位点，故称**阳性选择标记**（又称**阳性选择基因**、**正向选择标记**）。常用的阳性选择标记是neo^R基因，即细菌Tn5转座子的新霉素磷酸转移酶基因，编码的氨基糖苷-3′-磷酸转移酶［APH(3′)-Ⅱ］可以将G418灭活，因此neo^R基因阳性细胞能在含G418的培养基中生长。另一个选择标记位于两段同源序列外侧，在同源重组时丢失，故称**阴性选择标**

NOTE

记（又称阴性选择基因、负向选择标记）。常用的阴性选择标记是 *TK* 基因，即单纯疱疹病毒的胸苷激酶基因，是一种自杀基因（第十七章，471 页），因为 *TK* 基因阳性细胞不能在含更昔洛韦（ganciclovir，GCV，又称丙氧鸟苷，一种核苷类似物）的培养基中生长。

更昔洛韦，GCV

靶向载体可以由靶向位点内源基因及其两侧序列改造而成：①对于基因敲除，应先敲除靶向载体的内源基因，即以阳性选择标记插入或置换，但要保留两侧的靶向位点同源序列。②对于基因敲入，应以转基因与阳性选择标记一起置换靶向载体的内源基因，但要保留两侧的靶向位点同源序列。③要在靶向载体末端加接阴性选择标记（图 16-3①）。

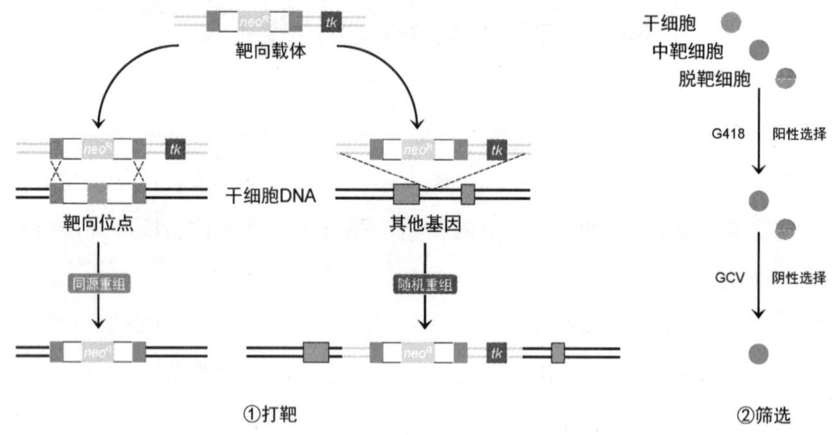

图 16－3 基因敲除技术

2. 基因靶向　用电穿孔法将靶向载体导入培养的小鼠胚胎干细胞，它与染色体 DNA 的重组有两种可能：①发生同源重组，称为中靶，形成的同源重组细胞只携带 neo^R 基因，不携带 *TK* 基因，因而抗更昔洛韦。这是要培育的靶向细胞，但中靶率极低，仅占 10^{-2}～10^{-5}。②发生非同源重组，称为脱靶，形成的非同源重组细胞既携带 neo^R 基因，又携带 *TK* 基因，因而会被更昔洛韦杀死。这是主要的重组方式（图 16-3①）。

3. 筛选中靶细胞　将打靶之后的小鼠胚胎干细胞在含 G418 和更昔洛韦的选择性培养基中培养。G418 只允许携带 neo^R 基因的脱靶细胞和中靶细胞存活，而更昔洛韦将杀死携带 *TK* 基因的脱靶细胞，因此最后存活并得以增殖的都是同源重组细胞（中靶细胞，图 16-3②）。不过，通常需用 PCR、DNA 印迹等技术进一步鉴定。

4. 培育嵌合体　中靶细胞注入胚泡腔，再植入假孕子宫，孕育成中靶嵌合体。

5. 培育中靶纯合子　如果打靶小鼠胚胎干细胞来自黑鼠，打靶小鼠的早期胚胎来自白鼠，则中靶异源嵌合体很容易识别，是黑白花色的。令异源嵌合体近交繁殖，可得到纯合子品系。

大型家畜的胚胎干细胞不易分离和培养，可用其体细胞实施基因靶向，然后用体细胞核移植技术培育转基因克隆家畜。

此外，近几年出现的锌指核酸酶（zinc finger nuclease，ZFN）技术和ϕC31整合酶技术，为转基因动物的靶向修饰提供了新的途径。

二、条件性敲除

基于以下原因某些基因不能完全敲除：①这些基因如果在培育靶向细胞时就被敲除，会导致胚胎早期死亡，无法分析其在胚胎发育晚期及以后的功能。②这些基因在不同的细胞内有不同的功能，一旦完全敲除，难以判断异常表型是由一种细胞引起的，还是由几种细胞引起的。

条件性敲除（conditional gene knockout）让我们可根据需要，有选择地在一定生长发育阶段或从某种组织细胞中敲除靶基因。这是通过其靶向载体所携带的DNA重组系统（如噬菌体*cre-loxP*系统、酵母*FLP-FRT*系统）来实现的。

1. *cre-loxP*系统 *cre*是P1噬菌体的一个基因，其编码的Cre重组酶（343AA）可以催化两段称为*loxP*位点的同向重复序列（34bp）之间发生位点特异性重组，导致位于两段loxP位点之间的DNA片段缺失（第二章，71页）。

2. 条件性敲除小鼠培育 用*cre-loxP*系统实施条件性敲除需培育*cre*小鼠和*loxP*小鼠。

（1）*cre*小鼠 基因组中转入了由诱导型启动子控制的*cre*基因（如具有肝脏特异性、受INF-α诱导的Mx1-*cre*），只在特定条件下、特定生长发育阶段或特定组织细胞中诱导表达Cre重组酶。

（2）*loxP*小鼠 基因组中待敲除靶基因（或其一个外显子）两侧各敲入一个*loxP*位点且同向排列。

（3）*cre-loxP*小鼠 *cre*小鼠和*loxP*小鼠交配，子鼠为*cre-loxP*小鼠，基因组中有完整的*cre-loxP*系统，可根据需要诱导*cre*表达Cre重组酶，Cre重组酶催化*loxP*位点之间发生位点特异性重组，导致靶基因敲除。

3. 条件性敲除特点 可以让我们方便地研究基因表达的特异性，阐明疾病发生的遗传基础。①在特定组织细胞或特定条件下进行条件性敲除，可以研究必需基因在胚胎发育中的作用，特别是隐性致死基因。②如果在敲除基因阳性选择标记neo^R两侧敲入*loxP*位点，可以在一定条件下使敲出基因复活，或变基因敲出为基因敲入。

4. 条件性敲除不足 实验周期长，有些基因在敲除后表型变化不明显。

三、应用

基因靶向技术是转基因技术的进一步发展，所以同样可以应用于其他转基因技术的应用领域（基因功能研究、疾病模型建立、经济生物培育、异种器官移植、生物反应器、基因治疗、药物开发），并且更有优势。基因靶向技术已经在牛、羊、猪等动物身上获得成功。

第十七章 基因诊断和基因治疗

现代科学技术的飞速发展使医学研究进入了分子时代。随着人类基因组计划的完成和后基因组时代的到来，功能基因组学、蛋白质组学等研究相继展开，使我们能够在基因和基因组水平上揭示更多疾病的本质及其发生、发展的机制，为在基因和基因组水平上预防、诊断和治疗疾病提供了新的策略和方法。

第一节 基因诊断

随着在基因和基因组水平上对疾病病因和发病机制研究的不断深入，人们越来越多地发现，疾病的发生往往是基因组中基因结构异常、表达异常，或病原体基因入侵所致。**基因诊断**（gene diagnosis）属于**分子诊断**（molecular diagnosis），是指直接检测基因组中致病基因或疾病相关基因的结构异常或表达水平的改变，或病原体基因的存在，从而对人体健康作出评价，或对人体疾病作出诊断。基因诊断是继形态学检查、生化检查和免疫学检查之后的第四代诊断技术，它的建立和发展得益于分子生物学的发展。目前，基因诊断主要应用于遗传性疾病、肿瘤、感染性疾病的诊断及筛查，法医学鉴定，器官移植的组织配型（HLA 分型）等。基因诊断的检测物是 DNA 和 RNA，DNA 用于分析内源基因结构是否正常，或者是否存在外源基因；mRNA 则用于分析基因的结构和表达是否正常。

一、基因诊断的特点

常规诊断多为表型诊断，以疾病或病原体的表型为依据，优点是比较直接和直观，但有以下不足：①某些疾病表型的特异性不高。②表型改变晚于基因型改变，容易错过最佳治疗期。③某些疾病表型不显著，检测方法不灵敏，容易漏诊。④诊断耗时，精确度低。

基因诊断以已知基因作为检测对象，属于病因诊断，有以下特点。

1. **特异性高** 以特定基因为检测对象，可以直接检测导致疾病发生的基因异常，不仅可确诊病患，还可筛查出致病基因携带者和一些易感个体。

2. **灵敏度高** 应用核酸杂交技术和 PCR 技术，用微量标本即可检测，例如可诊断病毒抗体呈阴性的 HIV 感染者。

3. **早期诊断** 可诊断尚无临床表现的个体，特别是单基因遗传病，适用于产前诊断（常采用孕后 10 周绒毛膜取样，或孕后 16 周羊膜腔穿刺）和遗传筛查，预测其患某些疾病的潜在风险，便于采取预防措施，降低新生儿缺陷率。

NOTE

4. **采样方便** 一般不受采样部位、方式或时间的限制。

5. 安全高效　可以快速检测那些不能或不易在体外安全培养的病原体（如 HPV、HIV），还能对其亚型进行基因分型（基因型分型）。

6. 应用广泛　内源基因和外源基因都可以检测，既能对一些疾病的内因或病原体直接做出精确检测，又能对疾病的易感性、抗药性和发展阶段等作出判断，还能对毛发、血渍和精斑中的 DNA 进行法医学鉴定（表 17-1）。

表 17－1　FDA 批准基因诊断项目分布

诊断项目	方案数	诊断项目	方案数	诊断项目	方案数
急性骨髓性白血病	2	囊性纤维化	10	染色体异常	4
慢性 B 淋巴细胞白血病	2	药物代谢酶	12	前列腺癌	2
膀胱癌	1	凝血因子	11	肿瘤细胞分型	2
乳腺癌	4	心脏移植	1	病原微生物鉴定	158

总之，基因诊断适用性强，发展迅速。

二、基因诊断的内容和技术

基因诊断从本质上讲就是基因鉴定，鉴定自身基因是否存在结构异常或表达异常，或是否存在病原体感染。可根据致病基因结构、突变谱、连锁特征等建立特异的诊断方法。基因诊断分为直接诊断和间接诊断。

（一）基因诊断的分子基础

基因诊断的检测物是 DNA 和 RNA。

1. 内源基因异常　遗传病的致病基因通常存在结构异常，这种异常可能是发生碱基置换、插入缺失、重排或扩增等的结果，其核苷酸序列与野生型基因（正常基因）不同，可以通过 DNA 测序或多态性分析作出诊断。

有些疾病的致病基因可能表达产物结构结构正常，但表达水平异常，例如转录效率异常或转录后加工异常，可以通过对 RNA 进行定量分析、检测转录和转录后加工缺陷等作出诊断。

2. 病原体感染　感染性疾病是由病原体感染、病原体基因表达引起的，可通过设计病原体核酸探针、鉴定病原体基因作出诊断。

基因诊断的临床样品可以是血液、组织块、羊水和绒毛、精液、毛发、脱落细胞、分泌物、尿液等。

（二）基因异常的直接诊断

直接诊断是指检测与疾病有因果关系的致病基因，从而对疾病作出诊断。对于那些致病基因及其突变谱已经阐明的遗传病，检出基因异常即可确诊，例如镰状细胞贫血、β 地中海贫血、苯丙酮尿症、LDL 受体缺乏、α_1 抗胰蛋白酶缺乏症、亨廷顿病、肌营养不良等。

例如用 PCR-ASO 诊断 β 珠蛋白基因（*HBB*，11p15.5）第 17 密码子的无义突变（A→T）导致的 β 地中海贫血：先用 PCR 扩增含突变点的序列，再设计以下等位基因特异性寡核苷酸探针（ASO 探针），用等位基因特异性寡核苷酸探针杂交法（ASOH）进行分析，可以鉴别健康个体、突变携带者、β 地中海贫血患者。

NOTE

野生型探针：G TGG GGC AAG GTG AAC
突变探针： G TGG GGC TAG GTG AAC

直接诊断的优点：①不依赖家系分析，在缺乏家系成员遗传信息时也可对患病个体作出诊断。②检测方法简单，诊断结果可靠。

直接诊断的必要条件：①致病基因异常的确是导致疾病发生的根本原因。②致病基因的结构异常或表达异常已经在分子水平上阐明。③致病基因定位已经明确。

（三）基因异常的间接诊断

许多疾病的致病基因从序列到定位及突变谱等尚未在分子水平上阐明，不能采用直接诊断，但可以采用间接诊断。**间接诊断又称连锁分析**（linkage analysis），即分析与该致病基因连锁的遗**传标记**（genetic marker），可用于诊断血友病 A、镰状细胞贫血、α 地中海贫血、亨廷顿病等。

间接诊断的遗传学基础是基因连锁。**连锁**（linkage）是指在细胞分裂时，位于同一条染色体上的基因一起遗传的现象。在一个遗传病家系中，如果致病基因与某一基因座（locus）连锁，就可用该基因座作为该遗传病的遗传标记，间接判断家系成员或胎儿是否携带致病基因。用作遗传标记的基因座通常是多态性位点。

例如用 DNA 印迹法诊断非洲人镰状细胞贫血：将非洲人基因组 DNA 用限制性内切酶 *Hpa* Ⅰ（GTT·AAC）消化，与 β 珠蛋白基因探针杂交，可以检出 7.6kb 和 13kb 两种限制性片段，其中 13kb 片段在正常人群检出率只有 3%，在镰状细胞贫血患者检出率却高达 87%，提示 13kb 片段可以作为非洲人镰状细胞贫血间接诊断的遗传标记。

由于间接诊断是通过遗传标记的多态性判断染色体单倍型是否与致病基因连锁，从而判断被检者的患病风险或是否为致病基因携带者，因此间接诊断实际上是在评估患病风险。如果某单倍型与致病基因连锁，则以其作为遗传标记，可提高间接诊断的检出率和特异性。

间接诊断的优点：不需要阐明致病基因结构及其致病机制，可用于诊断大多数由尚未阐明的基因异常引起的遗传病。

间接诊断的必要条件：①只能用于遗传病家系中，且亲代遗传信息可以获得，相关资料必须完整。②家系中有先证者，子代有患病个体。即便如此，基因发生重组、家系成员资料不完整或遗传信息量不足等均影响间接诊断的特异性。因此，应谨慎看待间接诊断的结果。

（四）基因诊断的常用技术

基因诊断可分为基因鉴定和基因定量。各种核酸技术，包括核酸杂交技术、PCR 技术、基因芯片技术、DNA 测序、变性高效液相色谱等，都可用于基因诊断。

1. 核酸杂交技术 在基因诊断中可用于检测是否存在异常基因或外源基因、基因表达是否异常等。

2. PCR 技术 核酸是基因诊断的检测物。当核酸样品不足或采样受限时，往往先进行 PCR 扩增，再进行相关分析。PCR 在基因诊断中常与凝胶电泳、核酸杂交、单链构象多态性分析或 DNA 测序等其他技术联合应用，例如缺口 PCR 与琼脂糖凝胶电泳联合应用诊断缺失型 α 地中海贫血（464 页）。

3. 基因芯片技术 基因芯片技术不仅可以检测基因结构、基因突变和 DNA 多态性，还可以分析基因表达情况，有快速、高效、灵敏、高通量、平行化和自动化等优点。

NOTE

4. DNA 测序 许多单基因遗传病（如 β 地中海贫血、镰状细胞贫血、苯丙酮尿症、肌营养不良等）是由单一基因发生突变引起的。直接测定其致病基因的全序列可以实现准确诊断、早期诊断。随着三代DNA测序技术的发展和普及，DNA测序十分简便，耗时越来越少，成本不断降低，已经实现了商品化。DNA测序在基因诊断中的应用将更加广泛。

不过，DNA测序主要适用于基因型已经阐明的遗传病的诊断及产前诊断。

5. 变性高效液相色谱（DHPLC）　适用于检测杂合突变。原理：携带杂合突变的DNA样品进行PCR扩增，得到的扩增产物是同源双链（homoduplex）和异源双链（heteroduplex）的混合物。在部分变性的条件下，异源双链因存在错配而更易变性，在反相色谱柱中的保留时间短于同源双链，故先被洗脱下来，色谱图表现为双峰或多峰的洗脱曲线，可收集洗脱样品进一步测序以鉴定突变位点。

变性高效液相色谱有高通量检测、自动化程度高、灵敏度和特异性较高、检测DNA长度范围广且不需要标记、相对价廉等优点。对于纯合突变，可以利用混合的方法进行检测，即将纯合突变样品和野生型样品混合分析。

此外，还可以采用基质辅助激光解吸电离飞行时间质谱技术（MALDI-TOF-MS），使基因诊断更快捷、更准确。

不同技术用于检测不同突变（表17-2）。

表17-2　基因诊断策略

基因突变	基因诊断方法
点突变	ASOH，RFLP，基因芯片，AS-PCR，PCR-ELISA，PCR-SSCP，DGGE，DNA测序，DHPLC
片段突变	DNA印迹法，多重PCR，荧光原位杂交
动态突变	DNA印迹法，PCR
表达异常	RT-PCR，RNA印迹法，cDNA芯片，蛋白质印迹法，免疫组织化学技术，ELISA，蛋白芯片

三、遗传性疾病的基因诊断

绝大多数遗传病目前尚无有效治疗手段，有些遗传病虽然可以治疗但成本高，往往给患者及其家庭带来沉重的经济负担和心理负担。

遗传病的基因诊断主要有以下意义：①对有遗传病家族史的孕妇进行产前诊断，指导孕育，对遗传病的防治和优生优育有实际意义。②对有一定治疗措施的遗传病进行检测，可以做到早发现、早控制、早治疗。目前有部分遗传病可以进行基因诊断，例如地中海贫血、镰状细胞贫血、血友病A、苯丙酮尿症和Duchenne型肌营养不良等（表17-3）。

表17-3　我国部分单基因遗传病基因诊断

疾病	缺陷基因产物	突变类型	基因诊断方法
α地中海贫血	α珠蛋白	缺失为主	缺口PCR，杂交，DHPLC
β地中海贫血	β珠蛋白	点突变为主	RDB，DHPLC
血友病A	凝血因子Ⅷ	点突变为主	PCR-RFLP
血友病B	凝血因子Ⅸ	点突变、缺失等	PCR-STR连锁分析
苯丙酮尿症	苯丙氨酸羟化酶	点突变	PCR-STR连锁分析，ASOH
马凡综合征	原纤蛋白	点突变、缺失	PCR-VNTR连锁分析，DHPLC

（一）血红蛋白病

血红蛋白病（hemoglobinopathy）是由血红蛋白（Hb）结构或水平异常引起的遗传性血液病，是最常见的人类遗传病，也是最早实现产前基因诊断的遗传病。血红蛋白病习惯上分为异常血红蛋白病和地中海贫血。目前全球有7%人口携带血红蛋白病致病基因，其中0.3%携带异常血红蛋白病致病基因，其余绝大多数携带地中海贫血致病基因。

1. 异常血红蛋白病（abnormal hemoglobinopathy） 是因Hb结构异常引起的疾病。目前已经发现900~1100种血红蛋白基因异常（表17-4），大多数是由点突变导致氨基酸置换，其中仅少数导致血红蛋白结构及功能明显异常而致病。

异常血红蛋白病常用诊断技术有PCR-RFLP、PCR-ASO、AS-PCR等。

表17-4 部分异常血红蛋白病

异常血红蛋白病	α亚基突变	异常血红蛋白病	β亚基突变
Hb I	Lys16Asp	Hb S	Glu6Val
Hb G-Honolulu	Glu30Gln	Hb C	Glu6Lys
Hb-Norfolk	Gly57Asp	Hb G-San José	Glu7Gly
Hb M-Boston	His58Tyr	Hb E	Glu26Lys
Hb G-Philadelphia	Asn68Lys	Hb M-Saskatoon	His63Tyr
		Hb M-Milwaukee-1	Val67Glu
		Hb D-β Punjab	Glu121Gln

（1）镰状细胞贫血 是第一种被阐明的分子病（molecular disease，遗传因素导致RNA、蛋白质合成异常而引起的疾病），由Ingram于1956年应用色谱技术阐明，患者镰状血红蛋白（HbS）β珠蛋白基因（*HBS*）发生第6密码子的错义突变（A→T，Glu6Val），突变碱基位于*Mst* Ⅱ位点（CC·TNAGG）中，突变导致该限制性酶切位点丢失。

因此，可以设计镰状细胞贫血的PCR-RFLP诊断方法：PCR扩增*HBB*基因含第5、6、7密码子的片段（1.35k），用*Mst* Ⅱ充分消化扩增产物，然后用琼脂糖凝胶电泳分析。正常人扩增产物显示1.15kb和0.20kb两条条带，镰状细胞贫血患者扩增产物则显示1.35kb单一条带，携带者则有1.35kb、1.15kb和0.20kb三条条带（图17-1）。

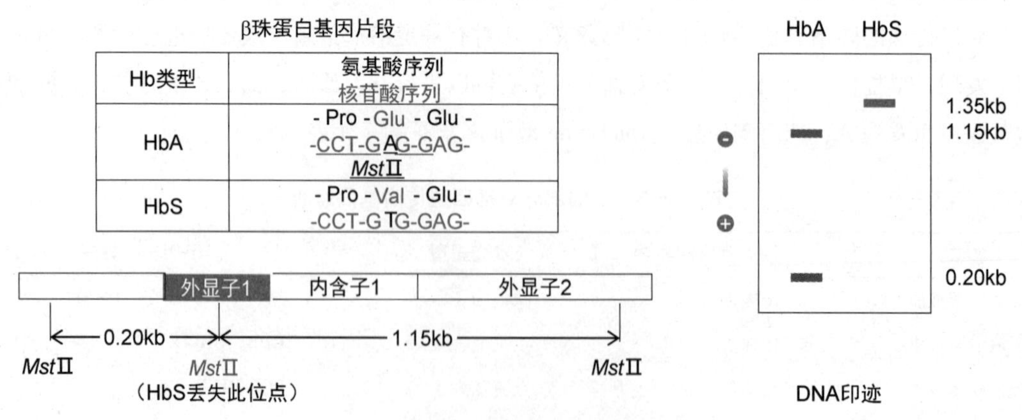

图17-1 PCR-RFLP分析镰状细胞贫血

此外，该镰状细胞贫血还可用PCR-ASO诊断，例如用以下19nt的ASO探针：

野生型探针：TG ACT CCT GAG GAG AAG TC
突变探针：　TG ACT CCT GTG GAG AAG TC

PCR-ASO 检测更快，但只能检测已知突变类型，不能检测未知突变类型。

（2）HbD　是继 HbS、C、E 之后的第四类常见异常血红蛋白，HbD 的一种亚型称为 HbD-Punjab，其携带者分布于印度 Punjab 地区、巴基斯坦和我国新疆，占当地异常血红蛋白携带者的 55%以上。HbD-Punjab 纯合子可发生轻度溶血性贫血和脾大。

HbD-Punjab 是野生型 *HBB* 基因发生第 121 密码子的错义突变（G→C，Glu121Gln），突变碱基位于 *Eco*R Ⅰ 位点（G·AATTC）中，突变导致 *HBB* 基因该限制性酶切位点丢失。因此，PCR 扩增 *HBB* 基因，用 *Eco*R Ⅰ 消化扩增产物，然后用 DNA 印迹法分析。正常人扩增产物显示 104bp 和 40bp 两条条带，HbD-Punjab 纯合子显示 144bp 单一条带，杂合子显示 144bp、104bp、40bp 三条条带。

HbM 存在 α 亚基 His87Tyr 突变，Tyr 酚基与 Fe^{3+}形成很强的离子键，使 HbM 维持 T 构象，氧合力减弱，波尔效应缺失。

2. 地中海贫血（thalassemia）　又称珠蛋白生成障碍性贫血，是由于珠蛋白基因存在缺陷（点突变、缺失等），导致其表达异常，珠蛋白合成失去平衡，表现为一种或几种珠蛋白合成明显不足甚至不能合成，正常成人型血红蛋白（HbA，$\alpha_2\beta_2$）减少，引起溶血性贫血。地中海贫血包括 α、β、γ、δ、βδ、βγδ 地中海贫血等 6 种类型，其中以 α 地中海贫血和 β 地中海贫血较为常见，主要发生于地中海沿岸国家及东南亚国家。

（1）α 地中海贫血　分子基础是 α 珠蛋白基因簇（α2 和 α1，16p13.3）存在缺陷，导致 α 珠蛋白合成不足。临床上因为缺陷 α 珠蛋白基因数目的不同而分为四型（表 17-5）。

表 17－5　α 地中海贫血的临床分型

类型	缺陷基因数	基因型	临床表现
静止型 α 地中海贫血	1	-/α α/α	基本无症状
标准型 α 地中海贫血	2	-/- α/α 或-/α -/α	轻度贫血，红细胞体积小
HbH 病	3	-/- -/α	血红蛋白 H（β_4）多，贫血，轻度黄疸，肝脾肿大
巴氏胎儿水肿综合征	4	-/- -/-	血红蛋白 Bart（γ_4）多，胎儿重度贫血、黄疸、水肿，肝脾肿大、浆膜腔积液，死胎，新生儿死亡

α 珠蛋白基因缺陷分为缺失型和非缺失型。我国患者和携带者主要是缺失型，可根据缺失位置和缺失长度分为三种类型：①左侧缺失型（$-\alpha^{4.2}$）：缺失 α2 珠蛋白基因及其两侧区域，缺失片段长度约 4.2kb。②右侧缺失型（$-\alpha^{3.7}$）：缺失 α2 珠蛋白基因的 3′端和 α1 珠蛋白基因的 5′端，缺失片段长度约 3.7kb。③东南亚缺失型（$--^{SEA}$）：缺失包含 ψα2、ψα1、α2、α1、θ 的一段序列，缺失片段长度约 20.5kb。目前本病尚无有效的治疗方法，携带者筛查及产前基因诊断是控制患儿出生、提高人口素质的有效措施（图 17-2）。

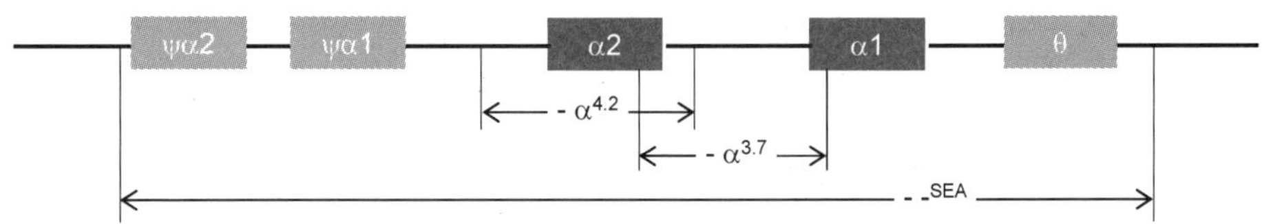

图 17－2　缺失型 α 地中海贫血的基因诊断

对于缺失型 α 地中海贫血，特别是巴氏水肿胎儿的产前诊断，多数已采用 PCR 诊断方法：针对 3 种缺失，设计 3 组引物，进行 PCR 扩增，分别得到长度不同的扩增产物：1.8kb（正常 αα）、1.6kb（左侧缺失型，$-\alpha^{4.2}$）、2.0kb（右侧缺失型，$-\alpha^{3.7}$）、1.3kb（东南亚缺失型，$--^{SEA}$）。用凝胶电泳分析扩增产物可以作出诊断（表 17-6）。

表 17-6 缺失型 α 地中海贫血的 PCR 诊断

	1.8kb	1.6kb	2.0kb	1.3kb	诊断
1	+	-	-	-	正常（αα/αα）
2	+	-	+	-	$-\alpha^{3.7}$携带者（$-\alpha^{3.7}/\alpha\alpha$）
3	+	+	-	-	$-\alpha^{4.2}$携带者（$-\alpha^{4.2}/\alpha\alpha$）
4	+	-	-	+	$--^{SEA}$携带者（$--^{SEA}/\alpha\alpha$）
5	-	-	+	-	$-\alpha^{3.7}$纯合子（$-\alpha^{3.7}/-\alpha^{3.7}$）
6	-	+	-	-	$-\alpha^{4.2}$纯合子（$-\alpha^{4.2}/-\alpha^{4.2}$）
7	-	+	+	-	$-\alpha^{3.7}/-\alpha^{4.2}$杂合子（$-\alpha^{3.7}/-\alpha^{4.2}$）
8	-	-	+	+	右侧缺失型 HbH 病（$-\alpha^{3.7}/--^{SEA}$）
9	-	+	-	+	左侧缺失型 HbH 病（$-\alpha^{4.2}/--^{SEA}$）
10	-	-	-	+	巴氏胎儿水肿综合征（$--^{SEA}/--^{SEA}$）

如果设计多重缺口 PCR（multiplex gap-PCR），建立一个 PCR 体系就可以对左侧缺失型和右侧缺失型 α 地中海贫血作出诊断（表 17-7）。

表 17-7 诊断缺失型 α 地中海贫血的多重缺口 PCR 引物

引物序列	引物性质
CCCCTCGCCAAGTCCACCC	常规上游引物，右侧缺失型上游引物
AGACCAGGAAGGGCCGGTG	常规下游引物
AAAGCACTCTAGGGTCCAGCG	右侧缺失型下游引物
GGTTTACCCATGTGGTGCCTC	左侧缺失型上游引物
CCCGTTGGATCTTCTCATTTCCC	左侧缺失型下游引物

α 地中海贫血的共同特点是 α 珠蛋白 mRNA 减少，因此测定红细胞中珠蛋白 mRNA 水平也可诊断 α 地中海贫血。用 RT-PCR 可准确测定 α 地中海贫血患者 mRNA 的相对含量和绝对含量。

（2）β 地中海贫血　分子基础是 β 珠蛋白基因（*HBB*，11p15.5）发生突变，且主要是点突变（少数是缺失）。这类点突变目前已经鉴定到 200 多种，包括剪接位点突变、启动子突变、错义突变、无义突变、移码突变、加尾信号突变等。我国有 30 多种，常见以下 6 种：第 41/42 密码子的移码突变（缺失 TCCT）占 45%，内含子 2 第 654 位的碱基转换（C→T）占 24%，第 17 密码子的无义突变（A→T）占 14%，TATA 盒-28 位的碱基转换（A→G）占 9%，第 71/72 密码子的移码突变（插入 T/A）占 2%，第 26 密码子的碱基转换（G→A）占 2%。这些突变多数没有导致限制性酶切位点的形成或丢失。

最严重的 β 地中海贫血称为重型地中海贫血（thalassemia major）或 Cooley 贫血（Cooley anemia）。

β 地中海贫血目前主要用 PCR-RDB 诊断，也可用 PCR-ASO、PCR-RFLP、AS-PCR、DNA

测序、基因芯片诊断。例如多重 PCR-RDB 诊断：用两个引物对 Bio-C_1/Bio-C_2 和 Bio-C_3/Bio-C_4 分别扩增 β-129~473 区、β952~1374 区，可以获得 602bp、423bp 两个扩增片段，各包含了中国人常见的 14 种和 1 种突变类型，然后利用 15 对 ASO 探针进行 RDB 分析，即可作出诊断。

由于每个 β 地中海贫血群体有独特的突变谱，所以应用 PCR-RDB 诊断的前提是必须阐明其突变谱。

PCR-RFLP 分析也适用于 β 地中海贫血高危胎儿的产前诊断。已知在 β 珠蛋白基因的 5′端有一 *Hgi*AⅠ位点，在中国人中的频率为 0.5，是一个很好的遗传标记。PCR 扩增含该 *Hgi*AⅠ位点的 110bp 片段，然后用 *Hgi*AⅠ消化，正常胎儿得到 65、45bp 两种片段，携带者得到 110、65、45bp 三种片段，患儿只有 110bp 片段。

与 α 地中海贫血类似，应用 RT-PCR 测定患者红细胞中 β 珠蛋白 mRNA 水平或长度，也可以诊断 β 地中海贫血。如 β^{654}地中海贫血内含子 2 第 654 位的碱基转换（C→T）属于剪接位点突变，突变导致异常剪接，所得 mRNA 比正常 mRNA 长 73nt，可作为 β^{654}地中海贫血的诊断标志。

（二）血友病 A

血友病（hemophilia）是临床上常见的一种遗传性出血性疾病，分子机制是基因缺陷造成某种凝血因子不足或缺失，导致凝血功能障碍。血友病目前尚无有效的根治方法。通过基因诊断检出携带者，以及通过产前基因诊断控制患儿出生，是阻断致病基因传播的有效方法。

血友病 A 的分子基础是凝血因子Ⅷ基因突变，并且突变类型广泛，有点突变、插入缺失、重排、倒位等。凝血因子Ⅷ基因很大（186936bp），其突变呈现高度异质性，几乎每个家庭都有独特的凝血因子Ⅷ突变类型，直接鉴别其突变类型操作繁琐，成本高昂。

1. 非倒位型血友病 A　采用间接诊断可以提高诊断效率。目前在凝血因子Ⅷ基因内已经发现了 7 个可用于间接诊断的限制性片段长度多态性位点（RFLP），中国人的主要有位于凝血因子Ⅷ内含子 18 中的 *Bcl*Ⅰ位点（T·GATCA）、内含子 19 中的 *Hind*Ⅲ位点（A·AGCTT）、内含子 22 中的 *Xba*Ⅰ位点（T·CTAGA）和 *Hpa*Ⅱ位点（C·CGG）。

对于非倒位型血友病 A 采用 RFLP 法进行连锁分析，有 98%可以作出诊断，其中有 85%可用 *Bcl*Ⅰ-RFLP 法作出诊断。原理：首先根据凝血因子Ⅷ外显子 18 和内含子 18 序列设计以下引物：

引物1：TTCATTTCAGTGGACATGTG
引物2：CCTATGGGATTTGAGATGGT

然后进行 PCR 扩增，获得 374bp 的扩增产物，用限制性内切酶 *Bcl*Ⅰ消化，电泳分析其 RFLP。野生型基因扩增产物含 *Bcl*Ⅰ位点，被限制性内切酶 *Bcl*Ⅰ消化后得到 211、163bp 两种片段。非倒位型血友病 A 的 *Bcl*Ⅰ位点缺失，扩增产物不被限制性内切酶 *Bcl*Ⅰ消化，长度仍为 374bp。女性携带者含有一个野生型等位基因和一个突变等位基因，所以扩增产物有 211、163 和 374bp 三种片段（图 17-3）。

2. 倒位型血友病 A　可以采用多重长距离 PCR 技术和 DNA 印迹法进行诊断，均属于直接诊断。

（1）多重长距离 PCR 联合脉冲场凝胶电泳分析　①多重长距离 PCR：共同上游引物 GCC

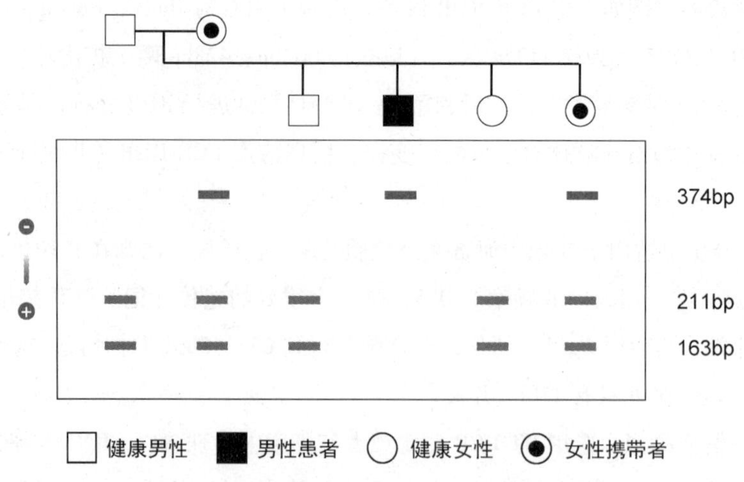

图 17-3 血友病 A 的 *Bcl* Ⅰ-RFLP 连锁分析

CTG CCT GTC CAT TAC ACT GAT GAC ATT ATG CTG AC，野生型下游引物 GGC CCT ACA ACC ATT CTC CTT TCA CTT TCA GTG CAA TA，倒位下游引物 CCC CAA ACT ATA ACC AGC ACC TCC CCT CTC ATA。②脉冲场凝胶电泳：正常扩增产物 12kb，倒位患者扩增产物 11kb，女性倒位携带者扩增产物 11、12kb。

脉冲场凝胶电泳（pulsed field gel electrophoresis，PFGE） 常规电泳过程中只施加一个方向的电场，不能分离超过 20kb 的大片段 DNA。脉冲场凝胶电泳过程中交替施加两个或多个方向的电场，可以分离 2~10000kb 的大片段 DNA（图 17-4）。

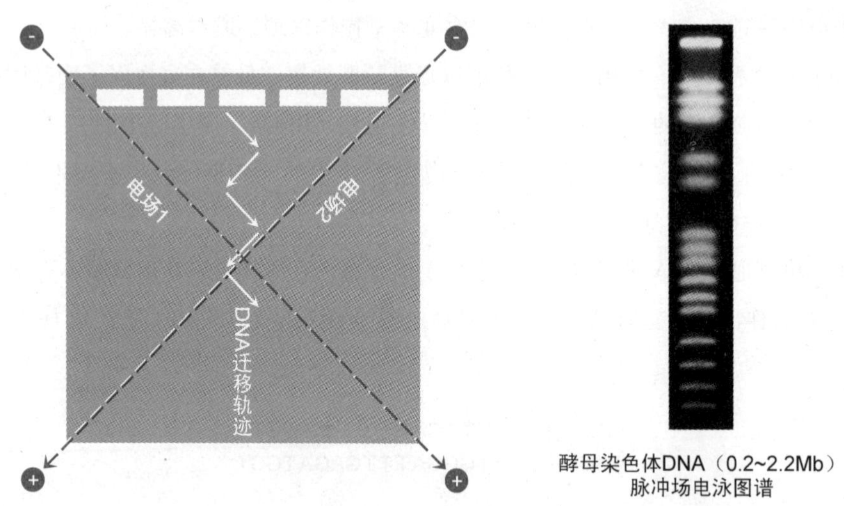

图 17-4 脉冲场凝胶电泳

（2）DNA 印迹法分析 用 *Nco* Ⅰ（C · CATGG）、*Dra* Ⅰ（TTT · AAA）或 *Bcl* Ⅰ（T · GATCA）消化基因组 DNA（切割位点位于倒位点两侧），进行 DNA 印迹分析：正常人获得 21.5（*A1*）、14（*A2*）、16kb（*A3*）限制性片段。Ⅰ型倒位获得 20、14、17.5kb 限制性片段。Ⅱ型倒位获得 20、15.5、16kb 限制性片段。

四、肿瘤的基因诊断

肿瘤的形成大多伴有肿瘤相关基因（特别是原癌基因和抑癌基因，此外还有细胞周期调控基因、细胞凋亡基因、维持基因组稳定性基因等）的结构异常，导致其表达及表达产物的结构和功能异常，因而伴有肿瘤细胞基因表达谱的改变，其中一些可以作为肿瘤标志物。不过，肿瘤的形成是遗传因素与环境因素相互作用的结果，肿瘤的发生和发展是一个多因素、多步骤过程，所以基因异常与肿瘤发生只有相关性没有特异性，肿瘤的基因诊断属于间接诊断。基因诊断可用于肿瘤的早期诊断、分类分型、预后判断、个体化和预见性治疗的指导，还可用于肿瘤高危人群筛查。肿瘤的基因诊断目前多采取以下策略。

1. 检测肿瘤标志基因或 mRNA 例如费城染色体是慢性粒细胞白血病（chronic myelogenous leukemia，CML）的一个标志，其所含的 *BCR-ABL1* 融合基因表达的 mRNA 是白血病所特有的，阳性率约为 95%。用 RT-PCR 检测，能在 10^5 个细胞内发现 1 个费城染色体阳性细胞。此外，也可采用常规细胞遗传学和双色双融合荧光原位杂交（dual-color and dual-fusion FISH，D-FISH）等技术进行检测。

2. 检测肿瘤相关基因 与肿瘤相关的基因有原癌基因、抑癌基因及其他与肿瘤发生、发展、化疗相关的基因。检测原癌基因、抑癌基因的突变有助于肿瘤的早期诊断（表 17-8）。

表 17－8 部分肿瘤的标志基因

标志基因	*Rb*	*WT1*	*APC*	*p53*	*BRCA*
肿瘤	视网膜母细胞瘤	肾母细胞瘤，1 型神经纤维瘤	结肠癌	Li-Fraumeni 综合征	乳腺癌

（1）*ras* 基因 是人类肿瘤中最常被激活的癌基因。①人类肿瘤有 20%～30%可以检出 *ras* 突变，主要是点突变，有 Gly12、Gly13、Gln61 三个突变热点，见于各种肿瘤。例如 Gly12 的密码子 GGT 常突变为 TGT、GAT、GTT，少数突变为 GCT。这些点突变可用 PCR-ASO 法和 PCR-SSCP 法检测。②很多肿瘤存在 *ras*（或 *myc*、*erb* 和 *src*）的过度表达，可应用 RNA 印迹方法进行分析。

（2）乳腺癌基因 1（*BRCA1*） 与遗传性乳腺癌和卵巢癌的发生密切相关。该基因已报道 400 多种突变，包括点突变、小范围的插入缺失等。Hacia 用基因芯片检测遗传性乳腺癌和卵巢癌 *BRCA1* 外显子 11 的基因突变，所用的芯片含有 96000 种 20nt 探针，可以检测 *BRCA1* 外显子 11 的所有点突变。结果在 15 例患者中有 14 例检出点突变，在 20 例对照个体中均未检出点突变，提示其可用于高危人群筛选。

（3）*p53* 基因 是目前已知最常发生突变的抑癌基因，50%～60%人体肿瘤存在 *p53* 基因突变，例如皮肤癌、结肠癌、乳腺癌、肺癌。*p53* 基因突变热点集中于外显子 5 到外显子 8 之间，对应 130～290 号密码子，其中 175、248、249、273、282 号密码子突变率最高。*p53* 基因突变主要是碱基置换，少数为插入缺失，可以利用 PCR 技术结合其他方法进行检测，例如 PCR-SSCP、PCR-RFLP、PCR-ASO、DNA 测序。已在临床应用的 *p53* 基因芯片可以检出目前发现的所有错义突变和单碱基缺失突变，用于一些肿瘤的早期诊断，准确率达 94%，灵敏度达 92%，特异性达 100%。

3. 检测肿瘤病毒基因 目前认为乙型肝炎病毒（hepatitis B virus，HBV）和丙型肝炎病毒（HCV）与肝癌有关，EB 病毒（Epstein-Barr virus，EBV，又称 4 型人类疱疹病毒，HHV-4）与鼻咽癌、Burkitt 淋巴瘤、霍奇金淋巴瘤有关，人乳头瘤病毒（HPV）与宫颈癌有关，这些肿瘤可以通过检测肿瘤病毒基因作出诊断。

NOTE

五、感染性疾病的基因诊断

形态学检查、分离培养、生化检查和血清学检测等是检测感染性疾病病原体的常规方法，但常受灵敏度和特异性的限制。例如，形态发生变异，标本中混有大量正常菌群，病原体培养生长缓慢或难以培养，血清学发生交叉反应。基因诊断技术不受这些因素影响，可以作出准确诊断。

针对感染性疾病病原体特异性核酸应用基因诊断有以下优势：①可以直接分析标本，省去某些培养过程，更避开培养风险。②可以检测潜伏期病原体。③有助于研究病原体的变异趋势，指导暴发流行的预测、预防、诊治、隔离，这在预防医学中具有重要意义。

目前，感染性疾病的基因诊断包括以下几方面：①快速准确的病原体现场检测，确定传染源。②携带者和潜在感染的检测。③病原体流行病学的大规模筛查。④病原体的分类分型，鉴定其致病性和耐药性。⑤培养基和无菌试剂中微生物的检测。⑥需要复杂分离条件或目前还不能体外培养的病原体的鉴定。

1. 乙型肝炎病毒的检测　乙型肝炎病毒（hepatitis B virus，HBV）检测主要是检测 HBV-DNA。HBV-DNA 是 HBV 复制和传染性的直接标志。定量检测 HBV-DNA 可为 HBV 感染的早期诊断、HBV 复制程度、基因分型、药物抗病毒疗效、HBV 耐药性等方面提供更多信息，对那些有传染性而血清阴性个体以及慢性乙型肝炎患者血清病毒 DNA 的检测尤其重要。

（1）HBV-DNA 定量　血清 HBV-DNA 定量可以提示病毒复制能力的强弱，是判断 HBV 传染性、判断疾病进程、评价抗病毒疗效、监测耐药性产生、指导临床治疗的基本依据。①定量 PCR：可检出 10^{-2}pg 的 HBV-DNA，能准确反映 HBV 复制水平、病程变化、治疗恢复情况等，是目前检测血清 HBV-DNA 最灵敏的方法。②DNA 生物传感器：是利用特定的生物活性材料与 HBV-DNA 相互作用，将目的 DNA 的存在转变为可检测信号的传感器装置，有高通量、高敏感、高效率以及低成本等优点。

（2）基因型检测　目前对 HBV 进行基因分型的方法主要有 DNA 测序、PCR-RFLP、基因型特异性表位单克隆抗体 ELISA、基因型特异性探针检测、基因型特异性引物 PCR、基因芯片技术。①DNA 测序：被认为是金标准。测序所需的技术条件高、成本高，无法在临床实验室开展。②S 区 PCR-RFLP：根据不同基因型的 RFLP。操作步骤繁琐，图谱分析复杂，参考序列少，代表性略差。③巢式 PCR：根据 S 区的保守序列设计巢式引物进行分析。操作较简单，结果准确，适合于临床实验室和大规模筛查。

2. 艾滋病病毒的检测　艾滋病病毒（HIV）感染是艾滋病的病因。HIV-DNA 可以整合到宿主基因组中，并长期处于潜伏状态。整合 HIV-DNA 的拷贝数很低，要用非常灵敏和特异的方法才能检出。应用 PCR 和核酸杂交等技术可在病毒学标志和血清学标志出现前检出 HIV，因而可筛查血清阴性 HIV 感染者，判定其 HIV 传播的可能性，还可检出长潜伏期（4~7 年）携带者。在婴儿出生后 6~9 个月期间，基因诊断可以排除母体干扰，判定婴儿是否被 HIV 感染。

3. 幽门螺杆菌的检测　幽门螺杆菌（*Helicobacter pylori*，HP）大量表达尿素酶，能分解尿素产氨而损伤胃黏膜，是 B 型萎缩性胃炎的主要病因。幽门螺杆菌感染刺激胃酸分泌过多，导致胃溃疡和十二指肠溃疡。幽门螺杆菌持续性感染还与胃癌、黏膜相关淋巴组织（MALT）淋巴瘤相关。幽门螺杆菌的 rRNA 基因（ribosomal DNA，rDNA）比较保守，针对其 16S rDNA 设计引物，用 PCR 检测经加热处理的胃液或胃黏膜标本，用标记探针对扩增产物进行杂交分析，

NOTE

可获得满意的结果。

4. 痢疾杆菌和侵袭性大肠杆菌的检测　细菌性痢疾是一种古老的肠道传染病，病原体除四种痢疾杆菌外，还包括侵袭性的埃希氏大肠杆菌（EIEC）。这两类细菌虽为不同菌属，但在遗传学上存着高度的亲缘关系和相同的致病特征。它们均能进入肠上皮细胞，定居繁殖，产生痢疾综合征。目前，本病在我国属仅次于乙型肝炎的第二大肠道传染病，因此其病原学诊断仍具有重要意义。

痢疾杆菌和埃希氏大肠杆菌通常都携带一个侵袭必需的非结合型大质粒，该质粒能编码多种侵袭相关外膜蛋白，是产生痢疾综合征的重要致病因子。有报道至少已针对该质粒上一个2.5kb侵袭相关序列设计出两对引物，能特异检测所有痢疾致病菌的DNA。为验证扩增产物的特异性，再用DNA印迹法进行鉴定。为保证PCR的有效性，理论上希望待扩增的样品为纯净的DNA，事实上粗制的核酸以至完整的细菌均能直接用于PCR检测，特别是细菌直接法在临床检验中更具实用性。

不过，基因诊断只能分析病原体的存在，不能检测病原体引起的全部机体反应及结果，因此需与传统的免疫学检查等互补。

六、法医学鉴定中的基因诊断

DNA指纹于1985年开始应用于法医学鉴定，是基因诊断应用于法医学鉴定的分子基础。

法医学鉴定有两个主要内容，即个体识别和亲权鉴定。以往的鉴定方法是血型、血清蛋白型、红细胞酶型、人类白细胞抗原分析，但这些方法无论是单独应用还是联合应用，其个体识别结果都不理想，只能排除而无法达到同一认定。DNA指纹具有很高的个体特异性，在法医学鉴定中得到广泛应用。DNA印迹法是进行DNA指纹分析的主要手段。

法医学鉴定中的基因诊断主要是采用基于短串联重复序列（STR）的DNA指纹技术进行个体认定，目前应用的常染色体STR标记主要是美国联邦调查局1998年推荐的DNA联合索引系统（Combined DNA Index System，CODIS），是分布在人类12对常染色体上的13个STR标记（表17-9）。

表17-9　DNA联合索引系统

基因座	染色体定位	重复单位	重复次数	等位基因数
CSF1PO	5q33.1	TAGA	5~16	20
FGA	4q28	CTTT	12.2~51.2	80
TH01	11p15.5	TCAT	3~14	20
TPOX	2p25.3	GAAT	4~16	15
VWA	12p13.31	[TCTG][TCTA]	10~25	28
D3S1358	3p21.31	[TCTG][TCTA]	8~21	24
D5S818	5q23.2	AGAT	7~18	15
D7S820	7q21.11	GATA	5~16	30
D8S1179	8q24.13	[TCTA][TCTG]	7~20	17
D13S317	13q31.1	TATC	5~16	17
D16S539	16q24.1	GATA	5~16	19
D18S51	18q21.33	AGAA	7~39.2	51
D21S11	21q21.1	[TCTA][TCTG]	12~41.2	82

NOTE

法医学可以利用在犯罪现场采集的少量标本（血渍、精斑、毛发、分泌物或小块组织），进行PCR扩增，获得足够量的DNA，再结合RFLP分析等技术，进行个体识别。

在进行亲权鉴定时，需要同时测定生物学意义上的父母或可能个体的DNA指纹。被鉴定个体的DNA指纹条带来自亲代，因而在生物学亲代的DNA指纹中应该存在相应条带。

我国已开始加大对基因诊断的支持力度。2014年12月，卫计委公布了第一批高通量测序技术临床应用试点单位，分为遗传病诊断、产前筛查与诊断、植入前胚胎遗传学诊断3个专业。2015年1月，卫计委发布了第一批可以开展胎儿染色体非整倍体异常的无创性产前诊断（noninvasive prenatal testing，NIPT）试点单位，全国31个省市地区共有109家机构入选。

第二节　基因治疗

基因治疗（gene therapy）是指在基因水平上治疗疾病，包括基因添加、基因置换、基因修复、基因干预、自杀基因治疗、免疫基因治疗等。

基因治疗应用分子生物学、分子遗传学、分子病毒学、细胞生物学等的最新研究成果治疗用其他方法治疗效果不佳的疾病，是一个高技术密集的生物医学领域。尽管基因治疗的技术复杂，策略众多，但它们的基本要素一致，主要包括目的基因、载体、靶细胞。

随着基因治疗研究的深入，其应用范围不断拓展，不仅可以治疗遗传性疾病，还可以治疗恶性肿瘤和心血管、内分泌、自身免疫、中枢神经系统疾病及感染性疾病。

一、基因治疗的基本条件

在现阶段，应用基因治疗必须符合以下条件：①对所治疗的疾病已有充分认识，并且传统治疗无效或效果不佳。②致病的突变基因（缺陷基因）和相应的野生型基因（正常基因）已经阐明。③正常基因已经克隆，并且可以在体外进行操作，包括与载体重组。④正常基因导入患者细胞中可以稳定存在、正常表达。⑤正常基因的表达水平不需要严格控制，并且即使低表达也可治愈或缓解症状。⑥治疗方案必须经过审批。

二、基因治疗的基本策略

基因治疗策略众多，归纳为以下几方面：①将正常基因导入病变细胞，表达产物参与细胞代谢。②将反义核酸导入病变细胞，抑制致病基因的过度表达。③将特定基因导入非病变细胞，表达特定产物，发挥治疗作用。

（一）基因添加

基因添加又称基因增补、基因增强治疗，是指针对病变细胞的缺陷基因（如凝血因子Ⅷ基因）或不表达基因（如细胞因子基因）导入相应的正常基因，其表达产物可以纠正或改善细胞代谢，使表型恢复正常。正常基因导入后可能随机整合到基因组中，缺陷基因并未去除。最早应用基因治疗获得成功的腺苷脱氨酶缺乏症和血友病B等就是采取这一策略。目前大多数基因治疗仍然以该策略为主。

（二）基因置换

基因置换是指以正常基因通过同源重组置换基因组中的缺陷基因。基因置换效率很低，目前还难以实际应用于临床。

（三）基因修复

基因修复又称基因矫正，是指通过回复突变（reverse mutation，突变基因转变成野生型基因）修复缺陷基因。基因修复是对缺陷基因进行精确的原位修复，不涉及基因的其他改变，是最理想的治疗策略，但由于技术原因，目前难以实现。

（四）基因干预

基因干预（genetic intervention）是指抑制致病基因或相关关键基因的过度表达甚至使其沉默，以达到治疗的目的。这类基因往往是过度表达的癌基因或者是控制病毒复制的关键基因。基因干预可采用以反义核酸（反义 RNA、反义 DNA 和肽核酸）、siRNA、核酶等为基础的基因沉默技术（第十八章，499 页）。

（五）自杀基因治疗

自杀基因（suicide gene）是这样一种基因：如果将其导入宿主细胞，它的表达对于宿主细胞来说是致命的。例如以下两类基因：①编码产物是一种酶，该酶能将细胞摄取的无活性前药转化为细胞毒性药物（cytotoxic drug），从而杀死细胞。②编码产物诱导细胞凋亡。自杀基因可用于治疗肿瘤和其他增生性疾病。

以 HSV-TK-GCV 系统为例，Ⅰ型单纯疱疹病毒胸苷激酶（HSV1-TK）可催化更昔洛韦（ganciclovir，GCV，第十六章，456 页）磷酸化，形成一磷酸更昔洛韦，进一步由核苷酸激酶催化生成三磷酸更昔洛韦。三磷酸更昔洛韦抑制 DNA 合成，从而抑制细胞增殖。

研究发现，在自杀基因治疗过程中，不仅导入了自杀基因的靶细胞会被杀死，其附近未导入自杀基因的细胞也会被杀死，这一现象称为旁观者效应、旁杀伤效应（bystander effect）。旁观者效应的机制可能与细胞间隙连接、细胞凋亡、抗血管生成等有关。旁观者效应使自杀基因的杀伤效应明显增强，在相当程度上弥补了基因导入效率低的不足，对自杀基因治疗具有积极意义。

（六）免疫基因治疗

有些疾病的发生和发展与免疫系统密切相关。免疫基因治疗是将产生免疫反应的基因（包括细胞因子基因和表位基因）导入细胞，提高机体免疫力，达到预防疾病和治疗疾病的目的。例如，将 *IL2* 基因导入肿瘤患者细胞，提高患者 IL-2 水平，增强免疫系统的抗肿瘤活性，可以防止肿瘤复发。

三、基因治疗的基本程序

基因治疗的基本程序与第十五章介绍的重组 DNA 技术有异曲同工之处，不过在某些环节上有自己的特点。

（一）正常基因选择和制备

选择正常基因是基因治疗的第一步，目前基因治疗临床试验方案应用的正常基因分布见表 17-10。

表 17－10 基因治疗临床试验方案应用正常基因分布（1996 个）

正常基因	占比（%）	正常基因	占比（%）	正常基因	占比（%）
抗原基因	21.2	缺陷基因	7.9	复制抑制因子	4.5
细胞因子基因	17.5	受体	7.6	标记基因	2.5
抑癌基因	7.9	生长因子	7.4	其他	15.5
自杀基因	7.9				

用于基因治疗的正常基因要符合以下条件：①基因序列和功能已经阐明，并且其基因序列能够制备。②基因在体内只要有少量表达就可以显著缓解症状，并且过量表达也不会危害机体。③在抗病原体治疗中，正常基因应该是特异的，并且作用于病原体生命周期的关键环节。④正常基因必须受合适调控元件的控制。⑤分泌蛋白的信号肽必须完整，以确保可以分泌到细胞外。⑥为了了解和检测靶细胞在体内的位置、功能、寿命，正常基因要与标记基因联合使用。

正常基因既可以来自 cDNA，也可以来自基因组 DNA，还可以是反义核酸。正常基因可用传统的方法制备（第十五章，426 页）。

（二）靶细胞选择

选择靶细胞的原则：①特异性高，有效表达。②取材方便，生存期长。③培养方便，转化高效。④耐受处理，适合移植。

生殖细胞和体细胞均可作为基因治疗的靶细胞，并且在当前技术条件下，就某些遗传病而言，生殖细胞显然更适合。但是，为了防止对人类造成永久性危害，更涉及伦理问题，国际上严禁使用生殖细胞作为基因治疗的靶细胞，所以只能采用体细胞基因治疗。体细胞既可选用病变细胞，又可选用正常细胞。

根据疾病的性质和基因治疗的策略，目前可供选择的靶细胞有造血干细胞、皮肤成纤维细胞、淋巴细胞、血管内皮细胞、肌细胞、肝细胞、神经胶质细胞、神经细胞和肿瘤细胞等。

1. 造血干细胞（hematopoietic stem cell，HSC） 来自骨髓，能进一步分化成其他血细胞，并能维持基因组稳定性，但数量少，且分离和培养难度较大。脐带血细胞是造血干细胞的重要来源，它在体外增殖能力强，移植后宿主抗移植物反应（HVGR）发生率低，是代替骨髓造血干细胞的理想靶细胞。

2. 皮肤成纤维细胞（hypertrophic scar-derived fibroblasts，HSF） 可进行体外培养且容易移植，因此是理想的靶细胞。用逆转录病毒重组体感染原代培养的成纤维细胞，移植回受体动物，正常基因可稳定表达一段时间，并通过血液循环将表达产物送到靶组织。

3. 淋巴细胞 容易分离和回输，可以进行体外培养。目前已将细胞因子等功能蛋白基因成功导入淋巴细胞并获得稳定高效表达。

（三）正常基因转移策略

将正常基因导入靶细胞是基因治疗的关键，因为正常基因只能在细胞内表达并起作用。

1. 体外基因治疗 又称 *ex vivo* 基因治疗、*ex vivo* 途径、间接体内疗法，是先从患者体内分离靶细胞，进行体外培养，然后导入正常基因，回输到患者体内，使其在体内表达以达到治疗的目的。这种方法安全性好，是目前应用较多的方法；但操作步骤多，技术较复杂，不易形

NOTE

成规模，且必须有固定的临床基地。

2. 体内基因治疗　又称 *in vivo* 基因治疗、*in vivo* 途径、直接体内疗法，是将正常基因直接导入患者体内，使其进入相应细胞表达之后起作用，是最简便的导入方法，已经在腹腔、静脉、动脉、肝脏和肌肉等多种组织器官获得成功。这种方法易于规模化操作，但安全条件苛刻，技术要求更高，且存在导入和表达效率低、疗效差、免疫排斥等问题。

（四）正常基因转移方法

基因转移通常需要载体。基因治疗载体需要符合以下条件：①对人体安全有效。②容易导入靶细胞。③能使正常基因在靶细胞中持续有效地表达。④能使正常基因随靶细胞 DNA 一起复制。⑤携带能被识别、便于鉴定的标记基因。⑥易于大量制备。基因移转方法分为病毒载体法和非病毒载体法（表 17-11）。

表 17－11　基因治疗临床试验方案应用载体分布（1996 个）

载体	占比（%）	载体	占比（%）
腺病毒（adenovirus）	23.4	腺相关病毒（adeno-associated virus）	5.3
逆转录病毒（retrovirus）	19.2	痘病毒（poxvirus）	4.7
裸 DNA/质粒（naked/plasmid DNA）	17.8	慢病毒（lentivirus）	3.5
牛痘病毒（vaccinia virus）	7.9	单纯疱疹病毒（herpes simplex virus）	3.0
脂质体（liposome）	5.5	其他	9.6

1. 病毒载体法　是目前在基础研究和临床治疗中应用的主要方法，优点是导入效率较高，不足是成本高、毒性大、靶向性差、免疫原性强、制备工艺复杂、存在安全问题。已经构建的病毒载体有逆转录病毒载体、腺病毒载体、腺相关病毒载体、慢病毒载体、单纯疱疹病毒载体、牛痘病毒载体和杆状病毒载体等。不同病毒载体在实际应用中各有优势和不足，选用时要综合考虑（表 17-12）。

表 17－12　基因治疗病毒载体特点

载体	容量（kb）	靶细胞	整合能力	副作用
逆转录病毒	8	增殖细胞	非同源重组	①有致癌风险 ②可产生免疫反应
腺病毒	7.5	增殖细胞，非增殖细胞	不，1~2 周后丢失	可产生免疫反应
腺相关病毒	5	增殖细胞，非增殖细胞，需辅助病毒协助复制	特异性整合到 19 号染色体特定部位	①与整合有关的副作用小 ②基本不会产生免疫反应
单纯疱疹病毒	20	神经细胞，增殖细胞，非增殖细胞	不，但长时间保留，且随细胞分裂而复制	可产生免疫反应
痘苗病毒	25	增殖细胞，选择性感染肿瘤细胞	不，在细胞质中复制，最终丢失	可产生免疫反应

2. 非病毒载体法　是用化学介质或物理方法将正常基因导入靶细胞或直接导入人体，包括直接注射法、脂质体转染法、受体介导法、磷酸钙共沉淀法、电穿孔法、DEAE 葡聚糖法、聚凝胺法和基因枪法等。与病毒载体法相比，非病毒载体法操作简单安全，低免疫原性，可反复给药；但导入效率低，且属于瞬时转染，导入的正常基因会被靶细胞降解，因此稳定性差（表 17-13）。

表 17－13 各种基因转移方法比较

类型	载体/方法	优点	不足
病毒载体法	逆转录病毒	稳定整合，易操作	仅转化增殖细胞
	腺病毒	安全性高，易制备	瞬时表达，可产生免疫反应
	腺相关病毒	定点整合，无致病性	难制备，容量小
	单纯疱疹病毒	有神经细胞特异性	难制备，有细胞毒性
非病毒载体法	直接注射	安全性高，操作简单	导入效率低
	脂质体转染	易制备，操作简单	导入效率低，瞬时表达
	磷酸钙共沉淀	易制备	导入效率低
	受体介导	特意组织靶向性	易降解，表达水平低
	基因枪	无病毒序列	瞬时表达，表达效率差异大

（1）直接注射法 广泛应用的是肌肉注射，即将裸 DNA（naked DNA，多为重组质粒）直接注入适当部位（皮肤、骨骼肌、肝、支气管、心肌、瘤体）。优点：①操作简单，可以制备重组质粒，不必进行复杂的体外包装和修饰。②无毒无害，没有病毒载体潜在的感染危险，也不会导致宿主基因发生突变。③表达时间长达 1 年。不足：缺乏靶向性、转化效率低，需大量注射。

（2）脂质体转染法（lipofection） **脂质体**（liposome）是人工制备的由双层膜结构形成的封闭囊泡，可以裹入 DNA 或 RNA（也可以是其他药物用于非基因治疗）。脂质体的双层膜结构与细胞膜结构相似，可以通过与细胞膜融合或内吞作用，将 DNA 或 RNA 导入指数生长靶细胞。优点：①可以通过 *in vivo* 途径导入。②不受导入 DNA 长度限制。③操作简单，成本低。④可以靶向给药。⑥无病毒序列，非常安全。不足：①易被血液单核巨噬细胞系统吞噬。②导入效率低。③属于瞬时转染，稳定性差。

基因治疗所用脂质体可分为阳离子脂质体、阴离子脂质体、pH 敏感脂质体、融合脂质体，其中阳离子脂质体最常用。

（3）磷酸钙共沉淀法 又称**磷酸钙转染法**，是将 DNA 溶于磷酸盐缓冲液，再加入 $CaCl_2$，形成 $Ca_3(PO_4)_2$-DNA 微粒，加入靶细胞悬液后可附着于细胞表面，被细胞内吞。

（4）DEAE 葡聚糖法 DEAE 葡聚糖（DEAE-dextran）带大量正电荷，可结合带负电荷的 DNA 并附着于靶细胞表面，被细胞内吞。

（5）受体介导法 是指将正常基因 DNA 与配体共价偶联，通过受体介导内吞作用，将正常基因导入靶细胞。受体介导法有安全、靶向性好、免疫原性低、载体制备简单、易规模化等优点。

例如去唾液酸糖蛋白受体（asialoglycoprotein receptor，ASGR）介导反义 RNA 导入靶细胞：制备去唾液酸糖蛋白（asialoglycoprotein，ASGP），与带大量正电荷的多聚赖氨酸共价偶联成复合物，从而可以与带负电荷的反义 RNA（也可以是其他 RNA 或 DNA）以离子键结合，通过与肝细胞膜去唾液酸糖蛋白受体特异性结合，与所结合的反义 RNA 一起被内吞，之后逐步释放，一边起作用，一边被降解。该方法在细胞水平（Hep G2 细胞系）可特异性抑制乙型肝炎病毒复制，显示出两个优势：①靶向性好，导入效率高。②导入的反义 RNA 受多聚赖氨酸保护，因而抗 RNase 降解。因此，受体介导法可以满足基因治疗对 RNA 药物特异性和抗降解的要求。

NOTE

3. RNA 药物导入 ①可以和其他基因一样，将相应基因与表达载体重组，导入靶细胞中甚至整合到靶细胞基因组中，通过转录合成 RNA 药物，但存在如何有效控制其表达水平的问题。②可以先在体外合成，通过脂质体转染法等导入靶细胞，但存在靶向性差和 RNase 降解问题。③受体介导法，如前述去唾液酸糖蛋白受体介导法。

用硫代核苷酸合成的硫代寡核苷酸药物（*S*-oligo）也抗 RNase 降解。

（五）转染细胞筛选和正常基因鉴定

正常基因转移的效率通常很低，即使用病毒载体法也很难超过 30%。所以在导入之后需要筛选出转染靶细胞。转染细胞与非转染细胞在形态上难以区分，为此可以利用标记基因、基因缺陷型靶细胞的选择性、基因共转染技术（用正常基因和标记基因转染同一靶细胞）进行筛选。其中，利用标记基因进行筛选最常用，可以判断正常基因是否成功导入。多数哺乳动物表达载体中都有标记基因 neo^{R}，可用 neo^{R}-G418 系统筛选（第十六章，455 页）。

在转染细胞筛出之后，往往还需要鉴定正常基因的表达情况。常用方法有 PCR-RFLP、qPCR、印迹杂交、基因芯片、蛋白芯片、免疫组织化学和免疫沉淀等。此外，大多数还要进行动物试验，评价转染细胞和正常基因的整体效应。

四、基因治疗的临床应用

基因治疗基础研究开展较早，但直至 1990 年才开始临床应用。基因治疗概念的提出首先是针对遗传性疾病的，但其临床应用范围现在已不限于遗传性疾病，还涉及肿瘤、艾滋病及其他疾病。基因治疗对某些疾病疗效显著，并且发展很快，国际上已经有 2000 多个基因治疗方案被批准临床试验（表 17-14）。

表 17-14 基因治疗临床试验方案适应证分布（1996 个）

适应证	占比%	适应证	占比%	适应证	占比%
肿瘤	63.8	心血管疾病	8.1	炎症性疾病	0.7
单基因遗传病	8.9	神经系统疾病	1.9	其他	6.8
感染性疾病	8.2	视觉疾病	1.6		

腺苷脱氨酶缺乏症（ADA deficiency）是一种单基因隐性遗传病，是第一种成功实施体细胞基因治疗的遗传病。

腺苷脱氨酶（adenosine deaminase，ADA）可以催化腺苷和 2′-脱氧腺苷脱氨基生成肌苷和 2′-脱氧肌苷：

$$\text{腺苷} \xrightarrow{H_2O \quad NH_3} \text{肌苷}$$

腺苷　　　　肌苷

腺苷脱氨酶缺乏会造成腺苷、脱氧腺苷和S-腺苷同型半胱氨酸积累。它们有细胞毒性，且不能被淋巴细胞排出，所以对淋巴细胞毒性最大，可以杀死淋巴细胞，导致免疫力低下。85%的腺苷脱氨酶缺乏患者伴有致死性的重症联合免疫缺陷（SCID）。

腺苷脱氨酶缺乏症因以下特点而适合采用基因治疗：①该疾病是由单基因突变引起的，基因治疗成功的可能性高。②腺苷脱氨酶基因（*ADA*）表达调控简单，总是处于开放状态。③腺苷脱氨酶合成无需严格调控，量少能受益，量多也能承受。

1990年9月14日，美国一名因腺苷脱氨酶缺乏而患重症联合免疫缺陷的4岁女孩Ashanti成为世界上首例采用基因治疗的患者。治疗策略是用*ADA*基因和逆转录病毒载体制备重组体转染其增殖T细胞，然后回输体内。结果Ashanti免疫力提高，临床症状改善，年感染次数降到正常人水平。1991年1月30日，患重症联合免疫缺陷的9岁女孩Cutshall成功接受了同样的基因治疗。不过这一基因添加治疗策略有其局限性：由于T细胞寿命有限，这种治疗需定期实施。为此，有人提出干细胞疗法：干细胞携带的正常基因可以在患者体内终生表达，不仅比T细胞疗法疗效好，而且可以提供更广泛的免疫保护，因而有可能一次治疗即达到治愈目的。1993年，Cutshall及三例新生患儿成功接受了干细胞治疗。

目前应用基因治疗的单基因遗传病有腺苷脱氨酶缺乏症、嘌呤核苷磷酸化酶缺乏症、鸟氨酸氨甲酰基转移酶缺乏症、精氨琥珀酸合成酶缺乏症、血友病B等。此外，β地中海贫血、镰状细胞贫血、苯丙酮尿症、帕金森病、阿尔茨海默病、亨廷顿病、肿瘤、高血压、糖尿病、躁狂抑郁症、支气管哮喘、类风湿性关节炎、先天性巨结肠和心血管疾病、囊性纤维化病、肌萎缩侧索硬化等遗传病及艾滋病的基因治疗也已成为广大生命科学工作者的研究目标。

五、基因治疗的问题与展望

由于基因治疗针对的是疾病的根源而不是表现，因而比传统治疗手段更直接有效。基因治疗的研究目前多集中在恶性肿瘤方面，并且覆盖了大多数恶性肿瘤，有些肿瘤基因治疗的临床试验已经取得了一定疗效。不过，基因治疗总体还处在研究和探索阶段，虽然有些方案已经试用于临床，但仍存在理论、技术、安全、伦理问题。

1999年9月17日，美国一例18岁的鸟氨酸氨甲酰基转移酶缺乏症患者Jesse Gelsinger死于腺病毒介导的基因治疗；2003年，法国两例重症联合免疫缺陷患儿在采用基因治疗时因逆转录病毒载体插入并激活*LMO2*基因而患上白血病。为此，美国FDA中止了某些基因治疗试验，人们也更加关注基因治疗的安全性。

（一）基因治疗存在的技术问题

基因治疗目前存在的技术问题主要有以下几方面。

1. 正常基因 目前可用于基因治疗的正常基因为数不多。除部分单基因遗传病外，许多疾病（如恶性肿瘤、高血压、糖尿病、冠心病、神经退行性疾病）的致病基因尚未阐明。大多数多基因遗传病涉及的致病基因较多，并且多为多基因，要找到可用于基因治疗的主基因并非易事。

2. 正常基因转移效率 现有转移技术效率不高，不能把正常基因导入每一个靶细胞，体内导入率通常只有约10%。

NOTE

3. 转移系统靶向性 现有基因转移系统的靶向性较差，使得治疗效果大打折扣。如果转基因整合到癌基因旁，会导致癌基因激活，诱发肿瘤。理想的方法是将正常基因直接导入特定的组织细胞。

4. 正常基因表达可调控性　很多疾病在采用基因治疗时，需要严格控制正常基因的表达，以确保其安全有效，最好是将正常基因与调控元件一起导入。目前一些基因治疗研究就采用了这种方法。

5. 疗效评价客观准确性　基于伦理因素，目前基因治疗的临床试验多选择常规治疗失败或晚期肿瘤患者，难以客观准确地评价疗效。

（二）基因治疗存在的伦理问题

基因治疗可能带来的社会问题和伦理问题一直是争议热点。如果盲目实施基因治疗，给社会带来的远期影响难以预料。目前倡导以下伦理原则。

1. 尊重患者的原则　对于基因缺陷患者，医务人员应该像对待正常人或其他患者一样，尊重其人格和权利，不能仅仅当作研究或实验对象，更不能在某种利益或压力的驱动下损害其利益。

2. 知情同意的原则　医务人员必须向患者或其家属作出适当解释，让其充分理解相关信息，然后作出决定，即在知情同意的前提下实施基因诊断和治疗。

3. 有益于患者的原则　在实施基因治疗前，医务人员必须确信其他治疗方案无效，基因治疗有效。

4. 保守秘密的原则　为患者保守秘密，这是医务人员的道德义务。当然，如果在适当范围内公布病情，能够使其他人的受益大于对患者产生的副作用，并且征得患者同意，可以适当解密。

随着人类基因组计划的完成和对遗传病的深入研究，特别是致病基因的克隆，基因治疗将逐步走向成熟。国际上批准实施的基因治疗方案已有400多个，临床实验方案已有2000多个，专业的基因治疗公司已有100多家。在我国，已有多个基因治疗方案获得国家食品药品监督管理总局批准，进入临床试验。不过，基因治疗要想作为一种常规治疗方案，还有待完善和提高。基因治疗前景美好，任重道远。

NOTE

第十八章 基因研究

基因研究是指对基因的结构和功能等进行研究。随着分子生物学技术的不断发展，特别是重组 DNA 技术的建立，特定 DNA 片段在体外分离、扩增、研究和应用已经很普遍，基因研究技术也不断发展。到目前为止，采用 DNA 测序、核酸杂交等技术分析 DNA 或 RNA 仍是基因研究的基本内容。

第一节 基因文库构建

基因文库（gene library）又称 DNA 文库（DNA library），是一个基因克隆群，可用于基因组测序、基因发现、基因功能和蛋白质功能研究。基因文库包括基因组文库和 cDNA 文库等。

一、基因组文库构建

基因组文库（genomic library）是用重组 DNA 技术构建的一个克隆群，它携带了一种生物的基因组全序列，即可以序列片段形式提供该生物的全部基因组信息。基因组文库可用于基因组 DNA 制备、基因结构分析、基因组作图。

构建基因组文库的基本过程是提取基因组 DNA 并分割成适当长度的片段，与克隆载体重组，转化宿主菌形成克隆群。基因组 DNA 的任何一段序列都存在于该克隆群的某一个或一组细胞中。

为了保证基因组信息的完整性，克隆群所携带的全部基因组 DNA 片段必须覆盖基因组，为此可以采取两种策略：①采用超声波降解法或限制性内切酶消化法随机切割 DNA，以保证克隆的随机性。②增加基因组文库的克隆数目，以提高基因组的覆盖倍数（至少 5 倍）。

完整基因组文库的克隆总数取决于所克隆基因组的大小及限制性内切酶消化片段的长度，可用以下公式估算：

$$N=\ln(1-p)/\ln(1-f)$$

公式中 N = 基因组文库的克隆总数，p = 期望靶基因在文库中出现的概率，f = 插入片段的平均长度与基因组 DNA 总长度的比值。

以人类基因组为例：基因组全长 3×10^9bp，若插入片段的平均长度为 2×10^4bp，$p=99\%$，则 $N=6.9\times10^5$。

构建基因组文库应当注意以下事项。

1. 基因组 DNA 的提取和片段化 动物生殖细胞或早期胚胎以及植物叶片等是提取基因组

DNA 的常用材料。一般需先提取基因组 DNA，用限制性内切酶进行部分消化，用 0.6%琼脂糖凝胶电泳从消化产物中分离出平均长度为 15~20kb 的限制性片段进行克隆。

2. 基因组文库载体的选择　鉴于基因组 DNA 片段较长而基因组克隆数又不宜过大，再考虑到载体的容量，目前常用的基因组克隆载体是 λ 噬菌体（构建较小的基因组文库）、黏粒和细菌人工染色体、酵母人工染色体（构建较大的基因组文库）。

用 λ 噬菌体载体构建基因组文库时，通常用 *Sau*3A（·GATC）部分消化基因组 DNA，制备 15~20kb 的基因组 DNA 片段，插入 λ 噬菌体载体的 *Bam*H Ⅰ位点（G·GATCC），包装成重组 λ 噬菌体，感染大肠杆菌。

测序文库构建　用超声波降解法降解基因组 DNA，电泳分离 0.8~1.5kb 片段，与 M13 重组。

二、cDNA 文库构建

理想的 cDNA 文库是这样一个克隆群，它包含了一种生物基因组全部基因的 cDNA 序列。不过，因为基因表达具有特异性（第六章，153 页），构建这样的 cDNA 文库并非易事。因此，在实际应用中，**cDNA 文库**（cDNA library）是用重组 DNA 技术构建的一个克隆群，它包含了一种生物的某种细胞在特定状态下表达的全部基因（约占基因组全部基因的 15%）的 cDNA 序列。cDNA 文库可用于目的基因鉴定、基因序列分析、基因芯片检测等。迄今已阐明的蛋白基因大多数是从 cDNA 文库中鉴定的。

构建 cDNA 文库的基本过程是从组织细胞提取 mRNA，逆转录合成 cDNA，与克隆载体或表达载体重组，转化宿主菌形成克隆群。

与基因组基因和基因组文库相比，cDNA 和 cDNA 文库有以下优势：①cDNA 无内含子序列，比基因组基因序列短，多为 0.5~8kb，一般的质粒载体和噬菌体载体都可以作为 cDNA 文库载体。②cDNA 文库比基因组文库小，从中鉴定目的基因的工作量较小。③高表达基因在 cDNA 文库中的丰度大于在基因组文库中的丰度，鉴定方便。④目的基因鉴定方法更多，可根据表达产物进行鉴定。⑤可用于在原核细胞中表达真核基因。⑥从 cDNA 序列中可以直接鉴定开放阅读框，分析其编码蛋白的氨基酸序列、性质和功能等。⑦可以研究基因表达的特异性。⑧假阳性率低。

构建 cDNA 文库应当注意：①cDNA 是以 mRNA 为模板指导合成的，所以应当选择目的基因表达活跃、mRNA 含量高并且易于提取的组织细胞提取 mRNA。②为了确保 cDNA 文库中包含那些低表达基因，cDNA 文库容量不宜太小（通常不少于 5×10^5 克隆）。③为了保证 cDNA 的完整性，提取 mRNA 时应避免剪切力破坏，克隆片段的平均长度应不小于 1kb。

第二节　基因结构分析

遗传信息蕴含在核酸分子的核苷酸序列中，基因结构分析主要是指核苷酸序列分析，是分子生物学研究的核心内容。通过分析核苷酸序列可以阐明基因组中的各种编码序列和非编码序列。本节主要阐述基因转录起始位点、启动子、编码序列、拷贝数及 DNA 甲基化、基因突变的分析策略。

一、转录起始位点分析

转录起始位点（transcription start site，TSS）是转录区的第一个核苷酸，在指导 RNA 合成时最先被转录，对应 RNA 前体 5′端的第一个核苷酸。原核生物转录起始位点位于共有序列 $CA^{+1}T$ 中，真核生物转录起始位点位于起始子共有序列 $YYA^{+1}NWYY$ 中。分析转录起始位点就是鉴定 RNA 的 5′端序列。

（一）cDNA 全序列测定

提取 mRNA 并制备其 cDNA，然后对 cDNA 进行全序列测定，即可确定其转录起始位点。该方法经典、简单，但存在以下影响因素。

1. 提取的 mRNA 中有的 5′端可能已经降解缺失，测序分析会得到错误信息；有的 3′端可能已经缺失 poly(A)尾，以 olig(dT)为引物制备 cDNA 时这部分 mRNA 会被漏掉。

2. 制备 cDNA 时如果延伸不充分，逆转录不完整，可能会丢失转录起始位点（sscDNA 的 3′端）。

（二）Deep-RACE 分析

Deep-RACE 是在 5′-RACE（491 页）基础上建立的转录起始位点分析技术，可解决上述问题（图 18-1）。

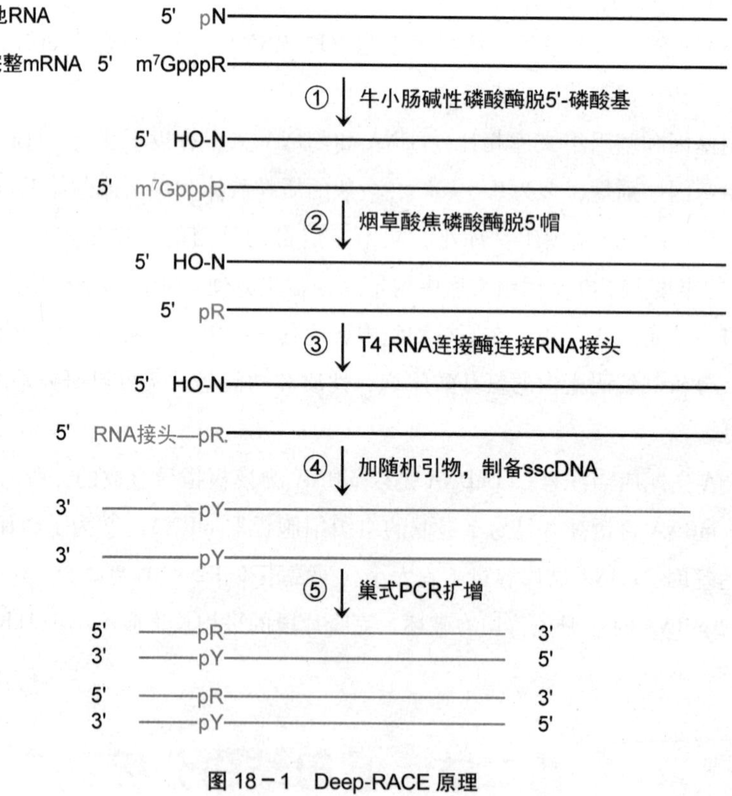

图 18-1 Deep-RACE 原理

1. 总 RNA 预处理　先用牛小肠碱性磷酸酶（calf intestinal alkaline phosphatase，CIP）脱去有 5′-磷酸基 RNA（tRNA、rRNA 和 5′端残缺 mRNA 等）的 5′-磷酸基，再用烟草酸焦磷酸酶（TAP）脱去 5′帽子完整 mRNA 的 5′端 m^7GDP，此时总 RNA 中只有转录起始位点序列完整的 mRNA 有 5′-磷酸基。

NOTE

2. 全长 cDNA 制备　用 T4 RNA 连接酶在脱帽 mRNA 的 5′端连接 5′-RACE RNA 接头（adapter），用 10nt 随机引物通过逆转录制备 5′端完整 mRNA（即含转录起始位点）的 sscDNA。

3. 巢式 PCR 扩增　所用外引物对和内引物对均根据 5′-RACE RNA 接头序列和 mRNA 内部特异序列设计，其中内引物对 5′端分别加接第二代测序技术测序所需的扩增引物序列，控制扩增长度 100~300bp。

根据 RNA 接头序列设计测序引物，可进行自动化测序，从而分析转录起始位点。

（三）CAGE 分析

帽分析基因表达（cap analysis gene expression，CAGE）是通过在全长 cDNA 帽端引入特别的Ⅱ型限制性酶切位点，截取其帽端的 20nt（含 TSS），连接成串联体，通过高通量测序获得

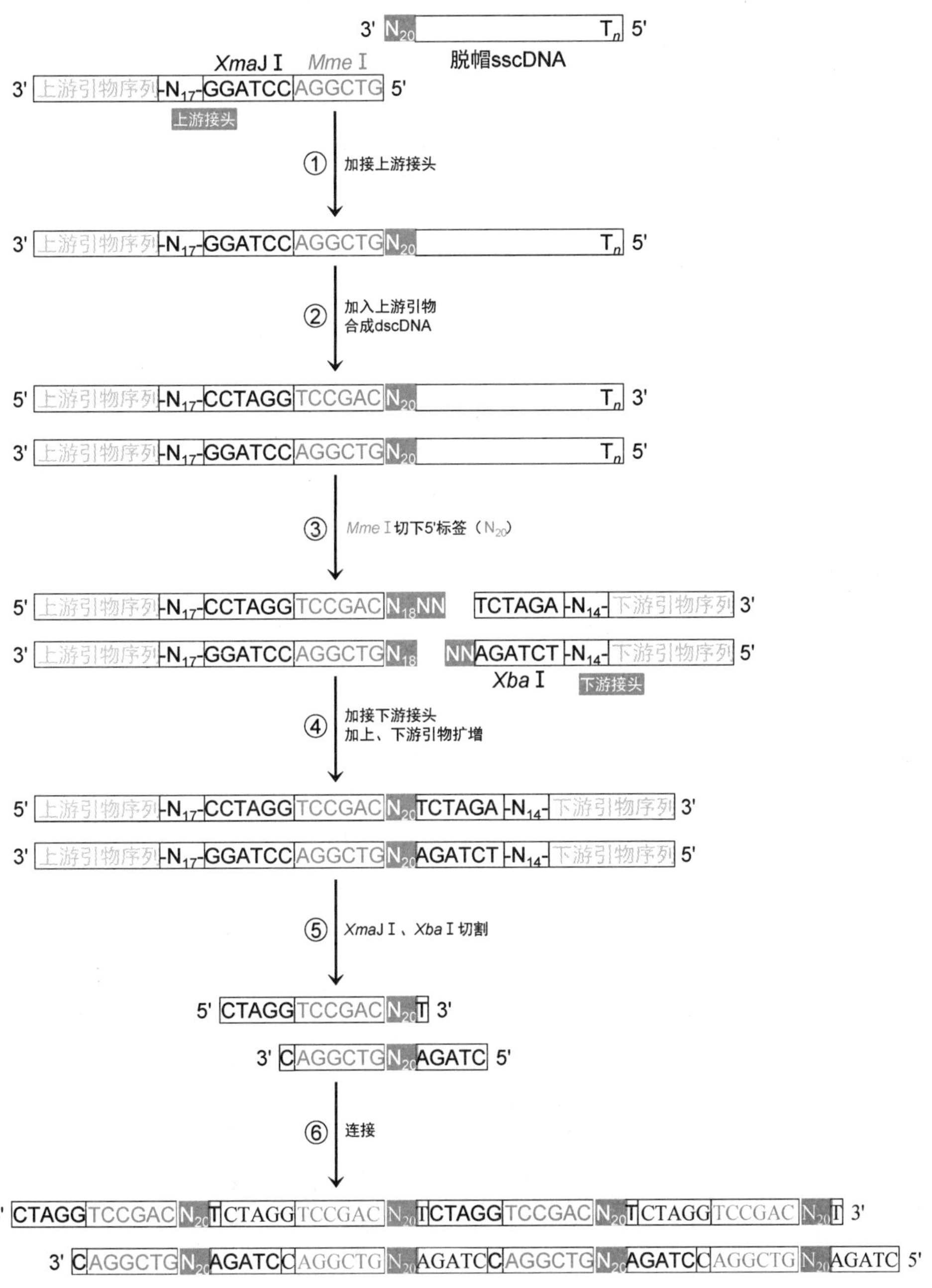

图 18-2　帽分析基因表达技术原理

TSS 序列信息和转录组信息。

Mme Ⅰ是 CAGE 用到的关键工具酶，是一种特别的Ⅱ型限制性内切酶，它有两个特点：①识别非回文序列 TCCRAC。②在其下游 20bp 处（$TCCRACN_{20}\cdot N$）切割形成长出 2nt 的 3′黏性末端。因此，如果在 dscDNA 帽端加接含 *Mme* Ⅰ位点的 DNA 接头，就可用 *Mme* Ⅰ切下对应 mRNA 序列 5′端的 20bp，称为 5′标签（5′end tag）。CAGE 基本原理如下（图 18-2）。

1. sscDNA 加接上游接头　用帽捕获法（cap-trapper）制备全长 sscDNA，并用单链接头连接法（SSLLM）在帽端加接上游接头。这是一段单链接头，含上游引物序列、*Xma*J Ⅰ位点（C · CTAGG）、*Mme* Ⅰ位点（TCCRAC）。

2. 合成 dscDNA　加上游引物引发合成 sscDNA 互补链，得到 dscDNA。

3. 截取帽端 20bp　用 *Mme* Ⅰ切割 dscDNA，得到上游接头-5′标签串联体。

4. 扩增 5′标签　在上游接头-5′标签串联体 3′黏性末端加接下游接头。这是一段含 *Xba* Ⅰ位点（T · CTAGA）和引物 2 序列的双链接头。加上、下游引物，PCR 扩增 5′标签。

5. 分离 5′标签　用限制性内切酶 *Xma*J Ⅰ和 *Xba* Ⅰ消化 PCR 产物，分离 5′标签。

6. 制备 5′标签串联体　用 T4 DNA 连接酶连接 5′标签，形成串联体，通过高通量测序确定全部 mRNA 的 5′标签（20bp）。

（四） DBTSS 检索

日本东京大学科学家建立了专门分析转录起始位点的 TSS Seq 技术，运行一次可获得 10^7 个转录起始位点数据，并于 2001 年建立了转录起始位点数据库（DBTSS：http：//dbtss. hgc. jp/），该数据库已经收录了来自人体 20 种组织和 7 种培养细胞的 4.91×10^8 个转录起始位点标签序列（TSS tag sequence），可为基因转录起始位点的鉴定提供重要参考。

二、Ⅱ类启动子分析

分析启动子结构是研究基因表达调控的核心内容，可用一系列 DNA 与蛋白质相互作用技术进行分析。

（一） 凝胶阻滞实验

凝胶阻滞实验（gel retardation assay）又称**电泳迁移率变动分析**（electrophoretic mobility shift assay，EMSA）、**凝胶迁移实验**（gel shift assay），可用于研究序列特异性 DNA 结合蛋白（DBP），或含蛋白质结合位点的 DNA 片段。

1. 凝胶阻滞实验原理　凝胶阻滞实验是根据以下现象建立的分析技术：特定 DNA 片段与 DNA 结合蛋白结合形成复合物，导致 DNA 片段在非变性聚丙烯酰胺凝胶电泳时迁移率降低（图 18-3）。

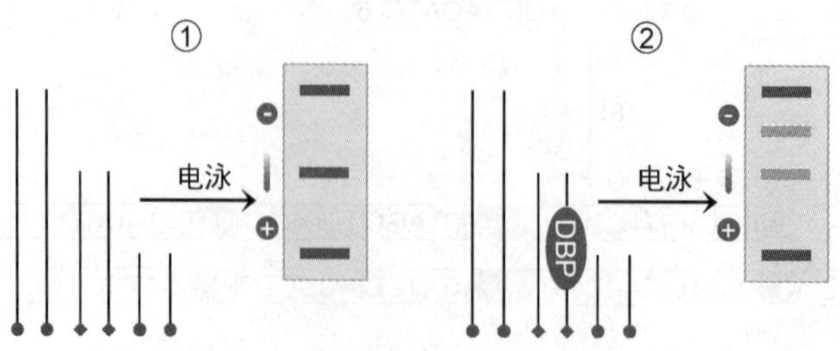

图 18－3　凝胶阻滞实验原理

（1）基本操作　①用^{32}P（或生物素、地高辛）标记待测 DNA 片段（>20bp）。②标记 DNA 片段分成两份，一份与细胞核提取物孵育。③用 4%～7% 非变性聚丙烯酰胺凝胶电泳在 4℃下平行分析孵育物和另一份 DNA 片段。④选择标记物相应的显影技术显示标记 DNA 梯状条带。如果孵育时有 DNA-蛋白质复合物形成，就会出现迁移率降低的条带。

（2）注意事项　①用生物素或地高辛标记 DNA 可能会影响到 DNA-蛋白质相互作用。②须设两个对照，如用含 Sp1、C/EBP 或 NF-1 结合位点的 DNA 片段和哺乳动物细胞核提取物作为阳性对照，标记 DNA 不加细胞核提取物作为阴性对照。

2. 凝胶阻滞实验应用　凝胶阻滞实验是体外研究 dsDNA/ssDNA-蛋白质相互作用、RNA-蛋白质相互作用最灵敏的方法，可用于以下定性、定量分析：①分析一种 DNA 序列与不同蛋白质的相对亲和力，从而分离或鉴定序列特异性 DNA 结合蛋白，特别是转录因子。②分析一种 DNA 结合蛋白与不同 DNA 序列的相对亲和力（竞争 DNA 分析），从而鉴定 DNA 结合蛋白的特异性结合位点，特别是调控元件。③研究其他蛋白质（如中介分子）与 DNA 结合蛋白的相互作用。④研究蛋白质依赖性 DNA 弯曲。⑤分析突变对 DNA-蛋白质相互作用的影响，从而鉴定共有序列。⑥发展为超迁移率变动分析（supershift assay，是指进一步用 DNA 结合蛋白抗体等与 DNA-蛋白质复合物形成多蛋白复合体，导致其迁移率进一步降低，不过有时会适得其反），可用于研究多蛋白复合体。⑦分析 RNA 的上述特性，从而研究 RNA 特异序列和 RNA 结合蛋白的功能。

（二）足迹法分析

足迹法（footprinting）用于从 DNA 中鉴定蛋白质结合位点（启动子等 DNA 元件），其原理类似于 DNA 测序的化学降解法（图 18-4）。

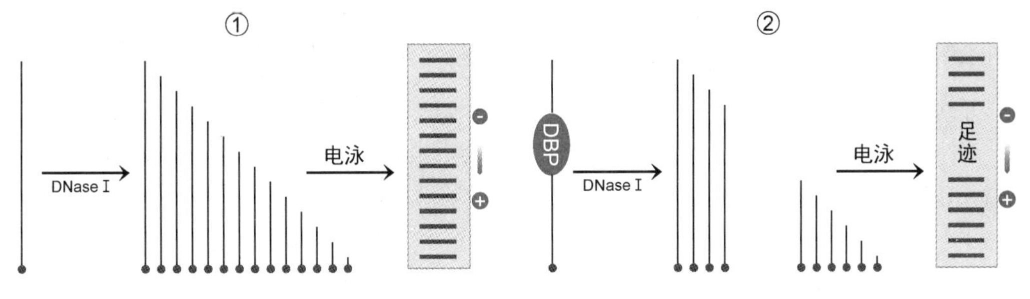

图 18－4　足迹法原理

1. 足迹法基本原理　将单一 DNA 一端用标记物标记，然后用 DNase Ⅰ部分消化，每个片段平均切割一次，最后可以得到一组长度只差一个核苷酸的标记 DNA 片段，用 6% 或 8% 测序凝胶电泳分析，可获得连续的梯状条带（图 18-4①）。

然而，如果先加入 DNA 结合蛋白（DBP）或细胞核提取物与 DNA 元件结合，形成 DNA-蛋白质复合物，再进行部分消化，则与蛋白质结合的 DNA 元件受到保护，不被切割，最后得到的标记片段组中缺少相应长度的片段，电泳形成的梯状条带中有空缺（gap），被形象地称为足迹（footprint）（图 18-4②）。

足迹法的特点是能确定 DNA 元件的长度。通过进一步测序，还可确定 DNA 元件序列。如果所分析的是转录起始复合物，则所分析的 DNA 元件就是启动子。

标记 DNA 可用酶部分消化，称为酶足迹法（enzymatic footprinting），常用 DNase Ⅰ；也可

用化学试剂降解，称为**化学足迹法**（chemical footprinting），常用 Fe^{2+} 与 H_2O_2 反应生成的羟自由基。羟自由基从 DNA 小沟攻击脱氧核糖 C-4′导致断链，因此化学足迹法可以分析 DNA 小沟与蛋白质的结合。

足迹法常与凝胶阻滞实验共同应用于研究 DNA 与蛋白质的相互作用。通常先用凝胶阻滞实验鉴定与特定 DNA 结合的 DNA 结合蛋白，再用足迹法鉴定 DNA 结合蛋白结合的 DNA 元件。

2. 足迹法注意事项　①足迹法分析的是 DNA 条带的丢失，需要>90%的 DNA 都与蛋白质结合才能得到有意义的分析结果，因此该方法灵敏度不如凝胶阻滞实验。②足迹法分析的最适长度 200~500bp，且 DNA 元件与标记端相隔 30bp 以上。③足迹法分析须设两个对照：一个不加 DNA 结合蛋白或细胞核提取物，另一个不用 DNase Ⅰ消化。④足迹法分析需消除蛋白质的非特异性结合，以提高特异性，为此可在结合体系中加入 poly(dI-dC)、大肠杆菌 DNA、鲑精 DNA、小牛胸腺 DNA、tRNA、质粒 DNA 限制性片段、poly(dA-dT)或 poly(dG-dC)。

（三）染色质免疫沉淀技术

凝胶阻滞实验和足迹法属于体外研究。体外研究 DNA 与 DNA 结合蛋白（DBP）的相互作用相对简单，但存在以下不足：①体外结合条件不同于体内结合，因此研究结果可能与体内实际状态有出入。②任何 DNA 结合蛋白在基因组中都有不止一处结合位点，很多情况下只有一部分结合位点处于结合状态，有时其他蛋白质的结合可能会抑制 DNA 结合蛋白的结合，有时 DNA 结合蛋白的结合需要邻近位点 DNA 结合蛋白的协助。以上任何一种情况下，阐明 DNA 结合蛋白（如特异转录因子）与 DNA 元件（如调控元件）在体内的结合，都更能科学地阐明这种结合是否调控某种基因的表达。

染色质免疫沉淀技术（ChIP）是用于研究细胞内核酸与 DNA 结合蛋白相互作用的技术。该技术成功的关键是制备特异性高、亲和力强的 DNA 结合蛋白或其表位标签的免疫沉淀抗体。

1. 染色质免疫沉淀技术原理　染色质免疫沉淀技术是在免疫沉淀技术的基础上建立起来的 DNA 结合蛋白分析技术。**免疫沉淀技术**（immunoprecipitation，IP）是在溶液中加入抗体，抗体与溶液中的抗原发生反应，形成抗原抗体复合物析出，因此可以富集、鉴定抗原物质（图 18-5）。

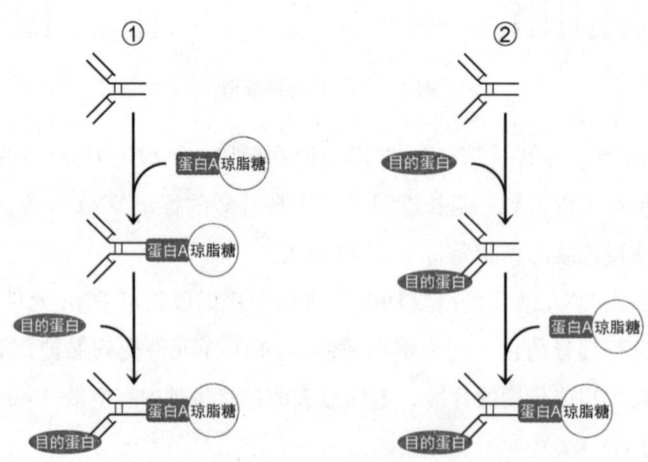

图 18-5　免疫沉淀技术

NOTE

（1）免疫沉淀　需要根据 DNA 结合蛋白抗体来源选用蛋白 A-琼脂糖或蛋白 G-琼脂糖。蛋白A是指金黄色葡萄球菌A蛋白，蛋白G是指G型链球菌细胞壁蛋白。它们可以与抗体结合且不影响抗原抗体反应，因而可以形成抗原-抗体-蛋白A复合物或抗原-抗体-蛋白G复合物。

免疫沉淀可采用以下两种操作之一：①DNA结合蛋白抗体与蛋白A-琼脂糖孵育，再加待测样品（如细胞裂解物）孵育，富集DNA结合蛋白，离心回收，分离DNA结合蛋白，进一步分析。②DNA结合蛋白抗体与待测样品（如细胞裂解物）孵育，再加蛋白A-琼脂糖孵育，富集DNA结合蛋白-抗体复合物，离心回收，分离DNA结合蛋白，进一步分析。

（2）染色质免疫沉淀　①用交联剂（如甲醛）处理活细胞（或组织、器官、胚胎），一方面杀死细胞，终止代谢；另一方面使染色质中的DNA与DNA结合蛋白、蛋白质与蛋白质共价结合，在之后的分析过程中不会分离。②提取染色质，用超声波降解或限制性内切酶消化，成为含200~1000bp DNA的染色质片段。③加DNA结合蛋白抗体孵育，使其与含DNA结合蛋白的染色质片段形成免疫复合物。④加蛋白A-琼脂糖孵育，富集染色质片段-抗体复合物。⑤从富集物中分离DNA片段，可用PCR或多重PCR扩增，然后进行琼脂糖电泳定性定量、芯片杂交、DNA测序等分析（图18-6）。

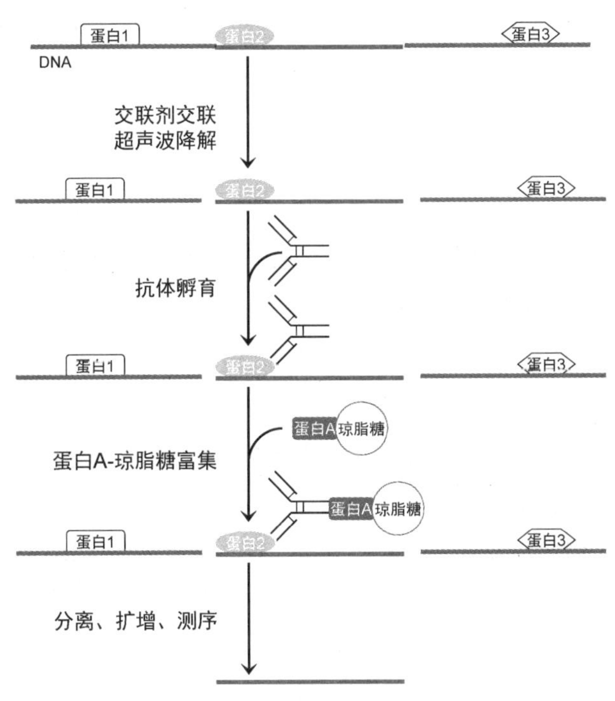

图18－6　染色质免疫沉淀技术

用染色质免疫沉淀技术分析的材料可以是细胞或组织，可在不同条件下（如细胞周期不同阶段）进行，或经过特殊预处理，观察不同条件下DNA与蛋白质相互作用的变化。

2. 染色质免疫沉淀技术应用　染色质免疫沉淀技术是研究活细胞内DNA与DNA结合蛋白相互作用的首选技术：①研究DNA与DNA结合蛋白在染色质结构中的相互作用，包括所结合DNA序列的特异性、位置、结合时间、亲和力、对基因表达的影响。②研究转录因子修饰或组蛋白修饰对其与基因组DNA相互作用的影响，进而研究蛋白质修饰与基因表达的关系。③鉴定转录因子的靶基因。

3. 染色质免疫沉淀技术不足　不能研究中介分子。

4. 染色质免疫沉淀联合技术　染色质免疫沉淀技术与其他技术联合可以研究一种蛋白质

NOTE

在基因组中的全部结合位点，例如研究起始识别复合物（ORC）的染色质免疫沉淀技术可以分析真核生物复制起点分布。

（1）ChIP-chip 技术　又称 ChIP 芯片技术，是染色质免疫沉淀技术与基因芯片技术的联合应用，即将染色质免疫沉淀技术富集的全部 DNA 片段加接引物接头，进一步扩增并标记，用基因芯片（通常应用瓦芯片，tiling array）分析，可以高通量鉴定基因组中的增强子和在一定条件下由一种转录因子控制表达的全部靶基因。

瓦芯片（tiling array）　其全部探针序列对应基因组中一个连续区域，因此覆盖该区域的全部序列，且探针末端是串联重叠的。

ChIP-chip 技术不足：①分辨率低：只能确定 200~300bp 的结合范围，不能鉴定结合元件。②有些 DNA 结合蛋白尚无市售抗体，因此不能应用染色质免疫沉淀技术。③表位（epitope，又称抗原决定簇）需位于染色质表面，可被抗体识别结合。④需谨慎分析研究结果：有的蛋白质在不同条件下分析出不同结果，可能是其在特定条件下与特定元件结合，但也可能一直结合，只是在某个条件下其抗原表位被另一种蛋白质封闭了。

（2）ChIP-Seq 技术　是染色质免疫沉淀技术与测序技术联合应用，即将染色质免疫沉淀技术富集的全部 DNA 片段进行测序，将测序结果与基因组数据库比对，可以在基因组范围内鉴定蛋白质结合位点（如增强子）。

与 ChIP-chip 技术相比，ChIP-Seq 技术的优点是不需要制备芯片，且提供的信息更准确、全面、丰富。

（3）ChIP-Exo 技术　是 ChIP-Seq 技术的发展，染色质免疫沉淀技术富集的染色质片段-抗体复合物先用 λ 噬菌体核酸外切酶消化（5′端外切），再分离全部 DNA 片段进行测序，可将 DNA 结合蛋白所结合 DNA 元件分别率从 200~300bp 提高到 20~95bp。

（四）3C 技术

染色体通过折叠形成各种复杂构象，这些构象影响到基因组的稳定性、染色体分离、基因活性及其调控。远程相互作用（long-range interaction）是指调控元件远距离调控基因表达，与转录区可相隔 10^6bp，例如 *SHH* 基因的增强子与其转录起始位点（TSS）相隔约 1Mb。*SHH* 基因的转录需要其增强子通过 DNA 成环远程作用于启动子。

3C 技术即染色质构象捕获技术（chromatin conformation capture assay），可分析远程相互作用。原理：①用甲醛处理活细胞，使染色质中的 DNA 与蛋白质、蛋白质与蛋白质共价结合。②染色质用限制性内切酶消化或超声波降解。③用 DNA 连接酶催化同一 DNA-蛋白质复合物中的多段 DNA（其中就有启动子、增强子）串联甚至成环。④用前述染色质免疫沉淀技术富集、分离、分析（图 18-7）。

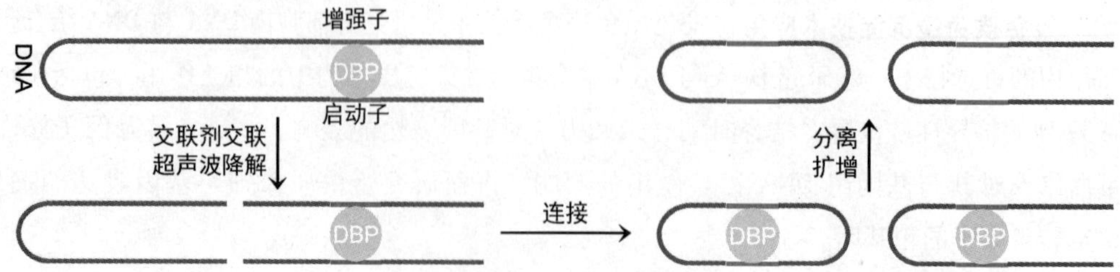

图 18-7　3C 技术

（五）生物信息学分析

生物信息学可根据 DNA 序列特征预测启动子，或通过数据库比对鉴定启动子。

1. 启动子组成特征　目前阐明的各种启动子元件有以下结构特征。

（1）核心元件　包括起始子、TATA 盒、下游启动子元件。

（2）上游启动子元件　包括 GC 盒、CAAT 盒等。通过共有序列比对可以预测启动子。此外，人类基因组中有 60%的基因都含 CpG 岛，且位于启动子和外显子 1 区，因而分析 CpG 岛有助于鉴定启动子。

2. 启动子数据库　目前已建立有启动子数据库，可通过计算机识别预测启动子。

（1）真核启动子数据库（eukaryotic promoter database，EPD，http：//epd. vital-it. ch）包括原始版（EPD）和新版（EPDnew）。原始版收集了数种真核生物 RNA 聚合酶Ⅱ识别的 4806 种启动子，数据均来自文献报道。新版又称 HT-EPD，收集的启动子来自人（25988 种）、小鼠（21239 种）、果蝇（15073 种）、斑马鱼（10728 种），数据来自高通量转录起始位点作图（TSS-mapping）。

（2）转录调控区数据库（transcription regulatory regions database，TRRD，http://wwwmgs. bionet. nsc. ru/mgs/gnw/trrd/）收集的是真核基因的启动子、增强子、沉默子等调控元件。

三、mRNA 编码序列分析

mRNA 编码序列是指蛋白基因转录区内编码成熟 mRNA 序列的 DNA 序列。分析 mRNA 编码序列是对成熟 mRNA 序列进行分析。mRNA 编码序列的主要分析技术有 cDNA 文库分析、RNA 剪接分析、数据库比对分析。

（一）种属间印迹杂交

真核蛋白基因有两个特点：①有开放阅读框。②通常在其他物种基因组中存在同源基因。据此我们可以通过种属间印迹杂交和开放阅读框鉴定发现未知蛋白基因。

种属间印迹杂交（zoo blot）可以鉴定种间保守序列：①用候选序列制备探针，与几种其他物种 DNA 杂交，如果呈阳性，则可能为外显子。②候选序列测序，如果有开放阅读框，说明是完整的编码序列；若只是部分外显子序列，可用于鉴定完整基因、分离 cDNA 或 mRNA，最终鉴定蛋白质。目前各种生物的基因组序列已经测定并建立数据库，因此通过计算机分析可完成上述工作。

（二）cDNA 文库分析

构建 cDNA 文库，对 cDNA 克隆进行测序，是最早分析 mRNA 编码序列的策略，更是鉴定未知基因、分析 mRNA 剪接方式的主要策略。虽然细胞内各 mRNA 编码序列互不相同，但全长 mRNA 均含三种序列：带 5′帽子结构的 5′UTR、编码区和带 poly(A)尾的 3′UTR，其中编码区又称开放阅读框，均以起始密码子为头，终止密码子为尾。

从 cDNA 文库中筛选目的基因的方法：①根据保守序列设计 PCR 引物，以 cDNA 文库为模板进行选择性扩增。②根据一种生物的基因序列设计探针，通过核酸杂交从另一种生物的 cDNA 文库中筛选同源基因。③根据局部序列设计 PCR 引物，应用 cDNA 末端快速扩增技术（RACE，490 页）从 cDNA 文库中筛选全长目的基因。

（三）RNA 剪接分析

RNA 剪接分析既涉及剪接位点的鉴定，又包括选择性剪接产生的同源体的鉴定。可以采用的分析方法是表达序列标签比对分析、基因芯片检测、CLIP-Seq、体外报告基因分析等。

1. 表达序列标签比对　从 cDNA 文库随机取样，可以获得基因的外显子序列片段，经过测序，可以在基因组中定位，作为表达基因的位标，这种位标称为表达序列标签（expressed sequence tag，EST）。表达序列标签是 300~500bp 的单一序列，适用于从基因组中鉴定基因，从 cDNA 文库中鉴定选择性剪接产物。然而，目前 EST 信息量有限，尚不能指导鉴定所有 RNA 剪接，特别是某些组织特异性同源体。

2. 基因芯片检测　例如用 Affymetrix 公司的外显子芯片（所含探针序列均覆盖单一外显子）、ExonHit 公司的外显子交界芯片（所含探针序列有的覆盖单一外显子，有的覆盖相邻外显子连接点）。

3. 紫外交联免疫沉淀结合高通量测序　记作 CLIP-Seq（cross-linking immunoprecipitation and high-throughput sequencing），是一项在基因组水平研究 RNA 与蛋白质相互作用的技术。基本原理：①用紫外线照射 RNA-蛋白质复合物，使 RNA 与蛋白质共价结合。②用蛋白质抗体免疫沉淀 RNA-蛋白质复合物。③从 RNA-蛋白质复合物中回收 RNA 片段，进行高通量测序。④通过生物信息学的分析和处理、总结，鉴定其剪接位点等各种序列信息。

4. 体外报告基因分析　即用报告基因标记断裂目的基因，制备表达载体，使 RNA 剪接与报告基因表达关联，通过分析报告基因的表达水平，即可获得断裂目的基因 RNA 的剪接信息，进而鉴定目的基因的编码序列。

（四）数据库比对分析

对所获得 cDNA 片段的序列在基因数据库中进行同源性比对，通过染色体定位分析、外显子-内含子分析、开放阅读框分析等，可鉴定编码序列，并分析其产物性质，如信号肽、跨膜区及其他结构域等。随着基因数据库信息的不断充实，只要得到未知基因的部分序列信息，即可利用同源性搜索获得其全长序列信息，进而利用 NCBI 的 ORF Finder 软件或 EMBOSS 的 getorf 软件鉴定其开放阅读框。

四、拷贝数分析

分析某种基因的拷贝数，即对基因进行定性和定量分析，常用的技术有 DNA 印迹、定量 PCR 和 DNA 测序等。

五、基因突变检测

通过 DNA 测序研究基因突变最准确、最全面。不过考虑到成本因素，仍然需要其他技术。以下技术可以通过分析 DNA（或 RNA）研究基因（或编码区）突变：变性梯度凝胶电泳（DGGE）、化学切割错配法（CCM）、酶促切割错配法（enzyme mismatch cleavage，EMC）、单链构象多态性（SSCP，第十四章，403 页）、异源双链分析（heteroduplex analysis，HA）、构象敏感凝胶电泳（conformation-sensitive gel electrophoresis，CSGE）、蛋白截短试验（protein truncation test，PTT）、变性高效液相色谱（DHPLC，第十七章，461 页）、动态等位基因特异性杂交（dynamic allele specific hybridization，DASH，第十二章，381 页）。

1. 变性梯度凝胶电泳和温度梯度凝胶电泳　1979 年，Fischer 等建立变性梯度凝胶电泳。1987 年，Myers 等以 PCR 为基础进一步改良变性梯度凝胶电泳。1987 年，Rosenbaum 等建立温度梯度凝胶电泳。

（1）基本原理　①变性梯度凝胶电泳（denaturing gradient gel electrophoresis，DGGE）是在制备凝胶时加入变性剂（尿素和甲酰胺），其浓度沿电泳方向呈线性升高。温度梯度凝胶电泳（temperature gradient gel electrophoresis，TGGE）是控制电泳凝胶温度，使其沿电泳方向呈线性升高。②在电泳过程中，如果双链 DNA 局部变性解链（不完全变性），会形成分叉结构，导致泳动速度减慢。③分别扩增待测 DNA 和对照 DNA 同源序列，扩增产物加热变性后混合孵育。④如果两种扩增产物序列完全相同，即待测 DNA 不含突变，则孵育物中只有一种双链 DNA。电泳最终只形成一条带。⑤如果两种扩增产物序列不完全相同，即待测 DNA 含突变位点，则孵育物中有两种同源双链 DNA 和两种异源双链 DNA。后者因含错配碱基而低熔点，电泳时先解链，泳动速度先减慢。电泳最终会形成四条带。

（2）注意事项　①DGGE/TGGE 分析双链 DNA 的长度不超过 500bp。②通过修饰引物 PCR 在扩增产物一端加接 30~50bp 富含 G/C 序列，可使突变检出率达到 100%。

2. 化学切割错配法　又称错配化学裂解法（chemical cleavage of mismatch，CCM），是由 Cotton 等于 1988 年在 DNA 测序化学降解法的基础上建立的一项突变检测技术。

（1）化学切割错配法原理　①分别扩增待测 DNA 和对照 DNA 同源序列。②扩增产物加热变性后混合孵育退火，最后可能形成两种同源双链 DNA 和两种异源双链 DNA。③加入羟胺和高锰酸钾，分别修饰未配对的胞嘧啶和胸腺嘧啶。④加入哌啶孵育，化学裂解修饰过的错配碱基处。⑤用变性凝胶电泳分析化学裂解产物，即可确定是否存在突变及所在位点。

（2）化学切割错配法优点　可以检测错配、插入缺失。分析长度可达 1500bp。

第三节　基因表达分析

基因产物包括 RNA、蛋白质和其他多肽，因此可以在转录和翻译两个水平上研究基因表达。

一、转录水平研究

转录水平研究基因表达的方法可根据基本原理和应用特点分为封闭分析系统和开放分析系统。封闭分析系统包括基因芯片、RNA 印迹、RT-PCR 等方法，仅限于分析已知基因。开放分析系统包括差异显示 PCR、双向基因表达指纹图谱、分子索引法、随机引物 PCR 指纹分析等，可用于发现和鉴定未知基因。这里介绍封闭分析系统。

（一）核酸杂交检测 mRNA 水平

核酸杂交技术种类多样、应用广泛，其中有些可用于检测 mRNA 水平。

1. RNA 印迹法　见第十二章，RNA 印迹法广泛应用于检测 mRNA 水平，并成为鉴定 RNA 的标准方法，但不适合高通量分析，也不适合分析低丰度 mRNA。

2. 原位杂交　见第十二章，原位杂交技术广泛应用于分析基因表达的组织特异性、病原

体的活动状态。

3. RNA 酶保护分析（RNase protection assay，RPA） 是一种液相杂交联合 RNA 印迹技术。

（1）RNA 酶保护分析原理 用噬菌体 RNA 聚合酶转录带有噬菌体启动子（T7 或 SP6）的重组质粒，制备 RNA 探针（属于反义 RNA，又称反义探针），与待测 mRNA 样品进行液相杂交，RNA 探针与 mRNA 形成 dsRNA。用单链 RNase（如 RNase S1：只水解单链 RNA 或 DNA，生成 5′-磷酸核苷）水解过剩的游离探针、样品中的其他 mRNA、dsRNA 杂交体中的单链序列。剩下的 dsRNA 杂交体可用测序凝胶电泳分析。

（2）RNA 酶保护分析应用 RNA 酶保护分析可用于检测 mRNA 水平、鉴定转录起始位点、剪接位点和剪接过程，是分析 RNA 剪接的基本技术。

（3）RNA 酶保护分析特点 操作简单，结果准确，可同时测定几种 mRNA，且特异性、灵敏度和分析效率都比 RNA 印迹法高，其中灵敏度至少高 10 倍。

（二）PCR 检测 mRNA 水平

在检测 mRNA 水平方面，常用的 PCR 技术是定量 PCR（第十四章，402 页）。

（三）RACE

cDNA 末端快速扩增技术（RACE）是由 Frohman 等于 1988 年在 RT-PCR 的基础上建立的一项 PCR 技术，可以选择性扩增部分序列已知 mRNA 的 3′端或 5′端序列，对应的技术分别称为 3′-RACE 和 5′-RACE（图 18-8）。

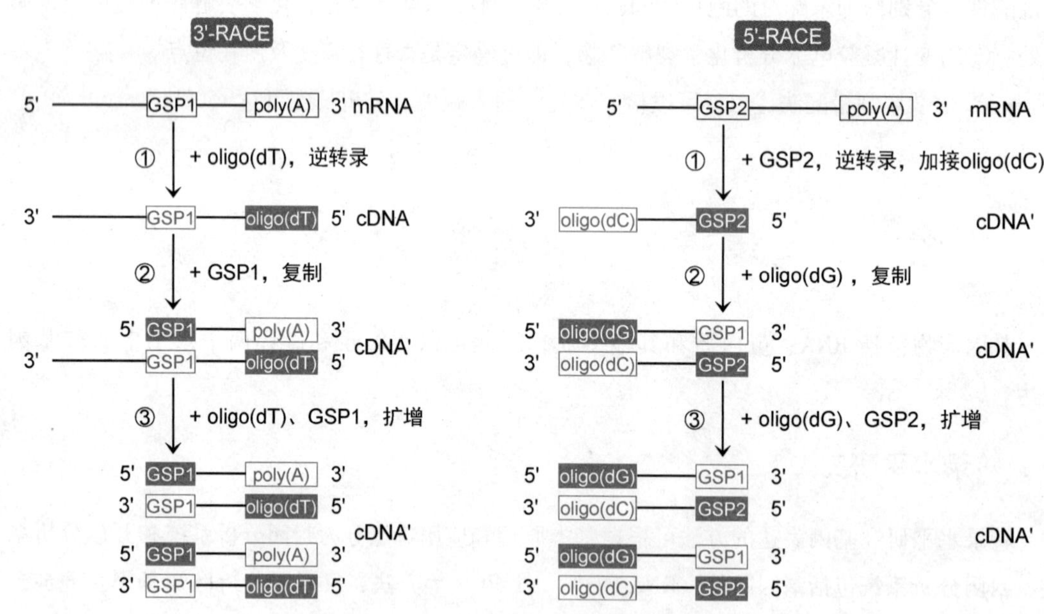

图 18-8 cDNA 末端快速扩增技术（RACE）

1. 3′-RACE 原理 ①用 oligo(dT)(17nt) 或接头-oligo(dT)[30~40nt，如 GACTCGAGTCGACATCGA$(T)_{17}$] 作为下游引物逆转录制备 sscDNA。②用与 sscDNA 内部特异序列互补的 DNA 片段作为上游引物（称为基因特异性引物，gene specific primer，GSP1，20~30nt）复制 dscDNA 片段。③用 oligo(dT)(或接头序列) 与 GSP1 组成引物对，进行 PCR 扩增，可以得到 dscDNA 的 3′端序列。④必要时可用巢式 PCR 进一步扩增。

NOTE

在合成 sscDNA 时，oligo(dT)与 poly(A)尾的结合不是唯一的，因而会导致 dscDNA 3′端 oligo(dA)长短不一。为此可将下游引物 oligo(dT)改造成锁定引物（lock docking primer），即在 oligo(dT)3′端引入两个简并核苷酸（$dT_{12\text{-}30}$MN，M 可以是 C、A 或 G，N 可以是 C、T、A 或 G，因而共 12 种），从而使引物定位在 poly(A)尾的 5′端。

2. 5′-RACE 原理 ①用与 mRNA 内部特异序列互补的 GSP2（20~30nt）作为下游引物逆转录制备该序列与 5′端之间的 sscDNA 片段，用 TdT 和 dCTP 在 sscDNA 片段 3′端加接 oligo(dC)。有时可用 6nt 随机引物作为下游引物，引发合成 sscDNA 片段。②用 oligo(dG)或接头-oligo(dG)作为上游引物复制 dscDNA 片段。③用 oligo(dG)或接头序列与 GSP2 组成引物对，进行 PCR 扩增，可以得到 dscDNA 的 5′端序列。

3. RACE 应用 ①扩增和克隆低丰度 mRNA。②从 cDNA 文库筛选低表达基因。③基因测序。④探针制备。⑤用于分离和分析 mRNA 转录起始位点或 3′端序列。⑥联合外显子捕获法鉴定编码序列。

4. RACE 特点 ①选择性扩增目的基因 cDNA，适合分析低表达基因。②只需知道目的基因的部分序列。③将 3′-RACE 和 5′-RACE 联合应用，可以制备目的基因全长 cDNA。

（四）转录组分析

可以采用基因芯片（第十三章，385 页）、基因表达系列分析（第二十章，536 页）、循环测序（第十一章，362 页）等技术分析转录组。

二、翻译水平研究

结构基因表达的终产物是蛋白质或多肽，其质和量的变化可直接反映基因功能。常用蛋白质印迹法（第十二章，383 页）、酶联免疫吸附试验、免疫组织化学法、流式细胞术、蛋白芯片（第十三章，383 页）、双向电泳（第二十章，545 页）等技术进行分析。

（一）酶联免疫吸附试验

酶联免疫吸附试验又称酶联免疫吸附测定（ELISA），是以抗原抗体反应的特异性为基础，结合固相化技术和酶标抗体技术建立的高灵敏度分析方法，用于分析样品中非酶蛋白类抗体或抗原物质（蛋白质、多肽及其他抗原物质）。

1. 酶联免疫吸附试验原理 以抗原分析为例。

（1）包被 将已知抗原吸附于固相载体（如聚苯乙烯微孔板）表面，用牛血清白蛋白封闭。

（2）反应 依次加抗原特异性一抗、酶标二抗，形成抗原-一抗-酶标二抗复合物。

（3）洗涤 去除抗原抗体复合物外的其他成分特别是酶标二抗，则固相载体上的酶标二抗量与抗原量成正比。

（4）显色 加入二抗标记酶的底物，通过酶促反应生成有色产物，产物量与抗原量成正比，可用酶标仪进行定性或定量分析，当然需要同时测定梯度稀释的待测抗原标准品，确定吸光度和标准品浓度函数。

2. 酶联免疫吸附试验特点 ①ELISA 涉及的抗原抗体反应和酶促反应都具有特异性，而且酶促反应有放大作用，因此 ELISA 特异性高、灵敏度高。②设备简单，操作简捷。

3. 酶联免疫吸附试验方法分类 常用的 ELISA 方法有双抗体夹心法、间接法、竞争法、

抗酶抗体法、竞争性抑制法、抗原直接包被法、酶联免疫斑点技术、生物素 ELISA 等。

4. 双抗体夹心法 是分析抗原最常用的方法，适用于多价抗原的检测，需要应用抗目的抗原不同表位的两种抗体，一种用于包被固相载体，称为包被抗体，另一种用于酶标分析，称为酶标抗体。主要步骤：①用包被抗体包被固相载体，充分洗涤。②加入待测抗原或抗原标准品，通过孵育形成固相抗原抗体复合物，充分洗涤。③加入酶标抗体，通过孵育形成包被抗体-抗原-酶标抗体夹心复合物，充分洗涤。④加底物孵育显色，用酶标仪定量分析。临床常用双抗体夹心法检测血清甲肝抗原、乙肝表面抗原、乙型肝炎 e 抗原、乙型肝炎核心抗原、甲胎蛋白等。

（二）免疫组织化学技术

免疫组织化学技术简称免疫组织化学，包括免疫组织化学法（immunohistochemistry，IHC）和免疫细胞化学法（immunocytochemistry，ICC），它们的基本原理相同，都是以特异性抗体为探针进行的原位杂交，即根据抗原抗体反应的特异性，原位定性、定量分析蛋白质、多肽等抗原物质的分布，不过也存在区别（表 18-1）。

表 18－1 免疫组织化学法和免疫细胞化学法

技术	免疫组织化学法	免疫细胞化学法
所分析标本	冰冻/石蜡切片	细胞涂片
细胞膜通透性处理	不需	需要
靶分子定位	细胞内外	细胞内

免疫组织化学常用抗体标记物有酶（表 18-2）、荧光素、铁蛋白、胶体金等。其中荧光标记结合荧光倒置显微镜或激光共聚焦显微镜可以对靶分子进行定位、定性、定量，激光共聚焦显微镜还可以进行断层成像。

表 18－2 免疫组织化学酶标系统

标记酶	底物	显色
辣根过氧物酶（HRP）	H_2O_2 联合 3，3′-二氨基联苯胺（DAB）	棕色
碱性磷酸酶（ALP）	四唑盐（NBT）联合 5-溴-4-氯-3-吲哚磷酸酯（BCIP）	深紫色
葡萄糖氧化酶	四唑盐（NBT）	蓝紫色
β-半乳糖苷酶	5-溴-4-氯-3-吲哚-β-D-半乳糖苷（BCIG，X-Gal）	蓝色

免疫组织化学优点：特异、灵敏、精确、简单，还能将形态、功能和代谢相结合，定性、定量和定位相结合，细胞水平和超微结构水平相结合。免疫组织化学是形态、功能、代谢综合研究的一项有力工具，在生命科学和医学各个领域中广泛应用。

免疫组织化学还可根据标记物是否直接与一抗结合分为直接法和间接法，根据标记物或显色物的不同分为免疫荧光法、免疫酶法、免疫金-银染色法和亲和素-生物素法等。

（三）流式细胞术

流式细胞术（flow cytometry，FCM）又称荧光激活细胞分选法（fluorescence-activated cell sorting，FACS），是以免疫细胞化学法为基础，用流式细胞仪（flow cytometer）对细胞群进行多参数快速分析、分型、分选的技术。即根据抗原抗体反应（或其他反应）的特异性对细胞

内或细胞膜上的靶分子进行荧光标记，经流式细胞仪监测荧光，根据荧光强度确定靶分子的水平，即可对细胞作出分析。

1. 流式细胞仪基本结构　流式细胞仪主要由液流系统、光学系统、电子系统组成（图 18-9）。

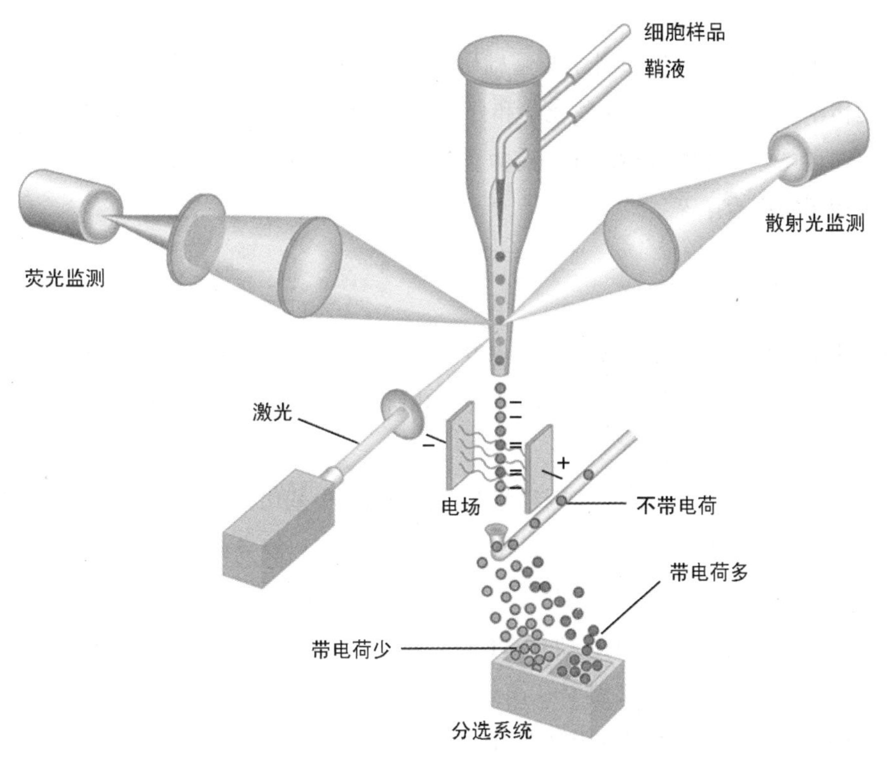

图 18－9　流式细胞术原理

（1）液流系统　鞘液利用流体动力包绕经荧光标记的细胞样品形成单行排列的细胞流，逐个高速通过流动池。

（2）光学系统　特定波长的激光聚焦于流动池中心的细胞流上，荧光标记细胞在激光的照射下产生散射光和特异荧光，分别被相应的监测器接收。

（3）电子系统　散射光和荧光被接收后转换为电信号，再通过模数转换器转换为可被计算机识别的数字信号，最终处理成图表信息。

2. 流式细胞仪工作原理　流式细胞术的核心是散射光和特异荧光的监测和分析。

（1）散射光　包括前向角散射光（forward scatter，FSC）和侧向角散射光（side scatter，SSC）。前向角散射光强度与细胞大小相关。侧向角散射光与细胞形态、颗粒度及细胞器的相对复杂程度相关。通过分析散射光可获得关于细胞大小、形态、颗粒度及细胞器的信息，可用于活细胞分析、分选。

（2）荧光　包括自发荧光和特征荧光。自发荧光是细胞成分经激光照射后所产生的荧光，多属于噪声信号。特征荧光是荧光标记经激光照射后产生的荧光，是要分析的荧光。通过分析荧光强度可获得关于细胞膜、细胞内特定代谢物水平的信息。

3. 流式细胞术主要特点　流式细胞术获得的是细胞的群体信息，如有多大比例的细胞表达某重要的抗原分子或者合成某重要的细胞因子等，而较少关注其中某一个细胞的特性。因此，流式细胞术分析得到的信息经常是一个比值，或者是平均荧光强度等群体信息。

流式细胞术既可分析，又可分选；既可定性，又可定量；既可分析活细胞，又可分析甲醛固定细胞，还可分析富集了细胞成分的人工微球；既可通过单色标记分析一种靶分子，又可通过多色标记分析多种靶分子；其分析的靶分子既可以是蛋白质，又可以是其他分子（如核酸、离子）。

流式细胞术主要应用于生命科学的基础研究和临床研究，特别是免疫学、血液学、肿瘤学、细胞遗传学、细胞生物学、生物化学和分子生物学研究，但也已逐渐成为临床诊断和治疗的新手段，如通过分析外周血 $CD4^+$T 细胞数量来监测艾滋病进程、辅助白血病的诊断和分型、分选干细胞用于回输治疗等。

三、DNA 甲基化研究

DNA 甲基化是表观遗传学的重要研究内容之一，与染色体结构维持、X 染色体失活、印记基因调控和肿瘤发生发展等关系密切。DNA 甲基化研究已经成为这些研究强有力的技术支持。

（一）基因组甲基化分析

分析基因组甲基化可以获得全基因组范围内胞嘧啶的甲基化数据，对表观遗传学研究具有重要意义，在临床上可以追踪疾病进程，在药物开发方面可以指导药物筛选。

1. 甲基化敏感扩增多态性分析 甲基化敏感扩增多态性分析（methylation sensitive amplification polymorphism，MSAP）是把扩增片段长度多态性（amplified fragment length polymorphism，AFLP）应用于甲基化分析，其关键是从高频限制性内切酶（第十五章，411 页）中选择一对同裂酶，其中一种是甲基化敏感的限制性内切酶。

（1）MSAP 原理 例如选择同裂酶 *Msp* Ⅰ（C·CGG，C·^{m}CGG）和 *Hpa* Ⅱ（C·CGG），其中 *Hpa* Ⅱ是甲基化敏感的限制性内切酶。将基因组 DNA 分成两份，分别用 *Eco*R Ⅰ/*Hpa* Ⅱ、*Eco*R Ⅰ/*Msp* Ⅰ进行双酶切消化，然后通过 AFLP 分析两组限制性片段，两组共存片段反映 C·CGG，只存在于 *Eco*R Ⅰ/*Msp* Ⅰ组的反映 C·^{m}CGG。因此，通过分析扩增产物的指纹图谱，可以评价基因组甲基化水平。

（2）MSAP 优点 ①操作简单，结果可靠，费用很低。②不需知道基因组 DNA 的序列信息，具有通用性，可分析各种基因组。③可检测全基因组限制性酶切位点的甲基化状态。

（3）MSAP 不足 只能检测限制性酶切位点的甲基化状态。

2. 高效液相色谱和高效毛细管电泳 用高效液相色谱（HPLC）或高效毛细管电泳（high performance capillary electrophoresis，HPCE）可以定量检测基因组甲基化水平。

（1）HPLC/HPCE 原理 将基因组 DNA 样品用 HCl 或 HF 水解，然后用高效液相色谱或高效毛细管电泳定量分析 DNA 组成，计算各种甲基化碱基所占的比例，可评价基因组甲基化水平。

（2）HPLC/HPCE 优点 简便、快速、经济。

（3）HPLC/HPCE 不足 不能定位，且要求基因组完整、均一。

3. 甲基化 DNA 免疫共沉淀技术（methylated DNA immunoprecipitation） 简称 MeDIP 技术，联合基因芯片或高通量测序，可检测不同组织细胞（如正常细胞和肿瘤细胞）基因组甲基化差异。

NOTE

（1）MeDIP 技术 由 Weber 等于 2005 年首先应用，将基因组 DNA 用超声波降解成 300~

1000bp（400~600bp 更好）片段，加热变性并分成两份，其中一份加 5-甲基胞嘧啶抗体孵育，用免疫磁珠法富集甲基化 DNA 片段-抗体复合物，分离甲基化 DNA 片段（MeDIP），另一份作为对照（input）。必要时两者可分别进行 PCR 扩增。

（2）MeDIP-chip 技术　即甲基化 DNA 免疫共沉淀联合基因芯片技术，分别用 Cy5、Cy3 标记 MeDIP、input，然后混合、变性、与基因芯片共杂交，用芯片扫描仪检测杂交信号。

（3）MeDIP-Seq 技术　即甲基化 DNA 免疫共沉淀联合高通量测序技术，是将免疫磁珠法富集的甲基化 DNA 片段进行测序，可以获得更多的基因组甲基化信息：①检测全基因组范围内的甲基化位点。②研究不同基因功能区域的甲基化状态对基因表达的调控作用。③分析不同组织细胞甚至肿瘤细胞 DNA 甲基化程度。④发现疾病相关的诊断和预后标志。

4. 亚硫酸盐测序法　原理见第十一章（365 页）。该方法精确可靠，不受限制性内切酶限制，可以分析基因组序列中每个胞嘧啶的甲基化状态，但工作量大，技术要求高，灵敏度低，只有甲基化率达到 25%其结果才有意义。

（二）特定 DNA 序列甲基化分析

研究特定位点的甲基化状态常用甲基化敏感限制性内切酶 PCR、甲基化特异性 PCR、亚硫酸氢钠联合限制性内切酶分析法、差异甲基化杂交、DNA 微阵列法和甲基化敏感性斑点分析法（MS-DBA）等。

1. 甲基化敏感限制性内切酶 PCR（methylation-sensitive restriction enzyme digestion and PCR with gene-specific primers，MSRE-PCR）　由 Melnikov 等于 2005 年建立，用于分析已知限制性酶切位点上的甲基化。

（1）MSRE-PCR 原理　①DNA 样品分成两份，一份用甲基化敏感的限制性内切酶（MSRE，例如 *Hin*6 Ⅰ，切割 G·CGC，但不切割 G·^{m}CGC）充分消化基因组 DNA，另一份作为对照。②根据限制性酶切位点两侧序列设计引物对，对两份样品进行 PCR 扩增。③鉴定 PCR 产物（表 18-3）。

表 18-3　甲基化敏感的限制性内切酶 PCR 产物鉴定

甲基化敏感的限制性内切酶消化样品	对照样品	限制性酶切位点状态
+	+	甲基化
-	+	非甲基化
-	-	引物序列缺失

（2）MSRE-PCR 优点　用样量小，操作简单，可设计多重 PCR 同时测定多位点甲基化状态。

（3）MSRE-PCR 不足　只能分析印记基因、X 染色体等甲基化水平高、已知序列基因 CpG 位点的甲基化状态，且其需位于甲基化敏感的限制性酶切位点上。不适合分析抑癌基因甲基化水平的变化。此外，会因消化不充分而产生假阳性结果。

为提高 MSRE-PCR 分析的特异性，可采用降落 PCR（touch-down PCR）：94℃变性 40 秒，第一循环 65℃退火 40 秒，72℃延伸 60 秒，之后每两循环降低退火温度 2℃，直至 55℃，并在 55℃下循环 35 次，末次延伸 10 分钟。

2. 甲基化特异性 PCR（methylation-specific PCR，MSP）　由 Herman 等于 1996 年建立，

可以快速分析 CpG 岛中任何 CpG 位点的甲基化状态，且不依赖甲基化敏感的限制性内切酶。

（1）MSP 原理 ①用亚硫酸盐充分处理基因组 DNA，所有未甲基化胞嘧啶（C）都被脱氨基成尿嘧啶（U），而所有甲基化胞嘧啶（5mC）保持不变。②设计 3′端覆盖甲基化位点的甲基化引物和非甲基化引物作为上游引物，甲基化引物序列中的 CpG 对应基因组 DNA 中的 5mCpG；非甲基化引物序列中的 TpG 对应基因组 DNA 中的 CpG（已脱氨基成 UpG）。两者分别与同一下游引物组成引物对。③用两个引物对分别扩增亚硫酸盐处理过的基因组 DNA，用聚丙烯酰胺凝胶电泳分析扩增产物，可以确定基因组 DNA 的甲基化状态（图 18-10）。

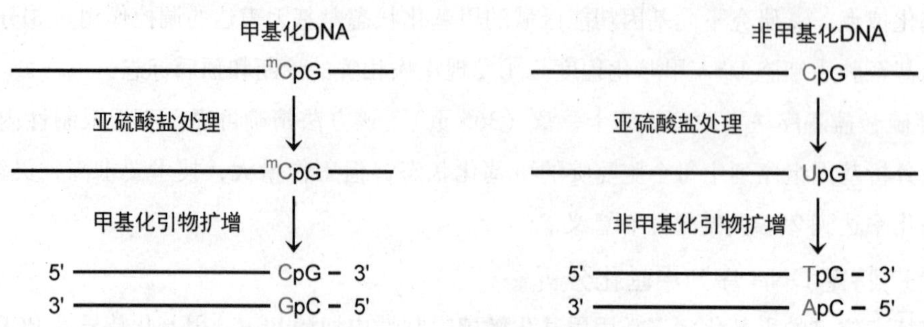

图 18-10 甲基化特异性 PCR 原理

（2）MSP 优点 ①应用广泛，可以分析任何已知序列中 CpG 位点的甲基化状态，不限于限制性酶切位点。②灵敏度高，1μg 样品即可以分析一个 CpG 位点 0.1%的甲基化率。③准确度高，可以克服 MSRE-PCR 的假阳性。此外还有简便经济等。

（3）MSP 不足 不能定位，需设计多对引物，引物设计困难，设计不当或亚硫酸盐处理不充分均影响特异性。

荧光定量甲基化特异性 PCR（MethyLight）是亚硫酸盐联合定量 PCR，可以定量分析基因组甲基化水平。这种技术高度特异和灵敏，可以检测稀有甲基化位点，特别适用于与疾病相关的稀有甲基化标记。

在 DNA 甲基化分析中，所有亚硫酸盐技术共同的不足是工作量大，繁琐耗时，引物设计困难（如果要用 PCR 分析）。所有甲基化敏感的限制性内切酶技术共同的不足是会因消化不充分而产生假阳性结果。联合 DNA 印迹则需要样品量大且不能高通量，联合 PCR 虽然灵敏，但只能分析限制位点上的甲基化。

3. 变性高效液相色谱（DHPLC） 设计不含甲基化位点的引物在用亚硫酸盐处理 DNA 前后分别进行 PCR 扩增，用 DHPLC 分析扩增产物（原理见第十七章，461 页）。

（1）与用亚硫酸盐处理前相比，处理后扩增的产物中多了部分 A-T 对（来自处理前非甲基化的 G-C 对），因此变性温度下降，且下降程度与非甲基化水平呈正相关。

（2）用亚硫酸盐处理后扩增的产物在色谱柱中的保留时间缩短，且缩短程度与非甲基化水平呈正相关。

4. 亚硫酸氢钠联合限制性内切酶分析法（combined bisulfite restriction analysis, COBRA） 由 Xiong 等于 1997 年建立。

（1）COBRA 原理 用亚硫酸盐处理 DNA 样品，进行 PCR 扩增（引物不含甲基化位点），用识别甲基化位点（即甲基化发生于限制性酶切位点上）的限制性内切酶消化，如 *Bst*U Ⅰ

NOTE

（CG·CG）。若其限制性酶切位点上的 C 完全甲基化（^{m}CG^{m}CG），则扩增产物中仍为 CGCG，可被 *Bst*U Ⅰ识别并消化；若 C 非甲基化或不完全甲基化（CGCG，CG^{m}CG，^{m}CGCG），则扩增产物中该限制性酶切位点丢失（TGTG，TGCG，CGTG），不被 *Bst*U Ⅰ消化。这样消化产物经 DNA 印迹法定量可分析 DNA 样品的甲基化水平。

（2）COBRA 优点　方法相对简单，不需知道 DNA 序列及 CpG 位点；可定量分析；需要样品量少。

（3）COBRA 不足　只能分析限制性酶切位点上的甲基化状态，亚硫酸盐处理不充分影响特异性。

5. 甲基化敏感的单核苷酸引物延伸法（methylation-sensitive single-nucleotide primer extension，Ms-SnuPE）　可用于定量分析已知序列的甲基化水平。

原理：①DNA 样品用亚硫酸盐处理后进行 PCR 扩增。②根据所检测甲基化位点序列设计引物，使引物 3′端在 C 的 5′端，即连接在引物 3′端的第一个核苷酸将与 C 互补。③构建两个核苷酸延伸体系，均含 PCR 扩增产物、引物、Taq 酶，一个加标记 dCTP（如［α-^{32}P］dCTP），一个加标记 TTP（如［α-^{32}P］TTP），进行单核苷酸延伸反应。若 dCMP 掺入，则所检测的 C 位点发生甲基化；若 TMP 掺入，则所检测的 C 位点未发生甲基化。④用聚丙烯酰胺凝胶电泳定性、定量分析延伸产物。

Ms-SnuPE 简便快捷，可同时测定多个位点的甲基化水平，但每个位点都要设计一个引物。

6. COMPARE-MS 技术（combination of methylated-DNA precipitation and methylation-sensitive restriction enzymes）　是甲基化敏感的限制性内切酶 PCR、甲基化 CpG 结合域（methyl binding domain，MBD）蛋白富集技术、定量 PCR 技术的联合应用，可以定量分析基因组中 CpG 甲基化水平。

MBD 蛋白富集技术与甲基化 DNA 免疫共沉淀（MeDIP）技术类似，由 Cross 等于 1994 年发明，即用 MBD 蛋白（常用 MeCp2、MBD2）包被微球或树脂颗粒（MBD2-MBD-His_6 蛋白包被磁珠：MBD2-MBD-His_6-His_6 抗体-蛋白 G-磁珠），可以富集甲基化 DNA，之后用 DNA 印迹、PCR 或基因芯片等技术进行分析。MBD 蛋白富集技术和甲基化 DNA 免疫共沉淀技术的不足是需要较多的 DNA 样品，且有部分非甲基化 DNA 也会被富集，所以会产生假阳性结果。

（1）COMPARE-MS 技术原理　①用一种限制性内切酶（如 *Alu* Ⅰ，AG·CT）和一种甲基化敏感的限制性内切酶（如 *Hpa* Ⅱ，C·CGG）消化基因组 DNA。②用 MBD 蛋白包被磁珠从消化产物中捕获含有甲基化 CpG 的片段。③设计甲基化敏感的限制性内切酶 PCR 引物对，进行定量 PCR 分析。

（2）COMPARE-MS 技术特点　①灵敏度高，可从 10^3～10^4 个非甲基化 CpG 岛中检出 5 个甲基化 CpG 岛。②特异性高，可以避免单独应用 MBD 蛋白富集技术产生假阳性问题。③高效快捷，可用 96 孔板高通量分析。

7. 甲基化特异性多重连接探针扩增法（methylation-specific multiplex ligation-dependent probe amplification，MS-MLPA）　是用 MLPA 分析限制性酶切位点的甲基化状态。

（1）MS-MLPA 原理　①设计 MS-MLPA 探针对，探针序列覆盖含甲基化位点的限制性酶切位点，与基因组 DNA 进行变性、杂交。②用 DNA 连接酶催化连接探针对。样品一分为二，一份按③④⑤操作，用于分析限制性酶切位点的甲基化状态；一份按④⑤操作，用于分析限制性

酶切位点的拷贝数。③用甲基化敏感的限制性内切酶消化。④进行 PCR 扩增。⑤毛细管电泳分析。如果有扩增产物，说明所扩增限制性酶切位点已被甲基化（图 18-11）。

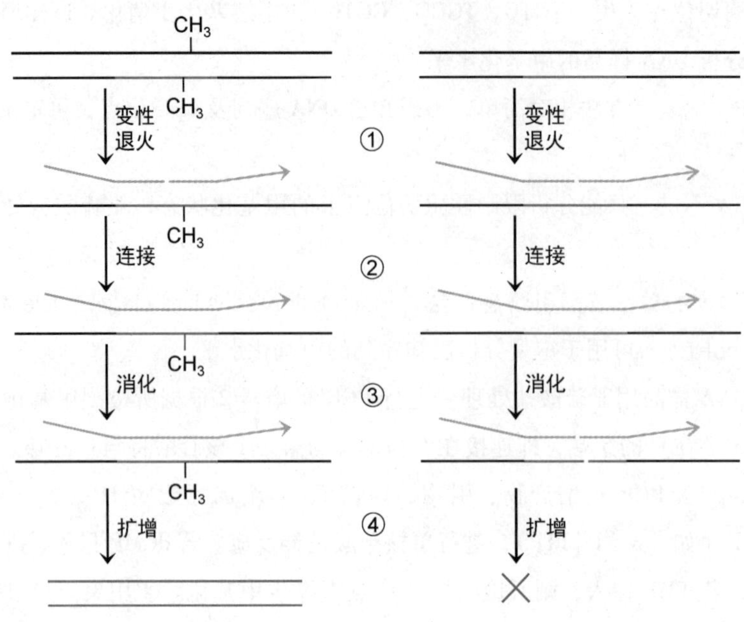

图 18－11 甲基化特异性多重连接探针扩增法原理（MS-MLPA）

（2）MS-MLPA 优点 操作简单，方法灵敏，可以批量分析。

8. CpG 岛芯片 用基因组启动子 CpG 岛文库（CpG island library）制成，探针长度约 200nt。

（1）样品 DNA 处理 待测样品（如肿瘤 DNA）用限制性内切酶 *Mse* Ⅰ（T·TAA）消化成约 200bp 片段，两端各连接一个接头，用甲基化敏感的限制性内切酶 *Bst*U Ⅰ（CG·CG）/*Hpa* Ⅱ（C·CGG）组合消化，用接头引物进行 PCR 扩增（用 Cy5 标记 dCTP）。非甲基化片段被消化，扩增呈阴性；甲基化片段不被消化，扩增呈阳性。对照样品（如正常 DNA）同样处理（用 Cy3 标记 dCTP）。

（2）差异甲基化杂交（differential methylation hybridization，DMH） 待测样品和对照样品的扩增产物混合后与 CpG 岛芯片杂交，CCD 扫描仪扫描分析，Cy5/Cy3>1.5 提示甲基化水平存在差异，可用 COMBRA 法等进一步分析。

CpG 岛芯片优点：能高通量分析 9000 个 CpG 岛的甲基化状态，可寻找肿瘤相关 CpG 位点，目前已经应用于乳腺癌、卵巢癌、甲状腺癌等多种肿瘤甲基化组的分析，在疾病分子生物学分型、药理学等领域有广泛应用前景。

CpG 岛芯片不足：该芯片只能分析 *Bst*U Ⅰ/*Hpa* Ⅱ位点的甲基化状态。

9. 甲基化特异性寡核苷酸芯片（methylation-specific oligonucleotide microarray，MSO 芯片） 可高通量分析已知靶基因 CpG 岛序列的甲基化状态，其探针设计是成功的关键。

（1）芯片制备 从每个靶基因 CpG 岛序列中寻找符合以下两个条件的一组序列：每个序列都是长度 19~23nt 的单一序列，覆盖该 CpG 岛序列中 2~4 个 CpG 位点。针对这组序列中的每一种都制备一对甲基化特异性寡核苷酸探针（MSO），它们分别与亚硫酸盐处理后的甲基化序列扩增产物（5mC→5mC→C）和非甲基化序列扩增产物（C→U→T）杂交。将探针对通过

NOTE

一段连接臂（linker）有序固定在基片表面，制成 DNA 甲基化芯片。

（2）杂交分析　用 *Mss* Ⅰ（GTTT·AAAC）消化 DNA 样品，然后用亚硫酸盐处理，加接通用引物接头，进行 PCR 扩增，用荧光标记，与 DNA 甲基化芯片杂交，CCD 扫描仪扫描，检测甲基化状态（图 18-12）。

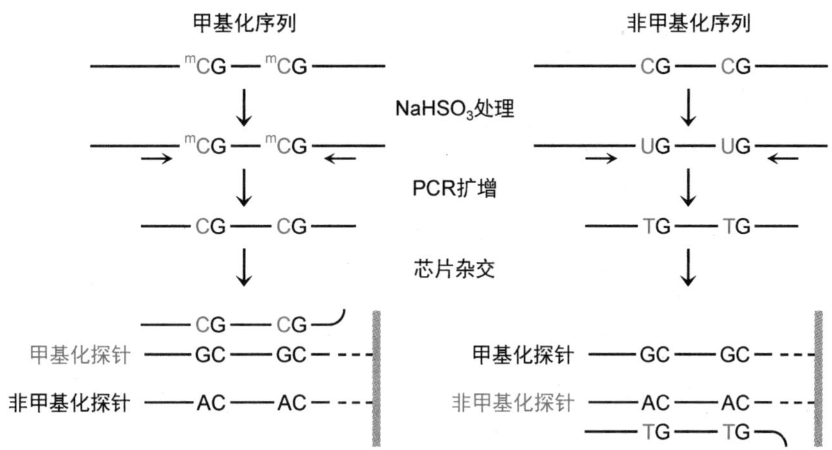

图 18－12　MSO 芯片技术原理

第四节　基因功能研究

在活细胞水平甚至整体水平研究改变基因结构或基因表达对代谢的影响，研究结果最能反映基因功能。基因功能研究可采取功能获得策略或功能失活策略。功能获得策略是用转基因技术或基因敲入技术将目的基因直接导入细胞内或生物体内，通过观察其表型变化研究基因功能。功能失活策略是用基因沉默技术或基因敲除技术使细胞或生物体的某个基因部分或全部失活，通过观察其表型变化研究基因功能。

一、基因沉默技术

基因沉默技术（gene silencing technology）是指利用核酸导入技术在转录或翻译水平部分或完全抑制靶基因表达，导致靶基因功能缺失，个体表型改变。常用的基因沉默技术有反义核酸技术、RNA 干扰技术、核酶技术等。

（一）反义核酸技术

反义核酸技术是以反义核酸（反义 RNA、反义 DNA 和肽核酸）为基础建立的基因沉默技术，常用于研究基因功能、疾病的遗传基础、基因治疗。反义核酸技术的基本原理是向细胞内导入重组 DNA，使其表达反义核酸，或直接导入反义核酸，在转录或翻译水平特异性抑制靶基因表达。目前应用较多的反义核酸是一类 15～20nt 的硫代寡核苷酸。

1. 反义 RNA（antisense RNA，asRNA）　应用于分子生物学研究方法的发展、动植物品种的改良以及肿瘤、病毒性疾病、遗传病等的基因治疗等，已经取得了令人瞩目的成果。

在基因治疗方面，由于许多组织的特异性受体已被发现，随着受体介导法的不断发展，受体介导反义 RNA 通过基因干预应用于基因治疗将成为一个非常重要的基因治疗方法，并凭借其以下优点弥补传统药物或其他基因治疗的不足。

（1）特异性高　反义 RNA 具有很强的特异性，不同的反义 RNA 作用于不同的靶 RNA（主要是 mRNA），抑制其功能。

（2）安全性高　①只作用于靶 RNA，不改变基因结构。②最终被细胞降解，不残留。③即使产生副作用，停药后也可以消除。

（3）剂量效应　反义 RNA 基因治疗具有剂量效应，剂量大则效应强。

（4）直接作用　能直接抑制 RNA 病毒复制，适合于治疗 RNA 病毒感染性疾病。在细胞培养实验中，对 HIV-1 复制的抑制率达 50%以上。

（5）多功能化　例如设计有核酶活性的核酶反义 RNA，不仅可以抑制 mRNA 翻译，还可以降解 mRNA，提高疗效。

（6）容易开发　①容易设计，因为属于非编码小 RNA，没有阅读框要求。②制备简单，可以构建表达载体通过体外转录制备。

2. 反义 DNA（antisense DNA）　也称反基因（antigene），是一种人工合成的 DNA 片段，能够识别靶细胞基因组 DNA 的关键序列并与之形成三链 DNA 结构，从而抑制基因表达。如果用反义 DNA 与肿瘤细胞 DNA 或病毒 DNA 的关键序列结合，可以特异性抑制其增殖。因此，反义 DNA 可以开发成抗肿瘤药物和感染性疾病药物。

（1）反义 DNA 用于基因治疗时有以下优点　①所需的剂量小，因为是作用于转录水平。②特异性较高，因为即使只有 1~2 个碱基错配也会导致三链 DNA 稳定性显著下降。

（2）反义 DNA 技术的关键在于设计与合成　①特异性：通常针对调控元件，抑制其与转录因子结合。②稳定性：容易被酶降解，需要进行保护性修饰，包括末端修饰（抗核酸外切酶）和甲基化，还可合成硫代脱氧寡核苷酸（*S*-ODNs，抗核酸内切酶）。

（3）反义 DNA 在以下研究中显示效果　①与原癌基因 *HER2* 的启动子结合，抑制转录因子的结合，有望用于治疗乳腺癌。②与多药耐药基因 *MDR1* 的转录区结合，使人类耐药细胞株 CEM-VLB100 的 *MDR1* mRNA 水平显著下降。③与 *MYC* 的-115 区结合，可以抑制 Hela 细胞的 *MYC* 转录。

多药耐药基因 *MDR1*　位于 7 号染色体上（7q21.12），编码多药耐药蛋白 1，又称 P 糖蛋白 1，是一种细胞膜蛋白，高表达的肿瘤细胞可将化疗药物泵出细胞，从而赋予肿瘤细胞耐药性。

3. 肽核酸（peptide nucleic acid，PNA）　是一种人工合成的核酸类似物，其主链不是磷酸-戊糖交替结构，而是聚 *N*-(2-氨乙基)-甘氨酸多肽链结构。

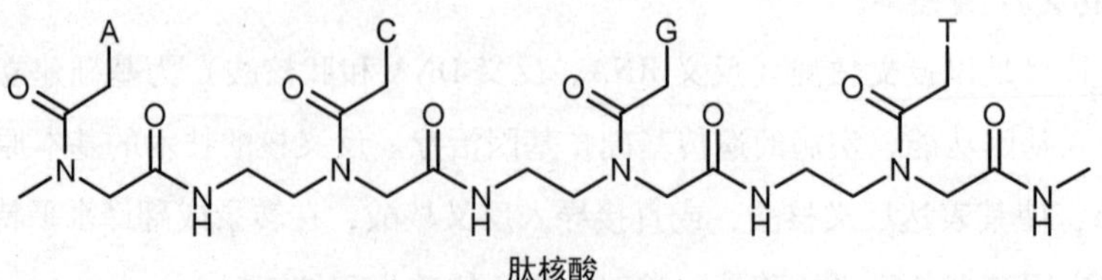

肽核酸

（1）肽核酸特性　①肽核酸可以与 DNA、RNA 杂交：因为主链没有磷酸基，也就没有静电斥力，所以肽核酸与核酸的亲和力更强。肽核酸能与双链 DNA 结合，但不是形成三股螺旋结构，而是通过置换与双链 DNA 中的一股结合，形成 D 环结构。②肽核酸既不是蛋白质，又不是核酸，所以既抗蛋白酶水解，又抗核酸酶水解。

（2）肽核酸活性 可以调控基因表达。①在转录水平，针对不同的结合位点，肽核酸既可启动转录，起正调控作用，又可抑制转录，起负调控作用。②在翻译水平，肽核酸可以与 mRNA 结合，抑制翻译。

（3）肽核酸应用 肽核酸目前主要应用于基因研究、临床诊断、反义治疗。

用于治疗肿瘤（包括肺癌、肠癌、胰腺癌、胶质母细胞瘤、恶性黑色素瘤）、糖尿病、肌萎缩侧索硬化（ALS，又称运动神经元病、渐冻人症）、Duchenne 型肌营养不良、炎症性疾病（哮喘、关节炎）的反义药物目前尚在开发，多数还处在动物体内评价阶段，临床应用很少。**福米韦生**（fomivirsen，商标名称 Vitravene，GCG TTT GCT CTT CTT CTT GCG）是第一种批准上市的反义药物，用于治疗巨细胞病毒性视网膜炎（cytomegalovirus retinitis，CMV-R）。

（二） RNA 干扰技术

以 RNA 干扰为基础的 RNA 干扰技术联合转基因技术可以在活体内研究基因功能，并应用于基因治疗。

哺乳动物细胞中较长的 dsRNA 会诱导非特异性基因沉默，只有 21～25bp 的 siRNA 才能有效地诱导特异性基因沉默。非哺乳动物可以利用较长的 dsRNA 直接诱导特异性基因沉默而无需合成 siRNA，因此实验设计比较简单。

RNA 干扰可以产生敲除效应。与用基因靶向技术实施的基因敲除相比，RNA 干扰投入少、周期短、效应可逆，操作简单。可使 mRNA 水平下降 80%～90%。再加上对翻译的抑制，可基本沉默目的基因的表达，即将蛋白质降至最低水平，因此是目前研究基因功能常用的方法。

1. siRNA 合成 ①体外合成，即用化学法或酶促法合成。②体内合成，即用 siRNA 表达载体进行体内转录。目前多采用酶促法合成 siRNA，如用 T7 RNA 聚合酶转录。

2. siRNA 临床应用 目前 siRNA 研究涉及抗肿瘤、抗感染等基因治疗领域。已经有治疗黄斑变性、人呼吸道合胞病毒的 siRNA 进入临床试验。治疗药物性肝衰竭的 siRNA 已经在动物体内实验成功。抗艾滋病病毒和脊髓灰质炎病毒的 siRNA 已经在培养的人细胞内实验成功。其他研究包括肿瘤病毒、2 型单纯疱疹病毒（HSV-2）、甲型肝炎病毒、乙型肝炎病毒、流感病毒、麻疹病毒、神经退行性疾病、多聚谷氨酰胺疾病（如亨廷顿病）。

3. RNA 干扰技术存在的问题 ①大的 siRNA（>30bp）会诱导非特异性抑制效应（如激活蛋白激酶 PKR，第六章，175 页），导致广泛的转录后基因沉默。②大的 dsRNA 在哺乳动物细胞中会诱导表达干扰素，产生副作用。③目前主要应用病毒载体系统给药，存在安全问题，需要开发安全的给药途径。④存在**脱靶效应**（off-target effect），即沉默其他同源基因，脱靶率约为 10%。

（三） 核酶技术

核酶技术是利用核酶的高度专一性，抑制靶 mRNA 的翻译或促进其降解的技术。

天然核酶（ribozyme）有单链 RNA 分子和双链 RNA 分子两种。单链核酶较大，如Ⅰ型内含子，大于 400nt，有自我剪切作用。双链核酶较小，如锤头状核酶，仅 41nt，两股 RNA 的核苷酸序列部分互补，形成锤头结构，有剪切作用。

与反义 RNA 相比，核酶有以下优点：①有较稳定的空间结构，不易被 RNase 降解。②不仅可以抑制特定 mRNA 的翻译，还能降解 mRNA。③更重要的是，核酶在剪切 mRNA 之后，可

NOTE

以继续结合和降解其他 mRNA，抑制效应更强。

锤头状核酶又称斧头状核酶（axehead ribozyme），是研究最清楚的核酶。锤头状核酶是 1986 年从植物的一些类病毒（viroid）中发现的，在滚环复制时，串联体的剪切位点形成锤头结构，催化自我剪切，形成独立的基因组 RNA。

锤头状核酶的核心序列形成锤头结构，含 41nt，其中有 17 个保守碱基（白字部分，包括剪切位点，图 18-13），为活性所需。

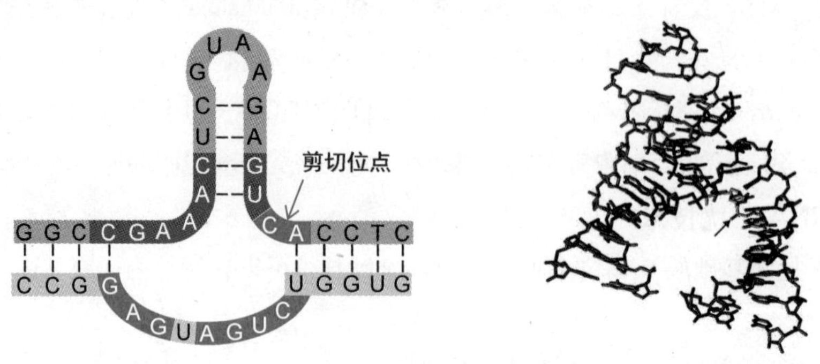

图 18－13 锤头状核酶核心结构

研究发现，锤头状核酶核心序列中的剪切位点即使属于另一股 RNA，只要能形成锤头结构，就可以被剪切。据此，可以设计人工核酶，即在反义 RNA 中引入核酶核心序列的保守碱基，它既起反义 RNA 作用，与靶 mRNA 结合；又有核酶活性，催化剪切靶 mRNA。

核酶可通过剪切靶 RNA 分子而抑制基因表达，因而可用于研究基因表达、基因治疗。在基因治疗中，可根据核酶的活性中心及靶序列的特点，对核酶进行修饰改造。例如，将活性中心的催化结构域与不同的底物结合域结合，设计成特定的核酶，用于：①降解病原体 RNA，治疗感染性疾病。②抑制癌基因的过度表达，治疗恶性肿瘤。

核酶技术的研究目前多集中在乙型肝炎治疗和艾滋病治疗方面。已有报道将核酶用于培养细胞的基因治疗，包括抗 HIV、癌基因 *HRAS* 等，多采用锤头状核酶。

二、基因捕获技术

基因捕获（gene trapping）是将含报告基因的捕获载体通过电穿孔或病毒感染法导入胚胎干细胞，且与其基因组随机整合，通过研究报告基因的表达获得整合位点的基因组信息。因为是随机整合，所以捕获载体可插入内含子、外显子或其他任意部位，因而获得的基因组信息可以是结构基因（外显子）、启动子、增强子、加尾信号等信息。

1. 报告基因（reporter gene） 又称报道基因，是被人为导入宿主细胞的外源结构基因，符合以下条件：①已被克隆。②在宿主基因组中并不存在，也没有同源基因表达。③其表达水平很容易被检测。④其表达产物不影响宿主细胞正常代谢。

报告基因是分子生物学研究常用的一个工具。它可以与载体或宿主的某个启动子或其他调控元件重组，指示其在细胞内的活性状态，从而鉴定调控元件（启动子、增强子）活性、转录因子活性和相关的细胞外信号。报告基因已广泛用于研究基因功能、基因表达及其影响因素，此外还用于研究疾病发生的分子机制、基因治疗、药物开发，有灵敏度高、操作简单、批量分析等优点。

NOTE

常用报告基因有荧光素酶基因、β-半乳糖苷酶基因、氯霉素乙酰转移酶基因、分泌型碱性磷酸酶基因、荧光蛋白基因、β-葡萄糖苷酶基因等。

（1）荧光素酶　可以催化底物D-荧光素氧化成氧化荧光素并产生荧光，常用的有细菌荧光素酶、萤火虫荧光素酶、海肾荧光素酶。①细菌荧光素酶对温度敏感，因此在哺乳动物细胞中应用受限。②萤火虫荧光素酶灵敏度高，用发光计（luminometer）即可检测（556nm），监测线性范围可达7~8个数量级，且无需裂解细胞即可监测，因而适用于高通量分析，是研究哺乳动物细胞首选的报告基因。③海肾荧光素酶可催化海肾腔肠荧光素氧化，产物可透过生物膜，可能是最适用于活细胞的报告分子。

选择荧光素酶基因作为报告基因基于其以下优点：①非放射性。②比其他报告基因应答快。③灵敏度是氯霉素乙酰转移酶基因（*cat*）的100倍。④荧光素酶半衰期短，在哺乳动物细胞中仅3小时，相比之下氯霉素乙酰转移酶是50小时。⑤线性范围宽，在10^{-10}~10^{-2}μmol/L范围内荧光强度与酶水平（从而与基因表达水平）成正比。

（2）β-半乳糖苷酶　由大肠杆菌*lacZ*基因编码，催化水解β-半乳糖苷，可用以下底物检测系统检测（表18-4）。

表18-4　β-半乳糖苷酶检测系统

底物名称（缩写）	分析方法	分析波长
邻硝基苯-β-D-半乳糖苷（ONPG）	分光光度法	420nm
氯酚红-β-D-半乳糖苷（CRPG）	分光光度法	570~595nm
荧光素二半乳糖苷（FDG）	荧光光度法	λ_{ex}=488nm，λ_{em}=512nm

（3）氯霉素乙酰转移酶　由大肠杆菌*cat*基因编码，催化氯霉素3-乙酰化灭活。测定方法：可用放射性同位素、荧光素等标记测定，也可用蛋白质印迹、免疫组织化学等分析。

（4）分泌型碱性磷酸酶　是人胎盘碱性磷酸酶突变体，无内源性表达。其特点是无需裂解细胞，只用培养介质即可检测酶活性。测定方法：以对硝基苯磷酸盐（PNPP）为底物，水解产物在405nm比色。

（5）荧光蛋白　最早发现于发光水母，称为绿色荧光蛋白（GFP），含238AA，其65~67位的SYG形成发色团（λ_{ex} = 470nm，λ_{em} = 509nm）。目前已有各种荧光蛋白得到开发（表18-5）。优点：无需反应，因而无需损伤细胞即可研究细胞内事件。

表18-5　荧光蛋白类报告基因

荧光蛋白	举例	λ_{ex}	λ_{em}	发色团
红色荧光蛋白（RFP）	mRFP1	584	607	QYG
黄色荧光蛋白（YFP）	EYFP	514	527	GYG
绿色荧光蛋白（GFP）	mEmerald	470	509	SYG
青色荧光蛋白（CFP）	ECFP	433	476	TYG
蓝色荧光蛋白（BFP）	EBFP2	383	448	SHG

2. 捕获载体（entrapping vector）　是含报告基因和选择标记（neo^R、HSV-*TK*等）的一类载体，可随机整合到宿主基因组中，且其报告基因的表达产物或表达效率受整合位点的影响。

3. 基因捕获技术原理　基因捕获技术建立时只是用于捕获结构基因，如今已发展到可用

于捕获外显子、启动子、增强子、加尾信号、分泌信号等，并据此分为外显子捕获载体、启动子捕获载体、增强子捕获载体、加尾信号捕获载体等。

（1）外显子捕获（exon trapping） 是用于鉴定外显子的一项捕获技术。所用捕获载体含报告基因和选择标记，不含启动子，但报告基因5′端含3′剪接位点（SA）。因此，当捕获载体插入宿主断裂基因内含子1时（图18-14），就会取代外显子2，转录产物经过剪接形成外显子1-报告基因融合mRNA，翻译合成融合蛋白。

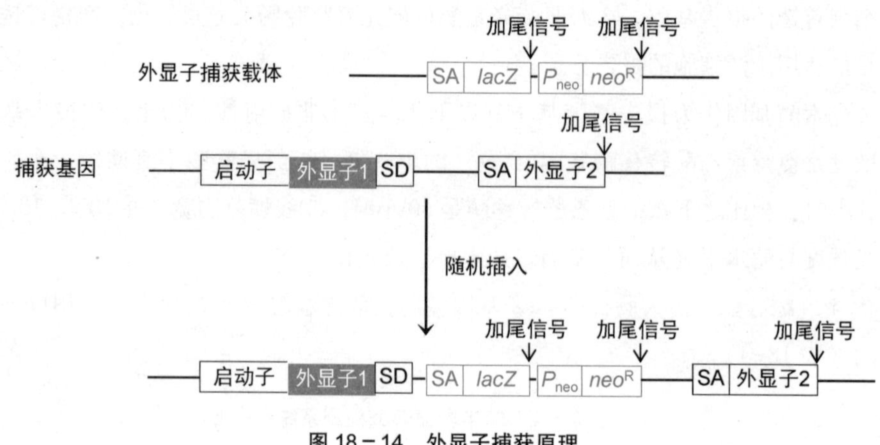

图18－14 外显子捕获原理

（2）启动子捕获（promoter trapping） 是用于鉴定启动子并分析其活性的一项捕获技术，所用捕获载体含报告基因和选择标记，不含启动子，报告基因5′端也不含3′剪接位点（SA）。因此，当捕获载体插入宿主断裂基因外显子1时（图18-15），就会形成融合基因，转录产物不需剪接即为外显子1的5′端序列-报告基因融合mRNA，翻译合成融合蛋白。

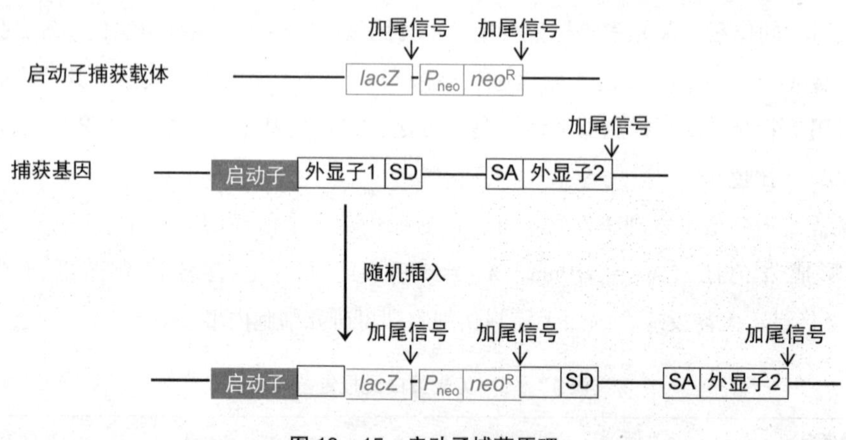

图18－15 启动子捕获原理

启动子捕获和外显子捕获所用捕获载体的报告基因都不含启动子，所以仅以正确的方向插入转录区才能表达。启动子捕获载体需插入外显子，形成融合基因。外显子捕获载体报告基因上游含SA，需插入内含子，形成融合基因。启动子捕获载体和外显子捕获载体的插入都导致宿主基因插入失活，因而只能用于制备单细胞突变体，不能培育突变生物体。只能捕获活性基因（启动子），不能捕获沉默基因（启动子）。

（3）增强子捕获（enhancer trapping） 是用于鉴定增强子的一项捕获技术。所用捕获载体含报告基因和选择标记。报告基因含最基本的启动子元件，即TATA盒和TSS，它们本身不能

NOTE

启动报告基因表达，但如果插入位点附近有增强子，就可以被其激活（图 18-16）。

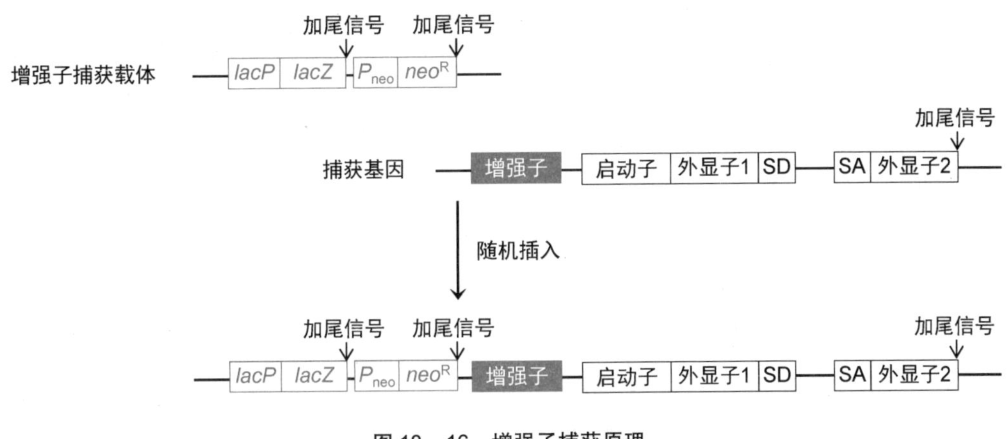

图 18－16 增强子捕获原理

增强子捕获对捕获载体插入方向没有要求，插入位点也不限于转录区内，所以插入成功率最高。不过，因为增强子可以远离报告基因（相距 100kb 都是可能的），所以鉴定增强子及其内源靶基因工作量很大。此外，增强子捕获通常不导致插入失活。

（4）加尾信号捕获［poly(A) trapping］ 是用于鉴定加尾信号的一项捕获技术。所用捕获载体含报告基因和选择标记，且两者均含活性启动子元件，此外，选择标记 3′端含 5′剪接位点（SD）。因此，当捕获载体插入宿主断裂基因最后一个内含子时（图 18-17），转录产物经过剪接形成选择标记-宿主基因 3′端外显子（含加尾信号）融合 mRNA。加尾信号捕获所用报告基因的表达不需宿主调控元件激活，因此所捕获的加尾信号既可来自活性基因，又可来自沉默基因。

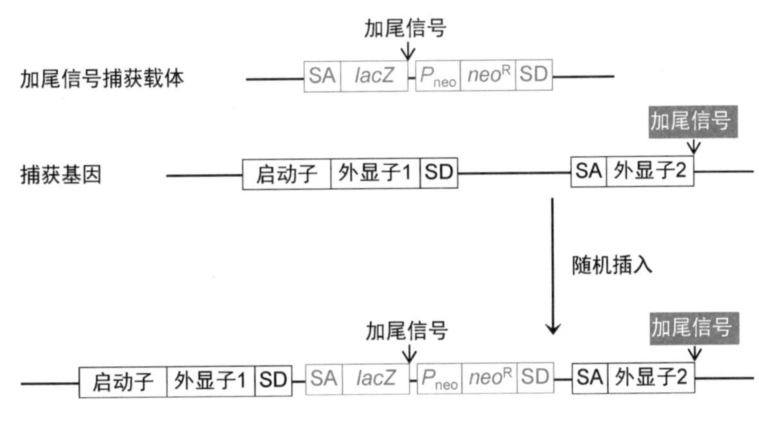

图 18－17 加尾信号捕获原理

4. 基因捕获技术应用 可用于发现基因，研究基因的结构和功能，基因表达的时间、空间、条件特异性，基因突变效应，研究动植物胚胎发育、细胞分化、肿瘤发生与治疗、生殖医学、药物靶点。

基因捕获技术得到的是一群随机整合突变体，每个个体基因组都携带随机整合的报告基因，可根据其表达的组织细胞特异性、发育阶段特异性、环境刺激特异性发现基因或调控元件，并鉴定其功能。

基因捕获技术是发现基因、鉴定基因的强有力工具，可以鉴定传统分析方法（依赖表型变化）不易鉴定的基因：①**重复基因**（redundant gene）：诱导两个重复基因同时失活基本上是不可能做到的。基因捕获通过分析报告基因表达模式研究宿主基因，所以不依赖宿主基因功能缺失性突变，因此重复基因也能鉴定。②**多效基因**（pleiotropic gene）：这类基因在多个发育阶段表达，能产生彼此不同、且明显无关的多种遗传性状。当其发生突变后会引起这些性状的改变，不易研究。③**必需基因**（essential gene）：其功能缺失性突变具有致死性，不易研究。上述基因用捕获技术都可以研究。

5. 基因捕获技术优点 与基因靶向技术相比，基因捕获技术可同时对基因序列、基因表达、基因功能进行研究。基因捕获技术不用构建特异靶向载体就可达到基因敲除的效果，且比传统突变技术简便快捷。

用基因捕获技术捕获的宿主基因可用RACE技术分离，不管其是否处于表达状态，因而基因捕获技术适于检测瞬时表达、表达水平较低、甚至不表达的基因、多效基因，还可发现新基因。

6. 基因捕获技术不足 捕获载体插入内含子可能引起miRNA失活而不能正确解释被捕获基因的功能。

三、定点突变技术

要研究基因的结构和功能就要分析其特定序列甚至特定碱基的作用。传统的研究方法是培育突变表型，然后克隆突变基因，与野生型基因进行序列比对分析。传统方法不足之处：①个体突变太具有随机性，常得不到想要的突变表型。②突变种类受限制，有些突变表型无法获得。③诱发个体突变，实验周期长，突变率低下。④某些突变并无明显的突变表型，容易遗漏，或得出错误结论。

英国科学家Smith（1993年诺贝尔化学奖获得者）建立的定点突变技术可以在基因的任何位点诱发突变，从而使我们对基因结构和功能的研究有了质的突破，已成为基因工程定点改造基因结构的主要方法。

定点突变又称**定点诱变**、**位点专一诱变**（site-directed mutagenesis），是指在基因或基因组的任意指定位点人为进行单核苷酸或寡核苷酸置换或插入缺失的过程。定点突变技术建立至今发展很快，新技术不断推出，可分为PCR定点突变技术和不依赖PCR的定点突变技术两类。

（一）PCR定点突变技术

PCR定点突变技术的优点：①突变体回收率高，因而容易筛选，有时甚至不需筛选。②可在任何位点引入突变。③可在同一反应体系中完成所有反应。④简便快捷。⑤可利用市售试剂盒。因此，PCR定点突变已成为定点突变的主要技术。

常见的PCR定点突变技术包括：重叠延伸PCR、大引物PCR、快速定点突变、特殊位置碱基的定点突变等。

1. 重叠延伸PCR（overlap extension PCR，OE-PCR） 属于重组PCR，是一个十分经典的基因工程和基因功能分析技术，由Higuchi等于1988年首先应用。

基本原理：PCR定点突变除了需要制备针对突变位点两侧序列的常规引物对（常规上游引物和常规下游引物，20～30nt）之外，还需要制备一对覆盖突变位点的互补寡核苷酸引物

NOTE

（突变上游引物和突变下游引物，20~30nt，互补序列>15nt）。①以野生型序列为模板，用常规上游引物-突变下游引物对扩增出含突变位点的上游序列（PCR_1 产物）。②以野生型序列为模板，用突变上游引物-常规下游引物对扩增出含突变位点的下游序列（PCR_2 产物）。③PCR_1 和 PCR_2 产物等量混合、变性、退火，形成3′端互补的杂交体和5′端互补的杂交体（图中未示）。④用 Klenow 片段补平3′端互补的杂交体。⑤加常规引物对，变性、退火、延伸，可以得到定点突变的 DNA 片段（PCR_3 产物）（图 18-18）。

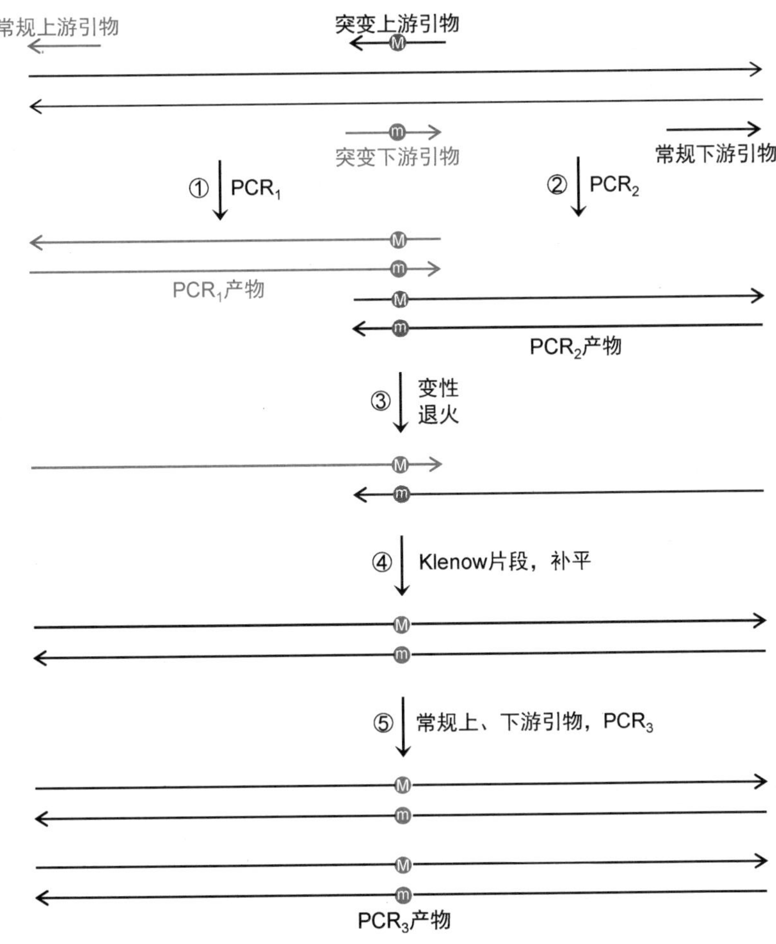

图 18-18 重叠延伸 PCR

2. 大引物 PCR（megaprimer PCR） 由 Kammann 等于 1989 年首先应用。该方法是用三个引物（突变上游引物、常规上游引物、常规下游引物）进行两轮 PCR：①第一轮 PCR：以野生型序列为模板，用突变上游引物和常规下游引物（近距离引物）扩增含突变位点的下游序列，②第二轮 PCR：以野生型序列为模板，用第一轮扩增产物模板股作为下游大引物，和常规上游引物扩增全序列，得到定点突变的 DNA 片段（图 18-19）。

1997 年，Ke 和 Madison 通过设计有不同退火温度的外引物，省却了两轮 PCR 之间的纯化环节，即在完成上述第一轮 PCR 后再加入常规上游引物，采用高退火温度（该温度下突变上游引物和常规下游引物不退火，表 18-6）进行第二轮 PCR，最后得到含突变位点的双链 DNA。

NOTE

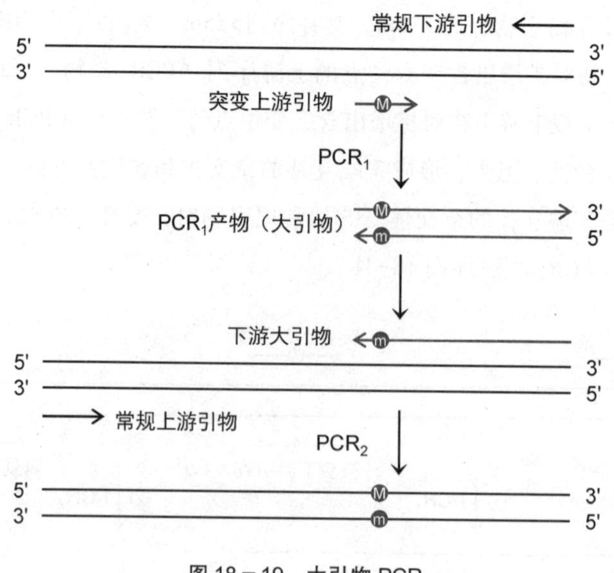

图 18－19　大引物 PCR

表 18－6　Ke 和 Madison 大引物 PCR 引物参数

引物	长度（nt）	计算退火温度（℃）	采用退火温度（℃）
常规下游引物	15~16	42~46	42
常规上游引物	25~30	72~80	72

3. **快速定点突变**　适用于在小于 5kb 的环状 DNA 中进行单位点定点突变。原理：①扩增：针对野生型序列突变位点及其上游串联序列制备突变上游引物和常规下游引物（引物对 5′端序列串联），用高保真 DNA 聚合酶催化扩增，得到上游含突变位点的平端双链 DNA。②连接：扩增产物做必要处理使带 5′-磷酸基，然后用 T4 DNA 连接酶催化自身环化（图 18-20）。

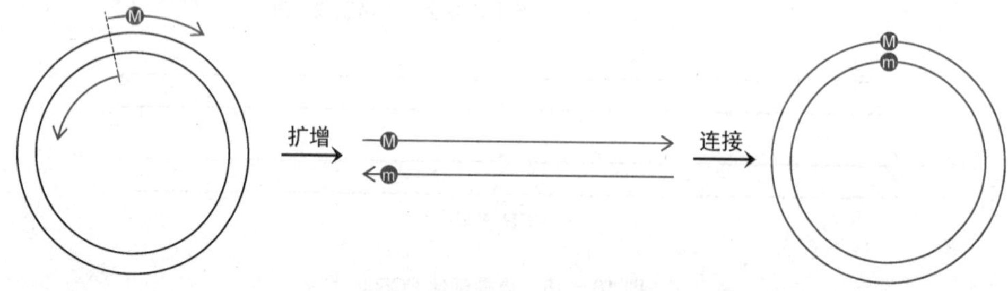

图 18－20　单位点 PCR 定点突变

快速定点突变的特点是通过 PCR 在闭环双链 DNA 的特定位点直接引入突变，快速、高效、简便。

4. **多位点定点突变**　适用于在小于 1kb 序列的 DNA 中进行定点突变。

原理：针对野生型序列一组突变位点（M1、M2）及其上游序列、下游序列设计以下 25~50nt 寡脱氧核苷酸。

（1）一组突变上游引物 1、2　可以退火覆盖突变位点。

（2）上游锚定引物　3′端序列与野生型序列完全相同，5′端序列与上游引物序列相同。

（3）下游锚定探针　5′端序列与野生型序列完全相同，3′端序列与下游引物序列互补。

将上述寡脱氧核苷酸与野生型 DNA 退火，T4 DNA 聚合酶催化延伸，DNA 连接酶催化连接，得到含突变单链的双链 DNA。加下游引物变性、退火、延伸，得到含突变位点的双链 DNA，可加上游引物和下游引物进一步扩增（图 18-21）。

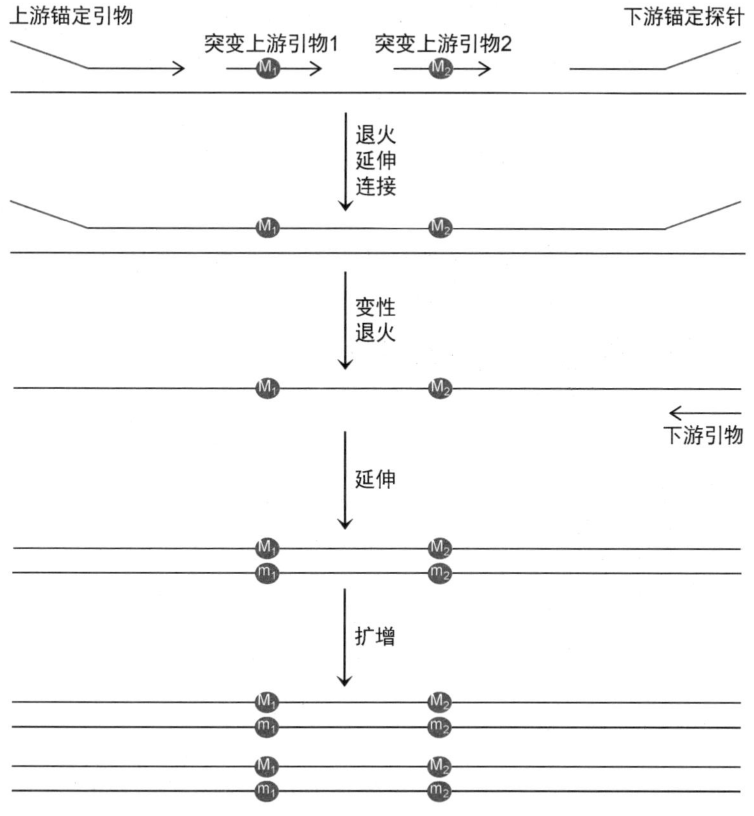

图 18－21 多位点 PCR 定点突变

注意：①突变位点应位于突变上游引物中央，两侧有 10～15nt 完全互补序列。②设计上游引物和下游引物时可加入限制性酶切位点，便于重组。

PCR 定点突变不足之处：①PCR 产物错配率较高，但通过应用高保真 DNA 聚合酶及控制循环次数可降低错配率。②重叠延伸 PCR 等需用大量引物进行数次扩增，各扩增体系组成及扩增条件均需优化。③以野生型序列为模板进行 PCR，得到的扩增产物中可含较多的野生型扩增产物。④待突变序列不能太长，超过 2～3kb 需要更加谨慎的优化条件。

（二） 不依赖 PCR 定点突变技术

目前比较经典和成熟的有寡核苷酸突变、Kunkel 法、盒式突变。

1. 寡核苷酸突变 又称寡核苷酸定点诱变（oligonucleotide-directed mutagenesis）、寡核苷酸诱变（oligonucleotide mutagenesis），是指用人工合成的突变引物引导合成突变体 DNA。Smith 建立的定点突变技术属于寡核苷酸突变。

寡核苷酸突变的基本原理，以 A→G 转换为例（图 18-22）。

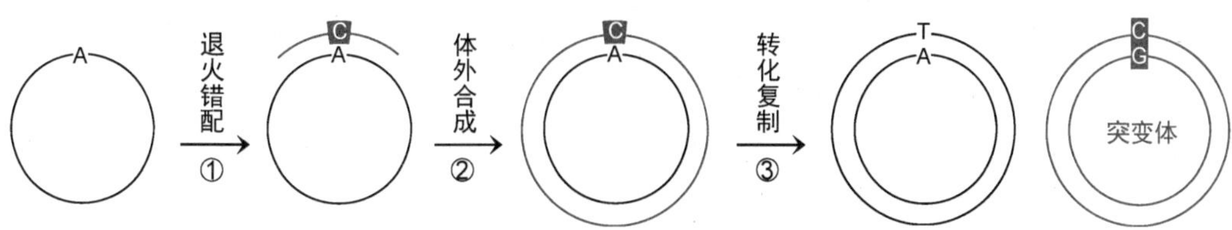

图 18－22 寡核苷酸突变

（1）针对待突变环状单链 DNA（可用 M13 噬菌体克隆）设计一对突变引物。这是一对 5′端磷酸化的寡核苷酸引物，其中间序列对应突变位点，含有待置换的一到三个寡核苷酸（30~40nt 中可以含有一个错配），两侧序列则与突变位点两侧的序列严格互补。这样，通过变性、退火，突变引物可以与待突变环状单链 DNA 突变位点进行错配杂交，即在突变位点形成非 Watson-Crick 碱基配对。

（2）用 Klenow 片段催化突变引物延伸，合成一对双链 DNA 杂交体，用 DNA 连接酶连接成闭环结构。

（3）用杂交体转化大肠杆菌，令其在细胞内复制，产生野生型 DNA 与突变体 DNA（突变体），可以通过筛选获得突变体。

需要说明的是，①定点置换的可以是单核苷酸，也可以是两到三个核苷酸，当然需要较长的寡核苷酸引物。②定点插入缺失的基本原理与定点置换突变一致。

设计突变引物要考虑以下因素：①长度一般为 20~30nt。②突变位点应位于引物的中间，以免受到 DNA 聚合酶外切酶活性的破坏。③应避开重复序列或同源序列，以免在错误位点诱发突变。如果目的基因存在突变位点的同源序列，可以增加突变引物的长度。

2. Kunkel 法　1985 年，Kunkel 将上述定点突变技术加以改进，建立了 Kunkel 法（Kunkel method），又称含 U 模板法，大大提高了突变效率。

Kunkel 法的关键是用大肠杆菌 CJ236 菌株（dut^- ung^- F′）制备含 U 模板：①*dut* 编码 dUTP 焦磷酸酶（151AA），催化水解 dUTP。dut^-不表达 dUTP 焦磷酸酶，造成 dUTP 积累，dUTP 就会在 DNA 复制时代替 TTP 掺入。②*ung* 编码尿嘧啶-DNA 糖基化酶（228AA），催化从 DNA 脱 U，形成 AP 位点。ung^-不表达尿嘧啶-DNA 糖基化酶。

CJ236 菌株合成的 DNA 中除了有 T 之外还有 U，故称含 U 模板。①制备含 U 模板，与介导定点突变的寡核苷酸引物退火。②用 DNA 聚合酶和 DNA 连接酶复制闭环双链杂交体。③将杂交体导入野生型（dut^+ ung^+）大肠杆菌，野生型大肠杆菌的尿嘧啶-DNA 糖基化酶催化含 U 模板脱 U，形成 AP 位点。④含 AP 位点的含 U 模板被特异的 AP 核酸内切酶切割并进一步降解，剩下带突变位点的新生链，通过复制扩增，可以获得大量突变体（图 18-23）。

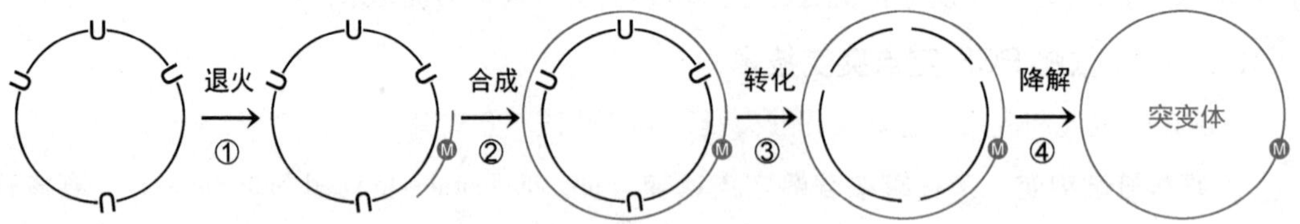

图 18-23　Kunkel 法

3. 盒式突变（cassette mutagenesis）　又称盒式诱变，是用限制性内切酶切除目的 DNA 中包含突变位点的一段序列，再与化学合成的双链寡核苷酸重组。因为合成片段中含已经改造的突变位点，重组之后的目的 DNA 就是突变体（图 18-24）。

盒式突变同样可用于碱基置换、插入缺失，并且操作更简便。不足之处：因为双链寡核苷酸不能太长，所以要求突变位点两侧必须恰好存在合适的限制性酶切位点，便于切割与重组。很多突变位点两侧没有合适的限制性酶切位点，所以不能应用盒式突变。

NOTE

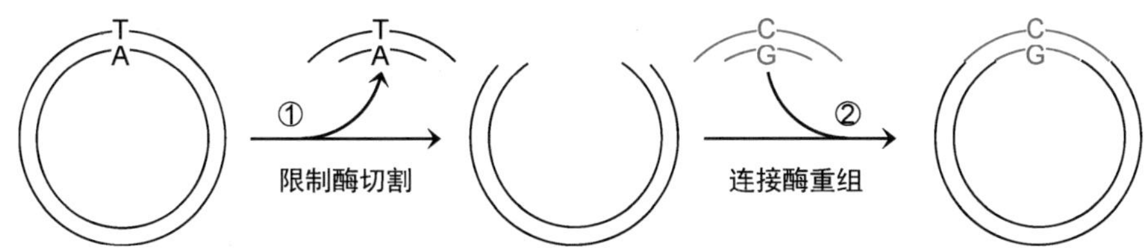

图 18－24　盒式突变

（三）定点突变技术应用

定点突变技术能够精确地产生预先设计的突变，用于改造基因或载体。

1. 改造基因　①改变个别密码子，从而改造蛋白质结构，可以鉴定保守残基。②构建融合基因。③改变调控元件，可以研究 DNA 特定序列的功能。④删除不需要的序列（如内含子和非翻译区）。⑤精确组合不同的结构单位（如启动子和编码区）。

2. 改造载体　①在表达载体的最佳位置插入核糖体结合位点和加尾信号等表达元件。②删除原有限制性酶切位点，构建新的限制性酶切位点。

NOTE

第十九章 蛋白质研究

蛋白质是一切生命活动的物质基础。蛋白质功能可从三个水平上研究：表型功能、细胞功能和分子功能。研究蛋白质的存在形式和代谢规律，可以直接了解机体在生理或病理状态下的变化机制，阐释生命的现象与本质。蛋白质表达种类与水平的变化、蛋白质动态的翻译后修饰、蛋白质相互作用以及蛋白质与核酸的相互作用等都是蛋白质功能的重要表现形式。蛋白质提取是蛋白质功能研究的基础与前提。

第一节 蛋白质提取

提取蛋白质需要综合考虑组织材料性状、目的蛋白性质和用途、提取工艺效率和成本，可分为材料选择和预处理、组织细胞破碎和细胞器分离、蛋白质分离纯化等阶段。

一、材料选择和预处理

蛋白质可以从动物组织、临床标本、体液、微生物、培养细胞、培养基等材料中提取，选择材料时要考虑提取目的和材料可获得性。提取物可能是用于蛋白质结构和功能研究，应选择含量丰富的材料；可能是用于蛋白质组研究，应明确组织细胞类型和取材时的代谢条件。

预处理是初步去除其他成分，例如将培养细胞与培养基分离，将组织细胞与细胞外基质分离。

二、组织细胞破碎和细胞器分离

提取细胞内蛋白质的第一步是破碎组织细胞或培养细胞，使细胞内成分释放到提取液中。常用破碎方法有机械破碎（又称匀浆）、超声破碎、表面活性剂处理（SDS、Triton X-100、NP-40、Tween 20 等）、低渗溶胀、反复冻融、酶解（溶菌酶、糖苷酶、纤维素酶等），可根据材料多少及性质选择。

考虑到细胞内各种蛋白质有不同的亚细胞定位，有时需要通过分离某种细胞器实现对细胞总蛋白的初步分级。一般以蔗糖、甘露糖、柠檬酸或聚乙二醇等为离心介质，采用差速离心法（表 19-1）。

NOTE

表 19－1 分离细胞器成分差速离心参数

细胞器	离心加速度（g）	离心时间（分钟）
细胞核	600	3
溶酶体，线粒体，过氧化物酶体	6000	8
细胞膜、内质网、高尔基体碎片	40000	30
核糖体亚基	100000	90

从组织细胞中提取的核酸在常温下是稳定的。相比之下，蛋白质只要离开细胞就容易变性失活。此外，组织细胞在破碎时会释放出大量组织蛋白酶，导致蛋白质分解。应采取低温操作（通常 4℃）并加入相应的蛋白酶抑制剂（表 19-2）。

表 19－2 常用蛋白酶抑制剂

抑制剂	抑制的蛋白酶	应用浓度（μmol/L）	溶剂
苯甲基磺酰氟	丝氨酸蛋白酶（糜蛋白酶、胰蛋白酶）	100～1000	异丙醇
EDTA	金属蛋白酶	500～1500	H_2O
胃蛋白酶抑制剂	酸性蛋白酶（胃蛋白酶、组织蛋白酶 D 等）	1	甲醇
亮肽素	丝氨酸和半胱氨酸蛋白酶	0.3	H_2O
抑肽酶	丝氨酸蛋白酶	10～300	H_2O

三、蛋白质分离纯化

分离纯化蛋白质的方法众多，都很成熟，有些甚至已经规模化、自动化。这些方法都是根据蛋白质的大小、形状、带电荷状态、功能等差异建立的。

1. 透析和超滤　透析（dialysis）是利用半透膜将不同大小粒子分离的技术。蛋白质是大分子，不能透过半透膜，因而可以通过透析与其他小分子分离。用半透膜材料制成透析袋，灌入蛋白质溶液，置于透析液内，蛋白质溶液中的小分子成分就会逸出，而蛋白质分子滞留于透析袋内。超滤（ultrafiltration）又称超过滤，是通过在滤板或滤膜两侧制造压力差对蛋白质溶液进行过滤的过程。超滤不仅成本低、操作简单、处理量大、回收率高，而且能较好地保持蛋白质活性，常用于蛋白质的分离纯化。

透析和超滤不仅用于分离纯化，还用于浓缩。

2. 沉淀　针对蛋白质溶液的胶体特性，可以通过破坏其水化膜、中和其表面电荷使其析出。

（1）盐析　在蛋白质溶液中溶入中性盐使溶液的离子强度增加，会导致其溶解度增大，这一现象称为盐溶（salting-in）；然而，随着溶液离子强度的进一步增加，蛋白质溶解度反而减小，这一现象称为盐析（salting-out）。据此可以在蛋白质溶液中加入大量中性盐增加其离子强度，使蛋白质析出。在蛋白质等电点附近进行盐析，效果会更好。盐析常用硫酸铵、硫酸镁、硫酸钠、氯化钠、磷酸钠等，其中用硫酸铵还可以进行蛋白质分级分离。

（2）低温有机溶剂沉淀　乙醇、甲醇和丙酮等有机溶剂与水的亲和力很强，能破坏蛋白质分子的水化膜，在等电点时沉淀蛋白质。在常温下，有机溶剂沉淀蛋白质往往引起蛋白质变性（这正是酒精消毒灭菌的化学基础），因此用有机溶剂沉淀法制备有活性的蛋白质时应在

NOTE

0~4℃下操作，并及时对样品进行后处理。与盐析相比，有机溶剂分级分离效果更好且沉淀不用脱盐。

3. 柱层析 又称柱色谱（column chromatography），是以蛋白质（或其他样品）在两相（固定相和流动相）之间分配的差异为基础建立的一类技术。所有层析系统都由固定相（stationary phase，通常以一种多孔材料为载体，例如葡聚糖、琼脂糖、聚丙烯酰胺凝胶微球，可以交联带电基团、疏水基团或配体）和流动相（mobile phase，通常是缓冲液）组成。用固定相填装层析柱（或铺板），上端加入蛋白质分析物（analyte）样品，用流动相淋洗。流动相定向流过固定相时，溶于流动相中的分析物与固定相发生静电吸引、排阻、分配、吸附、亲和等作用，不同分析物与固定相作用强弱不同，在固定相中滞留时间不同，从而先后随流动相流出。分部收集流出液，可得到分离的分析物。层析技术有很多种类。

（1）离子交换层析（ion-exchange chromatography） 分为阴离子交换层析和阳离子交换层析。以阴离子交换层析为例，其固定相交联有大量带正电荷基团（阳离子基团），可以与流动相中带负电荷的蛋白质阴离子结合。带负电荷少的蛋白质亲和力低，移动速度快。带负电荷多的蛋白质亲和力强，移动速度慢。通过增加流动相离子强度或降低流动相 pH 值，可以将结合的蛋白质按亲和力从低到高依次洗脱下来。

（2）凝胶过滤层析（gel filtration chromatography，GFC） 简称凝胶层析，又称分子筛层析（molecular sieve chromatography）、分子排阻层析（molecular exculsion chromatography）。常用葡聚糖凝胶，其特点是不溶于水但在水中溶胀，溶胀后形成大量大小不等的孔隙。大的分子只能进入大孔隙，滞留时间短，先流出；小的分子既可进入大孔隙，又可进入更多的小孔隙，滞留时间长，后流出。因此，凝胶过滤层析是利用分子大小和形状不同进行分析分离，常用于不同大小蛋白质分离、样品蛋白脱盐。如果同时做蛋白质分子量标准，还可测定样品蛋白分子量。

（3）亲和层析（affinity chromatography） 是以目的蛋白分子与其配体结合的特异性为基础建立的层析技术。固定相交联了特定配体（如 ATP、抗体），目的蛋白（如 ATP 结合蛋白、抗原）与该配体有高亲和力。当样品蛋白随流动相流过亲和层析柱时，目的蛋白与固定相配体结合，其他成分流出。随后以含配体的流动相洗脱，且逐渐提高流动相中配体的浓度，可将结合的目的蛋白洗脱下来。

与亲和层析具有相同理论基础的技术还有酶联免疫吸附试验、免疫沉淀、免疫共沉淀、印迹杂交、噬菌体展示技术中的富集等。

4. 电泳 在蛋白质分离分析中常用聚丙烯酰胺凝胶电泳（第十一章，357 页），包括 SDS-聚丙烯酰胺凝胶电泳、等电聚焦电泳、双向电泳（第二十章，545 页）等。

第二节 蛋白质定性和定量

蛋白质定性定量是蛋白质结构和功能研究的基本内容，可以鉴定未知基因产物，或分析已知基因的活性状态和表达水平。

一、总蛋白含量测定

总蛋白含量测定方法可以归纳为三类：①紫外分光光度法：根据蛋白质的光吸收特性。

②凯氏定氮法（Kjeldahl method）：根据蛋白质的元素组成特点。③可见分光光度法：根据蛋白质的特征性显色反应，如考马斯亮蓝法、二喹啉甲酸法。

1. 紫外分光光度法　利用其紫外吸收特征进行定量。

（1）原理　蛋白质因含芳香族氨基酸而对紫外线有强吸收，在 280nm 处存在吸收峰。因此，对于芳香族氨基酸含量一致的蛋白质，可以通过测定其溶液的 A_{280} 分析总蛋白含量。

（2）应用　主要用于色谱分析。

（3）优点　操作简单，灵敏度较高，样品不被破坏因而可回收。

（4）不足　易受杂质干扰，灵敏度依赖蛋白质中芳香族氨基酸含量。

2. 凯氏定氮法　由丹麦化学家 J. Kjeldahl 于 1883 年建立。

（1）原理　生物材料中的含氮成分主要是蛋白质，蛋白质含氮量通常在 16%左右（14%～19%）。因此，将样品与浓硫酸和催化剂（如二氧化钛）一同加热消化，使样品总氮转化为铵盐，然后加碱将铵盐转化为氨，随水蒸气馏出，用硼酸吸收后再用标准碱滴定，就可计算出样品总氮量，进而推算出总蛋白含量（总氮量×6. 25）。

（2）应用　主要用于食品、农产品蛋白质定量。

（3）优点　灵敏度最高，对样品要求最低。

（4）不足　操作繁琐，准确度受样品非蛋白氮影响。

3. Lowry 法　由 Lowry 于 1951 年建立。

（1）原理　①蛋白质在强碱性条件下发生两种显色反应，一种是蛋白质主链肽单位与铜离子螯合呈紫色，另一种是蛋白质分子中的色氨酸、酪氨酸将酚试剂中的磷钼酸-磷钨酸试剂还原成磷钼蓝和磷钨蓝，使反应液呈深蓝色。②在 1～1500μg/mL 范围内，反应液 A_{750} 与蛋白质浓度成正比。

（2）应用　科研分析、临床检验。

（3）优点　操作简单，灵敏度高，线性范围宽。

（4）不足　酚试剂在碱性条件下不稳定，显色反应受各种杂质干扰。

4. 二喹啉甲酸法（bicinchoninic acid assay）　简称 BCA 法，由 Z. Smith 等于 1985 年建立，与 Lowry 法类似，但操作更简单。

（1）原理　①在碱性条件下，蛋白质分子中的半胱氨酸、胱氨酸、酪氨酸、色氨酸将 Cu^{2+} 还原成 Cu^{+}，Cu^{+} 与两分子二喹啉甲酸（BCA）反应形成稳定的紫色螯合物。②在 20～2000μg/mL 范围内，反应液 A_{562} 与蛋白质浓度成正比。

（2）应用　科研分析、临床检验。

（3）优点　操作简单，BCA 试剂稳定，线性范围宽，干扰因素少。

（4）不足　受还原剂（二硫苏糖醇、巯基乙醇等）、螯合剂（EDTA 等）、脂质干扰。

5. 考马斯亮蓝法　由 MM. Bradford 等于 1976 年建立。

（1）原理　①在一定浓度的乙醇和酸性溶液中，考马斯亮蓝 G250（Coomassie brilliant blueG250）本身呈红色，但与蛋白质结合后呈蓝色。②在 125～1000μg/mL 范围内，反应液 A_{595} 与蛋白质浓度成正比。

（2）应用　科研分析、临床检验。

（3）优点　操作简单，显色稳定，灵敏度高，干扰较少。

（4）不足 受 SDS、Triton X-100 等干扰，比色杯不易清洗。

二、特定蛋白含量测定

特定蛋白含量测定通常结合在其他技术中：①蛋白质电泳染色（第十一章，358 页）和蛋白质印迹（第十二章，383 页），可以获得蛋白含量以及蛋白质修饰等信息。②免疫组织化学（第十八章，492 页），可以获得蛋白含量及其组织细胞定位等信息。③酶联免疫吸附试验（第十八章，491 页），可以实现混合样品中特定蛋白含量的高通量测定。④流式细胞术（第十八章，492 页），可以分析完整细胞特定蛋白含量，借助多荧光标记，可以同时测定几种不同的蛋白质。在科研中，往往多种方法联用，相互补充与佐证。

第三节 蛋白磷酸化分析

磷酸化和去磷酸化是蛋白质翻译后修饰过程中发生的最广泛的化学修饰事件，真核蛋白至少有 30%是磷酸化蛋白。磷酸化修饰会影响酶活性、底物特异性、蛋白质相互作用、蛋白质定位及稳定性等。

真核蛋白磷酸化和去磷酸化主要发生在丝氨酸、苏氨酸、酪氨酸的 R 基羟基上，三者磷酸化比例为 1800：200：1，此外组氨酸、赖氨酸、精氨酸、天冬氨酸、谷氨酸、半胱氨酸 R 基也会发生磷酸化和去磷酸化修饰。原核蛋白磷酸化和去磷酸化则主要发生在天冬氨酸、谷氨酸的 R 基羧基和组氨酸的 R 基咪唑基上。机体通过蛋白磷酸化和去磷酸化调节各种生命活动，例如细胞的增殖、分化和凋亡，细胞变形和细胞迁移，肌肉收缩，神经传导。

蛋白磷酸化分析主要包括两方面：①分析底物蛋白磷酸化的状态、位点和程度，所导致的功能变化。②鉴定催化磷酸化修饰的蛋白激酶并分析其活性。前者多采用双向电泳联合质谱，后者多采用体外分析蛋白激酶活性和专一性（蛋白质组电泳，加蛋白激酶、[γ-^{32}P] ATP 孵育，分析）。

一、磷酸肽/磷酸化蛋白富集

虽然人体内有 30%的蛋白质可以发生磷酸化和去磷酸化修饰，但这种修饰是动态可逆的，多数只在特定时刻、特定条件下进行，因而磷酸化蛋白在蛋白质组中丰度很低，无法直接分析，可以先用亲和层析、免疫沉淀等技术富集。

1. 强阳离子交换色谱（strong cation exchange chromatography，SCX） Steven 等用强阳离子交换色谱从 HeLa 细胞核内富集到 967 种蛋白质并鉴定了它们的 2002 个磷酸化位点，得到了迄今最大的磷酸化蛋白质谱。

（1）原理 用胰蛋白酶消化蛋白质得到寡肽。在溶液 pH2.7 时，寡肽中的非磷酸肽带两个正电荷（来自 N 端氨基和 C 端赖氨酸或精氨酸的 R 基），而磷酸肽所含磷酸基团带一个负电荷，所以单磷酸化肽此时带一个正电荷，多磷酸化肽不带正电荷，甚至带负电荷，在强阳离子交换层析中比非磷酸肽流出时间早，因而可以分离并富集。

NOTE

（2）优点 可以高通量分析磷酸化蛋白，适用于**磷酸化蛋白质组**（phosphoproteome，指蛋白质组中的全部磷酸化蛋白）研究。

（3）不足 ①只适用于胰蛋白酶消化产物，且有32%会被漏掉，特别是含组氨酸的磷酸肽。②样品需要量大，工作量大。

2. **固定化金属亲和层析（immobilized metal affinity chromatography，IMAC）** 是一项较为成熟的磷酸肽、磷酸化蛋白富集技术。

（1）原理 带负电荷的磷酸肽通过静电作用与固定化的Fe^{3+}、Ga^{3+}、Al^{3+}、Zn^{2+}、Zr^{4+}等金属离子结合，非磷酸肽先被洗脱，再用高离子强度洗脱液洗脱磷酸肽。

（2）优点 对可溶磷酸肽、磷酸化蛋白都有富集作用，不管其长度如何，而且从IMAC柱洗脱下的样品可直接用反相高效液相色谱（reversed-phase HPLC，RP-HPLC）、双向电泳或液相色谱-质谱联用技术（LC-MS）分析。用液相色谱-质谱联用技术还可以鉴定其修饰位点。

（3）不足 ①可能丢失一些与IMAC柱结合较弱或结合太强的磷酸肽。②一些非磷酸化酸性肽也会被富集，不过这一问题可通过降低上样液和洗脱液pH或样品羧基酯化预处理解决。

Trinidad等比较了SCX、IMAC及SCX联合IMAC三种富集策略，发现SCX联合IMAC比只用其中一种方法富集率至少增加3倍。

3. **金属氧化物亲和色谱** 又称金属氧化物亲和层析（metal oxide affinity chromatography，MOAC），是目前广泛应用的另一种磷酸肽富集技术，所用的金属氧化物有TiO_2、ZrO_2、HfO_2、NbO_5、SnO_2等，其中TiO_2效果最好。TiO_2可在钛表面形成惰性层，与磷酸肽有很强的亲和力，应用时常采用低pH条件下上样以消除酸性肽吸附，然后采用pH梯度洗脱。金属氧化物亲和色谱结合容量、选择性、灵敏度均优于IMAC，且操作简单、快速，已经作为富集磷酸肽的可靠方法被应用于磷酸化蛋白质组研究中。

4. **IMAC连续洗脱（sequential elution from IMAC，SIMAC）** 在进行磷酸化蛋白质组研究时，单用IMAC时多磷酸化肽富集率高，单用MOAC时单磷酸化肽富集率高（多磷酸化肽难以洗脱）。此外，单磷酸化肽和非磷酸肽的存在会干扰多磷酸化肽质谱分析的离子化效率，从而影响多磷酸化肽的检测。

IMAC连续洗脱（SIMAC）是IMAC联合MOAC：①IMAC富集：先在酸性条件下（pH 1）洗脱，主要洗脱单磷酸化肽，然后在碱性条件下（pH 11.3）洗脱多磷酸化肽，后者可进行质谱分析。②MOAC富集：从IMAC酸性富集液中富集单磷酸化肽，进行质谱分析。

5. **免疫沉淀（immunoprecipitation，IP）** 目前已有商品化抗体用于研究磷酸化蛋白：①非特异性磷酸化抗体：可富集全部磷酸化蛋白，例如酪氨酸磷酸化抗体4G10可从蛋白质组中富集全部酪氨酸磷酸化蛋白。②位点特异性磷酸化抗体：可富集特定磷酸化蛋白，例如胰岛素受体（pTyr972）抗体可富集Tyr972磷酸化的胰岛素受体。

磷酸化抗体的亲和力和特异性决定着磷酸化蛋白富集的效率和特异性，酪氨酸磷酸化抗体的亲和力和特异性优于丝氨酸/苏氨酸磷酸化抗体，已广泛应用于酪氨酸磷酸化蛋白的富集中。相比之下，目前的一些非特异性丝氨酸/苏氨酸磷酸化抗体和蛋白质间的亲和力低，还不能用于为磷酸化蛋白质组研究而富集丝氨酸/苏氨酸磷酸化蛋白。

6. **亲和标签富集** 可以富集丝氨酸/苏氨酸磷酸化蛋白。原理：丝氨酸/苏氨酸磷酸化蛋白/磷酸肽的磷酸化丝氨酸/苏氨酸在碱性条件下发生β-消除反应，用乙二硫醇加成，再连接生物素标签，从而用生物素标记磷酸化丝氨酸/苏氨酸（图19-1），可用生物素亲和层析或亲

NOTE

和素磁珠富集，富集物可用于磷酸化蛋白质组研究。

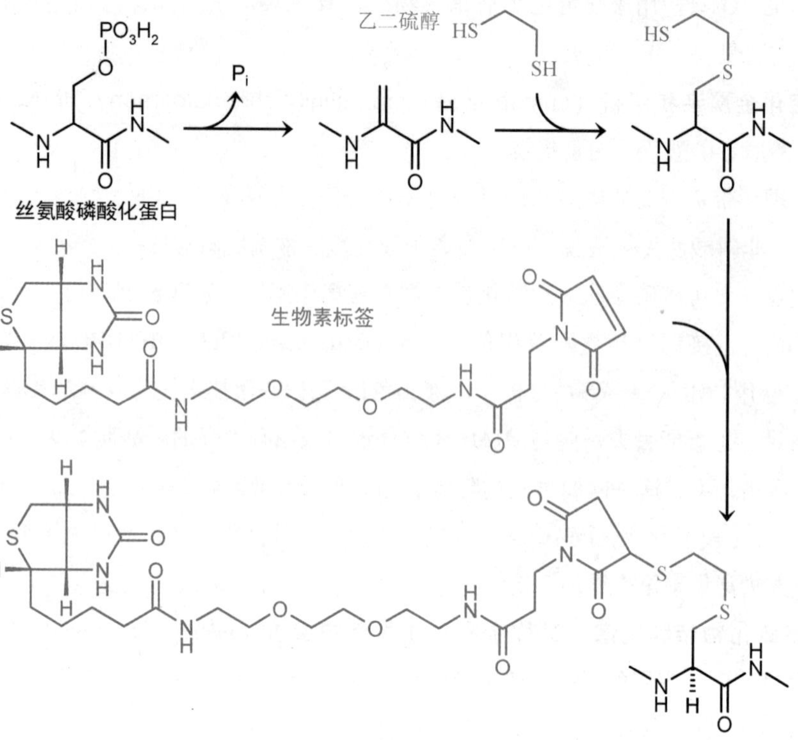

乙二硫醇

丝氨酸磷酸化蛋白

生物素标签

图 19-1 丝氨酸磷酸化蛋白生物素标记原理

二、磷酸化蛋白质分析

磷酸化蛋白质分析是先富集磷酸化蛋白，再用同位素示踪法、磷酸化抗体法、质谱法、流式细胞术等进行分析，目前已经发展到磷酸化蛋白质组学（phosphoproteomics）研究。

1. 同位素示踪法 ①利用^{32}P标记的磷酸盐（$^{32}P_i$）培养细胞，使细胞内合成［γ-^{32}P］ATP。②加激素或生长因子等刺激细胞，使蛋白激酶催化底物蛋白被［γ-^{32}P］ATP磷酸化，成为^{32}P标记磷酸化蛋白。③分离纯化组织细胞蛋白质，用双向电泳分析，可以在蛋白质组水平上分析磷酸化蛋白种类。如果与^{35}S标记（^{35}S-蛋氨酸→^{35}S-蛋白质）联合应用，还可以分析磷酸化蛋白丰度。④如果分离纯化磷酸化蛋白，用蛋白酶水解，电泳或色谱分离，可鉴定并分离磷酸肽。用酸水解磷酸肽（酸性条件下磷酸化丝氨酸、苏氨酸、酪氨酸不脱磷酸），电泳或色谱分离，可鉴定磷酸化氨基酸。⑤如果结合磷酸化氨基酸抗体分析，还可以在一级结构中进行磷酸化氨基酸定位。

2. 磷酸化抗体法 磷酸化抗体的研制成功极大提高了磷酸化蛋白质分析的效率。目前市售位点特异性磷酸化抗体已经可以识别特定位点或保守序列中的磷酸化丝氨酸、苏氨酸、酪氨酸，如蛋白激酶A（pSer7）抗体、cyclin E1（pThr395）抗体、胰岛素受体（pTyr972）抗体、CDK1（pThr14/pTyr15）抗体。这些抗体甚至可以直接进行磷酸化蛋白质分析、磷酸化蛋白质定位，不需要富集磷酸化蛋白。此外，它们还可用于通过免疫沉淀法富集磷酸化蛋白，从而提高其分析灵敏度。

NOTE

3. 质谱法 是磷酸化蛋白质定量分析及磷酸化位点鉴定的首选方法。利用磷酸化抗体亲和层析联合质谱技术可以进行磷酸化蛋白质组的规模化分析，即先用蛋白酶水解蛋白质组，然后分成两份，一份进行质谱分析，另一份用磷酸酶去磷酸化之后再进行质谱分析，对比两份质谱分析结果，其中分子量相差 80*n* 的肽段即含磷酸化位点，*n* 是磷酸化位点数。可通过串联质谱法进一步测序而确定磷酸化位点的序列定位。质谱法原理见第二十章（546 页）。

三、蛋白激酶活性测定

蛋白激酶活性通常通过其催化反应进行测定，可以分析磷酸化底物（肽或蛋白质）、ADP 的生成量，或 ATP 的消耗量。

1. 放射性分析法（radioactive assay）　是传统的分析方法，即以蛋白激酶催化［γ-^{32}P］ATP 将其底物磷酸化，从反应体系中分离磷酸化底物，通过闪烁计数（scintillation counting）或放射自显影分析其放射性强度，从而确定蛋白激酶活性。

优点：不需要特异性抗体，灵敏，本底低。

不足：操作过程需要安全防护措施，废液后处理成本高。

2. 荧光偏振免疫法（fluorescence polarization immunoassay，FPIA）　又称荧光偏振免疫分析，用偏振光激发荧光分子会产生偏振荧光。偏振荧光强度与荧光分子大小呈正相关，与其转动速度呈负相关。荧光分子与大分子结合后转动速度变慢，因而偏振荧光增强。测活底物为荧光分子标记底物肽（不能用蛋白质）和磷酸化抗体（或三价金属离子树脂微球），磷酸化底物肽被磷酸化抗体（或三价金属离子树脂微球）捕获，导致偏振荧光增强。

3. 酶偶联法（enzyme coupled assay）　通过测定 ADP 生成量：丙酮酸激酶催化 ADP 和磷酸烯醇式丙酮酸反应生成丙酮酸，丙酮酸氧化酶催化丙酮酸氧化成过氧化氢，辣根过氧化物酶催化过氧化氢氧化 10-乙酰基-3,7-二羟基吩嗪（Ampliflu Red），生成荧光产物（$\lambda_{ex}=530$nm，$\lambda_{em}=590$nm）。

第四节　蛋白质相互作用研究

蛋白质相互作用是指两个或两个以上蛋白质分子通过非共价键结合形成蛋白质复合物的过程。蛋白质是生命活动的主要执行者，蛋白质相互作用是生命活动的核心内容。蛋白质相互作用研究是蛋白质组学的核心内容，称为蛋白质的相互作用组（interactome）。目前已有各种技术用于研究蛋白质相互作用，例如酵母双杂交技术、标签蛋白结合技术、免疫共沉淀技术、表面展示技术、表面等离子体共振技术、荧光共振能量转移技术、蛋白芯片技术。

一、酵母双杂交技术

酵母双杂交技术（yeast two-hybrid assay）是由 S. Fields 等于 1989 年根据蛋白质相互作用特异性建立的，用于鉴定细胞内蛋白质相互作用。

1. 酵母双杂交技术原理　酵母双杂交技术巧妙利用转录因子的组件式结构特征：①转录因子（及许多其他功能蛋白）往往由不止一个结构域构成，这些结构域相互独立，体现在来自不同转录因子的结构域可以利用重组 DNA 技术构建融合蛋白，各结构域在融合蛋白中保持

原有活性。②转录激活因子活性依赖其 DNA 结合域（DBD）和转录激活结构域（TAD），只有在其 DNA 结合域结合于调控元件（增强子）时，其转录激活结构域才会激活 RNA 聚合酶。③来自不同转录激活因子的 DNA 结合域和转录激活结构域组合于同一蛋白质分子（或蛋白质复合物）上，依然有转录激活因子活性。

酵母双杂交技术的核心是建立一个酵母双杂交系统。以 GAL4 酵母双杂交系统为例，该系统由一种宿主细胞和两种融合表达载体质粒组成（图 19-2）。

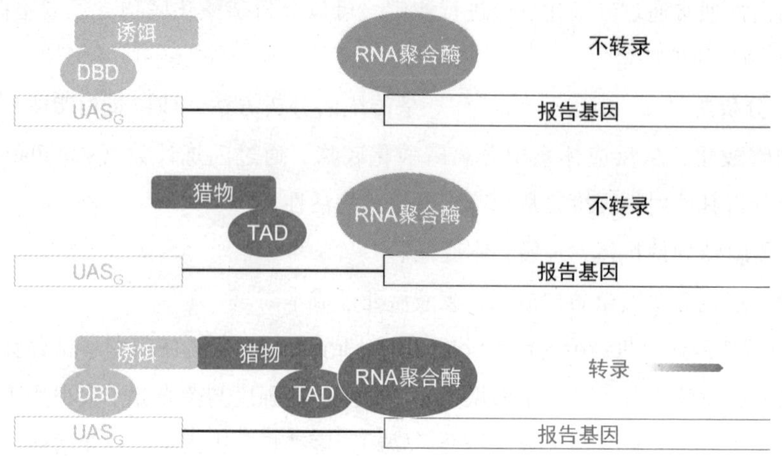

图 19-2 酵母双杂交系统

（1）宿主细胞 选用酵母细胞，基因组中整合有报告基因（其编码产物为宿主必需，如 *HIS3*，或赋予宿主某种表型，如 *lacZ*），其表达受控于上游的增强子 UAS_G。UAS_G 是酵母转录激活因子 GAL4 的结合位点。

（2）诱饵质粒 一种融合表达载体质粒，其克隆位点上游带有 GAL4 的 DNA 结合域（DBD）编码序列，与已知蛋白（称为诱饵，bait）基因构建重组质粒，表达 DBD-诱饵融合蛋白，可以通过其 DNA 结合域结合于报告基因上游的 UAS_G，通过诱饵捕获其他蛋白质（称为猎物，prey）。

（3）猎物质粒 又称文库质粒，一种融合表达载体质粒，其克隆位点上游带有 GAL4 的转录激活结构域（TAD）编码序列，与来自 cDNA 文库的目的基因（某些目的基因产物是诱饵的猎物）构建重组质粒，表达 TAD-目的蛋白融合蛋白，其中某些融合蛋白是 TAD-猎物融合蛋白。

用诱饵重组质粒和文库重组质粒转化宿主细胞，称为共转化（cotransformation），分别表达 DBD-诱饵融合蛋白和 TAD-目的蛋白融合蛋白。如果后者是 TAD-猎物融合蛋白，就会通过诱饵-猎物结合形成复合物。复合物一旦通过 DBD 结合于 UAS_G，就会通过 TAD 激活报告基因。筛选表达报告基因的酵母细胞，分离文库重组质粒，就能得到与已知蛋白（诱饵）相互作用的未知蛋白（猎物）基因。

另一种酵母双杂交系统：质粒同前，但同时使用 *a* 接合型酵母和 α 接合型酵母作为宿主细胞。用诱饵重组质粒转化 *a* 接合型酵母，文库重组质粒转化 α 接合型酵母，两者接合形成二倍体，可通过报告基因筛选、分离文库重组质粒。该系统转化效率更高。

NOTE

2. 酵母双杂交技术应用 酵母双杂交技术已成为目前分析细胞内蛋白质相互作用的主要

技术之一，可用于：①鉴定两种已知蛋白是否可以相互作用。②用文库质粒与cDNA文库构建猎物文库，可以从中寻找与已知蛋白相互作用的未知蛋白。③鉴定介导蛋白质相互作用的结构域和保守序列。

3. 酵母双杂交技术优点　①灵敏度高，特别适合鉴定低丰度蛋白质相互作用。②是在细胞内分析蛋白质相互作用，更接近生理状态。③操作简单，应用广泛，可以高通量分析。

4. 酵母双杂交技术不足　①只能研究蛋白质之间的相互作用，不能研究蛋白质的自身活化（自激活）作用。②只能研究细胞核内蛋白质之间的相互作用。③大部分实验中存在近50%的假阳性：即并未形成诱饵-猎物复合物，报告基因却被激活，可能的原因是诱饵或猎物单独即可激活报告基因。④存在假阴性：即已经形成诱饵-猎物复合物，但报告基因却未激活；或猎物-TAD融合蛋白翻译后修饰异常；或猎物-TAD融合蛋白不能进入细胞核。因此，酵母双杂交系统往往用于初步分析，之后还需要应用其他技术进一步研究。

二、标签蛋白结合技术

标签蛋白结合技术是以亲和作用特异性为基础、体外分析探针蛋白（probe protein）与目的蛋白（target protein）相互作用的技术。

1. 标签蛋白结合技术原理　与免疫沉淀技术一致：①用已知蛋白X基因与表位标签载体重组，转化细菌，表达标签融合蛋白X，分离纯化，作为探针蛋白。②制备目的蛋白Y溶液或含目的蛋白Y的细胞裂解物，加入标签融合蛋白X纯品和可与表位标签特异性结合的琼脂糖珠，4℃下孵育，形成X-琼脂糖珠复合物和Y-X-琼脂糖珠复合物沉淀。③离心，回收琼脂糖珠富集物，用SDS-聚丙烯酰胺凝胶电泳分析。如果富集物中有Y-X复合物，在电泳图谱中可见到目的蛋白Y条带。

常用表位标签-富集系统：①谷胱甘肽*S*-转移酶标签（GST），用GSH-琼脂糖珠富集（GST pulldown实验）。②组氨酸标签（6×His），用Ni^{2+}-琼脂糖珠富集。

2. 标签蛋白结合技术应用　①鉴定两种已知蛋白是否可以相互作用。②鉴定介导蛋白质相互作用的结构域或保守序列。③用已知蛋白作为诱饵，筛选与其相互作用的未知蛋白。

3. 标签蛋白结合技术优点　①灵敏度高，源于富集作用。②可以排除其他蛋白质的干扰。③操作简单，实验周期短。

三、免疫共沉淀技术

免疫共沉淀技术（co-immunoprecipitation，Co-IP）是免疫沉淀技术的发展：当用抗体沉淀抗原时，与抗原特异性结合的成分也一同沉淀。一同沉淀的可以是蛋白质、核酸或其他，因而免疫共沉淀技术可用于研究蛋白质相互作用、蛋白质核酸相互作用。免疫共沉淀技术已经成为鉴定两种蛋白质在细胞内是否相互结合的首选技术。

1. 免疫共沉淀技术原理　免疫共沉淀技术的关键是应用已知蛋白的特异性抗体和蛋白A-琼脂糖。其中蛋白A是葡萄球菌的一种细胞壁蛋白，与人、兔、猪、狗、猫等哺乳动物IgG的Fc部分亲和力很强（$K_a=10^8$），制成蛋白A-琼脂糖可用于富集IgG。

（1）在不改变细胞内蛋白质结合状态的条件下制备细胞裂解物。

（2）在细胞裂解物中加入已知蛋白M的特异性抗体Ab，4℃下孵育60分钟，形成M-Ab

复合物。如果细胞内存在 N-M 复合物，则形成 N-M-Ab 复合物，N 为目的蛋白。

（3）加入蛋白 A-琼脂糖，4℃下孵育 30 分钟，富集 M-Ab 复合物和 N-M-Ab 复合物。

（4）离心，回收蛋白 A-琼脂糖富集物，用 SDS-聚丙烯酰胺凝胶电泳分析。如果富集物中有 N-M 复合物，在电泳图谱中可见到目的蛋白 N 的条带。

（5）从电泳凝胶中回收目的蛋白 N，进行测序或做其他鉴定。

实际应用中可平行使用 M 抗体和 N 抗体分别进行免疫共沉淀分析，以相互印证。

2. 免疫共沉淀技术应用　与标签蛋白结合实验一致，但是分析的是蛋白质在细胞内的相互作用。

3. 免疫共沉淀技术优点　分析的是细胞内蛋白质相互作用，能反映其生物活性和生理功能。

4. 免疫共沉淀技术不足　①可能漏检低亲和力蛋白质相互作用。②不能证明所检测的蛋白质相互作用都是直接的，可能由第三者介导。③受所用抗体特异性和亲和力限制。

四、表面展示技术

表面展示技术（surface display technology）是利用噬菌体、病毒或细胞表达目的基因，并将表达产物展示于其表面，以便于鉴定目的克隆的高通量技术，已广泛应用于蛋白质组学、蛋白质工程和医药研发等。目前应用的有噬菌体展示技术、病毒展示技术、细菌展示技术、酵母展示技术、哺乳动物细胞展示技术。

噬菌体展示技术（phage display）由 Smith 于 1985 年发明，是目前工艺最成熟、应用最广泛的展示技术。

1. 噬菌体展示技术原理　以 M13 噬菌体为例。

（1）展示　用重组 DNA 技术将外源蛋白基因或多肽基因与 M13 噬菌体基因组重组，使其与 M13 噬菌体黏附蛋白 G3P（又称次要衣壳蛋白，minor coat protein，融合基因表达效率低，每个噬菌体不超过 5 个融合蛋白分子）或衣壳蛋白 G8P（又称主要衣壳蛋白，major coat protein，融合基因表达效率高，每个噬菌体有 2700～3000 个融合蛋白分子）基因形成融合基因，转化大肠杆菌，扩增成为噬菌体展示文库，其中一些噬菌体的衣壳蛋白是融合蛋白，并且融合蛋白中的外源蛋白或多肽部分可以保持相对独立的空间结构和生物活性（图 19-3）。

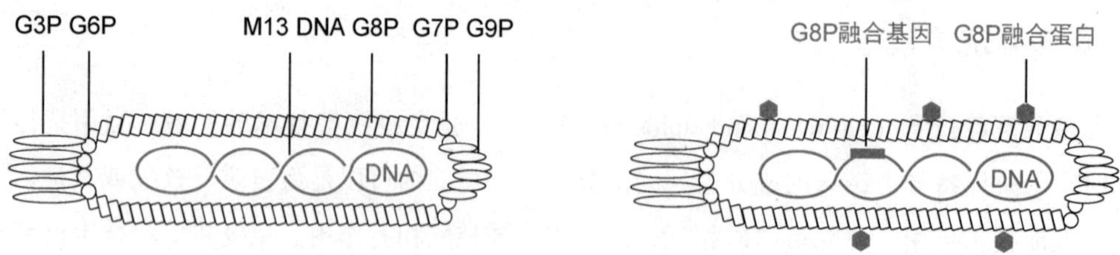

图 19-3　噬菌体展示技术

（2）富集　将外源蛋白或多肽相关配体（蛋白质或 DNA）固定于微孔板的反应孔内，再加入噬菌体展示文库，阳性噬菌体通过融合蛋白与配体结合，亲和吸附于反应孔内；然后洗涤去除未吸附和非特异性吸附的噬菌体，洗脱收集阳性噬菌体，再次感染大肠杆菌，扩增，亲和吸附筛选。经过重复筛选，最终可以富集到带有外源蛋白或多肽及其基因的噬菌体。

2. 噬菌体展示技术应用　①研究蛋白质相互作用、蛋白质-肽相互作用，从而研究蛋白质的功能及作用机制，例如表位的定位、蛋白质结构域的鉴定、特异调节分子的分离。②构建肽库、抗体库、蛋白库。③寻找肿瘤抗原，作为新的肿瘤标志物或药物靶点。④与基因文库结合研究 DNA 与蛋白质的相互作用。⑤在蛋白质工程中用于药物开发。例如，寻找药物靶点配体（酶的抑制剂、受体的激动剂和拮抗剂），制备特异性抗体或疫苗。

3. 噬菌体展示技术特点　与其他基因表达系统相比，噬菌体展示技术的最大特点是有效地将被展示的多肽或蛋白质与其基因偶联，构成一个实体，因而在得到展示多肽或蛋白质的同时也得到了它的基因。此外，噬菌体展示技术还有其他特点：噬菌体易于扩增和筛选；筛选得到的多肽或蛋白质的序列可通过对其基因进行测序来确定。因此，噬菌体展示技术是一种非常有效的多肽及蛋白质筛选技术。

五、表面等离子体共振技术

表面等离子体共振（surface plasmon resonance，SPR）是一种光学现象。表面等离子体共振技术简称 SPR 技术。

1. SPR 技术原理　当一束单色偏振光在一定角度范围内照射到镀在玻璃表面的纳米金属膜（如 50nm 金膜或银膜）上时，膜表面等离子体会吸收光能产生共振，导致反射光衰减，且衰减程度与入射角相关。其中使反射光完全消失的入射角称为共振角（SPR 角）。共振角与金属膜性质、金属膜表面结合物性质及结合量有关。如果将诱饵（如促甲状腺激素抗体）固定在金属膜表面，含猎物（如促甲状腺激素）的样品恒速流过膜表面，诱饵就会与猎物结合，导致共振角发生漂移，且漂移值与猎物结合量成正比。因此，通过监测共振角的漂移可以实时分析生物分子相互作用（图 19-4）。

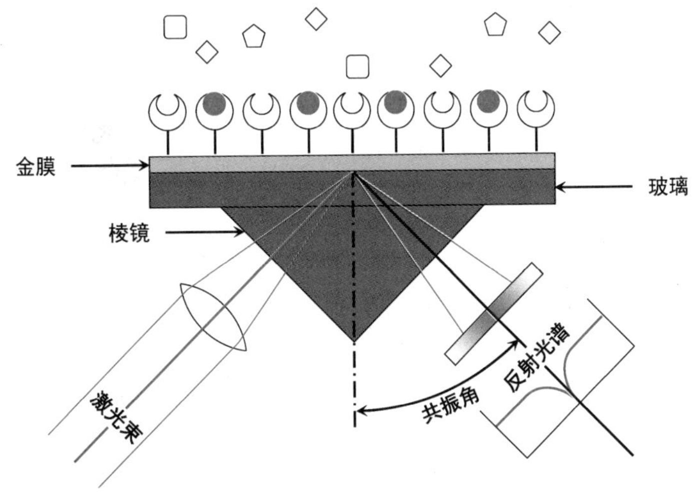

图 19-4　表面等离子体共振技术

2. SPR 技术应用　在生命科学的基础和医药领域可用于研究蛋白质-蛋白质、蛋白质-核酸、核酸-核酸、激素-受体、酶-底物、抗原-抗体等生物分子相互作用，包括定量分析和动力学数据分析。

3. SPR 技术特点　①样品（猎物）不需要标记，可尽量维持其生理状态。②高度灵敏、

实时监测。③操作简捷、高通量。

六、荧光共振能量转移技术

荧光共振能量转移现象是1948年由Förster发现的。以荧光共振能量转移现象为基础建立的荧光共振能量转移技术简称FRET技术，是研究细胞内蛋白质相互作用的常用技术。

1. FRET技术原理　一对荧光分子或基团（供体与受体）之间能以非辐射方式转移能量，导致供体产生荧光的强度比它单独存在时低（称为**荧光淬灭**），而受体产生荧光的强度增大。此现象称为**荧光共振能量转移**（FRET）。荧光共振能量转移的发生需要符合以下条件：①供体的发射光谱与受体的吸收光谱有一定的重叠。②供体与受体在合适的距离范围内（1~10nm），且保持一定的空间取向，即跃迁偶极接近平行。此外还受供体的量子产率（quantum yield）和受体的消光系数影响。

荧光共振能量转移技术通常与荧光成像技术联用，可根据成像的色彩变化直观分析甚至实时分析。

荧光共振能量转移技术常用的荧光分子或基团有三类：荧光蛋白（GFP、BFP、CFP、YFP）、有机染料（荧光素、罗丹明、Cy3、Cy5）和镧系元素。

2. FRET技术应用　研究配体-受体结合、蛋白质结构和构象、蛋白质或蛋白质复合物的组装和分布、免疫测定、单分子相互作用、核酸结构和构象、定量PCR和SNP分析、核酸杂交、脂质分布和转运、膜融合分析（membrane fusion assay）、膜电位分析、蛋白（激）酶活性测定、cAMP监测、Ca^{2+}监测、引物延伸分析（primer-extension assay）检测突变、DNA测序。

以配体-受体结合为例（图19-5）：分别制备配体-CFP、受体-YFP融合蛋白，用433nm光源激发，如果配体不与受体结合，则配体-CFP融合蛋白产生476nm荧光，受体-YFP融合蛋白不产生荧光；当受体与配体结合形成复合物时发生荧光共振能量转移，导致476nm荧光淬灭甚至消失，产生527nm荧光。

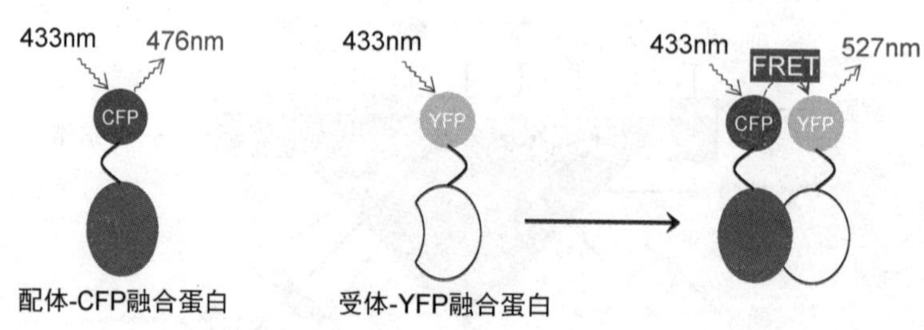

图19-5　荧光共振能量转移技术

3. FRET技术特点　可以在活细胞内实时、定量、定位、无损分析蛋白质相互作用的动态过程。

第五节　核酸-蛋白质相互作用研究

核酸-蛋白质相互作用发生在染色质重塑、DNA合成（复制、重组、修复）、基因表达

NOTE

（转录、转录后加工、翻译）等过程。分析各种转录因子所结合的 DNA 元件、调控基因表达的 DNA 元件所结合的特定蛋白质，是阐明基因表达调控机制的主要研究内容。

用于研究核酸-蛋白质相互作用的技术很多，有些已在其他章节介绍，可分为体外实验（凝胶阻滞实验、足迹法、指数富集配体的系统进化技术、表面等离子体共振技术、质谱技术、荧光技术、扫描探针显微镜技术）和体内实验（染色质免疫沉淀法、染色质构型捕获技术、酵母单杂交技术）。

一、指数富集配体的系统进化技术

指数富集配体的系统进化技术（systematic evolution of ligands by exponential enrichment）简称 **SELEX 技术**，又称**体外筛选技术**（*in vitro* selection），是从寡脱氧核苷酸库（或寡核苷酸库，以下同）中筛选出一种寡脱氧核苷酸，它与某种靶分子（配体，可以是蛋白质或其他代谢物）亲和力强、特异性高，这种寡脱氧核苷酸称为该配体的适体。

1. SELEX 技术原理　以寡脱氧核苷酸适体富集为例。

（1）制备　合成 4^{10}~4^{12} 种单链随机寡脱氧核苷酸，每一种单链随机寡脱氧核苷酸的中间是 10~12nt 的随机序列（大多数 DNA 结合蛋白识别位点不超过 6~7bp），两端是特定的引物序列。进行 PCR 扩增，得到双链随机寡脱氧核苷酸文库（randomized library）。

（2）孵育　将双链随机寡脱氧核苷酸文库与特定蛋白质混合，在适当条件下孵育，蛋白质与特定寡脱氧核苷酸形成复合物。

（3）分离　应用凝胶阻滞实验或免疫共沉淀技术富集、分离蛋白质-寡脱氧核苷酸复合物，解离，分离寡脱氧核苷酸。

（4）扩增　富集的寡脱氧核苷酸进行 PCR 扩增，制成新的寡脱氧核苷酸文库，所含寡脱氧核苷酸种类已远少于最初的随机寡脱氧核苷酸文库。

重复孵育、分离、扩增（通常需要 3~5 次），直至获得与该蛋白质结合的特异性最高、亲和力最强的几种寡核苷酸，即其适体。

对富集的适体进行测序之后，借助计算机分析，通常可鉴定 DNA 结合蛋白识别位点的共有序列。SELEX 技术已经自动化。

2. SELEX 技术应用　SELEX 技术已在靶物质的筛选上得到广泛应用，不仅用于研究 DNA（RNA）与蛋白质的相互作用，从而鉴定与 DNA（RNA）结合蛋白特异性结合的 DNA（RNA）元件，还用于寻找药物的核酸靶点、作用于其他药物靶点的特异 RNA，还可以将适体与药物偶联制备靶向药物等。

与适体结合的靶分子范围广泛，除蛋白质之外，还可以是酶、细胞黏附分子、植物凝集素、致病菌、有机物甚至是金属离子等，且适体能识别单抗不能识别的蛋白质。基于这些特性，核酸适体技术已应用于基础研究、临床诊断、药物筛选、生物传感器等领域。

3. SELEX 技术不足　①SELEX 技术是体外实验，其筛选到的核酸适体所表现出的一些特性可能不是其生理特性。②核酸适体与靶分子的非特异性结合及适体的同源性、亲和力等的影响，造成 SELEX 技术前期筛选工作复杂繁琐。

二、酵母单杂交技术

酵母单杂交技术是 1993 年由 Li J 等根据 DNA 与蛋白质相互作用的特异性，在酵母双杂交

NOTE

技术的基础上建立的，可用于鉴定 DNA 结合蛋白（DBP）和 DNA 元件，分析转录因子和调控元件的相互作用。

1. 酵母单杂交技术原理　酵母单杂交技术的核心是建立一个酵母单杂交系统。该系统以酵母为宿主细胞，另需构建两种表达载体：①报告基因载体：携带报告基因（常选用 *lacZ* 或 *HIS3*）及其启动子，启动子上游插入调控元件。当有转录激活因子结合于调控元件时，报告基因就会表达。这部分可以整合到酵母染色体 DNA 中。②文库质粒：和酵母双杂交系统一样（519 页），文库质粒与来自 cDNA 文库的目的基因重组，表达目的蛋白-TAD 融合蛋白。

将两种表达载体导入酵母细胞，进行克隆。筛选表达报告基因的克隆，其重组文库质粒携带的 cDNA 即为转录因子 cDNA。

2. 酵母单杂交技术应用　通过筛选基因文库鉴定 DNA 结合蛋白。

3. 酵母单杂交技术优点　是在细胞内鉴定 DNA 结合蛋白，比其他体外技术更能科学阐明其生理功能。没有复杂的蛋白质分离纯化环节，操作直接、快捷。和酵母双杂交系统一样比较灵敏。

4. 酵母单杂交技术不足　有假阳性和假阴性。

第六节　蛋白质定位分析

真核细胞高度分化，形成不同的组织器官。真核细胞有复杂的亚细胞结构。真核蛋白质的组织定位、细胞定位与其功能直接相关。研究蛋白质定位常用荧光蛋白标记法和免疫荧光法。

荧光蛋白标记法是用荧光蛋白基因与靶蛋白基因构建融合基因，转化培养细胞，或利用转基因技术培育转基因生物，可在荧光显微镜下观察其表达的融合蛋白的组织定位、细胞定位。

免疫荧光法是针对靶蛋白制备特异性荧光标记抗体，对细胞涂片或组织切片进行免疫组织化学染色，可在荧光显微镜下观察。

NOTE

第二十章　人类基因组计划与组学

人类基因组计划是人类从本质上认识自身的需要。人类基因组计划彻底改变了当今生命科学的研究模式。规模化、整体化、自动化、信息化研究已经发展到包括分子生物学在内所有生命科学的相关领域。

人类基因组计划的启动使一个新的学科——基因组学迅速崛起。人类基因组计划的完成催生了一批后基因组学——功能基因组学、转录组学、RNA 组学、蛋白质组学、代谢组学等。这些组学研究不仅可以提高人类健康水平，改善人类生活质量，更将揭示生命奥秘。组学研究被公认为 21 世纪生命科学发展的热点，将为医学研究带来革命性变化。

第一节　人类基因组计划

1984 年，美国能源部（Department of Energy，DOE）与国立卫生研究院（NIH）及其他国际组织发起会议讨论人类基因组作图和测序的可行性和有效性。

1986 年，Dulbecco（1975 年诺贝尔生理学或医学奖获得者）在 *Science* 上发表题为“A turning point in cancer research：sequencing the human genome”的文章，率先提出人类基因组计划，并认为这是加快肿瘤研究进程的有效途径，引起世界性反响。

1987 年，美国能源部向国会提交人类基因组倡议（Human Genome Initiative）。1988 年，美国国家研究委员会（NRC）建议进行人类基因组作图和测序，当年美国国会举行听证会。

一、人类基因组计划目标

1990 年 10 月，美国国会批准了人类基因组计划（Human Genome Project，HGP）：用 15 年时间完成人类基因组作图和基因组测序（表 20-1）。这是一个由多个国家和众多科学家共同实施的人类历史上最大规模的生命科学计划，仅美国的预算就达 30 亿。

表 20-1　人类基因组计划目标

内容	目标	实际完成内容	完成时间
基因图谱	600～1500 个标记，分辨率 2～5cM	3000 个标记，分辨率 1cM	1994. 9
物理图谱	30000 个序列标签位点	52000 个序列标签位点	1998. 10
序列图谱	基因组测序完成 95%，准确度 99. 99%	基因组测序完成 99%，准确度 99. 99%	2003. 4
测序效率及成本	测序 500Mb/年，费用< $ 0. 25/b	测序>1400Mb/年，费用< $ 0. 09/b	2002. 11
人类基因组变异图	100000 个单核苷酸多态性位点作图	3700000 个单核苷酸多态性位点作图	2003. 2
基因鉴定	全长 cDNAs	15000 种全长 cDNAs	2003. 3

续表

内容	目标	实际完成内容	完成时间
模式生物基因组作图	大肠杆菌	大肠杆菌（*E. coli* K-12）(4.63×10^6bp)	1997.9
	酿酒酵母	酿酒酵母（*S. cerevisiae*）(1.20×10^7bp)	1996.5
	线虫	线虫（*C. elegans*）(9.03×10^7bp)	1998.12
	果蝇	果蝇（*D. melanogaster*）(1.20×10^8bp)	2000.3
		以下基因组草图*	
		线虫（*C. briggsae*）(1.04×10^8bp)	
		果蝇（*D. pseudoobscura*）(1.25×10^8bp)	
		小鼠（*M. musculus*）(2.63×10^9bp)	
		大鼠（*R. norvegicus*）(2.75×10^9bp)	
功能分析	发展基因组技术	高通量寡核苷酸合成技术	1994
		基因芯片技术	1996
		真核生物基因组敲除技术	1999
		双杂交技术	2002

注：* 基因组草图：已测序90%以上、测序准确度达99%的基因组图谱。

二、人类基因组计划进程

2003年4月14日，科学家们在华盛顿宣布：经过美国、英国、日本、法国、德国和中国科学家13年的共同努力，人类基因组测序工作基本完成（表20-2）。

表20-2 人类基因组计划主要进程

时间	内容
1986.3.7	Dulbecco 提出人类基因组计划
1987.10.23	人类基因组第一张基因图谱公布，以 RFLP 为标记
1989.3	发现新的遗传标记：微卫星 DNA，适用于绘制基因图谱
1989.9.29	发现新的遗传标记：序列标签位点，适用于绘制物理图谱
1990.10	人类基因组计划启动
1991.6.21	发现新的遗传标记：表达序列标签，适用于绘制转录图谱
1992.10.29	人类基因组第二张基因图谱公布，以微卫星 DNA 为标记
1994.9.30	人类基因组第三张基因图谱公布，以单一序列、短串联重复序列、基因序列为标记
1995.5.21	完成原核生物流感嗜血杆菌（*H. influenzae*）基因组（1830137bp）测序 完成生殖支原体（*M. genitalium*）基因组（580070bp）测序
1995.12.22	人类基因组第一张物理图谱公布，含15086个序列标签位点，图距199kb
1996.5.29	完成酿酒酵母（*S. cerevisiae*）基因组（12080000bp）测序
1996.10.25	人类基因组第一张转录图谱公布，其表达序列标签来自16000个基因
1996	启动人类基因组测序
1997.9.5	完成大肠杆菌（*E. coli* K-12）基因组（4639675bp）测序
1998.6.11	完成结核分枝杆菌（*M. tuberculosis*）基因组（4.4Mb）测序
1998.8	发现新的遗传标记：单核苷酸多态性（SNP），适用于绘制基因图谱
1998.10	人类基因组第二张物理图谱公布，含52000个序列标签位点，图距58kb
1998.10.23	人类基因组第二张转录图谱公布，其41664个表达序列标签来自30181个基因

续表

时间	内容
1998. 12. 11	完成线虫（*C. elegans*）基因组（90269800bp）测序
2000. 3. 24	完成果蝇（*D. melanogaster*）基因组常染色质（120367260bp）测序
2001. 2. 12	第一张人类基因组草图（draft）及初步分析公布
2002. 12. 5	完成小鼠（*M. musculus*）基因组（2634266500bp）草图
2003. 4. 14	基本完成人类（*H. sapiens*）基因组（3070128600bp）测序

三、人类基因组遗传标记

绘制人类基因组图谱简称人类基因组作图（genome mapping），即确定基因或限制性酶切位点等其他遗传标记在染色体上的相对位置和相对距离。人类基因组作图首先需要选择合适的位标（landmark），它们是一些特定的遗传标记（多态性位点）。

1. 限制性片段长度多态性（RFLP）　是用于绘制基因图谱的第一代遗传标记，信息量较少。

2. 微卫星 DNA　大多数基因都与一种或几种微卫星 DNA 相关，因而通过分析微卫星 DNA 可以确定基因座。因此，微卫星 DNA 于 1989 年被选为绘制基因图谱的第二代遗传标记。

1981~1989 年的众多研究表明，人类基因组中有一种以 CA 为重复单位、重复 15~30 次的微卫星 DNA，散在分布在基因组中，多达 50000~100000 处，平均每隔 30~60kb 就有一处。这种微卫星 DNA 具有个体特异性，所以赋予个体 DNA 长度多态性，并且很容易用 PCR-PAGE 检测，检测的速度和灵敏度都大大高于传统的印迹杂交技术。

3. 序列标签位点（sequence tagged site，STS）　于 1989 年被选为绘制物理图谱的遗传标记。序列标签位点具有以下特点：①是基因组中的一类 200~500bp 序列。②其核苷酸序列和基因组定位都已经阐明。③是单一序列，即一种序列标签位点在基因组中只出现一次。④很容易用 PCR 检测。⑤序列标签位点数据库已经建立，因此其检测手段可以从数据库中获取。

4. 表达序列标签（expressed sequence tag，EST）　1991 年被选为绘制转录图谱的遗传标记。

5. 单核苷酸多态性（SNP）　1998 年被选为绘制人类基因组图谱新的遗传标记。

四、人类基因组图谱

基因组图谱（genomic map）是展示一种生物全基因组结构的图谱。按作图的目的、方法和精细程度，可以有不同的形式，包括用遗传学方法建立的基因图谱，按距离绘出基因位置分布的物理图谱，标记出可表达序列的转录图谱，经 DNA 测序得到的序列图谱。人类基因组计划的核心内容是解析人类基因组图谱。

1. 基因图谱（genetic map）　又称遗传图谱、连锁图谱（linkage map），是反映基因等遗传标记在染色体 DNA 中的相对位置、连锁关系的基因组图谱，是以遗传标记为位标、以遗传距离为图距绘制。基因图谱的图距单位是厘摩（centimorgan，cM），其含义是，染色体上相距 1cM 的两个遗传标记在子一代中由于交换而分离的可能性是 1%。在人类基因组中，1cM 平均相当于 1Mb。

NOTE

（1）第一张基因图谱完成于1987年（人类基因组计划尚未正式启动），含403个遗传标记（图距是7.4cM），其中393个是RFLP标记。

（2）第二张基因图谱完成于1992年，含814个遗传标记（图距是3.7cM），都是以CA为重复单位的短串联重复序列，其中813个标记在22条常染色体和X染色体上构成连锁群（linkage group）。有605个标记的杂合度（heterozygosity）高于0.7，553个标记的比值比（odds ratio）高于1000。

（3）第三张基因图谱完成于1994年，含5840个遗传标记（图距是0.5cM），其中包括970个单一序列，3617个短串联重复序列，427个基因序列。第三张基因图谱是人类基因组计划完成的第一个主要目标。

基因图谱的绘制为基因鉴定和基因定位创造了条件。基因图谱有助于疾病相关基因的染色体定位。如果一个遗传标记与某致病基因连锁，那么它可能就位于该致病基因附近。基因图谱所含的遗传标记越多，遗传标记与致病基因连锁的可能性就越大。

2. 物理图谱（physical map） 是以基因、序列标签位点等遗传标记为位标、实际距离（位标间隔的碱基对数）为图距绘制的基因组图谱。人类染色体带型（banding pattern）就是一张低分辨率的物理图谱。

（1）第一张物理图谱完成于1995年，含15086个序列标签位点，图距是199kb。

（2）第二张物理图谱完成于1998年，含52000个序列标签位点，图距是58kb。

物理图谱的图距小，便于DNA测序。

3. 转录图谱（transcriptional map） 又称表达图谱（expression map），是以基因（以外显子或表达序列标签为标记）为位标、实际距离（位标间隔的碱基对数）为图距绘制的基因组图谱，是基因图谱与物理图谱的统一。

（1）第一张转录图谱完成于1996年，其表达序列标签来自16000个基因。

（2）第二张转录图谱完成于1998年，其41664个表达序列标签来自30181个基因，所含的基因数约为第一张转录图谱的2倍，包含了大多数已阐明蛋白基因，精确度提高了2~3倍。

这两张转录图谱所“定位”的基因数与人类基因组计划初期的一个假设相关：人类基因组“可能”含50000~100000个蛋白基因。第三张基因图谱完成（completed）时，这一数字修正为30000~35000个。人类基因组计划完成（finished）时，这一数字修正为20000~25000个，减少的部分原因是许多“基因”被鉴定为假基因。

绘制转录图谱的目的是要鉴定基因组中所有的功能基因以及它们在基因组序列中的定位。在人类基因组中，蛋白质编码序列仅占全部序列的不到2%，而人体特别是成年个体的不同组织中又只有10%的基因是表达的。

转录图谱具有特别的生理意义：①基因表达具有特异性，因而可以绘制基因表达的时空图——基因表达谱，以研究基因表达的特异性，为医学研究奠定基础。②通过分析cDNA可以发现基因，确定人类基因的准确数目、每一个基因的序列及其在基因组中的定位，深入分析基因产物的功能及其与相关疾病的关系，从而从基因组中获得与医学和生物制药产业关系密切的信息。

4. 序列图谱（sequence map） 是染色体DNA的全部核苷酸序列，实际上也是分辨率最高的物理图谱。基因图谱、物理图谱、转录图谱等的全部信息都可以整合到序列图谱上。

NOTE

人类基因组测序于 1996 年启动，到 2006 年陆续公布了全部染色体 DNA 的核苷酸序列（表 20-3）。

表 20-3　人类基因组各染色体 DNA 序列公布时间

公布时间	染色体	公布时间	染色体	公布时间	染色体	公布时间	染色体
1999. 12. 2	22	2003. 10. 10	6	2004. 12. 23	16	2006. 3. 16	12
2000. 5. 18	21	2004. 3. 1	13	2005. 3. 17	X	2006. 3. 23	11
2001. 12. 20	20	2004. 3. 1	19	2005. 4. 7	2	2006. 3. 30	15
2003. 1. 1	14	2004. 5. 27	10	2005. 4. 7	4	2006. 4. 20	17
2003. 6. 19	Y	2004. 5. 27	9	2005. 9. 22	18	2006. 4. 27	3
2003. 7. 10	7	2004. 9. 16	5	2006. 1. 19	8	2006. 5. 18	1

2003 年宣布人类基因组计划基本完成（finished）的含义是，①全部序列的 99%已经测定，仅有 341 个缺口的序列用当时的组学技术尚无法分析。②测序的准确度达 99. 99%。分析发现人类基因组有以下特点。

（1）人类基因组有 20320 个基因（截至 2009 年），仅与线虫（*C. elegans*）(20000 个）相当，比拟南芥（*A. thaliana*）(25498 个）还少几千个。

（2）基因组序列碱基对（即不含转座、重排）的个体差异仅为 1/1100。相比之下，人与黑猩猩基因组序列的个体差异为 1. 23。

（3）基因组序列的 50%以上都是重复序列，不编码蛋白质。

（4）蛋白基因外显子序列仅占基因组序列的 1. 5%。

（5）每个基因序列平均长度 40kb，但差异很大，最长的是抗肌萎缩蛋白（2400kb）。

（6）约有 23000 个（数据来源不同，与前述不一致）蛋白基因已经得到鉴定。

（7）一个基因平均指导合成三种蛋白质。

（8）人类基因不均匀分布在基因组中；相比之下，原核基因均匀分布在基因组中。

（9）基因密集区 G-C 多，基因稀疏区 A-T 多。

（10）基因密集区随机分布，密集区之间被大量非编码 DNA（noncoding DNA，又称非编码序列）隔开。

（11）1 号染色体所含的基因最多（≈3000 个）；Y 染色体所含的基因最少（≈230 个）。

（12）基因组序列的个体差异大多数是单核苷酸多态性（SNP）。已经鉴定的 SNP 超过 1.5×10^{7} 个（即每 200bp 就有 1 个），其中 0.7×10^{7} 个的等位基因频率>5%。此外，每个编码区（开放阅读框）平均含 4 个 SNP。

（13）男性生殖细胞突变率约为女性生殖细胞的 2 倍。

五、人类基因组单体型图计划和千人基因组计划

人类基因组计划得到的仅仅是人类基因组的参考图谱，对于个体间的基因差异，对于更具医学意义的遗传变异图谱知之甚少。研究人类基因组的多态性是阐明疾病遗传基础的根本内容，只有阐明基因组的多态性，才能真正阐明疾病的遗传基础，揭示生命起源、进化、迁徙过程中的基因组变异。

1. 人类基因组单体型图计划　2002 年 10 月，由美国、加拿大、中国、日本、尼日利亚、英国科学家组成的国际协作组发起**人类基因组单体型图计划**（HapMap 计划），目的是在人类基因组计划的基础上确立世界上主要族群基因组的遗传变异图谱，内容是用 3 年时间对亚裔、欧裔、非裔 270 份样品基因组中的多态性位点（主要是 SNP、SNP 组成的单体型、单体型中的标签 SNP）进行分析，构建出每条染色体的单体型图。它整合了人类遗传多态性信息，为遗传多态性、疾病易感性、药物敏感性等研究提供最基本的信息和工具，旨在实现疾病遗传因素的准确筛查，从而及早采取预防措施，或设计更有效的治疗方案，包括药物的选择。

HapMap 计划于 2005 年完成人类基因组第一张遗传变异图谱，含有 1.0×10^6 个 SNP 位点，2008 年完成第二张遗传变异图谱，含有 3.1×10^6 个 SNP 位点。

2. 千人基因组计划　2008 年 1 月，由中国、英国、美国科学家组成的国际协作组宣布启动**千人基因组计划**（1000 Genomes Project），内容是对来自全球 27 个族群的 2500 份样品（其中 400 份来自黄种人）的基因组进行测序，绘制到目前为止最详尽、最有医学应用价值的遗传变异图谱，建立精细的人类基因组变异数据公共数据库，为各种疾病的关联分析提供详细的基础数据，为阐释人类重大疾病发病机制、开展个性化预测、预防和治疗打下基础。

千人基因组计划于 2010 年完成人类基因组第三张遗传变异图谱，含有 1.5×10^7 个 SNP 位点。第三张遗传变异图谱的最大优势在于所采用的样本针对大规模族群，远超过 HapMap 计划两张遗传变异图谱所测定的样本数，可以从更深层次上研究种族之间、个体之间的基因差异。对于族群中发生频率在 1%以上的基因突变的覆盖率达 95%以上，因此可能包括了 HapMap 计划没能涉及的罕见病的致病基因。

第二节　基因组学

基因组学（genomics）是研究基因组的组成、结构、功能及表达产物的学科，是揭示生命全部信息的前沿学科。基因组学主要研究内容包括结构基因组学、功能基因组学、比较基因组学。人类基因组计划使基因组学迅速崛起，将对生物学、医药学乃至整个人类社会产生深远影响。

一、基因组学基本内容

基因组学以遗传学技术、分子生物学技术、生物信息学技术、电子计算机技术和信息网络技术为研究手段，在群体水平上研究基因组，研究内容包括分析基因组序列，绘制基因组图谱，研究基因（基因定位、基因结构和基因功能及其关系、基因相互作用），建立数据库，储存、管理、分析基因组信息，并应用于生物学、医药学及农业、工业、食品、环境等领域。

1977 年，Sanger 等完成了 ΦX174 噬菌体的基因组测序（5386nt），这是人类完成的第一个基因组测序，标志着基因组学的诞生。1986 年，Roderick 创造了“genomics（基因组学）”一词。1987 年，Donis-Keller 等绘制出第一张人类基因图谱。1995 年，Fleischmann 等完成了流感嗜血杆菌（*H. influenzae*）基因组测序（1830137bp），这是人类完成的第一种原核生物基因组测序。1996 年，人类基因组计划的 633 位科学家完成了酿酒酵母（*S. cerevisiae*）基因组测序

NOTE

(12057500bp)，这是人类完成的第一种真核生物基因组测序。

截至2014年2月14日，已经公布基因组序列12889种（其中9894种是完成草图绘制），正在进行测序的有27528种（表20-4）。

表20-4 基因组测序进展（截至2014年2月14日）

物种	古细菌	原核生物	真核生物	合计
已经完成测序数	320	12255	314	12889
正在进行测序数	455	20438	6635	27528

除人类外，基因组学目前研究的其他物种可分为五类（表20-5）。

表20-5 基因组学目前研究的其他物种分类

物种	举例	完成测序时间
①病原体	流感嗜血杆菌（*H. influenzae*）	1995
②模式生物	酵母（*S. cerevisiae*）	1996
	线虫（*C. elegans*）	1998
	果蝇（*D. melanogaster*）	2000
③医学研究常用的动物模型	狗（*C. familiaris*）	2004
	黑猩猩（*P. troglodytes*）	2005
	小鼠（*M. musculus*）	2006
④经济生物	水稻	2002
	猪	2005
	牛	2007
	玉米	2009
⑤濒危物种	大熊猫	2009

二、基因组学与医学

基因组学研究改变了生命科学的研究模式，人类基因组计划加快了医学研究的发展速度。基因组图谱可以让我们方便地寻找致病基因、疾病相关基因，以阐明疾病的分子机制，并为寻找特异的诊断标志、设计有效的治疗方案提供全部基本信息。

1. 基因组学与健康个体化研究 长期以来生命科学工作者一直期望能够在了解人类遗传多态性的基础上确定疾病的易感性（susceptibility）、过敏原的敏感性（sensitivity）、药物治疗的承受力（receptivity）。在此基础上，一方面可以对一些易感个体的饮食结构、生活方式和生活环境给出建议，以预防疾病发生、延缓发病时间或减轻病患症状。另一方面可以跟踪某些易感个体，在患病前采取基因治疗，在患病时确定介入治疗最佳时期，降低经济成本和社会成本。

2. 基因组学与疾病遗传基础研究 人类基因组计划最重要的医学意义是确定各种疾病的遗传基础。通过基因组分析可以对已知单基因遗传病的致病基因进行定位，然后从基因组数据库中鉴定致病基因，这种策略将加快对致病基因的研究。目前有1600多种遗传病的致病基因或连锁基因座已经确定基因组定位，占全部基因的7%。

NOTE

3. 基因组学与肿瘤研究　肿瘤相关基因是肿瘤研究的目标之一。人类基因组 DNA 一方面受到各种因素损伤，另一方面在复制过程中不可避免地出现错误。如不及时修复，其中有些会导致关键基因发生突变，甚至导致细胞癌变、肿瘤发生。利用基因组信息及相关技术，可以有效地筛查和鉴定肿瘤相关基因，阐明多态性与肿瘤预警、发生、分类、分型、分级、发展、浸润、转移、治疗、预后等的关系，建立个体化诊断指标，设计个体化治疗方案。

基因组学的医学应用不可避免的涉及伦理、法律、公共政策问题：如何界定个人基因组信息的隐私性？工作单位、保险公司、未来配偶是否可以获得员工、保险人、恋人的基因组信息？基因组信息的进一步解读是否会引发新的种族歧视？

三、药物基因组学

药物基因组学（pharmacogenomics）是药物遗传学与基因组学的结合，在基因组水平上研究不同个体和群体遗传因素差异对药物反应的影响，探讨个体化治疗（personalized medicine）和以特殊群体为对象的药物开发的学科。虽然年龄、饮食、环境、生活方式、健康状况都影响药效，但遗传因素是决定高效安全的个体化治疗的关键。

1. 药物基因组学内容　药物基因组学研究药物作用相关基因，包括药物作用靶点、药物代谢酶和药物转运载体、药物副作用相关基因的多态性，研究其对基因表达的影响，从而阐明药物疗效或不良反应，最终目标是实现药物设计与应用的个体化，即根据个体遗传特征设计特异性药物，实施个体化治疗。

（1）第一时间安全用药　改变传统的尝试用药策略，在第一时间就根据患者的遗传特征设计治疗方案，既缩短治疗周期，又保证用药安全，降低不良反应，并降低因不良反应导致的住院率和死亡率。

（2）指导个体化治疗　人类对药物的反应存在个体差异。例如，氨基糖苷类抗生素的致聋性与线粒体 12S rRNA 基因 A1555G 突变有关，通过基因诊断鉴定相关患儿并指导其避免使用氨基糖苷类抗生素，可以防止其患药物中毒性耳聋。

（3）优化用药剂量和用药时间　传统的用药剂量是根据患者的体重和年龄来确定的，药物基因组学可根据患者的遗传特征来确定用药剂量和用药时间，既能提高治疗效果，又能避免用药过量。

（4）研发高效药物　发现疾病相关基因、病原体毒力基因或特异基因，从这些基因或其表达产物中选择药物靶点，研发疗效好、特异性高的药物。

（5）降低研发成本，缩短研发周期　在基因组水平上更容易寻找药物靶点，还可以从那些已被否定的候选药物中筛选适用于特殊患者的药物。针对特殊患者发现药物成功率高并且成本低、风险小、周期短、上市快。

（6）研发第三代疫苗　比第一、二代疫苗更稳定，更安全。

（7）降低医疗保健成本　降低药物不良反应率，缩短治疗周期（通过提高早期确诊率、减少尝试用药次数）。

2. 药物基因组学现状　以人类基因组计划为基础，药物基因组学已成为药物开发的技术平台。各大制药公司和实验室已经注意到其潜在商机，纷纷投资进行开发。

例如，肝细胞色素 P450 系统（cytochrome P450，CYP）参与 30 多类药物的转化。*CYP* 基因的多态性（特别是单核苷酸多态性）使 P450 系统活性存在个体差异，从而影响某些药物的

转化。低活性或无活性P450不能有效地转化药物，会造成用药过量。*CYP2D6*是第一个被阐明具有多态性的药物代谢酶基因，其等位基因*CYP2D6*＊3（2549delA）和＊4（1846G→A）使酶失活，*CYP2D6*＊10（100C→T）和＊17（1023C→T）使酶活性降低，*CYP2D6*＊2xn（2850C→T）使酶活性增加。2005年，美国FDA批准了第一张进入临床的SNP芯片——P450芯片，该芯片可检测决定P450活性的多态性位点，评价药物代谢水平的个体差异，据此可设计不同的给药方案，例如可通过鉴定血栓性疾病患者P450的单核苷酸多态性（SNP）指导其华法林类抗凝药物的用量。许多医药企业在药物开发时也考虑到了P450个体差异这一因素。

又如：6-巯基嘌呤等巯基嘌呤类化疗药物常用于治疗白血病。这类药物通常在肝细胞被硫嘌呤甲基转移酶（thiopurine methyltransferase，TPMT）甲基化灭活。硫嘌呤甲基转移酶基因（*TPMT*）具有多态性，如在白种人中90%有高活性，10%有中等活性，0.3%活性极低，后者不能有效灭活巯基嘌呤类化疗药物，药物积累引起中毒。目前从基因组水平可以检测这种多态性，确定用药剂量。

3. 药物基因组学问题　药物基因组学是一个新兴领域，需要面对以下问题。

（1）影响用药的DNA多态性复杂多样　①每200bp中就有1个SNP标记，需要分析上千万的SNP位点以确定其对药物反应的影响。②与每一种药物反应有关的基因可能有很多，以我们目前的认知程度还不能完全阐明这些基因，并且阐明它们将是极其耗时费力的。

（2）候选药物太少　某些疾病可能只有一种或两种候选药物。如果患者因为存在个体差异而不能使用这些候选药物，那他就无药可救了。

（3）医药企业要考虑经济效益　研发一种药物可能要投入上亿的资金，为一个小群体研发替代药物没有经济效益。

（4）处方医生需接受培训　针对同一疾病的不同患者使用不同药物进行治疗，毫无疑问使处方复杂化了。处方医生必须执行额外的诊治程序，确定患者使用哪种药最合适。为了向患者解释诊断结果，设计治疗方案，处方医生还必须精通遗传学。

第三节　功能基因组学

完成基因组测序只是迈出了基因组研究的第一步，接下来还要解读基因组信息，包括全部基因序列和非基因序列，阐明其功能，研究其如何控制细胞、组织、整体的生命活动。

功能基因组（functional genome）是指细胞内所有具有生理功能的基因序列。功能基因组学（functional genomics）是研究基因组中全部基因序列和非基因序列功能、包括基因表达及其调控的学科。它利用基因组信息，借助大规模、高通量、自动化的分析技术及生物信息学平台，在整体规模上全面系统地研究基因组。

一、功能基因组学内容

功能基因组学主要研究动态的基因组信息，包括转录、翻译、蛋白质相互作用等。相比之下，基因组学主要研究静态的基因组信息，包括DNA序列和结构等。

1. 鉴定基因组元件及其定位　包括基因编码序列、基因调控元件和非基因序列。

NOTE

2. 研究基因产物及其功能　研究内容发展为转录组学、蛋白质组学。

3. 研究基因表达及其调控　研究内容发展为转录组学、蛋白质组学。

4. 研究非蛋白编码序列功能　研究内容发展为 RNA 组学。

5. 研究基因组功能相关信息　例如 DNA 损伤信息和 DNA 多态性信息。

6. 研究生物医学　例如基因表达调控与肿瘤的关系，神经系统基因表达模式与神经系统疾病的关系，疾病易感性，药物反应，个体化治疗。

7. 研发基因产品　例如基因药物。

二、功能基因组学技术

功能基因组学技术的特点是大规模、高通量、自动化。常用技术有基因芯片技术（第十三章，385 页）、基因表达系列分析技术、RNA 干扰技术、生物信息学技术、消减杂交技术、转基因技术和基因靶向技术。

（一）基因表达系列分析技术

基因表达系列分析技术（serial analysis of gene expression，SAGE），包括 3′SAGE（图 20-1）和 5′SAGE。基本原理与 CAGE（第十八章，481 页）一致，也是制备标签串联体。3′SAGE 获取

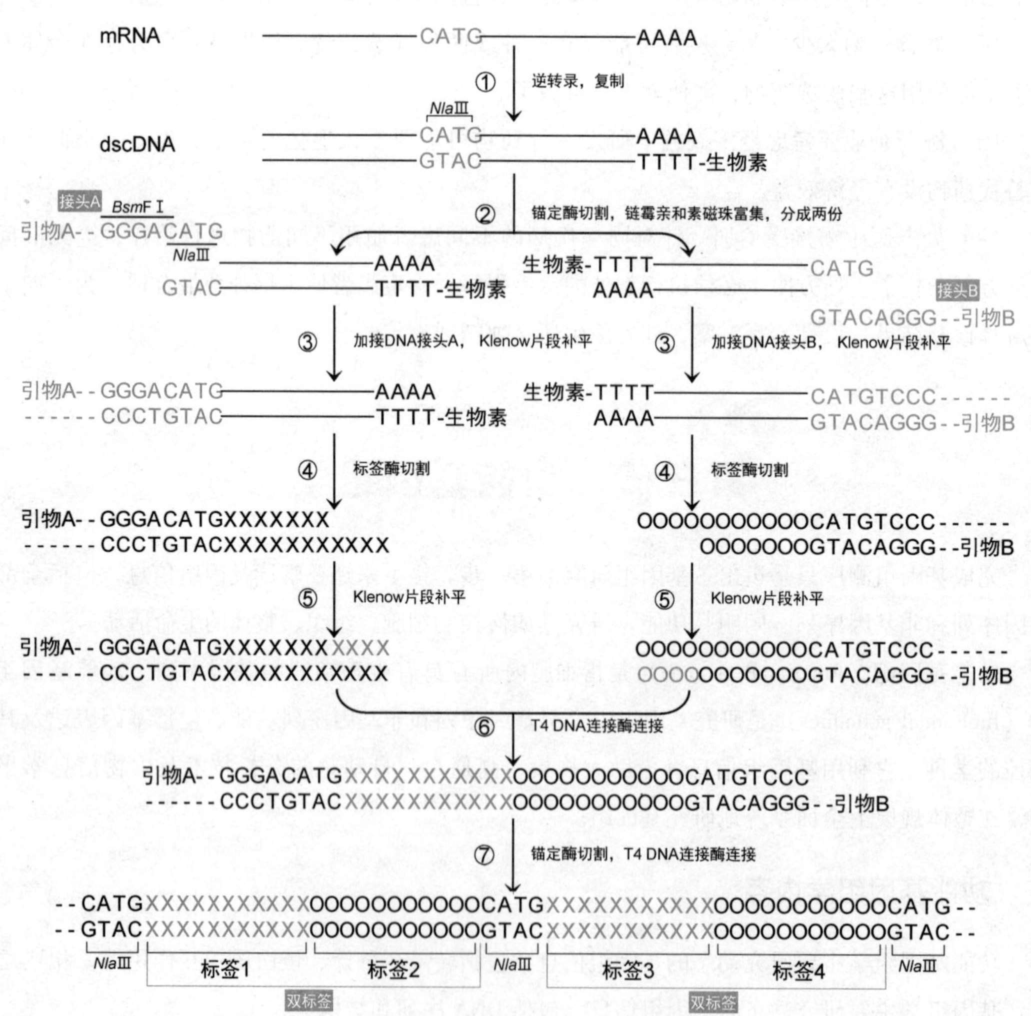

图 20-1　基因表达系列分析技术

的标签是 dscDNA 3′端第一个 CATG 位点之后的一个 10～14bp 序列（长度取决于所用标签酶）。5′SAGE 获取的标签是 dscDNA 5′端的 20bp，含转录起始位点。所得标签通过高通量测序获得转录组信息。基因表达系列分析技术属于数字基因表达谱分析（digital gene expression profiling，DGE）技术。

1. SAGE 原理 以 3′SAGE 为例，基本原理如下。

（1）3′端 cDNA 文库制备 提取细胞内所有 mRNA，用生物素标记 oligo(dT)作为引物引导合成 sscDNA，加 RNase H 切割 mRNA，通过切口平移合成 3′端完整的 dscDNA（①）。

（2）双标签制备 用锚定酶（anchoring enzyme，AE）*Nla* Ⅲ（CATG·）消化 dscDNA，用亲和素磁珠富集生物素标记 cDNA（平均长度 256bp，②），分成两份，分别加接 DNA 接头 A、B（均含标签酶 *Bsm*F Ⅰ、锚定酶 *Nla* Ⅲ位点，此外分别含引物 A、B 序列，③），用 Klenow 片段或 T4 DNA 聚合酶补平。用标签酶（tagging enzyme，TE）*Bsm*F Ⅰ（$GGGACN_{10}$·，属于Ⅰ型限制性内切酶，切割产物有 4nt 的 5′黏性末端）消化上述 cDNA，接头 A、B 的下游端均从 cDNA 获取了一段 11bp 的标签（④）。两种标签的黏性末端补平（⑤），等量混合，用 T4 DNA 连接酶连接成双标签（ditag，⑥）。

（3）串联体制备 加引物 A、B 扩增双标签，用锚定酶（AE）*Nla* Ⅲ切去引物序列，PAGE 分离纯化双标签，用 T4 DNA 连接酶连接成串联体（由双标签和锚定酶 *Nla* Ⅲ位点交替连接，⑦），用于测序。

（4）串联体测序分析 串联体测序。应用计算机系统可以从测序结果中分析串联体中 cDNA 标签的种类和数量，因为每一种标签代表一种 cDNA，所以分析结果反映的是细胞所表达全部基因的种类和每一种基因的表达水平，也就是转录组。

2. SAGE 应用 快速、高效、规模化地分析转录组。

3. SAGE 优点 既可以定性分析表达基因的种类，又可以定量分析每一种基因的表达水平，并且不需要事先知道 mRNA 序列。

4. SAGE 不足 3′SAGE 标签较短，在人类基因组中不具有唯一性，因而有时不能正确反映表达基因的种类和表达水平。即使在 2002 年改良成 longSAGE，即标签酶改用 *Mme* Ⅰ（$TCCRACN_{20}$·，属于Ⅱ型限制性内切酶，切割产物有 2nt 的 3′黏性末端），使获取标签长度达 20nt，仍有一半标签存在上述问题。

（二）消减杂交技术

消减杂交技术（subtractive hybridization，SH）是将实验组 mRNA（或 cDNA）与对照组 cDNA（生物素标记）杂交，去除杂交体和未杂交对照组 cDNA，得到未杂交实验组 mRNA，以分析仅在实验组表达的基因。传统的消减杂交技术对 mRNA 的质和量要求很高，并且很难获得低丰度的差异基因 mRNA。为此，科学家将消减杂交技术与 PCR 技术联合，建立了代表性差异分析（representational difference analysis，RDA）、抑制性消减杂交（suppression subtractive hybridization，SSH）等方法，极大地提高了分析的效率和灵敏度。

此外，随着测序技术的不断发展，可以很方便地获得各种组织细胞、同一组织细胞在不同时期或不同生理状态下的转录组。通过两两比对或多重比对，可较全面地鉴定特异性基因，称为电子消减杂交、数据库消减杂交。

（三）代表性差异分析

代表性差异分析（RDA）又称差异显示分析（differential display analysis），是一种基因表达差异分析技术。

1. RDA原理　RDA融合了逆转录、消减杂交、PCR等技术，其关键是应用了以下成分：①限制性内切酶，用于消化cDNA、切除引物接头。②一种引物接头（接头1，含引物1序列，5′端去磷酸化，故只能连接于DNA的5′端）和相应的接头引物（引物1），用于PCR制备cDNA扩增产物。③一组引物接头（接头2、3、4，5′端去磷酸化，故只能连接于DNA的5′端）和相应的接头引物（引物2、3、4），用于PCR制备差异表达基因片段。这组引物接头的共同特征是加接后形成5′黏性末端，且含相应的接头引物序列。④连接酶，用于加接引物接头。⑤绿豆核酸酶（特异降解单链DNA或RNA，可将两种黏性末端削为平端），用于降解单链扩增产物。RDA基本原理如下（图20-2）。

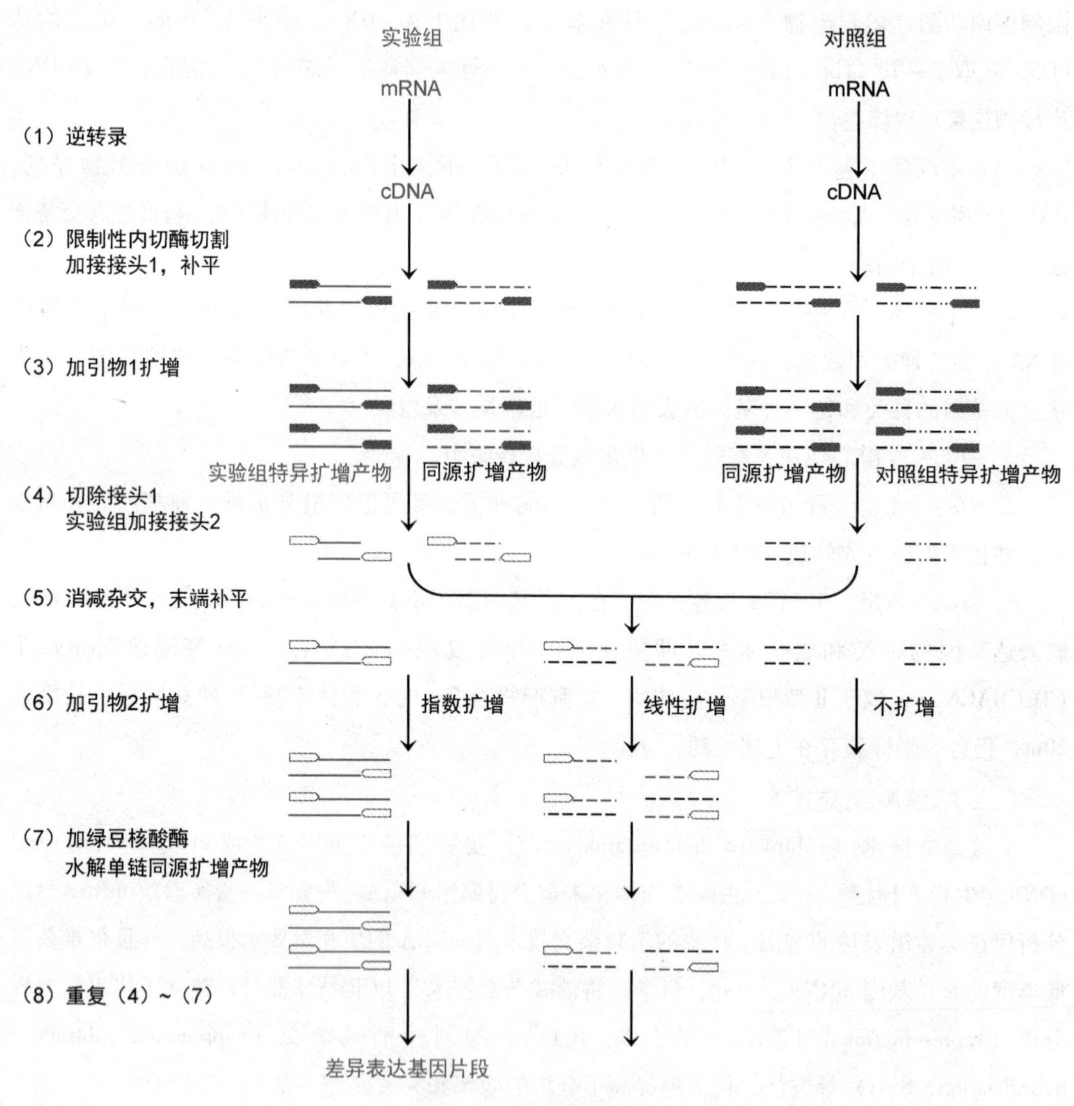

图20-2　代表性差异分析

（1）逆转录制备实验组cDNA（tester，又称目标DNA）和对照组cDNA（driver，又称驱动DNA）。

（2）用同一种限制性内切酶（如 *Dpn* Ⅱ，限制性酶切位点 N·GATC）分别消化两组 cDNA（150~1500bp，平均长度 256bp），加接接头 1。

（3）加入引物 1 进行 PCR 扩增，制备实验组、对照组 cDNA 扩增产物。

（4）切除两组 cDNA 扩增产物接头 1，实验组 cDNA 加接接头 2。

（5）实验组 cDNA 与过量（1∶100）对照组 cDNA 扩增产物混合杂交（消减杂交），DNA 聚合酶补平 5′黏性末端。此时体系有三类扩增产物：①两端都有接头 2 的扩增产物，是实验组 cDNA 特异扩增产物，来自只在实验组表达的基因，因而是要富集的扩增产物，即差异表达基因片段。②一端有接头 2 的扩增产物，是实验组、对照组 cDNA 同源扩增产物的杂交体，来自实验组、对照组都表达的基因。③两端没有接头的扩增产物，是同源 cDNA 扩增产物（来自实验组、对照组都表达的基因）和对照组 cDNA 特异扩增产物（来自只在对照组表达的基因）。

（6）加入引物 2 进行 PCR：①实验组 cDNA 特异扩增产物呈指数扩增，得双链产物。②一端有接头 2 的杂交体呈线性扩增，得单链产物。③没有接头的扩增产物不扩增。

（7）加绿豆核酸酶降解单链同源扩增产物。

重复步骤（4）~（7）2 次，第一次切除接头 2，加接接头 3，第二次切除接头 3，加接接头 4，每次均与过量（1∶800 和 1∶400000）对照组扩增产物消减杂交，PCR 扩增，最后得到差异表达基因片段。

2. RDA 应用　①研究转录组差异以阐明基因表达的特异性、疾病的遗传基础。②研究基因组差异以阐明 DNA 多态性、基因突变。

3. RDA 特点　快速、高效、灵敏、特异、稳定。

（四）基因功能研究模式生物

模式生物（model organism）是指作为实验模型以研究特定生物学现象的动物、植物和微生物。从研究模式生物得到的结论，通常可适用于其他生物。目前公认的用于生命科学研究的常见模式生物有噬菌体（*Bacteriophage*）、大肠杆菌（*Escherichia coli*）、酿酒酵母（*Sacharomyces cerevisiae*）、秀丽新小杆线虫（*Caenorhabditis elegans*）、黑腹果蝇（*Drosophila melanogaster*）、斑马鱼（*Danio rerio*）、小鼠（*Mus musculus*）、拟南芥（*Arabidopsis thaliana*）等。

尽管生物信息学和基因芯片技术等的建立和发展加快了功能基因组的研究进程，但它们主要是通过分析序列同源性、根据已知基因功能推测未知基因功能。由于基因序列还有复杂的二级结构，其功能最终要在整体水平阐明。研究基因功能最有效的方法是观察基因表达减弱或增强时细胞水平和整体水平的表型变化，需要通过模式生物进行研究。

1. 微生物　主要是细菌和酵母，是生命科学不可缺少的研究材料，也是简单和古老的基因功能研究平台。其优点是培养简便，增殖迅速；不足是作为单细胞生物不适于研究细胞-细胞相互作用。

2. 哺乳动物细胞　主要是一些鼠类培养细胞和人体培养细胞，是研究基因（特别是高等动物基因）功能的重要平台，可用于研究基因表达、信号转导、细胞周期调控以及原癌基因和抑癌基因的功能。不足是培养细胞系统也是单细胞的体外集合，不能提供整体功能信息。此外，哺乳动物细胞培养条件苛刻，不易控制。

3. 转基因和基因靶向小鼠　小鼠的遗传资源十分丰富，其基因组已经完成测序。小鼠有

99%的基因与人类基因同源，在生理上和人类极为接近。不足是技术难度大，研究费用高，实验周期长。此外，胚胎受母体内环境影响较大。

三、转录组学

转录组（transcriptome）又称转录物组，是指一定条件下基因组在一种细胞或组织内表达的全部转录产物的总称，包括 mRNA 和 ncRNA（狭义上仅指 mRNA），可以反映某一生长阶段、某一生理或病理状态下、某一环境条件下，机体细胞或组织所表达的基因种类和表达水平。**转录组学**（transcriptomics）又称转录物组学，是研究转录组，即研究基因组的表达模式及表达的全部转录物的种类、结构和功能的学科。

1. 转录组学内容 转录组学是功能基因组学的一个分支，所以转录组学内容也是功能基因组学内容。转录组学研究转录组的过程就是大规模分析转录组的过程。

（1）研究基因功能 研究各种组织细胞的转录组可以知道一种基因在不同细胞中的表达情况，从而分析其功能。例如，①如果两种基因的表达模式相似，则它们的功能可能相似。②如果一种基因在脂肪组织表达，但在骨骼和肌肉组织不表达，则该基因可能参与脂肪代谢。③如果一种基因在肿瘤细胞中的表达水平明显高于正常细胞，则该基因可能在细胞生长过程中起重要作用。

（2）研究基因表达特异性 基因组没有特异性，但基因表达有时间特异性、空间特异性和条件特异性。转录组是基因组的转录产物，所以分析转录组可以知道一定条件下细胞中有哪些基因表达，哪些基因不表达。任何一种细胞在特定条件下所表达基因的种类和表达水平都有特定的模式，称为**基因表达谱**（gene expression profiling）。基因表达谱包括转录组和蛋白质组。分析基因表达谱应当注意细胞类型、代谢条件（生理状态、病理状态、治疗状态、治疗阶段）。

（3）研究基因表达调控 包括基因表达的调控机制、调控网络，基因及其表达产物在代谢途径中的地位，基因产物的相互作用。一种细胞的基因表达水平能够反映其细胞类型、所处分化阶段以及代谢状态。因此，系统研究基因组表达的所有 mRNA 和蛋白质及其相互作用，可以阐明个体在不同发育阶段和不同生长条件下的基因表达调控网络。

（4）诊断疾病 有时一种诊断标志还不足以区分两种类似的疾病，例如一些肿瘤。通过研究基因表达谱可以作出正确诊断。

（5）寻找诊断标志 分析病理组织及相应正常组织的转录组，其中的差异基因可能成为诊断标志。

（6）寻找药物靶点 如果一种药物作用后的基因表达谱与一种突变体的基因表达谱相似，则突变影响的编码产物可能就是该药物的靶点。

2. 转录组数据库 可用于分析基因表达的特异性，推导全长 cDNA 序列，确定基因座。EST 数据库是目前数量最多、涉及物种最广的转录组数据库。

3. 转录组与基因组比较 基因组包含全部遗传信息，但只是一个信息库，是静态的，必须表达才能起作用；基因组是均一的，与细胞类型无关；基因组是稳定的，与发育阶段、生长条件无关。

研究表明，转录组编码序列占人类基因组序列的 90%以上。此外，一个基因可能因存在选择性启动子而转录得到多种初级转录产物。一种初级转录产物可能因选择性剪接、编辑等而得

NOTE

到多种 mRNA，所以转录组比基因组序列复杂；因为基因组在不同条件下有不同的表达模式，所以转录组是动态的，反映的是正在表达的基因，与细胞类型、发育阶段、生长条件、健康状况等有关。

四、RNA 组学

RNA 组学（RNomics）又称 RNA 功能基因组学，是研究 RNA 组的学科，主要是直接鉴定生物体中非编码 RNA（ncRNA），特别是非编码小 RNA（small non-coding RNA，sncRNA）在特定条件和不同状态下的种类、功能、差异及其与蛋白质的相互作用，从而阐明其生理意义，是基因组学和蛋白质组学研究的扩充、发展和延伸。

1. 非编码 RNA 分类　非编码 RNA（ncRNA）是指非编码 DNA 的转录产物（也应包括编码 DNA 编码链的转录产物），不会指导合成蛋白质，因而是除信使 RNA 及其前体之外的全部 RNA，故又称非信使 RNA，可根据分子长度、结构特征、分子伴侣、亚细胞定位等进一步分类（表 20-6，表中未列出 rRNA、tRNA）。已经阐明或部分阐明的非编码 RNA 有些已在相关章节中介绍过，例如端粒酶 RNA（第二章，52 页）、核内小 RNA（第三章，95 页）、信号识别颗粒 RNA（第四章，128 页）、反义 RNA（第五章，151 页）、微小 RNA（第六章，177 页）。

表 20-6　非编码 RNA 一览

ncRNA 作用环节	举例	长度（nt）	功能
复制	人端粒酶 RNA	451	端粒模板
基因沉默	人 *Xist*	16500	抑制 X 染色体
	小鼠 *Air*	100000	常染色质基因印迹
转录	*E. coli* 6S RNA	184	调控启动
	人 7SK RNA	331	抑制转录延伸因子 P-TEFb
	人 SRA	875	类固醇受体共激活因子
转录后加工	*E. coli* M_1 RNA	377	活性中心
	人 U2 snRNA	186	剪接体成分
	人 H1	341	人 RNase P
	S. cerevisiae CD snoRNA	102	指导 rRNA 特定位点 2′-*O*-甲基化
	S. cerevisiae snR8 H/ACA snoRNA	189	指导 rRNA 特定位点形成假尿苷
	T. brucei gCYb gRNA	68	指导尿嘧啶插入或删除
RNA 稳定性	*E. coli* RyhB sRNA	80	介导 mRNA 降解
	真核生物 miRNA	20~25	介导 mRNA 降解
翻译	*E. coli* OxyS RNA	109	封闭 SD 序列，抑制翻译
	E. coli DsrA sRNA	87	阻止 mRNA 形成抑制性结构，促进翻译
	C. elegens lin-4 miRNA	22	与 mRNA 3′端结合，抑制翻译
蛋白质稳定性	*E. coli* tmRNA	363	给终止合成的肽链加标记肽
蛋白质定向运输	*E. coli* 4.5S RNA	114	信号识别颗粒成分，参与跨膜转运

2. 非编码 RNA 功能　非编码 RNA 的功能复杂多样，包括参与 DNA 复制、基因沉默、RNA 转录合成、转录后加工、RNA 稳定、蛋白质翻译合成、蛋白质稳定、蛋白质定向运输（表 20-6）。

3. 非编码 RNA 作用机制　已经阐明的包括以下几方面。

（1）通过碱基配对与靶核酸结合　例如，真核生物核仁小 RNA 与 rRNA 修饰位点旁序列结合，大肠杆菌 OxyS RNA 与 SD 序列结合。

（2）是靶核酸结构类似物　例如，大肠杆菌 RNA 聚合酶把 6S RNA 误认成启动子，70S 核糖体把 tmRNA 误认成 tRNA 和 mRNA。

（3）作为核蛋白组分　例如信号识别颗粒 RNA。

（4）具有催化活性　例如 RNase P。

功能基因组学将为我们阐明人类基因组信息的逻辑构架，基因结构与功能的关系，信号转导的机制，细胞增殖、分化和凋亡的机制，神经传导和脑功能的机制，个体生长、发育、衰老和死亡的机制，疾病发生、发展的机制等奠定基础。

第四节　蛋白质组学

蛋白质组的概念由澳大利亚学者 Wilkins 于 1994 年提出，并仿造了一个混成词“proteome”。因为蛋白质是基因编码的产物，所以蛋白质组似乎可以被简单地理解成是由一个基因组编码的全部蛋白质。然而，至少有一个事实告诉我们蛋白质组与基因组绝不是简单的对应关系：蛋白质组既有空间特异性、时间特异性，又有条件特异性；而基因组只有物种特异性，没有空间特异性，更没有条件特异性。因此应该多层面动态理解蛋白质组，即一个个体、一种组织、一种细胞、一种细胞器或一种体液在一定的生理或病理状态下所拥有的全部蛋白质。

蛋白质组学的概念由瑞士学者 James 于 1997 年提出，并仿造了一个混成词“proteomics”。蛋白质组学应用组学技术研究一定条件下的蛋白质组，包括组成、结构、性质、功能、分布、相互作用和条件变异等，建立和应用蛋白质信息数据库。

一、蛋白质组学内容

蛋白质组学高通量、全方位、多层次、动态研究蛋白质组。

1. 分析蛋白质丰度　用双向电泳技术、蛋白质印迹技术、蛋白芯片技术、抗体芯片技术、免疫共沉淀技术进行蛋白质作图（protein mapping），即分析特定组织细胞在特定时间和特定条件下的蛋白质组。通过比较不同组织细胞或同一组织细胞在不同条件下的蛋白质组差异，研究基因表达的特异性及疾病相关性。

2. 分析蛋白质翻译后修饰　从而鉴定其存在形式、活性形式、必需基团，揭示其变构机制、活性调节机制。

3. 揭示蛋白质构象　阐明蛋白质功能的一个重要前提是揭示其构象。蛋白质组学应用质谱技术、X 射线衍射技术和核磁共振技术等在蛋白质组水平研究蛋白质的构象信息，建立数据库，通过信息分析揭示一级结构决定构象的规律，最终可以预测蛋白质的构象。

4. 阐明蛋白质功能　系统应用中和抗体（neutralizing antibody）、小分子化合物等干预蛋白质活性或使蛋白质失活，观察对某一生命活动过程的影响，从而阐明蛋白质功能模式。

NOTE

5. 研究蛋白质作用　几乎所有生命活动的化学本质都是蛋白质作用，既包括辅基结合、亚基聚合，更包括蛋白质-蛋白质、蛋白质-核酸、酶-底物、抗体-抗原、配体-受体等相互作用。因此，蛋白质组学应用酵母双杂交技术、表面展示技术等研究蛋白质作用，可以绘制蛋白质作用图谱，阐明蛋白质在代谢途径和调控网络中的作用，以获得对生命活动的全景式认识。

二、蛋白质组学特点

DNA 只是遗传信息的载体，蛋白质才是生命活动的主要执行者。蛋白质组的多样性和动态性使蛋白质组学研究要比基因组学研究复杂得多。因此，基因组学只是组学研究的起步，蛋白质组学才是组学研究的核心。

1. 蛋白质组不是基因组的映射　人类基因组有 90%～95%基因在转录时存在选择性剪接，平均每个基因指导合成 4 种 mRNA。[数据来源不同，与第 531 页（7）不一致]。

2. 蛋白质组不是 mRNA 组的映射　mRNA 组展示了一定条件下细胞内 mRNA 的种类及每种 mRNA 的相对丰度，但它与蛋白质组不一致，其差异由 mRNA 翻译效率及寿命、蛋白质翻译后修饰效率及寿命决定。

3. 蛋白质组具有多样性　不同组织细胞的蛋白质组不尽相同，因为基因表达具有组织特异性。相比之下，同一个体不同组织细胞的基因组完全一样。

4. 蛋白质组具有动态性　一种组织细胞的蛋白质组在不同发育阶段、不同代谢条件下不尽相同，并且直接决定了组织细胞的表型，这是因为基因表达具有时间特异性、条件特异性。相比之下，基因组具有稳定性。

5. 蛋白质组包含翻译后修饰信息　蛋白质的翻译后修饰对蛋白质的功能至关重要，所有蛋白质在合成之后一直经历着各种修饰，许多代谢调节也是通过调节蛋白质的翻译后修饰实现的。

6. 蛋白质组学研究更接近生命活动的本质和规律　蛋白质是生物体的结构基础，是生命活动的主要执行者和体现者。蛋白质组的变化直接反映生命现象的变化。研究蛋白质组可以更全面、细致、直接地揭示生命活动规律。

三、蛋白质组学应用

分析比较正常人与患者完整的、动态的蛋白质组，可以发现在疾病不同发展阶段蛋白质水平的差异，找到某些特异性蛋白质分子，作为疾病诊断标志或药物靶点，指导建立诊断指标、设计治疗方案。

1. 病理研究　阐明人类各种疾病的发病机制。

疾病发病机制目前是蛋白质组学研究的一个薄弱环节。至今发现的疾病相关蛋白仍然不多，许多疾病的发病机制尚未阐明。蛋白质组学研究通过比较生理状态下和病理状态下组织细胞的蛋白质组，即分析蛋白质在表达部位、表达水平、修饰状态上的差异，发现疾病相关蛋白甚至疾病特异性蛋白质，进一步研究这些蛋白质可能存在的结构变化及导致的功能变化，可以为阐明发病机制提供信息。

2. 疾病诊断　包括疾病的筛查、分期、分型等。

所有疾病在表型显示之前已经有某些蛋白质发生变化。因此寻找疾病相关蛋白，特别是疾

NOTE

病标志蛋白，对于疾病诊断和药物筛选等具有重要意义。单纯的遗传分析很难诊断多因素疾病，可靠的诊断和有效的治疗应当基于对机体生长发育过程的调控和失控的认识，同时必须考虑环境因素的影响。蛋白质组研究是寻找疾病标志蛋白最有效的方法，在肿瘤、阿尔茨海默病等重大疾病的诊断方面已经显示出诱人前景（表 20-7）。

表 20－7 部分肿瘤的标志蛋白

分子标志	疾病
已经确定的部分标志蛋白	
甲胎蛋白（AFP）	肝癌，睾丸癌
降钙素（CT）	甲状腺髓样癌
癌胚抗原（CEA）	结肠癌，肺癌，乳腺癌，胰腺癌，卵巢癌
人绒毛膜促性腺激素（HCG）	滋养细胞疾病，生殖细胞肿瘤
单克隆免疫球蛋白	骨髓瘤
前列腺特异性抗原（PSA）	前列腺癌
肿瘤抗原 125（CA125）	卵巢癌，乳腺癌，肺癌
神经特异性烯醇化酶（NSE）	肺癌
蛋白质组学技术发现的标志蛋白	
RhoGDI，Glx I，FKBP12	浸润性卵巢癌
膜联蛋白 I	早期前列腺癌和食道癌
Hsp27，Hsp60，Hsp90，PCNA，transgelin，RS/DJ-1	乳腺癌
PGP9.5，角蛋白	肺癌
Hcc-1，核纤层蛋白 B1，肌氨酸脱氢酶	肝癌
Op18，NDKA	白血病
Hsp70，S100-A9，S100-A11	结肠癌
角蛋白，银屑素	膀胱癌

3. 疾病治疗　例如病程分析、治疗方案及手术时机的确定等。

临床上常见这种情况：两个分型相同的肿瘤患者采取相同的化疗策略，疗效却明显不同。比较蛋白质组学（comparative proteomics，又称差异显示蛋白质组学）分析发现两者肿瘤细胞的蛋白质组并不相同，显然其所患肿瘤至少应进一步分型，而且蛋白质组中的差异蛋白可成为相关标志物，并可以指导有针对性地设计化疗方案。

与 DNA 多态性相比，蛋白质组直接反映代谢的个体差异，可以为处方医生提供基本信息，设计个体化治疗方案，提高疗效，避免不良反应。

4. 药物开发　蛋白质组学应用于药物开发是最有希望的。

以蛋白质组学为基础的研究表明，人体内可能存在的药物靶点有 3000~15000 个，目前已确证的还不到 500 个，因此还有大量药物靶点尚未阐明。大多数药物靶点都是在生命活动中起重要作用的蛋白质，包括酶、受体、激素等。如果通过蛋白质组学信息确定某种蛋白质是药物靶点，就可根据其空间结构信息设计药物，对其生物活性进行干预。例如，一个分子如果能与酶的活性中心不可逆结合，就可以抑制其活性，这正是药物开发模式之一。

通过对比药物治疗前后蛋白质组差异，可以评价先导化合物（lead compound）结构与活性的关系，研发高活性药物。

NOTE

在病原体研究方面，蛋白质组学技术可用于病原体鉴定、疫苗研制和药物开发。例如，幽门螺杆菌感染与慢性胃炎、胃和十二指肠溃疡有关，研究表明该菌有 32 个蛋白质点可以与阳性血清特异性结合，其中某些蛋白质可用于疫苗研制。

在中药鉴定中，蛋白芯片技术与药用植物化学结合，可用于药用植物种群和个体的鉴别。

四、蛋白质组学技术

双向电泳技术、质谱技术和生物信息学是研究蛋白质组的核心技术。

（一）双向电泳技术

双向电泳是以等电聚焦电泳和 SDS-聚丙烯酰胺凝胶电泳为基础建立的电泳技术，用于分析蛋白质混合物最有效。双向电泳技术具有分辨率高、重复性好、可微量制备等特点，是蛋白质组学最经典的研究手段，常与质谱等技术联合研究蛋白质组学特征。

1. 等电聚焦电泳（isoelectrc focusing electrophoresis，IEF）　1961 年，Svensson 提出 IEF 理论并实际应用。1964 年，Vesterberg 发明了载体两性电解质。1983 年，Bjellquist 发明了 immobiline，用其与丙烯酰胺共聚合可以在凝胶中形成固相 pH 梯度。

电泳凝胶中加入载体两性电解质（carrier ampholyte），施加电场之后形成从正极低 pH 值到负极高 pH 值的 pH 梯度，称为 pH 梯度凝胶。凝胶中的蛋白质分子等电点如果小于所在位点 pH 值，则带负电荷，在电场的驱动下向正极移动。正极 pH 值低，因而蛋白质分子所带负电荷随移动而减少。当移动到 pH 值与等电点相同的位点时，蛋白质分子净电荷为零，停止移动。因此，在等电聚焦电泳中，样品蛋白因等电点不同而分离，分析各电泳条带最终位点的 pH 值即为条带所含蛋白质分子的等电点。

早期等电聚焦电泳中的 pH 梯度由可溶性载体两性电解质形成，稳定性、重复性差。固相 pH 梯度（immobilized pH gradient，IPG）技术的发明使这些问题得到解决，在稳定性、分辨率、重复性、操作性和酸性蛋白质、碱性蛋白质的分离等方面都得到了极大的提升。其中分辨率可达 0.001pH，在一块胶上可分离出 10000 多个蛋白质点。

除非需要维持样品蛋白的天然构象和活性，等电聚焦电泳通常在含尿素甚至非离子表面活性剂的变性凝胶系统中进行。

样品制备是等电聚焦电泳的一个重要步骤，其成功与否是决定等电聚焦电泳、双向电泳成败的关键。样品制备应遵循以下原则：①制备过程中既要尽量减少蛋白质丢失，又要去除起干扰作用的无关蛋白质，特别是高丰度无关蛋白质。②样品蛋白的等电点要在等电聚焦电泳凝胶的 pH 梯度范围内。③彻底去除盐、脂质、糖、核酸等杂质。④保持样品溶解状态。⑤样品制备过程中避免修饰，包括酶解、化学降解。

2. SDS-聚丙烯酰胺凝胶电泳（SDS-PAGE）　聚丙烯酰胺凝胶电泳（PAGE）原理见第十一章（357 页）。SDS-PAGE 属于变性凝胶电泳：需先用二硫苏糖醇（或巯基乙醇）和 SDS 处理样品蛋白，破坏其二、三、四级结构。①二硫苏糖醇还原所有二硫键，使蛋白质所有肽链游离。②SDS 是阴离子表面活性剂，可按 1.4g∶1g 的比例与多肽链结合，使其携带大量负电荷，且负电荷量与肽链长度成正比（肽链自身解离基团所带电荷已可忽略），因而电泳时聚丙烯酰胺凝胶的分子筛效应使肽链因长度不同而分离。短肽链迁移快，长肽链迁移慢。当肽链分子量为 15~200kDa 时，肽链迁移率与其分子量的对数值呈线性关系。

NOTE

3. 双向电泳（two-dimensional electrophoresis，2-DE）　即在二维方向上先后进行 IEF 和 SDS-PAGE，使得样品中的蛋白质成分先后按照等电点和分子量进行分离（图 20-3）。1969 年，Dale 等建立双向电泳，Stegeman 发展了 SDS 双向电泳。1975 年 O' Farrell 建立高分辨率双向电泳。

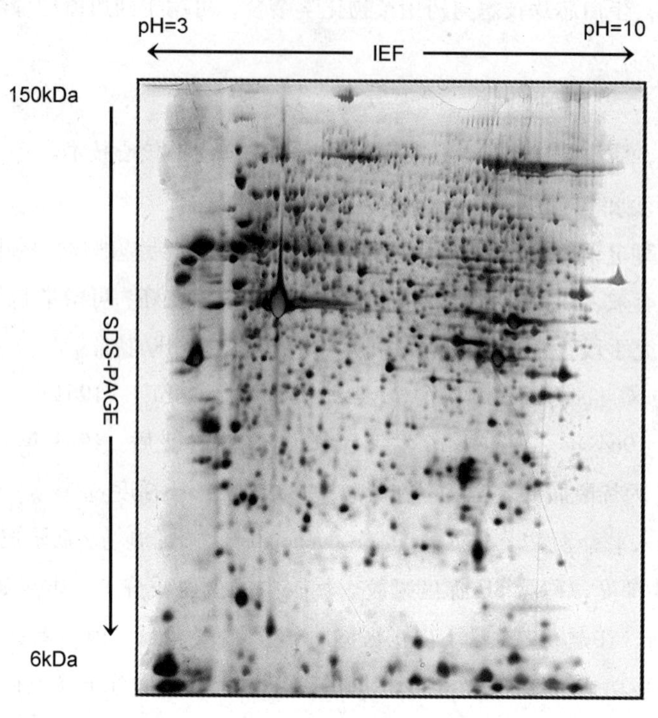

图 20－3　双向电泳

双向电泳分辨率极高，每块凝胶最多可分离出 10000 个蛋白质点（通常是 2000 个左右），灵敏度可达 1ng。每个蛋白质点的纯度都很高，可用于抗体制备甚至序列分析。此外，还可以获得蛋白质的分子量、等电点、表达量以及蛋白质组等信息。

尽管近年来陆续建立了各种新的蛋白质组学技术，如同位素亲和标签技术（ICAT）、蛋白芯片技术等，在不同条件下蛋白质组的平行比较方面，到目前为止仍然没有一种技术可以与双向电泳相媲美。双向电泳可以分析完整蛋白质（或亚基）水平、异构体和翻译后修饰。目前对于双向电泳技术的发展在于改善疏水蛋白的溶解和分离能力、展示低丰度蛋白质和采用荧光标记技术提高定量精度。

4. 荧光差异显示双向电泳（fluorescence two-dimensional difference in gel electrophoresis，2D DIGE）　将几种样品（如正常肝细胞、肝癌细胞、胚胎干细胞）分别与不同荧光染料（如 Cy2、3、5）交联，然后混合，在同一块聚丙酰胺凝胶上进行双向电泳。最后分别针对每种荧光染料进行光密度扫描，所得的图像用分析软件进行自动匹配和统计分析，可鉴别和定量分析不同样品的蛋白质组差异。优点：①可以极大地降低系统误差，提高实验结果的可重复性和可信度。②灵敏度高，可检出 25pg 成分。③线性范围宽，可达 5 个数量级。

（二）质谱技术

质谱（MS）是带电原子、分子或分子碎片按质荷比大小顺序排列形成的图谱。质谱仪可以使样品粒子电离成离子，然后通过电场、磁场作用使其在飞行轨迹、飞行时间等方面按质荷比（mass/charge ratio，m/z）分离，用检测器检测得到质谱图，最终对样品粒子进行定性定量

NOTE

分析，获得所分析样品的分子量、分子式、同位素组成、分子结构等各种信息。

质谱仪主要由三部分构成：离子源、质量分析器、检测器。

离子源将样品气化并电离成不同大小的单电荷分子离子和碎片离子，在电场中加速获得动能形成离子束，进入由电场和磁场组成的质量分析器，因质荷比不同而发生不同程度的偏转，并聚焦于检测器不同点，获得质谱。

早期质谱技术所用离子源主要采用真空管加热气化技术，只能分析小分子。1988 年，有两种软电离（是指离子化过程中保持样品分子的完整性）离子源问世：基质辅助激光解吸电离（MALDI）离子源和电喷雾电离（ESI）离子源。它们可以将生物大分子离子化、气化，从而使质谱技术可以高灵敏度地检测生物大分子，即在 10^{-12} ~ 10^{-15}mol 水平上准确分析分子量高达 10^5Da 的生物大分子，成为蛋白质组学研究的核心技术。

1. 基质辅助激光解吸电离飞行时间质谱技术（matrix-assisted laser desorption/ionization time-of-flight mass spectrometry，MALDI-TOF-MS） 是将基质辅助激光解吸电离（MALDI）离子源与飞行时间检测器联用。原理：将样品与小分子基质（如 α-氰基-4-羟基肉桂酸，既是质子供体，又是吸光物质）按 1∶100~1∶50000（摩尔比）混合，取 0.5~1μL 点到样品靶表面，加热或风吹烘干成共结晶（cocrystallization），放入离子源，用激光激发，使样品气化、离子化而从靶表面飞出，在电场中加速后导入直线飞行管（linear flight tube），由其末端的飞行时间检测器记录飞行时间（飞行时间与离子的质荷比成正比），获得的肽质量指纹图谱（peptide mass fingerprinting，PMF）包含样品中每一种肽链的质荷比和丰度信息。因为 MALDI 获得的离子多为一价阳离子，所以肽质量指纹图谱中的离子与肽链质量有对应关系。理论上，只要直线飞行管有足够长度，飞行时间检测器可监测离子的质量是没有上限的，因而 MALDI-TOF 很适合于分析多肽、核酸、多糖等生物大分子。

2. 电喷雾质谱技术（electrospray ionization mass spectrometry，ESI-MS） 是将电喷雾电离（ESI）离子源与质谱仪联用，由 Fenn 等于 1988 年首次应用于蛋白质分析。原理：用挥发性溶剂溶解样品，样品液通过电喷雾电离离子源毛细管喷出，形成雾化微滴。在毛细管出口端施加强电场（3~6kV），使喷出的雾化微滴带电。微滴表面电荷密度随溶剂挥发而增高，最终崩解成大量一价离子和高价离子而进入气相，导入质量分析器进行质谱分析（图 20-4）。电喷雾电离的特点是产生高价离子而不是碎片离子，因而质荷比范围窄，分子量分析范围宽，而且可以直接分析高效液相色谱（HPLC）样品。

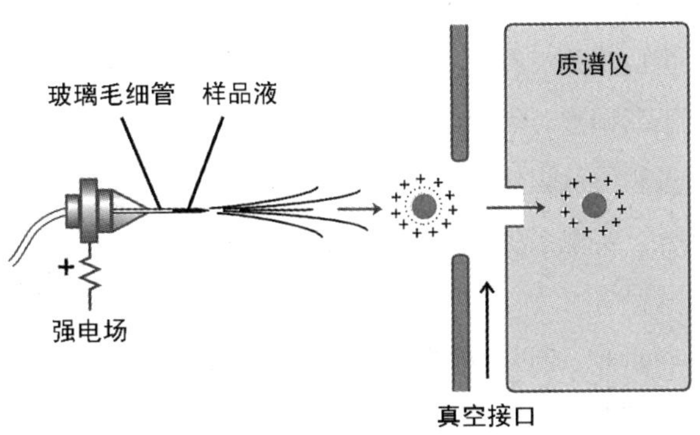

图 20-4　电喷雾质谱技术

3. 液相色谱-串联质谱联用技术（liquid chromatography MS/MS，LC-MS/MS） 是将液相色谱（LC）与串联质谱技术（tandem MS，MS/MS，MS^2）联用。原理：样品蛋白（可以是单一样品或混合样品）用蛋白酶（常用胰蛋白酶）消化成短肽（<20AA）后用液相色谱（如离子交换层析和反相色谱）分离，洗脱液直接输入电喷雾电离离子源离子化，然后导入第一个质谱仪进行质谱分离（根据质量差别），获得肽质量指纹图谱（PMF），称为一级质谱。通过一级质谱仪控制系统（如磁场强度控制系统）引导分离的特定短肽进入二级质谱仪碰撞室（collision cell），与惰性气体（He、Ar）发生碰撞，裂解成碎片离子，这一过程称为碰撞诱导解离（collision induced dissociation，CID），碎片离子导入二级质谱仪质量分析器进行质谱分析，由检测器获得肽碎片指纹图谱（peptide fragmentation fingerprinting，PFF），称为二级质谱。从二级质谱中可鉴定碎片离子分子量、丰度，并通过蛋白质数据库比对确定短肽的氨基酸序列。

串联质谱可用于分析新生儿血液代谢组，从而诊断一组遗传病，如苯丙酮尿症、乙基丙二酸脑病、戊二酸血症Ⅰ型。

液相色谱-串联质谱联用技术特点：所分析的样品蛋白可以是细胞粗提物，可以一次性鉴定1000多种蛋白质。质谱技术既可鉴定简单蛋白质，又可鉴定结合蛋白质，因而既可用于分析蛋白质的氨基酸序列，又可用于研究蛋白质的翻译后修饰，例如磷酸化、硫酸化、糖基化等。不足：不能分析蛋白质丰度。

蛋白质组学虽然还是一门新兴学科，但已成为当今生命科学领域的前沿学科。蛋白质组学不仅可以与基因组学衔接，揭示生命活动的规律和本质；更可以研究人类各种疾病的分子基础以及发生和发展的机制。

第五节　代谢组学

人类认识生命现象，最初是在整体水平对个体表型的认识，之后深入到组织器官水平和细胞水平，随着生物化学和分子生物学等学科的发展，开始在分子水平上认识生命现象，并发现了从DNA经mRNA到蛋白质再到代谢和表型的生物信息流。

如果要分析一个细胞或个体在不同环境条件和生理状态下所含代谢物的种类和浓度，我们会发现代谢物与基因、蛋白质并没有简单的对应关系。生命活动是一个复杂的代谢网络，这个网络随着环境的变化而不断调整。因此，现阶段对生命现象的进一步研究需要上升到对整个细胞或个体全部生物化学过程的认识这一层次，即对各种基因产物和代谢产物进行综合分析，对众多的研究数据进行整合，实现系统性认识，从而由分子生物学时代进入系统生物学时代，代谢组学应运而生。

代谢组学（metabonomics）通过组群指标分析、高通量检测和数据处理，研究生命体系受到环境影响、物质干扰，出现生理扰动或发生基因突变时，生物体整体或组织细胞代谢系统表现出的各种动态变化及其变化规律，从整体水平评价生命体系的功能状态及其变化。因此，如果说基因组学、转录组学和蛋白质组学能够预测可能发生的事件，代谢组学则研究已经发生和

NOTE

正在发生的事件。代谢组学已成为生物学和医药学的研究热点，作为系统生物学的核心，通过与其他组学数据整合，构建系统生物学数据库，对生命体系进行定量化和系统化研究，为深入认识生命现象，也为中医药研究提供新思路和新方法。

一、代谢组学概述

代谢组学研究的是基因、环境、营养、时间、病因、药物等诸多因素综合作用于机体时的系统反应。代谢组学研究需要借助先进的分析技术、高通量的分析方法以及系统科学的理论和方法。

2005 年 1 月，加拿大科学家 Wishart 发起**人体代谢组计划**（Human Metabolome Project）。目前的**人体代谢组数据库**（HMDB3.5）包括 41514 种代谢物、约 1600 种药物及其代谢物、约 3100 种毒素和环境污染物、约 28000 种食物成分和食物添加剂的代谢信息。

（一）代谢组学的建立

20 世纪 80 年代，一些科技工作者开展了对动物尿液进行质谱分析从而确定其代谢物动态变化的研究，初步体现出代谢组学研究的思路。1997 年，Fiehn 提出“metabolomics”的概念，指的是细胞内的代谢组学。1999 年，Nicholson 提出“metabonomics”的概念，指的是动物体液和组织中的代谢组学，也就是目前代谢组学概念的基础。

（二）代谢组学的基本概念

代谢组学（metabonomics）是通过组群指标分析，进行高通量检测和数据处理，研究生物体整体或组织细胞的动态代谢变化，特别是对内源代谢、遗传变异、环境变化乃至各种物质进入代谢系统的特征和影响的学科。

代谢组（metabolome）是指在一定生理状态下，特定细胞、组织、器官或个体中所有小分子代谢物的集合。

代谢指纹分析（metabolic fingerprinting）是对不同的生物样品进行整体性定性分析，通过比较代谢组差异对样品进行快速鉴别和分类。

代谢通量组（fluxome）是在功能与表型关系的研究中，从代谢工程学角度，对复杂生物代谢网络的代谢物流量进行数学动态模拟、计算和定量分析。

生物标志物（biomarker）是对相关生命状态（如疾病等）有指示作用的物质或现象，如某些特异抗原、生物发光等。它可以准确定量，并且它的水平与生命状态相关，即在生理状态、病理状态下，甚至接受治疗前后是不一样的。通过对生物标志物功能进行分析和确认，最终可以完成对代谢机制和生命现象的整体认知和系统解析。

（三）代谢组学的研究方法

代谢组学的研究方法是以高通量、大规模实验方法和计算机统计分析为特征的，具有“整体性研究”和“动态性研究”的特点。

代谢组学研究过程包括三个部分：前期的样品制备，中期的代谢产物分离、检测与鉴定，后期的数据分析与模型建立（表 20-8）。

表 20－8 代谢组学研究方法

流程	内容	流程	内容
(1) 样品采集	血液，尿液，组织，其他	(5) 数据分析	主成分分析，聚类分析，其他
(2) 样品制备	灭活，预处理	①代谢指纹分析	找出生物标志物
(3) 成分分离	气相色谱，液相色谱，电泳，其他	②数据库与专家系统	给出事件相应的规律
(4) 成分分析	质谱，核磁共振，红外光谱，紫外光谱，其他	③机制分析	分析事件的机制，给出干预的方法

1. 样品制备　根据研究对象确定样品制备方法，样品可以是细胞、组织或体液。具体步骤包括样品采集、灭活和预处理。在样品制备和分析过程中应尽量保留和体现样品中完整的代谢组信息，使分析结果的差异主要体现样品的内在差异，所以对生物样品的采集、灭活、储存、预处理和仪器分析等环节必须标准化。

2. 代谢产物分离、检测与鉴定　在代谢组学研究中，需要分析的小分子代谢物种类多、理化性质差异大、含量低并且动态范围宽（高低相差 $10^7 \sim 10^9$ 倍）、时空分布差异明显，所以代谢组学分析要做到无损、灵敏、快速、精确、特异、原位、动态、高通量。目前采用的分离分析技术有色谱、质谱、核磁共振等，其中色谱-质谱联用技术和核磁共振技术最常用。

（1）色谱-质谱联用技术　**色谱-质谱联用技术**的优势是具有很高的灵敏度，可以同时对多种化合物进行快速分析与鉴定，检测动态范围较宽。例如，气相色谱-质谱联用技术（gas chromatography-mass spectrometry，GC-MS）是用气相色谱技术分离混合物，分离组分用质谱技术鉴定。液相色谱-质谱联用技术（liquid chromatography-mass spectrometry，LC-MS）进一步简化了样品制备步骤，能够鉴定和分析含量极低的代谢物。近年来，随着分析技术的发展，新的质谱技术不断涌现。

（2）核磁共振技术　**核磁共振技术**（nuclear magnetic resonance，NMR）可以在接近生理状态下分析样品，无需样品制备，无损样品结构，可以动态测定，因而可以分析完整器官或组织细胞中的各种微量代谢物。特别值得一提的是，新发展的魔角旋转（magic angle spinning，MAS）、活体磁共振波谱（*in vivo* magnetic resonance spectroscopy，*in vivo* MRS）和磁共振成像（magnetic resonance imaging，MRI）等技术能够无创、整体、快速地获得活体指定部位的核磁共振谱，直接鉴定和解析其中的化学成分。^{1}H-MAS-NMR 技术已经成功地应用于肝脏、肾脏、心脏、肠道等实体组织的分析。

3. 数据分析与模型建立　目的是找到生物标志物，建立相应的模型。数据分析主要包括原始数据采集和处理，运用化学计量学理论和多元统计分析方法对获得的多维数据进行压缩降维和聚类分析，从中发现生物标志物等有用信息。要求做到数据采集完整，数据处理有效、快速，能够完成多维技术联用。

从分析仪器得到的原始图谱信息量大、噪音复杂，还有基线漂移和测试重现性等问题，不能直接分析，可以先进行前处理，即对原始图谱进行分段积分、滤噪、峰匹配、标准化和归一化等。

解决复杂体系中归类问题和标志物鉴别的主要手段是模式识别，常用无监督学习方法和有监督学习方法。

NOTE

（1）无监督学习（unsupervised learning） 这类方法适用于缺少有关样品分类的信息，需要在原始图谱信息采集和处理后，根据样品间的相似性对样品进行归类，得到分类信息，并将得到的分类信息和样品的原始信息（如药物靶点或疾病种类等）进行比较，建立代谢产物的分类信息与原始信息之间的联系，筛选与原始信息相关的标志物，进而研究其中的代谢途径。应用较多的方法是主成分分析法（principal component analysis，PCA），该方法的目标是用较少的独立主成分综合体现原多维变量中蕴含的绝大部分整体信息。

（2）有监督学习（supervised learning） 这类方法适用于建立已有类别间的数学模型，突出各类样品间的差异，并利用建立的多参数模型对未知样品的类别进行预测。

此外，可以利用各种数据库，特别是代谢途径数据库，帮助分析及建模。

在上述分析的基础上，可以针对样品的原始信息和所建模型，给出对样品进行系统定性定量分析的全套解决方案，即为专家系统（expert system，ES）。

总之，通过以上工作，可以判断生物体的代谢状态、基因功能、药物毒性和药效等，找出相关生物标志物。

（四）代谢组学技术的整合

现有分析技术都有各自的利弊和适用范围，通过整合代谢组学技术，可以对不同来源的生物样品进行分析和数据比较，完成综合评价。

1. 分析技术联用 例如，将气相色谱-质谱联用技术与液相色谱-质谱联用技术联合应用，可得到对有关代谢组更全面的了解。

2. 分析数据整合 运用数学统计方法对不同代谢组数据进行整合。例如，气相色谱-质谱联用分析数据与液相色谱-质谱联用分析数据整合，核磁共振分析数据与超高效液相色谱-质谱联用（ultra performance liquid chromatography-tandem mass spectrometry，UPLC-MS）分析数据整合。

在以上工作的基础上，将机体不同样品的代谢组学分析整合起来，完成整体水平的代谢组学分析。

二、代谢组学与其他组学的联系

基因组决定着生物个体的生长、发育、表型和代谢，但生物个体的生长、发育、表型和代谢还受环境因素影响。

转录组反映基因表达过程中 RNA 的代谢状况，基因转录、转录后加工、RNA 降解等环节均受到调控，并受基因组、蛋白质组、代谢网络、饮食、体内微生物和药物等因素的影响。

蛋白质组反映基因表达过程中蛋白质的代谢状况，蛋白质的合成和修饰、运输和降解等环节均受到调控，并受基因组、转录组、代谢网络、饮食、体内微生物和药物等因素的影响。

代谢组作为生物信息流的终端结果，与基因组、转录组、蛋白质组均有密切联系，并受饮食、体内微生物和药物等因素的影响（图 20-5）。

基因组、转录组、蛋白质组与代谢组是生物信息传递的几个阶段，可以运用代谢组学的研究成果建立相应的数据库和专家系统，并且与其他组学数据库整合，建立基因突变、基因表达

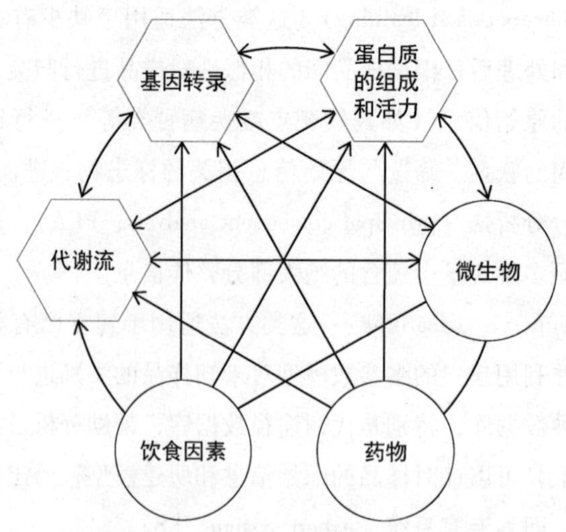

图 20-5　代谢组与诸多因素相互影响

和代谢扰动之间的内在联系，在整体水平系统地认知生命。

三、代谢组学在中医药研究中的应用

通过与其他组学联合，代谢组学不仅已应用于疾病诊断和疾病治疗、靶点确证和药物开发等，也开始应用于中医药研究。

（一）代谢组学与中医理论

代谢组学通过研究体内小分子代谢物的动态变化揭示机体的生理病理变化趋势和变化机制。中医诊疗的特点是充分考虑人体内在反应与外在表现的联系，具有整体观、动态观和辨证观的特点。

中医的“证候（syndrome）”简称“证”，是指在一种或多种致病因子的影响下，机体各系统及与内外环境的相互关系发生紊乱所产生的综合反应。代谢组学能够针对特定的证候对机体进行全面研究及动态研究，识别和分析各种代谢物，找出该证候代谢指纹特征，建立符合中医证候的模型，所以代谢组学技术的应用有利于使中医学更加客观化、标准化，避免人为因素产生误诊。

（二）代谢组学与中药研究

在中药研究中，代谢组学技术目前主要用于研究中药对代谢的影响，研究中药的药理、毒理和安全性，建立中药材质量评价标准等。

1. 中药药理研究　中药具有多组分、多靶点、多层次、多途径的作用特点，与代谢组学的整体性特点相吻合。方剂配伍是中医治病的主要手段，组方灵活多变，每因一药的增减或用量的不同即可有不同的疗效。由于复方有效成分极其复杂，配伍原则和效应机制不甚明确，中医治疗学的发展受到一定的限制。通过代谢组学研究方药对机体的整体影响，寻找方药中起主要作用的有效成分，进一步阐明中药的作用机制，包括确证药物靶点或受体，反证方药组成的合理性，有助于使中药发展真正与国际接轨，实现中药现代化。

2. 中药安全性分析　和其他药物一样，中药具有毒效两重性。因为化学成分复杂，有些中药还含有重金属成分或其他毒素成分，长期使用会损害肝肾等。值得注意的是，现代中成药

NOTE

的安全性还与中药复方的配伍、生产工艺、药物浓度等因素有关。因此，必须建立整体、动态的评价体系，对中药的安全性作出评价，包括对其副作用成分进行标识和控制。为此可以应用代谢组学技术研究代谢指纹变化，分析与毒性作用靶点及作用机制密切相关的内源性代谢物浓度的特征性变化，确定毒性作用靶点、毒性作用过程以及生物标志物。

3. 中药材质量控制　中药材质量优劣与其所含化学成分直接相关，中药材成分复杂，其组成和含量受中药材的品种、产地、气候、加工方法、储藏条件等各种因素的影响，所以中药材质量控制是中药研发的一个难点。利用代谢组学技术分析中药材中各化学成分的含量及状态变化，建立数据库和专家系统，从而制定中药材质量评价标准，可以促进中药材评价的规范化、自动化和现代化。

NOTE

附录一 缩写符号

3′ UTR	3′-untranslated region	3′非翻译区
5′ UTR	5′-untranslated region	5′非翻译区
ψ	pseudogene	假基因
ψ	pseudouridine	假尿苷
ψ	retroviral ψ packaging element	逆转录病毒包装信号
A	adenine，adenosine，adenylate	腺嘌呤，腺苷，腺苷酸
A	alanine，Ala	丙氨酸
AA	amino acid	氨基酸，肽链长度单位
AIDS	acquired immune deficiency syndrome	获得性免疫缺陷综合征
ALP	alkaline phosphatase	碱性磷酸酶
AP-1	activator protein 1	激活蛋白 1，一种转录因子
Apaf-1	apoptotic peptidase-activating factor 1	凋亡蛋白酶激活因子 1
APC	adenomatosis polyposis coli protein	腺瘤性息肉病蛋白，APC 蛋白
APC/C	anaphase-promoting complex，cydosome	后期促进复合物，一种 E3 泛素连接酶
apo B	apolipoprotein B	载脂蛋白 B
ASO	allele-specific oligonucleotide	等位基因特异性寡核苷酸探针
ASOH	allele specific oligonucleotide hybridization	等位基因特异性寡核苷酸杂交法
AS-PCR	allele-specific PCR	等位基因特异性 PCR
BAC	bacterial artificial chromosome	细菌人工染色体
BCIG	5-bromo-4-chloro-3-indolyl-beta-D-galactopyranoside	5-溴-4-氯-3-吲哚-β-D-半乳糖苷
bHLH	basic helix-loop-helix	碱性螺旋-环-螺旋
bp	base pair	碱基对，双链核酸长度单位
C	cysteine，Cys	半胱氨酸
C	cytosine，cytidine，cytidylate	胞嘧啶，胞苷，胞苷酸
C/EBP	CAAT/enhancer-binding protein	CCAAT/增强子结合蛋白
CAK	CDK-activating kinase	CDK 活化激酶
CaM	calmodulin，calcium modulated protein	钙调蛋白
CARD	caspase recruitment domain	caspase 募集结构域
Casper	caspase-eight-related protein	Caspase-8 相关蛋白

NOTE

CBP	CREB binding protein	CREB 结合蛋白，一种组蛋白乙酰转移酶
cccDNA	covalently closed circular DNA	共价闭合环状 DNA
CDK	cyclin-dependent kinase	细胞周期蛋白依赖性激酶
cDNA	complementary DNA	互补 DNA
Cdt1	cdc10-dependent transcript 1	Cdc10 依赖性转录因子 1，DNA 复制因子 1
CED	cell death protein	细胞死亡蛋白
CFLAR	CASP8 and FADD-like apoptosis regulator	胱天蛋白酶 8 和 FADD 类凋亡调节蛋白
c-FLIP	cellular FLICE-like inhibitory protein	细胞 FLICE 类抑制蛋白
CFTR	cystic fibrosis transmembrane conductance regulator	囊性纤维化跨膜转导调节因子
ChIP	chromatin immunoprecipitation assay	染色质免疫沉淀技术
CHOP	C/EBP-homologous protein	C/EBP 同源蛋白
cM	centimorgan	厘摩
CRADD	caspase and RIP adapter with death domain	含死亡结构域的 caspase 和 RIP 连接物
CRE	cAMP-response element	cAMP 应答元件
CREB	cAMP-responsive element-binding protein	cAMP 反应元件结合蛋白
CTD	carboxy-terminal domain	羧基端结构域
CTF	CCAAT-box-binding transcription factor	CCAAT 框结合转录因子
D	aspartic acid，Asp	天冬氨酸
DBD	DNA-binding domain	DNA 结合域
Dbf4	Dumbbell forming protein 4	CDC7-DBF4 蛋白激酶（DDK）的调节亚基
DCC	deleted in colorectal carcinoma	*DCC* 基因
DED	death effector domain	死亡效应结构域
DHPLC	denaturing high-performance liquid chromatography	变性高效液相色谱
DISC	death-inducing signaling complex	死亡诱导信号复合物
DM	diabetes mellitus	糖尿病
DMD	Duchenne muscular dystrophy	Duchenne 型肌营养不良症
DNA	deoxyribonucleic acid	脱氧核糖核酸
DP	E2F dimerization partner	E2F 二聚化伴侣
DR	direct repeat	同向重复序列
dscDNA	double-stranded complementary DNA	双链互补 DNA
dsRNA	double-stranded RNA	双链 RNA
E	glutamic acid，Glu	谷氨酸

E2F	E2 promoter binding factor	一组细胞周期依赖性转录因子
EDTA	ethylenediaminetetraacetic acid	乙二胺四乙酸
eEF	eukaryotic elongation factor	真核生物翻译延伸因子
EF	elongation factor	原核生物翻译延伸因子
EGF	epidermal growth factor	表皮生长因子
EGFR	epidermal growth factor receptor	表皮生长因子受体
eIF	eukaryotic initiation factor	真核生物翻译起始因子
ELISA	enzyme-linked immunosorbent assay	酶联免疫吸附测定
EMC	enzyme mismatch cleavage	酶促切割错配法
eNOS	endothelial nitric oxide synthase	内皮细胞一氧化氮合酶
EPO	erythropoietin	促红细胞生成素
eRF	eukaryotic release factor	真核生物翻译终止释放因子
ERK	extracellular signal-regulated kinase	胞外信号调节激酶，即 MAPK
ExoⅠ、Ⅶ、Ⅹ	exonuclease Ⅰ、Ⅶ、Ⅹ	核酸外切酶Ⅰ、Ⅶ、Ⅹ
F	phenylalanine，Phe	苯丙氨酸
FADD	FAS-associated death domain protein	Fas 相关蛋白
FATP	fatty acid transport protein	脂肪酸转运体
FDA	Food and Drug Administration	（美国）食品药品监督管理局
FDB	familial defective ApoB-100	家族性 ApoB-100 缺陷症
FGF	fibroblast growth factor	成纤维细胞生长因子
FRET	fluorescence resonance energy transfer	荧光共振能量转移
G	glycine，Gly	甘氨酸
G	guanine，guanosine，guanylate	鸟嘌呤，鸟苷，鸟苷酸
G418	Geneticin	遗传霉素
GADD45	growth arrest and DNA damage-inducible protein	生长停滞与 DNA 损伤诱导蛋白 45
GAP	GTPase activating protein	GTP 酶激活蛋白
GEF	guanine nucleotide exchange factor	鸟苷酸交换因子
GPCR	G protein-coupled receptor	G 蛋白偶联受体
GRB2	growth factor binding protein 2	生长因子结合蛋白 2
GSK3	glycogen synthase kinase 3	糖原合酶激酶 3
H	histidine，His	组氨酸
Hb	hemoglobin	血红蛋白
HbcAg	HBV core antigen	乙型肝炎核心抗原
HbeAg	HBV external core antigen	分泌型核心抗原，前核心抗原
HbS	sickle cell anemia hemoglobin	镰状血红蛋白
HbsAg	HBV surface antigen	乙型肝炎表面抗原
HbxAg	HBV X protein	乙型肝炎 X 抗原

NOTE

HCC	hepatocellular carcinoma	原发性肝细胞癌
HCG	human chorionic gonadotropin	人绒毛膜促性腺激素
HCV	hepatitis C virus	丙型肝炎病毒
hDNA2	DNA replication ATP-dependent helicase/ nuclease DNA2	一种解旋酶
HER	human epidermal growth factor receptor 2	人表皮生长因子受体
HGF	hepatocyte growth factor	肝细胞生长因子
HHV	human herpesvirus	人类疱疹病毒
HIV	human immunodeficiency virus	人类免疫缺陷病毒
HLA	human leukocyte antigen	人类白细胞抗原
HLH	helix-loop-helix	螺旋-环-螺旋
HPV	human papillomavirus	人乳头瘤病毒
Hsp	heat shock protein	热休克蛋白，热激蛋白
HSV	herpes simplex virus	单纯疱疹病毒
HTH	helix-turn-helix	螺旋-转角-螺旋
I	isoleucine, Ile	异亮氨酸
IAP	inhibitor of apoptosis protein	凋亡抑制蛋白
IF	initiation factor	原核生物翻译起始因子
IFN	interferon	干扰素
IKK	I kappa-B kinase	NF-κB 抑制蛋白激酶
IL	interleukin	白细胞介素
INS	insulin	胰岛素
IP_3	inositol 1,4,5-trisphosphate	1,4,5-三磷酸肌醇
IPTG	isopropyl β-D-thiogalactopyranoside	异丙基-β-D-硫代半乳糖苷
IR	inverted repeat	反向重复序列
IRE	iron responsive element	铁反应元件
IRS	insulin receptor substrate	胰岛素受体底物
IUBMB	International Union of Biochemistry and Molecular Biology	国际生物化学与分子生物学联盟
IUPAC	the International Union of Pure and Applied Chemistry	国际纯粹与应用化学联合会
IκB	inhibitor of nuclear factor kappa-B	NF-κB 抑制蛋白
JAK	Janus kinase	一种蛋白激酶
K	lysine, Lys	赖氨酸
kb	kilobase pair	千碱基对，核酸长度单位
kDa	kilodalton	千道尔顿，原（分）子量单位
Kir6. 2	inward rectifier K^+ channel	ATP 敏感性内向整流钾通道
L	leucine, Leu	亮氨酸

LacI	lactose operon repressor	乳糖操纵子阻遏蛋白
LBD	ligand-binding domain	配体结合域
LC	liquid chromatography	液相色谱
LC-MS	liquid chromatography-mass spectrometry	液相色谱-质谱联用法
LINEs	long interspersed nuclear element	长散在元件
LTR	long terminal repeat	长末端重复序列
M	methionine,	蛋氨酸，甲硫氨酸
M	adenine or cytosine	A 或 C
MAP	mitogen-activated protein	丝裂原活化蛋白
MAP2K	MAPK kinase	MAPK 激酶
MAP3K	MAPKK kinase	MAPKK 激酶
MAPK	mitogen-activated protein kinase	丝裂原活化蛋白激酶
MAPKK	MAPK kinase	MAPK 激酶
MAPKKK	MAPKK kinase	MAPKK 激酶
Mb	megabase	兆碱基，核酸长度单位
MBD2	methyl-CpG-binding protein 2	甲基胞嘧啶结合蛋白 2
MCS	multiple cloning site	多克隆位点
MeCp2	methyl-CpG-binding protein 2	甲基胞嘧啶结合蛋白 2
MEK	mitogen-activated, ERK-activating kinase	MAPK 激酶
MHA	major histocompatibility antigen	主要组织相容性抗原
MHC	major histocompatibility complex	主要组织相容性复合体
miRNA	microRNA	微 RNA
MMLV	Moloney murine leukemia virus	Moloney 鼠白血病病毒
MMTV	mouse mammary tumor virus	鼠乳瘤病毒
mRNA	messenger RNA	信使 RNA
MS	mass spectrometry	质谱
MS/MS	tandem mass spectrometry	串联质谱技术
mtDNA	mitochondrial DNA	线粒体 DNA
N	asparagine, Asn	天冬酰胺
N	base, nucleoside, nucleotide	碱基，核苷，核苷酸
ncRNA	non-coding RNA	非编码 RNA
NES	nuclear export signal	核输出信号
neu	neuroglioblastoma	人表皮生长因子受体 2
NF1	nuclear factor 1	核转录因子 1，即 CTF
NF-κB	nuclear factor of kappa light polypeptide gene enhancer in B cell	B 细胞 κ 轻肽基因增强子核因子
NGF	nerve growth factor	神经生长因子

NIH	National Institutes of Health	（美国）国立卫生研究院
NIK	NF-kappa-beta-inducing kinase	NF-κB 诱导激酶
NLS	nuclear localization signal, nuclear localization sequence	核定位信号，核定位序列
NRC	National Research Council	（美国）国家研究委员会
nRTK	non-receptor tyrosine kinase	非受体酪氨酸激酶
nt	nucleotide	核苷酸，单链核酸长度单位
NTD	N-terminal domain	N 端结构域
ORC	origin recognition complex	复制起点识别复合物
ORF	open reading frame	开放阅读框
ori	origin of replication	复制起点
P	DNA polymerase	DNA 聚合酶
P	proline, Pro	脯氨酸
p70S6K	ribosomal protein S6 kinase	一种丝氨酸/苏氨酸激酶
PABP-1	poly(A) binding protein 1	poly(A)结合蛋白 1
PAGE	polyacrylamide gel electrophoresis	聚丙烯酰胺凝胶电泳
PCNA	proliferating cell nuclear antigen	增殖细胞核抗原
PCR	polymerase chain reaction	聚合酶链反应
PDGF	platelet-derived growth factor	血小板源性生长因子
PDK1	3-phosphoinositide-dependent protein kinase 1	3-磷脂酰肌醇依赖性蛋白激酶 1
pg	pictogram	皮克，质量单位，$1pg = 10^{-12}g$
pgRNA	pregenomic RNA	前基因组 RNA
PH	pleckstrin homology domain	PH 结构域
PI	phosphatidylinositol	磷脂酰肌醇
$PI(4,5)P_2$	phosphatidylinositol 4,5-bisphosphate	磷脂酰肌醇-4,5-二磷酸
PI3K	phosphatidylinositol-3 kinase	磷脂酰肌醇 3 激酶
PI3KR	phosphoinositide 3-kinase regulatory subunit	磷脂酰肌醇 3 激酶调节亚基
PKA	protein kinase A	蛋白激酶 A
PKB	protein kinase B	蛋白激酶 B
PKC	protein kinase C	蛋白激酶 C
PKG	protein kinase G	蛋白激酶 G
PKR	dsRNA activated protein kinase	双链 RNA 激活的蛋白激酶
PLC	phospholipase C	磷脂酶 C
POL	DNA polymerase	DNA 聚合酶
poly(A)	polyadenylic acid	多腺苷酸
pre-RC	pre-replication complex	复制前复合物
prion	proteinaceous infectious only	朊病毒

P-TEFb	positive transcription elongation factor b	正转录延伸因子 b
PTEN	phosphatase and tensin homolog	PTEN 蛋白，PTEN 磷酸酶，一种双特异性蛋白磷酸酶
PTK	protein tyrosine kinase	蛋白酪氨酸激酶
Q	glutamine，Gln	谷氨酰胺
R	arginine，Arg	精氨酸
R	purine，purine nucleoside，purine nucleotide	嘌呤，嘌呤核苷，嘌呤核苷酸
R	repetitive sequence	重复序列
RACE	rapid amplification of cDNA ends	cDNA 末端快速扩增技术
Raf	rapidly accelerated fibrosarcoma	细胞癌基因 c-*raf* 编码的蛋白丝氨酸/苏氨酸激酶
Ran	ras-related nuclear protein	一种小分子 GTPase、小 G 蛋白
RAPD	random amplified polymorphic DNA	随机扩增多态性 DNA
RBS	ribosomal binding site，ribosome-binding site	核糖体结合位点
RDB	reverse dot blot	反向点杂交
RF	release factor	原核生物翻译释放因子
RFC	replication factor C	复制因子 C
RFLP	restriction fragment length polymorphism	限制性片段长度多态性
rhG-CSF	recombinant human granulocyte colony-stimulating factor	重组人粒细胞集落刺激因子
RNA	ribonucleic acid	核糖核酸
RNAi	RNA interference	RNA 干扰
RPA	replication protein A complex	复制蛋白 A
rRNA	ribosomal RNA	核糖体 RNA
RSV	rous sarcoma virus	Rous 肉瘤病毒
RTK	receptor tyrosine kinase	受体酪氨酸激酶
RT-PCR	reverse transcription PCR	逆转录 PCR
S	guanine or cytosine	G 或 C
S	serine，Ser	丝氨酸
SCF	Skp 1-Cullin-F-box protein	一类 E3 泛素连接酶
SCID	severe combined immunodeficiency	重症联合免疫缺陷
SD	Shine-Dalgarno sequence	SD 序列
SDS	sodium dodecyl sulfate	十二烷基硫酸钠
SH2	Src homology 2 domain	SH2 结构域
SH3	Src homology 3 domain	SH3 结构域
SINEs	short interspersed nuclear element	短散在元件
siRNA	short interfering RNA	小干扰 RNA
Ski	Sloan-Kettering Cancer Institute	一种癌蛋白

NOTE

Skp2	S-phase kinase-associated protein 2	S 期激酶相关蛋白 2，一种 E3 泛素连接酶
SMN	survival motor neuron	运动神经元存活蛋白基因
SnoN	Ski-related novel protein non-Alu-containing	一种癌蛋白
SNP	single nucleotide polymorphism	单核苷酸多态性
SOCS	suppressor of cytokine signaling	细胞因子信号转导抑制因子
Sos	son of sevenless	一种鸟苷酸交换因子
Src	v-*src* sarcoma viral oncogene	Rous 肉瘤病毒原癌基因
SREBP	sterol regulatory element binding protein	固醇调节元件结合蛋白
SSB	single-stranded DNA binding protein	单链 DNA 结合蛋白
sscDNA	single-stranded complementary DNA	单链互补 DNA
SSCP	single strand conformation polymorphism	单链构象多态性
SSLLM	single-strand linker ligation method	单链接头连接法
SSR	simple sequence repeat	简单重复序列
ssRNA	single-stranded RNA	单链 RNA
STAT	signal transducers and activators of transcription	信号转导和转录激活因子
SUMO	small ubiquitin-related modifier	小泛素相关修饰物
SV40	simian vacuolating virus 40，simian virus 40	猿猴空泡病毒 40
T	threonine，Thr	苏氨酸
T	thymine，thymidine，thymidylate	胸腺嘧啶，胸苷，胸苷酸
T4 PNK	T4 polynucleotide kinase	T4 多核苷酸激酶
TAD	trans-activating domain	转录激活结构域
TAF	TBP-associated factor	TBP 相关因子
TAK1	transforming growth factor β-activated kinase 1	一种 MAPKKK 亚家族激酶
TBP	TATA-box-binding protein	TATA 框结合蛋白
TCF	transcription factor	转录因子
TdT	terminal deoxynucleotidyl transferase	末端脱氧核苷酸转移酶
Tet	tetracycline	四环素
TF	transferrin	转铁蛋白
TFR	transferrin receptor	转铁蛋白受体
TGFR	TGF-βreceptor	TGF-β 受体
TGF-β	transforming growth factor-β	转化生长因子 β
TK	thymidine kinase	胸苷激酶
T_m	DNA melting temperature	解链温度，熔点
TMD	transmembrane domain	跨膜结构域
TNFR	TNF receptor	肿瘤坏死因子受体
TNF-α	tumor necrosis factor α	肿瘤坏死因子 α

TRADD	TNFR1-associated DEATH domain protein	TNF-R1 相关死亡结构域蛋白
TRAF	TNF receptor associated factor	肿瘤坏死因子受体相关因子
TRAIL	TNF-related apoptosis-inducing ligand	TNF 相关凋亡诱导配体，简称 TRAIL 蛋白
Tris	trihydroxymethyl aminomethane	三羟甲基氨基甲烷
tRNA	transfer RNA	转移 RNA
U3	3′-untranslated region	3′非翻译区
U5	5′-untranslated region	5′非翻译区
Ub	ubiquitin	泛素
uORF	upstream open reading frame	上游开放阅读框
V	valine，Val	缬氨酸
VEGF	vascular endothelial growth factor	血管内皮生长因子
W	adenylate/thymidylate	A 或 T
W	tryptophan，Trp	色氨酸
WHO	world health organization	世界卫生组织
WNK	with no K（lysine）	一类蛋白丝氨酸/苏氨酸激酶
X	amino acid，Xaa	氨基酸
Y	pyrimidine，pyrimidine nucleoside，pyrimidine nucleotide	嘧啶，嘧啶核苷，嘧啶核苷酸
Y	tyrosine，Tyr	酪氨酸
ZMW	zero mode waveguide	零级波导

附录二 专业术语索引

B

C

NOTE

D

NOTE

E

F

G

H

I

J

NOTE

NOTE

K

L

NOTE

M

NOTE

N

O

P

NOTE

Q

R

NOTE

S

NOTE

T

NOTE

U

V

W

NOTE

X

Y

NOTE

NOTE

NOTE

附录三 参考书目

1. Alberts B, et al. Molecular biology of the cell. 6th ed. New York and London: Garland Science Publishing Inc, 2014.
2. Boron WF, Boulpaep EL. Medical Physiology. 2nd ed. Saunders, 2009.
3. John E. Hall. Textbook of Medical Physiology. 12nd ed. 北京大学医学出版社, 2012.
4. Krauss. G. Biochemistry of Signal Transduction and Regulation. 5th ed. Wiley-VCH, Inc, 2014.
5. Krebs JE, et al. Lewin's Genes XI. Jones & Bartlett Learning, 2014.
6. Lodish H, et al. Molecular Cell Biology. 7th ed. W. H. Freeman and Company, 2012.
7. Nelson DL, Cox MM. Lehninger Principles of Biochemistry. 6th ed. Worth Publishers, 2013.
8. Rodwell VW, Bender DA. Harper's Illustrated Biochemistry. 30th ed. McGraw-Hill Companies, Inc., 2015.
9. Stryer L. Biochemistry. 7thed. New York: W. H. Freeman and Company, 2011.
10. Thomas M. Devlin. Textbook of Biochemistry with Clinical Correlations. 7th ed. New York: John Wiley&Sons, Inc., 2011.
11. Watson, J. et al. Molecular Biology of the Gene (International Edition). 7th ed. Pearson Education, Inc, 2014.
12. Weaver R. Molecular Biology. 5 版. 北京：科学出版社，2013.
13. 查锡良，药立波. 生物化学与分子生物学. 8 版. 北京：人民卫生出版社，2013.
14. 陈誉华. 医学细胞生物学. 5 版. 北京：人民卫生出版社，2013.
15. 贾弘禔，冯作化. 生物化学与分子生物学. 2 版. 北京：人民卫生出版社，2011.
16. 李凡，徐志凯. 医学微生物学. 8 版. 北京：人民卫生出版社，2013.
17. 李玉林. 病理学. 8 版. 北京：人民卫生出版社，2013.
18. 刘树伟，李瑞锡. 局部解剖学. 8 版. 北京：人民卫生出版社，2013.
19. 吕建新，樊绮诗. 临床分子生物学检验. 3 版. 北京：人民卫生出版社，2015.
20. 邱宗荫，等. 临床蛋白质组学. 北京：科学出版社，2008.
21. 史蒂夫·拉塞尔，等（肖华胜，等译）. 生物芯片技术与实践. 北京：科学出版社，2010.
22. 王建枝，殷莲华. 病理生理学. 8 版. 北京：人民卫生出版社，2013.
23. 王镜岩. 生物化学. 3 版. 北京：高等教育出版社，2002.
24. 杨宝峰. 药理学. 8 版. 北京：人民卫生出版社，2013.
25. 药立波. 医学分子生物学实验技术. 2 版. 北京：人民卫生出版社，2011.
26. 朱大年，王庭槐. 生理学. 8 版. 北京：人民卫生出版社，2013.

NOTE